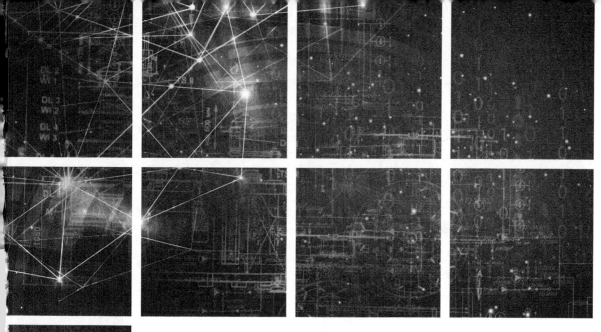

精通软件性能测试与LoadRunner实战（第2版）

于涌 王磊 曹向志 高楼 于跃 编著

U0288445

人民邮电出版社

北京

图书在版编目（ＣＩＰ）数据

精通软件性能测试与LoadRunner实战 ／ 于涌等编著
. -- 2版. -- 北京 ： 人民邮电出版社，2020.2
ISBN 978-7-115-52241-2

Ⅰ. ①精… Ⅱ. ①于… Ⅲ. ①性能试验—软件工具
Ⅳ. ①TP311.561

中国版本图书馆CIP数据核字(2019)第223955号

内 容 提 要

本书在介绍软件性能测试概念的基础上，结合对实际测试案例的剖析，重点讲解了性能测试实战技术、LoadRunner 工具的使用技巧和实际工作中的问题解答。

全书分为 15 章，内容从测试项目实战需求出发，除讲述了软件测试的分类以及测试的流程等外，还重点讲述了性能测试技术和 LoadRunner 11.0 与 12.60 工具应用的实战知识。为了有效地解决工作中遇到的问题，本书基于实践中经常遇到的问题汇总了几十个解决方案。详细的项目案例、完整的性能测试方案、计划、用例设计、性能总结及相关交付文档为您做好实际项目测试提供了很好的帮助，基于 LoadRunner 和第三方工具对象的开发为您进行性能测试锦上添花，相信本书一定会对您进行性能测试理论学习和实践大有裨益。

本书图文并茂，通俗易懂，适合性能测试设计人员、性能测试开发人员、性能测试分析人员、项目经理和测试组长参考学习，也可作为大专院校相关专业师生的学习用书，以及培训学校的教材。

◆ 编　著　于　涌　王　磊　曹向志　高　楼　于　跃
责任编辑　张　涛
责任印制　王　郁　焦志炜

◆ 人民邮电出版社出版发行　北京市丰台区成寿寺路 11 号
邮编　100164　电子邮件　315@ptpress.com.cn
网址　http://www.ptpress.com.cn
固安县铭成印刷有限公司印刷

◆ 开本：787×1092　1/16
印张：46.25　　　　　　　　2020 年 2 月第 2 版
字数：1135 千字　　　　　　2024 年 7 月河北第 2 次印刷

定价：138.00 元

读者服务热线：(010)81055410　印装质量热线：(010)81055316
反盗版热线：(010)81055315
广告经营许可证：京东市监广登字20170147号

前　　言

随着计算机行业的蓬勃发展和用户要求不断的提高，现行的应用软件功能已经变得越来越强大，系统也越来越复杂。软件用户关注的内容不再仅仅是功能实现的正确性，系统的性能表现也同样是用户关注的重点，而性能测试是测试系统性能的主要手段，所以它是软件测试的重中之重。另外，性能测试通常和应用程序、操作系统、数据库服务器、中间件服务器、网络设备等有关，定位问题也很难，如何能够快速、有效地定位并解决性能问题，无疑是性能测试人员面临的一个重要任务。为了帮助测试人员快速掌握软件测试特点、性能测试技术及性能测试工具的实际应用，作者精心编写了本书。

关于本书

作者前两本书《软件性能测试与 LoadRunner 实战教程》和《精通软件性能测试与 LoadRunner 最佳实战》上市后，受到广大软件测试和开发人员的关注与好评。目前 LoadRunner 最新版本为 LoadRunner 12.60，而市场上应用的主流版本为 LoadRunner 11.0，故本书主要基于 LoadRunner 11.0 版本进行讲解，同时考虑到仍有很多读者对 LoadRunner 最新版本感兴趣，本书也专门用一章来详细讲述在 LoadRunner 12.60 版本中出现的一些新功能、新的解决方案和使用方法。很多热心的读者也针对该书提出了一些好的建议，故本书在前两本书的基础上，针对读者提出的所有问题，进行了修改、完善。但值得强调的是，本书不是《精通软件性能测试与 LoadRunner 实战》内容的简单增减，而是在丰富了内容并充分考虑不同层次读者需求的基础上，添加了更多的性能测试实战知识，如 LoadRunner 工具使用技巧，性能瓶颈分析方法，Nmon 与 Spotlight 性能监控工具，Citrix 性能测试工具 EdgeSight，性能指标分析，前端性能测试，前端性能测试工具开发，Flex、Citrix、Web Services 等多种协议的脚本开发，基于 LoadRunner 的场景控制器开发等。随着敏捷思想及实践深入地应用于软件开发过程，越来越多的软件企业更加注重接口测试、开源的性能测试工具（如 JMeter）和自动化测试工具（如 Selenium）的应用，来提升测试的工作质量和工作效率，这也是持续集成不可或缺的重要过程，LoadRunner 12.60 版本新增了很多功能和解决方案来对这些内容进行支持。这些新增内容使得本书在结构和内容上都更加系统化、完整化，实用性更强，希望通过我们的努力，能开阔您在性能测试、接口测试、自动化测试等方面的视野，有助于您开展性能测试工作。

内容介绍

本书的目的是为从事软件测试、性能测试及 LoadRunner 工具应用的读者答疑解惑，并结合案例讲解性能测试中的实战技术。

第 1 章介绍了软件测试的现状以及发展前景、软件测试相关概念、软件生命周期、软件测试定义与分类、软件开发与软件测试的关系，以及软件测试流程和自动化测试的意义等内容。

第 2 章介绍了性能测试的基本过程，以及性能测试需求分析、性能测试计划、性能测试用例、测试脚本编写、测试场景设计、测试场景运行、场景运行监控、运行结果分析、系统性能调优、性能测试总结的内容与注意事项。

第 3 章介绍了典型的性能测试场景、性能测试的概念以及分类，详细介绍了工具及其样例程序的安装过程，重点介绍了工具的运行机制及组成部分，同时结合生动的生活场景深入浅出地解释了工具中的集合点、事务、检查点、思考时间等重要概念。

第 4 章基于一个 Web 样例程序，将工具的 VuGen、Controller、Analysis 这 3 者有机地结合起来，把集合点、事务、检查点、参数化等技术的应用集中在此实例得以体现，讲述了从性能测试需求提出、需求分析、脚本编写、完善、数据准备、场景设计、监控、执行到分析的完整过程。

第 5 章介绍了 LoadRunner 脚本语言、LoadRunner 重要的关联问题、关联技术应用、动态链接库函数调用、特殊函数的应用注意事项、自定义函数应用和 IP 欺骗技术等。这部分是从事测试脚本开发的基础，建议读者认真阅读。

第 6 章介绍了协议的类型、协议理解误区、协议选择的方法，同时以 C/S、B/S 两种构架的应用作为实例，详细讲解了协议的选择和脚本的录制，讲述了参数化的方法及其应用技巧、数据分配方式和更新方法，并对脚本录制、负载（场景设计、执行）、结果分析、断点设置、单步跟踪、日志输出等调试技术进行了详细阐述，还对工具产生的相关指标的由来进行了系统的分析，并解释相关图表的用途和拐点分析方法等。

第 7 章结合作者工作经验、学员以及网上论坛经常提出的问题，总结了关于工具设置、使用、结果分析等问题的解决方案，旨在起到举一反三的作用，指导读者实际应用于工作当中。

第 8 章结合目前最新版的 LoadRunner 12.60，介绍了 Vugen 功能改进与实用操作、同步录制和异步录制以及如何在 Controller 中实现对 JMeter 脚本的支持、应用 Vugen 开发 Selenium 脚本等实用方法。

强大的 LoadRunner 不仅在性能测试方面表现卓越，它也是接口测试利器。第 9 章详细讲解了接口测试的执行过程（包括接口测试需求、接口测试功能性用例设计、测试用例脚本实现、接口性能测试用例设计、接口性能测试脚本实现、性能测试场景执行和性能测试执行结果分析与总结）。

第 10 章结合主流的 Windows 操作系统和 Linux 操作系统介绍了如何监控进程、CPU、内存、磁盘 I/O 等性能，并结合系统提供的工具以及第三方工具，讨论如何监控测试中的相关项目，重点讲解了 Nmon 和 Spotlight 工具及其相关指标的含义等。

第 11 章详细地介绍了外包性能测试项目的实施完整过程与其项目性能测试的实施过程，以及"性能测试计划""性能测试用例""测试脚本编写""测试场景设计""测试场景运行""场景运行监控""运行结果分析""系统性能调优""性能测试总结"等文档内容的编写和实施过程中各环节的注意事项。

第 12 章以讲解完整的系统框架性能对比测试的案例为线索，全面介绍了 LoadRunner 在性能测试中的应用过程。具体包括模型建立、性能测试用例设计、工具的引入、脚本代码的编写、场景设计、性能结果分析等重要环节，培养读者独立进行项目测试的能力。

第 13 章介绍了前端性能测试的一些知识和前端性能测试分析工具 HttpWatch、DynaTrace Ajax、Firebug、YSlow 的使用方法和案例分析。

第 14 章介绍了 FTP、SMTP、Sockets、RTE、Flex、Real、Web Services 等协议的实际应用和注意事项，同时还介绍了 EdgeSlight 等其他性能测试工具的应用。

第 15 章介绍了如何利用高级语言进行性能测试辅助工具的开发，介绍了利用 Windows 计划和 LoadRunner 控制台命令来完成性能测试任务的思想和操作方法，并借助 Delphi 实现，同时还介绍了如何在高级语言中应用第三方工具提供的插件，并结合 HttpWatch 插件，展示了如何完成一个前端性能测试小工具。

附录部分（见配套资源）提供了一些测试模板文件，具体包括测试计划、测试总结、测试日志、功能测试用例及性能测试用例等模板、样例文档。

本书阅读建议

本书图文并茂、通俗易懂，同时在配书资源中提供了样例程序和脚本代码。希望读者在阅读本书的同时，能够边看边实践，深入理解脚本，这样可以提高学习效率，尽快将实战知识应用于项目的性能测试中。

本书行文约定

本书遵循如下行文约定。

符号和术语	含 义	示 例
>	表示按此层次结构，主要应用于菜单项	如：选择菜单项【Edit】>【Find】
""	表示使用者键入双引号中的文字或引用的系统界面中的术语/表达	如：在"Update value on"列表中选择一个数据更新方式
【】	代表屏幕对象名（菜单名或按钮）	如：选择菜单项【Edit】>【Find】，单击【OK】按钮
【重点提示】	知识点总结内容	（1）事务必须成对出现，即一个事务有开始，必然要求也有结束 （2）……

谁适合阅读本书

- 从事性能测试工作的初级、中级和高级测试人员；
- 希望了解性能测试工具 LoadRunner 的初级、中级、高级测试人员，项目主管和项目经理；
- 希望解决 LoadRunner 应用过程中遇到问题的性能测试设计、执行、分析等的相关人员；
- 测试组长、测试经理、质量保证工程师、软件过程改进人员。

本书主要作者

于涌，具有近 20 年软件开发和软件测试方面的工作经验，先后担任程序员、高级程序员、测试分析师、高级测试经理、测试总监等职务，拥有多年的软件开发、软件测试项目实践和教学经验，尤其擅长自动化测试、工具应用、单元测试等方面的工作，曾为多个软件公司提供软件测试知识、软件性能测试、性能测试工具 LoadRunner、功能测试工具 QTP、WinRunner、JMeter 等内容的培训工作。

网上答疑

如果您在阅读过程中发现本书有什么错误，欢迎与作者联系，以便作者及时纠正。本书的勘误、更新信息、答疑信息都可以从作者的博客——测试者家园上获得。您有疑问，也可以在作者的博客中直接留言，作者也会在博客中公布本书中涉及的一些演示工具的相关下载信息。如果您在阅读本书过程中，发现错误或者疑问也可以和本书编辑联系，联系邮箱为 zhangtao@ptpress.com.cn。

致谢

本书内容建立在前人研究成果的基础上。因此，在本书完成之际，我对那些为本书提供帮助的网络作者、图书作者、读者和朋友表示衷心的感谢。目前已经有很多高校使用《软件性能测试与 LoadRunner 实战教程》作为性能测试课程的教材，这令我非常骄傲和自豪，我衷心希望通过高校老师和我的共同努力，能增强学生的综合能力，使得理论学习和实际工作应用齐头并进，让毕业生尽快融入社会工作并成为企业的中坚力量。

在本书编写过程中，很多测试同行为本书的编写提供了很多宝贵建议；我的学员和网友提供了很多写作素材与资料，特别是我的好友高楼（7 点测试网站创建人）为本书的创作提供了宝贵的建议，并撰写了第 12 章系统性能测试案例，在此一并表示感谢。

于涌

资源与支持

本书由异步社区出品，社区（https://www.epubit.com/）为您提供相关资源和后续服务。

配套资源

本书提供如下资源：

- 本书源代码；
- 配套视频。

要获得以上配套资源，请在异步社区本书页面中点击 配套资源 ，跳转到下载界面，按提示进行操作即可。注意：为保证购书读者的权益，该操作会给出相关提示，要求输入提取码进行验证。

如果您是教师，希望获得教学配套资源，请在社区本书页面中直接联系本书的责任编辑。

提交勘误

作者和编辑尽最大努力来确保书中内容的准确性，但难免会存在疏漏。欢迎您将发现的问题反馈给我们，帮助我们提升图书的质量。

当您发现错误时，请登录异步社区，按书名搜索，进入本书页面，点击"提交勘误"，输入勘误信息，单击"提交"按钮即可。本书的作者和编辑会对您提交的勘误进行审核，确认并接受后，您将获赠异步社区的 100 积分。积分可用于在异步社区兑换优惠券、样书或奖品。

扫码关注本书

扫描下方二维码,您将会在异步社区微信服务号中看到本书信息及相关的服务提示。

与我们联系

我们的联系邮箱是 contact@epubit.com.cn。

如果您对本书有任何疑问或建议,请您发邮件给我们,并请在邮件标题中注明本书书名,以便我们更高效地做出反馈。

如果您有兴趣出版图书、录制教学视频,或者参与图书翻译、技术审校等工作,可以发邮件给我们;有意出版图书的作者也可以到异步社区在线提交投稿(直接访问 www.epubit.com/selfpublish/submission 即可)。

如果您是学校、培训机构或企业,想批量购买本书或异步社区出版的其他图书,也可以发邮件给我们。

如果您在网上发现有针对异步社区出品图书的各种形式的盗版行为,包括对图书全部或部分内容的非授权传播,请您将怀疑有侵权行为的链接发邮件给我们。您的这一举动是对作者权益的保护,也是我们持续为您提供有价值的内容的动力之源。

关于异步社区和异步图书

"异步社区"是人民邮电出版社旗下 IT 专业图书社区,致力于出版精品 IT 技术图书和相关学习产品,为作译者提供优质出版服务。异步社区创办于 2015 年 8 月,提供大量精品 IT 技术图书和电子书,以及高品质技术文章和视频课程。更多详情请访问异步社区官网 https://www.epubit.com。

"异步图书"是由异步社区编辑团队策划出版的精品 IT 专业图书的品牌,依托于人民邮电出版社近 30 年的计算机图书出版积累和专业编辑团队,相关图书在封面上印有异步图书的 LOGO。异步图书的出版领域包括软件开发、大数据、AI、测试、前端、网络技术等。

异步社区

微信服务号

目　　录

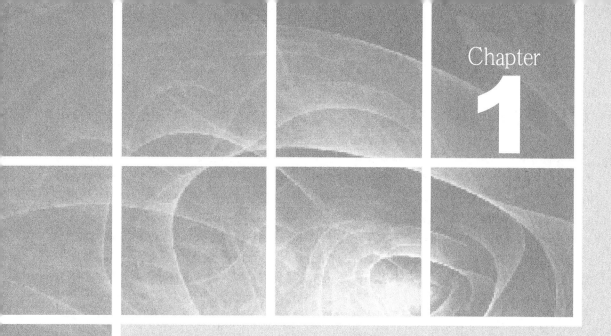

Chapter

1

第 1 章

软件测试概述

1.1 软件测试基础

本书的主要内容是关于软件性能测试相关理论和工具应用方面的知识，但考虑到有很多阅读本书的读者刚开始从事测试工作，这里用一章的内容，对软件测试的基础内容进行了概括性的介绍，如果您已经熟悉了这些基本知识，可以略过此章，直接阅读后续章节。

1. 朝阳行业 —— 软件测试

随着软件行业的蓬勃发展，市场竞争也越来越激烈，软件质量越来越受到软件企业的重视。软件测试是软件质量的重要保证，关于软件质量标准和认证，国内虽然制定了有限的软件技术标准，但无法从根本上对软件这种特殊商品实施有效的质量监督和认证。在国际上通行的做法是，软件的质量标准和认证工作由独立的软件测试机构来完成。但由于我国这方面起步较晚，以及这方面教育培养不足，因而在测试行业形成了测试人才缺口巨大的现象，许多单位备以优厚的薪金也很难找到有丰富工作经验的人才，人才的短缺严重制约了我国软件测试行业的发展，所以，软件测试人员越来越被看好，地位也越来越高，软件测试现已成为 IT 技术中的热门行业。

2. 软件测试发展现状

随着计算机和通信技术近十年来的蓬勃发展，国家的进一步改革开放，不仅很多国内软件公司投身 IT 行业，如联想、用友、华为等，国外也有很多软件大公司将研发机构设在中国，如微软、IBM、西门子等知名企业。国内软件业和国外相比，最大的差异就在：对质量和质量控制方面投入不够。特别是软件的测试领域，与国外相比，国内软件产品的质量掌控体系和标准都是模糊的。因此，加强软件测试理论和实践内容的学习就显得尤其必要，它是提高软件质量水平的重要手段。现在，基于市场需求量大、理论和实践需要结合的特点，一些大学开设了此专业，同时社会上也应运而生了许多专业的测试培训机构，可以预测，在未来的几年中软件测试人才会越来越多。

3. 软件测试背景

软件产品是人脑高强度智力劳动的结晶。由于软件系统的规模和复杂性日益增长，软件系统的开发人员少则几人，多则几千人，甚至上万人，所以在编写代码和沟通协作过程中难免会出现这样或者那样的问题，出现的问题将直接导致软件中存在缺陷。以下是两例软件缺陷和故障的分析，借此来说明由于这些缺陷和故障而引起的严重损失。

案例一：美国迪士尼公司的狮子王游戏软件的兼容性问题。

1994 年，美国迪士尼公司发布面向少年儿童的多媒体游戏软件——"狮子王动画故事书"。经过迪士尼公司的大力促销，该游戏软件销售情况异常火暴，几乎成为当年秋季全美青少年儿童必买的游戏。但产品销售后不久，该公司客户支持部门的电话就一直不断，儿童家长和玩不成游戏的孩子们大量投诉该游戏软件，后来经过调查核实，发现造成这一严重后果的原因是，迪士尼公司没有对该游戏软件在已投入市场上适用的各种 PC 上进行正确的测试，也就是说游戏软件对硬件环境的兼容性没有得到保证。软件故障使迪士尼公司的声誉受到影响，公司为改正软件缺陷和故障付出了很大的代价。

案例二：售票系统性能问题。

某奥运会第二阶段门票开始预售，公众的奥运热情很高，承担此次售票的票务网站一小时浏览量达 800 万次、每秒提交的门票申请达 20 万张；呼叫中心一小时呼入 200 万人次……由于访问量过大，票务销售系统数据处理能力相对有所不足，造成各售票渠道出现售票速度慢、不能登录系统的情况。虽然访问者不停地刷新订票系统的页面，但上面总是显示"系统故障，无法处理你的请求"。由于庞大的订票人数超出预期，奥运票务系统"开工"后不久便出现问题。

从上面的例子中大家不难发现，正是由于软件中存在着或多或少的问题，直接导致了各方的损失，同时，从另外一方面也反映了充分、有效地对软件实施测试的重要意义。

1.2　软件相关概念解析

大家从上面的软件故障或缺陷的实例中不难发现，这些软件故障和缺陷拥有很多的共同特点。首先，软件的开发过程与预期设计目标不一致。其次，闭门造车，没有实际考察客户的真正应用环境，仅仅按照自己的想法实施，尽管进行了测试，但是并没有覆盖到大多数用户应用软件的所有场景，如《狮子王》游戏软件就是因为研发出来的软件没有考虑用户的实际应用环境而引发的问题；而奥运售票系统的重大的事故也反映出没有考虑到实际用户的访问量。

那么什么是软件？什么是缺陷呢？什么是软件生命周期？在学习软件测试之前，大家应对这些概念有一个清晰的认识。

1. 软件的概念

简单地说，软件就是程序与文档的集合。程序指实现某种功能的指令集合，如目前广泛被应用于各行各业的 Java 程序、Delphi 程序、Visual Basic 程序、C#程序等。文档是指在软件从无到有这个完整的生命周期中产生的各类图文的集合。具体可以包括《用户需求规格说明书》《需求分析》《系统概要设计》《系统详细设计》《数据库设计》《用户操作手册》等相关文字及图片内容。

2. 软件缺陷的概念

软件缺陷是指计算机的硬件、软件系统（如操作系统）或应用软件（如办公软件、进销存系统、财务系统等）出现的错误，大家经常会把这些错误叫作"Bug"。"Bug"在英语中是臭虫的意思。在以前的大型机器中，经常出现有些臭虫破坏了系统的硬件结构，导致硬件运行出现问题，甚至崩溃。后来，Bug 这个名词就沿用下来，引伸为错误的意思，什么地方出了问题，就说什么地方出了 Bug，也就用 Bug 来表示计算机系统或程序中隐藏的错误、缺陷或问题。

硬件的出错有两个原因，一种原因是设计错误，另一种原因是硬件部件老化失效等。软件的错误基本上是由于软件开发企业设计错误而引发的。设计完善的软件不会因用户可能的误操作产生 Bug，如本来是做加法运算，但错按了乘法键，这样用户会得到一个不正确的结果，这个误操作产生错误的结果，但不是 Bug。

3. 软件生命周期的概念

软件生命周期是从软件需求的定义、产生直到被废弃的生命周期，生命周期内包括软件的需求定义、可行性分析、软件概要设计、软件详细设计、编码实现、调试和测试、软件验收与应用、维护升级到废弃的各个阶段，这种按时间分为各个阶段的方法是软件工程中的一种思想，即按部就班、逐步推进，每个阶段都要有定义、工作、审查、形成文档以供交流或备查，从而提高软件的质量。

1.3　软件测试的定义

随着计算机行业的不断发展，软件系统规模和复杂性不断扩大，先前由一两个人就可以完成的中小型项目已经不再适用于现在软件项目的开发模式和系统的规模。现行软件项目通常业务功能复杂，操作人数较多，软件厂商在激烈的市场竞争中不仅需要考虑产品的功能实用性、界面的美观性、易用性等，产品的健壮性，以及快速及时的响应、支持多用户的并发请求等性能测试方面的要求也越来越受到关注，软件的性能测试可以说是软件测试的重中之重。它是测试人员从用户角度出发对软件系统功能、性能等方面进行测试的行为，是一种非常重要的软件质量保证的手段。

软件测试就是在软件投入正式运行前期，对软件需求文档、设计文档、代码实现的最终产品以及用户操作手册等方面审查过程。软件测试通常主要描述了两项内容。

描述 1：软件测试是为了发现软件中的错误而执行程序的过程。

描述 2：软件测试是根据软件开发各个阶段的规格说明和程序的内部结构而精心设计的多组测试用例（即输入数据及其预期的输出结果），并利用这些测试用例运行程序以发现错误的过程，即执行测试步骤。

这里又提到了两个概念：测试和测试用例。

测试包含硬件测试和软件测试，在这里如没有特殊说明，测试仅指软件测试。它是为了找出软件中的缺陷而执行多组软件测试用例的活动。

软件测试用例是针对需求规格说明书中相关功能描述和系统实现而设计的，用于测试输入、执行条件和预期输出，测试用例是执行软件测试的最小实体。

关于软件测试还有一个概念，就是测试环境。测试环境包括很多内容，具体如下。

（1）硬件环境（PC、笔记本电脑、服务器、小型机、大型机等）。

（2）软件环境（操作系统，如 Windows 2000、Windows 9x、Windows XP、Windows NT、UNIX、Linux 等；Web 应用服务器，如 Tomcat、Weblogic、IIS、WebSphere 等；数据库，如 Oracle、SQL Server、MySQL、DB2 等；还有一些其他的软件，如办公软件，杀毒软件等）。软件环境的配置还需要考虑软件的具体版本和补丁的安装情况。

（3）网络环境（如局域网、城域网或因特网，局域网是 10Mbit/s、100Mbit/s 的，还是其他类型的）。

有时在进行软件测试的时候，同一个应用系统，因为测试环境的不同将直接导致软件运行结果的不同（如界面不同、运行结果不同等），为了保证不再出现类似《狮子王》游戏软件兼容性测试方面的问题发生，在进行测试环境搭建的时候，需要注意以下几点。

（1）尽量模拟用户的真实场景。

就是测试环境尽量模拟用户应用的网络应用、软件、硬件使用环境，全面仿真用户的真实场景测试，与用户的各项配置均一致。有些情况下，完全模拟用户的场景是有困难的，这时可以通过与客户沟通，在特定的时间段（如节假日、下班以后等时间）应用客户的环境来达到测试的目的。

（2）干净的环境。

有时为了考查一款软件是否可以在新安装的操作系统下正常运行，就需要在干净的机器上考查这个软件相关的动态链接库（DLL 文件），相应组件是否能够正常注册、复制到相应路径下；有些情况下由于程序的运行需要第三方组件或者动态链接库的支持，然而，在打包的时候忘记把这些内容打进去，而导致在干净的系统中会出现问题。在干净的系统下测试还可以有效避免由于安装了其他软件，产生冲突，影响问题定位方面的事情发生。

（3）没有病毒的影响。

有时，测试人员会发现系统在本机上出现文件无法写入、网络不通、驱动错误、IE 浏览器和其他软件的设置频繁被改变等一系列莫名其妙的问题，而这些问题在别的计算机上没有，遇到这些问题，一般情况下可能是您的计算机感染上了病毒，需要杀毒以后再进行测试。在有病毒的计算机上进行测试是没有意义的事情，因为不知道这是系统的问题还是病毒原因而产生的问题。

（4）独立的测试环境。

做过测试的读者可能经常都会被研发和测试共用一套测试环境而困扰，因为测试和研发的数据互相影响。例如，一个进销存软件，测试人员做了进货处理，进了 10 口电饭锅，进货单价为 100 元/口，接下来进入库存统计时发现库存金额为 800 元，原来是因为开发人员销售了两口电饭锅，致使库存统计的结果数据不对。在共用一套环境情况下，研发、测试相互影响的事情比比皆是，不利于缺陷的定位，也不利于项目或者产品任务的进度控制。

1.4　软件测试的分类

软件测试按照测试阶段、是否运行程序、是否查看源代码以及其他方式，可以用图 1-1 所示来描述软件测试的各种分类。

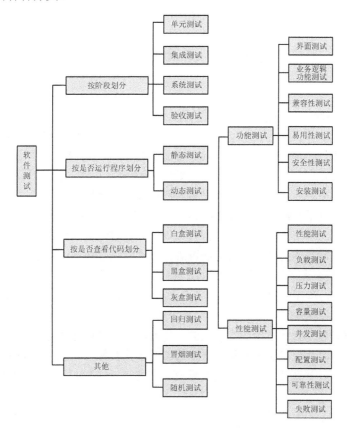

图 1-1　测试的各种分类结构图

1.4.1　黑盒测试、白盒测试与灰盒测试

1．黑盒测试

黑盒测试（Black-box Testing）是软件测试的主要方法之一，也可以称为功能测试、数据驱动测试或基于规格说明的测试。测试者不了解程序的内部情况，只知道程序的输入、输出和系统的功能，这是从用户的角度对程序进行的测试。软件的黑盒测试意味着测试要在软件的接口处进行。这种方法是把测试对象看做一个黑盒子，测试人员完全不考虑程序内部的逻辑结构和内部特性，

只依据程序的需求规格说明书，检查程序的功能是否符合它的功能说明。

黑盒测试的随机性比较大，在大部分案例执行完成以后，大概能够测试 40%的功能。据美国一个官方的数据说，20%的问题是在开发过程中发现的；80%的问题是在系统测试和集成测试过程中发现的，其中 80%的比例我们还是需要再细分，20%的是使用的问题，20%是程序的问题，5%逻辑问题，剩下的都是莫名其妙的问题。这样的数据对测试的一个引导是：要想发现更多的问题，需要更多的思考，更多的组合。这样增加了很多工作量，人们在疲惫地执行着测试用例，渴望从中发现新的问题。

这样的用例设计思想使得我们在开发一个大型的产品或者延续性产品的时候，整个测试用例的延续性很差，重用性也很差。所以我们在这里需要纠正一个概念，黑盒测试不是简单地使用，用例设计也不是无谓地组合。

那么如何设计好的测试用例呢？如何在开发过程中很好地结合 2/8 原则呢？不可能出现一个完美无瑕的产品，但是作为软件工程师和软件测试工程师，肯定希望自己参与开发的产品稳定、易用并且能够受到用户的好评；希望自己参与的产品能够满足当前大多数人的需求，是否更合理呢？我相信通过软件工程师、测试工程师以及质量保证人员等的不断努力，我们的软件产品会让用户感到满意的。

2. 白盒测试

白盒测试（White-box Testing）是另一种软件测试的主要方法，又称为结构测试、逻辑驱动测试或基于程序本身的测试，它着重于程序的内部结构及算法，通常不关心功能与性能指标。软件的白盒测试是对软件的过程性细节做细致的检查。这种方法是把测试对象看做一个打开的盒子，它允许白盒测试人员利用程序内部的逻辑结构及有关信息，设计或选择测试用例，对程序所有逻辑路径进行测试。通过在不同点检查程序状态，确定实际状态是否与预期的状态一致。

白盒测试是一种基于对源代码中的控制结构、处理过程等进行分析，检查程序内部处理是否正确、包括异常处理、语句结构、分支、循环结构等。很多控制软件，还要考虑有无冗余的代码，因为程序运行时，可能进入这些代码而无法再进行正常的执行（如进入了死循环状态，程序永远无法终止）。这种测试要求测试人员对程序的理解能力和编码能力很高，需要了解程序的构架、具体需求，以及一些编写程序的技巧，能够检查一些程序规范，以及指针、变量、数组越界等问题，使得问题在前期就暴露出来。

白盒测试一般是以单元或者模块为基础的。目前的做法是把它归结为开发的范畴。通常由资深的程序员、专职的白盒测试人员或利用专业的代码分析工具，如 Boundchecker、Jtest、C++ Test 等工具，这些工具可以帮助开发人员发现变量没有初始化、空指针、内存泄露以及代码不规范等问题。

白盒测试的主要方法包括以下几种。

- 语句覆盖：使得程序中每个语句至少都能被执行一次。
- 判定覆盖：使得程序中每个判定至少为真或假各一次。
- 条件覆盖：使得判定中的每个条件获得各种可能的结果。
- 判定/条件覆盖：同时满足判断覆盖和条件覆盖。
- 条件组合覆盖：使得每个判定中条件的各种可能组合都至少出现一次。

3. 灰盒测试

灰盒测试（Gray-box Testing）是基于程序运行时刻的外部表现同时又结合程序内部逻辑结构来设计用例，执行程序并采集程序路径执行信息和外部用户接口结果的测试技术。这种测试技术介于白盒测试与黑盒测试之间，可以这样理解，灰盒测试关注输出对于输入的正确性，同时也关注内部表现。

但这种关注不像白盒那样详细、完整，只是通过一些表征性的现象、事件、标志来判断内部的运行状态，有时候输出是正确的，但内部其实已经错误了，这种情况非常多，如果每次都通过白盒测试来操作，效率会很低，因此需要采取这样的一种灰盒的方法。

灰盒测试结合了白盒测试和黑盒测试的要素。它考虑了用户端、特定的系统知识和操作环境。灰盒测试由方法和工具组成，这些方法和工具取材于应用程序的内部知识和与之交互的环境，能够用于黑盒测试以增强测试效率、错误发现和错误分析的效率。灰盒测试涉及输入和输出，但使用关于代码和程序操作等通常在测试人员视野之外的信息设计测试。

1.4.2 静态测试与动态测试

静态测试和动态测试的概念在很多书中被提到，在这里也给大家介绍一下这两个概念。

1. 静态测试

所谓静态测试（Static Testing），是指不运行被测试的软件，而只是静态地检查程序代码、界面或者文档中可能存在的错误的过程。

从概念中，大家不难发现静态测试主要包括三个方面内容的测试工作，即程序代码、界面和文档。

（1）程序代码测试：主要是程序员通过代码检查、代码评审等方式，对程序中是否存在编码不规范、代码编写是否和业务实现不一致，以及代码中是否有内存泄露、空指针等问题的测试。

（2）界面测试：主要是指测试人员从用户角度出发，根据公司的 UI（User Interface，用户界面）设计规范检查被测试软件的界面是否符合用户的要求，在这里，非常赞同在开发软件产品之前，提供一个界面原型给用户参考，听取用户意见，而后不断完善原型，最后依照通过的原型实现软件的做法。

（3）文档测试：主要是测试人员对需求规格说明书、用户手册是否符合用户要求的检查过程。

为了能够说明静态测试是如果进行的，我们现在仅以对程序代码测试为例，给大家介绍一下。

首先，请大家看一段由 C 语言实现的小程序，代码如下所示。

```
void msg(char *explanation)
{
    char p1;

    p1 = malloc(100);
    .(void) sprintf(p1, "The error occurred because of '%s'.", explanation);
}
```

不知道您看到问题了吗？如果您对 C 语言有一定了解的话，应该清楚内存申请完成以后，在完成任务后，必须要把申请的内存回收，否则就会造成内存的泄露发生。从上面的代码我们不难发现，每次应用 msg()函数都会泄露 100 字节的内存。在内存充裕的情况下，一两次泄露是微不足道的，但是连续操作数小时后，特别是在多用户并发的情况下，持续运行一段时间之后，则即使如此小的泄露也会削弱应用程序的处理能力，最后的结果必将是内存资源耗尽！

在实际的 C、C++编程中，您在代码中对内存 malloc()（分配）以后，在完成任务以后一定要记得把那部分申请的内存通过 free()给释放掉，当然您还需要注意应用文件操作的时候，也要把文件给关闭，建立一个连接以后也要把连接给关掉等问题。上面提及的情况，如果没有及时关闭申请的资源同样是会出现内存泄露情况的。

除了上面说到的代码方面的问题以外，文档中缺少注释信息也是一个问题。大家知道一个软件在编写过程中，通常都是多个人相互协作，每个人编写一部分功能模块，每个人可能都非常清楚自己编写模块的内容，但是有时候难免会碰到您去修改别人代码的时候（如某个研发人员离职了，您需要维护他编写的那部分代码），这时如果没有注释信息，您可能理解几十万、上百万行的代码是极其困难的，但是在有注释的情况下，您就能很快了解作者的意图，方便后期代码的维护。

2. 动态测试

与静态测试相对应的就是动态测试。所谓动态测试（Dynamic Testing），是指实际运行被测试的软件，输入相应的测试数据，检查实际输出结果是否和预期结果相一致的过程。从静态测试和动态测试的概念我们不难发现，静态测试和动态测试的唯一区别就是是否运行程序。

图 1-2　计算器程序

为了能够说明动态测试是如何进行的，我们现在也举一个具体的实例，给大家介绍一下。以 Windows 自带的计算器程序为例，如我们输入"5+50="，在设计用例的时候，预期结果应该为"55"，如果结果不等于"55"则说明程序是错误的，请参见图 1-2。

1.4.3　单元测试、集成测试、系统测试与验收测试

1. 单元测试

单元测试是测试过程中的最小粒度，它在执行的过程中紧密地依照程序框架对产品的函数和模块进行测试，包含入口和出口的参数，输入和输出信息，错误处理信息，部分边界数值测试。

这个部分的测试工作，目前，在国内大多数情况下是由开发人员进行的。我相信未来的发展应该是测试工程师来做这个事情。这和目前国内软件测试刚刚起步的阶段是有密切关系的，随着软件行业的蓬勃发展，越来越多的软件企业已经意识到白盒测试的重要程度，特别是在军工、航天以及一些对人身、财产安全影响重大的项目中，白盒测试的重要意义不言而喻。当然，这样意义重大的事情，对白盒测试人员的综合能力也提出了更高的要求，从业人员必须对需求、系统框架、代码以及测试技术等方面都要有深刻的理解，这样才能发现问题。

还有一种大家坐在一起讨论评审的方法，就是当一个模块给某个开发工程师以后，需要他给大家讲解，他要完成这个模块或者函数的整体流程和思路，进行统一评审，使得问题能够暴露得更充分些，这样做的目的有以下几个原因。第一，使得大家对设计者思路明晰的理解，以便以后调用或者配合的时候能够真切地提出需求或者相对完美配合。第二，在评审的过程中，如果发现问题，那么大家可能没有遇见过，这样就会更加提高警惕，如果遇见过，就会回想当时自己怎么解决的或者规避的，使得大家能够避免错误的发生，减少解决问题的周期。第三，可以对平常所犯错误进行一个积累，这是生动的教科书，可以使得新的人员在上手的时候就借鉴前人的一些经验，遇到这样的问题以后，可以给他们一个解决问题的方法或者方向。

上面给大家介绍了两种方法，第一种就是通过在开发的过程中进行测试，由开发（白盒测试）工程师写测试代码，对所编写的函数或者模块进行测试；第二种就是通过代码互评发现问题，将问题进行积累，形成知识积累库，以便使得其他开发人员在遇到同样问题时不至于再犯错误。

单元测试非常重要，因为它影响的范围和宽度比较大，也许由于一个函数或者参数问题，造成后面暴露出很多表象问题出现。而且如果单元测试做不好，使得集成测试或者后面系统测试的压力很大，这样项目的费用和进度可能就会受到影响。

对单元测试，有很多工具可以应用，现在主流是 Xunit 系列（即针对 Java 的单元测试主要用 Junit，.Net 则有 Nunit，Delphi 有 Dunit 等工具），当然，除了 Xunit 系列的单元测试工具，也有其他的工具，如 Cppunit、Comunit、ParaSoft 的 Jtest 等。测试人员应该在单元测试工作中不断积累工作经验，不断加强、改进工作方法，增强单元测试力度。

保证单元测试顺利进行，需要渗透软件工程的很多思想，把 CMM（能力成熟度模型）和跟踪机制建立起来，把问题进行分类与跟踪，如果把软件环节整个活动都渗透了，那么产品质量的意识自然就增强了。

单元测试做什么呢？

单元测试主要任务包括：

① 模块接口测试；

② 模块局部数据结构测试；

③ 模块中所有独立执行路径测试；

④ 模块的各条错误处理路径测试；

⑤ 模块边界条件测试。

（1）模块接口测试。

模块接口测试是单元测试的基础，主要检查数据能否正确地通过模块。只有在数据能正确流入、流出模块的前提下，其他测试才有意义。

测试接口正确与否应该考虑下列因素：

① 输入的实际参数与形式参数的个数是否相同；

② 输入的实际参数与形式参数的属性是否匹配；

③ 输入的实际参数与形式参数的量纲是否一致；

④ 调用其他模块时所给实际参数的个数是否与被调模块的形参个数相同；

⑤ 调用其他模块时所给实际参数的属性是否与被调模块的形参属性匹配；

⑥ 调用其他模块时所给实际参数的量纲是否与被调模块的形参量纲一致；

⑦ 调用预定义函数时所用参数的个数、属性和次序是否正确；

⑧ 是否存在与当前入口点无关的参数引用；

⑨ 是否修改了只读型参数；

⑩ 对全程变量的定义各模块是否一致；

⑪ 是否把某些约束作为参数传递。

如果模块内包括外部输入输出，还应该考虑下列因素：

① 文件属性是否正确；

② 打开或关闭语句是否正确；

③ 格式说明与输入输出语句是否匹配；

④ 缓冲区大小与记录长度是否匹配；

⑤ 文件使用前是否已经打开；

⑥ 是否处理了文件尾；

⑦ 是否处理了输入/输出错误；

⑧ 输出信息中是否有文字性错误。

（2）局部数据结构测试。

检查局部数据结构是为了保证临时存储在模块内的数据在程序执行过程中完整、正确。局部数据结构往往是错误的根源，应仔细设计测试用例，力求发现下面几类错误：

① 不合适或不相容的类型说明；

② 变量无初值；

③ 变量初始化或默认值有错；

④ 不正确的变量名（拼错或不正确地截断）；

⑤ 出现上溢、下溢和地址异常；

⑥ 除了局部数据结构外，如果可能，单元测试时还应该查清全局数据（如 Fortran 的公用区）对模块的影响。

（3）独立执行路径测试。

在模块中应对每一条独立执行路径进行测试，单元测试的基本任务是保证模块中每条语句至少执行一次。此时设计测试用例是为了发现因错误计算、不正确的比较和不适当的控制流造成的错误，其中基本路径测试和循环测试是最常用且最有效的测试技术，常见的错误包括：

① 误解或用错算符优先级；

② 混合类型运算；

③ 变量初值错；

④ 精度不够；

⑤ 表达式符号错。

比较判断与控制流常常紧密相关，测试用例还应致力于发现下列错误：

① 不同数据类型的对象之间进行比较；

② 错误地使用逻辑运算符或优先级；

③ 因计算机表示的局限性，期望理论上相等而实际上不相等的两个量相等；

④ 比较运算或变量出错；

⑤ 循环终止条件或不可能出现；

⑥ 错误地修改了循环变量。

（4）错误处理路径测试。

一个好的设计应能预见各种出错情况，并对这些出错的情况预设各种出错处理路径，出错处理路径同样需要认真测试，在测试时应着重检查下列问题：

① 输出的出错信息难以理解；

② 记录的错误与实际遇到的错误不相符；

③ 在程序自定义的出错处理段运行之前，系统已介入进行处理；

④ 异常处理不当，导致数据不一致等情况发生；

⑤ 错误陈述中未能提供足够的定位出错信息。

（5）边界条件测试。

边界条件测试是单元测试中重要的一项任务。众所周知，软件经常在边界上失效，采用边界值分析技术，针对边界值及其边界值的左、右设计测试用例，很有可能发现新的错误。

（6）单元测试方法。

一般认为单元测试应紧接在编码之后，当源程序编制完成并通过复审和编译检查，便可开始单元测试。测试用例的设计应与复审工作相结合，根据设计信息选取测试数据，将增大发现上述各类错误的可能性。在确定测试用例的同时，应给出期望结果。

由于被测试的模块往往不是独立的程序，它处于整个软件结构的某一层上，被其他模块调用或调用其他模块，其本身不能单独运行，因此在单元测试时，应为测试模块开发一个驱动（Driver）模块和（或）若干个桩（Stub）模块，图 1-3 显示了一般单元测试的环境。

驱动模块的作用是用来模拟被测模块的上级调用模块，功能要比真正的上级模块简单得多，它接收测试数据并将这些数据传递到被测试模块，被测试模块被调用后，可以打印"进入-退出"消息。桩模块用来代替被测模块所调用的模块，用以返回被测模块所需的信息。

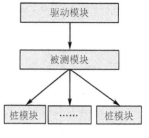

图1-3　单元测试环境

驱动模块和桩模块是测试使用的软件，而不是软件产品的组成部分，其编写需要一定的开发费用。若驱动和桩模块比较简单，实际开发成本相对低些。遗憾的是，仅用简单的驱动模块和桩模块不能完成某些模块的测试任务，这些模块的单元测试只能采用后面讨论的集成测试方法。

2. 集成测试

时常有这样的情况发生，每个模块都能单独工作，但这些模块集成在一起之后却不能正常工作，其主要原因是模块相互调用时接口会引入许多新问题。例如，数据经过接口可能丢失；一个模块对另一模块可能造成不应有的影响；几个子功能组合起来不能实现主功能；误差不断积累，最后，则达到不可接受的程度；全局数据结构出现错误等。集成测试是组装软件的系统测试技术，按设计要求把通过单元测试的各个模块组装在一起之后，进行综合测试以便发现与接口有关的各种错误。

集成测试包括两种不同方法：非增量式集成和增量式集成。研发人员习惯于把所有模块按设计要求一次全部组装起来，然后进行整体测试，这称为非增量式集成。这种方法容易出现混乱，因为测试时可能发现一大堆错误，为每个错误定位和纠正非常困难，并且在改正一个错误的同时又可能引入新的错误，新旧错误混杂，更难断定出错的原因和位置。与之相反的是增量式集成方法，程序一段一段地扩展，测试的范围一步一步地加强，错误易于定位和纠正，界面的测试也可做到完全彻底。

（1）增量式集成方法的两种类型。

增量式集成方法主要包括自顶向下集成和自底向上集成两种类型。

自顶向下增量式测试表示逐步集成和逐步测试是按结构图自上而下进行的。即模块集成的顺序是首先集成主控模块（主程序），然后按照软件控制层次结构向下进行集成。

自底向上增量式测试是从最底层的模块开始，按结构图自下而上逐步进行集成和测试。

集成测试主要测试软件的结构问题，因为测试建立在模块的接口上，所以多为黑盒测试，适当辅以白盒测试。

执行集成测试应遵循下面的方法：

① 确认组成一个完整系统的模块之间的关系；

② 评审模块之间的交互和通信需求，确认出模块间的接口；

③ 使用上述信息产生一套测试用例；

④ 采用增量式测试，依次将模块加入到系统，并测试新合并后的系统，这个过程以一个逻辑/功能顺序重复进行，直至所有模块/功能集成进来形成完整的系统为止。

此外，在测试过程中尤其要注意关键模块，所谓关键模块一般都具有下述一个或多个特征：

① 对应几条需求；

② 具有高层控制功能；

③ 复杂，易出错；

④ 有特殊的性能要求。

因为集成测试的主要目的是验证组成软件系统的各模块的接口和交互作用，因此集成测试对数据的要求无论从难度和内容来说一般不是很高。集成测试一般也不使用真实数据，测试人员可以使用手工制作一部分代表性的测试数据。在创建测试数据时，应保证数据充分测试软件系统的边界条件。

在单元测试时，根据需要生成了一些测试数据，在集成测试时可适当地重用这些数据，这样可节省时间和人力。

（2）集成测试遵循的原则。

集成测试很不好把握，应针对总体设计尽早开始筹划。为了做好集成测试，需要遵循以下原则：

① 所有公共接口都要被测试到；

② 关键模块必须进行充分的测试；

③ 集成测试应当按一定的层次进行；

④ 集成测试的策略选择应当综合考虑质量、成本和进度之间的关系；

⑤ 集成测试应当尽早开始，并以总体设计为基础；

⑥ 在模块与接口的划分上，测试人员应当和开发人员进行充分的沟通；

⑦ 当接口发生修改时，涉及的相关接口必须进行再测试；

⑧ 测试执行结果应当如实记录。

3．系统测试

集成测试通过以后，软件已经组装成一个完整的软件包，这时就要进行系统测试。系统测试完全采用黑盒测试技术，因为这时已不需要考虑组件模块的实现细节，而主要是根据需求分析时确定的标准检验软件是否满足功能、性能等方面的要求。系统测试所用的数据必须尽可能地像真实数据一样准确和有代表性，也必须和真实数据的大小和复杂性相当。满足上述测试数据需求的一个方法是使用真实数据。在不使用真实数据的情况下应该考虑使用真实数据的一个复制。复制数据的质量、精度和数据量必须尽可能地代表真实的数据。当使用真实数据或使用真实数据的复制时，仍然有必要引入一些手工数据。在创建手工数据时，测试人员必须采用正规的设计技术，使得提供的数据真正代表正规和异常的测试数据，确保软件系统能充分地测试。

系统测试需要有广泛的知识面，对测试工程师的要求需要了解和掌握很多方面的知识，需要了解问题可能出现的原因，以及出现这个问题可能是由于什么原因造成的，以便我们能够及时地补充测试用例，保证或者降低产品发行后的风险。

系统测试阶段是测试发现问题的主要阶段，系统测试重复的工作量比较大。如果是一个大型的项目，涉及的内容相对比较多。测试本身是一件重复性的工作，很多时候我们要部署同样的测试环境，测试同样的模块功能，反反复复地输入相同的测试数据，这是十分枯燥和乏味的工作。很容易让人厌烦，所以如果能够将部分有规律的重复性工作使用自动化测试工具来进行，会使得我们的工作量减少，提高工作效率。

4．验收测试

系统测试完成之后，软件已完全组装起来，接口方面的错误也已排除，这时可以开始对软件进行最后的确认测试。确认测试主要检查软件能否按合同要求进行工作，即是否满足软件需求规格说明书中的要求。

软件确认要通过一系列黑盒测试。确认测试同样需要制订测试计划和过程，测试计划应规定测试的种类和测试进度，测试过程则定义一些特殊的测试用例，旨在说明软件与需求是否一致。无论是计划还是过程，都应该着重考虑软件是否满足合同规定的所有功能和性能，文档资料是否完整、准确，人机界面和其他方面（例如，可移植性、兼容性、错误恢复能力和可维护性等）是否满足客户要求。

确认测试的结果有两种可能：一种是功能和性能指标满足软件需求说明的要求，用户可以接受；另一种是软件不满足软件需求说明的要求，用户无法接受。项目进行到这个阶段才发现严重错误和偏差一般很难在预定的工期内改正，因此必须与用户协商，寻求一个妥善解决问题的方法。

事实上，软件开发人员不可能完全预见用户实际使用程序的情况。例如，用户可能错误地理解命令，或提供一些奇怪的数据组合，也可能对系统给出的提示信息迷惑不解等。因此，软件是否真正满足最终用户的要求，应由用户进行一系列"验收测试"。验收测试既可以是非正式的测试，也可以有计划有系统的测试。有时，验收测试长达数周甚至数月，不断暴露错误，导致开发延期。一个软件产品可能拥有众多用户，不可能由每个用户验收，此时多采用称为α、β测试的过程，以期发现那些似乎只有最终用户才能发现的问题。

α测试是指软件开发公司组织内部人员模拟各类用户行为对即将面市软件产品(称为α版本)进行测试，试图发现错误并修正。α测试的关键在于尽可能地模拟实际运行环境和用户对软件产品的操作，并尽最大努力涵盖所有可能的用户操作方式。经过α测试调整的软件产品称为β版本。紧随其后的β测试是指软件开发公司组织各方面的典型用户(如放到互联网上供用户免费下载，并可以试用一定期限，或者以光盘等形式免费发放给部分期待试用的未来潜在客户群用户，也可以使用一定的期限，这个期限通常可能是几天也可能是几个月)在日常工作中实际使用β版本，并要求用户报告异常情况、提出改进意见，然后软件开发公司再对β版本进行改错和完善。

1.4.4　其他测试

1. 回归测试

无论是进行黑盒测试还是白盒测试都会涉及回归测试，那么什么是回归测试呢？回归测试是指对软件新的版本测试时，重复执行上一个版本测试时使用的测试用例。

在软件生命周期中的任何一个阶段，只要软件发生了改变，就可能给该软件带来问题。软件的改变可能是源于发现了错误并做了修改，也有可能是因为在集成或维护阶段加入了新的模块。当软件中所含错误被发现时，如果错误跟踪与管理系统不够完善，就可能会遗漏对这些错误的修改；而开发者对错误理解得不够透彻，也可能导致所做的修改只修正了错误的外在表现，而没有修复错误本身，从而造成修改失败；修改还有可能产生副作用从而导致软件未被修改的部分产生新的问题，使本来工作正常的功能产生错误。同样，在有新代码加入软件的时候，除了新加入的代码中有可能含有错误外，新代码还有可能对原有的代码带来影响。因此，每当软件发生变化时，我们就必须重新测试现有的功能，以便确定修改是否达到了预期的目的，检查修改是否损害了原有的正常功能。同时，还需要补充新的测试用例来测试新的或被修改了的功能。为了验证修改的正确性及其影响就需要进行回归测试。

回归测试在软件生命周期中扮演着重要的角色，因忽视回归测试而造成严重后果的例子不计其数，导致阿里亚娜 V 形火箭发射失败的软件缺陷就是由于复用的代码没有经过充分的回归测试造成的。我们平时也经常会听到一些客户的抱怨，说："以前应用没有问题的功能，现在怎么有问题了？"这些通常是因为鉴于商机、实施等部门对软件开发周期的限制因素，开发人员对软件系统增加或者改动部分系统功能，由于时间紧迫的原因，明确与测试部门说明只进行新增或者变更的模块进行测试，而对其他未修改的模块不需要进行测试或者干脆说不需要测试，由于软件系统各个模块之间存在着或多或少的联系，很有可能因为新增加的功能变化，而引起其他模块不能进行正常的工作，所以只测试新增模块，不对系统进行完整功能的测试，导致以前应用没有问题的功能，现在出现了问题。

2. 冒烟测试

冒烟测试的名称可以理解为该种测试耗时短，仅用一袋烟功夫足够了。也有人认为是形象地类比新电路板基本功能检查。任何新电路板焊好后，先通电检查，如果存在设计缺陷，电路板可能会短路，板子冒烟了。

冒烟测试的对象是每一个新编译的需要正式测试的软件版本，目的是确认软件基本功能正常，可以进行后续的正式测试工作。冒烟测试的执行者是版本编译人员或其他研发人员。

在一般软件公司，软件在编写过程中，内部需要编译多个版本，但是只有有限的几个版本需要执行正式测试（根据项目开发计划），这些需要执行的中间测试版本，在刚刚编译出来后，软件编译人员需要进行常规的测试，例如，是否可以正确安装/卸载，主要功能是否实现了，数据是否严重丢失等。如果通过了该测试，则可以根据正式测试文档进行正式测试，否则，就需要重新编译版本，再次执行版本构建、打包和测试，直到成功为止。冒烟测试的好处是可以节省大量的时间成本和人力、物力成本，避免由于打包失误、功能严重缺失、硬件部件损坏导致软件运行失败等严重问题而引起大量测试人员从事没有意义的测试劳动。

3．随机测试

随机测试是这样一种测试，在测试中，测试数据是随机产生的。例如，我们测试一个系统的姓名字段，姓名长度可达 12 个字符，那么可能随机输入以下 12 个字符："ay5%,，i567aj"，显然，没有人叫这样一个名字，并且可能该字段不允许出现%等一些字符，所以对随机产生的输入集合我们要进行提炼，省略掉一些不符合要求的测试集。并且这样随机产生的用例可能还只覆盖了一部分等价类，大量的情况无法覆盖到。这样的测试有时又叫猴子测试（Monkey Testing）。

随机测试有这样一些缺点：

（1）测试往往不太真实；

（2）不能达到一定的覆盖率；

（3）许多测试都是冗余的；

（4）需要使用同样的随机数种子才能重建测试。

这种随机测试在很多时候没有多大的用处，往往被用来作为"防崩溃"的手段，或者被用来验证系统在遭受不利影响时是否能保持正常。作者觉得随机测试在面向网络，特别是因特网、不确定群体时还是非常有用的，因为不仅仅是真正想使用系统的用户，也有很多乐于攻击系统和制造垃圾数据的人，这是考察一个系统健壮性、防止生成大量垃圾数据的情况时非常有用的，有很多系统就因为前期不注重控制垃圾数据的输入，导致数据量急速增长，后来又不得不做一个数据校验程序来限制或删除垃圾数据，无形中又增加了工作量。

1.5　软件开发与软件测试的关系

前面已经提到软件生命周期，大家已经清楚软件从无到有是需要需求人员、研发人员、测试人员、实施维护等人员相互协作的。作为软件测试人员，在从事软件测试工作的同时，最好对软件的研发过程有一个整体的了解。随着信息技术和各行各业的蓬勃发展，现在的软件系统通常都比较复杂，一个新的软件产品研发过程少则需要几个人，多则需要几百人、数千人来协同完成，下面我们就来看一看软件的开发模式。

1.5.1　常见的几种软件开发模式

从开始构思到正式发布软件产品的过程称为软件开发模式。一个软件系统的顺利完成是和选择正确的、适宜的软件开发方法，严格地按照整个开发进程开发密不可分的。

由于软件开发需求和规模各不相同，因此，在实际工作中也有针对性地运用了多种开发模式，下面给大家介绍一下。

1. 直接编写法

在早期的软件开发过程中，通常由于软件的规模比较小，有些开发人员不遵从软件工程的思想，直接编写代码，而不经过前期的概要设计、详细设计等过程，通常会有两种结果。第一种结果是开发出来的软件非常优秀（开发人员思路非常清晰，代码编写能力非常强）；第二种结果是软件产品开发失败（毕竟在开发过程中，能够很好掌控整体构架，并能够很好实现细节的开发人员还是很少）。

直接编写法的优点显而易见就是思路简单，对开发人员的要求很高，要求开发人员必须思路清晰，因为多数时候功能模块的实现是依赖于开发人员的"突发奇想"，由于不需要编写相应的需求、设计等文档，软件开发过程有可能会缩短。其缺点也非常明显，就是这种方法没有任何计划、进度安排和规范的开发过程，软件项目组成员的主要精力花费在程序开发的设计和代码编写上，它的开发过程是非工程化的。这种方法的软件测试通常是在开发任务完成后进行，也就是说已经形成了软件产品之后才进行测试。测试工作有的较容易，有的则非常复杂，这是因为软件及其说明书在最初就已完成，待形成产品后，已经无法回头修改存在的问题，所以软件测试的工作只是向客户报告软件产品经过测试后发现的情况。

通过上面的介绍，大家不难发现这种开发软件方法存在着很大的风险，但是，现行软件产品通常都是功能繁多、业务处理复杂的产品，这些软件产品开发工作应当避免采用直接编写法作为软件开发的方法。

2. 边写边改法

软件的边写边改开发模式是软件项目小组在没有刻意采用其他开发模式时常用的一种开发模式。它是对直接编写法的一种改进，参考了软件产品的要求。这种方法通常只是在开发人员有了比较粗略的想法就开始进行简单设计，然后进行较长的反复编写、测试与修复这样一个循环的过程，在认为无法更精细地描述软件产品要求时就发布产品。因为从开始就没有计划和文档的编制，项目组织能够较为迅速地展示成果。因此，边写边改模式极其适合用在快速制作的小项目上，如示范程序与演示程序比较适合采用该方法。

处于边写边改开发项目组的软件测试人员要明确的是，测试人员和开发人员有可能长期陷入循环往复的开发过程中。通常，新的软件（程序）版本在不断地产生，而旧的版本的测试工作可能还未完成，新版本软件（程序）还可能又包含了新的或已修改的功能。

在进行软件测试工作期间，边写边改开发模式最有可能遇到。虽然它有缺点，但它是通向采用合理软件开发的路子，有助于理解更正规的软件开发方法。

3. 瀑布法

1970 年，WinSTon Royce 提出了著名的"瀑布模型"，直到 20 世纪 80 年代早期，它一直是被广泛采用的软件开发模型。瀑布模式是将软件生命周期的各项活动规定为按照顺序相连的若干个阶段性工作，形如瀑布流水，最终得到软件产品，如图 1-4 所示。瀑布模式本质上是一种线性顺序模型，因此存在着较明显的缺点，各阶段之间存在着严格的顺序性和依赖性，特别强调预先定义需求的重要性，在着手进行具体的开发工作之前，必须通过需求分析预先定义并"冻结"软件需求，然后再一

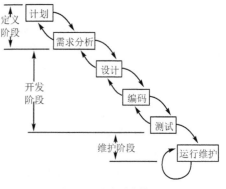

图 1-4 瀑布开发模式

步一步地实现这些需求。但是实际项目很少遵循着这种线性顺序进行的。虽然瀑布模式也允许迭代，但这种改变往往对项目开发带来混乱。在系统建立之前很难只依靠分析就确定出一套完整、准确、一致、有效的用户需求，这种预先定义需求的方法更不能适应用户需求不断变化的情况。

（1）瀑布开发模式优点。

① 各个阶段之间具有顺序性和依赖性。

② 推迟程序的物理实现。

③ 每个阶段必须完成规定的文档；每个阶段结束前完成文档审查，对修正错误起到一定作用。

④ 易于组织，易于管理。

⑤ 是一种严格线性的、按阶段顺序的、逐步细化的过程模型（开发模式）。

（2）瀑布开发模式缺点。

① 在项目开始的时候，用户常常难以清楚地给出所有需求。

② 用户与开发人员对需求理解存在差异。

③ 顺序的开发流程使得开发中的经验教训不能反馈到该项目的开发中去，实际的项目很少按照顺序模式进行。

④ 因为瀑布模式确定了需求分析的绝对重要性，但是在实践中要想获得完善的需求说明是非常困难的，导致出现"阻塞状态"情况发生。

⑤ 开发中出现的问题直到开发后期才能够显露，因此失去及早纠正的机会。

⑥ 不能反映出软件开发过程的反复与迭代性。

（3）瀑布开发模式适用场合。

① 对于有稳定的产品定义和易被理解的技术解决方案时，使用瀑布模式非常适合。

② 对于有明确定义的版本进行维护或将一个产品移植到一个新的平台上，使用瀑布模式也比较适合。

③ 对于那些易理解但很复杂的项目，应用瀑布模式同样比较合适，因为这样的项目可以用顺序方法处理问题。

④ 对于那些质量需求高于成本需求和进度需求的项目，使用瀑布模式处理效果也很理想。

⑤ 对于那种研发队伍的技术力量比较薄弱或者新人较多缺乏实战经验的团队，采用瀑布模式也非常合适。

4. 快速原型法

根据客户需求在较短的时间内解决用户最迫切解决的问题，完成可演示的产品。这个产品只实现最重要功能，在得到用户的更加明确的需求之后，原型将丢弃。快速原型模型的第一步是建造一个快速原型，实现客户或未来的用户与系统的交互，用户或客户对原型进行评价，进一步细化待开发软件的需求。通过逐步调整原型使其满足客户的要求，开发人员可以确定客户的真正需求是什么；第二步则在第一步的基础上开发客户满意的软件产品。显然，快速原型方法可以克服瀑布模式的缺点，减少由于软件需求不明确带来的开发风险，具有显著的效果。快速原型实施的关键在于尽可能快速地建造出软件原型，一旦确定了客户的真正需求，所建造的原型将被丢弃。因此，原型系统的内部结构并不重要，重要的是必须迅速建立原型，随之迅速修改原型，以反映客户的需求，如图 1-5 所示。

5. 螺旋模式法

1988 年，Barry Boehm 正式发表了软件系统开发的"螺旋模式"，他将瀑布模式和快速原型结合起来，强调了其他模型所忽视的风险分析，特别适合于大型复杂的系统。

螺旋模型沿着螺线进行若干次迭代，图 1-6 中的 4 个象限代表了以下活动。

（1）规划：确定软件目标，选定实施方案，弄清项目开发的限制条件。

（2）风险分析：分析评估所选方案，考虑如何识别和消除风险。

（3）原型开发：实施软件开发和验证。

（4）用户评审：评价开发工作，提出修正建议，制订下一步计划。

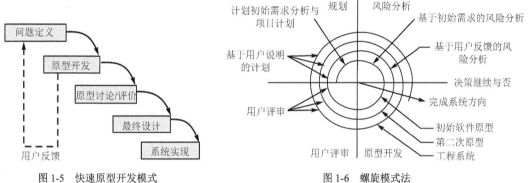

图 1-5　快速原型开发模式　　　　　　　图 1-6　螺旋模式法

螺旋模式有风险分析，强调可选方案和约束条件，从而支持软件的重用，有助于将软件质量作为特殊目标融入产品开发之中。螺旋模式的第一个阶段是确定该阶段的目标——制订计划，完成这些目标的选择方案及其约束条件，然后从风险角度分析方案的开发策略，努力排除各种潜在的风险，有时需要通过建造原型来完成。如果某些风险不能排除，该方案立即终止，否则启动下一个开发步骤。最后，评价该阶段的结果，并设计下一个阶段。螺旋模式是瀑布模式与边写边改演化模式相结合，并加入风险评估所建立的软件开发模式。主要思想是在开始时不必详细定义所有细节，而从小开始，定义重要功能，尽量实现，接受客户反馈，进入下一阶段，并重复上述过程，直到获得最终产品。但是，螺旋模式也有一定的限制条件，具体如下。

（1）螺旋模式强调风险分析，但要求许多客户接受和相信这种分析，并做出相关反应是不容易的，因此，这种模式往往适应于内部的大规模软件开发。

（2）如果执行风险分析将大大影响项目的利润，那么进行风险分析毫无意义，因此，螺旋模式只适合于大规模软件项目。

（3）软件开发人员应该擅长寻找可能的风险，准确地分析风险，否则，将会带来更大的风险。

1.5.2　测试与开发各阶段的关系

测试应该从生命周期的第一个阶段开始，并且贯穿于整个软件开发的生命周期。生命周期测试是对解决方案的持续测试，即使在软件开发计划完成后或者被测试的系统处于执行状态的时候，都不能中断测试。在开发过程的几个时期，测试团队所进行的测试是为了尽早发现系统中存在的缺陷。软件的开发有其自己的生命周期，在整个软件生命周期中，软件都有各自的相对于各生命周期的阶段性的输出结果，其中也包括需求分析、概要设计、详细设计及程序编码等各阶段所产生的文档，包括需求规格说明、概要设计规格说明、详细设计规格说明以及源程序等，而所有这些输出结果都应成为被测试的对象。测试过程包括了软件开发生命周期的每个阶段。在需求阶段，重点要确认需求定义是否符合用户的需要；在设计和编程阶段，重点要确定设计和编程是否符合需求定义；在测试和安装阶段，重点是审查系统执行是否符合系统规格说明；在维护阶段，要重新测试系统，以确定更改的部分和没有更改的部分是否都正常工作，如图 1-7 所示。

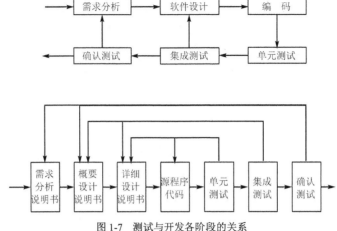

图 1-7　测试与开发各阶段的关系

基于"V"模型，如图 1-8 所示。在开发周期中的每个阶段都有相关的测试阶段相对应，测试可以在需求分析阶段就及早开始，创建测试的准则。每个阶段都存在质量控制点，对每个阶段的任务、输入和输出都有明确的规定，以便对整个测试过程进行质量控制和配置管理。通常在测试中，使用验证来检查中间可交付的结果，使用确认来评估可执行代码的性能。一般来说，验证回答这样的问题："是否建立了正确的系统？"，而确认回答的问题是："建立的系统是否正确"。

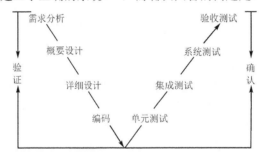

图 1-8　软件测试"V"模型

所谓验证，是指如何决定软件开发的每个阶段、每个步骤的产品是否正确无误，并与其前面的开发阶段和开发步骤的产品相一致。验证工作意味着在软件开发过程中开展一系列活动，旨在确保软件能够正确无误地实现软件的需求。

所谓确认，是指如何决定最后的软件产品是否正确无误。

1.5.3　测试的经济学观念

随着信息技术的飞速发展，软件产业在国民经济中扮演着越来越重要的角色，各行各业对软件质量要求也越来越高，那么软件企业是不是为了保证产品的质量，测试人员就需要无限期地对软件产品测试下去呢？回答是否定的，从经济学的角度考虑就是确定需要完成多少测试，以及进行什么类型的测试。经济学所做的判断，确定了软件存在的缺陷是否可以接受，是否符合企业产品定义的质量标准。"太少的测试是犯罪，而太多的测试是浪费。"对风险测试得过少，会造成软件的缺陷和系统的瘫痪；而对风险测试得过多，就会使本来没有缺陷的系统进行没有必要的测试，或者是对轻微缺陷的系统所花费的测试费用远远大于它们给系统造成的损失。测试费用的有效性，可以用测试费用的质量曲线来表示，如图 1-9 所示。随着测试费用的增加，发现的缺陷也会越多，两线相交的地方是过多测试开始的地方，这时，发现缺陷的测试费用超过了缺陷给系统造成的损失费用。

由于市场和软件研发成本的影响，软件测试不可能无限期地测试下去，软件测试最佳的发布日期通常是在测试多轮以后，在较长的时期发现不了缺陷或者发现很少的缺陷（如 2 周、3 周，甚至 1、2 个月也发现不了缺陷），但是该阶段耗费的研发成本日益增长的时候终止。

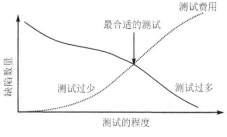

图 1-9　测试费用的质量曲线

1.6　软件测试流程

软件测试工作通常要通过制订测试计划、测试设计、执行测试、测试总结几个阶段来完成。

1.6.1　测试计划

测试计划就是描述所有要完成的测试工作，包括被测试项目的背景、目标、范围、方式、资源、进度安排、测试组织，以及与测试有关的风险等方面。

1．制订测试计划的目的

一个计划一定是为了某种目的而产生的，对于软件质量管理而言，制订测试计划的目的主要有以下几点。

（1）使软件测试工作各个阶段目标更明确，测试工作可以有条不紊顺利进行。

（2）促进项目组成员相互沟通，及时解决由于沟通不畅而引起的问题。

（3）预测在测试过程中可能出现风险并制订合理规避风险措施。

（4）使软件测试工作更易于管理。

2．制订测试计划的原则

制订测试计划是测试中最有挑战性的一个工作，以下原则将有助于制订测试计划工作。

（1）制订测试计划应尽早开始。

（2）保持测试计划的灵活性。

（3）保持测试计划简洁和易读。

（4）尽量争取多渠道测试计划评审工作。

（5）计算测试计划的投入成本。

3．面对的问题

制订测试计划时，测试人员可能面对以下问题，必须认真对待，并妥善予以处理。

（1）与开发者意见不一致，尽量达成一致，必要时企业高层需要介入。

（2）缺乏测试工具，在应用熟练的情况下，大型的项目测试工具的应用会在一定程度上减少测试周期，特别是在性能测试方面，测试工具的应用是非常必要的，大用户量的并发操作，人工模拟困难巨大。

（3）培训/沟通不够，培训工作很重要，有助于测试人员了解需求，了解系统实现的细节等。

（4）管理部门缺乏对测试工作的理解和支持，这是非常困难的事情，如果没有管理部门的支持与理解，我们的测试工作就会阻力重重，处理方法还是要测试部门相关领导要多和管理部门相关领导沟通、交流，阐述测试的重要性，当然，测试人员也要通过自己的不懈努力来证明经过测试的产品和没有测试的产品的具体差别，让管理部门人员真正意识到测试的重要性。

（5）缺乏用户的参与，测试的目的是为了要满足客户的需求。如果有客户的参与，我们可以更加明确客户的操作环境、操作方式等，这些对于我们后期能够合理地设计测试用例都是大有裨益的。

（6）测试时间不足、工期短、资源少是测试部门经常要面临的问题。这也需要和项目组合理确定测试时间，阐述测试时间和产品质量之间的关系以及测试的重点等内容，尽量多争取较长的、合理的测试时间。

　　4．建议

制订测试计划时，由于各软件公司的背景不同，测试计划文档也略有差异。实践表明，制订测试计划时，使用正规化文档通常比较好，本书的相关配套资源中提供了相关模板请大家借鉴参考。

1.6.2　测试设计

测试设计阶段要设计测试用例和测试数据，要保证测试用例完全覆盖测试需求。简单地说，测试用例就是设计一个情况，软件程序在这种情况下，必须能够正常运行并且达到程序所设计的执行结果。如果程序在这种情况下不能正常运行，而且这种问题会重现出来，那就表示已经测出软件有缺陷，这时候就必须将这个问题标示出来，并且输入到问题跟踪系统内，通知软件开发人员。软件开发人员接到通知后，将问题修改完成后，在下一个测试版本提交后，测试工程师取得新的测试版本，用同一个测试用例来测试这个问题，确保该问题被修复。在测试时，不可能进行穷举测试，为了节省时间和资源，提高测试效率，必须要从庞大的测试用例中精心挑选出具有代表性的测试数据来进行测试。使用测试用例的好处主要体现在以下几个方面。

（1）在开始实施测试之前设计好测试用例，可以避免盲目测试并提高测试效率。

（2）测试用例使软件测试的实施重点更加突出、目的更加明确。

（3）在软件版本更新后，只需修正少量的测试用例便可开展测试工作，降低工作强度，缩短项目周期。

（4）功能模块的通用化和复用化使软件易于开发，而测试用例的通用化和复用化则会使软件测试易于开展，并随着测试用例的不断精化，其效率也不断提高。

测试用例主要有如下几种。

（1）功能测试用例（包含功能测试、健壮性测试、可靠性测试）。

（2）安全测试用例。

（3）用户界面测试用例。

（4）安装/反安装测试用例。

（5）集成测试用例（包含接口测试）。

（6）性能测试用例（包含性能测试、负载测试、压力测试、容量测试、并发测试、配置测试、可靠性测试、失败测试）。

1.6.2.1　测试用例设计

测试设计阶段最重要的是如何将测试需求分解，如何设计测试用例。

　　1．如何对测试需求进行分解

对测试需求进行分解需要反复检查并理解各种信息，主要是和需求分析人员进行交流，必要的情况下也可以和用户交流，理解用户的真正需求是什么。

可以按照以下步骤执行。

（1）确定软件提供的主要功能、性能测试项详细内容。

（2）对每个功能进行分解，确定完成该功能所要进行的操作内容。

（3）确定数据的输入和预期的输出结果。

（4）确定会产生性能和压力测试的重要指标，包括硬件资源的利用率，业务的响应时间，并发用户数等重要内容。

（5）确定应用需要处理的数据量，根据业务情况预期未来 2、3 年内的数据扩展。

（6）确定需要的软件和硬件配置。

......

2. 如何设计测试用例

测试用例一般指对一项特定的软件产品进行测试任务的描述，体现测试方案、方法、技术和策略，需要指出的是，测试数据都是从庞大的可用测试数据中精心挑选出具有代表性的用例。测试用例是软件测试系统化、工程化的产物，而测试用例的设计一直是软件测试工作的重点和难点。

设计测试用例也就是设计针对特定功能或功能组合的测试方案，并编写成文档。测试用例应该体现软件工程的思想和原则。

传统的测试用例文档编写有两种方式。

（1）一种是填写操作步骤列表：将在软件上进行的操作步骤一步一步详细记录下来，包括所有被操作的项目和相应的值。

（2）另一种是填写测试矩阵：将被操作项作为矩阵中的一个字段，而矩阵中的一条条记录则是这些字段的值。

评价测试用例的好坏有以下两个标准。

（1）是否可以发现尚未发现的软件缺陷。

（2）是否可以覆盖全部的测试需求。

1.6.2.2 测试用例设计的方法

软件测试设计的重要工作内容就是用例的设计，那么用例设计有哪些方法呢？接下来，就给大家介绍一下用例设计一些常用的方法。

1. 等价类划分方法

等价类划分是一种典型的黑盒测试方法。使用这一方法时，完全不考虑程序的内部结构，只依据程序的规格说明来设计测试用例。由于不可能用所有可以输入的数据来测试程序，而只能从全部可供输入的数据中选择一个进行测试。如何选择适当的子集，使其尽可能多地发现错误，解决的办法之一就是等价类划分。

首先，把数目极多的输入数据，包括有效的和无效的，划分为若干等价类，而所谓等价类，是指某个输入域的子集合。在该子集合中，各个输入数据对于揭露程序中的错误都是等效的。并合理地假定：测试某等价类的代表值就等价于对这一类其他值的测试。因此，可以把全部输入数据合理划分为若干等价类，在每一个等价类中取一个数据作为测试的输入条件，就可用少量代表性测试数据，取得较好的测试结果。

等价类的划分有以下两种不同的情况。

（1）有效等价类：是指符合《用户需求规格说明书》的数据规范，合理地输入数据集合。

（2）无效等价类：是指符合《用户需求规格说明书》的数据规范，无效地输入数据集合。

划分等价类的原则如下。

（1）按区间划分。

（2）按数值划分。

（3）按数值集合划分。

（4）按限制条件或规则划分。

在确立了等价类之后，建立等价类表，列出所有划分出的等价类，如表 1-1 所示。

表 1-1　　　　　　　　　　　　　　　等价类划分列表

输 入 条 件	有效等价类	无效等价类
……	……	……

再从划分出的等价类中按以下原则选择测试用例。

（1）为每一个等价类规定一个唯一的编号。

（2）设计一个新的测试用例，使其尽可能多地覆盖尚未覆盖的有效等价类。重复这一步骤，直到所有的有效等价类都被覆盖为止。

（3）设计一个新的测试用例，使其仅覆盖一个无效等价类，重复这一步骤，直到所有的无效等价类都被覆盖为止。

这里给大家举一个小例子，记得上小学一年级的时候，主要学习两门功课：语文和数学，两门功课单科满分成绩均为 100 分。期末考试的时候，老师会计算每个学生的总分，即总分=语文分数+数学分数。为了方便老师计算个人总成绩，编写如下 C 语言代码：

```c
int sumscore(int maths, int chinese)
{
    int sumdata;
    if (((maths>100) || (maths<0)) || ((chinese>100) || (chinese<0)))
    {
        printf("单科成绩不能小于 0 或者大于 100! ");
        return -1;
    }
    sumdata=maths+chinese;
    printf("%d", sumdata);
    return sumdata;
}
```

我们现在根据"单科成绩只能在 0～100 的两个数字相加"的需求来设计测试用例，大家可以知道如果想把 0～100 的所有情况都测试到（仅包含正整数和零），我们需要 101×101=10201 个用例，显然这种穷举测试的情况是不可行的方法，因此我们尝试用等价类划分的方法来设计用例。

根据单科成绩输入的限制条件，可以将输入区域划分成 3 个等价类，如图 1-10 所示。

从图 1-10 中可以看到，我们将输入区域分成了一个有效等价类（成绩在 0～100）和两个无效等价类（成绩<0）和（成绩>100）。下面可以从每一个等价类中选择一组具有代表性的数据来进行函数正确性的测试，详细数据请参见表 1-2。

图 1-10　单科成绩等价类

表 1-2　　　　　　　　　　　　　等价类划分测试数据列表

用例编号	等价类分类	语文	数学	总　成　绩
1	有效等价类	60	90	150
2	无效等价类	−1	70	提示：单科成绩不能小于 0 或者大于 100!
3	无效等价类	101	120	提示：单科成绩不能小于 0 或者大于 100!

细心的朋友们可能会发现一个问题，就是我们刚才等价类的划分并不是很完善，我们只针对整型数据进行用例的设计，如果我们输入的是空格、小数、字母等数据怎么办？所以，测试用例的设计应该尽可能用少量的数据覆盖尽可能多的情况，上面用例的设计我们更多地从输入数据的范围进行了考虑，没有考虑如果参数的类型输入不正确的情况。下面我们将先前没有考虑进去的字母、空格等特殊字符也加入到测试数据列表中，形成比较完善的等价类划分测试数据列表，详细数据请参见表1-3。

表1-3　　　　　　　　　　完善后的等价类划分测试数据列表

用例编号	等价类分类	语文	数学	总　成　绩
1	有效等价类	60	90	150
2	无效等价类	–1	70	提示：单科成绩不能小于0或者大于100！
3	无效等价类	101	120	提示：单科成绩不能小于0或者大于100！
4	无效等价类	91.2	88.2	提示：单科成绩不能小于0或者大于100！
5	无效等价类	A	B	提示：单科成绩不能小于0或者大于100！
……	……	……	……	

2．边界值分析法

人们从长期的测试工作经验得知，大量的错误是发生在输入或输出范围的边界上，而不是在输入范围的内部。因此针对各种边界情况设计测试用例，可以查出更多的错误。使用边界值分析方法设计测试用例，首先应确定边界情况。

选择测试用例的原则如下。

（1）如果输入条件规定了值的范围，则应该取刚达到这个范围的边界值，以及刚刚超过这个范围边界的值作为测试输入数据。

（2）如果输入条件规定了值的个数，则用最大个数、最小个数、比最大个数多1个、比最小个数少1个的数作为测试数据。

（3）如果程序的规格说明给出的输入域或输出域是有序集合（如有序表、顺序文件等），则应选取集合的第一个和最后一个元素作为测试用例。

（4）如果程序用了一个内部结构，应该选取这个内部数据结构的边界值作为测试用例。

（5）分析规格说明，找出其他可能的边界条件。

3．因果图表法

因果图方法最终生成的就是判定表。它适合于检查程序输入条件的各种组合情况。利用因果图生成测试用例的基本步骤如下。

（1）分析软件需求规格说明描述中哪些是原因，哪些是结果。原因是输入条件或输入条件的等价类，结果是输出条件。

（2）分析软件需求规格说明描述中的语义，找出原因与结果之间、原因与原因之间对应的关系，根据这些关系，画出因果图。

（3）标明约束条件。由于语法或环境的限制，有些原因和结果的组合情况是不可能出现的。为表明这些特定的情况，在因果图上使用若干标准的符号标明约束条件。

（4）把因果图转换成判定表。

（5）为判定表中的每一列设计测试用例。

下面我们列出一些因果关系图常用的表示符号，如图1-11所示。

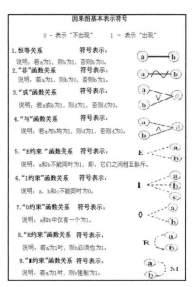

图1-11　因果图的基本符号

为了使大家对因果关系图方法有一个清晰的了解，这里给大家举一个例子：在一个应用系统中，系统要求能够分类导入进货和销售的数据，对文件的命名有如下要求，文件名第一个字符必须为 A（进货）或 B（销售），第二个字符必须为数字。满足则导入进货、销售接口文件信息到系统中。第一个字符不正确发出信息 X_{12}（"非进货或销售数据！"），第二个字符不正确发出信息 X_{13}（"单据信息不正确！"）。

（1）分析规范（如表 1-4 所示）。

表 1-4　　　　　　　　　　　　　文件命名问题分析规范列表

原　因	结　果
条件 1：第一个字符为 A	结果 1：30—导入接口文件数据
条件 2：第一个字符为 B	结果 2：31—发信息 X_{12}
条件 3：第二个字符为数字	结果 3：32—发信息 X_{13}

（2）画出因果图（如图 1-12 所示）。

中间结点⑪是导出结果的进一步原因，考虑到原因 1、2 不可能同时为 1，加上 E 约束。

（3）将因果图转换为判断表（如表 1-5 所示）。

从表 1-5 中可能发现组合情况 1、2 测试用例是空的，这是为什么呢？这是因为前面已经提到了原因，1、2 不可能同时为 1，所以条件 1 和条件 2 同时为 1 是没有意义的（即第一个字符既为 A 又为 B 这种情况）。

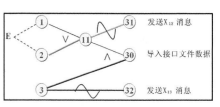

图 1-12　文件命名问题因果图

表 1-5　　　　　　　　　　　　　文件命名问题判定表

组合情况		1	2	3	4	5	6	7	8
条件原因	①	1	1	1	1	0	0	0	0
	②	1	1	0	0	1	1	0	0
	③	1	0	1	0	1	0	1	0
	⑪			1	1	1	1	0	0
动作结果	㉛			0	0	0	0	1	1
	㉚			1	0	1	0	0	0
	㉜			0	1	0	1	0	1
测试用例				A3 A8	AM A?	B5 B4	BN B!	C2X 6	DY PI

4．判定表方法

判定表是分析和表达多逻辑条件下执行不同操作的情况的一种方法。判定表的优点是能够将复杂的问题按照各种可能的情况全部列举出来，简明并避免遗漏。因此，利用判定表能够设计出完整的测试用例集合。在一些数据处理问题当中，某些操作的实施依赖于多个逻辑条件的组合，即针对不同逻辑条件的组合值，分别执行不同的操作。判定表很适合于处理这类问题。

条件桩	条件项
动作桩	动作项

图 1-13　判定表的 4 个组成部分

判定表通常由 4 个部分组成，如图 1-13 所示。

下面分别描述一下各个组成部分。

● 条件桩（Condition Stub）：列出问题的所有条件。通常认为列出的条件的次序无关紧要。

- 动作桩（Action Stub）：列出问题规定可能采取的操作。这些操作的排列顺序没有约束。
- 条件项（Condition Entry）：列出针对它左列条件的取值。在所有可能情况下的真假值。
- 动作项（Action Entry）：列出在条件项的各种取值情况下应该采取的动作。

这里给大家举一个例子，某个货运公司邮递货物的收费标准如下：如果收件地点在本省，则快件每千克 5 元，慢件每千克 3 元；如果收件地点在外省，则在 20 千克以内（包括 20 千克）快件每千克 7 元，慢件每千克 5 元，而超过 20 千克时，快件每千克 9 元，慢件每千克 7 元。

根据对上面问题的分析以后，我们可以得到条件取值分析表，如表 1-6 和表 1-7 所示。

（1）规则及规则合并。

规则：任何一个条件组合的特定取值及其相应要执行的操作称为规则。在判定表中贯穿条件项和动作项的一列就是一条规则。显然，判定表中列出多少组条件取值，也就有多少条规则，即条件项和动作项有多少列。

表 1-6　　　　　　　　　　　　　　　　条件取值分析表

条　件	取　值	含　义
收件地址在本省吗	Y	是（本省）
	N	否（外省）
邮件重量≤20kg 吗	Y	是（小于等于 20kg）
	N	否（大于 20kg）
快件吗	Y	是（快件）
	N	否（慢件）

化简：就是规则合并有两条或多条规则具有相同的动作，并且其条件项之间存在着极为相似的关系。

两规则动作项一样，条件项类似，在 1、2 条件项分别取 Y、N 时，无论条件 3 取何值，都执行同一操作。即要执行的动作与条件 3 无关，于是可合并，这里我们用"－"表示与取值无关，如表 1-8 所示。

表 1-7　　　　　　　　　　　　　　　　判定表

条件及动作	序　号	1	2	3	4	5	6	7	8	含义
条件	收件地址在本省	Y	Y	Y	Y	N	N	N	N	状态
	邮件重量≤20kg	Y	Y	N	N	Y	Y	N	N	
	快慢件	Y	N	Y	N	Y	N	Y	N	
动作	3 元/kg		X		X					决策规则
	5 元/kg	X		X			X			
	7 元/kg					X			X	
	9 元/kg							X		

表 1-8　　　　　　　　　　　　　　　　化简规则表

Y	Y		Y
N	N		N
Y	N		－
X	X		X

判定表的建立步骤如下（根据软件规格说明）。

① 分析判定问题涉及几个条件。

② 分析每个条件有几个取值区间。

③ 画出条件取值分析表，分析条件的各种可能组合。

④ 分析决策问题涉及几个判定方案。

⑤ 画出有条件组合的判定表。

⑥ 决定各种条件组合的决策方案，即填写判定规则。

⑦ 合并化简判定表，即相同决策方案所对应的各个条件组合是否存在无须判定的条件。

（2）判定表的优点和缺点。

优点：它能把复杂的问题按各种可能的情况一一列举出来，简明而易于理解，也可避免遗漏，如表 1-9 所示。

表 1-9　　　　　　　　　　　　　化简后的判定表

		1	2	3	4	5	6	
条　件	收件地址在本省	Y	Y	N	N	N	N	状态
	邮件重量≤20kg	—	—	Y	Y	N	N	
	快慢件	Y	N	Y	N	Y	N	
决策方案	3 元/kg		X					决策规则
	5 元/kg	X			X			
	7 元/kg			X			X	
	9 元/kg					X		

缺点：不能表达重复执行的动作，例如，循环结构。

B. Beizer 指出了适合使用判定表设计测试用例的条件：

● 规格说明以判定表形式给出，或很容易转换成判定表；

● 条件的排列顺序不会也不影响执行哪些操作；

● 规则的排列顺序不会也不影响执行哪些操作；

● 每当某一规则的条件已经满足，并确定要执行的操作后，不必检验别的规则；

● 如果某一规则得到满足要执行多个操作，这些操作的执行顺序无关紧要。

B. Beizer 提出这 5 个必要条件的目的是为了使操作的执行完全依赖于条件的组合。其实对于某些不满足这几条的判定表，同样可以借以设计测试用例，只不过尚需增加其他的测试用例罢了。

5. 错误推测法

有时候，为了发现一些问题，需要个人开发、测试以及其他方面的经验积累才能够发现缺陷。有很多朋友可能发现，一般用人单位都希望同等价位招聘一名有测试工作经验的人，而不愿意招聘一名应届毕业生。原因不仅仅是工作过的同志了解测试工作的流程，作为招聘单位可能考虑更多的是，已工作的朋友在测试方面积累了丰富的经验，将会为公司的软件测试缺陷的定位提供良好的条件。有经验的人靠直觉和经验来推测程序中可能存在的各种错误，从而有针对性地编写检查这些错误的例子，这就是错误推测法。错误推测法的基本想法是：列举出程序中所有可能有的错误和容易发生错误的特殊情况，根据它们选择测试用例。

作者曾经在对一个人事信息管理性能测试的时候，发现内存泄露明显，在使用 LoadRunner 做性能测试的时候，50 个虚拟用户并发的情况下，应用系统会出现内存被耗尽，最后宕机的情况发生。依照以前的开发经验，作者认为有以下几种原因都会导致内存泄露情况的发生：

（1）代码编写时，申请了内存，使用完成以后，没有释放申请的内存；

（2）变量使用完成后，没有清空这些变量的内容，也将会导致内存泄露；

（3）建立数据库连接、网络连接、文件操作等使用完成后，没有断开使用的连接。

上面几种情况都将会出现内存泄露。作者把内存泄露现象以及出现内存泄露的原因信息提供给了开发人员，研发人员通过对代码的审查，很快就发现在显示人员的照片时，申请了内存，使用完成后，没有释放，就是这个原因直接导致宕机情况的发生。

综上所述，对于测试工作来讲，软件开发、软件测试、操作系统、应用服务器、数据库以及网络等方面的经验，都会对您发现系统中的缺陷、定位问题产生的原因、解决问题提供一种思路。

6. 场景法

现在的软件几乎都是用事件触发来控制流程的，事件触发时的情景便形成了场景，而同一事件不同的触发顺序和处理结果就形成事件流。这种在软件设计方面的思想也可以引入软件测试中，可以比较生动地描绘出事件触发时的情景，有利于测试设计者设计测试用例，同时使测试用例更容易理解和执行。用例场景用来描述流经用例的路径，从用例开始到结束遍历这条路径上所有基本流和备选流。

如图 1-14 所示，图中经过用例的每条路径都用基本流和备选流来表示，直线表示基本流，是经过用例的最简单的路径。备选流用曲线表示，一个备选流可能从基本流开始，在某个特定条件下执行，然后重新加入基本流中（如备选流 1 和 3）；也可能起源于另一个备选流（如备选流 2），或者终止用例而不再重新加入到某个流（如备选流 2 和 4）。

为了使大家对场景设计方法能够有一个较深入的了解，这里给大家举一个银行 ATM 机提款操作的例子。下面是银行 ATM 机操作业务的流程示意图，如图 1-15 所示。

图 1-14 基本流和备选流

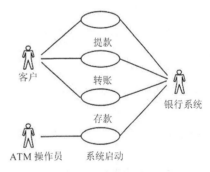
图 1-15 ATM 机相关操作流程示意图

根据上面的流程示意图，我们以银行的客户提款为例结合用例设计的方法，设计出如下场景，如表 1-10 所示。

表 1-10 ATM 机器提款场景法用例

场 景	PIN	账号	输入金额	账面金额	ATM 内的余额	预期结果
场景 1：成功提款	T	T	T	T	T	成功提款
场景 2：ATM 机器内没有现金	T	T	T	T	F	提款选项不可用，结束用例
场景 3：ATM 机器内现金不足	T	T	T	T	F	警告提示，返回基本流步骤 6，重新输入金额
场景 4：PIN 有错误	F	T	N/A	T	T	警告提示，返回基本流步骤 4，重新输入金额
……	……	……	……	……	……	……

注：T 代表 True（真），F 代表 False（假），N/A 代表 Not Applicable（不适合）。

用例的设计不仅仅是简单地把要做的事情描述出来，通常还需要把每一个场景的测试数据也设计出来，这样再进入测试执行阶段就可以按部就班，做到心中有数了。下面就是针对前面的场景用例而设计出来的数据，如表 1-11 所示。

表 1-11 ATM 机器提款场景法用例数据

场 景	PIN	账 号	输入金额	账面金额	ATM 内的余额	预期结果
场景 1：成功提款	0001	110～119	60	1000	3000	成功提款
场景 2：ATM 机器内没有现金	0001	110～119	100	600	0	提款选项不可用，结束用例
场景 3：ATM 机器内现金不足	0001	110～119	200	500	100	警告提示，反回基本流步骤 6，重新输入金额
场景 4：PIN 有错误	1111	110～119	n/a	300	2000	警告提示，反回基本流步骤 4，重新输入金额
……	……	……	……	……	……	……

当然，除了上面讲的这些常用的用例设计方法以外，还有正交试验等设计方法。在实际测试中，往往是综合使用各种方法才能有效地提高测试效率和测试覆盖率，这就需要认真掌握这些方法的原理、认真研读需求规格说明书，了解客户的需求，积累更多的测试经验，以便有效地提高测试水平。

以下是各种测试方法选择的综合策略，可供读者在实际应用过程中参考。

（1）首先进行等价类划分，包括输入条件和输出条件的等价划分，将无限测试变成有限测试，这是减少工作量和提高测试效率最有效的方法。

（2）在任何情况下都必须使用边界值分析方法，经验表明，用这种方法设计出的测试用例发现程序错误的能力最强。

（3）可以用错误推测法追加一些测试用例，这需要依靠测试工程师的智慧和经验。

（4）对照程序逻辑，检查已设计出的测试用例的逻辑覆盖程度，如果没有达到要求的覆盖标准，应当再补充足够的测试用例。

（5）如果程序的功能说明中含有输入条件的组合情况，则一开始就可选用因果图法和判定表驱动法。

（6）对于参数配置类的软件，要用正交实验法选择较少的组合方式达到最佳效果（请关注正交实验法的读者自行查找相关资料进行学习）。

（7）功能图法也是很好的测试用例设计方法，我们可以通过不同时期条件的有效性设计不同的测试数据。

（8）对于业务流清晰的系统，可以利用场景法贯穿整个测试案例过程，在案例中综合使用各种测试方法。

性能测试用例在测试设计阶段也是一项重要的工作，本书重点是讲解性能测试工具 LoadRunner 的应用，在后续章节对性能测试用例的设计有详细地描述，请大家参看。

1.6.3 测试执行

用例设计完成之后，通常进行需求、研发、测试、质控人员举行一轮或者多轮对用例的评审工作，评审主要是大家针对设计的用例，考查是否能够覆盖用户的需求。如果用例评审不通过，则需要测试人员对用例进行修改完善、用例补充等工作，直到用例评审通过为止。

测试执行阶段可以划分为两个子阶段，前一个阶段的目的非常清楚，就是发现缺陷，督促大家找出缺陷。测试用例的执行，应该是帮助我们更快地发现缺陷，而不是成为"发现缺陷"的障碍——使发现缺陷的能力降低。从理论上说，如果缺陷都找出来了，质量也就有保证了。所以在这一阶段，就是尽可能发现缺陷，这样不仅对开发团队也非常有利，能尽早地修正大部分缺陷；对测试有利，测试效率高，后面的回归测试也会稳定，信心更充分。在代码冻结或产品发布前的稍后的子阶段，目的是减少风险，增加测试的覆盖度，这时测试的效率会低一些，以损失部分测试效率、获得更高质量的收益。

1. 缺陷管理

测试阶段是测试人员和研发人员沟通最频繁的一个阶段。在软件测试过程中，测试人员发现缺陷以后，通常会提交到缺陷管理工具中，常见的缺陷管理工具包括开源免费的测试工具 BugZilla、Mantis、JIRA、BugFree 等；商业的测试工具有 HP TestDirector (QualityCenter)、IBM Rational ClearQuest、Compuware TrackRecord 等。测试管理工具能让测试人员、开发人员或其他的 IT 人员通过一个中央数据仓库，在不同地方就能交互测试信息。一般缺陷管理工具都是测试管理工具的一个重要组成部分，它们都能够将测试过程流水化——从测试需求管理，到测试计划；测试日程安排，测试执行到出错后的错误跟踪——仅在一个基于浏览器的应用中便可完成，而不需要每个客户端都安装一套客户端程序，使用简便。

缺陷提交以后，在大型软件企业或者非常规范企业，测试人员提交缺陷以后，测试负责任人或测试主管首先看一下这个缺陷是不是一个缺陷，如果是缺陷提交给研发的项目经理，研发项目经理将缺陷再分派给具体的研发人员。研发将缺陷修改完成以后，形成一个新的版本，提交给测试组，测试人员对新提交的版本进行问题的验证——这个过程也叫回归测试。如果测试人员经验证所有缺陷均得到修复，则关闭缺陷，那么这个版本就可以作为发布的版本。但是，更多的时候大家可能会遇到对缺陷研发、测试人员之间存在着争议的情况——测试人员认为这个缺陷应该修改，而研发人员认为这个缺陷不需要修改，这时需要质控、研发、测试等相关人员坐到一起，大家对缺陷进行评审来决定缺陷是否需要修改，或者对缺陷是否进行降级处理等，待达到产品的准出条件以后（准出条件举例，如严重等级为中等级别的缺陷不能超过 2 个），就可以发行产品了。当然，缺陷的处理流程，不同企业对缺陷的处理流程也是各不相同的，这里给大家介绍一下最普遍的缺陷处理流程，如图 1-16 所示。

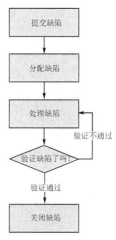

图 1-16　缺陷处理流程

下面简单给大家介绍一下。

（1）测试人员发现并提交一个 Bug，此时 Bug 的状态为新建（New）状态。

（2）测试负责人、测试主管确认是一个 Bug 以后，将 Bug 的状态置为打开（Open）状态，研发经理针对提交的 Bug 指定研发人员对 Bug 进行修复，研发人员接受以后，Bug 的状态变为已分配（Assigned）状态。

（3）研发人员修改该 Bug 以后，将 Bug 的变为已修复（Fixed），待系统 Bug 修复完成以后，形成一个新的版本提交给测试人员。

（4）测试人员对新版本进行回归测试，如果该 Bug 确实已经修正，则将 Bug 的状态修改为已关闭（Closed）状态，如果没有修正，则需要让开发人员继续修改该 Bug。

当然，上面的流程还很不完善，在测试过程中还会遇到，新版本中仍然存在与上个版本相同的缺陷，此时就需要将 Bug 置为重新打开（Reopen）状态，测试人员甲和测试人员乙提交相同

Bug，此时就需要将 Bug 置为重复（Duplicated）状态，还有研发人员认为这不是一个 Bug，此时 Bug 被置为拒绝（Rejected）状态等，这些情况在上面的流程中都没有涉及，所以如果您对缺陷的流程非常关心的话，建议您参考其他的测试书籍，这里限于篇幅，不做过多介绍。

通常在提交一个 Bug 的时候，都需要输入一些重要的信息，如图 1-17 所示，包括缺陷的概要信息（Summary）、指派给某人（Assigned To）、缺陷发现者（Detected By）、缺陷发现的版本（Detected in Version）、缺陷发现日期（Detected on Date）、优先级（Priority）、Severity（严重等级）、项目名称（Project）、模块名称（Subject）、状态（Status）、描述（Description）等信息。

图 1-17　TestDirector 提交一个新的 Bug

下面简要描述一下提交 Bug 时一些重要项的含义。

（1）缺陷概要是用简明扼要的语言表述缺陷的实质性问题。

（2）描述是对概要信息的详细表述，可以包括操作环境、操作步骤、测试数据等信息，这些内容将是您复现问题的重要依据。

（3）缺陷发现的版本是在测试的时候，那个版本的软件中发现的该缺陷。

（4）项目名称是您测试的产品或项目的名称。

（5）模块名称是指产品或项目的具体的功能模块名称，如系统设置模块、业务处理模块等。

（6）状态是指当前缺陷处于何种阶段，如 New、Open、Fixed、Closed 等。

（7）优先级是处理该缺陷的优先等级，等级高的需要优先处理。

（8）严重等级是指该缺陷将对系统造成的影响程度，在 TestDirector(QualityCenter)中主要包括 Low（轻微）、Medium（中等）、High（高）、Urgent（严重）等。

2．测试执行

在软件测试执行过程中，因为各个企业的背景不一样，所以实施的手段也各不相同。有的企业非常规范，不仅进行常规的黑盒测试（功能性测试），还进行了白盒测试（如单元测试等），同时进行了系统性能方面的测试；有的企业则主要进行功能性测试和简易的性能测试，这可能是目前国内软件企业最普遍处理方式；有的企业则仅仅进行功能性的测试。

执行测试时应遵循以下步骤。

（1）设置测试环境，确保所需的全部构件（硬件、软件、工具、数据等）都已实施并处于测试环境中。

（2）将测试环境初始化，以确保所有构件都处于正确的初始状态，可以开始测试。

（3）执行测试过程。

测试的执行过程是非常重要，如果测试执行过程处理不得当将会引起软件测试周期变长，测试不完全，人力、物力严重浪费等情况。测试执行阶段是软件测试人员与软件开发人员之间沟通最密切的一个阶段。软件测试是否能够按照计划正常执行和开发人员、IT 管理人员、需求人员等的密切配合分不开的。通常，开发人员构建一个版本并制作成一个安装包以后，首先要先运行一下，看看系统的各个功能是否能够正常工作，如果涉及硬件产品还要结合硬件产品进行测试，保证系统大的流程应该是可以运行通的，这也就是我们前面所说的冒烟测试。经过冒烟测试以后，如果没有问题则把该包提交给测试部门进行测试，否则，研发人员需要定位问题产生的原因，修改代码或设置，重新编译、打包以及进行冒烟测试。如果测试部门拿到的是没有经过冒烟测试的产品，则很有可能会出现前面讲的资源浪费、耽误测试进度等情况的发生。笔者管理的测试团队有一次就因为研发人员因为工作任务繁忙，没有对提交的软、硬件结合产品进行冒烟测试，导致测试人员为定位问题而进行业务模块、系统设置等多方面的测试工作，苦苦耗时达 5 个工作日之久，最后检查到原因，是研发人员提供的硬件的端口是坏的，这个教训很深刻。冒烟测试后的产品提交给测试部门以后，测试人员部署相应的环境，开始依据前期已经通过评审的功能、性能方面的测试用例。在执行用例的过程中，如果发现了缺陷，则提交到缺陷管理工具中，所有的功能、性能测试用例执行完成以后，宣告第一轮测试工作完成。开发人员需要对第一轮测试完成后，出现的缺陷进行修复工作，测试人员也需要在测试过程中修改、完善、补充用例的工作，通常，每轮测试完成以后，测试人员都会给出一个测试的报告，指出当前存在缺陷的严重等级数目，重要的缺陷，缺陷的列表等数据提供给项目经理、研发经理等，目的是让项目组的相关负责人清楚当前系统中存在的主要问题，及时把问题解决掉。等到研发人员对第一轮的缺陷修复完成后，重新编译、打包、冒烟测试，提交给测试部门，测试人员进行第二轮测试，测试人员此时需要进行回归测试，验证上一轮的问题是否已经修复，是不是还有新的问题产生等。如此往复，经过几轮的测试以后，依据项目计划、测试计划以及缺陷的情况等来决定是否终止测试。

1.6.4　测试总结

测试执行完成以后，我们需要对测试的整个活动进行总结。测试总结工作是非常有意义的一件事情，它不仅能够对本次测试活动进行分析，也能够为以后测试同类产品提供重要的依据。

通常，一份测试总结报告中会包括如下内容：系统的概述、编写目的、参考资料、测试环境、差异、测试充分性评价、残留缺陷、缺陷统计、缺陷分析、测试活动总结、测试结论等方面。

1．编写测试总结报告的目的

测试总结的目的是总结测试活动的结果，并根据这些结果对测试进行评价。这种报告是测试人员对测试工作进行总结，并识别出软件的局限性和发生失效的可能性。在测试执行阶段的末期，应该为每个测试计划准备一份相应的测试总结报告。本质上讲，测试总结报告是测试计划的扩展，起着对测试计划"封闭回路"的作用。

2．重要项说明

● 编写目的：主要说明编写这份文档的目的，指出预期的读者。

● 参考资料：主要列出编写本文档时参考的文件、资料、技术标准以及他们的作者、标题、编号、发布日期和出版单位，说明能够得到这些文件资料的来源。对于每个测试项，如果存在测试计划、测试设计说明、测试规程说明、测试项传递报告、测试日志和测试事件报告等文件，则可以引用它们。一般参考资料可以用列表形式给出，参考表 1-12。

表 1-12　　　　　　　　　　　　参考资料列表

序　　号	资 料 名 称	作　　者	版本和发行时间	获 取 途 径
1	需求规格说明.doc	唐三藏	V2.0/2007-05-30	VSS
2	测试计划.doc	孙悟空	V2.0/2007-05-28	VSS
3	……	……	……	……

● **系统概述**：主要归纳对测试项的评价，指明被测试项及其版本/修订级别，测试项概述，如项目/产品的名称、版本以及测试项内容等。可以参考表 1-13。

● 产品名称：人事代理系统。

● 产品版本：V2.0.0。

测试项信息如表 1-13 所示。

表 1-13　　　　　　　　　　　　　　　　测试项列表

测 试 类 型	测试项/被测试的特性
功能测试	批量导入电子档案文件（主执行者：人力资源中心用户）
	电子档案（主执行者：人力资源中心用户）
	……
性能测试	100 个用户并发下载人事数据，响应时间在 15s 以内（主执行者：代理单位普通用户和人力资源中心用户）
……	……

● **测试环境**：指出测试活动发生的环境（包括软件、硬件、网络环境等），您可以参考下面形式。

本次测试的测试环境如下。

软件环境。

操作系统：xx。

服务器端：Windows XP Professional+ SP2/ Windows 2000 Server+SP4。

客户端：Windows XP Professional+SP2。

数据库：SQL Server 2000。

Web 应用：Tomcat-5.5.9。

浏览器：Microsoft Internet Explorer 6.0+SP2。

硬件环境。

CPU：Intel (R) Pentium (R) 4 CPU 3.00GHz。

内存：1GB 以上。

硬盘：80GB。

网卡：100M 以太网。

● **差异**：报告测试项与它们的设计说明之间的差别，并指出与测试计划、测试设计说明或测试规程说明中描述或涉及的测试间的差别，说明产生差别的原因。

● **测试充分性评价**：根据测试计划规定的充分性准则（如果存在的话）对测试过程作充分性评价。指出未被充分测试的特性或特性组合，并说明理由。测试的评测主要方法包括覆盖评测和质量评测。测试覆盖评测是对测试完全程度的评测，它建立在测试覆盖基础上，测试覆盖是由测试需求和测试用例的覆盖或已执行代码的覆盖表示的。质量评测是对测试对象的可靠性、稳定性以及性能的评测。质量建立在对测试结果的评估和对测试过程中确定的缺陷及缺陷修复的分析基础上。

3. 覆盖评测

覆盖评测指标是用来度量软件测试的完全程度的，所以可以将覆盖用做测试有效性的一个度量。最常用的覆盖评测是基于需求的测试覆盖和基于代码的测试覆盖，它们分别是指针对需求（基于需求的）或代码的设计/实施标准（基于代码的）而言的完全程度评测。

（1）基于需求的测试覆盖。

基于需求的测试覆盖在测试过程中要评测多次，并在测试过程中，每一个测试阶段结束时给出测试覆盖的度量。例如，计划的测试覆盖、已实施的测试覆盖、已执行成功的测试覆盖等。

（2）基于代码的测试覆盖。

如果您所在的单位做白盒测试，则需要考虑基于代码的测试覆盖。基于代码的测试覆盖评测是测试过程中已经执行的代码的多少，与之相对应的是将要执行测试的剩余代码的多少。许多测试专家认为，一个测试小组在测试工作中所要做的最为重要的事情之一就是度量代码的覆盖情况。很明显，在软件测试工作中，进行基于代码的测试覆盖评测这项工作极有意义，因为任何未经测试的代码都是一个潜在的不利因素。

但是，仅仅凭借执行了所有的代码，并不能为软件质量提供保证。也就是说，即使所有的代码都在测试中得到执行，并不能担保代码是按照客户需求和设计的要求去做了。

4. 质量评测

测试覆盖的评测提供了对测试完全程度的评价，而在测试过程中对已发现缺陷的评测提供了最佳的软件质量指标。

常用的测试有效性度量是围绕缺陷分析来构造的。缺陷分析就是分析缺陷在与缺陷相关联的一个或者多个参数值上的分布。缺陷分析提供了一个软件可靠性指标，这些分析为揭示软件可靠性的缺陷趋势或缺陷分布提供了判断依据。

对于缺陷分析，常用的主要缺陷参数有以下 4 个。

- 状态：缺陷的当前状态（打开的、正在修复的或关闭的等）。
- 优先级：表示修复缺陷的重要程度和应该何时修复。
- 严重性：表示软件缺陷的恶劣程度，反映其对产品和用户的影响等。
- 起源：导致缺陷的原因及其位置，或排除该缺陷需要修复的构件。

缺陷分析通常用以下 3 类形式的度量提供缺陷评测。

（1）缺陷发现率。

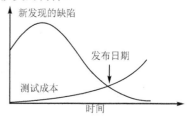

图 1-18　缺陷趋势图

缺陷发现率是将发现的缺陷数量作为时间的函数来评测，即创建缺陷趋势图，请大家参见图 1-18。

（2）缺陷潜伏期。

测试有效性的另外一个有用的度量是缺陷潜伏期，通常也称为阶段潜伏期。缺陷潜伏期是一种特殊类型的缺陷分布度量。在实际测试工作中，发现缺陷的时间越晚，这个缺陷所带来的损害就越大，修复这个缺陷所耗费的成本就越多。图 1-19 显示了一个项目的缺陷潜伏期的度量。

（3）缺陷密度。

软件缺陷密度是一种以平均值估算法来计算出软件缺陷分布的密度值。程序代码通常是以千行为单位的，软件缺陷密度是用下面公式计算的：

$$软件缺陷密度=软件缺陷数量/代码行或功能点的数量$$

缺陷造成阶段	发现阶段									
	需求	总体设计	详细设计	编码	单元测试	集成测试	系统测试	验收测试	试运行产品	发布产品
需求	0	1	2	3	4	5	6	7	8	9
总体设计		0	1	2	3	4	5	6	7	8
详细设计			0	1	2	3	4	5	6	7
编码				0	1	2	3	4	5	6
总计										

图 1-19　缺陷潜伏期的度量

图 1-20 所示为一个项目的各个模块中每千行代码的缺陷密度分布图。

但是，在实际评测中，缺陷密度这种度量方法是极不完善的，度量本身是不充分的。这里边存在的主要问题是：所有的缺陷并不都是均等构造的。各个软件缺陷的恶劣程度及其对产品和用户影响的严重程度，以及修复缺陷的重要程度有很大差别，有必要对缺陷进行"分级、加权"处理，给出软件缺陷在各严重性级别或优先级上的分布作为补充度量，这样将使这种评测更加充分，更有实际应用价值。因为在测试工作中，大多数的缺陷都记录了它的严重程度的等级和优先级，所以这个问题通常都能够很好解决。例如，图 1-21 所示的缺陷分布图表示软件缺陷在各优先级上所应体现的分布方式。

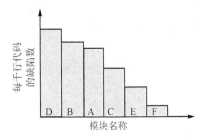

图 1-20　各个模块中每千行代码的缺陷密度　　　图 1-21　各优先级上软件缺陷分布图

上面讲了一些关于覆盖评测和质量评测内容，下面结合以前做过的项目给大家举一些测试充分性评价方面的示例。

（1）本次测试严格按照软件系统测试规范执行测试任务。

（2）在测试进行过程中，满足执行测试的前置条件，测试计划、测试用例准备齐全，并经过内部评审认可，需求覆盖度达到 100%，满足测试准入条件。

（3）测试过程严格按照测试计划实施，测试用例的执行覆盖度达 100%，同时，测试过程中根据实际系统的运行方式，对测试用例和数据进行了修改和补充。

（4）测试过程中进行了必要的回归测试和交叉测试。

……

结果概述：总结测试的结果，指出各测试项的测试情况，描述测试用例的执行通过情况，给出最后一次的测试版本号，这里给大家一个示例参考。

（1）本次测试进行了功能测试的检查。最后一次的测试基线为：Build_HHR(α) V2.0.0.014。

（2）功能测试执行情况详见表 1-14，缺陷描述详见 TD。

表 1-14　　　　　　　　　　　　　测试用例执行情况

被测试的特性	对应用例编号	是否通过	备　注
导入电子档案文件	HHR_2.0_TC_导入电子档案文件	是	功能测试
电子档案	HHR_2.0_TC_电子档案文件	是	功能测试
单位用户登录	HHR_2.0_TC_单位用户登录	是	功能测试
预约	HHR_2.0_TC_预约申请	是	功能测试
	HHR_2.0_TC_预约回复		
档案转入、转出	HHR_1.0_TC_档案转出	是	功能测试
下载数据	HHR_2.0_TC_下载数据	是	性能测试
人员基本信息增加字段	HHR_2.0_TC_填写人事档案数据	是	功能测试
……	……	……	……

残留缺陷摘要：简要罗列未被修改的残留缺陷，并附有未修复意见。

缺陷统计：对隶属于各个测试项的缺陷进行统计，通常都需要统计一下两项数据，有的测试部门还有统计其他一些数据信息，请大家根据需要进行选择添加。

各模块下不同解决方案的缺陷统计如表 1-15 所示。

表 1-15 各模块下不同解决方案的缺陷统计表

人事代理系统	有效缺陷			总 计
	已 解 决	以 后 解 决	不 解 决	
单位管理	1	0	0	1
档案录入	6	0	2	8
档案业务	1	0	0	1
电子档案	8	0	0	8
批量导入	5	0	1	6
下载数据	5	0	0	5
用户管理	1	0	0	1
预约	11	0	1	12
总计	38	0	4	42

各模块下不同严重级别的缺陷统计如表 1-16 所示。

表 1-16 各模块下不同严重级别缺陷所占百分比

高 级 版	2-重要		3-中等		4-次要		5-有待改进	
	缺陷数目	百分比	缺陷数目	百分比	缺陷数目	百分比	缺陷数目	百分比
单位管理	0	0	1	4.34%	0	0	0	0
档案录入	1	16.67%	2	8.68%	1	12.5%	4	80%
档案业务	0	0	1	4.34%	0	0	0	0
电子档案	2	33.32%	2	8.68%	4	50.0%	0	0
批量导入	1	16.67%	5	21.88%	0	0	0	0
下载数据	1	16.67%	4	17.36%	0	0	0	0
用户管理	0	0	1	4.34%	0	0	0	0
预约	1	16.67%	7	30.38%	3	37.5%	1	20%
总计	6	14.28%	23	54.76%	8	19.00%	5	11.96%

缺陷分析：对有效缺陷进行缺陷分布分析、缺陷趋势分析，以及缺陷龄期分析。

通常都会对以下数据进行分析。

● 模块：缺陷分布：如表 1-17 所示。

表 1-17 模块缺陷分布

模 块 名 称	缺 陷 数 目
单位管理	1
档案录入	8
档案业务	1
电子档案	8
批量导入	6
下载数据	5
用户管理	1
预约	12

由表 1-17 可知，模块"预约""电子档案""批量导入"和"档案录入"占的缺陷相对比较多，

主要是异常处理、逻辑控制以及界面易用性问题。

● 缺陷趋势图：如图 1-22 所示。

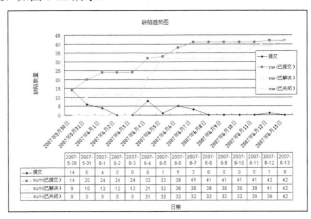

图 1-22 缺陷趋势图

由图 1-22 可知：

（1）整个测试活动持续 11 天，随着测试时间的推移，新提交的缺陷数减少；

（2）整个测试共提交有效缺陷 42 个，所有缺陷均已解决、已关闭。

活动总结：总结主要的测试活动和事件。总结资源消耗数据，如人员的总体水平，总机时和每项主要测试活动所花费的时间。同时与《测试计划》中活动进度安排进行比对，如表 1-18 所示。

表 1-18 测试活动时间表

活动名称	提交成果	起始时间	终止时间	执行人员	实际工时（小时）
编写测试用例、准备测试数据	人事代理系统测试用例及其辅助程序的编写和大数据量数据准备	2007-06-18	2007-06-20	张三	24
执行测试	v2.0.0.010	2007-05-30	2007-06-01	张三、李四	48
	v2.0.0.011	2007-06-04	2007-06-04	张三、李四	15
	v2.0.0.012	2007-06-06	2007-06-07	张三、李四	15
	v2.0.0.013	2007-06-12	2007-06-12	王五	3
	v2.0.0.014	2007-06-13	2007-06-13	王五	3
编写测试总结报告	人事代理系统测试总结报告	2007-06-20	2007-06-21	张三	12
总计：					136

根据《测试计划》中计划的测试时间和实际测试执行时间进行比对，可得表 1-19。

由表 1-19 可知，计划时间比执行时间偏差较大，主要原因为安排两个测试人员执行测试，但是由于另外一名测试人员配合其他产品的测试相关工作，所以计划时间长于实际测试时间。

测试结论：对每个测试项进行总的评价。本评价必须以测试结果和项的通过准则为依据。说明该项软件的开发是否已达到预定目标。计算代码缺陷率和产品缺陷率。

表 1-19 计划时间和执行时间比对表

项目名称	比对项	测试计划时间（小时）	实际执行时间（小时）	执行偏差（小时）
人事代理系统	测试用例和测试数据准备	24	22	−2
	测试构建和测试执行	240	84	−156
	测试总结	12	8	−4
	总工时（小时）	276	114	−162

例如：

（1）经测试验证，系统完成需求所要求的全部功能，测试项中各功能的实现与需求描述一致；

（2）测试结果满足测试退出准则；

（3）整个系统在设计结束后定义功能点 96 个，测试发现的有效缺陷为 42 个，按功能点对缺陷数进行计算可得，代码缺陷率=42/96=0.4375 个/FP（代码缺陷率=有效缺陷/FP 总数）。

1.7　测试自动化的意义

软件测试的工作量很大，据统计，测试时间会占到总开发时间的 20%～40%，一些可靠性要求非常高的软件，测试时间甚至占到总开发时间的 60%。但在整个软件测试过程中，极有可能应用计算机进行自动化测试的工作，原因是测试的许多操作是重复性的、非创造性的、需要细致注意力的工作，而计算机最适合于代替我们去完成这些任务。

测试自动化是通过开发和使用一些工具自动测试软件系统，特别适合于测试中重复而烦琐的活动，其好处是显而易见的。

（1）可以使某些测试任务比手工测试执行的效率高，并可以运行更多更频繁的测试。

（2）对程序的新版本可以自动运行已有的测试，特别是在频繁地修改许多程序的环境中，一系列回归测试的开销应是最小的。

（3）可以执行一些手工测试困难或不可能做的测试，例如，对于 200 个用户的联机系统，用手工进行并发操作的测试几乎是不可能的，但自动测试工具可以模拟来自 200 个用户的输入。客户端用户通过定义可以自动回放的测试，随时都可以运行用户脚本，即使是不了解整个商业应用复杂内容的技术人员也可以胜任。

（4）更好地利用资源。将烦琐的任务自动化，如重复输入相同的测试输入，可以提高准确性和测试人员的积极性，将测试技术人员解脱出来，投入更多精力设计更好的测试用例。另外，可以利用整夜或周末空闲的机器执行自动测试。

（5）测试具有一致性和可重复性。对于自动重复的测试可以重复多次相同的测试，如不同的硬件配置、使用不同的操作系统或数据库等，从而获得测试的一致性，这在手工测试中是很难保证的。

（6）测试可以重用，而且软件经过自动测试后，人们对其信任度会增加。

（7）一旦一系列测试已经被自动化，则可以更快地重复执行，从而缩短了测试时间，使软件更快地推向市场。

总之，测试自动化通过较少的开销可以获得更彻底的测试，并提高产品的质量。但是，在实际使用自动化测试的过程中，还存在一些普遍的问题。

（1）人们乐观地期望测试工具可以解决目前遇到的所有问题，但无论工具从技术角度实现得多么好，都满足不了这种不现实的期望。

（2）如果缺乏测试实践经验，测试组织差，文档较少或不一致，测试发现缺陷的能力较差，在这种情况下采用自动测试并不是好办法。

（3）人们容易期望自动化测试发现大量的新缺陷。测试执行工具是回归测试工具，用于重复已经运行过的测试，这是一件很有意义的工作，但并不是用来发现大量新的缺陷。

（4）因为测试软件没有发现任何缺陷并不意味着软件没有缺陷，测试不可能全面或测试本身就有缺陷，但人们在使用自动化测试过程中会缺乏这种意识。

（5）当软件修改后，通常需要对修改部分或全部测试，以便可以重新正确地运行，对于自动化测试更是如此。测试维护的开销打击了测试自动化的积极性。

（6）商用测试执行工具是软件产品，由销售商销售，它们往往不具备解决问题的能力和有力的技术支持，因此给用户带来失望，认为测试工具不能很好地测试。

（7）自动化测试实施起来并不简单，必须有管理支持及组织艺术，必须进行选型、培训和实践，并在组织内普遍使用工具。

测试自动化具有局限性，不可能取代手工测试。手工测试可以比自动测试发现更多的缺陷，而测试自动化对期望结果的正确性有极大的依赖性。测试自动化并不能改进测试有效性，并对软件开发有一定的制约作用，测试工具没有创造性，灵活性也较差。然而，测试自动化可以大大提高软件测试的质量。

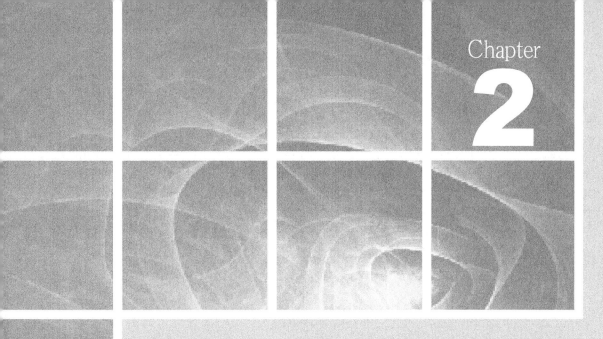

Chapter 2

第 2 章

性能测试过程概述

2.1　性能测试的基本过程

有的公司招聘性能测试人员时，经常会问一个问题"您能否简单地介绍一下性能测试的过程？"多数应聘者的回答不尽人意，原因是很多人不是十分清楚，以至于回答问题的思路混乱。其实，大家在应聘性能测试职位时，必须清楚这个职位具体是做哪些工作的，并按照工作的流程把每一个环节都表述清楚。下面笔者结合自己多年的工作经验介绍，性能测试的过程。

典型的性能测试过程如图 2-1 所示。

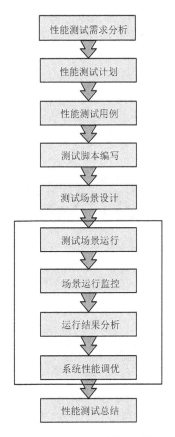

图 2-1　典型的性能测试过程

> **注意**
>
> 方框区域为可能存在多次进行的操作部分。

下面对性能测试过程的每个部分进行详细介绍。当测试人员拿到"用户需求规格说明书"以后，文档中会包含功能、性能以及其他方面的要求，性能测试人员最关心的内容就是性能测试相关部分的内容描述。

2.2　性能测试需求分析

性能测试的目的是明确客户的真正需求，这是性能测试最关键的部分。很多客户对性能测试不了解，测试人员可能会因为客户提出的"我们需要贵单位对所有的功能都进行性能测试""系统用户登录响应时间小于 3 秒""系统支持 10 万用户并发访问"等要求所困扰。不知道读者是不是看出了上面几个要求存在的问题，下面让我们逐一来分析这几句话。

1. 我们需要贵单位对所有的功能都进行性能测试

从客户的角度来看，肯定都是希望所有的系统应用都有好的系统性能表现，那么是不是所有的功能都要经过性能测试呢？答案当然是否定的，通常性能测试周期较长。首先，全部功能模块都进行性能测试需要非常长的时间；其次，根据 218 原则，通常系统用户经常使用的功能模块大概占用系统整个功能模块数目的 20%，像"参数设置"等类似的功能模块，通常仅需要在应用系统时由管理员进行一次性设置，针对这类设置进行性能测试也是没有任何意义的。通常，性能测试是由客户提出需求内容，性能测试人员针对客户的需求进行系统和专业的分析后，提出相应的性能测试计划、解决方案、性能测试用例等与用户共同分析确定最终的性能测试计划、解决方案、性能测试用例等，性能测试的最终测试内容通常也是结合客户真实的应用场景，客户应用最多、使用最频繁的功能。所以说，"对所有的功能都进行性能测试"是不切实际，也是不科学的做法，作为性能测试人员必须清楚。

2. 系统用户登录响应时间小于 3 秒

从表面看这句话似乎没有什么问题，仔细看看是不是看出点什么门道呢？其实这句话更像一个功能测试的需求，因为其没有指明是在多少用户访问时，系统的响应时间小于 3 秒，作为性能测试人员必须清楚客户的真实需求，消除不明确的因素。

3. 系统支持 10 万用户并发访问

从表面看这句话似乎也没有什么问题。在进行性能测试时，系统的可扩展性是需要考虑的一个重要内容。例如，一个门户网站，刚开始投入市场时，只有几百个用户，随着广告、推荐等系统宣传力度的加大，在做系统性能测试时，需要对未来两三年内系统的应用用户有初步预期，使系统在两三年后仍然能够提供良好的性能体验。但是，如果系统每天只有几十个用户，在未来的 5～10 年内，也不过几百个用户，那么还需要进行 10 万级用户并发访问的性能测试吗？作者的建议是把这种情况向客户表达清楚，在满足当前和未来用户应用系统性能要求的前提下进行测试，能够节省客户的投入，无疑客户会觉得你更加专业，也真正从客户的角度出发，相信一定会取得更好的效果。如果系统用户量很大，考虑到可扩展性需求，确实需要进行 10 万级用户这种情况的性能测试。我们也需要清楚 10 万级用户的典型应用场景，以及不同操作人员的比例，这样的性能测试才会更有意义。

2.3　性能测试计划

性能测试计划是性能测试的重要环节。在对客户提出的需求经过认真分析后，性能测试管理人员需要编写的第一份文档就是性能测试计划，性能测试计划非常重要，需要阐述产品、项目的背景，明确前期的测试性能需求，并落实到文档中。指出性能测试可参考的一些文档，并将这些文档的作者、编写时间、获取途径逐一列出，形成一个表格，这些文档包括用户需求规格说明书、会议纪要（内部讨论、与客户讨论等最终确定的性能测试内容）等性能测试相关需求内容文档。性能测试也是依赖于系统正式上线的软、硬件环境的，因此包括网络的拓扑结构、操作系统、应用服务器、数据库等软件的版本信息、数据库服务器、应用服务器等具体硬件配置，如 CPU、内存、硬盘、网卡、网络环境等信息也应该描述。系统性能测试的环境要尽量和客户上线的环境条件相似，在软、硬件环境相差巨大的情况下，对于真正评估系统上线后的性能有一定偏差，有时甚至更坏。为了能够得到需要的性能测试结果，性能测试人员需要认真评估要在本次性能测试中应用的工具，该工具能否对需求中描述的相关指标进行监控，并得到相关的数据信息。性能测试结果数据信息是否有良好的表现形式，并且可以方便地输出？项目组性能测试人员是否会使用该工具？工具是否简单易用等。当然在条件允许的情况下，把复杂的性能测试交给第三方专业测试机构也是一个不错的选择。人力资源和进度的控制，需要性能测试管理人员认真考虑。很多失败的案例告诉我们，由于项目前期研发周期过长，项目开发周期延长，为了保证系统能够按时发布，不得不缩短测试周期，甚至取消测试，这样的项目质量是得不到保证的，通常其结果也必将以失败而告终。所以要合理安排测试时间和人员，监控并及时修改测试计划，使管理人员和项目组成员及时了解项目测试的情况，及时修正在测试过程中遇到的问题。除了在计划中考虑上述问题以外，还应该考虑如何规避性能测试过程中可能会遇到的一些风险。在性能测试过程中，有可能会遇见一些将会发生的问题，为了保证后期在实施过程中有条不紊，应该考虑如何尽量避免这些风险的发生。当然，性能测试计划中还应该包括性能测试准入、准出标准以及性能测试人员的职责等。一份好的性能测试计划为性能测试成功打下了坚实的基础，所以请读者认真分析测试的需求，将不明确的相关内容弄清楚，制定出一份好的性能测试计划，然后按照此计划执行，如果执行过程与预期不符，则及时修改计划，不要仅仅将计划作为一份文档，而要将其作为性能测试行动的指导性内容。

2.4　性能测试用例

　　性能测试需求最终要体现在性能测试用例设计中，应结合用户应用系统的场景，设计出相应的性能测试用例，用例应能覆盖到测试需求。很多人在设计性能测试用例时，有束手无策的感觉。这时，需要考虑是否存在以下几个方面的问题。

　　（1）你是否更加关注于工具的使用，而忽视了性能测试理论知识的补充。

　　（2）你是否对客户应用该系统经常处理哪些业务不是很清楚。

　　（3）你是否对应用该系统的用户数不是很了解。

　　（4）你是否也陷入公司没有性能测试相关人员可以交流的尴尬境地。

　　当然，上面只列出了一些典型的问题，实际中可能会碰到更多的问题。这里，作者想和诸位朋友分享一下工作心得。在刚开始从事性能测试工作时，肯定会碰到很多问题。一方面，由于性能测试是软件测试行业的一个新兴分类，随着企业的飞速发展，各种系统规模的日益庞大，软件企业也更加注重性能测试，从招聘网上搜索"性能测试工程师"，可以搜索到几百条招聘性能测试工程师相关职位的信息，如图 2-2 所示。

　　但是，由于性能测试工作在国内刚起步，性能测试方面的知识也不是很多，加之很多单位在招聘性能测试工程师岗位时，对工具的要求更多一些（如图 2-3 所示的"高级性能测试工程师"岗位要求信息），所以很多测试人员对性能测试工作产生了误解。觉得性能测试的主要工作就是应用性能测试工具，如果性能测试工具方面的知识学得好，做性能测试工作就没有问题。其实，工具是为人服务的，真正指导性能测试工作的还是性能测试的理论和实践知识，要做好性能测试，需要运用工具将学习到的理论知识和深入理解的用户需求这些思想体现出来，做好执行、分析以及调优工作，这样才能够做好测试。性能测试人员可能会遇到客户需求不明确，对客户应用业务不清楚等情况，这时，需要与公司内部负责需求、业务的专家和客户进行询问、讨论，把不明确的内容弄清楚，最重要的是一定要明确用户期望的相关性能指标。在设计用例时，通常需要编写如下内容：测试用例名称、测试用例标识、测试覆盖的需求（测试性能特性）、应用说明、（前置/假设）条件、用例间依赖、用例描述、关键技术、操作步骤、期望结果（明确的指标内容）、记录实际运行结果等内容，当然，上面的内容可以依据需要适当裁减。

图 2-2　招聘性能测试工程师相关职位信息

性能测试工程师　　　　　　　　　　　　　　　　1-1.5万/月

查看所有职位

北京　｜　3-4年经验　｜　本科　｜　招1人　｜　03-29发布

五险一金　餐饮补贴　绩效奖金　　北京　｜　3-4年经验　｜　本科　｜　招1人　｜　03-29发布

▌ 职位信息

工作职责：

1、负责系统性能测试的需求分析和测试计划编制；

2、负责系统性能测试设计，包括测试脚本的录制调试、测试场景设计；

3、负责测试方案的执行，包括性能测试环境搭建、场景部署、场景执行、监视场景；

4、负责测试结果分析，包括性能问题定位、编制测试报告并给出优化建议。

任职资格：

1、本科及以上学历，计算机及相关专业；

2、具有3年以上软件性能测试经验，有电商系统测试经验者优先；

3、精通LoadRunner，Jmeter或其他流行的性能测试工具；

4、具备性能测试需求分析、设计规划能力和分析性能测试数据的能力；

5、熟悉Oracle、Mysql等数据库；

6、熟练使用linux系统，对系统配置熟悉；

7、诚实正直、责任心强、思维敏捷、性格外向、善于沟通。

职能类别：软件测试

微信分享

▌ 联系方式

图 2-3　招聘性能测试工程师岗位要求信息

2.5　测试脚本编写

性能测试用例编写完成后，接下来需要结合用例的需要，编写测试脚本。本书后面将介绍有关 LoadRunner 协议选择和脚本编写的知识。关于测试脚本的编写这里着重强调以下几点。

（1）协议的选用关系到脚本能否正确录制与执行，十分重要。因此在进行程序的性能测试之前，测试人员必须明确被测试程序使用的协议。

（2）测试脚本不仅可以使用性能测试工具来完成，在必要时，可以使用其他语言编程来完成同样的工作。

（3）通常，在应用工具录制或者编写脚本完成以后，还需要去除脚本不必要的冗余代码，对脚本进行完善，加入集合点、检查点、事务以及对一些数据进行参数化、关联等处理。在编写脚本时，需要注意的还有，为了脚本之间的前后依赖性，如一个进销存管理系统，在销售商品之前，只有先登录系统，对系统进行进货处理，才能够进行销售（本系统不支持红数概念，即不允许负库存情况发生）。这就是前面所讲的脚本间依赖的一个实例。因此在有类似情况发生时，应该考虑脚本的执行顺序，在本例中是先执行登录脚本，再执行业务脚本进货，最后进行销售，系统登出。当然有两种处理方式，一种是录制 4 个脚本，另一种方式是在一个脚本中进行处理，将登录部分放在 vuser_init()，进货、销售部分代码可以放在 Acition 中，最好建立两个 Acition 分别存放，而将登出脚本放在 vuser_end()部分。参数化时，也要考虑前后数据的一致性。关于参数化相关选项的含义，请参见 4.4 节。

（4）在编写测试脚本时，还需要注意编码的规范和代码的编写质量问题。软件性能测试不是简单的录制与回放，一名优秀的性能测试人员可能经常需要自行编写脚本，这一方面要提高自己的编码水平，不要使编写的脚本成为性能测试的瓶颈。很多测试人员，由于不是程序员出身，对程序的理解也不够深入，经常会出现如申请内存不释放、打开文件不关闭等情况，却不知这些情况会造成内存泄露。所以要加强编程语言的学习，努力使自己成为一名优秀的"高级程序员"。另外一方面，也要加强编码的规范。测试团队少则几人，多则几十人、上百人，如果大家编写脚本时，标新立异，脚本的可读性势必很差，加之 IT 行业人员流动性很大，所以测试团队有一套标准的脚本编写规范势在必行。在多人修改维护同一个脚本的情况下，还应该在脚本中记录修改历史。好的脚本应该是不仅自己能看懂，别人也能看懂。

（5）经常听到很多同事追悔莫及地说，"我的那个脚本哪去了，这次性能测试的内容和以前做过的功能一模一样啊！""以前便写过类似脚本，可惜被我删掉了！"等类似话语。因为企业开发的软件在一定程度上存在类似的功能，所以脚本的复用情况会经常发生，历史脚本的维护同样是很重要的一项工作。作者建议将脚本纳入配置管理，配置管理工具有很多，如 Visual Source Safe、Firefly、PVCS、CVS、Havest 等都是不错的。

2.6　测试场景设计

性能测试场景设计以性能测试用例、测试脚本编写为基础，脚本编写完成后需要进行如下：如需进行并发操作，则加入集合点；如需考察某一部分业务处理响应时间，则插入事务；为检查系统是否正确执行相应功能而设置的检查点；输入不同的业务数据，则需要进行参数化。测试场景设计的一个重要原则就是依据测试用例，把测试用例设计的场景展现出来。目前性能测试工具有很多，既有开源性能测试工具、免费性能测试工具，也有功能强大的商业性能测试工具，如表 2-1～表 2-3 所示。

表 2-1   开源性能测试工具

工 具 名 称	功 能 简 介
JMeter	JMeter 可以完成针对静态资源和动态资源（Servlets、Perl 脚本、Java 对象、数据查询、FTP 服务等）的性能测试，可以模拟大量的服务器负载、网络负载、软件对象负载，通过不同的加载类型全面测试软件的性能、提供图形化的性能分析
OpenSTA	OpenSTA 可以模拟大量的虚拟用户，结果分析包括虚拟用户响应时间、Web 服务器的资源使用情况、数据库服务器的使用情况，可以精确地度量负载测试的结果
DbMonster	DBMonster 是一个生成随机数据，用来测试 SQL 数据库压力的测试工具
TpTest	TPTest 提供测试 Internet 连接速度的简单方法
……	……

表 2-2   商业性能测试工具

工 具 名 称	功 能 简 介
HP LoadRunner	HP LoadRunner 是一种预测系统行为和性能的工业级标准性能测试负载测试工具。通过以模拟上千万用户实施并发负载及实时性能监测的方式来确认和查找问题。LoadRunner 能够对整个企业架构进行测试，支持 Web（HTTP/HTML）、Windows Sockets、File Transfer Protocol（FTP）、Media Player（MMS）、ODBC、MS SQL Server 等协议
IBM Rational Performance Tester	适用于团队验证 Web 应用程序的可伸缩性的负载和性能测试工具，引入了新的技术进行负载测试的创建、修改、执行和结果分析
……	……

表 2-3   免费性能测试工具

工 具 名 称	功 能 简 介
Microsoft Application Center Test	可以对 Web 服务器进行强度测试，分析 Web 应用程序（包括 ASPX 页及其使用的组件）的性能和可伸缩性问题。通过打开多个服务器连接并迅速发送 HTTP 请求，Application Center Test 可以模拟大量用户
Microsoft Web Application Stress Tool	由 Microsoft 公司的网站测试人员开发，专门用来进行实际网站压力测试的一套工具。可以以数种不同的方式建立测试指令：包含以手工、录制浏览器操作的步骤，或直接录入 IIS 的记录文件、网站的内容及其他测试程序的指令等方式
……	……

不同性能测试工具的操作界面和应用方法有很大的区别，但是其工作原理有很多相似的地方。关于测试场景的设计这里着重强调以下几点。

（1）性能测试工具都是用进程或者线程来模拟多个虚拟用户。如果按进程运行每个虚拟用户（Vuser），则对于每个 Vuser 实例，都将反复启动同一驱动程序并将其加载到内存中。将同一驱动程序加载到内存中会占用大量随机存取存储器（RAM）及其他系统资源。这就限制了可以在任意负载生成器上运行的 Vuser 的数量。如果按线程运行每个 Vuser，这些线程 Vuser 将共享父驱动进程的内存段。这就消除了多次重新加载驱动程序/进程的需要，节省了大量内存空间，从而可以在一个负载生成器上运行更多的 Vuser。在应用线程安全的协议时，笔者推荐使用线程模式。

（2）场景设计如果存在有执行次序依赖关系的脚本，则注意在场景设计时顺序不要弄错。

（3）场景的相关设置项也是需要关注的重要内容，这里仅以 LoadRunner 为例。如果应用虚拟 IP 时，需要选中 ✔ Enable IP Spoofer 项。如果应用了集合点，则需要单击 Rendezvous... 选项，设定集合点策略。如果需要多台负载机进行负载，则可以单击 Load Generators... 进行负载机的连接测试。此外，还可以为接下来的场景运行、监控、分析设定一些参数，如连接超时、采样频率、网页细分等。

2.7 测试场景运行

测试场景运行是关系到测试结果是否准确的一个重要过程。经常有很多测试人员花费了大量的时间和精力去做性能测试，可是做出来的测试结果不理想。原因是什么呢？关于测试场景的设计这里着重强调以下几点。

（1）性能测试工具都是用进程或者线程来模拟多个虚拟用户，每个进程或者线程都需要占用一定的内存，因此要保证负载的测试机足够跑完设定的虚拟用户数，如果内存不够，则用多台负载机分担进行负载。

（2）在进行性能测试之前，需要先将应用服务器"预热"，即先运行应用服务器的功能。这是为什么呢？高级语言翻译成机器语言，计算机才能执行高级语言编写的程序。翻译的方式有两种：编译和解释。这两种方式只是翻译的时间不同。编译型语言程序执行前，需要一个专门的编译过程，把程序编译成为机器语言的文件，如可执行文件，以后再运行就不用重新翻译了，直接使用编译的结果文件执行（EXE）即可。因为翻译只做了一次，运行时不需要翻译，所以编译型语言的程序执行效率高。解释则不同，解释性语言的程序不需要编译，省了一道工序，解释性语言在运行程序时才翻译，如解释性语言 JSP、ASP、Python 等，专门有一个解释器能够直接执行程序，每个语句都是执行时才翻译。这样解释性语言每执行一次就要翻译一次，效率比较低。这也就是很多测试系统的响应时间为什么很长的一个原因，就是没有实现运行测试系统，导致第一次执行编译需要较长时间，从而影响了性能测试结果。

（3）在有条件的情况下，尽量模拟用户的真实环境。经常收到一些测试同行的来信说："为什么我们性能测试的结果每次都不一样啊？"，经过询问得知，性能测试环境竟与开发环境为同一环境，且同时被应用。很多软件公司为了节约成本，开发与测试使用同一环境进行测试，这种模式有很多弊端。进行性能测试时，若研发和测试共用系统，因性能测试周期通常少则几小时，多则几天，这不仅给研发和测试人员使用系统资源带来一定的麻烦，而且容易导致测试与研发的数据相互影响，所以尽管经过多次测试，但每次测试结果各不相同。随着软件行业的蓬勃发展，市场竞争也日益激励，希望软件企业能够从长远角度出发，为测试部门购置一些与客户群基本相符的硬件设备，如果买不起服务器，可以买一些配置较高的 PC 代替，但是环境的部署一定要类似。如果条件允许，也可以在客户实际环境进行性能测试。总之，一定要注意测试环境的独立性，以及网络，软、硬件测试环境与用户实际环境的一致性，这样测试的结果才会更贴近真实情况，性能测试才会有意义。

（4）测试工作并不是一个单一的工作，测试人员应该和各个部门保持良好的沟通。例如，在遇到需求不明确时，需要和需求人员、客户以及设计人员进行沟通，把需求弄清楚。在测试过程中，如果遇到自己以前没有遇到过的问题，也可以与同组的测试人员、开发人员进行沟通，及时明确问题产生的原因、解决问题方案。点滴的工作经验积累对测试人员很有帮助，这些经验也是日后问题推测的重要依据。在测试过程中，也需要部门之间相互配合，这就需要开发人员和数据库管理人员与测试人员相互配合完成 1 年业务数据的初始化工作。因此，测试工作并不是孤立的，需要和各部门进行及时沟通，在需要帮助的时候，一定要及时提出，否则可能会影响项目工期，甚至导致项目失败，在测试中我一直提倡"让最擅长的人做最擅长的事"，在项目开发周期短，人员不是很充足的情况下，这点表现更为突出，不要浪费大量的时间在自己不擅长的事情上。

（5）性能测试的执行，在时间充裕的情况下，最好同样一个性能测试用例执行 3 次，然后分析结果，只有结果相接近，才可以证明此次测试是成功的。

2.8　场景运行监控

场景运行监控可以在场景运行时决定要监控哪些数据，便于后期分析性能测试结果。应用性能测试工具的重要目的就是提取本次测试关心的数据指标内容。性能测试工具利用应用服务器、操作系统、数据库等提供的接口，取得在负载过程中相关计数器的性能指标。关于场景的监控有以下几点需要大家在性能测试过程中注意。

（1）性能测试负载机可能有多台，负载机的时钟要一致，以保证监控过程中的数据是同步的。

（2）场景的运行监控也会给系统造成一定的负担，因为在操作过程中需要搜集大量的数据，并存储到数据库中，所以尽量搜集与系统测试目标相关的参数信息，无关内容不必进行监控。

（3）通常只有管理员才能够对系统资源等进行监控，因此，很多朋友会问："为什么我监控不到数据？为什么提示我没有权限？"等类似问题，作者的建议是：以管理员的身份登录后，如果监控不了相关指标，再去查找原因，不要耗费过多精力做无用功。

（4）运行场景的监控是一门学问，需要对要监控的数据指标有非常清楚的认识，同时还要求非常熟悉性能测试工具，当然这不是一朝一夕的事情，作为性能测试人员，我们只有不断努力，深入学习这些知识，不断积累经验，才能做得更好。

2.9　运行结果分析

在性能测试执行过程中，性能测试工具搜集相关性能测试数据，待执行完成后，这些数据会存储到数据表或者其他文件中。为了定位系统性能问题，需要系统分析这些性能测试结果。性能测试工具自然能帮助我们生成很多图表，也可以进一步对这些图表进行合并等操作来定位性能问题。是不是在没有专业性能测试工具的情况下，就无法完成性能测试呢？答案是否定的，其实有很多种情况下，性能测试工具会受到一定的限制，这时，需要编写一些测试脚本来完成数据的搜集工作，当然数据存储的介质通常也是数据库或者其他格式的文件，为了便于分析数据，需要先对这些数据进行整理再分析。如何将数据库、文件的杂乱数据变成直观的图表请参见 4.15 节~4.18 节的内容。

目前，被广泛应用的性能分析方法是"拐点分析"。"拐点分析"是一种利用性能计数器曲线图上的拐点进行性能分析的方法。它的基本思想是性能产生瓶颈的主要原因是因为某个资源的使用达到了极限，此时表现为随着压力的增大，系统性能急剧下降，从而产生了"拐点"现象。只要得到"拐点"附近的资源使用情况，就能定位出系统的性能瓶颈。例如，系统随着用户的增多，事务响应时间缓慢增加，当达到 100 个虚拟用户时，系统响应时间急剧增加，表现为一个明显的"折线"，这就说明系统承载不了如此多的用户做这个事务，也就是存在性能瓶颈。

2.10　系统性能调优

性能测试分析人员经过分析结果以后，有可能提出系统存在性能瓶颈。这时相关开发人员、数据库管理员、系统管理员、网络管理员等就需要根据性能测试分析人员提出的意见与性能分析人员共同分析确定更细节的内容，相关人员对系统进行调整以后，性能测试人员继续进行第二轮、第三轮……的测试，与以前的测试结果进行对比，从而确定经过调整以后系统的性能是否有提升。有一点需要提醒大家，就是在进行性能调整时，最好一次只调整一项内容或者一类内容，避免一次调整多项内容而引起性能提高却不知道是由于调整哪项关键指标而改善性能的。在系统调优过程中，好的策略是按照由易到难的顺序对系统性能进行调优。系统调优由易到难的先后顺序如下。

（1）硬件问题。

（2）网络问题。

（3）应用服务器、数据库等配置问题。

（4）源代码、数据库脚本问题。

（5）系统构架问题。

硬件发生问题是最显而易见的，如果 CPU 不能满足复杂的数学逻辑运算，就可以考虑更换 CPU，如果硬盘容量很小，承受不了很多的数据，就可以考虑更换高速、大容量硬盘等。如果网络带宽不够，就可以考虑对网络进行升级和改造，将网络更换成高速网络。还可以将系统应用与平时公司日常应用进行隔离等方式，达到提高网络传输速率的目的。很多情况下，系统性能不是十分理想的一个重要原因就是，没有对应用服务器、数据库等软件进行调优和设置，如对 Tomcat 系统调整堆内存和扩展内存的大小，数据库引入连接池技术等。源代码、数据库脚本是在上述调整无效的情况下，可以选择的一种调优方式，但是因为对源代码的改变有可能会引入缺陷，所以在调优以后，不仅需要性能测试，还要对功能进行验证，以验证是否正确。这种方式需要通过对数据库建立适当的索引，以及运用简单的语句替代复杂的语句，从而达到提高 SQL 语句运行效率的目的，还可以在编码过程中选择好的算法，减少响应时间，引入缓存等技术。如果在上述尝试都不见效的情况下，就需要考虑现行的构架是否合适，选择效率高的构架，但由于构架的改动比较大，所以应该慎重对待。

2.11　性能测试总结

性能测试工作完成以后，需要编写性能测试总结报告。

性能测试总结不仅使我们能够了解如下内容：性能测试需求覆盖情况，性能测试过程中出现的问题，又是如何去分析、调优、解决的，测试人员进度控制与实际执行偏差，性能测试过程中遇到的各类风险是如何控制的，经过该产品/项目性能测试后，有哪些经验和教训等内容。随着国内软件企业的发展、壮大，越来越多的企业重视软件产品的质量，而好的软件无疑和良好的软件生命周期过程控制密不可分。在这个过程中，不断规范化软件生命周期各个过程、文档的写作，以及各个产品和项目测试经验的总结是极其重要的。通常一份性能测试总结报告要描述如下内容。

需要阐述产品、项目的背景，将前期的性能测试需求明确，并落实到文档中。指出性能测试可参考的一些文档，并将这些文档的作者、编写时间、获取途径逐一列出，形成一个表格。这些文档包括用户需求规格说明书、会议纪要（内部讨论、与客户讨论等最终确定的关于性能测试内容）等与性能测试相关的需求内容文档。因为性能测试也依赖于系统正式上线的软、硬件环境，所以包括网络的拓扑结构、操作系统、应用服务器、数据库等软件的版本信息，数据库服务器、应用服务器等具体硬件配置（CPU、内存、硬盘、网卡等），网络环境等信息也应该描述。应明确标识出实测环境的相关信息。系统性能测试的环境要尽量和客户软件上线的环境条件相似，在软、硬件环境相差巨大的情况下，测试的结果和系统上线后的性能有一定偏差，有时甚至更坏。在测试执行过程中应用的性能测试相关的工具名称、版本等，如果您有部分内容由第三方专业的测试机构完成，则应让其提供明确的结论性输出物和执行过程相关脚本代码、场景、日报/周报、监控数据等相关文档资料。性能测试总结一定要结合性能测试计划内容来进行比对，实际执行过程的提交的相关文档、准入准出条件、场景设计、性能指标、测试环境、性能测试相关工具应用、执行进度等都是需要考量的内容。如果实际执行过程和测试计划有偏差，则要分析产生偏差的原因，以及是否对结果影响。

"不积跬步无以至千里,不积小流无以成江海"性能测试总结不仅是对本次性能测试执行全过程以及本次性能测试是否达标的一个总结,它应该也是团队总结在项目实施过程中经验和教训(包括时间安排、技术难点、分析方法、沟通协调、团队协作、工具选择等)的积累。

2.12 本章小结

本章概要介绍了性能测试的基本过程,然后详细介绍了性能测试基本过程的各个环节。

执行性能测试的基本过程对于做好性能测试工作具有积极和重要意义,特别是刚开始接触性能测试的人员,请务必在性能测试实施初始阶段就能够坚持、保持良好的流程规范,做好每一个关键步骤,认真总结在性能测试实施过程中的得与失,为后续工作积累更多的经验。

性能测试的理论知识是指导性能测试整个实施过程的重要依据,也是保证性能测试能够顺利实施并取得良好效果的基础,本章的所有内容都非常重要,请认真掌握。

2.13 本章习题及经典面试试题

一、章节习题

1. 请依据典型的性能测试过程,补全图 2-4 中空白方框的内容。

2. 如果在性能测试需求分析阶段,客户提出了"我们需要贵单位对所有的功能都进行性能测试"的需求,要如何处理?

3. 简述在性能测试执行过程中场景运行监控环节,以及应该注意的问题。

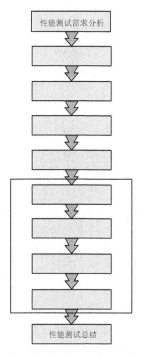

图 2-4 待补充完整的典型的性能测试过程

二、经典面试试题

1. 简述典型的性能测试的基本过程及各过程需要做的工作。

2．在性能测试分析阶段"拐点分析"方法被大家广泛应用，请说明该方法的基本思想是什么？

2.14 本章习题及经典面试试题答案

一、章节习题

1．请依据典型的性能测试过程，补全图 2-4 中空白方框的内容。

答：如图 2-5 所示。

2．如果在性能测试需求分析阶段，客户提出了"我们需要贵单位对所有的功能都进行性能测试"的需求，要如何处理。

答：首先，全部功能模块都进行性能测试需要非常长的时间；其次，根据 218 原则，通常系统用户经常使用的功能模块大概占用系统整个功能模块数的 20%，像"参数设置"等类似的功能模块，通常仅需要在应用系统时，由管理员一次性设置，针对这类设置进行性能测试也是没有任何意义的。所以说，"对所有的功能都进行性能测试"是不切实际，也是不科学的做法。通常，性能测试是由客户提出需求内容，性能测试人员针对客户的需求进行系统和专业的分析后，提出相应的性能测试计划、解决方案、性能测试用例等与用户共同分析确定最终的性能测试计划、解决方案、性能测试用例等。性能测试的最终测试内容通常也是结合客户真实的应用场景，即客户应用最多，使用最频繁的功能。

3．简述在性能测试执行过程中场景运行监控环节，以及应该注意的问题。

答：关于场景的监控有以下几点需要在性能测试过程中注意。

● 性能测试负载机可能有多台，负载机的时钟要一致，以保证监控过程中的数据是同步的。

● 场景的运行监控也会给系统造成一定的负担，因为在操作过程中需要搜集大量的数据，并存储到数据库中，所以尽量搜集与系统测试目标相关的参数信息，无关内容不必进行监控。

● 通常，只有管理员才能够对系统的资源等进行监控，所以经常碰到很多朋友问："为什么我监控不到数据？为什么提示我没有权限？"等类似问题，笔者的建议是：以管理员的身份登录后，如果监控不了相关指标，再去查找原因，不要耗费过多精力做无用功。

● 运行场景的监控是一门学问，需要对要监控的数据指标和性能测试工具非常熟悉，当然这不是一朝一夕的事情，性能测试人员只有不断努力，深入学习这些知识，不断积累经验，才能做得更好。

二、经典面试试题

1．简述典型的性能测试的基本过程及各过程需要做的工作。

答：性能测试的基本过程如图 2-5 所示，关于各过程需要做哪些工作，在这里只做简单的阐述，详细的具体内容请读者阅读相关过程内容。

● 性能测试需求分析。

● 性能测试的目的就是理解客户的真正需求，这是性

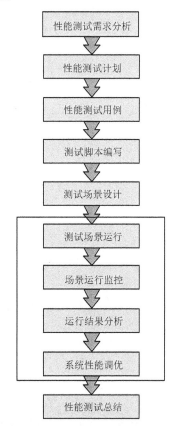

图 2-5 补充完整的典型的性能测试过程

能测试最关键的过程。性能测试的最终测试内容通常要应用 80-20 原则，即结合客户真实的应用场景，以及客户应用最多，使用最频繁的功能，明确在相应的软、硬件环境下，不同级别的用户数量、数据量等情况下，用户期望的具体业务和性能指标。

- 性能测试计划。
- 性能测试计划是性能测试的重要过程。在认真分析客户提出的需求后，性能测试管理人员需要编写的第一份文档就是性能测试计划。性能测试计划非常重要，在性能测试计划中，需要阐述产品、项目的背景，明确前期需要测试的性能，并落实到文档中。一份好的性能测试计划为成功进行性能测试打下了坚实的基础，所以要认真分析测试的需求，将不明确的相关内容弄清楚，制订出一份好的性能测试计划，然后按照此计划执行。如果执行过程与预期不符，则及时修改计划，不要仅仅将计划作为一份文档，而要将其作为性能测试行动的指导性内容。
- 性能测试用例。
- 客户的性能测试需求最终要体现在性能测试用例设计中，性能测试用例应结合用户应用系统的场景，设计出相应的性能测试用例，用例应能覆盖到测试需求。
- 测试脚本编写。
- 选择正确的协议关系到脚本能否正确录制与执行，十分重要。因此在进行程序的性能测试之前，测试人员必须弄清楚，被测试程序使用的协议。还要注意脚本的代码编写规范、代码的编写质量，以及脚本存放到配置管理工具中，做好保存和备份工作。
- 测试场景设计。
- 性能测试场景设计是以性能测试用例、测试脚本编写为基础，脚本编写完成，需要在脚本中进行如下处理，如需进行并发操作，则加入集合点；如要考察某一部分业务处理响应时间，则插入事务；为检查系统是否正确执行相应功能而设置的检查点；如需输入不同的业务数据，则需要进行参数化。设计测试场景的一个重要原则就是依据测试用例，把测试用例设计的场景展现出来。
- 测试场景运行。
- 在有条件的情况下，尽量模拟用户的真实环境。性能测试工具都是用进程或者线程来模拟多个虚拟用户，每个进程或者线程都需要占用一定的内存，因此要保证负载的测试机足够跑完设定的虚拟用户数，如果内存不够，则用多台负载机分担进行负载。在进行性能测试之前，需要先将应用服务器"预热"，即先运行应用服务器的功能。测试工作并不是一个单一的工作，测试人员应该和各个部门保持良好的沟通。
- 场景运行监控。
- 场景运行监控可以在场景运行时决定要监控的数据，便于后期分析性能测试结果。性能测试负载机可能有多台，负载机的时钟要一致，以保证在监控过程中的数据是同步的。尽量搜集与系统测试目标相关的参数信息，无关内容不必进行监控。以管理员的身份登录后，如果监控不了相关指标，再去查找原因，不要耗费过多精力做无用功。运行场景的监控是一门学问，需要对要监控的数据指标和性能测试工具非常熟悉。
- 运行结果分析。
- 为了定位系统性能问题，需要系统分析这些性能测试结果。性能测试工具可以帮助我们生成很多图表，也可以进一步对这些图表进行合并等操作来定位性能问题。目前，被广泛应用的性能分析方法是"拐点分析"。"拐点分析"是一种利用性能计数器曲线图上的拐点进行性能分析的方法。它的基本思想是性能产生瓶颈的主要原因是某个资源的使用达到了极限，此时表现为随着压力的增大，系统性能急剧下降，从而产生"拐点"现象。只要得到"拐点"附的资源近使用情况，就能定位出系统的性能瓶颈。例如，系统随着用户的增多，事务响应时间缓慢增加，当达到 100 个虚拟用户时，系统响应时间急剧增加，表现为一个明显的"折线"，这就说明系统承载不了如此多的用户做这个事务，也就是存在性能瓶颈。

● 系统性能调优。

● 在进行性能调整时，最好一次只调整一项内容或者一类内容，避免一次调整多项内容而引起性能提高却不知道是由于调整哪项关键指标而改善性能的。在系统调优过程中，好的策略是按照由易到难的顺序对系统性能进行调优。

● 性能测试总结。

● 性能测试总结不仅使我们能够了解到如下内容：性能测试需求覆盖情况，性能测试过程中出现的问题，以及如何去分析、调优、解决的，测试人员、进度控制与实际执行偏差，性能测试过程中遇到的各类风险是如何控制的，以及该产品/项目性能测试后的经验和教训等内容。

2．如果在性能测试需求分析阶段，客户提出了"我们需要贵单位对所有的功能都进行性能测试"的需求，要如何处理。

答：基本思想就是性能产生瓶颈的主要原因是某个资源的使用达到了极限，此时表现为随着压力的增大，系统性能急剧下降，从而产生"拐点"现象。只要得到"拐点"附近资源的使用情况，就能定位出系统的性能瓶颈。

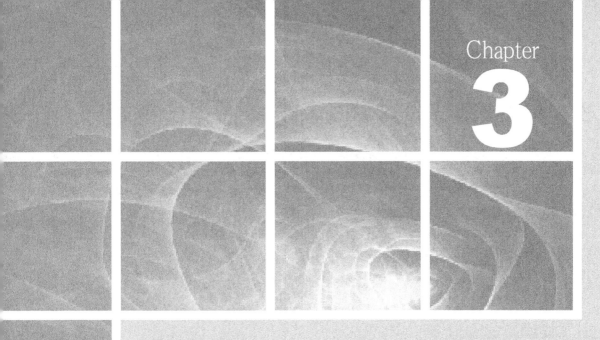

Chapter

3

第 3 章

性能测试与 LoadRunner 相关概念

3.1　性能测试的基本概念

随着互联网的蓬勃发展，软件的性能测试已经越来越受到软件开发商、客户的重视。如一个网站前期由于用户较少，随着使用用户的逐步增长，以及宣传力度的加强，软件的使用者可能会成几倍、几十倍甚至几百倍数量级的增长，如果不经过性能测试，通常软件系统在该情况下都会崩溃掉，所以性能测试还是非常重要的。那么通常我们在什么情况下就需要引入性能测试呢？

3.1.1　典型的性能测试场景

下面是一些需要进行性能测试的场景。

● 　用户提出性能测试需求，例如，首页响应时间在 3 秒内，主要的业务操作时间小于 10 秒，支持 300 用户在线操作等相关语言描述。

● 　某个产品要发布了，需要对全市的用户做集中培训。通常在进行培训的时候，老师讲解完成一个业务以后，被培训用户会按照老师讲解的实例同步操作前面讲过的业务操作。这样存在用户并发的问题，我们在培训之前需要考虑被培训用户的人数在场景中设计酌情设置并发用户数量。

● 　同一系统可以采用两种构架：Java 和.Net，决定用哪个。同样的系统用不同的语言、框架实现效果也会有所不同。为了系统能够有更好的性能，在系统实现前期，可以考虑设计一个小的 Demo，设计同样的场景，实际考察不同语言、不同框架之间的性能差异，而后选择性能好的语言、框架开发软件产品。

● 　编码完成，总觉得某部分存在性能问题，但是又说不清楚到底是什么地方存在性能瓶颈。一个优秀软件系统是需要开发、测试以及数据管理员、系统管理员等角色协同工作才能完成的。开发人员遇到性能问题以后会提出需求，性能测试人员需要设计相应的场景，分析系统瓶颈，定位出问题以后，将分析后的测试结果以及意见反馈给开发等相关人员，而后开发等相关人员做相应调整，再次进行同环境、同场景的测试，直到使系统能够达到预期的目标为止。

● 　一门户网站能够支持多少用户并发操作（注册、写博客、看照片、看新闻……）。一个门户网站应该是经得起考验的。门户网站栏目众多，我们在进行性能测试的时候，应该考虑实际用户应用的场景，将注册用户、写博客、看照片、看新闻等用户操作设计成相应的场景。根据预期的用户量设计相应用户的并发量，同时一个好的网站由于随着用户的逐渐增长以及推广的深入，访问量可能会成数量级的增长。考虑门户网站这些方面的特点，在进行性能测试的时候也需要考虑可靠性测试、失败测试以及安全性测试等。

3.1.2　性能测试的概念及其分类

系统的性能是一个很大的概念，覆盖面非常广泛，对一个软件系统而言，包括执行效率、资源占用、系统稳定性、安全性、兼容性、可靠性、可扩展性等。性能测试是为描述测试对象与性能相关的特征并对其进行评价，而实施和执行的一类测试。它主要通过自动化的测试工具模拟多种正常、峰值以及异常负载条件来对系统的各项性能指标进行测试。通常大家把性能测试、负载测试、压力测试统称为性能测试。

负载测试：通过逐步增加系统负载，测试系统性能的变化，并最终确定在满足系统的性能指标情况下，系统所能够承受的最大负载量的测试。简而言之，负载测试是通过逐步加压的方式来确定系统的处理能力、确定系统能够承受的各项阈值。例如，逐步加压，从而得到"响应时间不超过 10 秒""服务器平均 CPU 利用率低于 85%"等指标的阈值。

压力测试：通过逐步增加系统负载，测试系统性能的变化，并最终确定在什么负载条件下系统性能处于失效状态，并来获得系统能提供的最大服务级别的测试。压力测试是逐步增加负载，使系统某些资源达到饱和甚至失效。

配置测试：主要是通过对被测试软件的软硬件配置的测试，找到系统各项资源的最优分配原则。

并发测试：测试多个用户同时访问同一个应用、同一个模块或者数据记录时是否存在死锁或者其他性能问题，几乎所有的性能测试都会涉及一些并发测试。

容量测试：测试系统能够处理的最大会话能力。确定系统可处理同时在线的最大用户数，通常和数据库有关。

可靠性测试：通过给系统加载一定的业务压力（如 CPU 资源在 70%～90%的使用率）的情况下，运行一段时间，检查系统是否稳定。因为运行时间较长，通常可以测试出系统是否有内存泄露等问题。

失败测试：对于有冗余备份和负载均衡的系统，通过这样的测试来检验如果系统局部发生故障用户是否能够继续使用系统，用户受到多大的影响。如几台机器做均衡负载，一台或几台机器垮掉后系统能够承受的压力。

3.1.3　性能测试工具的引入

综上所述，性能测试可以说是软件测试的重中之重。它包括的种类、范围也很广，掌握并灵活应用一个性能测试工具的使用是软件企业必经之路。目前市场上已经有很多性能测试工具，如商业的工具主要有 LoadRunner、WebLoad、Rational Performance Tester（RPT）等，免费的工具主要包括 JMeter、Microsoft Web Application Stress Tool、OpenSTA 等。在这些工具中，LoadRunner以其界面友好、方便易用、支持协议众多、功能强大等优势，吸引了很多用户将其应用于商业的产品当中，并取得了很好的效果。"工欲善其事，必先利其器。"在后续章节，作者将与您一起分享在工作中学习和应用 LoadRunner 进行实际项目性能测试过程中积累的经验和使用技巧。

3.2　LoadRunner 及样例程序安装过程

LoadRunner 分为 Windows 版本和 UNIX 版本。由于本书所编写的测试脚本均基于 Windows平台，所以这里我们只要安装 Windows 版本即可，下面就 LoadRunner Windows 版本的安装过程进行介绍，如果您对 Unix 版本比较感兴趣，请尝试自行安装 UNIX 版本。

3.2.1　Windows 版本的安装过程

在作者的前两本书，即《精通软件性能测试与 Loadrunner 最佳实战》和《软件性能测试与Loadrunner 实战教程》中，作者均以 Loadrunner 8.0 作为讲解内容，主要原因是 Loadrunner 8.0 包括丰富的样例程序，初学者可以系统地对多种协议进行学习和演练，鉴于目前 Loadrunner 11.0 版本支持了更多的协议并广泛被应用于实际工作项目中，所以，本书中主要以 Loadrunner 11.0 作为讲解内容，从实际的应用中作者感觉 Loadrunner 11.0 版本和 Loadrunner 8.0 版本并无太大的差异。

下面就讲解一下 LoadRunner 11.0 的 Windows 版本的安装过程。运行安装程序"Setup.exe"文件，则出现如图 3-1 所示的 LoadRunner 安装界面，单击"LoadRunner 完整安装程序"链接，在安装过程中有可能会出现如图 3-2 所示的 LoadRunner 安装界面提示信息，您可以单击【否（N）】按钮，继续进行安装。由于 LoadRunner 11.0 支持了更多的协议，同时也依赖于更多的应用程序，所以有可能会出现如图 3-3 所示对话框，单击【确定】按钮，依次安装依赖的各个应用程序。当依赖的各个应用程序安装完成后，则出现如图 3-4 所示的 LoadRunner 安装程序对话框，开始正式安装 LoadRunner 11.0，单击【下一步（N）>】按钮。在弹出的如图 3-5 所示对话框中，单击【我同意（A）】单选按钮，而后单击【下一步（N）>】按钮，在如图 3-6 所示对话框中输入相关信息，单击【下一步（N）>】按钮，接下来在如图 3-7 所示对话框中，您需要选择要将 LoadRunner 11.0 应用安装在哪儿？这里保留应用安装的默认路径不做改变，单击【下一步（N）>】按钮，弹出图 3-8 所示安装确认对话框，仍然单击【下一步（N）>】按钮，LoadRunner 安装程序则开始复制文件和注册相应的插件等，如图 3-9 所示。当 LoadRunner 11.0 安装完成之后，会弹出图 3-10 所示信息对话框，单击【完成（F）】按钮。

图 3-1　LoadRunner 11.0 安装界面

图 3-2　LoadRunner 11.0 安装过程中有可能会出现的对话框

图 3-3　LoadRunner 11.0 安装依赖应用列表

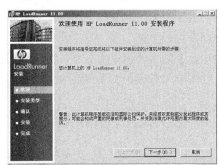

图 3-4　LoadRunner 11.0 安装程序对话框

图 3-5　LoadRunner 11.0 许可协议对话框

图 3-6　LoadRunner 11.0 客户信息对话框

图 3-7　LoadRunner 11.0 选择安装文件夹对话框

图 3-8　LoadRunner 11.0 选择安装文件夹对话框

图 3-9　LoadRunner 11.0 正在安装对话框

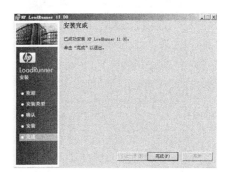
图 3-10　LoadRunner 11.0 安装完成对话框

接下来，系统会自动弹出一个 Readme 信息页面，同时弹出一个关于软件 10 天试用期相关的对话框信息，如图 3-11 所示。关闭信息对话框后，则弹出许可管理信息对话框，如图 3-12 所示。为了更好地应用 LoadRunner 11.0，建议读者在安装完成后，最好能够重新启动计算机。接下来，您可以通过如图 3-13 所示程序组，单击"LoadRunner"菜单项启动 LoadRunner 11.0，如图 3-14 所示。图 3-14 所示左侧部分是 LoadRunner 11.0 三个主要应用，单击"Create/Edit Scripts"链接，将打开用于创建/修改脚本用的应用程序，即"LoadRunner Virtual User Generator"，在本书中简称"Vugen"。单击"Run Load Tests"链接，将打开用于多用户负载的"HP LoadRunner Controller"应用，在本书中简称"Controller"。单击"Analyze Test Results"链接，将打开用于对执行结果进行分析的"HP LoadRunner Analysis"应用，在本书中简称"Analysis"。

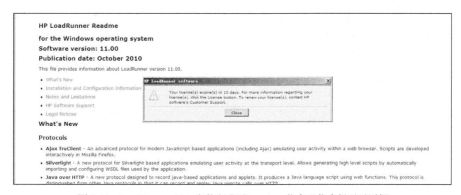
图 3-11　LoadRunner 11.0 安装完成后 Readme 信息及信息提示对话框

图 3-12　LoadRunner 11.0 许可协议信息提示对话框　　　图 3-13　LoadRunner 11.0 应用程序组

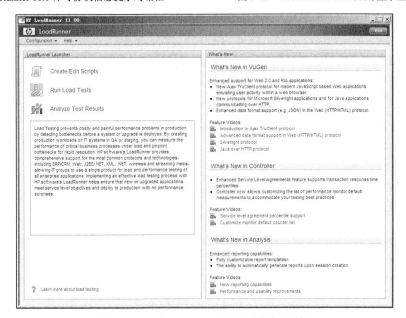

图 3-14　LoadRunner 11.0 应用界面信息对话框

3.2.2　许可协议的应用

在没有购买 LoadRunner 相应许可进行注册的情况下，在启动 LoadRunner 11.0 后会弹出如图 3-15 所示信息对话框，您可以单击【Close】按钮关闭该对话框。您可以联系惠普公司购买相应的许可。单击【Configuration】>【LoadRunner License】菜单项，如图 3-16 所示，而后弹出的对话框如图 3-17 所示，单击【New License】按钮，在对话框中输入新的许可，单击【OK】按钮。在许可协议信息对话框，选择"LicenseKey1"在右侧就会显示该许可协议的类型、支持的用户数量以及可以监控的内容等相关信息了。

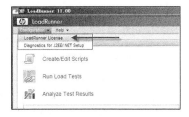

图 3-15　LoadRunner 11.0 试用版七天试用相关信息　　　图 3-16　LoadRunner 11.0 应用界面信息对话框

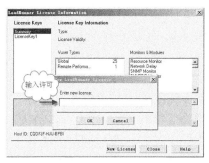

图 3-17 许可协议信息对话框

3.2.3 工具样例程序的安装过程

为了方便用户学习和使用 LoadRunner 11.0，LoadRunner 11.0 提供了 B/S 架构的样例程序供读者

学习和练习使用。当您进行 LoadRunner 11.0 完整安装后，您就可以通过单击【开始】>【所有程序】>【Mercury LoadRunner】>【Samples】>【Web】>【Start Web Server】菜单项，它将启动"Xitami Web Server"。当其正常启动时将在您的任务栏出现一个绿色的图标，单击该图标将弹出"Xitami Web Server Properties"对话框，如图 3-18 所示。如果该应用没有被正常打开或者被挂起时，则该图标会显示为红色，如图 3-19 所示。然后，您可以单击【Mercury LoadRunner】>【Samples】>【Web】>【HP Web Tours Application】菜单项，如图 3-20 所示。

图 3-18 Xitami Web Server 正常启动

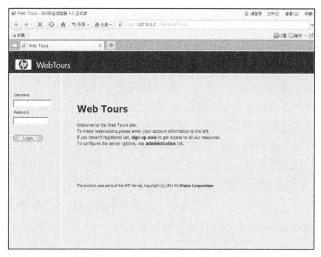

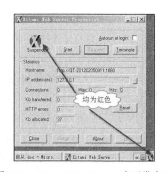

图 3-19 Xitami Web Server 未正常启动 　　　图 3-20 Web 样例程序界面相关信息

样例程序提供了一个默认的系统用户，您可以在 username 文本框中输入"jojo"，password 文本框中输入"bean"，登录到样例系统中。

3.3 运行机制和主要组成部分

几十台、几百台机器集中起来做并发性测试也许是 20 世纪 90 年代大型软件做性能测试的一种方式。但是随着互联网络的广泛发展，成千上万级用户使用同一个平台，已经是很平常的一件事，比如新浪、搜狐等门户网站就每天接受着数百万级用户的访问。显然，在进行百万级用户访问的时候，我们不可能将数百万台机器和操作用户集中起来，而后号令一声："开始"，大家同时执行某一个或一组操作。且不说手工测试存在着巨大的人力、物力的浪费，仅手工操作存在着很严重的延时问题，就根本不可能实现真正意义上的并发。一台工作站只能容纳一个实际用户，而 LoadRunner 却可以用一台或者几台计算机产生成千上万的虚拟用户，模拟实际用户行为（前提是您有相应用户数的许可协议），如图 3-21 所示为 LoadRunner 11.0 的主界面信息。虚拟用户（Vuser）通过执行典型业务流程模拟实际用户的操作。对于 Vuser 执行的每个操作，LoadRunner 向服务器或类似的企业系统提交输入信息，增加 Vuser 的数量可以增大系统上的负载。

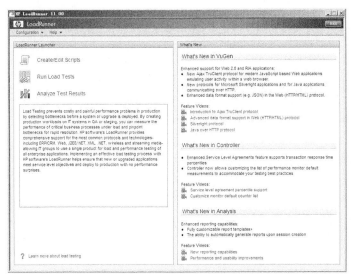

图 3-21 LoadRunner 11.0 主界面信息

要模拟较多用户负载的情形，您可以通过 Controller 设定虚拟用户数执行一系列任务的 Vuser。例如，您可以观察一百个 Vuser 同时登录邮件服务系统，进行收发邮件时服务器的行为。通过使用 LoadRunner，可以将您的客户端/服务器性能测试需求划分为多个场景。场景定义每个测试会话中发生的事件。例如，场景会定义并控制要模拟的用户的数量和它们执行的操作、持续运行时间，以及运行模拟操作所用的计算机。

LoadRunner 拥有各种 Vuser 类型，每一类型都适合于特定的负载测试环境。这样就能够使用 Vuser 精确模拟日常生活中的各种真实情况。Vuser 在方案中执行的操作是用 Vuser 脚本描述的。Vuser 脚本中包括在方案中度量并录制服务器性能的函数。每个 Vuser 类型都需要特定类型的 Vuser 脚本。LoadRunner 主要由 VuGen、Controller 和 Analysis 这 3 部分构成。Vuser 脚本生成器（也称为 VuGen）是 LoadRunner 用于开发 Vuser 脚本的主要工具。VuGen 不仅能够录制 Vuser 脚本，还可以运行这些脚本。录制 Vuser 脚本时，VuGen 会生成各种函数，来定义您在录制会话过程中执行的操作。VuGen 将这些函数插入 VuGen 编辑器中，以创建基础 Vuser 脚本。进行调试时，从 VuGen 运行脚本很有用。LoadRunner 通过 Controller 模拟一个多用户并行工作的环境来对应用程序进行负载测试。在 Controller 中有手工和基于目标两种方法来设计场景，可以通过设置场景来模拟用户的行为，同时在场景的运行期间 LoadRunner 会自动收集应用服务器软件和硬件相关数据，并将这些数据存放到一个小型的数据库文件当中，准确地度量、监控并分析系统的性能和功能。完成了数据的收集工作后，为了了解整个系统运行的状况，需要分析相关数据是否达到预期目标。这时，您可以应用 LoadRunner

的 Analysis 对测试结果数据进行分析，Analysis 提供了丰富的图表帮助您从各个角度对数据进行有效的分析，同时可以将多个图表进行合并来进行分析，比如：虚拟用户－平均响应时间图表，通过该图表您就可以分析当虚拟用户数增加时系统的响应时间是否会受到影响。当然，您也可以通过 Analysis 比较两次运行结果之间的差异，从而更方便地进行系统的性能调优工作，还可以将测试结果输出成为规范的 Word 或者 Html（超文本语言）格式的报告。

上面我们简单地介绍了一下 LoadRunner 主要的 3 个组成部分，在第 4 章我们将结合具体的示例详细讲解脚本的录制、场景的建立和执行以及结果的分析，使大家进一步明确 LoadRunner 是如何将 3 个组成部分有机地结合到一起的。

【重点提示】

VuGen 仅能录制 Windows 平台上的会话。但是，录制的 Vuser 脚本既可以在 Windows 平台上运行，也可以在 UNIX 平台上运行。

3.4　LoadRunner 相关概念解析

LoadRunner 中有很多概念，例如，集合点、事务、检查点、思考时间等，明确概念是为了更好理解与应用 LoadRunner。下面就集合点、事务、检查点、思考时间这几个概念详细说明一下。

3.4.1　集合点

集合点可以同步虚拟用户以便恰好在同一时刻执行任务。在没有性能测试工具之前，要实现用户的并发是很困难的，最常见的一种方式就是把公司的所有或者部分员工召集起来，有一个同志喊："1，2，3，开始！"，然后，大家同时提交数据。姑且不说这种方式存在很长的延时并且没有实现严格意义上并发的问题，就人力资源的巨大浪费就是十分严重的一个问题。LoadRunner 集合点则很好地实现用户的同步问题，而且模拟成千上万的用户操作也是轻而易举的一件事情。集合点的添加非常简单，可以通过手工或者菜单两种方式添加，形式如图 3-22 所示。

图 3-22　一个集合点示例代码段

集合点添加成功以后，保存脚本。在使用 LoadRunner 的 Controller 进行负载时，可以执行【Scenario】>【Rendezvous…】，则显示的集合总信息对话框如图 3-23 所示。

可以通过从集合点列表中选择某个集合点而后单击 ✔ Enable Rendezvous 或 ✘ Disable Rendezvous 设置是否允许启用或者禁用某个集合点，也可选择某个虚拟用户后单击 Disable VUser 或 Disable VUser 允许或者禁止某个集合点一个虚拟用户参与集合，这里重点讲一下集合点的设计策略，单击 Policy... 显示集合点策略对话框，如图 3-24 所示。

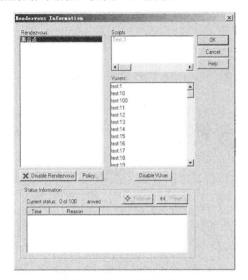

图 3-23 集合点信息对话框

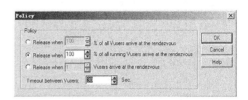

图 3-24 集合点设计策略窗体

在"策略"部分中，可以选择下列 3 个选项之一。

● 当所有虚拟用户中的 $X\%$ 到达集合点时释放。即仅当指定百分比的虚拟用户到达集合点时，才释放虚拟用户。

注意

此选项会干扰场景的计划。如果选择此选项，场景将不按计划运行。

● 当所有正在运行的虚拟用户中的 $X\%$ 到达集合点时释放：仅当场景中指定百分比的正在运行的虚拟用户到达集合点时，才释放虚拟用户。

● 当 X 个虚拟用户到达集合点时释放：仅当指定数量的虚拟用户到达集合点时，才释放虚拟用户。

在"虚拟用户之间的超时值"框中输入一个超时值。每个虚拟用户到达集合点之后，LoadRunner 都会等待下一个虚拟用户到达，等待的最长时间为您设置的超时间隔。如果下一个虚拟用户没能在超时间隔内到达，Controller 就会从集合中释放所有的虚拟用户。每当有新的虚拟用户到达时，计时器就会重置为零。默认的超时间隔是 30 秒，大家根据被测试应用的不同，可以针对性的根据实际业务情况设置该值。

3.4.2 事务

事务是指服务器响应虚拟用户请求所用的时间，当然它可以衡量某个操作，如登录所需要的时间，也可以衡量一系列的操作所用的时间，如从登录开始到完整地形成一张完整的订单，所以读者在应用该概念的时候必须要结合自己的实际项目进行事务的添加。一个完整的事务是由事务开始、事务结束以及一个或多个业务操作/任务构成。形式如图 3-25 所示。

插入一个事务有两种方式来实现，一种是手工方式，另外一种是利用菜单项或者工具条进行事务的添加。手工方式要求编写脚本人员必须十分清楚脚本的内容，在合适的位置插入事务的开始和事务的结束函数。另外一种方式，应用菜单或者工具条进行添加相对来说操作方法简单一些，首先切换到脚本树视图，参见图 3-26，而后通过菜单添加事务开始和事务结束，参见图 3-27。

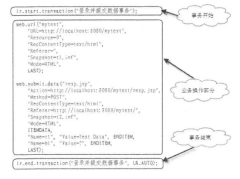

图 3-25　一个事务示例代码段

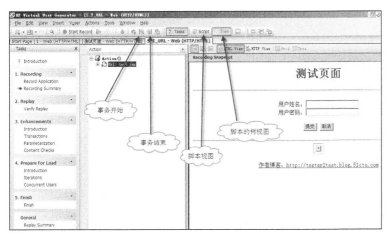

图 3-26　工具条相关按钮

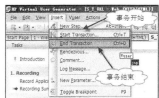

图 3-27　事务相关菜单选项

【重要提示】

（1）事务必须是成对出现，即一个事务有事务开始，必然要求也有事务结束。

（2）事务结束函数共包括两个参数，第一个参数是事务的名称，第二个参数是事务的状态。事务状态可以为 LR_PASS：返回"Succeed"代码；LR_FAIL：返回"Fail"代码；LR_STOP：返回"Stop"代码；LR_AUTO：自动返回检测到的状态。

（3）在应用事务的过程中，不要将思考时间（lr_think_time 函数）放在事务开始和事务结束之间，否则在回放思考时间设置被允许的情况下，思考时间将被算入事务的执行时间，从而影响了对事务正确的执行时间的分析与统计，如果您事务中插入了思考时间，也可以在进行结果分析时，应用过滤忽略思考时间，这个内容将在后续章节进行详细讲解。

3.4.3　检查点

检查点是在回放脚本期间搜索特定的文本字符串或者图片等内容，从而验证服务器响应内容的正确性。例如，验证一个用户是否成功登录到系统，通常就可以通过设置一个文本或者图片检查点来进行验证。在这里以登录 LoadRunner 11.0 自带的样例程序为例，如图 3-28 和图 3-29 所示，用户名为"jojo"，密码为"bean"，成功登录系统后会在业务页面右侧显示文字"Welcome,jojo"等信息，这样我们就可以设置一个文本检查点，检查登录系统后首页是否会包含这个字符串，如果包含这个字符串则说明是正确的，否则，就是错误的。那么也许有很多读者可能会问到了，LoadRunner 为什么要设置检查点呢？这里给大家解释一下。HTTP 协议是无状态的，即当客户端向服务器发出请求后，服务器只要响应了客户端的请求，那么它就认为是正确的，这显然不符合我们的预期。阅读本书的您，相信一定对软件测试相关的基础理论非常精通，大家都知道在平时我们在编写测试用例的时候，必须要包含两部分内容，即输入、预期输出，这里的输入可以是操作步骤、输入数据等，预期输出则是结合输入的情况和业务逻辑规则应用理论上会给出的结果。在实际测试中，测试人员按照测试用例设计步骤进行操作并输入相应的数据，而后根据实际输出和预期输出做比较，如果预期输出和实际输出是一致的，那么就认为这个用例是通过的，否则，就是未通过的，也就是说系统出现了 Bug。所以结合 HTTP 协议无状态这一特性，就必须要求我们必须要设定一个验证，只有客户端发出请求后，服务器给予了正确的返回结果，我们才认为业务实现是正确的，这就要求必须设置一个检查点。

图 3-28　WebTours 样例程序系统界面

图 3-29　用户登录后系统界面

　　插入一个检查点有两种方式来实现，一种是手工方式，另外一种是利用菜单或者工具条进行检查点的添加。手工方式要求编写脚本人员必须十分清楚脚本的内容，在合适的位置插入检查点函数。另外一种方式，应用菜单项或者工具条进行添加，相对来说这种操作方法更简单一些。首先，切换到脚本树视图，如图 3-30 和图 3-31 所示，而后选中成功登录系统后响应页面连接，如图 3-30 所示，Action 下方方框区域，而后切换到"HTML View"页，选中"Welcome，jojo，"该字符串，单击鼠标右键，选择"Add a Text Check (web_reg_find)"菜单选项，这样我们就成功添加了一个文本检查点，添加完成检查点以后，树形视图发生了变化，参见图 3-32，脚本视图也发生了变化，参见图 3-33。当然如果您对脚本和检查点函数比较熟悉的话，也可以手工或者通过菜单选项自行输入相应函数，完成相同的工作。

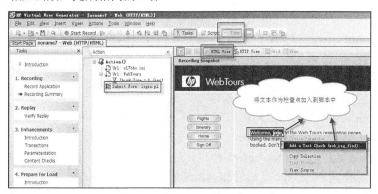

图 3-30　脚本树视图"HTML View"页信息

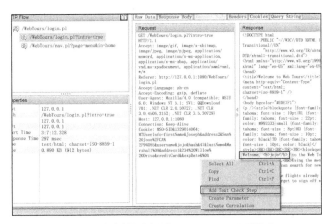

图 3-31 脚本树视图对应"HTTP View"页信息

图 3-32 添加检查点后的脚本树视图

图 3-33 添加检查点后的脚本视图

【重要提示】

（1）检查点设置完成后，要保证【Run-time Settings】>【Preferences】>【Enable Image and text check】复选框被选中，否则检查点将不会生效。即即使响应信息是错误的，结果显示仍然为正确。

（2）在应用 web_reg_find()函数时，有一点大家必须要非常清楚：web_reg_find 是注册函数（注册类函数有一个很明显的特点就是在函数名称中包含了"reg"字符，在 LoadRunner 中有很多注册类函数，请读者朋友在应用这类函数时注意函数放置位置），必须放在响应页面之前。如拿我们刚才举的例子来说，"Welcome, jojo，"响应信息包含在表示为"Submit Form : login.pl"页面中，可以参见图 3-30、图 3-31 或图 3-32，所以我们在手工加入脚本的时候就应该把 web_reg_find()函数加在 web_submit_form("login.pl",....);之前，参见图 3-33。

（3）检查点相关函数总结如表 3-1 所示。

表 3-1 检查点相关函数列表

函　　　数	描　　　述
web_reg_find	从下一个回应的 HTML 页面中查找指定的文本字符串
web_find	从 HTML 页面中查找指定的文本字符串
web_image_check	从 HTML 页面中查找指定的图片
web_global_verification	从所有后续 HTTP 交互中查找指定的文本字符串

3.4.4　思考时间

用户在执行两个连续操作期间等待的时间称为思考时间。LoadRunner 在录制脚本时，虚拟用户产生器（VuGen）将录制实际的停留等待时间并将相应的等待时间插入到脚本，脚本中 lr_think_time()函数即为思考时间，如：

```
web_url("mytest",
    "URL=http://localhost:8080/mytest",
    "Resource=0",
    "RecContentType=text/html",
    "Referer=",
    "Snapshot=t1.inf",
    "Mode=HTML",
    LAST);
lr_think_time(2);
web_submit_data("resp.jsp",
    "Action=http://localhost:8080/mytest/resp.jsp",
    "Method=POST",
    "RecContentType=text/html",
    "Referer=http://localhost:8080/mytest/",
    "Snapshot=t3.inf",
    "Mode=HTML",
    ITEMDATA,
    "Name=t1", "Value=Test Data", ENDITEM,
    "Name=b1", "Value=", ENDITEM,
    LAST);
```

【脚本分析】

上面的脚本访问首页和添加数据两个操作中间停留 2 秒的时间。您可以通过"Run-time Settings（运行时设置）"来决定是否启用思考时间，如图 3-34 所示。

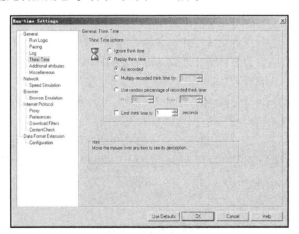

图 3-34　思考时间的设置

默认情况下，当您运行脚本时，将使用在录制会话期间录制到脚本中的思考时间值。通过 VuGen 的"运行时设置"对话框的"Think Time"可以使用录制思考时间、忽略思考时间或使用与录制时间相关的值。

忽略思考时间：忽略录制思考时间（回放脚本时忽略所有 lr_think_time 函数）。

回放思考时间：通过下方第二组思考时间选项，可以使用录制思考时间。

● 按录制参数：回放期间，使用 lr_think_time 函数中显示的参数。例如，lr_think_time(10) 将等待 10 秒。

● 录制思考时间乘以：回放期间，使用录制思考时间的倍数。这可以增加或减少在回放期间应用的思考时间。例如，如果录制思考时间为 4 秒，则可以指示 Vuser 用 2 以该值，即总共为 8。要将思考时间减少到 2 秒，可以用 0.5 乘以录制时间。

● 使用录制思考时间的随机百分比：使用录制思考时间的随机百分比。通过指定思考时间的范围，可以设置思考时间值的范围。例如，如果思考时间参数为 4，并且您指定最小值为该值的 50%，而最大值为该值的 150%，则思考时间的最低值为 2 (50%)，而最高值为 6 (150%)。

● 将思考时间限制为：限制思考时间的最大值。

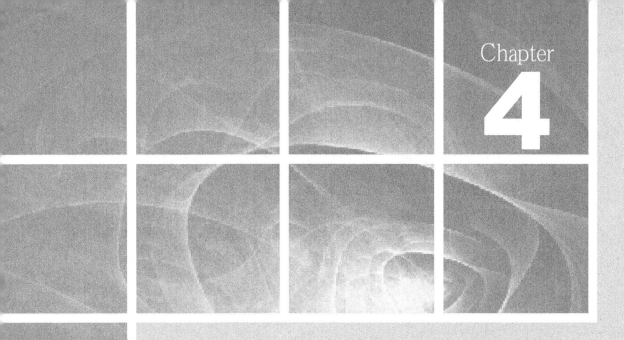

Chapter

4

第 4 章

应用 LoadRunner

进行性能测试示例

4.1　LoadRunner 测试过程模型

LoadRunner 提供了一个测试过程来帮助测试人员进行性能测试工作，测试过程分为六个步骤，请参见图 4-1。

规划测试：要成功地进行负载测试，需要制订完整的测试计划。制订明确的测试计划将确保制定的 LoadRunner 场景能完成您的负载测试目标。

创建 Vuser 脚本：Vuser 通过与应用程序的交互来模拟真实用户。Vuser 脚本包含场景执行期间每个 Vuser 执行的操作。您可以使用 LoadRunner Vugen 创建虚拟用户脚本。

创建方案：场景描述测试会话期间发生的事件。场景中包括运行 Vuser 的计算机列表、Vuser 运行的脚本列表以及场景执行期间运行的指定数量的 Vuser 或 Vuser 组。您可以使用 LoadRunner Controller 创建场景。场景的设计有基于手动和基于目标两种方式。

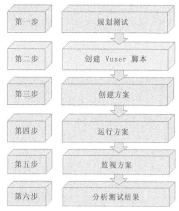

图 4-1　LoadRunner 测试过程

运行方案：您可以通过指示多个 Vuser 同时执行任务来模拟服务器上的用户负载。增加或减少同时执行任务的 Vuser 数可以设置负载级别。

监控方案：可以使用 LoadRunner 事务、系统资源、Web 资源、Web 服务器资源、Web 应用程序服务器资源、数据库服务器资源、网络延时等应用程序组件和基础结构资源监控器来监控场景执行。

分析测试结果：在场景执行期间，LoadRunner 将录制不同负载下应用程序的性能。您可以使用 LoadRunner 的图和报告来分析应用程序的性能，定位应用程序的系统瓶颈，为系统构架、软件开发、数据库管理员、系统管理员等相关人员提供改良意见。

4.2　实例讲解脚本的录制、场景设计、结果分析过程

LoadRunner 是一个专业的性能测试工具，前面章节已经介绍过，它主要由虚拟用户生成器、负载控制器和负载分析器 3 部分组成，那么如何把这 3 部分应用于实际性能测试工作呢？

4.2.1　实例讲解 Web 应用程序的应用

前面章节已经介绍了一些关于 LoadRunner 工作原理以及一些概念等知识，为了我们更加深入地了解 LoadRunner 各个组成部分的运用，我们以一个 LoadRunner 自带的"Mercury Web Tours Application"为例，实例讲解 LoadRunner 从脚本录制、场景设计到最后结果的分析的完整分析过程。

关于样例程序的安装过程已经在第 1 章中进行了介绍，这里不再赘述。通过单击【开始】>【程序】>【Mercury LoadRunner】>【Samples】>【Web】>【HP Web Tours Application】菜单项，启动 Web 样例应用程序（注：在启动样例应用之前，需要运行【开始】>【程序】>【Mercury LoadRunner】>【Samples】>【Web】>【Start Web Server】菜单项，启动 Web 应用服务器），如图 4-2 所示。

首先，我们必须创建一个用户，才可以登录到应用系统。下面以录制注册用户为例。第一步，启动 LoadRunner 的 VuGen，选择"Web（HTTP/HTML）"协议，单击【Start Record】按钮，接着在对

话框的 URL 下拉框中输入 "http://127.0.0.1:1080/WebTours/"，Record into Action 下拉框选择 "Action"，单击【OK】按钮。VuGen 会自动启动浏览器，同时显示如图4-3所示。

图 4-2　Web 样例应用程序主界面

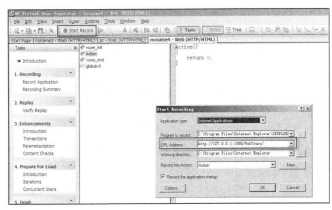

图 4-3　录制对话框

4.2.2　脚本处理部分

1. 客户信息注册

如果想应用该系统订购飞机票，那么首先必须注册客户信息。单击【sign up now】超链接，在弹出的页面输入用户名为 "Johnx"、密码为 "1" 的用户，详细用户信息请参见图4-4。填写完

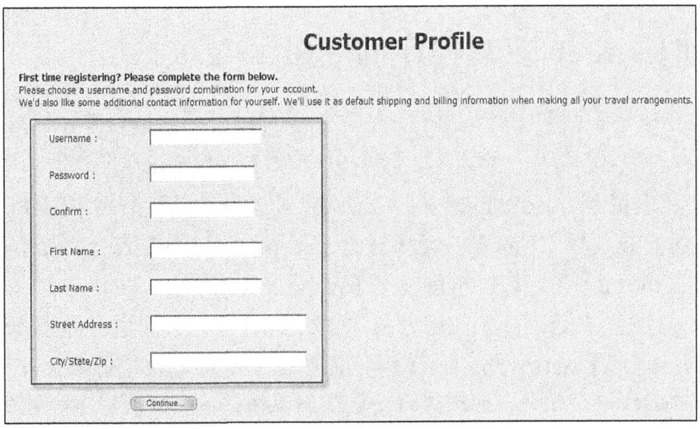

图 4-4　用户注册表单

用户相关信息以后单击【Continue…】按钮，出现图 4-5 所示界面，可参看原始脚本。从图中我们可以看到有一个被加粗显示的"Johnx"。我们可以通过加入检查点函数的方式来校验在"Johnx"是否存在，来验证注册的用户是否被注册成功。

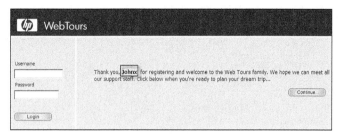

图 4-5　注册完成后信息

原始脚本如下：

```
Action()
{

    web_url("WebTours",
        "URL=http://127.0.0.1:1080/WebTours/",
        "TargetFrame=",
        "Resource=0",
        "RecContentType=text/html",
        "Referer=",
        "Snapshot=t1.inf",
        "Mode=HTML",
        LAST);

    web_url("sign up now",
        "URL=http://127.0.0.1:1080/WebTours/login.pl?username=&password=&getInfo=true",
        "TargetFrame=body",
        "Resource=0",
        "RecContentType=text/html",
        "Referer=http://127.0.0.1:1080/WebTours/home.html",
        "Snapshot=t2.inf",
        "Mode=HTML",
        LAST);

    web_add_cookie("ANON=A=A6E027B0E80C71F29F5CFD19FFFFFFFF&E=c9c&W=1; DOMAIN=login. live.com");

    web_add_cookie("NAP=V=1.9&E=c42&C=7nZ-cKr4Y06mGON6ohGhe1yHjQTzi1k717fYRlDIUUqIJbz_
8PcxSA&W=1; DOMAIN=login.live.com");

    web_add_cookie("MH=MSFT; DOMAIN=login.live.com");

    lr_think_time(13);

    web_url("favicon.ico",
        "URL=http://www.live.com/favicon.ico",
        "TargetFrame=",
        "Resource=0",
        "RecContentType=text/html",
        "Referer=",
        "Snapshot=t4.inf",
```

```
        "Mode=HTML",
        LAST);


    lr_think_time(63);

    web_submit_data("login.pl",
        "Action=http://127.0.0.1:1080/WebTours/login.pl",
        "Method=POST",
        "TargetFrame=",
        "RecContentType=text/html",

    "Referer=http://127.0.0.1:1080/WebTours/login.pl?username=&password=&getInfo=true",
        "Snapshot=t4.inf",
        "Mode=HTML",
        ITEMDATA,
        "Name=username", "Value=Johnx", ENDITEM,
        "Name=password", "Value=1", ENDITEM,
        "Name=passwordConfirm", "Value=1", ENDITEM,
        "Name=firstName", "Value=John", ENDITEM,
        "Name=lastName", "Value=Tomas", ENDITEM,
        "Name=address1", "Value=Peking", ENDITEM,
        "Name=address2", "Value=100084", ENDITEM,
        "Name=register.x", "Value=57", ENDITEM,
        "Name=register.y", "Value=8", ENDITEM,
        LAST);


    return 0;
}
```

从原始脚本不难发现，脚本中存在着很多冗余的内容，可以将这部分内容去掉。如加载文件头和思考时间部分，对本例来说没有特别重要的意义，可以将这些内容去掉。同时由于每个用户名称只能够被注册一次，所以需要被参数化才可以注册多个用户信息。由于订票的人数有可能会非常多，所以可以设置集合点，考察服务器处理并发问题的能力，同时为了校验用户注册是否成功，可以设置检查点进行验证。经过改良后的脚本如下。

```
Action()
{
    lr_rendezvous("同时登录注册");

    lr_start_transaction("登录注册事务");

    web_url("WebTours",
        "URL=http://127.0.0.1:1080/WebTours/",
        "TargetFrame=",
        "Resource=0",
        "RecContentType=text/html",
        "Referer=",
        "Snapshot=t1.inf",
        "Mode=HTML",
        LAST);


    web_url("sign up now",
        "URL=http://127.0.0.1:1080/WebTours/login.pl?username=&password=&getInfo=true",
        "TargetFrame=body",
        "Resource=0",
```

```
        "RecContentType=text/html",
        "Referer=http://127.0.0.1:1080/WebTours/home.html",
        "Snapshot=t2.inf",
        "Mode=HTML",
        LAST);

    web_submit_data("login.pl",
        "Action=http://127.0.0.1:1080/WebTours/login.pl",
        "Method=POST",
        "TargetFrame=",
        "RecContentType=text/html",
    "Referer=http://127.0.0.1:1080/WebTours/login.pl?username=&password=&getInfo=true",
        "Snapshot=t4.inf",
        "Mode=HTML",
        ITEMDATA,
        "Name=username", "Value={username}", ENDITEM,
        "Name=password", "Value={password}", ENDITEM,
        "Name=passwordConfirm", "Value={password}", ENDITEM,
        "Name=firstName", "Value={firstname}", ENDITEM,
        "Name=lastName", "Value={lastname}", ENDITEM,
        "Name=address1", "Value={address}", ENDITEM,
        "Name=address2", "Value={postcode}", ENDITEM,
        "Name=register.x", "Value=57", ENDITEM,
        "Name=register.y", "Value=8", ENDITEM,
        LAST);

    web_find("检查点",
        "What={username}",
        LAST);

    lr_end_transaction("登录注册事务", LR_AUTO);

    return 0;
}
```

经过改良后的脚本，大家可以看到我们不仅去掉了多余的内容、对用户注册信息进行了参数化，同时设置了集合点、事务、检查点，并且还对检查点函数要查找的文本内容进行了参数化。脚本完善以后，不要急于一气呵成，先设置一个未曾注册的用户如"John7"来校验脚本是否正确按照预期的目标执行。在图 4-6 中，可以看到检查点成功检查到有文字"John7"说明符合我们设计的初衷，执行是正确的；如果检测找不到相关文字就会出现图 4-6 的下部分所示界面，表示失败。

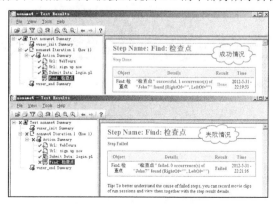

图 4-6 检查点成功或失败结果信息

为了考虑在进行负载的时候，并发客户注册姓名需要使用不同数据的要求。所以需要参数化相关数据信息，这里将数据信息参数化为如表 4-1 所示的形式。

表 4-1　　　　　　　　　　　　　　　　注册数据信息参数数据

Username	Password	Firstname	Lastname	Postcode	Address
Wilson	123456	John	Wilson	100084	Peking
Davis	654321	Adam	Davis	100084	Tianjin
Tony	734323	Tony	Junior	100083	Shanghai
Diego	123456	John	Wilson	100083	Jilin
Marie	434344	Marie	Marie	100081	Datong
White	644343	Andy	White	100000	Shenzhen
Wilson	223334	Funny	White	100085	Peking
Smith	545454	Tomsth	Smith	100076	Zhejiang
Loye	867666	Holly	Junior	100034	Wangfu
Candy	434123	Canno	Wilson	100063	Lijiang
Boss	435441	Bob	Davis	100023	Wuhu
Wawy	095654	Tank	Junior	100012	Taiyuan

2. 订票处理业务

客户信息注册完成后，接下来，就可以用刚才注册的用户信息登录到订票系统，订购飞机票。以用户名称为 "Johnx"、密码为 "1" 的用户登录到系统。这里我们订购一张从 "London" 飞往 "Denver" 的往返飞机票，如图 4-7、图 4-8 和图 4-9 所示。

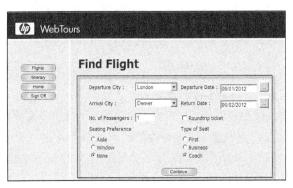

图 4-7　业务操作——选择始发和目的地

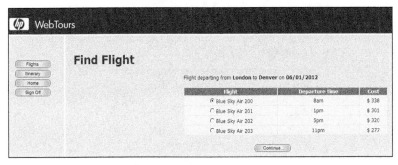

图 4-8　业务操作——选择班次

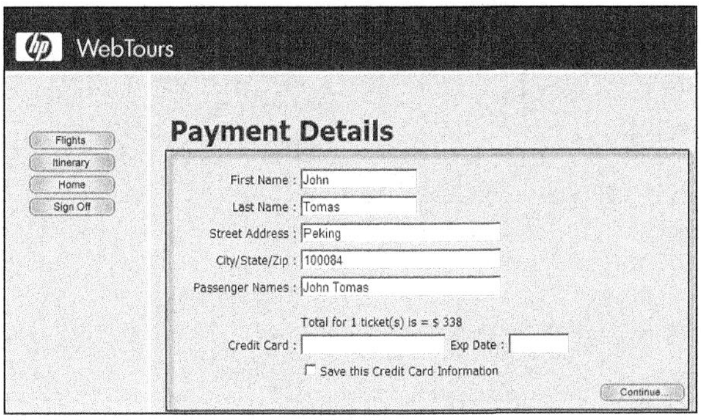

图 4-9　业务操作——付款个人信息

此次录制完成以后，仍然会生成较多的无用代码。这里为了节省不必要的描述，将原始代码略去，而保留改良后的代码。代码分成 vuser_init、Action、vuser_end 这 3 部分，vuser_init 部分可以录制登录部分脚本，Action 可以录制业务部分脚本，vuser_end 则可以录入登出部分脚本。

脚本代码：

```
#include "web_api.h"
#include "lrw_custom_body.h"

vuser_init()
{
    web_url("MercuryWebTours",
        "URL=http://127.0.0.1:1080/WebTours/",
        "Resource=0",
        "RecContentType=text/html",
        "Referer=",
        "Snapshot=t2.inf",
        "Mode=HTML",
        LAST);

    web_submit_form("login.pl",
        "Snapshot=t4.inf",
        ITEMDATA,
        "Name=username", "Value=Johnx", ENDITEM,
        "Name=password", "Value=1", ENDITEM,
        "Name=login.x", "Value=58", ENDITEM,
        "Name=login.y", "Value=14", ENDITEM,
        LAST);

    return 0;
}

#include "web_api.h"

Action()
{
    web_url("welcome.pl",
        "URL=http://127.0.0.1:1080/WebTours/welcome.pl?page=search",
        "Resource=0",
        "RecContentType=text/html",
        "Referer=http://127.0.0.1:1080/WebTours/nav.pl?page=menu&in=home",
        "Snapshot=t4.inf",
        "Mode=HTML",
```

```
        LAST);

    web_submit_form("reservations.pl",
        "Snapshot=t5.inf",
        ITEMDATA,
        "Name=depart", "Value=London", ENDITEM,
        "Name=departDate", "Value=04/11/2012", ENDITEM,
        "Name=arrive", "Value=Denver", ENDITEM,
        "Name=returnDate", "Value=04/12/2012", ENDITEM,
        "Name=numPassengers", "Value=1", ENDITEM,
        "Name=roundtrip", "Value=<OFF>", ENDITEM,
        "Name=seatPref", "Value=None", ENDITEM,
        "Name=seatType", "Value=Coach", ENDITEM,
        "Name=findFlights.x", "Value=84", ENDITEM,
        "Name=findFlights.y", "Value=15", ENDITEM,
        LAST);

    web_submit_form("reservations.pl_2",
        "Snapshot=t6.inf",
        ITEMDATA,
        "Name=outboundFlight", "Value=200;338;04/11/2012", ENDITEM,
        "Name=reserveFlights.x", "Value=74", ENDITEM,
        "Name=reserveFlights.y", "Value=10", ENDITEM,
        LAST);

    web_submit_form("reservations.pl_3",
        "Snapshot=t7.inf",
        ITEMDATA,
        "Name=firstName", "Value=John", ENDITEM,
        "Name=lastName", "Value=Tomas", ENDITEM,
        "Name=address1", "Value=Peking", ENDITEM,
        "Name=address2", "Value=100084", ENDITEM,
        "Name=pass1", "Value=John Tomas", ENDITEM,
        "Name=creditCard", "Value=", ENDITEM,
        "Name=expDate", "Value=", ENDITEM,
        "Name=saveCC", "Value=<OFF>", ENDITEM,
        "Name=buyFlights.x", "Value=57", ENDITEM,
        "Name=buyFlights.y", "Value=12", ENDITEM,
        LAST);

    return 0;
}


#include "web_api.h"

vuser_end()
{
    web_url("welcome.pl_2",
        "URL=http://127.0.0.1:1080/WebTours/welcome.pl?signOff=1",
        "Resource=0",
        "RecContentType=text/html",
        "Referer=http://127.0.0.1:1080/WebTours/nav.pl?page=menu&in=flights",
        "Snapshot=t8.inf",
        "Mode=HTML",
        LAST);

    return 0;
}
```

　　从脚本代码可以看出，并没有对脚本进行参数化。要模拟用户的真实场景，需要参数化数据。典型的情况是不同的用户登录到系统，订票的出发地和目的地是不同的，读者可以尝试自行参数化相关数据信息。这里我提供了一种最简便的方法来处理这类问题，就是只参数化用户登录部分的参数，而保留订票的业务处理部分，也就是说不同的用户登录以后订票的出发地和目的地是一样的。当然这样的话，肯定订票的处理部分就会被缓存起来，这当然是我们不希望的。因为如果缓存起来，处理时间就会减少，与真实场景的事实不相符，所以在进行负载的时候，一定要将缓存处理部分去掉，每次迭代模拟一个新用户，单击【Vuser】>【Run-time Settings】菜单项，下面详细介绍一下相关选项的含义，参见图4-10。

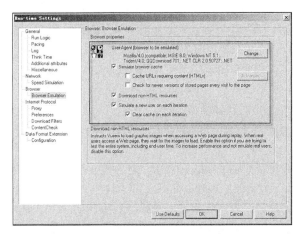

图4-10　运行时设置——仿真浏览器设置对话框

（1）Simulate browser cache 选项。

　　该选项指示 Vuser 使用缓存模拟浏览器。缓存用于保留经常访问的文档的本地副本，从而减少与网络连接的时间。默认情况下，将启用缓存模拟。禁用缓存时，Vuser 仍然每个页面图像只下载一次。当如在 LoadRunner 和性能中心中一样运行多个 Vuser 时，每个 Vuser 都将使用自己的缓存并从其缓存中检索图像。如果禁用此选项，则所有 Vuser 在模拟浏览器时都没有可用的缓存。

　　可以修改运行时设置以匹配 Internet Explorer 的浏览器设置，您可以通过启动 Internet Explorer，单击【工具】>【Internet 选项】察看对应的浏览器设置部分，参见图4-11，运行时设置与浏览器的设置对应关系如表4-2所示。

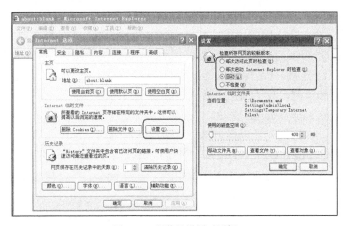

图4-11　浏览器设置对话框

浏览器设置	运行时设置
每次访问此页时检查	选择"Simulate browser cache"并启用"Check for newer versions of stored pages every visit to the page"
每次启动 Internet Explorer 时检查	仅选择"Simulate browser cache"
自动	仅选择"Simulate browser cache"
不检查	选择"Simulate browser cache"并禁用"Check for newer versions of stored pages every visit to the page"

表 4-2　　　　　　　　　　　　运行时设置与浏览器设置对应关系列表

（2）Cache URLs requiring content (HTMLs)选项。

该选项指示 VuGen 仅缓存需要 HTML 内容的 URL。分析、验证或关联时可能需要这些内容。

选择该选项时，将自动缓存 HTML 内容。要定义需要缓存的其他内容类型，请单击【Advanced...】按钮，如图 4-12 所示，您可以指定要缓存的内容（这将增加虚拟用户的内存使用量）。默认情况下启用该选项。如果启用了"Simulate browser cache"，但禁用此选项，则 VuGen 将仍然存储图形文件。

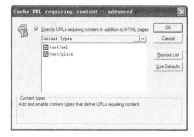

图 4-12　缓存内容设置对话框

（3）Check for newer versions of stored pages every visit to the page 选项。

该设置将指示浏览器检查指定 URL 的较新（与存储在缓存中的 URL 相比）版本。启用该选项时，VuGen 将向 HTTP 标头中添加"If-modified-since"属性。此选项将打开页面的最新版本，但将在场景或会话执行期间生成更大的流量。默认情况下，浏览器不检查较新的资源，因此禁用该选项。配置该选项以匹配要模拟的浏览器中的设置。

（4）Download non-HTML resources 选项。

该选项指示 Vuser 在回放期间访问网页时加载图形图像。其中包括同页面一起录制的图形图像，还包括未明确同页面一起录制的图形图像。当实际用户访问网页时，需要等待图像加载。因此，如果尝试测试整个系统（包括终端用户时间），请启用该选项（默认情况下启用）。要提高性能并且不模拟实际用户，请禁用该选项。

> **注意**
>
> 如果在图像检查中遇到了差异，请禁用该选项，因为每次访问网页时，一些图像会随之改变（例如广告横幅）。

（5）Simulate a new user on each iteration 选项。

指示 VuGen 将各个迭代之间的所有 HTTP 上下文重置为 init 部分结束时相应的状态。使用该设置，Vuser 可以更准确地模拟开始浏览会话的新用户。它将删除所有 Cookies，关闭所有 TCP 连接（包括 Keep-Alive 连接），清除模拟浏览器的缓存，重置 HTML 帧层次结构（帧编号将从 1 开始）并清除用户名和密码。默认情况下启用该选项。

（6）Clear cache on each iteration 选项。

每次迭代时清除浏览器缓存，以模拟第一次访问网页的用户。清除该复选框可以禁用此选项并允许 Vuser 使用浏览器缓存中存储的信息，模拟近期访问过该网页的用户。

为了负载测试方便，我们将业务操作脚本中的 init 和 end 两部分与 action 部分进行合并，并且参数化脚本，加入集合点、事务形成的最终脚本如下。

```
#include "web_api.h"
```

```
Action()
{
    lr_start_transaction("登录");

    web_url("MercuryWebTours",
        "URL=http://127.0.0.1:1080/WebTours/",
        "Resource=0",
        "RecContentType=text/html",
        "Referer=",
        "Snapshot=t2.inf",
        "Mode=HTML",
        LAST);

    web_submit_form("login.pl",
        "Snapshot=t4.inf",
        ITEMDATA,
        "Name=username", "Value={username}", ENDITEM,
        "Name=password", "Value={password}", ENDITEM,
        "Name=login.x", "Value=58", ENDITEM,
        "Name=login.y", "Value=14", ENDITEM,
        LAST);

    lr_end_transaction("登录", LR_AUTO);


    lr_rendezvous("同时订票");

    lr_start_transaction("业务处理");

    web_url("welcome.pl",
        "URL=http://127.0.0.1:1080/WebTours/welcome.pl?page=search",
        "Resource=0",
        "RecContentType=text/html",
        "Referer=http://127.0.0.1:1080/WebTours/nav.pl?page=menu&in=home",
        "Snapshot=t4.inf",
        "Mode=HTML",
        LAST);

    web_submit_form("reservations.pl",
        "Snapshot=t5.inf",
        ITEMDATA,
        "Name=depart", "Value=London", ENDITEM,
        "Name=departDate", "Value=04/11/2012", ENDITEM,
        "Name=arrive", "Value=Denver", ENDITEM,
        "Name=returnDate", "Value=04/12/2012", ENDITEM,
        "Name=numPassengers", "Value=1", ENDITEM,
        "Name=roundtrip", "Value=<OFF>", ENDITEM,
        "Name=seatPref", "Value=None", ENDITEM,
        "Name=seatType", "Value=Coach", ENDITEM,
        "Name=findFlights.x", "Value=84", ENDITEM,
        "Name=findFlights.y", "Value=15", ENDITEM,
        LAST);

    web_submit_form("reservations.pl_2",
        "Snapshot=t6.inf",
        ITEMDATA,
        "Name=outboundFlight", "Value=200;338;04/11/2012", ENDITEM,
        "Name=reserveFlights.x", "Value=74", ENDITEM,
```

```
        "Name=reserveFlights.y", "Value=10", ENDITEM,
        LAST);

    //此部分您可以进行参数化工作
    web_submit_form("reservations.pl_3",
        "Snapshot=t7.inf",
        ITEMDATA,
        "Name=firstName", "Value=John", ENDITEM,
        "Name=lastName", "Value=Tomas", ENDITEM,
        "Name=address1", "Value=Peking", ENDITEM,
        "Name=address2", "Value=100084", ENDITEM,
        "Name=pass1", "Value=John Tomas", ENDITEM,
        "Name=creditCard", "Value=", ENDITEM,
        "Name=expDate", "Value=", ENDITEM,
        "Name=saveCC", "Value=<OFF>", ENDITEM,
        "Name=buyFlights.x", "Value=57", ENDITEM,
        "Name=buyFlights.y", "Value=12", ENDITEM,
        LAST);

    lr_end_transaction("业务处理", LR_AUTO);

    lr_start_transaction("登出");

    web_url("welcome.pl_2",
        "URL=http://127.0.0.1:1080/WebTours/welcome.pl?signOff=1",
        "Resource=0",
        "RecContentType=text/html",
        "Referer=http://127.0.0.1:1080/WebTours/nav.pl?page=menu&in=flights",
        "Snapshot=t8.inf",
        "Mode=HTML",
        LAST);

    lr_end_transaction("登出", LR_AUTO);

    return 0;
}
```

4.2.3　负载处理部分

1.　负载处理部分

为了验证一个系统的性能，通常要结合系统，考察主要业务的处理能力是否能够满足在预期最大用户数时，在一定的数据量和在特定的软硬件资源配备等情况下系统能够高效、稳定地运行，达到预期的指标（如主要业务响应时间、CPU、内存等利用率、并发处理等方面的能力，以客户的需求为主）。这里结合该系统特点，如果用户需要通过飞机订票系统订购飞机票，首先需要注册一个唯一的用户，并且以注册用户登录到系统，进行飞机票的订购与查询等操作。这里我们模拟 5 个用户并发注册，20 个用户并发进行订票业务处理，同时要求整个订票业务处理的响应时间不超过 20 秒。在进行负载的同时要求系统 CPU 利用率不超过 75%，可用内存不低于 100MB。

场景设置如下，参见图 4-13、图 4-14 和图 4-15。

图 4-13 中设置了 5 个虚拟用户并发注册、20 个虚拟用户并发进行订票业务操作。但是，大家知道只有完成注册以后，才能够以注册用户身份登录系统进行订票。两个脚本的执行是有先后顺序的，也就是说只有 RegisterScript 脚本执行完成以后，才能够运行 OperationScript 脚本，所以在"Edit Action"中我们设置 operationscript 的运行设置为"start when registerscript finishes"，参

见图 4-14；同时您可以单击 ，设置场景的运行时间，参见图 4-15。指定合适的场景运行时间是一件很重要的事情，在开发和测试场景同时应用一台服务器进行负载或者测试环境与实际用户共用同一服务器的时候，测试的时间应该挑在没有开发或者其他用户运行的时刻进行，防止干扰。但是，从场景的设置来看，如果想让 20 个业务虚拟用户以不同用户登录名称登录，进行订票操作，5 个虚拟用户需要每个虚拟用户迭代 4 次，这样才能够创建 20 个登录用户。

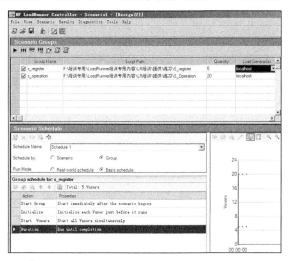

图 4-13　场景设置对话框

图 4-14　计划构建器设置对话框

图 4-15　场景执行设置对话框

用户注册脚本迭代的设置方式如下。

（1）选中场景设置的 registerscript 脚本，单击  按钮。

（2）在运行时设置对话框中选择"Run Logic"页，设置迭代次数为 4，单击【OK】按钮对设置进行保存，如图 4-16 所示。

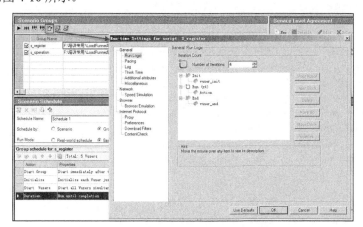

图 4-16　注册用户脚本运行时设置对话框

单击 按钮打开 RegisterScript 脚本，为了区分不同的用户，登录用户名需要设置成不同的内容，密码和其他信息可以设置成相同的内容，当然您也可以把所有信息都进行参数化，这里作者仅对注册用户名和密码信息进行了参数化，脚本如下：

```
Action()
{
    lr_rendezvous("同时登录注册");

    lr_start_transaction("登录注册事务");

    web_url("WebTours",
        "URL=http://127.0.0.1:1080/WebTours/",
        "TargetFrame=",
        "Resource=0",
        "RecContentType=text/html",
        "Referer=",
        "Snapshot=t1.inf",
        "Mode=HTML",
        LAST);

    web_url("sign up now",
        "URL=http://127.0.0.1:1080/WebTours/login.pl?username=&password=&getInfo=true",
        "TargetFrame=body",
        "Resource=0",
        "RecContentType=text/html",
        "Referer=http://127.0.0.1:1080/WebTours/home.html",
        "Snapshot=t2.inf",
        "Mode=HTML",
        LAST);

    web_submit_data("login.pl",
        "Action=http://127.0.0.1:1080/WebTours/login.pl",
        "Method=POST",
        "TargetFrame=",
        "RecContentType=text/html",
"Referer=http://127.0.0.1:1080/WebTours/login.pl?username=&password=&getInfo=true",
        "Snapshot=t4.inf",
        "Mode=HTML",
        ITEMDATA,
        "Name=username", "Value={username}", ENDITEM,
        "Name=password", "Value={password}", ENDITEM,
        "Name=passwordConfirm", "Value={password}", ENDITEM,
        "Name=firstName", "Value=John", ENDITEM,
        "Name=lastName", "Value=Tomas", ENDITEM,
        "Name=address1", "Value=Peking", ENDITEM,
        "Name=address2", "Value=100084", ENDITEM,
        "Name=register.x", "Value=57", ENDITEM,
        "Name=register.y", "Value=8", ENDITEM,
        LAST);

    web_find("检查点",
        "What={username}",
        LAST);
```

```
        lr_end_transaction("登录注册事务", LR_AUTO);

        return 0;
}
```

这里我们希望生成 20 个不同的注册用户名，如：LoginUser1 到 LoginUser20。大家可以看出，为了测试工作方便。一般情况下，注册的用户名信息都是有规律的，从上面的信息不难看出这个数据的规律就是"LoginUser+数字"，这里数字的取值范围为 1～20。为了使创建大批量数据方便，作者编写了一个小程序可供使用，见图 4-18。在工具中设置数据起始标题为"LoginUser"，起始值为"1"，数量为"20"，单击【确定】按钮，则在左侧列表生成了"LoginUser1、LoginUser2……LoginUser19、LoginUser20"共 20 条数据，单击【输出】按钮把数据输出到记事本程序，全部选择生成的数据信息，再打开参数属性设置对话框，单击【Edit with Notepad】按钮，则记事本信息被启动，同时显示了参数化的内容。这里我们可以从第二行开始粘贴刚才生成的注册用户名信息，保存记事本信息，这样数据就被加载到了 username 参数文件中。对参数的取值进行设置，参见图 4-17，即每个虚拟用户取 4 个值，且每次迭代的取值不相同。同样可以用作者提供的工具生成重复的密码 20 个字符串"111111"，注意在操作时"数据起始标题"为"111111"，选中"重复数据"复选框。这样就会生成 20 条重复的字符串"111111"。

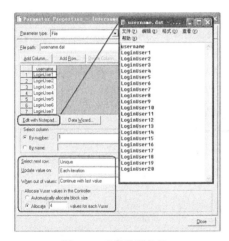

图 4-17 参数化用户名

图 4-18 批量测试数据生成工具

2. 结果分析部分

场景执行过程中，可以监控添加需要监控的内容。这里因为我们要监控系统可用内存和 CPU 利用率资源的使用情况，所以要添加 Windows Resources 系统资源图。当然还可以从 Controller 左侧的 Available Graphs 选择其他关心的内容进行监控。场景运行完成以后，您会发现 RegisterScript 脚本全部执行成功，而 OperationScript 脚本有一次迭代失败，请参见图 4-19、图 4-20、图 4-21 和图 4-22。从图中可以知道以 LoginUser1 登录的用户没有成功登录，当然也就根本没有办法完成订票业务，为了验证我们分析结果的正确性。手工启动 http://127.0.0.1:1080/WebTours/样例程序，分别以 LoginUser1 和 LoginUser5 登录到系统，单击"Itinerary"（路线）按钮，进行已订票内容的查询，结果发现以 LoginUser1 登录的用户在路线中没有信息，而以 LoginUser5 以及其他用户登录身份登录的在路线中则有信息，参见图 4-23 和图 4-24。

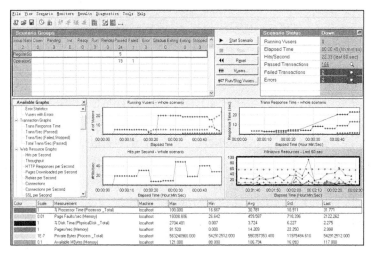

图 4-19　负载场景运行结果

图 4-20　失败事件对话框

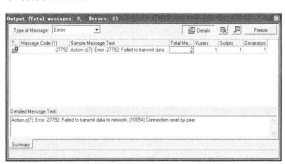

图 4-21　错误信息对话框

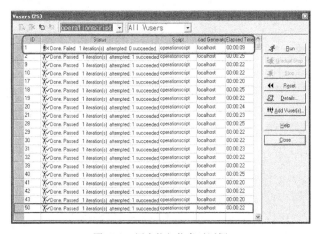

图 4-22　用户执行信息对话框

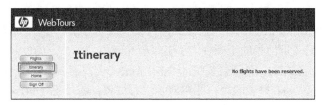

图 4-23　以 LoginUser1 登录查询路线

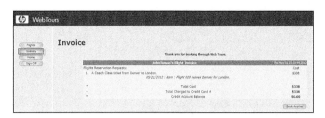

图 4-24 以 LoginUser5 或者其他用户登录查询路线

从 Windows 资源图来看（如图 4-25 所示），系统可用内存平均值为 109.412MB，满足预期可用内存 80MB 以上的要求。但是，CPU 利用率却为 90.885%大于预期 75%的要求。

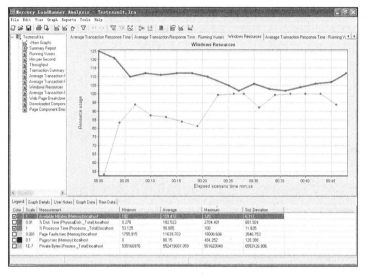

图 4-25 Windows 资源图

业务处理事务的平均响应时间为 10.622 秒，也满足业务处理平均响应时间小于 20 秒的要求，如图 4-26 所示。

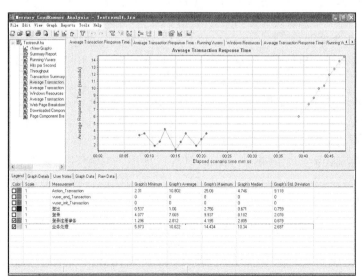

图 4-26 平均事务响应时间图

事务概要图中，您可以看到除了一个登录事务失败以外，其他事务均成功，如图 4-27 所示。

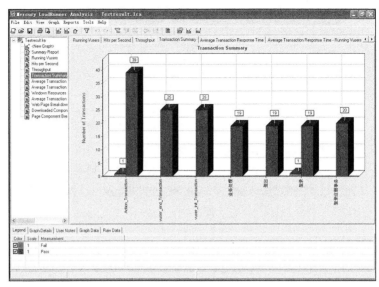

图 4-27 事务概要图

4.2.4 系统性能改进意见

从上面的分析，可以发现系统主要存在 CPU 利用率过高问题，还有就是一个用户在进行业务处理时登录失败的问题。

Connection reset by peer 的原因主要有以下两个方面：

（1）服务器的并发连接数超过了其承载量，服务器会将其中一些连接给断掉了；

（2）客户关掉了浏览器，而服务器还在给客户端发送数据。

为了解决这个问题，可以从以下两方面进行调整：

（1）调整服务器的应用配置，应用连接池、设置更多的连接数等；

（2）在本例中作者没有设定思考时间，但在实际应用过程中，通常都要有手工操作的时间间隔，为了模拟真实情况可以设定一定的思考时间，留给服务器一定的处理时间。

关于 CPU 利用率过高的问题，您应该从以下几个方面进行调整。

（1）查找是否系统在启动同时开启了多个与本系统无关的应用程序，导致未进行测试时，系统已经被占用了很多内存和 CPU 利用率。

（2）如果 CPU 不能满足当前测试需要，可以考虑更换频率更高的 CPU。

（3）对应用程序代码、数据库相关语句进行改良，减少对 CPU 的利用率。

关于可用内存的问题，您应该考虑以下几个方面的原因。

尽管可用内存满足大于 100MB 的要求，但是，可用内存仍然不是很充裕，所以需要考察在运行期间是否系统启动了一些其他的服务或者应用程序，致使可用内存数量减少，在进行性能测试的时候尽量避免与被测试系统无关的应用开启。同时，还可用监控内存是否存在泄露的情况（如内存申请后，用完了没有释放；数据库连接用完后没有释放等这些问题都会导致内存泄露问题）。

性能测试的调优工作是一个循序渐进的过程，确定系统性能瓶颈以后，就需要针对一个瓶颈调整一个或者一类配置相关内容、改良硬件配置、改善网络运行环境、程序或者数据库脚本代码优化工作。确定一个系统瓶颈、改善系统性能并不是一件简单的事情，它需要网络管理员、数据库管理员、程序员、性能测试分析人员等相互协作，这是一个往复的过程，需要有足够多的耐心、细心还有信心。

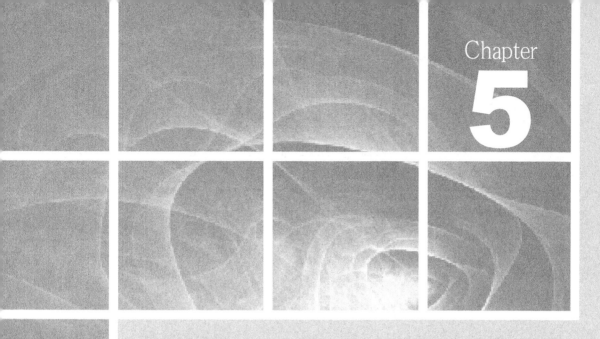

第 5 章

脚本语言编写基础

5.1　认识 LoadRunner 脚本语言

很多准备做性能测试的朋友经常会问我："性能测试工程师需要有编程基础吗？"我也总是非常坚定的回答："非常需要！"做过几个性能测试项目的同志应该都清楚，很多情况下，性能测试是不能通过简单的脚本录制、回放来完成任务的。在很多种情况下，都需要性能测试工程师自行编写脚本，这时如果没有语言基础，让您来做这样的事情是非常困难的。当然，如果由于性能测试工程师编程水平较差，编写出来的脚本本身就存在业务错误，存在内存泄露等问题的时候，性能测试的过程和结果也必将是不可信赖的，所以，性能测试工程师有编程基础是非常必要的，也是必需的。

下面这段脚本是录制 Tomcat 自带的一个小程序 "numguess" 产生的脚本，该小程序实现的是一个非常简易的猜数字游戏，代码如下所示：

```
#include "web_api.h"

Action()
{
    lr_rendezvous("集合点");

    lr_start_transaction("执行时间");
    web_url("numguess.jsp",
        "URL=http: //localhost: 8080/jsp-examples/num/numguess.jsp",
        "Resource=0",
        "RecContentType=text/html",
        "Referer=",
        "Snapshot=t1.inf",
        "Mode=HTML",
        LAST);

    web_submit_form("numguess.jsp_2",
        "Snapshot=t2.inf",
        ITEMDATA,
        "Name=guess",  "Value=2",  ENDITEM,
        LAST);
    lr_end_transaction("执行时间",  LR_AUTO);

    return 0;
}
```

细心的读者也许已经发现了一些问题，比如 "#include "web_api.h"" "{ }" "return 0；"，这些内容是不是和 C 语言的语法非常类似呢？

事实上，LoadRunner 支持多种协议，在编写脚本的时候，可以根据不同的应用，选择适合的协议。同时，也可以选择 Java Vuser、JavaScript Vuser、Microsoft .NET、VB Vuser、VB Script Vuser 等协议进行相应语言的脚本编写。在进行 "Web（HTTP/HTML）" 等协议编写的时候，脚本的默认语法规则都是按照 C 语言的语法规则，当然也可以选择 Java Vuser 用 Java 语言实现同样功能的脚本。在 "HP LoadRunner Online Function Reference" 帮助信息中，会发现 LoadRunner 提供了多种语言的使用说明，及其样例程序的演示，如图 5-1 所示。

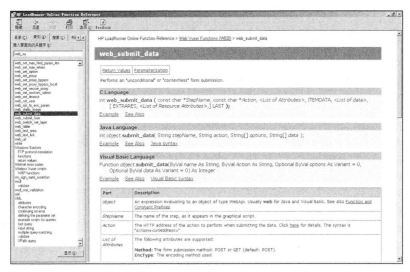

图 5-1 "HP LoadRunner Online Function Reference"帮助信息

5.2 C 语言基础

很多性能测试工程师对手工编写脚本感觉困难，一个很重要的原因就是尽管以前学习过 C 或者其他语言，但是随着时间的推移，慢慢地就把这些知识忘了。在这里作者将用一个章节给大家加深一下对 C 语言的认识和了解，目的就是让大家能够较好地掌握 C 语言，为编写脚本打下一个坚实的基础。限于本书不是专门讲述关于 LoadRunner 脚本编写的书籍，所以，对于 Java Vuser、Microsoft .NET、VB Vuser 等涉及 Java、Visual Basic 等语言的基础知识不做介绍，但在介绍 C 语言的时候会结合 LoadRunner 进行举例，在没有特别说明的情况下，本章节 LoadRunner 脚本示例均采用"Web（HTTP/HTML）"协议。

5.2.1 数据类型

所谓数据类型是按被定义变量的性质、表示形式，占据存储空间的多少，构造特点来划分的。在 C 语言中，数据类型可分为基本数据类型、构造数据类型、指针类型、空类型这 4 大类。

● 基本数据类型：基本数据类型最主要的特点是，其值不可以再分解为其他类型。

● 构造数据类型：构造数据类型是根据已定义的一个或多个数据类型用构造的方法来定义的。也就是说，一个构造类型的值可以分解成若干个"成员"或"元素"。每个"成员"都是一个基本数据类型或又是一个构造类型。

● 指针类型：指针是一种特殊的同时又是具有重要作用的数据类型。其值用来表示某个变量在存储器中的地址。虽然指针变量的取值类似于整型变量，但这是两个类型完全不同的量，因此不能混为一谈。

● 空类型：在调用函数值时，通常应向调用者返回一个函数值。但是，有时调用后并不需要向调用者返回函数值，这种函数可以定义为"空类型"，其关键字用"void"表示。

基本数据类型主要包含整型数据、实型数据和字符型数据，如表 5-1 所示。

表 5-1　　　　　　　　　　　　　　　基本数据类型分类及其取值范围

数据类型		类型说明符	字　节	数值范围
字符型数据		char	1	C 字符集
整型数据	基本整型	int	2	−32768～32767
	短整型	short int	2	−32768～32767
	长整型	long int	4	−214783648～214783647
	无符号型	unsigned	2	0～65535
	无符号长整型	unsigned long	4	0～4294967295
实型数据	单精度实型	float	4	3/4E−38～3/4E+38
	双精度实型	double	8	1/7E−308～1/7E+308

在讲整型数据之前，有必要先让大家明确两个概念，即什么叫变量？什么叫常量？最简单地说，在程序执行过程中，其值不发生改变的量称为常量，其值可变的量称为变量。举例来说，我们在计算圆形面积的时候，会涉及一个圆周率（π），这个值我们会近似地取 3.14，可以把它定义为一个常量，因为不管计算多大或者多小圆形面积的时候，这个 π 值是不发生变化的。还是刚才的例子，当计算半径不同的圆时，尽管应用的公式都是同一个，但因为半径的不同，而计算出来的面积值也会不同，那么我们可以把半径和面积定义为变量。基本数据类型可以是常量，也可以是变量。习惯上符号常量的标识符用大写字母，变量标识符用小写字母，以示区别。

在 C 语言中，我们可以使用八进制、十六进制和十进制来表示整型数据。整型数据常量的表示示例如下：

```
#define  COUNT  100
```

关于"#define"等预编译部分内容将在后面进行介绍，这里大家只需要了解整数类型数据常量的定义方法即可，这里定义了名称为 COUNT 的整数类型常量，其值为 100，定义好常量以后，就可以直接在脚本中应用定义的常量名称，而不必每次都输入 100 了，参见在 LoadRunner 中应用的脚本示例。

```
#define COUNT 100        //这里定义人数合计 COUNT，其值为 100
#define SALARY 4000       //每个人的薪水平均值 SALARY，其值为 4000

Action()
{
  lr_output_message("100 人合计薪资支出为: %d", COUNT *SALARY);
  return 0;
}
```

把数值定义为常量有非常大的好处。首先，它有了一个单词的含义，比如"COUNT""SALARY"看上去就大概知道了这个值是什么，"COUNT"（合计，这里指公司人数的合计值），"SALARY"（薪资，这里指公司的平均薪资）。其次，在后续应用到该值的时候，您可以直接应用常量的标示符，而不必使用具体的数值。最后，当常量值发生变化时，我们只需修改预编译部分的定义即可，例如，随着单位业务发展的需要，人数从先前的 100 人，扩充到了 150 人，我们只需要将"#define COUNT 100"变为"#define COUNT 150"即可。

整型数据变量在 LoadRunner 中应用的脚本示例如下：

```
#define COUNT 100        //这里定义人数合计 COUNT，其值为 100
#define SALARY 4000       //每个人的薪水平均值 SALARY，其值为 4000

Action()
```

```
{
  int total;
  total = COUNT * SALARY;
  lr_output_message("100人合计薪资支出为: %d", total);
  return 0;
}
```

上面脚本"int total;"即为我们定义的一个整型变量，变量的名称为"total"，其用于存放合计支出的金额。

前面我们讲过，我们可以使用八进制、十六进制和十进制来表示整型数据。也许有很多读者对八进制、十六进制和十进制不是很了解，这里给大家做一个简单的介绍。

八进制，数码取值为0～7。如果为八进制整常数必须以0开头，即以0作为八进制数的前缀，这里以刚才计算的薪资支出总数400000为例。该值用八进制表示为"1415200"，它的计算方法为：$0+8\times0+8\times8\times2+8\times8\times8\times5+8\times8\times8\times8\times1+8\times8\times8\times8\times8\times4+8\times8\times8\times8\times8\times8\times1=400000$。如果用十六进制来表示则为"61a80"，它的计算方法为：$0+16\times8+16\times16\times10+16\times16\times16\times1+16\times16\times16\times16\times6=400000$。相信聪明的您已经发现了规律，仅用十六进制的进行举例，如图5-2所示。"61a80"从末尾开始，末尾的基数是16的0次方，即为1，而末尾的数值为0，$0\times1=0$；倒数第2位基数为16的1次方，数值为8，那么它的值就应该为$8\times16=128$；倒数第3位，基数为16的2次方，数值为a，那么它的值就应该为（十六进制a的值为10）$10\times16\times16=2560$；倒数第4位，基数为16的3次方，数值为1，那么它的值就应该为$1\times16\times16\times16=4096$；倒数第5位，即第一位数字，基数为16的4次方，数值为6，那么它的值就应该为 $6\times16\times16\times16=393216$；将这些数字相加：$393216+4096+2560+128+0=400000$。

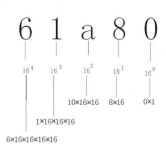

图5-2 十六进制转换为十进制说明示意图

八进制的计算与此类似，不再赘述。我们也可以将计算出的合计薪资支出通过格式化输出分别表示为十进制、八进制以及十六进制，参见在LoadRunner中应用的脚本示例：

```
#define COUNT 100        //这里定义人数合计COUNT，其值为100
#define SALARY 4000      //每个人的薪水平均值SALARY，其值为4000

Action()
{
  int total,i, j;
  total = COUNT * SALARY;
  lr_output_message("100人合计薪资支出为（十进制）: %d", total);
  lr_output_message("100人合计薪资支出为（八进制）: %o", total);
  lr_output_message("100人合计薪资支出为（十六进制）: %x", total);

  return 0;
}
```

这段脚本的输出结果为：

```
Running Vuser...
Starting iteration 1.
Starting action Action.
Action.c(8):  100人合计薪资支出为（十进制）: 400000
Action.c(9):  100人合计薪资支出为（八进制）: 1415200
Action.c(10):  100人合计薪资支出为（十六进制）: 61a80
```

```
Ending action Action.
Ending iteration 1.
Ending Vuser...
```

除了我们看到的十进制、八进制、十六进制格式输出符"%d""%o""%x",还有哪些格式化输出符号呢?这里用表 5-2 展示给大家。

表 5-2 　　　　　　　　　　　　格式化输出符号及其含义表

格 式 字 符	意 　 义
d	以十进制形式输出带符号整数(正数不输出符号)
o	以八进制形式输出无符号整数(不输出前缀 0)
x,X	以十六进制形式输出无符号整数(不输出前缀 0x)
u	以十进制形式输出无符号整数
f	以小数形式输出单、双精度实数
e,E	以指数形式输出单、双精度实数
g,G	以%f 或%e 中较短的输出宽度输出单、双精度实数
c	输出单个字符
s	输出字符串

实型也称为浮点型。实型常量也称为实数或者浮点数。在 C 语言中,实数只采用十进制。它有两种形式:十进制小数形式(如:25.0)、指数形式(如:2.2E5(等于 $2.2*10^5$))。

实型变量分为:单精度(float 型)、双精度(double 型)和长双精度(long double 型)3 类。

参见在 LoadRunner 中应用的脚本示例:

```
#define PI 3.14

Action()
{
  float r = 5.5, s;
  double r1 = 22.36, s1;
  long double r2 = 876.99, s2;

  s = PI * r * r;
  s1 = PI * r1 * r1;
  s2 = PI * r2 * r2;

  lr_output_message("半径为%.2f 的面积为: %f .", r, s);
  lr_output_message("半径为%.2f 的面积为: %f .", r1, s1);
  lr_output_message("半径为%.2f 的面积为: %f .", r2, s2);
  return 0;
}
```

其输出结果为:

```
Running Vuser...
Starting iteration 1.
Starting action Action.
Action.c(13):  半径为 5.50 的面积为: 63.584999 .
Action.c(14):  半径为 22.36 的面积为: 1569.904544 .
Action.c(15):  半径为 876.99 的面积为: 2415009.984714 .
Ending action Action.
Ending iteration 1.
Ending Vuser...
```

有的读者可能发现，在进行格式化输出的时候应用了"%.2f"，这是什么意思呢？因为我们要输出的数据类型为浮点数，所以应该用"%f"，那么为什么还有".2"呢？这是因为在这里只想输出小数点后面两位，所以应用了"%.2f"。

字符型数据包括字符常量和字符变量。通常，我们用单引号括起来的一个字符，表示一个字符类型的常量，如'a'、'K'等。以下几点请大家注意：

（1）字符常量只能用单引号括起来，而不能用其他符号；

（2）字符常量只能是单个字符，不能是字符串。如'abc'这样的定义是不合法的。

字符变量的类型说明符是 char。每个字符变量被分配一个字节的内存空间，因此只能存放一个字符。字符值是以 ASCII 码的形式存放在变量的内存单元之中的。如 x 的十进制 ASCII 码是 120，y 的十进制 ASCII 码是 121。所以也可以把它们看成是整型量。C 语言允许对整型变量赋以字符值，也允许对字符变量赋以整型值。在输出时，允许把字符变量按整型量输出，也允许把整型量按字符量输出。

关于字符类型，参见下面在 LoadRunner 中应用的脚本示例代码：

```c
#define CHAR 'x'

Action()
{
  char x = 'y';
  int num = 121;

  lr_output_message("常量 CHAR 用字符表示为: %c", CHAR);
  lr_output_message("常量 CHAR 用整数表示为: %d", CHAR);

  lr_output_message("-------------------------------------");

  lr_output_message("整型变量 num 用整型表示为: %d", num);
  lr_output_message("整型变量 num 用字符表示为: %c", num);

  lr_output_message("-------------------------------------");

  lr_output_message("字符型变量 x 用整型表示为: %d", x);
  lr_output_message("字符型变量 x 用字符表示为: %c", x);

  return 0;
}
```

上面的脚本输出内容为：

```
Running Vuser...
Starting iteration 1.
Starting action Action.
Action.c(8):  常量 CHAR 用字符表示为: x
Action.c(9):  常量 CHAR 用整数表示为: 120
Action.c(11):  -------------------------------------
Action.c(13):  整型变量 num 用整型表示为: 121
Action.c(14):  整型变量 num 用字符表示为: y
Action.c(16):  -------------------------------------
Action.c(18):  字符型变量 x 用整型表示为: 121
Action.c(19):  字符型变量 x 用字符表示为: y
Ending action Action.
Ending iteration 1.
Ending Vuser...
```

与字符类型常量不同的是，字符串常量是由一对双引号括起的字符序列，且字符常量占一个字节的内存空间，而字符串常量占的内存字节数等于字符串中字节数加 1，增加的一个字节中存放字符"\0"（ASCII 码为 0），这是字符串结束的标志。

关于字符串类型，参见下面在 LoadRunner 中应用的脚本示例代码：

```
#define STR "A"  //定义字符串常量 STR，其值为"A"

Action()
{
  char CHAR = 'A'; //定义字符变量 CHAR，其值为'A'

  lr_output_message("字符\'A\'占的空间大小为%d! ", sizeof(CHAR));
  lr_output_message("字符串\"A\"占的空间大小为%d! ", sizeof(STR));

  return 0;
}
```

其输出内容如下所示：

```
Running Vuser...
Starting iteration 1.
Starting action Action.
Action.c(7):  字符'A'占的空间大小为1!
Action.c(8):  字符串"A"占的空间大小为2!
Ending action Action.
Ending iteration 1.
Ending Vuser...
```

请注意字符类型变量在内存空间占用的字节数为 1，而字符串常量在内存空间中占用的空间大小为 2，这个脚本也证实了前面讲的内容，即字符常量占一个字节的内存空间，而字符串常量占的内存字节数等于字符串中字节数加 1，增加的一个字节中存放字符"\0"（ASCII 码为 0），这是字符串结束的标志。字符串常量 STR 除了占用一个字节存放 "A" 以外，还占用了一个字节存放结束标志 "\0"。在这段脚本中我们应用了 sizeof(type)，它可以返回给定类型在内存空间占用的字节数。此外，我们还在脚本中应用了 "lr_output_message("字符\'A\'占的空间大小为%d! ", sizeof(CHAR));"，注意请看对应的结果输出为 "字符'A'占的空间大小为1!"，脚本中的 2 个 "\" 符号并没有输出，这是为什么呢？这是因为转义字符以反斜线 "\" 开头，后跟一个或几个字符。转义字符具有特定的含义，不同于字符原有的意义，故称 "转义" 字符，这里 "\'" 就是单引号符 ('）。转义字符主要用来表示那些用一般字符不便于表示的控制代码。下面给大家列出经常会用到的一些转义字符及其含义表格，如表 5-3 所示。

表 5-3　　　　　　　　　　　　常用的转义字符及其含义表

转 义 字 符	转义字符的意义	ASCII 代码
\n	回车换行	10
\t	横向跳到下一制表位置	9
\b	退格	8
\r	回车	13
\\	反斜线符 "\"	92
\'	单引号符	39
\"	双引号符	34
\ddd	1～3 位八进制数所代表的字符	
\xhh	1～2 位十六进制数所代表的字符	

其实，C 语言字符集中的任何一个字符均可用转义字符来表示。表中的\ddd 和\xhh 正是为此而提出的。ddd 和 hh 分别为八进制和十六进制的 ASCII 代码。如\121 表示字母"y"，\XOA 表示换行等。

5.2.2 语句分类

程序的功能也是由执行语句实现的，C 语句可分为以下 5 类。

1. 表达式语句

表达式语句由表达式加上分号";"组成。例如，"z= x+y;"，该语句就是一个赋值语句，它将变量 *x* 和 *y* 之和赋值给变量 *z*。在 LoadRunner 中应用表达式语句的示例代码如下：

```
Action()
{
  int x, y, z;
  x = 20;
  y = 40;
  z = x + y;
  lr_output_message("%d+%d=%d", x, y, z);
  return 0;
}
```

2. 函数调用语句

函数调用语句由函数名、实际参数加上分号";"组成。例如，"sqrt(100)"该语句就是一个将双精度浮点数开平方的函数，这里就是 100 开平方。

在 LoadRunner 中应用函数调用语句的示例代码如下：

```
double sqrt(double x);

Action()
{
  double x;
  sqrt(100);
  lr_output_message("%f", sqrt(100));
  return 0;
}
```

3. 控制语句

控制语句用于控制程序的流程，以实现程序的各种结构方式，它们可以分成以下 3 类。

（1）条件判断语句：if 语句、switch 语句。

if 条件语句是在编写脚本时经常会用到的语句之一，它主要有以下 3 种形式。

第 1 种形式：

```
if (表达式) 语句;
```

含义说明：如果表达式的值为真，则执行其后的语句，否则不执行该语句。

第 2 种形式：

```
if(表达式)
     语句1;
else
     语句2;
```

含义说明：如果表达式的值为真，则执行语句 1，否则执行语句 2。

第 3 种形式:

```
if(表达式1)
      语句1;
else  if(表达式2)
      语句2;
        …
else  if(表达式x)
      语句x;
else
      语句y;
```

含义说明:逐个判断表达式的值,当某个表达式的值为真时,则执行其对应的语句。然后跳到整个 if 语句之外继续执行程序。如果所有的表达式均为假,则执行语句 y。

在 LoadRunner 中应用 if 语句的示例代码如下:

```
Action()
{
  int randomnumber; //随机数变量
  randomnumber = rand() % 3+1; //生成一个随机数字

  if (randomnumber == 1)
  {
    web_url("www.google.com""URL=http: //www.google.com/", "Resource=0",
      "RecContentType=text/html", "Referer=", "Snapshot=t1.inf", "Mode=HTML",
      EXTRARES, "Url=http: //www.google.cn/images/nav_logo3.png",
      "Referer=http: //www.google.cn/", ENDITEM, LAST);
  }
  else if (randomnumber == 2)
  {
    web_url("www.sohu.com", "URL=http: //www.sohu.com/", "Resource=0",
      "RecContentType=text/html", "Referer=", "Snapshot=t1.inf", "Mode=HTML",
      EXTRARES, "Url=http: //images.sohu.com/uiue/sohu_logo/2005/juzhen_bg.gif",
      "Referer=http: //www.sohu.com/", ENDITEM,
      "Url=http: //images.sohu.com/cs/button/market/volunteer/760320815.swf",
      "Referer=http: //www.sohu.com/", ENDITEM,
      "Url=http: //images.sohu.com/chat_online/else/sogou/20070814/450X105.swf",
      "Referer=http: //www.sohu.com/", ENDITEM,
      "Url=http: //images.sohu.com/cs/button/market/sogou/chuxiao/7601000801.swf",
      "Referer=http: //www.sohu.com/", ENDITEM,
      "Url=http: //images.sohu.com/cs/button/huaxiashuanglong/2007/7601000816.swf",
      "Referer=http: //www.sohu.com/", ENDITEM,
      "Url=http: //images.sohu.com/cs/button/lianxiang/125-15/5901050815.swf",
      "Referer=http: //www.sohu.com/", ENDITEM, LAST);
  }
  else
  {
    web_url("www.baidu.com", "URL=http: //www.baidu.com/", "Resource=0",
      "RecContentType=text/html", "Referer=", "Snapshot=t1.inf", "Mode=HTML",
      LAST);
  }

  return 0;
}
```

上面的脚本应用了 if 语句,对随机产生的整数进行判断,如果随机数为 1,则访问"谷歌"

页面，随机数为 2 时，则访问"搜狐"页面，否则，访问"百度"页面。

此外，C 语言还提供了另外一种用于多分支选择的 switch 语句，其形式为：

```
switch (表达式) {
    case 常量表达式 1:    语句 1;break;
    case 常量表达式 2:    语句 2; break;
    …
    case 常量表达式 x:    语句 x; break;
    default        :    语句 y;
    }
```

含义说明：根据表达式的值，逐个与其后的常量表达式值进行比较，当表达式的值与某个常量表达式的值相等的时候，则执行其后的语句，并不再执行 switch 内的其他常量表达式后的语句。如表达式的值与所有 case 后的常量表达式均不相同时，则执行 default 后的语句。注意，千万不要落掉在语句后面加"break;"语句，否则，将会出现既执行了匹配常量表达式后语句，同时又执行 default 部分语句，即"语句 y;"内容的情况。那么为什么"语句 y"后没有加"break;"语句呢？因为在"语句 y;"后没有语句，所以自然执行完"语句 y;"语句，则自动跳出，而执行 switch 语句的后续语句。前面用 if 语句实现随机访问页面的脚本，同样也可以用 switch 语句来实现。

在 LoadRunner 中应用 switch 语句的示例代码如下：

```
Action()
{

    int randomnumber; //随机数变量
    randomnumber = rand() % 3+1; //生成一个随机数字

    switch (randomnumber)
    {
      case 1:
        {
          web_url("www.google.com""URL=http://www.google.com/", "Resource=0",
            "RecContentType=text/html", "Referer=", "Snapshot=t1.inf",
            "Mode=HTML", EXTRARES,
            "Url=http://www.google.cn/images/nav_logo3.png",
            "Referer=http://www.google.cn/", ENDITEM, LAST);
          break;
        }
      case 2:
        {
          web_url("www.sohu.com", "URL=http://www.sohu.com/", "Resource=0",
            "RecContentType=text/html", "Referer=", "Snapshot=t1.inf",
            "Mode=HTML", EXTRARES,
            "Url=http://images.sohu.com/uiue/sohu_logo/2005/juzhen_bg.gif",
            "Referer=http://www.sohu.com/", ENDITEM,
            "Url=http://images.sohu.com/cs/button/market/volunteer/760320815.swf",
            "Referer=http://www.sohu.com/", ENDITEM,
            "Url=http://images.sohu.com/chat_online/else/sogou/20070814/450X105.swf",
            "Referer=http://www.sohu.com/", ENDITEM,
            "Url=http://images.sohu.com/cs/button/market/sogou/chuxiao/7601000801.swf",
            "Referer=http://www.sohu.com/", ENDITEM,
            "Url=http://images.sohu.com/cs/button/huaxiashuanglong/2007/7601000816.swf",
            "Referer=http://www.sohu.com/", ENDITEM,
            "Url=http://images.sohu.com/cs/button/lianxiang/125-15/5901050815.swf",
            "Referer=http://www.sohu.com/", ENDITEM, LAST);
```

```
        break;
      }
    default:
      {
        web_url("www.baidu.com", "URL=http://www.baidu.com/", "Resource=0",
          "RecContentType=text/html", "Referer=", "Snapshot=t1.inf",
          "Mode=HTML", LAST);
      }
  }

  return 0;
}
```

（2）循环执行语句：do while 语句、while 语句、for 语句。

循环条件语句是在编写脚本时经常会用到的语句之一，它主要的 3 种表现形式如下。

do while 语句表现形式：

```
do
    语句
while(表达式);
```

含义说明：do while 语句先执行循环中的语句，然后再判断表达式是否为真，如果为真则继续循环中的语句；如果为假，则终止循环。需要提醒大家的是，do while 循环至少要执行一次循环中的语句。

在 LoadRunner 中应用 do while 语句的示例代码如下：

```
Action()
{
  int i = 1;
  int sum = 0;

  do
  {
    sum = sum + i;
    i++;
  }
  while (i <= 100);

  lr_output_message("1~100 之和是: %d", sum);
  return 0;
}
```

上面的语句实现了计算 1~100 相加求和的功能，相信读者朋友们都能够理解，这里不再赘述。

while 语句表现形式：

```
while(表达式) 语句;
```

含义说明：计算表达式的值，当值为真（非 0）时，执行循环体语句。它和 do while 语句的重要区别是，当表达式为假时，它一次都不执行。

在 LoadRunner 中应用 while 语句的示例如下：

```
Action()
{
    int i=1;
    int sum=0;
```

```
    while (i<=100) {
        sum=sum+i;
        i++;
    }

    lr_output_message("1~100之和是: %d", sum);
    return 0;
}
```

上面 while 语句实现了和前面 do while 语句同样的功能，即计算 1～100 相加求和的功能。

for 语句表现形式：

```
for (循环变量赋初值；循环条件；循环变量增量) 语句；
```

含义说明：循环变量赋初值是一个赋值语句，它用来给循环控制变量赋初值；循环条件是一个关系表达式，它决定什么时候退出循环；循环变量增量定义循环控制变量每循环一次后按什么方式变化。

在 LoadRunner 中应用 for 语句的示例代码如下：

```
Action()
{
    int i;
    int sum=0;

    for (i=1;i<=100;i++) sum=sum+i;

    lr_output_message("1~100之和是: %d", sum);
    return 0;
}
```

上面 for 语句实现了和前面 do while 语句同样的功能，即计算 1～100 相加求和的功能。

（3）转向语句：break 语句、continue 语句、goto 语句、return 语句。

break 语句通常用在循环语句和开关语句中，它用于终止 do while、for、while 循环语句或者 switch 语句，而执行循环后面的语句。

这里我们事先准备了一个名称为"test.txt"的文件，其存放于 c 盘，且其内容为：

```
0123456789012345678901234567890123456789012345678901234567890123456789012345678901234567890123456
7890123456789012345678901234567890123456789012345678901234567890123456789012345678901234567890123456789012345678
9012345678901234567890123456789012345678901234567890123456789012345678901234567890123456789012345678901234567890
1234567890123456789012345678901234567890123456789012345678901234567890123456789012345678901234567890123456789012
3456789012345678901234567890123456789012345678901234567890123456789012345678901234567890123456789012345678901234
5678901234567890123456789012345678901234567890123456789012345678901234567890123456789012345678901234567890123456
7890123456789012345678901234567890123456789012345678901234567890123456789012345678901234567890123456789012345678
9012345678901234567890123456789012345678901234567890123456789012345678901234567890123456789012345678901234567890
1234567890123456789012345678901234567890123456789012345678901234567890123456789012345678901234567890123456789012
3456789012345678901234567890123456789012345678901234567890123456789012345678901234567890123456789012345678901234
567890123456789012345678901234567890123456789012345678901234567890123456789abcdefghijk
```

这里共有 1001 个字符，"k"字符为第 1001 个字符。

下面的脚本实现读取"c:\test.txt"文件中的前 1000 个字符功能，注意 break 的应用，应用 break 以后，即使文件有 1001 个字符，读取了 1000 个以后，满足 if 语句的条件，则关闭文件，跳出 while 循环语句。

在 LoadRunner 中应用 break 语句的示例代码如下：

```
Action()
```

```
{
    int count, total = 0;
    char buffer[1000];
    long file_stream;
    char * filename = "c: \\test.txt";

    //判断是否可以读取 "c: \test.txt" 文件
    if ((file_stream = fopen(filename, "r")) == NULL )
    {
        //不能读取文件，则输出错误信息 "不能打开c: \test.txt 文件!" 信息
        lr_error_message ("不能打开%s 文件! ", filename);

        return -1;
    }

    while (!feof(file_stream)) //如果没有读取到文件结束符，则执行循环体内容
    {
        //从文件中读取 1000 个字符
        count = fread(buffer, sizeof(char), 1000, file_stream);
        // 累加，这里意义不是很大，因为第一次读取后 count=1000，一定符合后面的 if 语句
        total += count;
        if (total>=1000) //条件判断语句，这里一定会满足条件
        {
            fclose(file_stream);//关闭文件
            //输出文件的前 1000 个字符
            lr_output_message("文件的前 1000 个字符内容为: %s", buffer);
            break;//退出循环
        }
    }
    return 0;
}
```

上面的脚本输出内容为：

```
Starting iteration 1.
Starting action Action.
Action.c(21): 文件的前 1000 个字符内容为:
01234567890123456789012345678901234567890123456789012345678901234567890123456789012345678901
23456789012345678901234567890123456789012345678901234567890123456789012345678901234567890123
45678901234567890123456789012345678901234567890123456789012345678901234567890123456789012345
67890123456789012345678901234567890123456789012345678901234567890123456789012345678901234567
89012345678901234567890123456789012345678901234567890123456789012345678901234567890123456789
01234567890123456789012345678901234567890123456789012345678901234567890123456789012345678901
23456789012345678901234567890123456789012345678901234567890123456789012345678901234567890123
45678901234567890123456789012345678901234567890123456789012345678901234567890123456789012345
67890123456789012345678901234567890123456789012345678901234567890123456789012345678901234567
89012345678901234567890123456789012345678901234567890123456789012345678901234567890123456789
012345678901234567890123456789012345678901234567890123456789abcdefghij┤?? x?
Ending action Action.
Ending iteration 1.
```

可以看到标识为黑体部分的内容，即为该文件的前 1000 个字符。

下面，给大家再举一个 for 语句双重循环的例子：

```
Action()
{
    int i, j;//声明两个整型变量
```

```
//for 语句双重循环
for (i=1;i<=5;i++)//第 1 重循环, 循环 5 次
{
    if (i==3) break;//当 i 等于 3 时, 跳出本重循环
    else lr_output_message("i=%d", i);//否则, 输出 i 值

    for (j=1;j<=5;j++)//第 2 重循环, 循环 5 次
    {
        if (j==2) break;//当 j 等于 2 时, 跳出本重循环
        lr_output_message("j=%d", j);//输出 j 值
    }

}
}
```

上面脚本的输出内容为:

```
Running Vuser...
Starting iteration 1.
Starting action Action.
Action.c(8):  i=1
Action.c(12):  j=1
Action.c(8):  i=2
Action.c(12):  j=1
Ending action Action.
Ending iteration 1.
Ending Vuser...
```

这里大家可以看到, 在第 2 重循环时, 当 j=2 时, 满足 if 条件语句, 它终止的仅是本重的 for 循环, 而没有终止其上重循环, 也就是说, 在多重循环中, 一个 break 语句只向外跳 1 重。

接下来, 要给大家介绍 continue 语句。continue 语句的作用是跳过循环体本次后续语句执行而强行执行下一次循环。continue 语句只用在 for、while、do while 等循环体中, 常与 if 条件语句一起使用。

在 LoadRunner 中应用 continue 语句的示例代码如下:

```
Action()
{
    //
    int i;
    for (i=1; i<=20; i++)
    {
        if ((i%5)==0) continue; //输出 1~20 中除 5 的倍数外的所有整数
        lr_output_message ("%d", i);
    }

    return 0;
}
```

该脚本输出 1~20 的非 5 的倍数的所有整数, 其中 "%" 为取模运算。continue 只结束本次循环, 而继续执行下一次循环, 脚本的输出结果信息如下:

```
Running Vuser...
Starting iteration 1.
Starting action Action.
Action.c(8):  1
Action.c(8):  2
```

```
Action.c(8):  3
Action.c(8):  4
Action.c(8):  6
Action.c(8):  7
Action.c(8):  8
Action.c(8):  9
Action.c(8):  11
Action.c(8):  12
Action.c(8):  13
Action.c(8):  14
Action.c(8):  16
Action.c(8):  17
Action.c(8):  18
Action.c(8):  19
Ending action Action.
Ending iteration 1.
Ending Vuser...
```

goto 语句也是用于转向控制的语句，它是一种无条件转移语句。执行 goto 语句后，程序将跳转到指定标号处并执行其后的语句。goto 语句通常不用，主要因为它将使程序层次不清，且代码不易读，建议大家尽量不要应用 goto 语句，在这里只是给大家做一个简单的介绍。

在 LoadRunner 中应用 goto 语句的示例代码如下：

```
Action()
{
  int i;

  for (i = 1; i <= 3; i++)
  {
    if (i == 2)
      goto prtname;
    else
      lr_output_message("i=%d", i);
  }

  prtname: lr_output_message("Your Name is tony");

  return 0;
}
```

上面这段脚本应用了 goto 语句，其输出内容如下：

```
Running Vuser...
Starting iteration 1.
Starting action Action.
Action.c(7):  i=1
Action.c(11):  Your Name is tony
Ending action Action.
Ending iteration 1.
Ending Vuser...
```

从输出结果不难看出，当 i=1 时，输出 i=1，当 i=2 时，满足 if 条件语句，所以到标签 "prtname" 处，输出 "Your Name is tony"，然后继续执行 "retrun 0;" 语句，没有执行第 3 次循环。

return 语句的返回值用于说明程序的退出状态。如果返回大于或等于 0，则代表程序正常退出，否则代表程序异常退出。

在 LoadRunner 中应用 return 语句的示例代码如下：

```
Action()
{
  LPCSTR user1 = "悟空";
  LPCSTR user2 = "八戒";

  if ((user1 == "悟空") || (user1 == "猴哥"))
  {
    lr_output_message("悟空和猴哥是同一个人！");
    return 0;
  }
  else
  {
    lr_output_message("我是八戒不是悟空！");
    return  - 1;
  }
  lr_output_message("这句话永远不会被执行！");
}
```

该段脚本事先声明了两个字符串变量 user1 和 user2，然后判断 user1 变量是否为"悟空"或者"猴哥"，如果是则输出"悟空和猴哥是同一个人！"，否则输出"我是八戒不是悟空！"。因为 return 语句执行完成以后，后面的语句将不会被执行，所以最后一句话将永远不会被执行，即"这句话永远不会被执行！"不会被输出。下面看一下上面脚本的执行日志结果为：

```
Running Vuser...
Starting iteration 1.
Starting action Action.
Action.c(10):  悟空和猴哥是同一个人！
Ending action Action.
Ending iteration 1.
Ending Vuser...
```

4. 复合语句

复合语句是把多个语句用括号"{}"括起来组成的一个语句。在程序中应把复合语句看成是单条语句，而不是多条语句。

在 LoadRunner 中应用复合语句的示例代码如下：

```
Action()
{
  double x;
  int i, j = 0;
  for (i = 0; i < 5; i++)
  {
    j++;
    lr_output_message("j=%d", j);
  }
  return 0;
}
```

下面的语句就是一条复合语句，代码如下所示：

```
{
        j++;
        lr_output_message("j=%d", j);
}
```

5. 空语句

空语句是只有分号 "；" 组成的语句。空语句是什么也不执行的语句。

在 LoadRunner 中应用空语句的示例代码如下：

```
Action()
{
    int i=0;
    for (;;)
    {
        i++;
        if (i=100) break;
    }
    lr_output_message("%d", i);
}
```

这里在 for 循环语句中我们应用了空语句 "for (;;)"，在没有限定 for 循环语句的条件时，它将永远不会退出来，这也就是平时大家经常听到的 "死循环"，为了让脚本循环程序退出来，加了一个限定条件，即当整型变量 i 的值等于 100 时，退出脚本循环程序，将 i 的值输出。

5.2.3　基础知识

"工欲善其事，必先利其器"，在学习 C 语言之前，有必要了解一下关于表达式、赋值语句、预编译等概念。

C 语言的运算符可分为以下几类。

● **算术运算符**：用于各类数值运算。包括加（+）、减（-）、乘（*）、除（/）、模运算（%）、自增（++）、自减（--）共 7 种。

● **关系运算符**：用于比较运算。包括大于（>）、小于（<）、等于（==）、大于等于（>=）、小于等于（<=）和不等于（!=）6 种。

● **逻辑运算符**：用于逻辑运算。包括与（&&）、或（||）、非（!）3 种。

● **位操作运算符**：参与运算的量，按二进制位进行运算。包括位与（&）、位或（|）、位非（~）、位异或（^）、左移（<<）、右移（>>）6 种。

● **赋值运算符**：用于赋值运算，分为简单赋值（=）、复合算术赋值（+=, -=, *=, /=, %=）和复合位运算赋值（&=, |=, ^=, >>=, <<=）3 类共 11 种。

● **条件运算符**：这是一个三目运算符，用于条件求值（?:）。

● **逗号运算符**：用于把若干表达式组合成一个表达式（,）。

● **指针运算符**：用于取内容（*）和取地址（&）两种运算。

● **求字节数运算符**：用于计算数据类型所占的字节数（sizeof）。

● **特殊运算符**：有括号()、下标[]、成员（→,。）等几种。

1. 算术运算符和算术表达式

（1）基本的算术运算符。

● 加法运算符 "+"：双目运算符，即应有两个量参与加法运算。如 a+b、4+8 等。具有右结合性。

● 减法运算符 "-"：双目运算符。但 "-" 也可作负值运算符，此时为单目运算，如-x、-5 等具有左结合性。

● 乘法运算符 "*"：双目运算，具有左结合性。

● 除法运算符 "/"：双目运算具有左结合性。参与运算量均为整型时，结果也为整型，舍去小数。如果运算量中有一个是实型，则结果为双精度实型。

● 模运算符 "%"：双目运算，具有左结合性。要求参与运算的量均为整型，模运算的结果等于两数相除后的余数。

也许有的读者对运算的左、右结合性不是很理解，下面将通过一个实例介绍一下，例如，有如下表达式："-a*b%c+d+e"，按照运算的左右结合性，首先，负值运算符以及乘法、除法和模运算都具有左结合特性，即此部分应该是 "(((-a) *b) %c)"，而加法运算符具有右结合性，则此部分应该是 "(d+e)"，那么整个表达式按照运算符的左右结合特性，则应该为 "((((-a) *b) %c) + (d+e))"，为了检验是否和前面讲得内容一致，这里将上述表达式相应的参数进行赋值，取的结果进行对比。在 LoadRunner 中应用的示例代码如下：

```
Action()
{
  int a = 1, b = 2, c = 3, d = 4, e = 5;
  int x, y;
  LPCSTR exp1 = "-a*b%c+d+e="; //表达式"-a*b%c+d+e="
  LPCSTR exp2 = "((((-a)*b)%c)+(d+e))="; //表达式"((((-a)*b)%c)+(d+e))="

  x =-a*b%c+d+e;//取的表达式的值将结果赋值给 x
  y = (((((-a)*b)%c)+(d+e)); //取的表达式的值将结果赋值给 y

  lr_output_message("%s%d", exp1, x); //输出表达式和 x 值
  lr_output_message("%s%d", exp2, y); //输出表达式和 y 值
  return 0;
}
```

注意

LPCSTR（Pointer to a constant null-terminated string of 8-bit Windows (ANSI) characters）翻译过来就是：指向以 null 结尾的常量字符串的指针。

上述脚本的输出结果信息如下：

```
Running Vuser...
Starting iteration 1.
Starting action Action.
Action.c(11):-a*b%c+d+e=7
Action.c(12): ((((-a)*b)%c)+(d+e))=7
Ending action Action.
Ending iteration 1.
Ending Vuser...
```

从输出结果不难发现，两个表达式的输出结果均为 7。

（2）算术表达式和运算符的优先级和结合性。

表达式是由常量、变量、函数和运算符组合起来的式子。一个表达式有一个值及其类型，它们等于计算表达式所得结果的值和类型。表达式求值按运算符的优先级和结合性规定的顺序进行。单个的常量、变量、函数可以看做是表达式的特例。

算术表达式是由算术运算符和括号连接起来的式子。

● **算术表达式**：用算术运算符和括号将运算对象（也称操作数）连接起来的、符合 C 语法规则的式子。以下是算术表达式的例子，如 "a+b" "(a*2) / c" "(++i)-(j++)+(k--)" 等。

● **运算符的优先级**：C 语言中，运算符的运算优先级共分为 15 级。1 级最高，15 级最低。在表达式中，优先级较高的先于优先级较低的进行运算。而在一个运算量两侧的运算符优先级相同时，则按运算符的结合性所规定的结合方向处理。

● **运算符的结合性**：C 语言中各运算符的结合性分为两种，即左结合性（自左至右）和右结合性（自右至左）。如算术运算符的结合性是自左至右，即先左后右。如有表达式 x−y+z 则 y 应先与 "−" 号结合，执行 x−y 运算，然后再执行+z 的运算。这种自左至右的结合方向就称为 "左结合性"。而自右至左的结合方向称为 "右结合性"。最典型的右结合性运算符是赋值运算符。如 x=y=z，由于 "=" 的右结合性，应先执行 y=z 再执行 x=(y=z)运算。C 语言运算符中有不少为右结合性，应注意区别，以避免理解错误。

（3）强制类型转换运算符。

其一般形式为：（类型说明符）（表达式）

其功能是把表达式的运算结果强制转换成类型说明符所表示的类型。如 "(float)a" 把 a 转换为实型，"(int)(x+y)"，1 把 x+y 的结果转换为整型。

在 LoadRunner 中应用强制类型转换运算符的示例脚本代码如下：

```
Action()
{
    int x,y;                        //定义 2 个整形变量
    double pi,z;                    //定义 2 个双精度浮点变量

    pi=3.14;                        //对浮点变量 pi 赋值
    x=10;                           //对整型变量 x 赋值
    y=(int)pi;                      //将浮点数值强制转换为整型数值，赋值给 y
    z=(double)x;                    //将整型数值强制转换为浮点数值，赋值给 z

    lr_output_message("y=%d",y);    //输出 y 值
    lr_output_message("z=%f",z);    //输出 z 值
}
```

上面脚本的输出内容如下：

```
Running Vuser...
Starting iteration 1.
Starting action Action.
Action.c(11): y=3
Action.c(12): z=10.000000
Ending action Action.
Ending iteration 1.
Ending Vuser...
```

从上面的输出不难发现，当精度较高的浮点类型转换成为整数类型的时候，精度是有损失的，即小数部分没有了（3.14 变成了 3）。而精度较低的整型数转换到浮点类型的数值时，其精度提高，即整型数值多了小数部分（10 变成了 10.000000）。

（4）自增、自减运算符。

自增 1 运算符记为 "++"，其功能是使变量的值自增 1。自减 1 运算符为 "−−"，其功能是使变量值自减 1。自增 1、自减 1 运算符均为单目运算，都具有右结合性。

可有以下几种形式。

++i　　i 自增 1 后再参与其他运算。

−−i　　i 自减 1 后再参与其他运算。

i++   i 参与运算后，i 的值再自增 1。

i——   i 参与运算后，i 的值再自减 1。

在 LoadRunner 中应用自增、自减运算符的示例脚本代码如下：

```
Action()
{
    int i=10,j=10,k=10,l=10,m=10,n=10,g=10,h=10;

    lr_output_message("i=%d,i++=%d,i=%d",i,i++,i);
    lr_output_message("j=%d,++j=%d,j=%d",j,++j,j);
    lr_output_message("k=%d,k——=%d,k=%d",k,k——,k);
    lr_output_message("l=%d,——l=%d,l=%d",l,——l,l);
    lr_output_message("++m+5=%d",++m+5);
    lr_output_message("n+++5=%d",n+++5);
    lr_output_message("——g+5=%d",——g+5);
    lr_output_message("h——+5=%d",h——+5);
    return 0;
}
```

上面脚本的输出内容如下：

```
Running Vuser...
Starting iteration 1.
Starting action Action.
Action.c(5): i=10,i++=10,i=11
Action.c(6): j=10,++j=11,j=11
Action.c(7): k=10,k——=10,k=9
Action.c(8): l=10,——l=9,l=9
Action.c(9): ++m+5=16
Action.c(10): n+++5=15
Action.c(11): ——g+5=14
Action.c(12): h——+5=15
Ending action Action.
Ending iteration 1.
Ending Vuser...
```

从上述输出验证了 i++，i 自增 1 后再参与其他运算；——i，i 自减 1 后再参与其他运算；i++，i 参与运算后，i 的值再自增 1；i——，i 参与运算后，i 的值再自减 1 以及自增和自减运算符的右结合特性。

2. 赋值运算符和赋值表达式

简单赋值运算符为 "="。由 "=" 连接的式子称为赋值表达式，赋值表达式的功能是计算表达式的值再赋予左边的变量。

其一般形式为：变量=表达式

在赋值符 "=" 之前加上其他二目运算符可构成复合赋值符。如+=，—=，*=，／=，%=，<<=，>>=，&=，^=，|=。

构成复合赋值表达式的一般形式为：

变量　双目运算符=表达式

它等效于：

变量=变量 运算符 表达式

复合赋值符这种写法对初学者可能不习惯，但十分有利于编译处理，能提高编译效率并产生质量较高的目标代码。

在 LoadRunner 中应用赋值运算符的示例脚本代码如下：

```
Action()
{
  int a = 10;                //整型变量赋值
  float x = 10.5;            //单精度浮点变量赋值
  double y = 3.14159;        //双精度浮点变量赋值
  char c = 'a';              //字符类型变量赋值
  int z = 20;                //整型变量赋值

  z += 2;                    //复合赋值表达式

  lr_output_message("整型数字 a=%d", a);
  lr_output_message("单精度浮点类型数字 x=%.1f", x);
  lr_output_message("双精度浮点类型数字 y=%.5f", y);
  lr_output_message("字符类型数值 c=%c", c);
  lr_output_message("复合赋值表达式 z+=2 的运算结果为%d", z);
  return 0;
}
```

上面脚本的输出内容如下：

```
Running Vuser...
Starting iteration 1.
Starting action Action.
Action.c(11): 整型数字 a=10
Action.c(12): 单精度浮点类型数字 x=10.5
Action.c(13): 双精度浮点类型数字 y=3.14159
Action.c(14): 字符类型数值 c=a
Action.c(15): 复合赋值表达式 z+=2 的运算结果为 22
Ending action Action.
Ending iteration 1.
Ending Vuser...
```

脚本开始的前 5 行是基本的赋值语句，后面的"z+=2;"为复合赋值表达式，其等价于"z=z+2"，所以计算结果为 22。

3．预处理

在 LoadRunner 中，大家经常会看到类似于下面的语句：

```
#include "web_api.h"

Action()
{
    return 0;
}
```

大家一定都注意到在脚本起始，有一句"#include "web_api.h""，那么这个语句起到什么作用，而"#include"又是做什么的呢？

所谓预处理是指在进行编译的第一遍扫描（词法扫描和语法分析）之前所做的工作。预处理是 C 语言的一个重要功能，它由预处理程序负责完成。当对一个源文件进行编译时，系统将自动引用预处理程序对源程序中的预处理部分作处理，处理完毕自动进入对源程序的编译。

C 语言提供了多种预处理功能，如宏定义（#define）、文件包含（#include）、条件编译（#ifndef、#endif）等。文件包含是 C 预处理程序的一个重要功能，文件包含语句行的一般形式为："#include "文件名""。文件包含语句把指定的文件和当前的源程序文件连成一个源文件。目前的应用系统都相对比较复杂，需要由多人协作完成，那么，有了文件包含是很有用的。我们可以将一个大的应用系统分解为多个模块，由不同的人来完成。通常，在编写一个系统的时候，开发人员统一将公用的符号常量、宏定义或函数等放到单独的一个文件，如果其他人员需要应用这些内容，他只需要在当前文件的开头用包含语句（#include）包含该文件即可使用。这样做的好处是可避免在每个文件开头都去书写那些公用常量、宏定义或函数等，从而节省时间，并减少出错，同时在修改的时候也非常方便，只需要维护一个文件即可。

在 LoadRunner 中应用预处理的示例脚本代码如下：

```
#define PI 3.14159              //定义 PI 常量
#define MAX(a,b) (a>b)?a:b      //定义取两数较大值的函数

int min(int x,int y)           //取两个整数较小值的函数
{
    if (x<=y) return x;
    else return y;
}

Action()
{
    int a=10;
    int b=20;
    int z=MAX(10,20);
    int cc=min(10,20);

    lr_output_message("PI=%.5f",PI);
    lr_output_message("z=%d",z);
    lr_output_message("x=%d",cc);

    return 0;
}
```

脚本的执行结果如下：

```
Running Vuser...
Starting iteration 1.
Starting action Action.
Action.c(14): PI=3.14159
Action.c(15): z=20
Action.c(16): x=10
Ending action Action.
Ending iteration 1.
Ending Vuser...
```

脚本的起始处有如下语句：

```
#define PI 3.14159              //定义 PI 常量
```

关于宏定义（#define）常量定义的应用，在前面已经多次给读者举例，这里不再赘述。除了定义常量的情况外，还可以通过宏定义来取得最大值，即

```
#define MAX(a,b) (a>b)?a:b      //定义取两数较大值的函数
```

前面，已经给大家做过介绍，为了多人协同工作，以及日后维护代码的方便。可以定义一个供大家使用的公共头文件，这里作者定义了一个名称为"myfunccomm.h"的文件，且将文件存放到 LoadRunner 安装目录的"include"子目录下。"myfunccomm.h"文件的内容如下：

```
#define PI 3.14159              //定义 PI 常量
#define MAX(a,b) (a>b)?a:b      //定义取两数较大值的函数

int min(int x,int y)            //取两个整数较小值的函数
{
    if (x<=y) return x;
    else return y;
}
```

为了实现和前面的脚本同样的功能，需要将刚才定义的"myfunccomm.h"引用到脚本中，在 LoadRunner 中应用预处理，引用文件的示例脚本代码如下：

```
#include <myfunccomm.h>

Action()
{
    int a=10;
    int b=20;
    int z=MAX(10,20);
    int cc=min(10,20);

    lr_output_message("PI=%.5f",PI);
    lr_output_message("z=%d",z);
    lr_output_message("x=%d",cc);

    return 0;
}
```

脚本的第一条语句，即为文件包含的语句（#include <myfunccomm.h>），文件包含进来以后就可以引用在"myfunccomm.h"中定义的常量、宏函数以及函数等。需要说明的是，通常大家在脚本中看到的是"#include"myfunccomm.h""，在这里作者使用的是"#include <myfunccomm.h>"，它们的功能是一样的，即文件包含语句中的文件名可以用双引号括起来，也可以用尖括号括起来，也就是说"#include"myfunccomm.h""和"#include <myfunccomm.h>"是等价的，但是这两种形式是有区别的：使用尖括号表示在包含文件目录中去查找（包含目录是由用户在设置环境时设置的），而不在源文件目录去查找；使用双引号则表示首先在当前的源文件目录中查找，若未找到才到包含目录中去查找。用户编程时可根据自己文件所在的目录来选择某一种语句形式。

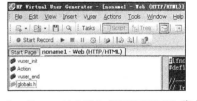

此外，在 LoadRunner 11.0 版本中，会看到有一个名称为"globals.h"的文件，如图 5-3 所示。

图 5-3 LoadRunner 11.0 Web（HTTP/HTML）脚本结构

这个文件可以定义一些全局变量，下面看一下这个文件中包含哪些内容：

```
#ifndef _GLOBALS_H
#define _GLOBALS_H

//------------------------------------------------------------------
// Include Files
#include "lrun.h"
#include "web_api.h"
#include "lrw_custom_body.h"

//------------------------------------------------------------------
```

```
// Global Variables

#endif // _GLOBALS_H
```

从上面的脚本代码中有"#ifndef"和"#endif"这样的语句，那么这些语句是做什么用的呢？

"#ifndef"和"#endif"这样的语句为条件编译语句。它可以按不同的条件去编译不同的程序部分，因而会产生不同的目标代码文件，这对于程序的移植和调试是很有用的。

条件编译有 3 种形式，下面分别介绍。

（1）第一种形式。

```
#ifdef  标识符
   程序段 1
#else
   程序段 2
#endif
```

它的功能是，如果标识符已被#define 语句定义过，则对程序段 1 进行编译；否则对程序段 2 进行编译。如果没有程序段 2（它为空），本格式中的#else 可以没有，即可以写为：

```
#ifdef  标识符
程序段
#endif
```

（2）第二种形式。

```
#ifndef 标识符
   程序段 1
#else
   程序段 2
#endif
```

与第一种形式的区别是将"ifdef"改为"ifndef"。它的功能是，如果标识符未被#define 语句定义过，则对程序段 1 进行编译，否则对程序段 2 进行编译。这与第一种形式的功能正相反。

（3）第三种形式。

```
#if 常量表达式
   程序段 1
#else
   程序段 2
#endif
```

它的功能是，如常量表达式的值为真（非 0），则对程序段 1 进行编译，否则对程序段 2 进行编译。因此可以使程序在不同条件下，完成不同的功能。

在 LoadRunner 中应用条件编译的示例脚本代码如下：

```
#define OSSTR "Windows NT "

Action()
{
  char *os;                      //获取操作系统相关信息变量
  int i = 5;                     //存放字符串对比结果变量

  os = (char*)getenv("OS");      //获得操作系统信息，存放到 OS 变量
  i = strcmp(os, "Windows_NT");  //将变量和"Windows_NT"对比，将结果保存到 i 变量
  if (i == 0)
  //如果两个字符串比较后，相等（i=0,即两个字符串比较后相等）
```

```
    {
      #ifdef OSSTR                                        //如果定义了 OSSTR
        lr_output_message("您使用的是%s 操作系统! ", os);      //输出
      #endif
    }
    else
      lr_output_message("您使用的是未定义的操作系统! ");        //输出

    return 0;
}
```

　　鉴于有很多读者可能对于条件编译语句接触得很少，这里给大家做一些简单的讲解。脚本起始，我们定义了一个字符串常量"OSSTR"，它的值为"Windows NT"，在 Action()部分，首先定义了两个变量，两个变量的用途请参见注释内容。接下来，我们应用 getenv()函数来捕获操作系统的信息，说到这里相信有很多读者非常关心一个问题就是，您是如何知道有哪些环境变量，我们可以通过该函数获得，通俗地讲就是怎么知道 getenv()函数里面可以写哪些类似于"OS"的字符串？

　　这个问题问得非常好，作者书中的很多例子的写作目的只是让读者了解相关的一些主要内容的应用方法，只是把读者"领进门"，如果您要结合工作需要，就需要在掌握方法的同时发挥自己的主观能动性，才能够做到"举一反三"和"运用自如"。在这里就需要我们发挥自己的能动性，现在给大家介绍一下，如果我是一个初学者，从我的学习角度，我的处理方法是：

　　首先，我要关注的内容就是 getenv()函数，以前可能没有见过这个函数，可以通过百度查找一下关于函数的应用方面的一些知识，如果对字符串比较等函数也不是很清楚，那么这方面的内容也需要去学习。

　　其次，了解了 getenv()函数以后，就需要了解函数里面的参数可以从哪里获得？当然，可以先"百度"一下。可能非常幸运地查找到了有关这方面的信息，但是大多数情况下有可能查找到的内容非常不系统或者只是非常浅地提了一下，这时，我要做的一个工作是要系统化地把这些内容总结并形成文档。当然，也有可能会碰到查不到我们要的内容，这时就需要向身边的朋友请教，以及到专业的论坛发帖求助了。

　　最后，一定要去做，而不是看到有解决办法以后，就"信以为真"了，有很多种情况可以导致找到的解决方法无法执行的问题，如因为系统环境、设置等方面的差异等。所以一定要实际去做，同时，发挥主观能动性，考察如何将当前已经掌握的东西结合到工作中来解决实际问题，再努力去尝试一下，权衡利弊，而决定最终是否实施在工作中。

　　上面是作者将自己学习、思考问题的方法介绍给大家，希望对读者朋友们有帮助。接下来回答刚才的问题，如果想知道系统中有哪些系统环境变量，可以通过右键单击"我的电脑"，选择"属性"菜单项，如图 5-4 所示。

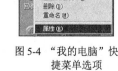

图 5-4　"我的电脑"快捷菜单选项

　　接下来，可以通过选择"高级"页，单击【环境变量】按钮，如图 5-5所示。

　　最后，将会看到"环境变量"对话框，如图 5-6 所示，可以通过 getenv()函数来获得用户变量和系统变量的值。

　　结合脚本代码，我们提取"OS"系统变量的值，所以应用"os = (char*)getenv("OS");"，然后通过字符串比较函数（strcmp()）来对字符串进行对比，如果获得的 os 变量内容与"Windows_NT"相同，则输出"您使用的是 Windows_NT 操作系统!"，否则，输出"您使用的是未定义的操作系统!"。

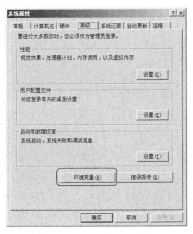

图 5-5 "系统属性"对话框　　　　　　　图 5-6 "环境变量"对话框

上面脚本的执行结果如下：

```
Running Vuser...
Starting iteration 1.
Starting action Action.
Action.c(14)：您使用的是 Windows_NT 操作系统！
Ending action Action.
Ending iteration 1.
Ending Vuser...
```

这里再给大家举一个"#ifndef"应用的例子，在 LoadRunner 中应用条件编译的示例脚本代码如下：

```
#define OSSTR "Unix"

Action()
{
  char *os; //获取操作系统相关信息变量
  int i = 5; //存放字符串对比结果变量

  os = (char*)getenv("OS"); //获得操作系统信息，存放到 os 变量
  i = strcmp(os, "Unix"); //将变量和"Unix"对比，将结果保存到 i 变量
  if (i == 0)
  //如果两个字符串比较后，相等（i=0,即两个字符串比较后相等）
  {
    #ifdef OSSTR    //如果定义了 OSSTR
      lr_output_message("您使用的是%s 操作系统！", os); //输出
    #endif //与#ifndef 相对应的结束语句
  }
  else
  {
    #ifndef OSOTHER //如果没有定义常量 OSOTHER
      #define OSOTHER "是未定义的操作系统！"     //则定义常量 OSOTHER
    #endif //与#ifndef 相对应的结束语句
    lr_output_message("您使用的%s", OSOTHER); //输出
  }
  return 0;
}
```

上面脚本的执行结果如下：

```
Running Vuser...
Starting iteration 1.
Starting action Action.
Action.c(21)：您使用的是未定义的操作系统！
Ending action Action.
Ending iteration 1.
Ending Vuser...
```

4. 函数及其函数的参数

通常，一段小的 C 语言源程序仅由一个 main() 函数组成，然而，在实际编写应用程序的时候，通常都需要开发人员编写大量的用户自定义函数。那么什么叫作用户自定义函数？用户定义函数是由用户按需要写的函数。对于用户自定义函数，不仅要在程序中定义函数本身，而且在主调函数模块中还必须对该被调函数进行类型说明，然后才能使用。与用户自定义函数相对应的是库函数，那么什么又是库函数呢？库函数由 C 语言集成开发环境（IDE）提供，用户无需定义，也不必在程序中作类型说明，只需在程序前包含有该函数原型的头文件即可在程序中直接调用。例如，我们在编写 C 语言程序的时候，需要取一个变量的绝对值时，只需要用 abs() 函数时，那么只需要引用 "math.h" 即可直接调用 abs() 函数，而不需为了实现该功能而额外编写一个函数。结合 LoadRunner，它也提供了很多针对不同协议的函数可以供我们调用，仅以 LoadRunner 的 Web（HTTP/HTML）协议为例，可以通过 LoadRunner 的 "HP LoadRunner Online Function Reference" 在关键字中输入 "web_" 来查看到系统针对 Web（HTTP/HTML）协议提供了哪些函数可以供我们使用，当然也可以针对某一个函数来查看如何来调用它，函数的各个参数、返回值类型以及 C、Java、Visual Basic 等语言是如何来调用的，图 5-7 向大家展示了 "web_url" 函数的说明，左侧方框区域为 LoadRunner 提供的部分 Web 协议相关函数列表。

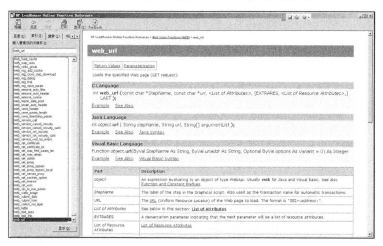

图 5-7　"web_url" 函数说明

在编写脚本的时候，LoadRunner 提供了智能的一个函数 "小助手" 来帮助您完成函数的编写，例如，当您输入 "web_url（" 时，将会出现图 5-8 所示界面。

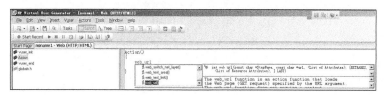

图 5-8　智能编码 "小助手"

通常，函数的一般形式如下：

```
类型标识符  函数名(形式参数)
{
    声明部分
    语句
}
```

类型标识符指明函数的类型，函数的类型实际上就是函数返回值的类型。函数名是由用户定义的标识符，函数名最好起有意义的名字，不仅自己明白，其他阅读、编写代码的人也能明白，这个函数是做什么的。形式参数可以是各种类型的变量，各参数之间用逗号间隔。在进行函数调用时，主调函数将赋予这些形式参数实际的值。需要提醒大家的是，形参必须在形参表中给出形参的类型说明。上面讲到了形式参数，这里让我们再多说几句。函数的参数分为形参和实参两种。形参出现在函数定义中，在整个函数体内都可以使用，离开该函数则不能使用。实参出现在主调函数中，进入被调函数后，实参变量也不能使用。形参和实参都用作数据传送。发生函数调用时，主调函数把实参的值传送给被调函数的形参，从而实现主调函数向被调函数的数据传送。

函数的形参和实参具有以下特点。

（1）形参变量只有在被调用时才分配内存单元，在调用结束时，即刻释放所分配的内存单元。因此，形参只有在函数内部有效。函数调用结束返回主调函数后则不能再使用该形参变量。

（2）实参可以是常量、变量、表达式、函数等，无论实参是何种类型的量，在进行函数调用时，它们都必须具有确定的值，以便把这些值传送给形参。因此应预先用赋值、输入等办法使实参获得确定值。

（3）实参和形参在数量上、类型上、顺序上应严格一致，否则会发生类型不匹配"的错误。

（4）函数调用中发生的数据传送是单向的。即只能把实参的值传送给形参，而不能把形参的值反向地传送给实参。因此在函数调用过程中，形参的值发生改变，而实参中的值不会变化。

"{}"部分则称为函数体。在函数体中声明部分是对函数体内部所用到的变量的类型说明。在调用函数值时，通常应向调用者返回一个函数值。但是，有时调用后并不需要向调用者返回函数值，这种函数可以定义为"空类型"，其关键字用"void"表示。当然，有些时候，函数不需要形式参数，这时就不存在形式参数，其形式如下：

```
类型标识符  函数名()
{
    声明部分
    语句
}
```

在 LoadRunner 中应用函数的示例脚本代码如下：

```
void SayHello() //打招呼的函数
{
    lr_output_message("Hello %s", lr_get_host_name());
}

int GetBigger(int x, int y) //得到较大值函数
{
    if (x > y)
    {
        return x;
    }
    else
```

```
    {
        return y;
    }
}

Action()
{
    int x = 10, y = 20, result; //声明部分

    SayHello(); //无形参, 无返回值函数
    result = GetBigger(x, y); //带形参, 带返回值函数
    lr_output_message("GetBigger(%d,%d)=%d", x, y, result);

    return 0;
}
```

现在，向大家简单地介绍一下上面脚本的含义。

```
void SayHello()//打招呼的函数
{
    lr_output_message("Hello %s",lr_get_host_name());
}
```

这个函数没有返回值，所以为 void，同时也不需要传入任何参数，所以形参为空，在函数体，我们向当前的主机说"Hello 主机名"，这里是通过 LoadRunner 集成开发环境自带的函数 lr_get_host_name()来获得当前主机名称，因为我的主机名称叫"yuy"，所以应该输出的内容为"Hello yuy"，详细结果请参见后续的执行结果内容。接下来，我们又编写了一个比较两个整型数值，取较大的一个作为返回值的函数 GetBigger()，代码如下所示：

```
int GetBigger(int x,int y)//得到较大值函数
{
    if (x>y)
    {
        return x;
    }
    else
    {
        return y;
    }
}
```

因为是两个整型数比较，所以需要两个整型的形式参数，这里形式参数的类型及其名称为"int x,int y"（即类型为整型，形参的名称分别为 x 和 y，它们之间用"，"进行分隔），函数的返回值为整型（int），同时为了让阅读代码的人对这个函数有一个清晰的认识，我们起了一个非常好的函数名称，即"GetBigger"。

接下来，Action()部分的代码如下所示：

```
Action()
{
    int x=10,y=20,result;//声明部分

    SayHello();//无形参, 无返回值函数
    result=GetBigger(x,y);//带形参, 带返回值函数
    lr_output_message("GetBigger(%d,%d)=%d",x,y,result);
```

```
    return 0;
}
```

这里最开始处先声明了 3 个整型变量，其中 *x*，*y* 在声明时赋予了初始值，而 result 的用途是保存其比较结果。因为"SayHello();"无返回值，不需要传入参数，所以我们直接引用即可；而 GetBigger()函数具有返回值以及需要传入两个形式参数，所以我们将主调函数即（Action()）的两个整型变量传入给 GetBigger()，同时用 result 变量来保存其返回的结果，最后用 lr_output_message() 函数格式化输出这个函数的输出内容。

上面脚本的执行结果如下：

```
Running Vuser...
Starting iteration 1.
Starting action Action.
Action.c(3): Hello yuy
Action.c(24): GetBigger(10,20)=20
Ending action Action.
Ending iteration 1.
Ending Vuser...
```

5. 局部变量和全局变量

在 C 语言中，变量有效性的范围称变量的作用域。不仅对于形参变量，C 语言中所有的变量都有自己的作用域，按作用域范围不同，可分为局部变量和全局变量两种变量类型。

在 LoadRunner 中应用全局变量和局部变量的示例脚本代码如图 5-9 所示。

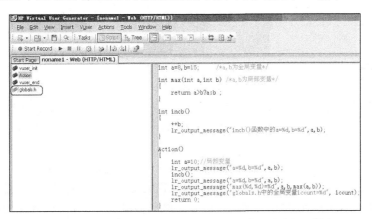

图 5-9　LoadRunner 11.0 Web（HTTP/HTML）协议脚本代码截图

上面代码是在 LoadRunner 11.0 中编写完成，请参见图 5-9 左侧，其包含一个文件名称为"globals.h"，可以在该头文件中定义全局变量，这里定义了一个全局整型变量，它的名称为"icount"，初始值为 10，请参见 globals.h 头文件内容：

```
#ifndef _GLOBALS_H
#define _GLOBALS_H

//------------------------------------------------------------------
// Include Files
#include "lrun.h"
#include "web_api.h"
#include "lrw_custom_body.h"

//------------------------------------------------------------------
```

```
// Global Variables

int icount=10;//全局变量

#endif // _GLOBALS_H
```

Action 部分代码如下：

```
int a=8,b=15;      /*a,b 为全局变量*/

int max(int a,int b)  /*a,b 为局部变量*/
{
    return a>b?a:b ;
}

int incb()
{
    ++b;
    lr_output_message("incb()函数中的 a=%d,b=%d",a,b);
}

Action()
{
    int a=10;//局部变量
    lr_output_message("a=%d,b=%d",a,b);
    incb();
    lr_output_message("a=%d,b=%d",a,b);
    lr_output_message("max(%d,%d)=%d",a,b,max(a,b));
    lr_output_message("globals.h 中的全局变量 icount=%d", icount);
    return 0;
}
```

在 Action 部分，起始声明了两个整型全局变量：a，赋予初值 8；b，赋予初值 15。接下来，声明了两个整型数比较函数：max()和 incb()，在 max()函数中，有两个整型参数：a 和 b。incb()函数实现了对全局变量加 1，然后，输出全局变量 a 和 b。Action()中，先声明了局部变量 a，并赋初值为 10，接下来，输出局部变量 a 和全局变量 b，又通过调用 incb()函数对全局变量 b 进行加 1，同时输出 a 和 b。这里先给大家提一个问题，就是此时 a 的值应该输出的是全局变量 a 还是局部变量 a 的值？请读者朋友们认真考虑一下。后续还输出 max（a，b），这里同样存在上面的问题，最后输出"globals.h"文件中的全局变量 icount 的值。

上面的脚本执行结果如下：

```
Running Vuser...
Starting iteration 1.
Starting action Action.
Action.c(17): a=10,b=15
Action.c(11): incb()函数中的 a=8,b=16
Action.c(19): a=10,b=16
Action.c(20): max(10,16)=16
Action.c(21): globals.h 中的全局变量 icount=10
Ending action Action.
Ending iteration 1.
Ending Vuser...
```

根据执行结果，可以得出如下结论。

（1）全局变量是在函数外部定义的变量，它不属于哪一个函数，它属于一个源程序文件，其作用域是整个源程序。局部变量是在函数内定义说明的，其作用域仅限于函数内。

（2）当局部变量和全局变量同名时，在局部变量的作用范围内，全局变量不起作用，如在Action()函数部分，a 的值为10，而非全局变量为8，这就回答了前面提的问题。当然，如果在该部分没有声明同名局部变量，则输出的内容为全局变量的值，如变量 b 和"globals.h"中的全局变量 icount 的值，则输出值为全局变量的值。

6. 动态存储方式与静态存储方式

前面我们从作用域的角度对变量进行了分类（全局变量和局部变量）和讲解。从变量值的存在生存期角度，又可以分为静态存储方式和动态存储方式两类。

- 静态存储方式：是指在程序运行期间分配固定的存储空间的方式。
- 动态存储方式：是在程序运行期间根据需要进行动态的分配存储空间的方式。

用户存储空间可以分为 3 个部分：

（1）程序区；

（2）静态存储区；

（3）动态存储区。

全局变量全部存放在静态存储区，在程序开始执行时给全局变量分配存储区，程序运行完毕就释放。在程序执行过程中它们占据固定的存储单元，而不动态地进行分配和释放。

动态存储区存放以下数据：

（1）函数形式参数；

（2）自动变量（未加 static 声明的局部变量）；

（3）函数调用时的现场保护和返回地址。

对以上这些数据，在函数开始调用时分配动态存储空间，函数结束时释放这些空间。

在 C 语言中，每个变量和函数有两个属性：数据类型和数据的存储类别。

（1）自动（auto）变量。

函数中的局部变量，如不专门声明为 static 存储类别，都是动态地分配存储空间的，数据存储在动态存储区中。函数中的形参和在函数中定义的变量（包括在复合语句中定义的变量）都属于此类，在调用该函数时系统会给它们分配存储空间，在函数调用结束时就自动释放这些存储空间。这类局部变量称为自动变量，它用关键字 auto 作存储类别的声明。

（2）静态局部变量。

有时希望函数中的局部变量的值在函数调用结束后不消失而保留原值，这时就应该指定局部变量为"静态局部变量"，用关键字 static 进行声明。

（3）寄存器（register）变量。

为了提高效率，C 语言允许将局部变量的值放在 CPU 中的寄存器中，这种变量叫"寄存器变量"，用关键字 register 作声明。

在 LoadRunner 中应用动态存储方式与静态存储方式的示例脚本代码如下：

```
static int c;

int prime(register int number) //判断是否为素数的函数
{
    register int flag=1;
    auto int n;
    for (n=2;n<number/2 && flag==1;n++)
        if (number % n ==0) flag=0;
```

```
        return(flag);
    }

demo(int a)  //static、auto 变量的演示函数
{
    auto int b=0;
    int d;
    static c=3;
    b=b+1;
    c=c+1;
    lr_output_message("demo()函数中的d=%d",d);
    lr_output_message("demo()函数中的 static c=%d",c);
    return a+b+c;
}

Action()
{
    int a=2,i;//变量声明

    for(i=0;i<3;i++)
    {
        lr_output_message("demo()函数部分第%d 运行情况如下：",i+1);
        lr_output_message("函数 demo 运行结果为：%d",demo(a));
        lr_output_message("----------------------------\n\r");
    }

    //判断 13 是否为素数，并输出提示信息
    if (prime(13)==0) lr_output_message("13 不是素数！");
    else lr_output_message("13 是素数！");

    lr_output_message("c=%d",c);      //输出静态变量的值

    return 0;
}
```

这里，我们对上面的 LoadRunner 代码进行分析，首先，"static int c;"声明了一个静态的整型变量 c，注意，这里我们并没有对静态变量赋初值，那么在没有赋初值的情况下，整型静态变量的输出是什么呢？请读者朋友们先思考一下这个问题。接下来，我们又声明了一个判断是否为素数的函数 prime()，其代码如下：

```
int prime(register int number)  //判断是否为素数的函数
{
    register int flag=1;
    auto int n;
    for (n=2;n<number/2 && flag==1;n++)
        if (number % n ==0) flag=0;
    return flag;
}
```

prime()函数有一个"register int"类型形参变量"number"，在函数体中，声明了一个寄存器整型变量 flag，并赋予初值为 1。自动类型的整型变量"n"，从 2 到 number/2 中是否存在一个数使得 number 除以它余数为 0，如果有则这个数不是素数，flag 被赋值为 0，否则，flag 保留先前的初始值 1，最后返回 flag 的值。

```
demo(int a)  //static、auto 变量的演示函数
```

```
{
    auto int b=0;
    int d;
    static c=3;
    b=b+1;
    c=c+1;
    lr_output_message("demo()函数中的 d=%d",d);
    lr_output_message("demo()函数中的 static c=%d",c);
    return a+b+c;
}
```

接下来，做了一个关于 static 和 auto 类型的变量演示的 demo()函数，它具有一个整型的形式参数，在函数体中，声明了一个自动整型变量 b，为 b 赋初值 0，然后，又声明了另外一个整型变量 d，这里有一个问题，请您思考一下，此时在没有为 d 赋初值时，它的输出应该是什么？然后，对 b 和 c 变量加 1，输出变量 d 和静态变量 c 的值，将变量 a、b 和 c 的和作为函数的返回值。

```
Action()
{
    int a=2,i;//变量声明

    for(i=0;i<3;i++)
    {
        lr_output_message("demo()函数部分第%d 运行情况如下: ",i+1);
        lr_output_message("函数 demo 运行结果为：%d",demo(a));
        lr_output_message("-----------------------------\n\r");
    }

    //判断 13 是否为素数，并输出提示信息
    if (prime(13)==0) lr_output_message("13 不是素数! ");
    else lr_output_message("13 是素数! ");

    lr_output_message("c=%d",c);      //输出静态变量的值

    return 0;
}
```

在 Action()函数中，声明了 2 个整型变量：a 和 i。然后，循环 3 次输出函数 demo()的输出内容。通过 prime()函数，判断 13 是否为素数，素数是这样的整数：它除了能够被表示为本身和 1 的乘积以外，不能表示为任何其他两个整数的乘积。最后，输出静态变量 c 的值。

上面脚本的输出内容为：

```
Running Vuser...
Starting iteration 1.
Starting action Action.
Action.c(30): demo()函数部分第 1 运行情况如下:
Action.c(18): demo()函数中的 d=25362920
Action.c(19): demo()函数中的 static c=4
Action.c(31): 函数 demo 运行结果为: 7
Action.c(32): -----------------------------

Action.c(30): demo()函数部分第 2 运行情况如下:
Action.c(18): demo()函数中的 d=25362920
Action.c(19): demo()函数中的 static c=5
Action.c(31): 函数 demo 运行结果为: 8
Action.c(32): -----------------------------
```

```
Action.c(30): demo()函数部分第 3 运行情况如下:
Action.c(18): demo()函数中的 d=25362920
Action.c(19): demo()函数中的 static c=6
Action.c(31): 函数 demo 运行结果为: 9
Action.c(32): ----------------------------

Action.c(36): 13 是素数!
Action.c(38): c=0
Ending action Action.
Ending iteration 1.
Ending Vuser...
```

从输出结果，我们可以回答上面问到的两个问题。第一个问题，静态整型变量 c 在没有赋初值的时候，它的输出结果是什么？答案是，如果在定义局部变量时不赋初值的话，则对静态局部变量来说，编译时自动赋初值 0（对数值型变量）或空字符（对字符变量）。而对自动变量来说，如果不赋初值则它的值是一个不确定的值。第二个问题，在函数体中，声明了一个整型变量，在没有为 d 赋初值时，它的输出应该是什么？答案是，从输出结果，也可以看出它是一个随机数，此外，有以下几点需要提醒读者朋友。

静态局部变量属于静态存储类别，在静态存储区内分配存储单元。在程序整个运行期间都不释放。而自动变量属于动态存储类别，占据动态存储空间，函数调用结束后即释放。

静态局部变量在编译时赋初值，即只赋初值一次；而对自动变量赋初值是在函数调用时进行，每调用一次函数重新给一次初值，相当于执行一次赋值语句。参见 demo()函数中的"static c=3;"值，它每次调用时，都会保留以前的值，在此基础上再进行相应的操作，第一次调用初始值为 3，而经过"c=c+1;"后，则"c"值为 4，第二次调用时，则 c 的值为 4，而经过"c=c+1;"后，则"c"值为 5，第三次调用时，则 c 的值为 5，而经过"c=c+1;"后，则"c"值为 6，而"auto int b=0;"则每次赋值的时候，b 都被赋值为 0，3 次经过"b=b+1;"后，则 b 的值始终都为 1。关键字 auto 可以省略，auto 不写则隐含定义为"自动存储类别"，属于动态存储方式。即"int d;"和"auto int d;"是等价的。

对于寄存器变量的说明如下。

（1）只有局部自动变量和形式参数可以作为寄存器变量。

（2）一个计算机系统中的寄存器数目有限，不能定义任意多个寄存器变量。

（3）静态变量不能定义为寄存器变量，当出现类似如下语句的时候：

```
register  static int xx;

Action()
{
    register  static int x;
    return 0;
}
```

LoadRunner 在编译的时候，将会给出如下输出：

```
Action.c (1): invalid use of 'register'
Action.c (1): invalid use of 'static'
Action.c (5): invalid use of 'static'
c:\\documents and settings\\tester\\local settings\\temp\\noname1\\\\combined_noname1.c
(5): 3 errors, not writing pre_cci.ci
```

7. 指针

指针是 C 语言中广泛使用的一种数据类型，同时它也让很多朋友感到非常头痛，因为有很多读者尽管学习了指针，但是对它仍然不理解，那么在这里作者也简单地向读者朋友们介绍一下指针，希望能够让大家理解。

数据在计算机中是存放在存储器中，一般把存储器中的一个字节称为一个内存单元，不同数据类型的数据占用的内存单元也各不相同，如整型量占 2 个单元，字符量占 1 个单元等。就像我们去亲朋家串门一样，要找到亲朋家住在哪个街道，什么小区的多少号楼以及几单元和多少号，为了正确地访问这些内存单元，必须为每个内存单元编上号。根据一个内存单元的编号即可准确地找到该内存单元，内存单元的编号也叫做地址。既然根据内存单元的编号或地址就可以找到所需的内存单元，所以通常也把这个地址称为指针。内存单元的指针和内存单元的内容是两个不同的概念。还拿刚才举例来说，例如，我有一位朋友叫"张三"，他住在"海淀区×××小区"，今天是周末，我要去他家做客，那么我就可以按照地址找到小区，再找到对应的楼号以及找到单元，按门铃，让他给我开门就可以找到他了。"海淀区×××小区"这个地址就相当于内存单元的指针，而我要找的"张三"是我要找的人，他相当于内存单元的内容。

在 C 语言中，允许用一个变量来存放指针，这种变量称为指针变量。因此，一个指针变量的值就是某个内存单元的地址或称为某内存单元的指针，一种数据类型或数据结构往往都占有一组连续的内存单元。用"地址"这个概念并不能很好地描述一种数据类型或数据结构，而"指针"虽然实际上也是一个地址，但它却是一个数据结构的首地址，它是"指向"一个数据结构的，因而概念更为清楚，表示更为明确。这也是引入"指针"概念的一个重要原因。

在 C 语言中，允许用一个变量来存放指针，这种变量称为指针变量。因此，一个指针变量的值就是某个变量的地址或称为某变量的指针。

为了表示指针变量和它所指向的变量之间的关系，在程序中用"*"符号表示"指向"，例如，icount_pointer 代表指针变量，而*count_pointer 是 icount_pointer 所指向的变量，如图 5-10 所示。

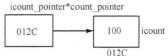

图 5-10 指针变量和它所指向的变量之间的关系

因此，下面两个语句作用相同：

```
icount=100;
*icount_pointer=100;
```

第二个语句的含义是将 100 赋给指针变量 icount_pointer 所指向的变量。

通常，指针变量的定义形式如下：

```
类型说明符  *变量名;
```

其中，类型说明符表示本指针变量所指向的变量的数据类型，*表示这是一个指针变量，变量名即为定义的指针变量名。如"int *p1;"，表示 p1 是一个指针变量，它的值是某个整型变量的地址。或者说 p1 指向一个整型变量。至于 p1 究竟指向哪一个整型变量，应由向 p1 赋予的地址来决定。

指针变量同普通变量一样，使用之前不仅要定义说明，需要提醒读者朋友们注意的是，未经赋值的指针变量不能使用，否则将造成系统混乱，甚至宕机。指针变量只能赋给地址，而不能赋予任何其他数据，否则将引起错误。在 C 语言中，提供了地址运算符"&"来表示变量的地址。其一般形式为：&变量名。

例如，"&a"表示取变量 a 的地址，变量本身必须预先说明。设有指向整型变量的指针变量 p，如要把整型变量 a 的地址赋予 p 可以有以下两种方式。

（1）指针变量初始化的方法：

```
int a;
int *p=&a;
```

（2）赋值语句的方法：

```
int a;
int *p;
p=&a;
```

不允许把一个数赋予指针变量，故下面的赋值是错误的：

```
int *p;
p=1000;
```

被赋值的指针变量前不能再加"*"说明符，如写为*p=&a 也是错误的。

在 LoadRunner 中应用指针的示例脚本代码如下：

```
Action()
{
  int i=120;          //声明整型变量
  char j='a';         //声明字符变量
  int *pointer_i;     //声明整型指针变量
  char *pointer_j;    //声明字符类型指针变量

  pointer_i=&i;       //将整型变量 i 的地址赋给 pointer_i
  pointer_j=&j;       //将整型变量 j 的地址赋给 pointer_j

  lr_output_message("i=%d,j=%c\n",i,j);
  lr_output_message("i 变量的地址=%d,j 变量的地址=%d\n",&i,&j);
  lr_output_message("pointer_i=%d,pointer_j=%d\n",pointer_i,pointer_j);
  lr_output_message("pointer_i 指向的变量的值=%d,pointer_j 指向的变量的
                    值=%c\n",*pointer_i, *pointer_j);

  return 0;

}
```

上面脚本的输出内容为：

```
Running Vuser...
Starting iteration 1.
Starting action Action.
Action.c(11): i=120,j=a
Action.c(12): i 变量的地址=26804256,j 变量的地址=26804260
Action.c(13): pointer_i=26804256,pointer_j=26804260
Action.c(14): pointer_i 指向的变量的值=120,pointer_j 指向的变量的值=a
Ending action Action.
Ending iteration 1.
Ending Vuser...
```

从结果我们不难看出：

（1）"pointer_i"和"pointer_j"输出的是地址，是一个整数；

（2）"*pointer_i"和"*pointer_j"输出的是地址中的值；

（3）"i""*pointer_i"和"j""*pointer_j"的输出内容是一致的，而"&i""pointer_i"和"&j""pointer_j"的输出是一致的。

如果不小心写出类似如下语句：

```
pointer_i=i;
*pointer_j=&j;
```

则在运行或者编译的时候给予如下提示：

```
operands of = have illegal types 'pointer to int' and 'int'
operands of = have illegal types 'char' and 'pointer to char'
```

也许，您在 C 语言的代码中经常会看到如下语句：

```
int a[10],i;
for(i=0;i<10;i++)
    *(a+i)=i;
```

学过 C 语言的读者朋友们一定都清楚，"int a[10]"代表的是一个拥有 10 个整型数的数组，数组的名字叫做"a"。下面是一个"for"循环，"for"循环的下一条语句是一个赋值语句，在这里发现有"*(a+i)=i"这样的语句，这应是一个指针的应用，那么它代表的含义是什么呢？在回答这个问题之前，先让我们了解一下，什么是数组，再来看一看它和指针有什么样的关系。

一个数组是由指定数目、相同数据类型的数据构成，数组是由连续的一块内存单元组成的，每个数组元素都在内存中占用存储单元，它们都有相应的地址，数组名就是这块连续内存单元的首地址。所谓数组的指针是指数组的起始地址，数组元素的指针是数组元素的地址。如果我们要定义一个包含 10 个整型数的数组，数组的名字为"score"，可以写成"int score[10];"，数组元素分别为"score[0]、score[1]、score[2]、score[3]、score[4]、score[5]、score[6]、score[7]、score[8]、score[9]" 10 个元素，请注意，数组的下标是从 0 开始的。

可以通过下面的方式定义一个指向数组元素的指针变量，这里我们定义了一个指向数组"score"的指针变量"p"。

```
int score[10];        /*定义 score 为包含 10 个整型数据的数组*/
int *p;               /*定义 p 为指向整型变量的指针*/
p=&score[0];          /*将 score 数组的首元素地址赋给指针变量 p*/
```

当然，上面的语句与下面的语句是等价的：

```
int score[10];        /*定义 score 为包含 10 个整型数据的数组*/
int *p=score;         /*将 score 数组的首元素地址赋给指针变量 p*/
```

在 LoadRunner 中结合数组应用指针的示例脚本代码如下：

```
Action()
{
  int score[5] =
  {
    100, 98, 99, 78, 66
  }; //一维数组
  int *p = score; //一维数组指针赋值
  int sixnum[2][3] =
  {
    {
      1, 2, 3
    }
    ,
    {
      4, 5, 6
    }
  }; //二维数组
  int(*p1)[3]; //二维数组指针
  int i, j; //定义两个整数变量

  for (i = 0; i <= 4; i++)
  {
```

```
    lr_output_message("score[%d]=%d", i, score[i]); //以下标形式输出数组
    lr_output_message("*(p++)=%d", *(p++)); //指针方式输出数组
}
lr_output_message("-----------------------");

p = score; //将数组 score 的首元素地址赋给指针 p
for (i = 0; i <= 4; i++)
{
    lr_output_message("score[%d]=%d", i, score[i]);        //以下标形式输出数组
    lr_output_message("*(p+%d)=%d", i, *(p + i));          //以指针方式输出数组
}

lr_output_message("-----------------------");

p1 = sixnum; //将数组 sixnum 的首元素地址赋给指针 p1
for (i = 0; i <= 1; i++)
{
    for (j = 0; j <= 2; j++)
    {
        //以下标形式输出数组
        lr_output_message("sixnum[%d][%d]=%d", i, j, sixnum[i][j]);
        //以指针方式输出数组
        lr_output_message("*(*(p1+%d)+%d)=%d", i, j, *(*(p1 + i) + j));
    }
}
return 0;
}
```

上面脚本的输出内容为：

```
Running Vuser...
Starting iteration 1.
Starting action Action.
Action.c(10): score[0]=100
Action.c(11): *(p++)=100
Action.c(10): score[1]=98
Action.c(11): *(p++)=98
Action.c(10): score[2]=99
Action.c(11): *(p++)=99
Action.c(10): score[3]=78
Action.c(11): *(p++)=78
Action.c(10): score[4]=66
Action.c(11): *(p++)=66
Action.c(14): -----------------------
Action.c(18): score[0]=100
Action.c(19): *(p+0)=100
Action.c(18): score[1]=98
Action.c(19): *(p+1)=98
Action.c(18): score[2]=99
Action.c(19): *(p+2)=99
Action.c(18): score[3]=78
Action.c(19): *(p+3)=78
Action.c(18): score[4]=66
Action.c(19): *(p+4)=66
Action.c(22): -----------------------
Action.c(27): sixnum[0][0]=1
```

```
Action.c(28): *(*(p1+0)+0)=1
Action.c(27): sixnum[0][1]=2
Action.c(28): *(*(p1+0)+1)=2
Action.c(27): sixnum[0][2]=3
Action.c(28): *(*(p1+0)+2)=3
Action.c(27): sixnum[1][0]=4
Action.c(28): *(*(p1+1)+0)=4
Action.c(27): sixnum[1][1]=5
Action.c(28): *(*(p1+1)+1)=5
Action.c(27): sixnum[1][2]=6
Action.c(28): *(*(p1+1)+2)=6
Ending action Action.
Ending iteration 1.
Ending Vuser...
```

让我们来分析一下上面的脚本，先来看一下脚本的声明部分：

```
int score[5]={100,98,99,78,66}; //一维数组
int *p=score; //一维数组指针赋值
int sixnum[2][3]={{1,2,3},{4,5,6}}; //二维数组
int (*p1)[3]; //二维数组指针
int i,j; //定义两个整数变量
```

这里，先声明了一个具有 5 个元素的整型数组"score"，并赋予初值，然后声明了一个整型指针"p"，并将"score"数组的首地址赋给指针变量"p"；接下来，又声明了一个二维数组"sixnum"，并对二维数组进行了赋值，关于二维数组有多少个元素的计算，在这里教给读者朋友们一个小技巧，就是下标相乘的方法，如"sixnum[2][3]"，则可以通过下标 2*3=6 计算得出，该数组应该有 6 个元素。关于二维数组"sixnum[2][3]"，我们可以分解成 sixnum[0]和 sixnum[1]两个包含 3 个元素的一维数组，这里"{1,2,3}和{4,5,6}"就相当于该一维数组的两个元素。在声明二维数组指针变量的时候可以写成"int(*p1)[3]"，通常二维数组指针变量定义的一般形式为：

```
类型说明符  (*指针变量名)[长度]
```

其中"类型说明符"为所指数组的数据类型。"*"表示其后的变量是指针类型，"长度"表示二维数组分解为多个一维数组时一维数组的长度，也就是二维数组的列数。

接下来，让我们看一下后续的脚本代码：

```
for (i=0;i<=4;i++) {
    lr_output_message("score[%d]=%d",i,score[i]);       //以下标形式输出数组
    lr_output_message("*(p++)=%d",*(p++));              //以指针方式输出数组
}

lr_output_message("——————————————");

p=score;  //将数组 score 的首元素地址赋给指针 p
for (i=0;i<=4;i++) {
    lr_output_message("score[%d]=%d",i,score[i]);       //以下标形式输出数组
    lr_output_message("*(p+%d)=%d",i,*(p+i));           //以指针方式输出数组
}

lr_output_message("——————————————");

p1=sixnum;      //将数组 sixnum 的首元素地址赋给指针 p1
for (i=0;i<=1;i++) {
    for (j=0;j<=2;j++) {
```

```
        //以下标形式输出数组
        lr_output_message("sixnum[%d][%d]=%d",i,j,sixnum[i][j]);
        //以指针方式输出数组
        lr_output_message("*(*(p1+%d)+%d)=%d",i,j,*(*(p1+i)+j));
    }
}
```

第一个 "for" 循环语句，是通过 "下标方式" 和 "指针方式" 分别输出一维数组内容。关于下标方式相信读者都能理解，在这里不再赘述。关于 "指针方式"，这里应用了 "*(p++)"，它相当于 "score[0]" 开始，因为每次循环执行*(p++)后，指针下移，所以后续输出为 "score [1]、score [2]、score [3]、score [4]"。请大家思考一下，如果将 "*(p++)" 换成 "*(++p)" 会有什么样的结果呢？为了验证我们这样写输出什么内容，作者写了如下脚本代码：

```
Action()
{
    int score[5]={100,98,99,78,66};
    int *p=score;
    int i;

    for (i=0;i<=4;i++) {
        lr_output_message("%d",*(++p));
    }

    return 0;
}
```

上面脚本的输出内容如下：

```
Running Vuser...
Starting iteration 1.
Starting action Action.
Action.c(8): 98
Action.c(8): 99
Action.c(8): 78
Action.c(8): 66
Action.c(8): 26804284
Ending action Action.
Ending iteration 1.
Ending Vuser...
```

相信细心的读者会发现，代码输出的第一个数组元素为 "score[1]" 的值 "98"，而不是从 "score[0]" 开始输出，最后一个值 "26804284" 则不知是从哪里来的了。如果我们将 "*(p++)" 换成 "*(++p)" 输出的第一个元素确实是 "score[1]"，因为由于 "++" 和 "*" 同优先级，结合方向自右而左，"*(p++)" 与 "*(++p)" 作用不同。若 "p" 的初值为 "score"，则 "*(p++)" 等价于 "score[0]"，"*(++p)" 等价于 "score[1]"。而输出的最后一个内容为 "score[5]"，但该元素是不存在的，即数组下标越界，所以输出的是一个随机数。接下来，用了另外一种指针应用方法，即 "*(p+i)"，它等价于下标方式的输出 "score [0]、score [1]、score [2]、score [3]、score [4]"。二维数组指针 "*(*(p1+i)+j)" 的应用，它相当于 "sixnum [i][j]"，不再进行赘述。当然关于指针还有更加复杂的一些应用，鉴于本书不是专门的关于 C 语言应用书籍，故不再进行详细描述，如果需要深入了解这方面内容，请看谭浩强老师的《C 程序设计》（第 2 版）。

8. 结构

在实际工作中，很多情况我们需要将不同类型的数据组织起来一起应用，例如，学校在期末考试结束后，通常都要进行学生成绩的填报和查询工作。一个一年级小学生的信息通常包括姓名、学号、性别、年龄、语文成绩、数学成绩等。姓名、性别是一个字符类型的数据，而年龄、学号为整数类型，语文成绩、数学成绩通常都为单精度浮点类型数据。我们知道不同类型的数据是不能放到同一个数组里面的，那么在 C 语言中是否有方法将这些不同数据类别的数据组织到一起呢？回答是：可以用结构来处理这种问题。接下来，就了解一下什么叫结构。"结构"是一种构造类型，它是由若干"成员"组成的，每一个成员可以是一个基本数据类型或者又是一个构造类型。通常，一个结构的一般形式为：

```
struct 结构名
    {成员表列};
```

成员表列由若干个成员组成，每个成员都是该结构的一个组成部分。对每个成员也必须作类型说明，其形式为：

```
类型说明符 成员名;
```

现在，让我们一起来给学生信息定义一个"结构"：

```
struct student
{
    int num;                //学号
    char name[20];          //姓名
    char sex[2];            //性别
    int  age;               //年龄
    float chinesescore;     //语文成绩
    float mathscore;        //数学成绩
};
```

上面定义了一个名称为"student"的结构，它包含了学号、姓名、性别、年龄、语文成绩和数学成绩信息。

那么如何应用结构，在 LoadRunner 中应用结构的示例脚本代码如下：

```
struct student
{
    int num;                //学号
    char name[8];           //姓名
    int  age;               //年龄
    char sex[2];            //性别
    float chinesescore;     //语文成绩
    float mathscore;        //数学成绩
};

Action()
{   //为结构数组前2个结构数组元素值
    struct student stu[3]={{101,"孙悟空",30,"男",100.00,100.00},
                           {102,"沙和尚",28,"男",99.00,99.00},};
    struct student stu1={103,"白骨精",99,"女"};   //为结构变量 stu1 赋部分数据
    int i;

    stu1.chinesescore=90.50;        //为 stu1 赋语文成绩
    stu1.mathscore=89.00;           //为 stu1 赋数学成绩

    stu[2]=stu1;        //将 stu1 变量赋给数组元素 stu[2]

    for (i=0;i<=2;i++) {
```

```
        lr_output_message("-----------------------------");
        lr_output_message("第%d个学生信息:",i+1);
        lr_output_message("学号=%d",stu[i].num);
        lr_output_message("姓名=%s",stu[i].name);
        lr_output_message("性别=%s",stu[i].sex);
        lr_output_message("年龄=%d",stu[i].age);
        lr_output_message("语文成绩=%.2f",stu[i].chinesescore);
        lr_output_message("数学成绩=%.2f",stu[i].mathscore);
        lr_output_message("-----------------------------");
    }


    return 0;
}
```

上面脚本的输出内容为：

```
Running Vuser...
Starting iteration 1.
Starting action Action.
Action.c(24): -----------------------------
Action.c(25): 第 1 个学生信息:
Action.c(26): 学号=101
Action.c(27): 姓名=孙悟空
Action.c(28): 性别=男
Action.c(29): 年龄=30
Action.c(30): 语文成绩=100.00
Action.c(31): 数学成绩=100.00
Action.c(32): -----------------------------
Action.c(24): -----------------------------
Action.c(25): 第 2 个学生信息:
Action.c(26): 学号=102
Action.c(27): 姓名=沙和尚
Action.c(28): 性别=男
Action.c(29): 年龄=28
Action.c(30): 语文成绩=99.00
Action.c(31): 数学成绩=99.00
Action.c(32): -----------------------------
Action.c(24): -----------------------------
Action.c(25): 第 3 个学生信息:
Action.c(26): 学号=103
Action.c(27): 姓名=白骨精
Action.c(28): 性别=女
Action.c(29): 年龄=99
Action.c(30): 语文成绩=90.50
Action.c(31): 数学成绩=89.00
Action.c(32): -----------------------------
Ending action Action.
Ending iteration 1.
Ending Vuser...
```

当然，为了引用结构方便，可以应用类型定义符"typedef"将"struct student"命名成简洁的、明了的名称。C 语言允许由用户自己定义类型说明符，即类型定义符"typedef"，允许由用户为数据类型取"别名"。上面的结构脚本可以用"typedef"实现同样的功能，代码如下所示：

```
typedef struct student
{
```

```
    int num;                    //学号
    char name[8];               //姓名
    int  age;                   //年龄
    char sex[2];                //性别
    float chinesescore;         //语文成绩
    float mathscore;            //数学成绩
} STU;

Action()
{   //为结构数组赋前2个结构数组元素值
    STU stu[3]={{101,"孙悟空",30,"男",100.00,100.00},
                        {102,"沙和尚",28,"男",99.00,99.00},};
    STU stu1={103,"白骨精",99,"女"};//为结构变量stu1赋部分数据
    int i;

    stu1.chinesescore=90.50;        //为stu1赋语文成绩
    stu1.mathscore=89.00;           //为stu1赋数学成绩

    stu[2]=stu1;                     //将stu1变量赋给数组元素stu[2]

    for (i=0;i<=2;i++) {
        lr_output_message("----------------------------");
        lr_output_message("第%d个学生信息:",i+1);
        lr_output_message("学号=%d",stu[i].num);
        lr_output_message("姓名=%s",stu[i].name);
        lr_output_message("性别=%s",stu[i].sex);
        lr_output_message("年龄=%d",stu[i].age);
        lr_output_message("语文成绩=%.2f",stu[i].chinesescore);
        lr_output_message("数学成绩=%.2f",stu[i].mathscore);
        lr_output_message("----------------------------");
    }


    return 0;
}
```

请大家注意黑体字部分，应用"typedef"后，会发现在定义结构变量的时候，省略了"struct student"而用自定义的符号"STU"来声明相应变量即可。还有一点，就是在定义的时候书写了这样的语句"STU stu[3]"，如果您在 Delphi 等语言中书写，它会提示您书写错误，原因是这些语言不区分大小写的，C 语言中是区分大小写的，"STU"和"stu"分别代表两个不同的内容。

5.3 关联的应用

关联（Correlation）是应用 LoadRunner 进行性能测试的一项重要技能，那么为什么我们要进行关联呢？

当利用 VuGen 录制脚本时，它会拦截 Client 端（浏览器）与 Server 端（服务器）之间的会话，并且将这些会话记录下来，产生脚本，如图 5-11 所示。在 VuGen 的 Recording Log 中，可以找到浏览器与服务器之间所有的会话，包含通信内容、日期、时间、浏览器的请求、服务器的响应内容等。脚本和 Recording Log 最大的差别在于，脚本只记录了 Client 端要对 Server 端的会话，而 Recording Log 则是完整记录两者的会话。

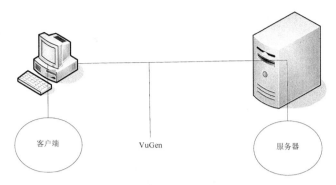

图 5-11 浏览器和网站服务器的会话示意图

在执行脚本时，VuGen 模拟成浏览器，然后根据脚本，把当初浏览器所进行过的会话再对网站伺服器重新执行一遍，VuGen 企图骗过服务器，让服务器以为它就是当初的浏览器，然后把请求的内容传送给 VuGen。所以记录在脚本中的与服务器之间的会话，完全与当初录制时的会话一模一样。这样的做法在遇到有些比较智能的服务器时，还是会失效。这时就需要通过关联的方法来让 VuGen 可以再次成功地骗过服务器。

5.3.1　什么是关联

所谓的关联就是把脚本中某些写死的数据转变成动态的数据。举一个常见的例子，前面提到有些比较智能的服务器在每个浏览器第一次跟它要数据时，都会在数据中夹带一个唯一的标识码，然后就会利用这个标识码来辨识发出请求申请的是不是同一个浏览器。一般称这个标识码为 Session ID。对于每个新的交易，服务器都会产生新的 Session ID 给浏览器。这也就是为什么执行脚本会失败的原因。因为 VuGen 还是用旧的 Session ID 向服务器要数据，服务器会发现这个 Session ID 已经失效或者它根本不能识别这个 Session ID，当然就不会传送正确的网页数据给 VuGen 了。

图 5-12 所示说明了这样的情形。

当录制脚本时，浏览器送出网页 A 的请求，服务器将网页 A 的内容传送给浏览器，并且夹带了一个 ID=123 的数据，当浏览器再送出网页 B 的请求时，这时就要用到 ID=123 的数据，服务器才会认为这是合法的请求，并且把网页 B 的内容送回给浏览器。

在执行脚本时会发生什么状况呢？浏览器再送出网页 B 的请求时，用的还是当初录制的 ID=123 的数据，而不是用服务器新给的 ID=456，整个脚本的执行就会失败。

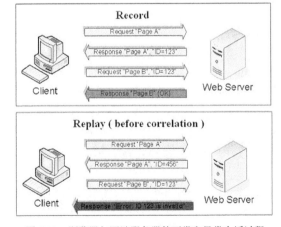

图 5-12 浏览器与网站服务器的正常和异常会话过程

针对这种非常智能服务器，必须想办法找出这个 Session ID 到底是什么、位于何处，然后把它提取出来，放到某个参数中，并且替换脚本中用到 Session ID 的部分，这样就可以成功骗过服务器，正确地完成整个会话了。

上面介绍了什么是关联，并且给大家讲解了一个实例，那么结合 LoadRunner 的应用，我们如何知道何时应该应用关联呢？通常情况下，如果脚本需要关联，在还没做关联之前是不会执行通过的，但在 LoadRunner 中并没有任何特定的错误消息和关联相关。

那么，我们为什么要使用关联，使用关联又可以给我们带来哪些方便呢？

首先，它可以生成动态的数据，前面已经讲过一个会话的例子，我们知道应用固定的数值是骗不过智能的服务器的，如果将数据变成动态数据这个问题就解决了。其次，我们可以将这些冗长的数据给参数化，通过应用关联技术，可以有效减少代码的大小，这样不仅代码量会减少，脚本层次看起来也会更加清晰、明了。

5.3.2 如何做关联

简单地说，每一次执行时都会有变动的值，就有可能需要做关联，具体情况应该具体分析。VuGen 提供自动关联和手工关联两种方式帮助找出需要做关联的值。

1. 自动关联

LoadRunner 11.0 的 VuGen 可以自动找出需要关联的值，并且自动使用关联函数建立数据关联。

LoadRunner 11.0 的提供了做关联练习的设置，您需要访问"http://127.0.0.1:1080/WebTours/"，按照图 5-13 所示的操作顺序进行操作，即单击标识号为 1 的 administrator 链接，在弹出的 Administration Page 页面，选择标识号为 2 的"Set LOGIN form's action tag to an error page."选项，而后下拉页面，单击标识号为 3 的"Update"按钮。

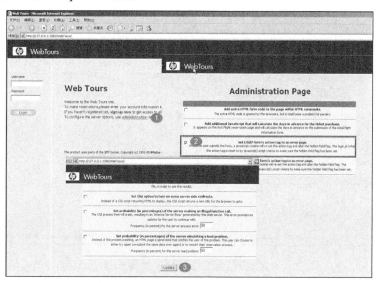

图 5-13 关联练习必须要进行的设置

接下来，我们以 LoadRunner 11.0 提供的登录业务样例程序为例。

如图 5-14 所示，录制的时候，输入用户名（jojo）和密码（bean）可以成功登录，如标识 1 所示。但是，回放时出现失败，如标识 2 所示。接下来，单击【Vuser】>【Scan Script for Correlations】菜单项或者直接使用"Ctrl+F8"快捷键，LoadRunner 11.0 会自动的帮我们找到两次执行过程中 HTTP 的不同响应信息，扫描完后，可以在脚本下方的【Correlation Results】中看到扫描的结果，如图 5-15 所示。

检查一下扫描后的结果，选择要做关联的数据，然后选择【Correlate】按钮进行关联，如图 5-15 所示。需要指出的是在 LoadRunner 11.0 中，扫描将这里的"userSession"的值进行了分割，如：录制时该值为"127429.108059943zfftzDtpHtfiDDDDDQDcHpiAitHf"，回放时该值为"127429.115674362zfftzDfpVDHfDQDcHpiVAicf"，扫描结果自动将其不同的地方分成了 3 个部分，作者为方便大家查看，用阴影框进行了标示，但是因为每次执行都是随机的字符串，所以您在进行关联时，需对整个字符串进行关联，而不是分段关联。

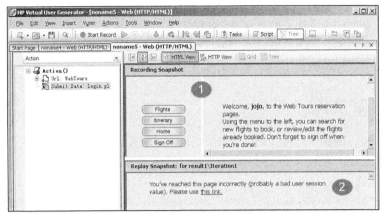

图 5-14　录制的脚本再次回放时失败快照

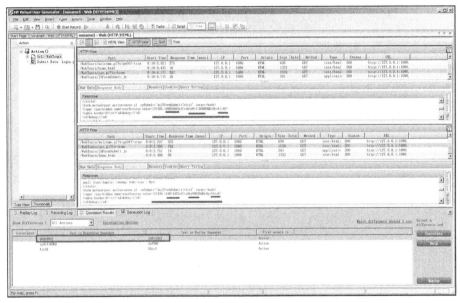

图 5-15　需关联内容信息

通常您需要将所有需做关联的数据都找出来为止，因为有时前面的关联没做好，将无法执行到后面需要做关联的部分。

2．手动关联

工具很智能，但是更智能的是人，有些情况下 Correlation Studio 无法检查出来需要关联的内容，这时就需要我们做手动关联了。手动关联的执行过程如表 5-4 所示。

表 5-4　　　　　　　　　　　　　　手动关联执行过程

操 作 步 骤	详 细 描 述
第一步	录制两份相同的业务流程的脚本，输入的数据要相同
第二步	用 WinDiff 工具，找出两份脚本之间不同之处，也就是需要关联的数据
第三步	用 web_reg_save_param 函数手动建立关联，将脚本中用到关联的数据参数化

下面我们针对表 5-4 所示的手动关联执行过程，详细讲解一下如何执行每个步骤。

第一步：录制两份相同的业务流程的脚本，输入的数据要相同。

（1）首先，录制并且保存一份脚本。

（2）其次，依照相同的操作步骤，输入相同数据录制并保存第二份脚本。

需要注意的是操作步骤和数据一定要相同，这样才能找出由服务器端产生的数据差异。

第二步：用 WinDiff 工具，找出两份脚本之间的不同之处，也就是需要关联的数据。

（1）用 LoadRunner 打开第二份脚本，依次选择【Tools】>【Compare with Vuser...】菜单项，在弹出对话框中选择第一份脚本。

（2）接着 LoadRunner 调用 WinDiff 工具，对比两份脚本。WinDiff 会以一整行黄色标示有差异的脚本代码行，如图 5-16 所示。如果您想以红色的字体显示真正差异的文字，可以依次选择 WinDiff 工具中的【Options】>【View】>【Show Inline Differences】项。

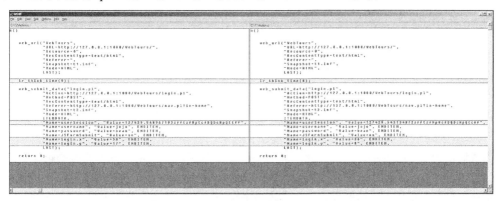

图 5-16　WinDiff 脚本对比

（3）逐行检查两份脚本中差异的内容，每个差异都可能是需要做关联的地方。选取有差异的部分，然后复制。需要注意的是请忽略 lr_thik_time 的差异部分，因为 lr_thik_time 是用来模拟每个步骤之间使用者思考延迟的时间，我们在进行脚本录制的时候每次操作的思考时间可能不同。在单击"Login"登录按钮的时候也不可能每次都保证单击的是同一个位置，所以思考时间（lr_thik_time）和登录按钮 x 坐标（login.x）和登录按钮 y 坐标（login.y）的差异可以忽略。这样只剩下一个"userSession"需要处理，先让我们来看看这两个脚本的 userSession 域的值分别是什么。第一个脚本的 userSession 域的值为"127429.543134872zfftzfHpVcfDQDcHpQtcHf"，第二个脚本的 userSession 域的值为"127429.548967193zfftzfHptcfDQDcHpQttff"，它们两个的 userSession 值确实不同，所以需要做关联处理。

接着您可以任选一个脚本，这里我们选择第二个脚本，在 Generation Log 中找"127429.548967193zfftzfHptcfDQDcHpQttff"这个值，打开【Find】对话框，如图 5-17 所示；粘贴上刚刚复制的内容，找出所查找内容在 Generation Log 第一次出现的位置。

如果您在 Generation Log 中找到了要找的数据，这时要确认是否为从服务器端传送过来的数据。首先，找到 userSession 值以后，可以向上查找，会看到类似于"Response Body For Transaction With Id xx"的相关信息，看见"Response"我们就知道它是服务器返回的信息，如图 5-18 所示。其次，假如此数据第一次出现是在"Request"中，则表示此数据是由客户端产生的数据，不需要做关联，但是有可能需要做参数化。

第三步：将脚本中用到关联的数据，用参数代替。

图 5-17　查找对话框

图 5-18　服务器响应信息

当我们找到不一样的信息，而且是由服务器产生的数据，此数据极有可能需要做关联。

（1）在进行 B/S 结构 Web 应用数据关联时，web_reg_save_param 是最重要的一个函数，其功能为从服务器获得响应后，通过设定左、右边界字符串，找出变化的数据（即需要做关联的数据）并将其储存在一个参数中，以供后续脚本使用。找到需要关联的数据之后，接下来就要在适当的位置使用 web_reg_save_param 函数或者其扩展函数 web_reg_save_param_ex，将数据存储到某个变量，如图 5-19 所示。

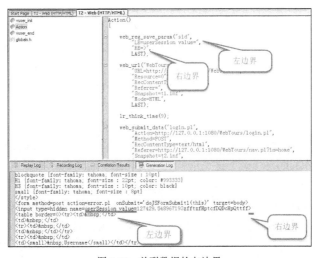

图 5-19　关联数据的左边界

（2）为了找出使用 web_reg_save_param 函数的正确位置，您可以从找到 userSession 的位置开始向上继续查找其是哪个请求产生的响应结果信息，如图 5-20 所示。这里我们可以找到一个 GET 请求信息，请求地址为 "/WebTours/nav.pl?in=home"，即标识号为 1 的位置；而后，切换到树视图，即标识号为 2

的位置；然后，找到该请求，即标识号为 3 的位置；接下来，选中对应的请求函数，单击鼠标右键，选择【Insert Before …】菜单项，即标识号为 4 的位置；最后，在弹出的 "Add Step" 对话框中，输入要查找的函数 "web_reg_save_param"，输入相应的参数内容，如：参数名、左边界、右边界等信息。

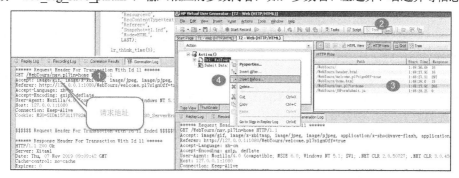

图 5-20　脚本和日志信息

在进行关联操作时，建议读者朋友们启用日志，方便调试、定位问题，关于启动 Log 的操作方法参见表 5-5。

表 5-5　　　　　　　　　　　　　　　　启动 Log 的操作步骤

操 作 步 骤	详 细 描 述
第一步	在 VuGen 中依次选择【Vuser】>【Run-Time Settings】项
第二步	依次选择【General】>【Log】项
第三步	针对需要勾选【Enable logging】、【Always sends messages】、【Extended log】，以及【Extended log】下的选项
第四步	单击【OK】按钮，就可以执行脚本了

web_reg_save_param 是一个注册类型函数（Registration Type Function），注册类型函数意味着其真正作用是在下一个 Action Function 完成时执行。举例来说，当某个 web_url 执行时所接收到的网页内容中包含了要做关联的动态数据，则必须将 web_reg_save_param 放在此 web_url 之前，web_reg_save_param 会在 web_url 执行完毕后，也就是网页内容都下载完后，再执行 web_reg_save_param 寻找要做关联的动态数据并建立参数。在应用 web_reg_save_param 函数时，建议在给参数命名时最好取一个有实际意义的名称，方便阅读、理解脚本。

5.3.3　关联函数详解

web_reg_save_param 函数主要根据需要做关联的动态数据前面和后面固定字符串来识别、提取动态数据，所以在做关联时需要找出动态数据的左、右边界字符串。在应用这个函数之前首先让我们详细了解该函数的各个参数都代表什么含义。

函数原型：int web_reg_save_param(const char *ParamName, <list of Attributes>, LAST)

参数说明具体如下。

ParamName：存放动态数据的参数名称。

list of Attributes：其他属性，包含 Notfound、LB、RB、RelFrameID、Search、ORD、SaveOffset、Convert 以及 SaveLen。下面将详细说明每个属性值的意义。

● Notfound：指定当找不到要找的动态数据时如何处置。

■ Notfound=error：当找不到动态数据时，发出一个错误信息，此为 LoadRunner 的默认值。

■ Notfound=warning：当找不到动态数据时，不发出错误信息，只发出警告，脚本也会继续执行下去不会中断。

● LB：动态数据的左边界字符串，该参数为必选参数，而且区分大小写。

● RB：动态数据的右边界字符串，该参数为必选参数，而且区分大小写。

● ORD：指提取第几次出现的左边界的数据，该参数为可选参数，默认值是 1。假如值为 All，则查找所有符合条件的数据并把这些数据储存在数组中。

● Search：搜寻的范围。可以是 Headers（只搜寻 Headers）、Body（只搜寻 Body 部分，不搜寻 Headers）、Noresource（只搜寻 Body 部分，不搜寻 Headers 与 Resource）或是 All（搜寻全部范围，此为默认值），该参数为可选参数。

● RelFrameID：相对于 URL 而言，欲搜寻的是网页的 Frame，此属性值可以是 All 或是具体的数字，该参数为可选参数。

● SaveOffset：当找到符合的动态数据时，从第几个字符开始储存到参数中，该参数为可选参数。此属性值不可为负数，其默认值为 0。

● Convert：可能的值有两种。

■ HTML_TO_URL：将 HTML-encoded 数据转成 URL-encoded 数据格式。

■ HTML_TO_TEXT：将 HTML-encoded 数据转成纯文字数据格式。

● SaveLen：从 Offset 开始算起，到指定长度内的字符串，才储存到参数中，该参数为可选参数，默认值是–1，表示储存到结尾整个字符串。

相信您看过上面的函数解释以后，已经对 web_reg_save_param()函数的各个参数有了比较清楚的认识了，接下来结合登录脚本的示例，来找出 web_reg_save_param 中要用到的边界值。

（1）找出左边界字符串。

在图 5-19 的 Generation Log 中，选取动态数据前的字符串并且复制它。这时会有个问题，到底要选取多少字符串才足以唯一识别要找的动态数据呢？这里我们选取“userSession value=”字符串。选好之后，还要再确认一下这段字符串是否可以唯一识别，所以在 Generation Log 中通过按<Ctrl+F>组合键弹出搜索对话框，在对话框中输入要搜索的字符串，看是否可以找到更多上面的“userSession value=”字符串。假如找不到，那么就可以直接应用函数，倘若找到了不止一个上面的“userSession value=”字符串，那么 web_reg_save_param 函数还有个 ORD 参数可以供使用，ORD 参数可以设定第几次出现的字符串才是要取的字符串（有关 ORD 与其他参数的解释在本节的后续部分有较详细的介绍）。若将左边界值加到未完成的 web_reg_save_param 函数中，则函数变成如下形式：

```
web_reg_save_param("sid","LB=userSession value=",
```

（2）找出右边界字符串。

左边界字符串找到后，接下来再来找右边界字符串，在这个例子中右边界字符就是“>”，如图 5-21 所示，我们再把右边界字符串加入 web_reg_save_param 函数，知道了左、右边界值以后就可以确定要关联的数据了，最后再加上“, LAST);”就完成整个 web_reg_save_param 函数了。下面就是最终完成的完整的 web_reg_save_param 函数，代码形式如下：

```
web_reg_save_param("sid","LB=userSession value=","RB=>",LAST);
```

（3）将脚本中关联的数据以参数取代。

接下来再用函数中“userSession”参数去替换脚本中具体值的内容，代码如下所示：

```
Value=127429.548967193zfftzfHptcfDQDcHpQttff
替换成
Value={sid}
```

图 5-21　最终函数信息和日志信息

如果您希望提升关联的执行速度，还可以应用 Search 参数，限定搜寻的范围，如图 5-22 所示。

图 5-22　需替换的脚本

现在已经完成了一个关联，接下来就是执行脚本，检查是否能成功运行，如果还是有问题，就要检查是否还有其他数据需要做关联或者其他问题。

5.3.4　基于实例的简单关联的应用

通过上面关联内容的学习，我们现在举两个简单例子来看看关联的主要函数 web_reg_save_param 是如何应用的。

1.　例子一

首先，建立两个 Index.jsp 和 Resp.jsp 文件，这两个文件可以从相关下载地址下载 mytest.zip 文件，下载后将其解压到 Tomcat 的 webapps 目录下。

```
Index.jsp
<%@ page contentType="text/html; charset=GBK" %>
```

```
<html>
<body>
<h1>hello world.</h1>
<h1>hello worldx</h1>
<hr>
<h2><%out.print("hello yuy");%></h2>
<form action="resp.jsp" method="post">
<input type="text" name="t1"></input>
<input type="submit" name="b1" value="提交">
</body>
</html>

Resp.jsp
<%@ page contentType="text/html; charset=GBK" %>
<html>
<%
  out.print(request.getParameter("t1"));
%>
</body>
</html>
```

然后，再来分析一下这两个 jsp 文件实现的功能。Index.jsp 文件主要实现在页面上输出 hello world、hello worldx 和 hello yuy，还有一个文本域和一个提交按钮。Resp.jsp 文件主要是输出 Index.jsp 文本域提交的内容，如图 5-23 和图 5-24 所示。

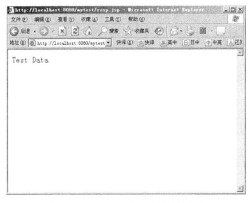

图 5-23　Index.jsp 文件运行结果图　　　　　　图 5-24　Resp.jsp 文件运行结果图

2.　问题 5-1

能不能捕获页面上的"hello world."并作为文本域输入内容提交呢？

从图 5-25 显示的日志可以看出"<h1>hello world.</h1>"的左边界为"<h1>"，右边界为"</h1>"，知道了左右边界以后，就可以写出：

```
web_reg_save_param("mystr","LB=<h1>","RB=</h1>","SaveOffset=0", "SaveLen=12","NotFound=
ERROR","Search=Body", LAST);
```

即取第一个满足响应页面中<h1>和</h1>之间的字符串，从第一个字符开始取 12 个字符，也就是"hello world."，函数的使用请参考前面的讲解和 LoadRunner 函数的使用说明，在这里不再赘述。

最后，把 web_reg_save_param 函数放置于 web_url 前，在前面我们已经介绍过，因为 web_reg_save_param 是 Service Function 的原因，用"{mystr}"替换"Test Data"，这样就解决了问题 5-1，脚本代码如下。

相应脚本代码（CorrelateAdvanceScript）如下所示：

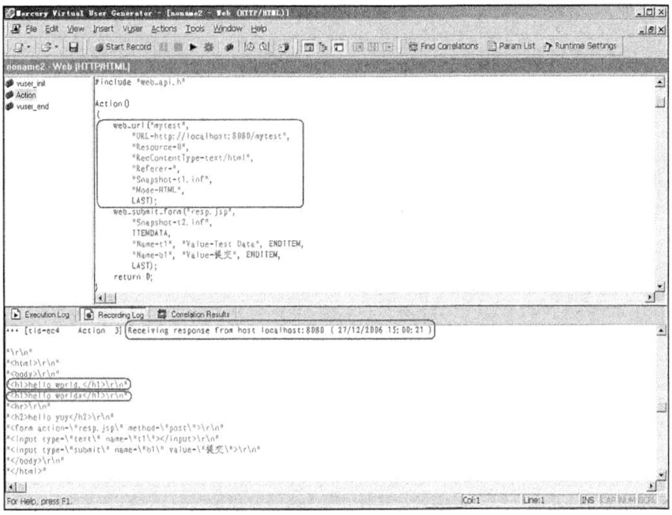

图 5-25 脚本和响应日志信息

```c
#include "web_api.h"

Action()
{
//需要在链接的页面之前定义需保存的关联变量
//把关联传入相应的组件
    web_reg_save_param("mystr",
        "LB=<h1>",
        "RB=</h1>",
        "SaveOffset=0",
        "SaveLen=12",
        "NotFound=ERROR",
        "Search=Body",
        LAST);

    web_url("index.jsp",
        "URL=http://localhost:8080/mytest/index.jsp",
        "Resource=0",
        "RecContentType=text/html",
        "Referer=",
        "Snapshot=t1.inf",
        "Mode=HTML",
        LAST);

    web_submit_data("resp.jsp",
        "Action=http://localhost:8080/mytest/resp.jsp",
        "Method=POST",
        "RecContentType=text/html",
        "Referer=http://localhost:8080/mytest/index.jsp",
        "Snapshot=t2.inf",
        "Mode=HTML",
        ITEMDATA,
        "Name=t1", "Value={mystr}" ,ENDITEM,
        "Name=b1", "Value=提交", ENDITEM,
        LAST);

    return 0;
}
```

在 LoadRunner 中运行结果如图 5-26 所示。

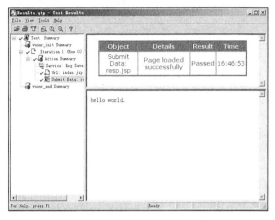

图 5-26　CorrelateAdvanceScript 脚本运行结果

5.3.5　基于实例的复杂关联的应用

问题 5-2:

能不能把页面上的所有符合在"<h1>和</h1>"中间的字符串拼接起来作为文本域的输入进行提交呢?

可以参见图 5-25 服务器响应信息的日志信息（如图 5-25 的下方方框区域所示），根据响应信息不难发现，有两个字符串符合要求，即"hello world."和"hello worldx"。根据问题 5-2 的要求，也就是说要把"hello world.hello worldx"作为文本域的输入进行提交。

相应脚本代码（CorrelateAdvanceScript）如下所示:

```
#include "web_api.h"

Action()
{
    char word_Name[256];
    char str[1024];
    int i;
    int cnt;

    web_reg_save_param("mystr",
        "LB=<h1>",
        "RB=</h1>",
        "Ord=All",
        "Search=All",
        LAST);

    web_url("mytest",
        "URL=http://localhost:8080/mytest",
        "Resource=0",
        "RecContentType=text/html",
        "Referer=",
        "Snapshot=t1.inf",
        "Mode=HTML",
        LAST);

    //输出符合条件的记录数
```

```
    lr_output_message("符合条件的记录数: %s 条", lr_eval_string("{mystr_count}"));

    //将记录数转换为数字
    cnt=atoi(lr_eval_string("{mystr_count}"));

    for (i=1;i<=cnt;i++)
     {
    //将数组单元内容转换到 word_Name 中
        sprintf(word_Name,"{mystr_%d}",i);
    //输出数组单元的内容
        lr_output_message("符合条件的第%d个数据内容是%s",i,lr_eval_string(word_Name));
    //把数组中的所有内容放到 str 中
        strcat(str, lr_eval_string(word_Name));
     }
lr_output_message("拼接后的字符串内容是%s",str);
//将拼接的字符串放置到 both 变量
    lr_save_string(lr_eval_string(str),"both");
    //参数化要提交的内容 both 变量
    web_submit_form("resp.jsp",
        "Snapshot=t2.inf",
        ITEMDATA,
        "Name=t1", "Value={both}", ENDITEM,
        "Name=b1", "Value=提交", ENDITEM,
        LAST);

    return 0;
}
```

【脚本分析】

首先，定义了一些变量，这些变量和它们的用途解释如下。

char word_Name[256]：存放符合条件的字符串信息"hello world."和"hello worldx"。

char str[1024]：存放拼接后的字符串信息，即"hello world.hello worldx"。

int i：循环时用到的临时整型变量。

int cnt：存放符合条件的字符串个数。

因为要找出符合所有在"<h1>"和"</h1>"之间的字符串，所以 web_reg_save_param 函数的 ORD 和 Search 参数均设置为 All。web_reg_save_param 是 Service Function，所以把 web_reg_save_param 函数放置于 web_url 函数前，前面已经讲过。

```
web_reg_save_param("mystr",
    "LB=<h1>",
    "RB=</h1>",
    "Ord=All",
    "Search=All",
    LAST);

 web_url("mytest",
    "URL=http://localhost:8080/mytest",
    "Resource=0",
    "RecContentType=text/html",
    "Referer=",
    "Snapshot=t1.inf",
    "Mode=HTML",
    LAST);
```

接下来再了解一下，如何得到符合要求的字符串个数，并且将这些字符串输出和拼接起来。

先来看一下如何得到符合条件的字符串个数，大家可以看到在下面脚本中有 mystr_count 变量，这个变量是由 web_reg_save_param 函数存放参数名称"mystr"和"_count"构成的，这是 LoadRunner 系统规定这样应用的，大家在使用时要记住这种写法。为了输出符合条件的字符串个数，用 lr_eval_string("{mystr_count}")将 mystr_count 转换为字符串进行输出，代码如下所示：

```
lr_output_message("符合条件的记录数：%s 条", lr_eval_string("{mystr_count}"));
```

其次，我们需要将字符串转换为整型数字，这里应用了 atoi 函数，这是一个系统函数，函数原型为：int atoi (const char *string)。

函数功能就是将一个字符串转换成整型数字。下面这个语句就是将符合条件的字符串个数存储到 cnt 整型变量中，代码如下所示：

```
cnt=atoi(lr_eval_string("{mystr_count}"));
```

接着执行了一个循环，将符合条件的字符串先存放到 word_Name 中，然后输出 word_Name 内容，将符合条件字符串拼接起来存放于 str 变量。最后，输出拼接后的结果。在这里有几个地方需要注意。

（1）mystr_%d 变量是由 web_reg_save_param 函数存放参数名称"mystr"和"_%d"构成的，且符合条件的字符串是从 mystr_%1 开始。请大家一定要注意编号是从 1 开始的而不是 0。针对上面这个例子大家可以知道，符合条件的字符串共有两个，那么对应的变量就应该有两个，即 mystr_%1 和 mystr_%2，并且分别存放"hello world."和"hello worldx"这两个字符串。

（2）本脚本用到了两个非常重要的函数：sprintf 和 strcat，两个函数的原型如下：

```
int sprintf ( char *string, const char *format_string[, args] );
```

参数名称。

String：存放数据的字符串。

format_string：一个或者多个格式化字符串。

Args：一个或多个需输出的参数。

函数功能：Sprintf 函数的功能是将格式化数据存到一个字符串中。

```
char *strcat ( char *to, const char *from );
```

函数功能：Strcat 函数的功能是将两个字符串拼接到一起。

如果大家想深入了解函数及其示例，请参考 LoadRunner 函数使用帮助。

```
    for (i=1;i<=cnt;i++)
    {
    //将数组单元内容转换到 word_Name 中
        sprintf(word_Name,"{mystr_%d}",i);
    //输出数组单元的内容
        lr_output_message("符合条件的第%d个数据内容是%s",i,lr_eval_string(word_Name));
    //把数组中的所有内容放到 str 中
        strcat(str, lr_eval_string(word_Name));
    }
    lr_output_message("拼接后的字符串内容是%s",str);
```

最后，将拼接的字符串内容通过 lr_save_string 函数放置到变量 both 中，参数化需要提交的数。结果信息如图 5-27 和图 5-28 所示。

```
//将拼接的字符串放置到 both 变量
    lr_save_string(lr_eval_string(str),"both");
    //参数化要提交的内容 both 变量
    web_submit_form("resp.jsp",
        "Snapshot=t2.inf",
        ITEMDATA,
```

```
"Name=t1", "Value={both}", ENDITEM,
"Name=b1", "Value=提交", ENDITEM,
LAST);
```

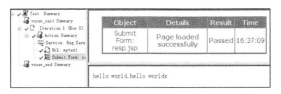

图 5-27　CorrelateAdvanceScript 脚本日志输出信息

图 5-28　CorrelateAdvanceScript 脚本运行结果

通过上述两个示例的讲解，已经对关联有了认识了。希望大家通过示例学习到的知识灵活应用于实际的项目测试中，做到举一反三。

5.4　动态链接库函数的调用

在很多情况下在使用 LoadRunner 进行性能测试的时候，仅仅凭借系统提供的函数可能无法完成测试任务，此时需要借助自行编写或者第三方提供的动态链接库中的函数来完成测试任务。例如，一个进销存管理软件，为了提高数据的安全性，系统采用第三方提供的动态链接库（DLL）文件对用户名和用户密码等关键数据进行了 3DES 加密，为了将明文的用户名和用户密码变为符合 3DES 密文字符串，需要将用户名和密码进行加密，此时就必须在 LoadRunner 中调用动态链接库文件提供的函数来完成性能测试工作。

在这里结合实例来举一个用 Delphi 7 编写的简单例子，编写了一个 mul 函数。函数原型是 function mul(a：integer；b：integer)：integer。函数提供两个整数参数，此函数的功能是，如果第一个参数值大于或者等于 100，则函数返回值为–1，否则将第一个参数值和第二个参数值的乘积作为函数的返回值，然后将此函数的源代码编译成 myfunc.dll 文件，代码如下所示：

```
library myfunc;

uses
  SysUtils,
  Classes;

{$R *.res}

function mul(a: integer;b: integer): integer;stdcall;
begin
  if (a>=100) then  result: =-1;
  result: =a*b;
end;
```

```
exports
    mul;
begin
end.
```

LoadRunner 不仅可以调用自行编写或者第三方提供的动态链接库函数，而且可以调用系统提供的动态链接库函数。在下面的 LoadRunner 脚本文件中举了两个例子，一个是调用系统函数 user32.dll 中的 MessageBoxA，另一个是调用刚才编写的 myfunc.dll 中的 mul 函数。

相应脚本代码如下：

```
#include "web_api.h"

Action()
{
    int x=10;
    int y=20;
    int z;
    //系统的函数库
    lr_load_dll("user32.dll");
    MessageBoxA(NULL, "测试消息主体！", "系统提示", 0);
    //自己用 Delphi 编写的函数库
    lr_load_dll("myfunc.dll");
    z=mul(x,y);
    lr_output_message("x=%d,y=%d,x*y=%d",x,y,z);
    return 0;
}
```

首先，系统弹出一个提示框；其次在回放日志中将输出参数及其运行结果，详细信息如图 5-29 所示。

上面演示了动态链接库函数调用的例子，在实际测试实践中，大家需要针对不同项目的特点，灵活应用 LoadRunner，提高测试效率和质量。

【重点提示】

（1）User.dll 动态链接库存放于 Windows 系统的 System32 目录下。

（2）Myfunc.dll 动态链接库可以存放于脚本存放目录下。

（3）如果想查看一个动态链接库文件中包含的函数，可以使用 InspectExe 软件，安装 InspectExe 以后，选择一个动态链接库文件，右键选择"属性"，函数列表如图 5-30 所示。

图 5-29　动态链接库脚本运行结果　　　　　图 5-30　user32.dll 包含的函数列表

5.5 应用特殊函数的注意事项

在进行测试脚本编写时可能遇到一些问题，函数使用后没有按照我们预先的想法执行，而影响结果的正确性。作者在做一个实际测试的项目中，有这样的一个案例：一个进销存管理系统，要测试进货总额计算是否正确，已知进货商品名称、数量和单价，商品详细信息如表5-6所示。

表5-6 商品进货列表

序　　号	商 品 名 称	进 货 数 量	进 货 单 价
1	电视机	2	1380.00
2	电冰箱	2	859.80
3	微波炉	4	450.00

从表5-6中的数据可知，进货总额应为2×1380.00+2×859.80+4×450.00=6279.60，从页面取得进货总额数据信息转换成浮点数以后与6279.60对比，如果相等则说明系统关于进货总额部分的处理是正确的，如果不等，说明统计错误。从页面上得到的数值为6279.60，脚本的计算结果也为6279.60，为什么系统反馈的提示始终是"预期结果与实际结果不等!"呢？下面我们来看这段脚本，在此仅列出关键部分代码。

相应脚本代码如下所示：

```
#include "web_api.h"

//double atof ( const char *string );
Action()
{
    char    totalprice[64]="6279.60";
    float   price[3]={1380.00,859.80,450.00};
    int     quantity[3]={2,2,4};
    char    strtmpres[64];
    float   ftotalprice=0;
    int     i;
    for (i=0;i<=2;i++)
    {
        ftotalprice=ftotalprice+price[i]*quantity[i];
    }
    lr_output_message("用 atof 格式化输出 totalprice=%f",atof(totalprice));
    lr_output_message("浮点数取的是近似值请看函数的输出结果: %f",ftotalprice);
    sprintf(strtmpres,"%.2f",ftotalprice);
    lr_output_message("保留两位小数格式化的浮点数为: %s ",strtmpres);
    if (strcmp(strtmpres,totalprice)==0)
    {
        lr_output_message(预期结果与实际结果相等!);
    }
    else
    {
        lr_output_message(预期结果与实际结果不等!);
    }
    return 0;
}
```

首先，看看在不声明函数atof时，运行结果如图5-31所示。大家可以看到脚本代码如下所示：

```
lr_output_message("用 atof 格式化输出 totalprice=%f",atof(totalprice)):
```

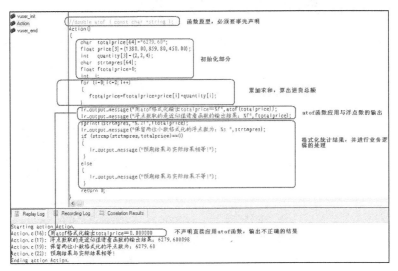

图 5-31　未声明 atof 函数运行结果

在未声明函数 atof 函数时，输出结果为：

用 atof 格式化输出 totalprice=0.000000

显然这不是期望的结果。

其次，再看看声明函数 atof 后，运行结果如图 5-32 所示，相应脚本的输出结果为：

用 atof 格式化输出 totalprice=6279.600000

那么为什么会出现这样的结果呢？

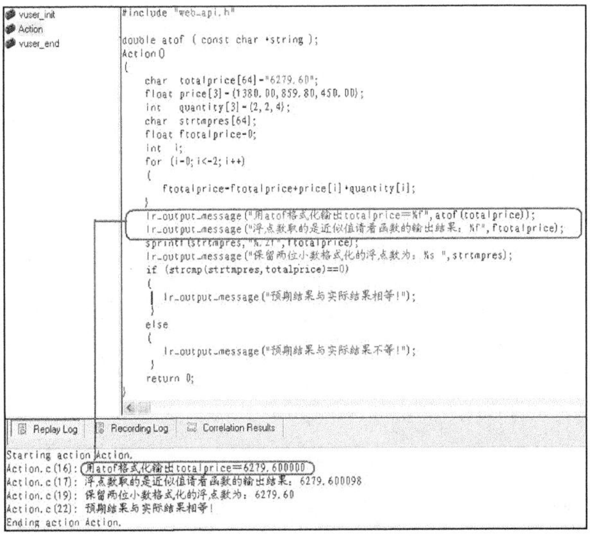

图 5-32　声明 atof 函数后运行结果

【脚本解析】

首先，我们声明了 atof 函数，但为了演示不声明函数会出现的问题，我们先将这部分代码注释掉。

```
//double atof ( const char *string );
```

其次，在 Action 部分，初始化和声明了一些变量。

```
char    totalprice[64]="6279.60";             //期望进货总额数值
float    price[3]={1380.00,859.80,450.00};    //进货商品单价数组
int    quantity[3]={2,2,4};                   //进货商品数量数组
char    strtmpres[64];                        //存放格式化浮点字符串的临时变量
float    ftotalprice=0;                       //存放计算进货总额变量，初始化为 0
int  i;                                       //临时整型变量
```

将 3 组进货单价*进货数量然后再相加，并将结果存放到 ftotalprice。

```
for (i=0;i<=2;i++)
{
    ftotalprice=ftotalprice+price[i]*quantity[i];
}
```

在未声明 atof 函数时，应用 atof 函数，输出 atof(totalprice)，即将"6279.60"转换成浮点数，但我们发现运行结果输出"0.000000"，而声明函数后运行结果输出为"6279.600000"。

```
lr_output_message("用 atof 格式化输出 totalprice=%f",atof(totalprice));
```

为什么会这样？

通过 LoadRunner 的函数联机帮助查看原文描述如图 5-33 所示。

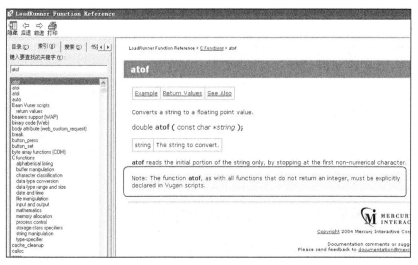

图 5-33　atof 函数联机帮助

方框中注释信息为："Note: The function atof, as with all functions that do not return an integer, must be explicitly declared in Vugen scripts."，这句话的含义就是"注释：atof 函数以及所有非返回整型数值的函数，必须在脚本生成器中明确指出"，所以在应用函数时一定要看看联机帮助有无注释部分，正确应用函数。

浮点数的取值是近似值，计算可以得到 1380.00×2+859.80×2+450.00×4=6279.60，而实际结果输出却是 6279.600098，从而说明浮点数取的是近似值。所以不能拿两个浮点数进行比较。如拿 6279.60 和 6279.600098 比较判断其是否相等，而应该将浮点数格式化成相同精度的字符串再进行比较，这样可以防止出现意外情况的发生。

```
lr_output_message("浮点数取的是近似值请看函数的输出结果：%f",ftotalprice);
```

格式化 ftotalprice 取小数点后两位，并将结果字符串存放到 strtmpres，目的就是和 totalprice 字符串进行相同精度的比较，格式化后，输出 strtmpres 为 "6279.60"。

```
sprintf(strtmpres,"%.2f",ftotalprice);
lr_output_message("保留两位小数格式化的浮点数为: %s ",strtmpres);
```

最后，加入逻辑控制，如果 strtmpres 和 totalprice 的内容相同，则输出 "预期结果与实际结果相等!"，否则输出 "预期结果与实际结果不等!"，因为两者内容相同，则输出结果为 "预期结果与实际结果相等!"。

```
if (strcmp(strtmpres,totalprice)==0)
{
   lr_output_message("预期结果与实际结果相等!");
 }
else
{
   lr_output_message("预期结果与实际结果不等!");
 }
```

【重点提示】

（1）在应用函数时应仔细阅读函数的联机说明和示例，要特别注意有无注释，如果函数事先需要声明，则在应用之前必须先声明后使用。

（2）浮点数的取值是近似值，所以在进行等值判断时，必须取相同的精度，最好转换为字符串后再进行等值比较。

5.6 自定义函数的应用

在进行项目性能测试过程中，尽管 LoadRunner 本身提供了许多函数，但是有时为了结合项目的实际业务逻辑可能需要编写一些辅助函数，甚至编写一套自定义的函数库。例如，一个通用的员工薪资管理系统，系统有一个部分就是员工工资统计。工资统计时就要用到一个对 4 个整型数字相加的需求，并且要求每个参数值必须大于 100 且小于 9000，LoadRunner 本身并没有提供这样的一个函数，结合业务的实际情况。我们需要自行编写一个函数，来完成该项功能。

5.6.1 自定义函数仅应用于本脚本的实例

结合我们的业务需求，编写 4 个整型数求和函数代码如下：

```
int SumFour(int a,int b,int c,int d)
{
  if ((a<100) || (a>9000) || (b<100) || (b>9000) || (c<100) || (c>9000) || (d<100) || (d>9000))
     { return -1; }
  else { return a+b+c+d; }
}
```

然后为了验证函数的正确性，准备了两组数据，通过实际输出与预期结果进行比较，如果与预期的结果一致，则说明函数是正确的，否则说明函数的实现是错误的。

相应脚本代码（SelfDefineScript）如下：

```
#include "web_api.h"

int SumFour(int a,int b,int c,int d)  //自定义4个整型数字求和函数
```

```
{
   if ((a<100) || (a>9000) || (b<100) || (b>9000) || (c<100) || (c>9000) || (d<100) || (d>9000))
     { return -1; }
   else { return a+b+c+d; }
}
Action()
{    int invaild[5]={-1,0,1,99,9001};                   //不符合函数要求的数字集合
     int vaild[4]={100,101,8999,9000};                  //符合函数要求的数字集合
     int expect[5]={400,404,35996,36000,18200};         //针对vaild数组的预期结果数组
     int i;                                             //临时变量
     lr_output_message("SumFour 函数要求 4 个参数均介于 100~9000: ");
     lr_output_message("第一组数据，不符合参数限制数据项，应返回-1:");
     for (i=0;i<=4;i++)
     {
       lr_output_message("%d: SumFour(%d,%d,%d,%d)=%d",i+1,invaild[i],invaild[i],
invaild[i],invaild[i],SumFour(invaild[i],invaild[i],invaild[i],invaild[i]));
     };
     lr_output_message("6: SumFour(%d,%d,%d,%d)=%d",invaild[0],invaild[1],invaild[2],
invaild[3], SumFour(invaild[0],invaild[1],invaild[2],invaild[3]));
     lr_output_message("第二组数据，符合参数限制数据项，应返回期望值:");
     for (i=0;i<=3;i++)
     {
       lr_output_message("%d: SumFour(%d,%d,%d,%d)=%d 期望值为%d",i+1,vaild[i],
vaild[i],vaild[i],vaild[i],SumFour(vaild[i],vaild[i],vaild[i],vaild[i]),expect[i]);
     };
     lr_output_message("5: SumFour(%d,%d,%d,%d)=%d 期望值为%d",vaild[0],vaild[1],
vaild[2],vaild[3],SumFour(vaild[0],vaild[1],vaild[2],vaild[3]),expect[4]);
     return 0;
}
```

【脚本分析】

首先，结合业务需求实现了有 4 个参数函数，且参数数值大于 100，小于 9000 整型数相加的函数 SumFour()。SumFour 函数具有一个返回值，当 4 个参数任一个数值不满足大于 100，小于 9000 的时候，函数返回值为–1，否则，函数返回 4 个参数的和，函数 SumFour()原型代码如下：

```
int SumFour(int a,int b,int c,int d) //自定义 4 个整型数字求和函数
{
   if ((a<100) || (a>9000) || (b<100) || (b>9000) || (c<100) || (c>9000) || (d<100) || (d>9000))
     { return -1; }
   else { return a+b+c+d; }
}
```

其次，设计了 3 个整型数组，分别是"不符合函数要求的数字集合、符合函数要求的数字集合和针对 vaild 数组的预期结果数组"，这些数组主要是用来验证函数实现的正确性。这 3 组数字不是随意设计出来的，而是根据测试用例来设计的。具体代码如下所示：

```
int invaild[5]={-1,0,1,99,9001};                   //不符合函数要求的数字集合
   int vaild[4]={100,101,8999,9000};                  //符合函数要求的数字集合
   int expect[5]={400,404,35996,36000,18200};         //针对vaild数组的预期结果数组
   int i;                                             //临时变量
```

运行后，在日志中输出一些标题文字信息，以免自己以后都不知道代码是实现的什么功能。此部分的代码输出如图 5-34 所示。

```
lr_output_message("SumFour 函数要求 4 个参数均介于 100~9000: ");
lr_output_message("第一组数据，不符合参数限制数据项，应返回-1:");
```

最后，来验证函数是否按照设计意图来执行，“-1,0,1,99,9001”这 5 个数字是不满足参数要求的，即前 5 个函数参数取的是相同的值：SumFour(-1,-1,-1,-1)、SumFour(0,0,0,0)、SumFour (1,1,1,1)、SumFour(99,99,99,99)、SumFour(9001,9001,9001,9001)，第 6 个函数参数取值为数组的前 4 个值的和，即 SumFour(-1,0,1,99)，函数执行完成后应该返回-1，此部分的代码输出如图 5-35 所示。

```
    for (i=0;i<=4;i++)
    {
      lr_output_message("%d: SumFour(%d,%d,%d,%d)=%d",i+1,invaild[i],invaild[i],
invaild[i],invaild[i],SumFour(invaild[i],invaild[i],invaild[i],invaild[i]));
    };
    lr_output_message("6: SumFour(%d,%d,%d,%d)=%d",invaild[0],invaild[1],invaild[2],
invaild[3], SumFour(invaild[0],invaild[1],invaild[2],invaild[3]));
```

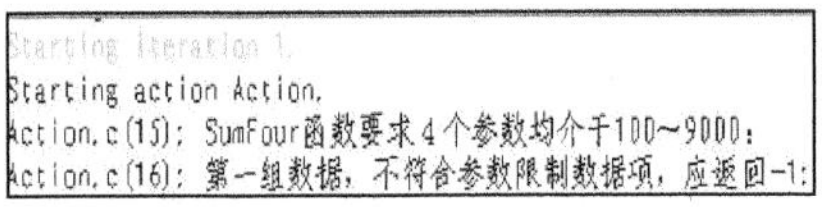
Starting iteration 1.
Starting action Action.
Action.c(15): SumFour函数要求4个参数均介于100~9000:
Action.c(16): 第一组数据，不符合参数限制数据项，应返回-1:

图 5-34 标题文字输出信息

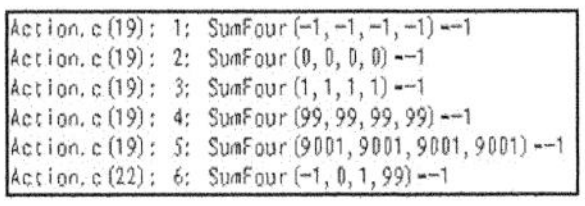
Action.c(19): 1: SumFour(-1,-1,-1,-1)=-1
Action.c(19): 2: SumFour(0,0,0,0)=-1
Action.c(19): 3: SumFour(1,1,1,1)=-1
Action.c(19): 4: SumFour(99,99,99,99)=-1
Action.c(19): 5: SumFour(9001,9001,9001,9001)=-1
Action.c(22): 6: SumFour(-1,0,1,99)=-1

图 5-35 SumFour 不符合参数限制数据项执行结果

“100,101,8999,9000”这 4 个数字是满足参数要求的，即前 4 个用例函数参数取的是相同的，即 SumFour(100,100,100,100)、SumFour(101,101,101,101)、SumFour(8999,8999,8999,8999)、SumFour (9000,9000,9000,9000)，函数执行完成后对应的执行结果应该为“400,404,35996,36000”，第 5 个用例的函数参数取值是不同的，即 SumFour(100,101,8999,9000)，期望结果为 18200，此部分的代码输出如图 5-36 所示。

```
    lr_output_message("第二组数据，符合参数限制数据项，应返回期望值:");
    for (i=0;i<=3;i++)
    {
       lr_output_message("%d: SumFour(%d,%d,%d,%d)=%d 期望值为%d",i+1,vaild[i],
vaild[i],vaild[i],vaild[i],SumFour(vaild[i],vaild[i],vaild[i],vaild[i]),expect[i]);
    };
lr_output_message("5: SumFour(%d,%d,%d,%d)=%d 期望值为%d",vaild[0],vaild[1],
vaild[2],vaild[3],SumFour(vaild[0],vaild[1],vaild[2],vaild[3]),expect[4]);
```

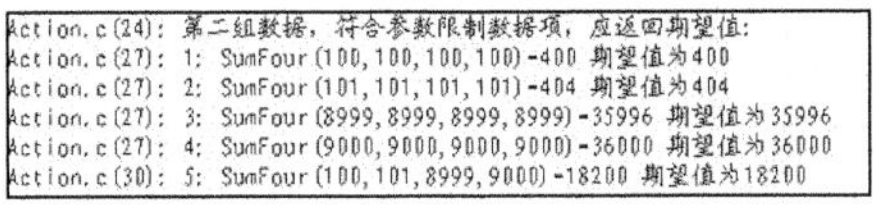
Action.c(24): 第二组数据，符合参数限制数据项，应返回期望值:
Action.c(27): 1: SumFour(100,100,100,100)=400 期望值为400
Action.c(27): 2: SumFour(101,101,101,101)=404 期望值为404
Action.c(27): 3: SumFour(8999,8999,8999,8999)=35996 期望值为35996
Action.c(27): 4: SumFour(9000,9000,9000,9000)=36000 期望值为36000
Action.c(30): 5: SumFour(100,101,8999,9000)=18200 期望值为18200

图 5-36 SumFour 符合参数限制数据项执行结果

脚本执行完成后，可以看到 SumFour 函数无论是不符合参数限制数据项执行结果，还是符合参数限制数据项执行结果都和预期结果一致，所以函数满足需求，功能也是正确的。

5.6.2 自定义函数的复用实例

上面的例子存在仅能够在实现其函数功能的 Action 中调用，不可以在其他脚本及其 Action 中相互调用，所以存在一定局限性。那么有没有方法可以实现函数的复用呢？回答是肯定的，我们可以将函数放到一个头文件中，在脚本中直接引用这些函数就可以实现函数的复用。例如，用记事本或者其他文本编辑器，编写并保存文件“func.h”，文本文件“func.h”代码内容如下：

```
int SumFour(int a,int b,int c,int d) //自定义 4 个整型数字求和函数
{
  if ((a<100) || (a>9000) || (b<100) || (b>9000) || (c<100) || (c>9000) || (d<100) || (d>9000))
```

```
        { return -1; }
    else { return a+b+c+d; }
}
```

而后，将头文件放入 LoadRunner 系统安装目录的 "include" 子目录下，例如 LoadRunner 安装目录为 "C:\Program Files\Mercury Interactive\Mercury LoadRunner"，所以就把 "func.h" 文件放到 "C:\Program Files\Mercury Interactive\Mercury LoadRunner\include" 下，然后就可以在 LoadRunner 中直接引用头文件，实现对函数的调用。例如下面的脚本。

相应脚本代码如下：

```
#include "web_api.h"
#include "func.h"

Action()
{   int invaild[5]={-1,0,1,99,9001};                //不符合函数要求的数字集合
    int vaild[4]={100,101,8999,9000};               //符合函数要求的数字集合
    int expect[5]={400,404,35996,36000,18200};      //针对 vaild 数组的预期结果数组
    int i;                                          //临时变量
    lr_output_message ("SumFour 函数要求 4 个参数均介于 100~9000:");
    lr_output_message ("第一组数据, 不符合参数限制数据项, 应返回-1:");
    for (i=0;i<=4;i++)
    {
      lr_output_message("%d: SumFour(%d,%d,%d,%d)=%d",i+1,invaild[i],invaild[i],
invaild[i],invaild[i],SumFour(invaild[i],invaild[i],invaild[i],invaild[i]));
    };
    lr_output_message("6: SumFour(%d,%d,%d,%d)=%d",invaild[0],invaild[1],invaild[2],
invaild[3], SumFour(invaild[0],invaild[1],invaild[2],invaild[3]));
    lr_output_message("第二组数据, 符合参数限制数据项, 应返回期望值:");
    for (i=0;i<=3;i++)
    {
      lr_output_message("%d: SumFour(%d,%d,%d,%d)=%d 期望值为%d",i+1,vaild[i],
vaild[i],vaild[i],vaild[i],SumFour(vaild[i],vaild[i],vaild[i],vaild[i]),expect[i]);
    };
    lr_output_message("5: SumFour(%d,%d,%d,%d)=%d 期望值为%d",vaild[0],vaild[1],
vaild[2],vaild[3],SumFour(vaild[0],vaild[1],vaild[2],vaild[3]),expect[4]);
    return 0;
}
```

比较前后两个脚本代码，不难发现第二个脚本只引用了头文件，而没有在脚本中实现函数，这种方式不仅代码简练而且方便对函数源代码的修改和函数的复用，所以作者也推荐使用此种方式来编写自定义函数。

5.7　IP 欺骗的应用

网络投票活动通常限制一票多投，即一个 IP 地址只能投一次选票。这是最常用的防止投票作弊的处理方法。也许也要做其他类似防作弊系统的性能测试，那么一台机器仅能够投一次选票肯定是不能满足性能测试的需要，有没有方法可以用一台机器模拟多个 IP 进行投票呢？答案是肯定的，LoadRunner 有一个工具 "IP Wizard" 就可以模拟出多个 IP，在进行负载时可以指定让不同的虚拟用户使用不同的 IP，完成类似投票系统的业务操作。

下面让我们一起来看一下如何启动和应用 IP 欺骗技术。

首先，需要启动 IP Wizard，通过单击【开始】>【所有程序】>【HP LoadRunner】>【Tools】>

【IP Wizard】选项，则启动了 IP Wizard 工具，如图 5-37 所示。

IP Wizard 工具有 3 个选项。

● 　创建新配置选项。

● 　从以前的配置文件加载选项。

● 　恢复原始设置选项。

下面分别对它们进行说明。

1．创建新配置选项——可以增加新的 IP 地址

选择创建新配置（Create new Settings）选项，而后单击【下一步(N)】按钮出现图 5-38 所示界面，在出现的文本框中可以输入服务器的 IP 地址，可以检查服务器的路由表，以确定向负载生成器添加新的 IP 地址后路由表是否需要更新。输入服务器的 IP 以后，单击【下一步(N)】按钮出现图 5-39 所示界面。

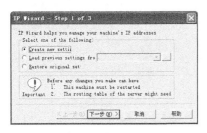

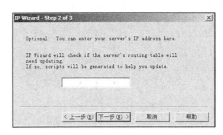

图 5-37　IP Wizard 工具　　　　　　　　　　图 5-38　服务器 IP 地址输入对话框

单击【Add...】按钮可以继续添加 IP 地址，如图 5-40 所示。

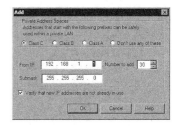

图 5-39　增加/删除 IP 地址对话框　　　　　　图 5-40　增加 IP 地址对话框

可以批量添加或者仅添加一个 C 类、B 类、A 类或自行指定 IP 地址，在这里以批量添加 30 个 C 类 IP 为例。首先我们选择 Class C 单选按钮，然后在 From IP（从 IP）文本框中输入"192.168.1.1"，Number to add（数值）文本框中输入"30"，Submask（子网掩码）文本框中输入"255.255.255.0"，即从 IP 地址"192.168.1.1"开始生成 30 个连续的 IP 地址，也就是"192.168.1.1、192.168.1.2……92.168.1.29、192.168.1.30"，下面还有"校验新 IP 地址没有被使用"复选框，如果选择此选项，则仅添加没有被使用的新 IP 地址，已经被使用的 IP 地址将不会被加载进入列表。即如果"192.168.1.7、192.168.1.12、192.168.1.17、192.168.1.20" 4 个 IP 被检测到已经被使用，如图 5-41 所示，则 IP 列表不会包含已经被使用的 4 个地址，最后仅形成了包含 26 个新增 IP 地址列表，如图 5-42 和图 5-43 所示，当然也可以选择生成的 IP，在图 5-39 中单击【Remove】按钮可以删除新增的 IP 地址。最后，单击【完成】按钮可以将刚才的 IP 配置保存生成"IP Address File (*.ips)"文件，输入存储文件名"c:\30ipsfile"。在图 5-43 中选择"Reboot now to update routing tables"选项，则重新启动系统，新增的 IP 地址均生效，可以通过 ipconfig / all 命令检查新增的 IP 是否成功添加，也可以通过 Ping 命令来检查新增 IP 是否生效。使用命令的方法：依次通过单击【开始】>

【运行】项，如图 5-44 所示，在文本框中输入"cmd"，单击【确定】按钮，然后在命令行下输入"ipconfig /all"或者"ping 192.168.1.X"，这里 X 为 1～30 任意数字，验证新增 IP 地址的有效性，如图 5-45 所示。

图 5-41　4 个 IP 地址被检测已使用　　图 5-42　可用的 IP 地址列表（1）　　图 5-43　可用的 IP 地址列表（2）

图 5-44　"运行"对话框　　　　　　图 5-45　ipconfig 命令验证 IP 地址的有效性

　　成功添加多个虚拟 IP 地址以后，就可以在 LoadRunner 的 Controller 负载时启用这些新增加的 IP 地址。首先，必须保证【Scenario】>【Enable IP Spoofer】被选择，此项设置是允许使用 IP 欺骗，在进行性能测试时虚拟用户就可以获得相应的 IP 地址，若分配的 IP 地址没有虚拟用户数量多，则 IP 将被复用。

　　2. 从以前的配置文件加载选项——可以从先前配置好的文件加载配置

　　如图 5-37 所示，选择第二个选项（Load previous settings fro），就可以从先前配置好并且已经保存生成的"IP Address File（*.ips）"文件中，重新加载一个(*.ips)文件，在这里输入先前已经存储的文件"c:\30ipsfile"，就可以加载了先前的配置信息，当然也可以在此基础上进行修改设置信息。

　　3. 恢复原始设置选项——可以释放已经添加的 IP，恢复原始设置

　　将已经添加的 IP 从列表中删除，重新启动系统，就把已经添加的虚拟 IP 释放掉了。

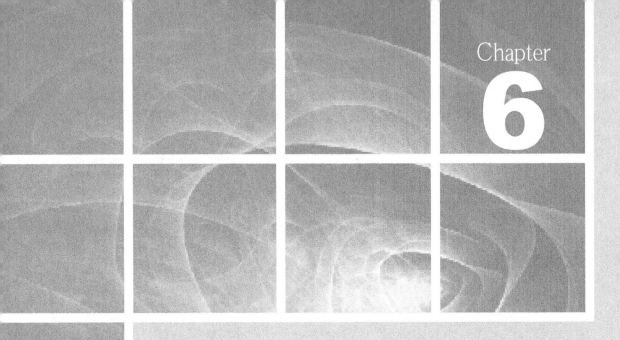

Chapter

6

第 6 章

深度解析

LoadRunner 11.0

功能的应用

为了方便读者系统地学习 LoadRunner 11.0 相关知识点，本书在第 2 章结合样例程序对应用 LoadRunner 11.0 操作过程及应用过程中涉及的概念和应用选项等内容进行了详细介绍。

LoadRunner 11.0 主要包括 3 个方面的应用：VuGen、Controller 和 Analysis。下面，先概要给读者介绍一下这 3 个应用。

● HP Virtual User Generator（VuGen）：用于创建脚本。VuGen 通过录制典型最终用户在应用程序上执行的操作来生成虚拟用户（Vuser）。然后 VuGen 将这些操作录制到自动化 Vuser 脚本中，将其作为负载测试的基础。

● HP LoadRunner Controller：用于设计并运行场景。可以结合性能测试用例在 Controller 中进行相关设计、添加要监控的性能指标及在模拟大用户的时候添加相应的负载机等工作，Controller 可运行模拟真实用户操作的脚本，并通过让多个 Vuser 同时执行这些操作，从而在系统上施加负载。

● HP LoadRunner Analysis：用于分析运行后的场景结果。HP LoadRunner Analysis 提供包含深入性能分析信息的图和报告。使用这些图和报告您可以找出并确定应用程序的瓶颈，为后续对系统进行改进、提高其性能提供依据。

6.1 VuGen 的应用

大家知道 LoadRunner 作为一款优秀的性能测试工具，其最主要的功能就是模拟多个用户在系统中同时访问系统的应用情况。为了进行这种模拟，用虚拟用户代替现实生活中的人。用于创建 Vuser 脚本的主要工具是 Virtual User Generator，即 VuGen。VuGen 不仅录制 Vuser 脚本，它还可以运行和调试 Vuser 脚本。录制 Vuser 脚本时，VuGen 会生成多个函数，它将这些函数插入 VuGen 编辑器以创建基本 Vuser 脚本，同时您仍然可以在 VuGen 中丰富、完善脚本，如加入事务、集合点、参数化数据等，当然如果需要您也可以自行编写一些代码等。

VuGen 在录制过程中，会录制客户端和服务器之间的相关交互活动，它将自动生成相关模拟实际情况的 API 函数。由于 Vuser 脚本不依赖于客户端软件，因此即使客户端软件的用户界面尚未完全开发好也可以使用它来检验系统性能，这为我们产品前期框架选择等提供了方便的条件。

6.2 协议的选择

VuGen 提供了多种协议，因此可以方便地模拟系统的 Vuser 技术。每种技术都适合于特定的体系结构并产生特定类型的 Vuser 脚本。例如，可以使用 Web Vuser 脚本模拟用户操作 Web 浏览器相应行为，使用 FTP Vuser 模拟 FTP 会话及其处理过程。各种 Vuser 既可以单独使用（单协议），又可以一起使用（多协议），以创建有效的负载测试。录制单个协议时，VuGen 仅录制指定的协议。以多协议模式进行录制时，VuGen 将录制多个协议中的操作。对于以下协议，支持多协议脚本：COM/DCOM、File Transfer Protocol (FTP)、Internet Messaging (IMAP)、Oracle NCA、Post Office Protocol (POP3)、Real、Windows Sockets、Simple Mail Protocol (SMTP) 和 Web (HTTP/HTML)。

6.2.1 Vuser 类型

Vuser 类型分为以下几种，如表 6-1～表 6-9 所示。

表 6-1　　　　　　　　　　　　　　Client/Server 协议分类列表

协 议 名 称	协 议 描 述
COM/DCOM	组件对象模型（COM），用于开发可重用软件组件的技术
Domain Name Resolution (DNS)	DNS 协议是一种低级协议，可以模拟在 DNS 服务器上工作的用户所执行的操作。DNS 协议模拟访问域名服务器的用户，使用用户的 IP 地址解析主机名。此协议仅支持回放；您需要将函数手动添加到脚本
File Transfer Protocol (FTP)	文件传输协议——将文件通过网络从一个位置传到另一个位置的系统。FTP 协议是一种低级别的协议，可以模拟针对 FTP 服务器工作的用户操作
Listin Directory Service (LDAP)	用于支持电子邮件应用程序从服务器查找联系人信息的 Internet 协议
Microsoft .NET	支持 Microsoft .NET 客户端/服务器技术的录制
Terminal Emulation (RTE)	模拟向基于字符的应用程序提交输入并从其接收输出的用户
Tuxedo	Tuxedo 事务处理监控器
Windows Sockets	Windows 平台的标准网络编程接口

表 6-2　　　　　　　　　　　　　　Custom 协议分类列表

协 议 名 称	协 议 描 述
C Vuser	使用标准 C 库的一般虚拟用户
Java Vuser	具备协议级支持的 Java 编程语言
JavaScript Vuser	用于开发 Internet 应用程序的脚本语言
VB Script Vuser	Visual Basic 脚本编辑语言，用于编写 Web 浏览器中显示的文档
VB Vuser	使用 Visual Basic 语言编写的 Vuser 脚本

表 6-3　　　　　　　　　　　　　　Database 协议分类列表

协 议 名 称	协 议 描 述
MS SQL Server	使用 Dblib 接口的 Microsoft SQL Server
ODBC	开放数据库连接，提供用于访问数据库的公共接口的协议
Oracle (2-Tier)	使用标准 2 层客户端/服务器体系结构的 Oracle 数据库

表 6-4　　　　　　　　　　　　　　E-Business 协议分类列表

协 议 名 称	协 议 描 述
Action Message Format (AMF)	操作消息格式，允许 Flash Remoting 二进制数据在 Flash 应用程序与应用程序服务器之间通过 HTTP 进行交换的一种 Macromedia 专用协议
Ajax (Click and Script)	异步 JavaScript 和 XML 缩写。Ajax 使用异步 HTTP 请求，允许网页请求小块信息而非整个页面
Flex	Flex 是在企业内通过 Web 创建富 Internet 应用程序（RIA）的应用程序开发解决方案
Java over HTTP	设计用于录制基于 Java 的应用程序和小程序。其中提供了使用 Web 函数的 Java 语言脚本。此协议与其他 Java 协议不同，它可以录制和回放通过 HTTP 的 Java 远程调用
Media Player (MMS)	来自媒体服务器的流数据，使用 Microsoft 的 MMS 协议。需要说明的是，为了回放 Media Player 函数，Windows Media 服务器上必须具有名为 wmload.asf 的文件。VuGen 计算机必须能够使用 mms://<服务器名称>/testfile.asf 访问。此 ASF 文件可以是重命名为 testfile.asf 的任何媒体文件
Microsoft .NET	支持 Microsoft .NET 客户端/服务器技术的录制
Real	用于传输来自媒体服务器的流数据的协议
Silverlight	用于基于 Silverlight 的应用程序模拟传输级别用户活动的协议。允许通过自动导入和配置应用程序使用的 WSDL 文件来生成高级脚本
Web (Click and Script)	模拟 GUI 或用户操作级别的浏览器和 Web 服务器之间的通信
Web (HTTP/HTML)	模拟 HTTP 或 HTML 级别的浏览器和 Web 服务器之间的通信
Web Services	Web Service 是一种编程接口，应用程序使用它与万维网上的其他应用程序通信

表 6-5 　　　　　　　　　　　ERP/CRM 协议分类列表

协 议 名 称	协 议 描 述
Oracle NCA	由 Java 客户端、Web 服务器和数据库组成的 Oracle 3 层体系结构数据库
Oracle Web Applications 11i	通过 Web 执行操作的 Oracle 应用程序接口。此 Vuser 类型检测 Mercury API 和 Javascript 级别的操作
Peoplesoft Enterprise	基于 PeopleSoft 8 企业工具的企业资源计划系统
Peoplesoft-Tuxedo	基于 Tuxedo 事务处理监控器的企业资源计划系统，包括自动关联
SAP - Web	一种企业资源计划系统，使用 SAP Portal 或 Workplace 客户端集成关键业务和管理流程
SAP (Click and Script)	模拟 GUI 或用户操作级别的浏览器和 SAP 服务器之间的通信
SAPGUI	一种企业资源计划系统，使用用于 Windows 的 SAPGUI 客户端集成关键业务和管理流程
Siebel Web	一种客户关系管理应用程序

表 6-6 　　　　　　　　　　　Java 协议分类列表

协 议 名 称	协 议 描 述
Enterprise Java Beans(EJB)	用于开发和部署 Java 服务器组件的体系结构
Java over HTTP	设计用于录制基于 Java 的应用程序和小程序。其中提供了使用 Web 函数的 Java 语言脚本。此协议与其他 Java 协议不同，它可以录制和回放通过 HTTP 的 Java 远程调用。它需要 JDK1.5 以上版本
Java Record Replay	录制 JMS 应用，需要 JDK 1.6u17 以下版本
Java Vuser	具备协议级支持的 Java 编程语言

表 6-7 　　　　　　　　　　Mailing Services 协议分类列表

协 议 名 称	协 议 描 述
Internet Messaging (IMAP)	Internet 消息应用程序——允许客户端从邮件服务器读取电子邮件的协议
MS Exchange (MAPI)	消息传递应用程序编程接口，用于支持应用程序发送和接收电子邮件
Post Office Protocol (POP3)	允许单个计算机从邮件服务器检索电子邮件的协议
Simple Mail Protocol (SMTP)	简单邮件传输协议——用于将邮件分发到特定计算机的系统

表 6-8 　　　　　　　　　　Remote Access 协议分类列表

协 议 名 称	协 议 描 述
Citrix_ICA	一种远程访问工具，允许用户在外部计算机上运行特定应用程序
Microsoft Remote Desktop Protocol (RDP)	一种远程访问工具，使用 Microsoft 远程桌面连接在外部计算机上运行应用程序

表 6-9 　　　　　　　　　　　Wireless 协议分类列表

协 议 名 称	协 议 描 述
Multimedia Messaging Service (MMS)	用于在移动设备之间发送 MMS 消息的消息传送服务

6.2.2 协议选择

在使用 LoadRunner 11.0 创建虚拟用户时，可以单击"Create/Edit Scripts"链接打开 VuGen，如图 6-1 和图 6-2 所示。

单击图 6-2 所示图标（即新建脚本）后，将弹出图 6-3 所示对话框。此时默认显示的是"Java"分类，可以单击"Category"（分类）后的下拉框，选择其他协议，如果要按字母顺序查看所有支持的协议列表，可以在"分类"（Category）列表框中选择"All Protocols"（所有协议），如图 6-4 所示。

图 6-1　LoadRunner 11.0 应用界面

图 6-2　LoadRunner – Virtual User Generator 应用界面

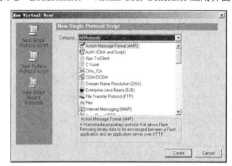

图 6-3　New Virtual User 对话框

图 6-4　LoadRunner 所有协议列表

　　LoadRunner 支持单协议和多协议，协议的正确选用，关系到脚本是否能够正确录制与执行，十分重要。因此在进行应用系统的性能测试之前，测试人员必须弄清楚，被测试应用系统使用的是什么协议。在录制单个协议脚本的时候，VuGen 只录制您选择的协议，即产生的脚本只会有当时选择的协议相关 API 函数，在这里我们以"Web(HTTP/HTML)"协议为例，参见图 6-5、图 6-6 和图 6-7 所示。从图 6-7 可以看出产生的脚本均为 Web 协议相关的 API 函数。以多协议模式进行录制时，VuGen 将录制多个协议中的操作。对于以下协议，支持多协议脚本：COM/DCOM、File Transfer Protocol(FTP)、Internet Messaging(IMAP)、Oracle NCA、Post Office Protocol(POP3)、Real、

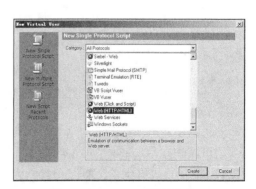

图 6-5　LoadRunner 自带样例程序

图 6-6　LoadRunner 单协议选择

Window Sockets、Simple Mail Protocal(SMTP)和 Web (HTTP/HTML)。这里以目前广大玩家喜爱的游戏《热血三国》为例（如图 6-8 和图 6-9 所示），我们选择"Web(HTTP/HTML)"和"Action Message Format (AMF)"，如图 6-10 所示，录制后产生的脚本如图 6-11 所示。大多数协议都支持多操作（即多个 Action 部分），下面列举一些支持多操作协议类型，包括 Oracle NCA、Web(HTTP/HTML)、Terminal Emulation(RTE)、C Vuser 和 Multimedia Messaging Service(MMS)。

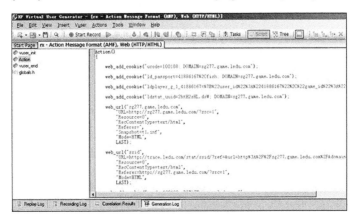

图 6-7　LoadRunner 单协议产生的脚本

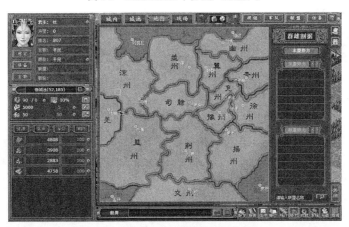

图 6-8　《热血三国》相关界面信息

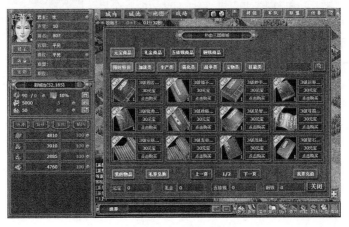

图 6-9　《热血三国》相关商城界面信息

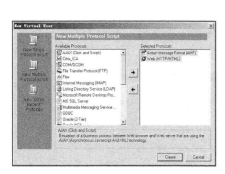

图 6-10 针对《热血三国》游戏选择
的多协议信息对话框

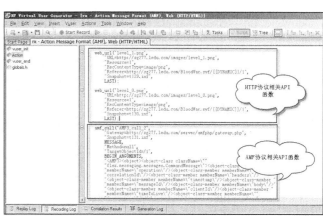

图 6-11 针对《热血三国》游戏选择
的多协议产生的脚本信息

图 6-12 所示为创建新操作（Action）的两种方式。

单击图 6-12 工具条按钮或者菜单项，则弹出图 6-13，可以起一个具有意义的 Action 名字，这里因为作者主要是给大家做演示，则保留默认的名称不做修改，添加完成后，则显示图 6-14 所示界面信息。

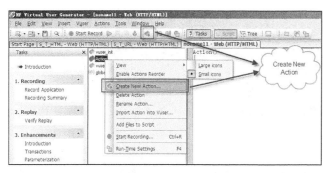

图 6-12 创建新操作（Action）的两种方式

图 6-13 创建新 Action 对话框

从图 6-14 中可以看到左侧树形结构中多了一个"Action2"，单击"Action2"，则显示右侧信息。

【重要提示】

（1）即使设置了迭代，在 vuser_init 和 vuser_end 中的脚本也只是执行一次的，所以通常我们在做性能测试的时候，将登录放在 vuser_init 中，而退出系统则放在 vuser_end 中。

（2）在 Action 部分，在设置迭代时，则可以多次执行，且是按照从上到下执行顺序，这里为了进一步说明这个问题，我们将写一个脚本演示给大家。为了简单且能够说明问题，我们

图 6-14 创建"Action2"后界面信息

使用 lr_output_message()函数（即日志输出函数，使用它将输出一串文本信息），这里我们首先新创建一个 Action，新 Action 的名字为"Action1"。创建完成后，我们分别在每个部分添加一个 lr_output_message()函数，脚本内容信息如下所示：

vuser_init 部分内容如下所示：

```
vuser_init()
{
    lr_output_message("Init 部分内容");
```

```
    return 0;
}
```

Action 部分内容如下所示：

```
Action()
{
    lr_output_message("Action 部分内容");
    return 0;
}
```

Action1 部分内容如下所示：

```
Action1()
{
    lr_output_message("Action1 部分内容");
    return 0;
}
```

vuser_end 部分内容如下所示：

```
vuser_end()
{
    lr_output_message("End 部分内容");
    return 0;
}
```

接下来，开始设置迭代。可以单击"Run-Time Settings"
菜单项（如图 6-15 所示），弹出图 6-16，在迭代次数信息框中，
输入 2。当输入 2 之后，在图 6-16 中所示您可以看到下方"Run"
后面也出现了"Run（×2）"，参见红色方框所示内容。也就是
说，迭代应该只对 Action 部分内容起了作用，而 Init 和 End
部分没有产生"×2"相关信息。当然这里我们只是猜测，那
么让我们执行一下来看看对应的输出信息是否和我们的想法
一致。设置好之后单击【OK】按钮，而后单击"F5"功能键
执行脚本，执行结果如图 6-17 所示，从图 6-17 中可以看到它
是和预期结果是一致的。

图 6-15　Vuser 下拉菜单中的"Run-Time
Settings"菜单项

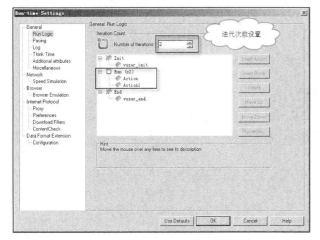

图 6-16　"Run-Time Settings"设置对话框

图 6-17　脚本执行后回放信息

6.3　脚本的创建过程

本节将重点介绍如何创建 Vuser 脚本。通常是按照表 6-10 所示流程创建 Vuser 脚本工作。

表 6-10　　　　　　　　　　　　　　　创建 Vuser 步骤

步　骤	描　述	注 意 事 项
第一步	选择正确的协议和默认浏览器（针对 Web 应用）进行脚本的录制	（1）根据被测试的应用程序选择对应的协议进行录制 （2）选择相对应的浏览器类型及其版本（如图 6-18 所示）
第二步	脚本优化与调试，参数化，事务，集合点，检查点的应用，在必要的情况下可以加入逻辑或者其他控制	（1）去掉重复性的脚本 （2）同一个事务必须有事务开始和事务结束 （3）除非在必要的情况下，否则不要将 think_time 函数包含到事务中，因为其会影响事务的响应时间 （4）参数化时要确保有足够多的数据 （5）在应用检查点和思考时间函数的时候，您可以通过单击"【Vuser】>【Run-Time Settings...】"打开运行时设置对话框，在该对话框应确保【Internet Protocol】>【Preferences】>【Enable Image and text check】（如图 6-19 所示）和【General】>【Think Time】>【As recorded】（如图 6-20 所示）选中，当然具体要根据您应用的需要做适当的调整，如思考时间您不想按照脚本录制时的情况进行操作，您可以选择其他选项，后续在思考时间的设置将进行详细介绍
第三步	脚本执行	（1）如果测试的是 B/S 构架的应用程序，可以通过选中【Tools】>【General Options】>【Display】>【Show run-time viewer during replay】复选框（如图 6-21 所示），在回放脚本时，浏览器同步显示脚本操作 （2）如果设置了集合点及其日志输出函数可以通过查看运行结果（参见图 6-22）

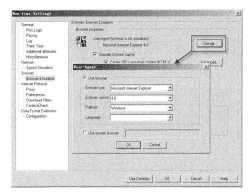

图 6-18　浏览器类型及其版本

图 6-19　"Preferences"页信息

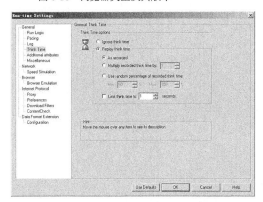

图 6-20　"Think Time"页信息

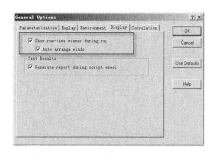

图 6-21　回放时显示浏览器设置

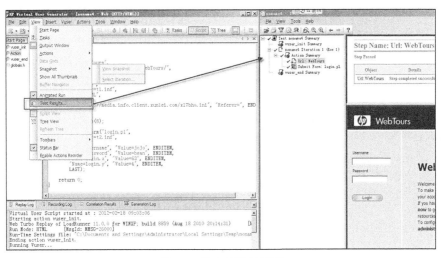

图 6-22 脚本及其运行结果

6.3.1 协议理解的误区

有很多刚刚学习 LoadRunner 的读者认为 LoadRunner 似乎仅仅能够对 B/S 结构的应用程序进行性能测试，而不能对 C/S 等其他结构的应用程序进行性能测试，其实这个理解是不对的。LoadRunner 支持多种协议，选择了正确的协议后，通常都能够进行脚本的录制和编写工作，前提是您的 LoadRunner 有相应的许可协议，才能够进行这个类型脚本的负载。除了录制会话以外，VuGen 还可以创建自定义 Vuser 脚本。可以使用 Vuser API 函数，也可以使用标准的 C、Java、VB、VBScript 或 Javascript 代码。通过 VuGen 可以在脚本中编写自己的函数，而不用录制实际会话。可以使用 Vuser API 或标准的编程函数。使用 Vuser API 函数可以收集有关 Vuser 的信息。例如，可以使用 Vuser 函数来度量服务器性能、控制服务器负载、添加调试代码，或者检索关于参与测试或监控的 Vuser 的运行时信息。这里分别针对基于 B/S 结构的应用程序、C/S 结构的应用程序脚本各举一个例子，方便大家掌握如何在多种情况下应用 LoadRunner。

6.3.2 B/S 架构应用程序脚本的应用实例

大家在日常进行测试过程中，可能应用最多的就是基于 B/S 结构的应用了，首先看一看如何创建基于 Web 的脚本。

这里，以录制 Tomcat 7.0.22 自带的一个小程序 numguess 为例，该小程序主要是一个非常简易的猜数字游戏，系统随机生成一个 1～100 的数字。

作为标准数值，用户在文本框中输入猜测的数字，如果输入的数值比标准数值大，则告知您应该输入小一点的数字；如果输入的数值比标准数值小，则提示您应该输入大一点的数字；倘若，您输入的数字正好就是标准数值，那么就会出现恭喜您猜数成功的页面。在这里我们简单讲述如何录制、参数化以及在脚本中加入事务、集合点等操作。启动 LoadRunner VuGen 之后，弹出协议选择对话框，如图 6-23 所示，可以通过单击图 6-23 所示界面左侧的单协议或者多

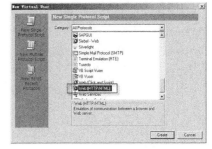

图 6-23 协议选择对话框

协议按钮选择"Web (HTTP/HTML)"选项，单击【Create】按钮，则创建一个空白 Web 脚本。进入 VuGen 主界面以后，单击工具条上的 Start Record 按钮，在"URL"地址框中，键入"http://localhost: 8080/examples/ jsp/num/numguess. jsp"。在"Record into Action"框中，选择"Action"，单击【OK】按钮。系统就会自动调用浏览器并打开 numguess 页面，如图 6-24 和图 6-25 所示。

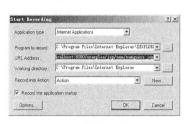

图 6-24　录制对话框

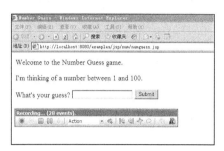

图 6-25　猜数字游戏界面

接下来，在文本框中输入数字"2"，单击【Submit】按钮，则出现响应页面，如图 6-26 所示。这样，就完成了一个猜数字应用的完整过程，如果您做的是具体的业务，当然也可以进行相应业务的操作过程。接下来，单击工具条的停止按钮，如图 6-27 所示。停止录制以后，在脚本视图编辑框中就会产生刚才录制过程的相关代码，如图 6-28 所示。

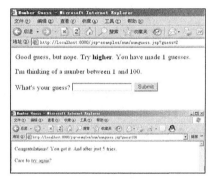

图 6-26　猜数错误和成功界面

图 6-27　工具条

VuGen 提供脚本视图和树视图两种模式。脚本视图可以查看录制或插入到脚本中的实际 API 函数。该视图适用于希望通过添加"C"或 Vuser API 函数以及控制流语句以在脚本内部编程的高级用户。树视图可以查看快照的缩略图表示形式，默认情况下，缩略图视图仅显示脚本中的主要步骤，树视图显示形式如图 6-29 所示。

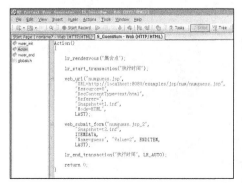

图 6-28　猜数字操作过程产生的脚本

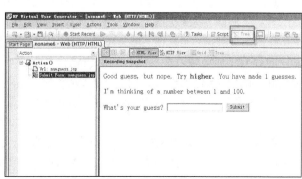

图 6-29　树视图

录制完成后，需要对脚本进行完善。在此，由于作者想要考查该小应用程序的并发处理能力以及了解事务处理时间的情况，所以，需要加入集合点和事务，改良后的脚本如下所示：

```
Action()
{

    lr_rendezvous("集合点");
    lr_start_transaction("执行时间");
    web_url("numguess.jsp",
        "URL=http://localhost:8080/examples/jsp/num/numguess.jsp",
        "Resource=0",
        "RecContentType=text/html",
        "Referer=",
        "Snapshot=t1.inf",
        "Mode=HTML",
        LAST);
    web_submit_form("numguess.jsp_2",
        "Snapshot=t2.inf",
        ITEMDATA,
        "Name=guess", "Value=2", ENDITEM,
        LAST);
    lr_end_transaction("执行时间", LR_AUTO);

    return 0;
}
```

通常，在实际应用该小程序的时候，如果数字猜不正确，都会根据提示信息，尝试输入另外一个数字，猜测这个数字是否就是那个正确的数字。这就涉及一个参数化脚本的问题，这里需要对脚本中的"Value=2"的"2"进行参数化。关于参数化的问题，在下一节将会详细介绍，这里将数字"2"参数化为"guessval"，相应的数据文件为"guessval.dat"，数据为"35、36、37、38、39、40、41、42、43、44、28、29、30、31、32、33、34、35、36、37"。如果在 Controler 里进行负载的时候，希望 10 个用户并发，每个虚拟用户取两个数值，则相应虚拟用户取值应该如表 6-11 所示。

表 6-11　　　　　　　　　　　　　　　虚拟用户数据分配表

虚 拟 用 户	取　　值	虚 拟 用 户	取　　值
Vuser1	35	Vuser6	28
Vuser1	36	Vuser6	29
Vuser2	37	Vuser7	30
Vuser2	38	Vuser7	31
Vuser3	39	Vuser8	32
Vuser3	40	Vuser8	33
Vuser4	41	Vuser9	34
Vuser4	42	Vuser9	35
Vuser5	43	Vuser10	36
Vuser5	44	Vuser10	37

这样，必须设置脚本参数取值策略，数据分配方法选择"Unique"，数据更新方式选择"Each iteration"，同时指定在 Controller 中执行时"Allocate 2 values for each Vuser"，这样在 Controller 中进行负载时就符合先前设计思想，10 个用户进行负载，每个用户迭代两次，每次取一个数值，如图 6-30 和图 6-31 所示。

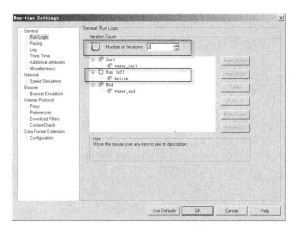

图 6-30　参数属性设置对话框　　　　　　　　　　　图 6-31　运行时设置对话框

如果您需要调试脚本或者想查看一下单个脚本运行的情况，可以在 VuGen 中编译脚本或者直接运行脚本，同时也可以通过日志输出了解相关执行结果，如图 6-32 所示。

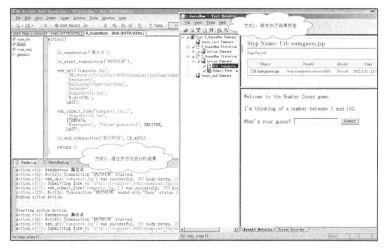

图 6-32　查看脚本执行结果的两种方式

6.3.3　C/S 架构应用程序脚本的应用实例

当然，VuGen 除了可以录制基于"Web (HTTP/HTML)"协议的 B/S 结构的应用以外，还可以录制其他协议的脚本。作为初学者，C/S 的样例程序也许是比较好的选择，然而 LoadRunner 11.0 只安装了 B/S 的样例程序，所以，如果想在学习和练习期间能够应用其他协议，建议安装 LoadRunner 8.0 自带的例子。

首先，需要将已安装完成的 LoadRunner 8.0 所在目录下的"samples"文件夹（即样例程序安装目录）复制出来，如图 6-33 所示。

这里，将该文件夹复制到了 F 盘根目录，如图 6-34 所示，然后，可以将 LoadRunner 8.0 完全删除（当然，如果是从其他的机器复制的 LoadRunner 8.0 样例安装程序，而本机没有安装，则不涉及 LoadRunner 8.0 应用的卸载问题）。重启机器后，可以继续安装 LoadRunner 11.0 版本，相应的安装步骤请参见 3.3.1 节，这里不再赘述。LoadRunner 11.0 安装完成后，单击"setup.exe"应用程序，如图 6-34 所示。

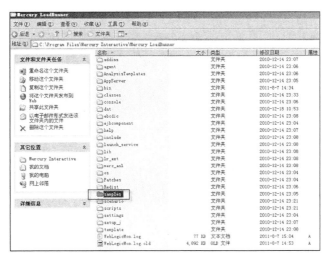

图 6-33　LoadRunner 8.0 目录结构

图 6-34　LoadRunner 8.0 样例安装程序目录结构

在 LoadRunner 8.0 的样例程序安装过程中将会出现如图 6-35 和图 6-36 所示界面。

图 6-35　LoadRunner 8.0 样例程序安装界面

图 6-36　LoadRunner 8.0 样例安装程序对话框

在弹出的图 6-37 所示中，结合本书将讲解的内容，选择 "MS Access" 和 "WinSocket" 两个选项。

选择的样例程序安装完成后，将弹出如图 6-38 所示界面信息。

样例程序安装完成将显示图 6-39 所示界面信息。同时将在应用菜单中显示图 6-40 所示界面信息。

样例程序安装完成后，请将配套资源中的 "Flights.ini" 文件复制到 Windows 系统目录，如作者的 Windows 系统目录存放在 C 盘，则替换 "C:\WINDOWS\Flights.ini" 同名文件（在替换同名文件前请做好原文件的备份，以防止出现其他问题，如将原文件重命名为 "mydemo.ini"），否则样例程序将不能正常运行。

图 6-37 LoadRunner 8.0 样例安装选择对话框

图 6-38 LoadRunner 8.0 样例程序安装后产生的快捷图标

图 6-39 LoadRunner 8.0 样例程序安装完毕对话框

图 6-40 LoadRunner 8.0 样例程序安装后应用菜单界面信息

在这里,我们先以"Flights-ODBC_Access"为示例进行讲解(如图 6-41 所示),可以通过单击鼠标右键查看样例程序属性信息,如图 6-42 所示,这里需要重点提醒大家的时,一定要注意程序运行时是否需要运行时参数,在本例中"F:\samples\bin\flights.exe"后的"ODBC_Access"即为运行时参数,在实际工作中,一个产品可能需要支持多个数据库,如 MySQL、SQL Server、Oracle等,开发人员会根据不同的数据库建立不同的链接方式,有的开发人员则将运行时参数作为连接数据库的一种实现方式。脚本录制时,如果应用包含运行时参数,需要正确填写,下面将讲解脚本的录制过程。

图 6-41 ODBC_Access 订票系统

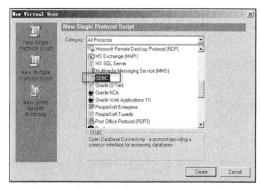

图 6-42 协议选择对话框

首先，在 VuGen 中选择"ODBC"协议（如图 6-43 所示），然后，在弹出的窗体依次填入相应信息（如图 6-44 所示），请大家注意输入程序运行参数（Program arguments）"ODBC_Access"，因为样例程序是通过输入不同的参数来确定到底连接那个类型的数据库，所以请大家一定要注意。最后，单击【Create】进行脚本录制。

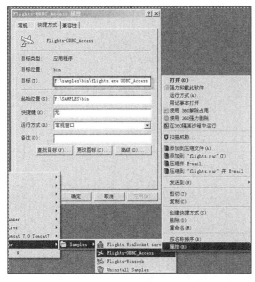

图 6-43 "Flights－ODBC_Access"样例程序属性相关信息

图 6-44 设置 ODBC 应用程序相关录制参数对话框

在本订票系统中，为一名姓名为 Tony 的顾客，订一张从 Denver 飞往 Los Angeles，航班为 6232 次的飞机票，参见图 6-45。

查看生成的脚本，您可以发现脚本主要是由 lrd_open_cursor、lrd_close_cursor、lrd_stmt、lrd_bind_cols、lrd_fetch 数据库操作方面的 API 函数构成，参见图 6-46，而 SQL 语句主要是由 SELECT、UPDATE、INSERT 组成。例如，客户订票，就是向系统中插入一条或者几条相关联记录的过程。相关脚本部分代码如下：

图 6-45 订票系统界面

图 6-46 订票系统脚本代码

单击图 6-47 所示方框中的"GRID(2);"前面的【+】按钮，则显示数据网格。

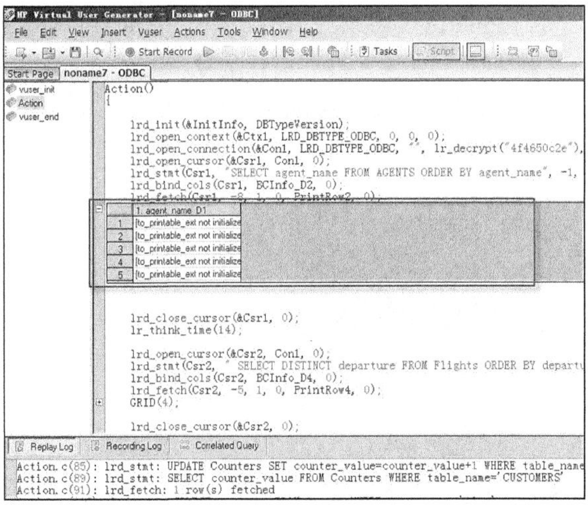

图 6-47 展开网格后的订票系统脚本代码

```
Action()
{
    lrd_init(&InitInfo, DBTypeVersion);
    lrd_open_context(&Ctx1, LRD_DBTYPE_ODBC, 0, 0, 0);
    lrd_open_connection(&Con1, LRD_DBTYPE_ODBC, "", lr_decrypt("4f4650c2e"),
                    "flight32lr", lr_decrypt("4f4650c2e"), Ctx1, 0, 0);
    lrd_open_cursor(&Csr1, Con1, 0);
    lrd_stmt(Csr1, "SELECT agent_name FROM AGENTS ORDER BY agent_name", -1, 1, 0
        /*None*/, 0);
    lrd_bind_cols(Csr1, BCInfo_D2, 0);
    lrd_fetch(Csr1, -8, 1, 0, PrintRow2, 0);
    GRID(2);
    lrd_close_cursor(&Csr1, 0);
    lr_think_time(14);


    lrd_open_cursor(&Csr2, Con1, 0);
    lrd_stmt(Csr2, " SELECT DISTINCT departure FROM Flights ORDER BY departure ", -1,
        1,0 /*None*/, 0);
    lrd_bind_cols(Csr2, BCInfo_D4, 0);
    lrd_fetch(Csr2, -5, 1, 0, PrintRow4, 0);
    GRID(4);
    lrd_close_cursor(&Csr2, 0);
    lr_think_time(33);


    lrd_open_cursor(&Csr3, Con1, 0);
    lrd_stmt(Csr3, "SELECT departure, flight_number, departure_initials, day_of_week, "
        "arrival_initials, arrival, departure_time, arrival_time, "
        "airlines, seats_available, ticket_price, mileage    FROM "
        "Flights WHERE arrival = 'Los Angeles' AND departure = "
        "'Denver' AND day_of_week = 'Thursday'ORDER BY flight_number ", -1, 1, 0
        /*None*/, 0);
    lrd_bind_cols(Csr3, BCInfo_D17, 0);
    lrd_fetch(Csr3, -3, 1, 0, PrintRow6, 0);
    GRID(6);
    lrd_close_cursor(&Csr3, 0);
    lr_think_time(127);


    lrd_open_cursor(&Csr4, Con1, 0);
    lrd_stmt(Csr4,
```

```
        "UPDATE Counters SET counter_value=counter_value+1 WHERE
        table_name='ORDERS'", -1, 1, 0 /*None*/, 0);
    lrd_close_cursor(&Csr4, 0);
    lrd_open_cursor(&Csr5, Con1, 0);
    lrd_stmt(Csr5, "SELECT counter_value FROM Counters WHERE table_name='ORDERS'",
            -1, 1, 0 /*None*/, 0);
    lrd_bind_cols(Csr5, BCInfo_D19, 0);
    lrd_fetch(Csr5, 1, 1, 0, PrintRow8, 0);
    GRID(8);
    lrd_close_cursor(&Csr5, 0);
    lrd_open_cursor(&Csr6, Con1, 0);
    lrd_stmt(Csr6, "SELECT customer_no FROM Customers WHERE customer_name='tony'",
            -1, 1, 0 /*None*/, 0);
    lrd_bind_cols(Csr6, BCInfo_D21, 0);
    lrd_fetch(Csr6, 0, 1, 0, PrintRow10, 0);
    /*Note:  no rows returned by above lrd_fetch*/

    lrd_close_cursor(&Csr6, 0);
    lrd_open_cursor(&Csr7, Con1, 0);
    lrd_stmt(Csr7,
        "UPDATE Counters SET counter_value=counter_value+1 WHERE
        table_name='CUSTOMERS'", -1, 1, 0 /*None*/, 0);
    lrd_close_cursor(&Csr7, 0);
    lrd_open_cursor(&Csr8, Con1, 0);
    lrd_stmt(Csr8, "SELECT counter_value FROM Counters WHERE
            table_name='CUSTOMERS'", -1, 1, 0 /*None*/, 0);
    lrd_bind_cols(Csr8, BCInfo_D23, 0);
    lrd_fetch(Csr8, 1, 1, 0, PrintRow12, 0);
    GRID(12);
    lrd_close_cursor(&Csr8, 0);
    lrd_open_cursor(&Csr9, Con1, 0);
    lrd_stmt(Csr9,
        "INSERT INTO Customers (customer_name,customer_no) VALUES ('tony', 31)", -1, 1,
        0 /*None*/, 0);
    lrd_close_cursor(&Csr9, 0);
    lrd_open_cursor(&Csr10, Con1, 0);
    lrd_stmt(Csr10, "SELECT agent_no FROM Agents WHERE agent_name='Alex'", -1, 1, 0
        /*None*/, 0);
    lrd_bind_cols(Csr10, BCInfo_D25, 0);
    lrd_fetch(Csr10, 1, 1, 0, PrintRow14, 0);
    GRID(14);
    lrd_close_cursor(&Csr10, 0);
    lrd_open_cursor(&Csr11, Con1, 0);
    lrd_stmt(Csr11, "INSERT INTO Orders
        (order_number,agent_no,customer_no,flight_number,"
        "departure_date,tickets_ordered,class,"
        "send_signature_with_order) VALUES (101, 4, 31, 6232, {d "
        "'2013-01-03'}, 1, '3', 'N')", -1, 1, 0 /*None*/, 0);
    lrd_close_cursor(&Csr11, 0);
    lrd_commit(0, Con1, 0);
    return 0;
}
```

　　当然，您也可以依据测试的需要，在必要的位置加入事务、集合点等，也可以对脚本进行参数化，设置参数的相关参数取值策略等，在 Controller 里进行负载。如果希望调试脚本或者执行单个脚本也可以在 VuGen 中进行调试编译、执行等操作。还可以针对不同的应用选择相应协议进行脚本的录制或者手工编写工作，在这里就不再对其他协议的脚本创建操作过程进行一一描述。

【重要提示】

（1）并不是所有的脚本在回放时都有图形用户界面（GUI），基于"Web (HTTP/HTML)"协议可以通过设置【Tools】>【General Options】>【Display】>【Show run-time viewer during replay】复选框，在回放脚本时，浏览器同步显示脚本操作，而基于刚才示例"ODBC"协议的脚本，在脚本回放过程中则不显示图形化界面，大家可以通过查看执行日志，调试并分析脚本的执行结果。

（2）在涉及使用数据库方面应用的时候，通常都需要我们参数化脚本。因为数据库通常都使用了主键或者其他约束条件，重复的数据可能会禁止被录入应用系统，所以在必要的时候，应该对脚本进行参数化和关联操作。

6.4　脚本的参数化

录制业务流程时，VuGen 生成一个包含在录制过程中用到的实际值的脚本。例如，在录制一个新增单位信息业务过程中，单位代码输入"100001"，单位名称中输入"北京德重在线有限责任公司"，保存脚本以后，出现形式如下的脚本。

```
web_submit_form("unitadd.jsp",
        "Snapshot=t2.inf",
        ITEMDATA,
        "Name=unitcode", "Value=100001", ENDITEM,
        "Name=unitname", "Value=北京德重在线有限责任公司", ENDITEM,
        LAST);
```

大家可以看到形式如"Value=100001"和"Value=北京德重在线有限责任公司"的信息，"100001"就是我们在前面输入的单位代码，"北京德重在线有限责任公司"是单位名称，由于系统限制单位代码和单位名称重复输入，所以脚本在回放的时候（即第二次提交的时候）是提交不成功的，这是很正常的情况。实际业务不可能总是重复输入相同的数据信息，特别是在进行负载的时候最好模拟用户真实的业务操作，这就要求输入不同的数据，用参数替换固定的文本，这就叫脚本的参数化。如上面的脚本参数化就可以形成如下脚本代码：

```
web_submit_form("unitadd.jsp",
        "Snapshot=t2.inf",
        ITEMDATA,
        "Name=unitcode", "Value= {punitcode}", ENDITEM,
        "Name=unitname", "Value= {punitname}", ENDITEM,
        LAST);
```

{punitcode}和 {punitname}即为单位代码和单位名称参数，"{"+参数名称+"}"就是 VuGen 参数默认的表达方式，也可以通过菜单【Tools】>【General Options...】通过指定一个或多个非空格字符的字符串，更改参数大括号的样式。如果您将左括号设置为"<"，右括号设置为">"，则上面的两个参数变为<punitcode>和<punitname>，在这里我们延用系统默认的设置，即左括号设置为"{"，右括号设置为"}"，如图 6-48 所示。

图 6-48　常规设置选项对话框

6.4.1　参数化的方法及其技巧

您可以选择要参数化的数据项，而后通过菜单【Insert】>【New Parameter...】或者选择右键菜单【Replace with a new parameter】添加一个新的参数，输入参数名称、选择参数类型，请参见图 6-49 和图 6-50。

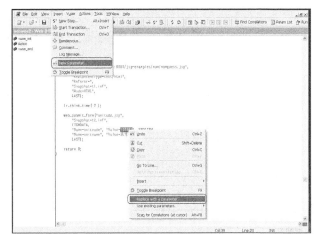

图 6-49 弹出菜单方式添加参数项   图 6-50 选择或创建参数对话框

您可以通过单击【Properties...】按钮，设置相关参数项的数据来源、存放位置以及参数的取值方式等，如图 6-51 所示。参数的数据有 3 种方式获得：文件或表参数类型、内部数据参数类型、用户定义的函数参数。大家平时在应用过程中使用最多的应该是文件或者表参数类型。文件或者表参数类型就是参数的获取可以从一个单独的外部文本文件或者从一个已经建立的数据表中获取数据。文本文件的应用方式很简单，只需要在 "Parameter type" 下拉列表中选择 "File"，在 "File Path"（需要说明的是由于界面显示的问题在图 6-51 中仅显示 File）中设置好参数文件的存放位置，而后通过【Add Column...】添加一列也就是一个新的参数列，【Add Row...】则可以添加一行新的数据项。您也可以根据文本文件的格式化信息，即 "File Format" 部分设置列的分割符号 "Column delimiter"（需要说明的是由于界面显示的问题在图 6-51 中仅显示 Column）和 "First data line"（需要说明的是由于界面显示的问题在图 6-51 中仅显示 First data）首行数据行位置手工编写参数文件，这里我们仍然保留系统默认设置，以逗号作为分割符号，"1" 作为首行数据行，单击【Edit with Notepad...】按钮，则打开该参数文件，如图 6-52 所示，而后我们可以依据参数的文件格式继续添加数据，这样就完成了文本文件方式获取数据。

图 6-51 参数属性对话框   图 6-52 用记事本打开参数显示界面

6.4.2 数据分配方法

在"Select next row"列表中选择一个数据分配方法，以指示在 Vuser 脚本执行期间如何从参数文件中取得数据。选项包括"Sequential""Random"和"Unique"，详细描述请参见表 6-12。

表 6-12 数据分配方法描述表

分 配 方 法	描 述
Sequential（顺序）	"顺序"方法顺序地向 Vuser 分配数据。当正在运行的 Vuser 访问数据表时，它将会提取下一个可用的数据行。如果在数据表中没有足够的值，则 VuGen 返回到表中的第一个值，循环继续直到测试结束
Random（随机）	"随机"方法为每个 Vuser 分配一个数据表中的随机值。当运行一个场景、会话步骤或业务流程监控器配置文件时，可以指定随机顺序的种子数。每个种子值代表用于测试执行的一个随机值顺序。每当使用该子值时，会将相同顺序的值分配给场景或会话步骤中的 Vuser。如果在测试执行中发现问题，并且要使用相同的随机值顺序重复该测试，请启用该选项
Unique（唯一）	"唯一"方法为每一个 Vuser 的参数分配一个唯一的顺序值。在这种情况下，必须确保表中的数据对所有的 Vuser 和它们的迭代来说是充足的。如果您拥有 20 个 Vuser，并且要运行 5 次迭代，则您的表格中必须至少包含有 100 个唯一值

6.4.3 数据更新方式

在"Update value on"列表中选择一个数据更新方式，以指示在 Vuser 脚本执行期间指定如何更新参数值。选项包括"Each occurrence""Each iteration"和"Once"，详细描述请参见表 6-13。

表 6-13 数据更新方式描述表

更 新 方 式	描 述
Each occurrence（每次出现）	"每次出现"方法指示 Vuser 在每次参数出现时使用新值。当使用同一个参数的几个语句不相关时，该方法非常有用。例如，对于随机数据，在该参数每次出现时都使用新值可能是非常有用的
Each iteration（每次迭代）	"每次迭代"方法指示 Vuser 在每次脚本迭代时使用新值。如果一个参数在脚本中出现了若干次，则 Vuser 为整个迭代中该参数的所有出现使用同一个值。当使用同一个参数的几个语句相关时，该方法非常有用
Once（一次）	"一次"方法指示 Vuser 在场景或会话步骤运行期间仅对参数值更新一次。Vuser 为该参数的所有出现和所有迭代使用同一个参数值。当使用日期和时间时，该类型可能会非常有用

下面以一组数据来实例讲解数据分配和更新方式，数据分配方式和更新方式会共同影响在场景或会话步骤运行期间 Vuser 替换参数的值。

表 6-14 总结了根据所选的数据分配和更新方式的不同 Vuser 所使用的值。

表 6-14 数据分配和更新方式组合表

更新方法	数据分配方法		
	Sequential	Random	Unique
Each iteration	对于每次迭代，Vuser 会从数据表中提取下一个值	对于每次迭代，Vuser 会从数据表中提取新的随机值	对于每次迭代，Vuser 会从数据表中提取下一个唯一值
Each occurrence	参数每次出现时，Vuser 将从数据表中提取下一个值，即使在同一迭代中	参数每次出现时，Vuser 将从数据表中提取新的随机值，即使在同一迭代中	参数每次出现时，Vuser 将从数据表中提取新的唯一值，即使在同一迭代中
Once	对于每一个 Vuser，第一次迭代中分配的值将用于所有的后续迭代	第一次迭代中分配的随机值将用于该 Vuser 的所有迭代	第一次迭代中分配的唯一值将用于该 Vuser 的所有后续迭代

6.4.4 基于实例应用数据分配和数据更新方式

假设存在如下数据：孙悟空、猪八戒、沙和尚、唐三藏、刘备、孙权、曹操、关羽、张飞。

选择使用"Sequential"方法分配数据，则如果选择在"Each iteration"进行更新，则所有 Vuser 就会在第一次迭代使用"孙悟空"，第二次迭代使用"猪八戒"，第三次迭代使用"沙和尚"，等等。如果选择在"Each occurrence"进行更新，则所有 Vuser 就会在第一次出现时使用"孙悟空"，第二次出现使用"猪八戒"，第三次出现使用"沙和尚"，等等。如果选择更新"Once"，则所有 Vuser 就会在所有的迭代中使用"孙悟空"。如果数据表中没有足够的值，则 VuGen 返回到表中的第一个值，循环继续直到测试结束。

选择使用"Random"方法分配数据，则出现下面几种情况：

● 如果选择在"Each iteration"进行更新，则 Vuser 在每次迭代时使用表中的随机值；

● 如果选择在"Each occurrence"进行更新，则 Vuser 就会在参数每次出现时使用随机值；

● 如果选择更新"Once"，则所有 Vuser 就会在所有的迭代中使用第一次随机分配的值。

选择使用"Unique"方法分配数据，则出现下面几种情况：

● 如果选择在"Each iteration"进行更新，则对于一个有 3 次迭代的测试运行，第一个 Vuser 将在第一次迭代时提取"孙悟空"，第二次迭代提取"猪八戒"，第三次迭代提取"沙和尚"。第二个 Vuser 分别提取"唐三藏""刘备"和"孙权"。第三个 Vuser 分别提取"曹操""关羽"和"张飞"；

● 如果选择在"Each occurrence"进行更新，则 Vuser 就会在参数每次出现时使用列表的唯一值；

● 如果选择更新"Once"，则第一个 Vuser 就会在所有迭代时都提取"孙悟空"，第二个 Vuser 就会在所有迭代时提取"猪八戒"，等等。

6.4.5 表数据参数类型

在软件测试过程中，您可能积累了一些经验，建立了一套专门进行软件测试过程中应用的测试数据库或者想从某个已经存在的数据库中取得数据。单击【Data Wizard...】按钮，参见图 6-53，则弹出图 6-54。有两种方式从数据库中取得数据：使用 Microsoft Query 创建查询或手动指定 SQL 语句。使用 Microsoft Query 创建查询就是通过应用 Microsoft Query 遵循向导中的说明，导入所需的表和列即可。手动指定 SQL 语句通过配置 ODBC 数据源，而后通过指定 SQL 语句从数据库中取得数据。下面我们详细讲解一下这种方式。在此仅以建立一个 Access 数据库文件 ODBC 数据源为例，testdb.mdb 存放于 C 盘，该库文件中存在两张数据表分别为 man 和 user，其中 man 表中包含 id、name、sex 和 age 这 4 个字段，参见图 6-55。首先，可以通过【控制面板】>【管理工具】>【数据源（ODBC）】为这个 Access 数据库建立一个 ODBC 数据源。

图 6-53　参数化属性对话框

图 6-54 数据库查询向导对话框

图 6-55 Access 数据库内容信息

首先，通过 ODBC 数据源管理器添加一个 Access 数据源，选择 "MS Access Database"，单击【添加(D)...】按钮，如图 6-56 所示。在图 6-57 选择 "Driver do Microsoft Access (*.mdb)"，单击【完成】按钮。而后，在图 6-58 中，选择 Access 数据库文件，输入数据源名 "mytestdb"，单击【确定】按钮，则新建立的 ODBC 数据源将出现在 ODBC 数据源管理器列表中，如图 6-59 和图 6-60 所示。当然您也可以通过图 6-61 的【Create...】进行设置 ODBC 数据源，方法和上面描述一致，不再赘述。建立 ODBC 数据源以后，就可以选择刚才建立的 "mytestdb" 数据源，如图 6-60 和图 6-61 所示，接着在 "SQL" 中输入相应的语句 "select name from man"，单击

图 6-56 ODBC 数据源管理器对话框

【Finish】按钮，则将 man 数据表的 name 字段添加到参数列表中，如图 6-62 所示。

图 6-57 创建新数据源对话框

图 6-58 ODBC Microsoft Access 安装对话框

图 6-59 ODBC 数据源管理器对话框

图 6-60 选择数据源对话框

图 6-61　数据库查询向导对话框

图 6-62　参数列表窗体对话框

6.4.6　内部数据参数类型

除了文件和表数据参数类型外，LoadRunner 还提供了内部数据参数类型，内部数据包括如下数据。

1.　日 期/时 间

如图 6-63 所示，在"Parameter type"中您可以选择 Date/Time，即用当前的日期/时间替换参数。要指定日期/时间的格式，可以从格式列表中选择一个格式，或者指定您自己的格式。该格式应与脚本中录制的日期/时间格式相对应。

通过 VuGen 可以设置日期/时间参数的偏移量。例如，如果要在下个月测试日期，则设置日期偏移量为 30。如果要在以后的时间测试应用程序，则指定时间偏移量。您可以指定向前的、将来的偏移量（默认）或向后的偏移量（已经过去的日期或时间）。此外，可以指示 VuGen 只在工作日使用日期值，不包括星期六和星期日。

图 6-63　日期/时间设置对话框

表 6-15 描述日期/时间符号。

表 6-15  日期/时间符号

符　　号	描　　述
C	用数字表示的完整日期和时间
#c	完整的日期（以字符串表示）和时间
H	小时（24 小时制）
I	小时（12 小时制）
M	分钟
S	秒
P	AM 或 PM
D	日
M	用数字表示的月份（01-12）
B	字符串形式的月份 - 短格式（例如，Dec）
B	字符串形式的月份 - 长格式（例如，December）
Y	短格式的年份（例如，03）
Y	长格式的年份（例如，2003）

2. 组名

如图 6-64 所示，在"Parameter type"中您可以选择 Group Name，即用 Vuser 组的名称替换参数。创建场景或会话步骤时，要指定 Vuser 组的名称。运行 VuGen 的脚本时，组名始终为"无"，在负载的时候将显示组的名称。

3. 迭代编号

如图 6-65 所示，在"Parameter type"中您可以选择 Iteration Number，即用当前的迭代编号替换参数。

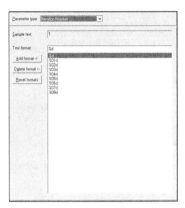

图 6-64 组名设置对话框　　　　　　　　图 6-65 迭代编号设置对话框

4. 负载生成器名

如图 6-66 所示，在"Parameter type"中您可以选择 Load Generator Name，即用 Vuser 脚本的负载生成器名替换参数。这里负载生成器是运行 Vuser 的计算机。

5. 随机编号

如图 6-67 所示，在"Parameter type"中您可以选择 Random Number，即用一个随机编号替换参数。通过指定最小和最大值，设置随机编号的范围。

图 6-66 负载生成器名设置对话框　　　　　图 6-67 随机编号设置对话框

您可以使用"随机编号"参数类型在一个可能的值域内对系统的行为进行抽样取值。例如，要对 50 名学生（学生的学号范围从 1～100）进行查询，请创建 50 个 Vuser 并设置其最小值为 1，最大值为 100。每个 Vuser 都接收到一个随机编号，该编号的范围在 1～100。

6. 唯一编号

如图 6-68 所示，在"Parameter type"中您可以选择 Unique Number，即用一个唯一编号替换参数。创建 "Unique" 类型参数时，指定起始编号和块大小。块大小指明分配给每个 Vuser 的编号块的大小。每个 Vuser 都从其范围的下限开始，在每次迭代时递增该参数值。例如，如果设置起始编号为 1 并且块大小为 500，则在其第一次迭代中，第一个 Vuser 使用值 1，下一个 Vuser 使用值 501。唯一编号字符串中的数位与块大小共同确定迭代和 Vuser 的数量。例如，如果限制为五位数并使用大小为 500 的块，则只有 100 000 个数（0～99 999）是可用的。因此，可能只运行 200 个 Vuser，并且每个 Vuser 运行 500 次迭代。您还可以指示当块中不再有唯一编号时所执行的操作："Abort Vuser" "Continue in a cyclic manner" 或者 "Continue with last value"（默认值）。

您可以使用 "Unique" 参数类型检查所有可能的参数值的系统行为。例如，要对所有的员工（他们的 ID 编号范围是 100～199）进行查询，请创建 100 个 Vuser 并且设置起始编号为 100，块大小为 100。每个 Vuser 都接收到一个唯一编号，该唯一编号从 100 开始到 199 结束。

> **注意**
>
> VuGen 仅创建一个 "Unique" 类型参数的实例。如果定义多个参数并且为它们分配唯一编号参数类型，这些值将不会重复。例如，如果使用大小为 100 的块 5 次迭代定义两个参数，则第一组中的 Vuser 使用 1、101、201、301 和 401。第二组中的 Vuser 使用 501、601、701、801 和 901。

7. Vuser ID

如图 6-69 所示，在 "Parameter type" 中您可以选择 Vuser ID，即用分配给该 Vuser 的 ID 编号来替换参数，此 ID 是在场景运行期间由 Controller 或会话步骤运行期间由控制台分配给 Vuser 的。运行 VuGen 的脚本时，Vuser ID 始终为 "–1"。

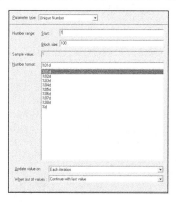

图 6-68　唯一编号设置对话框

图 6-69　Vuser ID 设置对话框

> **注意**
>
> 该 ID 编号并不是在 Vuser 窗口中显示的 ID 编号，而是在运行时生成的唯一的 ID 编号。

此外，LoadRunner 还提供了用户定义的函数，通过使用外部 DLL 中的函数生成的数据，如图 6-70 所示。

在 "Parameter Properties" 对话框中，从 "Parameter type" 列表中选择 "User Defined Function"。

要设置用户定义的函数的属性，请执行下列操作：在 "Function Name" 框中指定函数名；使用在 DLL 文件中显示的函数名；在 "Library Names" 部分中相关的 "库" 框内指定一个库；使用 "Browse..." 命令查找该文件。

图 6-70　用户自定义参数化对话框

而后，选择一种更新值的方法，指定数据的分配方式。

6.5 调试技术

脚本的调试技术对于脚本的编写十分重要，开发人员可以借助 IDE（集成开发环境）提供的断点、单步跟踪、日志输出、值察看器等进行程序的调试，测试脚本开发人员也可以在 LoadRunner 虚拟用户产生器中类似的调试技术辅助进行脚本的开发工作。

6.5.1 断点设置

断点设置是我们平时在进行脚本开发中使用最频繁的技术。在编写脚本的过程中，有时会出现脚本的执行结果和我们的预期结果不一致，那么此时就要分析脚本为什么会执行不正确，而后再怀疑将会出现问题的位置，插入断点，这样在脚本执行时，执行到该位置的时候就会停下来，这时就可以通过执行日志，察看脚本的执行结果。插入/取消一个断点很容易，首先，选择要插入断点的位置（非空行和非语句的起始"{"、终止语句"}"），而后通过鼠标右键菜单选择"Toggle Breakpoint"、菜单【Insert】>【Toggle Breakpoint】或者调试快捷工具栏按钮、F9 快捷键等几种方式设置一个断点，设置断点后，脚本中会出现一个"手型"图标就是我们设置的断点（请参见图 6-71），在脚本执行时，便会停留在设置断点处，暂停程序的运行。

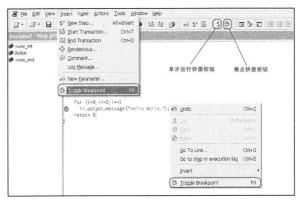

图 6-71　断点设置的 3 种方式

6.5.2 单步跟踪

单步跟踪也是经常用到的调试手段之一。单步跟踪每执行完一条语句以后，就会停下来，此时可以结合日志或者页面的显示情况，分析脚本，定位问题。一般单步跟踪和断点结合起来进行调试是分析脚本，因为单步跟踪没有必要从头开始执行，所以在关心的位置插入断点，而后应用跟踪是一种调试的好方法。选择要插入断点的位置（非空行和非语句的起始"{"、终止语句"}"），而后通过菜单【Vuser】>【Run Step by Step】或者调试快捷工具栏按钮、F10快捷键等几种方式进行单步跟踪（请参见图 6-72），在脚本执行时，便会执行一句脚本以后，暂停程序的运行。

图 6-72　单步跟踪的两种方式

6.5.3 日志输出

日志输出也是平时调试脚本的重要方法。将关心的变量或者参数等内容在日志中输出，就可以不终止程序的运行又能察看程序的运行情况。LoadRunner 提供了很多函数可以察看日志的运行情况，如：lr_log_message、lr_output_message、lr_message、lr_error_message 函数。可以通过【Vuser】>【Run－Time Settings...】>【General】>【Log】配置日志运行时设置，请参见图 6-73。

脚本在执行过程中，Vuser 会记录有关它和服务器之间通信的信息。在 Windows 环境中，日志信息存储在脚本目录下名为 output.txt 的文件中。在 UNIX 环境中，日志信息被直接存储到标准输出中。

启用日志记录：该选项将在回放期间启用日志记录，VuGen 将写入日志消息，我们可以在执行日志中查看这些消息。

仅在出错时发送消息：在错误发生时记录日志，可以设置高级选项，指明日志缓存的大小用于存储有关测试执行的原始数据。当该缓存的内容超出指定的大小时，将删除最旧的一些项，默认缓存大小为 1 KB。

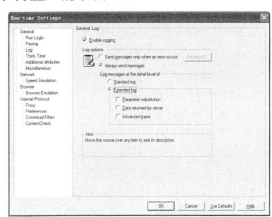

图 6-73　配置日志运行时设置

标准日志：创建在脚本执行期间发送的函数和消息的标准日志，供调试时使用。对于大型负载测试场景、优化会话或配置文件禁用此选项。

扩展日志：创建扩展日志，包括警告和其他消息。对于大型负载测试场景、优化会话或配置文件禁用此选项。

● 参数替换：此选项可以记录指定给脚本的所有参数及其相应的值。

● 服务器返回的数据：此选项可以记录服务器返回的所有数据。

● 高级跟踪：此选项可以记录 Vuser 在会话期间发送的所有函数和消息。调试 Vuser 脚本时，该选项非常有用。

脚本执行完成后，可以检查"执行日志"中的消息，以查看脚本在运行时是否发生错误。

"执行日志"中使用了不同颜色的文本，不同文字代码的日志内容有如下差异。

● 黑色：标准输出消息。

● 红色：标准错误消息。

● 绿色：用引号括起来的文字字符串（例如 URL）。

● 蓝色：事务信息（开始、结束、状态和持续时间）。

【重要提示】

（1）启用日志记录选项仅对 lr_log_message 函数有影响。

相应脚本（LogTestScript）如下：

```
#include "web_api.h"

Action()
{
    lr_log_message("lr_log_message 函数输出！");
    lr_message("lr_message 函数输出！");
```

```
    lr_output_message("lr_output_message 函数输出！");
    lr_error_message("lr_error_message 函数输出！");
    return 0;
}
```

在不启用日志记录选项的情况下，输出结果如下：

```
lr_message 函数输出！
Action.c(8)：lr_output_message 函数输出！
Action.c(9)：Error：lr_error_message 函数输出！
Vuser Terminated.
```

从运行结果可以证明启用日志记录选项，只对 lr_log_message 有影响，不会影响 lr_message、lr_output_message 和 lr_error_message 消息的输出。

（2）脚本在调试成功后，进行负载时，应该将日志记录取消，除非在必要的情况下，才启用日志记录，因为日志记录被写入到磁盘文件，所以系统的运行速度可能要比正常情况下慢，大家也要在负载时慎用日志记录。

（3）VuGen 有 5 个消息类："简要""扩展""参数""结果数据"和"完全跟踪"，可以通过 lr_set_debug_message 函数手动设置脚本内的消息类，函数的应用请大家参见 LoadRunner 的【Help】>【Function Reference】，这里不再赘述。

（4）脚本能正常运行后应禁用日志，因为日志操作要占用一定资源。

6.6　Controller 的应用

现行的应用系统通常都非常复杂。通常，应用系统都需要提供多用户协同操作业务，仅仅做功能测试，而不进行性能测试很有可能最后导致系统不能够支持预期用户数量协同工作的要求。而要模拟一个网站数以千万用户级的用户数量，对于手工测试来说这是不可能的一件事，但是 LoadRunner 却可以轻而易举的完成这件事。

LoadRunner Controller 来管理和维护场景，可以在一台工作站控制一个场景中的所有虚拟用户（Vuser）。执行场景时，Controller 会将该场景中的每个 Vuser 分配给一个负载生成器。负载生成器执行 Vuser 脚本，从而使 Vuser 可以模拟真实用户操作的计算机。LoadRunner Controller 通过模拟多个虚拟用户代替真实的用户操作行为，同时支持多机联合测试，充分利用有限的硬件资源，解决了手工操作不同步和人力、物力资源的严重浪费的问题。您还可以在负载执行过程中监控并收集系统资源（如 CPU、内存、I/O 等）、数据库资源、应用服务器、网络等，为日后您通过分析负载结果，从而定位系统瓶颈提供了坚实基础。例如，一个综合性的门户网站，该网站包括如下内容：新闻、博客、邮件、论坛、电影在线观看等服务项目。随着用户逐渐的增多和宣传力度的加强预期，1 年以后注册用户数量将达到 300 万人，系统在线用户数量将达到 500000 人。为了此系统日后能够被用户认可，系统就需要提供稳定、可靠的服务，同时对不同类型的服务请求都能够及时响应，否则该网站即使发布了，由于其频繁出现故障、响应速度慢等原因，必将会被用户淘汰。

通过 Controller 您可以在场景中设置真实运行系统中的典型业务，如将按照一定比例模拟在线用户数，不同浏览新闻、书写博客、查看邮件、浏览论坛帖子、发表帖子、观看电影等业务的分组作为一个业务场景，考察系统服务器资源、数据库资源、网络资源在系统运行期间的性能。

6.7 场景设置描述

Controller 提供了手动场景和基于目标场景两种设置方式。首先可以从 "Available Scripts" 选择可用的脚本，单击【Add】按钮添加到 "Scripts in Scenario"，也可以选中在场景中的脚本单击【Remove】按钮从列表中移除，如图 6-74 所示。当然还可以通过单击【Browse…】按钮选择脚本或者【Record…】按钮录制脚本，单击【HP ALM…】按钮（ALM: Application Lifecycle Management，即应用程序生命周期管理），与其协同工作。

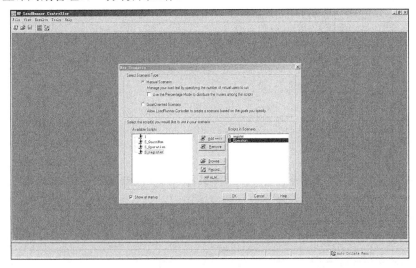

图 6-74　新场景设置对话框

手动场景设置使您可以设置不同的业务组用户数量，同时编辑计划指定相关的运行时刻、虚拟用户加载策略等完成场景设计工作，如图 6-75 所示。当您在创建脚本的过程中选择 "Use the Percentage Mode to distribute the Vusers among the scripts" 选项，则可以指定虚拟用户总体数量，而后针对每个业务组设置用户数百分比的形式完成场景设置，如图 6-76 所示，因在日常工作中大家运用手动设置场景情况非常多，所以在后续内容中我们将进行较详细的介绍。

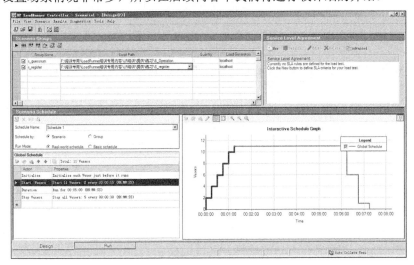

图 6-75　场景设计对话框

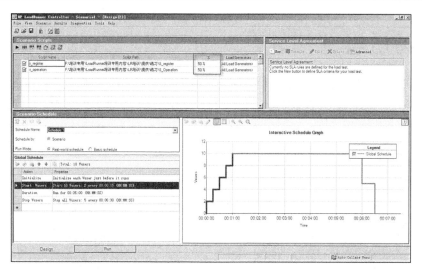

图 6-76　手动场景设置对话框

6.7.1　面向目标的场景设计

在面向目标的场景中，可以定义要实现的测试目标，LoadRunner 会根据这些目标自动为您构建场景。可以在一个面向目标的场景中定义希望场景达到的下列 5 种类型的目标：虚拟用户数、每秒单击次数（仅 Web Vuser）、每秒事务数、每分钟页面数（仅 Web Vuser）或事务响应时间，如图 6-77 和图 6-78 所示。

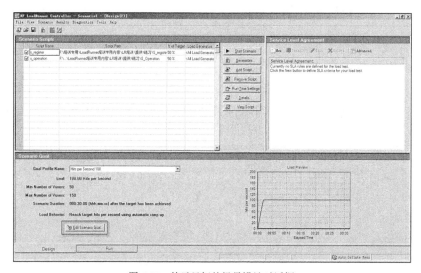

图 6-77　基于目标的场景设计对话框

可以在图 6-77 中，单击【Edit Scenario Goal...】按钮，编辑、设计场景计划，参见图 6-78。

在图 6-78 中的 “Scenario Settings” 页，您可以看到图示为 “1” 和 “2” 标示的两部分内容，标示为 “1” 的内容，表示达到指定的目标后，该场景继续运行 30 分钟，您可以依据您的实际情况对时间进行设置。标示为 “2” 的内容，“Stop scenario and save results” 表示当设定的目标达不到的时候，将停止执行场景并保存运行结果。“Continue scenario without reaching goal” 表示如果设定的目标达不到时，将继续执行场景，直到达到目标为止。

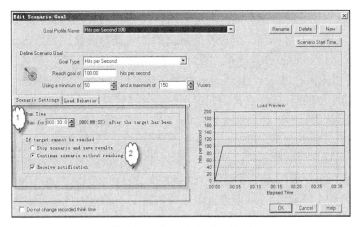

图 6-78 "Scenario Settings"页

在"Load Behavior"页（如图 6-79 所示），您可以指定虚拟用户加载策略，"Automatic"选项表示系统将自动加载虚拟用户；"Reach target number of virtual users after 00:02:00（HH:MM:SS）"表示设定 2 分钟后达到指定目标的虚拟用户数；"Step up by 20 virtual users every 00:02:00（HH:MM:SS）"表示将以每 2 分钟加载 20 个虚拟用户的方式加载虚拟用户。

下面针对 5 种"Goal Type"类型分别进行一下简要的说明，如图 6-80 所示。

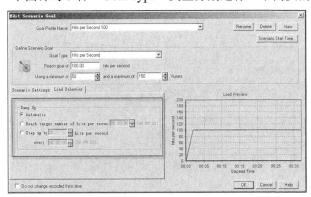

图 6-79 "Load Behavior"页

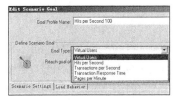

图 6-80 "Goal Type"的 5 种类型

（1）"Virtual Users"类型。

运行这种面向目标的场景与运行手动场景类似，它测试您的应用程序是否可以同时运行指定数量的虚拟用户，如图 6-81 所示。

图 6-81 "Virtual Users"类型

（2）"Hits per Second"类型。

这个类型只适用于 Web Vuser，运行这种面向目标类型的场景，您需要指定"每秒点击数"的目标，以及为达到这一目标而运行的最小虚拟用户数和最大虚拟用户数，如图 6-82 所示。

图 6-82 "Hits per Second"类型

当场景运行时，Controller 将定义的目标按照指定的最小 Vuser 数进行划分，并确定每个 Vuser 应达到的"每秒单击数"的目标值，再根据您定义的加载行为设置加载 Vuser。如果您选择自动运行 Vuser，那么 LoadRunner 在第一批加载 50 个 Vuser。如果定义的最大 Vuser 数小于 50，LoadRunner 将同时加载所有 Vuser。如果选择在场景经过一段时间后达到目标，LoadRunner 会尽量在这段时间内达到定义的目标。它根据您定义的时间限制以及计算出的每个 Vuser 目标单击次数，确定第一批 Vuser 的数目。如果选择以渐进方式达到目标，LoadRunner 将计算每个 Vuser 的目标单击次数或页数，并据此确定第一批 Vuser 的数目。运行每批 Vuser 后，LoadRunner 会评估这一批的目标是否达到。如果这一批的目标未达到，LoadRunner 将重新计算每个 Vuser 的目标单击次数，并重新调整 Vuser 数以使下一批能够达到定义的目标。如果 Controller 启动了最大数目的 Vuser 后仍未达到目标，LoadRunner 会通过重新计算每个 Vuser 的目标单击次数并同时运行最大数目的 Vuser 来再次尝试达到定义的目标。但是，如果出现以下情况，则每秒单击次数目标场景状态指定为失败：

● Controller 2 次使用指定的最大 Vuser 数负载执行场景均未达到目标；
● Controller 运行几批 Vuser 后，每秒单击次数没有增加；
● 运行的所有 Vuser 都失败。

（3）"Transations per Second"类型。

运行这种面向目标类型的场景，您需要指定"Transations per Second"的目标、要考察的事务名称、虚拟用户数的范围，如图 6-83 所示。其执行策略等相关内容请参见"Hits per Second"类型相关内容，这里不再赘述。

图 6-83 "Transations per Second"类型

（4）"Transaction Response Time"类型。

如图 6-84 所示，该目标类型是为了测试在不超过预期的事务响应时间的情况下可以运行多少个 Vuser。需要注意的是，应用这种目标分类必须在脚本中指定要测试的事务的名称，并设定事务响应时间的阈值，以及 LoadRunner 要运行的 Vuser 数最小值和最大值。例如，如果客户希望 120 人能在 3 秒内同时登录到公司协同办公的首页面，请将可接受的最大事务响应时间指定为 3 秒。将最小 Vuser 的数和最大 Vuser 数设置为您希望能够同时支持的客户数范围。如果场景未达到您定义的最大事务响应时间，表示服务器能够在合理的时间内对您希望能够同时支持的客户数做出响应，您可以根据执行结果，得到的虚拟用户数量和客户预期的 120 做对比，如果大于此值，则满足需求，否则就没有达到预期用户目标。如果仅执行了一部分 Vuser 就达到了定义的响应时间，或者收到消息表明如果使用预先定义的最大 Vuser 数，就将超过定义的响应时间，那么就应该考虑对应用程序或相应软硬件设备进行升级，这需要根据性能诊断的相关内容进一步确定。

图 6-84 "Transaction Response Time"类型

（5）"Pages per Minute"类型。

这个类型只适用于 Web Vuser，运行这种面向目标类型的场景，需要指定"Pages per Minute"

的目标，虚拟用户数的范围，如图 6-85 所示。需要说明的是，在设定每分钟的页面访问目标时，Controller 将自动推算出每秒页面数，这里以图 6-85 所示，将每分钟页面数设定为 100，那么每秒的页面数则近似为 1.67，即 100 除以 60，近似值为 1.67。如果改变目标值，后面的每秒页面数也会对应发生变化。其执行策略等相关内容请参见"Hits per Second"类型相关内容，这里不再赘述。在这里有几点需要提醒读者朋友们的是上述说明均为默认设置时进行的说明，在实际应用中，您可以依据于实际情况进行相应调整，当"Goal Type"选择不同选项时，在"Load Behavior"页的内容也将会产生一定的差异。

图 6-85 "Pages per Minute"类型

6.7.2 基于手动的场景设计

大家在平时实际性能测试过程中，应用最多的应该还是手动设置场景。为保证性能测试有效性，我们在进行性能测试用例设计时都会选择一些典型的业务场景作为测试用例，需要特别和读者朋友们说明的是，性能测试不仅仅是单一脚本场景的测试，通常现实生活中典型的业务场景是混合场景，所以混合场景在性能测试的 8 大分类当中都占据着非常重要的位置。如以一个综合性的门户网站系统为例，通常典型的门户网站，这里以新浪网为例，它主要包括邮件、新闻、微博、博客、视频、下载等业务，而且这些业务分别占据着一定比例的用户，所以如果在测试类似的项目时，就需要考虑典型业务组成的一个混合场景，且需要参考实际的业务人员比例，进行合理的用例设计，这样得到的测试结果才会有意义。这里我们以飞机订票系统为例，假设经过调研以后，在特定的情况下有这样的一个场景就是有 20%的人进行用户基础信息的注册填写、80%的用户在进行机票的预订业务，通常系统在线用户数量为 1000 人，这里我们取在线用户数的 1/10 作为虚拟用户总体数量，为了和实际业务情况比例分配一致，显然用户注册脚本虚拟用户数量应该设置为 20，而机票预订脚本虚拟用户数量应该设置为 80，在这里我们假设这 80 个虚拟用户在系统中已经存在，即已经注册完成的用户。下面我给大家演示一下手动场景的设计步骤。

首先，在图 6-86 中单击"Run Load Tests"链接，将启动 Controller 应用对话框，如图 6-87 所示。

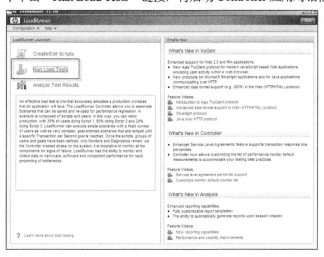

图 6-86 LoadRunner 11.0 应用对话框

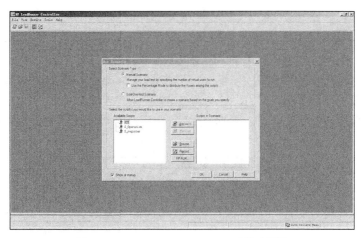

图 6-87 HP LoadRunner Controller 应用对话框

然后，依据用例设计构建性能测试场景，这里依据于"用户注册脚本虚拟用户数量应该设置为 20，机票预订脚本虚拟用户数量应该设置为 80"的设计需求，可以分别将"用户注册脚本（S_register）"和"机票预订（S_Operation）"添加到场景中，如图 6-88 所示。

图 6-88 New Scenario（新场景）应用对话框

单击【OK】按钮，则出现图 6-89 所示界面，默认情况下，Controller 应用自动为每组脚本分配了 10 个虚拟用户。

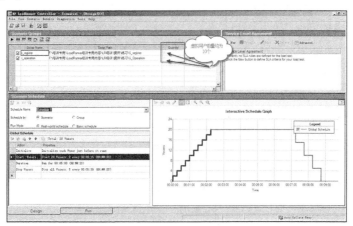

图 6-89 场景设计应用对话框

20 个虚拟用户的设置显然不符合我们前期设定的想法，所以您可以单击【Basic schedule】单选按钮，此时将弹出"Scenario Schedule"对话框，单击【是（Y）】按钮，如图 6-90 所示。将"用户注册脚本（S_register）"和"机票预订（S_Operation）"虚拟用户数量分别调整为 20 和 80，如图 6-91 所示。

图 6-90　场景设计——基础计划调整

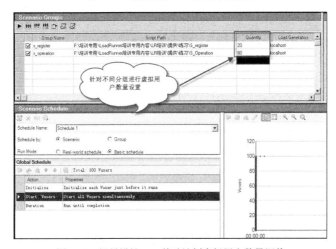

图 6-91　场景设计——基础计划虚拟用户数量调整

这样就完成了预期的设计场景，您可以对执行结果路径进行设置、对场景进行保存，如果有必要就可以直接执行场景了。

前面我们只是针对性地根据性能测试用例设计构建了一个场景，并没有对"Schedule by"和"Run Mode"分类进行介绍，下面就让我们来一起看一下它们分别代表什么含义，以及我们平时在做项目时应该如何进行选择，为便于大家分析和理解，我整理了 3 个表格供大家参考如表 6-16、表 6-17 和表 6-18 所示。

表 6-16　　　　　　　　　　　　　　　　计划的 2 个选项含义

序号	选　项	描　述
1	Scenario（场景）	当您按场景进行计划时，Controller 将会同时运行所有参与场景的 Vuser 组。也就是说，定义的场景运行计划同时应用于所有 Vuser 组，而 Controller 将每个操作按比例应用于所有 Vuser，为让您对此有一个较清晰的认识，请参见表 6-17 和表 6-18 所示的例子
2	Group（组）	当您按 Vuser 组进行计划时，参与场景的每个 Vuser 组按其自己单独的计划运行。也就是说，对于每个 Vuser 组，您可以指定何时开始运行 Vuser 组，在指定的时间间隔内开始和停止运行组中多个 Vuser，以及该组应该继续运行多长时间

（1）Scenario（场景）方式例子。

如有一个进销存管理系统，在进行性能测试用例设计的时候有这样一个典型的业务场景，即由商品订单、商品销售和商品查询 3 组业务构成的一个场景，如表 6-17 所示。

表 6-17　　　　　　　　　　　　进销存管理系统典型业务场景

Group Name（组名）	Quantity（数量）	占　　比
商品订单	10	20%
商品销售	20	40%
商品查询	20	40%

这里比如我们要按场景计划，要求在开始运行时加载 25 个虚拟用户，那么 Controller 将按比例从各组加载虚拟用户，如表 6-18 所示。

从表 6-18，您不难看出各组业务的占比未发生变化，即仍按原先的比例关系加载虚拟用户。需要提醒大家的是，按百分比模式设计场景时，也使用此规则。

表 6-18　　　　　　　　　　　　进销存管理系统典型业务场景

Group Name（组名）	Quantity（数量）	占　　比
商品订单	5	20%
商品销售	10	40%
商品查询	10	40%

（2）Group（组）方式例子。

如有一个飞机订票系统，若要订票您先要注册成为该航空公司的网站用户及填写相应的基础信息，而后才能以注册的用户登录到系统进行机票的预订工作。假如现在就要构建这样的一个场景，大家不难发现，对于这种场景来说，是存在业务处理先后顺序的，此时您就需要用到组方式，只有注册用户业务完成后，订票业务才能开始执行。

接下来，给大家介绍一下计划的"Run Mode（运行模式）"，有 2 种，即实际计划和基本计划，那这两种方式分别代表什么含义呢？

Real-world schedule（实际计划），默认情况下，场景根据模拟实际计划的用户定义操作组来运行。Vuser 组根据运行时设置中定义的迭代来运行，但您可以定义每次运行多少个 Vuser，Vuser 应持续运行多长时间以及每次多少个 Vuser 停止运行。

Basic schedule（基本计划），所有启用的 Vuser 组都按一个计划一起运行，每个组根据自己的运行时设置运行。你可以计划一次开始运行多少 Vuser，以及停止之前应运行多长时间。

为便于读者了解不通计划方式和运行模式组合的结果，特整理了一个表格，供大家参考，如图 6-92 所示。

计划方式　运行模式	Real-world schedule（实际计划）	Basic schedule（基本计划）
Scenario（场景）	所有参与的 Vuser 组均按一个计划一起运行。场景根据模拟实际计划的用户定义操作组来运行。您可以安排每次多少个Vuser 运行、运行多长时间以及每次多少个 Vuser 停止运行	所有参与的 Vuser 组都按一个计划一起运行，每个组根据自己的运行时设置运行。您可以安排 Vuser 同时或逐渐开始和停止运行，并可以指定它们在停止之前应运行多长时间
Group（组）注：以百分比模式查看场景时不适用	每个参与的 Vuser 组根据自己的已定义计划运行，模拟该 Vuser组的实际计划。您可以安排何时开始运行，每次运行多少个 Vuser、运行多长时间以及每次多少个 Vuser 停止运行	每个参与的 Vuser 组根据自己的计划运行，各自按照自己的运行时设置。对于每个 Vuser 组，您可以安排同时或逐渐开始和停止运行多少个 Vuser，并可以指定它们在停止之前应运行多长时间

图 6-92　计划方式和运行模式组合情况说明信息

上面我们对 Controller 的计划方式和运行模式进行了较详细的介绍，下面继续了解一下"Global Schedule（全局计划）"和"Interactive Schedule Graph（交互计划图）"，如图 6-93 所示。

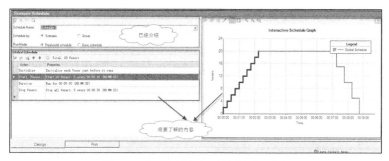

图 6-93　全局计划和交互计划图界面信息

如图 6-94 所示，您双击"Initialize"条目，将弹出"Edit Action"（编辑操作）对话框，即列表条目和对话框内容是相互对应的，那么在对话框中的 3 个选项又代表什么含义呢？

为了说明图 6-95 所标示的各个选项含义，这里整理了一个表格进行说明，请参见表 6-19 所示信息内容。

 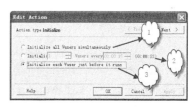

图 6-94　全局计划和编辑操作对话框　　　　图 6-95　编辑操作——初始化页对话框

表 6-19　　　　　　　　　　　初始化 3 个选项含义说明

标示名称	说　　明
1	Controller 在运行 Vuser 之前对所有 Vuser 同时进行初始化
2	Controller 在运行指定数目的 Vuser 之前，根据指定时间间隔（即以小时、分钟和秒为单位），对 Vuser 逐渐进行初始化
3	Controllerwe 在每个 Vuser 开始运行前对其进行初始化

接下来，再来让我们看一下"Start Vusers"条目。双击该条目将出现图 6-96 所示界面信息，这里需要说明的是图中 3 个方框圈中的内容是一致的，对"编辑操作"对话框或者"交互计划图"的内容进行编辑后，相应区域将同步更新变化。

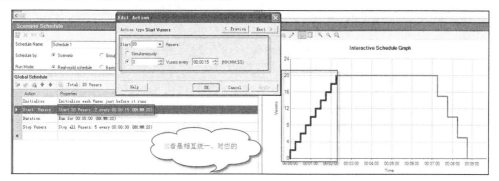

图 6-96　全局计划及编辑操作——起始用户相关信息

在"Edit Action"对话框中的两个选项代表什么含义呢？如图 6-97 所示，在这里也简单地给读者朋友们介绍一下每个选项的含义，如表 6-20 所示。

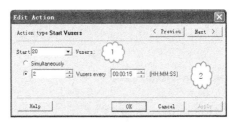

图 6-97　编辑操作——起始用户加载页对话框

表 6-20　　　　　　　　　　　　　　　　　起始用户加载两个选项含义

标示名称	说　明
1	Controller 同时运行指定数目的 Vuser，默认是这个选项。结合图 6-93，第一个选项表示同时运行 20 个 Vuser
2	Controller 逐渐运行指定数目的 Vuser。也就是说，Controller 会分批运行 Vuser，等待指定的时间间隔后再运行指定个数的 Vuser。结合图 6-93，第二个选项表示每隔 15 秒运行 2 个 Vuser，也就是说如果要运行 20 个用户的话（假设前面已执行的 Vuser 没有执行完对应的业务操作），需要 15×（10-1）= 135 秒，即 2 分 15 秒的时间

【重要提示】

（1）Controller 仅在 Vuser 进入"Ready"状态时才开始运行 Vuser。

（2）在"Basic schedule（基本计划）"中，Controller 始终运行所有 Vuser，无论是同时运行还是逐渐运行。在"Real-world schedule（实际计划）"中，您可以选择要运行多少个 Vuser。

（3）如果您设定逐渐启动 Vuser 时，在所有初始 Vuser 开始运行后又向场景添加 Vuser 组，新增加的 Vuser 组将立即开始运行。

再让我们来看一下"Duration（持续运行）"条目，如图 6-98 所示。双击该条目将出现图 6-98 所示界面信息，这里需要说明的是图中 3 个方框圈中的内容是一致的，对"编辑操作"对话框或者"交互计划图"的内容进行编辑后，相应区域将同步更新变化。

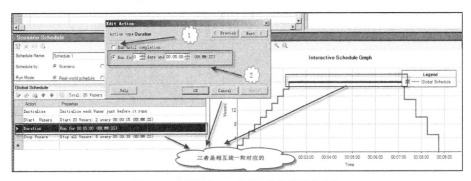

图 6-98　编辑操作——持续运行相关信息内容

默认情况下，系统持续运行时间为 5 分钟，您可以依据于实际性能测试用例设计决定运行多久。持续运行对话框的 2 个选项的含义：标示为"1"的选项表示，场景将一直运行到所有 Vuser 运行结束，若选中此选项会导致删除所有后续操作；标示为"2"的选项表示，场景在执行下一个操作之前，以当前状态运行指定的时间长度，默认为 5 分钟。

如果您在设计场景时，选择了"Basic schedule（基本计划）"，那么持续运行对话框将多出一个"Run indefinitely"选项，这个选项表示场景将无限期地执行，如图 6-99 所示。

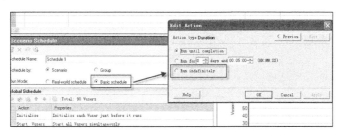

图 6-99　编辑操作——持续运行相关信息内容

在这里着重强调一点，平时您在做性能测试过程中，通常可能会碰到这样的一条性能测试需求，即某系统对稳定性、可靠性要求高，需保证系统能够 7×24 小时不间断运行。那么作为性能测试人员在进行性能测试分析、设计的时候，您需要考虑该问题。一般情况下，我们不可能无限期地针对一个这样的需求而执行性能测试一年或者更长的时间。这就需要用连续的阶段性测试来模拟这种长时间持续的运行，通常我们用 3×24 或者 7×24 持续运行的复合业务场景的执行结果，来评定系统是否能够高可靠的运行。当然，如果条件允许，您也可以做更长时间的测试。通常，系统连续几天不间断地运行性能测试能够发现内存泄露、稳定性等方面的问题，您需要对执行结果进行细致的分析，如果出现业务失败等情况，需要找出来为什么会出现这种情况，通过综合的分析来确定系统是否达到了预期设定的需求。

最后，我们一起看一下"Stop Vusers"条目，如图 6-100 所示。双击该条目将出现图 6-100 所示对话框，这里需要说明的是图中 3 个方框圈中的内容是一致的，对"编辑操作"对话框或者"交互计划图"的内容进行编辑后，相应区域将同步更新变化。

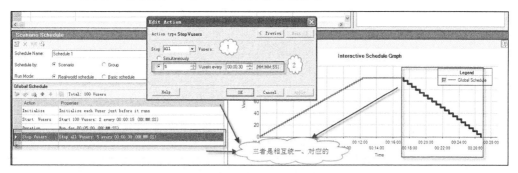

图 6-100　编辑操作——停止运行虚拟用户相关信息内容

默认情况下，停止运行虚拟用户为每隔 30 秒，停止 5 个 Vuser 运行，您可以依据于实际性能测试用例设计决定如何停止运行的虚拟用户。停止运行虚拟用户对话框的两个选项的含义：标示为"1"的选项表示，场景将立即停止所有运行的 Vuser，当然您也可以设定一个数字，则场景立即停止指定个数的 Vuser；标示为"2"的选项表示，Controller 将逐渐停止运行指定数目的 Vuser，直到全部的 Vuser 均停止运行。

LoadRunner 11.0 较 LoadRunner 8.0 在易用性和直观设计等方面有较大的提高，有一个最显著的特征就是"Interactive Schedule Graph（交互计划图）"和"Service Level Agreement（服务水平协议）"，下面就让我们一起先来了解一下关于"交互计划图"相关内容。交互计划图提供场景计划的图形表示，您可以在场景设计观察其加载、运行和释放虚拟用户的直观图示，并在运行期间观察计划的进度，如图 6-101 和图 6-102 所示。

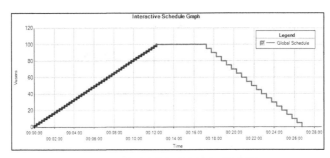

图 6-101　处于未执行状态的交互计划图

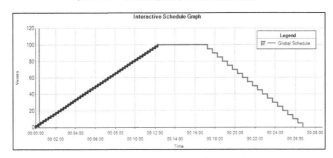

图 6-102　处于执行状态的交互计划图

从图 6-101 和图 6-102 中，细心的读者朋友可能已经发现了它们有略微的一点不同就是，在处于执行状态的"交互计划图"有一条红颜色的竖线标示目前场景的持续运行时间，以及目前所执行的阶段情况。

如果您要通过"交互计划图"对场景进行设计，可以单击相应的工具条按钮进行操作，如图 6-103 所示。

图 6-103　交互计划图相关工具条按钮

下面结合工具条按钮顺序（由左到右），给大家说明一下相应按钮的用途及其限制使用条件等相关内容进行说明，请参见表 6-21。

表 6-21　　　　　　　　　　交互计划图相关工具条按钮相关说明

顺序	按 钮 名 称	说　　明	限 制 条 件
1	New Action	添加一个新的操作	需要在"Real-world schedule（实际计划）"且交互计划图处于编辑状态才可用，否则显示为灰色（即不可用状态）
2	Split Action	拆分操作是将选定的线条拆分为 2 断。"操作"网格中的原始操作拆分为 2 个相同的操作，每个代表原始操作的一半。比如：您要拆分启动 10 个 Vuser 的"Start Vuser"操作将生成 2 个"Start Vuser"操作，每一个启动 5 个 Vuser。如图 6-104 和图 6-105 所示	
3	Delete Action	删除所选的操作	
4	Edit/View Mode	将图在编辑模式和查看模式间切换	需要在"Real-world schedule（实际计划）"有效
5	Show selected Group	场景运行期间暂停计划。当计划暂停时，用于指示计划进度的红色竖线将冻结	仅在场景运行时可用
6	Open Full View	将图在单独的窗口中打开	计划窗格的交互图中提供的所有选项同时也在完整视图窗口中提供

续表

顺序	按 钮 名 称	说 明	限 制 条 件
7	Zoom in	放大图的 x 轴，也就是展开该图，以更短的时间间隔查看	
8	Zoom out	缩小图的 x 轴，也就是以更长的时间间隔查看	
9	Zoom Reset	恢复 x 轴上显示的默认时间间隔	

　　从图 6-104 和图 6-105 中，不难发现，它们都是 1 分钟加载 10 个虚拟用户，每次拆分都是针对选中的线条（粗线条即代表是当前选中的线条）进行拆分，且拆分为 2 个相同的操作，每个代表原始操作的一半。

图 6-104　启动虚拟用户未拆分前的图示信息

图 6-105　启动虚拟用户拆分后的图示信息

　　"Service Level Agreement（服务水平协议）"是在场景执行之前定义的相应负载测试目标，在场景运行之后，Analysis 将这些指标与在运行过程中收集和存储的性能相关数据与定义的目标进行比较，然后确定是通过还是失败。

　　下面就让我们结合飞机订票系统的订票业务来定义一个服务水平协议，单击图 6-106 所示的【New】按钮，则弹出"Service Level Agreement-Goal Definition（服务水平协议－目标定义）"对话框，如图 6-107 所示。

图 6-106　服务水平协议相关信息

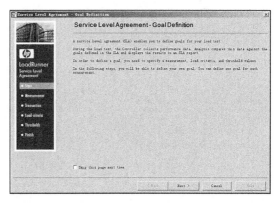

图 6-107　"Service Level Agreement – Goal Definition"对话框

　　如果您不希望下次该对话框出现可以选中"Skip this page next time."复选框，而后单击【Next >】按钮。

　　这里我们选择第一项"Transaction Response Time"作为度量目标，在事务的响应时间后有 2 个选项："Percentile"和"Average"，它们分别代表是以百分比形式（默认是 90%）还是平均值方式，这里我们选择百分比方式，如图 6-108 所示，单击【Next>】按钮，则显示图 6-109 界面所示信息。

　　这里我们选择"登录"和"订票"两个业务，如图 6-110 所示，相应的脚本代码信息如下：

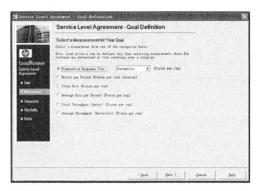

图 6-108 "Service Level Agreement – Goal Definition" 选中度量目标对话框

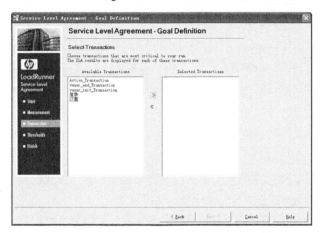

图 6-109 "Service Level Agreement – Goal Definition" 选择事务对话框

```c
#include "web_api.h"

Action()
{
    web_url("MercuryWebTours",
        "URL=http://localhost/MercuryWebTours/",
        "Resource=0",
        "RecContentType=text/html",
        "Referer=",
        "Snapshot=t1.inf",
        "Mode=HTML",
        LAST);

    lr_start_transaction("登录");

    web_submit_form("login.pl",
        "Snapshot=t2.inf",
        ITEMDATA,
        "Name=username", "Value={username}", ENDITEM,
        "Name=password", "Value=1", ENDITEM,
        "Name=login.x", "Value=57", ENDITEM,
        "Name=login.y", "Value=10", ENDITEM,
        LAST);

    lr_end_transaction("登录", LR_AUTO);
```

```
    lr_start_transaction("订票");

    web_image("Search Flights Button",
        "Alt=Search Flights Button",
        "Snapshot=t3.inf",
        LAST);

    web_submit_form("reservations.pl",
        "Snapshot=t4.inf",
        ITEMDATA,
        "Name=depart", "Value=Denver", ENDITEM,
        "Name=departDate", "Value=05/21/2009", ENDITEM,
        "Name=arrive", "Value=London", ENDITEM,
        "Name=returnDate", "Value=05/22/2009", ENDITEM,
        "Name=numPassengers", "Value=1", ENDITEM,
        "Name=roundtrip", "Value=<OFF>", ENDITEM,
        "Name=seatPref", "Value=Window", ENDITEM,
        "Name=seatType", "Value=Coach", ENDITEM,
        "Name=findFlights.x", "Value=58", ENDITEM,
        "Name=findFlights.y", "Value=17", ENDITEM,
        LAST);

    web_submit_form("reservations.pl_2",
        "Snapshot=t6.inf",
        ITEMDATA,
        "Name=outboundFlight", "Value=020;338;05/21/2009", ENDITEM,
        "Name=reserveFlights.x", "Value=93", ENDITEM,
        "Name=reserveFlights.y", "Value=10", ENDITEM,
        LAST);

    web_submit_form("reservations.pl_3",
        "Snapshot=t6.inf",
        ITEMDATA,
        "Name=firstName", "Value={username}", ENDITEM,
        "Name=lastName", "Value=1", ENDITEM,
        "Name=address1", "Value=1", ENDITEM,
        "Name=address2", "Value=1", ENDITEM,
        "Name=pass1", "Value=1", ENDITEM,
        "Name=creditCard", "Value=", ENDITEM,
        "Name=expDate", "Value=", ENDITEM,
        "Name=saveCC", "Value=<OFF>", ENDITEM,
        "Name=buyFlights.x", "Value=81", ENDITEM,
        "Name=buyFlights.y", "Value=9", ENDITEM,
        LAST);

    lr_end_transaction("订票", LR_AUTO);

    return 0;
}
```

这里我们设置的 SLA 为"登录"事务响应时间 90%以上要求小于 0.5 秒，而"订票"事务响应时间 90%以上要求小于 3 秒，如图 6-111 所示。

设置完成后，单击【Next>】按钮，则出现图 6-112 所示界面信息，如果您还需要设定另外的 SLA，请选中"Define another SLA"复选框，否则单击【Finish】按钮，完成服务水平协议目标的定义工作。

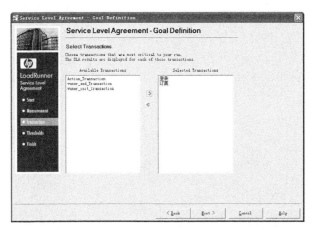

图 6-110 "Service Level Agreement – Goal Definition"选择事务后的对话框

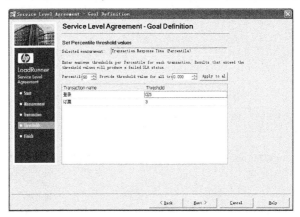

图 6-111 "Service Level Agreement – Goal Definition"设置事务百分比阀值对话框

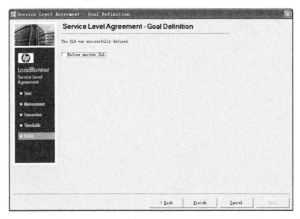

图 6-112 "Service Level Agreement – Goal Definition"设置完成对话框

当您设置了相应 SLA 以后，则在场景设计界面的右上角"Service Level Agreement"界面中成功添加一个"Transaction Response Time（Percentile）"条目，如图 6-113 所示。

如图 6-113 所示，单击【Details】按钮则显示已定义的目标详细信息，参见图 6-114。

如图 6-113 所示，单击【Advanced】按钮则显示已定义的目标详细信息，参见图 6-115。

结合图 6-115，第一个选项代表：Analysis 应用在考虑为场景定义的聚合粒度的情况下，将跟踪期的值设置得尽可能小。该值至少为 5 秒。它使用以下公式：跟踪期=最大值（5 秒，聚合粒度）；

第二个选项代表：Analysis 应用将跟踪期设置为大于或等于所选值（X）且最靠近 X 的场景聚合粒度倍数。对于此选项，Analysis 使用以下公式：跟踪期=最大值（5 秒，m（聚合粒度）），其中 m 是场景聚合粒度的倍数，因此 m（聚合粒度）大于或等于 X。示例：如果选择的跟踪期 X=10，且场景的聚合粒度为 6，那么跟踪期将设置为大于或等于 10 且最靠近 10 的 6 的倍数，即跟踪期= 12。

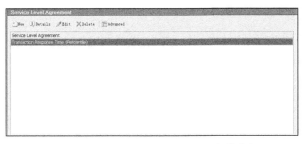

图 6-113 "Service Level Agreement" 相关信息

 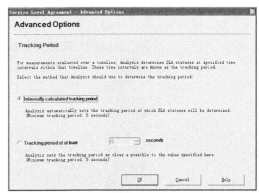

图 6-114 "Service Level Agreement - details" 相关信息　图 6-115 "Service Level Agreement –Advanced Options" 相关信息

当您定义了 SLA 度量目标后，结果分析报告中将针对您定义的度量内容及其阈值设置，同实际运行结果进行对比，如果实际运行结果超过阈值，则将显示红色的"X"标记，如图 6-116 和图 6-117 所示。

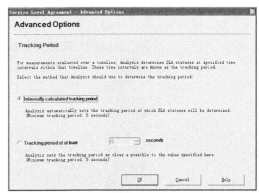

图 6-116 "Analysis Summary" 相关信息

从图 6-117 中，您不难看出 90%的登录事务平均响应时间为 4.038 秒，其数值要大于当时设定的目标 0.5 秒，故在结果分析概要信息中"SLA Status"显示为失败（Fail），如果在目标范围之内，则显示为通过（Pass）。同时您也看到了另外 3 个事务由于我们在 SLA 目标定义过程中没有进行这 3 个事务的定义，所以其状态为非度量数据（No Data）。

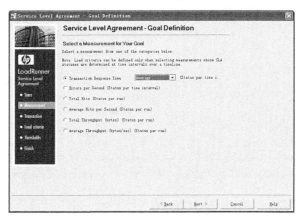

图 6-117 "Analysis Summary"平均事务响应时间等相关信息

除了百分比方式，您还可以选择平均值方式，如图 6-118 所示。

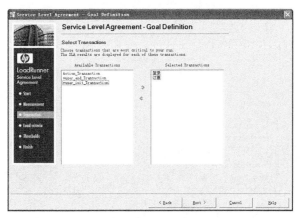

图 6-118 "服务水平协议"平均事务响应时间平均值方式

如图 6-118 所示，单击【Next >】按钮则显示事务选择相关信息内容，参见图 6-119。

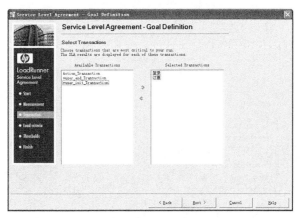

图 6-119 "服务水平协议"选择要设定的事务名称

如图 6-119 所示，单击【Next >】按钮则显示负载条件设置相关信息，参见图 6-120。如果您要查看系统运行在不同虚拟用户数量时，对事务的平均事务响应时间的影响，则在负载条件框中选择"Running Vusers"。再根据您的业务情况，填写对应不同情形的负载虚拟用户数量范围：在这里我们假设将少于 10 个虚拟用户视为轻负载，将 10～20 个虚拟用户视为平均负载，大于或等于 20 个虚拟用户视为重负载，如图 6-120 所示。

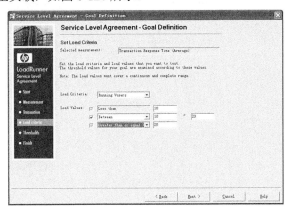

图 6-120 "服务水平协议"设置负载条件

如图 6-120 所示，单击【Next >】按钮，则显示阈值定义的相关信息，这里可以依据具体的情况进行设置，如图 6-121 所示。

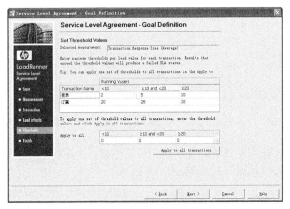

图 6-121 "服务水平协议"设置阈值

如图 6-121 所示，单击【Next >】按钮，则显示设置完成的相关信息，参见图 6-122。

当您设置完成之后，将在场景设计界面显示信息如图 6-123 所示。

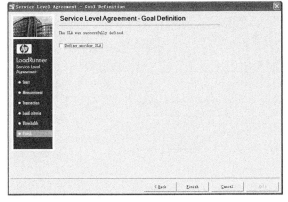

图 6-122 "服务水平协议"设置完成对话框

图 6-123 "服务水平协议"相关信息内容

"服务水平协议"相关信息内容设定完毕后，您可以执行场景，而后查看相应的结果概要等信息，如图 6-124 和图 6-125 所示。

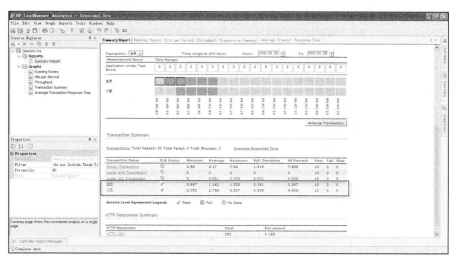

图 6-124 "Analysis Summary"相关信息

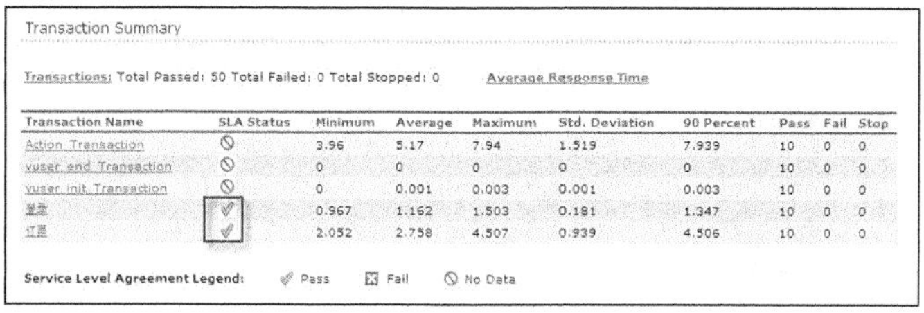

Transaction Name	SLA Status	Minimum	Average	Maximum	Std. Deviation	90 Percent	Pass	Fail	Stop
Action Transaction	◇	3.96	5.17	7.94	1.519	7.939	10	0	0
vuser_end Transaction	◇	0	0	0	0	0	10	0	0
vuser_init Transaction	◇	0	0.001	0.003	0.001	0.003	10	0	0
登录	✓	0.967	1.162	1.503	0.181	1.347	10	0	0
订票	✓	2.052	2.758	4.507	0.939	4.506	10	0	0

Transaction Summary

Transactions: Total Passed: 50 Total Failed: 0 Total Stopped: 0   Average Response Time

Service Level Agreement Legend: ✓ Pass   ☒ Fail   ◇ No Data

图 6-125 "Analysis Summary-Transaction Summary"相关信息内容部分

双击图 6-125 方框所示对勾，可以打开 "Service Level Agreement Report"页，如图 6-126 所示，在这里您将看到初始时设置的对应阈值内容。

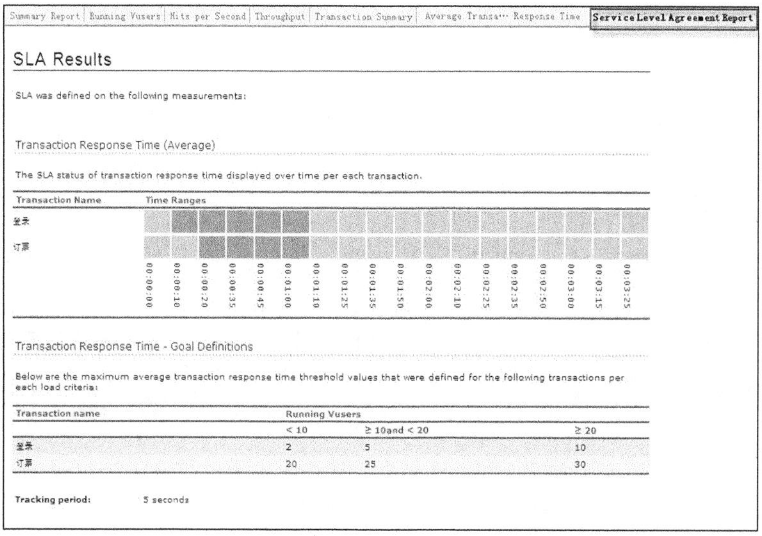

图 6-126 "Service Level Agreement Report"页相关信息

6.8　负载生成器

大家在平时做性能测试的时候，可能会遇到这样的情况，就是需要模拟大量的虚拟用户。我相信大家也一定很清楚，负载是需要耗费系统资源的，如：CPU、内存、磁盘空间等，模拟越多虚拟用户，也就意味着需要更多的资源，那么当 1 台机器资源模拟不了太多的虚拟用户时，负载机就成为了性能测试的瓶颈（即负载机本身由于系统相关资源问题，模拟不了既定的虚拟用户数量，而无法对被测试系统增加负载量）。

针对这个问题，LoadRunner 提供了负载生成器（Load Generator）进行解决。简单地讲 Load Generator 是 Controller 在场景运行过程中运行虚拟用户脚本的计算机。它将负载的虚拟用户分配给多个负载机，利用这些机器的硬件资源模拟大量的虚拟用户对被测试系统施加更大的压力。那么下面给大家介绍一下如何来利用负载生成器。

有两种方式打开"Load Generator"，第 1 种方式，单击【Scenario】>【Load Generators...】菜单，第 2 种方式，单击工具条按钮的"Load Generator"按钮，如图 6-127 所示。

通过上述两种方式的任一方式，启用"Load Generator"应用后，将显示图 6-128 所示对话框。

下面向大家简单介绍一下图 6-128 所示对话框相应的工具条按钮的功能，具体见表 6-22。

图 6-127　"Load Generator"应用的两种启用方式

图 6-128　"Load Generators"对话框

表 6-22　　　　　　　　　　　　负载生成器工具条按钮相关说明

序号	按钮名称	功　能　说　明
1	Connect	您可以通过单击该按钮连接场的 Load Generator，其状态将从"Down"状态变为"Ready"状态，如图 6-129 所示
2	Add...	您可添加一个新的 Load Generator。当添加一个 Load Generator 时，默认它的状态将设置为"Down"，直到建立连接，如图 6-130 所示
3	Delete...	您可以通过单击该按钮从列表中删除 Load Generator。需要提醒大家的是仅当 Load Generator 断开连接时才能将其删除，处于连接状态时，该按钮则处于不可用状态
4	Reset	您可以通过单击该按钮，尝试重置失败的连接
5	Detail...	您可以通过单击该按钮，查看和修改列表中所选的 Load Generator 的相关信息，如图 6-131 所示
6	Disable	您可以通过单击该按钮，禁用或启用 Load Generator。当 Load Generator 被禁用时，它的名称（Name）、状态（Status）、平台（Platform）和详细信息（Details）都显示为灰色，如图 6-132 所示
7	Help	您可以通过单击该按钮，打开 LoadRunner 的帮助文档，如图 6-133 所示
8	Close	您可以通过单击该按钮，关闭"Load Generators"对话框

单击【Add...】按钮后，将弹出"Add New Load Generator"对话框，在"Name"后的文本框中输入机器名称或者是 IP 地址，这里我们输入"196.168.0.100"，而后单击【OK】按钮，将在"Load Generators"列表中新增一个负载生成器，如图 6-130 所示。

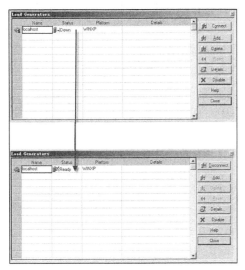

图 6-129 "Load Generators"连接后状态变化

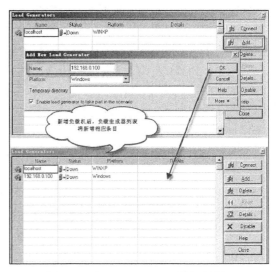

图 6-130 "Load Generators"添加负载机

下面向大家介绍各配置页相关功能，如图 6-131 所示。

● "Vuser Limits"页：可以通过该配置页修改 Load Generator 能够运行的 GUI、RTE 和其他 Vuser 的最大数量。

● "Security"页：可以通过该配置页设置允许通过防火墙监控或运行 Vuser。需要注意的是如果 Load Generator 是 localhost，则将禁用此页。如果 Load Generator 已连接，则无法更改选项卡中的值，需要断开 Load Generator 的连接。

● "WAN Emulation"页：可以通过该配置页启用 WAN 模拟。要启用 WAN 仿真器，必须断开 Load Generator 的连接。但是如果满足以下条件，此选项卡将禁用：Load Generator 正在 UNIX 平台上运行；未安装 WAN 模拟第三方软件；Load Generator 也是 Controller。

● "Terminal Services"页：可以通过该配置页来将运行在负载测试场景中的 Vuser 分配到终端服务器上。

● "Status"页：可以通过该配置页来了解有关 Load Generator 状态的详细信息。

● "Run-Time File Storage"页：可以通过该配置页从各个 Load Generator 收集的性能数据的结果目录。您

图 6-131 "Load Generator Information"对话框

可以在该选项页指定的目录用于存储在所选 Load Generator 上收集的结果文件。如果 Load Generator 是 localhost，则 LoadRunner 将脚本和结果存储在共享网络驱动器上，而且此选项卡上的选项全部禁用。如果通过防火墙进行监控，则此选项卡的设置不是相关的。

● "Unix Environment"页：可以通过该配置页为每个 UNIX Load Generator 配置登录参数和 shell 类型。

● "Run-Time Quota"页：可以通过该配置页为 Load Generator 同时初始化或停止的 Vuser

类型的最大数量。您可以通过该页来设置"一次可以初始化的 Vuser 数"，当前 Load Generator 可以同时初始化的 Vuser 的最大数量。默认值为 50，您可以设置的最大值为 999。还可以设置"一次可以停止的 Vuser 数"默认值为 50，您可以设置的最大值为 1000000。

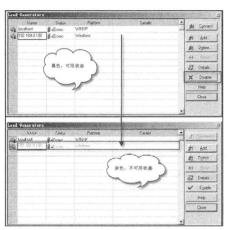
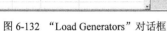
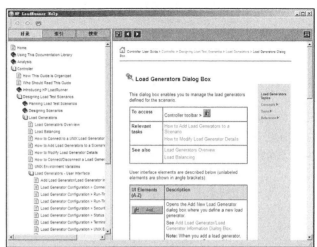

图 6-132 "Load Generators"对话框   图 6-133 "HP LoadRunner Help"文档

在百分比模式的手动场景以及面向目标的场景中可以使用负载平衡。负载平衡就是在所请求的 Load Generator 之间均匀分配 Vuser 生成的负载，确保准确测试负载。当 Load Generator 的 CPU 使用率过载时，Controller 将在负载过重的 Load Generator 上停止加载 Vuser，并自动将它们分配给参与场景的其他 Load Generator。只有当场景中没有其他 Load Generator 时，Controller 才会停

止加载 Vuser。可以使用 Load Generator 对话框中的图标监控计算机 CPU 使用率的状态，当 Load Generator 的 CPU 使用率出现问题时，Load Generator 名称左侧的图标会包含一个黄杠。当计算机负载过重时，该图标会包含一个红杠，处于就绪状态则显示为绿杠，如图 6-134 所示。

图 6-134 "Load Generators"对话框

您可以在场景设计时，将指定的 Vuser 指定为负载机，如图 6-135 所示。需要提醒大家的是，在指定负载机之前最好连接测试一下是否可以建立连接，我

们在日常工作中有时会遇到由于网络或者配置的问题而导致无法建立连接，所以此连接测试很重要，需要保证负载机处于"就绪"状态，当负载机处于"就绪"状态时，在系统的工具栏中将显示图标，如图 6-136 下方方框所示，您还可以双击该图标，查看不同状态的虚拟用户数量，如图 6-137 所示。

图 6-135 场景设计为业务脚本组指定"Load Generators"

图 6-136 系统状态栏中"Load Generator"图标

图 6-137 "Load Generator"信息对话框

您可以通过单击"AgentConfig.exe"来启动"终端管理服务管理器"程序，如图 6-138 所示。可以根据实际情况选择性启用"Enable Terminal Services"和"Enable Firewall Agent"，即启用终端服务和防火墙代理，如图 6-139 和图 6-140 所示。

图 6-138 "Agent Configuration"相关信息

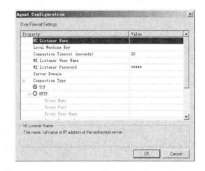

图 6-139 "Agent Configuration"对话框　　图 6-140 "Agent Configuration 的 Over Firewall Settings"对话框

6.9　IP Wizard 的应用

也许您参加过网络投票活动，投票系统通常限制一票多投，即一个 IP 只能投一次选票。这是最常用的防止投票作弊的处理方法。也许您也要做其他类似防作弊系统的性能测试，那么一台机器仅能够投一次选票肯定是不能满足性能测试的需要，有没有方法可以用一台机器模拟多个 IP 进行投票呢？答案是肯定的，LoadRunner 有一个工具"IP Wizard"，就可以模拟出多个 IP，在进行负载时可以指定让不同的虚拟用户使用不同的 IP，完成类似投票系统的业务操作。

下面让我们一起来看一下如何启动"IP Wizard"，在负载时又是如何应用 IP 欺骗技术的。

1．详解 IP Wizard 配置与应用

首先，需要启动 IP Wizard，通过单击"【开始】>【程序】>【HP LoadRunner】>【Tools】>【IP Wizard】"则启动了 IP Wizard 工具，如图 6-141 所示。

IP Wizard 有 3 个选项：创建新配置选项、从以前的配置文件加载选项和恢复原始设置选项。

（1）创建新配置选项：可以增加新的 IP。

选择创建新配置选项，而后单击【下一步（N）】按钮，出现图 6-142 所示界面，可以输入服务器的 IP 地址，可以检查服务器的路由表，以确定向负载生成器添加新的 IP 地址后路由表是否需要更新。输入服务器的 IP 以后，单击"下一步（N）"

图 6-141 "IP Wizard"对话框

出现图 6-143 所示界面。

图 6-142 服务器 IP 输入对话框

图 6-143 增加/删除 IP 对话框

单击【Add...】按钮可以继续添加 IP，如图 6-144 所示。

您可以批量添加或者仅添加一个 C 类、B 类、A 类或自行指定 IP，在这里以批量添加 30 个 C 类 IP 为例。首先我们选择 Class C 单选按钮，而后 From IP（从 IP）输入 "196.168.1.1"，Number to（数值）输入 "30"，Submask（子网掩码）输入 "256.256.256.0"，即从 IP "196.168.1.1" 开始生成 30 个连续的 IP 地址，也就是 "196.168.1.1、196.168.1.2……196.168.1.29、196.168.1.30"，下面还有 "校验新 IP

图 6-144 增加 IP 对话框

地址没有被使用" 复选框，如果选择此选项，则仅添加没有被使用的新 IP 地址，已经被使用的 IP 地址将不会被加载进入列表。如：如果 196.168.1.7、196.168.1.12、196.168.1.17、196.168.1.20 这 4 个 IP 被检测到已经被使用，如图 6-145 所示，则 IP 列表不会包含已经被使用的 4 个地址，最后仅形成了包含 26 个新增 IP 地址列表，如图 6-146 和图 6-147 所示，当然您也可以选择删除生成的 IP，单击【Remove】按钮删除新增的 IP 地址。最后，单击【完成】按钮您可以将刚才的 IP 配置保存生成的 "IP Address File (*.ips)" 文件，输入存储文件名 " c :\30ipsfile"。选择 "Reboot now to update routing tables" 选项，则重新启动系统，新增的 IP 地址均生效，您可以通过 ipconfig /all 命令检查新增的 IP 是否成功添加，也可以通过 Ping 命令来检查新增 IP 是否生效。使用命令的方法：通过单击【开始】>【运行（R）...】菜单项，如图 6-148 所示，在文本框中输入 "cmd" 单击【确定】按钮，而后在命令行下输入 "ipconfig /all" 或者 "ping 196.168.1.X"，这里 X 为 1 到 30 任意数字，验证新增 IP 地址的有效性，参见图 6-149。

图 6-145 IP Wizard

图 6-146 IP Wizard

图 6-147 IP Wizard

成功添加多个虚拟 IP 以后，就可以在 LoadRunner 的 Controller 负载时启用这些新增加 IP 地址。首先，必须保证 "【Scenario】>【Enable IP Spoofer】" 菜单项被选择，此项设置是允许使用 IP 欺骗。

（2）从以前的配置文件加载选项：可以从先前配置好的文件加载配置。

参见图 6-141，选择第 2 个选项，您就可以从先前配置好并且已经保存的 IP Address File 文件中，重新加载一个(*.ips)文件，在这里输入先前已经存储的文件 "c:\30ipsfile"，就加载了先前的配置信息，当然您也可以在此基础上进行修改设置信息。

图 6-148 "运行"对话框

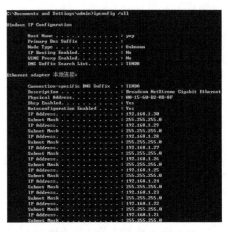

图 6-149 ipconfig 命令应用

（3）恢复原始设置选项：可以释放已经添加的 IP，恢复原始设置。

将已经添加的 IP 从列表中删除，重新启动系统，就把已经添加的虚拟 IP 释放掉了。

2．多机联合测试和 IP 欺骗注意事项

在应用 IP Wizard 技术的同时，我们应该注意如下问题。

（1）若要使用 IP Wizard 应用，您必须使用固定的 IP，不能使用动态 IP 并且确保应用到的 IP 与网络中其他机器 IP 地址不冲突。

（2）设置好虚拟 IP 以后，必须保证 Enable IP Spoofer 被选中。

（3）必须启动 Agent Process。

相应脚本：

```
#include "web_api.h"

Action()
{
    char *ip;
    ip = lr_get_vuser_ip();
    if (ip)
        lr_output_message("当前虚拟用户使用的 IP 为: %s。", ip);
    else
        lr_output_message("[Enable IP Spoofer]选项没有被启用！");
    return 0;
}
```

在 Controller 负载时，如果没有选中 Enable IP Spoofer，则执行后，日志输出结果为 "[Enable IP Spoofer]选项没有被启用！"，参见图 6-150。

图 6-150 未启动 IP Spoofer 日志输出信息

6.10 负载选项设置详解

选择"【Tools】>【Option…】"菜单项，可以对连接超时（Timeout）、运行时设置（Run－Time Settings）、运行时文件存储（Run-Time File Storage）、路径转换表（Path Translation Table）、监视器（Monitors）和执行（Execution）6 项内容进行设置。

（1）超时（Timeout）。

您可以设置命令（Enable timeout checks）和 Vuser 已用时间的超时间隔（Update Vuser elapsed tiem every X sec）选项，如图 6-151 所示。

① 负载产生器（Load Generator）：可以设置连接（Connect）和断开连接（Disconnect）连接超时时间。连接超时您可以输入等待其他连接到任何负载生成器的时间限制。如果在指定时间内连接不成功，负载生成器的状态将变为"失败"。断开连接超时您可以输入等待从其他任何负载生成器断开连接的时间限制。如果在该时间内断开连接不成功，负载生成器的状态将变为"失败"。您还可以输入 Init、Run、Pause、Stop 命令的最长时间限制。当 Controller 发出命令时，您可以设置负载生成器或 Vuser 执行该命令的最长时间。如果在超时间隔内没有完成该命令，Controller 将发出一条错误消息。如果禁用超时限制，LoadRunner 将无限长地等待负载生成器进行连接和断开连接，并等待其执行"初始化""运行""暂停"和"停止"命令。

② Vuser 已用时间的超时间隔（Update Vuser elapsed time every X sec）：用来指定 LoadRunner 更新"Vuser"对话框的"已用时间"列中显示的值的频率。

（2）运行时设置（Run-Time Settings）。

您可以设置虚拟用户配额（Vuser Quota）、停止运行时虚拟用户执行策略（When stopping Vusers）、使用种子产生随机顺序（Use random sequence with seed）选项，如图 6-152 所示。

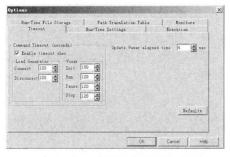

图 6-151 连接超时页设置

图 6-152 运行时页设置

① 虚拟用户配额（Vuser Quota）：要防止系统过载，您可以为 Vuser 活动设置配额，用来设置负载生成器一次可以初始化的最大 Vuser 数。

② 停止运行时虚拟用户执行策略（When stopping Vusers）：可以指定停止执行场景运行时，虚拟用户停止运行的策略。

● Wait for the current iteration to end before stopping：指 Vuser 在停止前完成正在运行的迭代。

● Wait for the current action to end before stopping：指 Vuser 在停止前完成正在运行的操作。

● Stop immediately：指立即停止运行 Vuser。

③ 使用种子产生随机顺序（Use random sequence with seed）：允许使用种子值来产生随机顺序。每个种子值代表一个用于测试执行的随机值顺序。只要使用同一个种子值，就会为场景中的 Vuser

分配相同顺序的值。该设置将应用于使用 Random 方法从数据文件分配值的参数化 Vuser 脚本。

（3）运行时文件存储（Run-Time File Storage）。

可以设置脚本和结果存储的位置，您可以将脚本存储于当前虚拟用户所运行本机或者存储到共享网络驱动器（必须具有读写权限），如图 6-153 所示。

（4）路径转换表（Path Translation Table）。

维护路径转换表，输入路径转换信息之前，请首先考虑使用通用命名约定方法。如果您的计算机是 Windows 计算机，可以指示 Controller 将所有路径转换为 UNC。这样，所有计算机都可以识别路径而无需进行路径转换。选中"Convert to UNC"复选框，以指示 LoadRunner 忽略路径转换表并将所有路径都转换为通用命名约定格式，如图 6-154 所示。

图 6-153　运行时文件存储页设置

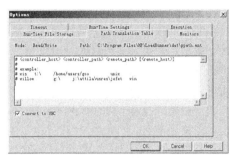

图 6-154　路径转换表页设置

（5）监视器（Monitors）。

您可以配置是否启用事务监控器、事务行为、设置联机监控器的数据采样速率、错误处理、调试等设置，参见图 6-155。

① 启用事务监控器（Enable Transaction Monitor）：指在场景开始时开始监控事务。

② 频率（Frequency）：用来选择联机监控器为生成"事务""数据点""Web 资源"联机图而采集数据的频率（以秒为单位）。默认值为 5 秒。对于小型场景，建议使用频率 1s；对于大型场景，建议使用频率 3～5s。频率越高，网络流量越低。

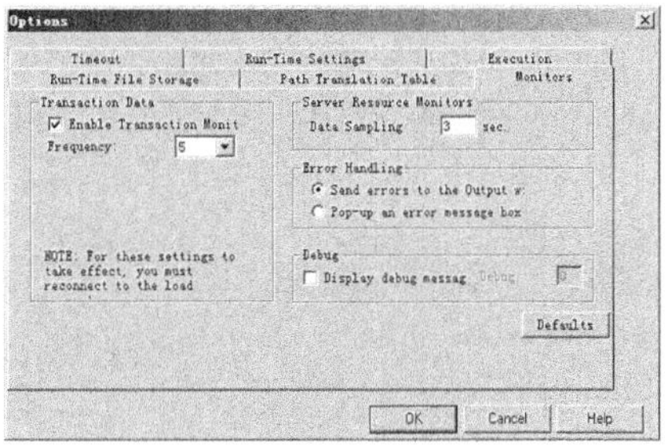

③ 数据采样速率（Data Sampling Rate）：采样速率是

图 6-155　监视器页设置

连续采样之间的时间间隔（以秒为单位）。用来输入 LoadRunner 在场景中采集监控数据的速率。如果增大采样速率，则数据的监控频率就会降低。

④ 错误处理（Error Handling）：可以将错误发送到输出窗口或者以提示信息框的形式显示出来。显示调试消息（Display debug messages）：将把与调试有关的消息发送至输出日志，同时您还可以指定调试级别（Debug level）。

⑤ 执行（Execution）。

可以通过该页来设置新场景的默认计划运行模式和设置一个命令，Controller 在整理场景运行结果后直接运行该命令，参见图 6-156。缺省情况下计划运行模式为"Real-world schedule"，当然也可以根据您的需要和操作习惯等选择"Basic schedule"。您可以定义一个命令，使得 Controller 在整理场景运行结果后直接运行该命令。例如，您可以定义一个命令，使得在场景运行完成后，通过调用 Analysis 应用和使用关键字%ResultDir%来自动打开场景执行结果等。

图 6-156 执行页设置

6.11 性能指标监控

作为一名测试从业者，您可能经常会看到或者听到性能测试指标的概念，如："某某系统要求能够承载 5000 用户同时做邮件收发业务""系统在 2000 用户并发访问时，要求系统 CPU 资源利用率不超过 60%""要求在系统用户数有 10000 人基础数据情况下、500 人同时登录到系统，登录业务的响应时间不超过 2 秒"等，也许这些是作为性能测试工程师耳熟能详的一些性能测试指标了。它是我们判断性能测试是否能够达到系统设计预期性能指标的重要依据，也是判断性能测试是否通过的依据，可见捕获性能指标数据的重要意义。和功能测试类似，在进行性能测试时，前面给出的就是我们的预期输入和期望值，结合在特定场景条件下运行完的结果与期望值进行对比后，如果相应的性能指标满足预期的指标时，则证明该系统特定业务达到了系统要求，否则，则表示系统未达到相应的标准，需要对系统进行相关的调优等方面的工作。由此可见，性能指标的捕获还是十分重要的，如果您辛辛苦苦设计的场景执行完成后，发现相关的一些计数器没有被添加进来，运行完成后没有相关数据，那将是十万分悲剧的一件事情，因为执行这次性能测试可能耗费了您几小时、几天甚至是几十天的时间，同时还占用了大量的人力、物力资源，仅因为当时的疏忽而导致此次性能测试毫无意义。在前面我们提到了指标和计数器两个概念，也许您对它们并不十分了解，在此我给大家做一个简单的介绍。最简单的说法就是您可以把"系统在 2000 用户并发访问时，要求系统 CPU 资源利用率不超过 60%"，这个"CPU 资源利用率不超过 60%"看做一个性能指标，当然其是在特定条件下的性能指标，在这里这个特定条件就是 2000 用户并发访问系统，每个性能指标都用一个计数器（Counter）来记录。

性能计数器（Performance Counter）也叫性能监视器，实际上是操作系统提供的一种系统功能，它能实时采集、分析系统内的应用程序、服务、驱动程序等的性能数据，以此来分析系统的瓶颈、监视组件的表现，最终帮助用户进行系统的合理调配。这里，还要引入一个性能对象（Performance Object）的概念，即被监视者。一般系统中的性能对象包括处理器、内存、磁盘、进程、线程、网络通信、系统服务等。在 Windows 操作系统中，运行 PerfMon.exe 小应用程序（如图 6-157 所示），您就可以查看性能对象、性能计数器和对象实例，可通过添加计数器来查看相关描述信息。实际上，可以通过编写程序来访问所有的 Windows 性能计数器。Windows 中，注册表是访问性能计数器的一种机制。性能信息并不实际存在于注册表中，在注册表编辑器 RegEdit.exe 中是无法查看的，但可以通过注册表函数来访问，利用注册表键来获得从性能数据提供者那里提供的数据。打开名为 HKEY_PERFORMANCE_DATA 的特殊键，利用 RegQueryValueEx 函数查询键下面的值，就可以直接访问注册表性能计数器信息。当然，也可以利用性能数据帮助器（PDH，Performance Data Helper）API（Pdh.dll）来访问性能计数器信息。

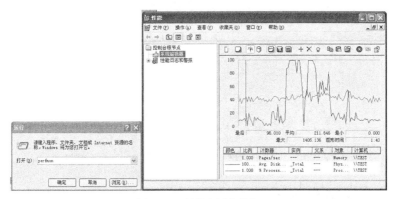

图 6-157　性能应用小程序

LoadRunner Controller 能够实现对操作系统资源使用情况、网络延迟、Web 应用程序服务器资源、数据库服务器资源、运行的虚拟用户数量、业务的响应时间等进行监控并记录这些数据，当场景执行完成后，进行数据的分析工作。前面已经向大家介绍过在性能测试执行过程中需要先将相应要监控的性能计数器添加到度量的重要意义。

下面就让我们来一起看一下，如何添加一个性能计数器，例如，要度量可用内存的使用情况。

首先，您要将场景设计界面切换到运行页，如图 6-158 所示。

图 6-158　场景设计页界面信息

在图 6-158 所示界面，单击【Run】页标签，则切换到了场景运行页界面，如图 6-159 所示。

在图 6-159 中方框部分内容，默认显示"Trans Response Time - whole scenario""Running Vusers - whole scenario""Hits per Second - whole scenario"和"Windows Resources - Last 60 sec"4 个联机监控图表信息。如果您希望查看更多的或指定个数的图表信息，可以在图表区域单击鼠标右键，选择"【View Graphs】"菜单项，然后您可以根据您自己的喜好选择要显示的图表个数，如图 6-160 所示。

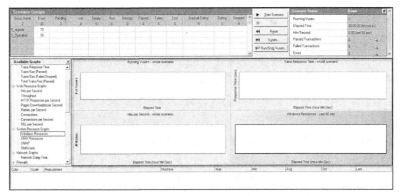

图 6-159　场景运行页界面信息

承接上文，那么我们如何添加"可用内存计数器"呢？您可以在运行场景页的左侧看到有

"Available Graphs"（可用图表）"Windows Resources"这个条目，双击该条目后，该图表会被激活，如图 6-161 和图 6-162 所示。

图 6-160　图表查看相关菜单项信息

图 6-161　可用图表相关信息

从图 6-162 中，您不难发现被激活的图表颜色较其他未被激活的图表颜色深一些。接下来，您就可用在激活的图表区域单击鼠标右键，如图 6-163 所示，在弹出的快捷菜单中选择【Add Measurements...】菜单项，如图 6-164 所示。

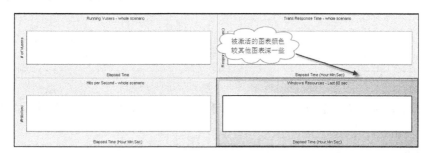

图 6-162　相应图表信息

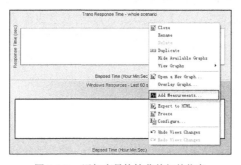

图 6-163　添加度量快捷菜单相关信息

在弹出的图 6-164 所示对话框中，您可以单击【Add...】按钮，来定义要监控的服务器，如图 6-165 所示，您可以在"Name"后的下拉框中输入对应服务器的名称或者是 IP 地址，有一点需要提醒大家的是，通常您需要关注部署应用和数据库所在的服务器，请您依据您的实际情况进行填写，这里我们输入"196.168.0.151"，而后单击【OK】按钮，则显示如图 6-166 所示的界面。

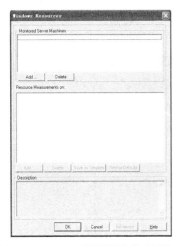

图 6-164　Windows 资源监控相关对话框　图 6-165　添加度量快捷菜单相关信息　图 6-166　Windows 资源监控相关对话框

您可以从资源度量列表中选择相应的性能计数器，这里结合我们要对可用内存进行度量的需求，所以选择"Available Mbytes (Memory)"条目并双击，将其他不需要监控的条目删除，当然如果相应的性能计数器，没有在列表中，您可用单击【Add…】按钮将相应的性能计数器添加进来，具体您可用根据实际性能测试项目的需要进行选择性添加，在这里作者不再赘述。待所有需要添加的性能计数器添加完成之后，单击【OK】按钮，则出现图 6-167 所示信息。

图 6-167　可用内存使用情况联机监控图表内容

如果需要您还可以单击【Export to HTML…】菜单项将图表相关信息输出到一份 HTML 文档中，如图 6-168 和图 6-169 所示。

在图 6-168 中，单击【Freeze】菜单项，可以在场景运行期间暂停某个特定的图数据的捕获。要恢复冻结的图，请重复刚才的操作。恢复后，该图也会显示暂停时段的数据。

在图 6-168 中，单击【Configure…】菜单项，可以打开图表配置，如图 6-170 所示。

图 6-168　输出到　　　　图 6-169　输出到 HTML 文档的内容　　　　图 6-170　图表配置对话框
HTML 文档相关快捷菜单内容

您可以通过设置"Refresh rate(sec)"来确定图表的刷新频率。默认情况下，每 5 秒对图刷新一次。如果增大刷新率，那么数据的刷新间隔就会更长。需要提醒大家的是，在大用户量负载测试中，建议使用 3～5 秒的刷新频率。这样可以避免 CPU 资源利用率过高的问题。

您可以通过设置"Time"后的下拉框"Relative to Scenario Start""Clock Time"和"Don't Show"3 个选项来指定如何在图表的 x 轴上显示时间。"Don't Show"（不显示）表示 Controller 不显示 x 轴的值、"Clock Time"（时钟时间）表示显示基于系统时钟的绝对时间、"Relative to Scenario Start"（相对于场景开始）表示显示从场景开始算起的时间。

您可以通过设置"Graph Time (sec)"后的下拉框选项，即 whole scenario、60、180、600 和 3600。当图的 x 轴基于时间时，表示该轴的比例。一张图可以显示 60～3600 秒的活动。要更详细地查看图，请缩短图时间。要查看更长时段内的性能，请增加图时间。

您可以通过设置"Display Type"后的下拉框选项（即 Line 和 Bar），来确定图的显示类型是折线图或柱状图，默认情况下，每个图都显示为折线图。

"Bar Value Type"后的"Average"表示 y 轴的数据将采用平均值进行填充。

您可以通过设置"Y-Axis Scale (Applied to selected graph only)"使用选定的 y 轴比例显示图表，默认选择"自动"，您也可以根据您的需要调整 y 轴最大值和最小值。

您也可以根据需要选择上述配置项内容"Apply to selected graph"（只应用于选择的图表）或者"Apply to all graphs"（应用于全部图表）。

关于性能测试监控的方法和工具有很多，在本书的后续章节将提供丰富的内容供读者朋友们阅读。

有的时候，您可能希望自己定义图表中曲线的颜色和显示比例等信息。这时，您就可以在度量区域单击鼠标右键，则弹出如图 6-171 所示快捷菜单列表。单击【Configure...】菜单项，则弹出度量配置对话框，如图 6-172 所示。

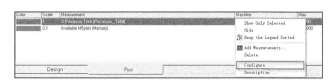

图 6-171　度量区域快捷菜单列表

图 6-172　度量配置对话框

如图 6-172 所示，您可以自己根据个人的喜好，改变选中曲线的颜色。在特定情况下，可能您选择了很多计数器进行监控，那么在图表中将显示很多线条，显得十分混乱，这时可以根据您的需要取消曲线的显示，即 Hide（隐藏）线条（如果隐藏了，在度量列表中将显示"Hidden"字样，如图 6-173 所示），需要时再将隐藏的线条显示出来 Show（显示）。

图 6-173　度量列表相关信息

如图 6-174 所示，图中 CPU 利用率和可用内存的使用情况共用 x 轴和 y 轴。x 轴为时间轴，y 轴对应"196.168.0.151"服务器 CPU 利用率和可用内存使用情况对应的数值。CPU 利用率的平均值为 41.881，而可用内存的平均值为 963.579，但是从 y 轴的曲线来看没有超过 100 的数值，那么这是为什么呢？

细心的读者朋友可能已经发现了这其中的一个奥秘，就是在图 6-174 中，CPU 利用率和可用内存，前面有一个度量比例（Scale），这 2 个度量的比例分别是"1"和"0.1"。对应的数值是不是分别乘以这个比例就在图上显示相应的正确数值了呢？回答是肯定的，因为各个性能计数器它们的数据信息不一定能用统一数量级来表示，所以 LoadRunner Controller 自动进行了相应的度量比例调整，当然也可以根据个人喜好调整这个比例，即对图 6-172 中的比例（Scale）进行调整。

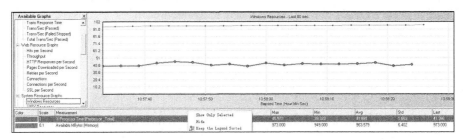

图 6-174　度量列表相关信息与 Windows 资源图表信息

6.12　Analysis 的应用

运行场景时，默认情况下所有运行数据本地存储在各个 Load Generator 上。场景执行后，必须整理结果，也就是说，必须将所有 Load Generator 中的结果收集到一起并传输到结果目录，然后才能生成任何分析数据。可以将 LoadRunner 设置为在运行完成后立即自动整理运行数据。您也可以在运行完成后手动整理运行数据。被整理的数据包含结果、诊断和日志文件。LoadRunner 成功整理数据后，这些文件会从本地存储它们的 Load Generator 和诊断介体中删除。场景执行完成以后，您需要对运行过程中收集的数据信息进行分析，从而了解系统性能表现能力，确定系统性能瓶颈。在 LoadRunner Controller 中，通过单击【Results】>【Analyze Results】菜单项，启动 LoadRunner Analysis 应用，如图 6-175 所示。

LoadRunner Analysis 应用提供了丰富的图表信息，可以帮助您准确地确定系统性能并提供有关事务及 Vuser 的相关信息。通过合并多个负载测试场景的结果或将多个图合并为一个图，可以比较多个图，帮您对性能瓶颈的判断提供依据。LoadRunner Analysis 应用提供图数据和原始数据视图以电子表格的格式显示用于生成图的实际数据，可以将这些数据复制到外部电子表格应用程序做进一步处理。LoadRunner Analysis 应用自动以图形或表格的形式概括和显示测试的重要数据，同时也提供了报告的导出功能，您可以根据需要导出相关数据。

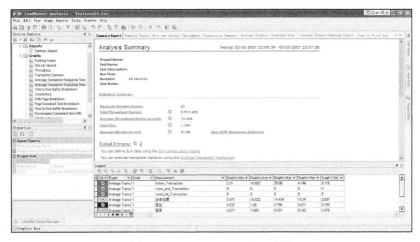

图 6-175　LoadRunner Analysis 应用

6.13 结果目录文件结构

通常，我们在执行场景时都会设定场景执行结果的存放路径，如果没有指定结果存放路径，则默认存放到临时路径下（即 C:\Documents and Settings\Administrator\Local Settings\Temp\res，当然依据于您的登录用户有可能不是"Administrator"，相应的路径地址有可能和我的临时路径有不同），作者建议在执行场景之前做执行结果路径的设置工作。这里作者将场景的执行结果存放于"F:\于涌个人\写作\0826_result\综合"，场景执行完成后，将会产生一些文件夹和文件，如图 6-176 所示。

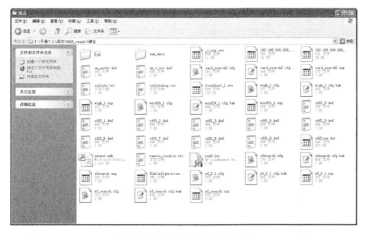

图 6-176 结果目录文件结构

下面，给大家介绍一下该目录文件结构及其文件的功能说明，如表 6-23 所示。

表 6-23 结果目录文件结构及其文件的作用

序号	文件/目录名称	说　明
1	<results_name> 目录	包含场景运行结果
2	<results_name>.lrr	包含有关场景运行的信息，如名称、持续时间、包含的脚本等
3	log	包含每个 Vuser 在回放时生成的输出信息
4	sum_data	包含图概要数据（.dat）文件
5	*.cfg 文件	包含 VuGen 中定义的脚本运行时设置（思考时间、迭代、日志、Web 等）的列表。结果目录中包含每个脚本的.cfg 文件
6	*.def 文件	图的定义文件，描述联机监控器和其他自定义监控器
7	*.usp 文件	包含脚本的运行逻辑，包括操作部分的运行方式。结果目录中包含每个脚本的.usp 文件
8	_t_rep.eve	包含 Vuser 和集合信息
9	<Controller>.eve	包含 Controller 主机中的信息
10	<Load_Generator>.eve.gzl 文件	<Load Generator>.eve 文件包含场景中 Load Generator 中的信息。这些文件被压缩并以.gzl 格式保存到结果目录
11	<Load_Generator>.map	将 Load Generator 上的事务和数据点映射到 ID
12	offline.dat	包含示例监控器信息
13	output.mdb	由 Controller 创建的数据库。存储场景运行期间报告的所有输出消息
14	collate.txt	包含结果文件的文件路径以及整理状态信息
15	collateLog.txt	包含从每个 Load Generator 进行结果、诊断和日志文件整理的状态（成功、失败）
16	remote_results.txt	包含主机事件文件的文件路径
17	SLAConfiguration.xml	包含场景的 SLA 定义信息
18	HostEmulatedLocation.txt	包含为 WAN 模拟定义的模拟位置

LoadRunner Analysis 应用会将所有场景结果文件（.eve 和.lrr）复制到数据库。创建数据库后，Analysis 将直接使用该数据库，而不使用结果文件。

6.14 Analysis Summary 分析

从读者的来信和网上专业的测试论坛来看，经常会看到有很多人非常关心性能测试完成后，如何分析测试结果的问题，相信这也是很多性能测试从业者非常关心的一个话题，那么在这里，我就以 LoadRunner 11.0 为例。

图 6-177 是平时我们用 LoadRunner 11.0 执行完性能测试场景后产生的一个结果信息。

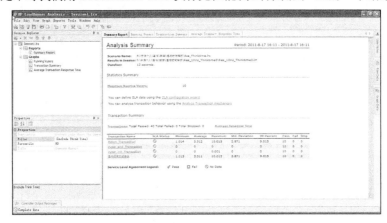

图 6-177　LoadRunner 11.0 的"Analysis Summary"图

6.15 事务相关信息

事务的响应时间是我们平时经常关注的一项性能指标，除此之外，在结果概要信息图表中，您还会经常看到事务的最小值（Minimum）、平均值（Average）、最大值（Maximum）、标准偏差（Std. Deviation）和 90%事务（90 Percent）等相关信息内容，这些数值代表什么？又是怎样得来的呢？

6.15.1 分析概要事务相关信息问题提出

尽管我们都是性能测试的从业人员，可是作为测试人员通常都有一个对事物"怀疑"的心理，在这里就表现为 LoadRunner 给出的这个结果信息是否可信？以及相应的结果信息是如何得到的？

这确实是一个很好的问题，但是，如何去证明 LoadRunner 11.0 的结果信息是正确的呢？大家在平时做功能测试的时候，是如何证明被测试的功能模块是正确的呢？相信作为测试从业者，我们都会异口同声地说："我们都会设计很多测试用例，用例包括两部分：输入和预期的输出，如果根据测试用例在被测试的功能模块输入相应的数据，实际执行结果和预期结果一致，那么就认为此功能模块是正确的，否则就是失败的。"回答得非常好，那么性能测试是不是可以效仿功能测试呢？回答是肯定的，为了验证性能测试的执行结果的正确性和各个结果信息的数据来源，我们也需要事先组织一些数据，然后根据这些数据的内容算出预期的结果，再通过 LoadRunner 11.0 去实现我们的想法，观察最后执行的结果是否和我们预期的一致，当然，如果一致就是正确的了，不一致，当然就证明两者之间有一个是错误的，结合我们预期的设定来讲，当然是 LoadRunner 11.0 是错误的。

6.15.2　结果概要事务相关信息问题分析

这里我有一个想法就是，我们事先准备 10 个数字，即 1、2、3、4、5、6、7、8、9、10，从这组数字当中不难发现，最小的数值应该是 1，最大的数值应该是 10，这些数值的平均值为（1+2+3+4+5+6+7+8+9+10）/10=55/10=5.5，在这组数值里边 90%的数值都会小于或等于 9，只有 1 个数值大于 9，即数值 10。

也许，聪明的读者朋友们已经想到了，我们是否可以借助 LoadRunner 11.0 的事务和思考时间来将我们的想法实现。"嗯，确实如此，我们的想法不谋而合"。

6.15.3　结果概要事务脚本设计及其相关设置

首先，我们可以在 Virtual User Generator 中编写一个脚本，即

```
Action()
{
    lr_start_transaction("思考时间测试事务");
    lr_think_time(atoi(lr_eval_string("{thinktime}")));

    lr_end_transaction("思考时间测试事务", LR_AUTO);

    return 0;

}
```

其中，"thinktime.dat"参数化文件内容包括数值 1 到 10，共计 10 个整数值，如图 6-178 所示。

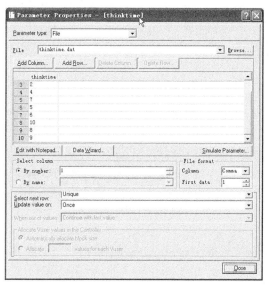

图 6-178　"thinktime.dat"参数化文件内容

然后，设置"thinktime"参数的"Select next row:"为"Unique"，"Update value on:"为"Once"。

接下来，启动"Controller"让我们来设定一个场景，我们在参数化的时候一共参数化了 10 条数据记录，在场景设计的时候，也取 10 个虚拟用户，如图 6-179 所示。

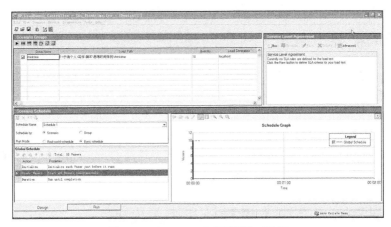

图 6-179　"Controller"场景设计对话框

当然，如果您关心在负载的时候，每个虚拟用户分别取到了哪些值，可以将测试执行日志打开，根据需要，这里我们单击图 6-180 红色区域所示按钮，则出现"Run-Time Settings"对话框，如图 6-181 所示。然后，选择"Log"页，请您根据自己的情况，选中日志的扩展情况，这里我们选中"Parameter substitution"选项。

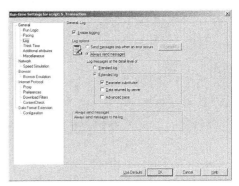

图 6-180　场景设计对话框

图 6-181　"Run-Time Settings"对话框

而后，单击"Run"页，如图 6-182 所示，再单击图 6-183 的"Start Scenario"按钮，则开始执行场景。

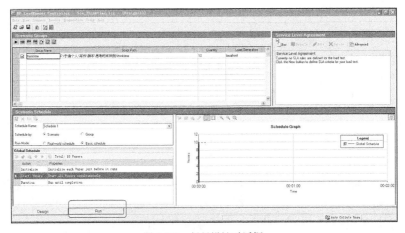

图 6-182　场景设计对话框

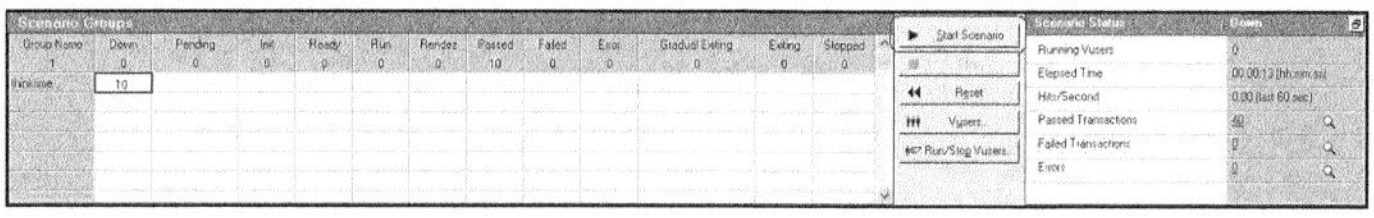

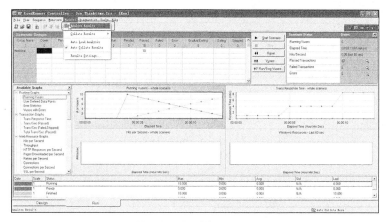

图 6-183　场景执行对话框

　　您可以单击"Results>Analyze Results"菜单项或者单击工具条对应的功能按钮，如图 6-184 所示，就可以将执行完成后的结果调出来。

图 6-184　场景执行对话框

6.15.4　如何解决结果概要信息不计入思考时间的问题

　　测试结果出来后，首先，映入眼帘的是"Analysis Summary"图表信息，是不是对"Transaction Summary"的数据感到诧异呢？如图 6-185 所示，为什么图中所有的数值均为"0"呢？相信有很多朋友对这个结果也感到莫名其妙，再回头看看我们的脚本，脚本中使用了思考时间，即"lr_think_time()"函数，而在"Analysis"应用中在默认的情况下，是忽略思考时间的，所以就出现了这样的一个结果。那么如何使响应时间中包括思考时间呢？非常简单，您可以单击属性"Filter"，默认情况下该属性值为"do not Include Think Time"，单击该属性值后面的按钮，如图 6-186 所示。

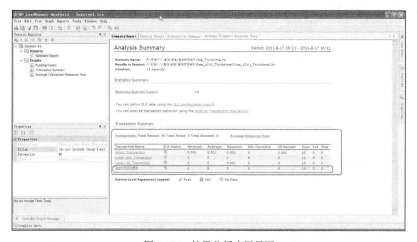

图 6-185　结果分析应用界面

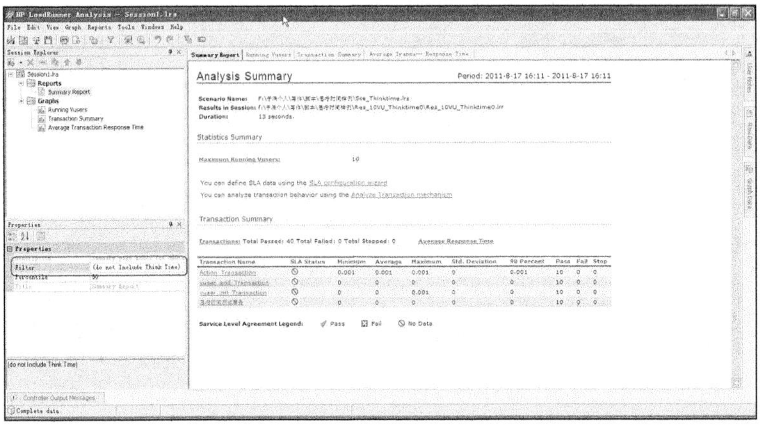

图 6-186 结果分析应用界面

单击 **…** 按钮后，则出现图 6-187 所示界面，单击 "Think Time" 过滤条件，在 "Values" 列选中 "Include Think Time" 复选框。

设定好过滤条件后，单击 "Analysis Summary Filter" 对话框的 "OK" 按钮，此时您会发现结果信息的内容发生了改变，先前为 "0" 的数值项现在已经有了数值，如图 6-188 所示方框部分内容。

图 6-187 结果概要分析过滤对话框

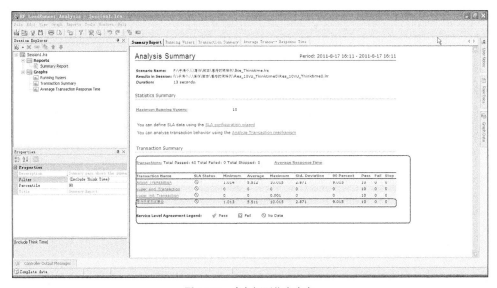

图 6-188 事务概要信息内容

6.15.5 如何知道每个虚拟用户负载时的参数取值

有很多朋友，可能非常关心每一个虚拟用户的参数取值问题。可能还有很多用户仍有这样的疑问，根据我们参数化的数据（即 1～10，共 10 个整型数值）正常来讲的话，平均值应该为 5.5，最小值应该为 1.0，而最大值应该为 10.0，但是从图 6-188 我们可以看到，相应的数值都是有一定的偏差，那这又是为什么呢？下面，我就逐一给您来解答这两个问题。

关于每个虚拟用户参数取值问题，您可以有两种手段获得。第一种方法，查看虚拟用户执行日志，这里我是将执行结果存放到了本书配套资源的“脚本\思考时间样例\Res_10VU_ Thinktime0”目录，在这个目录如果根据前面我们设定的执行时，启用日志，则会有一个名叫“log”的目录，这个目录就存放每个虚拟用户执行的日志信息，如图 6-189 所示。

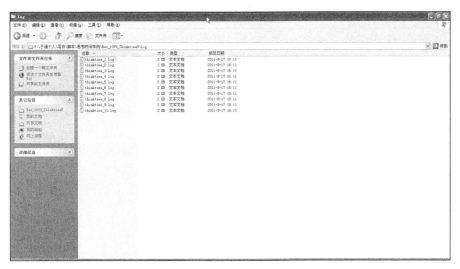

图 6-189　执行日志目录及文件信息

让我们任意打开一个日志文件来看一下文件的内容，如在这里我们打开名称为“thinktime_1.log”的日志文件，文件内容请参见图 6-190。细心的同志也许已经发现的一个问题，就是从图 6-188 和图 6-190 的“思考时间测试事务”，我们可以看到日志文件的思考时间是 1.0129 秒，而结果概要信息最小的事务时间显示为 1.013 秒。那么为什么不正好是 1 秒呢？这是因为 LoadRunner 模拟思考时间使用的是近似模拟，从数值上我们可以看到，而且在统计数据的时候是精确到毫秒级，所以您就在日志文件中看到了 1.0129，而统计数据的时候发现将数据进行了四舍五入变成了 1.013 了。

```
Virtual User Script started at : 2011-08-17 16:11:37    [MsgId: MMSG-15967]
Starting action vuser_init.    [MsgId: MMSG-15919]
Web Turbo Replay of LoadRunner 11.0.0 for WINXP; build 8859 (Aug 18 2010 20:14:31)    [MsgId: MMSG-27143]
Run Mode: HTML    [MsgId: MMSG-26000]
Run-Time Settings file: "C:\Documents and Settings\Administrator\Local Settings\Temp\lr5tmpdir5FX.872\lrcfgA6Z.881\cfgF5H.886"    [MsgId: MMSG-27141]
Ending action vuser_init.    [MsgId: MMSG-15918]
Running Vuser...    [MsgId: MMSG-15964]
Starting iteration 1.    [MsgId: MMSG-15968]
Starting action Action. [MsgId: MMSG-15919]
Action.c(6): Notify: Transaction "思考时间测试事务" started.    [MsgId: MMSG-16999]
Action.c(7): Notify: Parameter Substitution: parameter "thinktime" =  "1"    [MsgId: MMSG-13992]
Action.c(7): lr_think_time: 1.00 seconds.    [MsgId: MMSG-15948]
Action.c(8): Notify: Transaction "思考时间测试事务" ended with "Pass" status (Duration: 1.0132 Think Time: 1.0129).    [MsgId: MMSG-16872]
Ending action Action.    [MsgId: MMSG-15918]
Ending iteration 1.    [MsgId: MMSG-15965]
Ending Vuser... [MsgId: MMSG-15966]
Starting action vuser_end.    [MsgId: MMSG-15919]
Ending action vuser_end.    [MsgId: MMSG-15918]
Vuser Terminated.    [MsgId: MMSG-15963]
```

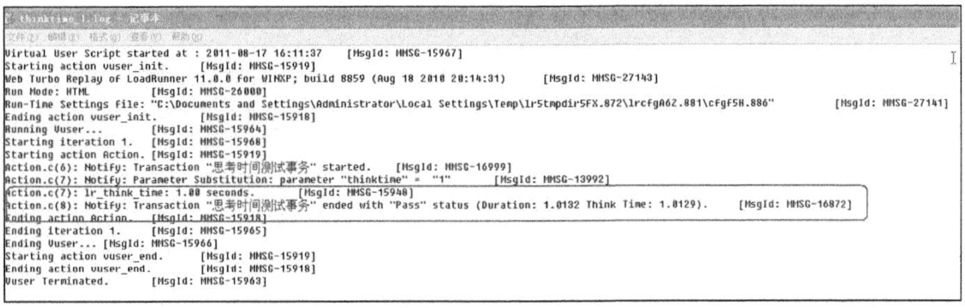

图 6-190　“thinktime_1.log”日志文件内容

您可以单击图 6-191 中方框区域，即“思考时间测试事务”链接，查看执行过程中我们设置的事务情况。

图 6-192 就是平均响应时间在测试执行过程中变化的趋势图表。

您可以单击图 6-193 的“Raw Data”页，而后再单击图 6-194 的“Click to retrieve raw data”链接，在出现图 6-195 后，请您选择要查看详细的数据信息时间段信息，默认是整个执行过程时间，在这里我们要查看整个过程的相关数据信息，所以直接单击【OK】按钮。

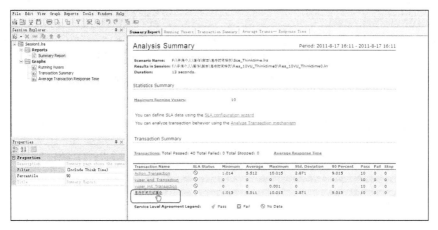

图 6-191 结果分析概要事务相关信息

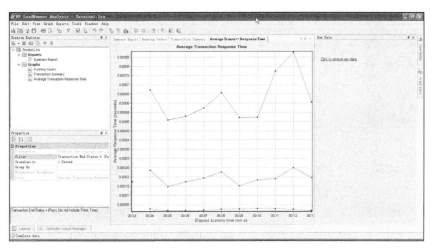

图 6-192 "Average Transaction Response Time"图表

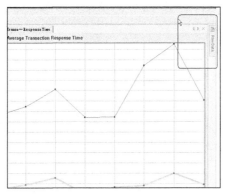

图 6-193 "Average Transaction Response Time"图表的"Raw Data"页

图 6-194 "Average Transaction Response Time"图表的"Click to retrieve raw data"链接

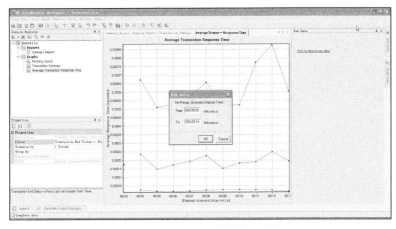

图 6-195 "Raw Data" 时间段选择对话框

这时所有虚拟用户执行过程中事务相关信息展现在我们面前，如图 6-196 所示，可以从这些数据中看到每个虚拟用户在什么时间执行了哪些事务以及执行事务所耗费的时间等相关信息。这里，结合脚本事务主要包括 4 个：vuser_init_Transaction、Action_Transaction、vuser_end_Transaction 和思考时间测试事务。

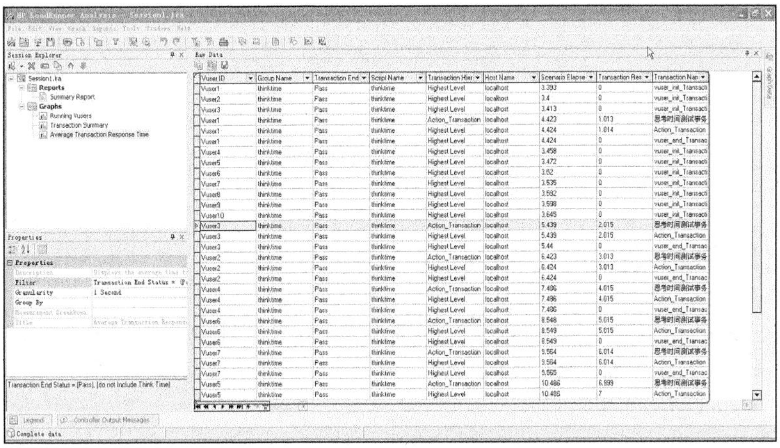

图 6-196 "Raw Data" 表格关于事务的相关信息

您可以对事务进行过滤，单击事务名称下拉框进行选择，如图 6-197 所示。

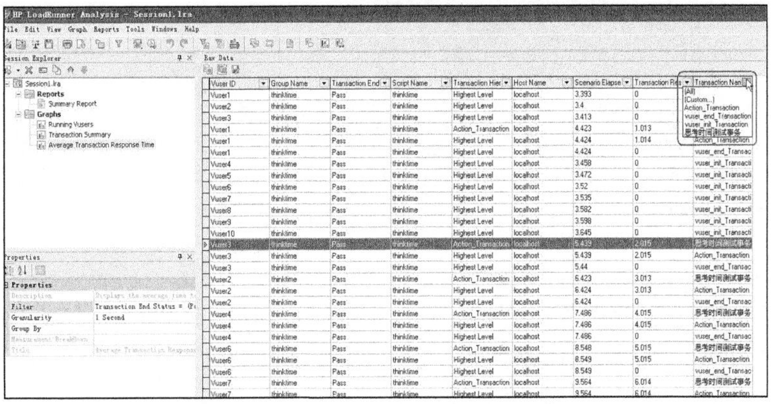

图 6-197 "Raw Data" 事务过滤下拉列表

这里我们仅针对“思考时间测试事务”这个事务进行过滤，如图 6-198 所示。

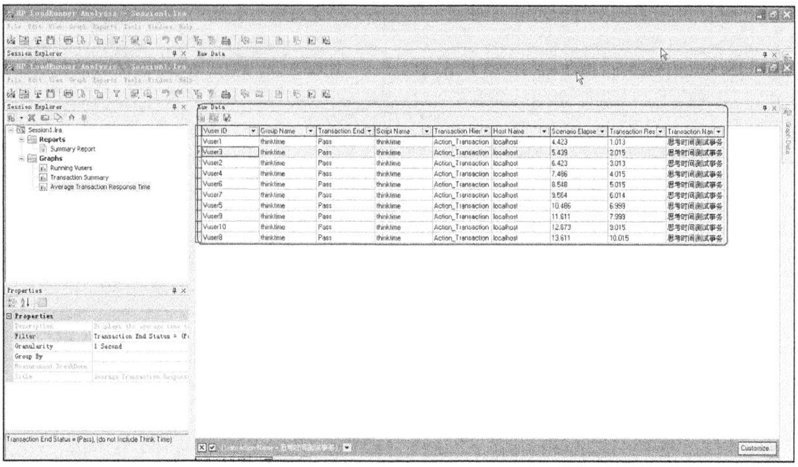

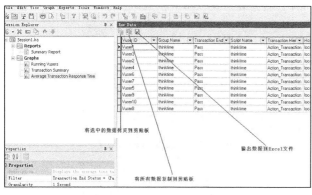

图 6-198 “Raw Data”中“思考时间测试事务”相关数据信息

为了让大家更清晰地看到相关的数据，这里我们将这部分数据单独截取出来，如图 6-199 所示。

Vuser ID	Group Name	Transaction End	Script Name	Transaction Hier	Host Name	Scenario Elapse	Transaction Res	Transaction Nan
Vuser1	thinktime	Pass	thinktime	Action_Transaction	localhost	4.423	1.013	思考时间测试事
Vuser3	thinktime	Pass	thinktime	Action_Transaction	localhost	5.439	2.015	思考时间测试事
Vuser2	thinktime	Pass	thinktime	Action_Transaction	localhost	6.423	3.013	思考时间测试事
Vuser4	thinktime	Pass	thinktime	Action_Transaction	localhost	7.486	4.015	思考时间测试事
Vuser6	thinktime	Pass	thinktime	Action_Transaction	localhost	8.548	5.015	思考时间测试事
Vuser7	thinktime	Pass	thinktime	Action_Transaction	localhost	9.564	6.014	思考时间测试事
Vuser5	thinktime	Pass	thinktime	Action_Transaction	localhost	10.486	6.999	思考时间测试事
Vuser9	thinktime	Pass	thinktime	Action_Transaction	localhost	11.611	7.999	思考时间测试事
Vuser10	thinktime	Pass	thinktime	Action_Transaction	localhost	12.673	9.015	思考时间测试事
Vuser8	thinktime	Pass	thinktime	Action_Transaction	localhost	13.611	10.015	思考时间测试事

图 6-199 “思考时间测试事务”相关数据信息

6.15.6 如何将数据导出到 Excel 文件中

为了便于对数据进行分析，您可以将数据输出到 Excel 文件中，参见图 6-200。

单击“输出到 Excel 文件”的工具条按钮，将弹出“文件保存路径选择”对话框，默认保存的文件名称为“Raw Data - Average Transaction Response Time.xls”，选择要存储的路径后，单击【保存】按钮，如图 6-201 所示。

图 6-200 “Raw Data”工具条信息

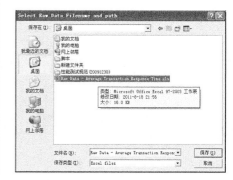

图 6-201 “Select Raw Data Filename and path”对话框

文件保存完成后，您可以打开该 Excel 文件，如图 6-202 所示。

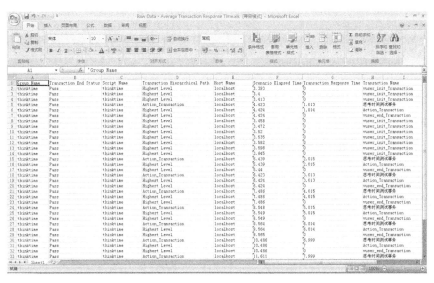

图 6-202 "Raw Data - Average Transaction Response Time.xls"文件内容信息

6.15.7 如何对导出的数据进行筛选

您可以对事务的相关数据进行筛选，选中文件的第一行，然后单击【筛选】按钮，如图 6-203 所示。

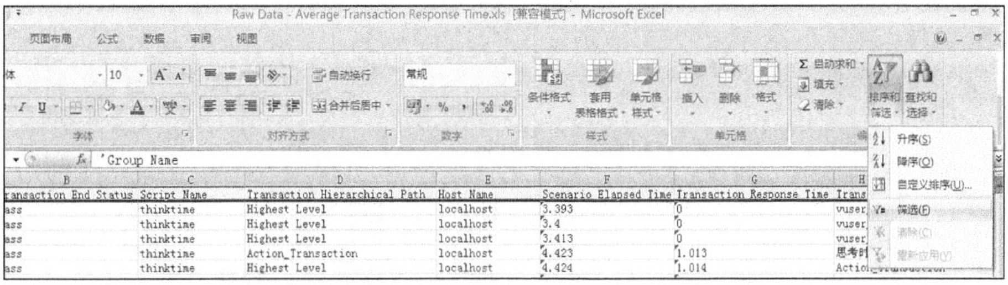

图 6-203 "Raw Data - Average Transaction Response Time.xls"文件内容信息

单击"Transaction_Name"列，选择"思考时间测试事务"，单击【确定】按钮，如图 6-204 所示，则可以将所有"思考时间测试事务"的相关数据信息过滤出来，如图 6-205 所示。

图 6-204 过滤对话框

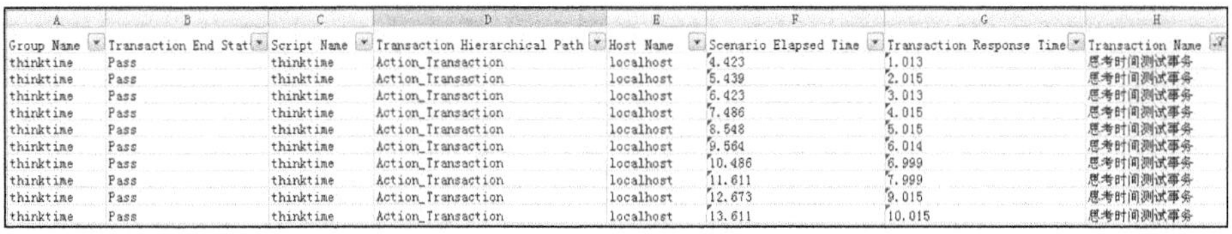

Group Name	Transaction End Stat	Script Name	Transaction Hierarchical Path	Host Name	Scenario Elapsed Time	Transaction Response Time	Transaction Name
thinktime	Pass	thinktime	Action_Transaction	localhost	4.423	1.013	思考时间测试事务
thinktime	Pass	thinktime	Action_Transaction	localhost	5.439	2.015	思考时间测试事务
thinktime	Pass	thinktime	Action_Transaction	localhost	6.423	3.013	思考时间测试事务
thinktime	Pass	thinktime	Action_Transaction	localhost	7.486	4.015	思考时间测试事务
thinktime	Pass	thinktime	Action_Transaction	localhost	8.548	5.015	思考时间测试事务
thinktime	Pass	thinktime	Action_Transaction	localhost	9.564	6.014	思考时间测试事务
thinktime	Pass	thinktime	Action_Transaction	localhost	10.486	6.999	思考时间测试事务
thinktime	Pass	thinktime	Action_Transaction	localhost	11.611	7.999	思考时间测试事务
thinktime	Pass	thinktime	Action_Transaction	localhost	12.673	9.015	思考时间测试事务
thinktime	Pass	thinktime	Action_Transaction	localhost	13.611	10.015	思考时间测试事务

图 6-205 “思考时间测试事务”数据信息

6.15.8 如何对结果数据进行有效的分析

为了将原始数据和分析数据进行比较，这里我们新建一个 Sheet 页，名称叫作“数据分析”，并将这些数据复制到新的 Sheet 页，如图 6-206 所示，而后将最小值、最大值和平均值记录在该 Sheet 页。

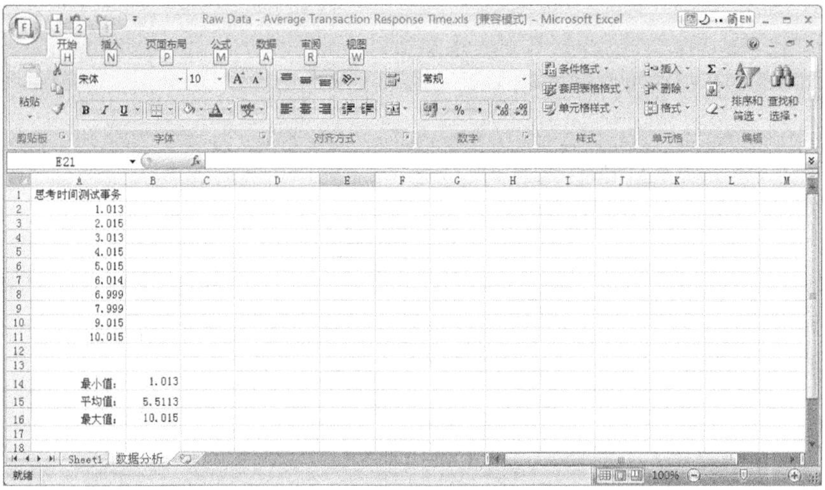

图 6-206 “思考时间测试事务”数据分析

以上是我们用 Excel 计算出来的，接下来，将这些数据和结果概要信息进行比对，即比对图 6-206 和图 6-207 关于“思考时间测试事务”的最小值、平均值和最大值，您也许已经发现了最小值和最大值是完全一致的，而平均时间是有差异的，由于 Excel 文件中的平均值没有进行四舍五入，所以比结果概要信息中的数据是多的，经过四舍五入后它们就完全一致了。

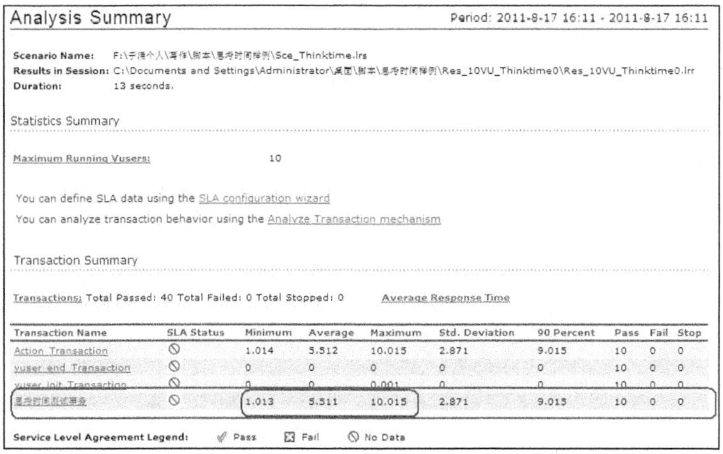

Transaction Name	SLA Status	Minimum	Average	Maximum	Std. Deviation	90 Percent	Pass	Fail	Stop
Action_Transaction	⊘	1.014	5.512	10.015	2.871	9.015	10	0	0
vuser_end_Transaction	⊘	0	0	0	0	0	10	0	0
vuser_init_Transaction	⊘	0	0	0.001	0	0	10	0	0
思考时间测试事务	⊘	1.013	5.511	10.015	2.871	9.015	10	0	0

图 6-207 “Analysis Summary”信息

也许有的读者还非常关心"Std.Deviation"和"90 Percent"是怎么来的呢？首先，我先解释一下"Std.Deviation"和"90 Percent"代表什么意思："Std.Deviation"是标准偏差，它代表着事务数据间差异大小程度，这个数值越小越好。

这里我们用标准偏差 S 来表示、平均值用 $\overline{X}$ 表示、每个具体的数据值用 X_i 表示，用 N 来表示数据的个数。

$$S = \sqrt{\dfrac{\sum\limits_{i=1}^{n}(x_i - \overline{x})^2}{n}}$$

接下来，我们把具体的数值放入公式中，为了方便我们计算，这里分步来计算。

第一步：$[(1.013-6.511)^2+(2.016-6.511)^2+(3.013-6.511)^2+(4.016-6.511)^2+(6.016-6.511)^2+(6.014-6.511)^2+(6.999-6.511)^2+(7.999-6.511)^2+(9.016-6.511)^2+(10.016-6.511)^2]$ /10=8.2399385，这里我们保留小数点后 4 位，则为 8.2399。

第二步：将 8.2399 开平方后，得到 S 为 2.8705，保留小数点 3 位，S=2.871。

接下来我们与图 6-207 中的"思考时间测试事务"的标准偏差进行对比，发现两者是一致的，当然我们手工进行计算似乎有点过于烦琐，有没有什么简易的方法就可以计算出标准偏差呢？这里我非常兴奋地告诉您："有"！Excel 提供了非常丰富的函数，我们可以利用"STDEVP"函数，如图 6-208 所示。该函数给出的整个样本总体的标准偏差，标准偏差反映相对于平均值的离散程度，该值越小越好。

接下来，让我们看一下"90 Percent"是怎么得来的，它是指 90%"思考时间测试事务"中最大的值，这里因为一共有 10 条记录，排序后则 9.015 是这 90%里边最大值，所以"90 Percent"即为该值，如图 6-209 所示。

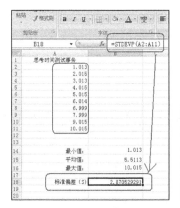

图 6-208　Excel 标准偏差函数的应用　　　　图 6-209　"思考时间测试事务"的数据信息

当然，您也可以通过添加"Transaction Response Time (Percentile)"图表来查看，如图 6-210 所示。

因为这里我们的事务需要包含思考时间，所以，需要单击图 6-210 中的"Filter & Open"按钮，将弹出图 6-211 所示对话框，您需要选择"Include Think Time"，即包含思考时间，然后再单击【OK】按钮，则会出现图 6-212 所示界面，如果您想了解 90%"思考时间测试事务"，可以顺着横坐标 90 位置往上找和图表曲线的交点，该点即为"90 Percent"的值。

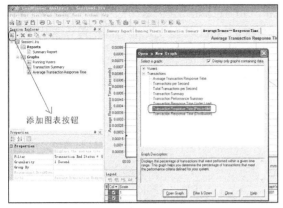

添加图表按钮

图 6-210　"添加图表信息"对话框

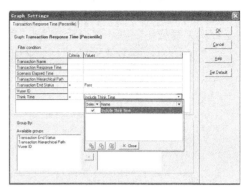

图 6-211　"Graph Settings"对话框

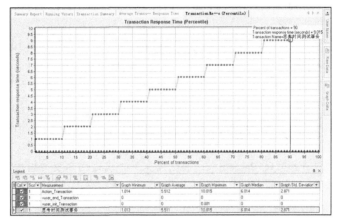

图 6-212　"Transaction Response Time (Percentile)"信息

6.16　吞吐量相关信息

在做性能测试的时候是我们非常关注的内容，像吞吐量、每秒事务数、每秒单击数等都是衡量服务器处理能力的重要指标。在 LoadRunner 的结果概要分析图表中，我们也会看到一些这方面的数据信息，如图 6-213 所示，那么这些数据又是怎么得来的呢？

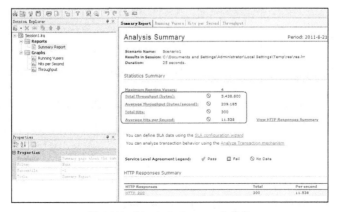

图 6-213　"Analysis Summary"信息

6.16.1　概要分析吞吐量等相关信息问题提出

做性能测试的朋友们都很重视吞吐量相关的一些性能指标，那么这些性能指标是怎么来的？也许这也是好多读者非常关心的一个问题，为此作者做了一个测试页面，如图 6-214 所示，来向大家展示一下有关 Total Throughput (bytes)、Average Throughput (bytes/second)、Total Hits 和 Average Hits per Second 的由来。

图 6-214　测试页面信息

从图 6-214 中，我们能看到主要有 1 个图片、1 个链接和 1 个用于登录的窗体（Form）。

6.16.2　概要分析吞吐量等相关信息问题分析

首先，让我们先看一下图 6-214（测试页面）的源文件信息，如下所示：

```
<%@ page contentType="text/html; charset=GBK" %>
<html>
    <body>
        <center>
        <h1>测试页面</h1>
        <hr>
        <form action="resp.jsp" method="post">
        用户姓名: <input type="text" name="t1"></input>
        <br>
        用户密码: <input type="text" name="t2"></input>
        <br><p>
        <input type="submit" name="b1" value="提交">
        <input type="submit" name="b2" value="取消">
        <p>
        <p>
        <hr>
        <img src="lj.gif"></img>
        <br>
        <p>
        <p>
        <a href="http://tester2test.blog.51cto.com">作者博客:
            http://tester2test.blog.51cto.com</a>
        </center>
```

```
        </body>
</html>
```

从源文件中，同样我们能看到主要的界面元素对应的源代码分别如下。

窗体（Form）源代码：

```
<form action="resp.jsp" method="post">
用户姓名：<input type="text" name="t1"></input>
<br>
用户密码：<input type="text" name="t2"></input>
<br><p>
<input type="submit" name="b1" value="提交">
<input type="submit" name="b2" value="取消">
```

图片源代码：

```
<img src="lj.gif"></img>
```

超链接"作者博客：http://tester2test.blog.51cto.com"源代码：

```
<a href="http://tester2test.blog.51cto.com">作者博客：http://tester2test.blog.51cto.com</a>
```

当我们对源代码有了一个基本的分析以后，也许又有朋友会提出问题了。您可能会问："结合您给出的这个测试页面，作为性能测试人员我们怎么知道吞吐量和单击数是怎么计算出来的呢"，这是非常好的一个问题，也是下面我将会给大家讲到的一个重要内容。

首先，我们先录制一个脚本，当然是访问"http://localhost:8080/mytest/test.jsp"这个测试页面。

然后，根据脚本的执行日志，可以得到服务器返回给客户端的内容大小，总的内容大小就是访问 1 次这个页面的吞吐量数值了。那么还有另一个单击数的指标数值怎么能够得到呢？也许有很多读者朋友们认为访问一个页面，当然单击数为 1 了，那么事实如此吗？答案是否定的，详细的脚本等相关内容请参见下一节。

6.16.3 概要分析吞吐量等相关内容设计与实现

相信大家都清楚 LoadRunner 有两种录制模式，即"HTML-based script"和"URL-based script"两种录制模式。我们还知道两者都能够顺利完成业务脚本的录制，但是这两种方式是有一定区别的，"HTML-based script"方式下，VuGen 为用户的每个 HTML 操作生成单独的步骤，这种方式录制的脚本看上去比较直观；"URL-based script"方式下，VuGen 可以捕获所有作为用户操作结果而发送到服务器的 HTTP 请求，分别为用户的每个请求生成对应的脚本步骤内容，下面我们就以图 6-214 的"测试页面"为例（http://localhost:8080/mytest/test.jsp）分别来看一下"HTML-based script"和"URL-based script"两种方式生成的脚本代码。

"HTML-based script"方式脚本代码：

```
Action()
{

    web_url("test.jsp",
        "URL=http://localhost:8080/mytest/test.jsp",
        "Resource=0",
        "RecContentType=text/html",
        "Referer=",
        "Snapshot=t13.inf",
        "Mode=HTML",
```

```
                EXTRARES,
                "Url=../favicon.ico", "Referer=", ENDITEM,
                LAST);

        return 0;
    }
```

脚本回放一下，在回放日志（Replay Log）页，您能看到如下信息，如图 6-215 所示。
"URL-based script" 方式脚本代码：

```
Action()
{

    web_url("test.jsp",
        "URL=http://localhost:8080/mytest/test.jsp",
        "Resource=0",
        "RecContentType=text/html",
        "Referer=",
        "Snapshot=t1.inf",
        "Mode=HTTP",
        LAST);

    web_url("lj.gif",
        "URL=http://localhost:8080/mytest/lj.gif",
        "Resource=1",
        "RecContentType=image/gif",
        "Referer=http://localhost:8080/mytest/test.jsp",
        "Snapshot=t2.inf",
        LAST);

    web_url("favicon.ico",
        "URL=http://localhost:8080/favicon.ico",
        "Resource=1",
        "RecContentType=image/x-icon",
        "Referer=",
        "Snapshot=t3.inf",
        LAST);

    return 0;
}
```

图 6-215　以 "HTML-based script" 方式回放日志

脚本回放一下，在回放日志（Replay Log）页，您能看到如下信息，如图 6-216 所示。

图 6-216 以 "URL-based script" 方式回放日志

细心的读者也许已经发现尽管两种录制方式不同，但是回放时服务器端返回的响应数据却是相同的，在图 6-215 中和图 6-216 中下载了 3 个资源，即 "http://localhost:8080/mytest/lj.gif" "http://localhost:8080/mytest/test.jsp" 和 "http://localhost:8080/favicon.ico"。

如图 6-216 所示，"http://localhost:8080/mytest/test.jsp" 是实际请求的页面，图片包含在该页面中，所以需要下载 "http://localhost:8080/mytest/lj.gif" 这个图片资源，而 "http://localhost:8080/favicon.ico" 即访问测试页面是标志 Tomcat 应用的图标作为附加资源进行了下载，如图 6-217 所示。

图 6-217 测试页面 URL 图标

该请求返回总的响应数据内容大小为 "53696 body bytes,686 header bytes"，如图 6-215 所示。

在图 6-216 中，您会清晰地看到服务器端返回 3 个响应数据内容如下所示："web_url("test.jsp") was successful, 476 body bytes, 223 header bytes" "web_url("lj.gif") was successful, 31590 body bytes, 230 header bytes" 和 "web_url("favicon.ico") was successful, 21630 body bytes, 233 header bytes"。可以算一下 3 个返回资源的 "body bytes" 和 "header bytes" 分别相加，即 476+ 31590+21630=53696 和 223+230+233=686，这两个值与图 6-215 返回的数值是一致的。从而也说明了尽管两种脚本录制方式不同，但是实际的执行结果是一致的。

6.17 执行结果分析过程

场景执行完成以后，您需要对运行过程中收集的数据信息进行分析，从而来了解系统性能表现能力，确定系统性能瓶颈。在 LoadRunner Controller 中，通过单击【Results】>【Analyze Results】菜单项，启动 LoadRunner Analysis 应用，如图 6-218 所示。

● 分析摘要：左边树形结构显示可以查看的图。您可以从树形结构列表中选择关心的图，进行相关信息的查看。

● 统计摘要：最大运行虚拟用户数、总吞吐量、平均吞吐量、总单击次数、平均每秒单击次数信息等。

● 事务摘要：服务水平协议状态、事务名称、最小值、平均值、最大值、标准偏差、90%、通过、失败、停止信息等。

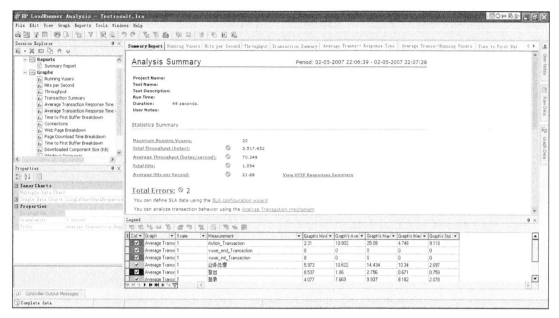

图 6-218　LoadRunner Analysis 应用

● HTTP 响应摘要：HTTP 响应代码、总计数量、每秒响应数等。

左侧树形列表可以选择多个图，仅以选择 Average Transaction Response Time 为例，单击 "Average Transaction Response Time"则显示平均事务响应时间图，如图 6-219 所示；当然您也可以选择没有在列表中出现的其他图，方法是单击工具条按钮"Add New Graph…"，如图 6-220、图 6-221 所示，把关心的图加入可用图区域。

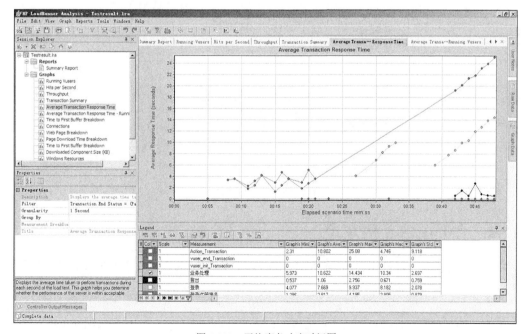

图 6-219　平均事务响应时间图

图 6-220 添加新图表的工具条按钮条目

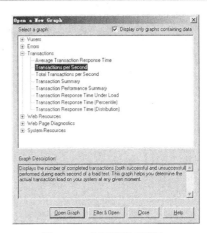

图 6-221 打开新图对话框

6.17.1 合并图的应用

您还可以合并平均事务响应时间图和运行虚拟用户图，合并图的方法是选择要合并的图，然后在图空白处单击鼠标右键选择快捷菜单【Merge Graphs…】选项，而后选择需要合并的图，在这里选择"Running Vusers"，选择合并图类型，如果需要更改合并图标题，您可用更改标题。如果不需要更改标题，则单击【OK】按钮，这样就会产生"Average Transaction Response Time — Running Vusers"图。如图 6-222 所示，查看随着虚拟用户数量的增加或者减少事务响应时间情况，事务响应时间是服务器处理能力的一个重要指标，也是用户应用软件最直接的体验。当然您可以选择关心的内容进行图的归并，在这里不再一一赘述。

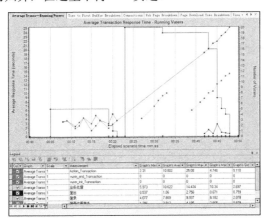

图 6-222 平均响应时间

6.17.2 合并图的 3 种方式

合并图共提供了 3 种合并方式：叠加（Overlay）、平铺（Tile）和关联（Correlate）。下面针对这 3 种合并方式做一下简单的介绍。

（1）叠加方式：使得两个图使用相同横轴的图的排列方式。合并图的左侧纵轴显示当前图的值。如图 6-223 所示，将吞吐量和运行虚拟用户数图进行叠加方式合并后，两图共同以时间作为横轴，而左侧纵轴为吞吐量相关数值，右侧纵轴则显示虚拟用户数相关数据信息。

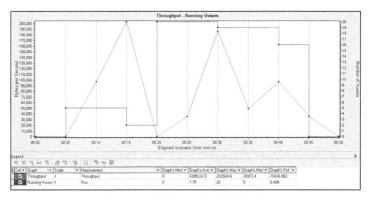

图 6-223 以叠加方式合并的吞吐量

（2）平铺方式：两个图一个位于另一个之上，合并图在下方，而被合并图在上方，使得两个图共同使用一个横轴，两个图分别使用各自的纵轴，如图 6-224 所示。

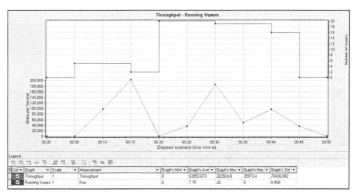

图 6-224 以平铺方式合并的吞吐量

（3）关联方式：使得合并图的纵轴将变成合并图的横轴。被合并图的纵轴将变成合并图的纵轴。如图 6-225 所示，横轴显示吞吐量相关数值，纵轴显示虚拟用户数。

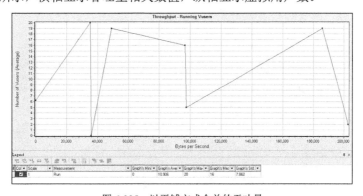

图 6-225 以平铺方式合并的吞吐量

6.17.3 自动关联的应用

您还可以通过自动关联图的方法，发现合并图的相似趋势。关联将取消度量的实际值，允许您重点关注方案指定时间范围内度量的行为模式。关联图的方法是在选定图空白处单击鼠标右键选择快捷菜单【Auto Correlate...】，而后设置要关联的场景时间段和趋势（Trend），划分包含最重要变更的扩展时间段或者特性（Feature），划分形成趋势的较小维度段。Automatically suggest for new measurement：选择与相邻段最不相似的时间段。同时您还可以通过 Correlation Options 选择要关联的度量目录并设置数据间隔、输出选项内容，参见图 6-226、图 6-227 和图 6-228。

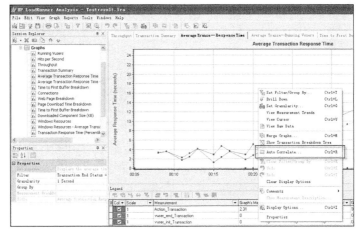

图 6-226　自动关联图选项

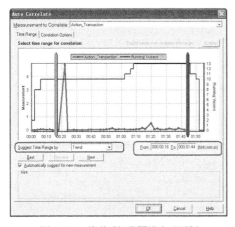

图 6-227　关联时间范围设定对话框

图 6-228　关联选项设定对话框

　　自动关联方法是我们应用 LoadRunner Analysis 工具定位性能瓶颈的一个常用方法。自动关联功能应用高级统计信息算法来确定哪些度量对事务的响应时间影响最大，从而确定系统的性能瓶颈。下面我们结合图 6-229 实例讲解一下如何应用自动关联来分析测试结果。

　　在图 6-229 中我们发现 SubmitData 事务的响应时间相对较长（为了方便大家看清楚该曲线，作者用粗线条对 SubmitData 曲线进行了重画）。要将此事务与场景或会话步骤运行期间收集的所有度量关联，请用鼠标右键单击 SubmitData 事务并选择"Auto Correlate"，弹出自动关联对话框，选择要检查的时间段，选择"Correlation Options"选项卡，选择要将哪些图的数据与 SubmitData 事

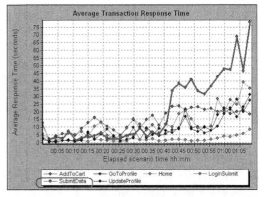

图 6-229　平均事务响应时间图

务关联，如图 6-230 和图 6-231 所示。

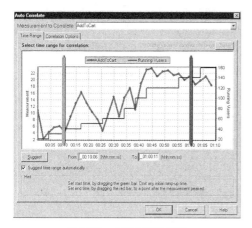

图 6-230 自动关联对话框

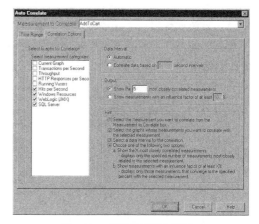

图 6-231 关联选项页对话框

结合 SubmitData 选择与其紧密关联的 5 个度量，此关联示例描述下面的数据库和 Web 服务器度量对 SubmitData 事务的影响最大，参见图 6-232。

- Number of Deadlocks/sec (SQL Server)。
- JVMHeapSizeCurrent (WebLogic Server)。
- PendingRequestCurrentCount (WebLogic Server)。
- WaitingForConnectionCurrentCount (WebLogic Server)。
- Private Bytes (Process_Total) (SQL Server)。

使用相应的服务器图，可以查看上面每一个服务器度量的数据并查明导致系统中出现瓶颈的问题。

例如，图 6-233 描述 WebLogic (JMX) 应用程序服务器度量 JVMHeapSizeCurrent 和 Private Bytes (Process_Total) 随着运行的 Vuser 数量的增加而增加。因此，上图描述这两种度量会导致 WebLogic (JMX) 应用程序服务器的性能下降，从而影响 SubmitData 事务的响应时间。

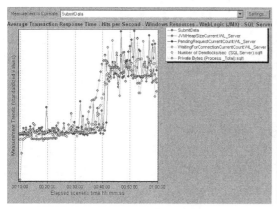

图 6-232 与 SubmitData 关联的 5 个度量

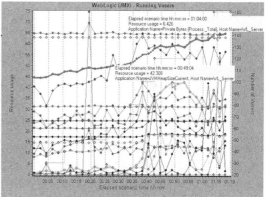

图 6-233 WebLogic(JMX)-运行 Vuser 图

6.17.4 交叉结果的应用

通常，在完成一轮性能测试的时候，我们会记录并分析性能测试的结果，而后根据对结果的分析，提出网络、程序设计、数据库、软硬件配置等方面的改进意见。网管、程序设计人员、数据库管理人员等再根据我们提出的建议，对相应的部分进行调整。经过对系统相应部分调整以后，我们再进行第二轮、第三轮……测试，然后保存新一轮的测试结果与前一轮的测试结果进行对比，确定经过系统调优以后系统的性能是否有所改善。LoadRunner Analysis 提供了对性能测试结果的交叉比较功能，从而可以为我们提供更加方便的定位系统瓶颈的一种手段。这里假设我们有一个 100 个用户并发查询资源并显示明细项的场景，如图 6-234 所示。

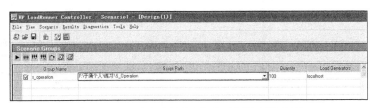

图 6-234　100 个用户并发查询资源并显示明细场景

第一次场景执行完成以后，将结果文件保存名称为 res0。系统经过对 Web 应用服务器进行最大连接数调整以后，在相同运行环境下仍然执行该场景，将运行结果保存为 res1。接下来，打开 LoadRunner Analysis，选择菜单项【File】>【Cross With Result...】，在 "Cross Result" 对话框中输入要比较的两个或者多个测试结果路径，单击【OK】按钮，则系统会自动创建两次测试结果的归并对比图，请参见图 6-235～图 6-237，在归并对比图中用不同颜色的线条来区分相同事务，仅以 "事务性能摘要图" 作为示例，其他图表和此图表形式类似，不再一一赘述。

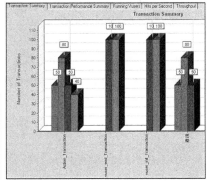

图 6-235　交叉结果对比菜单选项　　　图 6-236　交叉结果对话框　　　图 6-237　两次执行结果事务性能摘要归并图

6.17.5　性能测试模型

在性能测试过程中通常都有一定的规律,有经验的性能测试人员会按照性能测试用例来执行，而性能测试的执行过程是由轻到重，逐渐对系统施压。图 6-238 展示的是 1 个标准的软件性能模型。通常用户最关心的性能指标包括响应时间、吞吐量、资源利用率和最大用户数。我们可以将这张图分成 3 个区域，即轻负载区域、重负载区域和负载失效区域。

那么这 3 个区域有什么样的特点呢？

（1）轻负载区域：在这个区域您可以看到随着虚拟用户数量的增加，系统资源利用率和吞吐量也随之增加，而响应时间没有特别明显的变化。

（2）重负载区域：在这个区域您可以发现随着虚拟用户数量的增加，系统资源利用率随之缓慢增加，吞吐量开始也缓慢增加，随着虚拟用户数量的增长，资源利用率保持相对的稳定（满足系统资源利用率指标），吞吐量也基本保持平稳，后续则略有降低，但幅度不大，响应时间会有相对较大幅度的增长。

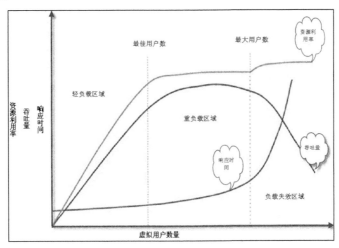

图 6-238　性能测试模型图

（3）负载失效区域：在这个区域系统资源利用率随之增加并达到饱和，如 CPU 利用率达到 95%甚至 100%，并长时间保持该状态，而吞吐量急剧下降和响应时间大幅度增长（即出现拐点）。

在轻负载区域和重负载区域交界处的用户数，我们称为"最佳用户数"，而重负载区域和负载失效区域交界处的用户数则称为"最大用户数"。当系统的负载等于最佳用户数时，系统的整体效率最高，系统资源利用率适中，用户请求能够得到快速响应；当系统负载处于最佳用户数和最大用户数之间时，系统可以继续工作，但是响应时间开始变长，系统资源利用率较高，并持续保持该状态，如果负载一直持续，将最终会导致少量用户无法忍受而放弃；而当系统负载大于最大用户数时，将会导致较多用户因无法忍受超长的等待而放弃使用系统，有时甚至会出现系统崩溃，而无法响应用户请求的情况发生。

6.17.6　性能瓶颈定位——拐点分析法

这里我们以图 6-239 作为拐点分析的图表。"拐点分析"方法是一种利用性能计数器曲线图上的拐点进行性能分析的方法。它的基本思想就是性能产生瓶颈的主要原因就是因为某个资源的使用达到了极限，此时表现为随着压力的增大，系统性能却出现急剧下降，这样就产生了"拐点"现象。当得到"拐点"附近的资源使用情况时，就能定位出系统的性能瓶颈。"拐点分析"方法举例，如系统随着用户的增多，事务响应时间缓慢增加，当用户数达到 100 个虚拟用户时，系统响应时间急剧增加，表现为一个明显的"折线"，这就说明了系统承载不了如此多的用户做这个事务，也就是存在性能瓶颈。

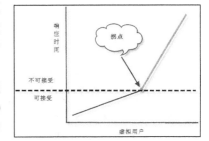

图 6-239　虚拟用户——响应时间图

6.17.7　分析相关选项设置

在前面章节向读者朋友们介绍了结果分析的相关手段和性能测试模型等知识，下面就给大家介绍一下，有关 Analysis 应用的相关配置选项内容。单击【Tools】>【Options...】启动选项对话框，如图 6-240 所示，选项对话框共包含通用（General）、结果搜集（Result Collection）、数据（Database）、网页诊断（Web Page Diagnostics）和事务分析设置（Analyze Transaction Settings）这 5 页。

（1）通用页。

您可以设置日期格式、文件浏览器、临时存储位置、事务百分比。

① 文件浏览器：选择希望文件浏览器打开的目录位置。

● Open at most recently used directory：在上次使用的目录位置打开文件浏览器。

● Open at specified directory：在指定目录打开文件浏览器。

● Directory path：输入希望文件浏览器打开的目录位置。

② 临时存储位置：选择要存储临时文件的目录位置。

● Use Windows temporary directory：在 Windows 临时目录中保存临时文件。

● Use a specified directory：在指定目录中保存临时文件。

● Directory path：您可以输入要保存临时文件的目录位置。

③ 摘要报告：设置其响应时间显示在摘要报告中的事务百分比。摘要报告包含一个百分比例，显示 90%的事务的响应时间（90%的事务在这段时间内进行）。要更改默认的 90%百分比数值，请在"事务百分比"框中输入一个新数字。由于这是应用程序级设置，所以列名仅在下次调用 Analysis 时更改为新的百分比数字（例如，更改为"80%百分比"）。

（2）结果搜集页。

您可以设置数据源、数据聚合、数据范围，参见图 6-241。

图 6-240　选项对话框

图 6-241　结果搜集对话框

① 数据源：用于配置 Analysis 生成负载测试场景结果数据的方式。

● Generate summary data only：仅查看摘要数据。如果选择该选项，Analysis 不会处理数据以用于筛选和分组等高级用途。

● Generate complete data only：仅查看经过处理的完整数据，不显示摘要数据。

● Display summary while generating complete data：在处理完整数据时，查看摘要数据。处理完成之后，查看完整数据。

② 数据聚合：对于缩小大型场景中的数据库和减少处理时间来说很有必要。

● Automatically aggregate data to optimize performance：使用内置数据聚合公式聚合数据。

● Automatically aggregate Web data only：使用内置数据聚合公式仅聚合 Web 数据。

● Apply user-defined aggregation：使用定义的设置聚合数据。单击【Aggregation Configuration…】按钮，在弹出的对话框中您可以在其中定义自定义聚合设置。

③ 数据时间范围：您可以指定 Analysis 显示整个场景运行期间的数据，也可以指定设置指定时间范围内运行的数据。

● Entire scenario：显示方案整个运行时间内的数据。

● Specified scenario time range：仅显示方案指定时间范围内的数据。

■ Analyze results from X into the scenario：输入要使用的方案已用时间（以"时:分:秒"的格式），在此时间之后 Analysis 开始显示数据。

■ until Y in the scenario：输入希望 Analysis 在方案中停止显示数据的时间点（以"时:分:秒"的格式）。

● Copy Controller Output Messages to Analysis Session：Controller 输出消息显示在 Analysis 的"Controller 输出消息"窗口中。

■ Copy if data set is smaller than 150MB：默认情况下如果数据集小于 150MB，则将 Controller 的输出数据复制到 Analysis 会话中，当然您可以依据实际需求自行调整该值。

■ Always copy：始终将 Controller 输出数据复制到 Analysis 会话中。

■ Never copy：从不将 Controller 输出数据复制到 Analysis 会话中。

（3）数据页。

您可以设置要将运行过程中收集的相关数据存储到什么类型的数据库，LoadRunner 支持 Access 2000 或者 SQL Server/MSDE，默认是选择 Access 桌面数据库；如果您选择 SQL Server/MSDE，则需要设置数据库地址、登录的用户名、密码以及逻辑存储和物理存储地址。

单击【Test parameters】按钮用于测试您是否能够成功连接到 SQL Server/MSDE 计算机，并查看指定的共享目录是否位于服务器上以及在该共享服务器目录上是否有写入权限。如果有，Analysis 会将共享的服务器目录与物理服务器目录同步。

单击【Compact database】按钮，在搜集结果信息时涉及很多插入、删除操作，结果的数据库可能变得零碎。因此，它将使用过多的磁盘空间。经过压缩处理以后可以修复和压缩这些结果并且优化 Access 数据库，减少结果数据库文件占用过多的磁盘空间。

（4）网页诊断。

您可以选择如何聚合包含动态信息（如会话 ID）的 URL 的显示。

① Display individual URLs：单独显示每个 URL。

② Display an average of merged URLs：将来自同一脚本步骤的 URL 合并成一个 URL，然后使用合并（平均）数据点显示它。

（5）事务分析设置。

您可以通过该页配置的事务分析报告来显示事务分析图表和选中其他图表的进行关联，从而方便您分析定位问题，如图 6-242 所示。

定义图表匹配到您选择的事务图表分析,若图形数据可用则以蓝色显示。

图 6-242　事务分析设置对话框

Show correlations with at least 20% match：可以调整事务分析图表和选中的图表内容进行分析，默认情况下，匹配比例设置为不小于 20%，您可以依据需要适当调整该值。

Auto adjust time range to best fit: 分析调整选定的时间范围内，违反SLA。此选项仅适用于事务分析报告时，直接从总结报告的最差的事务或以上时间段的情景行为产生。

Show correlations with insufficient data lines: 显示某个相关度量内容包含小于15单位粒度。

6.18 主要图表分析

LoadRunner Analysis 应用提供了丰富的图表和报告，它们可以为您在运行场景后分析和定位系统性能问题提供快捷、方便的手段。

下面，作者就向读者朋友们介绍一下在性能测试分析过程中经常会用到的一些图表内容。

6.18.1 虚拟用户相关图表

您可以通过单击【Add New Graph...】菜单项，了解那些图表和虚拟用户相关，如图6-243所示。

在弹出的"打开新图表"对话框中，您可以看到有3个图表和虚拟用户有关，即"Running Vusers""Vusers Summary"和"Rendezvous"，如图6-244所示。

图6-243 添加新图表相关菜单项信息

默认情况下，"Display only graphs containing data"选中，即只显示有数据的图表，如果您取消该复选框，则系统提供的所有图表名称将被显示出来，包含数据的图表名称显示为蓝色，而不包含数据的图表名称显示为黑色。

1. 运行虚拟用户（Running Vusers）

如图6-245所示，在负载测试场景执行期间，您可以确定场景执行期间Vuser的整体运行情况，默认情况下，此图仅显示处于运行状态的Vuser，横轴为运行时间，纵轴显示处于运行状态的虚拟用户数量。

图6-244 "打开新图表——虚拟用户"对话框

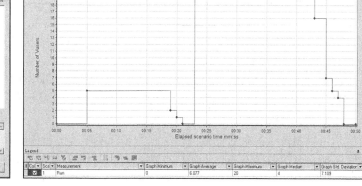

图6-245 "运行虚拟用户"图表

2. 虚拟用户概要（Vusers Summary）

如图6-246所示，您可以查看已成功完成和未完成负载测试场景运行的Vuser数量。

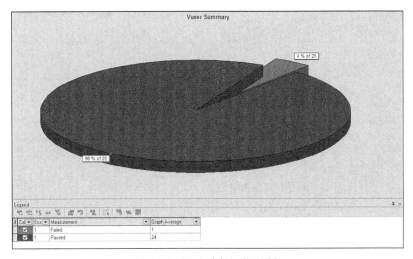

图 6-246　"运行虚拟用户"图表

3．集合点（Rendezvous）

如图 6-247 所示，在场景运行期间，您可以使用集合点控制多个 Vuser 同时执行任务。集合点可对服务器施加高强度用户负载。

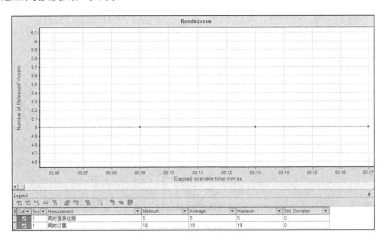

图 6-247　"集合点"图表

6.18.2　事务相关图表

在弹出的"打开新图表"对话框中，您可以看到有 8 个图表和事务有关，即"Average Transaction Response Time""Transactions per Second""Total Transactions per Second""Transaction Summary""Transaction Performance Summary""Transaction Response Time Under Load""Transaction Response Time (Percentile)"和"Transaction Response Time (Distribution)"，如图 6-248 所示。

1．平均事务响应时间（Average Transaction Response Time）

如图 6-249 所示，您可以通过该图查看性能测试过程中每一秒用于执行事务的平均时间。

2．每秒事务数（Transactions per Second）

如图 6-250 所示，该图可帮您确定任意给定时刻系统上的实际事务负载。您可以通过该图查看性能测试过程中每一秒内，成功通过的事务数、执行失败的事务数和停止的事务数。

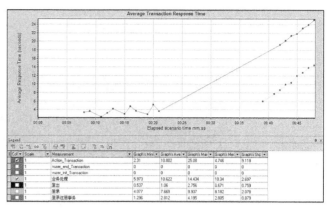

图 6-248 "打开新图表——事务相关"图表　　　　　　图 6-249 "平均事务响应时间"图表

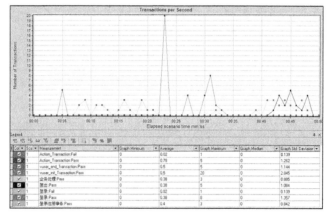

图 6-250 "每秒事务数"图表

3．每秒事务总数（Total Transactions per Second）

如图 6-251 所示，该图可帮您确定任意给定时刻系统上的实际事务负载。您可以通过该图查看性能测试过程中每一秒内，成功通过的事务总数、执行失败的事务总数和停止的事务总数。

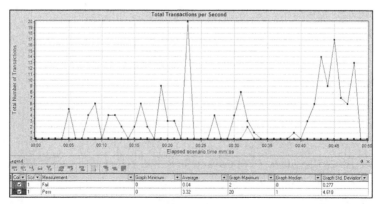

图 6-251 "每秒事务总数"图表

4．事务概要图表（Transaction Summary）

如图 6-252 所示，您可以通过该图查看性能测试过程中执行失败、成功通过、停止和因错误结束的事务数概要信息。

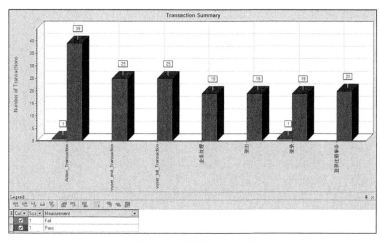

图 6-252 "事务概要"图表

5. 事务性能概要图表（Transaction Performance Summary）

如图 6-253 所示，您可以通过该图查看性能测试过程中所有事务的最小、最大和平均响应时间。

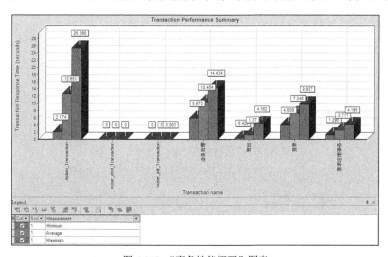

图 6-253 "事务性能概要"图表

6. 负载下的事务响应时间图表（Transaction Response Time Under Load）

如图 6-254 所示，该图是"运行虚拟用户"图与"平均事务响应时间"图的组合，您可以通过该图查看性能测试过程中相对于任何给定时间点运行的虚拟用户数的事务时间，有助于您查看在不同数目的虚拟用户负载对响应时间的总体影响，在分析逐渐加压的场景时最有用。

7. 事务响应时间（百分比）图表（Transaction Response Time (Percentile)）

如图 6-255 所示，该图有助于确定响应时间性能指标是否符合为需求所定义的性能指标的事务响应时间百分比。如果大多数事务都处于可接受的响应时间范围内，则整个系统符合需求，通常 90%的响应时间符合需求的话，我们就认为达到了需求响应时间的性能指标，当然实际情况要依据各行业和各系统的具体需求。

8. 事务响应时间（分布）图表（Transaction Response Time (Distribution)）

如图 6-256 所示，如果已定义了可接受的最小和最大事务性能时间，您可以使用此图确定服务器性能是否在可接受范围内。

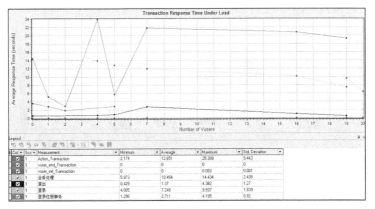

图 6-254 "负载下的事务响应时间"图表

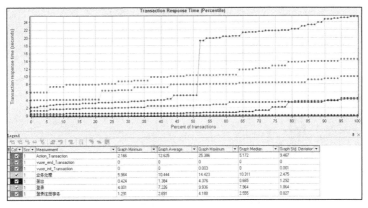

图 6-255 "事务响应时间（百分比）"图表

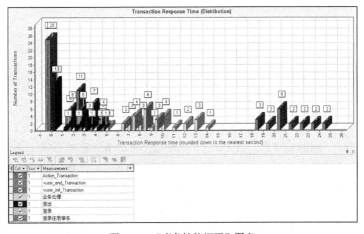

图 6-256 "事务性能概要"图表

6.18.3 错误相关图表

在性能测试场景执行过程中，虚拟用户可能无法成功完成所有事务，您可以通过错误图查看因错误而失败的事务的相关信息。

在弹出的"打开新图表"对话框中，您可以看到有 5 个图表和错误有关，即"Error Statistics (by

Description)""Errors per Second （by Desciption）""Error Statistics""Errors per Second"和"Total Errors per Second"，如图 6-257 所示。

1. 错误统计信息（按描述）图表（Error Statistics (by Description)）

如图 6-258 所示，您可以通过该图查看性能测试过程中发生的错误数（按错误描述分组），这里错误描述信息为"Error -27792:Action.c(7) Error -27792 Failed to transmit data to network [10054] Connection reset by peer"，一共产生了两次。

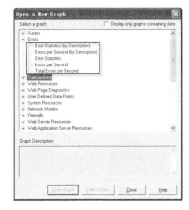

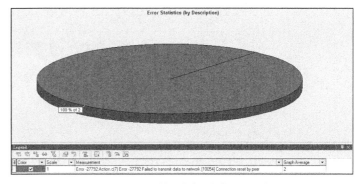

图 6-257 "打开新图表——错误相关"图表　　　　图 6-258 错误统计信息（按描述）图表

2. 每秒错误数（按描述）图表（Errors per Second （by Desciption））

如图 6-259 所示，您可以通过该图查看性能测试过程中每秒所发生错误的数（按错描述分组），这里错误描述信息为"Error -27792:Action.c(7) Error -27792 Failed to transmit data to network [10054] Connection reset by peer"，一共产生了两次，两次出错分别为场景运行后 27 秒和 31 秒时发生。

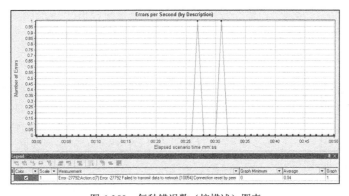

图 6-259 每秒错误数（按描述）图表

3. 错误统计信息图表（Error Statistics）

如图 6-260 所示，您可以通过该图查看性能测试过程中发生的错误数（按错误代码分组），这里错误码信息为"Error -27792"，错误数量为 2 次。

4. 每秒错误数图表（Errors per Second）

如图 6-261 所示，您可以通过该图查看性能测试过程中发生的错误数（按错误代码分组），这里错误码信息为"Error -27792"，错误数量为 2 次，在场景执行后 27 秒和 31 秒各发生 1 次错误。

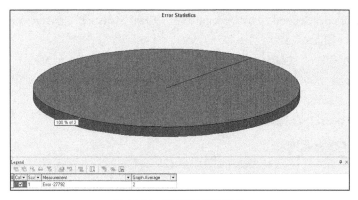

图 6-260 错误统计信息图表

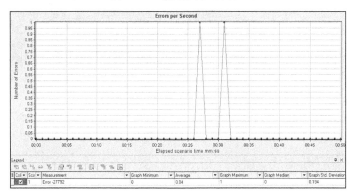

图 6-261 错误统计信息图表

5. 每秒错误数统计图表（Total Errors per Second）

如图 6-262 所示，您可以通过该图查看性能测试过程中发生的错误数（按错误代码分组），这里错误码信息为 "Error -27792"，错误数量为 2 次，在场景执行后 27 秒和 31 秒各发生 1 次错误，在这里因为只有 1 组类型的错误信息码，所以只显示一条折线，实际情况可能会出现多条折线或无折线情况发生。

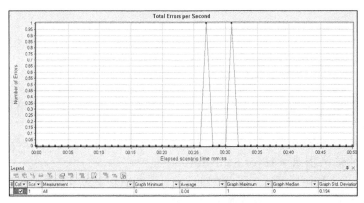

图 6-262 每秒错误统计信息图表

6.18.4 Web 资源相关图表

Web 资源相关图表可以为您提供有关 Web 服务器性能的相关信息。

在弹出的"打开新图表"对话框中，您可以看到有 10 个图表和 Web 资源有关，即"Hits per Second""Throughput""Throughput(MB)""HTTP Status Code Summary""HTTP Responses per Second""Pages Downloaded per Second""Retries Summary""Connections""Connections Per Second"和"SSLs Per Second"，如图 6-263 所示。

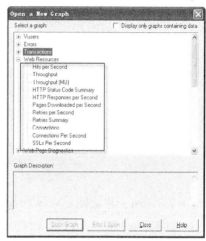

1. 每秒单击数图表（Hits per Second）

如图 6-264 所示，您可以通过该图查看性能测试过程中每一秒内虚拟用户向 Web 服务器发送的 HTTP 请求数。通常情况下，我们可以将此图和"平均事务响应时间"图表进行比较，查看单击数对事务性能的影响。

2. 吞吐量图表（Throughput）

如图 6-265 所示，您可以通过该图查看性能测试过程中每一秒虚拟用户在任意给定的一秒内从服务器接收的数据量，吞吐量以字节或兆字节为单位。通常情况下，我们可以将此图和"平均事务响应时间"图表进行比较，查看吞吐量对事务性能的影响。

图 6-263 "打开新图表——Web 资源相关"图表

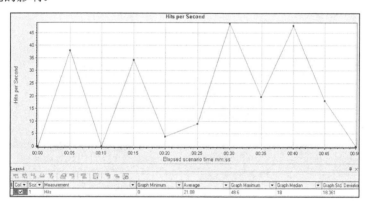

图 6-264 每秒单击数图表

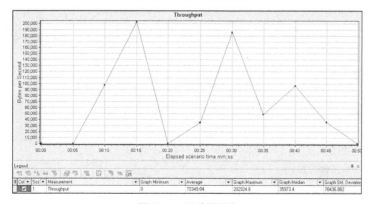

图 6-265 吞吐量图表

3. 吞吐量（MB）图表（Throughput(MB)）

如图 6-266 所示，要以兆字节为单位查看吞吐量，请选中该图进行查看。通常情况下，我们可以将此图和"平均事务响应时间"图表进行比较，查看吞吐量对事务性能的影响。

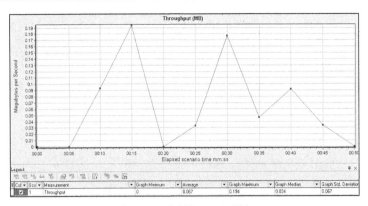

图 6-266　吞吐量（MB）图表

4. HTTP 状态代码摘要图表（HTTP Status Code Summary）

如图 6-267 所示，您可以通过该图查看性能测试过程中从 Web 服务器返回的 HTTP 状态代码数（按状态代码分组）。结合本图，服务器返回的状态码为"200"，返回的状态码个数为 1094 个。为方便读者朋友们了解相关状态码代表的含义，请参见表 6-24。

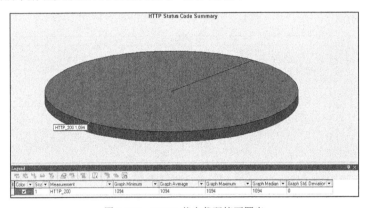

图 6-267　HTTP 状态代码摘要图表

表 6-24　　　　　　　　　　　　　　　HTTP 状态码及其含义

代　　码	描　　述
1××-信息提示	这些状态代码表示临时的响应。客户端在收到常规响应之前，应准备接收一个或多个 1xx 响应
100	继续
101	切换协议
2××-成功	这类状态代码表明服务器成功地接受了客户端请求
200	确定。客户端请求已成功
201	已创建
202	已接收
203	非权威性信息
204	无内容
205	重置内容
206	部分内容
3××-重定向	客户端浏览器必须采取更多操作来实现请求。例如，浏览器可能不得不请求服务器上的不同的页面或通过代理服务器重复该请求
301	对象已永久移走，即永久重定向

续表

代　码	描　述
302	对象已临时移动
304	未修改
307	临时重定向
4××-客户端错误	发生错误，客户端似乎有问题。例如，客户端请求不存在的页面，客户端未提供有效的身份验证信息
400	错误的请求
401	访问被拒绝。IIS 定义了许多不同的 401 错误，它们指明更为具体的错误原因。这些具体的错误代码在浏览器中显示，但不在 IIS 日志中显示
401.1	登录失败
401.2	服务器配置导致登录失败
401.3	由于 ACL 对资源的限制而未获得授权
401.4	筛选器授权失败
401.5	ISAPI/CGI 应用程序授权失败
401.7	访问被 Web 服务器上的 URL 授权策略拒绝。这个错误代码为 IIS6.0 所专用
403	禁止访问：IIS 定义了许多不同的 403 错误，它们指明更为具体的错误原因
403.1	执行访问被禁止
403.2	读访问被禁止
403.3	写访问被禁止
403.4	要求 SSL
403.5	要求 SSL128
403.6	IP 地址被拒绝
403.7	要求客户端证书
403.8	站点访问被拒绝
403.9	用户数过多
403.10	配置无效
403.11	密码更改
403.12	拒绝访问映射表
403.13	客户端证书被吊销
403.14	拒绝目录列表
403.15	超出客户端访问许可
403.16	客户端证书不受信任或无效
403.17	客户端证书已过期或尚未生效
403.18	在当前的应用程序池中不能执行所请求的 URL。这个错误代码为 IIS 6.0 所专用
403.19	不能为这个应用程序池中的客户端执行 CGI。这个错误代码为 IIS 6.0 所专用
403.20	Passport 登录失败。这个错误代码为 IIS 6.0 所专用
404	未找到
404.0	（无）–没有找到文件或目录
404.1	无法在所请求的端口上访问 Web 站点
404.2	Web 服务扩展锁定策略阻止本请求
404.3	MIME 映射策略阻止本请求
405	用来访问本页面的 HTTP 谓词不被允许（方法不被允许）
406	客户端浏览器不接受所请求页面的 MIME 类型

续表

代 码	描 述
407	要求进行代理身份验证
412	前提条件失败
413	请求实体太大
414	请求 URI 太长
415	不支持的媒体类型
416	所请求的范围无法满足
417	执行失败
423	锁定的错误
5xx	服务器错误
500	内部服务器错误
500.12	应用程序正忙于在 Web 服务器上重新启动
500.13	Web 服务器太忙
500.15	不允许直接请求 Global.asa
500.16	UNC 授权凭据不正确。这个错误代码为 IIS6.0 所专用
500.18	URL 授权存储不能打开。这个错误代码为 IIS6.0 所专用
500.100	内部 ASP 错误
501	页眉值指定了未实现的配置
502	Web 服务器用作网关或代理服务器时收到了无效响应
502.1	CGI 应用程序超时
502.2	CGI 应用程序出错
503	服务不可用。这个错误代码为 IIS 6.0 所专用
504	网关超时
505	HTTP 版本不受支持

5. 每秒 HTTP 响应数图表（HTTP Responses per Second）

如图 6-268 所示，您可以通过该图查看性能测试过程中每秒从 Web 服务器返回的 HTTP 状态代码数（按状态代码分组）。结合该图，在场景运行后 30 秒时，最大响应数达到 48.6。

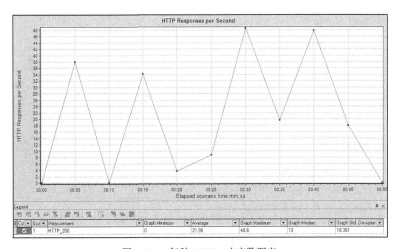

图 6-268　每秒 HTTP 响应数图表

6. 每秒下载页数图表（Pages Downloaded per Second）

如图 6-269 所示，您可以通过该图查看性能测试过程中每一秒内从服务器上下载的 Web 页数。结合该图，在场景运行后 40 秒时，最大下载页数为 12.2 页。

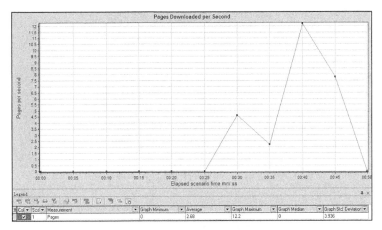

图 6-269　每秒下载页数图表

如图 6-270 所示，从该图不难看出前 25 秒没有产生页面下载，但是从 5 秒到 15 秒，吞吐量却持续升高，所以吞吐量与每秒下载页数不成正比，千万不要有把吞吐量和页面下载数量联系起来的错误想法。

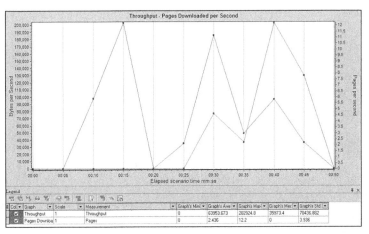

图 6-270　吞吐量——每秒下载页合并图表

7. 重试次数摘要图表（Retries Summary）

如图 6-271 所示，可以通过该图查看性能测试过程中尝试的服务器连接次数（按重试原因分组）。结合该图，共产生了 24 次关闭连接的尝试。

8. 连接图表（Connections）

如图 6-272 所示，您可以通过该图查看性能测试过程中打开的 TCP/IP 连接数，当 HTML 页面上的链接指向不同网址时，一个 HTML 页面可能使得浏览器打开多个连接。

9. 每秒连接数图表（Connections Per Second）

如图 6-273 所示，您可以通过该图查看性能测试过程中打开的 TCP/IP 连接数，当 HTML 页面上的链接指向不同网址时，一个 HTML 页面可能使得浏览器打开多个连接。需要提醒大家的是每一秒打开的新 TCP/IP 连接数以及关闭的连接数。新连接数应只占每秒单击次数的一小部分，因为就服务器、路由器和网络资源消耗而言，新 TCP/IP 的连接成本非常高。理想情况是许多 HTTP 请求应使用相同的连接，而不是为每个请求都打开新连接。

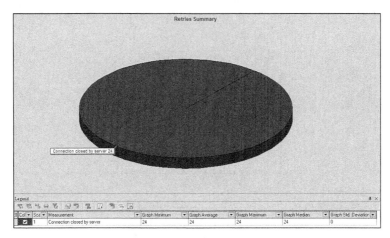

图 6-271　重试次数摘要图表

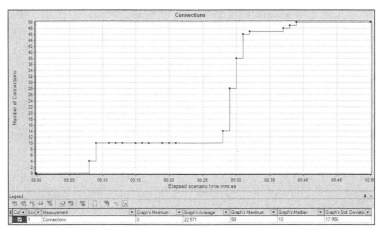

图 6-272　连接图表

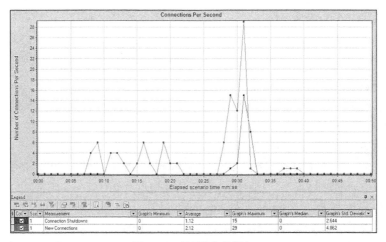

图 6-273　每秒连接数图表

10. 每秒 SSL 数图表（SSLs Per Second）

如图 6-274 所示，您可以通过该图查看性能测试过程中每一秒打开的新 SSL 连接数和复用的

SSL 连接数。打开与安全服务器的 TCP/IP 连接后，浏览器会打开 SSL 连接。新建 SSL 连接需要消耗大量资源，所以，应尽量复用该连接。也许有读者朋友们对 SSL 不是很了解，那么让我简单地给大家做一个介绍，SSL（Secure Sockets Layer 安全套接层）及其继任者传输层安全（Transport Layer Security，TLS）是为网络通信提供安全及数据完整性的一种安全协议。SSL 协议位于 TCP/IP 协议与各种应用层协议之间，为数据通信提供安全支持。SSL 协议可分为两层：一是 SSL 记录协议（SSL Record Protocol），它建立在可靠

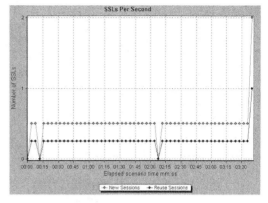

图 6-274　每秒 SSL 数图表

的传输协议（如 TCP）之上，为高层协议提供数据封装、压缩、加密等基本功能的支持；二是 SSL 握手协议（SSL Handshake Protocol），它建立在 SSL 记录协议之上，用于在实际的数据传输开始前，通信双方进行身份认证、协商加密算法、交换加密密钥等。

SSL 协议提供的服务主要有以下几种。

（1）认证用户和服务器，确保数据发送到正确的客户机和服务器。

（2）加密数据以防止数据中途被窃取。

（3）维护数据的完整性，确保数据在传输过程中不被改变。

6.18.5　网页诊断相关图表

网页诊断相关图表可以为您提供有关每个页面的下载时间，了解下载过程中发生了什么问题。同时您还可以查看相对下载时间和每个页面及其组件的大小。通过将网页诊断图中的数据与"平均事务响应时间"等图表的数据相关联，可以分析出现问题的原因和位置，以及分析问题是与网络相关还是与服务器相关。网页诊断的相关图表是我们进行性能测试分析定位问题经常会用到的图表，所以这部分内容请读者朋友们认真理解、掌握并应用到实际项目分析中。

在弹出的"打开新图表"对话框中，您可以看到有 8 个图表和网页诊断有关，即"Web Page Diagnostics""Page Component Breakdown""Page Component Breakdown（Over Time）""Page Download Time Breakdown""Page Download Time Breakdown（Over Time）""Time to First Buffer Breakdown""Time to First Buffer Breakdown（Over Time）"和"Downloaded Component Size（KB）"，如图 6-275 所示。

图 6-275　"打开新图表——网页诊断相关"图表

1. 网页分析诊断图表（Web Page Diagnostics）

如图 6-276 所示，您可以选择要细分的内容，这里我们选择"登录注册事务"。而后，您就看到了在虚拟用户负载过程中平均下载用时，以及页面相关组件名称、下载用时（将细分为 DNS 解析时间、连接时间、SSL 握手时间、FTP 认证时间、第一次缓冲时间、接收时间、客户端时间

和错误时间，也许有很多读者对相关的细分时间含义不是很清楚，故简单介绍一下相关内容，请参见表 6-25），针对每部分耗时情况将以不同颜色予以区分，同时显示页面上各个组件的大小相关信息。

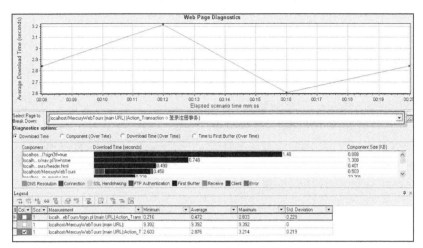

图 6-276　网页分析诊断图表

表 6-25　　　　　　　　　　　　　　　　HTTP 状态码及其含义

名　称	说　明
DNS 解析时间	显示使用最近的 DNS 服务器将 DNS 名称解析为 IP 地址所需的时间
连接时间	显示与作为指定 URL 主机的 Web 服务器建立初始连接所需的时间。连接度量可以准确指示网络相关问题。它还可以指示服务器是否响应请求
第一次缓冲时间	显示从初始 HTTP 请求（通常为 GET）到成功收到 Web 服务器返回的第一次缓冲所经过的时间。"第一次缓冲"度量可以准确指示 Web 服务器延迟和网络延迟 注：由于缓冲区大小最高可达 8K，所以第一次缓冲时间可能也是完全下载此元素所用的时间
SSL 握手时间	显示建立 SSL 连接（包括客户端 Hello、服务器 Hello、客户端公共密钥传输、服务器证书传输和其他部分可选的阶段）所用的时间。此后所有客户端和服务器之间的通信都将被加密。"SSL 握手"度量仅适用于 HTTPS 通信
接收时间	显示在服务器发出的最后一个字节到达，即下载完成之前所用的时间。"接收"度量可以准确指示网络质量（请查看时间/大小比率以计算接收速度）
FTP 身份验证时间	显示对客户端执行身份验证所用的时间。使用 FTP，服务器在开始处理客户端命令之前必须对客户端进行身份验证。"FTP 身份验证"度量仅适用于 FTP 协议通信
客户端时间	显示由于浏览器反应时间或其他客户端相关延迟而导致请求在客户机上延迟的平均时间
错误时间	显示从发送 HTTP 请求到返回错误消息（仅限 HTTP 错误）所用的平均时间

2. 页面组件细分图表（Page Component Breakdown）

如图 6-277 和图 6-278 所示，您可以通过该图查看每个网页及其组件的平均下载时间。结合图 6-279，网页下载共耗费了 3.348 秒，而占据 86.89% 的时间是由于下载 "http://localhost/Mercury WebTours/" 页面及其组件，当然如果您还希望看一下该页面的哪个组件耗费了时间，您可以双击"细分树"下的 "http://localhost/MercuryWebTours/" 链接，则显示图 6-279。在该图中，将会把所有的页面元素进行了细分，包括页面上的链接、图片、静态页面等下载用时等信息全都展现出来，您可以轻而易举地找到最耗时的组件内容。

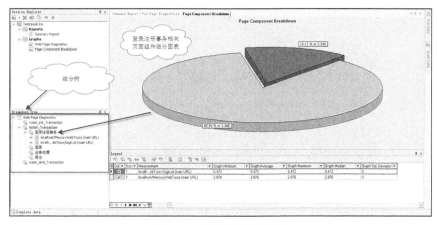

图 6-277 页面组件细分图表

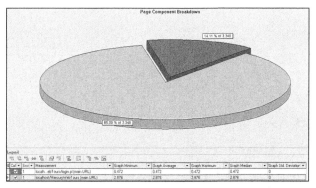

图 6-278 页面组件细分图表

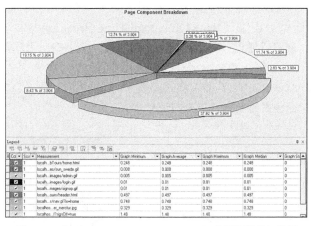

图 6-279 "http://localhost/MercuryWebTours/"页面组件细分图

3. 页面组件细分（随时间变化）图表（Page Component Breakdown (Over Time)）

如图 6-280 所示，您可以通过该图查看场景运行期间每一秒内，每个网页及其组件的平均响应时间。图中，您可以清楚看到标示为"2"的曲线要远远比标示为"1"的曲线响应时间大。如果您想进一步了解标示为"2"的页面哪个组件在场景运行期间花费了较多的时间，您可以双击"细分树"下的"http://localhost/MercuryWebTours/"（标示为"2"）链接，则显示图 6-281。

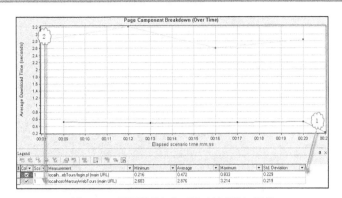

图 6-280　页面组件细分（随时间变化）图表

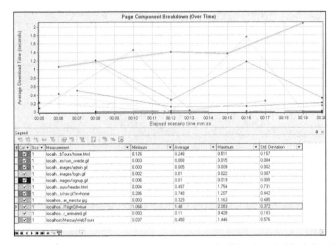

图 6-281　"http://localhost/MercuryWebTours/"页面组件细分（随时间变化）图表

从图 6-281 中，您可以清楚地看到选中的曲线即为在场景运行期间耗费时间最多的组件。

4．页面下载时间细分图表（Page Download Time Breakdown）

如图 6-282 所示，您可以通过该图查看页面下载期间，是网络原因还是服务器处理能力较差等导致响应过慢。本图中，您能清楚看到第一次缓冲时间占据了绝对多的响应时间。进一步对"http://localhost/MercuryWebTours/"页面下载时间细分，您可以看到图 6-283 中方框中的页面组件第一次缓冲时间长，从而使得整个页面下载时间长。

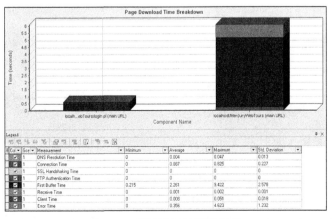

图 6-282　页面下载时间细分图表

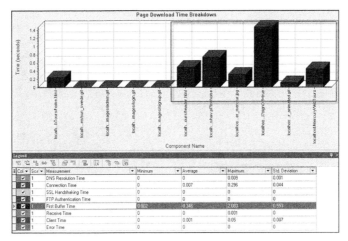

图 6-283　"http://localhost/MercuryWebTours/"页面下载时间细分图表

5. 页面下载时间细分（随时间变化）图表（Page Download Time Breakdown (Over Time)）

如图 6-284 所示，您可以通过该图查看页面下载期间，每秒中每个页面组件下载时间的细分，您可以使用此图确定在场景执行期间哪个时刻出现了网络或服务器问题。为便于您分析问题，您可以用鼠标双击"Average"列标题，使得相关数据进行排序，经过排序后，您能清楚看到第一次缓冲时间占据了绝对多的下载时间，平均值为 4.932 秒。

6. 第一次缓冲时间细分图表（Time to First Buffer Breakdown）

如图 6-285 所示，您可以通过该图查看成功收到 Web 服务器返回的第一次缓冲之前的时间段内每个网页组件的相对服务器时间、网络时间。这里我们能够明显看出在"http://localhost/MercuryWebTours"第一次缓冲时间中网络时间明显要高于服务器时间。那么网络事件和服务器时间是怎么界定呢？网络时间定义为从发出第一个 HTTP 请求到收到确认消息所用的平均时间。服务器时间定义为从收到第一个 HTTP 请求（通常为 GET）的确认消息到成功收到 Web 服务器返回的第一次缓冲所用的平均时间。需要特别说明的是由于是从客户端计算服务器时间，所以如果在发出第一条 HTTP 请求到发出第一条缓冲命令期间网络性能发生变化，网络时间可能会对此计算产生影响。因此，此处显示的服务器时间是估计服务器时间，可能不够准确。

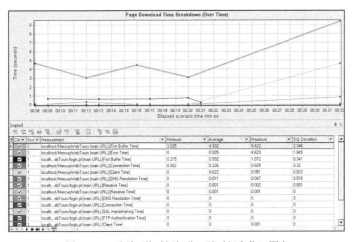

图 6-284　页面下载时间细分（随时间变化）图表

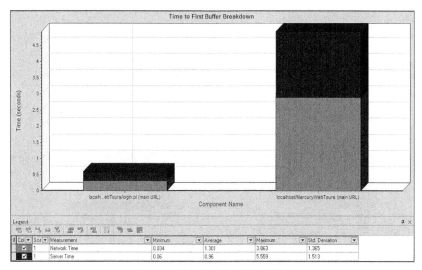

图 6-285　第一次缓冲时间细分图表

7. 第一次缓冲时间细分（随时间变化）图表（Time to First Buffer Breakdown (Over Time)）

如图 6-286 所示，您可以通过该图查看场景运行期间的每一秒，成功收到 Web 服务器返回的第一次缓冲之前的时间段内每个网页组件的相对服务器时间、网络时间。这里我们能够明显看出在"http://localhost/MercuryWebTours"网络时间曲线明显要高于其他曲线。

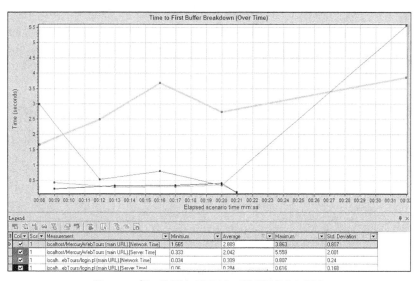

图 6-286　第一次缓冲时间细分（随时间变化）图表

8. 下载组件大小（KB）图表（Downloaded Component Size (KB)）

如图 6-287 所示，您可以通过该图查看下载的每个网页及其组件大小（单位为 KB）。在这里"http://localhost/MercuryWebTours"页面及其页面相应组件占下载组件的 71.73%，那么它是如何计算而来的呢？从表格中我们可以看到该页面大小为 51.901KB，而下载总量为 51.901+20.459=72.36KB，那么 51.901/72.36= 0.71726，取近似值则为 0.7173，即为 71.73%。

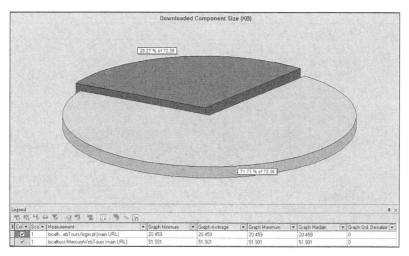

图 6-287 下载组件大小（KB）图表

6.18.6 系统资源相关图表

系统资源相关图表使您可以在负载测试场景运行期间联机监控器所监测的系统资源的使用情况，通常在进行性能测试过程中，需要对 CPU 利用率、内存和磁盘等进行监控。

在弹出的"打开新图表"对话框中，您可以看到有 5 个图表和系统资源相关，即"Windows Resources""UNIX Resources""SNMP Resources""SiteScope"和"Host Resources"，如图 6-288 所示。

1．Windows 资源相关图表（Windows Resources）

如图 6-289 所示，您可以在场景设计时添加 Windows 相关 CPU、内存和磁盘等相关计数器，使得在性能测试场景执行过程中实时监控随着虚拟用户数和业务的变化，系统相关服务器资源的使用情况，从而为您在场景执行完成后分析定位问题提供依据。

图 6-288 "打开新图表——
系统资源相关"图表

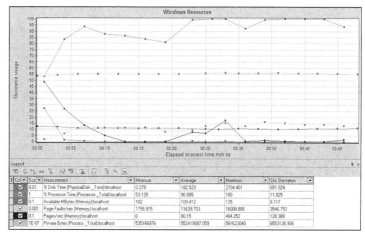

图 6-289 Windows 资源相关图表

通常在监控 Windows 操作系统时关注以下计数器，参见表 6-26。

表 6-26 Windows 操作系统相关主要的计数器

计数器名称	说　明
% Total Processor Time	系统上所有处理器执行非空闲线程的平均时间百分比。在多处理器系统上，如果所有处理器始终繁忙，该值为 100%；如果所有处理器中的 50% 繁忙，该值为 50%；如果有 1/4 的处理器繁忙，则该值为 25%。可将其视为做有用工作所花费时间的百分比。在空闲进程中，将为每个处理器分配一个空闲线程，此线程消耗其他线程未使用的闲置处理器周期
% Processor Time	处理器用来执行非空闲线程的时间百分比。此计数器是处理器活动的主要指示器。计算方法是监测处理器在每个采样间隔内用于执行空闲进程的线程的时间，然后从 100% 中减去该值。（每个处理器都有一个空闲线程，在其他线程没有做好运行准备时，该线程将占用处理周期。）可将其视为做有用工作时所用的采样间隔百分数。此计数器显示在采样间隔内观察到的平均繁忙时间百分比。计算方法是监控服务处于不活动状态的时间，然后从 100% 中减去该值
File Data Operations/sec	计算机每秒向文件系统设备发出的读写操作数。此度量不包含文件控制操作
Processor Queue Length	以线程为单位的处理器队列瞬时长度。除非同时还监控线程计数器，否则此计数器始终为 0。所有处理器使用一个队列，线程在此队列中等待处理器周期。此长度不包括当前正在执行的线程。处理器队列长度持续大于 2 通常表示发生处理器拥塞。这是一个瞬时计数，而不是一段时间间隔内的平均值
Page Faults/sec	这是处理器中页面错误的计数。当进程引用不在主内存中工作集内的虚拟内存页时，会发生页面错误。如果页面在备用表中（即已经在主内存中）或者正被共享该页的其他进程使用，则页面错误不会导致从磁盘提取该页面
% Disk Time	所选磁盘驱动器忙于处理读取或写入请求所用的时间百分比
Pool Nonpaged Bytes	非分页池中的字节数，是系统内存中可供操作系统组件在完成指定任务后使用的一个区域。不能将非分页池页面存储到页面文件中。这些页面一经分配就一直在主内存中
Pages/sec	为解析内存对页面（引用时不在内存中）的引用而从磁盘读取或写入磁盘的页面数。该值是每秒页面输入数和每秒页面输出数之和。此计数器包含代表系统高速缓存访问应用程序文件数据的页面流量。该值还包含存入/取自非缓存映射内存文件的页面数。如果您担心内存压力过大（即系统崩溃），可能导致过多分页，就可以观察这个主要计数器
Total Interrupts/sec	计算机接收和处理硬件中断的速率。可以生成中断的设备包括系统计时器、鼠标、数据通信线路、网络接口卡和其他外围设备。此计数器指示这些设备在计算机上的繁忙程度
Threads	收集数据时计算机中的线程数。注意，这是一个瞬时计数，而不是在一段时间间隔内的平均值。线程是可以在处理器中执行指令的基本可执行实体
Private Bytes	分配给进程，无法与其他进程共享的当前字节数

通常，我们会将资源计数器和虚拟用户和事务相关图表进行合并分析，以便了解相关的硬件设备在多用户负载的情况下是否仍能够提供良好的服务。

从图 6-290 中，您不难看出当系统有 20 个左右并发访问时系统 CPU 利用率达持续高于 90%以上，这说明当大量虚拟用户并发访问系统时，CPU 将会成为瓶颈，不能提供快速响应，若要解决该问题需要更换更快速的 CPU。

2. UNIX 资源相关图表（UNIX Resources）

如图 6-291 所示，您可以在场景设计时添加 UNIX 相关 CPU、内存和磁盘等相关计数器，使

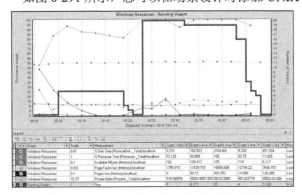

图 6-290 "Windows 资源～运行虚拟用户数"合并图表

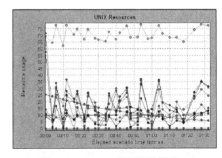

图 6-291 UNIX 资源相关图表

得在性能测试场景执行过程中实时监控随着虚拟用户数和业务的变化，系统相关服务器资源的使用情况，从而为您在场景执行完成后分析定位问题提供依据。

通常在监控 UNIX 操作系统时关注以下计数器，参见表 6-27。

表 6-27　　　　　　　　　　　　UNIX 操作系统相关主要的计数器

计数器名称	说　　明
Average load	最后一分钟同时处于"就绪"状态的平均进程数
Collision rate	以太网上检测到的每秒冲突数
Context switches rate	每秒在进程或线程之间切换的次数
CPU utilization	CPU 利用率
Disk rate	磁盘传输速率
Incoming packets error rate	接收以太网包时的每秒错误数
Incoming packets rate	每秒传入的以太网包数
Interrupt rate	设备的每秒中断次数
Outgoing packets errors rate	发送以太网包时的每秒错误数
Outgoing packets rate	每秒传出的以太网包数
Page-in rate	每秒读入物理内存的页数
Page-out rate	每秒写入页面文件以及从物理内存中删除的页数
Paging rate	每秒读入物理内存或写入页面文件页面文件
Swap-in rate	每秒从内存交换出的进程数
Swap-out rate	每秒从内存交换出的进程数
System mode CPU utilization	系统模式下的 CPU 利用率（以百分比表示）
User mode CPU utilization	用户模式下的 CPU 利用率（以百分比表示）

3. SNMP 资源相关图表（SNMP Resources）

如图 6-292 所示，您可以使用简单网络管理协议（SNMP）运行 SNMP 代理，查看运行 SNMP 代理的计算机上的资源使用情况。

4. SiteScope 相关图表（SiteScope）

如图 6-293 所示，您可以看到性能测试场景运行期间有关 SiteScope 计算机上资源使用情况的相关信息。

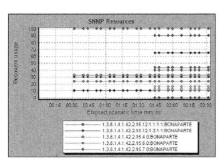

图 6-292　SNMP 资源相关图表

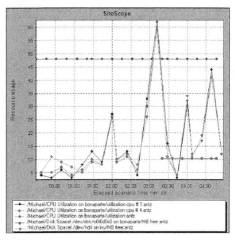

图 6-293　SiteScope 相关图表

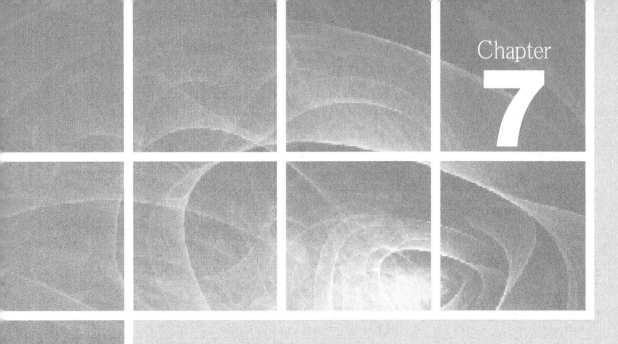

Chapter

7

第 7 章

LoadRunner 常见

问题解答

7.1　如何突破参数的百条显示限制

1.　问题提出

用户登录模块，对脚本中的用户名参数化后，数据从 Access 数据库中获取。数据库存在一个 user 数据表，表中共有 106 条记录，如图 7-1 所示，取 name 作为 loginusername，但是在 LoadRunner 中查看 loginusername 中却仅显示了前 100 条数据，如图 7-2 所示，这是什么原因呢？

2.　问题解答

从图 7-2 中所示可以看到，LoadRunner 参数数据表确实仅显示了 loginusername 的前 100 条记录，但是用记事本编辑的时候却有 106 条，缺少了 6 条记录，即图 7-2 所示中方框中的数据。这其实仅仅是显示问题，并不影响 LoadRunner 从参数列表中获取数据，通过设置 vugen.ini 的 MaxVisibleLines 项数值可以调整 LoadRunner 参数显示数据的个数。

图 7-1　user 表中 106 条记录

Vugen.ini 文件在 LoadRunner 8.0 中存放于 Windows 系统目录下，而 LoadRunner 11.0 版本则将该文件调整至 LoadRunner 下的 "config" 子目录，这里我将 LoadRunner 11.0 安装到了 C 盘默认路径，所以该文件存放于 "C:\Program Files\HP\LoadRunner\config"。找到该文件后，用记事本或写字板打开该文件，首先在文件中查找到 "[ParamTable]"，在下面有 "MaxVisibleLines=100"，它限制数据记录显示条目数，为了将全部数据显示出来，将 "100" 更改为 "106"，即 "Max Visible Lines=106"。修改后再查看 loginusername 参数，则显示 106 条记录，如图 7-3 所示，这样就突破参数的百条显示限制。

图 7-2　LoadRunner loginusername 参数数据表
只显示前 100 条记录

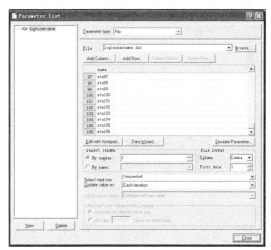

图 7-3　LoadRunner loginusername 参数显示 106 条记录

7.2　如何突破 Controller 可用脚本的 50 条限制

1.　问题提出

在 Controller 进行负载场景的设置过程中，有一个可用脚本列表（如图 7-4 所示），从中可以看到最近录制的 50 个脚本,有没有方法限制可用脚本显示的个数呢？如何把显示列表中部分无用脚本名称从列表中删除呢？

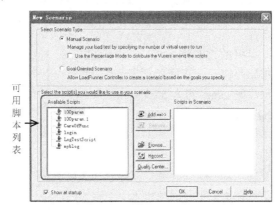

图 7-4　场景设计对话框

2．问题解答

依次通过单击【开始】>【程序】>【运行】项，在文本框中输入"regedit"，如图 7-5 所示，单击【确定】按钮，就打开了注册表编辑器，然后在注册表中查找到"HKEY_CURRENT_USER\Software\Mercury Interactive\RecentScripts\"项下的 max_num_of_scripts，它在默认的情况下为 50 个，通过重新设置该值就可以更改场景显示列表显示条目。而通过"HKEY_CURRENT_USER\Software\Mercury Interactive\RecentScripts\"可以看到已经录制完成的脚本，可以删除不想显示的脚本名称，这样就可以在列表中不显示了，但物理脚本文件仍然是存在的，如图 7-6 所示。当再次进入 Controller 进行负载场景设置的时候，可用脚本列表（Available Scripts）就是刚才指定数目的脚本，如果在注册表中删除了部分脚本，则这些脚本就不会在可用脚本列表中显示。

图 7-5　"运行"对话框　　　　　　　　　图 7-6　注册表编辑器

7.3　如何解决数据库查询结果过大导致的录制失败的问题

1．问题提出

在进行一个进销存管理应用系统测试过程中，发现在进行查询后，由于查询结果数据记录条数过多，而引起后续脚本无法继续录制。

2. 问题解答

我们在测试过程中发现，很多设置和数据库应用相关。这个问题的解决方法可以通过设置 Vugen.ini 中的 CmdSize 项完成。

Vugen.ini 文件存放于 Windows 系统目录下，首先查找是否在该文件中存在"[SQLOracleInspector]"项，并且查看是否已经存在"CmdSize=xxxxx"项，如果不存在，则在该文件中添加如下内容：

```
[SQLOracleInspector]
CmdSize=100000
```

在这里由于我们测试的应用系统使用的数据库为 Oracle，所以为"[SQLOracleInspector]"，"100000"的设置和记录返回条目的多少有关系，所以大家在出现类似情况时，可以查找相关资料进行相应的设置。

7.4 如何调整经常用到的相关协议脚本模板

1. 问题提出

在应用 LoadRunner VuGen 过程中，可能经常会用到一些非系统函数，同时想加入一些注解信息和日志输出信息，将输出日志信息条理化，方便调试和分析，那么有什么方法将我们经常用到的协议脚本模板调整变成符合要求的脚本模板呢？

2. 问题解答

可以针对自己经常用到的协议，加入必要注解，引用经常会用到的函数库文件，条理化日志输出信息等。下面仅以调整 Web（HTTP/HTML）协议脚本模板为例。

首先，找到 LoadRunner 安装目录下的 Template 文件夹（笔者的 Template 存放于"C:\Program Files\HP\LoadRunner\template"），该文件夹下存放着各个协议脚本模板文件夹列表，在该文件夹下存放着一个名为"qtweb"文件夹，如图 7-7 所示，该文件夹里存放着 Web（HTTP/HTML）协议脚本模板相关文件，如表 7-1 所示。

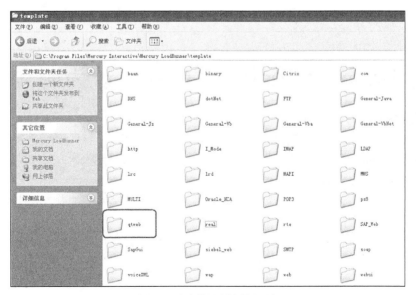

图 7-7　脚本模板文件存放列表

表 7-1 qtweb 文件夹下主要文件列表

文　件　名	功　能　描　述
qtweb.usr	包含关于虚拟用户的信息：类型、AUT、操作文件等
default.cfg	包含 VuGen 应用程序中定义的所有运行时设置（思考时间、迭代、日志、Web）的列表
init.c	在 VuGen 主窗口中显示的 Vuser_init 函数的精确副本
action.c	在 VuGen 主窗口中显示的 Action 函数的精确副本
end.c	在 VuGen 主窗口中显示的 Vuser_end 函数的精确副本
lrw_custom_body.h	脚本中使用的 C 变量定义的头文件
test.usp	包含脚本的运行逻辑（包括 actions 部分的运行方式）

在这里调整 init.c、end.c 和 action.c，用记事本等文本编辑器编辑这 3 个文件，在 init.c 和 end.c 中加入一句输出语句；在 action.c 中也加入了一句输出语句并引入了一个先前已经定义好的函数库文件 "myfunc.h"，如图 7-8 所示，保存修改后的文件。这样以后新建 Web（HTTP/HTML）协议脚本都会使用这个模板，如图 7-9 所示。当然也可以根据自己的实际情况更改 default.cfg、test.usp、qtweb.usr 等相关文件，调整模板的配置。其他协议脚本模板的调整与此类似，不再一一赘述。

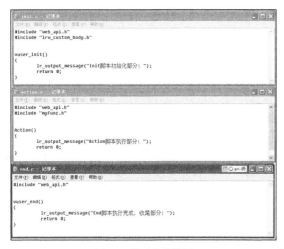

图 7-8　修改脚本模板

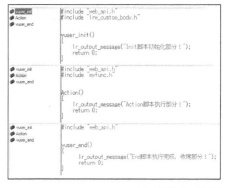

图 7-9　VuGen Web（HTTP/HTML）协议被修改后的脚本模板

7.5　如何将 Connect()中的密文改为明文

1. 问题提出

在 VuGen 以 ODBC 协议录制样例应用程序 "Flights-ODBC_Access" 业务流程后，发现生成脚本 lrd_open_connection 包含密文（如图 7-10 所示），能否将这些密文变成明文显示呢？

```
lrd.init(&InitInfo, DBTypeVersion);
lrd.open_context(&Ctxl, LRD.DBTYPE.ODBC, 0, 0, 0);
lrd.open_connection(&Conl, LRD.DBTYPE.ODBC, "", lr.decrypt("45a47b9ce"), "flight32lr", lr.decrypt("45a47b9ce"), Ctxl, 0, 0);
lrd.open_cursor(&Csrl, Conl, 0);
lrd.stmt(Csrl, "SELECT agent_name FROM AGENTS ORDER BY agent_name", -1, 1, 0 /*Nonex/, 0);
lrd.bind_cols(Csrl, &CInfo_D2, 0);
lrd.fetch(Csrl, -8, 1, 0, PrintRow2, 0);
```

	1: agent_name D1
1	Alex
2	Amanda
3	Debby
4	Julia
5	Mary
6	Robert

```
lrd.close_cursor(&Csrl, 0);
```

图 7-10　包含密文的脚本

2. 问题解答

在解答这个问题之前，有必要先介绍一下关于样例应用程序的运行方式和协议选择，关于样例程序的安装问题，前面已经讲过，在这里就不再赘述。样例程序安装好以后，可以通过查看【开始】>【程序】>【Mercury LoadRunner】>【Samples】，查看已经安装的样例应用程序，在这里我们要对"Flights-ODBC_Access"进行性能测试（如图 7-11 所示）。首先，在 VuGen 中选择"ODBC"协议（如图 7-12 所示），然后，在弹出的窗体中依次填入相应信息（如图 7-13 所示），请大家注意，一定要输入程序运行参数（Program arguments）"ODBC_Access"，因为样例程序是通过输入不同的参数来确定到底连接哪个数据库的，所以一定要注意。最后，单击【OK】按钮进行脚本录制。

图 7-11　样例程序启动菜单项

前面问题已经提到，在没有进行配置之前，脚本 lrd_open_connection 函数将包含密文，形式如下，这里仅列出部分相关代码：

```
lrd_init(&InitInfo, DBTypeVersion);
```

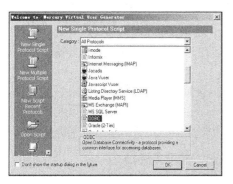

图 7-12　协议选择对话框

图 7-13　录制配置对话框

```
lrd_open_context(&Ctx1, LRD_DBTYPE_ODBC, 0, 0, 0);
lrd_open_connection(&Con1, LRD_DBTYPE_ODBC, "",
            lr_decrypt("45a47b9ce"), "flight32lr", lr_decrypt("45a47b9ce"), Ctx1, 0, 0);
lrd_open_cursor(&Csr1, Con1, 0);
```

关于 lrd_open_connection 函数相关知识请通过选择【Help】>【Function Reference】项查找相关帮助资料，这里不再进行详细描述。这个问题的解决方法可以通过设置 Vugen.ini 中的 AutoPasswordEncryption 项完成。

Vugen.ini 文件存放于 Windows 系统目录，首先查找是否在该文件中存在"[LRDCodeGeneration]"项，并且查看是否已经存在"AutoPasswordEncryption=OFF"项，如果不存在，则在该文件中添加如下内容：

```
[LRDCodeGeneration]
AutoPasswordEncryption=OFF
```

添加内容后，保存文件，然后依照前面的方法重新录制脚本，会发现密文不见了，取而代之的是明文，产生的脚本如下：

```
lrd_init(&InitInfo, DBTypeVersion);
lrd_open_context(&Ctx1, LRD_DBTYPE_ODBC, 0, 0, 0);
lrd_open_connection(&Con1, LRD_DBTYPE_ODBC, "", "", "flight32lr", "", Ctx1, 0, 0);
```

```
lrd_open_cursor(&Csr1, Con1, 0);
```

在这里由于数据库没有用户名和密码，所以为空，这个结果是正确的（如图 7-14 所示）。

```
lrd.init(&InitInfo, DBTypeVersion);
lrd.open_context(&Ctx1, LRD.DBTYPE.ODBC, 0, 0, 0);
lrd.open_connection(&Con1, LRD.DBTYPE.ODBC, "", "", "flight32lr", "", Ctx1, 0, 0);
lrd.open_cursor(&Csr1, Con1, 0);
lrd.stmt(Csr1, "SELECT agent.name FROM AGENTS ORDER BY agent.name", -1, 1, 0 /*<None>*/, 0);
lrd.bind_cols(Csr1, &CInfo-D2, 0);
lrd.fetch(Csr1, -8, 1, 0, PrintRow2, 0);
    1. agent_name D1
1  Alex
2  Amanda
3  Debby
4  Julie
5  Mary
6  Robert
lrd.close.cursor(&Csr1, 0);
```

图 7-14　明文显示的脚本

7.6　如何添加并运用附加变量

1.　问题提出

LoadRunner 11.0 中【Vuser】>【Run-time Settings】>【General】>【Additional attributes】配置选项是如何应用于性能测试的呢？

2.　问题解答

LoadRunner 11.0 提供了一个非常有用的功能，就是可以向脚本传递参数，可以测试并监控具有不同客户端参数的服务器。

通过选择【Vuser】>【Run-time Settings】>【General】>【Additional attributes】项添加一个"host"附加参数，如图 7-15 所示，可以通过使用 lr_get_attrib_string 函数得到"host"参数的值。下面举一个简单的脚本示例，来看一下如何得到并输出附加参数，脚本代码如下所示：

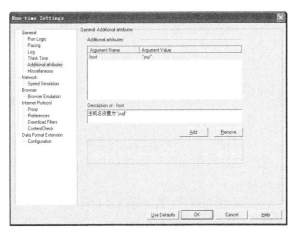

图 7-15　运行时设置一个附加变量

```
#include "web_api.h"

Action()
{
    LPCSTR server;
    LPCSTR loop;
    server=lr_get_attrib_string("host");
    loop=lr_get_attrib_string("loop");
    lr_output_message("服务器名 :%s",server);
```

```
        lr_output_message("循环次数 :%s",loop);
        return 0;
}
```

【脚本分析】

首先，定义了两个字符串变量分别为 server 和 loop，然后通过使用 lr_get_attrib_string 函数得到事先定义的"host"和"loop"附加参数，注意先前我们只定义了"host"参数，而没有定义"loop"参数。

```
        LPCSTR server;
        LPCSTR loop;
        server=lr_get_attrib_string("host");
        loop=lr_get_attrib_string("loop");
```

接下来输出 server 和 loop 两个参数的值。

```
        lr_output_message("服务器名 :%s",server);
        lr_output_message("循环次数 :%s",loop);
```

因为"host"参数数值为"yuy"，而 loop 没有定义，所以结果输出为：

```
Running Vuser...
Starting iteration 1.
Starting action Action.
Action.c(9)：服务器名 :yuy
Action.c(10)：循环次数 :(null)
Ending action Action.
Ending iteration 1.
Ending Vuser...
```

当然，也可以不通过【Vuser】>【Run-time Settings】>【General】> 【Additional attributes】项设置附加参数，而通过 mdrv 命令行传入相应的参数，形式如下：

```
mdrv.exe -usr E:\wsj\test.usr -out E:\wsj\out -host yuy -loop 6
```

将上述脚本存储于"E:\wsj\test.user"中，运行该命令行命令，则可以通过在"E:\wsj\out\output.txt"中查看脚本的执行结果信息，如图 7-16 所示。

关于 mdrv 的运行方式及其相关参数的含义，有兴趣的朋友可以查看相关资料，也可以在命令行下直接运行"C:\Program Files\HP\LoadRunner\bin\mdrv.exe"查看简单的帮助信息，如图 7-17 所示。

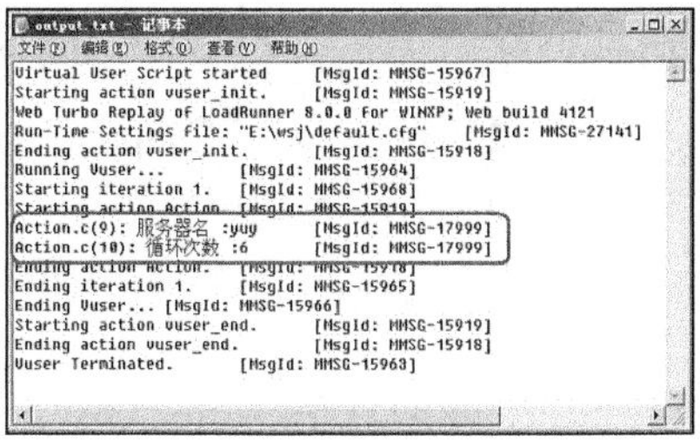

图 7-16　命令行方式执行结果

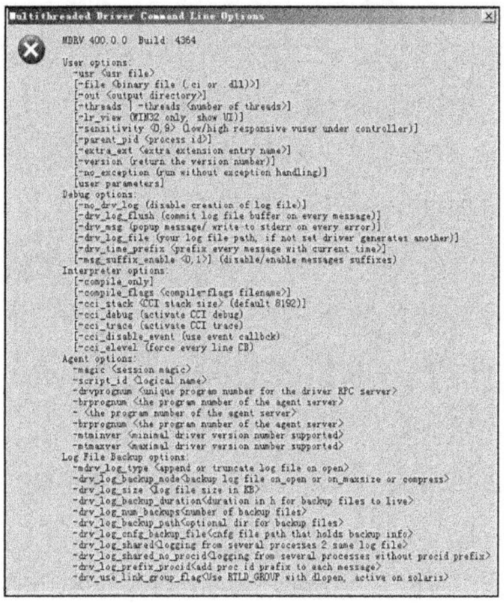

图 7-17　mdrv 命令参数简单帮助信息

7.7 如何解决脚本中的乱码问题

1. 问题提出

平时在对 Web 应用程序性能测试的时候，可能会出现录制的脚本中汉字变为乱字符的现象。

2. 问题解答

在所有字符集中，最知名的可能要数被称为 ASCII 的 7 位字符集了。它是美国信息交换标准委员会（American Standards Committee for Information Interchange）的缩写，为美国英语通信所设计。它由 128 个字符组成，包括大小写字母、数字 0～9、标点符号、非打印字符（换行符、制表符等 4 个）以及控制字符（退格、响铃等）。

但是，由于它是针对英文设计的，当处理带有音调标号（形如汉语的拼音）的欧洲文字时就会出现问题。因此，创建出了一些包括 255 个字符的由 ASCII 扩展的字符集。其中有一种通常被称为 IBM 字符集，它把值为 128～255 的字符用于画图和画线，还有一些特殊的欧洲字符。另一种 8 位字符集是 ISO 8859-1 Latin 1，也简称为 ISO Latin-1。它把位于 128～255 的字符用于拉丁字母表中特殊语言字符的编码，也因此而得名。

亚洲和非洲语言也不能被 8 位字符集所支持。但是把汉语、日语和越南语的一些相似的字符结合起来，在不同的语言里，使不同的字符代表不同的字，这样只用 2 个字节就可以编码地球上几乎所有地区的文字。因此，创建了 UNICODE 编码。它通过增加一个高字节对 ISO Latin-1 字符集进行扩展，当这些高字节位为 0 时，低字节就是 ISO Latin-1 字符。UNICODE 支持欧洲、非洲、中东、亚洲（包括统一标准的东亚象形汉字和韩国象形文字）。但是，UNICODE 并没有提供对诸如 Braille、Cherokee、Ethiopic、Khmer、Mongolian、Hmong、Tai Lu、Tai Mau 文字的支持。同时它也不支持如 Ahom、Akkadian、Aramaic、Babylonian Cuneiform、Balti、Brahmi、Etruscan、Hittite、Javanese、Numidian、Old Persian Cuneiform、Syrian 之类的古老的文字。

所以，对可以用 ASCII 表示的字符使用 UNICODE 并不高效，因为 UNICODE 比 ASCII 占用大一倍的空间，而对 ASCII 来说高字节的 0 对它毫无用处。为了解决这个问题，就出现了一些中间格式的字符集，它们被称为通用转换格式，即 UTF（Universal Transformation Format）。目前存在的 UTF 格式有 UTF-7、UTF-7.5、UTF-8、UTF-16，以及 UTF-32。本文讨论 UTF-8 字符集。

UTF-8 是 UNICODE 的一种变长字符编码，由 Ken Thompson 于 1992 年创建。现在已经标准化为 RFC 3629。UTF-8 用 1～6 个字节编码 UNICODE 字符。如果 UNICODE 字符由 2 个字节表示，则编码成 UTF-8 很可能需要 3 个字节，而如果 UNICODE 字符由 4 个字节表示，则编码成 UTF-8 可能需要 6 个字节。用 4 个或 6 个字节去编码一个 UNICODE 字符可能太多了，但很少会遇到那样的 UNICODE 字符。

上面介绍了一些关于字符集的内容，可能也明白了为什么在脚本中会产生乱字符，主要原因就是因为默认情况下应用的是 ASCII 字符集，所以脚本中的汉字就显示为乱字符了。解决方式是通过选择【Tools】>【Recording Options...】>【HTTP Properties】>【Advanced】>【Support charset】项，选中"UTF-8"选项就可以解决这个问题，如图 7-18 所示，如果您还想调整脚本的字体，也可以通过选择【Tools】>【General Options】>【Environment】项，单击【Select Font...】按钮，选择适合的字体及字体的大小，如图 7-19 所示。

图 7-18 中 Support charset（支持字符集）说明如下。

● UTF-8。勾选该选项可支持 UTF-8 编码。该选项指示 VuGen 将非 ASCII 的 UTF-8 字符转换为本地计算机上的编码，以便在 VuGen 编辑器中正确显示它们。如果启用 UTF-8 支持选项，则无法录制非 UTF-8 字符集的站点。

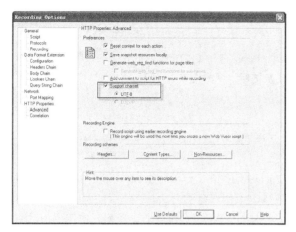

图 7-18　录制选项对话框

图 7-19　常规选项对话框

● 　EUC-JP。对于日文版 Windows 的用户，请选择该选项以支持使用 EUC-JP 字符编码的网站。该选项指示 VuGen 将 EUC-JP 字符转换为本地计算机上的编码，以便在 VuGen 编辑器中正确显示它们。VuGen 会将所有 EUC-JP（日文版 UNIX）字符串转换为本地计算机上的 SJIS（日文版 Windows）编码，并在脚本中添加 web_sjis_to_euc_param 函数。

7.8　如何在录制时加入自定义标头

1．问题提出

有时在录制过程中，要加入自定义标头，那么如何在脚本中加入自定义标头呢？

2．问题解答

Web Vuser 会自动将多个标准 HTTP 标头随每个提交至服务器的 HTTP 请求一起发送。单击"标头"用以指示 VuGen 录制其他 HTTP 标头。可以使用下面 3 种模式："不录制标头""录制列表中的标头"或"录制不在列表中的标头"。在第一种模式下工作时，VuGen 不录制任何标头。在第二种模式下工作时，VuGen 仅录制选中的自定义标头。如果指定"录制不在列表中的标头"模式，VuGen 将录制除选中的标头之外的所有自定义标头以及其他危险标头。下列标准标头称为危险标头：

```
Authorization、Connection、Content-Length、Cookie、Host、If-Modified-Since、Proxy-
Authenticate、Proxy-Authorization、Proxy-Connection、Referer 和 WWW-Authenticate。
```

除非在标头列表中将它们选中，否则将不会录制这些标头。默认选项为"不录制标头"。

在"录制列表中的标头"模式下，VuGen 将在脚本中为检测到的每个已选中标头插入一个 web_add_auto_header 函数。该模式是录制标头的理想模式，这种标头除非明确声明，否则将不会被录制。在"录制不在列表中的标头"模式下，VuGen 将在脚本中为录制期间检测到的每个未选中标头插入一个 web_add_auto_header 函数。

要确定需要录制哪些自定义标头，可以执行一个录制会话，指示 VuGen 录制标头。然后，可以决定录制哪些标头，不录制哪些标头。

在该示例中，Content-type 标头已在"录制列表中的标头"模式下被指定。VuGen 已检测到该标头并向脚本中添加了以下语句：

```
web_add_auto_header("Content-Type","application/x-www-form-urlencoded");
```

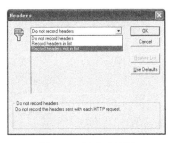

指示该应用程序的 Content-type 为 x-www-form-urlencode。

要控制自定义标头的录制，请执行下列操作。

（1）依次通过选择【Tools】>【Recording Options...】>【HTTP Properties】>【Advanced】项，单击【Headers...】按钮，弹出图 7-20 所示标头对话框。

（2）使用下列方法之一。

① 要指示 VuGen 不录制任何标头，请选择"Do not record headers"。

图 7-20　标头对话框

② 要仅录制特定的标头，请选择"Record headers in list"，并在标头列表中选择所需的自定义标头。注意，标准标头（如 Accept）在默认情况下是选定的。

③ 要录制所有标头，请选择"Record headers not in list"，并且不选择列表中的任何项目。

④ 要仅排除特定的标头，请选择"Record headers not in list"，并选择需要排除的标头。

（3）单击【Use Defaults】按钮可将列表还原为对应的默认列表。"Record headers in list"和"Record headers not in list"都有各自对应的默认列表。

（4）单击【OK】按钮就完成了设置操作。

7.9　线程和进程运行方式有何不同

1．问题提出

线程和进程运行方式有何不同？它们的运行机制是什么？内存的占用情况如何？

2．问题解答

可以通过依次选择【Vuser】>【Run-Time Settings...】项，在弹出的运行时设置对话框中，在【Multithreading】项中选择按进程（Run Vuser as a process）或者线程（Run Vuser as a thread）运行方式，如图 7-21 所示。

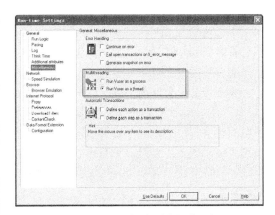

Vusers 支持多线程环境。多线程环境的主要优势是每个负载生成器能运行多个 Vuser。只有线程安全协议才能作为线程运行。

图 7-21　运行时设置对话框

> **注意**
>
> 下列协议不是线程安全协议，如 Sybase-Ctlib、Sybase-Dblib、Informix、Tuxedo 和 PeopleSoft-Tuxedo。

（1）要启用多线程，请选择"Run Vuser as a thread"。

（2）要禁用多线程并按单独的进程运行每个 Vuser，请选择"Run Vuser as a process"。

Controller 将使用驱动程序（如 mdrv.exe、r3vuser.exe）运行 Vuser。如果按进程运行每个 Vuser，则对于每个 Vuser 实例，都将反复启动同一驱动程序并将其加载到内存中。将同一驱动程序加载到内存中会占用大量 RAM（随机存取存储器）及其他系统资源。这就限制了可以在任一负载生成器上运行的 Vuser 的数量。如果按线程运行每个 Vuser，Controller 为每 50 个 Vuser（默认情况下）仅启动驱动程序（如 mdrv.exe）的一个实例。该驱动进程/程序将启动几个 Vuser，每个 Vuser 都按线程运行。这些线程 Vuser 将共享父驱动进程的内存段。这就消除了多次重新加载驱动程序/进程的需要，节省了大量内存空间，从而可以在一个负载生成器上运行更多的 Vuser。

关于线程和进程在常用的操作系统中内存占用情况，如表 7-2 所示。

表 7-2 　　　　　　　　　　　　　内存利用率列表

Operating system	Win2000 Advanced Server sp3		Windows XP sp1		WindowsNT 4 SP 6a	
Protocol	Process (MB)	Thread (MB)	Process (MB)	Thread (MB)	Process (MB)	Thread (MB)
SAPGUI Ram	26	6.2	26	6.2	26	6.2
Swap	26	6.7	26	6.7	26	6.7
C Ram	3	0.27	3	0.28	3.6	0.29
Swap	2.7	0.27	2.5	0.27	2.2	0.26
CITRIX Ram	15.4	8.8	15.4	8.8	15.4	8.8
Swap	12.5	8.4	12.5	8.4	12.5	8.4
COM/DCOM Ram	7	0.4	5.8	0.4	5.8	0.4
Swap	3.5	0.3	3.2	0.3	2.9	0.3
CTLIB Ram	4	N/A	4	N/A	4	N/A
Swap	3.5	N/A	3.5	N/A	3.5	N/A
DBLIB Ram	4	N/A	4	N/A	4	N/A
Swap	3.5	N/A	3.5	N/A	3.5	N/A
DB2 Ram	7	0.8	6.9	0.5	7.2	0.96
Swap	5.2	0.97	5	0.95	4.8	0.8
DNS Ram	3.4	0.3	3.3	0.3	3.9	0.3
Swap	2.9	0.3	2.7	0.3	2.4	0.3
FTP　Ram	3.1	0.26	3.1	0.25	3.6	0.28
Swap	2.7	0.25	3.1	0.25	2.4	0.25
INFORMIX Ram	5.1	N/A	5.1	N/A	5.1	N/A
Swap	2.6	N/A	2.7	N/A	2.6	N/A
IMAP　Ram	3.4	0.3	3.4	0.3	4	0.3
Swap	2.8	0.3	3	0.3	2.5	0.27
JAVA General Ram	10.5	0.6	10.5	0.6	10.5	0.6
Swap	12.7	0.6	12.7	0.6	12.7	0.6
MAPI Ram	4.2	0.3	4.8	0.31	5	0.33
Swap	2.8	0.27	3.8	0.27	2.5	0.28
MMS Ram	9.9	2.8(30)	8.4	2.5	9	2.5
Swap	5.7	2.8(30)	4.9	2.5	5.7	2.5
MS-SQL Ram	3.1	0.27	3.1	0.26	3.6	0.28
Swap	2.7	0.26	2.7	0.25	2.2	0.25
.NET(C) Ram	3.1	0.3	3.1	0.3	3.1	0.3
Swap	2.9	0.3	2.9	0.3	2.9	0.3
.NET (C#) Ram	7.6	0.4	7.6	0.4	7.6	0.4
Swap	5.7	0.35	5.7	0.35	5.7	0.35
.NET (VB) Ram	7.7	0.4	7.7	0.4	7.7	0.4
Swap	5.7	0.4	5.7	0.4	5.7	0.4
ODBC Ram	10.6	0.6	10.6	0.6	11.5	0.6

Operating system	Win2000 Advanced Server sp3		Windows XP sp1		WindowsNT 4 SP 6a	
Protocol	Process (MB)	Thread (MB)	Process (MB)	Thread (MB)	Process (MB)	Thread (MB)
Swap	8.3	0.6	8.3	0.6	8.4	0.6
ORACLE7 Ram	7	0.4	7	0.4	7	0.4
Swap	4.5	0.4	4.5	0.4	4.5	0.4
ORACLE8 Ram	7.8	0.6	8.5	0.6	8.6	—
Swap	4.9	0.6	6	0.5	4.7	7
ORACLE NCA 11i Ram	5.6	0.5	5.9	0.6	6.1	0.6
Swap	5.1	0.6	5.6	0.6	4.6	0.6
POP3 (C) Ram	3.2	0.26	3.2	0.26	3.7	0.28
Swap	2.9	0.26	2.8	0.26	2.5	0.25
PS　TUXEDO　Ram	4.4	N/A	5	N/A	5.2	N/A
Swap	3	N/A	2.9	N/A	2.7	N/A
REAL　(RTSP) Ram	7	0.6	6.5	0.6	5	0.6
Swap	5.5	0.5	6	0.5	3.5	0.5
RTE (5250 IBM) Ram	6	1.2	6	1.2	6.5	1.2
Swap	3.5	0.8	3.6	0.8	3	0.75
SMTP(C) Ram	4	0.3	4	0.3	4	0.3
Swap	3	0.3	3	0.3	3	0.3
TUXEDO Ram	4.2	N/A	5	N/A	5.2	N/A
Swap	3	N/A	2.9	N/A	2.8	N/A
VB　SCRIPT Ram	8.2	0.45	8	0.5	7.6	0.6
Swap	5.7	0.4	5.5	0.5	5.4	0.6
VB Ram	5.5	0.4	5.5	0.4	5.6	0.4
Swap	4.3	0.3	4.4	0.4	4	0.4
WEB (URL) Ram	5	0.5	5	0.5	5	0.5
Swap	4.5	0.51	4.5	0.51	4.5	0.5
WinSoket Ram	3.9	0.35	3.8	0.35	4.5	0.4
Swap	3	0.35	3	0.35	2.9	0.38
Siebel　Web Ram	5.2	0.6	5.2	0.6	5.2	0.6
Swap	4.2	0.6	4.2	0.6	4.2	0.6
WEB/NCA Ram	5.6	0.9	5.8	0.9	6.3	0.9
Swap	4.5	0.85	4.3	0.8	4	0.8

7.10　如何实现脚本分步录制

1. 问题提出

在进行一个 B/S 结构进销存管理系统脚本录制过程中，登录系统后，进行销售业务的处理，最后退出系统。因为登录和退出系统为一次性的操作，而销售业务可以执行多次，那有没有办法在录制脚本的时候，将系统登录、系统退出和业务处理 3 个部分分步录制呢？

2. 问题解答

在进行 Web 应用系统测试时，通常包含登录系统、业务操作、退出系统 3 部分，登录系统部分主要是登录系统建立一个有效的连接，业务操作部分主要是进行相关业务的处理，退出系统部分主要是释放连接。而 VuGen 脚本主要也由 vuser_init()、Action()、vuser_end()这 3 部分构成。vuser_init()部分主要用于初始化工作（如初始化变量、建立连接等）；Action()主要用于对被测试的业务逻辑、语句、算法等的处理；vuser_end()主要用于收尾工作（如释放内存、关闭连接等）。结合应用系统和 VuGen 脚本特点，不难发现，在进行脚本录制过程中，最好将登录系统部分放在 vuser_init()部分录制，业务相关部分放到 Action()录制，而退出系统部分放到 vuser_end()部分录制。这样做不仅脚本结构更加清晰明了，而且可以保证在多次迭代时，不会反复进行登录和退出系统操作。有些读者对 VuGen 录制方式不是很熟悉，问是否一定要每次录制完以后，把脚本从 Aciton 部分、登录和退出部分分别剪切、粘贴到 vuser_init()和 vuser_end()部分呢？LoadRunner VuGen 提供分段录制处理方式，选择 Web(HTTP/HTML)协议，单击  Start Record 或者通过菜单项依次选择【Vuser】>【Start Recording…】项，将弹出 Start Recording 对话框，如图 7-22 所示。

在 "Record into Action" 下拉列表项中有 3 个选项，默认是选中 "Action" 项。可以在登录系统时，选中 "vuser_init" 项录制脚本，完成登录后进行相应业务操作时，再切换到 "Action" 项录制脚本，最后退出系统时候选择 "vuser_end" 录制脚本。图 7-22 中的 "Record the application startup" 项，默认是选中的，意思是在程序启动时就开始录制脚本。当在进行分段录制时，应将该选项取消，在需要录制脚本时可以单击【Record】按钮进行录制（如图 7-23 所示），录制过程中也可以通过录制工具条暂停录制（如图 7-24 所示），切换要录制脚本到 vuser_init、Action 和 vuser_end，当然也可以建立新的 Action，将脚本录制到新的 Action 中。

图 7-22　录制对话框

图 7-23　选择录制窗体

图 7-24　录制工具条

7.11　如何在脚本中应用常量和数组

1. 问题提出
在 LoadRunner VuGen 中如何定义常量、应用数组以及进行相关业务逻辑的控制呢？

2. 问题解答
LoadRunner 支持 C Vuser、VB Vuser、VB Script Vuser、Java Vuser 和 Java Script Vuser，在进行测试的过程中，可能会根据系统应用的语言不同，选择不同的协议进行测试工作。LoadRunner 脚本应用语言默认为类 C 语言，为什么叫做类 C 语言呢？就是因为编写脚本时应用的语言和 C 语言很类似，这里举一些简单例子，看看 C 语言的相关语法等内容是如何应用于编写 LoadRunner VuGen 脚本的。

常量的定义代码如下：

```
#include "web_api.h"

#define p 30

Action()
{
    lr_output_message("this is  %d",p);
    return 0;
}
```

（1）字符串数组定义：

```
Action()
{
    int i;
    static char *arrstu[]={"u1admin","u2admin"};
    int intarr[]={5,6};
    char chaarr[]={'a','b'};
    for (i=0;i<=1;i++){
        lr_output_message("%s",arrstu[i]);
        lr_output_message("%d",intarr[i]);
        lr_output_message("%c",chaarr[i]);
    }
    return 0;
}
```

（2）数组内容的参数化问题：

```
#include "web_api.h"

Action()
{
    int i;
static char *type[]={"A'","A"};
lr_save_string(type[i],"tmp");
for (i=0;i<2;i++)
{
web_submit_data("inputactive.do_4",
        "Action=http://192.168.0.227:8080/dsaes/inputactive.do",
        "Method=POST",
        "RecContentType=text/html",
        "Referer=http://192.168.0.227:8080/dsaes/inputactive.do",
        "Snapshot=t16.inf",
        "Mode=HTML",
        ITEMDATA,
        "Name=actionMethod", "Value=singleInput", ENDITEM,
        "Name=schoolid", "Value=402880630808fc6c010808fd32300002", ENDITEM,
        "Name=schoolname", "Value=测试小学", ENDITEM,
        "Name=grade_hidden", "Value=2012001,1", ENDITEM,
        "Name=select_grade", "Value=2012001,1", ENDITEM,
        "Name=resunitid", "Value=402880630808fc6c010808fd323f0003", ENDITEM,
        "Name=gradeSort", "Value={tmp}", ENDITEM,
        "Name=disp_class_all", "Value=0", ENDITEM,
        EXTRARES,
        "Url=images/back.gif", ENDITEM,
        LAST);
}
}
```

7.12　VuGen 中支持哪些步骤类型

1．问题提出

VuGen 中支持哪些步骤类型？

2．问题解答

VuGen 中支持下列步骤类型，如表 7-3 所示。

表 7-3   VuGen 支持步骤类型列表

步 骤 类 型	描　述
服务	服务步骤是一个函数，它不会在 Web 应用程序上下文中进行任何更改。更确切地说，服务步骤执行自定义任务（如设置代理服务器）、提供授权信息以及发出自定义的标头
URL	在键入 URL 或者使用书签访问特定网页时，"URL"图标将被添加到 Vuser 脚本中。每个 URL 图标代表 Vuser 脚本中的一个 web_url 函数。URL 图标的默认标签是目标页 URL 的最后一部分
链接	在录制期间单击超文本链接时，VuGen 将添加一个"链接"图标。每个"链接"图标代表 Vuser 脚本中的一个 web_link 函数。该图标的默认标签是超文本链接的文本字符串（仅针对基于 HTML 录制级别而录制）
图像	在录制期间单击超图形链接时，VuGen 将向 Vuser 脚本中添加一个"图像"图标。每个"图像"图标代表 Vuser 脚本中的一个 web_image 函数。如果 HTML 代码中的图像具有 ALT 属性，则该属性将用作图标的默认标签。如果 HTML 代码中的图像不具有 ALT 属性，那么 SRC 属性的最后一部分将用作图标的标签（仅针对基于 HTML 录制级别而录制）
提交表单/提交数据	在录制期间提交表单时，VuGen 会添加"提交表单"或"提交数据"步骤。该步骤的默认标签是用于处理表单的可执行程序的名称（"提交表单"仅针对基于 HTML 录制级别而录制）
自定义请求	在录制 VuGen 无法识别为任何标准操作（即 URL、链接、图像或表单提交）的操作时，VuGen 将向 Vuser 脚本中添加"自定义请求"步骤。这适用于非标准 HTTP 应用程序

7.13　如何处理 ASP.NET 中的 ViewState

1．问题提出

在对.NET 环境下开发的 B/S 应用系统进行性能测试过程中，经常会发现脚本中存在 ViewState 信息。

2．问题解答

在回答这个问题前，我们有必要了解一下 ViewState 以及 HTTP。

HTTP（HyperText Transfer Protocol）是一套计算机通过网络进行通信的规则。计算机专家设计出 HTTP，使 HTTP 客户端（如 Web 浏览器）能够从 HTTP 服务器端（Web 服务器）请求信息和服务，目前 HTTP 协议的常见版本是 1.1。HTTP 是一种无状态的协议，无状态是指 Web 浏览器和 Web 服务器之间不需要建立持久的连接，这意味着当一个客户端向服务器端发出请求，然后 Web 服务器返回响应（Response），连接就被关闭了，在服务器端不保留连接的有关信息。HTTP 遵循请求（Request）/应答（Response）模型。Web 浏览器向 Web 服务器发送请求，Web 服务器处理请求并返回适当的应答。所有 HTTP 连接都被构造成一套请求和应答。ASP.NET 页面也没有状态，它们在到服务器的每个往返过程中被实例化、执行、呈现和处理。作为 Web 开发人员，可以使用众所周知的技术（如以会话状态将状态存储在服务器上，或将页面回传到自身）来添加状态。在 ASP.NET 之前，通过多次回传将值恢复到窗体字段中，这完全是页面开发人员的责任，他们将不得不从 HTTP 窗体中逐个抬取回传值，然后再将其推回字段中。幸运的是，现在 ASP.NET 可以自动完成这项任务，从而为开发人员免除了一项令人厌烦的工作，同时也无需再为窗体编写大量的代码。但这并不是 ViewState。

ViewState（英文）是一种机制，ASP.NET 使用这种机制来跟踪服务器控件状态值，否则这些值将不作为 HTTP 窗体的一部分而回传。例如，由 Label 控件显示的文本默认情况下就保存在 ViewState 中。作为开发人员，可以绑定数据，或在首次加载该页面时仅对 Label 编程设置一次，在后续的回传中，该标签文本将自动从 ViewState 中重新填充。因此，除了可以减少烦琐的工作和代码外，ViewState 通常还可以减少访问数据库的往返次数。

ViewState 的工作原理。

ViewState 确实没有什么神秘之处，它是由 ASP.NET 页面框架管理的一个隐藏的窗体字段。当 ASP.NET 执行某个页面时，该页面上的 ViewState 值和所有控件将被收集并格式化成一个编码字符串，然后被分配给隐藏窗体字段的值属性（即<input type= hidden>）。由于隐藏窗体字段是发送到客户端页面的一部分，所以 ViewState 值被临时存储在客户端的浏览器中。如果客户端选择将该页面回传给服务器，则 ViewState 字符串也将被回传。

回传后，ASP.NET 页面框架将解析 ViewState 字符串，并为该页面和各个控件填充 ViewState 属性。然后，控件再使用 ViewState 数据将自己重新恢复为以前的状态。

关于 ViewState 还有 3 个值得注意的小问题。

（1）如果要使用 ViewState，则在 ASPX 页面中必须有一个服务器端窗体标记（<form runat=server>）。窗体字段是必需的，这样包含 ViewState 信息的隐藏字段才能回传给服务器。而且，该窗体还必须是服务器端的窗体，这样在服务器上执行该页面时，ASP.NET 页面框架才能添加隐藏的字段。

（2）页面本身将 20 字节左右的信息保存在 ViewState 中，用于在回传时将 PostBack 数据和 ViewState 值分发给正确的控件。因此，即使该页面或应用程序禁用了 ViewState，仍可以在 ViewState 中看到少量的剩余字节。

（3）在页面不回传的情况下，可以通过省略服务器端的<form>标记来去除页面中的 ViewState。

ViewState 的存储和读取应用十分简便，代码形式如下：

```
[C#代码]
// 保存在 ViewState 中
ViewState["SortOrder"] = "DESC";


// 从 ViewState 中读取
string sortOrder = (string)ViewState["SortOrder"];
```

这里我们举一个简单示例：要在 Web 页上显示一个项目列表，而每个用户需要不同的列表排序。项目列表是静态的，因此可以将这些页面绑定到相同的缓存数据集，而排序顺序只是用户特定的 UI 状态的一小部分。ViewState 非常适合于存储这种类型的值。代码如下所示：

```
[C#代码]
<%@ Page Language="C#" %>
<%@ Import Namespace="System.Data" %>
<HTML>
    <HEAD>
        <title>用于页面 UI 状态值的 ViewState 的应用示例</title>
    </HEAD>
    <body>
        <form runat="server">
            <H3>
                在 ViewState 中存储非控件状态
            </H3>
                此示例将一列静态数据的当前排序顺序存储在 ViewState 中。<br>
                <br>
                <asp:datagrid id="DataGrid" runat="server" OnSortCommand="SortGrid"
                BorderStyle="None" BorderWidth="1px" BorderColor="#CCCCCC"
                BackColor="White" CellPadding="5" AllowSorting="True">
                    <HeaderStyle Font-Bold="True" ForeColor="White" BackColor="#006699">
                    </HeaderStyle>
                </asp:datagrid>
```

```
                </P>
            </form>
        </body>
</HTML>
<script runat="server">

    // 在 ViewState 中跟踪 SortField 属性
    string SortField {
        get {
            object obj = ViewState["SortField"];
            if (obj == null) {
                return String.Empty;
            }
            return (string)obj;
        }
        set {
            if (value == SortField) {
                // 与当前排序文件相同，切换排序方向
                SortAscending = !SortAscending;
            }
            ViewState["SortField"] = value;
        }
    }


    // 在 ViewState 中跟踪 SortAscending 属性
    bool SortAscending {
        get {
            object obj = ViewState["SortAscending"];
            if (obj == null) {
                return true;
            }
            return (bool)obj;
        }

        set {
            ViewState["SortAscending"] = value;
        }
    }

    void Page_Load(object sender, EventArgs e) {
        if (!Page.IsPostBack) {
            BindGrid();
        }
}

    void BindGrid() {
        // 获取数据
        DataSet ds = new DataSet();
        ds.ReadXml(Server.MapPath("MyData.xml"));
        DataView dv = new DataView(ds.Tables[0]);
        // 应用排序过滤器和排序方向
        dv.Sort = SortField;
        if (!SortAscending) {
            dv.Sort += " DESC";
        }
        // 绑定网格
```

```
        DataGrid.DataSource = dv;
        DataGrid.DataBind();
    }

    void SortGrid(object sender, DataGridSortCommandEventArgs e) {
        DataGrid.CurrentPageIndex = 0;
        SortField = e.SortExpression;
        BindGrid();
    }
</script>
```

下面是上述两个代码段中引用的 mydata.xml 的代码：

```
<?xml version="1.0" standalone="yes"?>
<NewDataSet>
  <Table>
    <pub_id>0100</pub_id>
    <pub_name 人民邮电出版社</pub_name>
    <city>北京</city>
    <country>中国</country>
  </Table>
  <Table>
    <pub_id>0101</pub_id>
    <pub_name>清华大学出版社</pub_name>
    <city>北京</city>
    <country>中国</country>
  </Table>
  <Table>
    <pub_id>0102</pub_id>
    <pub_name>北京大学出版社</pub_name>
    <city>北京</city>
    <country>北京</country>
  </Table>
  <Table>
    <pub_id>0103</pub_id>
    <pub_name>机械工业出版社</pub_name>
    <city>北京</city>
    <country>中国</country>
  </Table>
  <Table>
    <pub_id>0104</pub_id>
    <pub_name>电子工业出版社</pub_name>
    <city>北京</city>
    <country>中国</country>
  </Table>
  <Table>
    <pub_id>0105</pub_id>
    <pub_name>高等教育出版社</pub_name>
    <city>北京</city>
    <country>中国</country>
  </Table>
</NewDataSet>
```

　　由于本书并不是专门介绍.NET 开发的书籍，所以不再对 ViewState 进行进一步详细描述，ViewState 的应用在不同的情况下也存在着诸多利弊，开发人员应该在开发过程中根据情况启用或者禁用 ViewState。在这里只要测试人员清楚 ViewState 是在一个隐藏的窗体字段中来回传递状态，并将它直接应用于页面处理框架中就可以了。

下面针对一个实例讲解一下如何处理 ViewState，如图 7-25 所示。从图中可以看出方框区域存放着 ViewState 值信息，需要将上述内容做关联，关于如何做关联可以参见第 5 章的 5.3 节，在这里不再赘述。在图中左边界为“value=""”，右边界为“"”，又因为“"”为特殊字符需要转义，所以最终将脚本做关联如下：

```
vuser_init()
{
web_url("dxk.web",
        "URL=http://192.168.103.171/dxk.web",
        "Resource=0",
        "RecContentType=text/html",
        "Referer=",
        "Snapshot=t1.inf",
        "Mode=HTML",
        EXTRARES,
        "Url=/DXK.Web/images/main_titlebg.gif", "Referer=http://192.168.103.171/DXK.Web/login.aspx", ENDITEM,
        "Url=/DXK.Web/images/main_point.gif", "Referer=http://192.168.103.171/DXK.Web/login.aspx", ENDITEM,
        "Url=/webctrl_client/1_0/treeview.htc", "Referer=http://192.168.103.171/DXK.Web/login.aspx", ENDITEM,
        LAST);

web_submit_data("login.aspx",
        "Action=http://192.168.103.171/DXK.Web/login.aspx",
        "Method=POST",
        "RecContentType=text/html",
        "Referer=http://192.168.103.171/DXK.Web/login.aspx",      ViewState值信息
        "Snapshot=t2.inf",
        "Mode=HTML",
        ITEMDATA,
        "Name=__EVENTTARGET", "Value=", ENDITEM,
        "Name=__EVENTARGUMENT", "Value=", ENDITEM,
        "Name=__VIEWSTATE", "Value=dDwtMTk3MTM2Nzk2MTE0PDtsPGk8MT47PjtsPHQ8O2w8aTuwxPjtpPDM+0z47bDx0PHQ803A8bDxy
                PDA+02k8MT47aTwyPjtpPDM+02k8MD47aTw1PjtpPDY+02k8Nz47aTw4PjtpPDk+02k8MTA0Vuh+W
                HpO1+vjtmVW5qcjvnjeuluq3mlocx02x6dDtmb3JldmVyU03d3dzs+PjtsPGk8MD47Pj47bD47Pj4
                7PjA7PskL3zqYF609s8v16GTRddQz1pa3", ENDITEM,
        "Name=ddlUnit", "Value=2", ENDITEM,
        "Name=ddlUser", "Value=", ENDITEM,
        "Name=txtUser", "Value=", ENDITEM,
        "Name=txtPassWord", "Value=111111", ENDITEM,
        EXTRARES,
        "Url=images/page_titlebg.gif", "Referer=http://192.168.103.171/DXK.Web/index.aspx", ENDITEM,
        "Url=../webctrl_client/1_0/treeview.htc", "Referer=", ENDITEM,
        "Url=../webctrl_client/1_0/treeimages/plus.gif", "Referer=http://192.168.103.171/DXK.Web/index.aspx", ENDITEM,
        LAST);

        return 0;
}
```

图 7-25　带有 ViewState 需要做关联的脚本

```
web_reg_save_param("ViewState",
                "LB/IC=value=\"",              //注：左边界为 value="
                                "RB/IC=\"",      //注：表示右边界为"
                                 "Ord=1",
                                "Search=Body",
                                "RelFrameId=1",
                                LAST);
```

【重点提示】

（1）网页中可能会包含多个“value=”左边界的域信息，所以我们最好取左边界字符串时多取一些字符，防止取错内容。

（2）ViewState 存储的信息可能过多，在必要的时候，可以应用 web_set_max_html_param_ len 函数来加大参数的字段长度，否则，如果 ViewState 存储内容过多就会出现“Error -26377: No match found for the requested parameter "ViewState".Check whether the requested boundaries exist in the response data. Also, if the data you want to save exceeds 1024 bytes, use web_set_max_html_ param_len to increase the parameter”错误信息。

7.14　如何理解 Return 的返回值

1. 问题提出

在创建和录制脚本的时候，发现在脚本 vuser_init、Action 和 vuser_end 这 3 部分中都会有一条“return 0;”语句，那么平时在编写脚本时如何应用 return 语句，return 不同的返回值又有什么含义呢？

2. 问题解答

return 表示一个过程的结束，在 LoadRunner 中用 return 根据脚本不同的返回值，表示脚本的

成功或者失败。"return +大于等于零的数字;"表示成功，反之，则表示失败。

下面通过一个实例脚本来深入理解一下 return 语句。

相应脚本代码：

```c
#include "web_api.h"

Action()
{
    LPCSTR user1="悟空";
    LPCSTR user2="八戒";

    if ((user1=="悟空") || (user1=="猴哥"))
      {
            lr_output_message("悟空和猴哥是同一个人！");
            return 0;
      }
    else
      {
        lr_output_message("我是八戒不是悟空！");
        return -1;
      }
      lr_output_message("这句话永远不会被执行！");
}
```

【脚本分析】

该段脚本事先声明了两个字符串变量：user1 和 user2，然后判断 user1 变量是否为"悟空"或者"猴哥"，如果是则输出"悟空和猴哥是同一个人！"，否则输出"我是八戒不是悟空！"。因为 return 语句执行完成以后，后面的语句将不会被执行，所以最后一句话将永远不会被执行，即"这句话永远不会被执行！"不会被输出。下面看一下上面脚本的执行日志结果为：

```
Running Vuser...
Starting iteration 1.
Starting action Action.
Action.c(10): 悟空和猴哥是同一个人！
Ending action Action.
Ending iteration 1.
Ending Vuser...
```

如果将上面的脚本"if ((user1=="悟空") || (user1=="猴哥"))"变更为"if ((user2=="悟空") || (user2=="猴哥"))"，依次通过选择【View】>【Test Results...】项查看返回值为–1，所示脚本执行完成后为失败的，如图 7-26 所示。

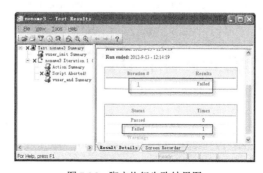

图 7-26　脚本执行失败结果图

```
Running Vuser...
Starting iteration 1.
Starting action Action.
Action.c(15): 我是八戒不是悟空!
Ending Vuser...
```

7.15 如何解决负载均衡将压力作用到一台机器的问题

1. 问题提出

如由 IP 地址为 192.168.1.30、192.168.1.31 和 192.168.1.32 的 3 台机器组成的 Apache、Tomcat 集群和负载均衡系统，发现客户端发出请求后，都将请求发送到了 IP 为 192.168.1.30 的机器上，请问这是为什么呢？

2. 问题解答

随着互联网络技术的飞速发展，越来越多的应用已经从最早的单机操作变成基于互联网的操作。由于网络用户数量激增，网络访问路径过长，用户的访问质量容易受到严重影响，尤其是当用户与网站之间的链路被突如其来的流量拥塞时。而这种情况经常发生在异地互联网用户急速增加的应用上。这时如果在服务端应用负载均衡（GSLB）技术，就可以合理分担系统负载、提高系统可靠性、支持网站内容的虚拟化。

Web 服务器负载均衡定义、作用及类型具体如下。

（1）负载均衡的定义。

负载均衡是由多台服务器以对称的方式组成一个服务器集合，每台服务器都具有等价的地位，都可以单独对外提供服务而无须其他服务器的辅助。通过某种负载分担技术，将外部发送来的请求均匀分配到对称结构中的某一台服务器上，而接收到请求的服务器独立地回应客户的请求。

（2）负载均衡的作用。

如果发现 Web 站点负载量非常大时，应当考虑使用负载均衡技术来将负载平均分摊到多个内部服务器上。如果有多个服务器同时执行某一个任务时，这些服务器就构成一个集群（clustering）。使用集群技术可以用最少的投资获得接近于大型主机的性能。

（3）类型。

目前比较常用的负载均衡技术主要有以下几种。

● 基于 DNS 的负载均衡。通过 DNS 服务中的随机名字解析来实现负载均衡，在 DNS 服务器中，可以为多个不同的地址配置同一个名字，而最终查询这个名字的客户机将在解析这个名字时得到其中一个地址。因此，对于同一个名字，不同的客户机会得到不同的地址，他们也就访问不同地址上的 Web 服务器，从而达到负载均衡的目的。

● 反向代理负载均衡。使用代理服务器可以将请求转发给内部的 Web 服务器，让代理服务器将请求均匀地转发给多台内部 Web 服务器之一上，从而达到负载均衡的目的。这种代理方式与普通的代理方式有所不同，标准代理方式是客户使用代理访问多个外部 Web 服务器，而这种代理方式是多个客户使用它访问内部 Web 服务器，因此也被称为反向代理模式。Apusic 负载均衡器就属于这种类型的。

● 基于 NAT 的负载均衡技术。网络地址转换为在内部地址和外部地址之间进行转换，以便具备内部地址的计算机能访问外部网络，而当外部网络中的计算机访问地址转换网关拥有的某一外部地址时，地址转换网关能将其转发到一个映射的内部地址上。因此，如果地址转换网关能将每个连接均匀转换为不同的内部服务器地址，此后外部网络中的计算机就各自与自己转换得到的地址上服务器进行通信，从而达到负载分担的目的。

在这里我们不对关于 Apache、Tomcat 集群和负载均衡的部署进行描述，如果关心可以通过查找相关资料获得这部分知识。在了解一些关于负载均衡技术一些知识以后，接下来让我们分析一下如何解决上述问题。在 Windows 2000 以上的微软操作系统中，系统会自动将从 DNS 服务器上的查询结果保存在本地的 DNS 缓存中，那么下次再有重复的查询请求，系统会优先查询本地缓存。如果已有对应的内容，则不再向 DNS 服务器发起请求，缓存中无记录时才查询 DNS 服务器。本来设定此 DNS 缓存的目的是为了能减少 DNS 服务器的负荷，不对同一个域名解析多次，同时也能加快客户主机的访问速度。在 DNS 缓存中记录条目每隔一段时间将被更新一次，长时间不用的内容将被丢弃，这个时间间隔称为生存时间（TTL）。TTL 值全称是"生存时间（Time To Live）"，简单地说它表示 DNS 记录在 DNS 服务器上缓存时间，直接地说，此值影响客户第 2 次访问站点的速度。默认情况下，得到肯定响应的条目 TTL 为 86400s（1 天），否定响应（Negative Cache Time）的 TTL Windows 2000 平台下是 300s（5min），在 Windows XP 和 Windows 2003 中是 900s（15min）。正是由于肯定响应和否定响应的 TTL 时间过长，所以才造成了故障主机在得到一次否定的 DNS 解析之后，一段时间内无法再到 DNS 服务器上查询，只有等 TTL 时间过后，新的请求才有可能被别的负载均衡机器响应。可以通过调整注册表肯定和否定响应时间的大小来处理上面的问题。这里以 Windows XP 项中注册表为例。

调整"HKEY_LOCAL_MACHINE\SYSTEM\CurrentControlSet\Services\DNSCache\Parameters"项中的 MaxCacheEntryTtlLimit 和 NegativeCacheTime，均设置为 1，即 1s，或者禁用 0，这样上面问题就得到解决了。注册表相关操作前面章节已经详细描述过，不再赘述。

7.16 如何对 Apache 服务器上的资源使用情况进行监控

1. 问题提出

如何实现对 Apache 服务器上的资源使用情况进行监控？

2. 问题解答

通过配置 LoadRunner 监控 Apache。LoadRunner 监控 Apache 服务器是调用的 Apache 自身的模块进行监控的，所以需要配置 Apache 和 LoadRunner。要实现对 Apache 服务器上的资源使用情况进行监控，需要按如下方法进行配置，具体配置如下。

配置 Apache 部分。

一般要修改的内容在 Httpd.conf 文件中已经存在，如果不存在请自行添加相应内容。

（1）修改 Apache 中 Httpd.conf 文件，添加如下代码：

```
<Location /server-status>
        SetHandler server-status
    Order deny,allow
#   Deny from all
    Allow from .localhost
</Location>
```

（2）添加 ExtendedStatus，设置 ExtendedStatus On。

（3）取消注释 LoadModule status_module modules/mod_status.so，加载该模块。

（4）重新启动 Apache。

配置 LoadRunner 部分。

（1）在图树中双击 Apache，然后在屏幕下方区域单击鼠标右键，在弹出的菜单中选择"Add Measurements…"项，如图 7-27 所示。

（2）单击"Add"输入要监控计算机的名称或者 IP 地址，并选择该计算机运行的平台，如图 7-28 所示。

（3）在图 7-28 所示"Apache"对话框的"Resource Measurements on 192.168.0.130"部分中，单击"Add"项，选择要监视的度量，弹出"Apache-Add Measurements"对话框，选择要度量的内容，如图 7-29 所示。

图 7-27　Apache 资源监控

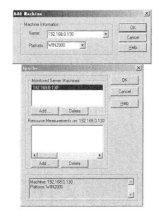

图 7-28　监控 Apache 配置对话框

图 7-29　Apache 度量项添加对话框

（4）在"Server Properties"部分，输入端口号和不带服务器名的 URL，单击【OK】按钮。默认的 URL 是/server-status?auto，端口号为 80。

（5）关闭相应窗口以后，就可以实现已选择度量内容的监控。

7.17　如何在脚本中加入 DOS 命令

1．问题提出

在没有 Windows 操作系统之前，人们应用的是 DOS 操作系统，那么也可以在 LoadRunner 的 VuGen 脚本中加入 DOS 命令，方便脚本对业务的灵活处理。

2．问题解答

DOS 是磁盘操作系统（Disk Operation System）的简称。在大量的应用领域中，DOS 仍有相当的市场。尤其值得初学者重视的是，DOS 中关于文件的目录路径、文件的处理、系统的配置等许多概念，仍然在 Windows 中沿袭使用，甚至在 Windows 出现故障时，还会用到基本的 Fdisk、Format 这些命令来修复故障，此外，DOS 还有很多方便简洁的命令可以快速、简便地完成 Windows 操作系统相同的功能。例如，如果在 C 盘查找所有名称为"我的文档.doc"的文件，只需要在 DOS 操作系统输入"dir/s 我的文档.doc>list.txt"，这一句简单的命令就完成了查找当前目录及其子目录下名称叫做"我的文档.doc"的文档，并将查询的结果存放到当前目录的 list.txt 文件中。同样的功能如果在 Windows 操作系统中实现相对来说就比较麻烦一些。所以，现在仍然有很多人愿意使用一些 DOS 命令来实现 Windows 相同功能设置。

下面举一个具体的实例，可以通过实例来了解如何在 VuGen 中应用 DOS 命令。例如，查找出 C 盘上所有以 m 开头的文本文件（后缀为 txt），并将结果文件存放于 result.txt 文件中。

相应脚本代码（DOSScript）如下：

```
#include "web_api.h"

Action()
{
    system("dir c:\\m*.txt >c:\\result.txt");
    return 0;
}
```

【重点提示】

（1）可以发现，关键代码 system("dir c:\\m*.txt >c:\\result.txt")中，如果在 DOS 命令行下直接输入"dir c:\m*.txt >c:\result.txt"，但在 VuGen 中却要输入两个"\\"。这是因为"\、/、"、?、*"等为特殊字符，在应用时应把"\+特殊字符"进行转义，所以上面的命令在 VuGen 中被表示成为"dir c:\\m*.txt >c:\\result.txt"。

（2）在 VuGen 中执行脚本时，会有一个黑色的屏幕一闪而过，这就是在运行 DOS 命令，是正常的。当然 DOS 有很多命令，在合适的情况应用这些命令将会减少测试人员很多时间和工作量，取得事半功倍的效果，大家应该灵活应用。

7.18　如何下载并保存文件到本地

1．问题提出

如何下载并保存文件到本地？

2．问题解答

一个人事管理系统项目一般都要实现能够上传和下载电子文件（如学位证、身份证、护照或者其他 Word、Excel、Pdf 等格式的电子文件），测试时为了模拟下载的场景，需要编写相关脚本。在 HTTP 中，没有任何一个方法或是动作能够标识"下载文件"这个动作，对 HTTP 来说，无论是下载文件或者请求页面，都只是发出一个 GET 请求，LoadRunner 记录了客户端发出的对文件的请求，并能够收到文件内容。因此，完全可以通过关联的方法，从 LoadRunner 发出的请求的响应中获取到文件的内容，然后通过 LoadRunner 的文件操作方法，自行生成文件。只需要对需存储的文件响应部分内容进行关联，并将这部分信息存储于变量中。获得文件内容后，通过 fopen、fwrite 和 fclose 函数，就可以将需保存的内容保存成本地文件，这样就完成了文件下载操作。

下面以下载作者在 UML 软件工程组织上做的一次关于性能测试公开课讲稿为示例，讲述如何完成一个文件的下载过程。因为有好多人不清楚为什么参数化时用这个取值，而不用别的参数。您可以通过借助 FlashGet 工具或者鼠标右键单击"性能测试实践及其展望"链接（参见 http://www.cnblogs.com/tester2test/archive/2006/08/28/487989.html 页面）查看需要下载文件属性等方式来了解脚本中相应参数的设置，从而完成下载操作。参见 FlashGet 和鼠标右键文件属性图示（如图 7-30 和图 7-31 所示）。

图 7-30 FlashGet 下载相关信息

图 7-31 讲稿下载属性信息

相应脚本代码（DownloadFileScript）如下：

```
#include "web_api.h"

Action()
{
    int iflen;        //文件大小
    long lfbody;      //响应数据内容大小
    web_url("487989.html",
        "URL=http://www.cnblogs.com/tester2test/archive/2006/08/28/487989.html",
        "Resource=0",
        "RecContentType=text/html",
        "Referer=",
        "Snapshot=t2.inf",
        "Mode=HTML",
        EXTRARES,
        "Url=http://www.vqq.com/vqq_inset.js?isMin=0&place=RB&Css=2&RoomName=
            5rWL6K+V6ICF5a625Zut6K665Z2b&encode=1&isTime=0&width=350&height=
            240&everypage=0", ENDITEM,
        "Url=http://www.vqq.com/image/chat2.gif", ENDITEM,
        LAST);
    //设置最大长度
    web_set_max_html_param_len("10000");
    //将响应信息存放到 fcontent 变量
    web_reg_save_param("fcontent", "LB=", "RB=", "SEARCH=BODY", LAST);
    web_url("下载页面",
        "URL=http://www.cnblogs.com/Files/tester2test/xncssj.pdf",
        "Resource=0",
        "RecContentType=text/html",
        "Referer=http://www.cnblogs.com/tester2test/archive/2006/08/28/487989.html",
        "Snapshot=t3.inf",
        "Mode=HTML",
        LAST);
    //获取响应大小
    iflen = web_get_int_property(HTTP_INFO_DOWNLOAD_SIZE);
    if(iflen > 0)
    {
        //以写方式打开文件
        if((lfbody = fopen("c:\\性能测试实践及其展望.pdf", "wb")) == NULL)
```

```
        {
            lr_output_message("文件操作失败!");
            return -1;
        }
        //写入文件内容
        fwrite(lr_eval_string("{fcontent}"), iflen, 1, lfbody);
        //关闭文件
        fclose(lfbody);
    }
    return 0;
}
```

【脚本分析】

首先，代码中声明了两个变量：iflen 和 lfbody，分别存放被下载文件大小和响应数据内容大小，链接到存放作者讲稿页面，相关脚本如下所示：

```
int iflen;       //文件大小
long lfbody;     //响应数据内容大小
web_url("487989.html",
    "URL=http://www.cnblogs.com/tester2test/archive/2006/08/28/487989.html",
    "Resource=0",
    "RecContentType=text/html",
    "Referer=",
    "Snapshot=t2.inf",
    "Mode=HTML",
    EXTRARES,
    "Url=http://www.vqq.com/vqq_inset.js?isMin=0&place=RB&Css=2&RoomName=
    5rWL6K+V6ICF5a625Zut6K665Z2b&encode=1&isTime=0&width=350&height=
    240&everypage=0", ENDITEM,
    "Url=http://www.vqq.com/image/chat2.gif", ENDITEM,
    LAST);
```

其次，根据设置被下载文件的大小，设置最大长度，通过关联函数将被下载文件（http://www.cnblogs.com/Files/tester2test/xncssj.pdf）内容存放在 fcontent 变量中，同时获得服务器响应文件下载数据信息大小，关于 web_get_int_property 函数的使用，可以参看 LoadRunner 函数帮助了解相关内容。

```
//设置最大长度
web_set_max_html_param_len("10000");
//将响应信息存放到 fcontent 变量
web_reg_save_param("fcontent", "LB=", "RB=", "SEARCH=BODY", LAST);
web_url("下载页面",
    "URL=http://www.cnblogs.com/Files/tester2test/xncssj.pdf",
    "Resource=0",
    "RecContentType=text/html",
    "Referer=http://www.cnblogs.com/tester2test/archive/2006/08/28/487989.html",
    "Snapshot=t3.inf",
    "Mode=HTML",
    LAST);
//获取响应大小
iflen = web_get_int_property(HTTP_INFO_DOWNLOAD_SIZE);
```

最后，将保存在变量的数据信息一一写入到指定命名的文件中，在这里我们依然保存在"c:\性能测试实践及其展望.pdf"文件。相关代码是这样的，如果响应数据信息大小为 0 个字节，则以写方式打开文件，如果出错则发出"文件操作失败!"提示信息，则将先前保存的下载数据信息写入该文件，这样就完成了一个下载操作的完整工程。

```
if(iflen > 0)
    {
        //以写方式打开文件
        if((lfbody = fopen("c:\\性能测试实践及其展望.pdf", "wb")) == NULL)
        {
            lr_output_message("文件操作失败!");
            return -1;
        }
        //写入文件内容
        fwrite(lr_eval_string("{fcontent}"), iflen, 1, lfbody);
        //关闭文件
        fclose(lfbody);
    }
```

【重点提示】

（1）如果不清楚如何确定要下载文件的原始链接，可以通过单击鼠标右键，在弹出的菜单中单击"属性"查看被下载文件的数据源链接地址。

（2）文件操作完成之后，必须要进行释放工作（fclose），否则将会造成内存泄露的情况。存在内存泄露时，在一两个用户操作程序时可能后果不是很明显，但在做并发性测试或者持久性测试的时候，内存泄露结果就会出现内存被逐渐耗尽，最终导致系统崩溃的严重后果，所以大家一定要注意内存泄露问题的发生。

7.19　如何理解常用图表的含义

1．问题提出

如何理解常用图表的含义？

2．问题解答

这一节介绍几个最重要的图表。

问题 1　事务响应时间是否在可接受的时间内？哪个事务用的时间最长？

解答 1　Transaction Response Time 图可以判断每个事务完成用的时间，从而可以判断出哪个事务用的时间最长，哪些事务用的时间超出预定的可接受时间。

此外，Transactions per Second 显示在场景或会话步骤运行的每一秒中，每个事务通过、失败以及停止的次数。此图可帮助确定系统在任何给定时刻的实际事务负载。可以将此图与平均事务响应时间图进行对比，以分析事务数目对性能时间的影响。Total Transactions per Second 显示场景或会话步骤运行的每一秒中，通过的事务总数、失败的事务总数以及停止的事务总数。Transaction Performance Summary 显示了场景或会话步骤中所有事务的最小、最大和平均性能时间。

问题 2　网络带宽是否足够？

解答 2　Throughput 吞吐量图显示场景或会话步骤运行的每一秒内服务器上的吞吐量。吞吐量的度量单位是字节，表示 Vuser 在任何给定的某一秒上从服务器获得的数据量。借助此图可以依据服务器吞吐量来评估 Vuser 产生的负载量。可将此图与平均事务响应时间图进行比较，以查看吞吐量对事务性能产生影响。拿这个值和网络带宽进行比较，可以确定目前的网络带宽是否是瓶颈。如果该图的曲线随着用户数的增加，没有随着上升，而是呈比较平稳的直线，说明目前的网络速度不能够满足目前的系统流量。吞吐量图显示场景或会话步骤运行的每一秒内服务器上的吞吐量。

问题 3　硬件和操作系统能否处理高负载？

解答 3　Windows Resources 图实时地显示了 Web Server 系统资源的使用情况。利用该图提供的数据，可以把瓶颈定位到特定机器的某个部件。

问题 4　Transaction Summary 的 Std.Deviation 和 90 percent 的含义是什么？

解答 4　LoadRunner 应用数据分析引入了很多统计学和数学方面的知识，这里针对 Std. Deviation 和 90 percent 两个信息项进行解释，如图 7-32 所示。

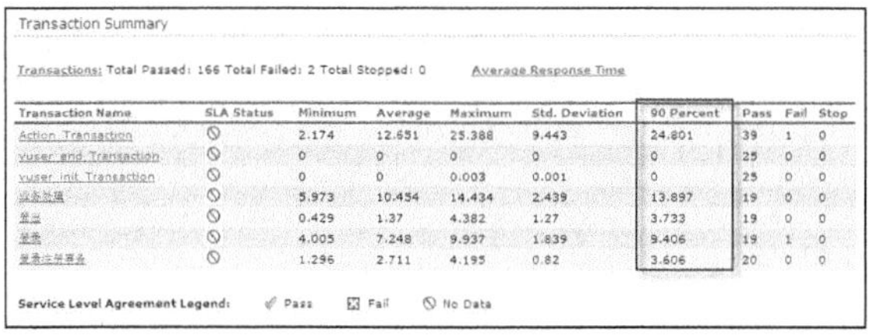

Transaction Summary

Transactions: Total Passed: 166 Total Failed: 2 Total Stopped: 0　　　Average Response Time

Transaction Name	SLA Status	Minimum	Average	Maximum	Std. Deviation	90 Percent	Pass	Fail	Stop
Action_Transaction	⊘	2.174	12.651	25.388	9.443	24.801	39	1	0
vuser_end_Transaction	⊘	0	0	0	0	0	25	0	0
vuser_init_Transaction	⊘	0	0	0.003	0.001	0	25	0	0
添加购物车	⊘	5.973	10.454	14.434	2.439	13.897	19	0	0
登录	⊘	0.429	1.37	4.382	1.27	3.733	19	0	0
搜索	⊘	4.005	7.248	9.937	1.839	9.406	19	1	0
提交订货单	⊘	1.296	2.711	4.195	0.82	3.606	20	0	0

Service Level Agreement Legend:　✓ Pass　☒ Fail　⊘ No Data

图 7-32　Transaction Summary 相关信息图

Std.Deviation 代表标准偏差。

（1）方差和标准差。

样本中各数据与样本平均数的差的平方的平均数叫做样本方差。

方差的计算公式：

$$S^2 = \frac{1}{n}[(x_1 - \overline{x})^2 + (x_2 - \overline{x})^2 + \cdots + (x_n - \overline{x})^2]$$

样本方差的算术平方根叫做样本标准差。

标准差的计算公式：

$$S = \sqrt{\frac{1}{n}[(x_1 - \overline{x})^2 + (x_2 - \overline{x})^2 + \cdots + (x_n - \overline{x})^2]}$$

（2）方差的简化公式：

$$S^2 = \frac{1}{n}[(x_1^2 + x_2^2 + \cdots + x_n^2) - n\overline{x}^2]$$

样本方差和样本标准差都是衡量一个样本波动大小的量，样本方差或样本标准差越大，样本数据的波动就越大。

90 Percent 代表 90%事务的响应时间最大值。

假设，有一个登录事务，共有 10 个事务的响应时间分别为 1、2、2.5、3、3、2、6、4、3.2、5 秒。对响应时间进行排序后得到的数据为 1、2、2.5、3、3、3.2、4、5、6 秒，取事务的 90%的最大值，即为 5 秒，则针对这组数据的 90 Percent 则为 5 秒。

7.20　基于目标和手动场景测试有何联系和不同

1．问题提出

在应用 LoadRunner 的 Controller 进行性能测试场景的设计时，有两种方案可以对场景进行设置，一种为手工方式，另一种为基于目标方式，那么在什么情况下针对性地选择这两种方式，它们之间有什么联系和不同呢？

2．问题解答

要使用 LoadRunner 进行系统性能测试，对系统进行负载，必须创建一个场景。场景中包含关于测试会话信息的文件。场景是一种模拟实际用户的方式。场景包含有关如何模拟实际用户的信息：虚拟用户组、测试脚本以及用于运行这些脚本的负载生成器计算机。LoadRunner 提供两种方式：手动场景设计（Manual Scenario）和面向目标场景设计（Goal-Oriented Scenario）。手动场景

设计可以通过建立组并指定脚本、负载生成器和每个组中包括的 Vuser 数来建立手动场景；还可以通过百分比模式建立手动场景，使用此方法建立场景可以指定场景中将使用的 Vuser 的总数，并为每个脚本分配负载生成器和占总数一定百分比的 Vuser。

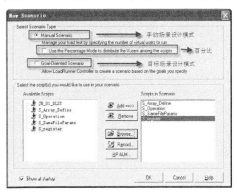

如果选择创建常规手动场景，则在"新场景设计对话框"中选择的每个脚本将被分配给 Vuser 组，如图 7-33 所示。然后，可以为每个 Vuser 组分配多个虚拟用户。可以指定一个组中的所有 Vuser 在同一台负载生成器计算机上运行相同的脚本，也可以为一个组中的各个 Vuser 分配不同的脚本和负载生成器，如图 7-34 所示。

图 7-33　新场景设计对话框

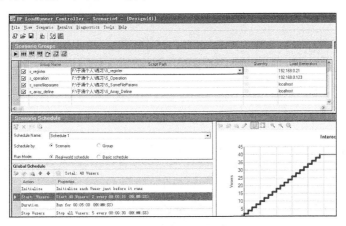

图 7-34　场景设计对话框

如果选择创建面向目标场景设计，则在"新场景设计对话框"中选择该选项，同时选择脚本，如图 7-35 所示。在面向目标的场景中，可以定义要实现的测试目标，LoadRunner 会根据这些目

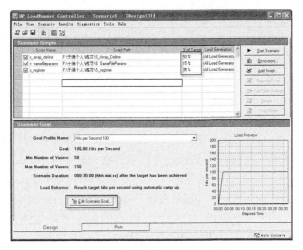

图 7-35　面向目标场景设计对话框

标自动构建场景。可以在一个面向目标的场景中定义希望场景达到的下列 5 种类型的目标：虚拟
用户数、每秒单击次数（仅 Web Vuser）、每秒事务数、每分钟页面数（仅 Web Vuser）或事务响
应时间。可以通过单击【Edit Scenario Goal...】设置，如目标类型、最小用户数、最大用户数、运
行时间等，如图 7-36 所示。

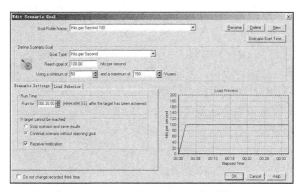

图 7-36　面向目标场景编辑对话框

在图 7-36 中，【Goal Type】下拉框可以选择虚拟用户数、每秒单击次数（仅 Web Vuser）、每
秒事务数、每分钟页面数（仅 WebVuser）或事务响应时间 5 种类型。可以设定目标，在这里我们
以 100 次/s 作为测试的目标。同时，可以设置为了要达到这个目标，需要运行的最小和最大用户
数。也可以在【Run Time】指定当目标达到以后继续运行的时间，在【If target cannot be reached】
选择如果测试目标达不到的情况下，可以选择【Stop scenario and save results】（指示 Controller 在
无法达到定义的目标时停止场景并保存场景结果）或【Continue scenario without reaching goal】（指
示 Controller 即使无法达到定义的目标，也要继续运行场景），同时，可以选择【Receive notification】
（指示 Controller 向用户发送一个错误消息，指明无法达到目标），如果希望 LoadRunner 使用脚本
中录制的思考时间来运行场景，请选择【Do not change recorded think time】。

在【Load Behavior】页，可以选择 3 种不同的 Vuser 加载方
式，如图 7-37 所示。

● 　【Automatic】：指示 Controller 运行一批中默认数量的
Vuser（每两分钟运行 50 个 Vuser，或者在定义的最大 Vuser 数少
于 50 时运行所有的 Vuser）。

● 　【Reach target number of hits per second after XXX
HH:MM:SS】：用来选择 Controller 达到目标之后场景运行的时间。

图 7-37　负载行为设置对话框

● 　【Step up by XXX hit per second】（对于每秒事务数和事务响应时间目标类型不可用）：
用来选择 Controller 达到定义的目标的速度（一定时间内的虚拟用户数/单击次数/页面数）。

下面以每秒单击次数/事务数和每分钟页面数目标类型作为例子，在定义每分钟页面数或每秒单
击次数/事务数目标类型时，Controller 将用定义的目标值除以指定的最小 Vuser 数，并据此确定每
个 Vuser 应该达到的每秒单击次数/事务数或每分钟页面次数的目标值。然后，Controller 将根据定
义的加载行为设置开始加载 Vuser，具体表述为：如果选择自动运行 Vuser，LoadRunner 将在第一
批中加载 50 个 Vuser。如果定义的最大 Vuser 数小于 50，LoadRunner 将同时加载所有的 Vuser。如
果选择在场景运行一段时间之后达到用户的目标，LoadRunner 将尝试在这段时间内达到定义的目
标。第一批 Vuser 数的大小将根据用户所定义的时间限制以及计算得到的每个 Vuser 的单击次数、
事务数或页面数的目标值来确定。如果选择按指定的速度（一定时间内的页面数/单击次数）达到用

户的目标，LoadRunner 将计算每个 Vuser 的单击次数或页面数的目标值，并据此确定第一批 Vuser 的数量。运行每一批 Vuser 之后，LoadRunner 都将评估是否已达到该批的目标。如果未能达到该批目标，LoadRunner 将重新评估每个 Vuser 的单击次数、事务数或页面数的目标值，并重新调整下一批的 Vuser 数，以便能够达到定义的目标。注意，默认情况下，每两分钟加载一批新的 Vuser。如果 Controller 在运行最大数量的 Vuser 之后仍不能达到目标，LoadRunner 将重新计算每个 Vuser 的单击次数、事务数或页面数的目标值，并且运行最大数量的 Vuser，再一次尝试达到定义的目标。

在下列情况下，面向每分钟页面数或每秒单击次数，事务目标的场景将被标注"失败"状态。

- Controller 已经两次尝试使用指定的最大 Vuser 数来达到目标，却均未达到目标。
- 在运行了第一批 Vuser 之后，未注册每分钟页面数或每秒单击次数/事务数。
- 在 Controller 运行了几批 Vuser 之后，每分钟页面数或每秒单击次数/事务数却未增加。
- 所有 Vuser 都运行失败。
- 没有可用于要尝试运行的 Vuser 类型的负载生成器。

7.21　如何在命令行下启动 Controller

1. 问题提出

如何在命令行下启动 Controller 进行负载测试？

2. 问题解答

习惯使用命令行操作的读者可能十分关心，Controller 是否可以在命令行下通过指定运行的场景和相关参数也可运行呢？LoadRunner 提供了 Controller 命令行运行方式。如果在 C 盘存在一个场景文件 Test.lrs，就可以通过在命令行下执行类似"wlrun-TestPathC:\Test.lrs-Run"的命令进行负载测试。关于命令行部分的描述前面章节已经多次提及，这里不再赘述。有关运行 Controller 相关参数如表 7-4 所示。

表 7-4　Controller 命令行运行参数

参　数	参　数　描　述
TestPath	场景的路径，例如，C:\LoadRunner\scenario\Scenario.lrs
Run	运行场景、将所有输出消息转储到 res_dir\output.txt 文件中，并关闭 Controller
InvokeAnalysis	指示 LoadRunner 在场景终止时调用 Analysis。如果没有指定该参数，LoadRunner 将使用场景默认设置
ResultName	完整结果路径。例如，"C:\Temp\Res_01"
ResultCleanName	结果名。例如，"Res_01"
ResultLocation	结果目录。例如，"C:\Temp"

【重点提示】

（1）如果在命令行中不使用参数调用 Controller，则 Controller 将使用默认设置。

（2）Controller 总是会覆盖结果。

（3）场景终止时，Controller 将自动终止，并收集结果。如果不希望 Controller 在场景终止时自动终止，可向命令行添加-DontClose 标志。

7.22　如何解决由于设置引起的运行失败问题

1. 问题提出

有时候，在场景执行完成以后，会出现很多由于设置不当而引起的一些问题，那么如何辨析是由于设置而引起的问题，并解决这些问题呢？

2. 问题解答

我们在进行性能测试的时候，有些情况下是因为设置的问题而引起场景运行结果包含一些失败的信息内容。比较常见的失败信息有"Closing connection to <server>because it has been inactive for XXX s which is longer than the KeepAliveTimeout (60s)""Step download timeout (120 seconds) has expired when downloading non-resource(s)"等错误提示信息。出现这种情况通常是因为被测试的应用程序应用的链接超时、相应页面资源的下载时间等超过 LoadRunner 默认值而引起来的错误，这时我们通过调整 LoadRunner 系统的相关设置，通常这些错误信息都能够得到解决。具体可以通过在场景设计时单击【Run-Time Setting】按钮，然后在弹出的"Run-time Settings for script"对话框中，依次选择"HTTP Properties > Preferences"项，再单击【Options...】按钮，在弹出的"Advanced Options"对话框中调整一下"HTTP-request connect timeout (sec)、HTTP-request receive timeout (sec)、Step download timeout (sec)"中的设置值，将链接超时增大一些，如将超时时间由以前的 120s 变为 600s。这样一般就可以解决链接超时的问题了，当然，大家应该灵活应用适当地增加或者减少超时的时间。相关设置如图 7-38 和图 7-39 所示。

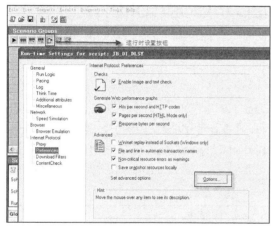

图 7-38　运行时设置对话框

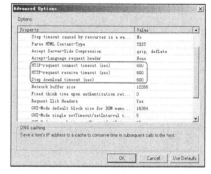

图 7-39　高级选项设置对话框——链接超时设置

出现"Closing connection to <server>because it has been inactive for XXX s which is longer than the KeepAliveTimeout (60s)"错误信息，此时需要更改脚本目录下 default.cfg 中的 Web 标签，用以增加这个值的大小来调整链接超时，如果两次请求间超过 x 这个数字就会中断这个链接。默认情况下 KeepAlive 是被开启的，所以不需要设置 KeepAlive 为 On 选项，如下代码所示：

```
[Web]
KeepAliveTimeout=x
```

【重点提示】

（1）KeepAliveTimeout=x，x 以秒为单位。

（2）场景的设置信息是存放在相应的场景文件中的，即（*.lrs 文件中），如图 7-39 中的设置在场景中描述为 connectTimeout=600、receiveTimeout=600、Stepdownload Timeout=600。

7.23　如何实现对服务器系统资源的监控

1. 问题提出

LoadRunner 又提供了对哪些内容的监控呢？在场景运行过程中，是否可以对服务器内存、

CPU 使用率、I/O 情况等进行监控呢？

2. 问题解答

使用 LoadRunner 的系统资源监控器可以监控在场景或会话步骤运行期间计算机的系统资源使用率，并可以隔离服务器性能瓶颈。影响事务响应时间的主要因素是系统资源使用率。使用 LoadRunner 资源监控器，可以在场景或会话步骤运行期间监控计算机上的 Windows、UNIX、服务器、SNMP、Antara Flame Thrower 和 SiteScope 资源，并可以确定特定计算机上出现瓶颈的原因。

UNIX 度量包括可由 rstatd 守护程序提供的下列度量：average load、collision rate、context switch rate、CPU utilization、incoming packets error rate、incoming packets rate、interrupt rate、outgoing packets error rate、outgoing packets rate、page-in rate、page-out rate、paging rate、swap-in rate、swap-out rate、system mode CPU utilization 和 user mode CPU utilization。

服务器资源监控器可以度量远程 Windows 和 UNIX 服务器上使用的 CPU、磁盘空间、内存和应用程序资源。

SNMP 监控器用于监控使用简单网络管理协议（SNMP）的计算机。SNMP 监控与平台无关。

Antara Flame Thrower 监控器可以度量下列性能计数器：Layer、TCP、HTTP、SSL/HTTPS、Sticky SLB、FTP、SMTP、POP3、DNS 和 Attacks。

SiteScope 监控器可以度量服务器、网络和处理器性能计数器。如果要使用 SiteScope 监控器引擎，请确保服务器上已安装了 SiteScope。可以将 SiteScope 安装到 Controller 计算机上，也可以将其安装到专用服务器上。有关 SiteScope 可以监控的性能计数器的详细信息，请参阅相关的 SiteScope 文档。

执行场景或会话步骤时，将自动启用资源监控器。但是，必须指定要监控的计算机并为每台计算机指定要监控的资源。也可以在场景或会话步骤运行期间添加或删除计算机和资源。

在这里以 Windows 和 UNIX 资源监控器为例进行讲解。

（1）监控 Windows 性能计数器。

场景执行以后，要监控 Windows 计数器，应在 Available Graphs 列表中，双击【Windows Resources】，如图 7-40 所示，数字标识为"1"部分。接下来，在屏幕下方空白处单击鼠标右键，

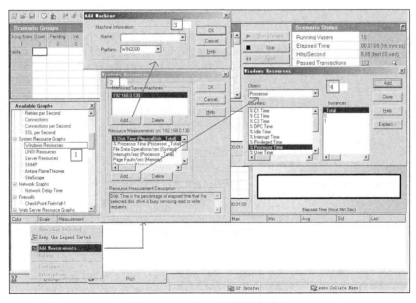

图 7-40 Windows 性能计数器应用

弹出快捷菜单，单击【Add Measurements…】菜单项，出现数字标识为 "2" 的对话框，单击 Add
按钮，出现数字标识为 "3" 的对话框，在 Name 下拉框中输入要监控的计算机 IP 地址或者计算
机名称，当然如果列表框中已经存在，也可以从列表框中选择。在 Platform 中选择被监控机器所
应用的操作平台。这里假设要监控的是 IP 地址为 "192.168.0.130"，操作系统为 "Windows 2000"，
单击【OK】按钮，被监控机器的 IP 地址就会出现在标识为 "2" 的对话框中，同时也可以选择关
心的度量项，在选择度量项的过程中，在对话框下方会有相关的帮助供您参考。单击【Add】按
钮出现标识为 "4" 的对话框。可通过选择不同的 Windows 监控对象如 Pocessor、System、Memory
等。选择要监控的资源计数器/度量。使用 Ctrl 键可以选择多个计数器。有关每个计数器的解释，
请单击【Explain>>】按钮。如果选定计数器的多个实例正在运行，请为选定的计数器选择一个或
多个要监控的实例。添加完成所有要监控的计数器以后，关闭相应对话框。则要监控的数据信息
就会显示在 Windows Resources 图中，在场景对话框底部也会显示监控的相关信息以及图表各个
曲线的图示信息，如图 7-41 所示。

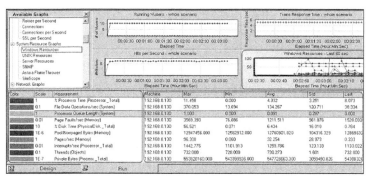

图 7-41 Windows 计数器监控信息

表 7-5 所示的下列默认度量可用于 Windows 资源。

表 7-5 Windows 资源度量项解释

对 象	度 量	描 述
System	% Total Processor Time	系统上所有处理器都忙于执行非空闲线程的时间的平均百分比。在多处理器系统上，如果所有处理器始终繁忙，此值为 100%，如果所有处理器为 50%繁忙，此值为 50%，而如果这些处理器中的四分之一是 100%繁忙的，则此值为 25%。它反映了用于有用作业上的时间的比率。每个处理器将分配给空闲进程中的一个空闲线程，它将消耗所有其他线程不使用的那些非生产性处理器周期
Processor	% Processor Time（Windows 2000）	处理器执行非空闲线程的时间百分比。该计数器设计为处理器活动的一个主要指示器。它是通过测量处理器在每个采样间隔中执行空闲进程的线程所花费的时间，然后从 100%中减去此时间值来进行计算的（每个处理器都有一个空闲线程，它在没有其他线程准备运行时消耗处理器周期）。它可以反映有用作业占用的采样间隔的百分比。该计数器显示在采样期间所观察到的繁忙时间的平均百分比。它是通过监控服务处于非活动状态的时间值，然后从 100%中减去此来进行计算的
System	File Data Operations/sec	计算机对文件系统设备执行读取和写入操作的速率。这不包括文件控制操作
System	Processor Queue Length	以线程计数的处理器队列的即时长度。如果不同时监控线程计数，则此计数始终为 0。所有处理器都使用一个队列，而线程在该队列中等待处理器进行循环调用。此长度不包括当前正在执行的线程。一般情况下，如果处理器队列的长度一直超过 2，则可能表示处理器堵塞。此值为即时计数，不是一段时间的平均值
Memory	Page Faults/sec	此值为处理器中的页面错误的计数。当进程引用特定的虚拟内存页，该页不在主内存的工作集当中时，将出现页面错误。如果某页位于待机列表中（因此它已经位于主内存中），或者它正在被共享该页的其他进程所使用，则页面错误不会导致该页从磁盘中提取出

续表

对 象	度 量	描 述
PhysicalDisk	% Disk Time	选定的磁盘驱动器对读写请求提供服务的已用时间所占百分比
Memory	Pool Nonpaged Bytes	非分页池中的字节数，指可供操作系统组件完成指定任务后从其中获得空间的系统内存区域。非分页池页面不可以退出到分页文件中。它们自分配以来就始终位于主内存中
Memory	Pages/sec	为解决引用时不在内存中的页面的内存引用，从磁盘读取的或写入磁盘的页数。这是 Pages Input/sec 和 Pages Output/sec 的和。此计数器中包括的页面流量代表着用于访问应用程序的文件数据的系统缓存。此值还包括存入/取自非缓存映射内存文件的页数。如果关心内存压力过大问题（即系统失效）和可能产生的过多分页，则这是值得观察的主要计数器
System	Total Interrupts/sec	计算机接收并处理硬件中断的速度。可能生成中断的设备有系统时钟、鼠标、数据通信线路、网络接口卡和其他外围设备。此计数指示这些设备在计算机上所处的繁忙程度
Objects	Threads	计算机在收集数据时的线程数。注意，这是一个即时计数，不是一段时间的平均值。线程是能够执行处理器指令的基础可执行实体
Process	Private Bytes	专为此进程分配，无法与其他进程共享的当前字节数

（2）监控 UNIX 性能计数器。

要监控 UNIX 资源，必须配置 rstatd 守护程序。注意，可能已经配置了 rstatd 守护程序，因为当计算机收到一个 rstatd 请求时，该计算机上的 inetd 自动激活 rstatd。如果没有安装 rstatd，则请从安装盘或者从网络上下载相应的压缩包。将 rstatd.tar.gz 包复制到 UNIX 系统中，解压，赋予可执行权限，进入 rpc.rstatd 目录，依次执行如下命令：

```
#./configure
#make
#make install
```

结束后，运行./rpc.rstatd 命令，启动服务。

（3）验证 rstatd 守护程序是否已经配置。

rup 命令报告各种计算机统计信息，包括 rstatd 的配置信息。运行以下命令可以查看计算机统计信息：

```
rup host
```

也可以使用 lr_host_monitor 函数，查看是否返回任何相关的统计信息。

如果该命令返回有意义的统计信息，则 rstatd 守护程序已经被配置并且被激活。若未返回有意义的统计信息，或者收到一条错误消息，则 rstatd 守护程序尚未被配置。

要配置 rstatd 守护程序，请执行以下操作。

运行该命令：

```
su root
```

进入/etc/inetd.conf 并查找 rstatd 行（以 rstatd 开始）。如果该行被注释掉了（使用#符号），请删除注释符，并保存文件。

在命令行中，运行：

```
kill -1 inet_pid
```

其中 inet_pid 为 inetd 进程的 pid。该命令指示 inetd 重新扫描/etc/inetd.conf 文件并注册所有未被注释的守护程序，包括 rstatd 守护程序。

再次运行 rup。

如果运行该命令仍然显示 rstatd 守护程序未被配置，请与系统管理员联系解决相关问题。
表 7-6 所示的下列默认度量可用于 UNIX 计算机。

表 7-6　　　　　　　　　　　　　　　UNIX 资源度量项解释

度　　量	描　　述
Average load	上一分钟同时处于"就绪"状态的平均进程数
Collision rate	每秒在以太网上检测到的冲突数
Context switches rate	每秒在进程或线程之间的切换次数
CPU utilization	CPU 的使用时间百分比
Disk rate	磁盘传输速率
Incoming packets error rate	接收以太网数据包时每秒接收到的错误数
Incoming packets rate	每秒传入的以太网数据包数
Interrupt rate	每秒内的设备中断数
Outgoing packets errors rate	发送以太网数据包时每秒发送的错误数
Outgoing packets rate	每秒传出的以太网数据包数
Page-in rate	每秒读入到物理内存中的页数
Page-out rate	每秒写入页面文件和从物理内存中删除的页数
Paging rate	每秒读入物理内存或写入页面文件的页数
Swap-in rate	正在交换的换入进程数
Swap-out rate	正在交换的换出进程数
System mode CPU utilization	在系统模式下使用 CPU 的时间百分比
User mode CPU utilization	在用户模式下使用 CPU 的时间百分比

【重点提示】

（1）用 UNIX 系统资源监控器时，必须在被监控的所有 UNIX 计算机上配置 rstatd 守护程序。

（2）Windows 系统资源监控器度量与 Windows 性能监控器中的内置计数器相对应。

（3）要经过防火墙来监控 Windows NT 或 Windows 2000，应使用 TCP，端口 139。

（4）有时会出现无法监控 Windows 性能计数器的情况，这是因为没有以超级用户的身份登录到被监控机器，解决问题的最好方法是以超级用户身份登录到被监控机器，同时还需要保证服务器的远程服务已经打开（Remote Registry Service），本地计算机加入了服务器域。

7.24　如何实现对数据服务器的监控

1. 问题提出

一个应用系统通常都会或多或少地和数据库打交道，用户记录主要的业务信息，以备后期对相关数据进行查询和统计等处理操作。那么 LoadRunner 除了可以监控应用服务器相关系统资源的利用情况，是否还可以监控数据服务器的相关指标呢？

2. 问题解答

使用 LoadRunner 的数据库服务器资源监控器，可以在场景或会话步骤运行期间监控 DB2、Oracle、SQL Server 或 Sybase 数据库的资源使用率。在场景或会话步骤运行期间，使用这些监控器可以隔离数据库服务器性能瓶颈。对于每个数据库服务器，在运行场景或会话步骤之前需要配置要监控的度量。要运行 DB2、Oracle 和 Sybase 监控器，还必须在要监控的数据库服务器上安装客户端。

在这里就目前应用比较多的 SQL Server 和 Oracle 两个数据库的监控为例，详细讲解一下如何在 LoadRunner 中进行配置和使用。

（1）SQL Server 数据服务器的监控。

SQL Server 数据服务器的监控和前面 Windows 性能计数器的监控很类似。场景执行以后，在 Database Server Resource Graphs 列表中，双击 SQL Server，参见图 7-42 中数字标识为"1"部分。接下来，在屏幕下方空白处单击鼠标右键，弹出快捷菜单，单击【Add Measurements…】菜单项，出现数字标识为"2"的对话框。单击【Add】按钮，出现数字标识为"3"的对话框，在 Name 下拉框中输入要监控的计算机 IP 地址或者计算机名称，当然，如果列表框中已经存在，也可以从列表框中选择。在 Platform 中选择被监控机器所应用的操作平台。这里假设要监控的是 IP 地址为"192.168.1.156"，操作系统为"Windows 2000"，单击【OK】按钮，被监控的机器的 IP 地址就会出现在标识为"2"的对话框中，同时可以选择关心的度量项，在选择度量项的过程中，在对话框下方会有相关的帮助供参考。单击【Add】按钮出现标识为"4"的对话框。可通过选择不同的 SQL Server 监控对象，如：SQL Server:Access Methods、SQL Server:Databases、SQL Server:Memory Manager 等。选择要监控的资源计数器/度量。使用 Ctrl 键可以选择多个计数器。有关每个计数器的解释，请单击【Explain>>】按钮。如果选定计数器的多个实例正在运行，请为选定的计数器选择一个或多个要监控的实例。添加完成所有要监控的计数器以后，关闭相应对话框。则要监控的数据信息就会显示在 SQL Server 图，参见图 7-42 标识号为"6"部分内容，在场景对话框底部也会显示监控的相关信息以及图表各个曲线的图示信息，参见图 7-42 标识号为"5"的部分内容。

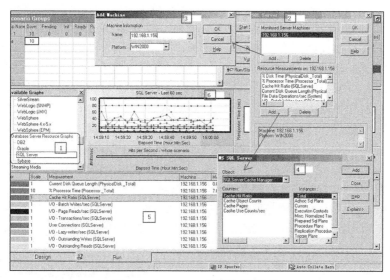

图 7-42　SQL Server 数据服务器监控

（2）Oracle 数据服务器的监控。

Oracle 服务器度量 V$SESSTAT 和 V$SYSSTAT Oracle V$表格及用户在自定义查询中定义的其他表格计数器的信息。要监控 Oracle 服务器，必须先按照下面的说明设置监控环境，然后才能配置监控器。

设置本机 LoadRunner Oracle 监控器环境，请执行下列操作。

① 确保 Oracle 客户端库已安装在 Controller 或优化控制台计算机上。

② 验证路径环境变量中是否包括%OracleHome%\bin。如果不包括，请将其添加到路径环境变量中。

③ 在 Controller 或优化控制台计算机上配置 tnsnames.ora 文件，这样，该 Oracle 客户端才能与要监控的 Oracle 服务器进行通信。

通过在文本编辑器中编辑 tnsnames.ora 文件，或者使用 Oracle 服务配置工具（例如，依次选择"开始"＞"程序"＞"Oracle for Windows NT"＞"Oracle Net8 Easy Config"），可以手动配置连接参数，如图 7-43 所示。

图 7-43　tnsnames.ora 文件内容

可以指定：Oracle 实例的新服务名称（TNS 名称）、TCP、主机名（受监控的服务器计算机的名称）、端口号（通常为 1521）、数据库 SID（默认 SID 为 ORCL）。

④ 向数据库管理员索取该服务的用户名和密码，并确保 Controller 或优化控制台对 Oracle V$表（V$SESSTAT、V$SYSSTAT、V$STATNAME、V$INSTANCE、V$SESSION）具有数据库管理员权限。

⑤ 通过在 Controller 或优化控制台计算机上执行 tns ping，验证与 Oracle 服务器的连接。

⑥ 请确保注册表已经依照正在使用的 Oracle 版本进行了更新并且具有以下注册表项：HKEY_LOCAL_MACHINE\SOFTWARE\ORACLE

⑦ 验证要监控的 Oracle 服务器是否已启动并正在运行。

⑧ 从 Controller 或优化控制台运行 SQL*Plus，并使用所需的用户名/密码/服务器组合尝试登录到 Oracle 服务器。键入 SELECT * FROM V$SYSSTAT 以验证是否可以查看 Oracle 服务器上的 V$SYSSTAT 表。使用类似的查询验证是否可以查看该服务器上的 V$SESSTAT、V$SESSION、V$INSTANCE、V$STATNAME 和 V$PROCESS 表。

⑨ 要更改每次监控采样的时间长度（秒），需要编辑 LoadRunner 根文件夹中的 dat\monitors\vmon.cfg 文件。默认的采样速率为 10s。Oracle 监控器的最小采样速率为 10s。如果设置的采样速率小于 10s，Oracle 监控器将仍以 10s 的时间间隔进行监控。

经过前面的配置以后，现在可以添加对 Oracle 监控了，对 Oracle 监控和对 SQL Server 监控前面的操作步骤基本相似，只不过在 Database Server Resource Graphs 列表中，双击 Oracle，其他设置基本相同，不再赘述。接下来在"Oracle"对话框的"Resource Measurements on :192.168.1.156"部分中，单击【Add...】按钮。执行配置 Oracle 监控器。

当单击【Add...】按钮，以添加度量，将打开"Oracle 登录"对话框，如图 7-44 所示，可以输入用户的登录名、密码以及服务器名称，然后单击【确定】按钮，进行登录。接下来就用户关心的内容选择添加要度量内容，如图 7-45 所示。

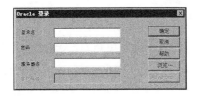

图 7-44　Oracle 登录对话框

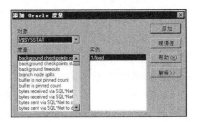

图 7-45　添加 Oracle 度量对话框

选择完成之后，关闭相关窗口，就可以实现对相关度量内容的监控了。

【重点提示】

（1）DB2、Oracle 和 Sybase 监控器必须在要监控的数据库服务器上安装客户端。

（2）默认情况下，数据库将返回计数器的绝对值。但是，通过将 dat\monitors\vmon.cfg 文件中的 IsRate 设置更改为 1，可以指示数据库报告计数器的速率值，即每单位时间计数器的更改。

7.25　如何实现对 Web 应用程序服务器资源的监控

1．问题提出

如何实现对 Web 应用程序服务器资源监控？

2．问题解答

可以使用 LoadRunner 的 Web 应用程序服务器资源监控器，在场景或会话步骤运行期间监控 Web 应用程序服务器，并隔离应用程序服务器性能瓶颈。

Web 应用程序服务器资源监控器提供了场景或会话步骤执行过程中有关 Ariba、ATG Dynamo、BroadVision、ColdFusion、Fujitsu INTERSTAGE、iPlanet (NAS)、Microsoft ASP、Oracle9iAS HTTP、SilverStream、WebLogic (SNMP)、WebLogic (JMX) 和 WebSphere 应用程序服务器资源使用率的信息。要获得性能数据，需要在执行场景或会话步骤之前，激活服务器的联机监控器，并指定要度量的资源。

选择监控器度量和配置监控器的过程因服务器类型而异。下面我们就以 Microsoft ASP、WebLogic（SNMP）两个 Web 应用程序服务器资源监控器进行说明。

（1）Microsoft Active Server Pages（Microsoft ASP）监控。

Microsoft Active Server Pages 监控和前面 Windows 性能计数器的监控很类似。场景执行以后，在 Web Application Server Graphs 列表中，双击 Microsoft Active Server Pages 项，在下方空白区域单击鼠标右键，在弹出的菜单中单击【Add Measurements...】按钮，如图 7-46 所示。

接下来的操作与前面讲的 Windows 性能计数器的监控操作步骤类似，依次添加要监控的服务器 IP 地址和要度量的 Microsoft Active Server Pages 性能计数器，如图 7-47 所示。然后关闭相应的窗口，就可以实现对 Microsoft Active Server Pages 性能计数器的监控，由于前面章节已经进行过较详细的描述，在本节不再赘述。

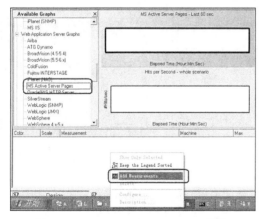

图 7-46　Microsoft Active Server Pages 监控

图 7-47　Microsoft Active Server Pages 对话框

这里列举出一些 Microsoft Active Server Pages 性能计数器指标供大家参考，如表 7-7 所示。

表 7-7   Microsoft Active Server Pages 性能计数器列表

度 量	描 述
Errors per Second	每秒的错误数
Requests Wait Time	最新的请求在队列中等待的毫秒数
Requests Executing	当前执行的请求数
Requests Queued	在队列中等待服务的请求数
Requests Rejected	由于资源不足无法处理而未执行的请求总数
Requests Not Found	找不到的文件请求数
Requests/sec	每秒执行的请求数
Memory Allocated	Active Server Pages 当前分配的内存总量（字节）
Errors During Script Run-Time	由于运行时错误而失败的请求数
Sessions Current	当前接受服务的会话数
Transactions/sec	每秒启动的事务数

（2）WebLogic（SNMP）监控。

WebLogic（SNMP）监控和前面讲的 Windows 性能计数器的监控很类似。场景执行以后，在 Web Application Server Graphs 列表中，双击 WebLogic（SNMP）项，在下方空白区域单击鼠标右键，在弹出的菜单中单击【Add Measurements...】按钮，如图 7-48 所示。

接下来的操作与前面讲的 Windows 性能计数器的监控操作类似，依次添加要监控的服务器 IP 地址，然后在"WebLogic（SNMP）"对话框的"Resource Measurements on :192.168.1.156"（192.168.1.156 这个 IP 是作者试验的例子，读者的地址可能不是这个 IP）部分中，单击【Add】按钮，在弹出的"Weblogic SNMP Resources"对话框中选择性能计数器，如图 7-49 所示，完成添加性能计数器以后，关闭相应对话框就可以实现对 WebLogic（SNMP）计数器的监控了。

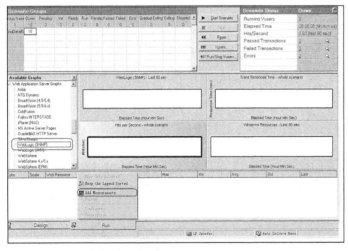

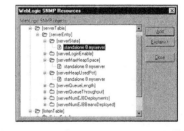

图 7-48   WebLogic（SNMP）监控   图 7-49   WebLogic SNMP Resources 对话框

【重点提示】

（1）如果 WebLogic SNMP 代理在其他端口而不是默认的 SNMP 端口上运行，则必须定义端口号。在添加计算机时需要输入"服务器名/IP 地址"+":"+"端口号"，例如，192.168.1.156:8345。还可以在配置文件 snmp.cfg 中定义 WebLogic 服务器的默认端口，该文件位于 LoadRunner 安装目录\dat\monitors 目录下。例如，如果 SNMP 代理在 WebLogic 服务器上使用的端口为 8345，则编辑 snmp.cfg 文件，将 port 部分的 ";" 注释去掉，在 "port=" 后面写上 8345，代码如下所示：

```
;WebLogic
[cm_snmp_mon_isp]
port=8345
```

当然这里仅是举了一个例子，需要依据用户的实际情况进行相应的设置。

（2）WebLogic（SNMP）监控器最多只能监控 25 个度量。

7.26　如何在 Analysis 图表中添加分析注释

1．问题提出

Analysis 提供了十分丰富的图表，我们可以借助这些图表分析系统的性能，为了使图表更加直观，方便专业及其非专业人事的阅读，提供分析注释是十分必要的。那么 LoadRunner 的 Analysis 提供这种功能了吗？

2．问题解答

LoadRunner 提供了丰富的图表，通过这些图表可以供性能分析人员分析系统瓶颈，为了使自己和他人方便阅读分析结果，LoadRunner 提供了在图表上添加注释信息的功能，下面以 "Throughput - Running Vusers" 合并图为例。首先，选中该图，在图的空白处单击鼠标右键，在快捷菜单中依次选择【Comments】>【Add...】菜单项（如图 7-50 所示）。然后，在弹出的 "Add Comment" 对话框输入要注释的内容，也可以对注释信息的字体、背景、文字的显示位置等进行调整，如图 7-51 所示。添加完要注解的信息以后，文字就被添加到合并图上，如图 7-52 所示。

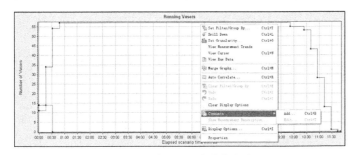

图 7-50　添加注释信息菜单选项

图 7-51　添加注释信息对话框

前面向大家介绍了添加注释的方法，下面给大家介绍一下如何在 LoadRunner 11.0 中输出这些图表生成一份测试报告。

您可以通过单击【Reports】>【New Report...】菜单项来打开 "New Report" 对话框，如图 7-52 所示。

可以通过此对话框，基于所选的报告模板创建报告。也可以针对性地调整报告模板设置，从而生成符合所需报告布局的报告。

可以通过 "General" 页设定报告的标题、作者、头衔、组织、描述信息，也可以设定针对整个报告所需要的负载时间、数据的间距粒度、小数精度等信息。

可以通过单击 "Format" 页，决定是否包括封面、目录、公司徽标信息，也可以对正文、页眉页脚等信息字体的格式、颜色等相关信息进行设定。

可以通过单击 "Content" 页，选择报告的内容项目，并相应地配置每个内容项。

可以通过单击【Reports】>【Report Templates...】菜单项来打开 "Report Templates" 对话框，

如图 7-53 所示。

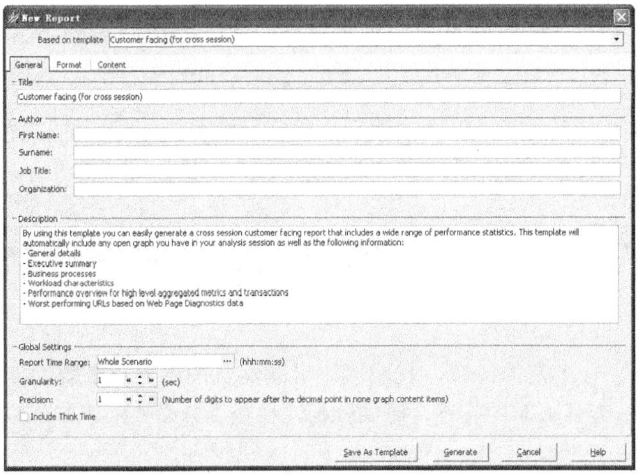

图 7-52　新建报告对话框

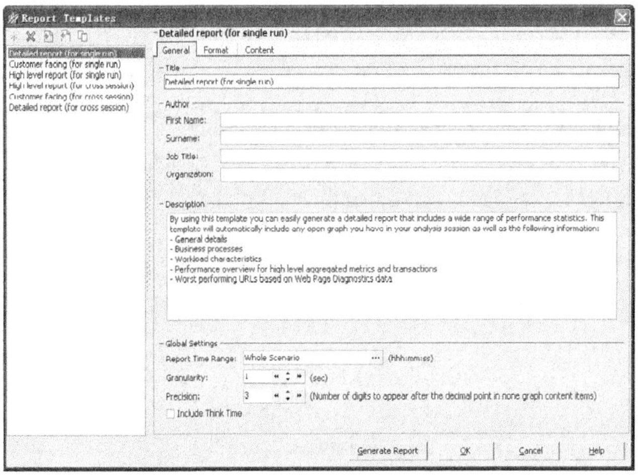

图 7-53　报告模板对话框

报告模板提供了系统的一些已设定好的模板供您利用，可以依据自己的需要选择相应的报告模板。仍然可以通过"General"页设定报告的标题、作者、头衔、组织、描述信息，也可以设定针对整个报告所需要的负载时间、数据的间距粒度、小数精度等信息。通过单击"Format"页，决定是否包括封面、目录、公司徽标信息，也可以对正文、页眉页脚等信息字体的格式、颜色等相关信息进行设定。通过单击"Content"页，选择报告的内容项目，并相应地配置每个内容项。这里我们在"General"选择的是"Detailed report (for cross session)"项，单击【Generate Report】按钮生成相应的报告，待生成的报告展现出来。

可以依据自己的需要打印该报告内容，还可以单击【Save】按钮，从弹出的菜单项中选择一种报告的输出类型，如图 7-54 所示。

如果您要输出一份 HTML 的报告也非常方便，可以通过单击【Reports】>【HTML Report …】菜单项来实现，首先将弹出一个对话框，让您指定报告的保存路径，如图 7-55 所示。

这里我们存放到桌面，文件名为"Report"，单击【保存（S）】按钮，稍等片刻则出现图 7-56 所示信息。

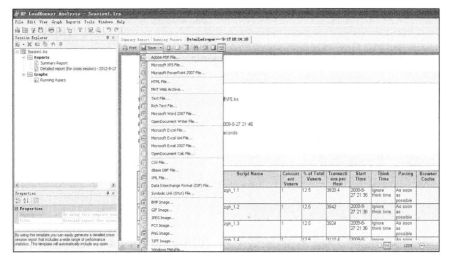

图 7-54　报告输出展现对话框

图 7-55　报告保存文件名和路径指定对话框

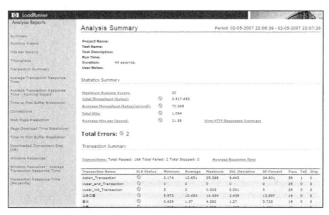

图 7-56　HTML 报告相关信息

7.27　如何确定登录达到响应时间为 3 秒的指标

1．问题提出

在日常性能测试过程中，经常会在用户需求文档中发现这样的说明，要求首页面响应时间为 3s 之内，登录的响应时间在 5s 之内等类似的信息，那么，我们如何清楚测试结果是否达到了预期的首页面、登录响应时间的性能指标呢？

2．问题解答

随着互联网技术的广泛发展，人们也对业务的响应时间要求越来越高，目前关于响应时间有一个广泛的应用原则就是"3-5-8"原则。"3-5-8"原则指的是，如果用户发出一个请求后，这个请求在 3s 之内得到响应，那么给客户的感觉是该系统性能十分优秀，5s 之内请求得到响应，用户会感觉还不错，但当请求响应时间超过 8s 甚至更长的时间以后，用户很有可能就失去信心，从此以后不再访问或者不再喜欢访问该网站、使用该程序等。这就要求网站、应用程序开发完成之后，对用户关心的主要业务的响应时间进行测试，保证这些业务达到目标用户预期结果。通常，在编写测试脚本的时候，在相关操作部分插入事务，然后在场景执行完成以后，根据事务的平均响应时间来确定响应操作是否达到了预期指标。在 **LoadRunner** 中通过对平均事务响应时间图和事务性能摘要图来确定相关业务是否达到目标,还可以了解在场景执行过程中相应事务的变化过程。下面分别来看一下事务性能摘要图和平均事务响应时间图,如图 7-57 和图 7-58 所示。

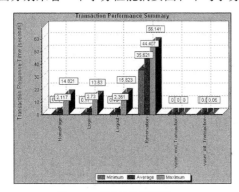

图 7-57　事务性能摘要图

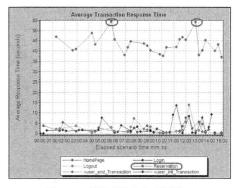

图 7-58　平均事务响应时间图

从事务性能摘要图 7-57 中,我们可以看到 Login 事务的平均响应时间为 2.73s,小于 3s,所以达到了预期目标。

平均事务响应时间图 7-58 说明,保留事务在整个场景或会话步骤运行期间的响应时间很长。在场景或会话步骤执行期间的第 6 分钟和第 13 分钟,此事务的响应时间过长(大约 55s)。为了确定问题并了解在该场景或会话步骤执行期间保留事务响应时间过长的原因,需要细分事务并分析每个页面组件的性能。要细分事务,请在平均事务响应时间图或事务性能摘要图中右键单击该事务,在弹出菜单中选择"Reservation 的网页细分"项,如图 7-59 所示。

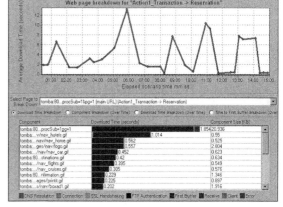

图 7-59　Reservation 的网页细分图

网页细分图显示了保留事务中每个页面组件的下载时间明细。如果组件下载的时间过长,应查看这是由哪些度量(DNS 解析时间、连接时间、第一次缓冲时间、SSL 握手时间、接收时间和 FTP 验证时间,这些项的具体解释如表 7-8 所示)引起的。要查看场景或会话步骤运行期间发生问题的具体时刻,请选择"页面下载细分(随时间变化)"图。

表 7-8　　　　　　　　　　　　　　　网页细分度量项解释

名　　称	描　　述
DNS 解析	显示使用最近的 DNS 服务器将 DNS 名称解析为 IP 地址所需的时间。DNS 查找度量是指示 DNS 解析问题或 DNS 服务器问题的一个很好的指示器
连接	显示与包含指定 URL 的 Web 服务器建立初始连接所需的时间。连接度量是一个很好的网络问题指示器。此外,它还可表明服务器是否对请求做出响应
第一次缓冲	显示从初始 HTTP 请求(通常为 GET)到成功接收来自 Web 服务器的第一次缓冲时为止所经过的时间。第一次缓冲度量是很好的 Web 服务器延迟和网络滞后指示器 注意:由于缓冲区大小最大为 8KB,因此第一次缓冲时间可能也就是完成元素下载所需的时间
SSL 握手	显示建立 SSL 连接(包括客户端 hello、服务器 hello、客户端公用密钥传输、服务器证书传输和其他部分可选阶段)所用的时间。此时刻后,客户端和服务器之间的所有通信都被加密 注意:SSL 握手度量仅适用于 HTTPS 通信
接收	显示从服务器收到最后一个字节并完成下载之前经过的时间 接收度量是很好的网络质量指示器(查看用来计算接收速率的时间/大小比率)

续表

名　称	描　述
FTP 验证	显示验证客户端所用的时间。如果使用 FTP，则服务器在开始处理客户端命令之前，必须验证该客户端。FTP 验证度量仅适用于 FTP 协议通信
客户端时间	显示因浏览器思考时间或其他与客户端有关的延迟而使客户机上的请求发生延迟时所经过的平均时间
错误时间	显示从发出 HTTP 请求到返回错误消息（仅限于 HTTP 错误）这期间经过的平均时间

【重点提示】

（1）启用网页细分功能必须从"Controller"菜单中，依次选择"Diagnostics"＞"Configuration..."项，则出现图 7-60，您可以指定需要采集百分之多少的用户参与分析诊断，单击【OK】按钮，则完成了启用网页细分功能配置。

（2）页面级别上显示的每个度量是每个页面组件记录的度量之和。例如，main url 的连接时间是该页面的每个组件连接时间的总和，如图 7-59 所示的"Reservation 的网页细分图"。

图 7-60　启用 Controller 中的网页细分功能

7.28　如何使用自动关联对测试结果进行分析

1．问题提出

如何使用自动关联对测试结果进行分析？

2．问题解答

通过分析网页细分图或者使用自动关联功能确定造成服务器或网络瓶颈的原因。自动关联功能应用高级统计信息算法来确定哪些度量对事务的响应时间影响最大，从而确定系统的性能瓶颈。下面我们结合图 7-61，来实例讲解以下如何应用自动关联来分析测试结果。

在图 7-61 上我们发现 SubmitData 事务的响应时间相对较长（为了方便大家看清楚该曲线，作者用粗线条对 SubmitData 曲线进行了重画）。要将此事务与场景或会话步骤运行期间收集的所有度量关联，请右键单击 SubmitData 事务，在弹出的菜单中选择"Auto Correlate"项，弹出自动关联对话框，选择要检查的时间段，以及单击"Correlation Options"选项卡，选择要将哪些图的数据与 SubmitData 事务关联，如图 7-62 和图 7-63 所示。

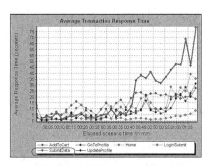

图 7-61　平均事务响应时间图

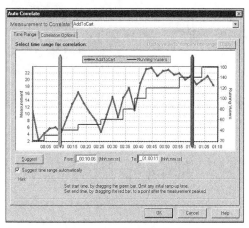

图 7-62　自动关联对话框

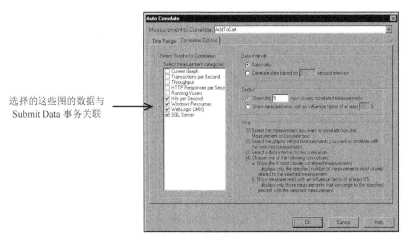

图 7-63 关联选项页对话框

结合 SubmitData 选择与其紧密关联的 5 个度量，此关联示例描述下面的数据库和 Web 服务器度量对 SubmitData 事务的影响最大，如图 7-64 所示。

- Number of Deadlocks/sec (SQL Server)。
- JVMHeapSizeCurrent (WebLogic Server)。
- PendingRequestCurrentCount (WebLogic Server)。
- WaitingForConnectionCurrentCount (WebLogic Server)。
- Private Bytes (Process_Total) (SQL Server)。

使用相应的服务器图，可以查看上面每一个服务器度量的数据并查明导致系统中出现瓶颈的问题。

例如，图 7-65 描述 WebLogic（JMX）应用程序服务器度量 JVMHeapSizeCurrent 和 Private Bytes（Process_Total）随着运行的 Vuser 数量的增加而增加。因此，图 7-64 描述这两种度量会导致 WebLogic（JMX）应用程序服务器的性能下降，从而影响 SubmitData 事务的响应时间。

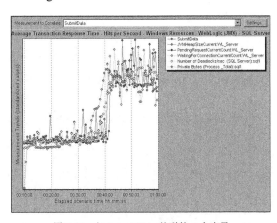

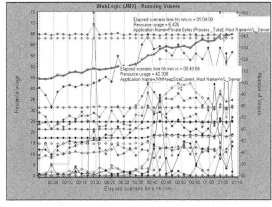

图 7-64 与 SubmitData 关联的 5 个度量   图 7-65 WebLogic（JMX）-运行 Vuser 图

7.29 如何根据分析结果判断性能有所改善

1. 问题提出

LoadRunner Analysis 提供了丰富的图表，根据对测试结果的分析，然后进行系统调优。系统经过调优以后，如何利用 LoadRunner Analysis 来确定系统经过调优以后性能得到了改善呢？

2．问题解答

通常，在完成一轮性能测试的时候，我们会记录并分析性能测试的结果，然后根据对结果的分析，提出网络、程序设计、数据库、软硬件配置等方面的改进意见。网管、程序设计人员、数据库管理人员等再根据提出的建议，对相应的部分进行调整。经过对系统相应部分调整以后，再进行第二轮、第三轮……测试，然后保存新一轮的测试结果与前一轮的测试结果进行对比，逐个确定经过系统调优以后系统的性能是否有所改善。LoadRunner Analysis 提供了对性能测试结果的交叉比较功能，从而可以为我们提供更加方便地定位系统瓶颈的一种手段。这里假设有一个 100 个用户并发查询资源并显示明细项的场景，如图 7-66 所示。

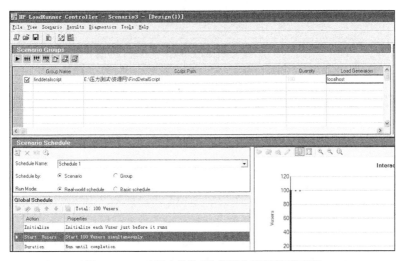

图 7-66　100 个用户并发查询资源并显示明细场景图

第一次场景执行完成以后，将结果文件保存名称为 base_res0。系统经过对 Web 应用服务器进行最大链接数调整以后，在相同运行环境下仍然执行该场景，将运行结果保存为 base_res。接下来，打开 LoadRunner Analysis，依次选择菜单项【File】>【Cross with Result…】，在"Cross Result"对话框中输入要比较的两个或者多个测试结果路径，单击【OK】按钮，则系统会自动创建两次测试结果的归并对比图，如图 7-67、图 7-68 和图 7-69 所示，在归并对比图中用不同颜色的线条来区分相同事务，仅以"事务性能摘要图"作为示例，其他图表和此图表形式类似，不再一一赘述。

图 7-67　交叉结果对比菜单选项

图 7-68　交叉结果对话框

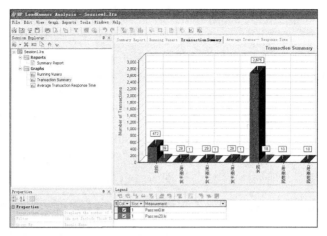

图 7-69 前两次执行结果事务性能摘要归并图

7.30 如何对图表进行合并并定位系统瓶颈

1. 问题提出

如何对图表进行合并并定位系统瓶颈呢？

2. 问题解答

将执行产生的图表结合起来可以更加方便地定位系统的瓶颈，例如，可以将每秒单击次数图与平均事务响应时间图进行合并，以查看单击次数对事务性能产生影响。下面我们将两个图结合起来，讲述一下如何在 Analysis 中进行图表的合并。

Analysis 提供 3 种类型的合并：叠加、平铺、关联。可以通过在已经选中的每秒单击次数图空白处，单击鼠标右键在弹出的菜图中，选中【Merge Graphs…】菜单项，如图 7-70 所示。

在弹出的合并图对话框中，选择要进行合并的平均事务响应时间图，从 3 种合并类型中选择一种，如图 7-71 所示，这里我们分别就 3 种类型进行使用说明。

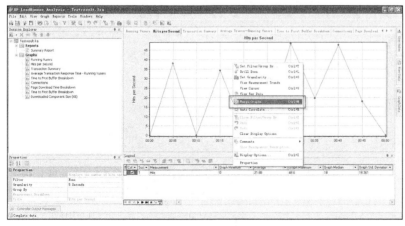

图 7-70 合并图的应用

图 7-71 合并类型选择对话框

（1）叠加（Overlay）。

两个图的内容重叠共用同一个 x 轴。合并图左侧的 y 轴显示当前图的值，也就是每秒点击率的值（Hits per Second），右侧的 y 轴显示合并图的值，也就是平均响应时间的值（Average Response Time (seconds)），如图 7-72 所示。

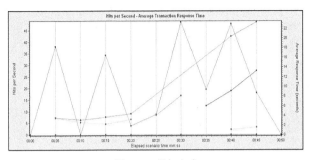

图 7-72　叠加方式

（2）平铺（Tile）。

平铺布局，两个图的内容共用同一个 x 轴，且在图的下方显示当前图（Hits per Second），即有秒点击率的值，上方显示合并图（Average Response Time），即平均响应时间的值，如图 7-73 所示。

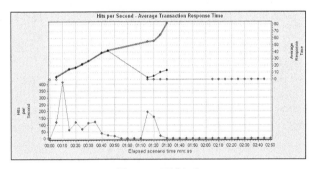

图 7-73　平铺方式

（3）关联（Correlate）。

当前图的 y 轴（每秒点击率的值（Hits per Second））变为合并图的 x 轴。被合并图的 y 轴作为合并图的 y 轴，也就是平均响应时间的值（Average Response Time (seconds)），如图 7-74 所示。

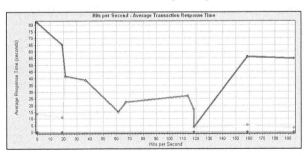

图 7-74　关联方式

7.31　如何应用 Java Vuser 验证算法的执行效率

1．问题提出

如何应用 LoadRunner 对 Java 进行测试，LoadRunner 支持面向 Java 代码的测试吗？

2. 问题解答

Java 和.NET 是目前广泛被应用的开发平台。有很多应用系统是由 Java 开发的，在开发过程中经常会遇到同一个功能，可以有两种实现方案或者两种算法可供选择。从用户的角度肯定希望在操作的时候，系统能提供很快的响应，这样就可以在单位时间内处理更多的业务。这样我们就需要选择一个较好的方案或者算法，减少系统响应时间，提高效率。那么运用 LoadRunner 是否可以加入事务等概念对算法执行效率进行对比呢？

回答当然是肯定的，LoadRunner 有 Java Vuser 支持面向 Java 应用的性能测试工作，支持集合点、事务等概念。要应用 Java Vuser 必须确保在运行 Vuser 的计算机上已正确设置环境变量、Path 和 Classpath，同时还需要注意下面的问题。

（1）要编译和回放脚本，必须完全安装 JDK 版本 1.1、1.2 或 1.3，只安装 JRE 是不够的。不要在一台计算机上安装多个 JDK 或 JRE，否则有可能会导致脚本无法编译和运行的情况。例如，下面的错误就是因为安装了多个 JDK 或 JRE 引起的错误，如果出现这种错误请删除不需要的 JDK 或 JRE 的版本。

```
Notify: Found jdk version: 1.5.0.      [MsgId: MMSG-22986]
Warning: Warning: Failed to find Classes.zip entry in Classpath.     [MsgId: MWAR-22986]
Notify: classpath=C:\Documents and Settings\admin\Local Settings\Temp\noname7\;
c:\program files\mercury interactive\mercury loadrunner\classes\srv;c:\program files\me
rcury interactive\mercury loadrunner\classes;;;       [MsgId: MMSG-22986]
Notify: Path=C:\PROGRA~1\MERCUR~1\MERCUR~1\bin;C:\PROGRA~1\MERCUR~1\MERCUR~1\bin;C:\Per
l\bin;C:\Perl\bin;C:\Perl\bin;C:\ProgramFiles\Borland\Delphi7\Bin;C:\Program Fil
es\Borland\Delphi7\Projects\Bpl\;C:\WINDOWS\system32;C:\WINDOWS;
C:\WINDOWS\System32\Wbem;C:\Program Files\UltraEdit;C:\Quadbase\Quadbase\bin;;;
C:\j2sdk1.4.2_03\bin [MsgId: MMSG-22986]
Notify: VM Params: .    [MsgId: MMSG-22986]
Error: Java VM internal error:Error Loading javai.dll. [MsgId: MERR-22995]
Warning: Extension java_int.dll reports error -1 on call to function ExtPerProcessInitialize
    [MsgId: MWAR-10485]
Error: Thread Context: Call to service of the driver failed, reason - thread context wa
sn't initialized on this thread.     [MsgId: MERR-10176]
```

（2）Path 环境变量必须包含 JDK/Bin 项，否则也将导致脚本无法正确编译和执行。

（3）如果应用的 JDK 版本为 1.1.x，则 Classpath 环境变量必须包括 classes.zip 路径（JDK/lib 子目录）和全部 Mercury 类（classes 子目录）。Java Vuser 使用的所有类必须位于类路径中（在计算机的 Classpath 环境变量中设置，或在"Run-time Settings"对话框的"Java Environment Settings"的"Java VM"和"Classpath"中进行设置，如图 7-75 所示）。

下面以比较两个用 Java 编写的冒泡排序和希尔排序算法对比为例，讲解如何应用 Java Vuser。

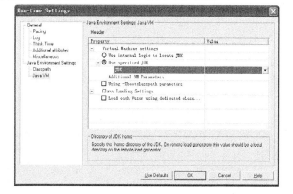

图 7-75　运行时设置——Java 环境设置

首先，我们在选择协议时，选择"Java Vuser"协议，Java Vuser 脚本主要也是由 3 部分组成：init、action 和 end，各部分的作用如表 7-9 所示。

表 7-9	Java Vuser 构成部分解释	
脚 本 方 法	**用于模拟的内容**	**执 行 时 间**
init	登录过程	Vuser 初始化时
action	客户端活动	Vuser 处于"正在运行"状态
end	注销过程	Vuser 完成或停止时

接下来，将这种算法的实现程序嵌入到脚本中，脚本代码如下：

```java
import lrapi.lr;

public class Actions
{
    int[] numArray = {1,3,5,43,54,67,9,20,15,23,66,60,5,12,2,63,22,6,54,42
                ,70,90,40,20,50,89,89,53,21,56,7,32,51,74,88,99,100};
    //冒泡排序
    private void BubbleSort(int[] data)
    {
     for(int i=0; i <data.length; i++)
       {
        for(int j = data.length-1; j > i; j--)
        {
            if(data[j] < data[j-1])
            {
                swap(data,j,j-1);
            }
        }
        System.out.println(data[i] + "\t");
       }
    }

    //换位置函数
    private void swap(int[] data, int i, int j) {
        int temp = data[i];
        data[i] = data[j];
        data[j] = temp;
    }

    //插入排序函数
    private void insertSort(int[] data, int start, int inc) {
        int temp;
        for(int i=start+inc;i<data.length;i+=inc){
            for(int j=i;(j>=inc)&&(data[j]<data[j-inc]);j-=inc){
                swap(data,j,j-inc);
            }
        }
    }

    //希尔排序
    private void ShellSort(int[] data) {

        for(int i=data.length/2;i>2;i/=2){
            for(int j=0;j<i;j++){
                insertSort(data,j,i);
            }
```

```
        insertSort(data,0,1);
    }

    for (int i=0 ;i<data.length;i++)
      System.out.println(data[i] + "\t");
}

public int init() {
    return 0;
}//end of init

public int action() {
    lr.start_transaction("冒泡排序");
        BubbleSort(numArray);
    lr.end_transaction("冒泡排序",lr.PASS);
    System.out.println("----------------");
    lr.start_transaction("希尔排序");
        ShellSort(numArray);
    lr.end_transaction("希尔排序",lr.PASS);
    return 0;
}//end of action

public int end() {
    return 0;
}//end of end
}
```

　　冒泡交换排序的基本思想是，将被排序的记录数组 R[1..n]垂直排列，每个记录 R[i]看做是重量为 R[i].key 的气泡。根据轻气泡不能在重气泡之下的原则，从下往上扫描数组 R，凡扫描到违反本原则的轻气泡，就使其向上"飘浮"。如此反复进行，直到最后任何两个气泡都是轻者在上，重者在下为止。

　　希尔排序基本思想：先取一个小于 n 的整数 d1 作为第一个增量，把文件的全部记录分成 d1 个组。所有距离为 dl 的倍数的记录放在同一个组中。先在各组内进行直接插入排序；然后，取第二个增量 d2<d1 重复上述的分组和排序，直至所取的增量 dt=1(dt<dt-l<…<d2<d1)，即所有记录放在同一组中进行直接插入排序为止。

　　这里为了比较两个排序的响应时间，在脚本中对冒泡排序函数和希尔排序函数都插入了事务。从脚本大家可以看出，事务的应用和在 HTTP/Web 协议的应用区别不是很大，Java Vuser 事务的起始和结束函数分别为 lr.start_transaction()和 lr.end_transaction()，HTTP/Web 协议使用的是类 C 语言的脚本语言，事务的起始和结束分别为 lr_start_transaction()和 lr_end_transaction()，它们的用法几乎一模一样。这里我们主要是为了考察两种排序算法的效率，所以，仅仅应用了事务的概念。如果需要在以后的性能测试中应用其他技术，也可以加入集合点以及系统函数等，函数的说明及其应用示例，请参考 LoadRunner Function Reference。Java Vuser 脚本作为可伸缩的多线程应用程序运行。如果脚本中包括自定义类，请确保代码是线程安全的。非线程安全的代码可能导致结果不准确。对于非线程安全的代码，请将 Java Vuser 作为进程来运行。这样就会为每个进程创建一个独立的 Java 虚拟机，导致脚本伸缩性差。

　　脚本编写完成以后，就可以通过菜单或者工具条直接运行，查看结果。冒泡排序是稳定的，而希尔排序是不稳定的，排序的执行时间依赖于增量序列。读者可以设计不同的数据来考察稳定和不稳定的算法之间的区别，在这里作者不再赘述。

7.32 如何用程序控制网站的访问次数

1. 问题提出

在进行性能测试的时候,性能测试用例设计是模拟用户实际应用场景是非常重要的一项工作。通常用户操作经常用到的业务是相对固定的,这样在场景设计的时候,就需要经常应用的 Action 执行次数多些,而系统设置方面的工作通常为一次性操作,那么在脚本中需要做哪些工作可以满足这个要求呢?

2. 问题解答

以一个进销存管理系统为例,在此系统中业务员经常用到的功能就是进货、销售以及商品的查询等操作,而系统设置业务通常在应用软件时仅仅进行一次性设置工作,日后通常不会变更,这就需要我们设置场景时,考虑不同应用的实际场景进行性能测试用例设计。在这里作者结合访问 Google、Sohu、Baidu 3 个知名网站,来说明问题。大家平时上网时,也会根据各自喜好的不同,访问不同的网站。假如,在写一份关于功能和性能测试方案的文档,需要查找大量资料,这时就需要频繁地应用 Google 和 Baidu 查找相关资料,写累的时候,就会去 Sohu 上看一些新闻或者体育类东西来放松自己。结合这个事实,编写脚本如下。

相应脚本代码（RandomUrlScript）：

```
Action()
{
    int randomnumber;          //随机数变量
    int i=0;                   //访问 Google 的计数变量
    int j=0;                   //访问 Baidu 的计数变量
    int flag=1;                //循环控制变量

    while (flag==1)            //不停地循环
    {
    randomnumber = rand()%3 + 1;     //生成一个随机数字
    lr_output_message("随机数字为 %d ! ", randomnumber);          //输出随机数字的值
    lr_output_message("计数器: i=%d , j=%d",i,j);                //输出 i, j 计数器的值

    if ((i==10) && (j==10))          //如果 i,j 的值均为 10,则置 flag=0,退出循环
        {
        flag=0;
        return 0;
        }

    switch(randomnumber)
    {
    case 1:
    {
        if (i<10)
            {
            Action1();       //访问 Goolge
            i=i+1;           //i 计数器加 1
            lr_output_message("Action1 成功完成了第%d 次",i);//输出 i 值
            break;
            }
     }
    case 2: Action2();       //访问 Sohu
```

```
            break;
        case 3:
        {
            if (j<10)
            {
                Action3();          //访问 Baidu
                j=j+1;              //j 计数器加 1
                lr_output_message("Action3 成功完成了第%d 次",j);//输出 j 值
                break;
            }
        }
    }
}

    return 0;
}
```

访问 Google 的脚本：

```
Action1()
{

    web_url("www.google.com",
        "URL=http://www.google.com/",
        "Resource=0",
        "RecContentType=text/html",
        "Referer=",
        "Snapshot=t1.inf",
        "Mode=HTML",
        EXTRARES,
        "Url=http://www.google.cn/images/nav_logo3.png",
        "Referer=http://www.google.cn/",
      ENDITEM,
        LAST);


    return 0;
}
```

访问 Sohu 的脚本：

```
Action2()
{
    web_url("www.sohu.com",
        "URL=http://www.sohu.com/",
        "Resource=0",
        "RecContentType=text/html",
        "Referer=",
        "Snapshot=t1.inf",
        "Mode=HTML",
        EXTRARES,
        "Url=http://images.sohu.com/uiue/sohu_logo/2005/juzhen_bg.gif", "Referer=http:
//www.sohu.com/", ENDITEM,
        "Url=http://images.sohu.com/cs/button/market/volunteer/760320815.swf", "Referer
=http://www.sohu.com/", ENDITEM,
        "Url=http://images.sohu.com/chat_online/else/sogou/20070814/450X105.swf",
"Referer=http://www.sohu.com/", ENDITEM,
        "Url=http://images.sohu.com/cs/button/market/sogou/chuxiao/7601000801.swf",
```

```
"Referer=http://www.sohu.com/", ENDITEM,
        "Url=http://images.sohu.com/cs/button/huaxiashuanglong/2007/7601000816.swf",
"Referer=http://www.sohu.com/", ENDITEM,
        "Url=http://images.sohu.com/cs/button/lianxiang/125-15/5901050815.swf", "Referer=
http://www.sohu.com/", ENDITEM,
        LAST);

    return 0;
}
```

访问 Baidu 的脚本：

```
Action3()
{
    web_url("www.baidu.com",
        "URL=http://www.baidu.com/",
        "Resource=0",
        "RecContentType=text/html",
        "Referer=",
        "Snapshot=t1.inf",
        "Mode=HTML",
        LAST);

    return 0;
}
```

【脚本分析】

上面的脚本主要分为 4 个部分，Action()部分脚本主要控制其他 Action1()、Action2()、Action3() 的执行。Action()脚本控制着 Action1()和 Action3()执行次数。

脚本开始设置了一个"死循环"，为什么说是"死循环"呢？因为刚开始时声明 falg=1，所以 "flag==1"，这个条件将始终为真，如果不将 flag 置成其他值，则永远执行循环体部分，不会停止 下来，所以称其为"死循环"。

```
    while (flag==1)    //不停地循环
```

为了每次取得一个随机数，运用了 rand()函数，rand()%3+1 的含义是：如果 rand()为 11，则 11%（模）3 为 2，11%3+1=3，由此可以看出表达式 randomnumber = rand()%3 + 1 的值只能取到 3 个，即 1，2，3。

```
        randomnumber = rand()%3 + 1;   //生成一个随机数字
```

为使程序能够退出"死循环"，在 Google 和 Baidu 各访问 10 次后，将 flag 标志置为 0，从而 打破 flag==1 的条件，保证条件不满足，退出"死循环"，代码如下所示：

```
        if ((i==10) && (j==10))     //如果i,j的值均为10，则置flag=0，退出循环
        {
            flag=0;
            return 0;
        }
```

根据产生的随机数，执行不同的 Action，当 randomnumber=1 时，执行 Action1()；当 randomnumber= 2 时，执行 Action2()；当 randomnumber=3 时，执行 Action3()；当 randomnumber 为 1 或者 3 时， 如果访问次数小于 10 次，则继续访问，否则，不执行任何操作；如果 randomnumber 为 2 时，则 执行 Action2()，即访问 Sohu 网站，代码如下所示：

```
switch(randomnumber)
{
    case 1:
    {
        if (i<10)
        {
            Action1();          //访问 Google
            i=i+1;              //i 计数器加 1
            lr_output_message("Action1 成功完成了第%d 次",i);//输出 i 值
            break;
        }
    }
    case 2: Action2();          //访问 Sohu
        break;
    case 3:
    {
        if (j<10)
        {
            Action3();          //访问 Baidu
            j=j+1;              //j 计数器加 1
            lr_output_message("Action3 成功完成了第%d 次",j);//输出 j 值
            break;
        }
    }
}
```

可以通过查询脚本执行结果的"Action Summary"部分，统计出 Baidu 和 Google 均被访问了 10 次，如图 7-76 所示。因为 randomnumber 为随机的数字，所以 Sohu 访问次数是不确定，在执行该脚本的时候，该脚本的执行次数可能和作者执行的次数不同，如果想控制 Sohu 网站的访问次数，可以参见访问 Google 或者 Baidu 的相关代码部分。

图 7-76　运行结果对话框

【重点提示】

（1）Action 迭代次数的控制，还可以在运行时设置（Run-time Settings）中的"Run Logic"页中，依次操作【Insert Block】、【Insert Action】、【Properties...】项来设置脚本的迭代次数。可以插入一个 Block0，将 Action3 和 Action1 插入该 Block，设置 Block0 迭代次数为 10 次的方式来控制 Action1()和 Action3()运行次数。当然也可以在 Run Logic 中选择"Run Logic"设置为"Random"，

按百分比的方式来控制 Action 的执行次数，如图 7-77 所示。

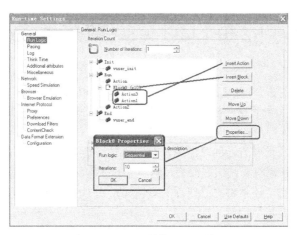

图 7-77 Block 属性设置对话框

（2）如果在脚本代码中应用了"死循环"，请一定要注意必须加入打破"死循环"的条件，否则循环体将始终运行，无法结束。

（3）如果在场景中设置 20 个 Vuser，则访问 Google、Baidu 的次数为 20×10=200 次。

7.33 几种不同超时的处理方法

1. 问题提出

大家在执行场景过程中，有时会出现"−27783、−27782……"错误，那么为什么会出现这些错误信息呢？

2. 问题解答

这些问题的产生主要是因为连接超时而引起来的问题。可以通过在场景设计时单击【Run-Time Setting】按钮，然后在弹出的"Run-time Settings for script"对话框中，依次选择"HTTP Properties > Preferences"项，再单击【Options... 】按钮，在弹出的"Advanced Options"对话框中调整一下"HTTP-request connect timeout (sec)、HTTP-request receive timeout (sec)、Step download timeout (sec)"设置来解决这些问题。下面针对不同的错误代码，介绍一下应该调整的设置，保证场景执行成功。

（1）错误：−27783=Timeout (XXX seconds) exceeded while attempting to establish connection to host "http://.....".

解决方法：这种情况需要增加连接超时时间（HTTP-request connect timeout）。

（2）错误：−27782=Timeout (XXX seconds) exceeded while waiting to receive data for URL "http://.....".

解决方法：这种情况需要增加接收超时时间（HTTP-request receive timeout ）。

（3）错误：−27730=Timeout of XXX expired when waiting for the completion of URL "http://.....".

解决方法：这种情况需要增加接收超时时间（HTTP-request receive timeout）。

（4）错误：−27751=Page download timeout (XXX seconds) has expired。

解决方法：这种情况需要增加连接超时时间（Step download timeout (sec)）。

（5）错误：−27728=Step download timeout (XXX seconds) has expired when downloading non-resource(s)。

解决方法：这种情况需要增加连接超时时间（Step download timeout (sec)）。

7.34 如何才能将日期类型数据参数化到脚本中

1. 问题提出

在进行性能测试的时候，参数化的时候难免会用到与日期相关的数据，在 LoadRunner 中有日期相关的函数，我们如何才能够将这些数据参数化到 web_submit_form 以及 web_submit_data 函数中呢？

2. 问题解答

大家平时是否有记录重要活动的习惯呢？对于一些重要的事情，为了防止忘记，我们通常会记录在日程记事本上。计算机和网络是我们平时工作密不可分的两个资源，Google 有一个非常好的备忘录工具，我平时也会经常将自己要做的事情记录到 Google 的日程当中，如图 7-78 所示。如果我在 2007 年 8 月 22 日星期三添加了一个测试部乒乓球冠亚军决赛，地点在"清华大学东区体育馆"，时间是 2007 年 8 月 23 日星期四，如图 7-79 所示。

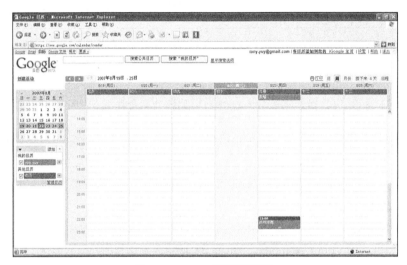

图 7-78　Google 日程设置页面

图 7-79　已添加的日程信息

大家可从 web_submit_data 函数中看到带阴影粗体，如"20070822""20070823/ 20070823"，不难发现这就是日期和日期时间的参数化数据。现在我们想对这些数据进行参数化，有两种方法。

（1）用字符串拼接出这种格式。

（2）用 LoadRunner 系统的 lr_save_datetime()函数实现。

第一种方法，因为只是字符串的拼接，如"2007""08""30"拼接起来就为"20070830"实现起来非常方便，但是也很容易出现问题，因为字符串拼接完成后，很有可能会产生"20070845"这样的数据。我们知道 8 月份就有 31 天，不可能会出现"45"这样的数字，也就是说拼接没有对日期的合法性进行校验，所以，如果应用这种方法进行参数化，日期的合法性问题应该特别关注一下。

第二种方法，应用 lr_save_datetime()函数既方便，又可以避免非法的日期数据产生，应是最好的选择。

具体实现代码如下：

```
#include "web_api.h"

Action()
{

...

web_submit_data("event",
"Action=http://www.google.com/calendar/event",
"Method=POST",
"RecContentType=text/javascript","Referer=http://www.google.com/calendar/render?pli=1&gsess
ionid={PeopleSoftsessionID2}",
"Mode=HTML",
ITEMDATA,
"Name=pprop", "Value=HowCreated:BUTTON", ENDITEM,
"Name=ctz", "Value=Asia/Hong_Kong", ENDITEM,
"Name=rfdt", "Value= 20070822 ", ENDITEM,    //日期相关数据信息
"Name=action", "Value=CREATE", ENDITEM,
"Name=secid", "Value=f860d4db3c1a3da113658f5a345d8c71", ENDITEM,
"Name=hl", "Value=zh_CN", ENDITEM,
"Name=text", "Value=乒乓球赛", ENDITEM,
"Name=recur", "Value=", ENDITEM,
"Name=location", "Value=清华大学东区体育馆", ENDITEM,
"Name=src", "Value=dG9ueS55dXlAZ21haWwuY29t", ENDITEM,
"Name=details", "Value=测试部乒乓球冠亚军决赛。", ENDITEM,
"Name=sprop", "Value=goo.allowInvitesOther:false", ENDITEM,
"Name=sprop", "Value=goo.showInvitees:true", ENDITEM,
"Name=trp", "Value=false", ENDITEM,
"Name=icc", "Value=DEFAULT", ENDITEM,
"Name=sf", "Value=true", ENDITEM,
"Name=output", "Value=js", ENDITEM,
"Name=scp", "Value=ONE", ENDITEM,
"Name=dates", "Value= 20070823/20070823 ", ENDITEM,    //日期相关数据信息
"Name=lef", "Value=bHVuYXJfX3poX2NuQGhvbGlkYXkuY2FsZW5kYXIuZ29vZ2xlLmNvbQ", ENDITEM,
"Name=lef", "Value=dG9ueS55dXlAZ21haWwuY29t", ENDITEM,
"Name=droi", "Value=20070620T000000/20071205T000000", ENDITEM,
"Name=eid", "Value=__1", ENDITEM,
"Name=secid", "Value=f860d4db3c1a3da113658f5a345d8c71", ENDITEM,
EXTRARES,
```

```
        "Url=images/corner_tr.gif",
"Referer=http://www.google.com/calendar/render?pli=1&gsessionid=x6JO-UemSgM", ENDITEM,"Url=
images/corner_tl.gif",
"Referer=http://www.google.com/calendar/render?pli=1&gsessionid=x6JO-UemSgM", ENDITEM,"Url=
images/blank.gif",
"Referer=http://www.google.com/calendar/render?pli=1&gsessionid=x6JO-UemSgM", ENDITEM,"Url=
images/arrow_down.gif",
"Referer=http://www.google.com/calendar/render?pli=1&gsessionid=x6JO-UemSgM", ENDITEM,"Url=
images/card_button_a.gif",
"Referer=http://www.google.com/calendar/render?pli=1&gsessionid=x6JO-UemSgM", ENDITEM,"Url=
images/card_button_m2.gif",
"Referer=http://www.google.com/calendar/render?pli=1&gsessionid=x6JO-UemSgM", ENDITEM,"Url=
images/btn_menu.png",
"Referer=http://www.google.com/calendar/render?pli=1&gsessionid=x6JO-UemSgM", ENDITEM,"Url=
images/corner_bl.gif",
"Referer=http://www.google.com/calendar/render?pli=1&gsessionid=x6JO-UemSgM", ENDITEM,"Url=
images/corner_br.gif",
"Referer=http://www.google.com/calendar/render?pli=1&gsessionid=x6JO-UemSgM", ENDITEM,LAST);

    ...


    return 0;
}
```

下面结合 lr_save_datetime()函数给大家讲讲，如何将日期时间类型的数据应用于具体的数据参数化中。

例如，两天以后我们部门有一次"聚餐活动"，地点在"香格里拉饭店"，我想将这件事记录到备忘录中。

相应的脚本代码为：

```
#include "web_api.h"

Action()
{
lr_save_datetime("后天是: %Y%m%d/%Y%m%d ", DATE_NOW +ONE_DAY+ONE_DAY, "AfterTmr");
lr_save_datetime("今天是: %Y%m%d", DATE_NOW, "Today");
lr_output_message(lr_eval_string("{Today}"));
lr_output_message(lr_eval_string("{AfterTmr}"));
...

web_submit_data("event",
"Action=http://www.google.com/calendar/event",
"Method=POST",
"RecContentType=text/javascript","Referer=http://www.google.com/calendar/render?pli=1&gsess
ionid={PeopleSoftsessionID2}",
"Mode=HTML",
ITEMDATA,
"Name=pprop", "Value=HowCreated:BUTTON", ENDITEM,
"Name=ctz", "Value=Asia/Hong_Kong", ENDITEM,
"Name=rfdt", "Value=/ Today /", ENDITEM,    //将日期数据参数化为{Today}
"Name=action", "Value=CREATE", ENDITEM,
"Name=secid", "Value=f860d4db3c1a3da113658f5a345d8c71", ENDITEM,
"Name=hl", "Value=zh_CN", ENDITEM,
"Name=text", "Value=聚餐活动", ENDITEM,
"Name=recur", "Value=", ENDITEM,
```

```
    "Name=location", "Value=香格里拉饭店", ENDITEM,
    "Name=src", "Value=dG9ueS55dXlAZ21haWwuY29t", ENDITEM,
    "Name=details", "Value=测试部聚餐活动。", ENDITEM,
    "Name=sprop", "Value=goo.allowInvitesOther:false", ENDITEM,
    "Name=sprop", "Value=goo.showInvitees:true", ENDITEM,
    "Name=trp", "Value=false", ENDITEM,
    "Name=icc", "Value=DEFAULT", ENDITEM,
    "Name=sf", "Value=true", ENDITEM,
    "Name=output", "Value=js", ENDITEM,
    "Name=scp", "Value=ONE", ENDITEM,
    "Name=dates", "Value=/ AfterTmr /", ENDITEM,    //将日期数据参数化为{AfterTmr}
    "Name=lef", "Value=bHVuYXJfX3poX2NuQGhvbGlkYXkuY2FsZW5kYXIuZ29vZ2xlLmNvbQ", ENDITEM,
    "Name=lef", "Value=dG9ueS55dXlAZ21haWwuY29t", ENDITEM,
    "Name=droi", "Value=20070620T000000/20071205T000000", ENDITEM,
    "Name=eid", "Value=__1", ENDITEM,
    "Name=secid", "Value=f860d4db3c1a3da113658f5a345d8c71", ENDITEM,
    EXTRARES,
    "Url=images/corner_tr.gif",
"Referer=http://www.google.com/calendar/render?pli=1&gsessionid=x6JO-UemSgM", ENDITEM,"Url=
images/corner_tl.gif",
"Referer=http://www.google.com/calendar/render?pli=1&gsessionid=x6JO-UemSgM", ENDITEM,"Url=
images/blank.gif",
"Referer=http://www.google.com/calendar/render?pli=1&gsessionid=x6JO-UemSgM", ENDITEM,"Url=
images/arrow_down.gif",
"Referer=http://www.google.com/calendar/render?pli=1&gsessionid=x6JO-UemSgM", ENDITEM,"Url=
images/card_button_a.gif",
"Referer=http://www.google.com/calendar/render?pli=1&gsessionid=x6JO-UemSgM", ENDITEM,"Url=
images/card_button_m2.gif",
"Referer=http://www.google.com/calendar/render?pli=1&gsessionid=x6JO-UemSgM", ENDITEM,"Url=
images/btn_menu.png",
"Referer=http://www.google.com/calendar/render?pli=1&gsessionid=x6JO-UemSgM", ENDITEM,"Url=
images/corner_bl.gif",
"Referer=http://www.google.com/calendar/render?pli=1&gsessionid=x6JO-UemSgM", ENDITEM,"Url=
images/corner_br.gif",
"Referer=http://www.google.com/calendar/render?pli=1&gsessionid=x6JO-UemSgM", ENDITEM,LAST);

    ...

    return 0;
}
```

脚本执行完成后，大家会发现在日历中将会添加一条"聚餐活动"的备忘信息。关于日期、时间在 lr_save_datetime()函数的应用，如表 7-10 所示。

表 7-10 日期类型相关说明

代　　码	描　　述
%b	字符串形式的月份-短格式（例如，Dec）
%B	字符串形式的月份-长格式（例如，December）
%c	用数字表示的完整日期和时间（例如，2007-12-29 23:48:13）
%d	日期（例如，29）
%H	小时（24 小时制）
%I	小时（12 小时制）
%j	数字形式本年度的第多少天（001～366）

续表

代　码	描　　述
%m	数字形式的月份（01～12）
%M	数字形式的分钟（00～59）
%p	AM（上午）或 PM（下午）
%S	数字形式的秒（00～59）
%U	数字形式的全年第多少周形式（01～52）
%w	星期几的数字形式，星期天为 0
%W	数字形式的全年第多少周形式（01～52）
%x	本地日期设置格式的日期
%X	本地日期设置格式的时间
%y	短格式的年份（例如，07）
%Y	长格式的年份（例如，2007）
%Z	时区缩写形式（例如，中国标准时间）

【脚本分析】

```
lr_save_datetime("后天是: %Y%m%d/%Y%m%d ", DATE_NOW +ONE_DAY+ONE_DAY, "AfterTmr");
lr_save_datetime("今天是: %Y%m%d", DATE_NOW, "Today");
lr_output_message(lr_eval_string("{Today}"));
lr_output_message(lr_eval_string("{AfterTmr}"));
```

当前日期加上两天就为后天，对应的脚本为 DATE_NOW +ONE_DAY+ONE_DAY，运用 lr_save_datetime()函数将后天的值格式化成"年月日/年月日"形式，存放于"AfterTmr"变量，而今天的日期数据存放于"Today"变量。

相应的输出结果为：

```
Action.c(8): 今天是: 20070822
Action.c(9): 后天是: 20070823/20070823
```

在脚本的后面，又将这个变量作为 web_submit_data()函数的参数，代码形式如下：

```
"Name=rfdt", "Value={Today}", ENDITEM,


"Name=dates", "Value={AfterTmr}", ENDITEM,
```

7.35　如何自定义请求并判断返回数据的正确性

1. 问题提出

在测试过程中，有时会涉及没有可以录制的界面，而需要自行设计发送请求的情况，那么如何通过 LoadRunner 发送自定义请求，并判断响应数据的正确性呢？如某单位主要从事网络信息安全服务，涉及需要发送请求的这种情况，已知发送到服务器端后系统会有一连串的返回信息，返回信息中如果包含"Success"这个字符串，就证明请求得到了正确的响应，否则就说明请求失败。

2. 问题解答

下面的代码是要发送的请求内容：

```
POST /saml11/HttpClientLoginService?method=digit_signature&original_data=iwkccxjc&signe
d_data=B5%2FG3m95p5i8LDLoBofs5yvi3%2F%2Fs87EIMuKEePCuorLsjpS2CHVQ42u%2B8KqbqGCn%0AVNOTDZTdj8
zZUgCpZBZPNGqsW0hGh9ru24l0NTUUtUSWf1s5Mio%2FVcLFNE5X70Yi%0A5kIkLXpqZbTjK36CphoIfJ5U2yMSsY7cH
```

4nP4qkk8eY%3D%0A&cert_encode=MIICVjCCAb%2BgAwIBAgIIXnrBMTu69lkwDQYJKoZIhvcNAQEFBQAwLDELMAkGA
1UE%0ABhMCQ04xDDAKBgNVBAoTA0pJVDEPMA0GA1UEAxMGRGVtT0NBMB4XDTA3MDkxMzA5%0AMTk0NloXDTA4MDkxMjA
5MTk0NlowLjELMAkGA1UEBhMCQ04xDDAKBgNVBAoTA0pJ%0AVDERMA8GA1UEAxMIZGRfZGYtZGYwgZ8wDQYJKoZIhvcN
AQEBBQADgY0AMIGJAoGB%0AAAKd%2F5OjwA8AwtWRuWNvaUpeOuPU1QFSVSxHZufPDW0lgoyiGQQ86xAsRuW%2BT%2BiP
Q%0AgS71%2FLqULZWKVhII1MbQNUIj3ZV09zeIE33zJ1Q%2BJwTFBVBbmPprNvRLNcEmxECy%0AyXOx22R39zots1NUe
oiXjz0kGL4ziXJwySj4xy11x7uzAgMBAAGjfzB9MB8GA1Ud%0AIwQYMBaAFEA%2B4TFD5X8MXQczW8b44ucNIFIHMC4G
A1UdHwQnMCUwI6AhoB%2BGHWh0%0AdHA6Ly8xOTIuMTY4LjkuMTQ5L2NybDEuY3JsMAsGA1UdDwQEAwIE8DAdBgNVHQ4
E%0AFgQUoIKQu2XpdAQIfomfuUUQ3SBSK%2FkwDQYJKoZIhvcNAQEFBQADgYEAG06h6FIc%0A7IM1vmqS8oTv3D1n1dg
DDWe%2FQFFzHdvE9Yo1J5u7e%2BfxxZCzxsVLWcyoA0MCzPos%0An59mu4xRKENQe%2FrjJacr%2FrpzzE5eB6fy2hz7
wptcFyXiS25JyWX49q6qlL6g9ujL%0AKVQWBqkqaaQQ0t2mldYjbVgYG66cYkfjumA%3D%0A

```
HTTP/1.1
Context-Type:application/x-www-form-urlencoded
Connection: Keep-Alive
Cache-Control:no-cache
Host: 192.168.9.57:443
Accept: */*
```

我们可以应用 web_custom_request()函数来完成自定义请求的发送，应用 web_global_verification()
函数来检查响应信息是否包含"Success"字符串，来验证请求是否得到了正确的响应，最终形成
如下脚本：

```
#include "web_api.h"

Action()
{    //黑体字部分即为发送的请求数据信息
web_global_verification("Text=Success",
                "Fail=NotFound",
                "Search=Body",
                 LAST);
        web_custom_request("web_custom_request","URL=https://192.168.9.57/saml11/HttpClient
LoginService?method=digit_signature&original_data= iwkccxjc&signed_data=B5%2FG3m95p5i8LDLoBo
fs5yvi3%2F%2Fs87EIMuKEePCuorLsjpS2CHVQ42u%2B8KqbqGCn%0AVNOTDZTdj8zZUgCpZBZPNGqsW0hGh9ru24l0N
TUUtUSWf1s5Mio%2FVcLFNE5X70Yi%0A5kIkLXpqZbTjK36CphoIfJ5U2yMSsY7cH4nP4qkk8eY%3D%0A&cert_encod
e=MIICVjCCAb%2BgAwIBAgIIXnrBMTu69lkwDQYJKoZIhvcNAQEFBQAwLDELMAkGA1UE%0ABhMCQ04xDDAKBgNVBAoTA
0pJVDEPMA0GA1UEAxMGRGVtT0NBMB4XDTA3MDkxMzA5%0AMTk0NloXDTA4MDkxMjA5MTk0NlowLjELMAkGA1UEBhMCQ0
4xDDAKBgNVBAoTA0pJ%0AVDERMA8GA1UEAxMIZGRfZGYtZGYwgZ8wDQYJKoZIhvcNAQEBBQADgY0AMIGJAoGB%0AAAKd%
2F5OjwA8AwtWRuWNvaUpeOuPU1QFSVSxHZufPDW0lgoyiGQQ86xAsRuW%2BT%2BiPQ%0AgS71%2FLqULZWKVhII1MbQN
UIj3ZV09zeIE33zJ1Q%2BJwTFBVBbmPprNvRLNcEmxECy%0AyXOx22R39zots1NUeoiXjz0kGL4ziXJwySj4xy11x7uz
AgMBAAGjfzB9MB8GA1Ud%0AIwQYMBaAFEA%2B4TFD5X8MXQczW8b44ucNIFIHMC4GA1UdHwQnMCUwI6AhoB%2BGHWh0%
0AdHA6Ly8xOTIuMTY4LjkuMTQ5L2NybDEuY3JsMAsGA1UdDwQEAwIE8DAdBgNVHQ4E%0AFgQUoIKQu2XpdAQIfomfuUU
Q3SBSK%2FkwDQYJKoZIhvcNAQEFBQADgYEAG06h6FIc%0A7IM1vmqS8oTv3D1n1dgDDWe%2FQFFzHdvE9Yo1J5u7e%2B
fxxZCzxsVLWcyoA0MCzPos%0An59mu4xRKENQe%2FrjJacr%2FrpzzE5eB6fy2hz7wptcFyXiS25JyWX49q6qlL6g9uj
L%0AKVQWBqkqaaQQ0t2mldYjbVgYG66cYkfjumA%3D%0A",
                "Method=POST",
                "TargetFrame=",
                "Resource=0",
                "Referer=",
                "Body=",
                LAST);
        return 0;
}
```

请求信息通常每次各不相同，这就需要将黑体字部分参数化，经过参数化后的脚本如下：

```
#include "web_api.h"
```

```
Action()
{
    web_global_verification("Text=Success",
                "Fail=NotFound",
                "Search=Body",
                LAST);
    web_custom_request("web_custom_request","URL=https://192.168.9.57/saml11/Http
ClientLoginService?method=digit_signature&origin
al_data={postdata}",
                "Method=POST",
                "TargetFrame=",
                "Resource=0",
                "Referer=",
                "Body=",
                LAST);
    return 0;
}
```

关于 web_global_verification()和 web_custom_request()函数的详细用法，请读者参阅 LoadRunner
函数参数项及其应用示例详细的说明文档。

7.36　LoadRunner 如何运行 WinRunner 脚本

1. 问题提出

大家在进行性能测试的时候，偶尔会碰到一些特殊情况，如作者就碰到这样一个性能测试案
例，测试网关服务器支持最大 VPN 连接的情况，大家都知道一台终端机器可以建立一个唯一同名
的连接。那么如何模拟建立多个 VPN 连接呢？

2. 问题解答

我们的解决方案是利用物理机+虚拟机协同完成这次性能测试任务，下面把主要的解决方案提供
给大家参考。主要解决方案是：物理机和虚拟机都安装用 WinRunner 7.5，性能测试主控机安装
LoadRunner 11.0 的完整功能，而虚拟机作为 LoadRunner 11.0 的负载机，仅安装 Load Generator 即可。

在这里仅举主控机和一个负载机协同完成性能测试的示例，来讲解 LoadRunner 11.0 如何调用
WinRunner 7.5。关于虚拟机的知识，请参见后续章节。

这里通过网上邻居事先建立 VPN 连接到网关服务器，然后通过 WinRunner 7.5 分别在
LoadRunner 11.0 主控机和虚拟机负载机上录制打开 VPN 并进行连接的脚本，产生的相关 WinRunner
脚本如下。

主控机 WinRunner 脚本（wrtest1）：

```
    GUI_load("c:\\wr\\wrtestg1.gui");
# Program Manager
    set_window ("Program Manager", 1);
    list_activate_item ("SysListView32", "虚拟专用网络连接");
# 连接虚拟专用网络连接
    set_window ("连接虚拟专用网络连接", 1);
    button_press ("连接(C)");
    GUI_unload("c:\\wr\\wrtestg1.gui");
```

虚拟负载机 WinRunner 脚本（wt1）：

```
GUI_load("guimap1.gui");
# Program Manager
```

```
    set_window ("Program Manager", 2);
    list_activate_item ("SysListView32", "虚拟专用网络连接"); # Item Number 6;
# 连接虚拟专用网络连接
    set_window ("连接虚拟专用网络连接", 2);
    button_press ("连接(C)");
GUI_unload("guimap1.gui");
```

这里为了给读者讲述如何从命令行下运行 WinRunner 脚本，作者有意识地将这部分工作复杂化，建立了一个批处理文件，批处理文件的内容如下：

主控机调用 WinRunner 脚本的控制台命令（1.bat）：

```
wrun -ini c:\windows\wrun.ini -t c:\wr\wrtest1 -D -animate
```

虚拟机调用 WinRunner 脚本的控制台命令（1.bat）：

```
wrun -ini c:\windows\wrun.ini -t c:\f\wt1 -D -animate
```

然后，运用前面讲过 LoadRunner 调用批处理文件的技巧，再编写完成如下两个脚本。

主控机调用 LoadRunner 脚本的控制台命令（wrscript1.usr）：

```
#include "web_api.h"

Action()
{
    lr_rendezvous("1");
    system("c:\\1.bat");
    return 0;
}
```

虚拟机调用 LoadRunner 脚本的控制台命令（wrscript2.usr）：

```
#include "web_api.h"

Action()
{
    lr_rendezvous("1");
    system("c:\\1.bat");
    return 0;
}
```

在场景设计时，选择脚本时需要选择文件类型为"GUI Scripts"，选择相应 WinRunner 脚本文件，如图 7-80 所示。

图 7-80　WinRunner 脚本选择对话框

脚本编写完成以后，在 LoadRunner 的 Controller 中设计场景，如图 7-81 所示。

注意

主控机、各个负载机每台机器只能运行一个 WinRunner 脚本。

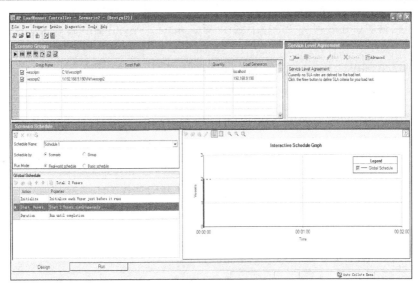

图 7-81　WinRunner 场景设计对话框

运行场景后，弹出如图 7-82 所示的界面，从图 7-82 中不难发现，无论在主控机还是虚拟机中都各自启动了一个 WinRunner 并且运行各自的脚本。

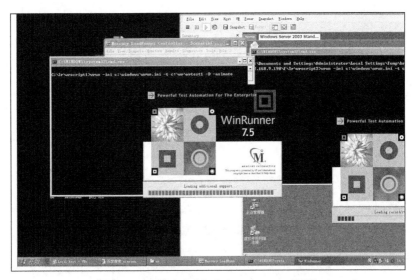

图 7-82　主控机和负载机启动 WinRunner 对话框

在场景执行过程中，可以通过单击可用图表来监控数据信息（Available Graphs 树中显示为蓝颜色的文字图表即为可用图表，参考实际运行效果），如图 7-83 所示。

当场景运行完毕后，会发现我们成功地建立了两个 VPN 连接，这说明无论在主控机还是虚拟机上，WinRunner 脚本都得到了正确的运行，如图 7-84 所示。

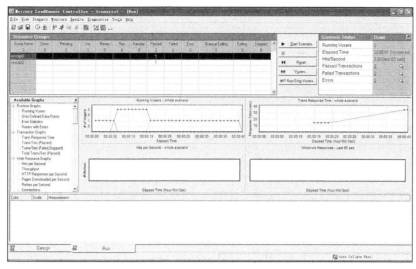

图 7-83 执行过程中几个主要图表

【重点提示】

（1）WinRunner 在默认情况下，不能完成正常 LoadRunner 调用，所以需要安装 lr_wr_patch.rar 补丁。将补丁包中的 mmalloc_logic.dll、mosifs32.dll、thrdutil.dll、windde32.dll、wnrpc32.dll 这 5 个文件替换 WinRunner 中 arch 目录下的同名文件。这样 LoadRunner 11.0 就可以对 WinRunner 调用操作。

（2）值得注意的是，每台虚拟机或者物理机只能运行一个 WinRunner 实例。

图 7-84 执行完成后启动的 VPN 图示

7.37 LoadRunner 如何利用已有文本数据

1. 问题提出

大家在平时进行性能测试的时候积累了很多测试数据，如经常会有"100,102,3400,6000""Ａ Ｂ Ｃ Ｄ" "c:\test\mydir\myfile.exe" 等这样的数据，我们是否可以在进行性能测试的时候应用这样的数据呢？

2. 问题解答

细心的读者可能已经发现了，这些表面凌乱的数据其实是有规律存在的，如 "100,102,3400, 6000" 是以 "," 为这些数据的分隔符；"Ａ Ｂ Ｃ Ｄ" 以空格为分隔符；而 "c:\test\mydir\myfile.exe" 则以 "\" 为分隔符。将字符串以指定的字符分割后的结果如表 7-11 所示。

表 7-11　　　　　　　　　　　字符串及其分割后的结果列表

字　符　串	分　隔　符	分割结果字符串
100,102,3400,6000	,	100 102 3400 6000
Ａ Ｂ Ｃ Ｄ	空格	A B C D

续表

字　符　串	分　隔　符	分割结果字符串
c:\test\mydir\myfile.exe	\	c: test mydir myfile.exe

　　下面，我们举一个将"唐僧、悟空、八戒、沙僧"分离成 4 个单独的字符串并且存储到 man 数组的例子。

　　脚本代码如下：

```
#include "web_api.h"
char *strtok(char *, char *);
Action()
{    char aBuffer[256]; // 存取字符串的变量
      char *cMan; // 分离单个人名的变量
     char cSeparator[] = ","; // 存储字符串分隔符的变量
     int i; // 增长指针的整型变量
     char man[4][20]; // 存储分割单个人名的数组
     // 将自定义的取经 4 人姓名存放到 pman 变量
     lr_save_string("唐僧,悟空,八戒,沙僧", "pman");
     // 将 pman 变量内容复制到 aBuffer 变量
     strcpy( aBuffer,lr_eval_string("{pman}"));
     // 显示变量内容
     lr_output_message("取经 4 人包括：%s\n",aBuffer);

     lr_output_message("=====================================");
     // 以分隔符分割字符串
      cMan = strtok( aBuffer,cSeparator);
     i = 1;
     if(!cMan) {
         // 如果没找到就输出"没有取经人！"
         lr_output_message("没有取经人！");
         return( -1 );
     }
     else {
         while( cMan != NULL) { // 如果分割不为 NULL
             // 将数据存放到数组
             strcpy( man[i], cMan );
             // 指针下移
             cMan = strtok( NULL, cSeparator);
             i++; // 增加 i 值，用以将分离结果存放到数组中
         }
         lr_output_message("师父: %s", man[1]);
         lr_output_message("大徒弟: %s", man[2]);
         lr_output_message("二徒弟: %s", man[3]);
         lr_output_message("三徒弟: %s", man[4]);
     }
     return 0;
}
```

　　脚本运行后结果如下：

```
Starting action Action.
Action.c(19): 取经 4 人包括：唐僧,悟空,八戒,沙僧
```

```
Action.c(21): ===================================
Action.c(42): 师父：唐僧
Action.c(43): 大徒弟：悟空
Action.c(44): 二徒弟：八戒
Action.c(45): 三徒弟：沙僧
Ending action Action.
```

【重点提示】

（1）建议读者将积累的丰富数据存储起来，发现数据的规律，以备后期功能、性能测试之用。

（2）值得注意的是 strtok()函数并不包含在"web_api.h"中，所以，在应用的时候，必须事先声明。

7.38 如何能够产生样例程序的 Session

1. 问题提出

如何能够产生样例程序的 Session？

2. 问题解答

我们提到关联的时候，在论坛和一些测试书上通常都能看到 LoadRunner 工具提供的"HP Web Tours Application"样例程序，如图 7-85 所示。

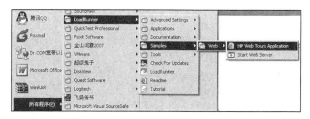

图 7-85 LoadRunner 9.0 提供的 Web 样例程序

刚开始学习 LoadRunner 工具的"关联"知识部分内容的时候，经常会遇到产生的脚本中却不包含"Session"的情况，产生不了"Session"，代码如下所示：

```
Action()
{

    web_url("WebTours",
        "URL=http://127.0.0.1:1080/WebTours/",
        "Resource=0",
        "RecContentType=text/html",
        "Referer=",
        "Snapshot=t1.inf",
        "Mode=HTML",
        LAST);

    lr_think_time(8);

    web_submit_form("login.pl",
        "Snapshot=t2.inf",
        ITEMDATA,
        "Name=username", "Value=test", ENDITEM,
        "Name=password", "Value=test", ENDITEM,
        "Name=login.x", "Value=56", ENDITEM,
```

```
        "Name=login.y", "Value=6", ENDITEM,
        LAST);

    return 0;
}
```

显然，产生不了"Session"我们就无法练习如何做脚本的"关联"，那么如何通过设置产生"Session"呢？可以通过单击【Tools】>【Recording Options…】菜单项，在弹出的"Recording Opitons"窗体，单击【HTML Advanced】按钮，在弹出的"Advanced HTML"窗体中，选择"A script containing explict URLs only [e.g web_url, web_submit_data]"，如图 7-86 所示。

保存刚才的设置后，在录制"登录"部分内容的时候，则在脚本中产生了"userSession"内容，参见下面脚本。这样就可以结合 LoadRunner 提供的样例程序，练习如何做关联了，如果希望更深入地了解关联部分内容，请参见本书第 5 章"关联"部分内容，脚本代码如下所示：

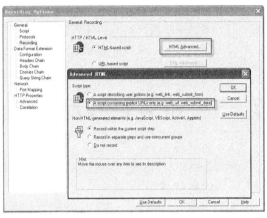

图 7-86 "Recording Options"对话框

```
Action()
{

    web_url("WebTours",
        "URL=http://127.0.0.1:1080/WebTours/",
        "TargetFrame=",
        "Resource=0",
        "RecContentType=text/html",
        "Referer=",
        "Snapshot=t3.inf",
        "Mode=HTML",
        LAST);

    lr_think_time(8);

    web_submit_data("login.pl",
        "Action=http://127.0.0.1:1080/WebTours/login.pl",
        "Method=POST",
        "TargetFrame=body",
        "RecContentType=text/html",
        "Referer=http://127.0.0.1:1080/WebTours/nav.pl?in=home",
        "Snapshot=t4.inf",
        "Mode=HTML",
        ITEMDATA,
        "Name=userSession", "Value=99477.8006480356fVVziiQpDHAiDDDDDAHAVpDDzccf",
        ENDITEM,
        "Name=username", "Value=test", ENDITEM,
        "Name=password", "Value=test", ENDITEM,
        "Name=JSFormSubmit", "Value=off", ENDITEM,
        "Name=login.x", "Value=60", ENDITEM,
        "Name=login.y", "Value=7", ENDITEM,
        LAST);
```

```
    return 0;
}
```

7.39   如何能够实现 Ping IP 的功能

1. 问题提出

如何能够实现 Ping IP 的功能？

2. 问题解答

在 7.17 节我们已经介绍了如何在脚本中加入 Dos 命令，通过控制台我们可以很方便地实现"ping"命令，同样我们在这里一样可以在脚本中通过使用 system()函数来实现 Ping IP 的功能。这里我们以 Ping IP 地址为"192.168.4.236"为例。在 Vugen 中选择"Web（HTTP/HTML）"协议，在 Action()部分输入"system("ping 192.168.4.236");"，完整脚本代码如下所示：

```
#include "web_api.h"

Action()
{
    system("ping 192.168.4.236");
    return 0;
}
```

脚本编写完成以后，在执行的时候，可以看到如图 7-87 所示界面，它和平时在控制台的输出没有任何区别，只是执行完成以后，控制台输出窗口将自动关闭而已。那怎么看执行结果呢？这时就需要使用重定向，将结果输出到文件中，当然如果需要做负载，那么还涉及脚本的参数化问题。

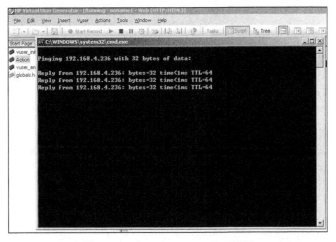

图 7-87   "ping 192.168.4.236"对话框

7.40   如何在 Vugen 中自定义工具栏按钮

1. 问题提出

如何在 Vugen 中自定义工具栏按钮？

2. 问题解答

在通常情况下，LoadRunner 提供了经常会用到的一些工具条按钮展现在界面上，如图 7-88

所示，但是因为每个人关注的内容和操作习惯可能会有所不同，那么如何能够对已展现的工具条和展现出来的工具按钮进行适合您的"量身定制"呢？

您可以通过在图 7-88 所示方框区域单击鼠标右键，如图 7-89 所示，在出现的快捷菜单选中或者取消对应的工具条分类来决定相应分类的工具条显示或者隐藏。

当然还可以通过选择【Customize...】菜单项，如图 7-90 所示。

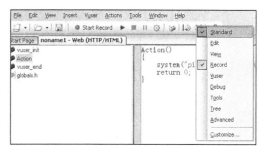

图 7-88　常规情况下的工具条　　　　　　图 7-89　工具条分类选择快捷菜单

如果希望将功能命令项添加到工具条上，以工具按钮的形式显示，只需要从"Commands"下方的列表中，选中对应的功能项，然后直接拖曳到工具条中就可以了，这里我们想将"Edit"分类的"Copy"放到工具条，就可以选中"Copy"，然后拖动鼠标光标，将其放到工具条，如图 7-91、图 7-92 和图 7-93 所示。

图 7-90　"Customize"对话框　　　　　　图 7-91　"Customize"对话框选中"Copy"功能项

图 7-92　拖放"Copy"按钮到工具条

当然，如果觉得工具条上的按钮过于繁多，也可以将已添加到工具条的功能按钮删除。删除的方法是在有"Customize"对话框的前提下，选中要删除的工具按钮，然后单击鼠标右键，在弹出的快捷菜单中选择【Delete】菜单项就将该按钮删除了，如图 7-94 所示。

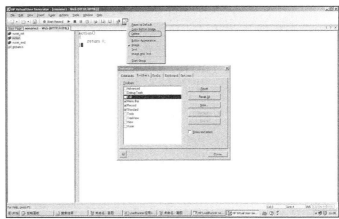

图 7-93　拖放完成"Copy"按钮显示在工具条　　　　　图 7-94　删除工具条按钮的快捷菜单

7.41　如何在 Vugen 的 Tools 菜单中添加菜单项

1．问题提出

平时在用 Vugen 编写脚本的时候，会用到很多辅助工具，如 C 语言的编译器、参数化的辅助工具等，那么是否能将这些小工具集成到 Vugen 中，以方便调用呢？

2．问题解答

LoadRunner 提供了接口，可以将您在编写脚本过程中经常用到的一些辅助工具集成到它的 Tools 菜单中，以方便调用。可以依次选择【Tools】>【Customize…】菜单项，然后在弹出的"Customize"对话框中切换到"Tools"页，如图 7-95 和图 7-96 所示。

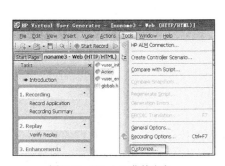

图 7-95　"Tools"菜单内容　　　　　　　图 7-96　"Customize"对话框的"Tools"页（1）

可以单击"Menu contents"右侧的 按钮，添加菜单项，如图 7-96 和图 7-97 所示。在"Command"后的文本框中通过单击按钮选中要执行的文件，这里为了在编写脚本的时候参数化方便，选择前面章节介绍的"Thelp.exe"文件，因为该程序不需要输入参数和初始路径，所以让"Arguments"和"Initial directory"为空即可，当然在必要的情况下，需要输入相应的内容。内容添加完成以后，当再次打开【Tools】菜单的时候，就会发现菜单中多了一个"参数化辅助工具"的菜单项，单击这个菜单项的时候，就会启动"Thelp.exe"应用程序，如图 7-98 和图 7-99 所示。

当然，也可以单击 ✕ 按钮，删除已添加的菜单项；如果添加了多个菜单项，就可以选中相应的菜单项以后，单击 ⬆ ⬇ 按钮调整菜单项在菜单的顺序。

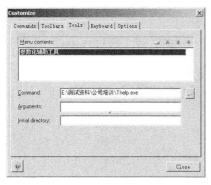

图 7-97 "Customize" 对话框 "Tools" 页（2）

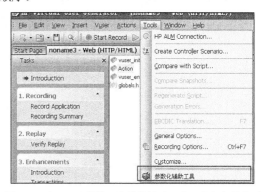

图 7-98 "Tools" 菜单 "参数化辅助工具" 自定义菜单项

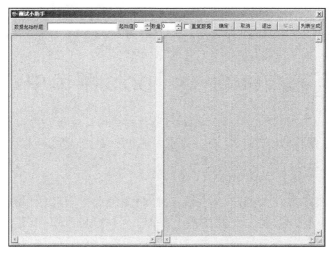

图 7-99 "Thelp" 应用程序

7.42　如何在 Vugen 中给菜单项定义快捷键

1. 问题提出

如何在 Vugen 中给菜单项定义快捷键？

2. 问题解答

使用快捷键能够在一定程度上提高工作效率。如果希望在应用 Vugen 菜单项的时候，不用鼠标光标频繁地单击菜单项，而通过快捷键激活相应的功能，可以自己定制菜单项的快捷键，以方便操作和提高工作效率。

可以通过选择 "Customize" 对话框的 "Keyboard" 页，可对菜单项进行快捷键的定制。可以在 "Category" 的下拉框选择要修改或者定制的菜单分类，在 "Commands" 列表框中选择要修改或者定制的菜单项，将鼠标光标定位到 "Press New Shortcut Key"，然后按下要给该菜单项定义的键值，系统就会自动捕获您按下的键值，并显示在 "Press New Shortcut Key" 文本框，单击【Assign】按钮就完成了该菜单项快捷键的定制工作，当然也可以选择【Remove】按钮，可以删除已经设定的快捷键，单击【Reset All】按钮，可以恢复默认的快捷键设置，如图 7-100 和图 7-101 所示。

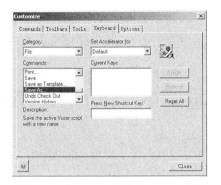 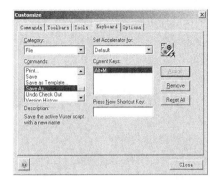

图 7-100 "Customize"的"Keyboard"页 　 图 7-101 "Customize"的"Keyboard"页对菜单项进行快捷键设置

7.43 为什么结果导出时会出现异常

1. 问题提出

为什么在将性能测试结果导出为 Word 文件时会出现异常呢？

2. 问题解答

有的时候，在将性能测试结果导出为 Word 文件的时候会出现如下异常，如图 7-102 所示。

图 7-102 结果导成 Word 文件时的出错信息

单击【OK】按钮，弹出图 7-103 所示对话框，询问是否对部分已经导出的文档进行保存，如果选择单击【Yes】按钮，则对已经完成的部分文档进行保存，否则文档将不会被保存。

也许很多朋友不解为什么会导致这个问题，其实很容易理解，在将测试结果导出到 Word 文档的时候，由于图片过多，系统的内存已经承受不了这么多的内容，就发生了上面的错误提示信息，那么应该进行处理呢？可以将图 7-104 所示红色方框区域的无用图表移除掉，保留必要的图表即可，这样在导出的时候就不会出现上面的问题了。

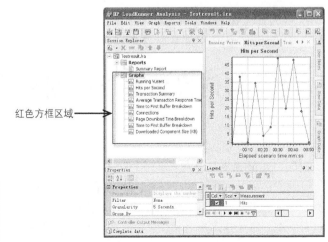

红色方框区域

图 7-103 转换存档选择对话框 　 图 7-104 性能测试结果与图表分析

如果确实要导出大量的图表怎么办呢？建议是分成两次导出，先将一部分图表去掉，导出到一个 Word 文档，然后再将已导出的图表删除掉，将上次没有导出的图表导出形成另外的一个 Word 文档，最后将图表进行合并即可。

7.44 如何增大网页细分图显示的 URLS 长度

1. 问题提出

如何增大网页细分图显示的 URLS 长度？

2. 问题解答

也许您在查看网页细分图（Webpage Braekdown graphs）的时候，经常会被无法显示较长的 URLS 而苦恼。那么有没有办法可以将 URLS 的显示变得长一些，查看起来更加方便呢？

答案当然是肯定的，可以通过下列设置来增加 URLS 的显示长度，具体方法如下。

第一步：请在您的 Windows 目录下找到并打开名称为"LRAnalysis80.ini"的文件，在文件中可以发现有一个名称为"[WPB]"的内容，请在该段的下方添加"SURLSize=180"，这里我们期望 URLS 的最大显示长度为 180 个字符，如果您希望显示更多的内容，当然可以更改"180"，但值得注意的是最大不能超过"255"。

第二步：完成修改"LRAnalysis80.ini"文件以后，还需要修改位于 LoadRunner 应用程序"\bin\dat"目录下的"loader2.mdb"Access 数据文件中名称为"Breakdown_map"表的"Event Name"字段的长度。修改的方法是，单击位于工具条菜单的【设计】按钮，如图 7-105 和图 7-106 所示，修改完成之后，保存修改内容，这样就完成了增大网页细分图显示的 URLS 长度的设置工作。

图 7-105 loader2.mdb 数据库中数据表内容

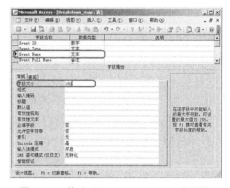

图 7-106 修改"Breakdown_map"表结构

7.45 如何设置登录的用户名和口令

1. 问题提出

如何设置登录的用户名和口令？

2. 问题解答

您在访问某些网站的时候，也许会弹出一个对话框，要求输入用户名、登录口令及其域名。这是因为此类网站使用了域验证的方式，我们在应用 VuGen 进行录制的时候，是没有办法录制到这种情况下输入的用户名和登录口令的，在此情况下需要使用 LoadRunner 提供的 web_set_user() 函数，下面看以下该函数的原型：

```
int web_set_user (const char *username, const char *password, const char *host:port );
```

该函数的相应参数说明如下。

● "username"：为需要输入的登录用户名。

● "password"：为需要输入登录口令。

● "host：port"：host 为要链接的主机 IP 地址或者域名，而 port 为要使用的端口号。

下面给出一段样例脚本代码：

```
vuser_init()

{

        web_set_user("tony",
                "foryou",
                "barton:8080");

        web_url("web_url",
                "URL=http://www.bintonx.com/auth/index.jsp",
                "TargetFrame=",
                "Resource=0",
                "Referer=",
                LAST);

        return 0;

}
```

此外，还有一种常见的情况是访问某些网站的时候，需要先通过代理服务器的认证后，才能访问相应网站的资源。此时就需要先访问代理服务器，在代理服务器弹出的窗口中输入用户名和口令，这种情况下 web_set_user()函数和 web_set_proxy()函数共同出现在脚本中，代码形式如下：

```
vuser_init()

{

        web_set_proxy("sussex:8080");

        web_set_user("dashwood",
                lr_decrypt("4042e3e7c8bbbcfde0f737f91f"),
                "sussex:8080");

        web_url("web_url",
                "URL=http://barton/",
                "TargetFrame=",
                "Resource=0",
                "Referer=",
                LAST);

        web_set_proxy("norland:8080");

        web_set_user("delaford\pxy1",
                lr_decrypt("4042e3f98b5a77"),
                "norland:8080");

        return 0;

}
```

lr_decrypt()函数为解密函数，如果您对该函数感兴趣，可以参看函数的帮助信息，lr_decrypt("4042e3f98b5a77")的输出信息为"pxy"。

7.46 如何在执行迭代时退出脚本

1. 问题提出

有很多时候，如果在迭代运行时出现了异常，我们就希望脚本退出，不执行后续的迭代，那么该种情况应该如何处理呢？

2. 问题解答

在迭代执行脚本的时候，要通过业务逻辑来控制是否执行相应的脚本。

这里作者通过一个脚本，向您说明如何处理这种情况，演示脚本结构如图 7-107 所示，对应的表为 7-12 所示。首先，建立一个"Web（HTTP/HTML）"协议脚本，建立 3 个 Action，分别为 Action、Action1、Action2。在 Action 中添加如下代码：

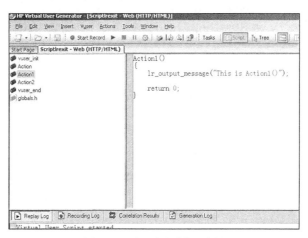

图 7-107 演示脚本结构示意图

表 7-12 虚拟用户生成器（Vugen）中可用的键盘快捷键

常 量	含 义
LR_EXIT_VUSER	无条件退出，并终止 action
LR_EXIT_ACTION_AND_CONTINUE	停止当前的 action，但依然执行后续的 action
LR_EXIT_MAIN_ITERATION_AND_CONTINUE	停止当前运行的迭代全局脚本，但依然执行后续的迭代
LR_EXIT_ITERATION_AND_CONTINUE	停止当前迭代，但依然执行后续的迭代。如果调用的是一个 Block 迭代，仅终止 Block 迭代，而不终止全局的迭代
LR_EXIT_VUSER_AFTER_ITERATION	直到当前的迭代运行完成后才退出
LR_EXIT_VUSER_AFTER_ACTION	直到当前的 Action 运行完成后才退出

```
Action()
{
    lr_exit(LR_EXIT_VUSER_AFTER_ITERATION,LR_FAIL);
    lr_output_message("This is main Action()");
    return 0;
}
```

在 Action1 中添加如下代码：

```
Action1()
{
    lr_output_message("This is Action1()");

    return 0;
}
```

在 Action2 中添加如下代码：

```
Action2()
{
    lr_output_message("This is Action2()");

    return 0;
}
```

大家需要注意的是 LR_EXIT_MAIN_ITERATION_AND_CONTINUE 和 LR_EXIT_ITERATION_AND_CONTINUE 在 LoadRunner 8.0 和 LoadRunner 11.0 它们的行为有所不同。

可以通过配置运行设置来决定是否启用它们。

● -main_iteration_exit：在 LoadRunner 8.1（当然包括 LoadRunner 11.0）版本之前 LR_EXIT_MAIN_ITERATION_AND_CONTINUE 和 LR_EXIT_ITERATION_AND_CONTINUE 行为等同于 LR_EXIT_MAIN_ITERATION_AND_CONTINUE。

● -block_iteration_exit：LR_EXIT_MAIN_ITERATION_AND_CONTINUE 和 LR_EXIT_ITERATION_AND_CONTINUE 行为等同于 LR_EXIT_ITERATION_AND_CONTINUE。

可以通过修改在安装目录下"dat"文件夹下的"mdrv.dat"文件来进行标识。方法是添加一个名称为"[action_logic]"的段，然后在该段下添加"ExtCmdLine=-main_iteration_exit"或"ExtCmdLine=-block_iteration_exit"。

7.47 如何使用键盘快捷键

1. 问题提出

有很多时候，如果频繁地用鼠标操作可能会耽误操作 LoadRunner 的时间，是否可以使用键盘的快捷键呢？

2. 问题解答

使用快捷键，它一方面能节省我们用鼠标和键盘交替操作的时间，另一方面有很多使用 DOS 应用程序或者 UNIX 系统的用户可能更喜欢应用快捷键。下面就让我们看一下在 LoadRunner 中的 Vugen 中可以使用哪些快捷键，如表 7-13 所示。

表 7-13　　　　　　　　　　虚拟用户生成器（Vugen）中可用的键盘快捷键

键　值	功　能　描　述
Alt+F8	比较当前快照（仅限于 Web Vuser）
Alt+Ins	新建步骤
Ctrl+A	全选
Ctrl+C	复制
Ctrl+F	查找
Ctrl+G	转到行
Ctrl+H	替换

续表

键　　值	功　能　描　述
Ctrl+N	新建
Ctrl+O	打开
Ctrl+P	打印
Ctrl+S	保存
Ctrl+V	粘贴
Ctrl+X	剪切
Ctrl+Y	重复
Ctrl+Z	撤销
Ctrl+F7	录制选项
Ctrl+F7	扫描关联
Ctrl+Shift+空格键	显示函数语法（Intellisense）
Ctrl+空格键	完成向导（完成函数名）
F1	帮助
F3	向下查找下一个
Shift+F3	向上查找下一个
F4	运行时设置
F5	运行 Vuser
F6	在窗格之间移动
F7	显示 EBCDIC 转换对话框（对于 WinSocket 数据）
F9	切换断点
F10	分步运行 Vuser

7.48　如何手动转换字符串编码

1．问题提出

现在要实现将英文的字符串转换成 UTF-8 格式的字符串，请问该如何做？

2．问题解答

可以使用 lr_convert_string_encoding 函数将字符串从一种编码手动转换为另一种编码（UTF-8、Unicode 或本地计算机编码）。

该函数的语法为：

```
lr_convert_string_encoding(char * sourceString, char * fromEncoding, char * toEncoding,
char * paramName)
```

该函数将结果字符串（包括其终止 NULL）保存在第 4 个参数 paramName 中。如果成功，则返回 0；失败，则返回–1。

fromEncoding 和 toEncoding 参数的格式为：

```
LR_ENC_SYSTEM_LOCALE          NULL
LR_ENC_UTF8                   "utf-8"
LR_ENC_UNICODE                "ucs-2"
```

在以下示例中，lr_convert_string_encoding 将英文"Hello world"和字符串"我爱 LR"由系统本地环境转换为 Unicode，脚本代码如下所示：

```
Action()
{
    int rc = 0;
    rc= lr_convert_string_encoding("Hello world", LR_ENC_SYSTEM_LOCALE, LR_ENC_UNICODE,
"strUnicode");
    if(rc < 0)
    {
        lr_output_message("转换\"Hello world\"失败! ");
    }
    rc= lr_convert_string_encoding("我爱LR", LR_ENC_SYSTEM_LOCALE, LR_ENC_UNICODE,
"strUnicode");
    if(rc < 0)
    {
        lr_output_message("转换\"我爱LR\"失败! ");
    }
    return 0;
}
```

如果在"Run-time Settings"日志页启用了"Extended log"组的"Parameter substitution"复选框，则在执行日志中，输出窗口将显示以下信息：

```
Running Vuser...
Starting iteration 1.
Starting action Action.
Action.c(4): Notify: Saving Parameter "strUnicode = H\x00e\x00l\x001\x00o\x00 \x00w\x00
o\x00r\x001\x00d\x00\x00\x00"
Action.c(9): Notify: Saving Parameter "strUnicode = \x11b1rL\x00R\x00\x00\x00"
Ending action Action.
Ending iteration 1.
Ending Vuser...
```

从上面的脚本和代码中，我们不难看出，通过应用 lr_convert_string_encoding()函数可以将转换后的字符保存到 strUnicode 变量中。"H\x00e\x00l\x001\x00o\x00\x00w\x00o\x00r\x001 \x00d\x00\x00\x00"这段 Unicode 文本就对应的是"Hello world"这段英文文本内容，而，"\x11b1rL\ x00R\x00\x00\x00"则对应的是"我爱 LR"这个字符串内容。

7.49 如何理解结果目录文件结构

1. 问题提出
应用 LoadRunner 工具执行完成性能测试以后，会产生一个存放结果的目录，这个目录下的文件或者文件夹都是做什么用的呢？

2. 问题解答
性能测试的测试结果分析应该说是非常重要的一件事情，它关系到是否能够准确地定位系统中存在的问题，也直接和后续的调优等工作密切相关。那么该如何理解性能测试执行完成之后生成的结果呢？您在设置结果目录的同时也就指定了结果名。LoadRunner 将使用结果名创建子目录，并将收集的所有数据放置到该目录中。每个结果集都包含了结果文件（.lrr）和事件（.eve）文件中有关场景的一般信息。

在场景执行过程中，LoadRunner 为场景中的每个组都创建一个目录，并为每个 Vuser 创建一个子目录。图 7-108 是使用 LoadRunner 执

图 7-108 结果目录文件结构

行完场景之后生成的一个典型的结果目录结构。

下面我们来向大家介绍一下这些文件或文件夹都包含哪些信息。

- t_rep.eve 包含 Vuser 和集合的信息。
- collate.txt 包含结果文件的文件路径以及 Analysis 整理信息。
- collateLog.txt 包含来自每个负载生成器的结果状态（成功或失败）、诊断信息及日志文件整理。
- local_host_1.eve 包含每个代理主机的信息。
- offline.dat 包含采样监控器的信息。
- *.def 是描述联机监控器和其他自定义监控器的图的定义文件。
- output.mdb 是 Analysis 从结果文件（用于存储输出信息）创建的数据库。
- remote_results.txt 包含主机事件文件的路径。
- results_name.lrr 是 LoadRunner Analysis 文档文件。
- *.cfg 文件包含一个在 VuGen 应用程序中定义的脚本运行时设置（思考时间、迭代、日志和 Web）的列表。
- *.usp 文件包含脚本的运行逻辑，包括 Actions 部分的运行方式。
- log 目录包含了重播回放过程中为每个 Vuser 生成的输出信息。在场景中运行的每个 Vuser 组都存在一个单独的目录。每个组目录都由 Vuser 子目录组成。
- 概要数据目录（sum_data）。一个包含图的概要数据（.dat）文件的目录。

生成分析图和报告时，LoadRunner Analysis 引擎会将所有场景结果文件（.eve 和.lrr）复制到数据库中。创建数据库之后，Analysis 将直接使用数据库，不再使用结果文件。

7.50　如何监控 Tomcat

1．问题提出

公司产品应用的 Web 应用服务器是 Tomcat 系统，想知道 LoadRunner 是否可以对 Tomcat 进行监控，如果可以的话，该如何去做？

2．问题解答

Tomcat 是一个免费开源的 Serlvet 容器，它是 Apache 软件基金会（Apache Software Foundation）的 Jakarta 项目中的一个核心项目，由 Apache、Sun 和其他一些公司及个人共同开发而成。由于有了 Sun 的参与和支持，最新的 Servlet 和 JSP 规范总是能在 Tomcat 中得到体现，Tomcat 5 支持最新的 Servlet 2.4 和 JSP 2.0 规范。因为 Tomcat 技术先进、性能稳定，而且免费，因而深受 Java 爱好者的喜爱并得到了部分软件开发商的认可，成为目前比较流行的 Web 应用服务器。因为其免费、开源且有较好的性能，所以有很多中小型的基于 B/S 架构的应用都会部署到 Tomcat 上。

首先，看一下 Tomcat 6.0 的目录结构，如图 7-109 所示。

图 7-109　Tomcat 6.0 目录文件结构

下面给大家介绍一下，该目录结构下文件及其文件夹的用途，如表 7-14 所示。

表 7-14　　　　　　　　　　　　目录文件结构及其用途说明

文件/文件夹	用 途 说 明
bin	存放启动和关闭 Tomcat 的脚本文件
conf	存放 Tomcat 服务器的各种配置文件，其中包括 server.xml（Tomcat 的主要配置文件）、tomcat-users.xml 和 web.xml 等配置文件

续表

文件/文件夹	用 途 说 明
Lib	存放 Tomcat 服务器运行所需的各种 JAR 文件
logs	存放 Tomcat 的日志文件
temp	存放 Tomcat 运行时产生的临时文件
webapps	当发布 Web 应用程序时，通常把 Web 应用程序的目录及文件放到这个目录下
work	Tomcat 将 JSP 生成的 Servlet 源文件和字节码文件放到这个目录下
LICENSE	许可文件
tomcat.ico	图标文件
Uninstall.exe	卸载文件

在做性能测试时，一般要对服务器资源、数据库服务器、应用服务器等进行监控，其中对应用服务器的监控，一般监控 JVM 使用状况、可用连接数、队列长度等，对于 WebLogic、WebSphere 等商用服务器，可用 LoadRunner 计数器进行监控。对于 Tomcat，LoadRunner 并没有提供现成的计数器，但 Tomcat 本身也提供了一个 Servelet 用来监控它的各项性能指标，其访问地址是"http://hostIP:port/manager/status"，现在以 Tomcat 性能指标的监控页面地址"http://localhost:8089/manager/status"为例。注意，Tomcat 5 及以上版本不允许用户直接访问"http://hostIP:port/manager/status"，必须要修改 tomcat-users.xml 文件，才可以访问监控页面，具体操作是，进入 Tomcat 主目录下的"conf"子目录，找到"tomcat-users.xml"文件，如果不存在类似如下内容的信息：

```
<user username="user" password="password" roles="manager"/>
```

则需要添加类似信息内容，这里仅以我的文件内容给大家展示一下，文件信息代码如下：

```
<?xml version='1.0' encoding='utf-8'?>
<tomcat-users>
  <role rolename="manager"/>
  <role rolename="admin"/>
  <user username="admin" password="" roles="admin,manager"/>
</tomcat-users>
```

当完成上述内容的设置以后，启动"Apache Tomcat 6.0"的"Tomcat Manager"页面时，会弹出图 7-110 所示界面，它需要认证您的身份，可以输入有权限的用户名和密码，这里在用户名文本框中输入"admin"，密码不输入任何内容，单击【确定】按钮后，出现"Tomcat Web Application Manager"页面，如图 7-111 所示信息，单击该页面方框所示区域的"Server Status"链接，则显示 Tomcat 服务器的运行状态信息，如图 7-112 所示，在该页面包含了 JVM 使用状况、请求的一些信息。

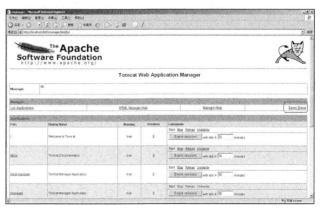

图 7-110 Tomcat 身份认证对话框　　　图 7-111 "Tomcat Web Application Manager"页面信息

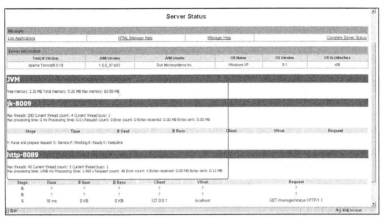

图 7-112 "Server Status"页面信息

  如图 7-113 所示的界面有很多我们关心的监控信息项，同时大家可能有一个疑问，"怎样才可以将这些关键的监控信息项转化为 LoadRunner 的图表呢？"这是非常好的一个问题，不知道您是否想起了我们在第 5 章曾经介绍过的关联技术？通过关联，可以将服务器返回的响应数据信息捕获，在这里我们能不能将这些关键的技术指标数值信息捕获下来，然后再通过 lr_user_data_point() 函数将这些数值回写到 LoadRunner 的图表上呢？答案是肯定的，且这确实是一个非常好的方法，lr_user_data_point()函数允许您将一些关心的数据记录下来并备后续分析。下面我们就根据前期掌握的关联技术和 Tomcat 的"Server Status"页面"JVM"分类信息（如图 7-113 所示），找到想获取内容的左右边界信息，然后编写相应的脚本，脚本代码内容如下：

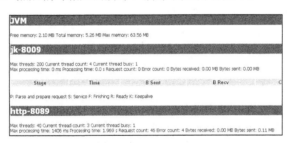

图 7-113 "Server Status"页面关键项信息

```
double atof (const char *string);

Action()
{
    float freememory,totalmemory,maxmemory;

    //web_set_user("admin",lr_decrypt("4993d46de"),"localhost:8089");
    web_set_user("admin","" ,"localhost:8089");

    web_reg_save_param("Free memory",
        "LB=Free memory: ",
        "RB=Total memory:",
        LAST);

    web_reg_save_param("Total memory",
        "LB=Total memory:",
        "RB=Max memory:",
```

```
        LAST);

    web_reg_save_param("Max memory",
        "LB=Max memory:",
        "RB=",
        LAST);

    web_url("status",
        "URL=http://localhost:8089/manager/status",
        "TargetFrame=",
        "Resource=0",
        "RecContentType=text/html",
        "Referer=",
        "Snapshot=t1.inf",
        "Mode=HTML",
        LAST);

    freememory=atof(lr_eval_string("{Free memory}"));
    totalmemory=atof(lr_eval_string("{Total memory}"));
    maxmemory=atof(lr_eval_string("{Max memory}"));
lr_output_message("%.2f %.2f %.2f",freememory,totalmemory,maxmemory);
    lr_user_data_point("Tomcat JVM Free memory", freememory);
    lr_user_data_point("Tomcat JVM Total memory", totalmemory);
    lr_user_data_point("Tomcat JVM Max memory", maxmemory);

    return 0;
}
```

下面简单介绍一下这个脚本：

```
    float freememory,totalmemory,maxmemory;

    //web_set_user("admin",lr_decrypt("4993d46de"),"localhost:8089");
    web_set_user("admin","" ,"localhost:8089");
```

为了能够将图 7-113 的"JVM"内存情况记录到图表，首先定义了 3 个浮点类型的变量，web_set_user（"admin",lr_decrypt("4993d46de"),"localhost:8089"）函数是在登录到"Tomcat Web Application Manager"之前的身份认证的处理，如图 7-110 所示，为了能够让大家更好地理解该函数，我们将加密的密码，即 lr_decrypt("4993d46de")改成了明文，所以最终该语句的存在方式为 web_set_user("admin","" ,"localhost:8089");。

```
    web_reg_save_param("Free memory",
        "LB=Free memory: ",
        "RB=Total memory:",
        LAST);

    web_reg_save_param("Total memory",
        "LB=Total memory:",
        "RB=Max memory:",
        LAST);

    web_reg_save_param("Max memory",
        "LB=Max memory:",
        "RB=",
        LAST);
```

```
web_url("status",
    "URL=http://localhost:8089/manager/status",
    "TargetFrame=",
    "Resource=0",
    "RecContentType=text/html",
    "Referer=",
    "Snapshot=t1.inf",
    "Mode=HTML",
    LAST);
```

在进入 http://localhost:8089/manager/status 页面之前，需要根据要捕获数据的左右边界来进行关联，并放入对应的变量中。

```
freememory=atof(lr_eval_string("{Free memory}"));
totalmemory=atof(lr_eval_string("{Total memory}"));
maxmemory=atof(lr_eval_string("{Max memory}"));
lr_output_message("%.2f %.2f %.2f",freememory,totalmemory,maxmemory);
```

将捕获的文本通过 atof()函数转换为浮点数据，atof()函数在应用时要提前声明，如果不清楚请参见 5.3 节的内容。为了便于脚本调试，加入了 lr_output_message()函数，输出了对应的数值。需要提醒大家的是，应用该函数仅仅为了调试脚本方便，如果脚本调试成功，请将该语句注释掉。

```
lr_user_data_point("Tomcat JVM Free memory", freememory);
lr_user_data_point("Tomcat JVM Total memory", totalmemory);
lr_user_data_point("Tomcat JVM Max memory", maxmemory);
```

捕获了关键的数据信息以后，就可以通过 lr_user_data_point()函数将这些数值反映到图表中了。当然，图表的数据应该是连续的，所以不能仅仅捕获一次，它需要在 Controller 中连续不断地根据设定好的采样时间，不停地捕获和回写数据，如图 7-114 所示。

需要大家注意的是，只有当应用了 lr_user_data_point()函数，"User Defined Data Points"才处于可用状态，如图 7-114 所示。

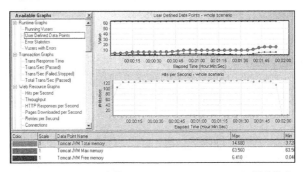

图 7-114　Controller 中的 "User Defined Data Points" 图表信息

7.51　如何在 UNIX 系统下用命令行运行脚本

1. 问题提出

如何在 UNIX 系统下用命令行运行脚本？

2. 问题解答

7.21 节已经向大家介绍了如何利用 Windows 命令行方式启动 Controller，下面我再给大家介绍一下，如何在 UNIX 系统下用命令行运行脚本，这也是很多同行非常关心的一个问题。

您可用利用一个名称为 run_db_Vuser.sh 的 UNIX shell 程序来完成脚本的调用，对于要在 UNIX 上回放的调试测试，这个工具非常有用。

这里以调用名称为 "Script.usr" 的脚本为例，其对应命令行为 "run_db_Vuser.sh　Script.usr"。当然该命令也可以使用下面的参数，参见表 7-15。

表 7-15　　　　　　　　　　　　　　可选执行参数说明

参 数 名 称	含 义 解 释
-cpp_only	此选项将启动预处理。此过程的输出是文件 "Script.c"
-cci_only	此选项运行编译阶段。"Script.c" 文件用作输入，产生的输出是 "Script.ci" 文件
-exec_only	此选项运行虚拟用户，方式是将 "Script.ci" 文件作为输入并通过回放驱动程序运行该文件
-ci ci_file	此选项可以指定要运行的 .ci 文件的名称和位置。第二个参数包含 .ci 文件的位置
-out output_directory	此选项可以确定在各进程中创建的所有输出文件的位置。第二个参数是目录名称和位置
-driver driver_path	此选项可以指定要用于运行虚拟用户的实际驱动程序可执行文件。默认情况下，驱动程序可执行文件从 VuGen.dat 文件中的设置中获取

注：
（1）"-cpp_only" "-cci_only" 和 "-exec_only" 执行参数选项中每次只能有一个用于运行 run_db_vuser；
（2）以上表格内容均结合 "run_db_Vuser.sh　Script.usr" 示例。

7.52　如何使用 C 函数进行脚本跟踪

1．问题提出

如何使用 C 函数进行脚本跟踪？

2．问题解答

您可以使用 C 解释器跟踪选项来调试 Vuser 脚本。LoadRunner 提供了一个 C 函数，即 ci_set_debug 语句，它可以在脚本中开启和关闭跟踪从而方便您对脚本进行相关调试工作。

这里我们写了一个简单的脚本，如下所示：

```
Action()
{
    LPCSTR l="hello";
    ci_set_debug(ci_this_context, 1, 1);
    lr_output_message("%s",l);
    ci_set_debug(ci_this_context, 0, 0);
    return 0;
}
```

脚本的对应输出内容如下所示：

```
Starting iteration 1.
Starting action Action.
Action.c(4): Notify: CCI trace:      push[0]   0
.
Action.c(5): Notify: CCI trace: Action.c(5): lr_output_message(0x01c90159 "%s", 0x01c90
15c "hello")
.
Action.c(5): hello
Action.c(5): Notify: CCI trace:      push[0]   5
.
Action.c(6): Notify: CCI trace: assign (INT32 *) 1df0028 = 0
.
```

```
Action.c(6): Notify: CCI trace: Action.c(6): ci_set_debug(0x0188b450, 0, 0)
.
Ending action Action.
Ending iteration 1.
```

7.53　如何知道脚本对应路径下文件的含义

1.　问题提出

作为测试人员，有一个共同的特点就是对事物都具有极大的好奇心，有时会被很多学习 LoadRunner 的朋友问到其脚本对应目录下文件都是干什么用的，何时产生的？

2.　问题解答

首先，作为测试人员有一颗好奇、向上，把不懂的东西弄明白的心理是一件好事情，我非常喜欢具有上述特质的朋友。

接下来，还是让我们以 HTTP 协议脚本为例，向大家展示一下脚本目录下文件的产生阶段并较详细地为大家说明一下对应目录下文件的用途。

这里我们以采用"Web(HTTP/HTML)"协议为例，在用户名（Username）文本框中输入"jojo"，密码（Password）文本框中输入"bean"，单击【Login】按钮，如图 7-115 所示，对应产生的脚本信息如下：

图 7-115　WebTours 样例程序首页面

```
Action()
{

    web_url("WebTours",
        "URL=http://localhost:2080/WebTours/",
        "Resource=0",
        "RecContentType=text/html",
        "Referer=",
        "Snapshot=t1.inf",
        "Mode=HTML",
        LAST);

    web_submit_data("login.pl",
        "Action=http://localhost:2080/WebTours/login.pl",
        "Method=POST",
        "RecContentType=text/html",
        "Referer=http://localhost:2080/WebTours/nav.pl?in=home",
        "Snapshot=t4.inf",
        "Mode=HTML",
        ITEMDATA,
        "Name=userSession", "Value=109344.415876873fzcttADpDQVzzzzHDDHtzptcADf", ENDITEM,
        "Name=username", "Value=jojo", ENDITEM,
        "Name=password", "Value=bean", ENDITEM,
        "Name=JSFormSubmit", "Value=off", ENDITEM,
        "Name=login.x", "Value=32", ENDITEM,
        "Name=login.y", "Value=8", ENDITEM,
        LAST);

    return 0;
}
```

将脚本文件保存为 "webtours"，如图 7-116 所示。脚本保存完成后，您可以进入 webtours 文件夹，就可以看到在该阶段都产生了哪些文件，如图 7-117 所示，每个具体相关内容解释如表 7-16 所示。

图 7-116 脚本保存对话框

图 7-117 webtours 脚本文件夹下包含的目录和文件列表

表 7-16　　　　　　　　　　　webtours 脚本文件夹下相关内容解释

文件夹/文件名称	文件/文件夹内容解释
Action.c	Action 函数的内容，同在 VuGen 主窗口中所展示的 Action 文件信息
default.cfg	包含在 VuGen 应用程序中定义的所有运行时设置的列表（思考时间、迭代、日志等）
default.usp	包含脚本的运行逻辑，包括 actions 部分如何运行
globals.h	包含公共变量定义、库文件引入等信息，同在 VuGen 主窗口中所展示的 globals.h 文件信息
vuser_end.c	vuser_end 函数的内容，同在 VuGen 主窗口中所展示的 vuser_end 文件信息
vuser_init.c	vuser_init 函数的内容，同在 VuGen 主窗口中所展示的 vuser_init 文件信息
webtours.usr	包含有关虚拟用户的信息：类型、工具的版本信息、协议类型等信息
\data	Data 目录存储主要用作备份的所有录制数据。数据放到此目录中后，就不会再被访问或使用
\DfeConfig	包含 2 个子目录（"\DfeChains" 和 "\extensions"），存放编码格式链表相关文件和编码数据设置相关内容

以上的文件您均可以用记事本程序打开，下面让我们来看一下各个文件中包含的一些信息。
Action.c 文件信息内容如下：

```
Action()
{

    web_url("WebTours",
        "URL=http://localhost:2080/WebTours/",
        "Resource=0",
        "RecContentType=text/html",
        "Referer=",
        "Snapshot=t1.inf",
        "Mode=HTML",
        LAST);

    web_submit_data("login.pl",
        "Action=http://localhost:2080/WebTours/login.pl",
        "Method=POST",
        "RecContentType=text/html",
        "Referer=http://localhost:2080/WebTours/nav.pl?in=home",
        "Snapshot=t4.inf",
        "Mode=HTML",
        ITEMDATA,
```

```
        "Name=userSession", "Value=109344.415876873fzcttADpDQVzzzzHDDHtzptcADf", ENDITEM,
        "Name=username", "Value=jojo", ENDITEM,
        "Name=password", "Value=bean", ENDITEM,
        "Name=JSFormSubmit", "Value=off", ENDITEM,
        "Name=login.x", "Value=32", ENDITEM,
        "Name=login.y", "Value=8", ENDITEM,
        LAST);

    return 0;
}
```

该文件内容就是脚本的行为信息，因为我们并没有在 vuser_init、globals.h 和 vuser_end 添加任何内容，所以这 3 个文件的内容为原始脚本信息。

vuser_init.c 文件信息内容如下：

```
vuser_init()
{
    return 0;
}
```

vuser_end.c 文件信息内容如下：

```
vuser_end()
{
    return 0;
}
```

globals.h 文件信息内容如下：

```
#ifndef _GLOBALS_H
#define _GLOBALS_H

//------------------------------------------------------------------
// Include Files
#include "lrun.h"
#include "web_api.h"
#include "lrw_custom_body.h"

//------------------------------------------------------------------
// Global Variables

#endif // _GLOBALS_H
```

default.cfg 文件信息内容如下：

```
[General]
XlBridgeTimeout=120
DefaultRunLogic=default.usp
automatic_nested_transactions=1
[ThinkTime]
Options=NOTHINK
Factor=1
LimitFlag=0
Limit=1

[Iterations]
NumOfIterations=1
IterationPace=IterationASAP
```

```
StartEvery=60
RandomMin=60
RandomMax=90


[Log]
LogOptions=LogBrief
MsgClassData=0
MsgClassParameters=0
MsgClassFull=0


[WEB]
WebRecorderVersion=10
SearchForImages=1
StartRecordingGMT=2012/10/10 08:13:15
StartRecordingIsDst=0
NavigatorBrowserLanguage=zh-cn
NavigatorSystemLanguage=zh-cn
NavigatorUserLanguage=zh-cn
ScreenWidth=1366
ScreenHeight=768
ScreenAvailWidth=1366
ScreenAvailHeight=734
UserHomePage=about:blank
BrowserType=Microsoft Internet Explorer 4.0
HttpVer=1.1
CustomUserAgent=Mozilla/4.0 (compatible; MSIE 8.0; Windows NT 5.1; Trident/4.0; .NET CLR
2.0.50727; .NET CLR 3.0.4506.2152; .NET CLR 3.5.30729; .NET4.0C; .NET4.0E)
ResetContext=True
UseCustomAgent=1
KeepAlive=Yes
EnableChecks=0
AnalogMode=0
ProxyUseBrowser=0
ProxyUseProxy=0
ProxyHTTPHost=
ProxyHTTPSHost=
ProxyHTTPPort=443
ProxyHTTPSPort=443
ProxyUseSame=1
ProxyNoLocal=0
ProxyBypass=
ProxyUserName=
ProxyPassword=
ProxyUseAutoConfigScript=0
ProxyAutoConfigScriptURL=
ProxyUseProxyServer=0
SaveSnapshotResources=1
UTF8InputOutput=1
BrowserAcceptLanguage=zh-cn
BrowserAcceptEncoding=gzip, deflate
RecorderWinCodePage=936
UseDataFormatExtensions=TRUE
```

default.usp 文件信息内容如下：

```
[RunLogicEndRoot]
```

```
Name="End"
MercIniTreeSectionName="RunLogicEndRoot"
RunLogicNumOfIterations="1"
RunLogicObjectKind="Group"
RunLogicActionType="VuserEnd"
MercIniTreeFather=""
RunLogicRunMode="Sequential"
RunLogicActionOrder="vuser_end"
MercIniTreeSons="vuser_end"
[RunLogicInitRoot:vuser_init]
Name="vuser_init"
MercIniTreeSectionName="vuser_init"
RunLogicObjectKind="Action"
RunLogicActionType="VuserInit"
MercIniTreeFather="RunLogicInitRoot"
[RunLogicEndRoot:vuser_end]
Name="vuser_end"
MercIniTreeSectionName="vuser_end"
RunLogicObjectKind="Action"
RunLogicActionType="VuserEnd"
MercIniTreeFather="RunLogicEndRoot"
[RunLogicRunRoot:Action]
Name="Action"
MercIniTreeSectionName="Action"
RunLogicObjectKind="Action"
RunLogicActionType="VuserRun"
MercIniTreeFather="RunLogicRunRoot"
[RunLogicRunRoot]
Name="Run"
MercIniTreeSectionName="RunLogicRunRoot"
RunLogicNumOfIterations="1"
RunLogicObjectKind="Group"
RunLogicActionType="VuserRun"
MercIniTreeFather=""
RunLogicRunMode="Sequential"
RunLogicActionOrder="Action"
MercIniTreeSons="Action"
[RunLogicInitRoot]
Name="Init"
MercIniTreeSectionName="RunLogicInitRoot"
RunLogicNumOfIterations="1"
RunLogicObjectKind="Group"
RunLogicActionType="VuserInit"
MercIniTreeFather=""
RunLogicRunMode="Sequential"
RunLogicActionOrder="vuser_init"
MercIniTreeSons="vuser_init"
[Profile Actions]
Profile Actions name=vuser_init,Action,vuser_end
MercIniTreeSectionName=Profile Actions
[RunLogicErrorHandlerRoot]
MercIniTreeSectionName="RunLogicErrorHandlerRoot"
RunLogicNumOfIterations="1"
RunLogicActionOrder="vuser_errorhandler"
RunLogicObjectKind="Group"
Name="ErrorHandler"
```

```
RunLogicRunMode="Sequential"
RunLogicActionType="VuserErrorHandler"
MercIniTreeSons="vuser_errorhandler"
MercIniTreeFather=""
[RunLogicErrorHandlerRoot:vuser_errorhandler]
MercIniTreeSectionName="vuser_errorhandler"
RunLogicObjectKind="Action"
Name="vuser_errorhandler"
RunLogicActionType="VuserErrorHandler"
MercIniTreeFather="RunLogicErrorHandlerRoot"
```

webtours.usr 文件信息内容如下：

```
[General]
Type=Multi
AdditionalTypes=QTWeb
ActiveTypes=QTWeb
GenerateTypes=QTWeb
RecordedProtocols=QTWeb
DefaultCfg=default.cfg
AppName=
BuildTarget=
ParamRightBrace=}
ParamLeftBrace={
NewFunctionHeader=1
LastActiveAction=Action
CorrInfoReportDir=
LastResultDir=
DevelopTool=Vugen
ActionLogicExt=action_logic
MajorVersion=11
MinorVersion=0
ParameterFile=
GlobalParameterFile=
RunType=cci
LastModifyVer=11.0.0.0
[TransactionsOrder]
Order=""
[ExtraFiles]
globals.h=
[Actions]
vuser_init=vuser_init.c
Action=Action.c
vuser_end=vuser_end.c
[Recorded Actions]
vuser_init=0
Action=1
vuser_end=0
[Replayed Actions]
vuser_init=0
Action=0
vuser_end=0
[Modified Actions]
vuser_init=1
Action=1
vuser_end=1
```

```
[Interpreters]
vuser_init=cci
Action=cci
vuser_end=cci
[ProtocolsVersion]
QTWeb=11.0.0.0
[RunLogicFiles]
Default Profile=default.usp
[StateManagement]
1=1
7=0
8=1
9=0
10=0
11=0
12=0
13=0
17=0
18=0
20=0
21=0
CurrentState=8
VuserStateHistory= 0 1048576 1048592
LastReplayStatus=0
```

接下来，我们回到 Vugen，单击【Run（F5）】按钮，如图 7-118 所示。

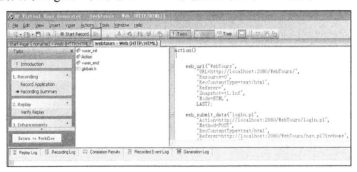

图 7-118　webtours 脚本文件信息

脚本执行完成后（即脚本回放了一次），我们再一起来看一下在 webtours 脚本文件夹下是否有多了一些文件或文件夹呢？也许您已经发现了确实在回放完成后多了一些文件和文件夹，如图 7-119 所示。

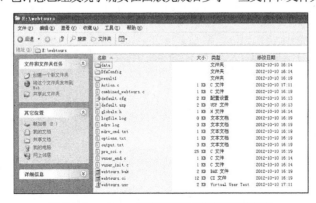

图 7-119　webtours 脚本回放后文件夹下相关信息

现在就让我们罗列一下多出来的文件，同时对新增的文件和文件夹进行简单的介绍，参见表 7-17。

表 7-17　　　　　　　　　　　webtours 脚本文件夹下相关内容解释

文件夹/文件名称	文件/文件夹内容解释
combined_webtours.c	包含所有相关 .c 和 .h 文件的 "include" 文件
logfile.log	包含该进程的任何输出，如果预处理阶段未发生任何问题，此文件应为空。如果文件非空，几乎可以肯定下一阶段（即编译）将由于严重错误而失败
mdrv.log	执行日志存储在脚本文件夹的 mdrv.log 文件中
mdrv_cmd.txt	该文件为命令行方式启动 mdrv 的相关内容文件
options.txt	包含预处理程序的命令行参数
pre_cci.c	该文件也是一个 C 文件（pre_cci.c 在 options.txt 文件中定义）
webtours.bak	上次保存操作之前的 webtours.usr 副本
webtours.ci	创建依赖于平台的伪二进制文件（.ci），该文件供运行时将对其进行解释的虚拟用户驱动程序使用
\ result1	该目录为脚本运行后的结果信息存放目录

下面简单说明回放脚本时 Vugen 的处理步骤。

（1）创建 options.txt 文件，其中包含预处理程序的命令行参数。

（2）创建 combined_webtours.c 文件，其中包含所有相关 .c 和 .h 文件的 "include" 文件。

（3）调用 C 预处理程序 cpp.exe，执行命令行：cpp -f options.txt。

（4）创建 pre_cci.c 文件，该文件也是一个 C 文件（pre_cci.c 在 options.txt 文件中定义）。将创建 logfile.log（在 options.txt 中也进行了定义），其中包含此进程的任何输出。如果预处理阶段未发生任何问题，此文件应为空。如果文件非空，几乎可以肯定下一阶段（即编译）将由于严重错误而失败。

（5）调用 cci.exe 编译器，以创建依赖于平台的伪二进制文件（.ci），该文件供运行时将对其进行解释的虚拟用户驱动程序使用。cci 将 pre_cci.c 文件用作输入。

（6）按以下方式创建 pre_cci.ci 文件：cci -errout E:\webtours\logfile.log -c pre_cci.c。

（7）日志文件 logfile.log 包含编译输出。

（8）文件 pre_cci.ci 现已重命名为 webtours.ci。由于编译可能包含警告和错误，并且由于驱动程序不知道此过程的结果，驱动程序将首先检查 logfile.log 文件中是否存在条目。如果有，它随后会检查是否已生成文件 webtours.ci。如果文件大小不为零，表示 cci 已成功编译；否则表示编译失败，并将发出错误消息。

（9）相关驱动程序现在将运行，并将 .usr 文件和 webtours.ci 文件一同用作输入。例如：mdrv.exe -usr E:\webtours\webtours.usr-out E:\webtours –file E:\webtours\webtours.ci 之所以需要 .usr 文件，是因为它会告知驱动程序正在使用哪个数据库。之后可以进一步知道需要加载哪些库以供运行。

（10）创建 output.txt 文件（位于 "out" 变量定义的路径中），其中包含运行的所有输出消息。这与 VuGen 运行时输出窗口和 VuGen 主窗口下部窗格所显示的输出相同。

最后，向大家展示一下新生成文件的具体内容。

combined_webtours.c 文件信息内容如下：

```
#include "lrun.h"
#include "globals.h"
#include "vuser_init.c"
#include "Action.c"
#include "vuser_end.c"
```

因为预处理过程中没有出现任何问题，所以 logfile.log 文件内容为空。

mdrv.log 文件信息内容如下：

```
    Virtual User Script started at : 2012-10-10 16:19:42
    Starting action vuser_init.
    Web Turbo Replay of LoadRunner 11.0.0 for WINXP; build 8859 (Aug 18 2010 20:14:31)
        [MsgId: MMSG-27143]
    Run Mode: HTML     [MsgId: MMSG-26000]
    Run-Time Settings file: "E:\webtours\\default.cfg"        [MsgId: MMSG-27141]
    Ending action vuser_init.
    Running Vuser...
    Starting iteration 1.
    Starting action Action.
    Action.c(4): Detected non-resource "http://localhost:2080/WebTours/header.html" in
"http://localhost:2080/WebTours/"      [MsgId: MMSG-26574]
    Action.c(4): Detected non-resource "http://localhost:2080/WebTours/welcome.pl?signOff=
true" in "http://localhost:2080/WebTours/"      [MsgId: MMSG-26574]
    Action.c(4): Found resource "http://localhost:2080/WebTours/images/hp_logo.png" in HTML
 "http://localhost:2080/WebTours/header.html"       [MsgId: MMSG-26659]
    Action.c(4): Found resource "http://localhost:2080/WebTours/images/webtours.png" in HTML
"http://localhost:2080/WebTours/header.html"       [MsgId: MMSG-26659]
    Action.c(4): Detected non-resource "http://localhost:2080/WebTours/nav.pl?in=home" in
"http://localhost:2080/WebTours/welcome.pl?signOff=true"        [MsgId: MMSG-26574]
    Action.c(4): Detected non-resource "http://localhost:2080/WebTours/home.html" in "http:
//localhost:2080/WebTours/welcome.pl?signOff=true"        [MsgId: MMSG-26574]
    Action.c(4): Found resource "http://localhost:2080/WebTours/images/mer_login.gif" in
HTML "http://localhost:2080/WebTours/nav.pl?in=home"       [MsgId: MMSG-26659]
    Action.c(4): web_url("WebTours") was successful, 6449 body bytes, 1562 header bytes
 [MsgId: MMSG-26386]
    Action.c(13): web_submit_data("check_outchain.php") was successful, 21 body bytes, 198
header bytes, 15 chunking overhead bytes        [MsgId: MMSG-26385]
    Action.c(33): web_submit_data("check_outchain.php_2") was successful, 711 body bytes,
198 header bytes, 17 chunking overhead bytes        [MsgId: MMSG-26385]
    Action.c(55): web_submit_data("login.pl") was successful, 795 body bytes, 225 header
bytes        [MsgId: MMSG-26386]
    Ending action Action.
    Ending iteration 1.
    Ending Vuser...
    Starting action vuser_end.
    Ending action vuser_end.
    Vuser Terminated.
```

mdrv_cmd.txt 文件信息内容如下：

```
    -usr "E:\webtours\webtours.usr" -qt_result_dir "E:\webtours\result1" -param_non_working_
 days "6,7" -file "E:\webtours\webtours.ci" -drv_log_file "E:\webtours\mdrv.log"   -extra_ex
t vugdbg_ext -extra_ext rtc_client -cci_elevel -msg_suffix_enable 0 -out "E:\webtours\" -pid
1244 -vugen_listener_win 132998  -vugen_animate_delay 0 -vugen_win 131482 -correlation_files
 -runtime_browser  -vugen_rtb_id "vugen_248554128" -product_name vugen
```

options.txt 文件信息内容如下：

```
    -+
    -DCCI
    -D_IDA_XL
    -DWINNT
    -IE:\webtours
    -IC:\Program Files\HP\LoadRunner\include
```

```
-ee:\webtours\\logfile.log
e:\webtours\\combined_webtours.c
e:\webtours\\pre_cci.c
```

pre_cci.c 文件信息内容如下：

```
# 1 "e:\\webtours\\\\combined_webtours.c"
# 1 "C:\\Program Files\\HP\\LoadRunner\\include/lrun.h" 1
```

webtours.bak 文件信息内容如下：

```
[General]
Type=Multi
AdditionalTypes=QTWeb
ActiveTypes=QTWeb
GenerateTypes=QTWeb
RecordedProtocols=QTWeb
DefaultCfg=default.cfg
AppName=
BuildTarget=
ParamRightBrace=}
ParamLeftBrace={
NewFunctionHeader=1
LastActiveAction=Action
CorrInfoReportDir=result1
LastResultDir=result1
DevelopTool=Vugen
ActionLogicExt=action_logic
MajorVersion=11
MinorVersion=0
ParameterFile=
GlobalParameterFile=
RunType=cci
LastModifyVer=11.0.0.0
[TransactionsOrder]
Order=""
[Actions]
vuser_init=vuser_init.c
Action=Action.c
vuser_end=vuser_end.c
[ProtocolsVersion]
QTWeb=11.0.0.0
[RunLogicFiles]
Default Profile=default.usp
[StateManagement]
1=1
7=0
8=1
9=0
10=0
11=0
12=0
13=0
17=0
18=0
20=0
21=0
```

```
CurrentState=8
VuserStateHistory= 0 65536 65552 1048576 1048592
LastReplayStatus=1
[ExtraFiles]
globals.h=
[Recorded Actions]
vuser_init=0
Action=1
vuser_end=0
[Replayed Actions]
vuser_init=1
Action=1
vuser_end=1
[Modified Actions]
vuser_init=1
Action=1
vuser_end=1
[Interpreters]
vuser_init=cci
Action=cci
vuser_end=cci
```

webtours.ci（伪二进制文件）信息内容如图 7-120 所示。

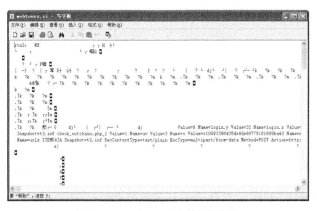

图 7-120　webtours.ci 文件相关信息

result1 结果目录相关信息如图 7-121 所示。

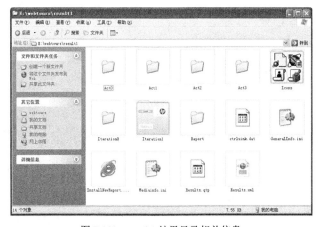

图 7-121　result1 结果目录相关信息

7.54 如何结合企业特点进行性能测试

1. 问题提出

随着我国综合实力的增强，IT 行业的蓬勃发展，现在的企业越来越多，越来越重视企业的信息化管理，那么当您作为性能测试人员如何结合企业的特点因地制宜的实施性能测试呢？

2. 问题解答

随着软件行业的不断发展，越来越多的企业更加重视产品的质量。性能测试已经成为软件质量保障的一个重要因素。一个软件性能的优劣很有可能直接决定一个软件的成败，甚至一个企业的兴衰。每个软件企业都有各自不同的应用领域，有着不同的实际情况，这样必然要求每个企业量体裁衣，选择适合自己的应用策略。

（1）大型企业、大型项目的应用策略。

大型企业应用的软件系统业务比较复杂，用户数很多，存在并发情况，业务的响应时间、操作的实时性、稳定性、安全性、可恢复性等都要求很高。

像银行、电信、铁路等大型企业一般通过 CMMI、ISO 等认证，企业拥有先进的管理模式，人员储备丰富，实力雄厚，在涉足的领域基本处于不可撼动的地位。这些行业对性能的要求很高。在此仅举一个铁路售票系统的例子：每逢春节、五一、十一，相信坐火车回家探亲或度假的朋友一定深有体会。在火车站、车票零售点，人海茫茫，一望无际，此时火车售票系统正在经受着巨大的性能考验。全市几百个售票网点同时紧张忙碌工作。售票过程一般分为两步，首先根据购票者提供的要出行的日期、车次和目的地进行相关查询，然后在有票的情况下，收取现金，打印出相应的车票交付给购票者。一个看起来简单的两个步骤，但当成百上千的终端同时执行时，情况就复杂了。如此众多的交易同时发生，对应用程序本身、操作系统、中心数据库服务器、中间件服务器、网络设备的承受力都是一个严峻的考验。由这些行业的性质决定了决策者不可能在发生问题后才考虑系统的承受力，预见并发承受力，是这些行业应该考虑的一个很重要的问题。

鉴于大型企业资金雄厚、管理规范、人员分工明确，作者认为主要可以有两种方式解决大型企业的性能测试问题。

解决方案一：构建自己的性能测试团队。

组建由性能测试专家、数据库专家、网络专家和系统软件管理员以及资深的程序员（有的公司还有业务专家）构成的性能测试团队。性能测试团队是一个独立的部门，在进行性能测试时，需要制订详细的性能测试计划、测试设计、测试用例，而后依据测试用例执行性能测试、分析性能测试结果，提出性能调整建议、书写性能测试总结报告。在工具的选用方面，建议选择商业性能测试工具，它们具有强大的功能、丰富的统计分析项，如 HP LoadRunner 和 IBM Rational Performance Tester 等工具还提供了专门的插件可以集成到 IDE 中，可以做粒度很细的工作，如看某个算法的执行时间、某个存储过程的执行时间甚至某个语句的执行时间等。这些优势无疑为专家们定位系统问题提供了很好的依据。

解决方案二：专业性能测试机构为系统测试。

如果企业没有自己的性能测试部门，请专业的性能测试机构为系统做测试也是一个好办法。专业软件测试机构具有成熟的测试流程和测试方法，由有丰富的工作经验的性能测试工程师进行测试并提交专业的性能分析报告，可极大地提高测试有效性，还可保证测试的独立性、公正性，避免了部门之间产生矛盾或摩擦。

（2）中型企业、中型项目的应用策略。

中型应用的软件系统业务比较复杂，用户数较多，存在并发情况，对业务的响应时间、稳定性等都有一定的要求。

中型企业一般通过 ISO 认证，企业拥有比较先进的管理模式，有一定的人员储备、较强实力，在涉足的领域有比较有名气，对性能的要求比较高。在此仅举一个汽车配件查询系统的例子：该系统提供近千家的汽车配件信息，通常有 50～120 人在线。用户操作的最多的就是查询厂家及其配件信息的操作。这是一个典型的中型项目。用户并发数量不是很大，涉及频繁的查询操作，对系统的响应时间和系统的稳定性要求比较高。

鉴于中型企业有较强实力、管理较规范，作者认为主要可以有 3 种方式解决中型企业的性能测试问题。

解决方案一：临时组建性能测试团队。

在测试部门和开发部门临时组建由资深的程序员、资深的测试员、数据库专家、网络专家和系统软件管理员构成的性能测试团队。性能测试团队不是一个独立的部门，分别由隶属于开发、测试等部门的专家构成。在进行性能测试时，需要制订详细的性能测试计划、测试用例，然后依据测试用例执行性能测试、分析性能测试结果，提出性能调整建议、书写性能测试总结报告。在工具的选用方面，建议选择商业性能测试工具，购买单协议的 HP LoadRunner、IBM Rational Performance Tester 等工具。也可以选择开源的性能测试工具，如 JMeter、OpenSTA 等。还可以选择免费的性能测试工具，如 Microsoft Web Application Stress Tool 或 Microsoft Application Center Test。但是无论是开源工具还是免费的测试工具，因为这些工具为非商业工具，它们使用的熟悉过程时间长、统计分析项不是十分丰富以及产品的后期升级和技术支持没有保证都应该成为企业考虑的内容。

解决方案二：自行编写测试程序。

对于特定的模块或者插件也可以进行针对性进行代码编写，进行相关性能测试。在此我仅举一个例子，作者在开发一个汽车定损行业管理软件时，系统需要以 FTP 方式传送汽车损坏情况照片，决定采用第三方提供的 FTP 服务器组件。需要对该 FTP 服务组件进行系统稳定性和并发性测试。经过项目组协商决定采用自行编写多线程程序模拟多个客户端进行不间断的持续 FTP 上传和下载操作。自行编写测试程序也不失为另一种性能测试的方法，但是在进行程序编写的时候，一定要注意所应用的组件是否是线程安全的，如果线程不安全将会出现问题。

解决方案三：专业性能测试机构为系统测试。

如果在时间紧、任务重以及在企业条件允许的情况下，请专业的性能测试机构为系统做测试也不失为一个办法，其优势不再赘述。

（3）小型企业、小型项目的应用策略。

小型应用的软件系统业务比较简单，用户数也不是很多、存在并发情况，对业务的响应时间、稳定性等都有一定的要求。

在此仅举一个进销存管理系统的例子：该系统为一个大型商场对日常进销存业务的管理，通常有 10～30 人应用此系统。用户操作的最多的就是查询与销售商品的操作。这是一个典型的中、小型项目。用户并发数量不大，涉及频繁的查询和出库操作，对系统的响应时间和系统的稳定性有一定要求。

作者认为主要可以有两种方式解决小型企业的性能测试问题。

解决方案一：临时组建性能测试团队。

临时组建由资深的程序员、数据库专家、网络专家和系统软件管理员构成的性能测试团队，有的公司可能存在上述提及人员不完整的情况，那么可以针对项目的重要程度，适当增加相应的专家人员。性能测试团队不是一个独立的部门，分别由隶属于开发等部门的专家构成。在进行性能测试时，需要制订详细的性能测试计划、测试用例，然后依据测试用例执行性能测试、分析性能测试结果，提出性能调整建议、书写性能测试总结报告。在工具的选用方面，可以考虑选择商业性能测试工具，购买单协议的 HP LoadRunner、IBM Rational Performance Tester 等工具，或者购买具有一个月或者几个月许可协议的商业性能测试工具。也可以选择适合项目的开源、免费性能测试工具。

解决方案二：专业性能测试机构为系统测试。

如果在时间紧、任务重或者软件性能测试要求较高的情况下，请专业的性能测试机构为系统做测试也不失为一个办法，其优势不再赘述。

以上策略是一个普遍的应用于大、中、小企业以及大、中、小项目进行性能测试的应用策略，并不见得大公司就不做小项目，而小公司就不可以承揽大型项目，每个企业应该根据企业的实际情况和项目的规模，选择行之有效的性能测试团队组建形式和具体的解决方案来成功完成性能测试工作。

7.55 如何应用性能测试常用计算公式

1. 问题提出

性能测试中有很多非常重要的概念，如吞吐量、最大并发用户数、最大在线用户数等。有很多读者也非常关心，如何针对自身的系统确定当前系统，在什么情况下就可以满足系统吞吐量、并发用户数等指标要求呢？

2. 问题解答

（1）吞吐量计算公式。

吞吐量（Throughput）指的是单位时间内处理的客户端请求数量，直接体现软件系统的性能承载能力。通常情况下，吞吐量用"请求数/s"或者"页面数/s"来衡量。从业务角度来看，吞吐量也可以用"业务数/h""业务数/天""访问人数/天"或"页面访问量/天"来衡量。从网络角度来看，还可以用"字节数/h""字节数/天"等来衡量网络的流量。

吞吐量是大型门户网站以及各种电子商务网站衡量自身负载能力的一个很重要的指标，一般吞吐量越大，系统单位时间内处理的数据越多，系统的负载能力也越强。

吞吐量是衡量服务器承受能力的重要指标。在容量测试中，吞吐量是一个重点关注的指标，因为它能够说明系统的负载能力。而且，在性能调试过程中，吞吐量也具有非常重要的价值，例如，Empirix 公司在报告中声称，在他们所发现的性能问题中，有 80%是因为吞吐的限制而引起性能问题。

显而易见，吞吐量指标在性能测试中占有着重要地位。那么吞吐量会受到哪些因素影响，该指标和虚拟用户数、用户请求数等指标有何关系呢？吞吐量和很多因素有关，如服务器的硬件配置，网络的拓扑结构，网络传输介质，软件的技术架构等。此外，吞吐量和并发用户数之间存在一定的联系。通常在没有遇到性能瓶颈的时候，吞吐量可以采用下面的公式计算：

$$F = \frac{N_{PU} \times R}{T}$$

这里，F 表示吞吐量；N_{PU} 表示并发虚拟用户个数（Concurrency Virtual User，并发虚拟用户），R 表示每个 VU 发出的请求数量，T 表示性能测试所用的时间。但如果遇到了性能瓶颈，此时吞吐量和 VU 数量之间就不再符合给出公式的关系。

（2）并发数量计算公式。

关于并发（Concurrency），最简单的描述就是指多个同时发生的业务操作。例如，100 个用户同时单击登录页面的"登录"按钮操作。通常，应用系统会随着用户同时应用某个具体的模块，而导致资源的争用问题，例如，50 个用户同时执行统计分析的操作，由于统计业务涉及很多数据提取以及科学计算问题，所以这个时候很有可能内存和 CPU 会出现瓶颈。并发性测试描述的是多个客户端同时向服务器发出请求，考察服务器端承受能力的一种性能测试方式。

有很多用户在进行性能测试过程中，对"系统用户数""在线用户数"和"并发用户数"的概念不是很清楚，这里我们举一个例子来对这几个概念进行说明。假设有一个综合性的网站，用户只有注册后登录系统才能够享有新闻、论坛、博客、免费信箱等服务内容。通过数据库统计可以知道，系统的用户数量为 4000 人，4000 即为"系统用户数"。通过操作日志我们可以知道，系统最高峰时有 500 个用户同时在线，关于在线用户有很多第三方提供插件可以进行统计，这里以 http://www.51.la 为例，这里"在线用户数"即为 500。这 500 个用户的需求肯定是不尽相同的，有的人喜欢看新闻、有的人喜欢写博客、收发邮件等。这里假设这 500 个用户中有 70%在论坛看邮件、帖子、新闻以及他人博客的文章（有一点需要提醒大家的是，"看"这个操作是不会对服务器端造成压力的）；有 10%在写邮件和发布帖子（用户仅在发送或者提交写的邮件或者发布新贴的时候，才会对系统服务器端造成压力）；有 10%的用户什么都没有做；有 10%的用户不停地从一个页面跳到另一个页面。在这种场景下，通常我们说有 10%的用户真正对服务器构成了压力（即 10%不停地在网页间跳转的用户），极端情况下可以把写邮件和发布帖子的另外 10%的用户加上（此时假设这些用户不间断的发送邮件或发布帖子），也就是说此时有 20%的用户对服务器造成压力。从上面的例子可以看出，服务器承受的压力不仅取决于业务并发用户数，还取决于用户的业务场景。

那么如何获得在性能测试过程中大家都很关心的并发用户数的数值呢？这里我们给出《软件性能测试过程详解与案例剖析》一书中的一些用于估算并发用户数的公式。

$$C = \frac{nL}{T} \tag{1}$$

$$C^{\mu} = C + 3\sqrt{C} \tag{2}$$

在公式（1）中，C 是平均的并发用户数；n 是 login session 的数量；L 是 login session 的平均长度；T 指考察的时间段长度。

公式（2）则给出了并发用户数峰值的计算公式，其中，C^{μ} 指并发用户数的峰值，C 就是公式（1）中得到的平均的并发用户数。该公式的得出是假设用户的 login session 产生符合泊松分布而估算得到的。

下面给出一个实例来讲述公式的应用。假设有一个 OA 系统，该系统有 3000 个用户，平均每天大约有 400 个用户要访问该系统，对一个典型用户来说，一天之内用户从登录到退出系统平均时间为 4h，在一天的时间内，用户只在 8 小时内使用该系统。则根据公式（1）和公式（2），可以得到 $C = 400 \times 4/8 = 200$，$C^{\mu} = 200 + 3 \times \sqrt{200} = 242$。

除了上述方法以外，还有一种应用更为广泛的估算方法，当然这种方法的精度较差，这种公式的计算是由平时经验的积累而得到，相应经验公式为：$C = n/10$（公式（3））和 $C^{\mu} = r \times C$（公式（4））。通常，用访问系统用户最大数量的 10%作为平均的并发用户数，并发用户数的最大数量可以通过在并发数上乘以一个调整因子 r 得到，r 的取值在不同的行业可能会有所不同，通常 r 的取值为 2～3。系统用户最大数量可以通过系统操作日志或者系统全局变量分析得到，在没有系统日志等手段得到时，也可以根据同类型的网站分析或者估算得到（当然这种方法存在着一定的偏差，读者应该酌情选择），现在有很多网站提供非常好的网站访问量统计，如 http://www.51.la（我要啦免费统计网站），用户可以申请一个账户，而后把该网站提供的代码嵌入网站，就可以通过访问"我要啦免费统计网站"来查看每天的访问量、每月的访问量等信息。r（调整因子）的确定不是一朝一夕就可以得到，通常需要根据多次性能测试的数据，才能够确定比较准确的取值。所以，大家在平时进行并发测试过程中，一定要注意数据的积累，针对本行业的特点，确定一个比较合理的 r 值。如果能知道平均每个用户发出的请求数量（假设为 u），则系统接受的总的请求数量就可以通过 $u×C$ 估算出来，这个值也就是我们平时所说的吞吐量。

（3）思考时间计算公式。

思考时间（Think Time）是在录制脚本过程中，每个请求之间的时间间隔，也就是操作过程中停顿的时间。在实际应用系统时，不会一个接一个地不停地发送请求，通常在发出一个请求以后，都会停顿一定的时间，来发送下一个请求。

为了真实的描述用户操作的实际场景，在录制脚本的过程中，通常，LoadRunner 也会录制这些思考时间，在脚本中 lr_think_time() 函数就是实现前面所说的思考时间，它实现了在两个请求之间的停顿。

在实际性能测试过程中，作为一名性能测试人员，可能非常关心怎样设置思考时间才能够跟实际情况最合理。其实，思考时间与迭代次数、并发用户数以及吞吐量存在一定的关系。

如 $F = \dfrac{N_{\mathrm{PU}} \times R}{T}$（公式（5））说明吞吐量是 VU 数量 N_{VU}、每个用户发出请求数 R 和时间 T 的函数，而其中的 R 又可以用时间 T 和用户的思考时间 T_{s} 来计算得出，$R = \dfrac{T}{T_{\mathrm{s}}}$（公式（6）），用公式（5）和公式（6）进行化简运算可得，吞吐量与 N_{VU} 成正比，而与 T_{s} 成反比。

那么，究竟怎样选择合适的思考时间呢？下面给出一个计算思考时间的一般步骤。

① 计算出系统的并发用户数。

② 统计出系统平均的吞吐量。

③ 统计出平均每个用户发出的请求数量。

④ 根据公式（6）计算出思考时间。

为了使性能测试的场景更加符合真实的情况，可以考虑在公式（6）的基础上再乘以一个比例因子或者指定一个动态随机变化的范围来仿真实际情况。

经常会看到有很多做性能测试人员对是否引入思考时间在网络上的争论，在这里作者认为思考时间是为了模拟真实的操作而应运而生，所以如果您要模拟真实场景的性能测试建议还是应用思考时间。但是，如果要考察一个系统能够处理的压力——极限处理能力，则可以将思考时间删除或者注释掉，从而起到最大限度的发送请求，考察系统极限处理能力的目的。

7.56　如何掌握"拐点"分析方法

1．问题提出

如何掌握"拐点"分析方法？

2．问题解答

性能测试执行完成后会产生大量的图表，而作为性能测试分析人员，我们平时应用最常用的分析方法就是"拐点分析方法"，下面就给大家介绍一下该方法。

这里我们以图 7-122 作为拐点分析的图表。"拐点分析"方法是一种利用性能计数器曲线图上的拐点进行性能分析的方法。它的基本思想就是性能产生瓶颈的主要原因就是因为某个资源的使用达到了极限，此时表现为随着压力的增大，系统性能却出现急剧下降，这样就产生了"拐点"现象。当得到"拐点"附近的资源使用情况时，就能定位出系统的性能瓶颈。"拐点分析"方法举例：如系统随着用户的增多，事务响应时间缓慢增加，当用户数达到 100 个虚拟用户时，系统响应时间急剧增加，表现为一个明显的"折线"，这就说明了系统承载不了如此多的用户做这个事务，也就是存在性能瓶颈。

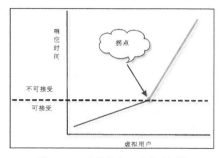

图 7-122　虚拟用户—响应时间图

7.57　如何发现性能测试的规律

1. 问题提出

性能测试是否有一定的规律呢？

2. 问题解答

做性能测试时间久了，您通常都会发现其符合性能测试模型的规律，下面就给大家介绍一下性能测试模型。

在性能测试过程中通常都有一定的规律，有经验的性能测试人员会按照性能测试用例来执行，而性能测试的执行过程是由轻到重，逐渐对系统施压。图 7-123 展示的是一个标准的软件性能模型。通常用户最关心的性能指标包括响应时间、吞吐量、资源利用率和最大用户数。我们可以将这张图分成 3 个区域，即轻负载区域、重负载区域和负载失效区域。

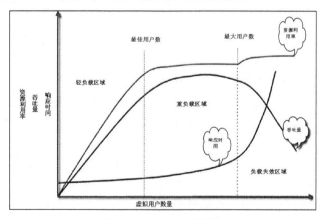

图 7-123　性能测试模型图

那么这 3 个区域有什么样的特点呢？轻负载区域：在这个区域您可以看到随着虚拟用户数量的增加，系统资源利用率和吞吐量也随之增加，而响应时间没有特别明显的变化；重负载区域：在这个区域您可以发现随着虚拟用户数量的增加，系统资源利用率随之缓慢增加，吞吐量开始也缓慢增加，随着虚拟用户数量的增长，资源利用率保持相对的稳定（满足系统资源利用率指标），吞吐量也基本保持平稳，后续则略有降低，但幅度不大，响应时间会有相对较大幅度的增长；负载失效区域：在这个区域系统资源利用率随之增加并达到饱和，如 CPU 利用率达到 95％甚至 100％，并长时间保持该状态，而吞吐量急剧下降和响应时间大幅度增长（即出现拐点）。在轻负载区域和重负载区域交界处的用户数,我们称为"最佳用户数",而重负载区域和负载失效区域交界处的用户数则称为"最大用户数"。当系统的负载等于最佳用户数时,系统的整体效率最高,系统资源利用率适中,用户请求能够得到快速响应;当系统负载处于最佳用户数和最大用户数之间时,系统可以继续工作,但是响应时间开始变长,系统资源利用率较高,并持续保持该状态,如果负载一直持续,将最终会导致少量用户无法忍受而放弃;而当系统负载大于最大用户数时,将会导致较多用户因无法忍受超长的等待而放弃使用系统,有时甚至会出现系统崩溃,而无法响应用户请求的情况发生。

7.58 如何编写性能测试用例

1. 问题提出

如何编写性能测试用例,性能测试结果如何命名?

2. 问题解答

有很多刚刚做性能测试工作的同志,非常期望能够有一份性能测试用例设计模板可以参考,这里我给大家提供一份性能测试用例模板和结果命名等规范供大家参考。

表 7-18 中内容是本次性能测试中的命名规则及规范,性能测试实施严格按照该规范执行。

表 7-18　　　　　　　　　　性能测试命名规范表

脚本命名规范		
脚 本 名 称	脚 本 命 名	功 能 描 述
登录首页脚本	JB_01_DLSY	登录首页是进入系统的入口,需要考察登录系统的响应时间情况
……	……	……

脚本的命名规范:

(1)脚本的描述信息主要包括 3 方面内容,即脚本名称、脚本命名和脚本功能描述。

(2)脚本名称:精简概括脚本的名称。

(3)脚本命名:脚本命名由脚本(JIAOBEN)拼音的首字母 JB、脚本编号和脚本精简概括名称拼音的首字母,加上中间的下画线分隔符构成。脚本编号可以方便您了解共编写了多少脚本,也便于排序,当然如果有需要也可以加入模块名称部分。

(4)功能描述:主要描述该功能的使用频度,功能简介和需要关注的性能指标内容。

需要说明的是脚本的命名只是结合我做项目时的一个简单的脚本命名,目的是方便对脚本的管理。您在实际做项目的时候,需要结合您自身的喜好和单位、项目组的实际要求和情况进行命名规则的变更,总之一句话适合自身项目要求,方便管理即可。

场景命名规范		
场 景 名 称	场 景 命 名	场 景 描 述
登录首页场景 01	CJ_01_XN_DLSY_30Vu_5Min	该场景为性能测试场景,30 个虚拟用户梯度加载每 15 秒加载 5 个虚拟用户,场景持续运行 5 分钟,主要考察的性能指标包括登录业务响应时间、登录业务每秒事务数及相应服务器 CPU、内存利用率等
登录首页场景 02	CJ_02_BF_DLSY_50Vu_5Min	该场景为并发性能测试场景,50 个虚拟用户并发登录系统(采用集合点策略第一项),场景持续运行 5 分钟,主要考察的性能指标包括登录业务并发处理能力、登录业务响应时间、登录业务每秒事务数及相应服务器 CPU、内存利用率等
……	……	……

续表

场景命名规范		
场 景 名 称	场 景 命 名	场 景 描 述

场景的命名规范：

（1）场景的描述信息主要包括 3 方面内容，即场景名称、场景命名和场景描述。

（2）场景名称：精简概括场景的名称，因场的内容过多所以通常这里我们以功能+"场景"+"场景序号"来作为场景名称。

（3）场景命名：场景命名由场景（CHANGJING）拼音的首字母 CJ、场景编号、性能测试类型拼音简写前 2 个拼音首字母（如：性能测试（XN）、负载测试（FZ）、压力测试（YL）、容量测试（RL）、并发测试（BF）、失败测试（SB）、可靠性测试（KK）、配置测试（PZ））、场景精简概括名称拼音的首字母，运行的虚拟用户数量+"Vu"+运行时间长度和"时间单位"（在这里主要是分钟（Min）和小时（Hour））。

（4）场景描述：主要描述该场景的相关业务组合、运行的虚拟用户数量和运行时间、用户加载和释放模式和需要关注的性能指标等方面内容。

需要说明的是场景的命名只是结合我做项目时的一个简单的场景命名，目的是方便对场景的管理。您在实际做项目的时候，需要结合您自身的喜好和单位、项目组的实际要求和情况进行命名规则的变更，总之一句话适合自身项目要求，方便管理即可。

结果命名规范		
结 果 名 称	结 果 命 名	结 果 描 述
登录首页场景 01 结果_01	JG_CJ_01_XN_DLSY_30Vu_10Min_01	该结果为性能测试场景 01 的第 1 次结果信息，30 个虚拟用户梯度加载每 15 秒加载 5 个虚拟用户，场景持续运行 10 分钟，主要考察的性能指标包括登录业务响应时间、登录业务每秒事务数及 192.168.3.110 应用服务器和 192.168.3.112 数据服务器的相关 CPU、内存利用率等指标信息
登录首页场景 01 结果_02	JG_CJ_01_XN_DLSY_30Vu_10Min_02	该结果为性能测试场景 01 的第 2 次结果信息，30 个虚拟用户梯度加载每 15 秒加载 5 个虚拟用户，场景持续运行 10 分钟，主要考察的性能指标包括登录业务响应时间、登录业务每秒事务数及 192.168.3.110 应用服务器和 192.168.3.112 数据服务器的相关 CPU、内存利用率等指标信息
……	……	……

结果的命名规范：

（1）结果的描述信息主要包括 3 方面内容，即结果名称、结果命名和结果描述。

（2）结果名称：结果名称主要是针对场景而得来——采用场景名称+"结果"+该场景执行次数。

（3）结果命名：场景命名由 3 大部分内容构成，即结果（JIEGUO）拼音的首字母 JG、对应执行的场景命名和该场景执行的次数信息构成。关于场景命名请参见相应部分，这里不再赘述，命名时在需要的情况下，您还可以结合自身需要添加执行时间等信息。

（4）结果描述：主要描述结果信息是针对的场景及监控的对应服务器相关信息，当然您在监控相应服务器性能指标时，可能不限于仅用 LoadRunner，很有可能应用到了 NMON、系统自带的命令（如 top 命令或者其他第三方商业工具），那么您也需要将对应的结果信息进行命名，需要明确相关监控结果是针对那个服务器，第几次执行得到的等相关信息，需要指出的是在执行监控时必须要时间同步，关于这些命令请读者朋友自行思考，这里不再赘述。

需要说明的是结果的存放要集中，必须保证同场景的结果放到该场景的结果信息目录下，不要将所有的结果信息混杂存放，通常在定位问题和调优时场景要被多次执行。结果的命名只是结合我做项目时的一个简单的结果命名，目的是方便对结果的管理。您在实际做项目的时候，需要结合您自身的喜好和单位、项目组的实际要求和情况进行命名规则的变更，总之一句话适合自身项目要求，方便管理即可。

表 7-19 与表 7-20 分别是"登录首页"用例设计与性能场景列表介绍。

表 7-19　　　　　　　　　　　　　"登录首页"用例设计

登录首页			
脚本名称	S_01_DLSY（登录首页脚本）	程序版本	Ver:1.02
用例编号	P-DLSY-01(P:Performance,DLSY: 登录首页)	模块	登录

续表

登录首页	
测试目的	（1）测试"登录首页"典型业务的并发能力及并发情况下的系统响应时间 （2）某单位某系统登录业务处理的 TPS （3）并发压力情况下服务器的资源使用情况如 CPU、MEM、I/O
特殊说明	性能指标参考标准： （1）预期用户 1000 人，按 50%在线估算，在线用户每天 500 人 （2）并发用户数是实际用户数的 5%～10%，取实际用户数为 1000 人（考虑到该功能的使用频率较登录首页情况较低的因素，在这里取 10%），则并发用户数为 1000×10%=100 人 （3）系统日页面访问总量 2500～100000 次，根据 80/20 原则并按照最大访问量计算，一天工作 8 小时，则 TPS=2500×80%/8×60×60×20%=2000/5760=0.3472 笔/秒至 TPS=100000×80%/8×60×60×20%=13.888 笔/秒 （4）非 SSL 连接方式访问门户时，95%的平均响应时间上限小于 5 秒
前提条件	应用程序已经部署，同时登录系统的用户名及密码、相应栏目数据已经提供

步　骤	操　作	是否设置并发点	是否设定事务	事务名称	说　明
1	在 IE 浏览器输入 URL 并打开某单位某系统				
2	输入用户名及密码，单击"登录"按钮		是	登录首页	
3	登录首页面打开				
4	用户登出				
编制人员	×××	编制日期	20××-××-××		

　　根据测试范围及内容，设计执行场景。在场景设计中，按照一定的梯度进行递增，但"执行次数"以及"用户数"要根据"某单位某系统"的性能表现来调整，并不是一个固定不变的值。例如，场景设计中计划执行用户数为 100，但当用户数为 50 时已经到达性能拐点，则不再进行更多用户的测试。另外，在性能拐点的测试场景应至少执行 3 次。

表 7-20　　　　　　　　　　　　"登录首页"性能场景列表

序号	场 景 名 称	用户总数	执行时间	用户递增策略	
				递增数量	递增间隔
1	CJ_01_XN_DLSY_30Vu_5Min	30	5 分钟	5	15 秒
2	CJ_02_XN_DLSY_50 Vu_5Min	50	5 分钟	5	15 秒
3	CJ_03_XN_DLSY_10 Vu_10Min	10	10 分钟	5	15 秒
4	CJ_04_XN_DLSY_20 Vu_10Min	20	10 分钟	5	15 秒
5	CJ_05_XN_DLSY_40 Vu_10Min	40	10 分钟	5	15 秒
6	……	……	……	……	……

7.59　如何对 MySQL 数据库进行查询操作

　　1．问题提出

　　如何对 MySQL 数据库进行查询操作？

　　2．问题解答

　　经常会看到有很多朋友再问，LoadRunner 有没有办法从数据库中取得信息的问题。在这里给读者朋友们介绍一下运用 MySQL 数据库提供的动态链接库"libmysql.dll"文件中的 API 函数，从数据库中获得数据的方法。

　　在前面章节我们已经介绍过如何获取动态链接库提供的对外可调用函数的方法，这里我们还是运用"InspectEXE"应用，查看"libmysql.dll"都提供了哪些函数，如图 7-124 所示。

图 7-124 "libmysql.dll"提供的可调用函数信息

那么这些 API 函数都有什么样的功能呢？下面我们就针对该文件提供的一些主要函数进行简单的介绍，以方便您后续阅读脚本代码，理解其正确的含义，如表 7-21 所示。

表 7-21 "libmysql.dll"文件提供的函数说明表

函 数 名 称	函 数 说 明
mysql_init()	初始化 MySQL 对象
mysql_options()	设置连接选项
mysql_real_connect()	连接到 MySQL 数据库
mysql_real_escape_string()	将查询串合法化
mysql_query()	发出一个以空字符结束的查询串
mysql_real_query()	发出一个查询串
mysql_store_result()	一次性传送结果
mysql_use_result()	逐行传送结果
mysql_free_result()	释放结果集
mysql_change_user()	改变用户
mysql_select_db()	改变默认数据库
mysql_debug()	送出调试信息
mysql_dump_debug_info()	转储调试信息
mysql_ping()	测试数据库是否处于活动状态
mysql_shutdown()	请求数据库 SHUTDOWN
mysql_close()	关闭数据库连接
mysql_character_set_name()	获取默认字符集
mysql_get_client_info()	获取客户端信息
mysql_host_info()	获取主机信息
mysql_get_proto_info()	获取协议信息
mysql_get_server_info()	获取服务器信息
mysql_info()	获取部分查询语句的附加信息
mysql_stat()	获取数据库状态
mysql_list_dbs()	获取数据库列表
mysql_list_tables()	获取数据表列表

续表

函 数 名 称	函 数 说 明
mysql_list_fields()	获取字段列表
mysql_field_count()	获取字段数
mysql_affected_rows()	获取受影响的行数
mysql_insert_id()	获取 AUTO_INCREMENT 列的 ID 值
mysql_num_fields()	获取结果集中的字段数
mysql_field_tell()	获取当前字段位置
mysql_field_seek()	定位字段
mysql_fetch_field()	获取当前字段
mysql_fetch_field_direct()	获取指定字段
mysql_frtch_fields()	获取所有字段的数组
mysql_num_rows()	获取行数
mysql_fetch_lengths()	获取行长度
mysql_row_tell()	获取当前行位置
mysql_row_seek()	行定位
mysql_data_seek()	数据定位
mysql_fetch_row()	获取当前行
mysql_list_processes()	返回所有线程列表
mysql_thread_id()	获取当前线程 ID
mysql_thread_safe()	是否支持线程方式
mysql_kill()	杀灭一个线程
mysql_errno()	获取错误号
mysql_error()	获取错误信息

```
Action()
{
    int rc;
    int db_connection;
    int query_result;
    char** result_row;
    char *server = "localhost";
    char *user = "root";
    char *password = "password";
    char *database = "mytestdb";
    int port = 3306;
    int unix_socket = NULL;
    int flags = 0;
    rc = lr_load_dll("D:\\mysqlscript\\libmysql.dll");

    if (rc != 0)
    {
        lr_error_message("不能加载 libmysql.dll 文件! ");
        lr_abort();
    }
    db_connection = mysql_init(NULL);

    if (db_connection == NULL)
    {
```

```
        lr_abort();//终止脚本继续运行
    }
    rc = mysql_real_connect(db_connection, server, user, password, database, port,
unix_socket, flags);

    if (rc == NULL)
    {
        lr_error_message("%s", mysql_error(db_connection));//输出错误信息
        mysql_close(db_connection);
        lr_abort();
    }
    rc = mysql_query(db_connection, "SELECT * FROM wenti");

    if (rc != 0)
    {
        lr_error_message("%s", mysql_error(db_connection));
        mysql_close(db_connection);
        lr_abort();
    }
    query_result=mysql_use_result(db_connection);

    if (query_result == NULL)
    {
        lr_error_message("%s", mysql_error(db_connection));
        mysql_free_result(query_result);
        mysql_close(db_connection);
        lr_abort();
    }

    while (result_row = (char **)mysql_fetch_row(query_result))
    {
        if (result_row == NULL)
        {
            lr_error_message("没有查询到结果");
            mysql_free_result(query_result);
            mysql_close(db_connection);
            lr_abort();
        }
        lr_save_string(result_row[0], "no");
        lr_output_message("ID is: %s", lr_eval_string("{no}"));//输出 ID 信息
    }
    mysql_free_result(query_result);
    mysql_close(db_connection);
}
```

7.60 为何无法与 Load Generator 通信

1. 问题提出

我们平时在使用 LoadRunner 进行性能测试的时候，有时会出现无法与 Load Generator 通信的问题，那么如何解决该问题呢？

2. 问题解答

通常出现上述问题后，您需要检查以下两项内容：TCP/IP 连接和 Load Generator 连接。

（1）TCP/IP 连接。

首先，使用 ping 命令确保 Controller 和 Load Generator 是可以在网络上相互 ping 通的，这里假设本机为一个负载生成器机器（即 Load Generator，其 ip 为 192.168.0.122）ping 主控机（Controller，其 ip 为 192.168.0.151），如图 7-125 所示，同时也要保证主控机可以 ping 通负载机。

如果 ping 命令无响应或超时失败，说明无法识别计算机名。要解决此问题，请编辑 Windows 系统目录下边的 hosts 文件，以作者的文件为例，该文件存放于"C:\windows\ system32\ drivers\etc"下，您可以编辑该文件添加一行包含 IP 地址和名称的信息，如图 7-126 所示。

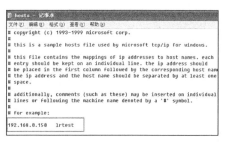

图 7-125　ping 信息相关内容　　　　　　　　图 7-126　hosts 文件信息相关内容

当然，如果仍然连接不通请联系网络管理员确保硬件设备无故障，分配的网段可以彼此到达。

（2）Load Generator 连接。

要验证 Load Generator 连接，请单击图 7-127 中的"Connect"按钮确保能够连接到每个远程 Load Generator。如果连接成功，状态将变更为"Ready"，否则将显示"Failed"。如果场景使用多个域（如：Vuser 与 Controller 在不同域中），那么 Controller 在与 Load Generator 通信时可能会产生问题。发生这种问题的原因是 Controller 默认使用了 Load Generator 简短名称（不包含域）。要解决此问题，必须指示 Controller 确定 Load Generator 的全名（包含域）。

请您修改主控机（Controller）的"C:\Program Files\HP\LoadRunner\dat\miccomm.ini"文件，将"LocalHostNameType=1"变更为"LocalHostNameType=0"，如图 7-128 所示，下面简单说一下该配置项的含义："0"表示尝试使用完整计算机名、"1"表示使用简短计算机名，这是默认值，"2"代表 IP 地址。

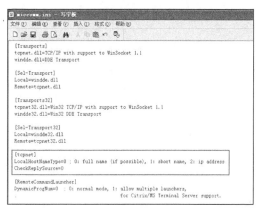

图 7-127　Load Generators 对话框相关信息　　　　图 7-128　miccomm.ini 文件信息相关内容

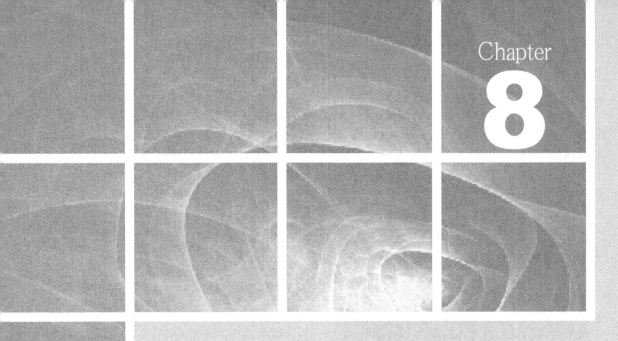

Chapter

8

第 8 章

全面掌握

LoadRunner 12

8.1 认识 LoadRunner 12

8.1.1 揭开 LoadRunner 12 的神秘面纱

尽管目前应用最为广泛的版本仍为 LoadRunner 11，但随着科技的发展，新的技术诞生并实际应用于软件设计，LoadRunner 11 版本将逐步被后续版本所替代。LoadRunner 的目前最新版本为 LoadRunner 12.60（后文中简称 LoadRunner 12）。LoadRunner 12 较 LoadRunner 11 版本，无论是在界面设计的美化、集成开发环境（IDE）功能、支持的协议种类等方面都得到了一定程度的提升。

由于 LoadRunner 12 的安装非常简单，这里不再赘述。LoadRunner 12 安装完成后，可以在 Windows 系统的桌面上发现 3 个快捷方式，如图 8-1 所示。

图 8-1 LoadRunner 12 安装后创建的 3 个主要功能快捷方式

8.1.2 界面更加友好的 LoadRunner 12 的 Vugen

双击图 8-1 所示 "Virtual User Generator" 快捷方式，让我们先来看一下在脚本录制与编写方面 LoadRunner 12 有了哪些改进。首先会发现 LoadRunner 12 弹出来一个界面，如图 8-2 所示。稍待片刻后，LoadRunner 12 将进入 "Virtual User Generator" 的主界面，如图 8-3 所示。与 LoadRunner 11 版本相比，LoadRunner 12 的 "颜值" 是不是给人一种非常清新的感觉呢？界面简洁、大方，同时我们不仅能看到最近编辑的脚本列表框，还能看到其提供的一些资源相关链接和除 LoadRunner 以外的其他一些产品信息，如 Performance Center 和 StormRunner Load 相关内容，以及 LoadRunner 12 支持的一些功能、协议相关新特性信息和其提供的样例脚本、使用帮助等资源链接，这些内容为我们使用好 LoadRunner 12 大有裨益。希望从事性能测试的读者朋友们在时间允许的情况下，可以认真了解一下相关内容，相信这里一定有你需要的一些信息，对工作有一定的帮助和促进作用。

图 8-2 LoadRunner 12 启动界面信息

图 8-3 LoadRunner 12 主界面信息

8.1.3 LoadRunner 12 创建脚本与解决方案

这里，我们单击 "Start Page" 和 "Step Navigator" 页旁边的 "×"，关闭这些帮助引导页面。

单击"【File】>【New Script and Solution】"菜单项，如图 8-4 所示。在弹出的"Create a New Script"对话框，能看到有一些协议是 LoadRunner 11 所没有的，如 MQTT（Internet of Things）、SMP（SAP Mobile Platform）等协议，如图 8-5 所示。

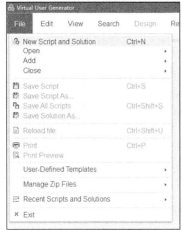

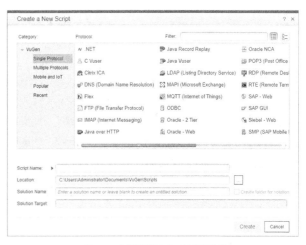

图 8-4 "新建脚本和解决方案"界面信息   图 8-5 "新建脚本"对话框信息

这里，我们以录制百度页面，搜索"性能测试 LoadRunner"关键字为例，向大家讲解如何来使用 LoadRunner 12 来创建一个脚本。

首先，选择"Web-HTTP/HTML"协议，"Script Name"（脚本名称）中输入"Search"，"Location"（存放位置）我们用其默认的路径就可以了。"Solution Name"（解决方案名称）是 LoadRunner 11 不存在的一个属性，它只有在解决方案资源管理器中没有打开解决方案时，才会显示此选项。可以指定解决方案的名称。如果保留为空，则默认名称为"Untitled"，这里我们输入"Baidu"。当指定解决方案名称时，自动生成"Solution Target"（解决方案目标），就是显示该解决方案的存储路径，如图 8-6 所示。单击"Create"按钮，则按照我们指定的解决方案名称和脚本名称创建了对应的信息。在图 8-7 中并没有显示有关解决方案的信息，这里可以单击"【View】>【Solution Explorer】"菜单项，来显示解决方案的详细信息，如图 8-8 所示。

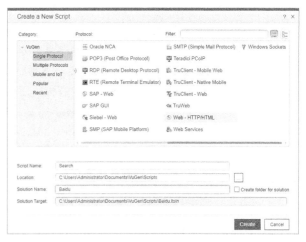

图 8-6 "新建脚本"对话框信息

如图 8-9 所示，单击标识号为"1"的录制按钮，弹出"开始录制"对话框，相关的录制信息和 LoadRunner 11 差别不大，这里不再赘述。在标识为"2"的录制类型中，我们选择"Web Browser"选项，在标识为"3"的"Application"应用类型下拉框中，结合作者使用的浏览器为火狐，所以选择"Mozilla Firefox"。在"URL address"中输入"https://www.baidu.com"。最后，单击"Start Recording"按钮，开始录制脚本。在这里需要提醒大家的是，在录制过程中有可能会弹出图 8-10 所示对话框，这时选择"Don't check internet access again"复选框，单击"Yes"按钮即可。

图 8-7 "Search"脚本相关信息

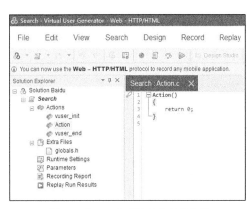

图 8-8 "Baidu"解决方案相关信息

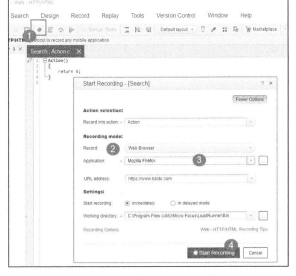

图 8-9 "开始录制"对话框相关信息

图 8-10 "关于互联网访问权限"相关对话框

接下来，你就会发现 LoadRunner 已经开始工作了，其启动了"百度"首页面，在这里我们输入要检索的关键字"loadrunner"，而后单击"百度一下"按钮，如图 8-11 所示。

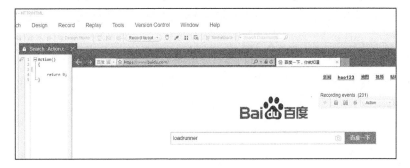

图 8-11 LoadRunner 录制百度相关页面信息

在弹出的图 8-12 所示的检索结果页面后，我们就完成了预先设定的任务，单击"停止"按钮，即①所示的小方块按钮。

图 8-12 LoadRunner 停止录制相关页面信息

8.1.4 更加直观的录制报告

停止录制后，LoadRunner 将产生一份"Recording Reprot"（录制报告），LoadRunner 自动帮我们做了一些统计，同时为了方便操作者更加直观地了解信息，还配有一些图示，如图 8-13 所示。

图 8-13 录制报告相关信息

8.1.5 关联操作原来如此简单

下面，让我们来详细看一下录制报告的内容，如图 8-14 所示。首先看最上边的一段文本描述信息，即"14 correlations were found"。它是告诉你聪明的 LoadRunner 12 帮你找到了 14 个有可能需要做关联的信息项，如图 8-14 所示。我们从图 8-14 还发现了一个问题，就是在录制过程中发送了一些无关请求，如 sogou 的请求。单击其后面的"Open Design Studio"按钮，则可以打开"Design Studio"工具，查看相关的一些有可能需要做关联的信息项内容，如图 8-15 所示。

图 8-14 录制报告相关信息

图 8-15　设计工具对话框相关信息

单击"Details"可以显示选中的条目信息一共出现了几次，每次的内容有些什么，如图 8-16 所示。

图 8-16　设计工具对话框相关信息

如图 8-16 所示，可以依据自己的经验决定是否对这些内容进行管理，或者针对这些数据信息定义新的关联规则或者再次回放/扫描等，这些内容尽管 LoadRunner 12 从易用性、界面方面做了些处理，但其核心内容与 LoadRunner 11 并无差异，故不再赘述。

8.1.6　请求信息的过滤与请求分类统计

如图 8-14 所示，在前面作者已经提到，在录制脚本的时候，一些软件应该有可能会干扰我们的脚本录制内容，如发送了一些与我们业务操作无关的请求信息，这时就需要将这些内容处理掉。在 LoadRunner 12 中处理这种情况，提供了一种除手工操作外的选择，就是可以单击这些与业务无关请求的（Hosts）主机选项，即取消选中，而后再单击"Regenerate"（重新生成）按钮，如图 8-17 所示。

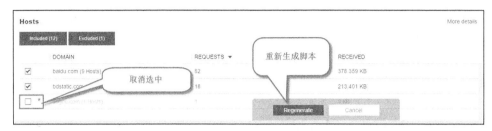

图 8-17　取消与业务操作无关信息

在出现图 8-18 所示的对话框后，单击"**Yes**"按钮来重
新生成脚本。

重新生成脚本后，会发现请求数量由 101 减少到 100，
如图 8-19 所示（对比图 8-14 查看）。

图 8-18　重新生成脚本对话框信息

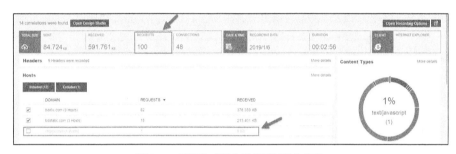

图 8-19　重新生成脚本后的录制报告信息

如图 8-19 所示，在第二行的统计信息中，我们能清楚地看到
本次录制过程中，SENT（发送）、RECEIVED（接收）、REQUESTS
（请求数）、CONNECTIONS（连接数）等相关统计信息，以及
RECORDING DATE（录制日期）、DURATION（录制持续时间）
信息和客户端信息，本次录制我们使用的是 IE 浏览器。

如图 8-20 所示，在录制报告中还显示了内容类型和响应代码
分布图信息。单击"**More details**"链接，可以显示详细信息内容，
如图 8-21 所示。

在图 8-21 所示的录制内容类型页中，显示了不同类型的内容
的数量、请求大小合计、下载时间以及资源类型相关信息，可以使
用每个内容类型旁边的切换开关将其定义为非资源或资源。

图 8-20　录制报告中的内容类型和
响应代码分布图信息

图 8-21　录制报告基于不同内容分类的详细信息

如图 8-22 所示，单击 "Hosts"，可以看到基于不同主机域名的请求信息统计和响应统计信息。

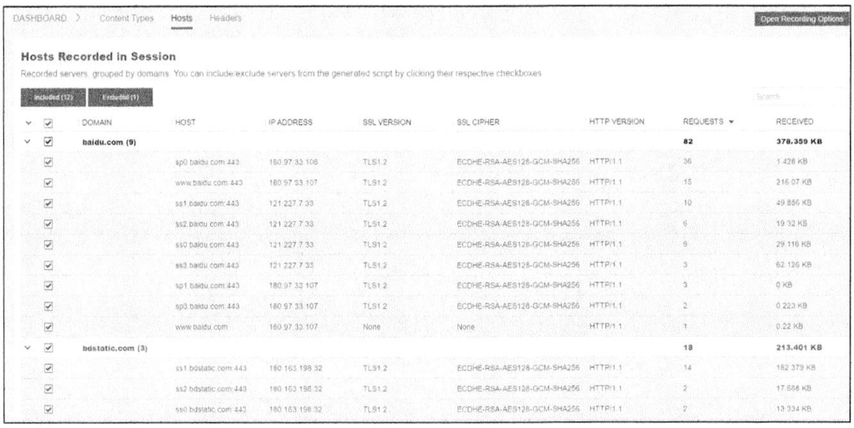

图 8-22　录制报告中基于不同主机域名的详细信息

如图 8-23 所示，显示了录制过程中发现的不同类型 HTTP 头信息。

图 8-23　录制报告中基于不同类型 HTTP 头的相关信息

8.1.7　脚本参数化

接下来，单击 "Search:Action.c*" 页标签，可以看到本次录制生成的脚本信息，如图 8-24 所示。

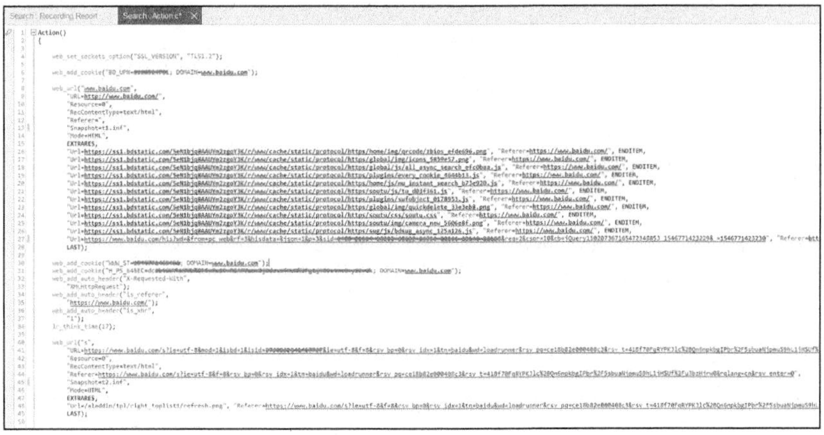

图 8-24　录制生成的脚本相关信息

　　如果要进行查找关键字的变更，则需要对脚本中"loadrunner"检索关键字进行参数化，选中"loadrunner"后，单击鼠标右键，选择"【Replace with Parameter】>【Create New Parameter...】"，如图 8-25 所示，关于参数化的过程和方法与 LoadRunner 11 的操作方法完全一致，不再赘述。

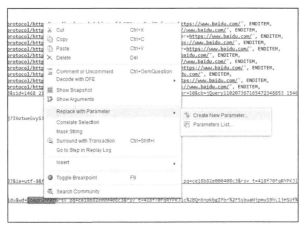

图 8-25　脚本参数化方法

8.1.8　快照页相关信息

　　单击图 8-26 箭头所示位置的"Snapshot"（快照）页，并向上拖动其功能区域到合适的位置方便查看，可以看到请求和响应相关信息，主要信息项与 LoadRunner 11 的相关内容差异不大，但界面展示要更加规整和方便查看，这里不再赘述。

图 8-26　快照页相关信息

8.1.9　运行时数据页相关信息

　　单击图 8-27 所示的"Runtime Data"（运行时数据）页，显示有关当前脚本执行的信息。
如图 8-27 所示，其各信息项的含义，如表 8-1 所示。

表 8-1　　　　　　　　　　　　　　　　运行时数据信息含义

相　关　项	含　　义
Iteration	显示当前是第几次迭代
Action	显示当前重放步骤的操作名称

续表

相 关 项	含 义
Line Number	显示当前重放步骤的行号
Elapsed time (hh:mm:ss)	显示重放开始后经过的时间

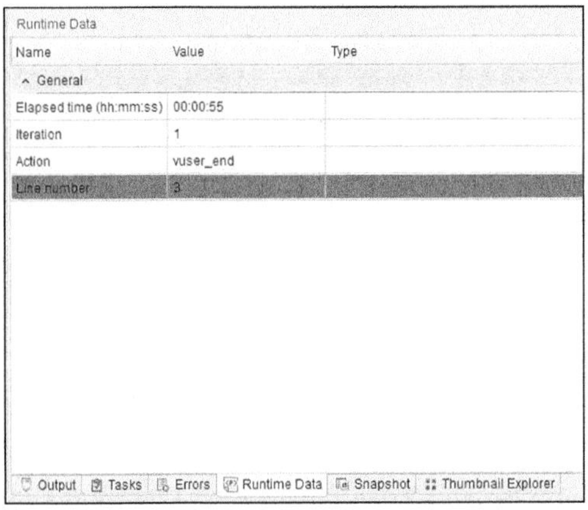

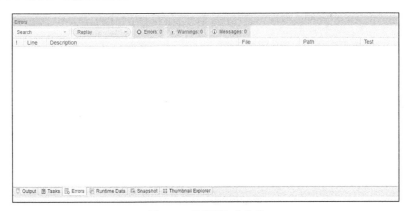

图 8-27 运行时数据页相关信息

8.1.10 错误页相关信息

单击图 8-28 所示的"Errors"（错误）页，错误页列出了脚本中发现的重放和语法错误，并使你能够定位每个错误，以便解决它。

图 8-28 错误页相关信息

如图 8-28 所示，其各信息项的含义，如表 8-2 所示。

表 8-2   错误页相关项信息含义

相 关 项	含 义
Line	包含错误的行
Description	描述错误、警告或信息，并给出如何解决问题的建议
File	包含有问题语句的文件的名称
Path	生成错误的文件的完整路径
Test	检测到包含错误的脚本的名称

8.1.11 任务页相关信息

单击图 8-29 所示的"Tasks"(任务)页,任务页允许添加、编辑和跟踪与单个脚本或解决方案总体目标关联的任务。任务分为用户定义的任务和作为操作项插入 Vuser 脚本中的任务,这些操作项使用诸如 FIXME、TODO 和 UNDONE 等关键字。

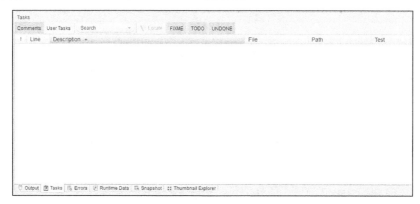

图 8-29 任务页相关信息

8.1.12 输出页相关信息

单击图 8-30 所示的"Output"(输出)页,输出页显示在录制、编译和重播脚本期间生成的消息。

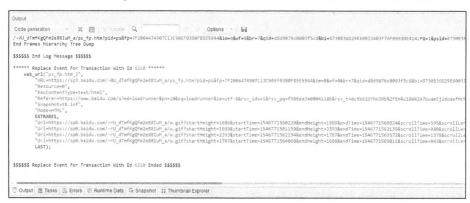

图 8-30 输出页相关信息

如图 8-30 所示,其各信息项的含义,如表 8-3 所示。

表 8-3 输出页相关项信息含义

相　关　项	描　　　述
"Code generation"下拉框相关项	该下拉框有以下类型可供选择输出显示 Replay:显示脚本重放生成的消息,如果双击重放日志中的条目,VuGen 会将光标移动到编辑器中相应的行 Compilation:显示编译消息 Code generation:显示录制过程中生成的代码 Recording:显示录制过程中生成的消息 Recorded Events:显示录制期间发生的事件

续表

相 关 项	描 述
"X"按钮	该按钮可以清除消息列表中的所有消息
"切换换行"按钮（"X"右侧按钮）	可以选中后，根据需要将每条消息的文本换行到下一行
"Locate"按钮	跳到与所选输出消息相关的源文档中的位置
查找（放大镜）按钮	可以输入要查找的文本字符串，按 Enter 键开始搜索
左、右箭头按钮	突出显示与"查找"框中输入的文本匹配的上一个或下一个字符串
"Options"下拉框相关项	Match Case：区分搜索中的大小写字符 Match Whole Word：搜索仅为整词而不是词的部分内容 Use Regular Expression：将指定的文本字符串视为正则表达式 注意：不支持扩展正则表达式和多行搜索
"保存"按钮	可以将消息列表的内容另存为文本文件

8.1.13 缩略图资源管理器页相关信息

可以通过单击图 8-31 所示的"Thumbnail Explorer"（缩略图资源管理器）页来浏览业务流程的缩略图图像。同时，也可以在脚本编辑器中单击对应的代码行来查看"Thumbnail Explorer"中对应的缩略图，可以通过鼠标滚轮来滚动浏览缩略图资源管理器的相关缩略图查看可视上下文缩略图与对应的脚本（双击缩略图就可以定位到对应的脚本）。

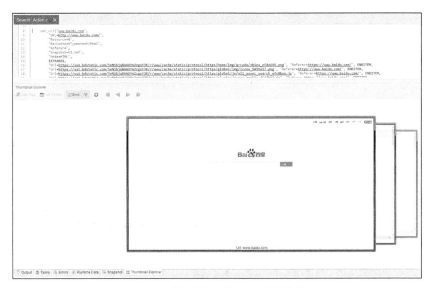

图 8-31 缩略图资源管理器页相关信息

需要注意的是，如果你想应用缩略图资源管理器，必须要保证"【Tools】>【Options】"选项在弹出的"Options"对话框中单击"Scripting"页，选中"Enable Thumbnail Explorer"相关选项，如图 8-32 所示，该页的相关按钮的功能如表 8-4 所示。

表 8-4 　　　　　　　　　　　　缩略图资源管理器页相关项信息含义

相 关 项	描 述
"Goto Step"按钮	单击该按钮可以定位到该缩略图对应的脚本代码行
"Full Screen"按钮	单击该按钮可以以全屏方式显示缩略图

续表

相 关 项	描 述
"Sync" 按钮	单击该按钮, 可以将脚本、缩略图资源管理器中关联的缩略图和步骤导航器中的步骤同步, 事实上通过在脚本编辑器中单击鼠标也可以达到同样的效果, 如图 8-33 所示
"过滤" 按钮	单击该按钮, 则可以过滤掉与录制的业务流程不直接相关的小缩略图
"刷新" 按钮	单击该按钮, 生成缩略图

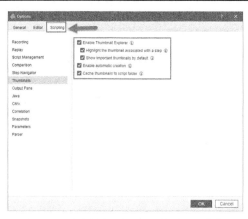

图 8-32 缩略图资源管理器页相关配置信息

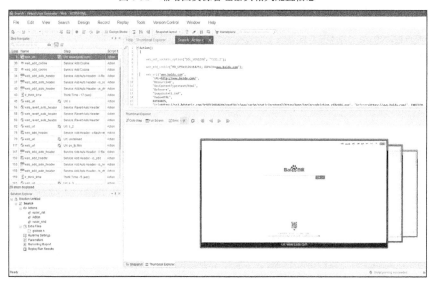

图 8-33 缩略图资源管理器、脚本编辑和步骤导航器 3 者同步图示

8.2 VuGen 功能改进与实用操作

LoadRunner 12 在功能方面做了很多改进, 值得学习 LoadRunner 的读者朋友们去了解、掌握并使用这些功能, 从而减轻工作负担、提升工作效率。

8.2.1 VuGen 属性

在 VuGen 的工具条, 单击 "【View】>【Properties】" 菜单项, 就可以打开一个 "Properties" (属

性）对话框，并在脚本编辑框的右侧出现，它可以非常方便直观地显示当前在"Solution Explorer"中选中对应项的属性信息，如图 8-34 所示，我们选中"Action"与脚本编辑器的"Search:Action.c"对应，在脚本编辑器的右侧则显示了其对应的属性信息，"Location"属性显示了对应"Search Action.c"文件存放的绝对路径"C:\Users\Administrator\Documents\VuGen\Scripts\Search\Action.c"。"Name"属性显示了当前选中项，即"Action"。而"Read Only"则显示了该文件当前是否为只读，未选中则表示非只读，若选中则表示只能读取信息，而不能编辑、保存。当然，在"Solution Explorer"中选中不同的内容，其属性页信息也会有所不同，这里不再赘述。

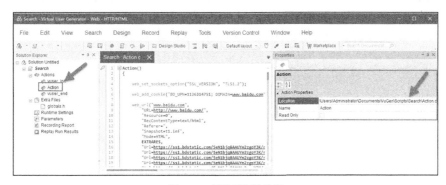

图 8-34　属性页相关信息

8.2.2　步骤工具箱

在 VuGen 的工具条，单击"【View】>【Steps Toolbox】"菜单项，就可以打开一个"Steps Toolbox"（步骤工具箱）对话框，并在脚本编辑框的右侧出现，如图 8-35 所示。可以通过文本输入框来快速定位需要检索的相关函数，查看对应的函数说明，当然也可以双击函数，根据对应函数提供的功能填写其对应的参数信息项，若选中的函数不需要填写必填的参数项，则直接将选中的函数添加到脚本中。

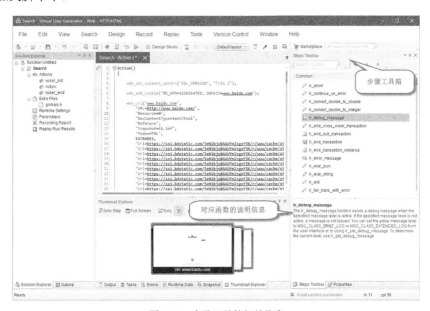

图 8-35　步骤工具箱相关信息

8.2.3 C 语言的脚本代码着色

读者朋友们在编写脚本的时候，都可以清楚地看到 LoadRunner 12 在脚本编辑框中使用橘红色来着色 LoadRunner 的 API 函数，如：web_url()函数，用浅绿色着色注释信息等（具体参考实际页面显示效果）。这样写代码的时候就可以依据于不同的颜色文本代码更加清楚的阅读脚本。当然，每个人的阅读习惯、写作习惯都可能不同，这时，就可以通过单击"【Tools】>【Options】"，打开"Options"对话框，选择"Editor"页，再单击"Code Color"，而后就可以依据于个人喜好，来调整不同类型文本的着色，如果不喜欢 LoadRunner API 的橘红色着色，希望调整成深红色，则可以单击"Foreground color"后的颜色面板，将其换成"FFF70C2F"（即深红色），其他不同分类的文本着色调整与之类似，故不再赘述，如图 8-36 和图 8-37 所示。

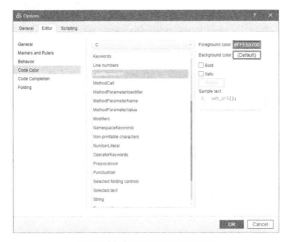

图 8-36 步骤工具箱相关信息

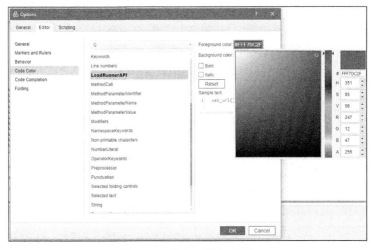

图 8-37 步骤工具箱相关信息

8.2.4 代码完成

在编写脚本的时候，是不是会被 LoadRunner 丰富的脚本编辑器的代码完成功能所吸引呢？什么是代码完成呢？就是无论在输入 LoadRunner API 函数的时候，其会显示该 API 函数所需要的参数，其形式如图 8-38 所示。

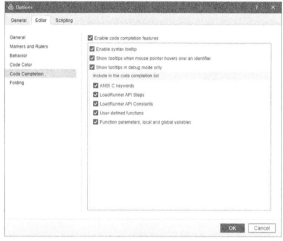

图 8-38 代码完成应用示例

如果在输入 LoadRunner API 函数时，出现对应的代码完成提示，则需要单击"【Tools】>【Options】"菜单项，选择"Editor"页，单击"Code Completion"，而后，选择"Enable code completion features"（启用代码完成特性）选项。之后根据是否需要启用语法提示，当鼠标指针停在标识符上时显示工具提示、ANSI C 关键字提示、LoadRunner API Steps 提示等内容，通常情况下，这些选项都可以选择，以方便我们编写脚本代码时获取更多的相关信息，如图 8-39 所示。

图 8-39 代码完成相关信息

8.2.5 书签

可以通过单击"【View】>【Bookmarks】"菜单项，打开书签页。当创建的解决方案中包含多个脚本，且脚本的业务处理内容又有很多脚本代码时，或在脚本处理、完善阶段可能就会频繁切换于各个业务脚本之间时，就可以结合自己的需要在编写、修改完善脚本时设置书签，快速定位到自己想看的脚本对应书签位置。在 LoadRunner 中书签的概念和平时阅读纸质图书的书签概念是一样的，可以在脚本中插入书签，而后双击书签就可以定位到对应书签位置，如图 8-40 所示。

图 8-40 书签页相关信息

假设我们要为第 83 行位置添加一个新的书签，将鼠标移到第 83 行位置，单击图 8-41 所示的书签页的第一个按钮，即 Toggle Bookmark，则添加了一个书签，如图 8-42 所示。

图 8-41　添加书签相关操作

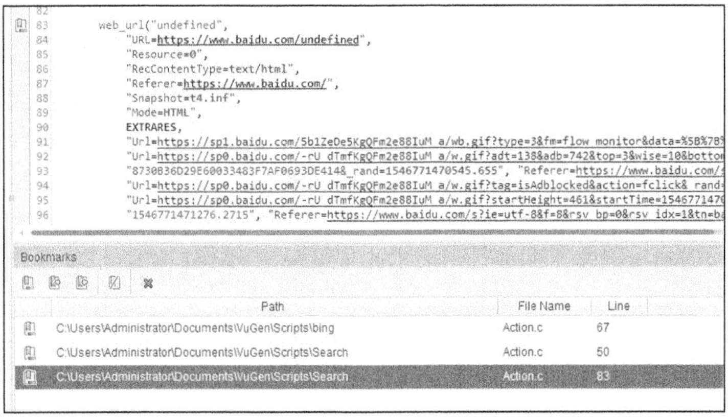

图 8-42　添加书签后的相关书签页信息

在同一个脚本或者不同的脚本中，也可以依据于自己的需要添加多个标签，而后通过双击对应的标签就可以定位到对应的脚本文件相应的代码行。

8.3　同步录制和异步录制

LoadRunner 12 有一个很大的新增功能就是异步录制。那么什么是同步录制？什么又是异步录制呢？在讲解之前，首先要向大家介绍的是同步和异步概念。Web 应用程序使用同步方式进行通信的，其典型的通信过程有以下步骤：

（1）用户通过浏览器访问应用程序，进行相关业务操作，即向 Web 服务器提交请求；

（2）Web 服务器收到请求后，发送请求响应，浏览器处理响应数据信息，并在浏览器展现。

这里我们以 LoadRunner 12 中的一个帮助例子为例，即一个显示多个股票价格的应用程序。理想情况是该应用程序应在 Web 服务器更新价格后就会立即更新股票价格的显示。同步应用程序能够以固定的时间间隔更新价格。例如，浏览器可每隔 10 秒向服务器发送有关最新股票价格的请求，这种解决方案的一个局限性是显示的股票价格可能在下一刷新间隔之前就已不再是最新的了，在一定程度上说明了同步应用程序在及时更新信息方面的局限性。在必要的情况下，同步应用程序正在被异步应用程序取代。通过异步应用程序，可以随时通知客户端在服务器端上发生的事件。因此，异步应用程序能够更好地视需要更新信息。为了实现异步行为，异步通信与业务流程的主要同步流并行进行。

8.3.1 异步通信的3种方式

尽管有多种类型的异步应用程序，但主要有轮询异步通信方式、长轮询异步通信方式和推送异步通信方式3种类型，以下内容均选自官方文档对这3种类型的描述。

● 轮询异步通信方式

如图8-43所示，这种方式下，浏览器客户端会定期（如：每隔5秒）向服务器发送HTTP请求。服务器将对每次HTTP请求做出响应。这样就可以使系统间歇性地更新浏览器内的应用程序界面。基于应用程序协议，如果服务器没有更新，则它会通知应用程序没有更新。

● 长轮询异步通信方式

如图8-44所示，这种方式下，浏览器客户端向服务器发送HTTP请求。每当服务器有更新时，将会发出HTTP响应。收到服务器响应后，浏览器客户端将立即发出另一个请求。

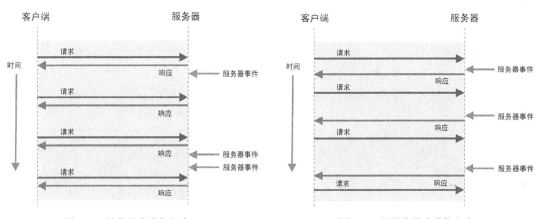

图8-43 轮询异步通信方式   图8-44 长轮询异步通信方式

需要注意的是，轮询及长轮询异步通信方式仅适用于 Web (HTTP/HTML)、移动应用程序（HTTP/HTML）、Flex 和 WebServices Vuser 协议脚本。

● 推送异步通信方式

如图8-45所示这种方式下，浏览器客户端向服务器发送HTTP请求来打开服务器连接。然后，服务器发送一个看似不会结束的响应，以便浏览器客户端永远不会关闭连接。如果需要，服务器将会通过打开的连接向客户端发送"子消息"更新。在连接打开期间，如果服务器没有要发送的实际更新，则会向客户端发送"ping"消息以防止客户端因为超时而关闭连接。

需要注意的是，推送异步通信方式仅对 Web

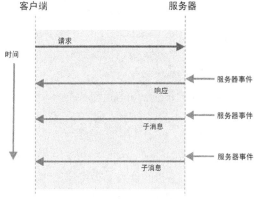

图8-45 推送异步通信方式

(HTTP/HTML)、Flex、Silverlight 和 Web Services Vuser 协议脚本中的 Web (HTTP/HTML) 协议操作进行支持，但是不对 Flex Vuser 脚本中的 Flex_amf_call 函数支持。

8.3.2 如何创建异步脚本

这里以 Web (HTTP/HTML) 协议脚本的创建为例，创建异步脚本与 LoadRunner 11.0 创建 Web(HTTP/HTML)协议脚本操作一样，只是必须要保证"Recording Options"对话框的"Code Generation"页的"Async Scan"选项必须要选中，如图 8-46 所示。只有确保选中了异步扫描（Async Scan）复选框，在应用 VuGen 录制后进行扫描脚本，才能找到异步通信相关信息，进而再插入相应的异步函数。

单击"Async Options..."按钮，就可以打开"Asynchronous Options"对话框，如图 8-47 所示。

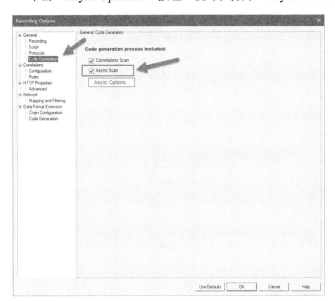

图 8-46　代码生成页相关信息

图 8-47　异步选项对话框

如图 8-47 所示，在异步选项对话框中提供了一些 4 种不同异步通信方式相关阈值的设置内容。

● Push（推送异步通信相关内容阈值设置）

Minimum Response Size（最小响应大小），该项用于定义推送异步对话的最小响应内容长度（字节）。如果服务器发送的值小于指定值，则 VuGen 不会将对话划分为推送类型异步对话。

Maximum Sub Message Size（最大子消息大小），该项用于指定服务器发送的用于定义推送异步对话的最大子消息大小（字节）。如果服务器发送的子消息大小大于指定值，则 VuGen 不会将对话划分为推送类型异步对话。

Minimum Number of Sub Messages（子消息最低数量），该项用于定义推送异步对话的子消息最低数量。VuGen 不会将服务器发送的子消息数量少于指定数量的推送对话划分为推送类型异步对话。

● Poll（轮询异步通信方式）

Interval Tolerance（间隔限度），该项用于划分轮询异步对话的时间间隔限度（毫秒）。VuGen 不会将间隔互不相同且大于指定值的对话划分为轮询类型异步对话。

● Long Poll（长轮询异步通信方式）

Maximum Interval（最大间隔），该项用于划分长轮询异步对话的最大间隔（从一个响应结束到新的请求开始），单位为毫秒。VuGen 不会将其中前一个响应结束到后一个请求开始所需时间大于指定值的对话划分为长轮询类型异步对话。

● Asynchronous Rules（异步规则），有些时候在执行异步扫描时，VuGen 可能无法正确识别脚本中包含的某些异步对话。同时在有些时候，VuGen 有可能会错误地将常规同步步骤划分为异步对话。当遇到这两种情况时，就可以考虑自定义异步规则了。

如图 8-48 所示，可以单击"+"按钮，来添加一个异步规则，在"Add Rule"对话框中，"Rule Type"可以指定要添加的规则类型，其提供了 4 种选项，即 Not Async、Push、Poll 和 Long Poll 可供选择。在"URL Regular Expression"中可以输入 URL 正则表达式。

后面的"×"按钮用于删除已经定义的异步规则，最后一个按钮则可以针对已定义的异步规则选中后进行二次修改。

图 8-48　添加异步规则对话框

脚本录制过程与 LoadRunner 11 操作过程并无差异，不再赘述。生成脚本后，VuGen 扫描生成的脚本，以找到异步通信的实例。如果 VuGen 找到任何异步通信的相关内容，则将修改脚本以使脚本运行和模拟异步行为。可以通过单击"【Design】>【Design Studio】"打开设计工作室。单击 async（异步）页，显示在脚本中找到的所有异步通信的列表。

8.3.3　异步通信相关函数

LoadRunner 12 提供了一些异步通信相关函数，通过这些函数可以模拟异步通信。下面简单向大家介绍一下这些函数，如表 8-5 所示。

表 8-5　　　　　　　　　　　　异步通信相关函数含义

异步函数名称	函 数 描 述
web_reg_async_attributes	此函数会将下一个 action 函数注册为异步对话的开始，并定义异步通信的行为
web_stop_async	此函数将取消指定的异步对话，包括其所有活动的和将来的任务
web_sync	此函数将暂停 Vuser 脚本执行，直至定义指定的参数
web_util_set_request_url	此函数会将指定的字符串设置为对话中发送的下一个请求的请求 URL。这仅适用于从回调调用时
web_util_set_request_body	此函数会将指定的字符串设置为对话中发送的下一个请求的请求正文。这仅适用于从回调调用时
web_util_set_formatted_request_body	此函数类似于 web_util_set_request_body 函数。但是，此函数包括在 Flex 协议异步对话而不是 Web(HTTP/HTML)协议异步对话中。此函数需要使用 XML 格式的请求正文。将在发送请求之前对请求正文进行转换

8.4　Controller 功能改进与实用操作

LoadRunner 12 的 Controller 较 LoadRunner 11 在功能使用上变化并不是很多。作者认为其最大的变化就在于支持了 JMeter 脚本和 System or Unit Tests 类型脚本。这无疑会对更多使用多种测试工具的企业提供了非常好的一种完成性能测试工作的选择，同时又非常方便地将 LoadRunner 在界面操作、报表展示和灵活控制等方面优势体现的淋漓尽致，从而来弥补其他性能测试工具在操作上或者报表展示等方面的不足之处。

8.4.1 Controller 对 JMeter 脚本的支持

打开 Controller 后，我们能看到较 LoadRunner 11 的界面唯一的不同就是多了方框区域的后两个选项内容，如图 8-49 所示。

● LoadRunner Scripts

该方式和 LoadRunner 11 的 Controller 提供的功能完全一致，不再赘述。

● System or Unit Tests

该方式是指可以使用 Selenium 脚本或在 Microsoft Visual Studio 和 Eclipse 中创建的 Nunit 和 JUnit 测试脚本，在使用时需要将这类脚本编译成.dll、.class 或.jar 文件，然后从 Controller 运行这些测试脚本。

● JMeter Scripts

该方式是指可以使用 JMeter 测试脚本。目前，有很多软件企业在使用开源的性能测试工具 JMeter 从事性能测试测试或者接口测试工

图 8-49 新建场景（New Scenario）对话框

作。JMeter 工具功能非常强大，非常适合有一定研发能力的测试团队进行性能测试工作。然而，在界面美观、报表展示、协议支持等方面较 LoadRunner 12 还是有一定的差距。LoadRunner 12 中考虑到有一部分用户可能既使用了 JMeter 又使用了 LoadRuner 进行接口测试和性能测试的需求，提供了对 JMeter 脚本的支持。在本节作者将向大家介绍其应用过程，这里我们首先创建一个 JMeter 脚本，关于如何应用 JMeter 作者不再赘述，如果不太了解这部分知识，请阅读相关书籍。

这里作者创建了一个访问博客园（https://www.cnblogs.com）的 JMeter 脚本，其脚本内容如图 8-50 所示。

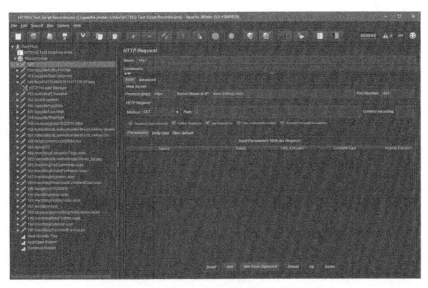

图 8-50 JMeter 中访问博客园的脚本信息相关内容

这里我们将其保存到"cnblogs.jmx"文件中，可以先用记事本应用打开该文件，查看它的内容是什么。

如图 8-51 所示，这就是"cnblogs.jmx"文件的一部分内容，"cnblogs.jmx"其实是一个 XML 文件，在该文件中包含了脚本信息、组信息等相关内容，这里作者仅是对其的简单介绍，如果对其感兴趣可以阅读对应专业书籍或者查看对应网络资源信息，这里不再赘述。根据需要还可以与任何其他 LoadRunner 协议场景并行运行。一个或多个 JMeter 测试与其他 LoadRunner 脚本一样，可以在本地主机或远程负载生成器上以及 Windows 或 Linux 操作系统上运行。当从 LoadRunner 控制器运行 JMeter 测试时，LoadRunner 除了收集 JMeter 测试结果以外，其还使用 JMeter 的后端侦听器收集用于 LoadRunner 测量的数据。

```
<hashTree/>
<ThreadGroup guiclass="ThreadGroupGui" testclass="ThreadGroup"
testname="Thread Group" enabled="true">
    <stringProp name="ThreadGroup.on_sample_error">
continue</stringProp>
    <elementProp name="ThreadGroup.main_controller"
elementType="LoopController" guiclass="LoopControlPanel"
testclass="LoopController" testname="Loop Controller" enabled="true">
        <boolProp name="LoopController.continue_forever">
false</boolProp>
        <stringProp name="LoopController.loops">1</stringProp>
    </elementProp>
    <stringProp name="ThreadGroup.num_threads">1</stringProp>
    <stringProp name="ThreadGroup.ramp_time">1</stringProp>
    <boolProp name="ThreadGroup.scheduler">false</boolProp>
    <stringProp name="ThreadGroup.duration"></stringProp>
    <stringProp name="ThreadGroup.delay"></stringProp>
</ThreadGroup>
<hashTree>
    <HTTPSamplerProxy guiclass="HttpTestSampleGui"
testclass="HTTPSamplerProxy" testname="148 /" enabled="true">
        <elementProp name="HTTPsampler.Arguments"
elementType="Arguments" guiclass="HTTPArgumentsPanel"
testclass="Arguments" enabled="true">
            <collectionProp name="Arguments.arguments"/>
        </elementProp>
        <stringProp name="HTTPSampler.domain">
www.cnblogs.com</stringProp>
        <stringProp name="HTTPSampler.port">443</stringProp>
        <stringProp name="HTTPSampler.protocol">https</stringProp>
        <stringProp name="HTTPSampler.contentEncoding"></stringProp>
        <stringProp name="HTTPSampler.path">/</stringProp>
        <stringProp name="HTTPSampler.method">GET</stringProp>
        <boolProp name="HTTPSampler.follow_redirects">true</boolProp>
        <boolProp name="HTTPSampler.auto_redirects">false</boolProp>
        <boolProp name="HTTPSampler.use_keepalive">true</boolProp>
        <boolProp name="HTTPSampler.DO_MULTIPART_POST">
false</boolProp>
        <stringProp name="HTTPSampler.embedded_url_re"></stringProp>
        <stringProp name="HTTPSampler.connect_timeout"></stringProp>
        <stringProp name="HTTPSampler.response_timeout"></stringProp>
    </HTTPSamplerProxy>
    <hashTree>
        <HeaderManager guiclass="HeaderPanel"
testclass="HeaderManager" testname="HTTP Header Manager" enabled="true">
```

图 8-51 "cnblogs.jmx"文件部分信息内容

这里，我们可以应用手动场景设置，在场景类型中单击选择"Manual Scenario"选项，在应用场景喜好单击选择"JMeter Scripts"，然后在可选脚本中双击"cnblogs.jmx"将其添加到场景中，如图 8-52 所示。最后单击"OK"按钮，创建这个场景。

场景创建后，LoadRunner 会给出图 8-53 所示的一个提示对话框。内容关于在 LoadRunner 中运行 JMeter 的一些信息提示。

提示信息主要包括以下 3 方面的内容。

1. "One Vuser will execute all of the JMeter threads defined in each jmx file." 这句话的含义是告诉我们在 LoadRunner 中一个虚拟用户将执行每个

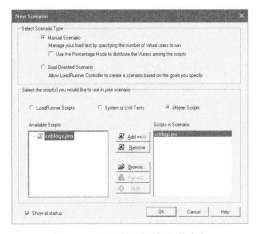

图 8-52 场景设置对话框相关内容

jmx 文件中 JMeter 定义的所有线程。这是什么意思呢？

举个例子，如图 8-54 所示，这是在 JMeter 中
关于线程组的一个设置，它设置了 30 个线程并发
执行，每个线程循环 10 次。如果我们在 LoadRunner
中设定 1 个虚拟用户就执行 JMeter 对应该脚本中
的设置，即 30 个线程并发执行，每个线程循环 10
次；如果设定虚拟用户数量为 3 个，则要模拟 90
个线程并发执行，每个线程循环 10 次。因此，这
个大家一定要清楚。

图 8-53　JMeter 脚本提示对话框

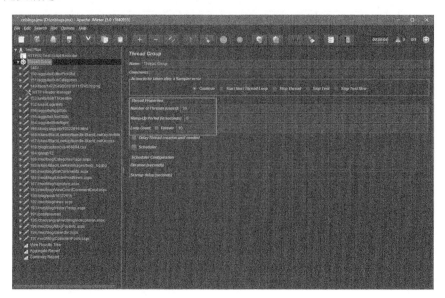

图 8-54　JMeter 脚本运行组设置相关信息

2．"We recommend setting test duration to 'Run Until Completion'"这句话的含义是
LoadRunner 的开发人员推荐我们在场景计划设置时，持续运行应设置选择"Run Until Completion"。

3．下方的英文提示就是告诉我们可以访问"https://admhelp.microfocus.com/lr"这个地址来了
解更多的 JMeter 相关配置信息。当然到该页面地址后，还需要输入 jmeter 关键字，才能搜索到相
关信息，如图 8-55 所示。

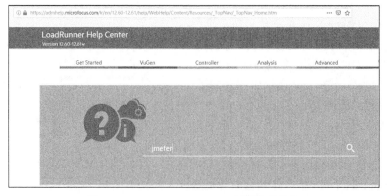

图 8-55　LoadRunner Help Center 网站相关信息

输入要搜索的关键字"jmeter"后,单击放大镜图标开始搜索,得到关于"jmeter"的相关帮助信息,如图 8-56 所示,在搜索出来的结果中,第一项搜索出来的内容就是我们要找的内容,可以打开该页面了解详细内容,这里不再赘述。

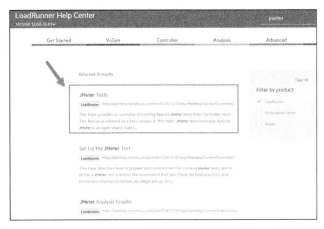

图 8-56　LoadRunner Help Center 网站搜索出来的关于"jmeter"相关信息

这里,我们尊重 LoadRunner 开发人员给我们提供的建议,虚拟用户数设置为 1,持续运行设置选择"Run Until Completion",如图 8-57 所示。

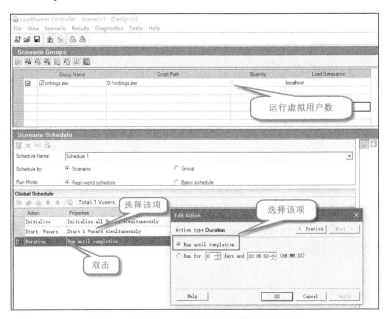

图 8-57　关于 JMeter 脚本的场景设置相关信息

如图 8-57 所示,在"Edit Action"中选择"Run Until completion",单击"OK"按钮。将弹出"Scheduler actions will be removed"(移除行为计划)对话框,如图 8-58 所示,单击"是"按钮。

经过上述设置后,最终的场景设置,如图 8-59 所示。

图 8-58　"Scheduler actions will be removed"对话框相关信息

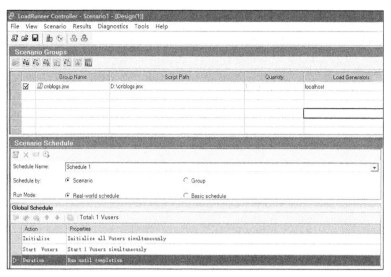

图 8-59 基于"cnblogs.jmx"JMeter 脚本场景相关设置相关信息

这里需要大家注意的是，在执行场景之前，必须要保证已经在 Windows 的环境变量中设置了如下全局变量，如图 8-60 和图 8-61 所示。

如图 8-60 所示，需要结合自己的实际情况来设置，这里作者的 JAVA_HOME 所在目录为"C:\Program Files\Java\jdk1.8.0_131"，JMETER_HOME 所在目录为"C:\apache-jmeter-5.0"。

图 8-60 JAVA_HOME 和 JMETER_HOME 环境变量设置

如图 8-61 所示，还要保证在 Path 环境变量中包含"C:\Program Files\Java\jdk1.8.0_131\jre\bin\server"，该目录下包含其运行所依赖的"jvm.dll"文件。

如图 8-62 所示，接下来就可以单击"Run"页，然后单击"Start Scenario"按钮就可以执行了。

如图 8-63 所示，在场景执行过程中 LoadRunner 将会搜集相关监控信息展示在相应的图表中。

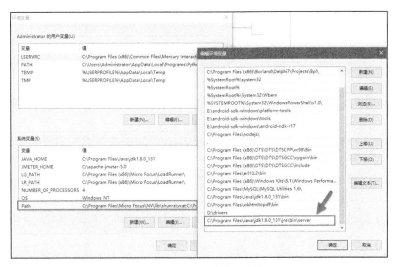

图 8-61　Path 环境变量设置

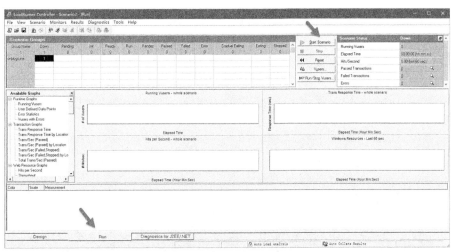

图 8-62　场景执行相关操作信息

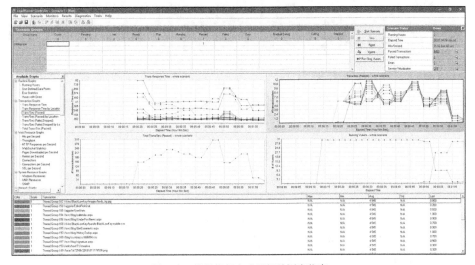

图 8-63　场景执行完成后相关图表信息

场景执行完成后，LoadRunner 12 会调用 Analysis，展现本次性能测试的结果信息，如图 8-64～图 8-68 所示。

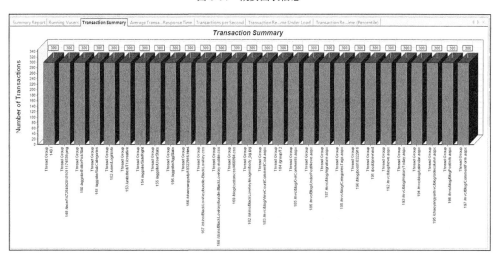

图 8-64　概要图表信息

图 8-65　事务概要图表信息

不知道细心的读者朋友们发现没有，图 8-67 中只有 1 个虚拟用户在运行，再结合图 8-65 来看，我们发现各个请求均被执行了 300 次，且每次都执行成功。是不是印证了前面我们讲的内容呢！即在 LoadRunner 中设定 1 个虚拟用户就执行 JMeter 对应该脚本中的设置，30 个线程并发执行，每个线程循环 10 次，也就是每个请求被执行了 30 × 10 = 300 次。

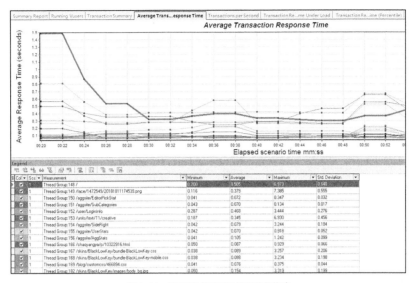

图 8-66　平均事务响应时间图表信息

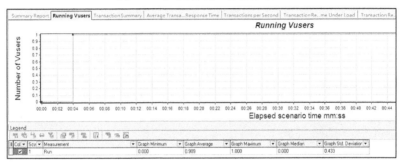

图 8-67　运行虚拟用户图表信息

如果觉得图表信息不够多，还可以添加更多图表，如图 8-68 所示，关于操作方法在 LoadRunner 11 中已经详细介绍了，不再赘述。

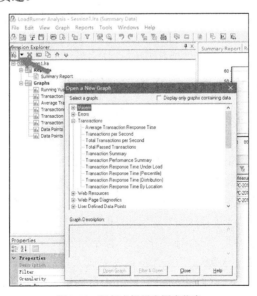

图 8-68　运行虚拟用户图表信息

这里，作者又添加了几个图表，如图 8-69 和图 8-70 所示。

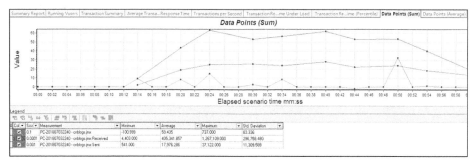

图 8-69 用户自定义（Sum）图表信息

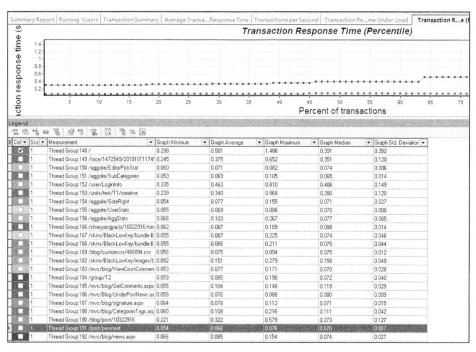

图 8-70 事务响应时间（百分之百）图表信息

8.4.2 如何添加基于 Eclipse 开发者的插件

随着信息产业的蓬勃发展，越来越多的开发技术应用于软件开发中，在这日新月异的时代，不仅是开发人员面临着挑战，测试人员同样也要不断提升自身能力，与时俱进，才能更好地适应目前应用广泛的敏捷开发过程，学习并应用好一门语言已经成为目前测试人员必备的技能。Java、C#、Python 等编程语言无疑是目前流行的编程语言。所以，作者建议读者也一定要掌握一门语言，这里以 Java 开发人员应用的利器 Eclipse 为例，它就是一个非常不错的 IDE 工具。如何在掌握 Java 编程语言和 Eclipse IDE 的基础上，进行自动化测试和性能测试以及进一步的基于 LoadRunner API 的性能测试脚本开发，无疑是对提升测试技能的一种不错的选择。

这一节作者将向你介绍基于 Java 开发人员或者测试人员进行 LoadRunner API 二次开发的相关插件的安装，当然 LoadRunner 12 也为.NET 开发人员提供了相似的插件。

可以从 LoadRunner 12 安装包中看到有一个名称为 "Additional Components" 的文件夹，其下有一

个名称为 "IDE Add-Ins Dev" 的子文件夹，在该目录下又包含了 3 个文件，如图 8-71 所示。

这里我们仅以基于 Java 的 Eclipse IDE 插件安装为例进行说明，".Net IDE" 插件安装类似不再赘述。

如图 8-71 所示，运行 "LREclipseIDEAddInDevSetup.exe" 文件，如图 8-72 所示。

图 8-71 LoadRunner 12 提供的基于 Java 或.Net
集成开发的相关插件

图 8-72 Eclipse IDE 插件安装初始界面

单击 "Next" 按钮，显示图 8-73 所示界面信息。

继续单击 "Next" 按钮，选择本地的 "Eclipse" 工具所在路径，请大家一定注意，Eclipse 工具一定要事先安装，这一步执行才有意义，如图 8-74 所示。

图 8-73 Eclipse IDE 插件安装许可协议相关界面

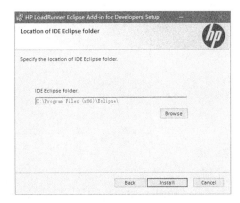

图 8-74 选择 Eclipse IDE 相关界面

然后单击 "Install" 按钮，进行安装，直至等待安装完成，安装过程不再赘述。

8.4.3 应用 VuGen 开发 Selenium 脚本

Selenium 目前被广泛应用于自动化测试。如果能够复用这些脚本来进行性能测试是很多软件企业梦寐以求的一件事情。LoadRunner 12 提供了这方面的支持，在这里作者将分别向大家介绍两种方法来实现 Selenium 自动化测试脚本的性能测试。

这里先向大家介绍第一种方式，利用 VuGen 工具来创建 Selenium 脚本。

打开 VuGen，单击 "【File】>【New Script and Solution】" 菜单项，选择单协议，然后在协议列表中选择 "Java Vuser" 协议，在 "Script Name" 中输入 "Baidu_Script"，在 "Solution Name" 中输入 "SeleniumTest"，最后单击 "Create" 按钮，如图 8-75 所示。

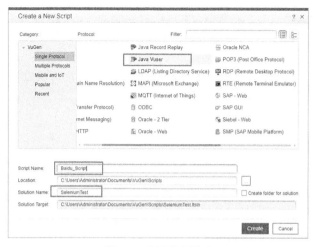

图 8-75 创建脚本界面

创建脚本完成后，将显示如图 8-76 所示。

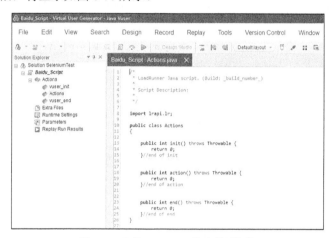

图 8-76 空的 Java Vuser 脚本界面信息

这里需要大家注意的是目前多数读者朋友们可能都使用的是 64 位的操作系统和 64 位的 JDK，那么必须单击 "Runtime Settings" 的 "Miscellaneous" 页，选中 "Replay script with 64-bit" 选项，如图 8-77 所示。

图 8-77 兼容性相关设置操作信息

除此之外，还要添加 Selenium 运行所依赖的包文件，即"selenium-server-standalone-3.9.0.jar"文件如图 8-78 所示。

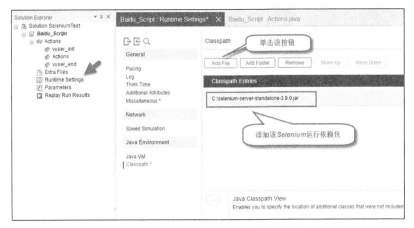

图 8-78　Selenium 运行相关设置操作信息

接下来，我们就可以实现一个测试用的 Selenium 脚本了，这里我们实现一个打开 Chrome 浏览器，访问百度，搜索"loadrunner"关键字的业务脚本，如图 8-79 所示。

```
1   import lrapi.lr;
2   import org.openqa.selenium.By;
3   import org.openqa.selenium.WebDriver;
4   import org.openqa.selenium.chrome.ChromeDriver;
5
6   public class Actions
7   {
8
9       public int init() throws Throwable {
10          return 0;
11      }//end of init
12
13
14      public int action() throws Throwable {
15          //创建驱动对象
16          WebDriver driver = new ChromeDriver();
17          //浏览器最大化
18          driver.manage().window().maximize();
19          //获取网址
20          lr.start_transaction("baidu_homepage");
21          driver.get("https://www.baidu.com");
22          lr.end_transaction("baidu_homepage",lr.AUTO);
23          //线程睡眠3秒（目的是等待浏览器打开完成）
24          Thread.sleep(3000);
25          //获取百度搜索输入框元素，并自动写入搜索内容
26          driver.findElement(By.id("kw")).sendKeys("loadrunner");
27          //线程睡眠1秒
28          Thread.sleep(1000);
29          //获取"百度一下"元素，并自动点击
30          lr.start_transaction("baidu_search");
31          driver.findElement(By.id("su")).click();
32          lr.end_transaction("baidu_search",lr.AUTO);
33          //线程睡眠3秒
34          Thread.sleep(3000);
35          //退出浏览器
36          driver.quit();
37          return 0;
38      }//end of action
39
40
41      public int end() throws Throwable {
42          return 0;
43      }//end of end
44  }
45
```

图 8-79　Selenium 业务脚本相关信息

为便于读者朋友们阅读，将脚本内容摘抄出来，如下所示：

```
import lrapi.lr;  //二次 LoadRunner 脚本开发所依赖的接口
import org.openqa.selenium.By;//Selenium 运行元素定位相关的接口
import org.openqa.selenium.WebDriver; //Selenium 运行驱动相关的接口
import org.openqa.selenium.chrome.ChromeDriver; //Selenium  Chrome 浏览器驱动相关的接口


public class Actions
{
```

```java
public int init() throws Throwable {
    return 0;
}//end of init

public int action() throws Throwable {
    //创建驱动对象
    WebDriver driver = new ChromeDriver();
    //浏览器最大化
    driver.manage().window().maximize();
    //获取网址
    lr.start_transaction("baidu_homepage"); //定义了一个查看百度首页的事务
    driver.get("https://www.baidu.com");
    lr.end_transaction("baidu_homepage",lr.AUTO);
    //线程睡眠 3 秒（目的是等待浏览器打开完成）
    Thread.sleep(3000);
    //获取百度搜索输入框元素，并自动写入搜索内容
    driver.findElement(By.id("kw")).sendKeys("loadrunner");
    //线程睡眠 1 秒
    Thread.sleep(1000);
    //获取"百度一下"元素，并自动点击
    lr.start_transaction("baidu_search");//定义了一个查看百度搜索的事务
    driver.findElement(By.id("su")).click();
    lr.end_transaction("baidu_search",lr.AUTO);
    //线程睡眠 3 秒
    Thread.sleep(3000);
    //退出浏览器
    driver.quit();
    return 0;
}//end of action

public int end() throws Throwable {
    return 0;
}//end of end
}
```

当然这里只是作者实现的一个简单例子，读者可以结合贵公司实际情况，将业务脚本进行替换即可。当然，如果不熟悉 Selenium，则需要阅读这方面的专业书籍，补充相关知识。

单击工具条的执行按钮，则可以看到代码开始执行，启动 Chrome 浏览器，访问百度页面，并进行搜素"loadrunner"关键字的执行过程，如图 8-80 所示。

图 8-80　Selenium 业务脚本执行相关信息

脚本执行完成后，将会看到其中包含了两个事务相关的信息等内容，如图 8-81 所示为回放摘要信息。

接下来，让我们看一下针对前面编写的 Selenium 业务脚本，如何设计性能测试的场景。打开 Controller，选择"LoadRunner Scripts"，添加"Baidu_Script"脚本到场景中，如图 8-82 所示。

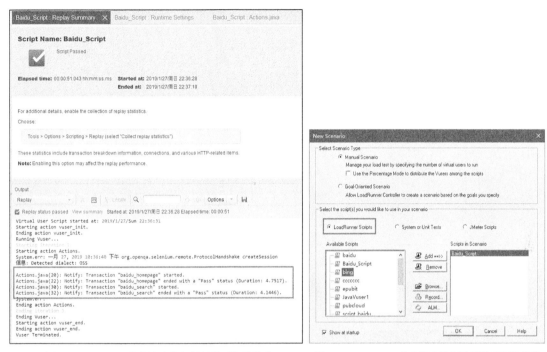

图 8-81　Selenium 业务脚本执行结果摘要相关信息　　　图 8-82　Selenium 业务脚本执行结果摘要相关信息

如图 8-82 所示，单击"OK"按钮。这里我们设计一个并发执行打开 3 个百度页面，进行搜索关键字的场景，只要运行完成即终止的场景，如图 8-83 所示。需要提醒读者朋友的是，在这里作者仅是为了给大家演示其应用与工作原理，在实际工作中，读者可以依据于自己的性能测试用例进行场景的设计。

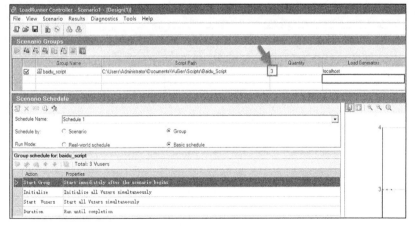

图 8-83　基于 Selenium 业务脚本的性能测试场景设计相关信息

切换到"Run"页，单击"Start Sceniario"按钮开始执行该性能测试场景，如图 8-84 所示。

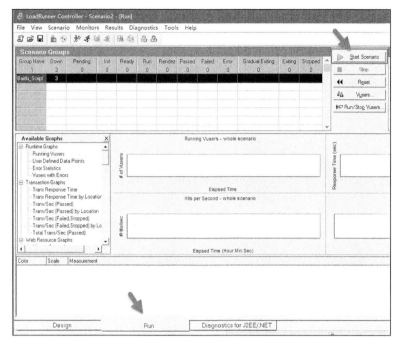

图 8-84　基于 Selenium 业务脚本的性能测试场景执行相关信息

接下来，将会发现 LoadRunner 同时启动了 3 个 Chrome 浏览器，并执行 Selenium 业务脚本，如图 8-85 所示。

图 8-85　并发执行的 3 个脚本实例相关信息

性能测试场景执行完成后，返回 Controller 应用界面，将会发现 LoadRunner 搜集到运行用户、平均响应时间和每秒事务数等相关数据信息，如图 8-86 所示。

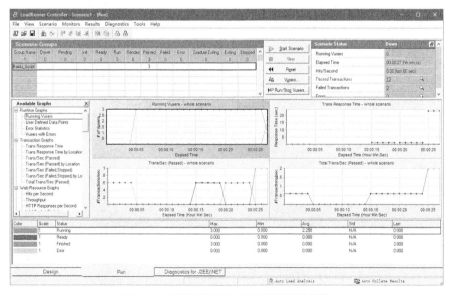

图 8-86　性能测试场景执行完成后的相关信息

场景执行完成后，会直接打开 Analysis 应用展示本次执行结果相关信息，如图 8-87 所示。

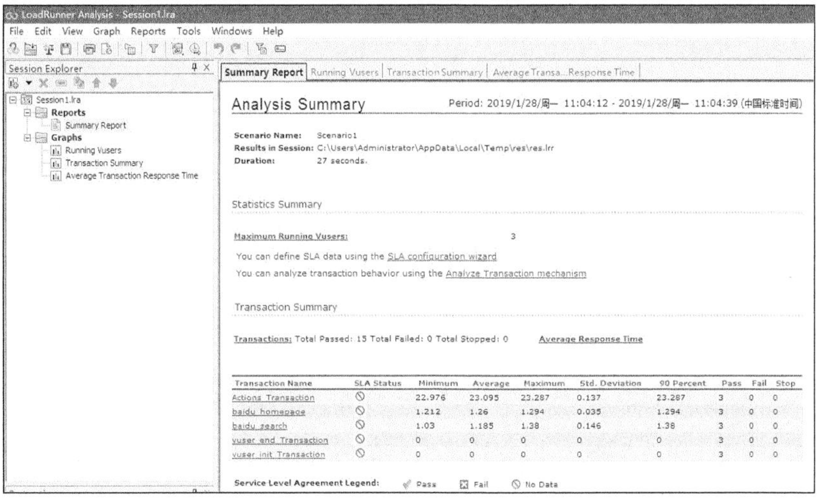

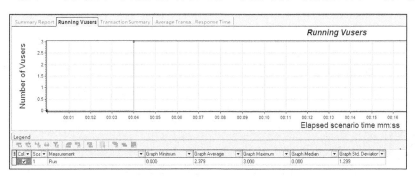

图 8-87　本次执行后的摘要报告相关信息

如图 8-88 所示，可以看到，大概是在场景运行 4 秒的时候，开始启动了 3 个虚拟用户。

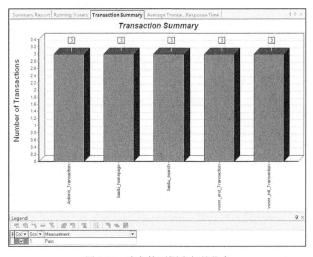

图 8-88　运行虚拟用户数图表相关信息

如图 8-89 所示，可以看到 3 个用户执行的所有事务都是成功的。

图 8-89　事务摘要图表相关信息

如图 8-90 所示，展示了事务平均响应时间图表，当然由于运行时间很短，所以数据线条看起来就很短且不连续。

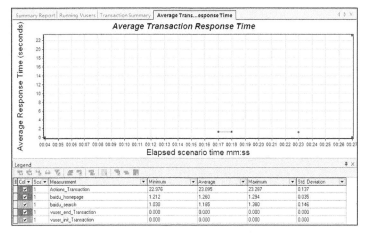

图 8-90 平均事务响应时间图表相关信息

8.4.4 在 Eclipse IDE 中调用 LoadRunner API 实现 Selenium 脚本开发

无论是测试人员还是开发人员，很多读者都已经习惯应用 Eclipse IDE 来编写代码，那么我们在编写性能脚本的时候是否可以使用 Eclipse IDE 呢？作者的回答是可以，当成功安装了 Eclipse 开发者插件后，就可以完成在 VuGen 调用 Eclipse IDE 来编写性能测试脚本代码了。这里我们仍然以编写一个基于 Java 代码的调用百度进行搜索的 Selenium 脚本代码为例，当然可以结合自身的需求实现其他的业务脚本，而不是 Selenium 脚本。

启动 VuGen 后，创建一个解决方案名称为"Solution_Test"，脚本名称为"Demo_baidu_selenium" Java Vuser 协议类型的性能测试解决方案，如图 8-91 所示。

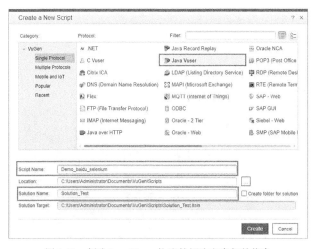

图 8-91 创建 Java Vuser 协议的解决方案相关信息

如图 8-91 所示，单击"Create"按钮，在随后显示的界面中，单击 Eclipse 图标，如图 8-92 所示。

如图 8-93 所示，你将会发现其自动调用 Eclipse IDE，并自动打开"Demo_baidu_selenium"脚本。

图 8-92 调用 Eclipse 的相关操作信息

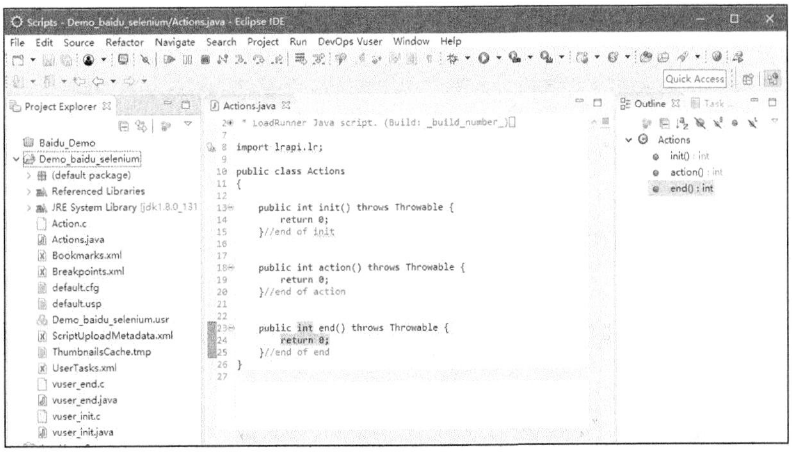

图 8-93 Eclipse IDE 对应脚本信息展示

这里，我们首先要添加 Selenium 运行所依赖的包，右键单击"Demo_baidu_selenium"，然后从快捷菜单中选择"【Build Path】>【Configure Build Path...】"菜单项，如图 8-94 所示。

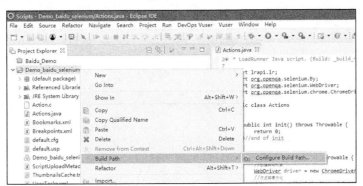

图 8-94 Eclipse 配置相关操作信息

在弹出的"Java Build Path"对话框，选择"Libraries"页，添加 Selenium 运行依赖的包，然后单击"Add External JARS..."按钮，添加"selenium-server-standalone-3.9.0.jar"包文件，最后单击"Apply and Close"按钮，关闭对话框，如图 8-95 所示。

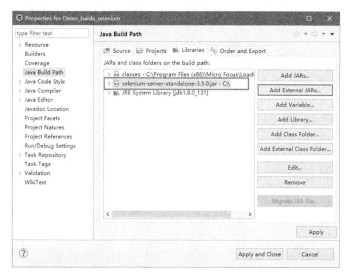

图 8-95　添加运行依赖包

接下来，让我们完善 Action.java 文件内容，实现相应的业务代码，相关代码如下。

```java
import lrapi.lr;
import org.openqa.selenium.By;
import org.openqa.selenium.WebDriver;
import org.openqa.selenium.chrome.ChromeDriver;

public class Actions
{

    public int init() throws Throwable {
        return 0;
    }//end of init


    public int action() throws Throwable {
        //创建驱动对象
        WebDriver driver = new ChromeDriver();
        //浏览器最大化
        driver.manage().window().maximize();
        //获取网址
        lr.start_transaction("baidu_homepage");
        driver.get("https://www.baidu.com");
        lr.end_transaction("baidu_homepage",lr.AUTO);
        //线程睡眠 3 秒（目的是等待浏览器打开完成）
        Thread.sleep(3000);
        //获取百度搜索输入框元素，并自动写入搜索内容
        driver.findElement(By.id("kw")).sendKeys("loadrunner");
        //线程睡眠 1 秒
        Thread.sleep(1000);
        //获取"百度一下"元素，并自动点击
        lr.start_transaction("baidu_search");
        driver.findElement(By.id("su")).click();
        lr.end_transaction("baidu_search",lr.AUTO);
        //线程睡眠 3 秒
        Thread.sleep(3000);
```

```
        //退出浏览器
    driver.quit();
      return 0;
}//end of action



public int end() throws Throwable {
      return 0;
}//end of end
}
```

我们会发现在 Eclipse IDE 的菜单里多出来一个"Vuser"菜单，其下面包含了图 8-96 所示的菜单项，可以选择对应菜单项进行 LoadRunner 相关功能的调用。

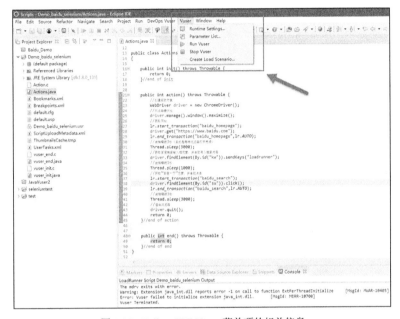

图 8-96　Eclipse IDE Vuser 菜单项的相关信息

结合作者在实际应用时，其插件提供的"Run Vuser"功能调用时会出现"The mdrv exits with error."异常，如图 8-97 所示。

```
Markers  Properties  Servers  Data Source Explorer  Snippets  Console ⊠
LoadRunner Script Demo_baidu_selenium Output
The mdrv exits with error.
Warning: Extension java_int.dll reports error -1 on call to function ExtPerThreadInitialize    [MsgId: MWAR-10485]
Error: Vuser failed to initialize extension java_int.dll.    [MsgId: MERR-10700]
Vuser Terminated.
```

图 8-97　Eclipse IDE 执行脚本时出现的错误相关信息

在这里作者想给大家一些建议，即使该功能好使，其实从作者的角度来讲，应该也是用 LoadRunner 提供的功能更合适，因此如果想调试、运行由 Eclipse IDE 编写的脚本，建议还是将脚本保存后，到 VuGen 中进行调试、运行。

同样的脚本在 LoadRunner 中运行，我们可以看到其是正常的，如图 8-98 和图 8-99 所示。

可以单击"Create Load Scenario..."菜单项来创建基于该脚本的性能测试场景，如图 8-100 所示。

在弹出的图 8-101 所示的创建场景对话框，可以根据自己的需要改变虚拟用户数量、负载机、组名或者结果的存放路径。

图 8-98 VuGen 脚本内容及其执行结果相关信息

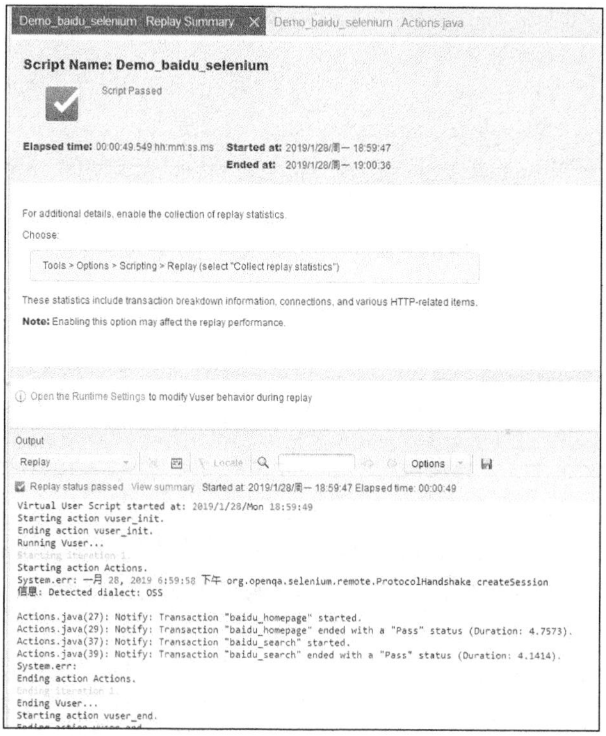

图 8-99 VuGen 脚本内容及其执行结果相关信息

图 8-100　Eclipse IDE 下创建负载场景相关信息

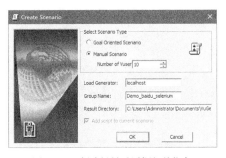

图 8-101　创建场景对话框相关信息

如图 8-101 所示，单击"OK"按钮，则自动调用 Controller，并创建一个性能测试场景，如图 8-102 所示。我们可以清楚地看到其创建了 10 个虚拟用户，以每 15 秒加载 1 个虚拟用户梯度加载 10 个虚拟用户，持续运行 5 分钟，以每隔 30 秒的梯度释放用户的性能测试场景。

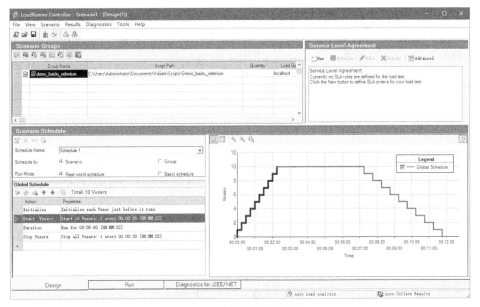

图 8-102　场景设计相关信息

如果不需要改变相关默认设置，则可以切换到"Run"页，单击"Start Sceniario"按钮，开始执行该场景，如图 8-103 所示。

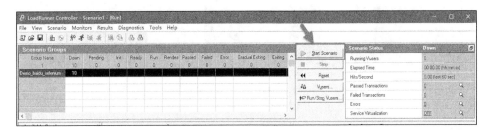

图 8-103　场景执行操作相关信息

场景执行完成后，会直接打开 Analysis 应用展示本次执行结果相关信息，如图 8-104 所示。从图 8-104～图 8-108 中我们能发现在本次执行过程中，运行的虚拟用户数最多时为 9 个虚拟用户数，存在执行失败的事务，其失败的原因有连接超时等，具体内容不再赘述。

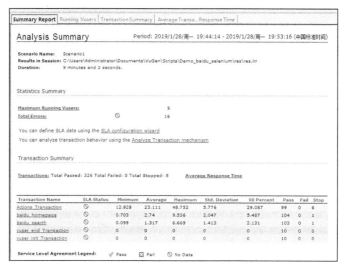

图 8-104　摘要相关信息

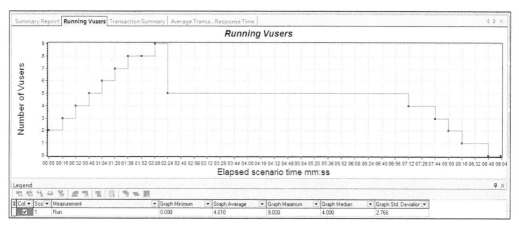

图 8-105　运行虚拟用户图表相关信息

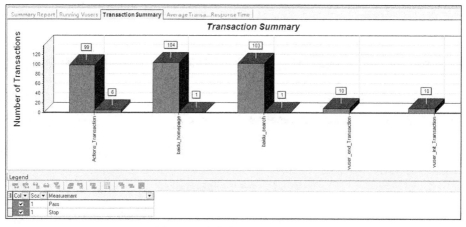

图 8-106　事务摘要图表相关信息

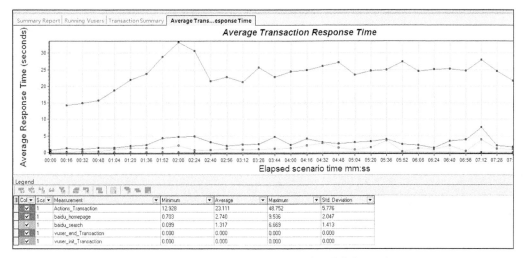

图 8-107 平均事务响应时间图表相关信息

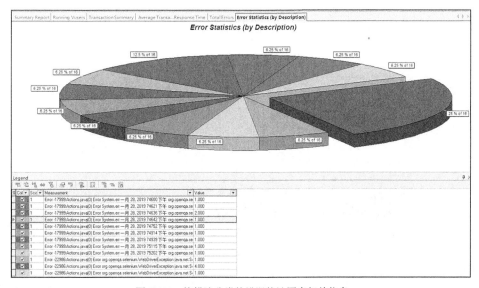

图 8-108 按描述分类的错误统计图表相关信息

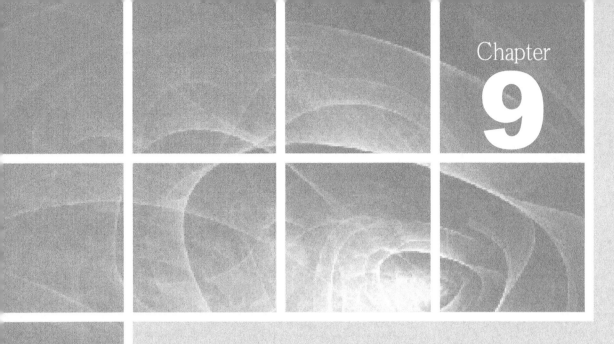

第 9 章

基于接口的性能

测试实战

9.1　LoadRunner 与其在接口测试中的应用

结合当前软件行业的情况，越来越多的软件企业重视接口测试。基于不同的协议用来做接口测试的工具有很多，比如 JMeter、Postman、Fiddler、Charles、SoupUI 和各浏览器自带开发者相关工具等。鉴于多数软件企业都是针对 HTTP/HTTPS 协议进行接口测试，所以目前主流的接口测试工具还是 Postman、Fiddler 和 JMeter 用得较多。在广大的测试人员心目中，LoadRunner 和 JMeter 一直被认为是功能强大的性能测试工具，其实从接口测试方面的角度来讲，LoadRunner 应该也是非常好的一款接口测试工具。LoadRunner 封装了大量基于不同协议的 API 函数供用户调用，它强大的脚本编写、调试、详尽的帮助以及售后支持无疑是给其使用者的强大支撑，当然如果希望做基于接口的性能测试，它就更应该是不二选择的工具了。

这里作者将用一个章节的内容，介绍如何应用 LoadRunner 工具完成接口测试和接口性能测试的相关内容。

9.1.1　性能测试接口需求

当我们在进行接口性能测试时，首先就是要了解系统的性能测试需求。这里要在一个拥有 2 万注册用户的网站嵌入一个天气预报的接口应用。这就需要考察第三方提供的天气预报接口的性能。如果其能快速响应用户请求，固然用户体验会非常好，但如果用户访问页面时，天气预报的接口长时间不能响应，页面就会出现一块空白区域，特别是在多用户并发访问时，有可能会有更长时间的等待，用户体验就会更差。相信大家一定都知道木桶原理，一个网站性能的好坏，是由木桶最短的那块板决定的，因此我们必须要对第三方提供的天气预报接口进行性能测试，以评估它是不是系统的短板，为我们是否选用该天气预报接口提供依据。

这里我们应用的第三方天气预报接口为和风天气提供的接口。读者朋友们可以先自行注册一个账号，申请免费的使用。普通用户可以每天免费调用 1000 次，这对于我们考察评估接口的性能已经够用了，如图 9-1 所示。

关于如何注册一个"和风天气"的网站用户非常简单，单击图 9-2 所示的"注册"按钮，然后按照页面要求，填写信息即可，这里不再赘述这部分内容。

图 9-1　和风天气对于不同用户类型提供服务的说明信息

图 9-2　和风天气首页面信息

用户注册完成后，可以登录到"和风天气"网站，进入到控制台，可以看到一个"认证 key"，如图 9-3 所示。这个 key 非常重要，它在后续调用接口时会用到。

图 9-3 和风天气控制台页面信息

通过查看系统日志，了解到每天高峰期用户在线数量为 1500 人左右，而首页高峰期访问量为 100 人左右，天气预报通常放置在网站的首页，这里我们的并发用户数简单的取该业务的在线用户数的 1/10 来计算，即 10 个用户作为首页面的并发用户数。考虑到未来近 1 年内用户数量的增长，这里我们明确的需求就是要求天气预报接口能允许 50 并发访问（即 5 倍的并发量）且平均响应时间不能高于 0.5 秒。如图 9-4 所示，我们可以从和风天气控制台页面获得 API 说明文档，也就是和风天气对外提供的接口相关文档。

图 9-4 和风天气控制台页面信息

这里我们将调用实况天气接口，其接口文档信息如图 9-5 所示。

图 9-5　和风天气实况天气相关接口文档信息

● 　实况天气接口介绍

实况天气即为当前时间点的天气状况以及温湿、风压等气象指数，具体包含的数据：体感温度、实测温度、天气状况、风力、风速、风向、相对湿度、大气压强、降水量、能见度等。

城市覆盖范围：全球。

● 　请求 URL

付费：https://api.heweather.com/s6/weather/now?[parameters]

免费：https://free-api.heweather.com/s6/weather/now?[parameters]

parameters 代表请求参数，包括必选和可选参数。所有请求参数均使用&进行分隔，参数值存在中文或特殊字符的情况，需要对参数进行 **url encode**。

● 　请求参数，具体如表 9-1 所示

表 9-1　　　　　　　　　　　　　　　　　请求参数列表

参数	描　　述	选择	示　例　值
location	需要查询的城市或地区，可输入以下值。 1. 城市 ID：城市列表 2. 经纬度格式：经度，纬度（经度在前纬度在后，英文，分隔，十进制格式，北纬东经为正，南纬西经为负） 3. 城市名称，支持中英文和汉语拼音 4. 城市名称，上级城市 或 省 或 国家，英文，分隔，此方式可以在重名的情况下只获取想要的地区的天气数据，例如西安，陕西 5. IP 6. 根据请求自动判断，根据用户的请求获取 IP，通过 IP 定位并获取城市数据	必选	1. location=CN101010100 2. location=116.40,39.9 3. location=北京、location=北京市、location=beijing 4. location=朝阳，北京、location=chaoyang,beijing 5. location=60.194.130.1 6. location=auto_ip
lang	多语言，可以不使用该参数，默认为简体中文 详见多语言参数	可选	lang=en
unit	单位选择，公制（m）或英制（i），默认为公制单位 详见度量衡单位参数	可选	unit=i
key	用户认证 key，登录控制台可查看 支持数字签名方式进行认证，推荐使用	必选	key=xxxxxxxxxxxxxx

● 返回字段和数值说明，具体如表 9-2～表 9-5 所示

表 9-2   basic 基础信息

参　　数	描　　述	示　例　值
location	地区/城市名称	海淀
cid	地区/城市 ID	CN101080402
lat	地区/城市纬度	39.956074
lon	地区/城市经度	116.310316
parent_city	该地区/城市的上级城市	北京
admin_area	该地区/城市所属行政区域	北京
cnty	该地区/城市所属国家名称	中国
tz	该地区/城市所在时区	+8.0

表 9-3   update 接口更新时间

参　　数	描　　述	示　例　值
loc	当地时间，24 小时制，格式 yyyy-MM-dd HH:mm	2017-10-25 12:34
utc	UTC 时间，24 小时制，格式 yyyy-MM-dd HH:mm	2017-10-25 04:34

表 9-4   now 实况天气

参　　数	描　　述	示　　例
fl	体感温度，默认单位：摄氏度	23
tmp	温度，默认单位：摄氏度	21
cond_code	实况天气状况代码	100
cond_txt	实况天气状况描述	晴
wind_deg	风向 360 度	305
wind_dir	风向	西北
wind_sc	风力	3
wind_spd	风速，千米/小时	15
hum	相对湿度	40
pcpn	降水量	0
pres	大气压强	1020
vis	能见度，默认单位：公里	10
cloud	云量	23

表 9-5   status 接口状态

参　　数	描　　述	示　例　值
status	接口状态，具体含义请参考接口状态码及错误码	ok

● 数据返回示例

```
{
    "HeWeather6": [
        {
            "basic": {
                "cid": "CN101010100",
                "location": "北京",
                "parent_city": "北京",
```

```
                    "admin_area": "北京",
                    "cnty": "中国",
                    "lat": "39.90498734",
                    "lon": "116.40528870",
                    "tz": "8.0"
                },
                "now": {
                    "cond_code": "101",
                    "cond_txt": "多云",
                    "fl": "16",
                    "hum": "73",
                    "pcpn": "0",
                    "pres": "1017",
                    "tmp": "14",
                    "vis": "1",
                    "wind_deg": "11",
                    "wind_dir": "北风",
                    "wind_sc": "微风",
                    "wind_spd": "6"
                },
                "status": "ok",
                "update": {
                    "loc": "2017-10-26 17:29",
                    "utc": "2017-10-26 09:29"
                }
            }
        ]
    }
```

结合上面的接口文档，我们先尝试一下接口是否可以成功运行，即根据接口提供的访问地址和必填参数来尝试一下，是否能正确响应并返回结果。我们输入"https://free-api.heweather.com/s6/weather/now?location=%E5%8C%97%E4%BA%AC&key=cadc883ef4214f0d9d86**********"，响应的信息如图 9-6 所示。

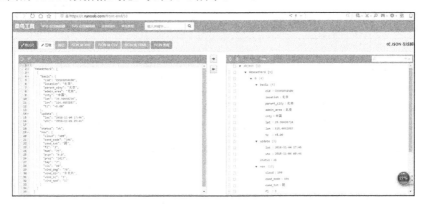

图 9-6　和风天气实况天气响应 JSON 信息

从上面的 JSON 响应信息来看，因为代码没有经过格式化，混作一团，不便于阅读，所以我们在线给上面的 JSON 数据格式化，如图 9-7 所示。

图 9-7　响应 JSON 信息经过在线格式化后的显示结果

9.1.2 接口测试功能性用例设计

接下来，我们一起来对实况天气预报接口来进行功能性用例设计，以检验该接口是否能够正确处理正常和异常参数的输入。

为便于大家阅读理解，这里作者将用例整理成一个列表，供大家参考，如表 9-6 和表 9-7所示。

表 9-6　　　　　　　　　　正常用例设计列表（接口功能性测试）

序号	输　　入	预 期 输 出	相应测试输入数据
1	正确输入包含必填参数的相关内容（必填参数包括 location 和 key）	正确输出对应城市（location）的实时天气信息（即符合 JSON 格式）	https://free-api.heweather.com/s6/weather/now?location=beijing&key=cadc883ef4214f0d9d86***
2	正确输入包含非必填参数的 lang 相关内容，本例应用语言为英文，关于语言选择，参见图 9-8（参数包括 location、key 和 lang）	正确输出对应城市（location）的实时天气信息（即符合 JSON 格式）	https://free-api.heweather.com/s6/weather/now?location=beijing&key=cadc883ef4214f0d9d86***&lang=en
3	正确输入包含全部参数，本例应用语言为中文，单位选择英制，关于单位参数，参见图 9-9（参数包括 location、key、lang 和 unit）	正确输出对应城市（location）的实时天气信息（即符合 JSON 格式）	https://free-api.heweather.com/s6/weather/now?location=beijing&key=cadc883ef4214f0d9d86***&lang=cn&unit=I
4	正确输入包含全部参数，本例应用语言为英文，单位选择公制，关于单位参数，参见图 9-9（参数包括 location、key、lang 和 unit）	正确输出对应城市（location）的实时天气信息（即符合 JSON 格式）	https://free-api.heweather.com/s6/weather/now?location=beijing&key=cadc883ef4214f0d9d86***&lang=en &unit=m
……	……	……	……

表 9-7　　　　　　　　　　异常用例设计列表（接口功能性测试）

序号	输　　入	预 期 输 出	相应测试输入数据
1	不输入任何参数	返回异常的 JSON 信息（格式：{"HeWeather6":[{"status":"param invalid"}]}）	https://free-api.heweather.com/s6/weather/now?
2	不输入必填参数（location 或 key 参数）	返回异常的 JSON 信息（格式：{"HeWeather6":[{"status":"param invalid"}]}）	https://free-api.heweather.com/s6/weather/now?location=beijing https://free-api.heweather.com/s6/weather/now?key=cadc883ef4214f0d9d86***
3	必填参数输入不存在的值，输入不在城市列表的值（location=test）	返回异常的 JSON 信息（格式：{"HeWeather6":[{"status":"unknown location "}]}）	https://free-api.heweather.com/s6/weather/now?location=test& key=cadc883ef4214f0d9d86***
4	输入不支持语言的值，（lang=test）	返回异常的 JSON 信息，未在文档明确说明，即没有在图 9-8 中有体现，建议（格式：{"HeWeather6":[{"status":"unknown lang"}]}）	https://free-api.heweather.com/s6/weather/now?key=cadc883ef4214f0d9d86*** &location=beijing&lang=test
……	……	……	……

和风天气的多语言支持、度量衡单位、状态码和错误码相关内容，请参见图 9-8、图 9-9 和图 9-10。

鉴于本书并不是一本介绍用例设计的书籍，这里只是针对该实况天气接口进行了部分正常、异常情况下的用例设计，即各给出了 4 个用例。在实际工作中需要读者朋友们结合各自业务需求，自行设计用例，这里不再赘述。

图 9-8 多语言支持相关语言代码及语言名称信息

注：① $\dfrac{t}{℃}=\dfrac{5}{9}\left(\dfrac{\theta}{℉}-32\right)$，$t$ 表示摄氏温度，θ 表示华氏温度。

② 1km/h=0.278m/s。

③ 1mile/h=0.44704m/s。

④ 1mile=1609.344m。

图 9-9 度量衡单位相关信息

状态码和错误码

当你发现接口返回的数据和平时不一样了，那么请注意一下在接口返回的数据中，status 字段是表明数据的状态，目前有以下几种状态：

代码	说明
ok	数据正常
invalid key	错误的key，请检查你的key是否输入以及是否输入有误
unknown location	未知或错误城市/地区
no data for this location	该城市/地区没有你所请求的数据
no more requests	超过访问次数，需要等到当月最后一天24点（免费用户为当天24点）后进行访问次数的重置或升级你的访问量
param invalid	参数错误，请检查你传递的参数是否正确
too fast	超过限定的QPM，请参考QPM说明
dead	无响应或超时，接口服务异常请联系我们
permission denied	无访问权限，你没有购买你所访问的这部分服务
sign error	签名错误，请参考签名算法

图 9-10　状态码和错误码相关信息

9.1.3　测试用例脚本实现（接口功能性验证）

启动 VuGen，创建一个基于"HTTP"协议的脚本，脚本名称为"Hefeng_weather"，如图 9-11所示。

单击"Create"按钮，创建一份空的基于 HTTP 协议的脚本，如图 9-12 所示。

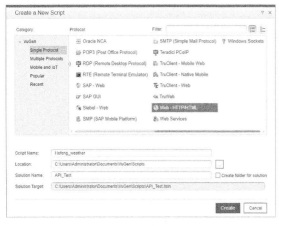

图 9-11　创建基于和风天气的接口测试脚本相关信息

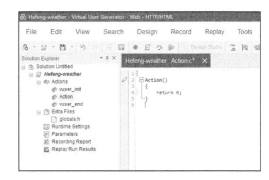

图 9-12　空白脚本相关信息

在写接口测试脚本时，因为通常情况下，接口测试提供者不会给我们提供一些基于该接口的应用给我们，但会给一些基于不同语言的应用示例。结合和风天气来讲，其提供了 Java、PHP和 Android 的示例代码，如图 9-13 所示。

但是，很不幸，并没有发现有 C 语言的样例代码供我们参考，那怎么办呢？事实上，LoadRunner已经封装了很多 API 函数，根本不需要向其他语言一样通过编写那么多的代码来发送一个 HTTP请求。如果你前面看懂它的接口文档，其实就不难发现，通过和风天气获得实时天气的接口，其实我们只需要发送一个类似于"https://free-api.heweather.com/s6/weather/ now?location=beijing&key=

cadc883ef4214f0d9d864f30xxxxx"这样的 Get 请求即可，以这个请求为例，location 就是 Get 请求传的第一个参数，这里是要得到北京地区的实时天气，key 是注册用户后添加应用，系统给我们的秘钥（注：这里作者出于隐私保护角度，对本 key 内容做了部分修改）。

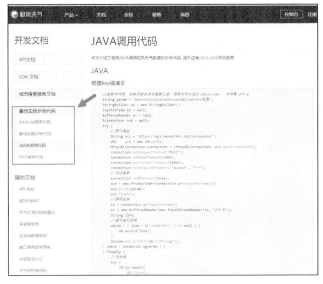

图 9-13　JAVA 调用代码相关信息

有一些读者朋友可能会说不会那么简单吧？那就先让我们在浏览器中发送这样一个请求来验证一下。

打开任意一个浏览器，这里作者以 Chrome 浏览器为例，在地址栏输入 "https://free-api.heweather.com/s6/weather/now?location=beijing&key=cadc883ef4214f0d9d864f30xxxxx" 回车后，会发现浏览器返回了一个基于 JSON 数据格式的内容，如图 9-14 所示。

← → C 🔒 https://free-api.heweather.com/s6/weather/now?location=beijing&key=cadc883ef4214f0d9d8...　☆　🔲　⊕　❖　⤓　⋮

[{"HeWeather6":[{"basic":{"cid":"CN101010100","location":"北京","parent_city":"北京","admin_area":"北京","cnty":"中国","lat":"39.90498734","lon":"116.4052887","tz":"+8.00","update":{"loc":"2019-01-29 09:56","utc":"2019-01-29 01:56"},"status":"ok","now":{"cloud":"0","cond_code":"100","cond_txt":"晴","fl":"-3","hum":"24","pcpn":"0.0","pres":"1026","tmp":"0","vis":"5","wind_deg":"21","wind_dir":"东北风","wind_sc":"1","wind_spd":"2"}}]}]

图 9-14　基于 Chrome 发送接口调用请求的相关信息

我们可以通过一些工具，将原本看起来比较混乱的 JSON 格式文本转换成更加易读的格式或者看起来更加方便的结构图，如图 9-15 所示。

图 9-15　和风天气响应 JSON 数据的格式化与解析相关信息

下面，我们就应用 LoadRunner 来写脚本。LoadRunner 提供了一个用户自定义发送请求的函数，该函数名称为"web_custom_request"的函数，如果对该函数的功能不是很熟悉，可以阅读 LoadRunner 提供的帮助文档，这里不再赘述。

这里，作者也应用"Steps Toolbox"来完成，发送这个请求，如图 9-16 和图 9-17 所示。双击图 9-16 中的"web_custom_request"，在图 9-17 中的 URL 文本框中输入"https://free-api. heweather. com/s6/weather/now?location=beijing&key=cadc883ef4214f0d9d864f30xxxxx"后，单击"确定"按钮。此时会发现在脚本中将自动添加了"web_custom_request"函数，如图 9-18 所示。

图 9-16　"Steps Toolbox"对话框信息

图 9-17　用户自定义请求属性对话框信息

图 9-18　web_custom_request 函数相关信息

因为在后续脚本编写中，我们会用到城市代码，可以从和风天气提供的城市代码 ID 链接中下载"中国城市"后的文件得到相关中国城市的代码信息，下载后文件内容，如图 9-19 所示。

我们可以看到北京对应的"City_ID"为"CN101010100"。那么脚本的编写调试工作可以正式开始了，作者写了如下一段脚本代码如下。

```
Action()
{
    char *str="CN101010100";      //定义一个预期的北京城市 ID 作为检查点
    char str1[20];                //定义了一个长度为 20 字符数组
    int pos=-1;                   //定义了一个整型变量，并赋初始值为-1
```

```
    web_reg_save_param("test",  //关联函数，目的获取全部响应数据，故未指定左右边界
    "LB=",
    "RB=",
    LAST);

    pos=web_reg_save_param_json(     //以 JSON 格式的关联函数，cid 放置到 loc 参数
        "ParamName=loc",
        "QueryString=$.HeWeather6[0].basic.cid",
        SEARCH_FILTERS,
        LAST);

    web_custom_request("hefeng",     //发送一个获取北京地区实时天气的请求
    "URL=https://free-api.heweather.com/s6/weather/now?location=beijing&key=cadc883214fxx",
    "Method=GET",
    "TargetFrame=",
    "Resource=0",
    "Referer=",
    "Body=",
    LAST);

    lr_output_message("%s",lr_eval_string("{test}"));   //输出全部的响应数据信息
    lr_convert_string_encoding(lr_eval_string("{test}"),LR_ENC_UTF8,LR_ENC_SYSTEM_LOCALE,
"unicode"); //因为存在乱码问题，所以需要将其转换成 UTF8 字符集
    lr_output_message(lr_eval_string("{unicode}"));//转换后再次输出返回的响应数据
    lr_output_message(lr_eval_string("{loc}"));     //输出 loc 参数的内容
    lr_output_message("%d",pos);                    //查看关联函数（JSON）输出，0 表示成功 1 表示失败
    strcpy( str1,lr_eval_string("{loc}"));          //将参数内容转换为字符串后，存放到 str1 数组
    pos=strcmp(str1,str);                           //比较实际获得的字符串和预期的字符串是否相同
    lr_output_message("%d",pos);                    //字符串比较后得到的返回值，若为 0 表示相同

    if (pos==0) {return 0;}                         //若返回值为 0，表示两者一致，才成功，否则就失败
    else {return -1;}
}
```

A	B	C	D	E	F	G	H	I	J	K	L	
HEWeather China Ci	update by 2018-06-20											
City_ID	City_EN	City_CN	Country_code	Country_EN	Country_CN	Province_EN	Province_CN	Admin_ district_EN	Admin_ district_CN	Latitude	Longitude	AD_code
CN101010100	beijing	北京	CN	China	中国	beijing	北京	beijing	北京	39.904987	116.40529	
CN101010200	haidian	海淀	CN	China	中国	beijing	北京	beijing	北京	39.956074	116.31032	
CN101010300	chaoyang	朝阳	CN	China	中国	beijing	北京	beijing	北京	39.92149	116.48641	
CN101010400	shunyi	顺义	CN	China	中国	beijing	北京	beijing	北京	40.128937	116.65353	
CN101010500	huairou	怀柔	CN	China	中国	beijing	北京	beijing	北京	40.324272	116.63712	
CN101010600	tongzhou	通州	CN	China	中国	beijing	北京	beijing	北京	39.902485	116.6586	
CN101010700	changping	昌平	CN	China	中国	beijing	北京	beijing	北京	40.218086	116.23591	
CN101010800	yanqing	延庆	CN	China	中国	beijing	北京	beijing	北京	40.465324	115.98501	
CN101010900	fengtai	丰台	CN	China	中国	beijing	北京	beijing	北京	39.863644	116.286964	
CN101011000	shijingshan	石景山	CN	China	中国	beijing	北京	beijing	北京	39.9146	116.19544	
CN101011100	daxing	大兴	CN	China	中国	beijing	北京	beijing	北京	39.72891	116.338036	
CN101011200	fangshan	房山	CN	China	中国	beijing	北京	beijing	北京	39.735535	116.13916	
CN101011300	miyun	密云	CN	China	中国	beijing	北京	beijing	北京	40.37736	116.84335	
CN101011400	mentougou	门头沟	CN	China	中国	beijing	北京	beijing	北京	39.937183	116.10538	
CN101011500	pinggu	平谷	CN	China	中国	beijing	北京	beijing	北京	40.144783	117.112335	
CN101011600	dongcheng	东城	CN	China	中国	beijing	北京	beijing	北京	39.917545	116.418755	
CN101011700	xicheng	西城	CN	China	中国	beijing	北京	beijing	北京	39.91531	116.36679	
CN101020100	shanghai	上海	CN	China	中国	shanghai	上海	shanghai	上海	31.231707	121.47264	
CN101020200	minhang	闵行	CN	China	中国	shanghai	上海	shanghai	上海	31.111658	121.37597	
CN101020300	baoshan	宝山	CN	China	中国	shanghai	上海	shanghai	上海	31.398895	121.48994	
CN101020400	huangpu	黄浦	CN	China	中国	shanghai	上海	shanghai	上海	31.22277	121.49032	
CN101020500	jiading	嘉定	CN	China	中国	shanghai	上海	shanghai	上海	31.383524	121.250336	
CN101020600	pudongxinqu	浦东新区	CN	China	中国	shanghai	上海	shanghai	上海	31.245943	121.5677	
CN101020700	jinshan	金山	CN	China	中国	shanghai	上海	shanghai	上海	30.724697	121.330734	
CN101020800	qingpu	青浦	CN	China	中国	shanghai	上海	shanghai	上海	31.151209	121.11302	
CN101020900	songjiang	松江	CN	China	中国	shanghai	上海	shanghai	上海	31.03047	121.22354	
CN101021000	fengxian	奉贤	CN	China	中国	shanghai	上海	shanghai	上海	30.912346	121.45847	
CN101021100	chongming	崇明	CN	China	中国	shanghai	上海	shanghai	上海	31.626945	121.397514	
CN101021200	xuhui	徐汇	CN	China	中国	shanghai	上海	shanghai	上海	31.179974	121.43752	
CN101021300	changning	长宁	CN	China	中国	shanghai	上海	shanghai	上海	31.218122	121.4222	
CN101021400	jingan	静安	CN	China	中国	shanghai	上海	shanghai	上海	31.229004	121.44823	
CN101021500	putuo	普陀	CN	China	中国	shanghai	上海	shanghai	上海	31.241701	121.3925	
CN101021600	hongkou	虹口	CN	China	中国	shanghai	上海	shanghai	上海	31.26097	121.49183	
CN101021700	yangpu	杨浦	CN	China	中国	shanghai	上海	shanghai	上海	31.270756	121.5228	

图 9-19　和风天气提供的其关于中国城市代码接口相关信息

接下来，我们可以从执行结果看到响应结果和预期完全一致，如图 9-20 所示。

上面的脚本内容是为了便于大家阅读理解作者的意图而添加了多个日志输出函数，脚本调试正确后，就可以将这些无用的函数去掉了。

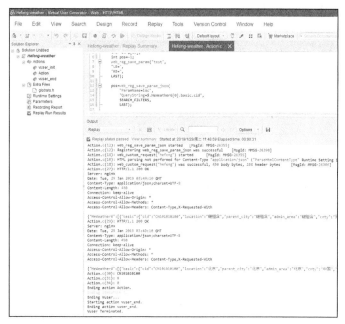

图 9-20　脚本执行结果相关信息

同时，结合我们设计的 4 个正常情况下的接口测试用例和 4 个异常情况下的接口测试用例，如果每个用例都实现一次上面的脚本是不是会感觉比较繁琐、麻烦呢！

所以，为了精简脚本代码，作者对接口测试用例封装成一个测试用例函数，即 testcase()函数，其函数原型为"void testcase(char *casename,char *url)"。其函数的实现代码如下。

```c
void testcase(char *casename,char *url)
{
    char *str="CN101010100";
    char str1[20];
    int pos=-1;
    web_reg_save_param("test",
    "LB=",
    "RB=",
    LAST);

    pos=web_reg_save_param_json(
        "ParamName=loc",
        "QueryString=$.HeWeather6[0].basic.cid",
        SEARCH_FILTERS,
        LAST);

    web_custom_request("hefeng",
    url,
    "Method=GET",
    "TargetFrame=",
    "Resource=0",
    "Referer=",
    "Body=",
    LAST);

    lr_convert_string_encoding(lr_eval_string("{test}"),LR_ENC_UTF8,LR_ENC_SYSTEM_LOCALE,
"unicode");
```

```
strcpy( str1,lr_eval_string("{loc}"));
pos=strcmp(str1,str);
if (pos==0) {
    lr_output_message("%s 执行结果: 成功! ",casename);
}
else {
    lr_output_message("%s 执行结果: 失败! ",casename);
    lr_output_message("实际输出结果为: %s",lr_eval_string("{unicode}"));
    };
}
```

大家其实可以清楚地看到，这个函数的内容与之前的脚本代码差异不大，其传入了 2 个参数，即 casename 和 url 这两个参数，casename 也就是用例名称；url 就是我们要发送的 Get 请求 URL 内容，也是传给 web_custom_request 函数 URL 的参数内容。如果实际响应结果得到的 JSON 格式数据包含北京的城市代码，就认为其结果是正确的，输出"XXXX 执行结果：成功!"，否则，输出"XXXX 执行结果：失败!"，同时还会打印实际响应的结果信息。

下面我们就一起来应用 LoadRunner 来实现正常、异常情况下用例，以验证需求文档和接口实现是一致的。

先让我们再来看一下这 8 个接口测试用例的内容，如表 9-8 所示，其中第 1～4 条为正常情况下的接口测试用例，第 5～8 条为异常情况下的接口测试用例。

表 9-8 基于和风天气实时天气接口用例设计列表（接口功能性测试）

序号	输　入	预 期 输 出	相应测试输入数据
1	正确输入包含必填参数的相关内容（必填参数包括 location 和 key）	正确输出对应城市（location）的实时天气信息（即符合 JSON 格式）	https://free-api.heweather.com/s6/weather/now?location=beijing&key=cadc883ef4214f0d9d86***
2	正确输入包含非必填参数的 lang 相关内容，本例应用语言为英文，关于语言选择，参见图 9-8（参数包括 location、key 和 lang）	正确输出对应城市（location）的实时天气信息（即符合 JSON 格式）	https://free-api.heweather.com/s6/weather/now?location=beijing&key=cadc883ef4214f0d9d86***&lang=en
3	正确输入包含全部参数，本例应用语言为中文，单位选择英制，关于单位参数，参见图 9-9（参数包括 location、key、lang 和 unit）	正确输出对应城市（location）的实时天气信息（即符合 JSON 格式）	https://free-api.heweather.com/s6/weather/now?location=beijing&key=cadc883ef4214f0d9d86***&lang=cn &unit=i
4	正确输入包含全部参数，本例应用语言为英文，单位选择公制，关于单位参数，参见图 9-9（参数包括 location、key、lang 和 unit）	正确输出对应城市（location）的实时天气信息（即符合 JSON 格式）	https://free-api.heweather.com/s6/weather/now?location=beijing&key=cadc883ef4214f0d9d86***&lang=en &unit=m
5	不输入任何参数	返回异常的 JSON 信息（格式：{"HeWeather6":[{"status":"param invalid"}]}）	https://free-api.heweather.com/s6/weather/now?
6	不输入必填参数（location 或 key 参数）	返回异常的 JSON 信息（格式：{"HeWeather6":[{"status":"param invalid"}]}）	https://free-api.heweather.com/s6/weather/now?location=beijing https://free-api.heweather.com/s6/weather/now?key=cadc883ef4214f0d9d86***
7	必填参数输入不存在的值，输入不在城市列表的值（location=test）	返回异常的 JSON 信息（格式：{"HeWeather6":[{"status":"unknown location "}]}）	https://free-api.heweather.com/s6/weather/now?location=test& key=cadc883ef4214f0d9d86***
8	输入不支持语言的值，（lang=test）	返回异常的 JSON 信息，未在文档明确说明，即没有在图 9-8 中有体现，建议（格式：{"HeWeather6":[{"status":"unknown lang"}]}）	https://free-api.heweather.com/s6/weather/now?key=cadc883ef4214f0d9d86*** &location=beijing&lang=test

结合这 8 个基于和风天气实时天气接口的测试用例，我们实现的"Hefeng_weather :Action.c"文件内容如下。

```c
void testcase(char *casename,char *url)
{
    char *str="CN101010100";
    char str1[20];
    int pos=-1;
    web_reg_save_param("test",
    "LB=",
    "RB=",
    LAST);

    pos=web_reg_save_param_json(
        "ParamName=loc",
        "QueryString=$.HeWeather6[0].basic.cid",
        SEARCH_FILTERS,
        LAST);

    web_custom_request("hefeng",
    url,
    "Method=GET",
    "TargetFrame=",
    "Resource=0",
    "Referer=",
    "Body=",
    LAST);

    lr_convert_string_encoding(lr_eval_string("{test}"),LR_ENC_UTF8,LR_ENC_SYSTEM_LOCALE,
"unicode");
    strcpy( str1,lr_eval_string("{loc}"));
    pos=strcmp(str1,str);
    if (pos==0) {
        lr_output_message("%s 执行结果: 成功! ",casename);
    }
    else {
        lr_output_message("%s 执行结果: 失败! ",casename);
        lr_output_message("实际输出结果为: %s",lr_eval_string("{unicode}"));
        };
    }


Action()
{
    testcase("测试用例 1",
     "URL=https://free-api.heweather.com/s6/weather/now?location=beijing&key=cadc8XXXXXX");
    testcase(
     "测试用例 2",
     "URL=https://free-api.heweather.com/s6/weather/now?location=beijing&key=cadc8XXXXXX&
    lang=en");
    testcase("测试用例 3",
     "URL=https://free-api.heweather.com/s6/weather/now?location=beijing&key=cadc8XXXXXX&
     lang=cn&unit=i");
    testcase("测试用例 4",
     "URL=https://free-api.heweather.com/s6/weather/now?location=beijing&key=cadc8XXXXXX&
     lang=en&unit=m");
```

```
testcase("测试用例5","URL=https://free-api.heweather.com/s6/weather/now");
testcase("测试用例6",
  "URL=https://free-api.heweather.com/s6/weather/now?location=beijing");
testcase("测试用例7",
  "URL=https://free-api.heweather.com/s6/weather/now?location=test&key=cadc8XXXXX");
testcase("测试用例8",
  "URL=https://free-api.heweather.com/s6/weather/now?location=beijing&key=cadc8XXXXX&
  lang=test");
return 0;
}
```

上面的脚本代码较长，为了便于大家阅读，这里给出该脚本核心用例设计的图示，如图 9-21 所示。

图 9-21　脚本核心用例设计部分代码相关信息

从上面的脚本，我们可以看出作者按照正常用例的序号顺序实现了对应的脚本，以取北京地区实况天气为例，所以取北京的城市代码比对作为判断的内容，从 VuGen 的执行结果来看，所有正常用例（测试用例 1～测试用例 4）均执行成功，如图 9-22 所示。

从上面的脚本，我们可以看出作者按照异常用例的序号顺序实现了对应的脚本，以取北京地区实况天气为例，取返回的响应信息内容作为判断的依据，从执行结果来看，有 3 个用例执行结果因为没有捕获到北京的城市代码而报错，并打印出响应数据信息。

图 9-22　正常用例执行相关信息

如图 9-23 所示，让我们分别来看一下这最后 3 个执行失败的用例的预期输出和实际输出分别是什么？先让我们来看一下名称为"测试用例 5"用例，它没有输入任何请求参数，其预期输出是" {"HeWeather6":[{"status":"param invalid"}]} "，实际输出也是" {"HeWeather6": [{"status":"param invalid"}]} "，它与需求一致，所以这是对的。名称为"测试用例 6"用例，它只输入了地区参数，而没有 key 参数，其预期输出是" {"HeWeather6":[{"status":"param invalid"}]} "，实际输出也是" {"HeWeather6":[{"status":"param invalid"}]} "，它与需求一致，所以这也是对的。名称为"测试用例 7"用例，它输入了不存在的地区参数，其预期输出是" {"HeWeather6":[{"status":"unknown location"}]} "，实际输出也是" {"HeWeather6":[{"status": "unknown location"}]} "，它与需求一致，所以这也是对的。

再来看一下名称为"测试用例 8"的接口测试用例，它们分别传入了一个不存在的语言，但是从执行结果来看，它执行成功了，并没有反馈异常提示信息。而按照需求文档预期结果应该是" {"HeWeather6":[{"status":"unknown lang"}]} "，所以与我们的预期不一致，这就是一个 Bug。

通过上面的实况天气接口的正常、异常情况下部分用例的执行来看，是不是该接口文档和实现不一致呢？答案是肯定的，所以并不是一个上线的产品就没有问题，Bug 无处不在。产品设计人员或者开发人员需修复这个 Bug，保持产品需求文档和接口代码相互一致。

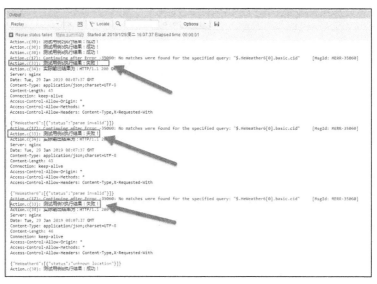

图 9-23　异常用例执行相关信息

9.2　LoadRunner 在接口性能测试中的应用

9.2.1　接口测试性能用例设计

在前面章节已经有了明确的实况天气接口性能要求,即要求天气预报接口能允许 50 并发访问且平均响应时间不能高于 0.5 秒,具体如表 9-9 所示。

表 9-9　　　　　　　　　　　　　　性能测试场景设计列表

序号	性 能 场 景	性能指标要求
1	考察系统初始阶段用户较少情况下 5 个用户并发访问实况天气接口,每秒加载 1 个虚拟用户,压测时长为 1 分钟,相关性能指标是否能够满足以及不出现异常情况	5 用户并发访问实况天气接口,系统平均响应时间小于 0.5 秒,业务成功率 100%
2	考察系统初始阶段用户较少情况下 10 个用户并发访问实况天气接口,每秒加载 1 个虚拟用户,压测时长为 1 分钟,相关性能指标是否能够满足以及不出现异常情况	10 用户并发访问实况天气接口,系统平均响应时间小于 0.5 秒,业务成功率 100%
3	考察系统初始阶段用户较少情况下 20 个用户并发访问实况天气接口,每秒加载 5 个虚拟用户,压测时长为 1 分钟,相关性能指标是否能够满足以及不出现异常情况	20 用户并发访问实况天气接口,系统平均响应时间小于 0.5 秒,业务成功率 100%
4	考察系统 30 个用户并发访问实况天气接口,每秒加载 5 个虚拟用户,压测时长为 1 分钟,相关性能指标是否能够满足以及不出现异常情况	30 用户并发访问实况天气接口,系统平均响应时间小于 0.5 秒,业务成功率 100%
5	考察系统 40 个用户并发访问实况天气接口,每秒加载 5 个虚拟用户,压测时长为 1 分钟,相关性能指标是否能够满足以及不出现异常情况	40 用户并发访问实况天气接口,系统平均响应时间小于 0.5 秒,业务成功率 100%
6	考察系统 50 个用户并发访问实况天气接口,每秒加载 5 个虚拟用户,压测时长为 1 分钟,相关性能指标是否能够满足以及不出现异常情况	50 用户并发访问实况天气接口,系统平均响应时间小于 0.5 秒,业务成功率 100%

注:只考虑实况天气接口要求指标,其他如服务器资源、其他业务性能及业务交互情况暂不考虑。

9.2.2 测试用例脚本实现

经过上一节功能性验证后，我们发现了 1 个 Bug，主要是产品设计文档和代码实现不一致的问题，需调整一致。从实况天气的接口来看其正常业务功能并没有问题，而性能测试主要关注的就是正常情况下，在多个用户访问时，会导致系统、接口出现异常（如不予响应、系统崩溃、性能指标超出预期等）等问题。

下面就让我们一起应用 VuGen 实现性能测试的业务脚本，这里我们再新建一个名称为"Hefeng_test"的 HTTP 协议脚本，"Hefeng_test:Action.c"内容如下所示。

```
Action()
{
    char *str;
    char str1[100];
    int pos=-1;
    char *url;
    web_reg_save_param("test",
    "LB=",
    "RB=",
    LAST);

    str=lr_eval_string("{citycode}");
    strcpy(str1,"URL=https://free-api.heweather.com/s6/weather/now?location=");
    strcat(str1,lr_eval_string("{citycode}"));
    strcat(str1,"&key=cadc883efxxxxxxx");
    url=str1;

    lr_start_transaction("实时天气");

    pos=web_reg_save_param_json(
        "ParamName=loc",
        "QueryString=$.HeWeather6[0].basic.cid",
        SEARCH_FILTERS,
        LAST);

    web_custom_request("hefeng",
    url,
    "Method=GET",
    "TargetFrame=",
    "Resource=0",
    "Referer=",
    "Body=",
    LAST);
    lr_end_transaction("实时天气", LR_AUTO);

    lr_convert_string_encoding(lr_eval_string("{test}"),LR_ENC_UTF8,LR_ENC_SYSTEM_LOCALE,
                            "unicode");
    strcpy( str1,lr_eval_string("{loc}"));
    pos=strcmp(str1,str);
    if (pos==0) {
        return 0;
    }
    else {
        lr_output_message("实际输出结果为: %s",lr_eval_string("{unicode}"));
```

```
            return -1;
        };
}
```

参数文件"citycode.dat"文件内容如下。

```
citycode
CN101010100
CN101010200
CN101010300
CN101010400
CN101010500
CN101010600
CN101010700
CN101010800
CN101010900
CN101011000
CN101011100
CN101011200
CN101011300
CN101011400
CN101011500
CN101011600
CN101011700
CN101020100
CN101020200
CN101020300
CN101020400
CN101020500
CN101020600
CN101020700
CN101020800
CN101020900
CN101021000
CN101021100
CN101021200
CN101021300
CN101021400
CN101021500
CN101021600
CN101021700
CN101030100
CN101030200
CN101030300
CN101030400
CN101030500
CN101030600
CN101030700
CN101030800
CN101030900
CN101031000
CN101031100
CN101031200
CN101031300
CN101031400
CN101031500
CN101031600
```

我们选取的城市代码主要是北京、上海和天津的部分城市代码，如图 9-24 所示。

HEWeather China Ci	update by 2018-06-20										
City_ID	City_EN	City_CN	Country_code	Country_EN	Country_CN	Province_EN	Province_CN	Admin_ district_EN	Admin_ district_CN	Latitude	Longitude
CN101010100	beijing	北京	CN	China	中国	beijing	北京	beijing	北京	39.904987	116.40529
CN101010200	haidian	海淀	CN	China	中国	beijing	北京	beijing	北京	39.956074	116.31032
CN101010300	chaoyang	朝阳	CN	China	中国	beijing	北京	beijing	北京	39.92149	116.48641
CN101010400	shunyi	顺义	CN	China	中国	beijing	北京	beijing	北京	40.128937	116.65353
CN101010500	huairou	怀柔	CN	China	中国	beijing	北京	beijing	北京	40.324272	116.63712
CN101010600	tongzhou	通州	CN	China	中国	beijing	北京	beijing	北京	39.902485	116.6586
CN101010700	changping	昌平	CN	China	中国	beijing	北京	beijing	北京	40.218086	116.23591
CN101010800	yanqing	延庆	CN	China	中国	beijing	北京	beijing	北京	40.465324	115.98501
CN101010900	fengtai	丰台	CN	China	中国	beijing	北京	beijing	北京	39.863644	116.286964
CN101011000	shijingshan	石景山	CN	China	中国	beijing	北京	beijing	北京	39.9146	116.19544
CN101011100	daxing	大兴	CN	China	中国	beijing	北京	beijing	北京	39.72891	116.338036
CN101011200	fangshan	房山	CN	China	中国	beijing	北京	beijing	北京	39.735535	116.13916
CN101011300	miyun	密云	CN	China	中国	beijing	北京	beijing	北京	40.37736	116.84335
CN101011400	mentougou	门头沟	CN	China	中国	beijing	北京	beijing	北京	39.937183	116.10538
CN101011500	pinggu	平谷	CN	China	中国	beijing	北京	beijing	北京	40.144783	117.112335
CN101011600	dongcheng	东城	CN	China	中国	beijing	北京	beijing	北京	39.917545	116.418755
CN101011700	xicheng	西城	CN	China	中国	beijing	北京	beijing	北京	39.91531	116.36679
CN101020100	shanghai	上海	CN	China	中国	shanghai	上海	shanghai	上海	31.231707	121.47264
CN101020200	minhang	闵行	CN	China	中国	shanghai	上海	shanghai	上海	31.111658	121.37597
CN101020300	baoshan	宝山	CN	China	中国	shanghai	上海	shanghai	上海	31.398895	121.48994
CN101020400	huangpu	黄浦	CN	China	中国	shanghai	上海	shanghai	上海	31.22277	121.49032
CN101020500	jiading	嘉定	CN	China	中国	shanghai	上海	shanghai	上海	31.383524	121.250336
CN101020600	pudongxinqu	浦东新区	CN	China	中国	shanghai	上海	shanghai	上海	31.245943	121.5677
CN101020700	jinshan	金山	CN	China	中国	shanghai	上海	shanghai	上海	30.724697	121.330734
CN101020800	qingpu	青浦	CN	China	中国	shanghai	上海	shanghai	上海	31.151209	121.11302
CN101020900	songjiang	松江	CN	China	中国	shanghai	上海	shanghai	上海	31.03047	121.22354
CN101021000	fengxian	奉贤	CN	China	中国	shanghai	上海	shanghai	上海	30.912346	121.45847
CN101021100	chongming	崇明	CN	China	中国	shanghai	上海	shanghai	上海	31.626945	121.397514
CN101021200	xuhui	徐汇	CN	China	中国	shanghai	上海	shanghai	上海	31.179974	121.43752
CN101021300	changning	长宁	CN	China	中国	shanghai	上海	shanghai	上海	31.218122	121.4222
CN101021400	jingan	静安	CN	China	中国	shanghai	上海	shanghai	上海	31.229004	121.44823
CN101021500	putuo	普陀	CN	China	中国	shanghai	上海	shanghai	上海	31.241701	121.3925
CN101021600	hongkou	虹口	CN	China	中国	shanghai	上海	shanghai	上海	31.26097	121.49183
CN101021700	yangpu	杨浦	CN	China	中国	shanghai	上海	shanghai	上海	31.270756	121.5228
CN101030100	tianjin	天津	CN	China	中国	tianjin	天津	tianjin	天津	39.125595	117.190186
CN101030200	wuqing	武清	CN	China	中国	tianjin	天津	tianjin	天津	39.376926	117.05796
CN101030300	baodi	宝坻	CN	China	中国	tianjin	天津	tianjin	天津	39.716965	117.30809
CN101030400	dongli	东丽	CN	China	中国	tianjin	天津	tianjin	天津	39.087765	117.313965
CN101030500	xiqing	西青	CN	China	中国	tianjin	天津	tianjin	天津	39.139446	117.012245
CN101030600	beichen	北辰	CN	China	中国	tianjin	天津	tianjin	天津	39.225555	117.13482
CN101030700	ninghe	宁河	CN	China	中国	tianjin	天津	tianjin	天津	39.328884	117.82828
CN101030800	heping	和平	CN	China	中国	tianjin	天津	tianjin	天津	39.11833	117.19591
CN101030900	jinghai	静海	CN	China	中国	tianjin	天津	tianjin	天津	38.935673	116.9253
CN101031000	jinnan	津南	CN	China	中国	tianjin	天津	tianjin	天津	38.98958	117.382545
CN101031100	binhaixinqu	滨海新区	CN	China	中国	tianjin	天津	tianjin	天津	39.032845	117.654175
CN101031200	hedong	河东	CN	China	中国	tianjin	天津	tianjin	天津	39.122124	117.22657
CN101031300	hexi	河西	CN	China	中国	tianjin	天津	tianjin	天津	39.1019	117.21754
CN101031400	jizhou	蓟州	CN	China	中国	tianjin	天津	tianjin	天津	40.04534	117.40745
CN101031500	nankai	南开	CN	China	中国	tianjin	天津	tianjin	天津	39.120476	117.16415
CN101031600	hebei	河北	CN	China	中国	tianjin	天津	tianjin	天津	39.15663	117.20157

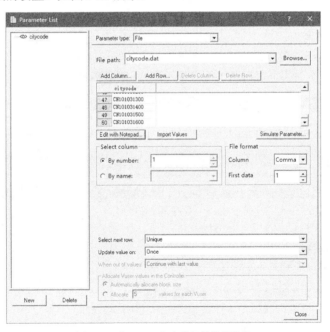

图 9-24　和风天气提供的中国城市代码相关信息

“citycode”参数的设置，如图 9-25 所示。

图 9-25　“citycode”参数相关设置信息

9.2.3　性能测试场景执行

现在再次让我们一起来看一下我们设计的性能测试场景，如表 9-10 所示。

表 9-10 性能测试场景设计列表

序号	性 能 场 景	性能指标要求
1	考察系统初始阶段用户较少情况下，5 个用户并发访问实况天气接口，每秒加载 1 个虚拟用户，压测时长为 1 分钟，相关性能指标是否能够满足以及不出现异常情况	5 用户并发访问实况天气接口，系统平均响应时间小于 0.5 秒，业务成功率 100%
2	考察系统初始阶段用户较少情况下，10 个用户并发访问实况天气接口，每秒加载 5 个虚拟用户，压测时长为 1 分钟，相关性能指标是否能够满足以及不出现异常情况	10 用户并发访问实况天气接口，系统平均响应时间小于 0.5 秒，业务成功率 100%
3	考察系统 20 个用户并发问实况天气接口，每秒加载 5 个虚拟用户，压测时长为 1 分钟，相关性能指标是否能够满足以及不出现异常情况	20 用户并发访问实况天气接口，系统平均响应时间小于 0.5 秒，业务成功率 100%
4	考察系统 30 个用户并发问实况天气接口，每秒加载 5 个虚拟用户，压测时长为 1 分钟，相关性能指标是否能够满足以及不出现异常情况	30 用户并发访问实况天气接口，系统平均响应时间小于 0.5 秒，业务成功率 100%
5	考察系统 40 个用户并发问实况天气接口，每秒加载 5 个虚拟用户，压测时长为 1 分钟，相关性能指标是否能够满足以及不出现异常情况	40 用户并发访问实况天气接口，系统平均响应时间小于 0.5 秒，业务成功率 100%
6	考察系统 50 个用户并发问实况天气接口，每秒加载 5 个虚拟用户，压测时长为 1 分钟，相关性能指标是否能够满足以及不出现异常情况	50 用户并发访问实况天气接口，系统平均响应时间小于 0.5 秒，业务成功率 100%

注：只考虑实况天气接口要求指标，其他如服务器资源、其他业务性能及业务交互情况暂不考虑。

看了这些性能测试场景的用例设计后，我们可以使用 Controller 应用来对照性能测试用例来设计性能场景并执行场景。

在下面我们将每个性能测试场景与前面的性能测试用例意义对应进行设计并执行，后续不再赘述该条件。

● 性能测试用例 1

针对性能测试用例 1 的场景设计（5 个虚拟用户并发访问实况天气接口，每秒加载 1 个虚拟用户，压测时长为 1 分钟，同时释放 5 个虚拟用户），如图 9-26 所示。

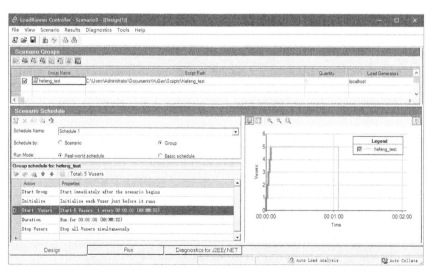

图 9-26 5 个虚拟用户并发访问和风天气接口用例场景设计信息

如图 9-27 所示，实时天气事务的平均响应时间为 0.116 秒，最快的响应时间为 0.086 秒，最慢的响应时间为 0.208 秒，90% 的平均响应时间都低于 0.14 秒。

Transaction Name	SLA Status	Minimum	Average	Maximum	Std. Deviation	90 Percent
Action Transaction	⊘	0.087	0.118	0.21	0.019	0.141
vuser end Transaction	⊘	0	0	0	0	0
vuser init Transaction	⊘	0	0	0	0	0
实时天气	⊘	0.086	0.116	0.208	0.019	0.14
Service Level Agreement Legend:	✓ Pass	☒ Fail	⊘ No Data			

图 9-27　5 个虚拟用户并发访问和风天气接口用例场景执行结果信息

● 性能测试用例 2

针对性能测试用例 2 的场景设计（10 个虚拟用户并发访问实况天气接口，每秒加载 1 个虚拟用户，压测时长为 1 分钟，同时释放 10 个虚拟用户），如图 9-28 所示。

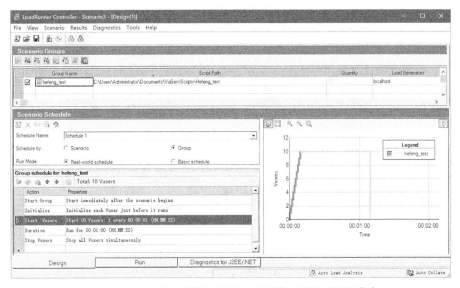

图 9-28　10 个虚拟用户并发访问和风天气接口用例场景设计信息

如图 9-29 所示，实时天气事务的平均响应时间为 0.11 秒，最快的响应时间为 0.109 秒，最慢的响应时间为 0.111 秒，90%的平均响应时间都低于 0.111 秒。

Transaction Name	SLA Status	Minimum	Average	Maximum	Std. Deviation	90 Percent
Action Transaction	⊘	0.111	0.112	0.113	0.024	0.113
vuser end Transaction	⊘	0	0	0	0	0
vuser init Transaction	⊘	0	0	0	0	0
实时天气	⊘	0.109	0.11	0.111	0.024	0.111
Service Level Agreement Legend:	✓ Pass	☒ Fail	⊘ No Data			

图 9-29　10 个虚拟用户并发访问和风天气接口用例场景执行结果信息

● 性能测试用例 3

针对性能测试用例 3 的场景设计（20 个虚拟用户并发访问实况天气接口，每秒加载 1 个虚拟用户，压测时长为 1 分钟，同时释放 20 个虚拟用户），如图 9-30 所示。

如图 9-31 所示，实时天气事务的平均响应时间为 0.151 秒，最快的响应时间为 0.102 秒，最慢的响应时间为 0.212 秒，90%的平均响应时间都低于 0.177 秒。

● 性能测试用例 4

针对性能测试用例 4 的场景设计（30 个虚拟用户并发访问实况天气接口，每秒加载 1 个虚拟用户，压测时长为 1 分钟，同时释放 30 个虚拟用户），如图 9-32 所示。

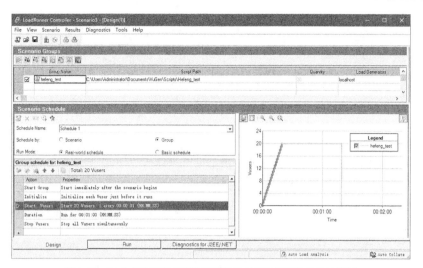

图 9-30　20 个虚拟用户并发访问和风天气接口用例场景设计信息

Transaction Name	SLA Status	Minimum	Average	Maximum	Std. Deviation	90 Percent
Action Transaction	◯	0.103	0.153	0.213	0.026	0.178
vuser_end Transaction	◯	0	0	0	0	0
vuser_init Transaction	◯	0	0	0.001	0	0
实时天气	◯	0.102	0.151	0.212	0.026	0.177
Service Level Agreement Legend:		✅ Pass	☒ Fail	◯ No Data		

图 9-31　20 个虚拟用户并发访问和风天气接口用例场景执行结果信息

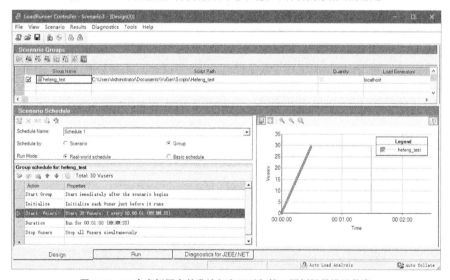

图 9-32　30 个虚拟用户并发访问和风天气接口用例场景设计信息

如图 9-33 所示，实时天气事务的平均响应时间为 0.154 秒，最快的响应时间为 0.117 秒，最慢的响应时间为 0.247 秒，90%的平均响应时间都低于 0.216 秒。

Transaction Name	SLA Status	Minimum	Average	Maximum	Std. Deviation	90 Percent
Action Transaction	◯	0.118	0.167	0.295	0.051	0.239
vuser_end Transaction	◯	0	0	0	0	0
vuser_init Transaction	◯	0	0	0.001	0	0
实时天气	◯	0.117	0.154	0.247	0.038	0.216
Service Level Agreement Legend:		✅ Pass	☒ Fail	◯ No Data		

图 9-33　30 个虚拟用户并发访问和风天气接口用例场景执行结果信息

● 性能测试用例 5

针对性能测试用例 5 的场景设计（40 个虚拟用户并发访问实况天气接口，每秒加载 1 个虚拟用户，压测时长为 1 分钟，同时释放 40 个虚拟用户），如图 9-34 所示。

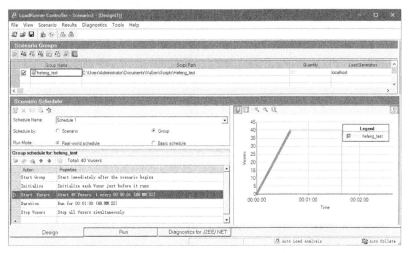

图 9-34 40 个虚拟用户并发访问和风天气接口用例场景设计信息

如图 9-35 所示，实时天气事务的平均响应时间为 0.157 秒，最快的响应时间为 0.116 秒，最慢的响应时间为 0.217 秒，90%的平均响应时间都低于 0.195 秒。

Transaction Name	SLA Status	Minimum	Average	Maximum	Std. Deviation	90 Percent
Action Transaction	⊘	0.117	0.159	0.22	0.026	0.198
vuser_end Transaction	⊘	0	0	0	0	0
vuser_init Transaction	⊘	0	0	0.001	0	0
实时天气	⊘	0.116	0.157	0.217	0.026	0.195
Service Level Agreement Legend:	✓ Pass	☒ Fail	⊘ No Data			

图 9-35 40 个虚拟用户并发访问和风天气接口用例场景执行结果信息

● 性能测试用例 6

针对性能测试用例 6 的场景设计（50 个虚拟用户并发访问实况天气接口，每秒加载 1 个虚拟用户，压测时长为 1 分钟，同时释放 50 个虚拟用户），如图 9-36 所示。

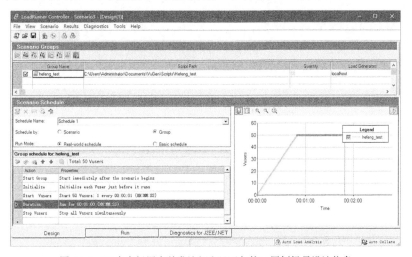

图 9-36 50 个虚拟用户并发访问和风天气接口用例场景设计信息

如图 9-37 所示，实时天气事务的平均响应时间为 0.256 秒，最快的响应时间为 0.104 秒，最慢的响应时间为 0.463 秒，90%的平均响应时间都低于 0.432 秒。

Transaction Name	SLA Status	Minimum	Average	Maximum	Std. Deviation	90 Percent
Action Transaction	⊘	0.105	0.257	0.465	0.121	0.433
vuser_end Transaction	⊘	0	0	0	0	0
vuser_init Transaction	⊘	0	0.003	0.066	0.011	0.002
实时天气	⊘	0.104	0.256	0.463	0.121	0.432

图 9-37　50 个虚拟用户并发访问和风天气接口用例场景执行结果信息

9.2.4　性能测试执行结果分析与总结

为方便读者查看我们关心的性能执行结果关键性指标，这里作者整理了一个列表，见表 9-11。

表 9-11　　　　　　　　　　性能测试场景对应执行关键结果指标列表

序号	虚拟用户数	业务成功率	实时天气事务 平均响应时间（毫秒）	90%实时天气事务 平均响应时间（毫秒）
1	5 个虚拟用户数	100%	116	140
2	10 个虚拟用户数	100%	110	111
3	20 个虚拟用户数	100%	151	177
4	30 个虚拟用户数	100%	154	216
5	40 个虚拟用户数	100%	157	195
6	50 个虚拟用户数	100%	256	432

从表 9-11 我们能看到和风天气预报接口目前情况下符合预期性能测试指标，即 50 个虚拟用户访问天气预报接口响应时间小于 500 毫秒的要求，其目前在 50 个虚拟用户访问天气预报接口时，有 90%的事务响应时间均会小于 432 毫秒。而且从负载用户数小于、等于 40 个虚拟用户的情况下，我们能清晰地看到其事务的平均响应时间基本稳定在 150 毫秒左右。在 50 个虚拟用户并发访问的情况下，实时天气接口的事务平均响应时间增长较多，为 256 毫秒，而 90%的事务平均响应时间较以前又翻了 1 倍。从性能测试的角度应该进一步的增加性能测试用例，结合系统用户的增量以及执行结果，评估该接口是否能被植入到系统首页。

其实，还可以将表 9-11 的相关数据做成一个图表，随着虚拟用户数的变化，其响应时间趋势的变化就会更加明显和直观，如图 9-38 所示。

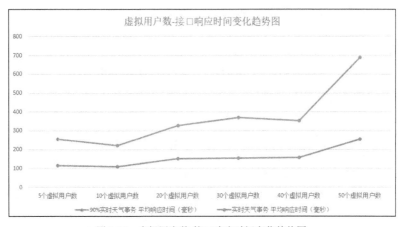

图 9-38　虚拟用户数-接口响应时间变化趋势图

结合性能测试场景对应的执行是否通过，我们整理了一个列表，如表 9-12 所示。

表 9-12 性能测试场景执行是否通过对照表

序号	性 能 场 景	性能指标要求	是否通过
1	考察系统初始阶段用户较少情况下，5 个用户并发访问实况天气接口，每秒加载 1 个虚拟用户，压测时长为 1 分钟，相关性能指标是否能够满足以及不出现异常情况	5 用户并发访问实况天气接口，系统平均响应时间小于 0.5 秒，业务成功率 100%	是
2	考察系统初始阶段用户较少情况下，10 个用户并发访问实况天气接口，每秒加载 5 个虚拟用户，压测时长为 1 分钟，相关性能指标是否能够满足以及不出现异常情况	10 用户并发访问实况天气接口，系统平均响应时间小于 0.5 秒，业务成功率 100%	是
3	考察系统 20 个用户并发访问实况天气接口，每秒加载 5 个虚拟用户，压测时长为 1 分钟，相关性能指标是否能够满足以及不出现异常情况	20 用户并发访问实况天气接口，系统平均响应时间小于 0.5 秒，业务成功率 100%	是
4	考察系统 30 个用户并发访问实况天气接口，每秒加载 5 个虚拟用户，压测时长为 1 分钟，相关性能指标是否能够满足以及不出现异常情况	30 用户并发访问实况天气接口，系统平均响应时间小于 0.5 秒，业务成功率 100%	是
5	考察系统 40 个用户并发访问实况天气接口，每秒加载 5 个虚拟用户，压测时长为 1 分钟，相关性能指标是否能够满足以及不出现异常情况	40 用户并发访问实况天气接口，系统平均响应时间小于 0.5 秒，业务成功率 100%	是
6	考察系统 50 个用户并发访问实况天气接口，每秒加载 5 个虚拟用户，压测时长为 1 分钟，相关性能指标是否能够满足以及不出现异常情况	50 用户并发访问实况天气接口，系统平均响应时间小于 0.5 秒，业务成功率 100%	是

结论：

本次基于和风实时天气预报接口性能测试共执行 6 个性能测试业务场景。性能测试结果在 50 个虚拟用户负载时，其实时天气接口平均响应时间为 256 毫秒，90%事务响应时间均低于 432 毫秒，满足预期 500 毫秒的性能指标，且接口服务器稳定，无任何失败性事务，该实时天气预报接口可用。但需注意的是在 50 个虚拟用户并发访问的情况下，实时天气接口的事务的平均响应时间增长较多为 256 毫秒，而 90%的事务平均响应时间较以前又翻了 1 倍。从性能测试的角度应该进一步的增加性能测试用例，结合系统用户的增量以及执行结果，评估该接口是否能被植入到系统首页。

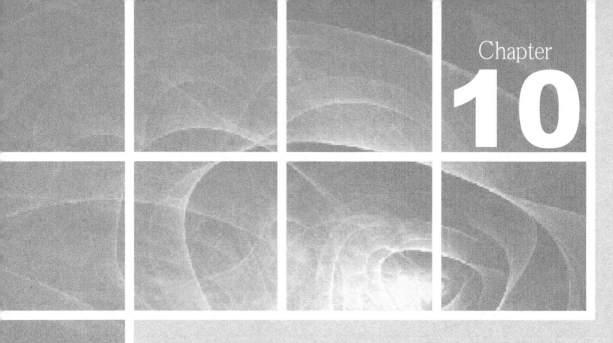

第 10 章

性能监控方法和
性能监控工具应用

10.1 概述

软件性能测试涉及面非常广泛,性能测试分析数据信息来源的主要途径就是操作系统为性能测试工具提供的接口。是不是只能利用性能测试工具才能够对系统的各种资源进行监控呢?回答是否定的。

系统的整体性能由许多因素决定,如 CPU 利用率、CPU 队列长度(即有多少任务正在等待 CPU 的服务)、磁盘忙闲程度(即磁盘驱动器有多少时间用于响应请求)、可用的物理内存、网络接口的利用情况等。

10.2 进程相关指标和监控技术

10.2.1 Windows 操作系统任务、进程

Windows 操作系统中运行着众多的任务和进程,在系统当前运行的进程里包括系统管理计算机个体和完成各种操作所必需的进程;用户开启、执行的额外程序进程,当然也包括用户不知道而自动运行的非法进程(如一些流氓软件、病毒程序等)。

在做性能测试的时候,为了体现系统的真实性能,通常我们要将没有用的应用或者进程进行关闭,减少 CPU、内存等的利用。那么怎样查看哪些应用和进程正在被使用呢?要查看系统哪些进程正在运行,要查看进程列表,可以使用 Windows 操作系统提供的任务管理器。

进程是程序在计算机上的一次执行活动。运行一个程序,就启动了一个进程。一个进程是由一个或者多个进程、代码、数据和应用程序在内存中的其他资源组成。典型的应用程序资源是打开的文件和动态分配的内存空间。应用程序在系统调度时将控制权交给它的一个进程,系统调度决定了哪些进程运行以及什么时候运行。在多处理器的计算机上,系统调度可以将单独的进程分配到不同的处理器来平衡 CPU 负载。

进程中的每一个进程都是独立的,除非用户进程之间可以互相可见,否则进程将独立于进程中的其他进程。显然,程序是死的(静态的),进程是活的(动态的)。进程可以分为系统进程和用户进程。凡是用于完成操作系统的各种功能的进程就是系统进程,它们就是处于运行状态下的操作系统本身;用户进程就是所有由计算机使用者启动的进程。

操作系统对任务和进程提供了不同的管理工具,下面将分别介绍对任务和进程的管理。

10.2.2 Windows 操作系统任务、进程监控技术

可以通过 3 种方式来显示 Windows 操作系统任务、进程,您可以直接按下<Ctrl+Shift+Esc>组合键,或者在任务栏单击鼠标右键,在弹出的菜单中选择"任务管理器(K)"选项,如图 10-1 所示,打开本地计算机的 Windows 进程管理器。单击"进程"标签,即可查看系统中运行的进程列表,如图 10-2 所示。

此外,还可以通过启动 Windows 的命令行来查看运行在本地或远程计算机上的所有任务的应用程序和服务列表及进程 ID(PID),使用 tasklist 命令实现。为了使大家对这个命令有一个认识,可以输入 tasklist/?来查看该命令的帮助信息,显示如下内容:

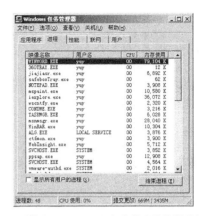

图 10-1　任务栏快捷菜单选项中的任务管理器　　　图 10-2　Windows 任务管理器进程列表

```
TASKLIST [/S system [/U username [/P [password]]]]
         [/M [module] | /SVC | /V] [/FI filter] [/FO format] [/NH]
```

描述:
这个命令行工具显示应用程序在本地或远程系统上运行的相关任务/进程的列表。

参数列表:

/S	system	指定连接到的远程系统。
/U	[domain\]user	指定应该在哪个用户上下文执行这个命令。
/P	[password]	为提供的用户上下文指定密码。如果忽略, 提示输入。
/M	[module]	列出所有其中符合指定模式名的 DLL 模块的所有任务。 如果没有指定模块名, 则显示每个任务加载的所有模块。
/SVC		显示每个进程中的服务。
/V		指定要显示详述信息。
/FI	filter	显示一系列符合筛选器指定的标准的任务。
/FO	format	指定输出格式。有效值: "TABLE"、"LIST"、"CSV"。
/NH		指定栏标头不应该在输出中显示。只对 "TABLE" 和 "CSV" 格式有效。
/?		显示帮助/用法。

筛选器:

筛选器名	有效操作符	有效值
STATUS	eq, ne	正在运行 | 没有响应
IMAGENAME	eq, ne	图像名
PID	eq, ne, gt, lt, ge, le	PID 值
SESSION	eq, ne, gt, lt, ge, le	会话编号
SESSIONNAME	eq, ne	会话名
CPUTIME	eq, ne, gt, lt, ge, le	CPU 时间, 格式为 hh:mm:ss。 hh - 时, mm - 分, ss - 秒
MEMUSAGE	eq, ne, gt, lt, ge, le	内存使用量(KB)
USERNAME	eq, ne	用户名, 格式为 [domain\]user
SERVICES	eq, ne	服务名
WINDOWTITLE	eq, ne	窗口标题
MODULES	eq, ne	DLL 名

例如:
```
    TASKLIST
    TASKLIST /M
```

```
TASKLIST /V
TASKLIST /SVC
TASKLIST /M wbem*
TASKLIST /S system /FO LIST
TASKLIST /S system /U domain\username /FO CSV /NH
TASKLIST /S system /U username /P password /FO TABLE /NH
TASKLIST /FI "USERNAME ne NT AUTHORITY\SYSTEM" /FI "STATUS eq running"
```

为了使大家对该命令的使用有更深刻的认识，这里给大家举几个例子进行说明。

1. 示例一

在命令行输入 tasklist 命令，显示如图 10-3 所示信息。

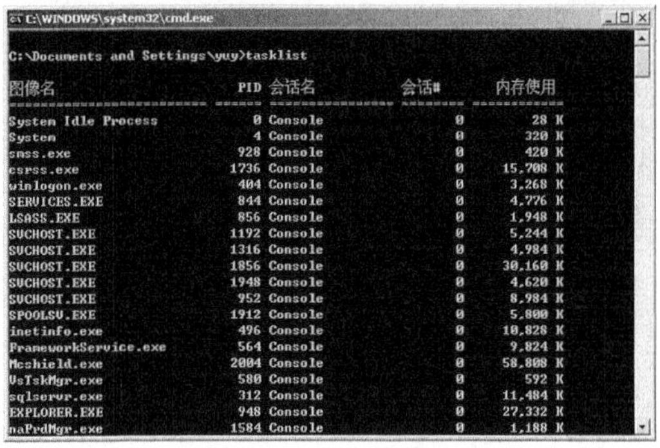

运行结果显示运行在本地或远程计算机上的所有任务的应用程序和服务列表，带有进程 PID 会话名、图像名、会话、内存使用信息。

2. 示例二

如果需要查看进程的模块信息，可以输入
tasklist /m 命令显示所有运行进程的模块信息，因为显示信息内容过多，有一些想看的信息又一闪而过，所以加入了"| more"参数进行分页显示，如图 10-4 所示，显示的主要内容包括图像名、PID 和模块信息，该命令显示了进程依附的动态链接库信息。

也许您需要看哪些进程正在使用 ntdll.dll 这个动态链接库文件，这时可以输入"tasklist /m ntdll.dll"，如图 10-5 所示。

图 10-3　tasklist 命令显示信息

图 10-4　用户的进程依附信息

图 10-5　显示依附指定动态链接库的进程信息

3. 示例三

"Svchost.exe"负责调动各种服务，使用此命令可以看到"Svchost"到底运行了哪些服务，是否包括不知名的木马程序在系统中默默运行。如果需要查看图像名"Svchost.exe"都被哪些服务所调用，则可以输入"Tasklist /svc /FI"imagename eq svchost.exe""，如图 10-6 所示，这里我们应用了显示每个进程中的服务和筛选器参数，详细信息请大家参见帮助内容。

4. 示例四

如果需要查看远程计算机上的所有任务的应用程序和服务列表，带有进程 PID 会话名、图像名、会话、内存使用信息，如图 10-7 所示。输入命令"tasklist /s 192.168.0.102 /u administrator /p beco |more"，这里我们要查看 IP 地址为"192.168.0.102"的远程机器上所有任务的应用程序和服务列表，因为访问这台远程机器需要用户名和密码，所以加入了"/p administrator/p beco"，其中"administrator""beco"

为远程计算机的用户名和密码，"|more"主要是为了分屏显示。

图 10-6 "Svchost"到底运行了哪些服务   图 10-7 Tasklist 命令显示远程应用和服务信息

可以通过在 Windows 的运行窗口或者在控制台命令行中输入"perfmon"命令，来启动"性能"监控程序，可以通过单击鼠标右键用"添加计数器"选项添加性能计数器，"性能对象"选择"Process"，在"从列表选择计数器"列表中选择您关心的计数器，然后单击"添加"，就把该计数器添加到了监控列表中，就可以对线程的相关计数器进行监控，详见表 10-1。

表 10-1   Windows 操作系统"Process"相关计数器说明

对象	计数器名称	描　　述
Process	% Privileged Time	是在特权模式下处理线程执行代码所花时间的百分比。当调用 Windows 系统服务时，此服务经常在特权模式运行，以便获取对系统专有数据的访问。在用户模式执行的线程无法访问这些数据。对系统的调用可以是直接的（explicit）或间接的（implicit），例如，页面错误或间隔。不像某些早期的操作系统，Windows 除了使用用户和特权模式的传统保护模式之外，还使用进程边界作为分系统保护。某些由 Windows 为应用程序所做的操作，除了出现在进程的特权时间内，还可能在其他子系统进程出现
	% Processor Time	是所有进程线程使用处理器执行指令所花的时间百分比。指令是计算机执行的基础单位。线程是执行指令的对象，进程是程序运行时创建的对象。此计数包括处理某些硬件间隔和陷阱条件所执行的代码
	% User Time	指处理线程用于执行使用用户模式的代码的时间百分比。应用程序、环境分系统和集合分系统是以用户模式执行的。Windows 的可执行程序、内核和设备驱动程序不会被以用户模式执行的代码损坏。不像某些早期的操作系统，Windows 除了使用用户和特权模式的传统式保护模式之外，还使用处理边界作为分系统保护。某些由 Windows 为应用程序所做的操作除了出现在处理的特权时间内，还可能在其他子系统处理中出现
	Creating Process ID value	指创建的进程 Process ID。创建进程可能已终止，这个值可能已经不再识别一个运行的处理
Process	Elapsed Time	这个处理运行的总时间（用 s 计算）
	Handle Count	由这个处理现在打开的句柄总数。这个数字等于这个处理中每个线程当前打开的句柄的总数
	ID Process	ID Process 指这个处理的特别的识别符。ID Process 号可重复使用，所以这些 ID Process 号只能在一个处理的寿命期内识别这个处理
	IO Data Bytes/sec	处理从 I/O 操作读取/写入字节的速度。这个计数器为所有由本处理产生的包括文件、网络和设备 I/O 的活动计数
	IO Data Operations/sec	处理进行读取/写入 I/O 操作的速率。这个计数器为所有由本处理产生的包括文件、网络和设备 I/O 的活动计数
	IO Other Bytes/sec	处理给不包括数据的 I/O 操作（如控制操作）字节的速率。这个计数器为所有由本处理产生的包括文件、网络和设备 I/O 的活动计数

对象	计数器名称	描述
Process	IO Other Operations/sec	处理进行非读取/写入 I/O 操作的速率。例如，控制性能。这个计数器为所有由本处理产生的包括文件、网络和设备 I/O 的活动计数
	IO Read Bytes/sec	处理从 I/O 操作读取字节的速度。这个计数器为所有由本处理产生的包括文件、网络和设备 I/O 的活动计数
	IO Read Operations/sec	处理进行读取 I/O 操作的速率。这个计数器为所有由本处理产生的包括文件、网络和设备 I/O 的活动计数
	IO Write Bytes/sec	处理从 I/O 操作写入字节的速度。这个计数器为所有由本处理产生的包括文件、网络和设备
	IO Write Operations/sec	处理进行写入 I/O 操作的速率。这个计数器为所有由本处理产生的包括文件、网络和设备 I/O 的活动计数
	Page Faults/sec	指在这个进程中执行线程造成的页面错误出现的速度。当线程引用了不在主内存工作集中的虚拟内存页，即会出现 Page Fault。如果它在备用表中（即已经在主内存中）或另一个共享页的处理正在使用它，就会引起无法从磁盘中获取页错误
	Page File Bytes	指这个处理在 Paging file 中使用的最大字节数。Paging File 用于存储不包含在其他文件中的由处理使用的内存页。Paging File 由所有处理共享，并且 Paging File 空间不足会防止其他处理分配内存
	Page File Bytes Peak	指这个处理在 Paging files 中使用的最大数量的字节。Paging File 指用于存储不包含在其他文件中的由处理使用的内存页。Paging File 由所有处理共享，并且 Paging File 空间不足会防止其他处理分配内存
	Pool Nonpaged Bytes	指在非分页池中的字节数，非分页池是指系统内存（操作系统使用的物理内存）中可供对象（指那些在不处于使用时不可以写入磁盘上而且只要分派过就必须保留在物理内存中的对象）使用的一个区域。Memory\\Pool Nonpaged Bytes 的计数方式与 Process\\Pool Nonpaged Bytes 的计数方式不同，因此可能不等于 Pool Nonpaged Bytes_Total。这个计数器仅显示上一次观察的值，而不是一个平均值
	Pool Paged Bytes	指在分页池中的字节数，分页池是系统内存（操作系统使用的物理内存）中可供对象（在不处于使用时可以写入磁盘的）使用的一个区域。Memory\\Pool Paged Bytes 的计数方式与 Process\\Pool Paged Bytes 的方式不同，因此可能不等于 Process\\Pool Paged Bytes_Total。这个计数器仅显示上一次观察的值，而不是一个平均值
Process	Priority Base	当前处理的基本优先权。在一个处理中的线程可以根据处理的基本优先权提高或降低自己的基本优先权
	Private Bytes	指这个处理不能与其他处理共享的、已分配的当前字节数
	Thread Count	在此次处理中正在活动的线程数目。指令是在一台处理器中基本的执行单位，线程是指执行指令的对象。每个运行处理至少有一个线程
	Virtual Bytes	指处理使用的虚拟地址空间的以字节数显示的当前大小。使用虚拟地址空间不一定是指对磁盘或主内存页的相应的使用。虚拟空间是有限的，可能会限制处理加载数据库的能力
	Virtual Bytes Peak	指在任何时间内该处理使用的虚拟地址空间字节的最大数。使用虚拟地址空间不一定是指对磁盘或主内存页的相应的使用。但是虚拟空间是有限的，也可能会限制处理加载数据库的能力
	Working Set	指这个处理的 Working Set 中的当前字节数。Working Set 是在处理中被线程最近触到的那个内存页集。如果计算机上的可用内存处于阈值以上，即使页不在使用中，也会留在一个处理的 Working Set 中。当可用内存降到阈值以下，将从 Working Set 中删除页。如果需要页时，它会在离开主内存前软故障返回到 Working Set 中
	Working Set Peak	指在任何时间这个在处理的 Working Set 的最大字节数。Working Set 是在处理中被线程最近触到的那个内存页集。如果计算机上的可用内存处于阈值以上，即使页不在使用中，也会留在一个处理的 Working Set 中。当可用内存降到阈值之下，将从 Working Set 中删除页。如果需要页时，它会在离开主内存前软故障返回到 Working Set 中

10.2.3 Windows 操作系统任务、进程关闭技术

前面 10.2.2 节向大家介绍了如何监控正在运行的应用和进程的一些方法，本节将介绍在进行性能测试时，为保证与被测试系统数据的准确性，如何关闭一些无用的应用和进程的方法。打开 Windows 的任务管理，选中要关闭的进程，然后单击【结束进程】按钮，弹出"任务管理器警告"对话框，单击"是"则结束选定的进程，如图 10-8 和图 10-9 所示。

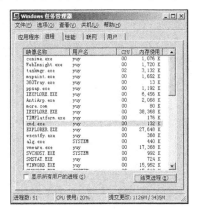

图 10-8 "Windows 任务管理器"对话框信息 　　　　图 10-9 "任务管理警告"信息提示框

此外，还可以通过使用 Windows 的命令行来关闭运行在本地或远程计算机上的所有任务的应用程序和服务列表，并带有进程 ID（PID），使用 tasklist 命令。为了帮助大家使用这个命令，可以输入 tasklist/?来查看该命令的帮助信息，显示的信息如下所示：

```
taskkill [/S system [/U username [/P [password]]]]
        { [/FI filter] [/PID processid | /IM imagename] } [/F] [/T]

描述：
    这个命令行工具可用来结束至少一个进程。
    可以根据进程 id 或图像名来结束进程。

参数列表：
    /S      system          指定要连接到的远程系统。
    /U      [domain\]user    指定应该在哪个用户上下文执行这个命令。
    /P      [password]       为提供的用户上下文指定密码。如果忽略，提示输入。
    /F                       指定要强行终止进程。
    /FI     filter           指定筛选进或筛选出查询的任务。
    /PID    process id       指定要终止的进程的 PID。
    /IM     image name       指定要终止的进程的图像名。通配符 '*' 可用来指定所有图像名。
    /T                       Tree kill：终止指定的进程和任何由此启动的子进程。
    /?                       显示帮助/用法。

筛选器：
    筛选器名               有效运算符                      有效值
    ----------            --------------                --------------
    STATUS               eq, ne                          运行 | 没有响应
    IMAGENAME            eq, ne                          图像名
    PID                  eq, ne, gt, lt, ge, le          PID 值
    SESSION              eq, ne, gt, lt, ge, le          会话编号
    CPUTIME              eq, ne, gt, lt, ge, le          CPU 时间，格式为
                                                         hh:mm:ss。
                                                         hh-时，
```

```
                                                              mm-分，ss-秒
        MEMUSAGE              eq, ne, gt, lt, ge, le          内存使用，单位为 KB
        USERNAME             eq, ne                           用户名，格式为
                                                              [domain\]user
        MODULES              eq, ne                           DLL 名
        SERVICES             eq, ne                           服务名
        WINDOWTITLE          eq, ne                           窗口标题
```

注意：只有带有筛选器的情况下，才能跟 /IM 切换使用通配符 '＊'。

注意：远程进程总是要强行终止，不管是否指定了 /F 选项。

例如：

```
    TASKKILL /S system /F /IM notepad.exe /T
    TASKKILL /PID 1230 /PID 1241 /PID 1253 /T
    TASKKILL /F /IM notepad.exe /IM mspaint.exe
    TASKKILL /F /FI "PID ge 1000" /FI "WINDOWTITLE ne untitle*"
    TASKKILL /F /FI "USERNAME eq NT AUTHORITY\SYSTEM" /IM notepad.exe
    TASKKILL /S system /U domain\username /FI "USERNAME ne NT*" /IM *
    TASKKILL /S system /U username /P password /FI "IMAGENAME eq note*"
```

为了使大家对该命令的使用有更深刻的认识，这里给大家举几个例子进行说明。

1. 示例一

如果应用 Tasklist 命令查到 "Foxmail" 应用的进程如图 10-10 所示，现在要终止 "Foxmail.exe" 这个应用进程，可以在控制台执行 "taskkill /im foxmail.exe" 命令，显示如图 10-11 所示信息，当然也可以应用 "taskkill /pid 2912" 命令来关闭 "Foxmail.exe" 程序，如图 10-12 所示。那么这两条命令有什么区别？如果应用程序 "TEST" 打开了若干个进程，则 "Taskkill /IM TEST.exe" 命令将关闭该程序的全部进程；而 "Taskkill /PID 对应 pid 值" 则只关闭该 PID 所对应的进程。

图 10-10　用 Tasklist 命令显示 Foxmail.exe 进程的相关信息　图 10-11　用 Taskkill 命令关闭 Foxmail.exe 进程的相关信息

2. 示例二

如果需要终止远程计算机上的某个进程，可以执行命令 "taskkill /s 192.168.0.102 /u administrator /p beco /im winrar.exe"，这里要关闭的进程 IP 地址为 "192.168.0.102"，因为访问这台远程计算机需要用户名和密码，所以加入了 "/p administrator/p beco"，其中 "administrator" "beco" 为远程计算机的用户名和密码，"/im winrar.exe" 为要关闭的远程计算机上的应用进程图像名，命令执行完成后，显示如图 10-13 所示信息。命令执行完毕以后，可以查看远程计算机的 winrar 应用就被关闭了。

图 10-12　用 taskkill 命令关闭 2912 进程的相关信息　图 10-13　用 taskkill 命令关闭远程计算机应用进程的相关信息

3．示例三

如果要同时关闭几个进程实例，例如，启动了两个记事本程序和一个电驴程序应用，如图 10-14 所示。接下来，运行 tasklist 命令查看所有的任务进程，如图 10-15 所示信息，可以看到有 3 个应用进程：2 个 notepad.exe 和 1 个 emule.exe 的图像名。如果现在要关闭记事本和电驴程序应用，则可以执行命令"taskkill /im emule.exe /im notepad.exe"，执行完成后，显示如图 10-16 所示信息。

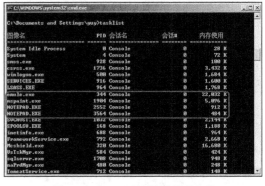

图 10-14　记事本和电驴程序

4．示例四

如果需要批量关闭任务进程，可以使用条件过滤组合，既方便又快捷。这里以关闭记事本进程为例，从图 10-17 可以看出，记事本的 3 个实例，pid 分别为 3544、3556、3568，这时，可以用命令"taskkill /f /fi"pid gt 3543" /fi"pid lt 3570""来关闭这 3 个实例。其中命令行中的"gt"和"lt"分别代表"大于"和"小于"，即要关闭 pid>3542 且 pid<3570 的任务进程。

图 10-15　tasklist 显示所有进程信息

图 10-16　taskkill 关闭记事本和电驴程序

图 10-17　taskkill 过滤参数的应用

10.2.4　Linux 操作系统任务、进程监控技术

Linux 的发展潜力巨大，一方面，Linux 在各行各业中的应用也得到了很好的推广，它的应用已经非常成熟。国际上，如当今世界最大的搜索引擎公司 Google 基本上应用的是 Linux 服务器；在国内，电信、银行、文化部、铁路、电力、教育、民航等各大领域也应用了 Linux。基于 Linux 内核的操作系统有很多，这里不给大家逐一介绍，关于 Linux 部分的样例内容以 RedHat 9 为例，本书也将它作为讲解的主要操作系统。像 Windows 操作系统一样，Linux 操作系统同样可以对进程、CPU、内存、硬盘等进行监控，因为 Linux 是开源的，越来越多的组织机构和个人不断地去完善、发展这个操作系统，可以说 Linux 各个方面不逊色于 Windows 操作系统。

在给大家介绍 Linux 进程监控之前，先了解一下有关 Linux 进程的一些基础知识。

1．Linux 进程概念

Linux 进程中最知名的属性就是它的进程号（Process Idenity Number，PID）和它的父进程号（parent process ID，PPID）。PID、PPID 都是非零正整数。一个 PID 唯一地标识一个进程。一个进程创建新进程称为创建了子进程（child process）。相反地，创建子进程的进程称为父进程。所有进程追溯其祖先最终都会落到进程号为 1 的进程身上，这个进程叫做 init 进程。它是内核自举后第一个启动的进程。init 进程的作用是扮演终结父进程的角色。因为 init 进程永远不会被终止，所以系统总是可以确信它的存在，并在必要的时候以它为参照。如果某个进程在它衍生出来的全部子进程结束之前被终止，就会出现必须以 init 为参照的情况。此时那些失去了父进程的子进程就都会以 init 作为它们的父进程。

 2. Linux 进程在运行中的 3 种状态

- 执行（Running）状态：CPU 正在执行，即进程正在占用 CPU。
- 就绪（Waiting）状态：进程已经具备执行的一切条件，正在等待分配 CPU 处理时间。
- 停止（Stoped）状态：进程不能使用 CPU。

 3. 理解 Linux 下进程的结构

  Linux 中一个进程在内存里由 3 部分的数据组成，就是"数据段""堆栈段"和"代码段"，基于 I386 兼容的中央处理器都有上述 3 种段寄存器，以方便操作系统的运行，如图 10-18 所示。

代码段	数据段	堆栈段

图 10-18　Linux 进程的结构

  代码段是存放了程序代码的数据，假如计算机中有数个进程运行相同的一个程序，那么它们就可以使用同一个代码段。而数据段则存放程序的全局变量、常数以及动态数据分配的数据空间。堆栈段存放的就是子程序的返回地址、子程序的参数以及程序的局部变量。堆栈段包括进程控制块 PCB（Process Control Block）。PCB 处于进程核心堆栈的底部，不需要额外分配空间。

 4. Linux 进程的种类

Linux 操作系统包括 3 种不同类型的进程，每种进程都有自己的特点和属性。

- 交互进程：由一个 Shell 启动的进程。交互进程既可以在前台运行，也可以在后台运行。
- 批处理进程：这种进程和终端没有联系，是一个进程序列。
- 监控进程：也称守护进程，Linux 系统启动时启动的进程，并在后台运行。

10.2.5　Linux 操作系统进程监控技术

  Linux 在进程监控方面同样出色，不仅可以通过图形用户界面的管理工具，还可以用命令方式显示进程相关信息。像"Windows 的任务管理器"一样，在 RedHat 9 中可以通过单击"系统工具"→"系统监视器"，启动"系统监视器"，如图 10-19 所示。

  Linux 系统提供了 ps、top 等查看进程信息的系统调用，通过结合使用这些系统调用，可以清晰地了解进程的运行状态以及存活情况，从而采取相应的措施，来确保 Linux 系统的性能。ps 是目前在 Linux 下最常见的进程状况查看命令，是随 Linux 版本发行的，安装好系统之后，用户就可以使用。这里以 ps 命令为例，ps 命令是最基本同时也是非常强大的进程查看命令。利用它可以确定有哪些进程正在运行及运行的状态、进程是否结束、进程有没有僵死、哪些进程占用了过多的资源等。下面介绍一下 ps 命令的主要参数项的含义，如表 10-2 所示。

图 10-19　"系统监视器"对话框

表 10-2   ps 命令的主要参数项说明

选 项 名 称	说　明
-A	显示所有程序
a	显示现行终端机下的所有程序，包括其他用户的程序
c	列出程序时，显示每个程序真正的指令名称，而不包含路径、参数或常驻服务的标示
-e	此参数的效果和指定 "A" 参数相同
e	列出程序时，显示每个程序所使用的环境变量
f	用 ASCII 字符显示树状结构，表达程序间的相互关系
-H	显示树状结构，表示程序间的相互关系
-N	显示所有的程序，除了执行 ps 指令终端机下的程序之外
s	采用程序信号的格式显示程序状况
S	列出程序时，包括已中断的子程序资料
-t<终端机编号>	指定终端机编号，并列出属于该终端机的程序的状况
u	以用户为主的格式来显示程序状况
x	显示所有程序，不以终端机来区分

为了使大家对该命令的使用有更深刻的认识，这里给大家举几个例子进行说明。

1．示例一

ps 命令可以监控后台进程的工作情况，因为后台进程是不和屏幕、键盘这些标准输入/输出设备进行通信的，如果需要检测其情况，可以使用 ps -el 命令，输出内容如图 10-20 所示。

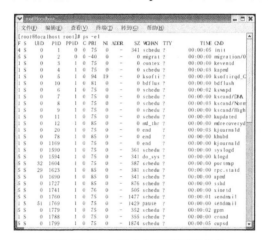

图 10-20   "ps-el" 命令显示的进程信息

关于输出信息项的含义，如表 10-3 所示。

表 10-3   ps -el 命令输出项标头含义说明

输 　出 　项	说　明
F	用数值表示目前进程的状态
S	用字符表示目前进程的状态
UID	进程使用者的 ID
PID	PID 表示进程标示符
C	进程使用 CPU 的估算
PRI	进程执行的优先级

续表

输　出　项	说　　明
NI	Nice 的值，Nice 可以降低进程执行的优先权
SZ	Virtual Size，进程在虚拟内存中的大小
WCHAN	等待频道，当为 Null 时，表示进程正在执行，当进程在就绪时为 Waiting for
TTY	表示该进程建立时所对应的终端，"？"表示该进程不占用终端
TIME	进程已经执行的时间
CMD	进程被执行的命令名称

2. 示例二

通常，在查看进程的时候，最常用的命令是"ps aux"，有时为了查找特定的进程，也会加入 grep 参数，如"ps aux |grep init"输出信息如图 10-21 和图 10-22 所示。

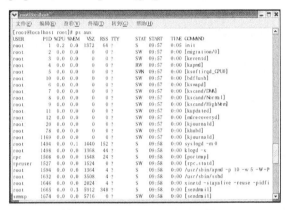

图 10-21　"ps aux"命令显示的进程信息

图 10-22　"ps aux|grep init"命令显示的进程信息

关于输出信息项的含义，如表 10-4 所示。

表 10-4　　　　　　　　　　　"ps aux | grep init" 命令输出项标头含义说明

输　出　项	说　　明
USER	用户名
PID	PID 表示进程标示符
%CPU	当前使用的 CPU 百分比
%MEM	RSS 与系统中全部可用页面的比率，因为 RSS 是包含共享内存在内的近似值，这个百分比也是近似值，所以可能超过内存总量。%MEM 列的总和可能会超过 100%
VSZ	Virtual Size，进程在虚拟内存中的大小。包括所有映射的文件和设备，单位是千字节
RSS	进程使用物理内存的近似值，单位是千字节
TTY	表示该进程建立时所对应的终端，"？"表示该进程不占用终端
STAT	进程状态。STAT 中的字符的含义如下 "D"：不可中断 "R"：正在运行，或在队列中的进程 "S"：处于休眠状态 "T"：停止或被追踪 "Z"：僵尸进程 "W"：进入内存交换 "X"：死掉的进程
START	进程运行的起始时间

续表

输 出 项	说 明
TIME	进程已经执行的时间。单位以 CPU 运行时间，min 和 s 表示，来源于微态（用户+系统时间）。如果出现较大的值（大于几分钟），那么意味着进程已经运行了一段时间
COMMAND	进程被执行的命令名称。COMMAND 项是被删除过的以便于输出与终端窗口符合。用 "ps auxw" 命令来使得输出显示更宽，最多可显示 132 个字符

3. 示例三

此外，还可以通过 pstree 命令查看 Linux 进程树。pstree 命令以字符形式显示树状结构，清晰地表达了程序间的相互关系。如果不指定程序识别码或用户名称，则会把系统启动时的第一个程序视为基层，并显示之后的所有程序；若指定用户名称，便会以隶属该用户的第一个程序当做基层，然后显示该用户的所有程序。

下面，针对 pstree 选项进行说明，如表 10-5 所示。

表 10-5　　　　　　　　　　　　　"pstree" 命令主要参数项说明

选 项 名 称	说 明
-a	显示每个程序的完整指令，包含路径、参数或是常驻服务的标示
-G	使用 VT100 终端机的列绘图字符
c	不使用精简标示法
-h	列出树状图时，特别标明现在执行的程序
-H<程序识别码>	此参数的效果和指定
-l	采用长列格式显示树状图
-n	用程序识别码排序。预设是以程序名称来排序
-p	显示程序识别码
-u	显示用户名称
–U	使用 UTF
-V	显示版本信息

如果要以长列格式显示树状图，并且显示每个进程的完整指令，则可以在命令行输入 "pstree –a –l"，回车执行，输出内容如图 10-23 所示。

图 10-23　"pstree –a –l" 命令显示的进程信息

10.2.6　Linux 操作系统进程终止技术

Linux 操作系统也有结束进程的对应方法，在 RedHat 9 系统中，终止一个进程或正在运行的程序，一般是通过 kill、killall、pkill 等命令进行操作。

下面结合实例给大家具体介绍一下，这些命令是如何应用于具体的工作当中。首先，看一下 kill 命令，这里给大家介绍一个通用的查看命令帮助的方法，通常可以用"man 命令"的方式来查看该命令的帮助信息，如查看 kill 命令帮助，则可以在终端命令窗口输入"man kill"，回车执行，显示如图 10-24 所示信息，可以输入"q"退出帮助信息查看。

图 10-24 "kill"命令帮助信息

1. 示例一

运行"ps aux | grep gnome"命令查看当前系统运行的进程名包含"gnome"的进程，可以看到，pid 为"2151"的则是系统自带的"字典"应用程序，如图 10-25 所示，如果要将这个程序关闭，可以输入命令"kill 2151"，则关闭了"字典"程序（从界面上消失），再输入"ps aux | grep gnome"命令，查看"字典"程序已经不存在，如图 10-26 所示。

图 10-25 "ps aux | grep gnome"输出信息

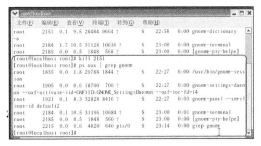

图 10-26 "kill 2151"、"ps aux | grep gnome"命令输出信息

2. 示例二

一个程序已经彻底关闭，如果 kill 不加信号强度（signal）没有办法退出，这时，最好的办法就是加信号强度–9，后面指出要杀死的"僵尸"进程 PID，例如，需要关闭"Emacs"，通过"ps aux"命令，可以查看到"Emacs"的 PID 为"1938"，先需要强制关闭该程序，可以输入"kill -9 1938"，如图 10-27 所示，命令执行完成以后，"Emacs"程序就会被关闭。

3. 示例三

当然，还可以通过应用 killall 命令来终止某一个程序或者进程，如要结束"文本编辑器"程序，可以输入"killall gedit"，回车执行，如图 10-28 所示，killall 是通过命令+空格+正在运行的程序名来结束某个程序的，如果想获得更多的关于该命令的应用信息，请使用前面介绍的"man"命令。

4. 示例四

pkill 和 killall 命令应用方法差不多，也是直

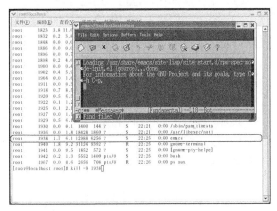

图 10-27 "kill-9 1938"强制终止进程命令

接关闭运行中的程序。如果想关闭单个进程，请用 kill 命令，如要结束"文本编辑器"程序，可以输入"pkill gedit"，回车执行，如图 10-29 所示。pkill 命令是通过命令+空格+正在运行的程序名来结束某个程序的，如果想获得更多的关于该命令的应用信息，请使用前面介绍的"man"命令。

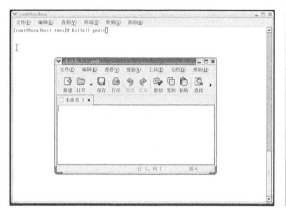

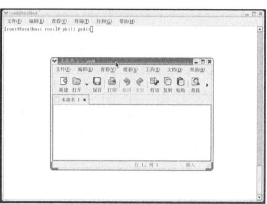

图 10-28　"killall gedit"终止文本编辑器命令　　　　图 10-29　"pkill gedit"终止文本编辑器命令

10.3　CPU 相关指标和监控技术

10.3.1　CPU 相关指标监控技术

CPU 也叫"中央处理器"，是"Central Processing Unit"的缩写，CPU 是计算机中的核心配件，是运算核心和控制核心。计算机中所有操作都由 CPU 负责读取指令，对指令译码并执行。CPU 在计算机中的地位就像大脑在我们人类的地位一样，在计算机中发挥重要作用。

CPU 包括运算逻辑部件、寄存器部件和控制部件。中央处理器从存储器或高速缓冲存储器中取出指令，放入指令寄存器，并对指令译码。它把指令分解成一系列的微操作，然后发出各种控制命令，执行微操作系列，从而完成一条指令的执行。指令是计算机规定执行操作的类型和操作数的基本命令。

（1）运算逻辑部件。可以执行定点或浮点的算术运算操作、移位操作以及逻辑操作，也可执行地址的运算和转换。

（2）寄存器部件。包括通用寄存器、专用寄存器和控制寄存器。通用寄存器又可分定点数和浮点数两类，它们用来保存指令中的寄存器操作数和操作结果。通用寄存器是中央处理器的重要组成部分，大多数指令都要访问到通用寄存器。

（3）控制部件。主要负责对指令译码，并且发出为完成每条指令所要执行的各个操作的控制信号。其结构有两种：一种是以微存储为核心的微程序控制方式，另一种是以逻辑硬布线结构为主的控制方式。

上面，我们对 CPU 的作用、各个组成部分进行了简要描述。硬件性能指标的监控是性能测试的重要内容。后面两节将对 Windows 操作系统中 CPU 相关指标监控技术和 Linux 操作系统中 CPU 相关指标监控技术进行详细的介绍。

10.3.2　Windows 操作系统中 CPU 相关指标监控技术

可以通过 3 种方式来显示 Windows 操作系统任务和进程。

（1）可以直接按下<Ctrl+Shift+Esc>组合键或者在任务栏单击鼠标右键，选择"任务管理器（K）"菜单选项，如图 10-30 所示，即可以打开本地计算机的 Windows 进程管理器。单击"性能"标签，可查看 CPU 的使用情况，如图 10-31 所示。

（2）可以通过启动 Windows 的命令行来查看 CPU 的运行情况，即通过在 Windows 的运行窗口或者在控制台命令行中输入"perfmon"命令，来启动"性能"监控程序，如图 10-32、图 10-33和图 10-34 所示。

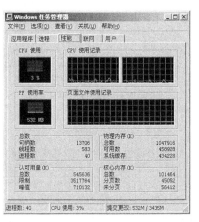

图 10-30　任务栏快捷菜单选项　　　图 10-31　Windows 任务管理器性能页　　图 10-32　"运行"方式启动"性能"监控程序
　　　　　中的任务管理器

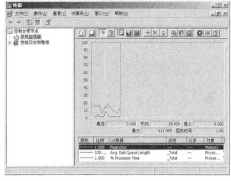

图 10-33　"命令行"方式启动"性能"监控程序　　　　　　　图 10-34　"性能"监控程序

（3）可以通过单击鼠标右键，在弹出的菜单中选择"添加计数器"选项，添加性能计数器，"性能对象"选择"Processor"，在"从列表选择计数器"列表中选择您关心的计数器，然后，单击"添加"，就把该计数器添加到了监控列表中。如果对某个性能计数器不是很清楚，单击【说明】按钮，来查看该计数器的说明信息，或者参见表 10-6 所示的详细内容，如图 10-35、图 10-36 和图 10-37 所示。

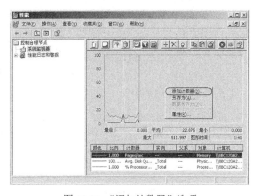

图 10-35　"添加计数器"选项

图 10-36 "添加计数器"对话框

图 10-37 "说明文字"对话框

表 10-6　　　　　　Windows 操作系统"Processor"相关计数器说明

对　象	计数器名称	描　述
Processor	% C1 Time	处理器处于 C1 低能量空闲状态下的时间百分比，是处理器空闲总时间的一个子集。C1 低能量空闲状态允许处理器保持其整个环境并快速返回运行状态。不是所有的系统都支持% C1 状态
	% C2 Time	处理器处于 C2 低能量空闲状态下的时间百分比，是处理器空闲总时间的一个子集。C2 低能量空闲状态允许处理器保持系统缓存环境。C2 能量状态比 C1 的能量更低而且退出延迟状态更高。不是所有的系统都支持 C2 状态
	% C3 Time	处理器处于 C3 低能量空闲状态下的时间百分比，是处理器空闲总时间的一个子集。处于 C3 低能量空闲状态时，处理器无法及时处理缓存的协调
	% DPC Time	在范例间隔期间处理器用在延缓程序调用（DPC）接收和提供服务的百分比。DPC 正在运行的是比标准间隔优先权低的间隔。由于 DPC 是以特权模式执行的，DPC 时间的百分比为特权时间百分比的一部分。这些时间单独计算并且不属于间隔计算总数的一部分。这个总数显示了作为实例时间百分比的平均忙时
	% Idle Time	处理器在采样期间空闲时间的百分比
	% Interrupt Time	处理器在实例间隔期间接受和服务硬件中断的时间。此值间接表示了生成间隔的设备活动，如系统时钟、鼠标、磁盘驱动程序、数据通信线路、网络界面卡和其他外围设备。当这些设备完成一项任务或需要管理时，它们通常会中断处理器。中断期间，正常的线程执行会停止。多数系统时钟会每隔 10ms 中断处理器，产生间隔活动的背景，在间隔期间，终止正常的线程执行。此计数器显示此平均占用时间为实例时间的一部分
	% Privileged Time	在特权模式下处理线程执行代码所花时间的百分比。当调用 Windows 系统服务时，此服务经常在特权模式运行，以便获取对系统专有数据的访问。在用户模式执行的线程无法访问这些数据。对系统的调用可以是直接的（explicit）或间接的（implicit），例如页面错误或中断。不像某些早期的操作系统，Windows 除了使用用户和特权模式的传统保护模式之外，还使用处理边界作为分系统保护。某些由 Windows 为您的应用程序所做的操作除了出现在处理的特权时间内，还可能在其他子系统处理出现
	% Processor Time	处理器用来执行非闲置线程时间的百分比。计算方法是，测量范例间隔内非闲置线程活动的时间，用范例间隔减去该值（每台处理器有一个闲置线程，该线程在没有其他线程可以运行时消耗周期）。这个计数器是处理器活动的主要说明器，显示在范例间隔时所观察的繁忙时间平均百分比。这个值是用 100% 减去该服务不活动的时间计算出来的
	% User Time	处理器处于用户模式的时间百分比。用户模式是为应用程序、环境分系统和整数分系统设计的有限处理模式。另一个模式为特权模式，它是为操作系统组件设计的并且允许直接访问硬件和所有内存。操作系统将应用程序线程转换成特权模式以访问操作系统服务。这个计数值将平均忙时作为示例时间的一部分显示
	C1 Transitions/sec	CPU 进入 C1 低能量空闲状态的速度。CPU 在足够空闲时进入 C1 状态，并在任何中断下退出这个状态。这个计数器显示上两个范例中观察到的值的差异除以采样间隔的时间
	C2 Transitions/sec	CPU 进入 C2 低能量空闲状态的速度。CPU 在足够空闲时进入 C2 状态，并在任何中断下退出这个状态。这个计数器显示上两个范例中观察到的值的差异除以采样间隔的时间

续表

对　　象	计数器名称	描　　述
Processor	C3 Transitions/sec	CPU 进入 C3 低能量空闲状态的速度。CPU 在足够空闲时进入 C3 状态，并在任何中断下退出这个状态。这个计数器显示上两个范例中观察到的值的差异除以采样间隔的时间
	DPC Rate	将延缓进程调用（DPC）在每个处理器系统时钟滴答之间添加到本处理器的 DPC 列队中的速率。DPC 是低于标准间隔运行优先级别的间隔。每个处理器拥有各自的 DPC 列队。此计算机衡量将 DPC 添加到列队的速度，而不是列队中 DPC 的数量。这个计数器只显示观察到的最后一个值，它不是一个平均值
	DPCs Queued/sec	延缓的过程调用（DPC）被添加到处理器 DPC 队列的平均速度，单位为每秒事件次数。DPC 是低于标准间隔运行优先级别的间隔。每个处理器拥有各自的 DPC 列队。此计算机测量 DPC 被添加到队列的速度，而不是队列中 DPC 的数量。这个计数器显示用上两个实例中观察到的值之间的差除于实例间隔的持续时间所得的值
	Interrupts/sec	处理器接收和处理硬件中断的平均速度，单位为每秒事例数。这不包括分开计数的延迟的进程调用（DPCs）。这个值说明生成中断的设备（如系统时钟、鼠标、磁盘驱动器、数据通信线、网络接口卡和其他外缘设备）的活动。这些设备通常在完成任务或需要注意时中断处理器。正常线程执行因此被中断。系统时钟通常每 10ms 中断处理器一次，创建中断活动的背景。这个计数值显示用上两个实例中观察到的值之间的差除于实例间隔的持续时间所得的值

10.3.3　Linux 操作系统中 CPU 相关指标监控技术

Linux 提供了非常丰富的命令可以进行 CPU 相关的数据监控，例如，top、vmstat 等命令。

top 是一个动态显示过程，即可以通过用户按键来不断刷新当前状态。如果在前台执行该命令，它将独占前台，直到用户终止该程序为止，比较准确地说，top 命令提供了实时的对系统处理器的状态监视，它将显示系统中 CPU 最"敏感"的任务列表。该命令可以按 CPU 使用、内存使用和执行时间对任务进行排序，而且该命令的很多特性都可以通过交互式命令或者在个人定制文件中进行设定。

top 命令提供如下参数供您使用：

```
top [-] [d delay] [p pid] [q] [c] [C] [S] [s] [i] [n iter] [b]
```

下面介绍一下 top 命令的主要参数项的含义，如表 10-7 所示。

表 10-7　　　　　　　　　　　　　　top 命令主要参数项说明

选项名称	说　　明
d delay	指定每两次屏幕信息刷新之间的时间间隔（delay 即为具体的间隔时间数值，它的单位是 s），可以使用 s 交互命令来改变它
p pid	通过指定监控进程 ID（pid）来监控某个进程的状态
q	该选项将使 top 没有任何延迟的进行刷新。如果调用程序有超级用户权限，那么 top 将以尽可能高的优先级运行
c	显示整个命令行而不只是显示命令名
C	显示 CPU 总体信息而取代分别显示每个 CPU 的信息，此参数仅对 SMP 系统有效
S	指定累计模式
s	使 top 命令在安全模式中运行。这将去除交互命令所带来的潜在危险
i	使 top 不显示任何闲置或者僵死进程
n iter	指定 top 命令迭代输出的次数，iter 为具体的迭代次数值
b	"Batch"方式运行 top。在此种方式下，所有来自终端的输入都将被忽略，但交互键（如 Ctrl+C）依然起使用，该参数可以结合参数"n"一起使用，运行指定迭代次数退出或者该进程被关闭。这是运行 top 输出到哑终端或输到非终端的默认运行方式

1. 示例一

在控制台输入“top”命令，回车执行后，显示如图 10-38 所示。

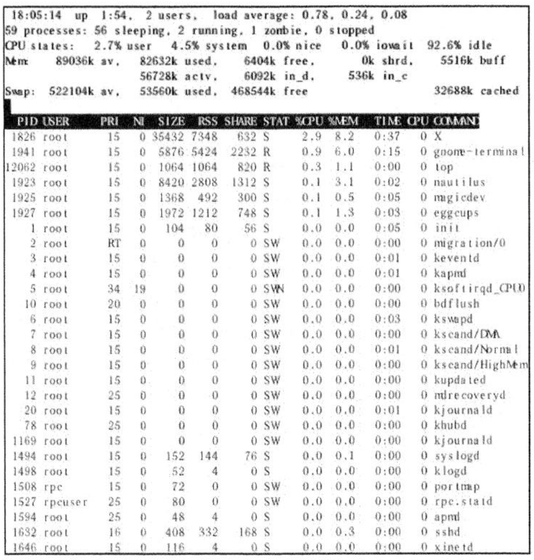

```
 18:05:14  up  1:54,  2 users,  load average: 0.78, 0.24, 0.08
59 processes: 56 sleeping, 2 running, 1 zombie, 0 stopped
CPU states:   2.7% user   4.5% system   0.0% nice   0.0% iowait  92.6% idle
Mem:    89036k av,   82632k used,    6404k free,       0k shrd,    5516k buff
                     56728k actv,    6092k in_d,     536k in_c
Swap:  522104k av,   53560k used,  468544k free                    32688k cached

  PID USER     PRI  NI  SIZE  RSS SHARE STAT %CPU %MEM   TIME CPU COMMAND
 1826 root      15   0 35432 7348   632 S     2.9  8.2   0:37   0 X
 1941 root      15   0  5876 5424  2232 R     0.9  6.0   0:15   0 gnome-terminal
12062 root      15   0  1064 1064   820 R     0.3  1.1   0:00   0 top
 1923 root      15   0  8420 2808  1312 S     0.1  3.1   0:02   0 nautilus
 1925 root      15   0  1368  492   300 S     0.1  0.5   0:05   0 magicdev
 1927 root      15   0  1972 1212   748 S     0.1  1.3   0:03   0 eggcups
    1 root      15   0   104   80    56 S     0.0  0.0   0:05   0 init
    2 root      RT   0     0    0     0 SW    0.0  0.0   0:00   0 migration/0
    3 root      15   0     0    0     0 SW    0.0  0.0   0:01   0 keventd
    4 root      15   0     0    0     0 SW    0.0  0.0   0:01   0 kapmd
    5 root      34  19     0    0     0 SWN   0.0  0.0   0:00   0 ksoftirqd_CPU0
   10 root      20   0     0    0     0 SW    0.0  0.0   0:00   0 bdflush
    6 root      15   0     0    0     0 SW    0.0  0.0   0:03   0 kswapd
    7 root      15   0     0    0     0 SW    0.0  0.0   0:00   0 kscand/DMA
    8 root      15   0     0    0     0 SW    0.0  0.0   0:01   0 kscand/Normal
    9 root      15   0     0    0     0 SW    0.0  0.0   0:00   0 kscand/HighMem
   11 root      15   0     0    0     0 SW    0.0  0.0   0:00   0 kupdated
   12 root      25   0     0    0     0 SW    0.0  0.0   0:00   0 mdrecoveryd
   20 root      15   0     0    0     0 SW    0.0  0.0   0:01   0 kjournald
   78 root      25   0     0    0     0 SW    0.0  0.0   0:00   0 khubd
 1169 root      15   0     0    0     0 SW    0.0  0.0   0:00   0 kjournald
 1494 root      15   0   152  144    76 S     0.0  0.1   0:00   0 syslogd
 1498 root      15   0    52    4     0 S     0.0  0.0   0:00   0 klogd
 1508 rpc       15   0    72    0     0 SW    0.0  0.0   0:00   0 portmap
 1527 rpcuser   25   0    80    0     0 SW    0.0  0.0   0:00   0 rpc.statd
 1594 root      25   0    48    4     0 S     0.0  0.0   0:00   0 apmd
 1632 root      16   0   408  332   168 S     0.0  0.3   0:00   0 sshd
 1646 root      15   0   116    4     0 S     0.0  0.0   0:00   0 xinetd
```

图 10-38 “top”命令输出信息

下面让我们来看一看，“top”命令输出信息的含义，该输出信息包含两部分内容，如图 10-39 和图 10-40 所示。

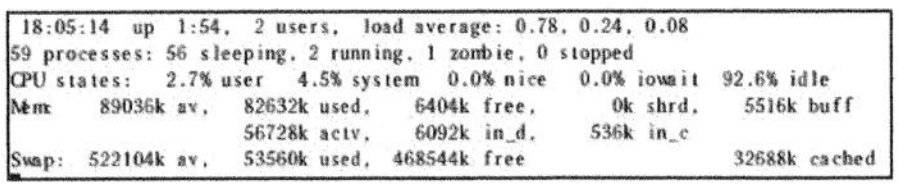


```
 18:05:14  up  1:54,  2 users,  load average: 0.78, 0.24, 0.08
59 processes: 56 sleeping, 2 running, 1 zombie, 0 stopped
CPU states:   2.7% user   4.5% system   0.0% nice   0.0% iowait  92.6% idle
Mem:    89036k av,   82632k used,    6404k free,       0k shrd,    5516k buff
                     56728k actv,    6092k in_d,     536k in_c
Swap:  522104k av,   53560k used,  468544k free                    32688k cached
```


图 10-39 “top”命令输出信息第一部分

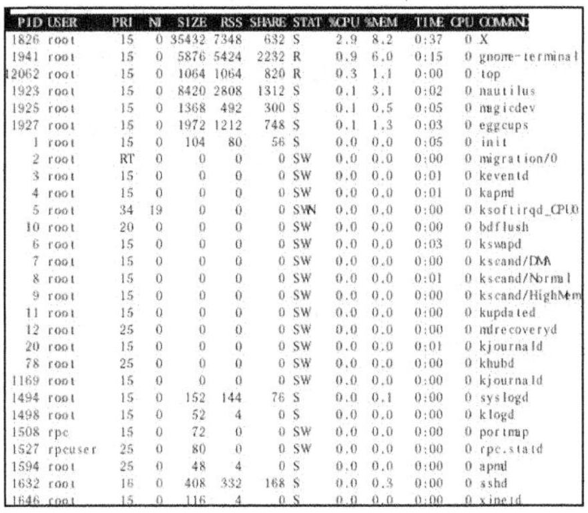


```
  PID USER     PRI  NI  SIZE  RSS SHARE STAT %CPU %MEM   TIME CPU COMMAND
 1826 root      15   0 35432 7348   632 S     2.9  8.2   0:37   0 X
 1941 root      15   0  5876 5424  2232 R     0.9  6.0   0:15   0 gnome-terminal
12062 root      15   0  1064 1064   820 R     0.3  1.1   0:00   0 top
 1923 root      15   0  8420 2808  1312 S     0.1  3.1   0:02   0 nautilus
 1925 root      15   0  1368  492   300 S     0.1  0.5   0:05   0 magicdev
 1927 root      15   0  1972 1212   748 S     0.1  1.3   0:03   0 eggcups
    1 root      15   0   104   80    56 S     0.0  0.0   0:05   0 init
    2 root      RT   0     0    0     0 SW    0.0  0.0   0:00   0 migration/0
    3 root      15   0     0    0     0 SW    0.0  0.0   0:01   0 keventd
    4 root      15   0     0    0     0 SW    0.0  0.0   0:01   0 kapmd
    5 root      34  19     0    0     0 SWN   0.0  0.0   0:00   0 ksoftirqd_CPU0
   10 root      20   0     0    0     0 SW    0.0  0.0   0:00   0 bdflush
    6 root      15   0     0    0     0 SW    0.0  0.0   0:03   0 kswapd
    7 root      15   0     0    0     0 SW    0.0  0.0   0:00   0 kscand/DMA
    8 root      15   0     0    0     0 SW    0.0  0.0   0:01   0 kscand/Normal
    9 root      15   0     0    0     0 SW    0.0  0.0   0:00   0 kscand/HighMem
   11 root      15   0     0    0     0 SW    0.0  0.0   0:00   0 kupdated
   12 root      25   0     0    0     0 SW    0.0  0.0   0:00   0 mdrecoveryd
   20 root      15   0     0    0     0 SW    0.0  0.0   0:01   0 kjournald
   78 root      25   0     0    0     0 SW    0.0  0.0   0:00   0 khubd
 1169 root      15   0     0    0     0 SW    0.0  0.0   0:00   0 kjournald
 1494 root      15   0   152  144    76 S     0.0  0.1   0:00   0 syslogd
 1498 root      15   0    52    4     0 S     0.0  0.0   0:00   0 klogd
 1508 rpc       15   0    72    0     0 SW    0.0  0.0   0:00   0 portmap
 1527 rpcuser   25   0    80    0     0 SW    0.0  0.0   0:00   0 rpc.statd
 1594 root      25   0    48    4     0 S     0.0  0.0   0:00   0 apmd
 1632 root      16   0   408  332   168 S     0.0  0.3   0:00   0 sshd
 1646 root      15   0   116    4     0 S     0.0  0.0   0:00   0 xinetd
```


图 10-40 “top”命令输出信息第二部分

第一部分为统计信息，包含 6 行数据信息，第二部分为详细信息部分，显示了各个进程的详细信息。先让我们来看看统计信息部分的输出信息内容，如图 10-39 与表 10-8 所示。

表 10-8　　top 命令统计信息输出内容信息

输出信息	说明
18:05:14	当前时间
up 1:54	系统运行时间，格式为时:分
2 users	当前登录用户数，即有 2 个登录用户
Load average :0.78,0.24,0.08	系统负载，即任务队列的平均长度。3 个数值分别为 1min、5min、15min 前到现在的平均值，即 0.78，0.24，0.08
59 processes : 56 sleeping , 2 running ,1 zombie ,0 stopped	59 个进程，其中 56 个进程处于睡眠状态，有 2 个处于运行状态，有 1 个僵尸进程，没有停止的进程

输 出 信 息	说　明
CPU states: 2.7% user 4.5% system 0.0% nice 0.0% iowait 92.6% idle	CPU 运行状态，用户进程（user）占用 CPU 的 2.7%，系统进程（system）占用 CPU 的 4.5%，用户进程没有改变过优先级的进程，所以 nice 值为 0.0%，没有等待的输入输出，所以 iowait 值也为 0.0%，92.6% 的 CPU 处于空闲状态（idle）
Mem 89036k av, 82632k used , 6404k free , 0k shrd , 5516k buff 56728k actv , 6092k in_d, 536k in_c	89036k 为内存的总量（av），82632k 使用的物理内存总量（used），6404k 为空闲内存总量（free），0k 为使用的交换区总量（shrd），5516k 为用作内核缓存的内存总量（buff）。56728k 为 active 活跃的内存页，正在映射给进程使用（actv），6092k 为 inactive_dirty 非活跃的内存页，并且内存数据被修改，需要写回磁盘（in_d），536k 为 inactive_clean 非活跃的内存，干净的数据，可以被重新分配使用（in_c）
Swap : 522104k av , 53560k used , 468544k free 32688k cached	522104k 为交换区总量（av），53560k 为使用的交换区总量（used），468544k 为空闲内存总量（free），32688k 为缓冲的交换区总量（cached）、内存中的内容被换出到交换区，然后又被换入到内存，但使用过的交换区尚未被覆盖，该数值即为这些内容已存在于内存中的交换区的大小。相应的内存再次被换出时可不必再对交换区写入

再来看看详细信息部分的输出信息内容，如图 10-40 与表 10-9 所示。

表 10-9　　　　　　　　　　top 命令详细信息输出内容信息

输 出 信 息	说　明
PID	PID 表示进程标识符
USER	进程所有者的用户名
PRI	进程执行的优先级
NI	nice 值。负值表示高优先级，正值表示低优先级
SIZE	进程映像大小
RSS	进程使用的、未被换出的物理内存大小，单位 KB
SHARE	共享内存大小，单位 KB
STAT	进程状态。STAT 中的数字的含义如下 "D"：不可中断 "R"：正在运行，或在队列中的进程 "S"：处于休眠状态 "T"：停止或被追踪 "Z"：僵尸进程 "W"：进入内存交换 "X"：关闭的进程
%CPU	上次更新到现在的 CPU 时间占用百分比
%MEM	进程使用的物理内存百分比
TIME	进程已经执行的时间。单位以 CPU 运行时间（min 和 s）表示，来源于微态（用户+系统时间）。如果出现较大的值（大于几分钟），那么意味着进程已经运行了一段时间
CPU	进程使用 CPU 的估算
COMMAND	进程被执行的命令名称

2. 示例二

vmstat 命令可以使您能够在同一行看到系统的内存、CPU 等使用情况，通常可以用该命令来查看 CPU 的利用率和饱和度。

在给大家介绍 vmstat 命令的应用之前，有必要先介绍一下什么是 CPU 的利用率和饱和度的概念。CPU 利用率可以使用 vmstat 通过从 100 减去 id 或者 us 与 sy 之和来计算 CPU 利用率，如图 10-41 所示。在考虑 CPU 利用率时请记住以下几点。

（1）在购买计算机的时候，通常都要选一枚好的 CPU，有 100%利用率的 CPU 无疑是非常好的。

（2）一枚好的 CPU 不仅在短时间内表现优良，同时应该能够在长时间稳定、均衡地为需要执行的应用提供支持。

CPU 饱和度可以通过 vmstat 命令的"procs：r"来作为衡量标准，如图 10-41 所示。由于它是所有 CPU 运行队

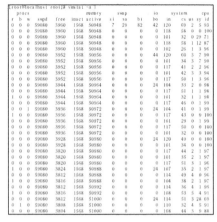

图 10-41　"vmstat –n 1"命令输出信息

列的合计值，因此将 procs：r 除以 CPU 数目所得到的值可与其他服务器相比较。任何持续不变的非零值都会引起性能的下降，但性能的下降是逐渐的。

vmstat 命令提供如下参数供您使用：vmstat [-n] [delay [count]]。

下面介绍一下 vmstat 命令的主要参数项的含义，如表 10-10 所示。

表 10-10　　　　　　　　　　　　　vmstat 命令主要参数项说明

选 项 名 称	说　　明
n	通过这个开关参数，如果启用它则仅显示一次标头信息
delay	指定每两次屏幕信息刷新之间的时间间隔（delay 即为具体的间隔时间数值，它的单位是 s）
count	在结合"delay"参数使用时，如果指定数值，则运行指定的次数后退出，否则将无限次运行

在控制台输入"vmstat –n 1"，回车执行后，该命令即为仅显示一次标头信息，每隔 1s 显示一次 vmstat 监控信息，运行结果如图 10-41 所示。

接下来再看看输出信息内容各部分代表的含义，如图 10-41 与表 10-11 所示。

表 10-11　　　　　　　　　　　　"vmstat –n 1"命令输出信息含义说明表

分　类	输 出 信 息	说　　明
procs	r	在就绪状态等待的进程数
	b	在非中断睡眠状态等待的进程数
	w	被交换出去的可运行的进程数
memory	swpd	虚拟空间使用情况，单位是 KB
	free	空闲内存空间
	inact	非活跃的内存页
	active	活跃的内存页
swap	si	从磁盘写入内存的交换页面数量，单位 KB/s
	so	从内存写入到磁盘的交换页的数量
io	bi	发送到块设备的块数单位：块/s
	bo	从块设备接收到的块数
system	in	在指定时间内的每秒中断次数
	cs	在指定时间内每秒针上下文的切换次数
cpu	us	在指定时间间隔内 CPU 在用户态的利用率
	sy	在指定时间间隔内 CPU 在核心态的利用率
	id	在指定时间内 CPU 空闲时间比

3. 示例三

还可以通过"uptime"命令来获得 CPU 平均负载的情况。平均负载的计算通常描述为可运行和运行线程的平均数目。举例来说，如果一枚单 CPU 服务器上有 1 个运行线程占用了 CPU，有 3 个运行进程在调度程序队列中，那么平均负载即为 1+3=4。对于一枚有 16 个 CPU 的服务器，负载是 16 个运行线程，有 24 个运行进程在调度程序队列中，那么平均负载是 40。如果平均负载始终高于 CPU 的数目，则可能导致应用程序性能的下降。需要说明的是，平均负载只适用于 CPU 负载的初始估算，深入的分析我们还需要借助于其他工具来做。

在对 CPU 平均负载有一个初步了解以后，来看看该命令是如何使用的，它的输出又包含哪些内容。因为"uptime"命令仅提供了一个可选参数项"V"，即显示该命令的版本信息，所以这里不再使用列表进行描述。

在控制台输入"uptime"命令，回车执行后，运行结果如图 10-42 所示。

```
[root@localhost root]# uptime
 05:28:42  up 5:08,  2 users,  load average: 0.81, 0.24, 0.07
```

图 10-42 "uptime"命令输出信息

从图 10-42 可以看到"load average：0.81，0.24，0.07"，即为 CPU 平均负载对应系统在第 1 分钟、第 5 分钟和第 15 分钟的平均负载值。同时它们也代表 CPU 利用率和饱和度。如果 CPU 数目和平均负载的值相等，通常代表 100%的 CPU 利用率，小于 CPU 数目，则表示利用率小于 100%，大于 CPU 数目需要用饱和度来进行衡量。

10.4　内存相关指标和监控技术

在计算机的组成结构中，有一个很重要的部分就是存储器。存储器是用来存储程序和数据的部件，对于计算机来说，有了存储器，才有记忆功能，才能保证正常工作。存储器的种类很多，按其用途可分为主存储器和辅助存储器，主存储器又称内存储器（简称内存），辅助存储器又称外存储器（简称外存）。外存通常是磁性介质或光盘，如硬盘、软盘、磁带、CD 等，能长期保存信息，并且不依赖于电来保存信息，但是由机械部件带动，速度与 CPU 相比就显得慢得多。内存指的就是主板上的存储部件，是 CPU 直接与之沟通，并用其存储数据的部件，存放当前正在使用的（即执行中）的数据和程序，它的物理实质就是一组或多组具备数据输入输出和数据存储功能的集成电路，内存只用于暂时存放程序和数据，一旦关闭电源或发生断电，其中的程序和数据就会丢失。

10.4.1　内存相关指标监控技术

既然内存是用来存放当前正在使用的（即执行中）的数据和程序，那么它是怎么工作的呢？我们平常所提到的计算机的内存指的是动态内存（即 DRAM），动态内存中所谓的"动态"，指的是当我们将数据写入 DRAM 后，经过一段时间，数据会丢失，因此需要一个外设电路进行内存刷新操作。具体的工作过程是这样的：一个 DRAM 的存储单元存储的是 0 还是 1 取决于电容是否有电荷，有电荷代表 1，无电荷代表 0。但时间一长，代表 1 的电容会放电，代表 0 的电容会吸收电荷，这就是数据丢失的原因。刷新操作定期对电容进行检查，若电量大于满电量的 1/2，则认为其代表 1，并把电容充满电；若电量小于 1/2，则认为其代表 0，并把电容放电，借此来保持数据的连续性。

内存容量是指该内存条的存储容量，是内存条的关键性参数。系统对内存的识别是以 Byte（字节）为单位，每个字节由 8 位二进制数组成，即 8bit（比特，也称"位"）。按照计算机的二进制方式，1Byte=8bit、1KB=1024Byte、1MB=1024KB、1GB=1024MB、1TB=1024GB。内存容量通常以 MB 和者 GB 作为单位，可以简写为 M 和 G。内存的容量一般都是 2 的整次方倍，如 512MB、1GB、2GB 等，一般而言，内存容量越大系统运行速度也越快，当然系统的运行速度还与计算机的 CPU 等硬件设备有关。目前个人用机中主流采用的内存容量为 4～8GB 为主，而服务器的配置则更高。

10.4.2　Windows 操作系统中内存相关指标监控技术

可以通过 3 种方式来显示 Windows 操作系统任务、进程，您可以直接按下<Ctrl+Shift+Esc>组合键或者在任务栏单击鼠标右键，选择"任务管理器（K）"菜单选项，如图 10-43 所示，则可以打开本地计算机的 Windows 进程管理器。单击"性能"标签，可察看 CPU 的使用情况，如图 10-44 所示。

此外，您还可以通过启动 Windows 的命令行来查看 CPU 的使用情况，即通过在 Windows 的运行窗口或者在控制台命令行中输入"perfmon"命令，来启动"性能"监控程序，如图 10-45、图 10-46 和图 10-47 所示。

图 10-43　任务栏快捷菜单选项中的任务管理器

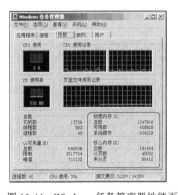

图 10-44　Windows 任务管理器性能页

图 10-45　"运行"方式启动"性能"监控程序

图 10-46　"命令行"方式启动"性能"监控程序

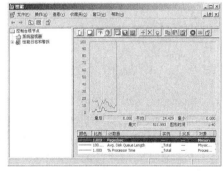

图 10-47　"性能"监控程序

您可以通过单击鼠标右键，在弹出的菜单中选择"添加计数器"选项，添加性能计数器，"性能对象"选择"Memory"，在"从列表选择计数器"列表中选择您关心的计数器，然后，单击"添加"就把该计数器添加到了监控列表中。如果您对某个性能计数器不是很清楚，请单击【说明】按钮，来查看该计数器的说明信息，或者参见表 10-12 所示，详细内容如图 10-48、图 10-49 和图 10-50 所示。

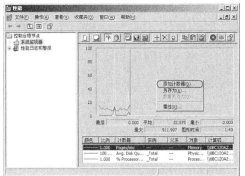

图 10-48 "添加计数器"选项　　　图 10-49 "添加计数器"对话框　图 10-50 "说明文字"对话框

表 10-12　　　　　　　Windows 操作系统"Memory"相关计数器说明

对象	计数器名称	描　述
Memory	% Committed Bytes In Use	Memory\\Committed Bytes 与 Memory\\Commit Limit 之间的比值（Committed memory 指如果需要写入磁盘时已在页面文件中保留空间中处于使用中的物理内存。Commit Limit 是由页面文件的大小决定的。如果扩大了页面文件，该比例就会减小）。这个计数器只显示当前百分比，它不是一个平均值
	Available Bytes	计算机上可用于运行处理的有效物理内存的字节数量。是用零、空闲和备用内存表上的空间总值计算的。空闲内存指可以使用内存；零内存指为了防止以后的处理看到以前处理使用的数据而在很多页内存中充满了零的内存；备用内存是指从处理的工作集（它的物理内存）移到磁盘的，但是仍旧可以调用的内存。这个计数器只显示上一次观察到的值，它不是一个平均值
	Available KBytes	计算机上运行的进程的可用物理内存大小，单位是千字节，而不是在 Memory\\Available Bytes 中报告的字节。它是将零的、空闲的和备用内存列表的空间添加在一起来计算的。空闲内存可随时使用；零内存是为了防止以后的进程看到以前进程使用的数据而在很多页内存中填满了零的内存；备用内存是指从进程的工作集（它的物理内存）移到磁盘的，但是仍旧可以重新调用的内存。这个计数器只显示观察到的最后一个值，它不是一个平均值
	Available MBytes	计算机上运行的进程的可用物理内存大小，单位是千字节，而不是在 Memory\\Available Bytes 中报告的字节。它是将零的、空闲的和备用内存列表的空间添加在一起来计算的。空闲内存可随时使用；零内存是为了防止以后的进程看到以前进程使用的数据而在很多页内存中填满了零的内存。备用内存是指从进程的工作集（它的物理内存）移到磁盘的，但是仍旧可以重新调用的内存。这个计数器只显示观察到的最后一个值，它不是一个平均值
	Cache Bytes	Memory\\System Cache Resident Bytes 的总数。Memory\\System Driver Resident Bytes、Memory\\System Code Resident Bytes 和 Memory\\Pool Paged Resident Bytes 计数器。该计数器只显示最后一次观察的值，它不是一个平均值
	Cache Bytes Peak	系统启动后文件系统缓存使用的最大字节数量。这可能比当前的缓存量要大。这个计数器只显示上一次观察到的值，它不是一个平均值
	Cache Faults/sec	在文件系统缓存中找不到要寻找的页而需要从内存（软错误）的其他地方或从磁盘（硬错误）的其他上检索时出现的错误的速度。文件系统缓存活动是大部分应用程序 IP 操作的可靠指示器。这个计数器显示错误的次数而不管每次操作中出错的页数
	Commit Limit	在不用扩展分页文件的情况下可以使用的虚拟内存的数量。这是用字节来计算的。确认的内存是指保留在磁盘分页文件上的物理内存。在每个逻辑磁盘上可以有一个分页内存。如果扩展分页文件，这个限量将相应增加。这个计数器只显示上一次观察到的值，而不是一个平均值

对象	计数器名称	描　述
Memory	Committed Byte	以字节表示的确认虚拟内存。确认内存磁盘页面文件上保留了空间的物理内存。每个物理磁盘上可以有一个或一个以上的页面文件。这个计数器只显示上一次观察到的值，它不是一个平均值
	Demand Zero Faults/sec	需要零页面以满足错误的速度。零页面和前面存储的数据被删除并被填满零的页面是 Windows 的一个安全特征，它阻止其他进程看见前一进程使用内存空间存储的数据。Windows 保存一份零页面的列表以加速此进程。此计数器显示错误的数量，它并不考虑为了满足错误而检索的页面数量。此计数器显示上两个示例的值除以实例间隔时间的差
	Free System Page Table Entries	系统没有使用的页表项目。这个计数值仅显示上一次的值，而不是一个平均值
	Page Faults/sec	每秒出错页面的平均数量。由于每个错误操作中只有一个页面出错，计算单位为每秒出错页面数量，因此这也等于页面错误操作的数量。这个计数器包括硬错误（那些需要磁盘访问的）和软错误（在物理内存的其他地方找到的错误页）。许多处理器可以在有大量软错误的情况下继续操作。但是，硬错误可以导致明显的拖延
	Page Reads/sec	取读磁盘以解析硬页面错误的速度。它显示读取操作的数量，它并不考虑每个操作的页面数量。当一个进程引用一个虚拟内存的页面，而此虚拟内存位于工作集以外或物理内存的其他位置，并且此页面必须从磁盘检索时，就会发生硬页面错误。此计数器是引起系统范围内延迟的主要指示器。它包含读取操作以满足文件系统缓存（通常由应用程序请求）和非缓存映射内存文件的错误。比较内存的值\\Pages Reads/sec 与内存的值\\Pages Input/sec 来决定每个操作读取的平均页面数量
	Page Writes/sec	为了释放物理内存空间而将页面写入磁盘的速度。只有页面还在物理内存中时所做的更改才会写入磁盘，因此这些页面可能只保留数据而不保留代码。这个计数器显示写入操作不计算每个操作中写入的页数。这个计数器显示用上两个实例中观察到的值之间的差除于实例间隔的持续时间所得的值
	Pages Input/sec	从磁盘取读页面以解析硬页面错误的速度。它显示读取操作的数量，它并不考虑每个操作的页面数量。当一个进程引用一个虚拟内存的页面，而此虚拟内存位于工作集以外或物理内存的其他位置，并且此页面必须从磁盘检索时，就会发生硬页面错误。当页面发生错误时，系统尝试将多个连续页面读入内存以充分利用取读操作的优点。请比较 Memory\\Pages Input/sec 的值和 Memory\\ Page Reads/sec 的值以便决定每个取读操作读入内存的平均页面数量
	Pages Output/sec	为了释放物理内存空间而将页面写入磁盘的速度。只有在物理内存中更改时页面才会写回到磁盘上，因此页面可能只保留数据而不是代码。高速的页面输出可能表示内存不足。当物理内存不足时，Windows 会将页面写回到磁盘以便释放空间。这个计数器可以在不转换的情况下，显示页面数量并可以与其他页面计数进行比较
	Pages/sec	为解决硬页错误从磁盘读取或写入磁盘的速度。这个计数器是可以显示导致系统范围延缓类型错误的主要指示器。它是 Memory\\Pages Input/sec 和 Memory\\Pages Output/sec 的总和。是用页数计算的，以便在不用做转换的情况下就可以同其他页计数如：Memory\\Page Faults/sec 做比较，这个值包括为满足错误而在文件系统缓存（通常由应用程序请求）的非缓存映射内存文件中检索的页
	Pool Nonpaged Allocs	在非分页池中分派空间的调用数。非分页池是系统内存（操作系统使用的物理内存）中可供对象（指那些在不处于使用时不可以写入到磁盘上并且分派后必须保留在物理内存中的对象）使用的一个区域。它是用衡量分配空间的调用数来计数的，而不管在每个调用中分派的空间数多少。这个计数器仅显示上一次观察的值，而不是一个平均值

续表

对象	计数器名称	描　　述
Memory	Pool Nonpaged Bytes	在非分页池中的字节数，非分页池是指系统内存（操作系统使用的物理内存）中可供对象（指那些在不处于使用时不可以写入磁盘上而且只要分派过就必须保留在物理内存中的对象）使用的一个区域。Memory\\Pool Nonpaged Bytes 的计数方式与 Process\\Pool Nonpaged Bytes 的计数方式不同，因此可能不等于 Pool Nonpaged Bytes_Total。这个计数器仅显示上一次观察的值，而不是一个平均值
	Pool Paged Allocs	在分页池中分派空间的调用次数。分页池是系统内存（操作系统使用的物理内存）中可供对象（指那些在不处于使用时可以写入磁盘上的对象）使用的一个区域。它是用计算分配空间的调用次数来计算的，而不管在每个调用中分派的空间数是什么。这个计数器仅显示上一次观察的值，而不是一个平均值
	Pool Paged Bytes	在分页池中的字节数，分页池是系统内存（操作系统使用的物理内存）中可供对象（在不处于使用时可以写入磁盘的）使用的一个区域。Memory\\Pool Paged Bytes 的计数方式与 Process\\Pool Paged Bytes 的方式不同，因此可能不等于 Process\\Pool Paged Bytes_Total。这个计数器仅显示上一次观察的值，而不是一个平均值
	Pool Paged Resident Bytes	分页池的当前大小的字节数。分页池是指系统内存（操作系统使用的物理内存）中可供对象（指那些在不处于使用时可以写入磁盘上的对象）使用的一个区域。分页和非分页池使用的空间来自物理内存，因此如果一个池太大就会使内存空间无法进行处理。这个计数器仅显示上一次观察的值，而不是一个平均值
	System Cache Resident Bytes	文件系统缓存可分页的操作系统代码的字节大小。此值只包括当前的物理页面，而不包括当前未使用的虚拟内存页面。它不等于"任务管理器"上显示的系统缓存值。因此，此值会比文件系统缓存使用的实际虚拟内存要小。此值是 Memory\\System Code Resident Bytes 的组件，它代表当前在物理内存里的所有可分页的操作系统代码。这个计数器只显示上一次观察到的值，它不是一个平均值
	System Code Resident Bytes	操作系统代码当前在物理内存的字节大小，此物理内存在未使用时可写入磁盘。此值是 Memory\\System Code Total Bytes 的组件，它还包括磁盘上的操作系统代码。Memory\\System Code Resident Bytes（和 Memory\\System Code Total Bytes）不包括必须留在物理内存的代码，并且不能写入磁盘。这个计数器只显示上一次观察到的值，它不是一个平均值
	System Code Total Bytes	当前在虚拟内存中的可分页的操作系统代码的字节数。这是用来衡量在不使用时可以写入到磁盘上的操作系统使用的物理内存的数量。这个值是通过将在 Ntoskrnl.exe，Hal.dll、启动驱动器和用 Ntldr/osloader 加载的文件系统中的字节的数相加得出的。这个计数器不包括必须保留在物理内存中并不能写入到磁盘上的代码。这个计算器仅显示上一次观察的值，而不是一个平均值
	System Driver Resident Bytes	设备驱动程序当前使用的可分页的虚拟内存的字节数。它是驱动程序的工作集（物理内存区域）。这个值为 Memory\\System Driver Total Bytes（也包括可以写入磁盘的驱动程序内存）的组件。无论 System Driver Resident Bytes 还是 System Driver Total Bytes 都不可以写入磁盘
	System Driver Total Bytes	设备驱动器当前使用的可分页的虚拟内存的字节数（当不使用时可分页内存可以写入磁盘）。它包括物理内存（Memory\\System Driver Resident Bytes）和代码以及分页到磁盘的数据。它是 Memory\\System Code Total Bytes 的一个组件。这个计数器仅显示上一次观察的值，而不是一个平均值
	Transition Faults/sec is	恢复页面解析页面错误的速度。此恢复页面正被另一个共享此页面进程使用，或在被修改的页面列表或待机列表上，或在发生页面错误时正被写入磁盘。在没有额外磁盘运行的情况下，页面已被恢复。中转错误以错误数量计算，因为每一操作只有一个页面错误，它也等于错误的页面数量
	Write Copies/sec	使用物理内存中的其他空间复制页以满足写入的尝试而引起的页面错误速度。由于页只在写入时才复制，这是一个实用的共享数据的方式，否则需要共享该页。这个计数器在不计算每次操作时复制的页数的情况下显示复制的数量

内存在计算机中的作用举足轻重，应用程序的运行都需要分配内存才能够正常的执行。如果使用的计算机内存不大，如 512MB 甚至更少，而却需要运行 Oracle、Weblogic 等一些大的应用程序，则很有可能会导致内存消耗殆尽，运行不了其他应用程序，或者在进行数据库操作时处理时间较长的情况发生。虚拟内存是用硬盘空间作内存来弥补计算机 RAM 空间的缺乏。当实际 RAM 满时（实际上，在 RAM 满之前），虚拟内存就在硬盘上创建了。当物理内存用完后，虚拟内存管理器选择最近没有用过的，低优先级的内存部分写到交换文件上。这个过程对应用是隐藏的，应用把虚拟内存和实际内存看作是一样的。举例来说，压缩程序在压缩时有时候需要读取的文件很大一部分保存在内存中作反复的搜索。假设内存大小是 256MB，而要压缩的文件有 600MB，且压缩软件需要保存在内存中的大小也是 600MB，那么这时操作系统就要权衡压缩程序和系统中的其他程序，把多出来的那一部分数据放进交换文件。

不知大家有没有发现，在 Windows 2000（XP）系统中有一个名为 pagefile.sys 的系统文件，通常在 C 盘，它的大小经常发生变化，小的时候可能只有几十兆，大的时候则有数百兆，这种毫无规律的变化让很多人不知其原因。其实，pagefile.sys 是 Windows 下的一个虚拟内存，它的作用与物理内存基本相似。它是作为物理内存的"后备力量"而存在的，也就是说，只有在物理内存不够使用的时候，它才会发挥作用。

我们都知道，虽然在运行速度上硬盘不如内存，但在容量上内存是无法与硬盘相提并论的。当运行一个程序需要大量数据、占用大量内存时，内存就会被"塞满"，并将那些暂时不用的数据放到硬盘中，而这些数据所占的空间就是虚拟内存。这也就是为什么 pagefile.sys 的大小会经常变化的原因。

您可以通过选择"我的电脑"单击鼠标右键，选择"属性"菜单项，如图 10-51 所示。

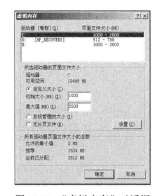

图 10-51 "属性"选项

选择"高级"页，单击【设置】按钮，再在弹出的"性能选项"对话框中选择"高级"页，单击【更改】按钮来对虚拟内存的大小进行设置，如图 10-52、图 10-53 和图 10-54 所示。

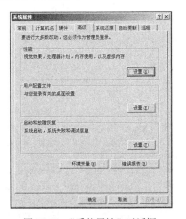 

图 10-52 "系统属性"对话框 图 10-53 "性能选项"对话框 图 10-54 "虚拟内存"对话框

在进行虚拟内存的设置时，需要考虑以下几方面内容。

（1）一般情况下，虚拟内存与实际的物理内存应该有恰当的比例，这才能很好地发挥计算机的性能。通常，内存在 256MB～1GB，您可以设置虚拟内存的大小为实际物理内存大小的 1.5～2 倍，当物理内存大于 1GB 的时候，可以设置为物理内存大小的 1～1.5 倍。

（2）虚拟内存不是设置越大越好，需要为系统盘预留一定的空间给临时文件使用，如果不小心或者无意中把剩余空间都给了虚拟内存，就会发现重启系统的时候会很缓慢，甚至无法启动的情况，这说明系统盘没有足够的空间给临时文件使用。

10.4.3 Linux 操作系统中内存相关指标监控技术

Linux 提供了非常丰富的命令可以进行内存相关的数据进行监控，例如：vmstat、ps 等命令。

1. 示例一

vmstat 命令，不仅可以参考 CPU 的使用情况，还可以使您能够在同一行看到系统的内存等硬件的使用情况。

vmstat 命令提供如下参数供您使用：vmstat [-n] [delay [count]]。

下面介绍一下 vmstat 命令的主要参数项的含义，如表 10-13 所示。

表 10-13　　vmstat 命令主要参数项说明

选项名称	说　明
n	通过这个开关参数，如果启用它则仅显示一次标头信息
delay	指定每两次屏幕信息刷新之间的时间间隔（delay 即为具体的间隔时间数值，它的单位是 s）
count	在结合“delay”参数使用时，如果指定数值，则运行指定的次数后退出，否则将无限次运行

在控制台输入“vmstat –n 1”，回车执行后，该命令即为仅显示一次标头信息，每隔 1s 显示一次 vmstat 监控信息，运行结果如图 10-55 所示。

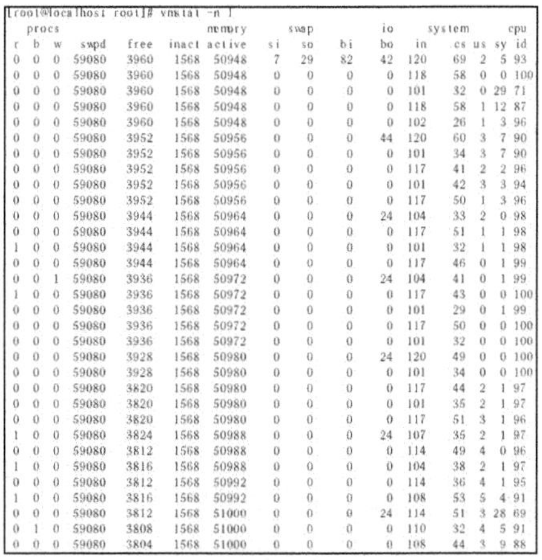

```
[root@localhost root]# vmstat -n 1
   procs                      memory        swap          io     system        cpu
 r  b  w   swpd   free   inact active   si   so    bi    bo   in    cs us  sy  id
 0  0  0  59080   3960    1568  50948    7   29    82    42  120    69  2   5  93
 0  0  0  59080   3960    1568  50948    0    0     0     0  118    58  0   0 100
 0  0  0  59080   3960    1568  50948    0    0     0     0  101    32  0  29  71
 0  0  0  59080   3960    1568  50948    0    0     0     0  118    58  1  12  87
 0  0  0  59080   3960    1568  50948    0    0     0     0  102    26  1   3  96
 0  0  0  59080   3952    1568  50956    0    0     0    44  120    60  3   7  90
 0  0  0  59080   3952    1568  50956    0    0     0     0  101    34  3   7  90
 0  0  0  59080   3952    1568  50956    0    0     0     0  117    41  2   2  96
 0  0  0  59080   3952    1568  50956    0    0     0     0  101    42  3   3  94
 0  0  0  59080   3952    1568  50956    0    0     0     0  117    50  1   3  96
 0  0  0  59080   3944    1568  50964    0    0     0    24  104    33  2   0  98
 0  0  0  59080   3944    1568  50964    0    0     0     0  117    51  1   1  98
 1  0  0  59080   3944    1568  50964    0    0     0     0  101    32  1   1  98
 0  0  0  59080   3944    1568  50964    0    0     0     0  117    46  0   1  99
 0  0  1  59080   3936    1568  50972    0    0     0    24  104    41  0   1  99
 1  0  0  59080   3936    1568  50972    0    0     0     0  117    43  0   0 100
 0  0  0  59080   3936    1568  50972    0    0     0     0  101    29  0   1  99
 0  0  0  59080   3936    1568  50972    0    0     0     0  117    50  0   0 100
 0  0  0  59080   3936    1568  50972    0    0     0     0  101    32  0   0 100
 0  0  0  59080   3928    1568  50980    0    0     0    24  120    49  0   0 100
 0  0  0  59080   3928    1568  50980    0    0     0     0  101    34  0   0 100
 0  0  0  59080   3820    1568  50980    0    0     0     0  117    44  2   1  97
 0  0  0  59080   3820    1568  50980    0    0     0     0  101    35  2   1  97
 0  0  0  59080   3820    1568  50980    0    0     0     0  117    51  3   1  96
 1  0  0  59080   3824    1568  50988    0    0     0    24  107    35  2   1  97
 0  0  0  59080   3812    1568  50988    0    0     0     0  114    49  4   0  96
 1  0  0  59080   3816    1568  50988    0    0     0     0  104    38  2   1  97
 0  0  0  59080   3812    1568  50992    0    0     0     0  114    36  4   1  95
 1  0  0  59080   3816    1568  50992    0    0     0     0  108    53  5   4  91
 0  0  0  59080   3812    1568  51000    0    0     0    24  114    51  3  28  69
 0  1  0  59080   3808    1568  51000    0    0     0     0  110    32  4   5  91
 0  0  0  59080   3804    1568  51000    0    0     0     0  108    44  3   9  88
```

图 10-55　“vmstat –n 1”命令输出信息

接下来看看输出信息内容各部分代表的含义，参见图 10-55 与表 10-14 所示。

表 10-14　　“vmstat –n 1”命令输出信息含义说明表

分　类	输出信息	说　明
procs	r	在就绪状态等待的进程数
	b	在非中断睡眠状态等待的进程数
	w	被交换出去的可运行的进程数
memory	swpd	虚拟空间使用情况，单位是 KB
	free	空闲内存空间
	inact	非活跃的内存页
	active	活跃的内存页

续表

分 类	输出信息	说 明
swap	si	从磁盘写入内存的交换页面数量，单位 KB/s
	so	从内存写入到磁盘的交换页的数量
io	bi	发送到块设备的块数 单位：块/s
	bo	从块设备接收到的块数
system	in	在指定时间内的每秒中断次数
	cs	在指定时间内每秒针上下文的切换次数
cpu	us	在指定时间间隔内 CPU 在用户态的利用率
	sy	在指定时间间隔内 CPU 在核心态的利用率
	id	在指定时间内 CPU 空闲时间比

2. 示例二

进程的内存占用可以划分为两大主要类别：虚拟大小和驻留集大小。虚拟大小是指进程使用的虚拟内存的全部大小，讲得更明确一点，就是指组成地址空间的单个映射的虚拟大小的总和。进程的虚拟内存的某些或者全部是在物理内存中的，我们把这个大小称为进程的驻留集大小（RSS）。ps 命令既显示进程的全部虚拟大小，也显示驻留集大小，如图 10-56 所示。

输出项的含义，如表 10-15 所示。

表 10-15 “ps-eo pid,vsz,rss,args”命令输出信息含义说明

输出信息	说 明
PID	PID 表示进程标示符
VSZ	进程映射用的全部虚拟内存大小，包括所有映射文件和设备，单位是千字节
RSS	进程使用物理内存的近似值，单位是千字节
COMMNAD	进程被执行的命令名称

```
[root@localhost root]# ps -eo pid,vsz,rss,args
  PID   VSZ  RSS COMMAND
    1  1372   64 init
    2     0    0 [migration/0]
    3     0    0 [keventd]
    4     0    0 [kapmd]
    5     0    0 [ksoftirqd_CPU0]
   10     0    0 [bdflush]
    6     0    0 [kswapd]
    7     0    0 [kscand/DMA]
    8     0    0 [kscand/Normal]
    9     0    0 [kscand/HighMem]
   11     0    0 [kupdated]
   12     0    0 [mdrecoveryd]
   20     0    0 [kjournald]
   78     0    0 [khubd]
 1168     0    0 [kjournald]
 1489  1444   84 syslogd -m 0
 1493  1364    4 klogd -x
 1503  1544   36 [portmap]
 1522  1520    0 [rpc.statd]
 1589  1364    4 /usr/sbin/apmd -p 10 -w 5 -W -P /etc/sysconfig/apm-scripts/apms
 1627  3508   32 /usr/sbin/sshd
 1641  2020    4 xinetd -stayalive -reuse -pidfile /var/run/xinetd.pid
 1660  5916  360 [sendmail]
 1669  5712   84 [sendmail]
 1679  1404   52 gpm -t imps2 -m /dev/mouse
 1688  1416   36 crond
 1699  7492  516 cupsd
 1761  5772   56 [xfs]
 1779  1412   64 [atd]
 1787  1348    4 /sbin/mingetty tty1
 1788  1348    4 /sbin/mingetty tty2
 1789  1348    4 /sbin/mingetty tty3
 1790  1348    4 /sbin/mingetty tty4
 1791  1348    4 /sbin/mingetty tty5
```

图 10-56 “ps–eo pid,vsz,rss,args”命令输出信息

当一个运行较为繁忙的系统一旦出现内存不足时，就会使系统中的很多环节受到影响。

首先，我们来分析交换内存的处理，交换内存的换入、换出实际就是磁盘的读和写，系统中出现频繁的内存交换时，一方面是降低了程序的执行速度，另一方面会增加磁盘读写的开销，出现程序访问磁盘和交换内存访问磁盘的资源竞争局面，造成了两者之间的相互影响。其次，CPU 在交换内存使用频繁时，系统中的内存缺，长处理也会增多，这也意味着系统的软中断处理也增多，这些处理都会造成内核使用 CPU 的开销增大，从而又会出现应用程序使用 CPU 和内核使用 CPU 相互竞争的局面，造成了两者之间的相互影响。再次，内存不足还会造成系统负载很高、系统响应迟缓等现象。

在常见的操作系统中，物理内存的使用基本可以分为如下几个用途。

（1）内核数据结构占用的内存。

（2）程序运行占用的内存。

（3）磁盘的读 Cache（缓存）。

（4）设备文件的写 Buffer（缓存）。

除了内核数据结构占用的内存和程序运行占用的内存使用掉的内存外，剩下的内存都被系统视为空闲内存，系统会把空闲内存用于磁盘的读 Cache 和设备文件的写 Buffer 的用途，也就是 Cache 和 Buffer。根据访问的时间远近可以分为活跃内存和非活跃内存，如果一块物理内存页在一定时间内没有访问，那么它就会被标记为非活跃的，非活跃内存页可以被收回或者切换到交换内存。

Cache 并不真正缓存文件，而是块，就是磁盘 I/O 的最小单元（Linux 下，一般是 1KB），这样，所有的目录、超级块、其他文件系统记录数据和无文件系统磁盘都可以被缓存。

内存对于存储系统性能的影响，主要和物理内存多少有关，也就是可以用于 Cache 和 Buffer 的内存的多少会影响到存储系统的性能。

首先，我们来假设这样一种场景：系统没有内存可用于磁盘 Cache，那么会是什么现象呢？因为磁盘的访问速度和内存相比很慢，如果应用程序频繁读取磁盘数据，会大大降低应用程序的响应度，当磁盘出现性能瓶颈时，还会造成应用程序长期等待磁盘 I/O。在以运行多进程为主的应用中，等待磁盘 I/O 还会造成大量进程积压，而进程积压又会过多消耗物理内存，严重时又造成交换内存使用，交换内存又要造成磁盘访问，从而造成恶性循环。

如果有大量内存可以用于磁盘缓存的话，就可以减少上面问题的发生，内存越多，缓存的内容越多，因此大大降低磁盘读 I/O 操作，这只是好处之一；另一个好处是提高了应用程序的响应度，从而整体上提高了系统的性能。

在我的实际观察中，内存对存储写性能的影响不如读存储的明显，但总归还是有帮助的，因为可以缓冲的内容越多，也意味着可以合并的磁盘写操作越多（同一个文件的多次逻辑写被合并成一个物理磁盘写），因此内存充足时还是会提高写磁盘的性能。

对于应用程序来说，如果系统可以满足下面 3 个条件是最理想的。

（1）总是有物理内存使用，永远不需使用交换内存，从不等待内存缺页处理。

（2）读取的磁盘内容都被 Cache 在内存中，不需要实际的磁盘 I/O。

（3）往磁盘上写数据时，系统有空闲内存用于数据的写缓冲（Buffer）。

满足上面 3 个条件，并且 CPU 资源充足，那么应用程序的执行会非常平滑，系统运行也会非常高效。但是如果物理内存不足时，系统必然会使用交换内存，比如 A 进程执行时暂时休眠，此时 B 进程开始运行，假如物理内存用尽，A 进程的虚拟内存可能会被切换到交换内存中，以省出物理内存给 B 进程使用，而到 A 进程再次执行时又需要把数据从交换内存中移到物理内存中，这个过程对 A 和 B 进程都造成了执行中断和等待，使它们的执行速度变慢、响应度降低。

在结合前面关于内存对于存储系统的影响，可以得出这样的结论：物理内存充足时，应用程序的执行速度更快，而使用交换内存时，程序的执行速度变慢，严重时还会造成大量进程积压。

虽然通过交换内存可以让系统运行更多的进程，也可以让进程使用更多的内存，但是交换内存的换入和换出会造成磁盘 I/O 操作，而磁盘的访问速度是远低于物理内存访问速度的，所以频繁地交换内存切换，会造成应用程序响应度降低，执行变慢，性能下降，同时也会导致磁盘出现 I/O 性能瓶颈，所以关于交换内存的优化，有下面几个方法。

（1）把交换内存使用的磁盘分区划分在磁盘的最靠前部分，也就是磁盘上最靠近中心的磁道，我们知道越靠近中心磁头轴距越短，磁头寻道定位时间也越短，所以磁盘上越靠里的扇区访问速度越快，因此我们尽可能把这部分磁盘空间用于交换内存使用。

（2）操作系统中可以设定多个交换分区同时使用，所以，如果有多块物理磁盘的话，在每块磁盘上都划分一个分区作为交换分区使用，这样内存交换时就可以让多块磁盘并发处理，因此也能提高交换内存的性能。

（3）如果有多块磁盘，并且也配置了 RAID0 或者 RAID5，那么把交换分区划分在 RAID 磁盘上，性能会比配置在单块磁盘上好。

10.5　磁盘 I/O 相关指标和监控技术

10.5.1　磁盘 I/O 相关指标监控技术

大家都知道，计算机主要由 CPU、内存和 I/O 这 3 大部件组成。前面我们已经分别对 CPU 和内存相关指标和监控技术进行了讲解，现在让我们了解一下什么是 I/O？I/O 即为 IN 和 OUT 的缩写。对于 CPU 来说，从内存中读取数据，这个过程就叫做 INPUT。运算完成之后将数据直接返回给内存，这个过程就是 OUTPUT。对于磁盘来说，INPUT 是指数据写入磁盘的过程，OUTPUT 则是指数据从磁盘将数据读取出来的过程。数据在传递过程，也是不断与每个部件进行交互的过程。数据传递给 CPU 由其运算处理后，再经过 I/O 过程，最终将结果信息通过输出设备显示出来，供操作者使用。

随着计算机软、硬件技术的蓬勃发展，不仅应用系统功能变得越来越完善，系统越来庞大，而且也要求在多用户访问应用的时候仍能够提供快速、准确的响应。传统单一的磁盘则无论从容量和响应速度上都不能够提供良好的服务，而磁盘阵列技术的应用却能够为用户提供优质的服务和感受。那么什么叫磁盘阵列呢？

磁盘阵列是一种把若干硬磁盘驱动器按照一定要求组成一个整体，整个磁盘阵列由阵列控制器管理的系统。冗余磁盘阵列 RAID（Redundant Array of Independent Disks）技术 1987 年由加州大学伯克利分校提出，最初的研制目的是为了组合小的廉价磁盘来代替大的昂贵磁盘，以降低大批量数据存储的费用（当时 RAID 称为 Redundant Array of Inexpensive Disks 廉价的磁盘阵列），同时也希望采用冗余信息的方式，使得磁盘失效时不会对数据的访问受损失，从而开发出一定水平的数据保护技术。

1. 磁盘阵列的工作原理与特征

RAID 的基本结构特征就是组合（Striping），捆绑两个或多个物理磁盘成组，形成一个单独的逻辑盘。组合套（Striping Set）是将物理磁盘组捆绑在一块儿。在利用多个磁盘驱动器时，组合能够提供比单个物理磁盘驱动器更好的性能提升。数据是以块（Chunks）的形式写入组合套中的，块的尺寸是一个固定的值，在捆绑过程实施前就已选定。块尺寸和平均 I/O 需求的尺寸之间的关系决定了组合套的特性。总得来说，选择块尺寸的目的是为了最大程度地提高性能，以适应不同特点的计算环境应用。

2. 磁盘阵列的优点

首先，提高了存储容量；其次，多台磁盘驱动器可并行工作，提高了数据传输率。RAID 技术确实提供了比通常的磁盘存储更高的性能指标、数据完整性和数据可用性，尤其是在当今面临的 I/O 总是滞后于 CPU 性能的瓶颈问题越来越突出的情况下，RAID 解决方案能够有效地弥补这个缺口。

3. 阵列技术的介绍

RAID 技术是一种工业标准，各厂商对 RAID 级别的定义也不尽相同。目前对 RAID 级别的定义可以获得业界广泛认同的有 4 种，RAID 0、RAID 1、RAID 0+1 和 RAID 5，我们常见的主板自带的阵列芯片或阵列卡能支持的模式有：RAID 0、RAID 1、RAID 0+1。

（1）RAID 0 是无数据冗余的存储空间条带化，它将所有硬盘构成一个磁盘阵列，可以同时对多个硬盘做读写动作，但是不具备备份及容错能力，具有成本低、读写性能极高、存储空间利用率高等特点，在理论上可以提高磁盘子系统的性能。

（2）RAID 1 是两块硬盘数据完全镜像，可以提高磁盘子系统的安全性，技术简单，管理方便，读写性能均好。但它无法扩展（单块硬盘容量），数据空间浪费大，严格意义上说，不应称之为"阵列"。

（3）RAID 0+1 综合了 RAID 0 和 RAID 1 的特点，独立磁盘配置成 RAID 0，两套完整的 RAID 0 互相镜像。它的读写性能出色，安全性高，但构建阵列的成本投入大，数据空间利用率低，不能称之为经济高效的方案。

4．做阵列注意事项

阵列的一个误区就是大家还是把磁盘分开来看，作为阵列，你只能把做阵列的硬盘当成一个大的硬盘。在拷盘前我们用 SFDISK（或者用其他分区软件，不用 FDISK.EXE，因为 FDISK.EXE 只认 80GB，而一般做阵列后，硬盘都大于 80GB）对其进行分区，然后用 GHOST 将盘刻到阵列硬盘上面。

只要硬盘的位置与数据线不脱离，阵列卡如果换同名的阵列卡，其内容是不会改变的，因为阵列卡中相关参数设置保存在了硬盘当中。

5．磁盘阵列相关技术术语

下面给大家介绍一下磁盘阵列的相关技术术语。

● **硬盘镜像**（**Disk Mirroring**）：硬盘镜像最简单的形式是，一个主机控制器带两个互为镜像的硬盘。数据同时写入两个硬盘，两个硬盘上的数据完全相同，因此一个硬盘故障时，另一个硬盘可提供数据。

● **硬盘数据跨盘**（**Disk Spanning**）：利用这种技术，几个硬盘看上去像是一个大硬盘。这个虚拟盘可以把数据跨盘存储在不同的物理盘上，用户不需关心哪个盘上存有他需要的数据。

● **硬盘数据分段**（**Disk Striping**）：数据分散存储在几个硬盘上。数据的第一段放在硬盘 0，第 2 段放在硬盘 1……直至达到硬盘链中的最后一个硬盘，然后下一个逻辑段将放在硬盘 0，再下一个逻辑段放在硬盘 1，如此循环直至完成写操作。

● **双控**（**Duplexing**）：这里指的是用两个控制器来驱动一个硬盘子系统。一个控制器发生故障，另一个控制器马上控制硬盘操作。此外，如果编写恰当的控制器软件，可实现不同的硬盘驱动器同时工作。

● **容错**（**Fault Tolerant**）：具有容错功能的计算机有抗故障的能力。例如，RAID 1 镜像系统是容错的，镜像盘中的一个出故障，硬盘子系统仍能正常工作。

● **主机控制器**（**Host Adapter**）：这里指的是使主机和外设进行数据交换的控制部件（如 SCSI 控制器）。

● **热修复**（**Hot Fix**）：指用一个硬盘热备份来替换发生故障的硬盘。要注意故障盘并不是真正地被物理替换了。用作热备份的硬盘被加载上故障盘原来的数据，然后系统恢复工作。

● **热补**（**Hot Patch**）：具有硬盘热备份，可随时替换故障硬盘的系统。

● **热备份**（**Hot Spare**）：与 CPU 系统电连接的硬盘，它能替换下系统中的故障盘。与冷备份的区别是，冷备份硬盘平时与计算机不相连接，硬盘故障时才换下故障硬盘。

● **平均数据丢失时间**（**MTBDL，Mean Time Between Data Loss**）：发生数据丢失的事件间的平均时间。

● 　**平均无故障工作时间**（**MTBF，Mean Time Between Failure 或 MTIF**）：设备平均无故障运行时间。

● 　**廉价冗余磁盘阵列**（**RAID，Redundant Array of Inexpensive Drives**）：一种将多个廉价硬盘组合成快速、有容错功能的硬盘子系统的技术。

● 　**系统重建**（**Reconstruction or Rebuild**）：一个硬盘发生故障后，从其他正确的硬盘数据和奇偶信息恢复故障盘数据的过程。

● 　**恢复时间**（**Reconstruction Time**）：为故障盘重建数据所需要的时间。

● 　**传输速率**（**Transfer Rate**）：指在不同条件下存取数据的速度。

● 　**虚拟盘**（**Virtual Disk**）：与虚拟存储器类似，虚拟盘是一个概念盘，用户不必关心它的数据写在哪个物理盘上。虚拟盘一般跨越几个物理盘，但用户看到的只是一个盘。

磁盘在性能方面，我们经常关注的几个重要指标为磁盘的使用率、饱和度和吞吐量等指标。

● 　**使用率**：表示磁盘使用率，这一数值是磁盘忙时间的统计结果，它是理解磁盘使用情况的起始点。

● 　**饱和度**：可以通过平均等待队列长度来衡量磁盘的饱和度。

● 　**吞吐量**：通常用 KB/S 的数值来说明磁盘的活动情况。

10.5.2　Windows 操作系统磁盘 I/O 相关指标监控技术

在服务器中，磁盘的地位非常重要，它的配置和维护对整个服务器性能有很大的影响。对Windows 系统来说，很多人对它的磁盘管理工具不满意，经常利用第三方工具软件来调整磁盘的性能。另外，一些 UNIX 的管理员也抱怨 Windows 的磁盘管理功能太简单了。然而事实并非如此，实际上可以在 Windows 平台上方便地使用命令行下的磁盘管理工具。

1．Disk Space Inspector 工具

首先，给大家介绍一下 Disk Space Inspector 工具，它可以用直观的数值或者图表方式来显示磁盘及其磁盘上文件的空间占用情况，并非常方便地将这些信息以报表的形式展示出来。如图 10-57～图 10-62 所示。

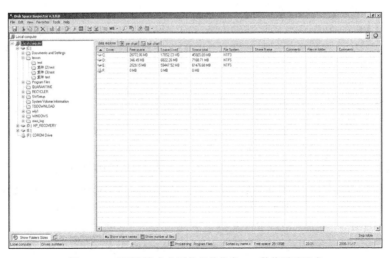

图 10-57　查看硬盘各分区的相关信息——数值展示形式

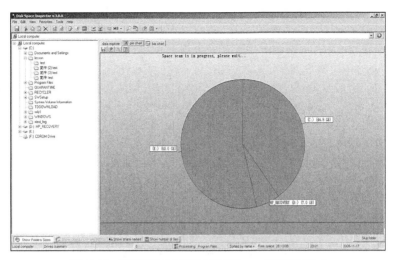

图 10-58 查看硬盘各分区的相关信息——饼图展示形式

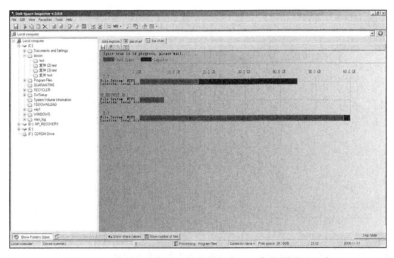

图 10-59 查看硬盘各分区的相关信息——条状图展示形式

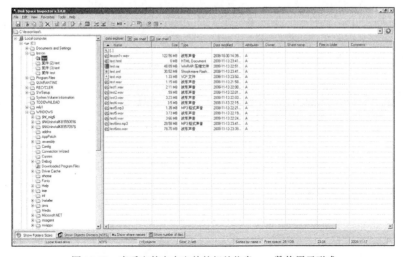

图 10-60 查看文件夹中文件的相关信息——数值展示形式

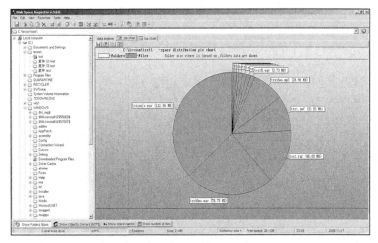

图 10-61 查看文件夹中文件的相关信息——饼状图展示形式

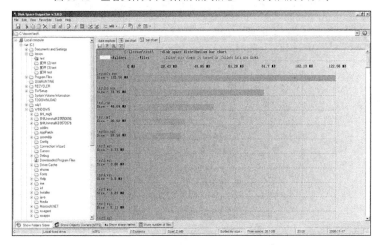

图 10-62 查看文件夹中文件的相关信息——条状图展示形式

如果要产生磁盘相关信息的报表，可以单击"Tools"下的"Disk Report"菜单项，如图 10-63 所示，接下来可以根据输出报表的内容需要选择相应的 Report Columns 列内容，单击【Create Report】按钮，如图 10-64 所示，待报表产生完毕之后，单击【View Report】按钮，就可以查看产生的报表信息了，如图 10-65 所示。

图 10-63 "Disk Report"菜单项

图 10-64 "Disk Report"对话框

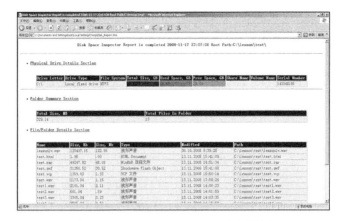

图 10-65　"Disk Space Inspector"产生的报表

2. Diskview 工具

接下来再介绍一个工具——Diskview，它可在 Windows NT 4、Windows 2000、Windows XP 和 Windows Server 2003 上运行，它以图表方式显示用户的磁盘，允许确定某个文件的位置，或者通过单击簇来查看占用它的文件，如图 10-66 所示，单击标示为"1"的部分，则在标示为"2"部分显示该簇对应的文件名称为"e:\工具\测试相关\资料\测试技术1.book"。双击标示为"1"的部分，则可以获得关于分配了某簇文件的详细信息，如图 10-67 所示。

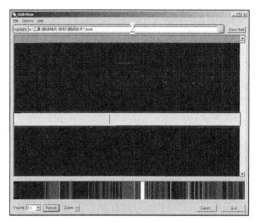

"DiskView Analyzer"是功能非常强大，界面非常友好、直观的一个磁盘管理方面的软件。它不仅可以帮您了解到磁盘的类型（Model）、柱头数（Cylinders）、磁头数（Heads）、扇区数（Secters）等信息，在这些信息的最后一行有一个磁盘的状态

图 10-66　"DiskView"簇和文件的对应

（Status）信息，该信息说明了当前磁盘的"健康"状况，如图 10-68 方框区域所示。当然我们最关心的内容还是磁盘的相关性能数据部分，细心的读者可能已经发现了，状态信息下方有一个列表，如图 10-68 和图 10-69 所示，该表显示了相关磁盘的性能信息，如表 10-16 所示。

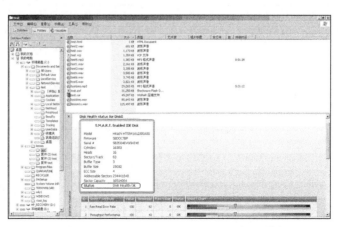

图 10-67　"Cluster Properties"对话框　　　　图 10-68　"S.M.A.R.T. Information"方式显示信息

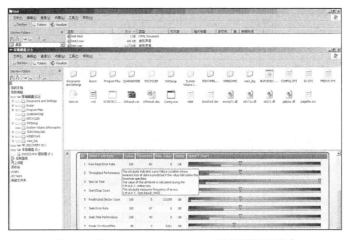

图 10-69 "S.M.A.R.T. Information" 方式列表显示信息

表 10-16 "S.M.A.R.T.Information" 方式输出列表列标头含义

列名（英文）	列名（中文）	含 义
Raw Read Error Rate	原始读取错误率	代表路径读取的错误比率，磁盘外观或是读/写磁头有问题就会显示较低值
Throughput Performance	读写速度	显示这个磁盘的读写速率，也就是这个装置读数据或写数据的速率
Spin Up Time	硬盘马达旋转时间	显示硬盘马达旋转的平均时间，单位为 s 或者 ms
Start/Stop Count	开机/关机次数	显示这个装置开/关机的周期次数。原始值指出开/关机的次数，当装置被打开/关闭或是休眠/叫醒都会被计数进去
Reallocated Sector Count	重置扇区计数	显示这里可用的备份扇区数目。备份扇区是用来替代那些已经损坏的扇区（举例来说，如果发生一个错误读取），当装置变得更糟的情况下，就会有更多的扇区再次被分配。值越高表示再次被分配的扇区较少，值越低表示这块磁盘的状况很糟糕
Seek Error Rate	搜寻错误率	显示搜寻的错误率，其值如果持续升高，表示硬盘/磁头有问题
Seek Time Performance	搜寻档案效能	代表此装置正在执行高效率的搜寻，值越高越好，若显示较低的值表示此硬盘/磁头可能有问题
Power On Hours Count	总开机时间累计	这是一个提供情报的属性，初始值的字段显示为此装置总开机时间的累计
Spin Retry Count	硬盘马达旋转重试次数	显示的数字表示在第一次尝试时，此装置马达旋转转动失败的次数，较低的值表示重试的次数越多
Power Cycle Count	开/关机周期	表示这块磁盘装置开/关机的周期
Power-off retract count	自动开机次数	这个属性所显示的数字表示这块磁盘自动关机（突然断电）的次数
Load cycle count	挂载周期次数	计数挂载周期的次数
Temperature	温度	目前的硬盘温度
Reallocation Event Count	累计所有扇区重置次数	显示重置事件的次数。有时候多个扇区会再一次地被分配，这就相当于一个重置事件
Current Pending Sector	未使用到的扇区重置次数	显示未使用到的扇区重置次数
Offline Scan Uncorrectable	离线扫描不正确的扇区	显示在离线扫描时发现不正确的扇区
UDMA CRC Error Count	CRC 错误次数	显示的数字表示在 Ultra DMA 高速传输的模式下发现 CRC 错误
Load/Unload Retry Count	挂载/卸载重试次数	加载硬盘磁头数据时导致许多运作一再重复，像是读取、写入磁头位置，只有在硬盘磁头运作时计数

"Pie Chart" 方式不仅以百分比的形式显示了整个磁盘目录及其文件占用的情况，而且在右侧方框区域显示了各个磁盘分区磁盘的使用情况，在下方还显示了磁盘的温度和"健康"状况信息，

如图 10-70 所示。

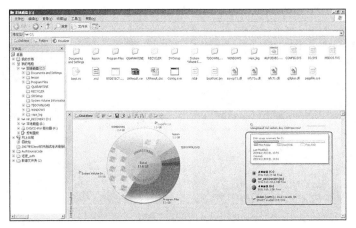

图 10-70 "Pie Chart"方式显示信息

"Bar Chart"方式以百分比的形式显示了整个磁盘目录及其文件占用的情况，如图 10-71 所示。

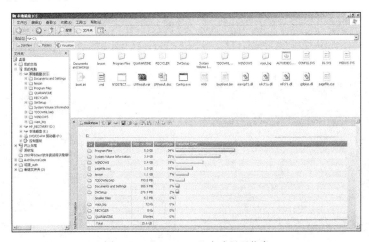

图 10-71 "Bar Chart"方式显示信息

3. Contig 小程序

"Contig"是一个单个文件碎片整理程序，其目的是使磁盘上的文件保持连续。对于持续被碎片化的文件，如果希望确保碎片数量尽量少，它可以迅速优化文件。Contig 使用本机 Windows NT 中与 NT 8.0 一起推出的碎片整理程序。它首先扫描磁盘，收集关于可用区域的位置和大小信息。然后，它确定相关文件的位置。最后，"Contig"根据可用区域和文件当前所包含的碎片数量，决定文件是否可以优化。如果文件可以优化，它将被移入磁盘的可用空间。"Contig"使用标准的 Windows 碎片整理 API，因此它不会导致磁盘损坏，即使在运行时终止它。可以通过在"Contig"程序所在文件夹下键入"Contig /?"命令，来获得"Contig"的帮助说明信息，如图 10-72 所示。

使用"-v"开关可以使"Contig"打印出所执行的文

图 10-72 "Contig"命令帮助信息

件碎片整理操作的信息，如图 10-73 所示。

可以使用 "-a" 参数来分析一个或多个文件的碎片化程度信息，如图 10-74 所示。

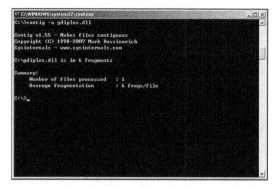

图 10-73　"Contig –v lesson1v.wav" 命令输出信息　　　　图 10-74　"Contig –a gdiplus.dll" 命令输出信息

使用 "-s" 参数，可以在使用通配符指定文件名时递归执行子目录处理。例如，要对 c:\目录下的所有 exe 文件进行碎片整理，可以输入 "contig -s c: *.exe"，如图 10-75 所示。

使用 "-q" 参数，可以使 "Contig" 程序在 "无人参与的默认模式" 下运行，这种情况下，将打印碎片整理过程中的摘要信息，如图 10-76 所示。

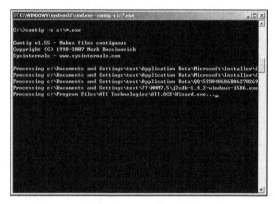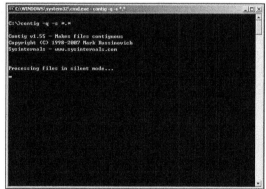

图 10-75　"Contig –s c:\ *.exe" 命令输出信息　　　　图 10-76　"Contig –q –s *.*" 命令输出信息

4．DiskMon 工具

如果想获得磁盘的所有操作信息，那么 "DiskMon" 则是最佳选择。它是一款记录和显示 Windows 系统上的所有硬盘活动的工具。将 DiskMon 最小化到系统任务栏的时候，它就像磁盘灯一样工作，有读盘活动时显示绿图标，有写盘活动时则显示红图标。要使 DiskMon 在系统任务栏中像磁盘灯一样工作，请选择 "Options→Minimize to Tray Disk Light" 菜单项，或者用 "/l"（小写 L）命令行开关启动 "DiskMon" 程序，即 "DiskMon/l"，如图 10-77 和图 10-78 所示。

当然也可以通过 Windows 操作系统提供的性能计数器来对磁盘相关的性能指标进行监控，具体监控方法，可以通过单击鼠标右键，在弹出的菜单中选择 "添加计数器" 选项，添加性能计数器，"性能对象" 选择 "PhysicalDisk"，在 "从列表选择计数器" 列表中选择您关心的计数器，然后，单击 "添加" 就把该计数器添加到了监控列表中。如果对某个性能计数器不是很清楚，请单击【说明】按钮，来查看该计数器的说明信息，或者参见表 10-17 所示详细内容，如图 10-79、图 10-80 和图 10-81 所示。

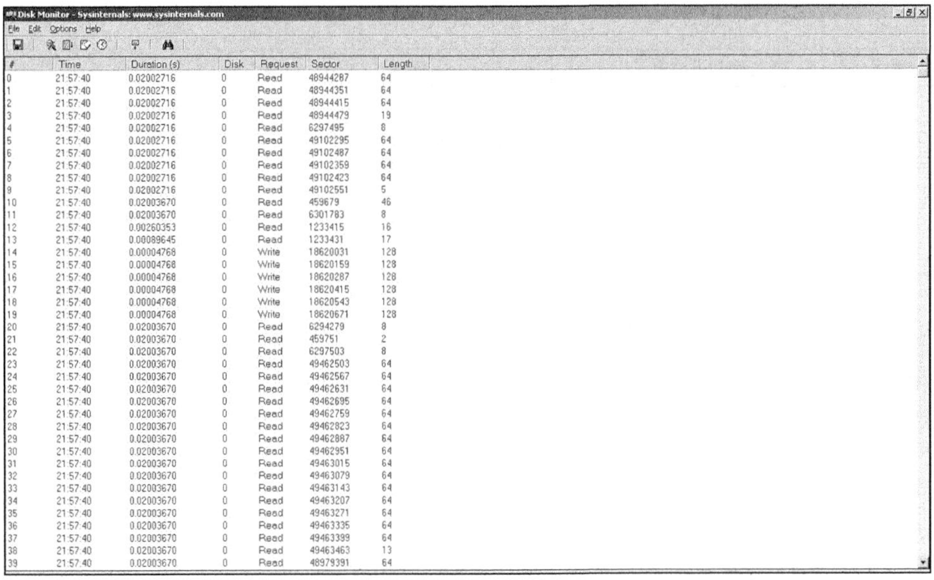

图 10-77 "Disk Monitor"应用输出信息

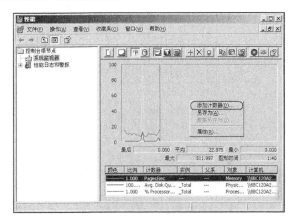

图 10-78 "Disk Monitor"托盘程序"指示灯"

图 10-79 "添加计数器"选项

图 10-80 "添加计数器"对话框

图 10-81 "说明文字"对话框

表 10-17　　　　Windows 操作系统"PhysicalDisk"相关计数器说明

对　　象	计数器名称	描　　述
PhysicalDisk	% Disk Read Time	所选磁盘驱动器忙于为读请求提供服务所用时间的百分比
	% Disk Time	所选磁盘驱动器忙于为读或写入请求提供服务所用时间的百分比

续表

对　　象	计数器名称	描　　述
PhysicalDisk	% Disk Write Time	所选磁盘驱动器忙于为写入请求提供服务所用时间的百分比
	% Idle Time	汇报在实例间隔时磁盘闲置时间的百分比
	Avg. Disk Bytes/Read	在读取操作时从磁盘上传送的字节平均数
	Avg. Disk Bytes/Transfer	在写入或读取操作时从磁盘上传送或传出字节的平均数
	Avg. Disk Bytes/Write	在写入操作时从磁盘上传送的字节平均数
	Avg. Disk Queue Length	读取和写入请求（为所选磁盘在实例间隔中列队的）的平均数
	Avg. Disk Read Queue Length	读取请求（为所选磁盘在实例间隔中列队的）的平均数
	Avg. Disk sec/Read	以秒计算的在磁盘上读取数据所需平均时间
	Avg. Disk sec/Transfer	以秒计算的一般磁盘传送所需时间
	Avg. Disk sec/Write	以秒计算的在磁盘上写入数据所需平均时间
	Avg. Disk Write Queue Length	写入请求（为所选磁盘在实例间隔中列队的）的平均数
	Current Disk Queue Length	在收集性能数据时磁盘上当前的请求数量。它还包括在收集时处于服务的请求。这是瞬间的快照，不是时间间隔的平均值。多轴磁盘设备能有一次处于运行状态的多重请求，但是其他同期请求正在等待服务。此计数器会反映暂时的高或低的队列长度，但是如果磁盘驱动器被迫持续运行，它有可能一直处于高的状态。请求的延迟与此队列的长度减去磁盘的轴数成正比。为了提高性能，此差应该平均小于 2
PhysicalDisk	Disk Bytes/sec	在进行写入或读取操作时从磁盘上传送或传出的字节速率
	Disk Read Bytes/sec	在读取操作时从磁盘上传送字节的速率
	Disk Reads/sec	在磁盘上读取操作的速率
	Disk Transfers/sec	在磁盘上读取/写入操作速率
	Disk Write Bytes/sec	在写入操作时传送到磁盘上的字节速度
	Disk Writes/sec	在磁盘上写入操作的速率
	Split IO/Sec	汇报磁盘上的 I/O 分割成多个 I/O 的速率。一个分割的 I/O 可能是由于请求的数据太大不能放进一个单一的 I/O 中或者磁盘碎片化而引起的

10.5.3　Linux 操作系统磁盘 I/O 相关指标监控技术

Linux 提供了非常丰富的命令可以进行磁盘 I/O 相关数据的监控，可以说它的表现同样不比 Windows 逊色，Linux 提供了多个可以监控磁盘 I/O 监控的命令，例如：iostat、sar 等命令。

在向您介绍 Linux 监控磁盘 I/O 前，有必要先介绍一下相关术语。

● **运行环境**：磁盘分析的最重要的一个问题就是要搞清楚要分析的磁盘对象，是单个的磁盘还是磁盘阵列，以及施加到磁盘的工作负载是随机的、顺序的还是其他方式的。

● **使用率**：它表示磁盘使用情况，是磁盘忙时间的统计结果，可以说它是我们在分析磁盘使用时重点关注的指标之一。

● **饱和度**：它表示平均等待队列的长度，该指标也是您在进行磁盘使用分析时重点关注的指标。

● **吞吐量**：通常我们用 KB/s 来衡量磁盘的活动情况，它能够衡量磁盘的处理能力。

● **I/O 速率**：通常每一次的 I/O 操作会带来一定的开销，这个术语通常也被称为 IOPS（每秒 I/O 操作数目）。

● **I/O 大小**：通常它可以计算出磁盘事务的大小，通常用大事务可以提高吞吐量。

● **I/O 时间**：测量磁盘对单个 I/O 时间消耗的时间有价值的，因为它综合了执行一次 I/O 操作的各种开销、寻道时间、旋转时间和传输数据的时间。

● **随机活动**：对磁盘的访问是从磁盘的随意位置开始的，磁头寻道及其磁片的自转通常会因此产生时间的损失。

● **顺序活动**：对磁盘块的访问是按照一个接一个的顺序进行的。

1. 示例一

iostat 命令可以使我们获得磁盘 I/O 性能信息。

iostat 命令提供如下参数供您使用：

```
iostat [-c] [-d] [-N] [-n] [-h] [-k] [-m] [-t] [-V] [-x] [ device [...] | ALL] [-p
[device | ALL]] [interval [count]]
```

下面介绍一下 iostat 命令的主要参数项的含义，如表 10-18 所示。

表 10-18   iostat 命令主要参数项说明

选 项 名 称	说　　　明
c	CPU 的使用情况
d	磁盘的使用情况
n	通过这个开关参数，如果启用它则仅显示一次标头信息
k	以 KB 为单位显示磁盘统计信息
m	以 MB 为单位显示磁盘统计信息
t	打印汇报的时间
V	表示打印出版本信息和用法
x	扩展磁盘统计数据，每个设备显示一行
device	指定要统计的设备名称，默认为所有的设备
p	显示指定磁盘的各个分区的利用率信息如：iostat -p sda，注意 device 是磁盘，不能是分区
interval	指每次统计间隔的时间
count	如果指定数值，则运行指定的次数后退出，否则将无限次运行

在控制台输入"iostat –x"，回车执行后，该命令即为扩展磁盘统计数据，每个设备显示一行，运行结果如图 10-82 所示。

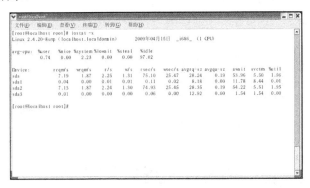

图 10-82　"iostat -x"命令输出信息

接下来看看输出信息内容各部分代表的含义，参见图 10-82 与表 10-19。

表 10-19   "iostat –x"命令输出信息含义说明

输 出 信 息	说　　　明
Device	磁盘设备名称
rrqm/s	每秒进行合并读操作数目

续表

输 出 信 息	说　　明
wrqm/s	每秒进行合并写操作数目
r/s	每秒完成的读 I/O 设备次数
w/s	每秒完成的写 I/O 设备次数
rsec/s	每秒读扇区数
wsec/s	每秒写扇区数
avgrq-sz	平均每次设备 I/O 操作的数据大小（扇区）
avgqu-sz	平均 I/O 队列长度
await	平均每次设备 I/O 操作的等待时间（ms）
svctm	平均每次设备 I/O 操作的服务时间（ms）
%util	1s 中有百分之多少的时间用于 I/O 操作，或者说 1s 中有多少时间 I/O 队列是非空的

有以下几点经验大家在进行磁盘性能问题分析时可以借鉴。

（1）如果%util 接近 100%，说明产生的 I/O 请求太多，I/O 系统已经满负荷，该磁盘可能存在瓶颈。

（2）svctm 一般要小于 await（因为同时等待的请求的等待时间被重复计算了），svctm 的大小一般和磁盘性能有关，CPU/内存的负荷也会对其有影响，请求过多也会间接导致 svctm 的增加。await 的大小一般取决于服务时间（svctm）以及 I/O 队列的长度和 I/O 请求的发出模式。如果 svctm 比较接近 await，说明 I/O 几乎没有等待时间；如果 await 远大于 svctm，说明 I/O 队列太长，应用得到的响应时间变慢，如果响应时间超过了用户可以容许的范围，这时可以考虑更换更快的磁盘，调整内核调度算法，优化应用，或者升级 CPU。

（3）队列长度（avgqu-sz）也可作为衡量系统 I/O 负荷的指标，但由于 avgqu-sz 是按照单位时间的平均值，所以不能反映瞬间的 I/O 情况。

2．示例二

sar 命令也是我们获得磁盘 I/O 性能信息的重要利器。sar 命令提供了非常丰富的参数，结合分析磁盘 I/O 性能内容，这里作者主要介绍"-d"参数的使用。

在控制台输入"sar –d 5 2"，回车执行后，该命令即为每 5s 采样一次，连续采样 2 次，报告设备使用情况，运行结果如图 10-83 所示。

接下来看看输出信息内容各部分代表的含义，参见图 10-83 与表 10-20。

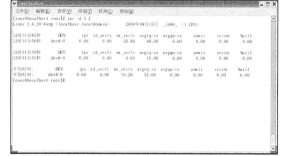

图 10-83　"sar –d 5 2"命令输出信息

表 10-20　　　　　　　　　　　　"sar –d 5 2"命令输出信息含义说明

输 出 信 息	说　　明
DEV	磁盘设备名称。DEV 列是 dev#-#格式的磁盘设备，其中第一个#是设备主编号，第二个#是次编号或者连续编号
tps	每秒传输数（或者每秒 I/O 数）
rd_sec/s	每秒 512 字节读取数。512 只是一个测量单位，不表示所有磁盘 I/O 均使用 512 字节块
wr_sec/s	每秒 512 字节写入数。512 只是一个测量单位，不表示所有磁盘 I/O 均使用 512 字节块

输 出 信 息	说　　明
avgrq-sz	平均每次设备 I/O 操作的数据大小（扇区）
avgqu-sz	平均 I/O 队列长度
await	平均每次设备 I/O 操作的等待时间（ms）
svctm	平均每次设备 I/O 操作的服务时间（ms）
%util	1s 中有百分之多少的时间用于 I/O 操作，或者说 1s 中有多少时间 I/O 队列是非空的

10.6　Nmon 工具

10.6.1　Nmon 工具介绍

Nmon 是一款性能测试监控工具，您可以从 http://nmon.sourceforge.net 下载该工具。它可以为 AIX 和 Linux 性能专家提供监控和分析性能数据的功能，相对于系统资源上的一些监控工具来说，它所记录的信息是比较全面的，并且能输出结果到文件中，您还可以通过针对其结果文件使用 nmon_analyzer 工具来展现其监控结果并图形化相应数据。通过图形化界面分析，得出系统在一段时间内资源占用的变化趋势，有了这个分析结果就可以帮助我们更好定位问题。它可以监控如下一些性能指标数据，包括：

- CPU 使用率；
- 内存使用情况；
- 内核统计信息和运行队列信息；
- 磁盘 I/O 速度、传输和读/写比率；
- 文件系统中的可用空间；
- 磁盘适配器；
- 网络 I/O 速度、传输和读/写比率等。

10.6.2　Nmon 工具的使用

当您下载 Nmon 工具后，选择相应对应系统的版本，运行 Nmon 工具，将出现图 10-84 所示界面信息。您也可以针对关心的性能指标内容，键入相应字符，参见图 10-84 所示内容。

这里假设我们想了解 CPU、内存、磁盘和进程占用资源的情况性能指标，则可以分别键入字符 "c" "m" "d" 和 "t"，将弹出图 10-85 所示界面信息。

也许有的朋友又要问了："性能测试的监控工作通常是一段时间内持续的过程，即在负载过程中需要监控各相关服务器资源的利用情况，这时监控才有意义，但又不能总是盯着电脑，能不能将该时段的监控数据形成一个文件，以备后续对性能测试过程进行分析呢？"。这是一个非常好的问题，也是实际我们在做性能测试工作时面临的一项重要工作内容，性能测试过程数据的留存是分析定位问题的重要原始数据。Nmon 工具也提供了该功能，您可以指定一个采样频率、采样的次数和采样数据文件存储的路径及名称，这样它就能从运行时刻开始，定时将相关信息输送到指定的文件中了。

图 10-84　Nmon 运行后字符界面相关信息

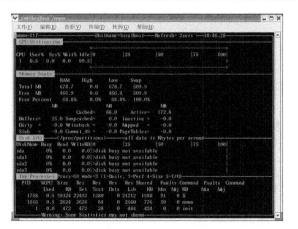

图 10-85　Nmon 监控相关信息

比如：我们现在要监控 30 分钟本机资源的相关信息，您就可以输入 "./nmon –F mytest.nmon –s 30 –c 60"，则在 nmon 所在的目录将自动为其创建一个名称为 mytest.nmon 的文件，且每隔 30

秒就往该文件中写入一次当前系统相关资源的情况，共写入 60 次，也就是说我们要监控 0.5 分钟*60＝30 分钟系统资源的使用情况。Nmon 提供了很多参数，如果您想了解更多参数代表的含义请键入 "h"，了解更多内容，这里作者不再赘述。

现在又有一个问题摆在我们面前，就是当您用文本编辑器打开该监控输出文件时，发现其内部存储的信息如图 10-86 所示。从该文件的内容可以看出其存储了相关执行命令、操作系统版本、执行时间和监控到的数据等信息，数据还是显然有些分散，不利于后期的分析工作。

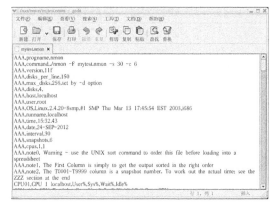

图 10-86　Nmon 监控数据文件相关信息

不要着急，Nmon 还提供了一个专门针对监控结果文件的数据分析工具——"nmon_analyser"，该工具的下载地址是：http://www.ibm.com/developerworks/wikis/display/ WikiPtype/nmonanalyser。这里我们下载目前的最新版本 3.4 版本。下载完成以后打开 "nmon_analyser.zip" 压缩文件，您会发现共包括 2 个文件，即 NA_UserGuide v34.doc（工具使用说明文档）和 nmon analyser v34a.xls（分析工具）。您可以打开 "nmon analyser v34a.xls" 文件，如图 10-87 所示。

在使用该文件时您必须保证启用了 "宏"，因为这个文件只有在 "宏" 启用的情况下才能正常工作。单击【Analyse nmon data】按钮，则弹出选择对话框，这时您可以选择 nmon 监控数据文件，这里我们选择以前监控过的一个项目文件，该文件名称叫 "oracle_123_ 200907040930_30.nmon"，如图 10-88 所示。

单击【打开(O)】按钮，将弹出一个处理进程对话框，如图 10-89 所示。

当工具对数据分析完成后，将弹出一个文件保存对话框，如图 10-90 所示，默认取被分析的监控文件名作为保存的 Excel 文件名称，您可以依据需要适当变更文件名称或者不予保存。这里我们单击【保存(S)】按钮，对分析结果文件进行保存。

文件保存后，将产生图 10-91 所示的分析结果数据，相对于文本方式，这种格式化的输出更加方便我们对数据的分析，图表的展现也让我们对监控过程中性能指标的变化一目了然。

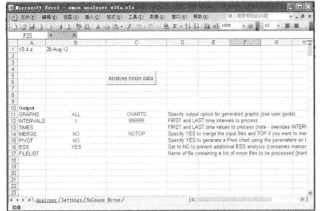

图 10-87　"nmon analyser v34a.xls" 工具文件相关信息

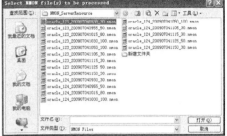

图 10-88　文件选择对话框

图 10-89　处理进程对话框

图 10-90　分析结果文件保存对话框

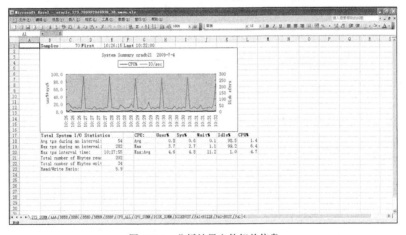

图 10-91　分析结果文件相关信息

在图 10-91 中，您可以看到有很多 Sheet 页，那么它们分别代表什么含义呢？下面以表格的形式给大家做一下简单的介绍，参见表 10-21 和表 10-22。

表 10-21　　　　　　　　　　　　　　　分析报告主要的 Sheet 页含义

Sheet 页名称	Sheet 页含义
SYS_SUMM	系统汇总，蓝线（参考实际颜色）为 CPU 占有率变化情况，粉线（参考实际颜色）为磁盘 IO 的变化情况
AAA	关于操作系统以及 nmon 本身的一些信息
BBBB	系统外挂存储容量以及存储类型

Sheet 页名称	Sheet 页含义
BBBC	系统外挂存储位置、状态以及描述信息
BBBD	磁盘适配器信息（包含磁盘适配器名称以及描述）
BBBE	包含通过 lsdev 命令获取的系统设备及其特征，显示 vpaths 和 hdisks 之间的映射关系
BBBG	显示磁盘组详细的映射关系
BBBL	逻辑分区（LPAR）配置细节信息
BBBN	网络适配器信息
BBBP	vmtune、schedtune、emstat 和 lsattr 命令的输出信息
CPUnn	显示执行之间内 CPU 占用情况，其中包含 user%、sys%、wait%和 idle%
CPU_ALL	所有 CPU 概述，显示所有 CPU 平均占用情况，其中包含 SMT 状态
CPU_SUMM	每一个 CPU 在执行时间内的占用情况，其中包含 user%、sys%、wait%和 idle%
DGBUSY	磁盘组每个 hdisk 设备平均占用情况
DGREAD	每个磁盘组的平均读情况
DGSIZE	每个磁盘组的平均读写情况（块大小）
DGWRITE	每个磁盘组的平均写情况
DGXFER	每个磁盘组的 I/O 每秒操作
DISKBSIZE	执行时间内每个 hdisk 的传输块大小
DISKBUSY	每个 hdisk 设备平均占用情况
DISKREAD	每个 hdisk 的平均读情况
DISKWRITE	每个 hdisk 的平均写情况
DISKXFER	每个 hdisk 的 I/O 每秒操作
DISKSERV	本 Sheet 显示在每个收集间隔中 hdisk 的评估服务时间（未响应时间）
DISK_SUMM	总体 disk 读、写以及 I/O 操作
FAStBSIZE	执行时间内 EMC 存储的传输块大小
FAStBUSY	EMC 存储设备平均占用情况
FAStREAD	EMC 存储的平均读情况
FAStWRITE	EMC 存储的平均写情况
FILE	本 Sheet 包含 nmon 内核内部的统计信息的一个子集，与 sar 报告的值相同
IOADAPT	对于 BBBC Sheet 每个 IO 适配器列表，包含了数据传输速度为读取和写入操作（千字节/秒）和 I/O 操作执行的总数量
JFSFILE	本 Sheet 显示对于每一个文件系统中，在每个间隔区间正在被使用的空间百分比
JFSINODE	本 Sheet 显示对于每一个文件系统中，在每个间隔区间正在被使用的 inode 百分比
LARGEPAGE	本图表显示 Usedpages 和 Freepages 随着时间的变化
MEM	本 Sheet 主图上显示空闲实存的数量
MEMUSE	除%comp 参数外，本 Sheet 包含的所有项都和 vmtune 命令的报告中一样
MEMNEW	本 Sheet 显示分配的内存片信息，分三大类：用户进程使用页、文件系统缓存、系统内核使用页
NET	本 Sheet 显示系统中每个网络适配器的数据传输速率（千字节/秒）
NETPACKET	本 Sheet 统计每个适配器网络读写包的数量；这个类似于 netpmon -O dd 命令
PAGE	本 Sheet 统计相关页信息的记录
PROC	本 Sheet 包含 nmon 内核内部的统计信息。其中 RunQueue 和 Swap-in 域是使用的平均时间间隔，其他项的单位是比率/秒

表 10-22 分析报告 Sheet 页含义

Sheet 页名称	指 标 名 称	指 标 含 义
SYS_SUMM	CPU%	CPU 占有率变化情况，参见图 10-92
	IO/sec	IO 的变化情况
AAA	AIX	AIX 版本号，参见图 10-93
	Build	build 版本号
	command	执行命令
	cpus	CPU 数量
	date	执行日期
	disks_per_line	为避免表格问题默认值为 150；Excel 有一个表列的 256 个限额，NMON_Analyser 上限是 250，并且 Excel VBA 中有 2048 字节的输入长度限制。这特别影响的 EMC 系统，使用长 hdisk 名称（如 hdiskpower123）用户。150 个这样的系统默认是安全的
	hardware	被测主机处理器技术
	host	被测主机名
	interval	监控取样间隔（秒）
	kernel	被测主机内核信息
	ML	维护等级
	progname	执行文件名称
	runname	运行主机名称
	snapshots	实际快照次数
	subversion	nmon 版本详情
	time	执行开始时间戳
	user	执行命令用户名
	version	收集数据的 nmon 版本
	analyser	nmon analyser 版本号
	environment	所用 excel 版本
AAA	parms	excel 参数设定
	settings	excel 环境设置
	elapsed	生成 excel 消耗时间
BBBB	name	存储磁盘名称，参见图 10-94
	size(GB)	磁盘容量
	disc attach type	磁盘类型
BBBC	hdiskx	各个磁盘信息、状态以及 MOUNT 位置，参见图 10-95
BBBD	Adapter_number	磁盘适配器编号
	Name	磁盘适配器名称
	Disks	磁盘适配器数量
	Description	磁盘适配器描述
BBBN	NetworkName	网络名称
	MTU	网络上传送的最大数据包，单位是字节，参见图 10-96
	Mbits	带宽
	Name	名称
BBBP	vmtune、schedtune、emstat 和 lsattr 命令的输出信息，参见图 10-97	

续表

Sheet 页名称	指 标 名 称	指 标 含 义
CPUXX（XX 依据于服务器 CPU 的数量不同而不同，如：有 4 CPU，则显示 CPU01、CPU02、CPU03 、 CPU04 个 Sheet 页）	CPU XX	执行间隔时间列表，参见图 10-98
	User%	显示在用户模式下执行的程序所使用的 CPU 百分比
	Sys%	显示在内核模式下执行的程序所使用的 CPU 百分比
	Wait%	显示等待 IO 所花的时间百分比
	Idle%	显示 CPU 的空闲时间百分比
	CPU%	CPU 总体占用情况，参见图 10-99
CPU_ALL	User%	显示在用户模式下执行的程序所使用的 CPU 百分比
	Sys%	显示在内核模式下执行的程序所使用的 CPU 百分比
	Wait%	显示等待 IO 所花的时间百分比
	Idle%	显示 CPU 的空闲时间百分比
	CPU%	CPU 总体占用情况
	Logical CPUs (SMT=on)	逻辑 CPU 数量，SMT-SMT 就是表面组装技术（Surface Mounted Technology 的缩写）
CPU_SUMM	CPU_SUMM	CPU 编号
	User%	显示在用户模式下执行的程序所使用的 CPU 百分比
	Sys%	显示在内核模式下执行的程序所使用的 CPU 百分比
	Wait%	显示等待 IO 所花的时间百分比
	Idle%	显示 CPU 的空闲时间百分比
DISKBSIZE	Disk Block Size 被监控服务器名	执行间隔时间列表，参见图 10-100
	Hdiskx	显示每块磁盘传输速度时间间隔采样，（读和写的总趋势图）×× 为磁盘标示号
DISKBUSY	Disk %Busy 被监控服务器名	执行间隔时间列表
	Hdiskx	每个磁盘执行采样数据（磁盘设备的占用百分比）
DISKREAD	Disk Read kb/s 被监控服务器名	执行间隔时间列表
	hdiskx	每个磁盘执行采样数据（磁盘设备的读速率）
DISKWRITE	Disk Write kb/s 被监控服务器名	执行间隔时间列表
	hdiskx	每个磁盘执行采样数据（磁盘设备的写速率）
DISKXFER	Disk transfers per second 被监控服务器名	执行间隔时间列表
	hdiskx	每秒输出到物理磁盘的传输次数
DISKSERV		
DISK_SUMM	Disk total kb/s 被监控服务器名	执行间隔时间列表
	Disk Read kb/s	每个磁盘执行采样数据（磁盘设备的读速率）
	Disk Write kb/s	每个磁盘执行采样数据（磁盘设备的写速率）
	IO/sec	每秒输出到物理磁盘的传输次数
FILE	iget	在监控期间每秒到节点查找例行程序的呼叫数
	namei	在监控期间每秒路径查找例行程序的呼叫数（sar-a）
	dirblk	在监控期间通过目录搜索例行程序每秒扫描到的目录块数（sar-a）
	readch	在监控期间通过读系统呼叫每秒读出的字节数（sar-c）
	writech	在监控期间通过写系统呼叫每秒写入的字节数（sar-c）
	ttyrawch	在监控期间通过 TTYs 每秒读入的裸字节数（sar-y）
	ttycanch	终端输入队列字符。对于 aix Version 4 或者更后的版本这个值总是 0
	ttyoutch	终端输出队列字符（sar-y）

续表

Sheet 页名称	指 标 名 称	指 标 含 义
IOADAPT	Disk Adapter 被监控服务器名（KB/s）	执行间隔时间列表
	Disk Adapter_read	磁盘适配器读速率
	Disk Adapter_write	磁盘适配器写速率
	Disk Adapter_xfer-tps	磁盘适配器传输速率（该物理磁盘每秒的 IO 传输请求数量）
JFSFILE	JFS Filespace %Used 被监控服务器名	执行间隔时间列表
	file system/LV	文件系统以及 mount 磁盘设备已使用空间百分比
JFSINODE	JFS Inode %Used 被监控服务器名	执行间隔时间列表
	file system/LV	文件系统以及 mount 磁盘设备的 inode 已使用空间百分比
MEM	Memory 被监控服务器名	执行间隔时间列表
	Real Free %	实际剩余内存百分比
	Virtual free %	虚拟剩余内存百分比
	Real free(MB)	实际剩余内存大小（MB）
MEM	Virtual free(MB)	虚拟剩余内存大小（MB）
	Real total(MB)	实际内存总体大小（MB）
	Virtual total(MB)	虚拟内存总体大小（MB）
MEMUSE	%numperm	分配给文件页的实际内存百分比
	%minperm	mixperm 的默认值约为 20% 的物理内存，通常会不断地运行，除非 vmtune 或 rmss 命令中使用收集
	%maxperm	maxperm 的默认值约为 80% 的物理内存，通常会不断地运行，除非 vmtune 或 rmss 命令中使用收集
	minfree	空闲页面数的最小值
	maxfree	空闲页面数的最大值，指定的 vmtune 命令或系统默认
	%comp	分配给计算页的内存百分比，Nmon 分析器计算这个值。计算页是可被 page space 支持的，包括存储和程序文本段，它们不包括数据及可执行的和共享的库文件
MEMNEW	Process%	分配给用户进程的内存百分比
	FSCache%	分配给文件系统缓存的内存百分比
	System%	系统程序使用的内存百分比
	Free%	未被分配的内存百分比
	User%	非系统程序使用的内存百分比
NET	read/write	显示系统中每个网络适配器的数据传输速率（KB/s）
NETPACKET	reads/s	统计每个适配器网络读包的数量
	writes/s	统计每个适配器网络写包的数量
PAGE	faults	每秒的 page faults 数
	pgin	每秒所读入的页数，包括从文件系统读取的页数
	pgout	每秒所写出的页数，包括写到文件系统的页数
	pgsin	每秒从页面空间所读取的页数
	pgsout	每秒写到页面空间的页数
	reclaims	从 nmon 回收这项之前的 10 个，和 vmstat 报告的值是一样的，代表了页替换机制释放的 pages/sec 的数量
	scans	扫描页替换机制的 pages/sec 的数量，和 vmstat 报告的值是一样的，页替换在空闲页数量到达最小值时初始化，在空闲到达最大值时停止

续表

Sheet 页名称	指 标 名 称	指 标 含 义
PAGE	cycles	周期 times/sec 的数值，页替换机制需要扫描整个页表，来补充空闲列表。这和 vmstat 报告的 cy 数值一样，只是 vmstat 报告的这个值是整型值，而 nmon 报告的是实型值
	fsin	分析器计算的数据为 pgin-pgsin 的图形处理所用
	fsout	分析器计算的数据为 pgout-pgsout 的图形处理所用
	sr/fr	分析器计算的数据为 scans/reclaims 的图形处理所用
PROC	RunQueue	运行队列中的内核线程平均数（同 sar -q 中的 runq-sz）
	Swap-in	等待 page in 的内核线程平均数（同 sar -q 中的 swpq-sz）
	pswitch	上下文开关个数（同 sar -w 中的 pswch/s）
	syscall	系统调用总数（同 sar -c 中的 scall/s）
	read	系统调用中 read 的数量（同 sar -c 中的 sread/s）
	write	系统调用中 write 的数量（同 sar -c 中的 swrit/s）
	fork	系统调用中 fork 的数量（同 sar -c 中的 fork/s）
	exec	系统调用中 exec 的数量（同 sar -c 中的 exec/s）
	rcvint	tty 接收中断的数量（同 sar -y 中的 revin/s）
	xmtint	tty 传输中断的数量（同 sar -y 中的 xmtin/s）
	sem	IPC 信号元的数量（创建、使用和消除）（同 sar -m 中的 sema/s）
	msg	IPC 消息元的数量（发送和接收）（同 sar -m 中的 sema/s）
TOP	PID	进程号
	%CPU	CPU 使用的平均数
	%Usr	显示运行的用户程序所占用的 CPU 百分比
	%Sys	显示运行的系统程序所占用的 CPU 百分比
	Threads	被使用在这个程序中的线程数
	Size	对于这个程序一次调用分配给数据段的 paging space 平均值
	ResText	对于这个程序一次调用分配给代码段的内存平均值
	ResData	对于这个程序一次调用分配给数据段的内存平均值
	CharIO	通过读写系统调用的每秒字节数
	%RAM	此命令所使用的内存百分比((ResText + ResData) / Real Mem)
	Paging	此进程所有 page faults 的总数
	Command	命令名称
TOP	WLMClass	此程序已分配的 Workload Manager superclass 名称
	IntervalCPU	详细信息中显示在时间间隔中所有调用命令所使用的 CPU 总数
	WSet	详细信息中显示在时间间隔中所有调用命令所使用的内存总数
	User	运行进程的用户名
	Arg	包含完整的参数字符串输入命令

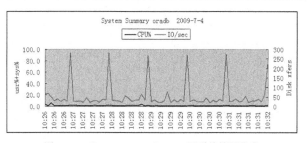

图 10-92 "SYS_SUMM" Sheet 页系统摘要信息

AIX	5.3.7.9
build	AIX53
command	./nmon10 -f oracle_123_20090704093030.nmon -s 5 -c 70
cpus	12
date	04-Jul-09
disks_per_line	150
hardware	Architecture PowerPC Implementation POWER5 64 bit
host	oradb
interval	5
kernel	HW-type=CHRP=Common H/W Reference Platform Bus=PCI LPAR=Dynamic Multi-Processor 64 bit
progname	nmon10
runname	oradb21
snapshots	70
time	00:10:26
user	root
version	v10r
analyser	V3.4.a
environment	Excel 11.0 on Windows (32-bit) NT 5.01
parms	BATCH=0, FIRST=1, LAST=999999, GRAPHS=ALL, OUTPUT=CHARTS, CPUmax=0, MERGE=NO, NOTOP=True, PIVOT=False, REORDER=True, TOPDISKS=0
settings	GWIDTH = 521, GHEIGHT=213, LSCAPE=False, REPROC=True, SORTINF=True
elapsed	7.11 seconds

图 10-93 "AAA" Sheet 页信息内容

name	size(GB)	disc attach type
hdisk0	73.4	SCSI
hdisk1	73.4	SCSI
hdisk5	818.69	Disk type NOT SCSI/SSA/FC = <hdisk5 Available 0B-08-02 1815 DS4800 Disk Array Device>
hdisk6	101.89	Disk type NOT SCSI/SSA/FC = <hdisk6 Available 0B-08-02 1815 DS4800 Disk Array Device>
hdisk7	101.89	Disk type NOT SCSI/SSA/FC = <hdisk7 Available 0B-08-02 1815 DS4800 Disk Array Device>

图 10-94 "BBBB" Sheet 页信息内容

hdisk0:

LV NAME	LPs	PPs	DISTRIBUTION	MOUNT POINT
lg_dumplv	16	16	00..16..00..00..00	N/A
hd8	1	1	00..00..01..00..00	N/A
hd6	106	106	78..04..00..00..24	N/A
hd5	1	1	01..00..00..00..00	N/A
hd3	16	16	00..00..01..15..00	/tmp
hd9var	16	16	00..00..01..00..15	/var
hd2	24	24	00..00..10..14..00	/usr
hd4	16	16	00..00..01..15..00	/
hd10opt	160	160	31..63..01..65..00	/opt
hd1	120	120	00..26..94..00..00	/home

hdisk1:

LV NAME	LPs	PPs	DISTRIBUTION	MOUNT POINT
hd8	1	1	00..00..01..00..00	N/A
hd6	106	106	94..04..00..00..08	N/A
hd5	1	1	01..00..00..00..00	N/A
hd3	16	16	00..00..16..00..00	/tmp
hd9var	16	16	00..00..01..00..15	/var
hd2	24	24	00..00..24..00..00	/usr
hd4	16	16	00..00..16..00..00	/
hd10opt	160	160	15..105..00..40..00	/opt
hd1	120	120	00..00..51..69..00	/home

hdisk5:

LV NAME	LPs	PPs	DISTRIBUTION	MOUNT POINT

图 10-95 "BBBC" Sheet 页信息内容

NetworkName	MTU	Mbits	Name
en0	1500	1024	Standard Ethernet Network Interface
en2	1500	1024	Standard Ethernet Network Interface
en3	1500	1024	Standard Ethernet Network Interface
lo0	16896	0	Loopback Network Interface

图 10-96 "BBBN" Sheet 页信息内容

lparstat -H	set_ppp	0	0.0	0.0	1	0
lparstat -H	purr	0	0.0	0.0	1	0
lparstat -H	pic	7	0.0	0.1	501	665
lparstat -H	bulk_remove	0	0.0	0.0	1	0
lparstat -H	send_crq	0	0.0	0.0	1	0
lparstat -H	copy_rdma	0	0.0	0.0	1	0
lparstat -H	get_tce	0	0.0	0.0	1	0
lparstat -H	send_logical_lan	0	0.0	0.0	1	0
lparstat -H	add_logicl_lan_buf	0	0.0	0.0	1	0
lparstat -H	n--------------					
vmo -L	NAME	CUR	DEF	BOOT	MIN	MAX	UNIT	TYP
vmo -L	DEPENDENCIES							
vmo -L	n--------------							
vmo -L	cpu_scale_memp	8	8	8	1	64		
vmo -L	n--------------							
vmo -L	data_stagger_interval	161	161	161	0	4K-1	4KB pages	
vmo -L	lgpg_regions							

图 10-97 "BBBP" Sheet 页信息内容

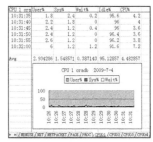

图 10-98 "CPUXX" Sheet 页信息内容

图 10-99 "CPU_ALL" Sheet 页信息内容

图 10-100 "DISKBSIZE" Sheet 页信息内容

Nmon 工具在性能测试中是经常被用到的一个监控工具，大家应熟练掌握其操作的方法，理解其相关监控指标的含义。

10.7　Spotlight 工具

10.7.1　Spotlight 工具介绍

Spotlight 是 Quest 的高级应用监控解决方案，是可以对所有影响企业 IT 性能的服务器、数据库、操作系统、中间件等进行监控的利器。由于其界面友好，操作简单，提供的信息丰富，所以在性能测试执行过程中广泛被应用。

Spotlight 产品系列主要包括：

- Spotlight on Oracle；
- Spotlight on DB2；
- Spotlight on SQL Server；
- Spotlight on Sybase；
- Spotlight on Web Server；
- Spotlight on UNIX；
- Spotlight on Windows；
- Spotlight on Exchange；
- Spotlight on EMC 等。

下面我们针对部分经常被使用到的工具进行讲解。

10.7.2　Spotlight on Oracle

Spotlight on Oracle 是一个强有力的 Oracle 数据库实时性能诊断工具，它直观地展现出性能瓶颈，如果有些指标超出可接受范围，它将予以警示并可以通过下钻功能，使得 DBA 可以简单、快速地追查性能瓶颈的底层原因。

接下来，我们一起来看一看如何使用该工具。

首先，您需要创建一个用于连接数据库的用户，这里我们在 Oracle 数据库创建一个名称为"quest"的用户。创建一个表空间给 quest 用户使用。quest 用户的初始权限一般只需 connect 和 resource。需要注意的是您要保证安装 Spotlight on Oracle 的机器上已安装 Oracle 客户端。

接下来，我们创建一个 Spotlight 的管理对象，您可以单击菜单【File】>【Oracle User Wizard】菜单项，如图 10-101 所示。

图 10-101　"Oracle User Wizard"信息对话框 1

单击【Next >】按钮，将弹出图 10-102 所示界面信息。

您需要输入连接符、sysdba 用户名和口令，单击【Next >】按钮，如图 10-103 所示。

因为我们已经在数据库中建立了用户，所以这里选择"Set up an existing user"选项，单击【Next >】按钮，则显示图 10-104 所示界面信息。

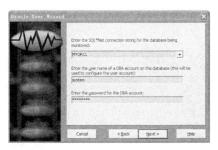

图 10-102 "Oracle User Wizard" 信息对话框 2　　　图 10-103 "Oracle User Wizard" 信息对话框 3

选择"MYUSER"用户，并输入口令，单击【Next >】按钮，则显示图 10-105 界面信息。

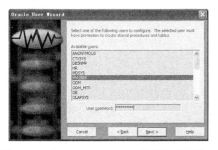

图 10-104 "Oracle User Wizard" 信息对话框 4　　　图 10-105 "Oracle User Wizard" 信息对话框 5

当配置完成后，【Next >】按钮处于可用状态，单击【Next >】按钮，则显示图 10-106 所示信息。单击【Finish】按钮，完成用户的创建并打开连接管理器窗口，如图 10-107 所示。

图 10-106 "Oracle User Wizard" 信息对话框 6　　　图 10-107 "Spotlight Connection Manager" 信息对话框

双击"New connection"图标，则出现图 10-108 所示界面信息。

这里您可以为新链接起一个名字，通常如果我们监控的数据库比较多，应该以数据库的类型和 IP 地址予以标示，单击【OK】按钮，显示图 10-109 所示信息。需要指出的是"'Monitor OS'是否监控 OS"这项。如果启用则需要输入主机名或 IP、OS 类型、OS 用户名和口令。如果是 Windows

图 10-108 "New Connection" 信息对话框

平台，OS 用户名一般是 Administrator；如果是 UNIX 或 Linux 平台，OS 类型有三种：REXEC、SSH、SSH using Public/Private Keys，分别输入相应的端口、Key、口令等。要想监控 UNIX OS 信息，需要在主机上运行有相应的 REXEC、SSH 等服务。UNIX 平台需要使用 root 用户权限用户，但是不能以 root 角色名登录。"Use StealthCollect"选项一般不用选中，它是用来监控 Quest 的另一个产品 Performance analysis 的代理程序的。"Save password details"选项为是否保存口令。以上选项您可以依据于自己的需要选择性设置。

单击【OK】按钮，则显示图 10-110 所示对话框。

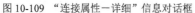

图 10-109 "连接属性－详细"信息对话框

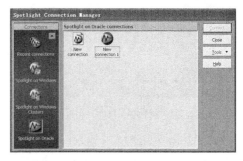

图 10-110 "Spotlight Connection Manager"信息对话框

准备工作完成以后，下面就让我们来看一下该工具可以得到哪些我们关心的 Oracle 数据指标，先看一下 HOME 页。

如图 10-111 所示，从该界面我们可以了解到如下信息。

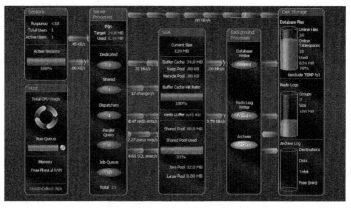

图 10-111 "HOME 页"相关信息

（1）Sessions 面板。

● Response：系统的响应时间。

● Total Users：总用户 SESSION 数。

● Active Users：当前正在执行的用户 SESSION 数。

（2）Host 面板。

● CPU 利用率。

● 内存的使用情况。

（3）Server Processes 面板。

● PGA Target/Used：显示 PGA 目标总数及当前使用数。

● dedicated：显示专用服务器进程的个数。

● Shared：显示共享服务器进程的个数。

● Dispatchers：显示 dispathers 的个数。

● JobQueue：显示作业进程的个数。

（4）SGA 面板。

● CurrentSize：显示当前 sga 使用 M 数。

- BufferCache，KeepPool，RecyclePool：显示数据缓冲区的内存情况。
- SharedPool：共享池的使用情况。
- RedoLog：重作日志的使用情况。
- LargePool：大池的使用情况。
- JavaPool：Java 池的使用情况。

（5）Background Process 面板-后台进程面板：显示与磁盘 I/O 相关的后台进程。

- DBWR：数据写入进程。
- LGWR：日志进程。
- ARCH：归档进程式。

（6）磁盘存储面板：显示主要数据库文件的情况（控制文件除外）。

- DatabaseFiles：显示数据文件使用情况。
- 联机日志文件情况。包括组数及大小。
- 归档日志情况。

Spotlight 通过组件来图形化显示当前系统主要方面的运行状态，每个组件都和一些特定的指标、告警、信息等相关联。通过单击组件可以打开下钻（Drilldown）页，查看更详细的统计信息来诊断、分析问题。Spotlight 利用阈值判断来告警的严重级别，包括禁止告警（disabled）、正常（normal）、通知（information）、低级（low）、中级（medium）、高级（high）。正常表示本指标可接受；通知表示需要注意；低级表示需要关注；中高级表示需要深入分析和调整了。告警有 2 种方式：一种是对不同级别的告警用不同颜色标识，如图 10-112 所示；另一种是将告警记录到 Alarm Log 窗口中，在此窗口中可以按条件查询各种已发生过的告警，如图 10-113 所示。表 10-23 提供了部分警示信息相关内容，供大家参考。

图 10-112　告警用不同颜色标识相关信息展示

图 10-113　"Alarm Log"告警相关信息展示

表 10-23　　　　　　　　　　　部分警示提示信息列表

指标警示标题	说　　明	问题可能产生原因分析
Average Redo Write Time alarm	当归档日志的写时间（ms）超过阈值时发出告警。不像别的 Oracle I/O，Oracle 会话必须等待重做日志写完成后才能继续	检查重做日志缓冲的大小，检查应用中的事务量
Buffer Busy Wait alarm	当一个会话由于不能访问被另一个会话正在使用的块时发出告警。两个最可能的原因是 free lists 不够或回滚段不够	数据库中发生访问热点。通过下钻检查 Buffer Busy Wait 的类型、涉及的段名等。通过段名检查段的 Freelist、Freelist Group、PCT Free 等配置。记录发生此事件的时间段
Buffer Cache Hit Ratio alarm	当 Buffer Cache 的命中率低于某个阈值时告警（此阈值需自定义）	表扫描较多。通过 TopSession 中的磁盘读检查哪个会话正在进行大量物理读，并记录其 SQL。记录发生此事件的时间段

续表

指标警示标题	说　　明	问题可能产生原因分析
Cache Buffer Chains Latch alarm	当对 Cache Buffer Chains Latch 的竞争超过某个阈值时告警	存在热块。是否自己写代码上乘序列号而没有使用 Sequence？是否使用了非选择性索引？记录发生此事件的时间段
Cache Buffer LRU Chains Latch alarm	当对 Cache Buffer LRU Chains Latch 的竞争超过某个阈值时告警	Buffer Cache 吞吐量太大。例如，大的索引范围扫描，太多的表扫描等。DBWR 来不及刷新脏块，造成前台进程花费大量事件持有栓来寻找一个 free buffer。记录发生此事件的时间段
CPU Busy alarm	当系统 CPU 的使用率超过某个阈值时发出告警	记录发生此事件的时间段
Datafile Read Time alarm	当一个数据文件的随机读的平均时间超过某个阈值时发出告警	可能存在较严重的 I/O 等待
Dispatcher Busy alarm	当所有或绝大多数的调度器繁忙时发出告警（百分比）	调度器设置不够。修改相应初始化参数
Excessive RBS Acvitities alarm	当高频率的回滚段的扩展、收缩操作发生时发出告警	回滚段设置不合理。在 9i/10g 中由 Oracle 自己管理，用户不需关心
Free Buffer Waits alarm	当总等待中的 Free Buffer 等待时间超过某个阈值时发出告警	数据库写操作不够快或太多。可以通过分布 I/O 到更多更快磁盘或增大缓冲来解决
Job Processes Busy alarm	当所有或绝大多数的作业进程繁忙时发出告警（等待作业进程的作业个数）	作业队列数不够
Latch Free Wait alarm	当 Latch 等待的时间在总时间中超过某个阈值时发出告警	除非 Latch 等待占用整个等待时间的百分比很大，否则不用关心。具体应查看 Oracle 文档确定优化方式
Library Cache Miss Ratio alarm	当 Library Cache 的命中率低于某个阈值时发出告警	增加共享池，使用绑定变量，少执行 DDL 等
Lock Wait alarm	当会话花费在 Lock 等待上的时间百分比超过某个阈值时发出告警	使用下钻功能，记录哪些会话持有何种锁，哪些会话申请何种锁，并且正在执行什么样的 SQL。最好截图
Log Buffer Space Wait alarm	当花费在等待 Redo Log Buffer 上的总时间超过某个阈值时发出告警	增加 Log Buffer 参数
Log Switch Time alarm	当花费在等待日志切换事件上的时间超过某个阈值时发出告警	检查检查点的设置，检查归档的设置，检查归档是否及时
Low Free Physical RAM alarm	当服务器的可用内存（百分比）过低时发出告警	检查内存，考虑扩展更大内存
Parallel Quest Server alarm	当所有或绝大多数的并行服务器繁忙时发出告警（百分比）	并行服务器进程不足。检查相关参数
Parse Ratio alarm	当解析调用与执行调用的比率超过某个阈值时发出告警	可能的原因包括语句重用问题；cursor cache 不够；每次执行之后就显式关闭了 Cursor；频繁登录退出；共享池太小
SQL Cache Miss Rate alarm	被提交的 SQL 语句在共享池中没有匹配的百分比超过某个阈值时发出告警	增加共享池；使用绑定变量；少执行 DDL 等
Unarchived Logs alarm	当未归档的日志个数超过某个阈值时发出告警	增加归档速度
Write Complete Wait alarm	当写完成时间占总等待的百分比超过某个阈值时发出告警	写速度跟不上。可能的原因是写进程不够或磁盘慢

　　当出现警示提示信息时，您可以通过单击警示信息提示框右上角的"drilldown"按钮，如图 10-114 所示，打开对应的下钻窗口查看相关详细信息。

　　下面简单向大家介绍一些关键的图表，它们对于我们分析诊断性能瓶颈有非常重要的意义。

　　（1）Sessions 页。

　　您可以通过该图表了解相应会话占用资源的情况，需要值得大家注意的地方是在"Parallel

Query operations"页中的 Downgraded 指标,它指示了当前的系统资源不能满足并行查询的要求如图 10-115 所示。

图 10-114　"Average Redo Write
Time alarm"告警相关信息

图 10-115　"Sessions"相关信息

（2）Top SQL 页。

如果您想查询有关某张表的 SQL,则在 Contents 中输入表名、字段名等作为过滤条件,执行查询,完成查询以后,您可以进行排序,挑选出那些比较耗时的 SQL 语句进行分析,如图 10-116 所示。

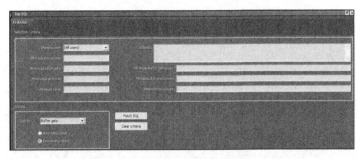

图 10-116　过滤相关信息

如图 10-117 所示,该图显示了当前的 Top SQL。单击某一条 SQL,就可以查看它的信息。

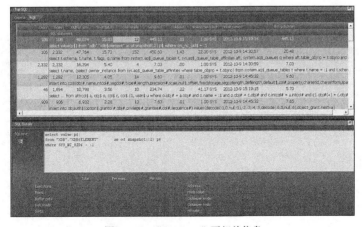

图 10-117　"Top SQL"页相关信息

（3）Activity 页。

您可以通过该页来查看 Event Wait（等待事件分布）、Call Rates（硬解析等）、Miss Rates（各种丢失率）、Sessions（活动会话数）等相关信息,如图 10-118 所示。

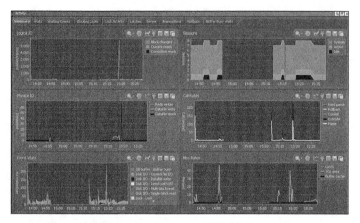

图 10-118 "Activity"页相关信息

（4）I/O 页（见图 10-119）。

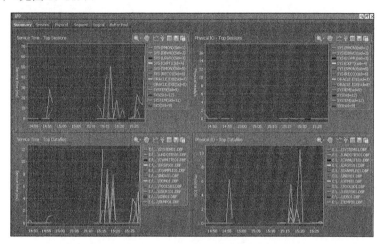

图 10-119 "I/O"页相关信息

（5）Configuration & Memory 页（见图 10-120）。

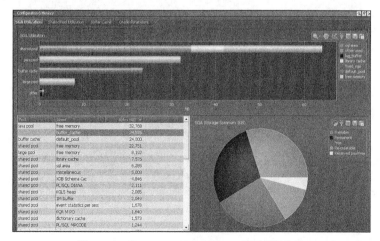

图 10-120 "Configuration & Memory"页相关信息

如图 10-120 所示，SGA Utilization 显示当前 SGA 配置相关信息，Shared Pool Utilization 显示

当前共享池中各部分的命中率等相关信息，Buffer Cache 显示各种缓冲区的配置相关信息，Oracle Parameters 显示 Oracle 的初始化参数相关信息。

（6）OS Details 页（见图 10-121）。

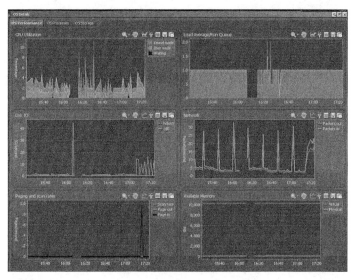

图 10-121 "OS Details" 页相关信息

（7）Disk Storage 页（见图 10-122）。

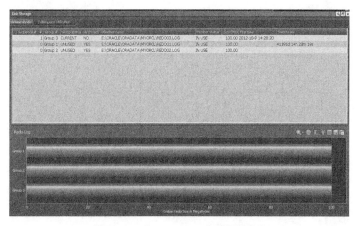

图 10-122 "Disk Storage" 页相关信息

（8）Tuning 页。

如图 10-123 所示，在 Performance 页显示实例响应时间的分布，显示在整个实例响应时间中有关解析时间（Parse time）、latch 等待时间、物理读时间等的分布。

如图 10-124 所示，在 Memory Management 页可以对内存使用进行优化。

如图 10-125 所示，在 Latch 页分析 Latch 的使用，包括睡眠率（Sleep rate）、Spin miss rate，等待事件分布、硬解析等信息。

（9）Alarm Log 页。

如图 10-126 所示，在 Alarm Log 页中可以查看不同严重等级的警示信息，您可以在 Alarms by time 页按时间发生的先后顺序了解都出现了哪些告警信息。

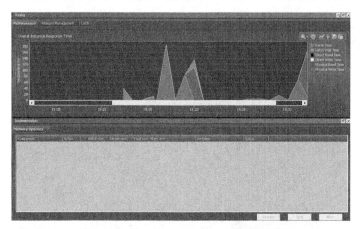

图 10-123　"Tuning-Performance"页相关信息

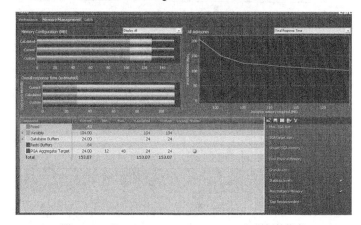

图 10-124　"Tuning-Memory Management"页相关信息

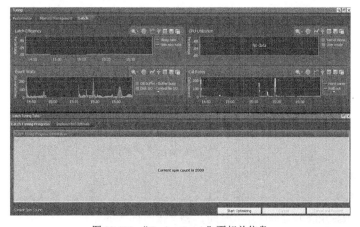

图 10-125　"Tuning-Latch"页相关信息

　　您可以通过 Alarm Log Options 对话框设置在 Spotlight 的告警日志中显示多久的告警信息。默认显示最近一周的告警，如图 10-127 所示。因为有时告警信息可能过多，所以您可能希望过滤掉低级别的告警，那么您就可以应用过滤规则（Filter rules）进行条件过滤。当然也可以通过行为规则（Action rules）来设定当出现告警信息后给予相应的声音提示或者运行指定的程序等，因为相关的设置并不复杂，所以请关心这部分内容的朋友自行了解，这里作者就不再一一赘述。

图 10-126 "Alarm Log"页相关信息

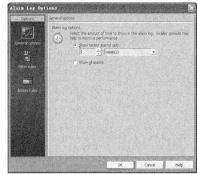

图 10-127 "Alarm Log Options"对话框相关信息

10.7.3 Spotlight on Unix

下面我再给大家介绍一下平时应用较多的 Spotlight on Unix，关于连接的创建等简单操作内容这里不再做详细介绍，仅就大家关心的性能指标部分内容作以讲解。

如图 10-128 所示，在该页较直观地将系统相关的主要性能指标给予展示，下面让我们一起来看一下其相关的指标代表的含义，如表 10-24 所示。

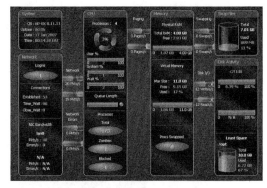

图 10-128 "Home"页相关信息

表 10-24　　　　　　　　　　Home 页相关性能指标含义说明表

插件模块名称	性 能 指 标		含　义
System	OS		指操作系统的类型及其版本号
	Uptime		显示系统已经运行了多长时间
	Date		日期
	Time		时间
CPU	Processors		CPU 总体利用率，该值是用户模式和系统模式所消耗的 CPU 时间的总和
	%User		在用户模式下使用 CPU 的时间百分比（非内核操作耗费的 CPU 时间）；注：如果系统中使用了大量的算法或复杂的计算操作，该值会比较大
	%Wait		CPU 消耗在等待 I/O 处理上的时间，此值需要结合 I/O 的计数器考虑
	%System		在系统模式下使用 CPU 的时间百分比
	Queue Length		上一分钟同时处于"就绪"状态的平均进程数
	Processes	Zombies	"僵尸"进程数，子进程完成操作后返回 PID（子进程标识符）给父进程，如果子进程没有返回，该值就会比较大
		Total	运行在 UNIX 机器上的所有进程数，包括所有的用户进程和系统进程数
		Blocked	被阻塞的进程数。造成该值的原因主要有 3 种：磁盘 I/O、网络 I/O 和进程竞争共享资源
Memory	Physical RAM		可用物理内存数
	Vitual Memory		可用虚拟内存数
	Procs Swapped		已使用的虚拟内存数量
	Pages in		每秒读入到物理内存中的页数
	Pages out		每秒写入页面文件和从物理内存中删除的页数

插件模块名称	性 能 指 标	含 义
Network	Input packets	每秒传入的以太网数据包数，单位为：Pkts/s
	Output packets	每秒传出的以太网数据包数，单位为：Pkts/s
	Input Error packets	接收以太网数据包时每秒接收到的错误数
	Output Error packets	发送以太网数据包时每秒发送的错误数
Disk	Disk Activity	磁盘读/写速率处于最高时，所占磁盘活动的百分比
	Disk Writes	物理磁盘上每秒磁盘写的次数，单位为 kb/s
	Disk Reads	物理磁盘上每秒磁盘读的次数，单位为 kb/s
	Least Space	文件系统（File System）所占的百分比
	Swap Files	正在使用的交换空间所占的百分比
Process	Swap in	每秒交换进磁盘的进程数，单位：Swap/s
	Swap out	每秒交换出磁盘的进程数，单位：Swap/s

下面再针对平时我们分析会用到的一些主要页进行介绍。

（1）Disk 页。

Disk 页相关信息和相关性能指标如图 10-129 和表 10-25 所示。

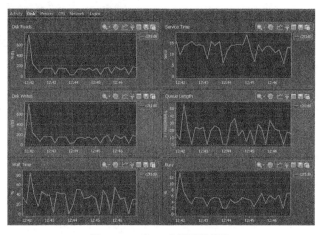

图 10-129 "Disk"页相关信息

表 10-25 　　　　　　　　　　Disk 页相关性能指标含义说明表

性 能 指 标	含 义
Disk Writes	物理磁盘上每秒磁盘写的次数
Disk Reads	物理磁盘上每秒磁盘读的次数
Wait Time	所有等待磁盘处理的队列所占的百分比；注：在 HP-UX 中，该值表示磁盘卷标的平均时间，而不是百分比
Service Time	以毫秒计算在此磁盘上读取和写入数据的所需平均时间，单位为 ms（毫秒）
Queue Length	等待写入磁盘操作的平均队列数
Busy	磁盘驱动器忙于为进程读或写入请求提供服务所用时间的百分比

（2）Memory 页。

Memory 页相关信息和相关性能指标如图 10-130 和表 10-26 所示。

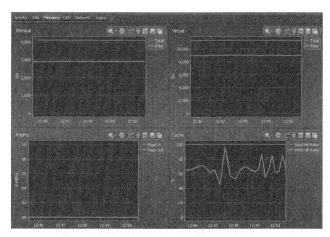

图 10-130 "Memory"页相关信息

表 10-26 　　　　　　　　　　　　Memory 页相关性能指标含义说明表

性 能 指 标	含 义
Physical	可用物理内存数
Paging	每秒读入物理内存和写入页文件的页数，包含 page-in 和 page-out
Vitual	可用虚拟内存数
Cache	文件系统缓存。该值表示文件的读和写请求所占用的百分比

（3）CPU 页。

CPU 页相关信息和相关性能指标如图 10-131 和表 10-27 所示。

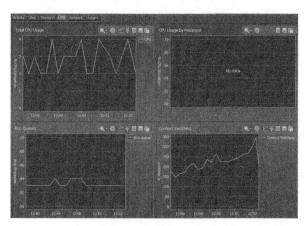

图 10-131 "CPU"页相关信息

表 10-27 　　　　　　　　　　　　CPU 页相关性能指标含义说明表

性 能 指 标	含 义
Total CPU Usege	CPU 总体利用率
Run Queues	上一分钟同时处于"就绪"状态的平均进程数
CPU Usege by Proccessor	每一块 CPU 所占用的百分比
Context Switching	每秒在进程或线程之间的切换次数

（4）Network 页。

Network 页相关信息和相关性能指标如图 10-132 和表 10-28 所示。

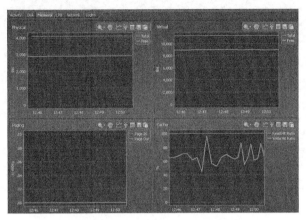

图 10-132　"Network"页相关信息

表 10-28　　　　　　　　　　　Network 页相关性能指标含义说明表

性 能 指 标	含　义
Network Utilization	每秒传入或传出的以太网数据包数
Network Utilization by Bytes	每秒发送或接收的以太网数据包的字节数，单位为：KB/s
Error Rates by Network Card	接收或发送以太网数据包时每秒接收或发送到的错误数
Connections	该值表示 UNIX 服务器的外部服务通信连接，该值由三部分组成：建立连接（Established）：计算机建立 TCP/IP 连接数量；等待连接时间（Time_Wait）：处于"等待时间"状态下，连接到这台计算机上的 TCP/IP 连接总数。在这种状态下本地 Socket 已经关闭，并且它等待远程终端对它作相同的处理发信号。关闭连接时间（Close_Wait）：处于"等待关闭"状态下，连接到这台计算机上的 TCP/IP 连接总数，在这种状态下远程终端的连接已经关闭。并且它等待本地终端作相同的处理
Packets by Network Card	每块网卡每秒传入或传出的以太网数据包数
Collisions by Network Card	每块网卡每秒传输数据包的冲突数

因为 Spotlight 系列的产品在操作上十分类似，这里就不再对其他产品进行过多的讲解。

Chapter

11

第11章

性能测试项目实施

过程及文档写作

11.1　基于不同用户群的性能测试

随着互联网的蓬勃发展，软件的性能测试已经越来越受到软件开发商、用户的重视。如：一个网站前期由于用户较少，随着使用用户的逐步增长，以及宣传力度的加强，软件的使用者可能会成几倍、几十倍甚至几百倍数量级的增长，如果不经过性能测试，通常软件系统在该情况下可能都会崩溃掉，所以性能测试还是非常重要的。不管是软件企业自身进行性能测试，还是企业聘请第三方做性能测试，这里我们将问题简单化，将前者称为"内部性能测试"，而将后者称为"外包性能测试"。

11.2　验收测试通常提交的成果物

当完成性能测试后，都需要提交相关的性能测试总结报告和相应成果物。通常，当您受聘为企业做性能测试时，这里我们简称企业为"甲方"，您所在的公司成为"乙方"，这也是合同中经常会简化出现的称谓。甲方通常会鉴于乙方在测试方面的专业性，以乙方提供的相关报告作为此次相应软件产品（具体测试内容可能会包括功能、性能、安全、文档等方面测试，具体以甲方同乙方确定的范围为准）是否通过的重要依据。通常来讲，内部性能测试需要提交的成果要包括性能测试计划、性能测试用例、性能测试总结及其性能测试过程中应用的相关脚本和场景，及其测试结果。而对于"外包性能测试"来讲，要求提交的内容会更多一些，一般还要包括验收测试结论、验收测试交付清单、缺陷及其遗留列表、项目周报/月报和项目组成员工作报告（周报/月报）等内容。从上述内容不难发现，一般来说，外包公司提交的成果要远远多于内部测试时提交的内容，因两者文档的相关写作内容有很大的相似度，所以这里我们仅以外包性能测试内容进行详细讲解。

下面就结合项目案例进行讲解，需要说明的是，本书重点介绍外包验收测试项目的实施的过程，同时考虑到项目的相关因素，对关键的脚本等进行了适当的修改或略掉，特此说明。从读者朋友的角度考虑，因性能测试实施项目过程通常都一致，至于实施的内容却各不相同，所以请读者朋友们要学会过程中需要掌握的各种流程性工作内容、过程控制、文档写作内容、过程中用到的工具及思考分析方法，只有这样才能做到举一反三，以不变应万变。下面先简单介绍一下项目背景：某企业聘请我公司作为第三方验收单位对由另外一个公司开发的系统进行功能、性能和所交付的所有文档进行验收测试。我当时在该项目团队担任项目经理职位，负责整个项目的相关测试方案的制定、任务的分派、项目中疑难问题技术支持、项目进度监控和把握与项目总结报告编写等工作内容。图 11-1 所示目录结构为项目结束后，我方提交的成果相应文件夹结构内容。

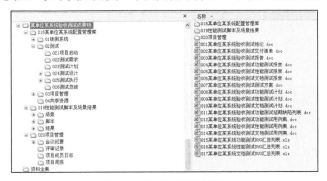

图 11-1　测试成果目录结构

下面让我们以列表形式给大家说明一下该目录结构相关文件和目录的功能，参见表 11-1。

表 11-1　　　　　　　　　　　　　　　性能测试设计列表

类型	名　　称	功能/用途描述
文件	001 某单位某系统验收测试结论.doc	以精简的内容概括此次验收测试相应类型的测试内容是否通过

类型	名　　称	功能/用途描述
文件	002 某单位某系统验收测试交付清单.doc	用以明确相关性能测试分类对应交付的内容
文件	003 某单位某系统验收测试报告.doc	以简洁的内容概括此次验收测试相应类型的测试内容是否通过及其主要的数据和图表等内容
文件	004 某单位某系统验收测试功能测试报告.doc	详细描述功能测试的背景、测试内容、测试实施过程及其相应过程阶段总结和最后结论等相关内容
文件	005 某单位某系统验收测试性能测试报告.doc	详细描述性能测试的背景、测试内容、测试实施过程及其相应过程阶段总结和最后结论等相关内容
文件	006 某单位某系统验收测试文档测试报告.doc	详细描述文档测试内容、测试实施过程及其相应过程阶段总结和最后结论等相关内容
文件	007 某单位某系统验收测试测试方案.doc	详细描述功能、性能和文档测试的背景、测试内容、测试策略、方法、测试通过标准等相关内容
文件	008 某单位某系统验收测试功能测试计划.doc	详细描述功能性测试计划的背景、测试内容、测试策略、方法、测试通过标准、测试计划安排等相关内容
文件	009 某单位某系统验收测试性能测试计划.doc	详细描述性能测试计划的背景、测试内容、方法、测试通过标准、测试计划安排等相关内容
文件	010 某单位某系统验收测试文档测试计划.doc	详细描述文档测试计划的背景、测试内容、方法、测试通过标准、测试计划安排等相关内容
文件	011 某单位某系统验收测试功能测试延期缺陷列表.doc	详细描述目前遗留的延期修复的缺陷内容、严重程度以及研发方、测试方和甲方的处理意见
文件	012 某单位某系统验收测试功能测试用例集.doc	详细给出本次验收测试相关功能方面的测试用例集
文件	013 某单位某系统验收测试性能测试用例集.doc	详细给出本次验收测试相关性能方面的测试用例集
文件	014 某单位某系统验收测试文档测试用例集.doc	详细给出本次验收测试相关文档方面的测试用例集
文件	015 某单位某系统功能测试 BUG 汇总列表.xls	汇集了本次验收测试相关提交的相关功能测试缺陷集合
文件	016 某单位某系统性能测试 BUG 汇总列表.xls	汇集了本次验收测试相关提交的相关性能测试缺陷集合
文件	017 某单位某系统文档测试 BUG 汇总列表.xls	汇集了本次验收测试相关提交的相关文档测试缺陷集合
文件夹	018 某单位某系统配置管理库	主要存放被测试系统由甲方提供的、开发方提供的文档，以及提交给甲方和开发方的相关文档，由开发方提交的相关软件版本和部置文档等；同时还包括整个项目各个阶段对应的成果物和过程数据，项目管理相关文档和数据以及在项目实施过程中培训或者其他方式得到的知识或技术性文档等，参见图 11-2
文件夹	019 性能测试脚本及场景结果	存放性能测试执行过程中编写的脚本、设计的场景和执行结果等相关信息
文件夹	020 项目管理	主要存放项目组成员工作日志、项目工作周报、项目会议纪要及其测试用例或其他文档的评审记录等信息

　　当然上述目录结构和文档只是结合我在项目实施过程中针对需要组织和创建的，您在具体项目实施过程中可能与作者的不一样，这个是没有关系的，总之适合项目实施需要就好。

11.3　验收测试项目完整实施过程

　　前面的内容是一个验收测试完成后提交的相关成果物（文档和数据电子档）。应该说它是您做项目尾声阶段需要整理和提交给甲方的重要内容。也许有很多读者朋友们非常关心正常做验收测试项目的完整实施流程是什么样？那么在这里我就给大家简单地介绍一下验收测试的整体实施过程。

　　通常一个验收测试项目要经历项目立项、招投标过程、项目调研、项目启动、人员入场、项目实施、项目总结和项目结款过程。

招标单位（即如果您中标后所对应的甲方）针对其验收测试项目需要会针对性地制定相应标书，发布招标公告或投标邀请书给一些具有专业资质的单位。这些单位根据招标文件的要求，编制并提交投标文件，响应招标的活动。招标单位按照招标文件确定的时间和地点，邀请所有投标人到场，当众开启投标单位提交的投标文件，宣布投标单位的名称、投标报价及投标文件中的其他重要内容。招标单位依法组建评标委员会，依据招标文件的规定和要求，对投标文件进行审查、评审和比较，确定中标候选单位。如果您单位有幸中标，招标单位会向中标单位发出中标通知书，并同时将中标结果通知所有未中标的投标人。中标通知书发出后，招标单位和中标单位应当按照招标文件和中标单位的投标文件在规定的时间内订立书面合同，中标单位按合同约定履行义务，完成中标项目。为了更加清晰明了地描述整个过程，这里给出一个招标投标基本流程图，供大家参看，如图 11-3 所示。

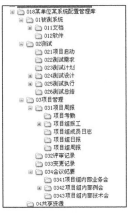

图 11-2　某单位某项目配置管理库目录结构

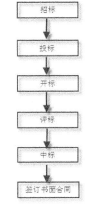

图 11-3　招标投标基本流程图

11.4　项目预算和项目立项

11.4.1　项目预算和项目立项

随着外包行业的发展、壮大，竞争也日趋激烈，外包公司十分重视项目管理。成本控制无疑是项目管理的重中之重，外包公司通常都有比较严格的审批流程。在有销售部和解决方案部门的外包公司，通常由销售和解决方案部门完成招投标相关工作。在招投标期间销售部门就要开始做预算工作，销售人员需要走项目管理系统流程，提交相关的成本预算相关文档，进行逐级审批，审批通过后，项目立项。项目立项后，产生项目实施相关成本费用才能够进行报工和报销。

11.4.2　项目预算相关内容及样表展示

通常做预算时需要填写以下信息：项目基本信息、技术售前预算信息、技术实施预算信息和技术售后预算信息，关于填写表格的样式，可以参照如图 11-4～图 11-7 所示的内容。

一、项目基本信息：					
项目名称		项目编号			
填表日期		项目类型			
销售预算负责人		合同金额（单位：万元）			
技术预算负责人		产品销售金额（单位：万元）			
项目所属部门		人力成本合计		交通费	
项目活动费		通讯费		其他费	
补助/加班费		成本费用合计		占合同额比例	
项目描述信息					
项目变更描述信息					

图 11-4　项目基本信息

在这里需要指出的是，预算信息可能会因为项目内外在因素而发生变化，在中途实施过程中可能会发生预算变更情况，若项目变更则需要对预算进行调整，再次走相关审批流程。

二、技术售前预算信息：					
预算人			部门		合计（人日）
技术售前人力投入预算信息					
序号	姓名	级别	计划投入日期	计划释放日期	其他
1					
2					
3					
合计：					

图 11-5 技术售前预算信息

三、技术实施预算信息：					
预算人			部门		合计（人日）
技术实施人力投入预算信息					
序号	姓名	级别	计划投入日期	计划释放日期	其他
1					
2					
3					
合计：					

图 11-6 技术实施预算信息

四、技术售后预算信息：					
预算人			部门		合计（人日）
技术售后人力投入预算信息					
序号	姓名	级别	计划投入日期	计划释放日期	其他
1					
2					
3					
合计：					

图 11-7 技术售后预算信息

11.5 项目准备阶段及验收测试方案编写

11.5.1 项目人员入场

当项目立项且招标单位和中标单位签订了书面合同后，通常是由项目经理到招标单位进行项目的需求调研。同甲方的相关负责同志沟通验收测试的范围、测试的内容、测试的环境、明确测试介入时间和相关要求等内容。因为外包公司非常注重人员成本的控制，而且人员相对来说有比较分散，所以相对来说对项目经理与相关领导、其他项目经理的沟通很重要。要及时了解相关预期在该项目的人员是否能够及时地释放出来，以免耽误该项目的进度。项目经理在人员入场前还需要同甲方的相关负责人进行沟通，尽量将项目组的成员集中安排在同一个工作区域，利于项目组成员的相互沟通和工作交流，也利于对项目组成员的管理。为了便于对项目组成员投入情况进行掌控及项目完成后结合我方人员投入进行结款等（有些项目是有附加条款的，如果因甲方责任耽误项目工期，会依据于延期的人员时间投入，甲方会向乙方额外支付相应金额的费用），通常甲方会要求我们进行人员考勤、记录等。控制严格的单位需要打卡，灵活一点的单位则要求项目经理每周汇报一次项目组人员考勤记录，结合我们项目就以该方式进行，图 11-8 为人员出勤表记录格式内容。

测试人员出勤表							
出勤情况							
姓名							2008年 第26周
	6月22日	6月23日	6月24日	6月25日	6月26日	6月27日	6月28日
于涌	8:10-17:30	8:20-17:30	8:50-17:30	8:55-17:30	9:00-17:30	10:00-18:00	
……	……	……	……	……	……		
……	……	……	……	……	……		
……	……	……	……	……	……		
……	……	……	……	……	……		
加班情况							
于涌							
……	……	……	……	……	……		
……	……	……	……	……	……		
……	……	……	……	……	……		
……	……	……	……	……	……		

注：
1. 出勤表以周为单位（即：从星期一到星期日）；
2. 绿色区域为星期六和星期日，如非法定上班日，则该时间段出勤，予以加班计算；
3. 加班情况有则填，没有不填（填写内容为姓名和加班时间段）；

图 11-8 人员出勤表图示

作为项目经理，您还要依据于甲方的要求，使用自带的工作用机或者是需要向甲方单位相关部门进行申请，需要提醒大家的是您在部署工作环境时，不要忘记至少需要 1 台的机器为您部署缺陷管理系统和配置管理系统。有一些单位非常严格所有的机器必须要经过相关 IT 部门的检查（包括限制机器上安装的软件、必须安装指定的杀毒软件并经过系统性杀毒、只能访问内部网络且 IP 地址和工作用机绑定、禁用特定的一些系统功能或硬件设备、IP 地址需要申请、安装软件需要申请等），当然这些工作您按照相关的流程进行就可以了，待所有的工作机和网络可以连通后，部署相关的缺陷管理系统和配置管理系统。当然为了让大家都能应用同一标准，建议均有文档进行相关说明，特别是缺陷级别的定义，最好再举一些示例，避免以后项目组内部提交的缺陷级别不统一，也尽量避免与甲方、软件开发方或监理方产生认定差异，在配置管理系统和缺陷管理系统均需要指定相应不同级别的人员访问权限，并建立相应的用户角色，保证相关人员都可以正常访问。这些工作都完成以后，接下来我们就可以进行后续工作了。

11.5.2　项目调研

接下来，您就可以将从甲方、开发方和监理方获得的相关资料放到配置管理系统中，对相关文档进行研读，对过程中出现的一些不明确或有问题的地方进行记录，并找相应的对接人进行明确。在条件允许的情况下，尽量能够让相关的业务人员和系统的开发方对被测试的系统进行一次系统性的培训，以加强项目组测试人员对系统的认识，掌握验收测试的重点内容，同时也能解答项目组测试人员存在的疑问，为后续测试方案、测试计划和测试用例的编写和缺陷的认定等都打下一个良好的基础。

11.5.3　验收测试方案

在要求较严格的甲方单位，为了准确地了解乙方单位项目人员对项目掌握的情况，同时也为了能够了解乙方单位在实施过程中的测试周期、测试策略和应用的测试方法是否能够覆盖到验收测试的各个对应需求点等内容，通常都需要让乙方单位项目经理提供一份针对本次验收测试的解决方案。

11.5.4　验收测试方案索引目录结构

也许，有很多测试同行非常关心测试方案的编写内容，这里以我的方案为样本，给大家做一些介绍。以下内容为某项目的验收测试方案索引目录结构。

1. 引言
   1.1　编写目的
   1.2　项目背景
   1.3　预期读者
   1.4　参考文档
   1.5　名词定义
      1.5.1　验收测试
      1.5.2　管理方
      1.5.3　用户方
      1.5.4　开发方
      1.5.5　应用系统
2. 系统简介与说明
3. 测试目标和标准
   3.1　测试目标
   3.2　测试重点

11.5.5 验收测试方案的"引言"

下面针对该索引目录结构的 12 个索引段落进行介绍。

"引言"主要包含了编写目的、项目背景、预期读者、参考文档和名词定义 5 部分内容。该索引段内容主要是介绍该方案的基本信息，明确相关需求的来源文档（这些文档的来源主要是 3 部分：甲方、系统研发单位和根据沟通后由我方编写被确认的文档），同时这部分内容阐述了项目的背景明确了预期的读者和相关专业术语，使得相关读者都能够通过阅读该文档掌握整体方案的内容。

示范性文档编写内容介绍如下。

1.1 编写目的

《甲方公司某系统验收测试方案》（以下简称测试方案）阐述了乙方公司对本项目的理解，是测试工作实施的基本依据，提供测试方案文档有助于使客户了解如下内容：

- 明确的测试需求；
- 可采用的测试策略；
- 所需的资源及测试的工作量；
- 测试工作最终应达到的目的；
- 测试工作的风险及规避方法；
- 测试项目的可交付内容。

这里将甲方单位名称以"甲方公司"进行替代，系统名称也以"某"进行替代。而本单位名称则以"乙方公司"进行替代，后续均以该处理方式进行，不再赘述。

1.2 项目背景

该部分内容主要对被测试的系统进行介绍，以及甲方为什么进行该系统进行测试进行描述，鉴于安全性等方面考虑，这里不再详细赘述，读者朋友依据项目实际情况进行编写该部分内容。

1.3 预期读者

- 甲方项目管理人员；
- 甲方项目实施人员；
- 乙方项目管理人员；
- 乙方项目实施人员；
- 项目开发方项目相关人员。

1.4 参考文档

参考文档主要来源于甲方、系统研发单位和根据沟通后由我方编写被确认的文档，需要特别指出的是，您在列举参考文档时，需要明确文档的作者、文档文件最后修改的时间、文件存放的位置等，以便想读者可以快速得到正确的文档，进行阅读。

1.5 名词定义

1.5.1 验收测试

验收测试是系统开发生命周期方法论的一个阶段，这时相关的用户或独立测试人员根据测试计划和结果对系统进行测试和接收。它让系统用户决定是否接收系统。它是一项确定产品是否能够满足合同或用户所规定需求的测试。通常验收测试是由具有计算机应用系统测试评估能力且具有法人资格的、独立于用户单位及开发单位的第三方来进行，一般对应用系统的需求分析、设计方案以及相关应用软件和硬件设备的功能、性能、安全性等方面进行科学、公正和相对独立的综合测试评估。

1.5.2　管理方

管理方在这里是指负责组织和管理执行验收测试的单位。

1.5.3　用户方

用户方在这里是指应用系统的最终使用单位和运行维护单位。

1.5.4　开发方

开发方在这里是指承担被测试的应用系统开发的单位。

1.5.5　应用系统

应用系统在这里是指由相关的软、硬件构成，能够为企业解决流程或工作中特定问题的系统，在本方案中指被测试的某系统。

11.5.6　验收测试方案的"系统简介"

"系统简介"索引段落内容主要是对被测试应用系统的功能、性能、文档特性进行概括性的介绍。

11.5.7　验收测试方案的"测试目标和标准"

"测试目标和标准"索引段落内容主要包括 4 部分内容：测试目标、测试重点、项目进入标准和项目完成标准。

示范性文档编写内容介绍如下。

3.1　测试目标

某单位某系统验收测试的目标是：以《某单位某系统需求规格说明书》《某单位某系统程序设计说明书》及所有经某单位确认的需求为基准，在规定的时间范围内，从应用系统的功能性开展验收测试，以验证系统功能、文档和性能是否符合用户要求，按约定期限提交被测系统是否可以进入生产运行的评估报告，为用户是否接受系统提供决策依据。

3.2　测试重点

该部分内容您可以依据验收测试的用户实际需求，进行描述，这里不再赘述。

3.3　项目进入标准

项目进入标准是接受被测系统进入测试的必要条件和基础，项目进入标准的主要内容如下：

- 合同签署完毕，并开始执行合同；
- 管理方已认可测试方的项目测试计划（包括时间计划）；
- 管理方准备好测试方要求的技术文档、用户文档及相关说明书；
- 管理方及管理方协调的有关支持人员和相关业务人员已明确并到位；
- 管理方提供被测试的应用系统软件的测试环境（包括软件和硬件）；
- 管理方提交开发方的测试计划、测试用例和测试报告；
- 管理方成立测试领导小组，指明专门负责人；
- 测试方相关人员到位。

3.4　项目完成标准

- 符合以下全部条件时，验收测试工作视同结束：

- 系统不存在致命性错误和严重性错误；
- 告警性错误在测试用例数的 1% 以内；
- 系统重要功能模块不再含有告警性错误；
- 通过管理方的验收工作。

11.5.8 验收测试方案的"测试需求分析"

"测试需求分析"索引段落内容，结合此次验收测试的内容主要包括 3 部分内容，即功能测试、文档测试和性能测试。通常在这部分我们要明确测试的功能点、文档测试和性能测试需求范围，以表格的形式列出相关内容（请参见表 11-2、表 11-3 和表 11-4），特别是在做性能测试相关内容时，因为很多用户甚至是系统的研发方都没有一个清晰明确的性能需求描述，这是就需要项目经理或者相应的技术人员明确该部分内容，以避免验收测试完成后，产生不必要的分歧或者矛盾情况。

表 11-2　　　　　　　　　　功能测试范围表

功 能 模 块	功 能 项	功 能 点	备 注
业务功能	用户登录	登录首页	
	业务处理	库存查询	
		配件进货	
		配件销售	
		……	
	新闻管理	新闻下载	
		……	
		……	
……	……	……	……
……	……	……	……

表 11-3　　　　　　　　　　文档测试范围表

序号	文档名称	文件大小	文件最后修改日期	作者	获取途径
1	需求规格说明书	5.31MB	20××-2-1	路通	开发方文档
2	……	……	……	……	……
3	……	……	……	……	……
4	……	……	……	……	……

注：在没有特殊说明的情况下，所有文档均从配置管理工具中获取，请参考相关获取路径。

表 11-4　　　　　　　　　　性能测试范围表

序号	性能需求描述	测试需求分析	备 注
1	……	……	……
2	……	……	……
3	……	……	……
4	……	……	……

11.5.9 验收测试方案的"测试策略"

"测试策略"索引段落内容主要是针对功能、文档和性能测试的内容、测试方法、缺陷级别定义、测试前提条件和测试通过标准等内容进行了较详细的描述。

示范性文档编写内容介绍如下。

5.1 策略说明

根据国家标准《GB/T16260—2006 软件工程产品质量》，软件质量主要考察功能、效率、可靠、易用、移植和可维护 6 个方面。同时结合本次测试的性质、系统特点和时间要求，以及对测试需求的分析，本次我方计划针对某单位某系统从性能、文档和功能三方面进行验收测试工作。

5.2 性能测试

5.2.1 测试内容

根据需求分析报告和设计文档提出的各项性能指标及某单位某系统一般性要求，检测系统在各种负载情况下的响应、处理时间，及在业务量高峰期的承受能力等指标是否符合需求。性能测试分为性能测试、负载测试、压力测试、配置测试、并发测试、容量测试、可靠性测试和失败测试 8 种类型。

（1）性能测试：是一种"正常"的测试，主要是测试正常使用时，系统是否满足要求，同时可能为了保留系统的扩展空间进行一些稍稍超出"正常"范围的测试。

（2）负载测试：通过逐步增加系统负载，测试系统性能的变化，并最终确定在满足系统的性能指标情况下，系统所能够承受的最大负载量。简而言之，负载测试是通过逐步加压的方式来确定系统的处理能力，确定系统能够承受的各项阈值。例如，逐步加压，从而得到"响应时间不超过 10 秒""服务器平均 CPU 利用率低于 85%"等指标的阈值。

（3）压力测试：通过逐步增加系统负载，测试系统性能的变化，并最终确定在什么负载条件下系统性能处于失效状态，并获得系统能提供的最大服务级别。压力测试是逐步增加负载，使系统某些资源达到饱和甚至失效的测试。

其他的性能测试分类为以下（4）～（8）项内容。

（4）配置测试：主要是通过对被测试软件的软、硬件配置的测试，找到系统各项资源的最优分配原则。

（5）并发测试：测试多个用户同时访问同一个应用、同一个模块或者数据记录时是否存在死锁或者其他性能问题，几乎所有的性能测试都会涉及一些并发测试。

（6）容量测试：测试系统能够处理的最大会话能力，确定系统可处理同时在线的最大用户数，通常和数据库有关。

（7）可靠性测试：通过给系统加载一定的业务压力（如 CPU 资源在 70%～90%的使用率）的情况下，运行一段时间，检查系统是否稳定。因为运行时间较长，通常可以测试出系统是否有内存泄露等问题。

（8）失败测试：对于有冗余备份和负载均衡的系统，通过这样的测试来检验如果系统局部发生故障，用户是否能够继续使用系统，用户受到多大的影响，如几台机器做均衡负载，测试一台或几台机器垮掉后，系统能够承受的压力。

5.2.2 测试方法

● 分析、调研阶段统计用户使用习惯，编写性能测试计划；

● 结合业务分析、调研情况，设计系统性能模型；

● 设计阶段将性能模型转化为测试场景，使用压力测试工具录制并调试测试脚本，或自行编制压力测试程序，同时准备测试数据；

● 实施阶段运行测试场景，按照实际运行中统计的用户并发量，设定每项压力测试的起始业务并发数量，以及并发量递增的梯度；参照系统的峰值设计需求，逐步对系统加压至性能拐点；

● 针对性能测试执行结果，进行分析，定位问题，对系统调优，同环境回归测试（可能进行多次，根据实际情况需要确定）；

    ◉   编写性能测试总结报告。

5.2.3 性能验证指标

本次性能测试验证如下指标：

    ◉   系统业务处理容量（TPS）；

    ◉   业务响应时间（秒）；

    ◉   系统 CPU 占用率；

    ◉   系统内存占用率；

    ◉   系统 I/O 使用率。

5.2.4 性能测试前提条件

    ◉   测试环境准备就绪（最好为生产环境或近似环境）；

    ◉   应用系统开发完成，发布正式版本；

    ◉   已经完成安装配置测试，且系统可用；

    ◉   应用系统经过软、硬件配置调优工作。

5.2.5 性能测试通过标准

    ◉   在指定测试环境下，软件性能等与业务需求一致；

    ◉   没有严重影响系统运行的性能问题。

5.3 功能测试

5.3.1 测试内容

功能测试分 GUI 测试、业务测试、异常测试和易用性测试 4 部分进行。

    ◉   GUI 测试检验用户界面是否满足用户需求，是否符合软件界面的通用设计原则。

    ◉   业务测试检验软件业务功能和业务流程是否满足用户需求，此项测试依据用户需求说明进行。

    ◉   异常测试检验在多用户同时使用系统的情况下，业务功能是否可以正常执行，是否会产生资源竞争、互斥等现象。

    ◉   易用性测试从以下 3 个方面考虑：易操作性、易理解性和易学性。根据以上 3 个原则对系统进行测试。

易操作性的测试目的在于增加软件操作的简易性，让用户容易接受软件，也方便用户的日常使用；易理解性测试目的在于让用户能迅速了解软件的操作流程；易学性测试目的在于让用户迅速学会操作软件。

5.3.2 测试方法

采用黑盒测试技术，手工模式执行测试，着眼于系统的功能，不考虑内部逻辑结构，针对软件界面和业务功能进行测试。在充分了解系统架构和业务逻辑的基础上，从不同的运行与控制条件等角度来组合不同的输入条件和预定结果，测试功能的执行情况、业务流程执行情况和信息反馈情况等，以找出软件中可能存在的缺陷。按照系统功能说明，逐一设计正常测试用例和错误操作测试用例并执行，测试中发现的问题及时提交到缺陷管理系统。

5.3.3 功能指标

本次功能测试验证如下指标。

    ◉   功能完整性：软件产品完全满足用户要求的业务处理实现；

    ◉   适合性：软件产品为指定的任务和用户要求提供了合适功能的实现；

    ◉   准确性：软件产品提供具有所需要精度的正确或相符的结果或效果的能力，特别是在多用户使用情况下功能和业务流程是否能正常和准确执行；

- 互操作性：软件产品与相关系统进行交互的能力；
- 易用性：软件产品易操作性、易理解性和易学性方面的能力；
- 可维护性：软件产品可测试性、可修改性和可使用性。

5.3.4　功能测试问题级别定义（见表 11-5）

表 11-5　　　　　　　　　　　　　　功能测试问题级别定义

级别	名　称	描　　述
P1 级	致命性错误	导致系统崩溃、异常退出系统、异常死机、服务停止、数据库混乱及系统不能正常运行
P2 级	严重性错误	功能未实现、不完整、功能出现问题并导致其他功能及模块出现问题
P3 级	告警性问题	功能已实现，存在不影响主要功能使用的小问题
P4 级	建议性问题	满足需求，功能使用不方便、不合理、界面不友好或风格不统一

5.3.5　功能测试通过标准

- 软件功能与业务需求要求一致；
- 没有 P1（致命性）问题与 P2（严重性）问题，且 P3（告警性）问题和 P4（建议性）问题数量不高于测试方与用户的预先协商值。

5.3.6　功能测试中止条件

功能测试过程中，如发生以下情况，则中止测试活动。

- 发现程序不是最新版本；
- 正确安装后，发现主要模块功能不能正常运行，且影响其他模块的功能测试；
- 发现大量致命性问题，需要开发方立即修改。

测试中止后，开发方修改时间由某单位、测试方和开发方共同商定，修改完成后继续实施功能测试。

5.4　文档验收

5.4.1　验收文档内容

文档审查针项目立项、实施、运营维护等各环节中的关键文档进行，受审查的文档类型如表 11-6 所示，具体实施内容需与客户协商后决定。

表 11-6　　　　　　　　　　　　　　受审查的文档类型

序　号	文 档 类 型
1	需求规格说明书
2	概要设计文档
3	详细设计文档
4	工程实施方案
5	用户手册文档
6	集成安装手册

目前已知需要验收测试的文档如表 11-7 所示。

表 11-7　　　　　　　　　　　　　　测试文档范围表

序号	文档名称	文件大小	文件最后修改日期	作者	获取途径
1	需求规格说明书	5.31MB	20××-2-1	路通	开发方文档
2	……	……	……	……	……
3	……	……	……	……	……
4	……	……	……	……	……

5.4.2　验收文档要求

- 文档完备性；
- 文档内容充分性；
- 文字明确性；
- 文档描述的正确性，联机帮助文档中链接的正确性；
- 易读性；
- 检查文档间的一致性；
- 检查程序和文档的一致性；
- 检查文档间的可追溯性；
- 检查文档是否符合指定的相应模板和规范。

5.4.3　文档测试问题级别定义（见表 11-8）

表 11-8　　　　　　　　　　　　　　文档测试问题级别定义

文 档 类 型	1 级	2 级	3 级	4 级
需求规格说明书	需求遗漏	需求描述错误；存在二义性	文档字面错误	冗述或过于简单
详细设计/概要设计	遗漏需求	逻辑错误，或描述不清，存在二义性	文档字面错误	冗述或过于简单
用户手册	功能遗漏	操作描述方法错误或描述不清	文档字面错误	冗述或过于简单
安装手册	主要操作流程遗漏	操作描述方法错误或描述不清	文档字面错误	冗述或过于简单
测试文档	致命错误；重大需求遗漏；测试报告与结果不符	功能错误，用例描述错误	文档字面错误	冗述或过于简单

5.4.4　文档测试通过标准

文档测试通过标准为，文档测试关闭时不允许存在 1、2 级问题，3、4 级问题的出现频率为平均每 6 页 3 个以内。

5.4.5　文档测试中止条件

如任何一个被测试文档在一页当中出现超过 16 个任何等级的问题，该文档即被视为不可用，立刻停止对该文档的测试，交由文档作者修改后再重新测试。

11.5.10　验收测试方案的"项目实施阶段"

"项目实施阶段"索引段落内容主要描述了项目实施各个阶段进入的标准、主要活动、交付物和退出标准。

示范性文档编写内容介绍如下。

6.　项目实施阶段

6.1　项目实施阶段描述

根据我方测试方法论和某单位的要求进行项目实施。

6.1.1　测试计划阶段

对整个测试工作做一个高层次规划，内容包括培训、确认测试需求、设定测试优先级、识别风险、确定测试方法、设计测试环境和开发/选择必要的测试工具等。

编写《某单位某系统系统用户验收测试方案》《某单位某系统系统用户验收测试计划》，并参加管理方组织的评审会，评审通过《某单位某系统系统用户验收测试方案》《某单位某系统系统用户验收测试计划》。

（1）进入标准。

此阶段为整个项目的进入标准，参考《项目进入标准》。

（2）活动。

制订测试目标，明确测试风险、测试通过/失败标准、待测特征、不予测试特征、测试策略（测试阶段）、挂起准则与恢复需求、测试交付物、测试环境需求、组织与职责（角色）、培训需求、进度表和计划应急措施。

（3）交付件。

● 《某单位某系统系统用户验收测试方案》；

● 《某单位某系统系统用户验收测试计划》。

（4）退出标准。

当双方确认《某单位某系统系统用户验收测试计划》后，测试计划工作即为完成。

6.1.2 测试需求阶段

理解被测系统的功能及各业务处理流程等，确定测试功能需求边界，为测试设计做准备。测试需求阶段的工作结果是测试需求说明书，编写《某单位某系统系统用户验收测试需求说明书》，并参加管理方组织的评审会，评审通过《某单位某系统系统用户验收测试需求说明书》。

（1）进入标准。

● 某单位评审通过《某单位某系统系统用户验收测试方案》和《某单位某系统系统用户验收测试计划》；

● 某单位项目相关管理和业务人员及其开发方相关责任人明确且能够积极配合测试方工作。

（2）活动。

● 根据合同或者方案建议书，确定测试类型；

● 对于每种测试类型，细化测试内容、测试环境、测试标准，例如，功能测试：功能点、复杂度和测试环境等；性能测试：测试场景，每个场景涉及业务、测试目的、测试条件、测试环境和性能指标等。

（3）内部评审。

提交用户评审签字。

（4）交付件。

《某单位某系统系统用户验收测试需求说明书》。

（5）退出标准。

当双方确认《某单位某系统系统用户验收测试需求说明书》后，测试需求分析工作即为完成。

6.1.3 测试设计阶段

根据测试需求确定每个测试项目的详细目标，确定其优先级，编写测试用例，定义未涵盖的条件，列举需要编程测试的主题等；根据《某单位某系统系统用户验收测试需求说明书》进行测试用例的设计工作。编写《某单位某系统系统用户验收测试设计说明书》，并参加管理方组织的评审会，评审通过《某单位某系统系统用户验收测试设计说明书》。

为了使测试能涵盖所有的需求及特点，需要利用测试项目清单跟踪矩阵列表进行验证。对于测试用例未涵盖的条件，需要添加新测试用例进行需求涵盖，以保证测试设计方案的完整性。

（1）进入标准。

● 《某单位某系统系统用户验收测试需求说明书》得到某单位的确认并签字；

● 验收测试项目各级别的测试人员到位。

（2）活动。

对于每种测试类型的测试需求，进行测试设计，如功能测试：测试用例、相关测试输入数据等。

（3）内部评审。

提交用户，同时组织对相关成果物进行评审。

（4）交付件。

● 《某单位某系统系统用户验收测试用例设计说明书》；

● 《某单位某系统系统用户验收测试执行计划》。

（5）退出标准。

当双方确认《某单位某系统系统用户验收测试用例设计说明书》《某单位某系统系统用户验收测试执行计划》后，测试设计工作即为完成。

6.1.4　测试环境部署

某单位负责为验收测试实施团队提供的办公场所，有某单位相关人员或由某单位委托系统研发团队完成安装测试系统，且保证系统为被测试版本，经过冒烟测试。

（1）进入标准。

系统经过冒烟测试，达到测试要求，同时系统相关软、硬件设置尽量与开发环境一致。

（2）交付件。

《某单位某系统系统用户验收测试环境符合度说明》。

（3）退出标准。

提供完整的某单位某系统系统第三方测试环境，且稳定运行。

6.1.5　第一轮测试执行阶段

根据《某单位某系统系统用户验收测试用例说明书》《某单位某系统系统用户验收测试执行计划》准备测试数据，在搭建的某单位某系统系统用户验收测试环境上对不同测试范围实施测试。每当被测应用系统软件经过开发方修改发生变化后，都将进行回归测试。在测试阶段开始前，都将进行一次冒烟测试。如果冒烟测试通过则进行正式测试。

该阶段主要任务是进行以下内容的工作：

● 功能测试；

● 文档测试；

● 性能测试。

（1）进入标准。

测试环境已经就绪。

（2）活动。

● 实施测试，执行测试用例；

● 记录测试结果（缺陷）；

● 讨论和确认测试发现的问题。

（3）交付件。

● 《某单位某系统系统用户验收测试用例执行每日简报》；

● 《某单位某系统系统用户验收测试缺陷记录日表》。

（4）退出标准。

所有用例执行完毕。

6.1.6　第二轮测试执行阶段

根据《某单位某系统系统用户验收测试用例》，准备测试数据，在搭建的某单位某系统系统用户验收测试环境上对不同测试范围实施测试。每当被测应用系统软件经过开发人修改发生变化后，都将进行回归测试。该阶段主要任务是进行以下内容的工作。

- 功能测试；
- 文档测试；
- 性能测试。

（1）进入标准。

第一轮测试执行后，开发方就系统中存在的问题做出相应修改后。

（2）活动。

- 实施测试，执行测试用例；
- 记录测试结果（缺陷）；
- 讨论和确认测试发现的问题。

（3）交付件。

- 《某单位某系统系统用户验收测试用例执行每日简报》；
- 《某单位某系统系统用户验收测试缺陷记录日报》。

（4）退出标准。

所有用例执行完毕。

6.1.7　测试总结阶段

测试报告是用户验收测试的一个重要阶段，是整个用户验收测试的总结。主要完成某单位某系统系统用户验收测试收尾阶段的工作任务，即编写《某单位某系统系统用户验收测试总结报告》，并参加管理方组织的评审会，评审通过该报告。

（1）进入标准。

覆盖了所有的测试需求，并且按照合同和计划完成了要求的测试轮次。

（2）活动。

- 各种类型的测试进行总结，产生相应测试类型的测试报告；
- 对整体测试情况进行综合，产生测试总结报告。

（3）内部评审。

提交用户进行正式评审。

（4）交付件。

测试总结报告。

（5）出口准则。

完成测试总结报告，并经过评审后提交管理方。

（6）退出标准。

所有文档提交管理方。

6.2　测试里程碑

为了保证测试项目的质量和进度，特制定如下里程碑，以便执行时作为检查依据。

6.2.1　进入标准测试

检查测试对象是否满足测试的进入条件：即开发方完成系统测试，并提交系统测试报告。进行冒烟测试，对测试对象进行功能快速抽查，用于执行测试入口标准的印证。

6.2.2　测试环境的搭建

在客户的协助下，搭建测试环境，尽量模拟真实运行环境。

6.2.3　业务培训

接受客户的业务培训是开展测试工作的重要的一环，便于熟悉理解某单位某系统系统的各类业务、功能和接口等。

6.2.4　制订测试计划、测试需求准备

根据《某单位某系统系统业务需求书》《某单位某系统系统需求规格说明书》和《某单位某系统系统程序设计说明书》整理测试需求；协调开发方协助制订测试计划。包括确定测试范围、目标、测试周期、测试环境配置、测试方法、所需资源和后勤服务等。

6.2.5　测试设计

编写测试用例，涵盖各个方面，包括正面和负面的输入和数据；开发每一个测试周期具体的测试条件、测试用例、测试脚本、测试数据和预期结果。测试用例和脚本应以实际业务流程执行情况为基础开发。

6.2.6　必要测试工具的开发

除了已经有的测试工具外，还需开发必要的方便功能测试和性能测试的辅助工具。

6.2.7　用例评审

与软件开发方、用户方共同评审测试用例的合理性。

6.2.8　测试执行

- 在测试方案和测试计划由管理方批准后，测试用例由用户方确定后进入具体测试实施阶段。
- 准备测试数据，执行测试用例，记录测试结果；执行一轮测试，二轮回归测试。

6.2.9　测试总结

对测试的各个方面进行全面总结，提交测试报告。

11.5.11　验收测试方案的"测试实施安排"

示范性文档编写内容介绍如下。

7.　测试实施安排

7.1　工作流程

项目实施过程我们遵循 H 测试模型，如图 11-9 所示。

此次研发过程采用敏捷开放，因此测试工作采用 H 测试模型，H 测试模型将测试流程独立与开发流程，使测试流程自身为一个完全独立的流程，将测试准备活动和测试执行活动清晰的体现出来。除此之外，在项目实施过程中针对各个过程均有质量管理活动，对项目实施过程中的相关成果进行严格的评审。

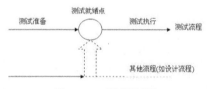

图 11-9　H 测试模型图

7.2　人员组织

本次项目测试人员均为具有多年测试同行业的人员，对业务及测试有深入理解，此次项目测试工作包括 3 部分内容，即功能性测试、文档性测试和性能测试，因此结合项目特点，我公司岗位人员设置如图 11-10 所示。

图 11-10　测试项目岗位设置图

7.3　人员配置（见表 11-9）

表 11-9 验收测试项目人员配置表

人员分类	人 数	职 责
项目经理	1	负责承担项目任务的计划、组织和控制工作，以实现项目目标 监督、统筹及协调项目中各项活动和任务安排 负责向项目协调机构定期报告项目进展情况，就项目中存在的问题提出解决建议 负责测试方和业务方、开发方的协调配合工作
功能测试组	3	负责功能测试、业务流程测试 负责编写、制订功能测试用例 负责测试用例执行 负责将问题录入缺陷管理系统 负责对发现的 BUG 进行回归测试 负责问题分类、总结 负责测试文档的汇总保存
性能测试组	2	负责准备、实施性能测试
文档审查组	同功能测试组 3 人	负责对文档内容、规范性、可读性进行检查 负责将文档问题分类、总结 负责执行文档评审

11.5.12 验收测试方案的"测试计划"

示范性文档编写内容介绍如下。

8. 测试计划

在测试开始前对开发方提交的程序、文档进行冒烟测试。

计划项目周期为：20××-××-××至20××-××-××（时间将根据项目实际情况进行调整）。

8.1 测试工作量估算

下面是关于某单位某系统用户验收测试的功能测试、文档测试和性能测试的规模和工作量的估计。

根据表 11-10 统计，预计共需××天，合计××人日，约合×.××人月。

表 11-10 验收测试项目人工统计表

验收测试	任 务	时间（天）	项目经理 1 人（人日）	高级测试工程师 2 人（人日）	测试工程师 2 人（人日）	工作量小计（人日）
测试计划阶段	制订测试计划	4	4	4	2	15
测试需求阶段	分析测试需求	×	×	×	×	×
测试设计阶段	设计测试用例	×	×	×	×	×
	制订测试执行计划	×	×	×	×	×
第一轮测试执行阶段	执行测试用例	×	×	×	×	×
第二轮测试执行阶段	执行测试用例	×	×	×	×	×
测试总结阶段	总结测试,编写文档,项目验收	×	×	×	×	×
合计			×	×	×	×

8.2 测试时间进度表（见表 11-11）

表 11-11 验收测试项目时间进度表

阶　段	活　动	预计时间（天）
1. 测试计划阶段	启动会议双方沟通；整理办公环境	×
	收集所需客户文档	
	建立配置管理环境，建立测试管理环境，制订 BUG 管理流程，建立 BUG 管理环境	
	制订项目测试详细计划，制订配置管理计划	
	被测系统业务了解，熟悉系统功能和业务流程，业务系统培训	
	编写测试方案	
	评审测试方案、测试计划	
	需求调研	
2. 测试需求分析阶段	需求分析	×
	需求调研、细化测试需求，编写测试需求	
	评审测试需求	
3. 测试设计阶段	功能测试用例设计	×
	文档测试用例设计	
	性能测试用例设计	
	评审测试用例设计	
	编写测试执行计划	×
	评审测试执行计划	
4. 第一轮测试阶段	第一轮测试环境初始化	×
	功能测试用例执行	
	文档测试用例执行	
	性能测试用例执行	
	提交回归测试的缺陷列表，确认缺陷	
	第二轮测试总结	
5. 第二轮测试阶段	第二轮测试环境初始化	×
	功能测试用例执行	
	文档测试用例执行	
	性能测试用例执行	
	提交回归测试的缺陷列表，确认缺陷	
	第二轮测试总结	
6. 测试总结阶段	测试总结报告	×
	测试总结报告评审	
合计		××

11.5.13　验收测试方案的"质量保证"

示范性文档编写内容介绍如下。

9. 质量保证

9.1 需求与变更管理

需求管理是对需求进行一些维护活动，保证在客户、开发方和测试方之间能够建立和保持对需求的共同理解，同时维护需求与后续工作成果的一致性，并控制需求的变更。

在测试项目中，根据用户需求进行需求分析从而确定测试需求是需求管理的第一步工作，确定测试需求后，后续工作在此基础上展开。

因此，用户需求是测试实施的原始依据，对需求进行跟踪管理、在需求发生改变时跟踪分析变更影响等工作对于项目的成功实施起到了决定性作用。图 11-11 显示了需求管理工作的主要内容及用户需求变更的后续影响。

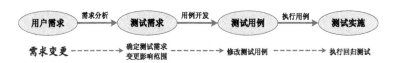

图 11-11　需求管理工作的主要内容及用户需求变更的后续影响图

基于测试管理平台，建立从系统需求、测试需求、测试用例、测试实施直到系统缺陷的一系列对应关系。在系统需求发生变更的时候，可以很容易地对变更影响进行分析，从而指导测试工作的开展。

需求管理主要活动如下：
- 建立需求基线并控制需求基线的变更；
- 保持项目计划与需求一致；
- 控制单个需求和需求文档的版本情况；
- 管理单个需求和其他项目可交付产品之间的依赖关系；
- 跟踪基线中需求的状态（已评审、已实现、已验证、已删除等）。

变更分析的主要活动如下：
- 提交变更申请；
- 审核变更申请；
- 识别变更可行性，确定是否实施变更；
- 实施变更；
- 变更登记。

9.2　配置管理

9.2.1　主要配置项
- 测试过程中生成的工作产品（包括测试方案、计划、总结、报告、管理文档等）；
- 指定在项目内部使用的系统、数据库、开发与支持软件工具；
- 指定在项目内部使用的过程、规程和标准等；
- 测试过程中的一些其他过程产品。

9.2.2　配置管理员的职责
- 制订配置管理计划；
- 进行配置库设置；
- 各配置项的管理与维护，配置文件清单的维护；
- 定时对配置库备份。

9.2.3　配置库结构
配置管理员在制订完计划后，根据公司建议的配置库建立符合本项目的配置管理库。对于本项目来说，需要划分多个子系统，因此要在确定子系统的划分后，在不同阶段下分别建立各子系统的配置目录，如图 11-12 所示。

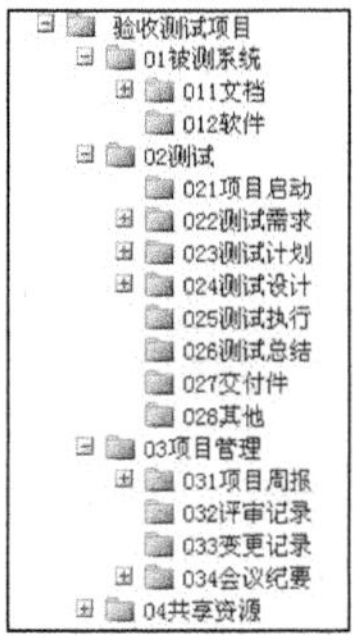

图 11-12　系统的配置目录图

9.2.4　需提交的文档名称
文档标准命名格式：项目名称+资料名称+撰写或修改日期，如表 11-12 所示。

表 11-12 用户验收测试项目文档标准命名表

命 名 项 目	说 明
项目名称	某单位某系统用户验收测试项目
资料名称	测试方案
	需求报告
	测试用例报告
	……
撰写或修改日期	第一次撰写完成日期或修改完成日期

项目成员工作时产生的临时文档等，只要求提交时不致出错，对命名规则没有其他限制，由项目成员根据自己习惯对文档命名。

9.2.5 文档编码规范

对工作产品给予一个标识，具体格式是：项目编号－ZZ【YY】VX.Y，如表 11-13 所示。

表 11-13 用户验收测试项目文档编码规范表

编 号 项 目	说 明
ZZ（文档名称）	TS 测试方案
	RS 测试需求
	TP 测试计划
	TR 测试报告
	TD 测试用例/测试设计方案
	BR 测试问题报告
	PR 项目总结报告
	CP 配置管理计划
	RR 评审报告
	CC 变更记录
YY（文档序号）	可选，当一个大文档由多个文档组成时，按顺序编号：01、02、03
V（版本）	V
X.Y（版本号）	X 代表主版本号，表明产品的一个版本，Y 代表发布号，表明产品经过了修改，但是没有根本变化

9.2.6 账号管理

（1）配置管理服务器账号；

（2）在配置管理服务器上只建立管理员账号；

（3）配置源代码管理系统及缺陷管理系统账号，具体如下。

- 在相应管理系统上为项目组的每个项目成员都建立账号；
- 账号名与登记的内部用户名一样；
- 根据项目过程中的人员调配状况适时增加和删除账号；
- 初始口令为空；
- 每个项目成员第一次登录这两个管理系统时应该必须修改自己的用户口令；
- 每个项目成员应该使用自己的账号登录这两个系统；
- 项目成员如果遗忘账号口令，应即时通知配置管理员重新分配该账号的口令。

9.2.7 权限管理

- 配置管理员对服务器拥有所有权限；

● 　项目组其他成员对服务器拥有对应权限。

配置管理系统权限管理（见表 11-14 和表 11-15）

表 11-14　　　　　　　　　　　　配置管理系统的结构和权限表

权限（R–读、W–修改、D–删除）				
目　　录	测试经理	测试人员	配置管理人员	项目其他成员
01 被测系统-011 文档	R	R	RWD	R
01 被测系统-012 程序	R	R	RWD	R
02 测试—021 项目启动	RWD	R	RWD	R
02 测试—022 测试需求	RWD	R	RWD	R
02 测试—023 测试计划	RWD	R	RWD	R
02 测试—024 测试设计	RWD	R	RWD	R
02 测试—025 测试执行	RWD	R	RWD	R
02 测试—026 测试总结	RWD	R	RWD	R
02 测试—027 交付件	RWD	R	RWD	R
02 测试—028 其他	RWD	R	RWD	R
03 项目管理－031 项目周报	R	R	RWD	R
03 项目管理－032 评审记录	R	R	RWD	R
03 项目管理－033 变更记录	R	R	RWD	R
03 项目管理－034 会议记录	R	R	RWD	R
04 共享资源	RWD	RWD	RWD	RWD

表 11-15　　　　　　　　　　　　缺陷管理系统的结构和权限表

权限（R–读、W–修改、D–删除）				
目　　录	测试经理	测试人员	配置管理人员	开 发 人 员	客　　户
测试需求	RWD	RWD	RWD	R	RW（评审）
测试用例	RWD	RWD	RWD	R	R
测试实验室	RWD	RW	RWD	R	R
缺陷	RWD	RW	RWD	RW（缺陷状态和注释）	RW（缺陷状态及注释）

9.2.8　备份计划

在项目开发实施过程的各个阶段，配置管理员应定期做好软件配置库的备份，以防造成劳动成果的丢失而给整个项目及公司带来的严重损失。备份可按照公司的要求定期（按周或月）进行。在每个阶段或里程碑处在做完基线工作后应进行备份。备份的文件要明确标明备份日期，同一内容备份应至少有 2 份保存不同介质（如光盘、硬盘），至少应保证存放于不同位置。

9.3　项目变更管理

当需求发生变更时，由项目接口人填写《变更申请表》，提交至项目配置管理员，经过变更流程对所提需求变更进行处理。技术委员会由项目经理、测试技术经理和技术专家组成，负责评审和解决技术问题。变更控制委员会（CCB）由双方人员组成，负责评审变更请求，确定是否执行变更。其中工作量包括以下度量方式：

● 　文档的改变页数（含增加、删除和修改）；

● 　测试用例的实际影响，有关用例的个数的增加、删除来表示；

● 　是否编写测试程序及规模；

- 实际能够执行的测试用例的个数；
- 对测试培训的影响情况；
- 资源的要求情况；
- 进度的影响；
- 对第三方的依赖制约因素说明（如允许额外增加测试点等）。

9.4　风险管理

9.4.1　风险类型

"风险类型"包括技术、人员、需求、测试环境、测试管理、项目协调管理、其他等。

9.4.2　发生概率

"发生概率"对风险出现的可能性进行评估，可能的结果有：

- 非常低（＜10%）；
- 低［10%～25%］；
- 中等［25%～50%］；
- 高［50%～75%］；
- 非常高（≥75%）。

9.4.3　风险影响

"风险影响"对风险的严重性进行评估，可能的结果有：

- 灾难性（进度延迟 1 个月以上，或者无法完成项目）；
- 严重（进度延迟 2 周～1 个月，或者严重影响项目完成）；
- 中等（进度延迟 1 周～2 周，或者对项目完成有一定影响）；
- 低（进度延迟 1 周以下，或者对项目完成稍有影响）。

9.4.4　项目风险

结合本项目需要考虑的项目风险如表 11-16 所示。

表 11-16　　　　　　　　　　　　　　项目风险表

风　险　描　述	发生概率	风险影响	规　避　方　法
测试环境紧张，不能按计划完成准备	中等	严重	尽量调配资源，避开工作时间执行测试，也可选用相同设备替代
测试时间紧张，不能完成所有测试项	高	严重	首先完成重点测试项
测试过程中可能会出现版本变更情况，测试版本与最终版本不一致	中	严重	尽量使用确定下来的版本进行测试，测试环境描述清晰
测试中发现系统缺陷，需要较长时间的修改、调优时间	中	中等	尽量将其他可测项完成。推迟上线时间
基础数据准备和测试数据抽取问题。垃圾数据生成	低	中等	项目组人员专人协助解决

11.5.14　验收测试方案的"缺陷管理"

示范性文档编写内容介绍如下。

10.　缺陷管理

10.1　管理权限

- 管理员：拥有全部权限。
- 测试组长/测试经理：拥有本测试小组的管理权限。
- 测试人员：可添加缺陷；不能删除缺陷；不可修改他人所提缺陷；可调整缺陷标题、缺陷描述、附件附图、状态、严重级别、模块、菜单等。

- 开发人员/需求人员：不能删除缺陷；可添加注释评论；有查询、解决等权限。
- 开发经理：除了开发人员的权限，还可调整优先级别、修改人、标题。

10.2　缺陷问题级别

10.2.1　功能测试问题级别定义

同"5.3.4 功能测试问题级别定义"。

10.2.2　文档测试问题级别定义

同"5.4.3 文档测试问题级别定义"。

10.2.3　性能测试问题级别定义

10.3　缺陷的跟踪与记录

（1）在测试执行过程中，把发现的缺陷提交到缺陷管理系统中，并对缺陷进行跟踪管理。

（2）缺陷的提交、修改与回归测试：当对开发方提交的核心系统提交正式测试版，按测试计划执验收测试，通过缺陷管理工具提交缺陷报告，定期由开发方对缺陷报告经进行确认，并提交给开发组有关成员进行修改。当所有缺陷的状态变为修改完成时，由开发方提交新的版本后，再开始下一轮系统测试为保证进度，测试方应将一轮测试中发现的缺陷分批（2～3 天一批）通过甲方提交开发方。每一轮测试完成后提交完整的测试记录，并对发现的缺陷进行分类、统计和分析，形成软件问题报告。除非必需，测试方在一轮测试完成之前不接受开发方提供的任何更新版本，开发方完成修改工作后，应通过甲方将软件更新版本及问题更改报告提交测试方进行回归测试。问题更改报告应详细说明修改了的缺陷、更新了的组件、可能受修改影响的组件等。未能修改的缺陷应说明原因，当测试方、开发方在时间、进度和质量等问题上发生争议时，或测试中发现严重缺陷时，应及时报告给项目协调小组，必要时由协调小组进行决策。

10.4　缺陷状态定义

- 新建（New）：测试中新报告的软件缺陷。
- 打开（Open）：被确认并分配给相关开发人员处理。
- 修正（Fixed）：开发人员已完成修正，等待测试人员验证。
- 拒绝（Rejected）：经确认不认为是缺陷。
- 延期（Deferred）：不在当前版本修复的错误，下一版修复。
- 关闭（Closed）：错误已被修复。

10.5　缺陷管理的流程

（1）测试人员提交新的缺陷入库，缺陷状态为"New"状态。

（2）开发方验证缺陷，如果确认是缺陷，分配给相应的开发人员，设置为"Open"状态。

（3）如果缺陷不能重现或对缺陷报告有疑问，定期与测试人员沟通，测试人员和开发方均努力尝试重现缺陷，如果是缺陷，则由开发人员置状态为"Open"状态，如果测试人员确认不是缺陷，则由开发方置状态为"Rejected"状态，如果还不能明确问题，请业务部门、开发方和测试方三方人员讨论，最后决定缺陷的状态。

（4）开发人员查询状态为"Open"状态的缺陷，在开发环境进行修改，并在缺陷管理系统中对应的缺陷记录修复说明，如果完成修复则置状态为"Fixed"状态，每一轮测试结束后，开发方将已修改后的新版本发布到测试环境中，并在发布新版本之前、之后告知测试方，测试方确认后，开始回归测试。

（5）对于不能解决和延期解决的缺陷，要留下文字说明并保持缺陷为"Open"状态，要通过三方评审会决定是否延期修改，如果要延期修改，由开发方为"Deferred"状态。

（6）测试人员在新一轮回归测试时，首先查询状态为"Fixed"状态的缺陷，然后验证缺陷是否已修复，如修复，则置缺陷的状态为"Closed"状态，如没有修复则置状态为"Reopen"状态。

（7）每一轮结束之前，应把所有状态为"New"状态的缺陷进行评审确认，使缺陷管理系统中不再有状态为"New"状态的缺陷，本轮方可结束，对于缺陷级别有不同意见，应由客户方决定升级还是降级。

11.5.15 验收测试方案的"项目沟通"

示范性文档编写内容介绍如下。

11. 项目沟通

项目的顺利进行离不开参与各方的良好沟通。因此在项目开始时应该确认详细的沟通机制及方法。如建立联系名录等。必要时可以在参与各方中选定专门人员组成协调小组，作为项目沟通的对外接口。

11.1 例会

为保证项目顺利进行，应该建立项目例会制度，用于对一段时间内的工作进行总结。例会可定在每周工作结束后召开，也可以定在项目达到某个里程碑时召开。

11.2 周报

为了便于用户方和测试方上级领导及时了解项目进展情况，测试小组应该在每周工作结束后提交本周的工作周报。周报中应该详细列明本周的工作内容、已经取得的成绩、需要解决的问题和下周的工作安排。

11.5.16 验收测试方案的"工作产品"

验收测试方案的工作产品表如表 11-17 所示。

表 11-17 验收测试方案的工作产品表

测 试 阶 段	工 作 产 品	说 明
测试计划阶段	《某单位某系统用户验收测试方案》	在本阶段提交
	《某单位某系统用户验收测试计划》	在本阶段提交
测试需求分析阶段	《某单位某系统用户验收测试需求说明书》	在本阶段提交
测试设计阶段	《某单位某系统用户验收测试用例说明书》	在本阶段提交
	《某单位某系统用户验收测试执行计划》	在本阶段提交
测试执行阶段	《某单位某系统用户验收测试冒烟测试报告》	在本阶段提交
	《某单位某系统用户验收测试缺陷记录每日列表》	在本阶段按日提交
	《某单位某系统用户验收测试用例执行每日简报》	在本阶段按日提交
	《某单位某系统用户验收测试工作周报》	在本阶段按日提交
测试总结阶段	《某单位某系统用户验收测试报告》	在本阶段提交
	《某单位某系统用户验收测试文档清单》	在本阶段提交
	《某单位某系统用户验收测试会议纪要》	贯穿项目始终

11.6 验收测试实施过程及性能测试计划编写

验收测试方案编写完成后，需要提交给甲方单位由相关人员进行评审，结合我以前实施的项目来讲。通常，甲方会先将验收测试方案发给相关领导和技术负责人，相关人员认真阅读该文档后。针对文档如果有不明确或者认为有问题的地方进行记录，而后内部先将这些内容统一汇集整理出来，发给我方，我方针对这些问题进行解答和验收测试方案的修订，再次提交给甲方，甲方再次进行确认。同时，甲方会与我方约定一次由甲方、我方有时还有监理方共同组成的方案评审小组。由我方对整体的验收测试方案进行讲解，如果验收测试方案内容经评审后，项目实施工作正式开始。图 11-13 所示为评审记录单样式，供读者朋友们参考，关于该文档的填写请参见该文档填写指南部分内容，这里不再赘述。

技术评审问题记录单												
评审时间：												
问题序号	评审人员在评审准备时填写						评审记录人在评审会上根据评审会意见填写				评审会后由问题跟踪人填写	
	产品名称	问题位置	问题描述	问题分类		评审人员	遗漏问题	问题计划解决时间	问题责任人	问题跟踪人	状态	说明
				严重程度	问题类别							
1												
2												
3												
4												
5												
6												
7												
8												
9												
10												

图 11-13　技术评审问题记录单

验收测试实施阶段是验收测试的核心过程，在本阶段需要投入大量的人员、时间等从事工作环境搭建、测试环境初期的部署安排、测试需求的进一步清晰明确化、测试计划、测试用例的编写、进行相应轮次功能、性能和文档方面的测试、提交缺陷、编写每轮的测试总结报告和最终的总结报告等，当然通常来讲针对上述过程还会实施一些过程相关内容的评审工作。

11.6.1　性能测试计划

验收测试方案是对整体验收测试项目如何进行测试的一个整体的概括性描述文档，经过入场后同业务人员和开发方等人员细致沟通后，测试的内容和方法有可能会发生改变，所以通常来讲我们都需要编写更加详细的验收测试计划（根据需要该计划可以是功能性验收测试计划、性能验收测试计划、文档验收测试计划、兼容性验收测试计划、安全性能验收测试计划等）。这里结合本书的重点讲解内容为性能测试方面知识，所以只针对性能验收测试计划内容进行讲解，其他内容在本书中不予介绍，请读者朋友们谅解。

11.6.2　性能测试计划索引目录结构

也许，有很多测试同行非常关心性能测试计划的编写内容，这里以我的方案为样本，给大家做一些介绍。

以下内容为某项目的验收测试性能测试计划索引目录结构。

1. 简介
    1.1　目的
    1.2　预期读者
    1.3　背景
    1.4　参考资料
    1.5　术语定义
2. 测试业务及性能需求
3. 测试环境

11.6.3 性能测试计划的"简介"

这部分主要从性能测试的目的、预期读者、项目背景、参考资料和专业术语的解释几方面进行描述，为便于读者朋友们了解各部分内容，作者给予部分样本供您参考。

1. 目的

本文档是对某单位某系统所做的性能测试计划，本测试计划有助于实现以下目标：

- 明确性能测试的需求、范围和详细内容；
- 明确性能测试的执行周期及其人员安排；
- 明确性能测试的目标、测试环境和测试方法；
- 明确性能测试的标准及策略；
- 明确性能测试的工作产品；
- 明确性能测试产生的交付产品。

2. 预期读者

- 甲方项目管理人员；
- 甲方项目实施人员；
- 乙方项目管理人员；
- 乙方项目实施人员；
- 项目监理方相关人员。

3. 背景

背景部分内容是对被测试系统进行整体的介绍，同时描述本次进行性能测试的重点内容，这里不赘述，请依据于您项目的情况予以编写。

4. 参考资料（见表 11-18）

表 11-18　　　　　　　　　　参考资料文档列表

序号	文 档 名 称	作者	版本/发行日期	获取途径
1	《某单位某系统需求分析说明书》	王×	V2.1/20××-02-22	开发方提供
2	《某单位某系统用户操作手册》	张×	V3.3/20××-05-20	开发方提供
3	《某单位某系统系统管理手册》	赵×	V4.3/20××-05-20	开发方提供
4	《某单位某系统系统验收测试方案》	李×	V2.3/20××-05-20	乙方作者提供
……	……	……	……	……

5. 术语定义

- 性能测试：是为描述测试对象与性能相关的特征，并对其进行评价而实施和执行的一类测试。它主要通过自动化的测试工具模拟多种正常、峰值以及异常负载条件来对系统的各项性能指标进行测试。

- 负载测试：通过逐步增加系统负载，测试系统性能的变化，并最终确定在满足系统的性能指标情况下，系统所能够承受的最大负载量。简而言之，负载测试是通过逐步加压的方式来确定系统的处理能力，确定系统能够承受的各项阈值。例如，逐步加压，从而得到"响应时间不超过 10 秒""服务器平均 CPU 利用率低于 85%"等指标的阈值。

- 压力测试：通过逐步增加系统负载，测试系统性能的变化，并最终确定在什么负载条件下系统性能处于失效状态，并获得系统能提供的最大服务级别。压力测试是逐步增加负载，使系统某些资源达到饱和甚至失效的测试。

- 配置测试：主要是通过对被测试软件的软、硬件配置的测试，找到系统各项资源的最优分配原则。

- 并发测试：测试多个用户同时访问同一个应用、同一个模块或者数据记录时是否存在死锁或者其他性能问题，几乎所有的性能测试都会涉及一些并发测试。

- 容量测试：测试系统能够处理的最大会话能力，确定系统可处理同时在线的最大用户数，通常和数据库有关。

● 可靠性测试：通过给系统加载一定的业务压力（如 CPU 资源在 70%～90%的使用率）的情况下，运行一段时间，检查系统是否稳定。因为运行时间较长，通常可以测试出系统是否有内存泄露等问题。

● 失败测试：对于有冗余备份和负载均衡的系统，通过这样的测试来检验如果系统局部发生故障，用户是否能够继续使用系统，用户受到多大的影响，如几台机器做均衡负载，测试一台或几台机器垮掉后，系统能够承受的压力。

● 响应时间：响应时间是指系统对请求作出响应的时间。直观上看，这个指标与人对软件性能的主观感受是非常一致的，因为它完整地记录了整个计算机系统处理请求的时间。由于一个系统通常会提供许多功能，而不同功能的处理逻辑也千差万别，因而不同功能的响应时间也不尽相同，甚至同一功能在不同输入数据的情况下响应时间也不相同。所以，在讨论一个系统的响应时间时，人们通常是指该系统所有功能的平均时间或者所有功能的最大响应时间。

● 吞吐量：吞吐量是指系统在单位时间内处理请求的数量。对于无并发的应用系统而言，吞吐量与响应时间成严格的反比关系，实际上此时吞吐量就是响应时间的倒数。前面已经说过，对于单用户的系统，响应时间（或者系统响应时间和应用延迟时间）可以很好地度量系统的性能，但对于并发系统，通常需要用吞吐量作为性能指标。

● 资源利用率：资源利用率反映的是在一段时间内资源平均被占用的情况。对于数量为 1 的资源，资源利用率可以表示为被占用的时间与整段时间的比值；对于数量不为 1 的资源，资源利用率可以表示为在该段时间内平均被占用的资源数与总资源数的比值。

● 并发用户数：并发用户数是指系统可以同时承载的正常使用系统功能的用户的数。

11.6.4 性能测试计划的"测试业务及性能需求"

测试业务场景主要来源于对业务的分析，性能测试挑选的典型的业务场景，这些业务场景包括：

● 系统日常业务量及其不同业务各自占的比例；

● 系统日常峰值业务量及其不同业务各自占的比例；

● 系统特殊日的业务量及其不同业务各自占的比例；

● 系统业务数据增长的情况；

● 系统用户的增长情况等。

举例（见表 11-19）。

表 11-19　　　　　　　　　　　测试业务及性能需求表

业务名称		业务及性能参考指标
系统登录	业务需求	某单位某系统注册用户数为 10000 人，每天应用系统大概有 1000 个用户，要求系统能够支撑用户并发登录，且要求登录系统响应时间不超过 5 秒
	需求分析	预期用户 10000 人，通常我们使用每天应用系统用户数 10%作为并发用户数 1000×10%＝100 人；在 100 虚拟用户登录情况下，登录事务的平均响应时间≤5 秒
	计算公式	并发用户数＝调谐因子×每天使用系统的用户数
	性能指标	（1）系统支持 100 个虚拟用户并发登录 （2）非 SSL 连接方式访问门户时，95%的平均响应时间上限小于 5 秒

11.6.5 性能测试计划的"测试环境"

测试环境的配置直接影响测试结果，性能测试尽可能在生产环境或者与生产环境类似的测试环境进行，如果环境差异较大会失去性能测试的意义。所以在性能测试计划中必须要指出测试环境（网络拓扑图、相关机器的配置等），如图 11-14 和表 11-20 所示。

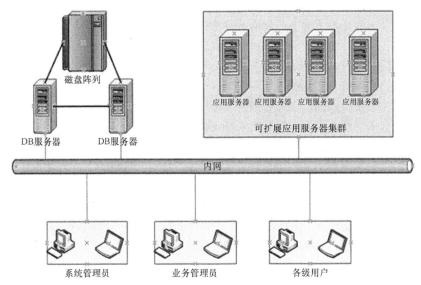

图 11-14　网络拓扑图

表 11-20　　　　　　　　　　　　　软硬件配置列表

服　务　器	CPU	内　　存	硬　　盘	IP	操作系统
应用服务器	双 CPU 3.0GHz	8GB	500GB	192.168.1.112	Linux 5.1
……	……	……	……	……	……

11.6.6　性能测试计划的"测试策略"

性能测试流程如图 11-15 所示。

1．测试阶段

（1）性能测试需求分析阶段。

① 根据用户使用习惯和实际业务的性能需求，生成性能测试需求调查表；

② 根据性能测试需求及系统重要业务调研，选取典型业务；

③ 了解业务模型及业务架构。

（2）性能测试设计阶段。

① 编写性能测试用例；

② 结合性能测试用例录制/修改/完善测试执行脚本；

③ 结合用户应用场景设计性能测试执行场景。

（3）性能测试执行阶段。

① 利用 LoadRunner 性能测试工具中的 Controller 应用，按并发用户数执行场景，并保存测试结果；

② 利用 LoadRunner 性能测试工具监视被测环境下服务器 CPU，内存、磁盘等系统资源的使用情况；

③ 在需要的情况下利用第三方监控工具监控被测试系统的资源情况；

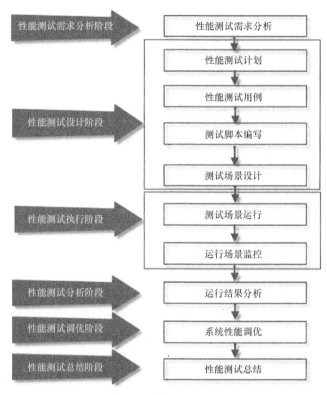

图 11-15　性能测试流程图

④ 对于可靠性测试，长时间执行测试，查看系统是否会出现内存泄露和宕机等情况。

（4）性能测试分析阶段。

① 利用 LoadRunner 性能测试工具中的 Analysis 应用，分析场景执行后的结果；

② 在需要的情况下借助其他辅助工具对系统进行监控，如 Linux 系统的 top 等命令或其他辅助工具，进一步分析系统资源情况。

（5）性能测试调优阶段。

通过与以前的测试结果进行对比分析，从而确定经过调整以后系统的性能是否有提升。在进行性能调整的时候，最好一次只调整一项内容或者一类内容，避免一次调整多项内容而引起性能提高，却不知道是由于调整哪项关键指标而改善性能的。通常，我们是按照由易到难的顺序对系统性能进行调优。

系统调优由易到难的先后顺序如下：

① 硬件问题；

② 网络问题；

③ 应用服务器、数据库等配置问题；

④ 源代码、数据库脚本问题；

⑤ 系统构架问题。

（6）性能测试总结阶段。

根据性能测试执行结果，分析结果是否满足用户需求并生成性能测试报告。

2. 测试启动标准

（1）系统待测版本定版；

（2）测试环境准备完毕，包括：

① 系统安装并调试成功，并经过相应优化，初始数据量满足测试要求；

② 应用软件安装成功，待测试版本已正确部署；

③ 测试客户端机器到位，系统软件安装完毕；

④ 网络配置正确，连接通畅，可以满足压力测试需求。

（3）测试方案审核、批准完毕，项目组签字确认。

3．测试暂停/再启动标准

（1）暂停准则：

① 测试中发现问题，需要对系统进行代码修改、调优或需要更换、调整硬件资源（如 CPU、内存等）；

② 测试环境受到干扰，比如服务器被临时征用，或服务器的其他使用会对测试结果造成干扰。

（2）再启动准则：

① 测试中发现的软、硬件问题得以解决；

② 测试环境恢复正常。

4．测试完成标准

（1）完成测试计划中规定的测试内容和轮次；

（2）已达到性能测试计划完成时间，但因非测试方原因未完成测试场景的执行，客户方决定不再顺延该阶段的测试。

5．性能测试的测试目的、测试准备、测试方法

（1）测试目的。

① 主要目的是检查系统处于压力情况下时应用系统的表现，重点在于系统有无出错信息产生、考察系统应用的响应时间、TPS、资源状况等；

② 针对系统可靠性进行测试，主要检查系统在高负荷压力的情况下是否会出现，如宕机、应用异常终止、资源竞争异常、资源死锁等问题；

③ 通过压力测试，获得系统可能存在的性能瓶颈，发现、定位系统中可能存在的性能缺陷。

（2）测试准备。

① 功能测试已经结束；

② 性能测试环境已经准备完毕；

③ 已将模拟数据提前准备完毕（被测试系统需要的测试数据）；

④ 相关技术支持人员的支持。

（3）测试方法。

① 利用 LoadRunner 性能测试工具中的 Virtual User Generator 应用，录制性能测试执行脚本；

② 对性能测试脚本进行修改、调试、完善并保存测试脚本；

③ 利用 LoadRunner 性能测试工具中的 Controller 应用，按性能测试用例执行设计的场景并保存场景；

④ 利用被测服务器自带监控工具和 LoadRunner 监控被测环境下服务器 CPU、网络流量等系统资源的使用情况；

⑤ 利用 LoadRunner 性能测试工具中的 Analysis 应用，分析场景执行后的结果。

（4）测试分析范围

针对"2 测试业务及性能需求"的内容，对系统响应时间、系统业务处理容量（TPS）、被测试环境下服务器资源使用情况（如 CPU、内存、磁盘等）进行监控。

11.6.7 性能测试计划的"命名规范"

表 11-21 中内容是本次性能测试中的命名规则及规范，性能测试实施严格按照该规范执行。

表 11-21　　　　　　　　　　　　　　性能测试命名规范表

脚本命名规范		
脚 本 名 称	**脚 本 命 名**	**功 能 描 述**
登录首页脚本	JB_01_DLSY	登录首页是进入系统的入口，需要考察登录系统的响应时间情况
新闻下载脚本	JB_02_XWXZ	新闻下载是经常会被用到的功能之一，它主要考察用户成功登录到系统后，检索到指定的新闻，而后对该新闻内容进行下载的响应时间
……	……	……

脚本的命名规范。

（1）脚本的描述信息主要包括 3 方面内容，即脚本名称、脚本命名和脚本功能描述。

（2）脚本名称：精简概括脚本的名称。

（3）脚本命名：脚本命名由 3 部分内容构成，即脚本(JIAOBEN)拼音的首字母 JB、脚本编号和脚本精简概括名称拼音的首字母，加上中间的下画线分隔符，脚本编号可以方便您了解共编写了多少脚本，也便于排序，当然如果有需要也可以加入模块名称部分。

（4）功能描述：主要描述该功能的使用频度，功能简介和需要关注的性能指标内容。

需要说明的是，脚本的命名只是结合我做项目时的一个简单的脚本命名，目的是方便对脚本的管理。您在实际做项目的时候，需要结合您自身的喜好和单位、项目组的实际要求和情况进行命名规则的变更，总之一句话适合自身项目要求，方便管理即可。

场景命名规范		
场 景 名 称	**场 景 命 名**	**场 景 描 述**
登录首页场景 01	CJ_01_XN_DLSY_30Vu_5Min	该场景为性能测试场景，30 个虚拟用户梯度加载每 15 秒加载 5 个虚拟用户，场景持续运行 5 分钟，主要考察的性能指标包括登录业务响应时间、登录业务每秒事务数及相应服务器 CPU、内存利用率等
登录首页场景 02	CJ_02_BF_DLSY_50Vu_5Min	该场景为并发性能测试场景，50 个虚拟用户并发登录系统（采用集合点策略第一项），场景持续运行 5 分钟，主要考察的性能指标包括登录业务并发处理能力、登录业务响应时间、登录业务每秒事务数及相应服务器 CPU、内存利用率等
……	……	……

场景的命名规范。

（1）场景的描述信息主要包括 3 方面内容，即场景名称、场景命名和场景描述。

（2）场景名称：精简概括场景的名称，因场景的内容过多所以通常这里我们以功能+"场景"+"场景序号"来作为场景名称。

（3）场景命名：场景命名由 6 部分内容构成，即场景(CHANGJING)拼音的首字母 CJ、场景编号、性能测试类型拼音简写前 2 个拼音首字母（如：性能测试（XN）、负载测试（FZ）、压力测试（YL）、容量测试（RL）、并发测试（BF）、失败测试（SB）、可靠性测试（KK）、配置测试（PZ）。场景精简概括名称拼音的首字母，运行的虚拟用户数量+"Vu"+运行时间长度和"时间单位"，在这里主要包括分钟（min）和小时（hour）。

（4）场景描述：主要描述该场景的相关业务组合、运行的虚拟用户数量和运行时间、用户加载和释放模式和需要关注的性能指标等方面内容。

需要说明的是，场景的命名只是结合我做项目时的一个简单的场景命名，目的是方便对场景的管理。您在实际做项目的时候，需要结合您自身的喜好和单位、项目组的实际要求和情况进行命名规则的变更，总之一句话适合自身项目要求，方便管理即可。

续表

结果命名规范		
结 果 名 称	结 果 命 名	结 果 描 述
登录首页场景01结果_01	JG_CJ_01_XN_DLSY_30Vu_10Min_01	该结果为性能测试场景 01 的第 1 次结果信息，30 个虚拟用户梯度加载每 15 秒加载 5 个虚拟用户，场景持续运行 10 分钟，主要考察的性能指标包括登录业务响应时间、登录业务每秒事务数及 192.168.3.110 应用服务器和 192.168.3.112 数据服务器的相关 CPU、内存利用率等指标信息
登录首页场景01结果_02	JG_CJ_01_XN_DLSY_30Vu_10Min_02	该结果为性能测试场景 01 的第 2 次结果信息，30 个虚拟用户梯度加载每 15 秒加载 5 个虚拟用户，场景持续运行 10 分钟，主要考察的性能指标包括登录业务响应时间、登录业务每秒事务数及 192.168.3.110 应用服务器和 192.168.3.112 数据服务器的相关 CPU、内存利用率等指标信息
……	……	……

结果的命名规范如下。

（1）结果的描述信息主要包括 3 方面内容，即结果名称、结果命名和结果描述。

（2）结果名称：结果名称主要是针对场景而得来，采用场景名称＋"结果"＋该场景执行次数。

（3）结果命名：场景命名由 3 大部分内容构成，即结果（JIEGUO）拼音的首字母 JG、对应执行的场景命名和该场景执行的次数信息，关于场景命名请参见相应部分，这里不再赘述，命名时在需要的情况下，您还可以结合自身需要添加执行时间等信息。

（4）结果描述：主要描述结果信息是针对的场景及监控的对应服务器相关信息，当然您在监控相应服务器性能指标时，可能不限于仅用 LoadRunner，很有可能应用到了 NMON、系统自带的命令，如 top 命令或者其他第三方商业工具，那么您也需要将对应的结果信息进行命名，需要明确相关监控结果是针对哪个服务器，第几次执行得到的等相关信息，需要指出的是在执行监控时必须要时间同步，关于这些命名请读者朋友自行思考，这里不再赘述。

需要说明的是结果的存放要集中，必须保证同场景的结果放到该场景的结果信息目录下，不要将所有的结果信息混杂存放，通常在定位问题和调优时场景要被多次执行。结果的命名只是结合我做项目时的一个简单的结果命名，目的是方便对结果的管理。您在实际做项目的时候，需要结合您自身的喜好和单位、项目组的实际要求和情况进行命名规则的变更，总之一句话适合自身项目要求，方便管理即可。

11.6.8 性能测试计划的"用例设计"

用例设计如表 11-22 和表 11-23 所示。

表 11-22　　　　　　　　　　　　　"登录首页"用例设计

登 录 首 页			
脚本名称	S_01_DLSY（登录首页脚本）	程序版本	Ver:9.02
用例编号	P-DLSY-01（P：Performance，DLSY：登录首页）	模块	登录
测试目的	（1）测试"登录首页"典型业务的并发能力及并发情况下的系统响应时间 （2）某单位某系统登录业务处理的 TPS （3）并发压力情况下服务器的资源使用情况，如 CPU、MEM、I/O		
特殊说明	性能指标参考标准： （1）非 SSL 连接方式访问门户时，95%的平均响应时间上限小于 5 秒 （2）系统日页面访问总量 2500～100000 次，根据 80/20 原则并按照最大访问量计算，TPS 不小于 14 笔/秒		
前提条件	应用程序已经部署，同时登录系统的用户名及密码、相应栏目数据已经提供		

续表

步 骤	操 作	是否设置并发点	是否设定事务	事务名称	说 明
1	在 IE 浏览器输入 URL 并打开某单位某系统				
2	输入用户名及密码，单击"登录"按钮		是	登录首页	
3	登录首页面打开				
4	用户登出				
编制人员	孙悟空	编制日期		20××-07-13	

表 11-23   "新闻下载"用例设计

新 闻 下 载					
脚本名称	S_02_XWXZ（新闻下载脚本）		程序版本	Ver:9.02	
用例编号	P-XWXZ-02（P：Performance，XWXZ：新闻下载）		模块	新闻	
测试目的	（1）测试"新闻下载"典型业务的并发能力及并发情况下的系统响应时间 （2）某单位某系统登录后，单击"新闻→新闻检索→输入新闻主题或内容进行查询→下载新闻附件"菜单项，考察新闻检索及新闻附件下载业务处理的能力 （3）并发压力情况下服务器的资源使用情况，如 CPU、MEM、I/O				
特殊说明	性能指标参考标准： （1）支持多用户对同一新闻进行访问 （2）多用户可以同时下载同一新闻附件内容 （3）系统期望能够支持 50 同时下载新闻附件				
前提条件	应用程序已经部署，同时登录系统的用户名及密码、相应栏目数据已经提供				
步 骤	操 作	是否设置并发点	是否设定事务	事务名称	说明
1	在 IE 浏览器输入 URL 并打开某单位某系统				
2	输入用户名及密码，单击"登录"		是	登录系统	
3	系统首页面单击"新闻→新闻检索"菜单选项				
4	输入新闻内容，单击"检索"按钮				
5	单击该新闻链接				
6	浏览该新闻并下载该新闻附件			文件下载	
7	用户登出				
编制人员	孙悟空	编制日期		20××-07-13	

11.6.9 性能测试计划的"场景设计"

根据测试范围及内容，设计执行场景。在场景设计中，按照一定的梯度进行递增，但"执行次数"以及"用户数"要根据"某单位某系统"的性能表现来调整，并不是一个固定不变的值。例如，场景设计中计划执行用户数为 100，但当用户数为 50 时已经到达性能拐点，则不再进行更多用户的测试。另外，在性能拐点下的场景均执行一次，在性能拐点附近测试场景将至少执行 3 次，如表 11-24 和表 11-25 所示。

表 11-24   "登录首页"性能场景列表

序号	场景名称	用户总数	执行时间	用户递增策略	
				递增数量	递增间隔
1	CJ_01_XN_DLSY_30Vu_5Min	30	5 分钟	5	15 秒
2	CJ_02_XN_DLSY_50 Vu_5Min	50	5 分钟	5	15 秒
3	CJ_03_XN_DLSY_10 Vu_10Min	10	10 分钟	5	15 秒
4	CJ_04_XN_DLSY_20 Vu_10Min	20	10 分钟	5	15 秒
5	CJ_05_XN_DLSY_40 Vu_10Min	40	10 分钟	5	15 秒
6	CJ_06_FZ_DLSY_80 Vu_10Min	80	10 分钟	5	15 秒
7	CJ_07_FZ_DLSY_100Vu_10Min	100	10 分钟	5	15 秒
8	……	……	……	……	……

注：如果到达某梯度系统性能严重下降甚至失效，则后续梯度无需执行。

表 11-25   "新闻下载"性能场景列表

序号	场景名称	用户总数	执行时间	用户递增策略	
				递增数量	递增间隔
1	CJ_01_XN_XWXZ_30 Vu_5Min	30	5 分钟	5	5 秒
2	CJ_02_XN_XWXZ_50 Vu_5Min	50	5 分钟	5	5 秒
3	CJ_03_XN_XWXZ_10 Vu_5Min	10	5 分钟	5	5 秒
4	CJ_04_XN_XWXZ_20 Vu_10Min	20	10 分钟	5	5 秒
5	CJ_05_XN_XWXZ_40 Vu_10Min	40	10 分钟	5	5 秒
6	CJ_06_FZ_XWXZ_80 Vu_10Min	80	10 分钟	5	5 秒
7	CJ_07_FZ_XWXZ_100 Vu_10Min	100	10 分钟	5	5 秒
8	……	……	……	……	……

注：如果到达某梯度系统性能严重下降甚至失效，则后续梯度无需执行。

11.6.10 性能测试计划的"测试数据准备"

开发方应配合提供如下测试数据，如表 11-26 所示。

表 11-26   测试准备数据表

模块	需要数据	数量	备注
登录	登录用户名及密码	1000	应结合目前系统的用户和未来预期的用户数量
……	……	……	……

11.6.11 性能测试计划的"计划安排"

性能测试计划如表 11-27 所示。

表 11-27   性能测试计划表

性能测试	任务	执行时间
测试需求阶段	分析性能测试需求	20××.7.9 至 20××.7.10
测试计划阶段	编写性能测试计划	20××.7.13 至 20××.7.16

性 能 测 试	任 务	执 行 时 间
测试设计阶段	设计性能测试用例	20××.7.13 至 20××.7.16
	制订测试执行计划	20××.7.16 至 20××.7.16
	编写性能测试脚本	20××.7.13 至 20××.7.16
	准备/收集性能测试数据	20××.7.13 至 20××.7.16
	设计性能测试场景	20××.7.15 至 20××.7.16
第一轮测试执行阶段	执行性能测试场景	20××.7.20 至 20××.7.23
第一轮性能测试分析	分析性能测试结果	20××.7.24 至 20××.7.28
第一轮性能测试调优	针对瓶颈进行调优	20××.7.29 至 20××.7.29
第二轮测试执行阶段	执行性能测试场景	20××.7.30 至 20××.7.31
第二轮性能测试分析	分析性能测试结果	20××.8.3 至 20××.8.4
第二轮性能测试调优	针对瓶颈进行调优	20××.8.5 至 20××.8.11
测试总结阶段	总结测试，编写文档，项目验收	20××.8.12 至 20××.8.14

注：性能测试的执行阶段、分析、调优过程会根据实际性能测试执行结果进行适当调整。

11.6.12 性能测试计划的"局限条件"

（1）本次性能测试的结果依据目前被测系统的软/硬件环境；
（2）本次性能测试的结果依据目前被测系统的网络环境；
（3）本次性能测试的结果依据目前被测系统的测试数据量；
（4）本次性能测试的结果依据目前被测系统的系统架构设计。

11.6.13 性能测试计划的"风险评估"

风险评估如表 11-28 所示。

表 11-28 风险评估表

序号	风 险 内 容	风险度	风险规避措施
1	性能测试环境在生产环境	中	（1）建议生产环境做好应用版本备份 （2）做好数据库数据备份
2	数据准备不充分风险	小	（1）测试人员及时通知测试需要准备的数据内容 （2）加强沟通、交流，为研发人员制作出符合要求的数据做好准备

11.6.14 性能测试计划的"交付产品"

（1）《某单位某系统验收测试性能测试方案》；
（2）《某单位某系统验收测试性能测试报告》；
（3）提供系统性能测试脚本及其性能测试结果。
注：以上工作产品均以电子文档形式交付。

11.7 验收测试实施过程

鉴于本书重点关注性能测试相关内容，所以对功能和文档测试计划内容不作进一步详细编写内容介绍，请关心这部分内容的读者朋友，自行阅读相关书籍或资料内容。

性能测试计划编写完成后，就需要开始落实性能测试计划的相关阶段工作内容。接下来的一项重要工作内容就是性能测试脚本的设计、性能测试场景的设计和测试数据的准备等工作，下面将重点介绍这 3 部分工作内容。

11.7.1　性能测试脚本设计

性能测试脚本的录制、修改完善是性能测试设计阶段的重要内容，只有性能测试脚本完成了，才能进行场景的设计和执行工作，所以说性能测试脚本的设计是性能测试执行阶段性工作的重要过程，性能测试人员必须高度重视。

结合该项目这里我们重点给出了登录首页和新闻下载两个脚本。

S_01_DLSY（登录首页脚本）：

```
#include "web_api.h"

Action()
{
  web_url("www.xyz.com", "URL=http://www.xyz.com/",
    "Resource=0", "RecContentType=text/html", "Referer=", "Snapshot=t9.inf",
    "Mode=HTML", EXTRARES,
    "URL=/mis/themes/html/home/images/topNav/menu_selected.gif",
    ENDITEM, LAST);

  lr_start_transaction("登录首页");

  web_reg_find("Text=欢迎", LAST);

  web_submit_form(
    "pkmslogin.form", "Snapshot=t3.inf", ITEMDATA,
    "Name=username", "Value={username}", ENDITEM,
    "Name=password",    "Value={password}", ENDITEM,
    "Name=btnLogin.x", "Value=27", ENDITEM,
    "Name=btnLogin.y", "Value=8", ENDITEM,
    EXTRARES,
    "URL=/home/mis/themes/jojo/p/it/themes/it.css",
    "Referer=http://www.xyz.com/home/mis/myhome", ENDITEM,
    "URL=/home/mis/themes/jojo/p/it/themes/tundra/layout/TabContainer.css",
    "Referer=http://www.xyz.com/home/mis/myhome", ENDITEM,
    "URL=/home/mis/themes/jojo/p/it/themes/tundra/layout/AccordionContainer.css",
    "Referer=http://www.xyz.com/home/mis/myhome", ENDITEM,
    "URL=/home/mis/themes/jojo/p/it/themes/tundra/Common.css",
    "Referer=http://www.xyz.com/home/mis/myhome", ENDITEM,
    "URL=/home/mis/themes/jojo/p/it/themes/tundra/form/Checkbox.css",
    "Referer=http://www.xyz.com/home/mis/myhome", ENDITEM,
    "URL=/home/mis/themes/jojo/p/it/themes/tundra/form/Button.css",
    "Referer=http://www.xyz.com/home/mis/myhome", ENDITEM,
    "URL=/home/mis/themes/jojo/p/it/themes/tundra/layout/BorderContainer.css",
    "Referer=http://www.xyz.com/home/mis/myhome", ENDITEM,
    "URL=/home/mis/themes/jojo/p/it/themes/tundra/form/TextArea.css",
    "Referer=http://www.xyz.com/home/mis/myhome", ENDITEM,
    "URL=/home/mis/themes/jojo/p/it/themes/tundra/form/Slider.css",
    "Referer=http://www.xyz.com/home/mis/myhome", ENDITEM,
    "URL=/home/mis/themes/jojo/p/it/themes/tundra/Tree.css",
```

```
            "Referer=http://www.xyz.com/home/mis/myhome", ENDITEM,
            "URL=/home/mis/themes/jojo/p/it/themes/tundra/ProgressBar.css",
            "Referer=http://www.xyz.com/home/mis/myhome", ENDITEM,
            "URL=/home/mis/themes/jojo/p/it/themes/tundra/form/RadioButton.css",
            "Referer=http://www.xyz.com/home/mis/myhome", ENDITEM,
            "URL=/home/mis/themes/jojo/p/it/themes/tundra/Toolbar.css",
            "Referer=http://www.xyz.com/home/mis/myhome", ENDITEM,
            "URL=/home/mis/themes/jojo/p/it/themes/tundra/Editor.css",
            "Referer=http://www.xyz.com/home/mis/myhome", ENDITEM,
            "URL=/home/mis/themes/jojo/p/it/themes/tundra/Calendar.css",
            "Referer=http://www.xyz.com/home/mis/myhome", ENDITEM,
            "URL=/home/mis/themes/jojo/p/it/themes/tundra/ColorPalette.css",
            "Referer=http://www.xyz.com/home/mis/myhome", ENDITEM,
            "URL=/home/mis/themes/jojo/p/it/themes/tundra/layout/SplitContainer.css",
            "Referer=http://www.xyz.com/home/mis/myhome", ENDITEM,
            "URL=/home/mis/themes/jojo/p/it/themes/tundra/TitlePane.css",
            "Referer=http://www.xyz.com/home/mis/myhome", ENDITEM,
            "URL=/home/mis/themes/jojo/p/it/themes/tundra/form/Common.css",
            "Referer=http://www.xyz.com/home/mis/myhome", ENDITEM,
            "URL=/home/mis/themes/jojo/p/it/themes/tundra/Dialog.css",
            "Referer=http://www.xyz.com/home/mis/myhome", ENDITEM,
            "URL=/home/mis/themes/jojo/p/it/themes/tundra/Menu.css",
            "Referer=http://www.xyz.com/home/mis/myhome", ENDITEM,
            "URL=/mis/themes/jojo/p/jojo/nls/jojo_zh.js",
            "Referer=http://www.xyz.com/home/mis/myhome", ENDITEM,
            "URL=/mis/themes/jojo/p/it/nls/it_zh.js",
            "Referer=http://www.xyz.com/home/mis/myhome", ENDITEM,
            "URL=/home/mis/themes/html/home/images/nav.gif",
            "Referer=http://www.xyz.com/home/mis/myhome", ENDITEM,
            "URL=/home/mis/themes/html/home/images/nav9.gif",
            "Referer=http://www.xyz.com/home/mis/myhome", ENDITEM,
            "URL=/mis/themes/html/home/images/index_08.gif",
            "Referer=http://www.xyz.com/home/mis/myhome", ENDITEM,
            "URL=/mis/themes/html/home/images/about.gif",
            "Referer=http://www.xyz.com/home/mis/myhome", ENDITEM,
            "URL=/home/mis/skins/html/lefttop/bj.gif",
            "Referer=http://www.xyz.com/home/mis/myhome", ENDITEM,
            "URL=/mis/skins/html/lefttop/nrbj.gif",
            "Referer=http://www.xyz.com/home/mis/myhome", ENDITEM,
            "URL=/home/mis/skins/html/leftbottom/bj.gif",
            "Referer=http://www.xyz.com/home/mis/myhome", ENDITEM,
            "URL=/home/mis/wcm/myconnect/cf193788e98d443d6d6431/hui.gif?MOD=ES",
            "Referer=http://www.xyz.com/home/mis/myhome", ENDITEM,
            "URL=/home/mis/skins/html/middle/bj.gif",
            "Referer=http://www.xyz.com/home/mis/myhome", ENDITEM, LAST);

        lr_end_transaction("登录首页", LR_AUTO);

    web_url( "xafd","URL=http://www.xyz.com/mis/myhome/!ut/p/04_SBsdfffdsSAsfsdf8K8xbw!!/",
"Resource=0", "RecContentType=text/html", "Referer=http://www.xyz.com/home/mis/myhome", "Snapshot=
t4.inf", "Mode=HTML", EXTRARES,
    "URL=/home/mis/themes/jojo/p/it/themes/it.css", "Referer=http://www.xyz.com/home/mis/
p/!ut/p/sdfPkEVFALCPfddfDA/", ENDITEM, "URL=/home/mis/themes/jojo/p/it/themes/tundra/ layout/
TabContainer.css", "Referer=http://www.xyz.com/home/mis/p/!ut/p/_SEv2CdEVFALCPJr8!/", ENDITEM,
"URL=/home/mis/themes/jojo/p/it/themes/tundra/layout/AccordionContainer.css", "Referer=http:
//www.xyz.com/home/mis/p/!ut/p/_SEv2CdEVFALCPJr8!/", ENDITEM, "URL=/home/mis/themes/jojo/p/
it/themes/tundra/layout/SplitContainer.css", "Referer=http://www.xyz.com/home/mis/p/!ut/p/
```

```
_SEv2CdEVFALCPJr8!/", ENDITEM, "URL=/home/mis/themes/jojo/p/it/themes/tundra/Common.css",
"Referer=http://www.xyz.com/home/mis/p/!ut/p/_SEv2CdEVFALCPJr8!/", ENDITEM, "URL=/home/mis/
themes/jojo/p/it/themes/tundra/form/Checkbox.css", "Referer=http://www.xyz.com/home/mis/p/!ut/
p/_SEv2CdEVFALCPJr8!/", ENDITEM, "URL=/home/mis/themes/jojo/p/it/themes/tundra/form/Button.css",
"Referer=http://www.xyz.com/home/mis/p/!ut/p/_SEv2CdEVFALCPJr8!/", ENDITEM, "URL=/home/mis/
themes/jojo/p/it/themes/tundra/form/Slider.css", "Referer=http://www.xyz.com/home/mis/p/!ut/
p/SEv2CrdEVFALCPJr8!/", ENDITEM, "URL=/home/mis/themes/jojo/p/it/themes/tundra/ProgressBar.css",
"Referer=http://www.xyz.com/home/mis/p/!ut/p/SEv2CdEVFALCPJr8!/", ENDITEM, "URL=/home/mis/themes/
jojo/p/it/themes/tundra/form/RadioButton.css", "Referer=http://www.xyz.com/home/mis/p/!ut/p/
SEv2CdrEVFALCPJr8!/", ENDITEM, "URL=/home/mis/themes/jojo/p/it/themes/tundra/Tree.css", "Referer=
http://www.xyz.com/home/mis/p/!ut/p/P_SEv2CdEVFAuPJr8!/", ENDITEM, "URL=/home/mis/themes/jojo/p/it/
themes/tundra/TitlePane.css", "Referer=http://www.xyz.com/home/mis/p/!ut/p/rerefdB8K8xLLLCPJr8!/",
ENDITEM, "URL=/home/mis/themes/jojo/p/it/themes/tundra/Calendar.css", "Referer=http://www.xyz.com/
home/mis/p/!ut/p/rSEv2CdEVFALCPJr8!/", ENDITEM, "URL=/home/mis/themes/jojo/p/it/themes/tundra/
Dialog.css", "Referer=http://www.xyz.com/home/mis/p/!ut/p/rSEv2CdEVFALCPJr8!/", ENDITEM, "URL=
/home/mis/themes/jojo/p/it/themes/tundra/Menu.css", "Referer=http://www.xyz.com/home/mis/p/!ut/
p/gSEv2CdEVFALCPJr8!/", ENDITEM, "URL=/home/mis/themes/jojo/p/it/themes/tundra/Toolbar.css",
"Referer=http://www.xyz.com/home/mis/p/!ut/p/_SEv2CdEVFALCPJr8!/", ENDITEM, "URL=/home/mis/
themes/jojo/p/it/themes/tundra/ColorPalette.css", "Referer=http://www.xyz.com/home/mis/p/!ut/
p/_SEv2CdEVFALCPJr8!/", ENDITEM, "URL=/home/mis/themes/jojo/p/it/themes/tundra/Editor.css",
"Referer=http://www.xyz.com/home/mis/p/!ut/p/343SSxB9v2CdLCPJr8!/", ENDITEM, "URL=/home/mis/
themes/jojo/p/it/themes/tundra/form/TextArea.css", "Referer=http://www.xyz.com/home/mis/p/!ut/
p/P_SEv2CdVFALCPJr8!/", ENDITEM, "URL=/home/mis/themes/jojo/p/it/themes/tundra/form/Common.css",
"Referer=http://www.xyz.com/home/mis/p/!ut/p/iP_SEv2CEVFALCPJr8!/", ENDITEM, "URL=/home/mis/
themes/jojo/p/it/themes/tundra/layout/BorderContainer.css", "Referer=http://www.xyz.com/home
/mis/p/!ut/p/FP_SEv2CdEVFLCPJr!/", ENDITEM, "URL=/mis/themes/jojo/p/jojo/nls/jojo_zh.js",
"Referer=http://www.xyz.com/home/mis/p/!ut/p/FP_SEv2CdEFALCPJr8!/", ENDITEM, "URL=/mis/themes/
jojo/p/it/nls/it_zh.js", "Referer=http://www.xyz.com/home/mis/p/!ut/p/ _89PP_SEv2CdEVFALCPJr8!
/", ENDITEM, "URL=/home/mis/themes/html/p/colors/default/body_background.gif", "Referer=http:
//www.xyz.com/home/mis/p/!ut/p/Ev2CdEVFALCPJr8!/", ENDITEM, "URL=/mis/themes/html/p/colors
/default/launch_loading.gif", "Referer=http://www.xyz.com/home/mis/p/!ut/p/ FP_SEvsdfffCPJr8!/",
ENDITEM, "URL=/home/mis/themes/html/p/colors/default/page.png", "Referer=http://www.xyz.com/
home/mis/p/!ut/p/v2CdEVFALCfdssdss", ENDITEM, "URL=/home/mis/themes/html/p/colors/default/
id.png", "Referer=http://www.xyz.com/home/mis/p/!ut/p/8xBz9QJ_89LCPJr8!/", ENDITEM, "URL=
/mis/themes/jojo/p/jojo/resources/blanks.gif", "Referer=http://www.xyz.com/home/mis/p/!ut/p
/VFALCPJr8!/", ENDITEM, LAST);

    lr_start_transaction("退出首页");

    web_url("pkmslogout", "URL=http://www.xyz.com/pkmslogout",
        "Resource=0", "RecContentType=text/html", "Referer-", "Snapshot-t5.inf",
        "Mode=HTML", LAST);

    web_url("myhome_2", "URL=http://www.xyz.com/home/mis/myhome",
        "Resource=0", "RecContentType=text/html", "Referer=", "Snapshot=t6.inf",
        "Mode=HTML", EXTRARES, "URL=themes/html/home/images/ell3.jpg",
        ENDITEM, LAST);
    lr_end_transaction("退出首页", LR_AUTO);

    return 0;
}
```

S_02_XWXZ（新闻下载脚本）：

```
#include "web_api.h"

typedef long time_t;
```

```
Action()
{
    int iflen;
    long lfbody;
    int id, scid;
    char *vuser_group;
    char filename[64], file_index[32];
    time_t t;

  web_url("www.xyz.com", "URL=http://www.xyz.com/",
    "Resource=0", "RecContentType=text/html", "Referer=", "Snapshot=t9.inf",
    "Mode=HTML", EXTRARES,
    "URL=/mis/themes/html/home/images/topNav/menu_selected.gif",
    ENDITEM, LAST);

  lr_start_transaction("登录首页");

  web_reg_find("Text=欢迎", LAST);

  web_submit_form(
    "pkmslogin.form", "Snapshot=t3.inf", ITEMDATA,
    "Name=username", "Value={username}", ENDITEM,
    "Name=password",     "Value=passw0rd", ENDITEM,
    "Name=btnLogin.x", "Value=27", ENDITEM,
    "Name=btnLogin.y", "Value=8", ENDITEM,
   LAST);

  lr_end_transaction("登录首页", LR_AUTO);

web_url( "xafd","URL=http://www.xyz.com/mis/myhome/!ut/p/04_SBsdfffdsSAsfsdf8K8xbw!!/
", "Resource=0", "RecContentType=text/html",
"Referer=http://www.xyz.com/home/mis/myhome",
"Snapshot=t4.inf", "Mode=HTML",
 EXTRARES, LAST);

  web_submit_form(
    "pkms.xwcx", "Snapshot=t4.inf", ITEMDATA,
    "Name=xwnr", "Value=", ENDITEM,
    "Name=qsrq",     "Value=", ENDITEM,
    "Name=zzrq",     "Value=", ENDITEM,
    "Name=btnLogin.x", "Value=142", ENDITEM,
    "Name=btnLogin.y", "Value=58", ENDITEM,
   LAST);

    lr_whoami(&id, &vuser_group, &scid);
    itoa(id, file_index, 10);
    sprintf(filename, "d:\\DownloadFiles\\新闻_%s_%ld.pdf", file_index,time(&t));

    lr_rendezvous("新闻下载");

    lr_start_transaction("新闻下载");

  web_url("新闻",
      "URL=http://www.xyz.com/home/mis/wRzU!/?CONTEXT=/rcf/1006",
      "TargetFrame=_blank",
      "Resource=0",
```

```
                    "RecContentType=text/html",
                    "Referer=http://www.xyz.com/home/oa",
                    "Snapshot=t7.inf",
                    "Mode=HTML",
                    EXTRARES,
                    "Url=/mis/themes/tundra/Common.css", "Referer=http://www.xyz.com/home/mis/zU!
/?CONTEXT=/rcf/1006", ENDITEM,
                    "Url=/mis/themes/dijit.css", "Referer=http://www.xyz.com/home/mis/EwRzU!/?CONTEXT=
/rcf/1006", ENDITEM,
                    "Url=/mis/themes/tundra/layout/AccordionContainer.css", "Referer=http://www.xyz.
com/home/mis/EwRzU!/?CONTEXT=/rcf/1006", ENDITEM,
                    "Url=/mis/themes/tundra/layout/TabContainer.css", "Referer=http://www.xyz.com/
home/mis/EwRzU!/?CONTEXT=/rcf/1006", ENDITEM,
                    "Url=/mis/themes/tundra/layout/BorderContainer.css", "Referer=http://www.xyz.com/
home/mis/EwRzU!/?CONTEXT=/rcf/1006", ENDITEM,
                    "Url=/mis/themes/tundra/form/Common.css", "Referer=http://www.xyz.com/home/mis/
EwRzU!/?CONTEXT=/rcf/1006", ENDITEM,
                    "Url=/mis/themes/tundra/form/Button.css", "Referer=http://www.xyz.com/home/mis/
EwRzU!/?CONTEXT=/rcf/1006", ENDITEM,
                    "Url=/mis/themes/tundra/form/Checkbox.css", "Referer=http://www.xyz.com/home/mis/
DEwRzU!/?CONTEXT=/rcf/1006", ENDITEM,
                    "Url=/mis/themes/tundra/form/TextArea.css", "Referer=http://www.xyz.com/home/mis/
EwRzU!/?CONTEXT=/rcf/1006", ENDITEM,
                    "Url=/mis/themes/tundra/layout/SplitContainer.css", "Referer=http://www.xyz.com
/home/mis/DEwRzU!/?CONTEXT=/rcf/1006", ENDITEM,
                    "Url=/mis/themes/tundra/form/Slider.css", "Referer=http://www.xyz.com/home/mis/
EwRzU!/?CONTEXT=/rcf/1006", ENDITEM,
                    "Url=/mis/themes/tundra/Tree.css", "Referer=http://www.xyz.com/home/mis/EwRzU!/
?CONTEXT=/rcf/1006", ENDITEM,
                    "Url=/mis/themes/tundra/ProgressBar.css", "Referer=http://www.xyz.com/home/mis/
DEwRzU!/?CONTEXT=/rcf/1006", ENDITEM,
                    "Url=/mis/themes/tundra/form/RadioButton.css", "Referer=http://www.xyz.com/home
/mis/DEwRzU!/?CONTEXT=/rcf/1006", ENDITEM,
                    "Url=/mis/themes/tundra/TitlePane.css", "Referer=http://www.xyz.com/home/mis
/DEwRzU!/?CONTEXT=/rcf/1006", ENDITEM,
                    "Url=/mis/themes/tundra/Toolbar.css", "Referer=http://www.xyz.com/home/mis/EwRzU!
/?CONTEXT=/rcf/1006", ENDITEM,
                    "Url=/mis/themes/tundra/Calendar.css", "Referer=http://www.xyz.com/home/mis/DEwRzU!
/?CONTEXT=/rcf/1006", ENDITEM,
                    "Url=/mis/themes/tundra/Menu.css", "Referer=http://www.xyz.com/home/mis/EwRzU!
/?CONTEXT=/rcf/1006", ENDITEM,
                    "Url=/mis/themes/tundra/Editor.css", "Referer=http://www.xyz.com/home/mis/DEwRzU!
/?CONTEXT=/rcf/1006", ENDITEM,
                    "Url=/mis/themes/tundra/ColorPalette.css", "Referer=http://www.xyz.com/home/mis
/DEwRzU!/?CONTEXT=/rcf/1006", ENDITEM,
                    "Url=/mis/themes/tundra/Dialog.css", "Referer=http://www.xyz.com/home/mis/EwRzU!
/?CONTEXT=/rcf/1006", ENDITEM,
                    "Url=/nls/dojo_zh.js", "Referer=http://www.xyz.com/home/mis/DEwRzU!/?CONTEXT=
/rcf/1006", ENDITEM,
                    LAST);

            web_set_max_html_param_len("100000");

            web_reg_save_param("fcontent", "LB=", "RB=", "SEARCH=BODY", LAST);
            web_url("下载",
                    "URL=http://www.xyz.com/home/mis/ %86%E6%9E%90.pdf?MOD=AJPERES",
```

```
          "Resource=0",
          "RecContentType=text/html",
     "Referer=http://www.xyz.com/home/mis/1NjI/?CONTEXT=/rcf/1006",
          "Snapshot=t8.inf",
          "Mode=HTML",
          LAST);
    iflen = web_get_int_property(HTTP_INFO_DOWNLOAD_SIZE);
    if(iflen > 0)
    {
        if((lfbody = fopen(filename, "wb")) == NULL)
        {
          lr_output_message("文件操作失败!");
          return -1;
        }
        fwrite(lr_eval_string("{fcontent}"), iflen, 1, lfbody);
        fclose(lfbody);
    }

    lr_end_transaction("新闻下载", LR_AUTO);

lr_start_transaction("退出首页");

web_url("pkmslogout", "URL=http://www.xyz.com/pkmslogout",
  "Resource=0", "RecContentType=text/html", "Referer=", "Snapshot=t9.inf",
  "Mode=HTML", LAST);

web_url("myhome_2", "URL=http://www.xyz.com/home/mis/myhome",
  "Resource=0", "RecContentType=text/html", "Referer=", "Snapshot=t10.inf",
  "Mode=HTML", EXTRARES, "URL=themes/html/home/images/xadce.jpg",
  ENDITEM, LAST);
lr_end_transaction("退出首页", LR_AUTO);

    return 0;
}
```

11.7.2 性能测试脚本数据准备

性能测试过程中会涉及许多测试数据，这些测试数据的准备对性能测试的影响也会很大，您在做性能测试计划、用例设计和测试环境部署时应为测试数据准备预留出相应的时间，在环境部署时要将基础数据导入到数据库中，使性能测试的执行和设计统一，在执行性能场景时也要根据您数据库的设计和用例场景的设计，保证有充足的数据，避免由于数据库或场景执行参数化的设置引起的性能测试执行中断等情况发生。

当您在准备性能测试数据时，有时可能会出现测试人员无法获知数据库表结构等情况，这时您需要和研发同志或专职的 DBA 进行协商相关数据的准备由他们准备并确定数据的交付时间，当然为了保证您需要的数据准时能够拿到，您需要跟进相关过程的监控以及阶段成果物的提交。

通常数据的准备涉及相应数据库脚本或存储过程的编写，如果您对这部分内容比较感兴趣，可以阅读相关书籍，大多数情况，性能测试需要的数据您可能通过简单的数据构造或者直接从数据库对应的数据表中就可以得到。本书提供的 "Mulsql" 和 "Thelp" 小应用程序都可以辅助您，如图 11-16 和图 11-17 所示。当然如果能得到相应数据库表结构，您还可以使用 PowerDesigner、Datafactory 等工具，关于这部分内容请读者朋友自行阅读相关资料。

图 11-16 "Mulsql" 小应用程序界面信息

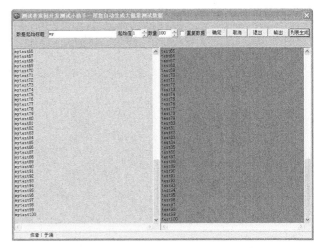

图 11-17 "Thelp" 小应用程序界面信息

针对本次性能测试需要准备的数据包括 1000 个登录用户和新闻相关数据信息,鉴于多方面原因,关于这部分数据的生成过程在本书中不作详细介绍。

11.7.3 性能测试场景设计

性能测试场景的设计是依据于性能测试计划的"场景设计"内容,结合您应用的工具将其实例化的过程,此时,您需要考虑场景设计的各个细节(如集合点、集合点策略、迭代次数、思考时间、参数化取值方式等)。

这里我们结合场景设计表的第一条场景用例进行设计,使用一直在讲的 LoadRunner 11.0 的设计作为示例进行讲解,如图 11-18 所示。

首先,让我们先来看一下第 1 条场景 "CJ_01_XN_DLSY_30Vu_5Min",它代表的含义是第一个场景,性能测试的场景,它是做的单一登录首页的业务,虚拟用户数为 30,场景持续执行 5 分钟,从上边的表中,我们也能知道虚拟用户的加载梯度为每 15 秒加载 5 个虚拟用户。

接下来,结合 LoadRunner 11.0 应用进行该场景的设计。

第 1 步:打开 Controller 应用,创建一个新场景,选择手动场景(Manual Scenario)将登录首页脚本加入到场景脚本列表中,如图 11-19 所示。

序号	场景名称	用户总数	执行时间	用户递增策略	
				递增数量	递增间隔
1	CJ_01_XN_DLSY_30Vu_5Min	30	5 分钟	5	15 秒
2	CJ_02_XN_DLSY_50Vu_5Min	50	5 分钟	5	15 秒
3	CJ_03_XN_DLSY_100Vu_10Min	100	10 分钟	5	15 秒
4	CJ_04_XN_DLSY_200Vu_10Min	200	10 分钟	5	15 秒
5	CJ_05_XN_DLSY_400Vu_10Min	400	10 分钟	5	15 秒
6	CJ_06_FZ_DLSY_800Vu_10Min	800	10 分钟	5	15 秒
7	CJ_07_FZ_DLSY_1000Vu_10Min	1000	10 分钟	5	15 秒

图 11-18 场景设计表图示

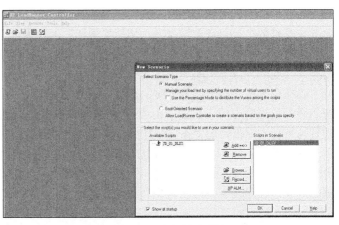

图 11-19 新场景对话框

第 2 步：单击【OK】按钮后，弹出场景设计对话框，如图 11-20 所示。从图中您可以看到虚拟用户数量默认为 10，虚拟用户的加载和释放策略不符合我们第 1 个场景设计想法，所以需要调整。

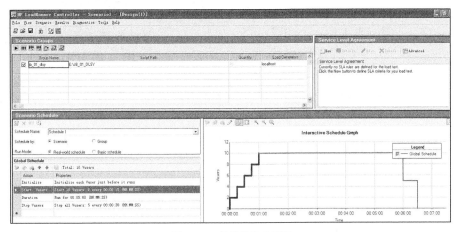

图 11-20 场景设计对话框

第 3 步：双击图 11-20 蓝条（参考实际颜色）选中区域，即标记为 "Start Vusers" 的区域，将弹出图 11-21，将 10 个虚拟用户调整为 30，每隔 15 秒加载 2 个虚拟用户，调整为加载 5 个虚拟用户。

第 4 步：单击【Next】按钮，将出现如图 11-22 所示界面信息，5 分钟的运行时间和我们场景设计的持续运行时间一致，所以不作调整，单击【Next >】按钮，则出现图 11-23 所示界面信息。

图 11-21 "Edit Action - Start Vusers" 对话框　　图 11-22 "Edit Action - Duration" 对话框　　图 11-23 "Edit Action - Stop Vusers" 对话框

第 5 步：结合场景 1 设计，虚拟用户的释放是同时进行释放，所以您需要选择 "Simultaneously" 选项。

第 6 步：单击【OK】按钮，将弹出图 11-24 所示界面信息。

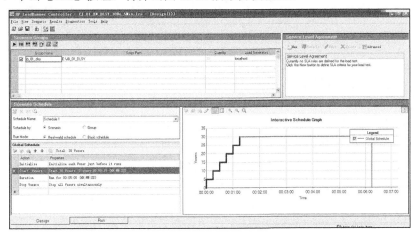

图 11-24 "场景 1" 设计对话框

场景设计完成后，您需要结合场景命名规范对已经设计好的"场景 1"进行保存工作，如图 11-25 所示，单击【File】>【Save】菜单项，在弹出的场景保存对话框中输入"CJ_01_XN_DLSY_30Vu_5Min.lrs"，单击【保存（S）】按钮。

在进行场景设计的时候，如果您的脚本中应用了集合点函数，请确认在 Controller 应用中启用了集合点并设置了对应的策略。同时，还要关注运行时设置、相关的迭代、思考时间等设置是否和您预期的设置一致。

场景设计完成以后，您还需要结合场景设

图 11-25　场景保存相关内容

计时考虑的性能指标做相应的监控工作，这部分内容十分重要，请参见下一节了解相关内容。

11.7.4　性能测试场景监控与场景执行

性能指标的监控是场景设计和执行的重要工作之一，它对性能测试的分析和瓶颈的定位具有举足轻重的作用。在这里我们仍然结合 LoadRunner 11.0 工具进行相关内容的讲解。场景的性能指标监控内容通常包括应用服务器、数据服务器等资源监控。在监控时要考虑将相应性能计数器是否添加到监控列表，并花费少量时间确保您添加的相应计数器数据可以显示在对应资源图中（如图 11-26 所示），因为有很多情况由于相应服务没有被开启，而导致无法监控成功，所以应该尽量在该阶段解决这类问题，避免后续在执行阶段再花费大量时间进行这方面工作。

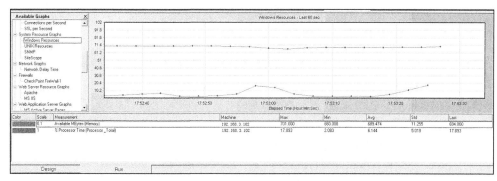

图 11-26　Windows 资源计数器添加与计数器数据的获取信息

添加完相关计数器后您需要再次保存场景，同时需要设置场景的执行结果存放路径，不要将执行结果存放到默认的临时路径下，如图 11-27 所示。

当然监控的手段有很多，刚才我们运用了 LoadRunner 自身与系统的接口，您还可以通过系统自带的一些命令，如 Windows 操作系统的资源监视器、Linux 系统的 top 命令等，也可以用免费的 nmon 小程序或者商业的 Spotlight 系列工具，如图 11-28 和图 11-29 所示，在本项目的性能测试执行过程中用到了 Nmon，在使用这些监控工具时，

图 11-27　场景执行结果存放路径设定对话框

您也要做好相关监控结果信息的存储工作。关于监控部分内容在本书中有相关的章节进行系统说明和举例，请关心该内容的读者朋友们到相应章节进行系统阅读，该部分不再进行更多篇幅的讲解。

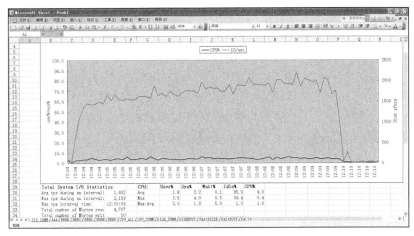

图 11-28　Nmon 监控结果相关信息

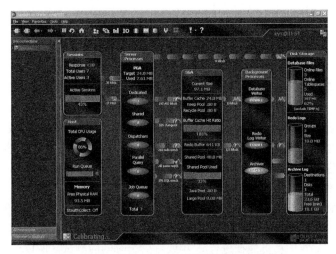

图 11-29　Spotlight on Oracle 应用监控图示相关信息

通常性能测试场景的监控主要关注如下几方面。

（1）系统业务处理能力。

通常我们在进行性能测试的时候，在特定的硬件和软件环境下考察系统的业务处理能力，这就用到了平时我们在 LoadRunner 里用得最多的"事务"了。您需要根据当前平时、峰值以及从长远未来业务发展情况，考虑不同业务的处理数量，从而设定相应的业务处理能力性能指标。系统业务处理能力性能指标主要包括 TPS（即 Transaction Per Second 每秒事务数）、HPS（Hits Per Second，每秒单击数）和 Throughput（吞吐量）等。需要特别提醒大家的是如果您在事务中应用了思考时间，其可能会降低相应 TPS、HPS 等性能指标数值，建议在做压力测试时，尽量不使用思考时间。

（2）系统资源使用情况。

系统资源使用情况也是性能测试关注的一个重点，您需要关注相关服务器（如应用服务器、数据库服务器等）CPU 利用率、内存使用情况、磁盘 I/O 情况和网络情况等。

CPU 利用率：不同行业对 CPU 利用率的要求可能会不尽相同，如银行、证券等对服务器的稳定性和安全性要求较高，通常其要求 CPU 最大的利用率不能超过 70%，而传统的零售行业等，则要求较低，通常其要求 CPU 最大的利用率不能超过 85% 或 90% 都可以，有的行业甚至可以接受短时间 CPU 利用率达到 100% 的情况，如在使用数字证书相关的一些应用时，可能会出现这种情况。

网络吞吐量指标用于衡量系统对于网络设备传输能力的需求。当网络吞吐量指标接近网络设备最大传输能力时，则需要考虑更换升级网络设备。

（3）系统业务响应时间。

在进行业务事务定义的时候，您需要参考业务人员定义的交易作为一个事务，避免由于人员理解误差等因素引起指标定义及后期监控、分析产生误差。为了您分析和定位系统性能瓶颈在事务中，可以适当将大事务中插入小事务，例如，一个完整的销售业务，包括销售单建立、销售产品库存查询和销售单保存这样 3 个主要步骤。那您就可以定义一个大的事务，再在该大事务中分别定义 3 个小事务，以便了解各个步骤消耗的时间。需要特别提醒大家的是如果您在事务中应用了思考时间，在进行分析时应将其过滤掉。

（4）系统并发处理能力。

在应用系统时，如填写表单、在某个页面发呆等，此时尽管客户端和服务器保持着连接，但是这些用户的操作对系统没有产生压力。该指标反映出系统对多个连接的访问控制能力，这个指标的大小直接影响到系统所能支持的最大用户数量。并发用户数对于长连接系统来说最大并发用户数即是系统的并发接入能力。对于短连接系统而言最大并发用户数并不等于系统的并发接入能力，而是与系统架构和系统处理能力等各种情况相关。

（5）系统可扩展性能力。

系统可扩展能力指应用软件或操作系统以集群方式部署，增加的硬件资源后，获得的处理能力提升情况。扩展能力应通过多轮测试获得扩展指标的变化趋势。一般扩展能力好的系统，扩展指标应是线性或接近线性的。通常来讲当扩展性达到一定程度的时候，再增加设备对提升系统的处理能力应该作用越来影响越小。在一定软、硬件环境下，通过您大量项目测试数据的积累，可以建立一个可扩展性的模型进行评估。

（6）系统稳定性。

通过给系统加载一定的业务压力（如 CPU 资源在 70%～90%的使用率）的情况下，运行一段时间，检查系统是否稳定。因为运行时间较长，通常可以测试出系统是否有内存泄露等问题。通常在作稳定性测试时，我们不可能在进行 1 年或者更长时间的测试，所以一般采用 3×24 来进行测试，通过短时间的持续运行，来评估系统的稳定性。

前边我们已经正确编写了脚本、设计了场景并添加了相应的监控指标、设定了结果的存放路径等工作，接下来一个非常重要的环节就是性能测试工作的执行。

经常发现有很多做测试的朋友花费了大量的时间和精力去作性能测试，可是做出来的测试结果却不理想。那么原因是什么呢？关于测试场景的设计在这里着重强调以下几点。

（1）性能测试工具都是用进程或者线程来模拟多个虚拟用户，每个进程或者线程都是需要占用一定的硬件资源，所以要保证负载的测试机足够跑设定的虚拟用户数，如果硬件资源不足，请用多台负载机分担进行负载。

（2）在进行性能测试之前，需要先将应用服务器"预热"，即先运行一下应用服务器的功能。这是为什么呢？语言翻译成机器语言，计算机才能执行高级语言编写的程序。翻译的方式有两种，一个是编译，另一个是解释。两种方式只是翻译的时间不同。编译型语言写的程序执行之前，需要一个专门的编译过程，把程序编译成为机器语言的文件，例如可执行文件，以后要运行的话就不用重新翻译了，直接使用编译的结果文件可执行（EXE）就行了，因为翻译只做了一次，运行时不需要翻译，所以编译型语言的程序执行效率高。解释则不同，解释型语言的程序不需要编译，省了道工序，解释型语言在运行程序的时候才翻译，比如解释型 JSP、ASP 和 Python 等语言，专门有一个解释器能够直接执行程序，每个语句都是执行的时候才翻译。这样解释型语言每执行一次就要翻译一次，效率比较低。这也就是有很多朋友测试系统的响应时间为什么很长的一个原因，就是没有实现运行测试系统，导致第一次执行编译需要较长时间，从而影响了性能测试结果。

（3）在有条件的情况下，尽量模拟用户的真实环境。经常收到一些测试同行的来信，说："于老师，为什么我们性能测试的结果每次都不一样啊？"经过询问得知，性能测试环境竟与开发环境为同一环境，且同时被应用。有很多软件公司，为了节约成本，开发与测试应用同一环境，进行测试，这种模式有很多弊端。不仅性能测试时，因为研发和测试共用系统，且性能测试周期通常少则几小时，多则几天，不仅给研发和测试人员使用系统资源带来一定麻烦，而且容易导致测试与研发的数据相互影响，导致尽管经过多次测试，但每次结果各不相同的情况发生。随着软件行业的蓬勃发展，市场竞争也日益激励，希望软件企业能够从长远角度出发，为测试部门购置一些与客户群基本相符的硬件设备，如果条件允许也可以在客户实际环境做性能测试。总之，请大家一定要注意环境的独立性，以及网络、软件和硬件测试环境与用户的实际环境一致性，这样测试的结果才会更贴近真实情况，性能测试才会有意义。

（4）测试工作并不是一个单一的工作，作为测试人员应该和各个部门保持良好的沟通。例如，在遇到需求不明确的时候，您就需要和需求人员、客户以及设计人员进行沟通，把需求搞清楚。在测试过程中，碰到问题以后，如果自己以前没有遇到过也可以跟同组的测试人员、开发人员进行沟通，及时明确问题产生的原因和如何解决问题，点滴的工作经验的积累对一个测试人员很有帮助，这些经验也是日后问题推测的重要依据。在测试过程中，也需要部门之间配合的问题，在这里就需要开发人员和数据库管理人员同测试人员相互配合完成1年业务数据的初始化工作。所以，测试工作并不是孤立的工作，需要和各部门进行及时沟通，在需要帮助的时候，一定要及时提出，否则可能会影响项目工期，甚至导致项目的失败，我一直提倡的一句话就是"让最擅长的人做最擅长的事!"，在项目开发周期短，人员不是很充足的情况下这点表现更为突出，不要浪费大量的时间在自己不擅长的东西上。

（5）性能测试的执行，在时间充裕的情况下，最好同样一个性能测试用例执行3次，而后分析结果如果结果相接近才可以证明此次测试是成功的。

执行结果的存放最好也要合理规划一下，将相关内容存放到一起，避免后期分析时，四处找寻执行结果信息。结合在本项目中，相关脚本、场景及其结果的命名采用了"性能测试计划的命名规范部分"内容，这里不再对相关内容做展示。

在性能测试执行过程中，性能测试工作最好要做到有计划性，同时能够尽早地把发现的问题反映出来，作为性能测试的管理人员您也需要关注性能测试过程中的每一个细节，及时同研发方、甲方保持良好的沟通、协调，从而保证己方和相关其他方面在发现问题后确定相关问题的责任，明确落实到相关人员及时跟进问题并使之最终得到解决。

下面向读者朋友们介绍一下平时我们在项目执行过程中会用到的两个模板：性能测试工作日报和性能缺陷列表。

性能测试工作日报包含4部分内容：工作进展、问题与风险、本日测试执行内容和明日安排及需要支持的事项，如图11-30所示。它一方面使得性能测试工程师在进行性能测试工作时，能够有计划有目的地进行性能测试工作，工作中的成果和问题一目了然展现出来；另一方面也方便管理人员了解工作进度，协调相关资源，及时有效地跟进与解决项目实施过程中的问题，检查相关成果物，为项目下一阶段做好准备。

在进行验收测试的性能测试实施过程中，由于甲方、研发方对缺陷管理工具不是很熟悉或者多种原因会使得他们不能及时了解性能测试过程中发现的缺陷问题，所以通常我们在进行性能测试时，每天都会将发现的缺陷进行汇总，按照不同的缺陷对系统的影响严重程度分成4部分，即致命性、严重性、一般性和建议性缺陷，如图 11-31 所示，您需要将当天发现的性能缺陷按照该文档的格式要求添加到性能缺陷列表中，请大家注意及时修正缺陷的状态，已经关闭的缺陷放在下边或者用不同的颜色予以区分。

性能测试工作日报

日期：2009-07-23

一、工作进展

阶段	工作进展	完成比例	工作成果	成果存放路径
需求分析阶段				
计划与设计阶段				
测试前期准备阶段				
测试执行阶段				
测试结果分析阶段				

二、问题与风险

问题表述	风险影响	相关责任人	风险规避方法	风险级别

三、本日测试执行内容

测试执行内容	完成比例	过程数据及存放路径

四、明日安排及需要支持的事项

工作内容	预期完成时间	相关人员

图 11-30 性能测试工作日报相关信息表内容

性能缺陷列表

致命性缺陷

缺陷 ID	执行场景存放路径	执行结果/过程结果存放路径	执行人	测试日期	缺陷级别	缺陷状态	测试版本	性能缺陷描述	问题分析	相关附件

严重性缺陷

缺陷 ID	执行场景存放路径	执行结果/过程结果存放路径	执行人	测试日期	缺陷级别	缺陷状态	测试版本	性能缺陷描述	问题分析	相关附件

一般性缺陷

缺陷 ID	执行场景存放路径	执行结果/过程结果存放路径	执行人	测试日期	缺陷级别	缺陷状态	测试版本	性能缺陷描述	问题分析	相关附件

建议性缺陷

缺陷 ID	执行场景存放路径	执行结果/过程结果存放路径	执行人	测试日期	缺陷级别	缺陷状态	测试版本	性能缺陷描述	问题分析	相关附件

图 11-31 性能缺陷列表相关信息表内容

作为性能测试项目的项目经理，建议您每天应该将性能缺陷列表以邮件的形式发送给甲方、研发方相关负责人员，以便于他们了解目前性能测试缺陷情况，知晓目前系统性能方面的各方面处理能力，及敦促相关人员尽快修复性能缺陷。您还应该以周为单位进行阶段性的总结汇报给您的上级领导、甲方负责同志，本周您的工作情况、工作中遇到的问题、问题产生的原因、目前性能缺陷的存留等方面的情况，并及时同相关人员沟通、协调解决这些问题，充分发挥自己的主观能动性，因为有时特别是甲方，除了负责您的项目以外，其负责人员很有可能还有很多其他本职工作需要处理，所以如果您不积极的话，好多问题就得不到解决或不能及时解决。

11.7.5 性能测试结果分析

性能测试执行过程中，性能测试工具搜集相关性能测试数据，待执行完成后，这些数据会存储到数据库或者其他文件中。为了定位系统性能问题，我们需要系统学习并掌握分析这些性能测试结果。性能测试工具自然能帮助我们生成很多图表，也可以进一步将这些图表进行合并等操作来定位性能问题。是不是在没有专业的性能测试工具的情况下，就无法完成性能测试呢？答案是否定的，其实有很多种情况下，性能测试工具可能会受到一定的限制，这时，您需要编写一些测试脚本来完成数据的搜集工作，当然数据存储的介质通常也是数据库或者其他格式的文件，为了便于分析数据，需要对这些数据进行整理再进行分析。

目前，广泛被大家应用的性能分析方法就是"拐点分析"的方法。"拐点分析"方法是一种利用性能计数器曲线图上的拐点进行性能分析的方法。它的基本思想就是性能产生瓶颈的主要原因就是因为某个资源的使用达到了极限，此时表现为随着压力的增大，系统性能却出现急剧下降，这样就产生了"拐点"现象。从而当您得到"拐点"附近的资源使用情况，就能定位出系统的性能瓶颈。"拐点分析"方法举例，如：系统随着用户的增多，事务响应时间缓慢增加，当用户数达到 100 个虚拟用户时，表现为系统响应时间急剧增加，表现为一个明显的"折线"，就说明系统承载不了如此多的用户做这个事务，也就是存在性能瓶颈。

大家在分析系统性能问题时也应该针对不同的情况，结合上面介绍的方法，从而更好地确定系统性能瓶颈。当然性能测试的分析不是简单的介绍您就能够接受的。分析系统性能问题，确定系统瓶颈，需要您平时点滴的工作积累。

11.7.6　性能调优

性能测试分析人员经过对结果的分析以后，有可能提出系统存在性能瓶颈。这时相关开发人员、数据库管理员、系统管理员、网络管理员等就需要根据性能测试分析人员提出的意见同性能分析人员共同分析确定更细节的内容，相关人员对系统进行调整以后，性能测试人员继续进行第二轮、第三轮……的测试，与以前的测试结果进行对比，从而确定经过调整以后系统的性能是否有提升。有一点需要提醒大家，就是在进行性能调整的时候，最好一次只调整一项内容或者一类内容，避免一次调整多项内容而引起性能提高却不知道是由于调整那项关键指标而改善性能的。那么在进行系统的调优过程中是否有什么好的策略来知道我们工作呢？经过多年的工作，作者的经验是按照由易到难的顺序对系统性能进行调优。

系统调优由易到难的先后顺序如下：

（1）硬件问题；

（2）网络问题；

（3）应用服务器、数据库等配置问题；

（4）源代码、数据库脚本问题；

（5）系统构架问题。

硬件发生问题是最显而易见的，如果 CPU 不能满足复杂的数学逻辑运算，可以考虑更换 CPU，如果硬盘容量很小，承受不了很多的数据可以考虑更换高速、大容量硬盘等。如果网络带宽不够，可以考虑对网络进行升级和改造，将网络更换成高速网络；还可以将系统应用与平时公司日常应用进行隔离等方式，达到提高网络传输速率的目的。在很多情况下，系统性能不是十分理想的一个重要原因就是没有对应用服务器、数据库等软件进行调优和设置引起来的，如：Tomcat 调整堆内存和扩展内存的大小，数据库引入连接池技术等。源代码、数据库脚本在上述调整无效的情况下，您可以选择另一种调优方式，但是由于设计到对源代码的改变有可能会引入缺陷，所以在调优以后，不仅需要对性能的测试还要对功能进行验证，看其是否正确。这种方式需要通过对数据库建立适当的索引，以及运用简单的语句替代复杂的语句，从而达到提高 SQL 语句运行效率的作用，还可以在编码过程中选择好的算法，减少响应时间，引入缓存等技术。最后，在上述尝试都不见效的情况下，您就需要考虑现行的构架是否合适，选择效率高的构架，但由于构架的改动比较大，所以您应该慎重对待。

　　本次性能测试调优工作由研发方和相应软件供应商负责，测试人员根据监控数据信息和执行结果信息，经过认真的分析后给出如下建议。

　　在 100 虚拟用户并发访问系统时，系统会报错，信息为 "Error-27727: Step download timeout (120 seconds) has expired when downloading resource(s)"。

　　问题建议：在 100 个用户并发访问时，也存在下载页面资源超时（超过 120 秒）问题，从而导致报错情况。建议对相关大资源文件进行压缩、分割，减少下载时间，同时对允许连接的用户数进行合理设置，以保证所有用户良好感受。

　　……

　　相关问题的分析和具体数据，请参见 11.8 节内容。

11.8　验收测试总结及其性能测试总结的编写

　　在进行外包测试的时候，测试总结的编写工作是非常重要的一项内容。通常在该阶段您需要编写和整理大量的文档和数据，同时，相关内容必须符合甲方要求的文档要求。在我过去实施的项目中，通常在该阶段需要提交的文档包括系统验收测试结论、系统验收测试交付清单、系统验收测试报告、系统验收测试功能测试报告、系统验收测试文档测试报告和系统验收测试性能测试报告。鉴于本书重点讲解性能测试相关内容，所以我们着重讲解与其相关的部分，功能和文档描述不花费太多的时间进行描述。

11.8.1　某单位某系统验收测试结论

　　也许，有很多测试同行非常关心验收测试结论的编写内容，这里以该项目的系统验收测试结论为样本，给大家做一些介绍。

　　需要说明的是，前面已经向大家介绍过本项目实施 3 方面内容的测试工作，即功能测试、文档测试和性能测试，所以在这个验收测试结论中仅包含了上述内容，您在实施过程中可能会与我们的测试内容不同，所以要举一反三，以下内容为某单位某项目系统验收测试结论的具体内容。

某单位某系统验收测试结论

　　一、功能测试

　　经过×个轮次的功能测试，共发现系统功能中的有效 Bug ××个，其中：无致命性 Bug，严重性 Bug 共××个，占有效 Bug 总数的××.×××%。经过开发人员的修改，"已关闭"的 Bug ××个，占有效 Bug 总数的××%，这部分 Bug 的修改使得系统功能得到了进一步的完善。目前共有××个 Bug 状态为"延期"，且"延期"状态的 Bug 多为×××××产品问题，详细的问题描述和研发人员的意见请参见"某单位某系统验收测试功能测试延期缺陷列表"。

　　验收测试结果表明：通过验收测试和 Bug 修改，系统的功能、易用性、健壮性、安全等方面均有一定程度的提高，系统可满足目前的基本业务需求。

　　根据功能测试通过标准的约定，功能测试通过。

　　二、文档测试

　　经过×个轮次的文档测试，共发现系统文档中的有效 Bug ×××个，其中：存在内容遗漏（即 1 级）Bug 共×个，占有效 Bug 总数的×.×%，描述错误（即 2 级）Bug 共×个，占有效 Bug 总数的近×.×%，文档文字错误（即 3 级）Bug 共××个，占有效 Bug 总数的××.×××%，文档描述过于简单或者冗余描述（即 4 级）Bug 共××个，占有效 Bug 总数的××.××%。经过开发人员的修改，Bug 已全部关闭。

验收测试结果表明：通过文档测试，系统的功能描述与文档的一致性、文档完备性、文档内容充分性、文字表达明确性、文档描述的正确性、文档间的可追溯性等方面均有一定程度的提高，可满足目前的基本业务需求。

根据文档测试通过标准的约定，文档测试通过。

三、性能测试

性能测试在生产环境中进行。通过性能测试需求分析，测试中共选择了×个业务场景，即用户登录和新闻下载场景。"登录首页"业务的测试执行结果表明：在 100 个用户并发访问门户时，平均响应时间指标可以满足用户需求，事务的处理能力能满足用户需求；……

测试结果表明被测系统部分功能不能满足用户性能需求，按照性能测试通过标准的约定，性能测试不通过，开发方需针对不通过项内容进行调优。

11.8.2 某单位某系统验收测试交付清单

系统验收测试交付清单主要描述了要交付给甲方单位的交付件。通常这些交付内容为验收测试过程中产生的文档和数据的所有内容。为了让甲方单位方便查看，您最好将相关内容进行分类归档。

某单位某系统验收测试交付清单

×××××××××技术有限公司（乙方单位）于 20××年××月××日至 20××年××月××日对某单位（甲方单位）某系统系统进行了验收测试。整个验收测试分功能测试、性能测试和文档测试 3 种测试类型。本文档是在全部测试结束后提交给××××公司的交付物清单，具体如下。

交付一：《某单位某系统系统验收测试报告》
说明：文档包括 3 种测试类型的概要测试结果、测试结论及建议。

交付二：《某单位某系统系统验收测试功能测试报告》
说明：文档包括功能测试的测试方法、测试过程、测试结果、测试结论及建议。

交付三：《某单位某系统系统验收测试性能测试报告》
说明：文档包括性能测试的测试方法、测试过程、测试结果、测试结论及建议。

交付四：电子文档《某单位某系统系统验收测试产品集》（附光盘一张）
说明：电子文档内容包括某单位某系统系统验收测试过程所形成的所有工作产品，包括系统验收功能测试方案、文档测试实施方案、性能测试实施方案、系统验收测试报告、文档测试报告、功能测试报告、性能测试报告、功能测试用例集、功能测试 Bug 列表、性能测试脚本、性能测试场景及结果、文档测试 Bug 列表及项目周报。

11.8.3 某单位某系统验收测试报告

系统验收测试报告是对此次功能、文档和性能测试的概要性总结。下面向大家展示一下该项目的验收测试报告的主要内容。

目录

1. 简介

编 写 背 景
系统背景方面略，读者朋友在项目实施过程中，可根据项目实际情况进行填写。测试过程中进行了功能测试、文档测试和性能测试 3 类测试。

测 试 目 的
（1）从最终用户角度，检验某单位某系统是否符合各种功能和技术需求，为用户接收系统提供决策依据； （2）通过验收测试，尽可能发现并协助排除系统中可能存在的缺陷。

测 试 类 型
功能测试、性能测试、文档测试

测试类型定义
（1）验收测试：确定系统是否符合其验收准则，是客户确定是否接收此系统的正式测试。 （2）功能测试：在与真实环境相似的模拟环境上，测试系统是否逐项满足了业务需求，屏幕显示及打印是否规范、准确，系统使用是否方便、界面是否友好等。测试要确保业务需求书中的功能均被实现，没有遗漏的情况发生。本次的功能测试中包括典型流程的测试。 （3）性能测试：以真实的业务为依据，选择有代表性的、关键的业务操作设计测试用例，以评价系统的当前性能；通过模拟大量用户的重复执行测试，可以确认性能瓶颈并优化和调整应用，目的在于寻找到瓶颈问题。通过性能测试，可以得到与并发用户数相关联的系统性能指标数据。 （4）文档测试：为保证系统的一致性和可维护性，对开发过程产生的所有文档的完整性、规范性，以及与需求的一致性等方面进行审查。

2. 测试内容

测试类型	测试方法	功　能　点	备　注
功能测试	功能测试	检查登录页面、用户管理功能	
		检查进销存相关业务系统功能	
		检查业界新闻发布与下载功能	
		……	

测试类型	测试方法	测　试　场　景	备　注
性能测试	性能测试	登录首页：用户登录首页面	
		……	……
文档测试	需求规格说明书	需求规格说明书	162
	设计说明书	……	……
	使用手册	……	……
		……	……
		……	……
		……	……

3. 测试进度计划

序号	任　务　名　称	工期	开始时间	完成时间	资源
1	项目测试时间进度	42 工作日	20××-××-××	20××-××-××	×××
1.1	测试计划阶段	4 工作日	20××-××-××	20××-××-××	×××
1.1.1	启动会议双方方面沟通	0 工作日	20××-××-××	20××-××-××	×××
1.1.2	测试工具和技术培训	0 工作日	20××-××-××	20××-××-××	×××
1.1.3	收集所需客户文档	1 工作日	20××-××-××	20××-××-××	×××
1.1.4	建立配置管理环境，建立测试管理环境，制订缺陷管理流程	1 工作日	20××-××-××	20××-××-××	×××
1.1.5	被测系统业务了解，熟悉系统功能和业务流程，业务系统培训	1 工作日	20××-××-××	20××-××-××	×××
1.1.6	制订项目初步的测试计划、测试配置计划	1 工作日	20××-××-××	20××-××-××	×××
1.1.7	编写测试方案	2 工作日	20××-××-××	20××-××-××	×××
1.1.8	评审测试方案、测试计划	1 工作日	20××-××-××	20××-××-××	×××
1.1.9	里程碑1-测试方案、测试计划	0 工作日	20××-××-××	20××-××-××	×××
1.2	需求分析阶段	1 工作日	20××-××-××	20××-××-××	×××
1.2.1	需求调研	1 工作日	20××-××-××	20××-××-××	×××
1.2.2	分析测试需求	1 工作日	20××-××-××	20××-××-××	×××
1.2.3	编写测试需求	0 工作日	20××-××-××	20××-××-××	×××
1.2.4	评审测试需求	0 工作日	20××-××-××	20××-××-××	×××
1.2.5	里程碑2-测试需求	0 工作日	20××-××-××	20××-××-××	×××
1.3	测试设计阶段	4 工作日	20××-××-××	20××-××-××	×××
1.3.1	功能测试用例设计；评审功能测试用例	3 工作日	20××-××-××	20××-××-××	×××
1.3.2	性能测试用例设计；评审性能测试用例	3 工作日	20××-××-××	20××-××-××	×××
1.3.3	制订测试执行计划	1 工作日	20××-××-××	20××-××-××	×××
1.3.4	评审测试执行计划	0 工作日	20××-××-××	20××-××-××	×××
1.3.5	里程碑3-测试设计	0 工作日	20××-××-××	20××-××-××	×××
1.4	第一轮测试执行阶段	7.3 工作日	20××-××-××	20××-××-××	×××
1.4.1	第一轮测试环境初始化	0 工作日	20××-××-××	20××-××-××	×××
1.4.2	进入标准验证	0 工作日	20××-××-××	20××-××-××	×××

序号	任务名称	工期	开始时间	完成时间	资源
1.4.3	功能测试用例执行	2.7 工作日	20××-××-××	20××-××-××	×××
1.4.4	文档测试用例执行	2.7 工作日	20××-××-××	20××-××-××	×××
1.4.5	性能测试用例执行	2 工作日	20××-××-××	20××-××-××	×××
1.4.6	提交第一轮测试缺陷列表，确认缺陷	0 工作日	20××-××-××	20××-××-××	×××
1.4.7	第一轮测试总结	0 工作日	20××-××-××	20××-××-××	×××
1.4.8	里程碑 4-第一轮测试执行	0 工作日	20××-××-××	20××-××-××	×××
1.5	第二轮测试执行阶段	6 工作日	20××-××-××	20××-××-××	×××
1.5.1	第二轮测试环境初始化	0 工作日	20××-××-××	20××-××-××	×××
1.5.2	功能测试用例执行	9 工作日	20××-××-××	20××-××-××	×××
1.5.3	文档测试用例执行	3 工作日	20××-××-××	20××-××-××	×××
1.5.4	性能测试用例执行	2 工作日	20××-××-××	20××-××-××	×××
1.5.5	提交第二轮测试的缺陷列表，确认缺陷	0 工作日	20××-××-××	20××-××-××	×××
1.5.6	第二轮测试总结	0 工作日	20××-××-××	20××-××-××	×××
1.5.7	里程碑 5-回归测试执行	5 工作日	20××-××-××	20××-××-××	×××
1.6	测试总结阶段	3 工作日	20××-××-××	20××-××-××	×××
1.6.1	测试总结报告	3 工作日	20××-××-××	20××-××-××	×××
1.6.2	测试总结报告评审	0 工作日	20××-××-××	20××-××-××	×××
1.6.3	里程碑 6-测试总结/结束标准	0 工作日	20××-××-××	20××-××-××	×××
1.7	管理活动	42 工作日	20××-××-××	20××-××-××	×××
1.7.1	工作周报和风险管理 1	5 工作日	20××-××-××	20××-××-××	×××
1.7.2	工作周报和风险管理 2	5 工作日	20××-××-××	20××-××-××	×××
1.7.3	工作周报和风险管理 3	5 工作日	20××-××-××	20××-××-××	×××
1.7.4	工作周报和风险管理 4	5 工作日	20××-××-××	20××-××-××	×××
1.7.5	工作周报和风险管理 5	5 工作日	20××-××-××	20××-××-××	×××
1.7.6	工作周报和风险管理 6	5 工作日	20××-××-××	20××-××-××	×××
1.7.7	工作周报和风险管理 7	3 工作日	20××-××-××	20××-××-××	×××

4．功能测试

4.1　Bug 级别及状态定义

Bug 级别定义		
级别	名称	描述
一级	致命性	具有严重破坏性，使得系统功能遗漏、引起系统崩溃、数据丢失
二级	严重性	规定的内容没有实现或者实现与设计不符
三级	告警性	与需求不符合，但是不影响业务正常运行
四级	建议性	满足需求，但存在设计或者实现上的不合理之处，不影响业务正常运行

Bug 状态定义		
名称	操作者	描述
新建	测试人员	当测试人员新发现 Bug 时，将其置为新建
打开	开发人员	开发人员确认的 Bug，将其置为打开
已关闭	测试人员	测试人员确认 Bug 已经修改，将其置为已关闭
待验证	开发人员	开发人员确认已经修改的 Bug，将其置为待验证
待复现	测试人员	由测试人员提出但无法再现的 Bug，将其置为待复现

续表

Bug 状态定义		
名称	操作者	描　述
重开	测试人员	开发人员确认已经修改的 Bug，经测试人员回归测试 Bug 仍然存在，将其置为重开
拒绝	开发人员	由测试人员提出，但开发人员认为不是 Bug 的问题，经测试人员、开发人员和客户方共同商讨确认后，将其置为拒绝
延期	测试人员	测试人员和开发人员、客户方共同商讨，综合考虑后在该阶段不处理需要延期的 Bug，将其置为延期

4.2　Bug 整体情况统计

功　能　模　块	Bug 状态					有效 Bug			
	打开	拒绝	延期	已关闭	重开	致命性	严重性	告警性	建议性
用户管理	0	0	1	17	0	0	14	12	9
……	……	……	……	……	……	……	……	……	……
……	……	……	……	……	……	……	……	……	……
……	……	……	……	……	……	……	……	……	……
总计	×	×	×	××	××	××	××	××	××

注：
（1）上表中数值单位为个；
（2）有效 Bug 是指除"拒绝"外的 Bug，遗留问题包括"打开""重开""延期"3 个状态。

有效 Bug 问题级别分布图如下。

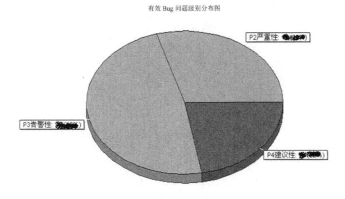

有效 Bug 问题级别分布图

4.3　遗留 Bug 情况说明

某单位某系统验收测试结束后遗留 Bug 总数是×个，其状态全部是延期，表格如下：

ID	测试类别	功能模块	摘　要	处理方式
1	功能测试	……	……	……
2	性能测试	……	……	……
3	文档测试	……	……	……

遗留 Bug 最终确定的处理方式：目前共有×个 Bug 状态为"延期"，且"延期"状态的 Bug 多为第三方依赖产品问题，对于由第三方的产品问题，导致一些缺陷的产生，应及时关注相应第三方相应产品的补丁，建议在测试环境经过严格测试后（保证能够解决前期遗留缺陷并且不影响

正常功能的使用），再对生产环境打补丁。

【重要提示】

很多时候，结合日益竞争的市场等方面因素，系统有可能带着问题发布。作者建议对于遗留的缺陷必须要进行评审，而且这部分遗留的缺陷要一一描述最终的处理方式，要在测试总结报告中逐一描述，同时专门有一份评审人员签字确认的文档。

在发布之前对遗留的 Bug 必须要进行多方评审，如：甲方单位、乙方单位、产品开发方、监理方等对遗留缺陷对最终用户的使用系统造成的影响进行综合评定，如果最终达成一致，可以参见上表将 Bug 描述和相应处理方式描述清楚，相关人员进行签字确认后归档，以备后续使用。

5．性能测试

5.1　场景执行情况

● 登录首页

场景设计：

序号	场 景 名 称	用户总数	执行时间	用户递增策略	
				递增数量	递增间隔
1	CJ_01_XN_DLSY_30Vu_5Min	30	5 分钟	5	15 秒
2	CJ_02_XN_DLSY_50 Vu_5Min	50	5 分钟	5	15 秒
3	CJ_06_FZ_DLSY_80 Vu_5Min	80	5 分钟	5	15 秒
4	CJ_07_FZ_DLSY_100Vu_10Min	100	10 分钟	5	15 秒

执行结果：

场 景 名 称	事务名称	最小响应时间（秒）	平均响应时间（秒）	最大响应时间（秒）	95%事务的平均响应时间（秒）	TPS（每秒事务数，笔/秒）
CJ_01_XN_DLSY_30Vu_5Min	登录首页	0.108	0.932	24.221	2.872	20.112
CJ_02_XN_DLSY_50 Vu_5Min	登录首页	0.121	3.863	25.342	3.142	18.392
CJ_06_FZ_DLSY _80 Vu_5Min	登录首页	0.132	3.876	24.497	3.513	14.105
CJ_07_FZ_DLSY_100Vu_10Min	登录首页	0.142	3.986	30.501	4.198	13.896

5.2　业务平均响应时间

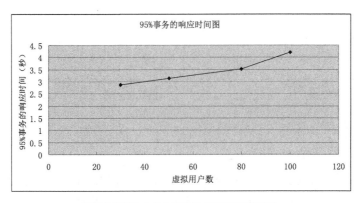

"登录首页"业务 95%事务平均响应时间图

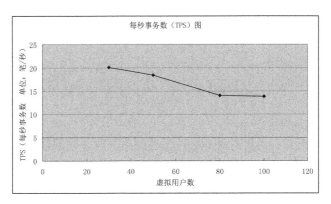

"登录首页"业务每秒事务数（TPS）图

由95%事务平均响应时间、TPS（每秒事务数）情况来看，认为该系统能够满足100用户并发登录的需求。按照并发用户数占实际用户数的10%计算，满足未来3~5年注册用户数10000人的需求。

......

6. 文档测试

6.1　文档测试基本定义

文档测试基本定义				
阶　　段	1级	2级	3级	4级
需求说明书	需求遗漏	需求描述错误；存在二义性	文档字面错误	冗述或过于简单
设计文档	遗漏需求	逻辑错误，或描述不清，存在二义性	文档字面错误	冗述或过于简单
用户手册	功能遗漏	操作描述方法错误或描述不清	文档字面错误	冗述或过于简单
安装配置手册	主要安装步骤或配置遗漏	操作描述方法错误或描述不清	文档字面错误	冗述或过于简单
文档测试检查点				

- 文档完备性
- 文档内容充分性
- 文字明确性
- 文档描述的正确性，联机帮助文档中链接的正确性
- 易读性
- 检查文档和文档的一致性
- 检查程序和文档的一致性
- 检查文档间的可追溯性
- 检查文档是否符合指定的相应模板和规范

6.2　文档测试结果

文档测试共进行了2轮，测试后共发现Bug为105个，分布情况如下：

文　档　名　称	1级	2级	3级	4级	小计
需求规格说明书	0	1	2	1	4
程序设计说明书	0	0	3	2	5
普通用户和信息发布人员使用手册	1	1	3	1	6
......	......	......	......	......	......
......	......	......	......	......	......
合计	××	××	××	××	×××

经相关人员修改后，测试人员进行了回归测试，回归测试后，Bug均已关闭。

......

7．测试通过标准

7.1　功能测试通过标准

● 　软件功能与业务需求一致；

● 　没有致命性错误与严重性错误，且告警性问题和建议性问题数量不高于测试方与用户的预先协商值。

7.2　文档审查通过标准

文档测试通过标准为，文档测试关闭时不允许存在 1 级、2 级问题，3 级、4 级问题的出现频率为平均每 6 页 3 个以内。

7.3　性能测试通过标准

● 　在生产环境下，软件性能等与业务需求基本一致；

● 　没有严重影响系统运行的性能问题。

8．建议

功 能 测 试
根据某单位某系统的验收测试结果，建议增强用户管理模块相应功能的处理效率；对于由第三方的产品问题，导致一些缺陷的产生，应及时关注第三方相应产品的补丁，建议在测试环境经过严格测试后（保证能够解决前期遗留缺陷并且不影响正常功能的使用），再对生产环境打补丁；增强系统内容与用户权限等相关的控制以及对特殊字符的处理，提高系统的安全性；增强系统的易用性以及良好的本地化交互界面。

性 能 测 试
通过针对典型业务的性能测试，系统性能指标基本可满足目前系统的使用，但新闻下载部分业务处理能力非常低，需要对该模块进行性能调优。 针对性能测试执行过程中，对系统资源的监控，存在大量的"睡眠"进程，建议研发人员能够定位产生该问题的原因。通常"睡眠"进程是因为等待其执行时需要的资源没有得到而转入"睡眠"状态；…… 建议有条件情况下做长时间的可靠性测试，检测系统是否存在潜在的内存泄露等问题，从前期的短时间性能测试来看，内存存在少量的泄露，希望开发及其相关人员能够关注该问题并作处理。

文 档 测 试
建议从用户角度出发，更注重文档内容描述的完整性和内在的逻辑性；统一进行文档版本控制，并与软件配置版本一致；安装配置手册应更注重图文结合描述；安装配置手册和使用手册中部分需要用户重点关注的内容应着重解释说明。

9．测试结论

功 能 测 试
经过×个轮次的功能测试，共发现系统功能中的有效 Bug ××个，其中：无致命性 Bug，严重性 Bug 共×个。经过开发人员的修改，"已关闭"的 Bug ××个，占有效 Bug 总数的××%，这部分 Bug 的修改使得系统功能得到了进一步的完善。目前共有×个 Bug 状态为"延期"，且"延期"状态的 Bug 多为第三方产品问题。 验收测试结果表明：系统的功能、易用性、健壮性、安全等方面均有一定程度的提高，系统可满足目前的基本业务需求。 结论：根据功能测试通过标准的约定，功能测试通过。

性 能 测 试
本次生产环境测试针对"登录首页""新闻下载"两个业务进行性能测试，并对被测服务器的资源情况进行全程监控，通过测试，结合"登录首页"业务的测试执行结果，在 100 用户并发访问门户时，平均响应时间指标可以满足用户需求，事务的处理能力也基本能满足用户需求…… 结论：根据性能测试通过标准的约定，性能测试不通过。

文 档 测 试
经过 2 个轮次的文档测试，共发现系统功能中的有效 Bug ×××个，其中：存在内容遗漏现象（即 1 级），共××个 Bug，占有效 Bug 总数的×.×%，描述错误（即 2 级）Bug 共××个，占有效 Bug 总数的近×.×%，文档文字错误（即 3 级）Bug 共××个，占有效 Bug 总数的近××.××%，文档描述过于简单或者冗余描述（即 4 级）Bug 共××个，占有效 Bug 总数的近××.××%。经过开发人员的修改，Bug 已全部关闭。

续表

文 档 测 试

验收测试结果表明：系统的功能描述与文档的一致性、文档完备性、文档内容充分性、文字表达明确性、文档描述的正确性、文档间的可追溯性等方面均有一定程度的提高，可满足目前的基本业务需求。

结论：根据文档测试通过标准的约定，文档测试通过。

11.8.4 某单位某系统验收测试性能测试报告

验收测试性能测试报告是对性能测试的总结，也是提供给"甲方"验收测试是否通过的重要参考性文档。因本书以性能测试相关内容讲解为主，所以对于功能、文档等方面的总结报告不做赘述，下面给大家展示一下该项目的性能测试报告内容。

目 录

1. 简介
    1.1 编写目的
    1.2 预期读者
    1.3 项目背景
    1.4 参考资料
    1.5 术语定义
2. 测试业务及性能需求
3. 测试策略
    3.1 测试整体流程
    3.2 性能测试
        3.2.1 测试目的
        3.2.2 测试准备
        3.2.3 测试方法
        3.2.4 测试内容
4. 局限性
5. 测试环境
    5.1 网络拓扑图
    5.2 软硬件环境
6. 测试交付工作产品
7. 场景设计及执行结果
    7.1 登录首页
        7.1.1 场景设计
        7.1.2 测试结果
        7.1.3 结果分析
    7.2 新闻文件下载
        7.2.1 场景设计
        7.2.2 测试结果
        7.2.3 结果分析

8.　总体结论与建议

以下为某单位某系统验收测试性能测试报告的具体内容。

1.　简介

1.1　编写目的

某单位某系统"性能测试报告"文档有助于实现以下目标：

● 明确性能测试的内容、方法、环境和工具；

● 明确性能测试的执行结果和分析；

● 明确性能测试的结论和建议。

1.2　预期读者

● 某单位某系统项目管理人员；

● 某单位某系统项目实施人员；

● 本公司项目督导人员；

● 本公司项目实施人员。

1.3　项目背景

某单位某系统（以下简称"某单位某系统"）是在本单位局域网运行，目前某单位某系统，处在上线运行前验收阶段，本次性能测试是本测试为系统进行的性能测试。由于某单位某系统的主要业务是登录首页面，所以本次测试重点选取登录到某单位某系统页面进行性能测试，另外对操作比较频繁的业务是新闻下载业务，我单位结合这两个主要业务进行了性能测试。

1.4　参考资料

序　号	文　档　名　称	版本/发行日期	作　　者
1	《某单位某系统需求分析说明书》	20××-02-22	张三
2	……	……	……
3	……	……	……

1.5　术语定义

● 虚拟用户：通过执行测试脚本模仿真实用户与被测系统进行通信的进程或线程。

● 测试脚本：通过执行特定业务流程来模拟真实用户操作行为的脚本代码。

● 场景：通过组织若干类型、若干数量的虚拟用户来模拟真实生产环境中的负载场景。

● 集合点：用来确定某一步操作由多少虚拟用户同时执行。

● 事务点：设置事务是为了明确某一个或多个业务或某一个按钮操作的响应时间。

● 响应时间：指对请求做出的响应所需要的时间（具体就是说从客户端开始发出请求，到服务器端响应请求的时间）。

● TPS：每秒事务数，它是每秒每个事务通过、失败以及停止的次数，可确定系统在任何给定时刻的实际事务负载。

● 系统资源利用：指在对被测系统执行性能测试时，系统部署的相关应用服务器、数据库等系统资源的利用，如 CPU、内存、磁盘 I/O、网络等。

2.　测试业务及性能需求（见表 11-29）

表 11-29　　　　　　　　　　　　测试业务及性能需求

业务名称	性能参考指标
登录首页	预期注册用户 10000 人，每天大约 1000 人使用该系统，并发用户数取实际用户数的 5%～10%，取实际用户数为 1000 人(考虑到该功能的使用频率较登录首页情况较低的因素，在这里取 10%)，则并发用户数为 1000×10%=100 人

续表

业务名称	性能参考指标
登录首页	系统日页面访问总量 2500～100000 次，根据 80/20 原则并按照最大访问量计算，一天工作 8 小时，则 TPS=（2500×80%）/（8×60×60×20%）=2000/5760=0.3472 至 TPS=（100000×80%）/（8×60×60×20%）=13.888 笔/秒
	非 SSL 连接方式访问门户时，95%的平均响应时间上限小于 5 秒
……	……
	……

3. 测试策略

3.1 测试整体流程（见图 11-32）

3.2 性能测试

3.2.1 测试目的

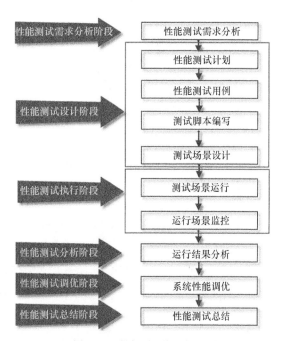

- 检查系统处于压力情况下，应用系统的表现，重点检测系统有无出错信息产生，系统应用的响应时间、TPS、资源状况等；
- 通过压力测试，获得系统可能存在的性能瓶颈，发现系统中可能存在的性能缺陷；
- 验证系统是否满足客户方提出的性能需求。

3.2.2 测试准备

- 功能测试已经结束；
- 性能测试环境已经准备完毕；
- 已将模拟数据提前准备完毕（被测试系统需要的测试数据）；
- 相关技术支持人员到场。

图 11-32 性能测试整体流程图

3.2.3 测试方法

- 利用 LoadRunner 性能测试工具中的 Virtual User Generator 应用，录制性能测试执行脚本；
- 对性能测试脚本进行修改、调试、完善并保存测试脚本；
- 利用 LoadRunner 性能测试工具中的 Controller 应用，按性能测试用例执行设计的场景并保存场景；
- 利用 Nmon 性能监控工具监控被测环境下服务器 CPU、内存、磁盘、网络带宽等系统资源的使用情况；
- 利用 LoadRunner 性能测试工具监控 Oracle 数据库的进程和会话，利用 Spotlight 监控工具实时监控 Oracle 数据库的资源；
- 利用 LoadRunner 性能测试工具中的 Analysis 应用，分析场景执行后的结果；
- 根据监控结果对系统性能进行分析；
- 根据测试执行结果，分析结果是否满足用户需求并生成性能测试报告。

3.2.4 测试内容

针对"2. 测试业务及性能需求"的内容，对"登录首页"及"新闻文件下载"业务按照客户关心的性能指标进行性能测试。

4. 局限性

- 本次性能测试的结果依据目前被测系统的软/硬件环境；

- 本次性能测试的结果依据目前被测系统的网络环境；
- 本次性能测试的结果依据目前被测系统的测试数据量；
- 本次性能测试的结果依据目前被测系统的系统架构设计。

5. 测试环境

5.1 网络拓扑图（见图 11-33）

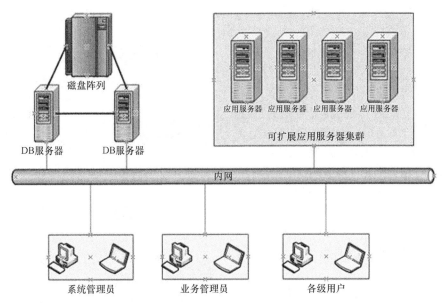

图 11-33 网络拓扑图

5.2 软硬件环境

服务器软硬件资源如表 11-30 所示。

表 11-30　　　　　　　　　　　服务器软硬件配置列表

服务器	硬 件 配 置			是否独立机器	IP 地址	操作系统
	CPU	内　存	硬　盘			
应用服务器	双 CPU	8GB	40G 空闲磁盘空间，RAID	是	192.168.1.113	Linux 5.1
……	……	……	……	……	……	……

测试工具软硬件资源如表 11-31 所示。

表 11-31　　　　　　　　　　　测试工具软硬件配置列表

序号	设 备 名 称	硬 件 配 置	软件环境	IP 地址
1	性能压力机	CPU：双 CPU，Intel Core2, 3.0GHz 内存：2GB 硬盘：280GB	操作系统：Windows XP SP3 测试工具：LoadRunner8.0	192.168.1.196
2	监控工具	CPU：双 CPU，Intel Core2, 3.0GHz 内存：2GB 硬盘：280GB	操作系统：Windows XP SP3 Spotlight on Oracle	192.168.1.198

续表

序号	设 备 名 称	硬 件 配 置	软件环境	IP 地址
3	辅助监控	CPU：双 CPU， Intel Core2, 3.0GHz 内存：2GB 硬盘：280GB	操作系统：Windows XP SP3	192.168.1.197

6. 测试交付工作产品
- 《某单位某系统性能测试报告》
- 《某单位某系统性能测试脚本》
- 《某单位某系统性能测试场景结果》

7. 场景设计及执行结果

7.1 登录首页

7.1.1 场景设计（见表 11-32）

表 11-32　　　　　　　　　　"登录首页"业务场景设计表

序号	场 景 名 称	执行脚本	用户总数	执行时间	用户递增策略	
					递增数量	递增间隔
1	CJ_01_XN_DLSY_30Vu_5Min	登录首页	30	5分钟	5	5 秒
2	CJ_02_XN_DLSY_50 Vu_5Min	登录首页	50	5分钟	5	5 秒
3	……	……	……	……	……	……
4	……	……	……	……	……	……
5	……	……	……	……	……	……

7.1.2 测试结果（见表 11-33、图 11-34 和图 11-35）

表 11-33　　　　　　　　　　"登录首页"事务执行情况汇总表

场 景 名 称	事务名称	最小响应 时间（秒）	平均响应 时间（秒）	最大响应 时间（秒）	95%事务的平均 响应时间（秒）	TPS（每秒事 务数，笔/秒）
CJ_01_XN_DLSY_30Vu_5Min	登录首页	0.108	0.932	24.221	2.872	20.112
CJ_02_XN_DLSY_50Vu_5Min	登录首页	0.121	3.863	25.342	3.142	18.392
……	……	……	……	……	……	……
……	……	……	……	……	……	……
……	……	……	……	……	……	……

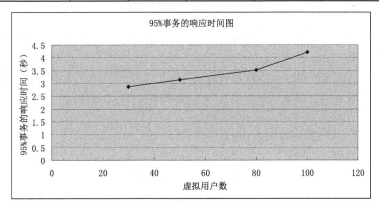

图 11-34　"登录首页"业务 95%事务平均响应时间图

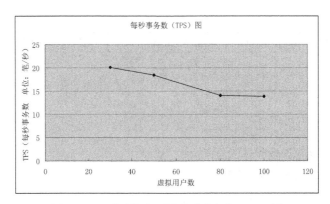

图 11-35　"登录首页"业务每秒事务数（TPS）图

（1）服务器资源监控情况汇总（见表 11-34 和表 11-35）。

表 11-34　　　　　　　　　应用服务器资源监控汇总表

场景名称	系统资源指标											
	CPU				Free Memory(MB)				Disk(I/O)		Network(I/O)	
	Sys%	User%	Wait%	Idle%	Total (MB)	Cached/ buffers (MB)	Used (MB)	Free (MB)	Read KB/s	Write KB/s	Receive KB/s	Send KB/s
CJ_01_XN_DLSY_ 30Vu_5Min	9.6	19.7	0	86.7	15364	5646.8/ 263.3	1882	7579.9	3.7	114.4	24618	43426
CJ_02_XN_DLSY_ 50 Vu_5Min	9.3	10.3	0	88.4	15364	5643.7/ 232.6	1707.3	7780.4	3.9	96.1	21905	38583
……	……	……	……	……	……	……	……	……	……	……	……	……
……	……	……	……	……	……	……	……	……	……	……	……	……
……	……	……	……	……	……	……	……	……	……	……	……	……

表 11-35　　　　　　　　　数据库服务器资源监控汇总表

场 景 名 称	系统资源指标							
	CPU				Disk(I/O)		Network(I/O)	
	Sys%	User%	Wait%	Idle%	Read KB/s	Write KB/s	Receive KB/s	Send KB/s
CJ_01_XN_DLSY_30Vu_5Min	1	9.9	0	97	566.7	137	170	198
CJ_02_XN_DLSY_50 Vu_5Min	9.1	2.0	9.3	95.5	733.7	619	188	211
……	……	……	……	……	……	……	……	……
……	……	……	……	……	……	……	……	……
……	……	……	……	……	……	……	……	……

（2）100 用户执行结果。

由此可以看出，在 100 用户并发时，95%事务的平均响应时间为 4.198 秒，TPS 为 13.896 笔/秒，本节给出"登录首页"业务在 100 个虚拟用户并发时的执行结果。

① 响应时间（百分比）如图 11-36 所示。

② 每秒事务数（TPS）如图 11-37 所示。

（3）失败事务及警告。

在"100 用户登录首页"场景执行过程中，会产生"登录首页"失败的情况。

报错信息为"Error -27727: Step download timeout (120 seconds) has expired when downloading resource(s)"。

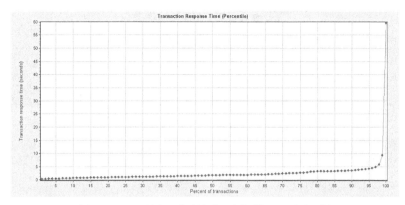

图 11-36　100 用户"登录首页"响应时间（百分比）图

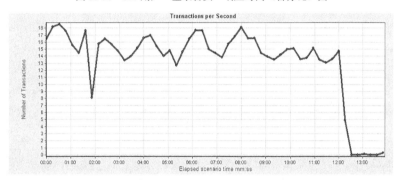

图 11-37　100 用户"登录首页"每秒事务数图

从日志中，查看错误原因可知：在多用户并发访问时，存在下载页面资源超时（超过 120 秒）问题，从而导致报错情况。

……

7.1.3　结果分析

（1）响应时间分析。

由"图 7-1"（根据实际测试场景添加对应图）可知，"登录首页"事务在 30 用户、50 用户、80 用户、100 用户并发访问时，事务中 95%的平均响应时间依次为 2.872、3.142、3.513、4.198 秒，满足≤5 秒的性能需求。

（2）TPS（每秒事务数）分析。

由"图 7-2"（根据实际测试场景添加对应图）可知，"登录首页"事务在 30 用户、50 用户、80 用户、100 用户并发时，"登录首页"事务的 TPS 分别为 20.112 笔/秒、18.392 笔/秒、14.105 笔/秒、13.896 笔/秒，虽然 80 和 100 用户并发的 TPS 稍低于 13.888 笔/秒（按日最大访问量 100000 次计算），系统的实际日访问量小于 100000 次/天，所以认为 TPS 值能够满足实际需要。

（3）总体分析。

由 95%事务平均响应时间、TPS（每秒事务数）情况来看，认为该系统能够满足 100 用户并发登录的需求。按照并发用户数占实际用户数的 10%计算，满足未来 3～5 年注册用户数 10000 人的需求。

……

8.　总体结论与建议

根据性能需求，结合本次所选×个典型业务的测试结果，给出以下的参考值（见表 11-36）。

表 11-36 “登录首页”需求项明细表

考察项名称	需求要求值	测试结果
并发用户数	并发登录用户大于等于 100	符合
95%事务平均响应时间	<5 秒	符合
每秒事务数	……	基本符合

……

（1）总体结论。

结合“登录首页”业务的测试执行结果，在 100 用户并发访问门户时，平均响应时间指标可以满足用户需求，事务的处理能力也基本能满足用户需求。

……

（2）总体建议：

针对性能测试执行过程中，对系统资源的监控，存在大量的“睡眠”进程，建议研发人员能够定位产生该问题的原因。通常“睡眠”进程是因为等待其执行时需要的资源没有得到而转入“睡眠”状态。

……

11.8.5 功能/性能测试缺陷遗留评审确认表格

验收测试执行工作完成后，我们都会将遗留的功能/性能缺陷进行汇总，针对每一个遗留的缺陷都进行评审，记录评审相关意见等信息，评审完成后，针对每一个缺陷逐一确认签字，评审签字包括甲、乙和研发方等相关负责人签字。

这里针对性能测试的遗留缺陷内容给出了一个模板请大家参考，如图 11-38 所示，功能测试的模板这里不再进行过多表述。

这部分内容在后续提交给甲方单位进行验收产品质量评估有一定的参考作用，是非常重要的一部分文档内容。

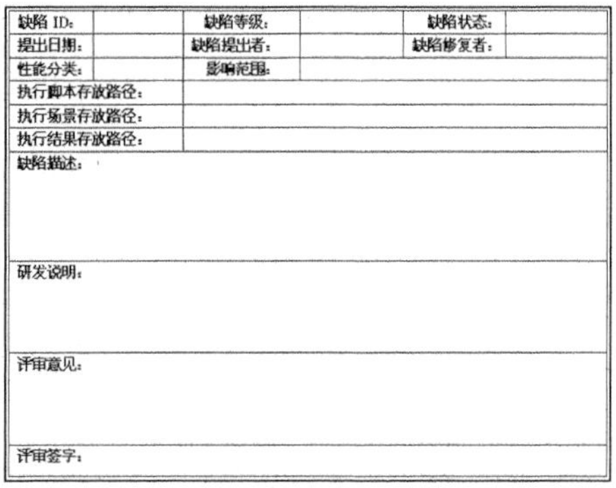

缺陷 ID：		缺陷等级：		缺陷状态：	
提出日期：		缺陷提出者：		缺陷修复者：	
性能分类：		影响范围：			
执行脚本存放路径：					
执行场景存放路径：					
执行结果存放路径：					
缺陷描述：					
研发说明：					
评审意见：					
评审签字：					

图 11-38 性能测试缺陷遗留评审确认表格

11.8.6 项目管理相关表格

毋庸置疑，每一名项目经理都希望自己的项目能够获得成功，但事实上有很多外包项目都不赚钱甚至赔钱，个人觉得除了公司相关的一些管理、运作体制以及协作单位的多方面因素影响以外和项目经理自身的综合素质也是有着密切关系的。作为一名项目经理，除了要具备一定的管理能力、沟通表达能力以外，还需要有比较扎实的专业技能和业务能力，同时要能够把握好项目执行过程中的大方向把握好，保证项目能够向正确的方向前进，合理分配工作任务，使得团队有一个和谐、向上的团队气氛，只有这样项目才有可能成功，否则项目失败通常是最终的宿命。

下面向大家介绍一些我在项目管理时应用的一些文档模板，供大家参考（见图 11-39）。

经常会听到很多同行会说：“这周真忙啊！”，有人在旁边问这位同事：“你都忙什么了啊？”，这位同事回答却是：“我也不知道忙什么了。”，也许您听到这个对话就已经笑了。一个疑问就产生了“怎么自己一周做了哪些工作都不知道呢？”，其实这是一个普遍现象，测试工作本身是一项繁杂的工作，它涉及面很广泛，不仅是产品的测试工作，有时还需要协调资源、部署测试环境，与需求分析、前端程序、后台程序、数据库管理员、系统管理员等沟通协调，有时还需要帮助研发人员复现一些缺陷，工作中经常会被各类事件打断，所以在平时的工作中也就会出现了前面描述的场景。记得我刚参加工作的时候，也会出现类似的问题，这个问题也困扰我很久，后来去了一个做教育行业软件的公司，领导们在管理方面具备很多优秀的经验，逐渐学会了如何合理分配工作时间，改进工作方法。而填写“项目工作日志”对于有效管理时间则提供了很大的帮助。“项目工作日志”是平时我们记录本周工作内容和预期下周工作计划的一项工作，它记录了您每一天的重要工作内容、花费的时间、工作完成度等信息，参见图 11-39。在这里我只想分享一个经验，就是不要认为项目工作日志只是领导为了监督你工作的一个手段。其实，您可以将每天做的事情和花费的时间如实记录下来，坚持一周，而后根据您记录的这些日常工作内容，来进行归类，找出事件发生的先后关系和事件之间的联系，再结合分析的内容，合理安排下一周的工作，不断地去尝试、去改进，您就会发现您每一周的工作经过工作方法的改进后变得清晰、明确且高效率完成，这对于提升自身和团队整体综合能力都是大有裨益的一件事情。

表格名称	项目工作日志						
项目名称	某单位某系统用户验收测试项目		项目编号	XM-JR10087223	审核人	于涌	
人员姓名	于涌		项目起始日期		周数	第6周	
本周工作							
日期	星期	阶段/管理活动类型	测试类型	活动描述	工作量（小时）	完成百分比（100%）	是否按计划
	周一	项目监控	全部	项目进度了解与监控	2	100%	是
		测试执行	功能测试	安排提交第一轮功能、文档缺陷到缺陷管理工具	1.5	100%	是
		测试执行	功能测试	针对性能测试方案多方评审内容修改性能测试方案	3.5	100%	是
		测试执行	性能测试	测试环境尝试录制脚本	1	100%	是
	周二	测试执行	功能测试	生产环境脚本录制	3	100%	是
		测试执行	功能测试	测试终端申请	1	100%	是
		测试执行	功能测试	针对性能测试要求研发准备数据讨论	1	100%	是
		质量保证	功能测试	前期功能缺陷讨论会	3	100%	是
	周三	测试执行	性能测试	性能测试机测试工具安装	4	100%	是
		测试执行	功能测试	与研发沟通性能测试数据准备问题	1	100%	是
		测试执行	功能测试	与研发沟通功能测试缺陷问题	1	100%	是
	周四	测试执行	性能测试	生产环境监控软件安装	2	100%	是
		测试执行	性能测试	处理终端连接不到网络问题	2	100%	是
		测试执行	性能测试	已安装测试工具和监控软件试用	4	100%	是
	周五	测试执行	性能测试	生产环境脚本录制、完善、调试	4	100%	是
		测试执行	性能测试	场景设计	1.5	100%	是
		测试执行	性能测试	少量用户场景试运行	2	100%	是
		测试执行	性能测试	周六性能测试任务安排	0.5	100%	是
合计					38		
次日工作计划（当日填写次日）							
次日	星期	次日计划工作任务内容			工作量（小时）	备注	
	周六	执行性能测试场景，收集监控数据，场景结果相关信息			10	周六加班进行性能测试执行	
下周工作计划（本周末填写下周）							
下周	星期	下周计划工作任务内容			工作量（小时）	备注	
	周一	性能测试结果分析			8		

版本记录 / 第1周 / 第2周 / 第3周 / 第4周 / 第5周 / 第6周 / 第7周 / 第8周 / 第9周 / 第10周 / 第11周 / 第12周 / 第13周

图 11-39 项目工作日志

项目组经常会同甲方、研发方或者项目组内部开一些会议。我们需要在会议过程中记录相关会议的主要内容，针对会议中相关的主要内容达成一致的决定，如：任务完成时间点、责任人、相关资源等进行记录。会后将会议的相关内容进行整理，形成文档，发送给相关干系人，如图 11-40 所示。

表格名称	会议记录			
项目名称	某单位某系统用户验收测试项目		项目编号	XM-JR10087223
会议类型	评审会议	会议时间	会议地点	
参加人员	甲　方：王菊元 乙　方：于涌、郭靖 开发方：周伯通			
会议主题	某单位某系统性能测试方案评审会			
详细内容				
1	针对性能测试方案环境确定在生产环境进行性能测试（性能）			
2	性能测试时对服务器的监控，需要事先提出申请，在指定时段开发端口等（性能）			
3	用户管理部分应作为测试的一项重点内容（主要是用户的增删改查，如：删除用户后，重建该用户，是否同步问题等）（功能）			
4	辅助考虑备份问题（其他）			

图 11-40 项目会议记录

项目周报是项目经理每周应该发送给甲方负责人和己方领导的一份总结性文档，相关领导同志能够根据这份文档了解到项目的进度及其项目工作中遇到的一些问题。文档可以邮件形式发送，发送完成后，最好再次告知相关领导邮件已发出，请其查收等。若邮件中反馈的问题没有得到上级领导的关注，同时您经过多方努力后又无法得到解决时，应上报给领导寻求更多的资源和帮助（见图 11-41）。

　　您还可以将缺陷的趋势图、不同缺陷遗留情况等相关内容发送给甲方负责人、研发方负责人等，以便其敦促研发人员及时修复相关缺陷，如图 11-42 和图 11-43 所示。

图 11-41　项目周报

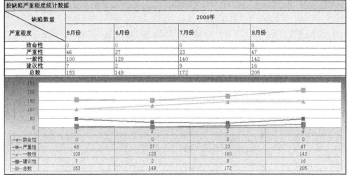

图 11-42　按缺陷严重程度和月份统计的缺陷趋势图

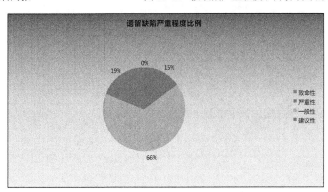

图 11-43　按缺陷严重程度统计的遗留缺陷图

　　关于项目管理方面的内容，我只是凭借个人浅薄的一些心得简单地进行了描述，如果您对这部分内容感兴趣，请阅读专业项目管理和质量控制类图书，这里不再赘述。

11.9　项目验收相关文档编写

　　项目验收测试完成后，需要进行项目的验收。通常，我们先会写一份项目验收申请，请参见 11.9.1 节"验收申请"样本，当然您在做实际项目时要依据于甲方单位的实际要求和具体情况做调整，以邮件的形式提交给甲方相关负责同志。甲方单位收到验收申请后，会结合其单位自身的情况，协调质控验收部门、上层领导和其本部门的负责同志组成验收小组对验收测试项目进行时间安排，召开项目验收会议，当然我方相关领导、销售人员、项目经理及项目组核心成员也要参加该会议。

　　我方应在会议前，提前准备一份幻灯片，对项目的实施背景、资源投入、项目实施过程和验收测试结论、遗留的缺陷、验收测试提交物等进行陈述。当然在会议过程中我方应依据与甲方的关注重点适当调整内容描述的详略，做到有问必答，使甲方相关验收人员得到满意是我们的最终目标。

项目验收通过后，还需要提交"验收测试项目人工统计表"签字确认，相关表格的样式请参见 11.9.2 节，在做实际项目时应根据实际情况做相应调整。

11.9.1 验收申请

验收申请

某公司某系统验收项目于××××年××月××日启动到××××年××月××日，在某公司（即甲方单位）领导和某公司（即乙方单位）领导的高度重视下，经过某公司（即甲方单位）和某公司（乙方单位）项目组共同努力，目前验收测试工作已经完成，特申请某公司（甲方单位）对项目进行验收。

申请单位：某公司（即乙方单位全称）

××××年××月××日

11.9.2 工作量确认

测试工作统计如表 11-37 所示。

表 11-37　　　　　　　　　　　验收测试项目人工统计表

验收测试	任　　务	时间（天）	项目经理 1人（人日）	测试工程师 10人（人日）	高　级 测试工程师 3人（人日）	工作量 小　计 （人日）
测试计划阶段	制定测试计划					
测试需求阶段	分析测试需求					
测试设计阶段	设计测试用例					
	制定测试执行计划					
测试执行阶段	执行测试用例					
测试总结阶段	总结测试，编写文档，项目验收					
合计						

第 12 章

性能测试案例——

系统实现框架对比

　　某公司要做一个系统，该公司在做该系统的技术方案之前，要对该系统的后台工作流系统进行选型。该系统的后台工作流系统的实现有两种方式，一种实现方式是在 Web Application 上使用 Web Container 提供工作流服务，称为嵌入方式；另一种实现方式是在 J2EE 中，在 Engine 中用 EJB2 提供工作流服务，客户端采用 Java Class 实现 API 与 EJB2 通信，这里我们称为 EJB 方式。通过性能测试能够选出性能较好的一种方式，作为系统最终后台工作流系统的实现方式。

12.1　方案设计

12.1.1　项目性能测试需求分析

　　相信有很多做性能测试的读者都会碰到系统框架对比、实现方式对比的测试需求，那么在做该种类型的性能测试的时候，通常需要考虑哪些问题呢？

　　首先，作为性能测试人员在进行该方面需求分析及其评审阶段的时候，应该给系统架构师、设计人员等提出来一个非常重要的问题就是，应该着眼于最终系统实现的功能。在设计样例程序（Demo 程序）的时候，需要考虑以下内容。

　　（1）以后会应用到框架或实现方式的哪些内容，如何去实现？

　　（2）两种框架或者实现方式的 Demo 程序要做同样的事情，要一一对应。

　　（3）两种框架或者实现方式的 Demo 程序在进行性能测试的时候，要保证拥有相同的执行环境（软、硬件），同时需要特别指出的是数据量也要一致，软、硬件的配置也要相同。

　　只有这些都考虑进去，才能保证此 Demo 程序覆盖到了后期实现系统的功能点性能测试方面的需求，性能测试也才会变得更加有意义。

　　如果一个系统有多种实现框架或方式选择的时候，能够做一个小的 Demo 程序，进行性能测试对比后，再选择一个优秀的框架或者实现方式作为最终的应用。因为经常会看到有很多软件因为前期选择了错误的框架或实现方式，导致最终系统无法正式上线，此种做法则会明显减少这种情况的发生。

12.1.2　性能测试需求

　　1．确定性能测试考察指标

　　为了给系统的后台实现方式选型，需要对这两种不同的实现方式进行基准和最大用户数性能测试。测试目标如下。

　　（1）对比工作流在两种不同的实现方式下的性能。需要对比性能测试结果，不需要做瓶颈的判断分析和系统调优（因为我们并不需要考察框架自身的瓶颈并对框架进行修改方面的工作）。

　　（2）经过测试得出工作流在两种不同的实现方式下的并发用户、响应时间及系统资源利用率的性能曲线对比图（通过两种实现方式的对比，更容易让我们看出那种实现方式性能更加良好，效率更高且占用的资源更少）。

　　2．性能测试范围

　　由于本次性能测试时间紧、任务重（测试环境搭建完成到测试结束只有 6 天时间，需要测试 2 个系统性能情况，时间少，测试工作量大），为保证关键业务点性能测试覆盖到，同时为选型提供依据，所以裁减部分非主要测试内容，采用单交易负载测试、单交易最大用户数两种测试策略组合要测试的工作流脚本来执行测试。此次性能测试只测试一个场景，一个工作流（即启动、获取、提交）。

12.1.3 系统架构

1. 网络拓扑（如图 12-1 所示）

2. 系统结构图

实现方式 1 如图 12-2 所示。

实现方式 2 如图 12-3 所示。

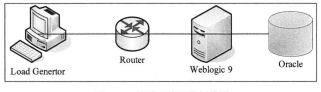

图 12-1 测试环境网络拓扑图

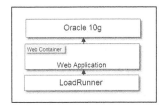

图 12-2 嵌入方式图

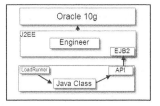

图 12-3 EJB 方式图

12.1.4 性能测试策略

1. 单交易负载测试

利用按时间递增用户的方法，得到最大并发用户数的值，在这个过程中考察平均响应时间、TPS（每秒事务数）、吞吐量和软、硬件资源等各项指标。单交易负载测试说明如表 12-1 所示。

表 12-1 单交易负载测试说明

项 目	含 义
测试目的	获取测试交易的基准响应时间、TPS
测试数据及条件	已经准备完毕
测试脚本	启动、获取、提交
测试场景描述	并发数：递增 执行时间：直到得到最大用户数
测试结果验证	取交易的平均响应时间作为衡量指标，并计算吞吐量、TPS、硬件资源使用率等各项性能指标

2. 单交易负载测试执行次数（如表 12-2 所示）

表 12-2 单交易负载测试执行次数说明

脚 本	执 行 环 境	执 行 时 间
启动嵌入方式脚本	嵌入方式	依赖各项指标
获取、提交嵌入方式脚本		
启动 EJB 方式脚本	EJB 方式	
获取、提交 EJB 方式脚本		

3. 混合场景测试

利用最大并发用户持续一定长的时间获取测试交易的并发性及响应时间，从少量用户递增到最大用户数，在这个过程中，监控各方面的资源。取交易的平均响应时间作为衡量指标，并计算吞吐量、TPS、硬件资源使用率等各项性能指标，如表 12-3 所示。

表 12-3　　　　　　　　　　　混合场景测试说明

项　　目	含　　义
测试目的	获取测试交易的并发性及响应时间，为后期混合场景测试提供依据
测试数据及条件	已经准备完毕
测试脚本	启动、获取、提交
测试场景描述	并发数：递增 执行时间：递增到最大用户数后持续 60 分钟
测试结果验证	去掉前后 15 分钟的测试结果，取交易的平均响应时间作为衡量指标，并计算吞吐量、TPS、硬件资源使用率等各项性能指标

4. 单交易并发用户数策略执行次数（如表 12-4 所示）

表 12-4　　　　　　　　单交易并发用户数策略执行次数说明

脚　　　本	执 行 环 境	执 行 时 间
启动嵌入方式脚本	嵌入方式	2h
获取、提交嵌入方式脚本		
启动 EJB 方式脚本	EJB 方式	
获取、提交 EJB 方式脚本		

12.1.5　测试资源

1. 测试数据

（1）测试场景执行之前，需要把数据准备完成。

（2）每次测试场景执行之前要保证测试环境一样。

（3）每次测试完成后，如果环境还要进行其他测试，保证初始环境一致（软、硬件及其数据等要保证一致）。

2. 人力资源（如表 12-5 所示）

表 12-5　　　　　　　　　人力资源及其职责说明

资　　源	人数	描　　述
主机专家	1	维护测试环境中的各个主机运行正常，在场景执行时监控操作系统，并解决场景执行过程中遇到的操作系统问题
数据库专家	1	保证数据库可用，在场景执行时监控数据库，并解决场景执行过程中遇到的数据库问题
存储专家	1	保证存储可用，在场景执行时监控存储设备，并解决场景执行过程中遇到的存储设备问题
网络专家	1	保证网络可用，在场景执行时监控网络，并解决场景执行过程中遇到的网络问题
应用专家	1	保证 Weblogic 可用，在场景执行时监控 Weblogic，并解决场景执行过程中遇到的 Weblogic 问题
项目组人员	3	了解业务，对测试工具、测试策略有一定了解，监督测试执行过程，保证测试环境在测试过程中不被干扰。测试开始阶段负责对测试脚本和测试方法进行确认，负责测试数据的准备，测试中负责确认测试收集数据的准确性
测试组人员	2	制订方案、计划，实施测试

3. 测试工具（如表 12-6 所示）

表 12-6　　　　　　　　　　测试工具应用说明

工 具 类 型	名　　称	用　　途
性能测试工具	LoadRunner	创建虚拟用户，发起交易，需要 http License 10000 个
Oracle 监控工具	Statspack	Oracle 数据库监控

续表

工 具 类 型	名　　称	用　　途
RedHat 自带命令工具	top 命令	top 程序以 2 秒的默认时间间隔从系统上抽取并显示统计信息
	vmstat 命令	用于获取 CPU、页面调度和内存使用情况的总体图形描述
	Iostat 命令	用于确定磁盘和 CPU 的使用情况
	Netstat 命令	用于确定发送的、接收的信息包数
	ifconfig	用于查看 IP 分配情况
同步工具	NetTime	用于网络中主机的时间同步

4. 软、硬件环境

硬件列表如表 12-7 所示。

表 12-7　　　　　　　　　　　　硬件列表

类　　型	配　　置
应用服务器	IP：192.168.10.10 硬件配置：HP 380 2C4G PCServer
数据库服务器	IP：192.168.10.11 硬件配置：IBM 3850 4C8G PCServer
负载生成器	IP：192.168.10.13 硬件配置：HP 580 4C4G PCServer

软件列表如表 12-8 所示。

表 12-8　　　　　　　　　　　　软件列表

类　　型	版　　本
Weblogic	9i
Linux	2.6.9.47
Oracle	10GB

5. 技术支持（如表 12-9 所示）

表 12-9　　　　　　　　　　技术支持说明

类　　型	有/无	姓　　名	联 系 方 式
Weblogic 工程师	有	张××	139××××××××
Linux 工程师	有	李××	136××××××××
Oracle 工程师	有	王××	135××××××××

12.1.6　测试监控

1. Linux 监控指标

可以使用性能测试工具 LoadRunner 或者其他工具、命令监控 Linux，主要考察的指标请参见表 12-10 所示信息。

表 12-10　　　　　　　　　　Linux 监控指标说明

指标类型	指标名称	指标描述
CPU	CPU utilization CPU	CPU 的使用时间百分比
	System mode CPU utilization	在系统模式下使用 CPU 的时间百分比
	User mode CPU utilization	在用户模式下使用 CPU 的时间百分比

续表

指 标 类 型	指 标 名 称	指 标 描 述
Memory	Page-in rate	每秒读入到物理内存中的页数
	Page-out rate	每秒写入页面文件和从物理内存中删除的页数
	Paging rate	每秒读入物理内存或写入页面文件的页数
Disk	Disk rate	磁盘传输速率

2. Orcale 监控指标

可以使用 Statspack、Spotlight、LoadRunner 监控 Oracle 的指标，请参见表 12-11 信息。

表 12-11 Orcale 监控指标说明

指 标 类 型	指 标 名 称	指 标 描 述
静态配置指标	shared pool	共享池大小
	PGA	程序全局区情况
	SGA	系统全局区情况
	Sessions	活动会话、top session 等
	Log Archive Start	数据库是否运行于归档模式
	Lock SGA	实例的 SGA 是否完全为物理内存
	表空间信息（tablespace information）	当前数据库各表空间的大小、类型、使用情况等
	数据文件信息（datafile information）	当前数据库各数据文件大小、存放位置及使用情况等
实时运行指标	Run Queue	Oracle 的队列长度
	top SQL	最占资源的 SQL
	Alert\<SID>.log	数据库日常运行告警信息
	缓冲区命中率（Buffer Hit%）	指数据块在数据缓冲区中的命中率
	内存排序率（In-memory Sort）	指排序操作在内存中进行的比率
	共享区命中率（Library Hit %）	该指标主要代表 SQL 在共享区的命中率
	软解析的百分比（Soft Parse %）	该指标是指 Oracle 对 SQL 的解析过程中，软解析所占的百分比
	闩命中率（Latch Hit%）	指获得 Latch 的次数与请求 Latch 的次数比率
	SQL 语句执行与解析的比率（Execute to Parse %）	指 SQL 语句执行与解析的比率
	共享池内存使用率（Shared Pool Memory Usage %）	该指标是指在采集点时刻，共享池（share pool）内存被使用的比例
	等待事件（Wait Event）	Oracle 等待事件是衡量 Oracle 运行状况的重要依据及指示，等待事件分为两类：空闲等待事件和非空闲等待事件

3. Weblogic 监控指标

可以使用 Weblogic 自带的监控工具和 LoadRunner 相结合的方式监控 Weblogic 指标，请参见表 12-12 信息。

表 12-12 Weblogic 监控指标说明

指 标 类 型	指 标 名 称	指 标 描 述
JVMRuntime	HeapSizeCurrent	返回当前 JVM 堆中内存数，单位是字节
	HeapFreeCurrent	返回当前 JVM 堆中空闲内存数，单位是字节
ExecuteQueueRuntime	ExecuteThreadCurrentIdleCount	返回队列中当前空闲线程数
	PendingRequestOldestTime	返回队列中最长的等待时间
	PendingRequestCurrentCount	返回队列中等待的请求数

指 标 类 型	指 标 名 称	指 标 描 述
	WaitingForConnectionHighCount	返回本 JDBCConnectionPoolRuntimeMBean 上最大等待连接数
	WaitingForConnectionCurrentCount	返回当前等待连接的总数
JDBCConnectionPoolRuntime	MaxCapacity	返回 JDBC 池的最大能力
	WaitSecondsHighCount	返回等待连接中的最长时间等待者的秒数
	ActiveConnectionsCurrentCount	返回当前活动连接总数
	ActiveConnectionsHighCount	返回本 JDBC 在 ConnectionPoolRuntimeMBean 上最大活动连接数

12.1.7 里程碑计划

里程碑计划表如表 12-13 所示。

表 12-13 里程碑计划表

任 务	起 始 日 期	完 成 日 期
测试方案、案例	2018-3-2	2018-3-2
搭建监控环境	2018-3-2	2018-3-2
脚本调试（嵌入式）	2018-3-3	2018-3-3
场景的确认（嵌入式）	2018-3-4	2018-3-4
场景的预执行（嵌入式）	2018-3-5	2018-3-5
场景的执行（嵌入式）（所有场景执行 3 次）	2018-3-5	2018-3-5
结果的收集（嵌入式）	2018-3-5	2018-3-5
脚本调试（EJB）	2018-3-6	2018-3-6
场景的确认（EJB）	2018-3-6	2018-3-6
场景的预执行（EJB）	2018-3-6	2018-3-6
场景的执行（EJB）（所有场景执行 3 次）	2018-3-7	2018-3-7
结果的收集（EJB）	2018-3-7	2018-3-7
结果的对比（若无异常）	2018-3-8	2018-3-8
报告的编写	2018-3-9	2018-3-9

12.1.8 测试准则

1. 测试准入准则

测试环境准备包括：

（1）工作流处理系统数据库安装并调试成功，并经过相应优化；

（2）测试数据已经准备完毕，初始数据量满足测试要求；

（3）应用服务器安装成功，待测试版本已正确部署；

（4）测试客户端计算机到位，系统软件安装完毕；

（5）网络配置正确，连接通畅，可以满足压力测试需求；

（6）测试所需的存储到位；

（7）测试环境得到项目组、测试组确认；

（8）测试计划审核、批准完毕，项目组确认；

（9）测试组人员、各部分专家到位。

　2.　**暂停/再启动准则**

暂停准则：在测试计划执行的过程中，如果遇到如下情况，需要测试暂停。

（1）系统环境变化：包含系统主机硬件损坏、网络终端时间超长、压力发生器出现损坏、系统主机因别的原因需升级暂停。

（2）系统测试冲突：包含技术测试时间点与开发人员在使用中冲突、别的紧急项目需要临时暂用测试环境冲突。

（3）系统测试重大问题发现：包含技术测试过程中若发现被测系统有重大 Bug 需要暂停修复。

（4）系统测试需求变更：包含测试目的变更领导要求暂停、测试需求变更后优先级降低需要暂停。

再启动准则：只要还在测试计划范围内，当暂停准则条件发生变化后，符合需要继续测试的条件，则可重新启动测试。

（1）系统环境恢复。

（2）系统测试冲突解决。

（3）测试发现重大问题解决。

（4）系统测试需求变更后需要继续测试。

12.1.9　测试风险

测试风险评估描述如表 12-14 所示。

表 12-14　　　　　　　　　　测试风险评估表

风　险　描　述	程　　度	解　决　方　案	相关负责人
脚本的录制，编辑	高	若录制调试不成功，则编写调试脚本	王×
测试过程中的环境问题	高	尽快找相应的支持人员解决环境中出现的问题	王× 张××
测试人员的熟悉过程	中	给测试人员更多的熟悉时间	王× 李××
环境转换时间	中	尽快解决环境转换的问题	王× 张××
数据库的还原	中	让开发人员或数据库管理员还原数据库	韩×
技术支持到位	低	尽快找到相应的技术支持人员	王×

12.2　测试执行

12.2.1　脚本编写

　1.　**嵌入方式脚本**

在 HTTP 实现方式下，由于采用的是 Web Container 方式提供 HTTP 方式处理请求，所以采用 LoadRunner 工具的录制方式选择 HTTP 协议。在录制完成的脚本中，并没有生成多余的脚本，并且没有需要关联的数据。服务器对客户端发的请求并没有太多的限制，所以对脚本的编辑应关注对 Response 数据的判断上。采用的方式是在脚本中加入了文本检查来判断服务器返回的数据是否正常。由于只是做性能对比，所以不考虑加入思考时间和集合点。在脚本中，加入 3 个事务，分别是启动（Start）、获取（Fetch）、提交（Submit），记录脚本运行时的业务操作时间。其他不需要做更改，具体代码如下所示：

```
Action()
{

    web_url("startprocess.jsp",
        "URL=http://192.168.10.10:7001/WLWarTest/秒 tartprocess.jsp",
        "TargetFrame=",
        "Resource=0",
        "RecContentType=text/html",
        "Referer=",
        "Snapshot=t5.inf",
        "Mode=HTML",
        LAST);

    lr_start_transaction("start");
    lr_think_time(10);
    web_reg_find("Text=启动成功", LAST);
    web_url("启动流程",
        "URL=http://192.168.10.10:7001/WLWarTest/秒 tartprocessresult.jsp",
        "TargetFrame=",
        "Resource=0",
        "RecContentType=text/html",
        "Referer=http://192.168.10.10:7001/WLWarTest/秒 tartprocess.jsp",
        "Snapshot=t6.inf",
        "Mode=HTML",
        LAST);
    lr_end_transaction("start",LR_AUTO);

    lr_think_time(4);

    web_url("前往获取工作项",
        "URL=http://192.168.10.10:7001/WLWarTest/obtainworkitem.jsp",
        "TargetFrame=",
        "Resource=0",
        "RecContentType=text/html",
        "Referer=http://192.168.10.10:7001/WLWarTest/秒 tartprocessresult.jsp",
        "Snapshot=t7.inf",
        "Mode=HTML",
        LAST);

    lr_start_transaction("Fetch");

    lr_think_time(11);
    web_url("获取工作项",
        "URL=http://192.168.10.10:7001/WLWarTest/秒 ubmitworkitem.jsp",
        "TargetFrame=",
        "Resource=0",
        "RecContentType=text/html",
        "Referer=http://192.168.10.10:7001/WLWarTest/obtainworkitem.jsp",
        "Snapshot=t8.inf",
        "Mode=HTML",
        LAST);
    lr_think_time(9);
    web_url("返回获取工作项",
        "URL=http://192.168.10.10:7001/WLWarTest/obtainworkitem.jsp",
```

```
        "TargetFrame=",
        "Resource=0",
        "RecContentType=text/html",
        "Referer=http://192.168.10.10:7001/WLWarTest/秒 ubmitworkitem.jsp",
        "Snapshot=t9.inf",
        "Mode=HTML",
        LAST);

    lr_start_transaction("fetch");
    lr_think_time(11);
    web_url("获取工作项_2",
        "URL=http://192.168.10.10:7001/WLWarTest/秒 ubmitworkitem.jsp",
        "TargetFrame=",
        "Resource=0",
        "RecContentType=text/html",
        "Referer=http://192.168.10.10:7001/WLWarTest/obtainworkitem.jsp",
        "Snapshot=t10.inf",
        "Mode=HTML",
        LAST);
    lr_end_transaction("fetch",LR_AUTO);

    lr_start_transaction("submit");
    lr_think_time(25);
    web_url("提交工作项",
        "URL=http://192.168.10.10:7001/WLWarTest/秒 ubmitworkitemresult.jsp",
        "TargetFrame=",
        "Resource=0",
        "RecContentType=text/html",
        "Referer=http://192.168.10.10:7001/WLWarTest/秒 ubmitworkitem.jsp",
        "Snapshot=t11.inf",
        "Mode=HTML",
        LAST);
    lr_end_transaction("submit",LR_AUTO);

    return 0;
}
```

2. EJB 方式脚本

在 Java Vuser 实现方式下，由于服务端采用的是 Java Vuser，客户端使用 Java Class 调用 jar 包来实现与 Java Vuser 的通信。所以在 LoadRunner 中要使用 Java Vuser 来调用客户端的 Java Class，并且把需要的 jar 包加载到运行时设置的 JVM 中去，或者加入到环境变量。在脚本中，还要加入对 Java Class 中的返回布尔值做判断以确定事务是否失败，以及失败和成功后的事务状态。在脚本中还要加载相应的 Java 包。同样，不加入思考时间和集合点，并且加入 3 个事务，分别是启动（Start）、获取（Fetch）、提交（Submit），记录脚本运行时的业务操作时间，具体代码如下所示：

```
import lrapi.lr;
//load loadrunner test class
import test.loadrunner.ObtainAndSubmit;
import test.loadrunner.StartProcess;

public class Actions
{
    boolean result;
    boolean res1;
    boolean res2;
```

```
    // start new Process
    ObtainAndSubmit oas = new ObtainAndSubmit();
    StartProcess sp = new StartProcess();

    public int init() throws Throwable {
        sp.init();
        return 0;
    }

    public int action() throws Throwable{

        //启动工作项
        lr.start_transaction("start");
        boolean result = sp.testStartProcess();

        if ( result==true)
        lr.end_transaction("start",lr.PASS);
        else  lr.end_transaction("start",lr.FAIL);

        //获取工作项，并判断工作项是否获取成功
        lr.start_transaction("fetch");
        boolean res1= oas.obtainWorkItem();

        if (res1==true)  lr.end_transaction("fetch",lr.PASS);
        else  lr.end_transaction("fetch",lr.FAIL);

        //提交工作项，并判断工作项是否提交成功
        lr.start_transaction("submit");
        boolean res2= oas.submitWorkItem();
        if (res2==true)  lr.end_transaction("submit",lr.PASS);
        else lr.end_transaction("submit",lr.FAIL);

    return 0;
    }

    public int end() throws Throwable {

        sp.destroy();

        return 0;
    }
}
```

12.2.2　测试过程

1．测试数据

Oracle 数据库

此次测试均在数据库无数据的环境下进行，如有特别需要，可增加少许数据以维持业务流的完整运行。在测试启动功能时，不需要数据库里的任何数据，所以在反复测试启动功能时，对数据库执行以下步骤：

```
//删除以下两个表中的内容，此次测试只涉及这两张表
Truncate table WORKITEM;
```

```
Truncate table ACTIVITYINST;
//清除 shared_pool
Alter system flush shared_pool;
//清除 buffer_cache
Alter system flush buffer_cache;
```

2. 测试场景

单交易基准测试场景设置（简单描述如表 12-15 所示）。

表 12-15　　　　　　　　　　单交易基准测试场景设置描述表

项　目	含　义
测试目的	获取测试交易的并发性及响应时间，为后期混合场景测试提供依据
测试数据及条件	已经准备完毕
测试脚本	启动、获取、提交
测试场景描述	并发数：递增 执行时间：递增到最大用户数后持续 60 分钟
测试结果验证	去掉前后 15 分钟的测试结果，取交易的平均响应时间作为衡量指标，并计算吞吐量、TPS、硬件资源使用率等各项性能指标

单交易基准测试执行次数如表 12-16 所示。

表 12-16　　　　　　　　　　单交易基准测试执行次数描述表

序　号	脚　本	执 行 环 境	结 束 条 件
1	启动嵌入方式脚本	HTTP	平均响应时间/TPS
2	获取、提交嵌入方式脚本		
3	启动 EJB 方式脚本	Java Vuser	
4	获取、提交 EJB 方式脚本		

混合场景测试场景简单描述如表 12-17 所示。

表 12-17　　　　　　　　　　混合场景测试场景描述表

项　目	含　义
测试目的	获取测试交易的并发性及响应时间，为后期混合场景测试提供依据
测试数据及条件	已经准备完毕
测试脚本	启动、获取、提交
测试场景描述	并发数：使用基准测试用户数 执行时间：递增到最大用户数后持续 90 分钟
测试结果验证	去掉前后 15 分钟的测试结果，取交易的平均响应时间作为衡量指标，并计算吞吐量、TPS、硬件资源使用率等各项性能指标

混合场景测试场景执行次数如表 12-18 所示。

表 12-18　　　　　　　　　　混合场景测试场景执行次数描述表

序　号	方 式 类 型	启动/获取提交交易比例	执 行 时 间
1	嵌入方式	10:12	1 小时
2	EJB 方式	80:100	

注：关于启动/获取提交交易比例的来源说明。

（1）启动和获取两业务的执行是存在先后顺序的，即先启动才能获取提交交易。

（2）有关比例值是分别根据两种不同的模式测试得出分别在什么样的交易配比比例情况下（即业务交易比例），业务可以正确完成，该值为实际测试得出。

3. 场景执行

（1）嵌入方式。

在 HTTP 模式下，脚本录制后回放没有问题，在场景中试运行也没有出现异常问题。所有检查点均通过，可以进行基准测试。

（2）EJB 方式。

在 Java Vuser 实现模式下，脚本回放后，出现 Log4j 及配置文件等的问题。解决以上问题后，加载到场景中运行，使用远程调用 Load Generators 的方式来运行脚本，出现脚本文件上传不完全的问题，解决这些问题后，还需要解决在本地结果文件不可写的问题，至此场景可以正常运行。

12.3 测试报告

12.3.1 性能对比结论摘要

需要说明的是，以下数据除了单交易最大并发用户数，均取自测试完整工作流的混合场景的数据，如表 12-19 所示。

表 12-19　　　　　　　　　　混合场景工作项数据量表

混合场景		工作项数据量
嵌入式模式	启动	528373
	获取	306652
	提交	306652
EJB 模式	启动	324886
	获取	244250
	提交	244250

（1）最大用户数如图 12-4 和图 12-5 所示。

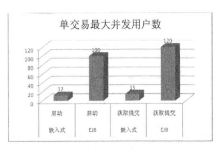

图 12-4　单交易最大并发用户数对比图

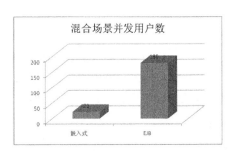

图 12-5　混合场景测试中的最优并发用户数对比图

（2）TPS 如图 12-6 所示。

（3）响应时间如图 12-7 所示。

（4）系统资源如图 12-8 所示。

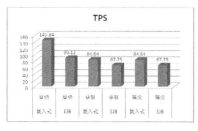

图 12-6　混合场景的平均 TPS 对比图

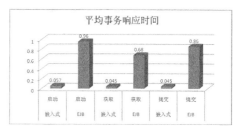

图 12-7　混合场景的平均事务响应时间对比图

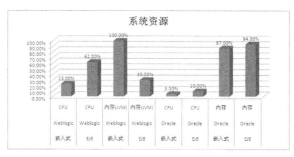

图 12-8　混合场景的系统资源对比图

12.3.2　问题分析

1．嵌入方式

（1）在启动和获取提交的操作中，对数据库进行监控后，查看到在 Shared_Pool 里面有上万条功能相似的语句，导致 hard parses 为 62.77，hard parses 过高会导致数据库使用 CPU 较多。另外，大量的 SQL 语句没有使用游标，并且进行了全表扫描，这就导致当数据库中的数据越来越大之后，SQL 语句的执行效率越来越低。在运行过程中查到某个 SQL 语句在开始执行时只需要 0.2 毫秒，当场景执行到最后时，看到此 SQL 语句用时为 0.7 秒。

例如，下面的 SQL 语句（仅举例，还有其他语句的影响）：

```
SELECT
    CONTEXTPARAMETER,CPCHAR,CPTYPE,RESULTPARAMETER,RPCHAR,RPTYPE,ID, INSTANCEIDENTIFIER,
ACTIVITYPATH,DURATION,DESCRIPTION,USER1,ROLE1,ISROLEMANAGER,ORGANIZATIONALUNIT,ORGANIZATIONALUNITTYPE,
ORGANIZATIONCLASSNAME,TYPE,STATE,PRIORITY,OPERATOR,DUETIME,DUETIME_SUBMIT,CREATETIME,OBTAINTIME,
FINISHTIME,STYLESHEET,PROCESSTYPE ,INSTANCEPATH FROM WORKITEM WHERE ID IN ('00e0e0861fadd21
4011fadd72e836614') ORDER BY PRIORITY,INSTANCEIDENTIFIER,CREATETIME
```

（2）在启动工作项达到 20 万左右时，Weblogic 服务器出现频繁 FULL GC 现象，如图 12-9 所示。并且每次 FULL GC 时都在 13 秒以上，这就导致 Weblogic 长时间停止响应，从而响应时间增加，TPS 下降。当数据量再增加时，就会导致 JVM 完全占满，Weblogic 完全没有响应。压力测试执行 30 分钟以后，Web 服务宕掉。

图 12-9　频繁 FULL GC 现象

 注意

启动工作项放在 JVM 的模式。

（3）测试过程中发现，Web Contaioner 提供服务器，启动工作项放在数据库时，会导致内存泄露的问题，在图 12-10 中可以看到，在经过多次 Full GC 之后，内存并没有释放，一直到 JVM 消耗完，在这一过程中 Full GC 的执行效率也越来越低，在场景停止 1 小时后 Full GC 间隔没有请求而变长，但是内存依旧没有释放。这时 Weblogic 将停止响应，不提供任何服务。

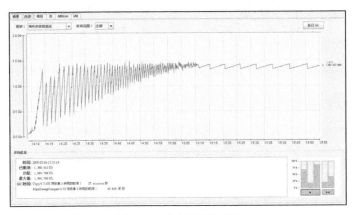

图 12-10　内存使用情况图

2．EJB 方式

（1）测试获取、提交工作项过程中，发现 JVM 有内存泄露现象。一小时 JVM 会泄露 200MB 内存，如图 12-11 所示。

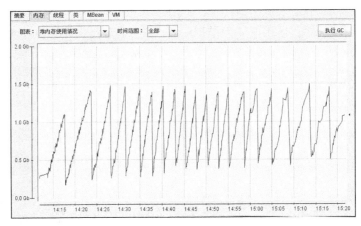

图 12-11　内存泄露图

（2）在 Weblogic 后台看到服务器在长时间的运行后，队列长度达到了 302（瞬间值），并且不会下降，如图 12-12 所示。

Active Execute Threads	Execute Thread Total Count	Execute Thread Idle Count	Queue Length	Pending User Request Count	Completed Request Count	Hogging Thread Count	Standby Thread Count	Throughput
111	116	0	302	302	712086	0	5	161.9387595958896

图 12-12　队列等相关信息图

12.3.3　测试结果对比

1．基准测试

（1）嵌入方式（如表 12-20 所示）。

表 12-20　　　　　　　"单用户、单交易运行 10 分钟"场景下数据信息表

阶段目标	交易系统	交易名称	TPS	完成交易量（笔）	平均响应时间（秒）
基准测试	后台工作流系统	启动工作项	70.94	42635	0.02
		获取工作项	39.5	23741	0.02
		提交工作项	39.5	23741	0.02

结果分析如下：

单用户启动工作项，执行 10 分钟产生了 42635 个工作项。TPS 为 70.94，响应时间和 CPU 占用率都不高。单用户获取、提交工作项，执行 10 分钟，共获取、提交了 23741 个工作项。TPS 为 39.5；响应时间和 CPU 占用率都不高。

 注意

启动工作项放入 JVM 的模式。

（2）EJB 方式（如表 12-21 所示）。

表 12-21　　　　　　　"单用户、单交易运行 10 分钟"场景下数据信息表

阶段目标	交易系统	交易名称	TPS	完成交易量（笔）	平均响应时间（秒）
基准测试	后台工作流系统	启动工作项	61.74	37107	0.03
		获取工作项	26.97	16211	0.02
		提交工作项	26.97	16211	0.03

结果分析如下：

单用户启动工作项，执行 10 分钟产生了 37107 个工作项。TPS 为 61.74，响应时间和 CPU 占用率都不高。单用户获取、提交工作项，执行 10 分钟，共获取、提交了 16211 个工作项，TPS 为 39.5，响应时间和 CPU 占用率都不高。

2. 单交易负载测试

（1）嵌入方式。

● 启动工作项（如图 12-13 所示）。

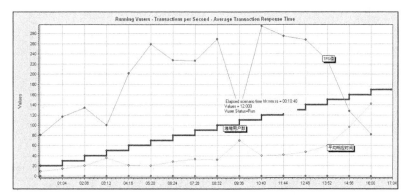

图 12-13　"Running Vusers-Transactions per Second-Average Transaction Reponse Time"合并图

结果分析如下：

随着并发用户数的增加，TPS 在逐渐增加，事务响应时间也在变长，当并发用户数为 12 个时，TPS 为 294，事务响应时间为 0.069 秒，此时 Weblogic 服务器和数据库服务器资源占用率较低；当并发用户数大于 12 个时，TPS 从 294 开始下降，事务响应时间变化较明显。说明启动工作项的

最大并发用户数是 12，最佳并发用户数为 8～10 个。

注意

> 启动工作项放入 JVM 的模式。

● 获取、提交工作项（如图 12-14 所示）。

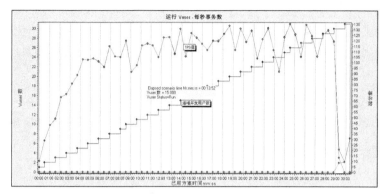

图 12-14 "Running Vusers-Transactions per Second" 合并图

结果分析如下：

随着并发用户的增加，TPS 在逐渐增加，事务响应时间也在变长，当并发用户数为 15 个时，TPS 约为 135，事务响应时间约为 0.057 秒，此时 Weblogic 服务器和数据库服务器资源占用率较低；当并发用户数大于 15 个时，TPS 开始上下大幅度波动，说明启动工作项的最大并发用户数是 15，最佳并发用户数是 12 个。

（2）EJB 方式。

● 启动工作项（如图 12-15 所示）。

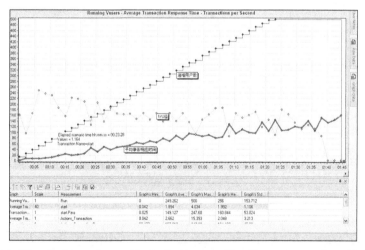

图 12-15 "Running Vusers-Average Transaction Response Time-Transactions per Second" 合并图

结果分析如下：

随着并发用户数的增加，TPS 在逐渐增加，CPU 占用率也不高，在并发用户数达到 100 个时，TPS 约为 247，当并发用户数大于 100 个时，TPS 波动较明显，事务响应时间超过 1 秒。说明启动工作项的最大并发用户数是 100 个，最佳并发用户数是 80 个。

● 获取、提交工作项（如图 12-16 所示）。

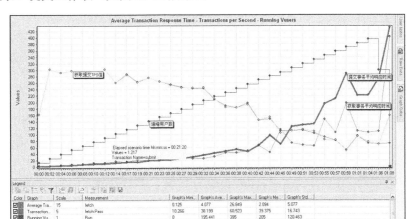

图 12-16 "Average Transaction Response Time-Transactions per Second-Running Vusers"合并图

结果分析如下：

随着并发用户数的增加，TPS 在逐渐增加，CPU 占用率也不高，当并发用户数达到 120 个时，TPS 约为 173，当并发用户数大于 120 个时，TPS 开始波动，事务响应时间超过 1 秒。说明启动工作项的最大并发用户数是 120 个，最佳并发用户数是 100 个。

3. 混合场景

（1）嵌入方式（如表 12-22 所示）。

表 12-22　　　　　　　　　　　"22 并发用户测试结果"数据信息表

交易名称	交易占比	虚拟用户数	CPU 使用率	TPS	响应时间（秒）	完成交易量（笔）	交易成功率
启动	45%	22	DBsrv: 5% web_srv:23%	145.84	0.057	528373	100%
获取、提交	55%			84.64	0.045	306652	

结果分析如下：

从表 12-22 中可以看出，22 并发混合场景测试，经过一小时测试，数据库（DBsrv）与应用服务器（web_srv）CPU 使用率都不高，分别 5%和 23%，响应时间都在 0.05 秒左右。交易成功率是 100%，启动工作项完成 50 多万笔，提交工作项完成 30 多万笔。但系统存在严重的内存泄露问题。测试执行一小时后，Web 服务器会宕机。

（2）EJB 方式（如表 12-23 所示）。

表 12-23　　　　　　　　　　　"180 并发用户测试结果"数据信息表

交易名称	交易占比	虚拟用户数	CPU 使用率	TPS	响应时间（秒）	完成交易量（笔）
启动	44%	180	DBsrv：10% web_srv：67%	90.12	0.96	324886
获取、提交	56%			67.75	0.68	244250
				67.75	0.86	244250

结果分析如下：

从表 12-23 中可以看出，180 并发混合场景测试，经过一小时测试，数据库（DBsrv）与应用服务器（web_srv）CPU 使用率都不高，分别为 10%和 67%，响应时间分别是 0.96 秒、0.68 秒和 0.86 秒。交易成功率是 100%，启动工作项完成 32 万多笔，提交工作项完成 24 万多笔。但系统存在内存泄露问题。测试执行一小时后，JVM 会泄漏 200MB 内存，如图 12-17 所示。

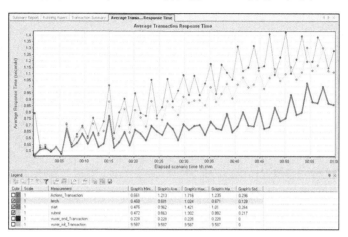

图 12-17 "Average Transaction Response Time"图

结果分析如下：

由于存在内存泄露现象，所以在混合场景测试过程中，响应时间在不断变长，在测试执行 23 分钟时，启动工作项响应时间已经开始超过 1 分钟，在测试执行 38 分钟时，提交工作项响应时间开始超过 1 秒，获取工作项响应时间一直保持在 1 秒以内。

12.3.4 性能对比结论

两种方式都存在内存泄露现象，嵌入方式比 EJB 方式更严重，建议调优之后再进一步进行测试。由于压力测试服务器资源占有率较高，可能对测试结果会有影响，建议今后测试对压力测试服务器配置进行升级。建议对数据库的 SQL 语句进行检查并调优。

1. 嵌入方式

（1）根据现有测试环境的数据规模和环境配置，进行基准测试和单交易负载测试，通过对测试结果数据进行分析，启动工作项最大并发用户是 12，最大 TPS 可以达到 294 笔/秒，获取、提交工作项最大并发用户是 15，最大 TPS 可以达到 135 笔/秒。

（2）根据现有测试环境的数据规模和环境配置，测试过程中数据库服务器的 CPU 占用率低于 5%，内存使用率低于 87%；Weblogic 服务器 CPU 占用率低于 23%，但 Weblogic JVM 随着时间在不断增加。系统存在非常严重的内存泄露现象，测试执行一小时以后，Weblogic 服务器就会宕掉。

2. EJB 方式

（1）根据现有测试环境的数据规模和环境配置，进行基准测试和单交易负载测试，通过对测试结果数据进行分析，启动工作项最大并发用户是 100，最大 TPS 可以达到 247 笔/秒，获取、提交工作项最大并发用户是 120，最大 TPS 可以达到 173 笔/秒。

（2）根据现有测试环境的数据规模和环境配置，测试过程中数据库服务器的 CPU 占用率低于 10%，内存使用率低于 94%。Weblogic 服务器 CPU 占用率低于 62%，但 Weblogic JVM 随着时间不断增加。系统也存在内存泄露现象，测试执行一小时以后，JVM 会泄露 200MB 内存。

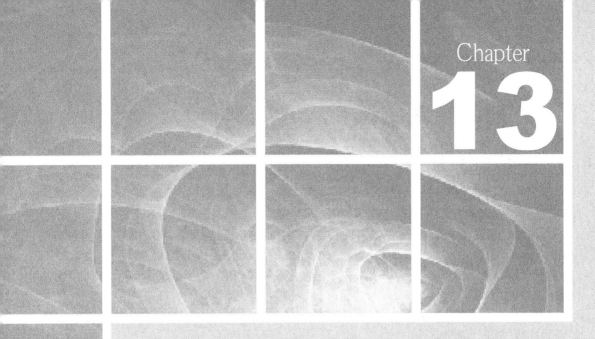

Chapter

13

第 13 章

Web 前端性能测试
工具应用

13.1 前端性能测试

关于性能测试，通常我们最关心的是后端服务器的处理能力，而前端的性能通常被大家忽视，本章节将对前端的性能测试内容进行介绍。

随着性能测试工作的深入开展，性能测试工作也越发精细，在服务器、数据库、中间件、网络、源代码等方面进行性能调优，后端性能得到提升后，现在越来越多的公司已经关注产品前端的性能表现。

目前市面上主流浏览器有 360、Mozilla 的火狐、谷歌的 Chrome、挪威欧普拉软件公司的 Opera、苹果的 Safari、微软的 IE。在标签启动时间、页面加载时间、硬件加速测试、内存占用情况等方面都各有差异。以上浏览器（即 Web 前端）在产品实现的过程中，各个厂家因编码不同、实现方法、关注的重点不同，所以最终产品的表现也不尽相同。

这里抛开浏览器产品本身性能差异，而从应用特定浏览器分析被测试应用的方法和改善前端性能手段两方面进行简单说明。

要想了解应用的前端性能表现，您可以通过使用 HttpWatch、Page Speed、Dyna Trace 和 Yslow 等工具来获得系统前端的性能指标相关信息。

13.2 HttpWatch 工具

13.2.1 HttpWatch 简介

HttpWatch 是强大的网页数据分析工具，其可以集成在 Internet Explorer 和 FireFox 工具栏，其主要包括网页摘要 Cookies 管理、缓存管理、消息头发送/接收、字符查询、POST 数据和目录管理功能、报告输出。它不用代理服务器或一些复杂的网络监控工具，就能够在显示网页同时显示网页请求和返回的日志信息。

你只需要输入要考察性能的网站地址，启动录制按钮，软件就可以对网站与浏览器之间的请求和响应通信情况进行分析。每一个 HTTP 记录都可以详细分析其 Cookies、消息头、字符查询等信息，支持 HTTPS 及分析报告输出为 XML、CSV 等格式。

目前官方提供两个 HttpWatch 版本下载。

HttpWatch Basic Edition（基础版）：免费提供下载，任何人都可以用来查看基本的 HTTP / HTTPS 的详细信息，并记录跟踪文件。

HttpWatch Professional Edition（专业版）：该版本没有任何功能限制，可以通过 HttpWatch 获取 HTTP / HTTPS 的任何 URL 的详细信息，并能被用于查看跟踪文件，需要说明的是在工具安装过程中其需要许可文件（后缀为.lic 的文件）。

关于 HttpWatch 工具的安装过程十分简单，所以不进行赘述，读者朋友自行安装即可。

13.2.2 HttpWatch 工具的使用

这里以 HttpWatch Professional Edition 8.0 作为讲解工具版本，作者的浏览器是 IE 浏览器。HttpWatch 安装完成以后，您可以打开 IE 浏览器，在插件栏和菜单栏您都可以打开该插件，如图 13-1 所示。

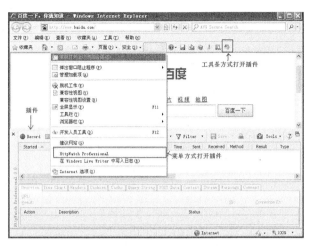

图 13-1　基于 IE 浏览器 HttpWatch 插件打开方式

　　其操作方式也十分简单，您打开插件以后，单击红色的【Record】录制按钮，然后在 IE 的 URL 地址栏中输入您要考察的网站地址即可，这里以输入"http://www.baidu.com"为例，即我们想了解访问百度首页的一些性能指标情况。鉴于我们仅考察百度首页的相关信息，得到该部分内容相关数据后，您就可以单击【Stop】按钮，停止录制。录制完成之后，在 HttpWatch 工具中将展现其相关的数据信息，如图 13-2 所示。停止录制后，插件默认选中"Summary"页，同时下方展示相关数据信息，如图 13-3 所示。这部分内容将是我们重点讲解的内容。

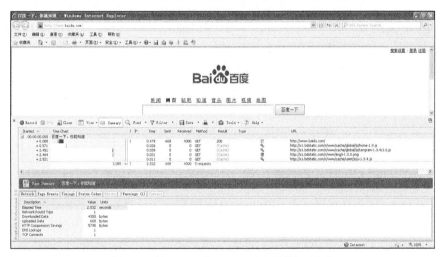

图 13-2　基于 IE 浏览器 HttpWatch 插件打开方式

图 13-3　基于 IE 浏览器 HttpWatch 插件打开方式

首先，了解图 13-3 上半部分相关数据信息的含义，如图 13-4 所示。您会看到该数据表格共包含 8 列，那么每列代表的含义是什么呢？

Started	!	P	Time	Sent	Received	Method	Result	Type	URL
00:00:00.000			0.060	668	4300	GET	200		http://www.baidu.com/
00:00:00.140			0.001	0	0	GET	(Cache)		http://s1.bdstatic.com/r/www/cache/global/js/home-1.9.js
00:00:00.184			0.001	0	0	GET	(Cache)		http://s1.bdstatic.com/r/www/cache/global/js/tangram-1.3.4c1.0.js
00:00:00.186			0.000	0	0	GET	(Cache)		http://s1.bdstatic.com/r/www/cache/user/js/u-1.3.4.js
00:00:00.249			0.001	0	0	GET	(Cache)		http://s1.bdstatic.com/r/www/img/i-1.0.0.png

图 13-4　访问百度首页获得的数据信息上半部分

下面简单对各列的信息描述一下，如表 13-1 所示。

表 13-1　　　　　　　　　　　　HttpWatch 概要信息相关列信息说明

序　　号	列　　名	含　　义
1	Started	表示开始记录 URL 的起始时间，在本例中应用的是偏移时间，您还可以在视图菜单中设置为本地时间或国际标准时间
2	Time	从请求发出直到返回最后的结果所耗费的时间，Time=Blocked+DNS Lookup+Connect+Send+Wait+Receive，后续将展示这部分内容
3	Sent	发送请求时传送的字节
4	Received	系统响应返回结果接收的字节
5	Method	请求过程中使用的方法，一般为 GET 和 POST
6	Result	系统返回的请求结果，一般用状态码表示
7	Type	以图标的形式体现下载的资源类型，将鼠标移动到图标处将显示文本提示信息
8	URL	显示当前请求的页面 URL 地址

下面参见图 13-4，针对访问百度首页您是不是就可以得出如下结论了呢？访问百度首页，共耗费了 60 毫秒，发送 668 字节，接收 4300 字节，应用的是 GET 方法，服务器给予成功响应。也许有的读者说了不可能吧，怎么这么快？这是因为由于作者经常访问百度，所以该地址的一些资源信息被缓存了，从图 13-4 中也能看到有些内容是从缓存中取得的。接下来，再让我们一起来看一下下方丰富的相关数据信息，如图 13-5 所示。

Overview	Time Chart	Headers	Cookies	Cache	Query String	POST Data	Content	Stream	! Warnings (1)	Comment

URL:　http://www.baidu.com/
Result:　200　　　　　　　　　　　　　　　　　　　　　　　　　ID:　1　　Connection ID:　1

Action	Description	Status
Display URL	Normal browser lookup of URL http://www.baidu.com/	Completed
Started At	2012-Nov-15 13:56:34.781 (local time)	Completed
DNS Lookup	Lookup of hostname 'www.baidu.com'	Completed
Connecting	Connecting to IP address '119.75.217.56'	Completed
Connected	Connected to IP address '119.75.217.56' from 192.168.0.151:4896	Completed
HTTP Request	Unconditional request sent for http://www.baidu.com/	Completed
HTTP Response	Headers and content returned	Completed

图 13-5　访问百度首页获得的数据信息下半部分

让我们逐页来看一下相关的数据信息。

（1）Overview 页信息（如图 13-6 所示）。

Display URL：表示请求的地址为百度首页，即 http://www.baidu.com/。

Started At：发送请求的时刻，本地时间。

DNS Lookup：DNS 解析，找名称为 www.baidu.com 的主机。

Connecting：开始同解析后的主机进行连接，主机 IP 地址为 119.75.217.56。

图 13-6　访问百度首页获得的数据信息
下半部分——Overview 页信息

Connected：与 119.75.217.56 建立了连接，本地的连接地址和端口为"192.168.0.151:4896"。
HTTP Request：通过浏览器发出的请求，这里的请求是"http://www.baidu.com/"。
HTTP Response：服务器返回的头和内容信息。

（2）Time Chart 页信息（如图 13-7 所示）。

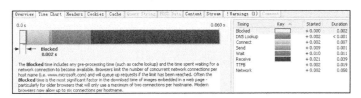

图 13-7　访问百度首页获得的数据信息下半部分——Time Chart 页信息

该页以直观线条方式显示了各部分的耗时情况，左侧显示考察的 URL 总体耗时情况，右侧针对左侧图示给出了 Blocked（阻塞）、DNS Lookup（DNS 寻址）、Connect（连接）、Send（发送请求）、Wait（等待服务器响应）、Receive（返回响应）、TTFB（即 Time To First Byte，首字节返回）和 Network（网络）耗费时间的情况。

下面作者以表格形式给出各部分耗时相关的一些说明信息，参见表 13-2。

表 13-2　　　　　　　　　　　　　　　各段耗时说明

序号	图示名称	含　义
1	Blocked	阻塞时间包括任何预处理时间（比如缓存查找）和花费的时间等待网络连接可用。浏览器限制数量的并发网络连接每个主机名和将请求排队，如果已经达到极限则后续请求需排队
2	DNS Lookup	DNS 解析一个主机名到一个 IP 地址所耗费的时间
3	Connect	连接是创建一个 TCP 连接到 Web 服务器（或代理）所需的时间。如果一个安全的 HTTPS 连接则这段时间包括 SSL 握手过程
4	Send	发送是发送 HTTP 请求消息到服务器所需的时间
5	Wait	等待是等待从服务器得到响应消息的时间。这个值包括由于网络延迟和请求 Web 服务器所需时间
6	Receive	客户端接收从服务器读取响应消息的时间。这个值取决于内容返回的大小、网络带宽和是否使用了 HTTP 压缩等
7	TTFB	TTFB 是从浏览器发出请求到服务器返回第一个字节所耗费的时间。它包括 TCP 连接时间，发送请求时间和接收第一个字节的响应消息时间
8	Network	网络是一个 HTTP 请求在网络消息传输上耗费的时间

从图 13-7 您可以一目了然地看到访问百度首页共耗费了 60 毫秒的时间，其主要耗费时间的部分在服务器返回响应数据上，其耗费了 39 毫秒。

（3）Headers 页信息。

如图 13-8 所示，给出了发送请求头

图 13-8　访问百度首页获得的数据信息下半部分——Headers 页信息

和返回请求头的相关内容，这里我们也列一个表格给予分析，参见表 13-3 和表 13-4。

表 13-3　　　　　　　　　　　　　　　客户端发送表头说明

序号	表头信息	含　义
1	GET /HTTP/1.1	"GET"代表请求方法，"HTTP/1.1"代表协议和协议的版本
2	Accept	Accept 请求报头域用于指定客户端接受哪些类型的信息。例如 Accept：text/html，表明客户端希望接受 html 文本

序号	表头信息	含 义
3	Accept-Encoding	Accept-Encoding 请求报头域类似于 Accept，但是它是用于指定可接受的内容编码。例如 Accept-Encoding:gzip,deflate。如果请求消息中没有设置这个域则浏服务器假定客户端对各种内容编码都可以接受
4	Accept-Language	Accept-Language 请求报头域类似于 Accept，但是它是用于指定一种自然语言。例如，Accept-Language:zh-cn，中文。如果请求消息中没有设置这个报头域，服务器假定客户端对各种语言都可以接受
5	Connection	连接类型，默认为 Keep-Alive（长连接），如果不希望使用长连接，则需要在 header 中指明 Connection 的值为 Close
6	Cookie	Cookie 是由服务器端生成，发送给浏览器，浏览器会将 Cookie 的 key/value 保存到某个目录下的文本文件内，下次请求同一网站时就发送该 Cookie 给服务器。服务器可以利用 Cookies 包含信息的任意性来筛选并经常性维护这些信息，以判断在 HTTP 传输中的状态。可以判断其是否登录过网站，客户的喜好等
7	Host	Host 请求报头域主要用于指定被请求资源的 Internet 主机和端口号，它通常从 HTTP URL 中提取出来的，我们在浏览器中输入 "http://bbs.51testing.com/"，浏览器发送的请求消息中就会包含 Host 请求报头域，如 Host:bbs.51testing.com:n，此处使用缺省端口号 80，若指定了端口号为 8080，则变成 Host:bbs.51testing.com:8080
8	User-Agent	User-Agent 请求报头域允许客户端将它的操作系统、浏览器和其他属性告诉服务器

关于 GET 和 POST 方法在这里简单做一下说明，GET 方法是默认的 HTTP 请求方法，我们日常用 GET 方法来提交表单数据，然而用 GET 方法提交的表单数据只经过了简单的编码，同时它将作为 URL 的一部分向 Web 服务器发送，因此，如果使用 GET 方法来提交表单数据就存在着安全隐患上。同时由于 GET 方法提交的数据是作为 URL 请求的一部分所以提交的数据量也不能太大。POST 方法是 GET 方法的一个替代方法，它主要是向 Web 服务器提交表单数据，尤其是大批量的数据。POST 方法克服了 GET 方法的一些缺点。通过 POST 方法提交表单数据时，数据不是作为 URL 请求的一部分而是作为标准数据传送给 Web 服务器，这就克服了 GET 方法中的信息无法保密和数据量太小的缺点。因此，出于安全的考虑以及对用户隐私的保护，通常表单提交时采用 POST 方法。

表 13-4 服务器端响应返回表头说明

序号	表头信息	含 义
1	HTTP/1.1 200 OK	"HTTP/1.1" 代表协议和协议的版本，"200" 为 HTTP 响应代码，"OK" 表示成功
2	Cache-Control	Cache-Control 指定请求和响应遵循的缓存机制。在请求消息或响应消息中设置 Cache-Control 并不会修改另一个消息处理过程中的缓存处理过程。请求时的缓存指令包括 no-cache、no-store、max-age、max-stale、min-fresh、only-if-cached，响应消息中的指令包括 public、private、no-cache、no-store、no-transform、must-revalidate、proxy-revalidate、max-age。各个消息中的指令含义如下： Public 指响应可被任何缓存区缓存； Private 指对于单个用户的整个或部分响应消息，不能被共享缓存处理。这允许服务器仅仅描述当用户的部分响应消息，此响应消息对于其他用户的请求无效； no-cache 指请求或响应消息不能缓存； no-store 用于防止重要的信息被无意的发布。在请求消息中发送将使得请求和响应消息都不使用缓存； max-age 指客户机可以接收生存期不大于指定时间（以秒为单位）的响应； min-fresh 指客户机可以接收响应时间小于当前时间加上指定时间的响应； max-stale 指客户机可以接收超出超时期间的响应消息。如果指定 max-stale 消息的值，那么客户机可以接收超出超时期指定值之内的响应消息
3	Connection	连接类型，默认为 Keep-Alive（长连接），如果不希望使用长连接，则需要在 header 中指明 Connection 的值为 Close

续表

序号	表头信息	含义
4	Content-Encoding	Accept-Encoding 请求报头域类似于 Accept，但是它是用于指定可接受的内容编码。例如，Accept-Encoding:gzip,deflate，如果请求消息中没有设置这个域服务器假定客户端对各种内容编码都可以接受
5	Content-Length	表示内容长度，只有当浏览器使用持久 HTTP 连接时才需要这个数据
6	Content-Type	表示服务器发送的内容的 MIME 类型
7	Date	Date 头域表示消息发送的时间，时间的描述格式由 rfc822 定义。例如，Thu,15 Nov 2012 05:56:32 GMT。Date 描述的时间表示世界标准时间
8	Expires	Expires: Thu,15 Nov 2012 05:56:32 GMT 需和 Last-Modified 结合使用。用于控制请求文件的有效时间，当请求数据在有效期内时，客户端浏览器从缓存请求数据而不是服务器端，当缓存中数据失效或过期，才从服务器更新数据
9	Server	指示服务器的类型，如 apache、tomcat。这里出现的 BWS 应该是 Baidu Web Server，百度自己研发的 Web 服务器用来替代 apache

关于 MIME（Multipurpose Internet Email Extension），意为多用途 Internet 邮件扩展，它是一种多用途网际邮件扩充协议，在 1992 年最早应用于电子邮件系统，但后来也应用到浏览器。服务器会将它们发送的多媒体数据的类型告诉浏览器，而通知手段就是说明该多媒体数据的 MIME 类型，从而让浏览器知道接收到的信息哪些是 MP3 文件，哪些是 JPEG 文件等。当服务器把输出结果传送到浏览器上的时候，浏览器必须启动适当的应用程序来处理这个输出文档。在 HTTP 中，MIME 类型被定义在<head>、</head>部分的 Content-Type 中。

（4）Cookies 页信息。

Cookies 页展示了在我们访问百度首页时，服务器将哪些数据信息存放在到了客户端，从图 13-9 中我们可以看到了，其主要设定了 2 个 Cookie："BAIDUID" 和 "BDUT"，键值分别为 "D6572EDE2B026 FAE0B68BBB375FAD7C3:FG=1" 和 "6yg771C5C327A86C92969 2CE95FF7770B35813afe68626e2f"，指定了它们的路径、域、有效期等信息。

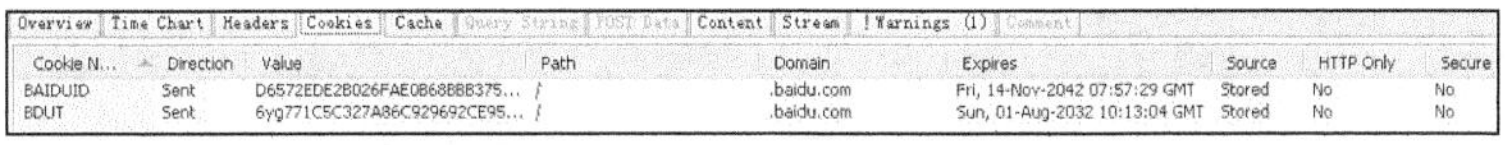

图 13-9 访问百度首页获得的数据信息下半部分——Cookies 页信息

（5）Cache 页信息。

如图 13-10 所示，您可以看到针对要考察的 URL，在请求前、后相关缓存的一些信息，下面以表格形式给大家介绍一下项目信息项含义，参见表 13-5。

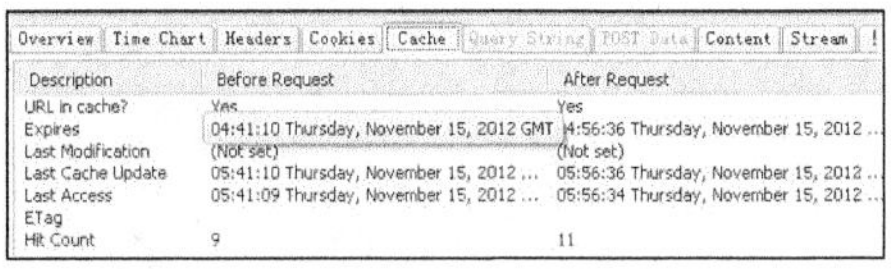

图 13-10 访问百度首页获得的数据信息下半部分——Cache 页信息

表 13-5　　　　　　　　　　服务器端响应返回表头说明

序号	信息项	含义
1	URL in cache?	这表明当前选中的 URL 是否在浏览器缓存中
2	Expires	Web 服务器可以指定这个使用 Expires 表头项，指定当缓存条目将到期的日期/时间
3	Last Modification	服务器返回 last - modified 头条目，存储或更新本地缓存，这里没有设置该项
4	Last Cache Update	最近缓存被更新的日期/时间

续表

序 号	信 息 项	含　　义
5	Last Access	上一次从缓存读取内容的日期/时间
6	ETag	Etag 是 URL 的 Entity Tag，用于标示 URL 对象是否改变，区分不同语言和 Session 等。具体内部含义是使服务器控制的，就像 Cookie 那样。以前的 HTTP 标准里有个 Last-Modified+If-Modified-Since 表明 URL 对象是否改变。Etag 也具有这种功能，因为对象改变也造成 Etag 改变，并且它的控制更加准确。Etag 有两种用法：If-Match/If-None-Match，就是如果服务器的对象和客户端的对象 ID（不）匹配才执行。这里的 If-Match/If-None-Match 都能一次提交多个 Etag。If-Match 可以在 Etag 未改变时断线重传。If-None-Match 可以刷新对象（在有新的 Etag 时返回）
7	Hit Count	浏览器从缓存取得内容的次数

（6）Query String 页信息（如图 13-11 所示）。

图 13-11　访问百度首页获得的数据信息下半部分——Query String 页信息

有时候您在浏览页面的时候，经常在地址栏看到类似于"http://www.xxx.com/...？name1=value1&name2=value2&..."的信息。查询字符串（Query String）是用来传递参数的，在该"http://www.xxx.com/...?name1=value1&name2=value2&..." URL 中，"name1""name2"就是参数，而"value1"和"value2"就是参数的值。当然有些是显式传输的，有一些是隐式传送的。如：访问知名的 CSDN 网站，您输入用户名和密码信息，其用户名等相关参数和值将被记录，出于安全性方面考虑，作者将关键的信息予以了屏蔽，如图 13-12 所示，而访问百度首页没有查询字符串，所以显示如图 13-11 所示。

（7）POST Data 页信息（如图 13-13 所示）。

图 13-12　登录 CSDN——Query String 页信息　　图 13-13　访问百度首页获得的数据信息下半部分——POST Data 页信息

"Post Data"是以 Post 方法传送的相关信息，这里由于百度首页没有应用该方法传送数据，所以无相关信息。下面我们拿"51testing"用户登录为例来进行一下说明，参见图 13-14 和图 13-15。

图 13-14　51tesing 论坛登录界面信息　　图 13-15　针对 51testing 论坛登录——POST Data 页信息

从图 13-14 和图 13-15 我们可以发现相关的输入信息均已被记录，这里鉴于安全方面的考虑，作者将关键的密码相关信息给予了屏蔽。

（8）Content 页信息。

如图 13-16 所示，该页是服务器返回的 Http 响应相关信息。

（9）Stream 页信息。

如图 13-17 所示，该页分成了两个窗口，左侧为发送请求相关信息，右侧为响应信息。共发送 668 个字节到 119.75.218.77:80，80 为端口号，服务器返回响应信息为 4300 个字节给 192.168.0.141:5427，5427 为端口号。

图 13-16　访问百度首页获得的数据信息下半
部分——Content 页信息

图 13-17　访问百度首页获得的数据信息下半
部分——Stream 页信息

（10）Warnings 页信息。

如图 13-18 所示，该页显示单个请求的警告，这里出现一个 HW1004 的警告信息，该信息为 "The request content has been cached, but no Last-Modified or ETag header was set. The browser will not be able to re-validate the content using a conditional request。"

图 13-18　访问百度首页获得的数据信息下半部分——Warnings 页信息

（11）Comment 页信息——该页面显示页面的评价相关信息。

HttpWatch 也提供了非常方便的查询和过滤功能，您可以通过单击【Find】按钮，来查询您关心的相关信息，如图 13-19 所示。

您可以通过单击【Filter】按钮，来设定过滤条件得到您关心的相关信息，如图 13-20 所示。

图 13-19　Find 对话框信息

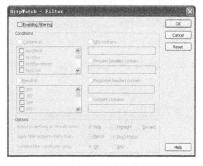

图 13-20　Filter 对话框信息

可以通过选择保存相应的文件输出格式将数据信息进行保存，如图 13-21 所示。

还可以通过选择性地清除 Cache 和 Cookies 相关信息等操作，如图 13-22 所示。

图 13-21　Save 快捷菜单相关信息

图 13-22　Tools 快捷菜单相关信息

13.3　DynaTrace Ajax 工具

13.3.1　DynaTrace Ajax 简介

DynaTrace Ajax 是一个运行在 IE 浏览器下的免费页面性能分析工具，它可以支持 IE 和 Firefox 浏览器。这款工具正是 DynaTrace 为进入前端性能分析领域而发布的。您可以利用它来分析页面渲染时间、DOM 方法执行时间，甚至可以看到 JS 代码的解析时间。

这里引用面向对象 JavaScript 的作者——Stoyan Stefanov 的盛赞该工具一句话："dyna Trace Ajax 是一个详细的底层追踪工具，它不仅可以显示所有请求和文件在网络中传输的时间，还会记录浏览器 Render、CPU 消耗、JavaScript 解析和运行情况等详细的信息，而这些也只是 dynaTrace Ajax 的冰山一角。"接下来就让我们来认识一下这款强大的前端性能分析工具。

13.3.2　DynaTrace Ajax 工具的使用

这里以 3.7 版本作为讲解的工具版本，由于该工具安装过程简便，这里不再赘述。当您安装完成后，您需要注册一个使用账号，而后系统会向您发送一封确认邮件，确认后，就可以以申请的账户（邮箱）进行登录并使用该工具。

这里仍以 IE8.0 作为分析的浏览器，当启动 DynaTrace Ajax 工具后，系统会自动检测工具最新版本，所以将弹出图 13-23 所示对话框，这里请选择取消，因为该版本支持为商用版本，需付费才能使用，取消下载新版本后，将弹出图 13-24 所示工具主界面信息。

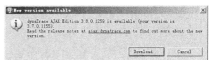

图 13-23　可用新版本对话框

如图 13-25 所示，单击 IE 的图标，将弹出一个下拉菜单，请单击【New Run Configuration...】菜单项，将弹出图 13-26 所示界面信息，这里我们选取谷歌首页作为考察对象。

图 13-24　dynatrace AJAX Edition 工具对话框

图 13-25　创建运行配置快捷菜单项

选中 "Clear browser cache"（即清空浏览器缓存内容）选项，单击【Run】按钮，将弹出谷歌首页，您可以单击浏览器的关闭按钮，此时将关闭浏览器，同时显示相应的分析信息，如图 13-27 所示，您可以看到在工具的左侧将会创建一个 "google (2012-11-16 23:49:18)" 的树形结构，下方为一些性能指标分析报告等，这里我们双击"Network"，右侧将显示相关的数据相关信息。

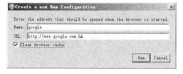

图 13-26 创建运行配置快捷菜单项

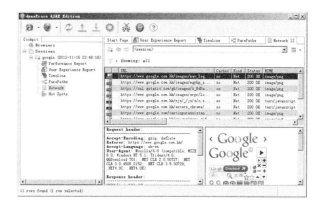

图 13-27 分析结果相关信息

双击树形结构的【Performance Report】节点，将弹出图 13-28 所示界面信息。您可以选择 "http://www.google.com.hk/"链接，右键该链接，在弹出快捷菜单中选中【Details】条目，弹出图 13-28 所示信息，如表 13-6 所示。

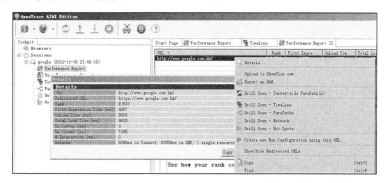

图 13-28 谷歌首页 Details 相关信息

表 13-6　　　　　　　　　　　　　Details 相关信息

序号	信 息 项	值	含 义
1	Redirected URL:	https://www.google.com.hk/	重定向的 URL
2	Rank:	E(53)	总体评价
3	First Impression Time [ms]:	4087	浏览器需要计算布局并将页面呈现到屏幕花费的时间（单位：毫秒）
4	OnLoad Time [ms]:	9000	加载页面主体所花费的时间，由 Onload 事件触发（单位：毫秒）
5	Total Load Time [ms]:	9000	页面完全加载所用的时间（单位：毫秒）
6	On Server [ms]:	0	服务器动态内容生成直到页面完全加载所用时间（单位：毫秒）
7	On Client [ms]:	7295	页面全部加载后花在运行 JavaScript 的时间（单位：毫秒）
8	Ø Interactive [ms]:	0	页面全部加载后花在鼠标和键盘事件处理程序的时间（单位：毫秒）
9	Remarks:	5090ms in Connect, 63308ms in DNS, 1 single resource domains, 3 slow JS handlers	摘要信息，连接花费 5090 毫秒，DNS 耗费 63308 毫秒，1 个资源，3 个缓慢的 JS

呈现（Rendering）使用的时间，浏览器需要计算布局并将页面呈现到屏幕。呈现的快慢依赖于 HTML、样式，而动态的 DOM 操纵可能消耗很多时间来重绘布局。Rendering[ms]列将会显示页面在这些活动中消耗了多长时间。

如图 13-29 所示的 DynaTrace 工具会集合谷歌首页相关结果信息与优秀的应用系统比较，给予其性能评级，这里总体评价为 E(53)，而导致评价级别不高的原因是因为 JavaScript 的评级为 E(55)。

您还可以单击"Web Site KPIs"链接，如图 13-30 所示，打开网站关键性能指标页，如图 13-31 所示。

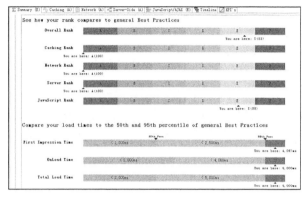

图 13-29　谷歌首页前端性能评级

图 13-30　"Web Site KPIs"链接位置图示

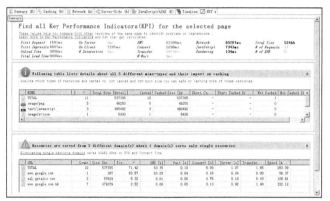

图 13-31　"KPIs"页相关内容

双击树形结构的【Timeline】节点，将弹出图 13-32 所示界面信息。您可以选择"http://www.google.com.hk"，查看该请求的 TimeLine 相关信息，它将分别显示针对 CPU、JavaScript、Rendering、Network、Events 相关信息。

如果您想了解某一段时间的详细信息，可以拖动时间轴向右，如果想缩放，则需要拖动时间轴向左。如果对某部分内容关心，则只需要将鼠标移动到其图形上，系统将给予相关的信息，如图 13-33 所示。用鼠标悬停在事件上将会显示哪些 DOM 元素触发了什么事件。在 JavaScript 行上悬停将会看到执行事件句柄（Event Handlers）使用了多长时间，在 Network 行上悬停显示哪些附加资源被下载。您还能看到浏览器进行了哪些类型的呈现（Rendering）。

如图 13-34 所示，PurePath 页显示了 JavaScript 的真实的运行路径，包括不同方法的执行时间、参数、返回值。其中不仅有 JavaScript 方法，还包括进入 DOM 和通过 XHR 调用 Ajax 请求的详细信息。

如图 13-35 所示，Network 页显示了对应 URL 请求头和响应头等方面信息。

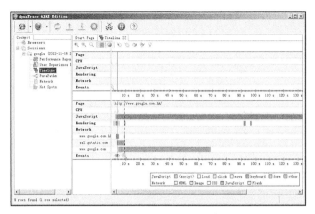

图 13-32 "Timeline"页相关内容

图 13-33 "www.google.com.hk"相关提示项信息

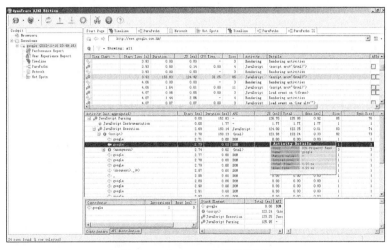

图 13-34 "PurePath"页相关内容

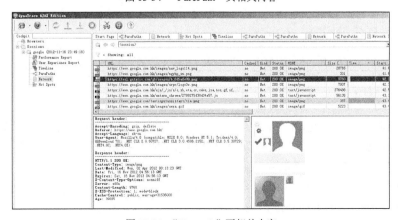

图 13-35 "Network"页相关内容

选择对应的 URL，单击鼠标右键，在弹出的快捷菜单中选择 "Details" 选项，将出现图 13-36 界面所示信息，您可以得到更加直观的数据信息。

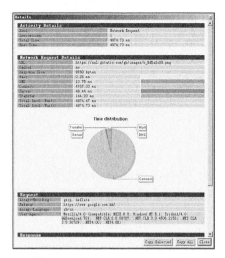

图 13-36 "Network-Details" 对话框

您可以在该页了解所有 JavaScript、DOM 和 Rendering 的活动（Activity），其中 Back Trace 显示了谁引发了所选的活动，而 Forward Trace 显示了这个活动触发了哪些其他的活动。单击 Back Trace 或 Forward Trace 中树节点，将会在最下面显示相关的 JavaScript 源代码，如图 13-37 所示。

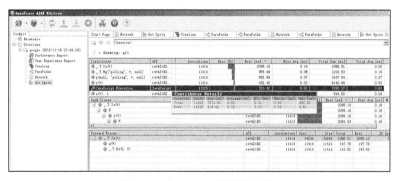

图 13-37 "Hot Spots" 页相关内容

13.4　Firebug 工具

13.4.1　Firebug 简介

Firebug 是网页浏览器 Mozilla Firefox 下的一款开发类插件，它集 HTML 查看和编辑、Javascript 控制台、网络状况监视器于一体，是开发 JavaScript、CSS、HTML 和 Ajax 的得力助手，这里我们主要关注其对于性能测试有帮助的部分内容。

您可以通过以下链接来下载 Firefox 浏览器和 Firebug 插件的最新版本。

Firefox 浏览器下载地址：http://firefox.com.cn/;

Firebug 插件下载地址：https://addons.mozilla.org/en-US/firefox/addon/firebug/;

这里作者使用的 Firefox 版本为"16.0.2"，Firebug 插件的版本为"1.10.6"。

在这里需要说明的是，Firebug 插件下载后将形成一个名称为"firebug-1.10.6-fx.xpi"文件，有些读者可能第一次看到有".xpi"后缀的文件，下面就简单说一下该插件的安装，安装其实非常简单，您只需要拖动该文件到已安装的 Firefox 浏览器，如图 13-38 所示，单击选中 Firebug 条目，选择【立刻安装】按钮，插件安装成功后，重启 Firefox 浏览器，您将发现在浏览器的工具条出现一个小虫的图标，如图 13-39 所示。

图 13-38　"Firebug"插件安装界面　　　　　　图 13-39　"Firebug"插件图标及快捷菜单项

这里为方便我们后续针对网站进行性能分析，建议您选中"启用所有面板"和"对所有网页启用"选项。

13.4.2　Firebug 工具的使用

这里以访问作者博客为例，博客地址"http://tester2test.cnblogs.com"，而后打开 Firebug，将出现图 13-40 所示界面信息。

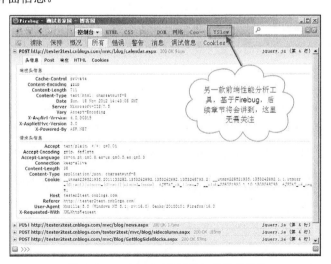

图 13-40　"Firebug"插件图标及快捷菜单项

您可以了解发送请求，服务器给予响应的 HTTP 状态码、耗时等信息，展开链接后将会展现"头信息""Post""响应""HTML"和"Cookies"相关信息，关于这部分内容相信读者在前面看完 HttpWatch 工具的使用后已经有了比较明确的概念，这里不再赘述。

Firebug 有一个非常强大的命令行调试功能，如图 13-41 所示，这里通过命令行输出 id 为 "blogCalendar" 元素，在下方红色方框中输入 "$(blogCalendar)"，将出现图 13-42 所示界面。

图 13-41 "Firebug" 控制台命令应用　　　　图 13-42 "Firebug" 控制台输出信息

在图 13-42 中单击日历元素，将弹出图 13-43 所示界面信息，当然您也可以单击其他页了解样式、DOM 等信息，控制台也支持日志输出，您可以通过使用 "console.log" "console.info" 等函数，来进行调试内容输出等。您在控制台输入字符时，系统会智能给予命令完整辅助提示相关信息，如图 13-44 所示。

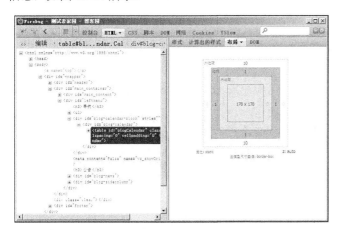

图 13-43 日历元素相关代码和布局相关信息　　　　图 13-44 "console" 控制台相关的一些函数信息

如图 13-45 所示，您可以在右侧添加要监控的表达式，了解其取值的变化等内容。

图 13-45 "脚本" 相关页信息

如图 13-46 所示，您可以通过该页了解页面上数据及结构的一个树形表示。

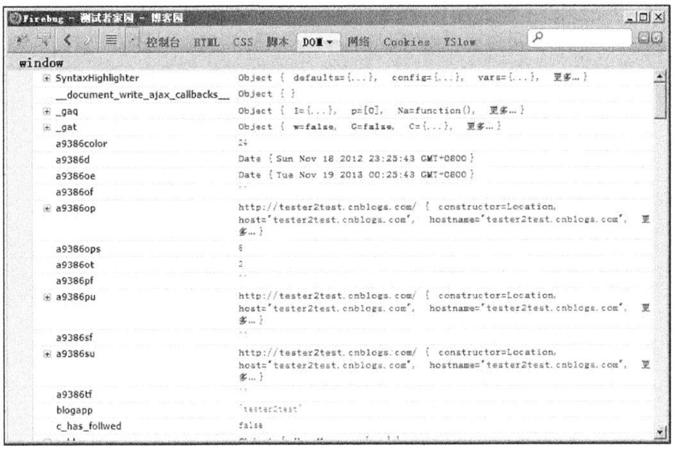

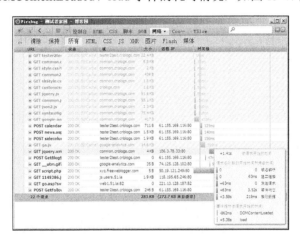

图 13-46 "DOM"相关页信息

您可以单击【网络】按钮，了解下载的页面大小、域名解析、建立连接、发送请求、等待响应、接收数据以及 DOMContentLoaded、load 事件的耗时情况，如图 13-47 所示。

图 13-47 "网络"相关页信息

13.5 YSlow 工具

13.5.1 YSlow 简介

YSlow 是由 Yahoo 开发者团队发布的一款基于 Firebug 的插件。YSlow 可以对网站的页面进行分析，并告诉您为了提高网站性能，如何基于某些规则而进行优化。YSlow 可以分析您指定的任何网站，并为每一个规则产生一个整体报告，并给出修改意见。

您可以通过以下网址下载该插件："https://addons.mozilla.org/en-US/firefox/addon/yslow/"。

在这里我们以版本"YSlow 3.1.4"为例，下载"yslow-3.1.4-fx.xpi"插件文件后，安装完成该插件（关于安装过程同 Firebug 插件），将在您的浏览器右下方状态栏显示一个 图标。

13.5.2 YSlow 工具的使用

如果您希望了解当前访问网站的性能综合评价信息，可以单击 YSlow 图标，如图 13-48 所示，从图中您可以看出 YSlow 根据其自身判断性能的规则标准给予了对应的评定级别，同时也给出了提升性能方法建议。

您可以通过组件页得知每个组件的类型、URL、Expires 数据、状态、大小、读取时间、ETag 信息等内容。通过对这个列表的分析，您就可以知道到底是哪些元素耗费资源，从而有针对性地进行优化，如图 13-49 所示。

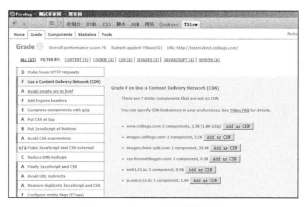

图 13-48 "Grade" 相关页信息

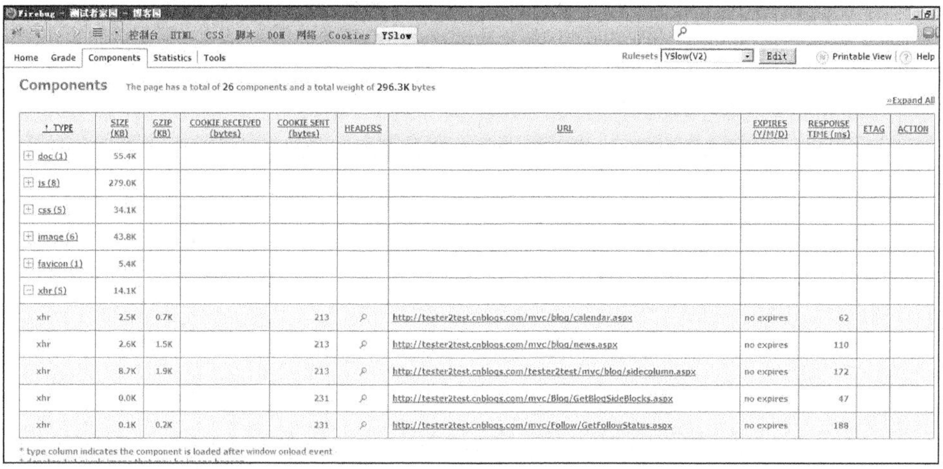

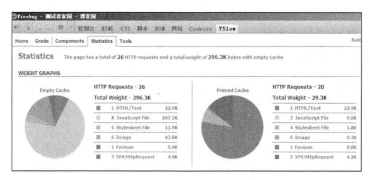

图 13-49 "Components" 相关页信息

如图 13-50 所示，您可以通过该页，了解页面的总体统计信息，包括页面大小、CSS 样式表大小、脚本文件大小、总体图片大小、Flash 文件大小和 CSS 中用到的图片文件大小、哪些东西被缓存等内容。

图 13-50 "Statistics" 相关页信息

13.6　前端性能改进

13.6.1　减少请求数量

我们知道建立连接的过程是比较耗费事件和资源的，连接分为短连接和长连接。短连接就是连接使用完成后就会将其关闭，而下次使用时仍需再次重复连接创建的过程，而长连接则连接建立后，连接使用完成后，仍保持可连接的状态，由于浏览器与每个服务器之间建立长连接数量是有限的，所以保持好的连接数，减少不必要的连接数量将会有效提升性能。有很多人认为将一张大图片拆分成若干小图片将会提升下载速度，那么事实如此吗？这里我们利用 HttpWatch 工具对其进行了实验，得到的结果却表明事实并非如此。

这里我先创建了两个 html 文件，文件内容很简单，就是加载图片文件的静态页面，下面向大家展示一下两个文件的具体内容。

big.html 文件（包含 1 张大图）源代码如下：

```
<html>
 <title><head>大图演示</head></title>
  <body>
    <center><h1>这就是一个大图，图的大小为 548KB</h1></center>
    <p>
    <hr>
    <img src="big.jpg"> </img>
  </body>
 </html>
```

图 13-51 为"big.html"的页面展现，关于图片的大小、图的个数也给予了说明。

```
<html>
    <title><head>小图演示</head></title>
      <body>
        <center><h1>五张小图，五张图的大小为 345KB</h1></center>
        <p>
        <hr>
        <img src="small1.jpg">第 1 张图 81KB </img><p><hr>
         <img src="small2.jpg">第 2 张图 43KB </img><p><hr>
         <img src="small3.jpg">第 3 张图 54KB </img><p><hr>
         <img src="small4.jpg">第 4 张图 75KB </img><p><hr>
         <img src="small5.jpg">第 5 张图 92KB </img><p><hr>
      </body>
 </html>
```

图 13-52 为"small.html"的页面展现，关于图片的大小、图的个数也给予了说明。

图 13-51　"big.html"页面部分展现内容

图 13-52　"small.html"页面部分展现内容

接下来，我们将 html 文件和图片文件放置到 Tomcat 我们用于演示的 mytest 文件夹下，这里说明一下，读者朋友们可以直接从配套资源中看到该文件夹，您只需要将其复制到您部署的 Tomcat 的

webapps 目录下，比如您的 Tomcat 部署到了"C:\Program Files\Apache Software Foundation\Tomcat 7.0"路径，则将 mytest 文件夹复制到"C:\Program Files\Apache Software Foundation\ Tomcat 7.0\webapps"目录下，本节用到的演示文件如图 13-53 所示。

图 13-53　演示文件部署相关路径及文件名称信息

接下来，应用 HttpWatch 工具分别针对 big.html 和 small.html 进行跟踪，我们将结果文件分别保存为"big.hwl"和"small.hwl"，您可以通过访问作者的博客得到这两个文件。最后，让我们一起来看一下相应的结果信息，打开"Time Chart"页，您会看到 big.html 共耗费了 29 毫秒，如图 13-54 所示。

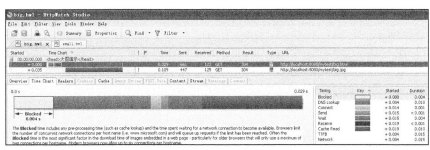

注：存在缓存

图 13-54　big.html 结果信息

您会看到 small.html 共耗费了 39 毫秒，如图 13-55 所示。

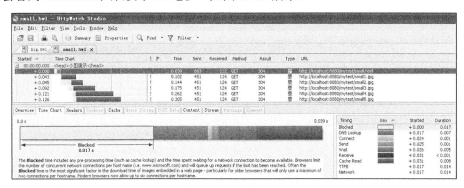

注：存在缓存

图 13-55　small.html 结果信息

那么为什么小图片页面比大图片页面耗时时间长呢？在来让我们仔细看一下各个部分的耗时情况，为了便于大家查看，这里我将其放置到同一张图上，如图 13-56 所示。

从图 13-56 和图 13-57 各部分的耗时情况对比，您是不是能轻而易举地看出"Blocked"部分

图 13-56　各部分结果耗时对比信息

差异最大,这就是导致整体耗时偏长的原因。

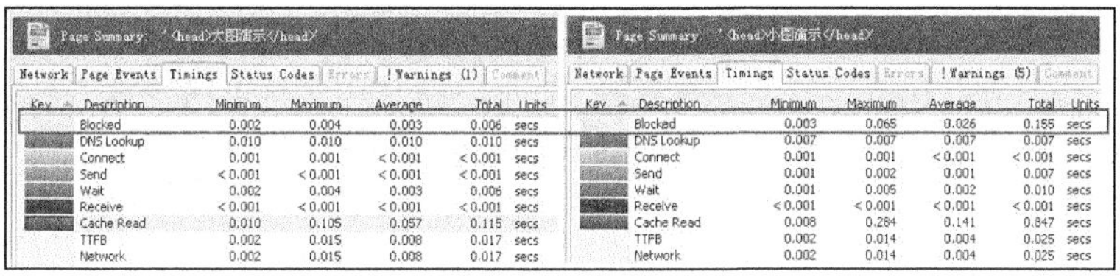

图 13-57　整体各部分结果耗时对比信息

我们知道检索缓存和确认连接是否有效是 Blocked 部分时间,从图 13-56 您可以看到大图页面用的时间仅为 4 毫秒,而小图页面用的时间为 17 毫秒,因为图片等信息是被缓存的,所以两个页面起始均从缓存数据中得到,接收数据的时间均小于 1 毫秒,其他各部分时间并无太大明显差异。从图 13-57 整体(包括图片加载过程)可以看到差距更加巨大,大图页面 Blocked 部分耗费 6 毫秒,而小图页面耗费 155 毫秒。需要注意的是图片文件也不能过大,最好将文件控制在几百 KB。

从上面的例子您是不是能看出,减少请求的数量对提升前端性能具有重大的意义,当然上面我们展示的只是关于图片请求数量的例子,在实际工作中,您可以通过如下情况来减少请求数量。

(1)合并样式表;

(2)多张小图合并成大图;

(3)合并 JavaScript 文件;

……

13.6.2　应用缓存技术

13.6.1 节我们在示例中应用了浏览器缓存,那么究竟什么是浏览器缓存呢?在这里简单地给大家介绍一下浏览器缓存技术。

浏览器缓存(Browser Caching)是为了加速浏览,浏览器在用户磁盘上对最近请求过的文档进行存储,当访问者再次请求这个页面时,浏览器就可以从本地磁盘显示文档,这样就可以减少 HTTP 请求数量、减少网络带宽流量,从而加速页面的访问。

为了使您更加清楚上述描述内容,这里以访问作者的 51CTO 博客为例。

如图 13-58 所示,作者博客为 "http://tester2test.blog.51cto.com/",欢迎广大读者朋友访问博客,交流关于软件测试方面的内容,这里我们将以访问该博客为例,借助 HttpWatch 来了解关于缓

图 13-58　作者 51CTO 博客相关信息

存方面的知识。为防止以前我访问博客留下缓存内容，所以我先清除 IE 缓存，关于这部分内容不再赘述，相信大家都非常熟悉。接下来，打开 IE，启动 HttpWatch，单击【Record】按钮开始录制，在 IE 地址栏输入博客地址回车，如图 13-59 所示，单击【Stop】按钮停止录制。我们先将 HttpWatch 捕获的相关信息，存放到"首次访问博客.hwl"文件中，以备后续分析使用。接下来，您可以单击【Clear】按钮，清空上一次 HttpWatch 产生的相关信息，而后单击【Record】按钮，在 IE 地址栏中仍然输入作者博客地址回车，如图 13-60 所示，单击【Stop】按钮停止录制。我们先将 HttpWatch 捕获的相关信息，存放到"第二次访问博客.hwl"文件中，以备后续分析使用。

图 13-59　用 HttpWatch 得到的首次访问博客相关信息

图 13-60　用 HttpWatch 得到的第二次访问博客相关信息

接下来，让我们分别打开先前保存的"首次访问博客.hwl"和"第二次访问博客.hwl"文件，这两个文件您可以从作者博客获得。从"首次访问博客.hwl"您可以获得加载完整作者博客首页共耗时 42.984 秒，共发送 245833 字节，共接收 1525732 字节，发送 322 个请求；从"第二次访问博客.hwl"您可以获得加载完整作者博客首页共耗时 39.690 秒，共发送 210955 字节，共接收 137133 字节，发送 280 个请求。从得到的数据信息，您不难发现第二次访问博客首页的时间要比先前提升了 3 秒左右的时间，这就是由于有些资源是从缓存获得的，所以节省了一些时间，那么有的读者可能就会非常关心哪些东西被缓存了呢？您可以查看"第二次访问博客.hwl"文件，在"Result"列，有一些被标记为"（Cache）"的就说明这些内容是先前被缓存的内容，如图 13-61 所示。

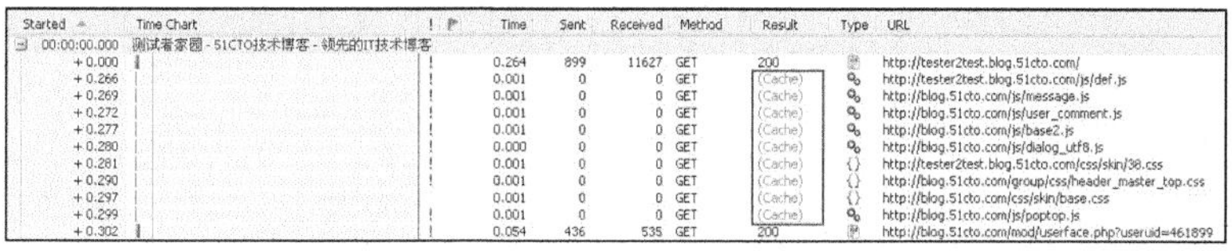

图 13-61　被缓存内容的标示信息

也许认真的您又会提出一个问题，那么浏览器和服务器之间又是如何交互的，浏览器为什么那么智能知道哪些可以从缓存获得，哪些要去下载呢？

这确实是一个好问题，问到根源上了，这里仅以"http://tester2test.blog.51cto.com/js/def.js"为例，向大家介绍一下浏览器和服务器之间的交互过程。

如图 13-62 所示，首次请求"def.js"的时候，服务器响应表头有两项与缓存密切相关，一项是"Date"，另一项是"Expires"。"Date"代表响应的当前标准时间，这里标准时间为"Tue, 20 Nov 2012 05:24:23 GMT"，而"Expires"用于指示响应数据的到期时间，如果当前时间小于"Expires"时间，则浏览器将尝试从缓存中直接获得相应的文件，若当前时间大于"Expires"时间，则浏览器向服务器发送请求获取该文件，这里标准时间为"Tue, 27 Nov 2012 05:24:23 GMT"，即该 JS 文件有效期是一周时间。有的时候您可能会发现"Date"和"Expires"的时间是一致的，此种情况则是每次都要从服务器获取相关文件，不应用缓存。

图 13-62　首次访问博客发送和响应表头信息

如图 13-63 所示，在第二次访问博客时，因为先前已经将该 JS 缓存，所以"URL in cache"在访问前、后均为"Yes"。"Expires"因为当前时间小于"05:24:24 Tuesday, November 27, 2012 GMT"所以不发生变化，指示可以从缓存获得相关文件。

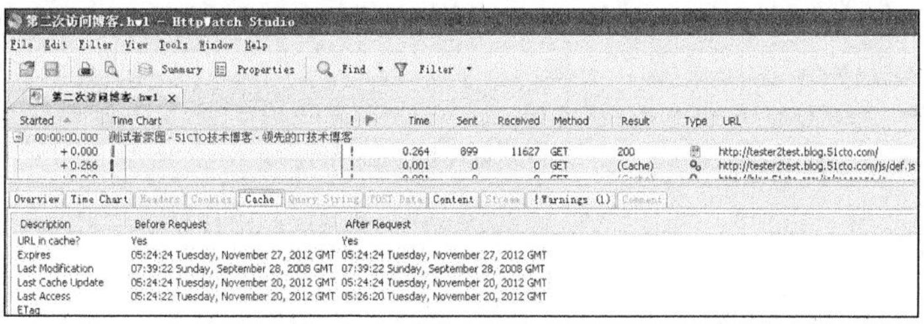

图 13-63　第二次访问博客 Cache 信息

还有一种情况是对于服务器返回状态码为"304"情况，此时浏览器也会直接使用缓存中的文件。下面介绍一下这种情况，如图 13-64 所示。

这种情况是在发出 HTTP 请求时会有一个"If-Modified-Since Tue, 29 Nov 2011 01:32:11 GMT"头信息，它告诉服务器检查该请求相关文件，如果请求的文件没有被修改，则服务器返回"304"（Not Modifed），浏览器将从本地缓存数据中获取该文件。

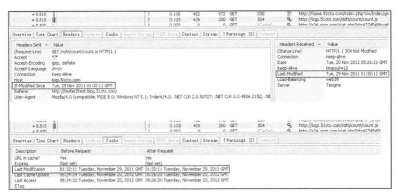

图 13-64　第二次访问博客返回 "304" 应用 Cache 的相关头和缓存信息

13.6.3　CDN 技术

CDN 的全称是 Content Delivery(Distribution) Network，即内容分发网络，它是通过在现有互联网中增加一层新的网络架构，将网络内容发布到最接近用户的网络"边缘"，使用户可以就近取得所需的内容，解决互联网网络拥挤的状况，从而提高用户所能获取服务质量。

CDN 主要通过两种手段来保证服务的质量和整个网络上的访问秩序，即将业务的服务点尽可能地延伸网络边缘，也就是最靠近用户的地方，避免远距离的 IP 转发，减少服务质量衰减和提供分布式的负载均衡，从而减少服务器端的瓶颈。

CDN 的主要特点如下。

（1）本地 Cache 加速：提高了网络站点（尤其含有大量图片和静态页面站点）的访问速度，并大大提高以上性质站点的稳定性。

（2）远程加速：远程访问用户根据 DNS 负载均衡技术智能自动选择 Cache 服务器，选择最快的 Cache 服务器，加快远程访问的速度。

（3）带宽优化：自动生成服务器的远程 Mirror（镜像）Cache 服务器，远程用户访问时从 Cache 服务器上读取数据，减少远程访问的带宽、分担网络流量、减轻原站点 Web 服务器负载等功能。

通常我们应用如下性能指标来评价 CDN 系统。

● 缓存命中率（Cache hit ratio）：在一定时间内，假设用户总请求次数为 N，其中，用户请求内容不在边缘服务器上而需要向源服务器获取内容的请求次数为 M，则 $H = (N-M)/N$ 即为缓存命中率，命中率越高意味 CDN 系统效率越高，用户得到的平均响应越快。

● 保留带宽 RB（Reserved bandwidth）：在一定时间内，源服务器端所使用的网络带宽。RB 越小，说明 CDN 发挥作用越大，为源服务器节省带宽成本越多。

● 响应时延（Latency）：指用户发出请求到得到响应间的时间，响应时延越小说明 CDN 性能越好。

● 边缘服务器利用率（Edge server utilization）：该指标测量的是边缘服务器的资源利用的程度，常用 CPU 利用率、I/O 值大小、接受用户请求的总次数以及存储空间比率来衡量。

● 可靠性（Reliability）：主要是通过分组的丢包率来衡量 CDN 为终端用户所提供服务的可靠性。

13.6.4　减少 DNS 解析时间

DNS 用于映射主机名和 IP 地址，当您在浏览器中键入 www.baidu.com，浏览器将发起 DNS

解析请求，解析完成后会返回主机的 IP 地址。DNS 解析是需要耗费时间的，通常一次解析需要
20～120 毫秒。浏览器在 DNS 查询完成前不会下载任何东西，为达到更高的性能，DNS 解析通常
被多级别地缓存。如：由 ISP 或本地网络维护的 DNS 缓存服务器，DNS 信息会保存在操作系统
的 DNS 缓存中，您可以通过使用控制台命令"ipconfig /displaydns"来查看 DNS 缓存相关信息，
如图 13-64 所示，您也可以应用"ipconfig /flushdns"清除 DNS 缓存。大多数浏览器有自己的缓

存，与操作系统的缓存有所不同的是只要浏览器在
自己的缓存上面保留 DNS 记录，它不会向操作系
统请求 DNS 记录。当客户端的 DNS 缓存为空时，
DNS 查询的次数等同于网页中各域名的个数，包
括该网页 URL、图片、脚本文件、样式表、Flash
对象等使用的域名。减少域名数量可以减少 DNS
查询次数。减少域名主机也可减少 DNS 查询的次
数，但可能会造成并行下载数的减少。从图 13-65
中，您应该看到了百度在这里明显有多个域名，那
么这是为什么呢？因为通常浏览器允许与每一个

图 13-65　命令行方式查询本机 DNS 缓存

服务器建立连接的数量是有限的（默认情况下），如：IE8 默认值为 2，也就是说 IE8 允许对同一
个域名保持 2 个连接。如果我们将不同的资源放到不同的域名服务器上是不是就可以多建立连接
了呢？比如：image.xxx.com 放图片资源文件，js.xxx.com 放 javascript 脚本文件，依此类推，我们
的 IE 浏览器就可以建立 4 个甚至更多的连接。

13.6.5　压缩内容

从 HTTP/1.1 开始，Web 客户端都默认支持 HTTP 请求中有 Accept-Encoding 文件头的压缩格
式，如 Accept-Encoding: gzip, deflate。如果 Web 服务器在请求的文件头中检测到上面的代码，就
会以客户端列出的方式压缩响应内容。Web 服务器把压缩方式通过响应文件头中的
Content-Encoding 来返回给浏览器。gzip 是目前最流行也是最有效的压缩方式。这是由 GNU 项目
开发并通过 RFC 1952 来标准化的。另外仅有的一个压缩格式是 deflate，但是它的使用范围有限，
效果也稍稍逊色。gzip 大概可以减少 70%的响应规模。目前大约有 90%通过浏览器传输的互联网
交换支持 gzip 格式。如果你使用的是 Apache，gzip 模块配置和你的版本有关，Apache 1.3 使用
mod_zip，而 Apache 2.x 使用 moflate。大多数 Web 服务器会压缩 HTML 文档。对脚本和样式表进
行压缩同样也是值得做的事情，但是很多 Web 服务器都没有这个功能。实际上，压缩任何一个文
本类型的响应，包括 XML 和 JSON，都值得的。图像和 PDF 文件由于已经压缩过了所以不能再
进行 gzip 压缩。如果试图 gizp 压缩这些文件的话不但会浪费 CPU 资源还会增加文件的大小。

13.6.6　其他方法

前端性能的改进已经越来越被大家所重视，YSlow 从 Content、Server、Cookie、CSS、JavaScript、
Images、Mobile 这 7 个方面给出了提升网站性能的 35 条建议。

（1）减少 HTTP 请求数量。

（2）使用内容分发网络（CDN）。

（3）添加 Expires 或 cache - control 头。

（4）使用 Gzip 压缩。

（5）把样式表放在页面顶部。

（6）把运行 JavaScript 等脚本放在页面底部。

（7）避免使用 CSS 表达式。

（8）从页面中剥离 JavaScript 与 CSS。

（9）减少 DNS 查找。

（10）精简 JavaScript 和 CSS。

（11）避免重定向。

（12）去除重复的脚本。

（13）配置 ETAGS。

（14）使得 Ajax 可缓存。

（15）利用 flash 并行处理。

（16）使用 GET Ajax 请求。

（17）延迟载入组件。

（18）预加载组件。

（19）减少 DOM 元素的数目。

（20）切分组件到多个域。

（21）最小化 iframes 的数量。

（22）避免 http 404 错误。

（23）减少 Cookie 大小。

（24）针对 Web 组件使用域名无关性的 Cookie。

（25）减少 DOM 访问。

（26）优化事件处理程序。

（27）使用<link>而不是@import。

（28）避免使用 Filter。

（29）优化图像。

（30）使用 CSS Sprites 技巧对图片优化。

（31）不要在 HTML 中使用缩放图片。

（32）用更小并且可缓存的 favicon.ico。

（33）单个数据对象小于 25KB。

（34）把组件打包成一个多部分组成的文档。

（35）避免引用图像时 src 为空。

更详细的内容，您可以参见“http://developer.yahoo.com/performance/rules.html”页面。这 35 条建议对网站前端性能提升具有重要意义，包括前面作者讲到的 5 节内容也被包含在该规则中，如果您想更深入地学习这部分知识，建议认真掌握这些规则，在时间和条件允许的情况下，最好逐条阅读相关内容并去实践。

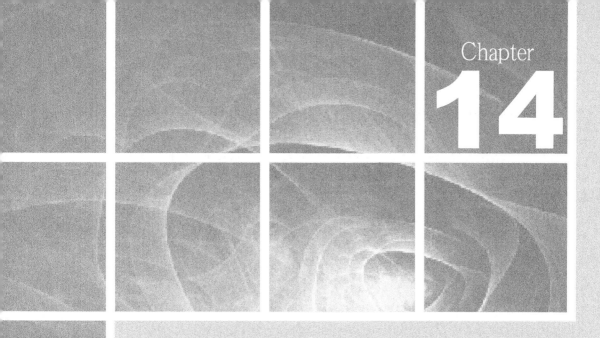

第 14 章

不同协议脚本应用

实例讲解

14.1 一种特殊的数据库性能测试方法

很多用户在进行数据方面性能测试时束手无策，这里为读者提供另一种简便的方法。

问题描述：一个面向全国各个中小学的信息管理系统，随着系统被广泛地应用，访问人数的急剧增加、数据量也在飞速增长，如何为用户提供方便、快捷的应用呢？

14.1.1 数据库集群项目背景

经过公司相关技术人员的讨论，决定采用数据库的集群技术来解决这些问题，将先前 1 台数据应用服务器扩展为 3 台。数据库为 MySQL，关于数据库的集群技术，请查阅相关资料，在这里不再赘述。实施的整体思路是这样，由于操作人员主要是进行数据的插入工作，在某一段时间内操作人员比较集中，数据量也较大，为了估计集群后会给性能带来多大的提升，我们分别部署了两套运行环境，一套是先前的单一数据库应用服务器环境，另外一个则是 3 台数据库服务器进行集群。为了记录用户并发插入大数据量系统的响应时间，在相关表中添加了日期时间型字段，记录插入首条和末尾记录的时间，这样，末尾时间减去首条记录插入时间，就是多用户并发插入大批量数据的执行时间了。实施过程如下。

第一步，数据库管理员用 Java 写了一段代码：

```java
import java.sql.*;

public class testclus {
    public static void main(String[] args) {
//如果传入参数个数不等于2，则给出提示信息"调用：java testclus ip:port recordcnt"
    if (args.length!=2)
    {
        System.out.println("调用：java testclus ip:port recordcnt");
        return;
    }
//根据传入参数，动态建立连接字符串
    String URL = "jdbc:mysql://" +args[0]+"/testclus?characterEncoding=gbk";
    int cnt = Integer.parseInt(args[1]);
    try {
//声明并得到起始记录插入时间
        long timeBegin;
        java.util.Date   d1 = new java.util.Date();
//数据库连接初始化操作
        Class.forName("com.mysql.jdbc.Driver").newInstance();
        Connection conn = DriverManager.getConnection(URL,"root","admin");
//循环插入记录
        PreparedStatement pstmt = conn.prepareStatement("insert into test(cnt, timer)
                                                        values (?, now())");
        Statement  s=conn.createStatement(ResultSet.TYPE_SCROLL_SENSITIVE,
                                ResultSet.CONCUR_READ_ONLY);
        timeBegin = d1.getTime();
        for (int i=1; i<=cnt; i++)
        {
            pstmt.setInt(1, i);
            pstmt.executeUpdate();
```

```
            ResultSet rs=s.executeQuery("select count(*) from test");
        }
        conn.close();
//得到末尾记录和起始记录插入的时间差值并输出
        java.util.Date   d2 = new java.util.Date();
        System.out.println(d2.getTime()-timeBegin+" 毫秒");
    }
    //异常处理部分
    catch(ClassNotFoundException e) {
        System.out.println("找不到驱动程序");
        e.printStackTrace();
    }
    catch(SQLException e) {
        e.printStackTrace();
    }
    catch (Exception e) {
        e.printStackTrace();
    }
    }
}
```

接下来，再建立一个批处理文件，批处理文件代码内容如下：

```
@echo off

if "%JAVA_HOME%" == "" goto error_setting

set CLASSPATH=%JAVA_HOME%\jre\lib\rt.jar
set CLASSPATH=%CLASSPATH%;mysql-connector-java-3.1.7-bin.jar;testclus.jar

%JAVA_HOME%\bin\java -classpath "%CLASSPATH%" testclus %1 %2

goto end

:error_setting

echo --------------------------------------------------------------------
echo 使用方法:
echo     1.请设置 Java_Home 环境变量(JDK 1.4 安装路径);
echo     2.请先将本程序所在的目录选择为当前目录后再执行。
echo --------------------------------------------------------------------
goto end

:end
set CLASSPATH=
```

批处理接受 2 个参数，第一个参数为数据库服务器的"IP 地址"+":"+"端口号"，第二个参数为需要循环插入的数据数。如 testclus 192.168.0.45:3306 1000，其含义就是向 IP 地址为 192.168.0.45、端口为 3306 的 MySQL 数据库中插入 1000 条记录。

14.1.2　批处理方式解决方案

LoadRunner 如何调用批处理文件呢？LoadRunner 中可以用 system()函数来调用一个可执行文

件或者批处理文件等，所以，我们就可以直接调用该函数，指定相关参数，为了能够进行多用户并发，需要插入集合单。相关脚本代码如下：

```
#include "web_api.h"

Action()
{
    lr_rendezvous("in");
    system("testclus 192.168.0.45:3306 1000");
    return 0;
}
```

为了进行集群测试，还需要另外创建两个脚本，两个脚本代码如下：

```
#include "web_api.h"

Action()
{
    lr_rendezvous("in");
    system("testclus 192.168.0.44:3306 1000");
    return 0;
}


#include "web_api.h"

Action()
{
    lr_rendezvous("in");
    system("testclus 192.168.0.46:3306 1000");
    return 0;
}
```

接下来，就可以分别在 Controller 中进行负载了，相应场景设置如图 14-1 和图 14-2 所示。

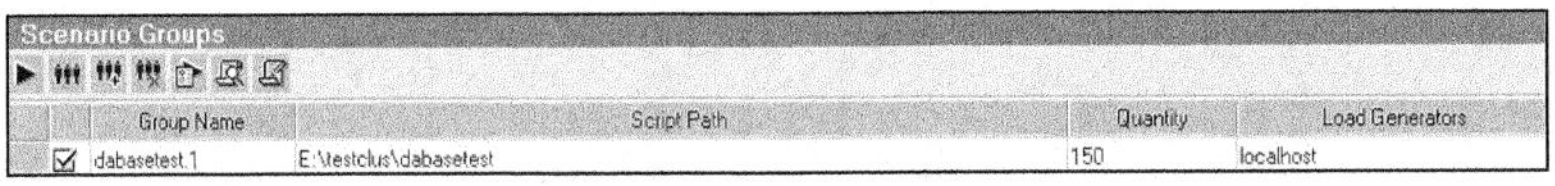

图 14-1　单一数据应用服务器场景设置

图 14-2　3 台数据应用服务器集群场景设置

然后该场景在数据库为空和数据库存在百万条记录情况下分别进行测试，经过几轮测试对结果的分析发现，集群后性能比单台数据应用服务器的性能提高了 3～5 倍。

【重点提示】

（1）在进行性能测试的时候，一定要注意环境的一致，包括操作系统、应用软件的版本以及硬件的配置等，而且在进行数据库方面的测试的时候，一定要注意数据库的记录数、配置等要一致，只有在相同条件下进行测试，才可以对结果进行比较。

（2）如果几个脚本要实现并发，集合单一定要设置成相同的名称，如在本例中名称都为"in"。

（3）Java 程序运行所依赖的 jar 包以及批处理文件应放置到脚本所在目录，否则无法正确运行。

（4）将场景保存以后，建立一个批处理文件，通过 wlrun 命令来启动 Controller 执行场景也是一种非常好的方法，通过 AT 命令或者计划调用批处理则控制更加灵活，与 Controller 场景的定时运行取得相同的效果。

14.2　手工编写 FTP 脚本

以前，作者在开发某保险公司的应用系统时，系统要求能够上传大量汽车定损相关资料。项目组经过和用户沟通以后决定采用 FTP 方式进行文件上传，鉴于目前 Delphi 的 FTP 组件性能不是很好，决定聘请第三方开发 FTP 组件（服务端），第三方开发完成 FTP 组件以后，要求组件在某特定时间段能够支持多用户并发上传、响应速度快和性能良好且稳定。

14.2.1　手工编写脚本的策略

平时大家在用 LoadRunner 进行测试的时候，多数操作者可能都是通过录制应用，然后对自动生成的脚本代码进行适当的修改完善。例如，添加事务、集合点、对脚本参数化、加入业务逻辑控制等操作。那么是不是 LoadRunner 必须只能通过录制应用操作产生脚本呢？回答当然是否定的，LoadRunner 既可以通过录制应用产生脚本，同时也支持手工编写脚本。如果用户对于被测试的应用系统协议非常熟悉，在特定的情况下，手工编写脚本进行测试可能效果比录制脚本效率要高。在这里以 FTP 为例讲解一下，如何在 LoadRunner VuGen 中手工编写性能测试脚本。

14.2.2　基于实例手工编写 FTP 脚本

手工编写脚本需要用户了解被测试系统应用的协议，了解被测试的内容（需求内容，这个例子主要测试多用户的并发上传操作）。手工编写 FTP 脚本是一个循序渐进的过程，不要试图一次就将代码编写得很完美。最好先画一张程序流程图，然后按照流程图一步一步地编写相应代码，先不要在脚本中添加事务、集合单以及参数化操作，以免扰乱了思路，仅进行基本逻辑的实现就可以了。大家都清楚，要上传一个文件到 FTP 服务器，必须先以具有写权限的用户身份登录到 FTP 服务器（建立一个 FTP 连接），这里以用户名为 “yuy”，密码为 “test” 的用户为例登录到 IP 地址为 “210.108.0.12” 的 FTP 服务器。然后，进行上传文件操作，这里假设实现将 C 盘上的 “系统测试总结报告.doc” 文件上传到文件服务器的根目录中。最后，关闭建立的 FTP 连接。代码编写完成以后，应该调试一下看看是否按照设计初衷实现了文件上传的操作，执行一下脚本发现在 FTP 服务器的根目录上传了文件 “系统测试总结报告.doc” 文件，这说明脚本正确。接下来，就可以根据测试需求，在上传文件操作处加入事务以及集合点，同时为了考查传输不同大小文件时 FTP 服务器组件的处理能力，需要对要上传的文件进行参数化。相应脚本代码如下所示：

```
Action()
{
    //建立一个有效的 FTP 连接, yuy 为用户名, test 为密码
    //210.108.0.12 为 FTP 服务器地址
    ftp1 = 0;
```

```
ftp_logon_ex(&ftp1, "FtpLogon",
 "URL=ftp://yuy:test@210.108.0.12",
  LAST);

//上传文件到 FTP 服务器的根目录
ftp_put_ex(&ftp1, "FtpPut",
  "SOURCE_PATH=c:\\系统测试总结报告.doc", "TARGET_PATH=",
"系统测试总结报告.doc", ENDITEM,
  LAST);

//释放 FTP 连接
ftp_logout_ex(&ftp1);

  return 0;
}
```

加入事务以及集合点改良后的脚本代码如下所示：

```
Action()
{
  //建立一个有效的 FTP 连接，yuy 为用户名,test 为密码
  //210.108.0.12 为 FTP 服务器地址
  ftp1 = 0;
  ftp_logon_ex(&ftp1, "FtpLogon",
    "URL=ftp://yuy:test@210.108.0.12",
     LAST);

  //加入集合点和事务
  lr_rendezvous("大家一起来");
  lr_start_transaction("文件上传事务");

  //上传文件到 FTP 服务器的根目录，同时将要上传的文件参数化
  ftp_put_ex(&ftp1, "FtpPut",
    "SOURCE_PATH={filename}", "TARGET_PATH=","{Ftpfilename}", ENDITEM,
    LAST);

  lr_end_transaction("文件上传事务", LR_AUTO);

  //释放 FTP 连接
  ftp_logout_ex(&ftp1);

  return 0;
}
```

为了保证不同虚拟用户上传的文件大小和文件名称不同，在改良后的脚本中进行了参数化工作。同时为了考查多用户同时上传文件时 FTP 服务器组件的处理能力，在文件上传部分加入了集合点和事务。脚本改良工作完成以后，执行一次，若证实是按照我们的意图运行的，这样就完成了脚本的编写工作。接下来，就需要设计场景，打开 Controller，设置 100 个用户，运行持续时间为 8 小时。场景这样设置时要考虑环境的独立性，避免开发人员和部分用户会上传文件到 FTP 服务器，致使和测试环境互相干扰的问题。为了考查服务器组件的稳定性，我们设置了 100 个虚拟用户，同时上传文件到 FTP 服务器，持续运行 8 小时（如图 14-3 和图 14-4 所示）。这种场景设计符合用户要求 FTP 服务器端组件支持多用户并发、可靠性高等方面的需求。

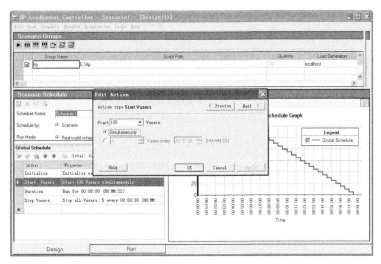

图 14-3 场景设计对话框

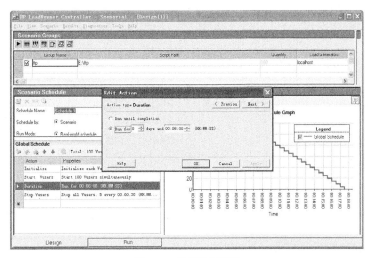

图 14-4 持续运行设置

14.2.3 脚本编写注意事项

（1）并不是所有的协议都适合手工编写脚本，如 Web（HTTP/HTML）、Windows Sockets、Media Player (MMS)等协议，最好还是先录制，然后在自动生成的脚本基础上对脚本进行修改更方便。

（2）上述功能如果通过录制 CuteFTP 等应用软件来实现同样的功能，脚本就会出现很多类似 ftp_dir_ex(&ftp1, "FtpDir", "PATH=", ENDITEM, LAST)等多余的函数，需要手动将这些多余的函数删除。

（3）脚本参数化以后，必须设置相应的取值策略，否则在默认情况下上传到服务器均会取首条记录的文件名。还有一个问题就是，因为场景持续运行 8 小时，需要上传大量的文件，所以要保证参数列表有足够多的记录，同时还要保证 FTP 服务器的硬盘足够大，否则会导致测试失败。

（4）像 File Transfer Protocol（FTP）、Post Office Protocol（POP3）、Simple Mail Protocol（SMTP）、VB Vuser、Java Vuser、JavaScript Vuser、VB Script Vuser 以及数据库方面的协议，在了解业务、相应协议和函数的情况下，可以通过手工编写脚本的方式建立脚本程序。因为在脚本中减少了很多不必要的操作过程，所以会取得事半功倍的效果。手工编写脚本和自动产生脚本以后对脚本进行修改后的脚本各有优点，读者应该根据自己的实际情况选择编写脚本方式，或是自动产生脚本方式。

14.3　Foxmail 邮件的发送脚本

随着互联网技术的蓬勃发展，现行多数系统操作方式也由以前的单机应用，演变为基于网络、多用户的应用方式。B/S 架构的应用软件被广泛应用于各个行业，所以在进行性能测试的时候，应用 HTTP 的时候多一些，那么其他协议在 LoadRunner 中是如何使用的呢？在这里以简单邮件传输协议（SMTP）为例，实例讲解一下，LoadRunner 如何录制 SMTP 脚本。

这里以 Foxmail 发送邮件为例，发送邮件分为两部分内容，第一部分为文本部分，第二部分为附件部分。下面讲解一下如何在 LoadRunner VuGen 中实现脚本录制过程。

第一步：首先应该选择合适的协议，本实例选择SMTP，如图 14-5 所示。

第二步：选择要运行的 Foxmail 应用程序，如图 14-6 所示。

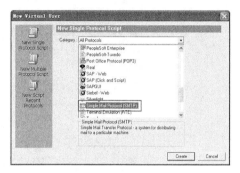

图 14-5　协议选择对话框

第三步：录制发送邮件过程（在这里作者录制的是从 yu_yongs@163.com 发送邮件给 yhgl_soft@163.com，主题为"一封测试邮件"，文本正文为"于涌，您好！发送一封邮件给您，详细内容请参见附件！"，附件为"性能测试模板.doc"，如图 14-7 所示。

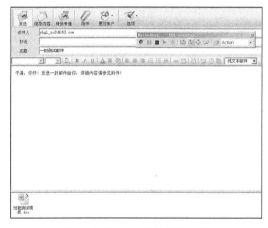

图 14-6　录制配置对话框　　　　　　图 14-7　Foxmail 邮件信息对话框

实现上述功能的脚本代码如下所示：

```
Action()
{
    smtp1 = 0;
    smtp_logon_ex(&smtp1, "SmtpLogon",
    "    URL=smtp://smtp.sina.com.cn",
        "CommonName=LoadRunner User",
        LAST);
    smtp_free_ex(&smtp1);
    smtp2 = 0;

    smtp_logon_ex(&smtp2, "SmtpLogon",
```

```
        "URL=smtp://smtp.sina.com.cn",
        "LogonUser=yu_yongs",
        "LogonPass=密码部分",
        "CommonName=LoadRunner User",
        LAST);
    smtp_send_mail_ex(&smtp2, "SendMail",
        "To=yhgl_soft@163.com",
        "From=yu_yongs@sina.com",
        "Subject==?gb2312?B?0ru34rLiytTTyrz+?=",
        "ContentType=multipart/mixed;",
        MAILOPTIONS,
        "X-mailer: Foxmail 6, 4, 104, 20 [cn]",
            MAILDATA,
        "AttachRawFile=mailnote1_01.dat",
        "AttachRawFile=mailnote1_02.dat",
            LAST);
    smtp_logout_ex(&smtp2);
    smtp_free_ex(&smtp2);
    return 0;
}
```

经过对上述脚本的代码分析以后，发现脚本代码中下面的代码没有任何意义，所以将该部分去掉。

```
smtp1 = 0;
smtp_logon_ex(&smtp1, "SmtpLogon",
    "URL=smtp://smtp.sina.com.cn",
    "CommonName=LoadRunner User",
        LAST);
smtp_free_ex(&smtp1);
```

经过改良后的脚本代码如下：

```
Action()
{
    //初始化，建立连接
    smtp2 = 0;
    smtp_logon_ex(&smtp2, "SmtpLogon",
        "URL=smtp://smtp.sina.com.cn",
        "LogonUser=yu_yongs",
        "LogonPass=密码部分",
     "CommonName=LoadRunner User",
     LAST);
    //
    //发送邮件部分
    smtp_send_mail_ex(&smtp2, "SendMail",
        "To=yhgl_soft@163.com",
        "From=yu_yongs@sina.com",
        "Subject==?gb2312?B?0ru34rLiytTTyrz+?=",
        "ContentType=multipart/mixed;",
        MAILOPTIONS,
            "X-mailer: Foxmail 6, 4, 104, 20 [cn]",
                MAILDATA,
            "AttachRawFile=mailnote1_01.dat",
            "AttachRawFile=mailnote1_02.dat",
        LAST);

    //释放连接
    smtp_logout_ex(&smtp2);
```

```
    smtp_free_ex(&smtp2);
    //
    return 0;
}
```

第四步：分析 LoadRunner 产生的脚本。

从图 14-8 所示内容不难发现，该脚本与其他 HTTP 的脚本最大的不同是多了 3 个文件：globals.h、mailnote1_01.data 和 mailnote1_02.data。那么它们都是做什么用的呢？globals.h 文件的主要内容是包含该协议应用会用到的头文件以及建立一些全局变量。mailnote1_01.data 存放了邮件的正文部分，而 mailnote1_02.data 则存放了邮件的附件。因为这两个文件经过了编码处理所以看到的是乱码，如果邮件的正文部分输入的是英文，那么就会在 mailnote1_01.data 文件看到英文的原文内容了，同样如果附件的文件名称为英文或者数字字符，在 mailnote1_02.data 文件的 filename 也会显示原文件名称，而非乱字符。

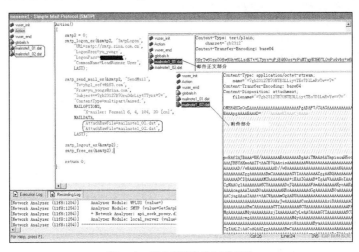

图 14-8　脚本和附件的对应关系

下面针对脚本中用到的主要函数做一下简单的说明，如果您想了解更多关于函数的信息，请查看 LoadRunner 函数帮助，如表 14-1 所示。

表 14-1　　　　　　　　　　　处理与邮件发送相关函数功能的简单描述

函 数 名 称	函数功能描述
smtp_logon_ex	以特殊的会话登录到 SMTP 服务器
smtp_send_mail_ex	以特殊的会话发送 SMTP 信息。Smtp_send_mail_ex 函数中指明了发件人、收件人、主题信息，同时 LoadRunner 将文本正文和图片文件分别放入了两个数据文件中（分别为 mailnote1_01.dat 和 mailnote1_02.dat，它们分别为文本正文和附件文件）
smtp_logout_ex	以特殊的会话退出 SMTP 服务器
smtp_free_ex	释放 SMTP 服务器的会话

第五步：保存脚本文件，如果有必要的话，可以参数化脚本、设置集合点或者加入必要的逻辑处理等操作。

第六步：根据性能测试用例，在 Control 里设计相应的场景并执行场景，分析各个性能指标是否达到预期目标。

【重点提示】

（1）鉴于私人邮件的安全性，作者将密码部分做了屏蔽，请读者使用自己私人邮箱尝试 SMTP 的应用。

（2）尝试用 LoadRunner 回放脚本时，会发现标题部分多出来"LoadRunner User"字符，这是因为 smtp_logon_ex 应用了 CommonName 选项，如果不希望出现该字符信息，请将 CommonName 选项部分剔除。

（3）有读者可能会对上面的"smtp2 = 0;"感到困惑和不解，它是在什么地方被定义的呢？您可以看一下"globals.h"头文件，文件内容如下：

```
#ifndef _GLOBALS_H
#define _GLOBALS_H

//----------------------------------------------------------------
// Include Files
#include "lrun.h"
#include "mic_smtp.h"

//----------------------------------------------------------------
// Global Variables
SMTP smtp2;

#endif // _GLOBALS_H
```

14.4　.NET 2008 插件在开发环境中的应用

假如项目组目前正在应用.NET 集成开发环境进行项目的开发，经常会在开发过程中遇到一些性能方面的问题，非常想定位系统性能瓶颈问题。考虑使用集成开发环境自带的性能测试工具（Micsoft Application Center Test，简称 ACT），经过试用觉得 ACT 功能不是很强，提供的分析数据也很有限，同时编写脚本非常耗时，经过调研得知 LoadRunner 的.NET 插件可以集成到.NET 集成开发环境中与 LoadRunner 协同工作，操作方法和步骤几乎和 LoadRunner 自身的应用一模一样，经过使用以后，取得了非常好的效果。下面就讲解如何在.NET集成开发环境中应用LoadRunner.NET插件进行性能测试。

首先，必须安装下列软件或者插件，包括 LoadRunner 11.0、Visual Studio.NET 2008、LoadRunner 的.net 插件（LRVS2008IDEAddInSetup.exe）。关于 LoadRunner 11.0 和 Visual Studio.NET 2008 的安装，在这里不做详细介绍，仅针对在安装 LoadRunner 的.NET 插件遇到的问题进行介绍。目前最新的 Visual Studio.NET 2010 没有对应的 LoadRunner 11.0 版本的插件。插件正确安装以后，在 Visual Studio.NET 2008 集成开发环境中，新建项目的时候会出现一个 Loadrunner XX.NET Vuser，在这里仅以 C#项目为例，如图 14-9 所示。

其次，创建一个 LoadRunner C#.NET Vuser，如图 14-10 所示。

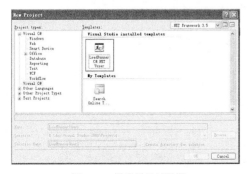

图 14-9　新建项目对话框

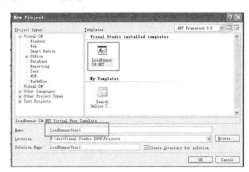

图 14-10　创建 LoadRunner C#.NET Vuser 项目

这里仅以一个考查 SQL 语句执行效率为例，说明如何应用 LoadRunner .NET 插件，参见图 14-11 和相应的脚本代码。

图 14-11　C#.NET Vuser 代码信息

相应的脚本代码如下所示：

```
using System;
using System.Runtime.InteropServices;
using System.Data.OleDb;
using System.Data;

namespace LoadRunnerUser1
{
    /// <summary>
    /// Summary description for VuserClass.
    /// </summary>
    [ClassInterface(ClassInterfaceType.AutoDual)]
    public class VuserClass
    {
LoadRunner.LrApi lr;

public VuserClass()
{
        // LoadRunner Standard API Interface ::     DO NOT REMOVE!!!
        lr = new LoadRunner.LrApi();
    }

    // '''''''''''''''''''''''''''''''''''''''''''''''''''''''''''''''''''''''''''
    public int Initialize()
    {
        // TO DO: Add virtual user's initialization routines
        lr.message("Initialize 部分, 我只执行一次哦! ");
        return lr.PASS;
    }
    // '''''''''''''''''''''''''''''''''''''''''''''''''''''''''''''''''''''''''''
    public int Actions()
    {
        // TO DO: Add virtual user's business process actions
        lr.message("Actions 部分, 我可以重复执行 (在设置迭代情况下)! ");
        try
        {
```

```
    //设置连接字符串开始
    string strConnection="Provider=Microsoft.Jet.OleDb.4.0;";
    strConnection+=@"Data Source=C:\\test.mdb";
    //设置连接字符串结束

    //插入一个集合点开始
    lr.rendezvous("集合点");
    //插入一个集合点结束

    //事务开始
    lr.start_transaction("SQL 语句性能");
    //建立 OleDbConnection 和 OleDbCommand,并指定要运行的 SQL 语句开始
    System.Data.OleDb.OleDbConnection  conn=new
        System.Data.OleDb.OleDbConnection(strConnection);
        System.Data.OleDb.OleDbCommand cmd = new
        System.Data.OleDb.OleDbCommand();
    cmd.Connection = conn;
    cmd.CommandText = "select * from testdb";
    //建立 OleDbConnection 和 OleDbCommand,并指定要运行的 SQL 语句结束
    //插入一个日志开始
    lr.log_message("LOG: SQL 语句开始执行了,Sql="+cmd.CommandText);
    //插入一个日志结束

    //将查询结果填充到 DataTable 开始
        DataTable dt=new DataTable();
        System Data.OleDb.OleDbDataAdapter  oleDA = new
        System.Data.OleDb.OleDbDataAdapter();
    oleDA.SelectCommand = cmd;
    oleDA.Fill(dt);
    //将查询结果填充到 DataTable 结束

    //插入一个日志开始
    lr.log_message("LOG: SQL 语句执行完成,Sql="+cmd.CommandText);
    //插入一个日志结束

    //取得结果集的记录数
    int iCountRec=Convert.ToInt32(dt.Rows.Count.ToString());
    conn.Close();//关闭连接
    //如果记录数大于 0, 完成这个事务, 否则表示事务失败
    if(iCountRec>0)
        lr.end_transaction("SQL 语句性能",lr.PASS);
    else
        lr.end_transaction("SQL 语句性能",lr.FAIL);

    //再来一个参数化的示例开始
    lr.output_message("Welcome "+lr.eval_string("<username>")+"!");
    //再来一个参数化的示例结束

    //Thinktime 的应用,就是模拟手工操作的延时, 在这里延时 3s
    lr.think_time(3);
}

catch(Exception ex)
{
    string error = ex.Message;
}
```

```
        return lr.PASS;
    }

    // ''''''''''''''''''''''''''''''''''''''''''''''''''''''''''''''''''
    public int Terminate()
    {
        // TO DO: Add virtual user's termination routines
        lr.message("Terminate 部分, 我只执行一次哦! ");
        return lr.PASS;
    }
}
}
```

在这个脚本代码中，为了使大家清楚集合点、事务、思考时间、参数化、日志函数以及 Initialize()、Actions()、Terminate()函数的应用，作者加了很多详细的注释帮助读者理解 LoadRunner 关键术语和工作机制，从脚本代码中不难发现 LoadRunner 相关技术都可以应用于.NET 集成开发环境。需要特别指出的是，Vuser 脚本的执行是通过依次单击【Vuser】>【Run Vuser】项来完成，并通过依次单击【Vuser】>【Stop Vuser】项来终止运行，脚本的输出结果输出在"LoadRunner Information"输出框。依次单击【Vuser】>【Create Load Scenario】项来调用.NET 集成开发环境下的场景创建对话框，如图 14-12 和图 14-13 所示，设置好相应负载场景以后，单击【OK】按钮，则将设置加载到 Controller 中，如图 14-14 所示，然后执行场景，分析产生的结果，找出程序中存在性能瓶颈问题的部分就可以了。集成于开发环境下的LoadRunner .NET 插件给性能测试带来了更深层次的体验，使得不仅是性能测试人员可以定位系统性能问题。在了解 LoadRunner 相关概念的前提下，开发人员同样可以做性能问题的定位和分析工作，甚至定位一条或几条语句的执行效率。这里仅举了一个简单的示例，

图 14-12　.NET 集成开发环境下的 Vuser 菜单和输出信息

在实际项目测试过程中，希望读者能够灵活运用 LoadRunner .NET 插件，把以前长期困扰我们的.NET 开发环境下的性能测试做好。

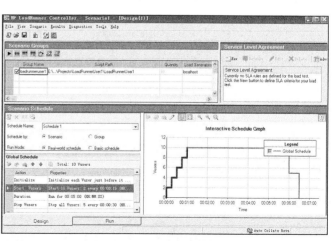

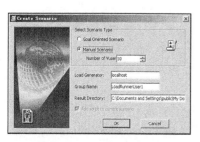

图 14-13　场景设计对话框

图 14-14　LoadRunner 场景设计对话框

14.5 Windows Sockets 协议脚本应用

计算机网络是由一系列网络通信协议组成的，其中的核心协议是传输层的 TCP/IP 和 UDP。TCP 是面向连接的，通信双方保持一条通路，好比目前的电话线，使用 telnet 登录 BBS，用的就是 TCP；UDP 是无连接的，通信双方都不保持对方的状态，浏览器访问 Internet 时使用的 HTTP 就是基于 UDP 的。TCP 和 UDP 都非常复杂，尤其是 TCP，为了保证网络传输的正确性和有效性，必须进行一系列复杂的纠错和排序等处理。

Socket 是建立在传输层协议（主要是 TCP 和 UDP）上的一种套接字规范，最初是由美国加州 Berkley 大学提出，它定义两台计算机间进行通信的规范（也是一种编程规范），如果说两台计算机是利用一个"通道"进行通信，那么这个"通道"的两端就是两个套接字。套接字屏蔽了底层通信软件和具体操作系统的差异，使得任何两台安装了 TCP 软件和实现了套接字规范的计算机之间的通信成为可能。在这里以套接字协议（Socket）为例，实例讲解一下 LoadRunner 如何录制 Windows Sockets 脚本。

如果没有 WinSocket 样例程序，请参考 6.3.3 节 "C/S 架构应用程序脚本的实例应用"对 WinSocket 样例程序进行安装，安装完成以后，可以在"Samples"的菜单组中发现存在"Flights WinSocket server"和"Flights Winsock"菜单项，如图 14-15 所示。

Socket 样例程序由两部分组成：服务端程序（服务端程序也可以叫做接收端程序，在这里叫它为服务端程序）和客户端程序（客户端程序也可以叫做发送端程序，在这里叫它为客户端程序），如图 14-15 所示。在进行 WinSocket 脚本录制之前，需要启动服务端程序，单击"Flights WinSocket server"菜单项，这时将启动图 14-16 所示的应用程序。当客户端程序与服务端程序进行通信时，服务端程序的 Connected 标签后的文本框将记录已经和服务端程序建立连接的客户端数量，Log 下的文本域方框将记录服务端程序和客户端程序通信过程中的日志信息。当没有客户端程序连接服务端程序时，Connected 的计数将显示为"0"。

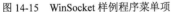
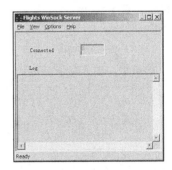

图 14-15　WinSocket 样例程序菜单项　　　　图 14-16　"Flights WinSocket Server"程序

在进行"Flights-Winsock"样例程序录制的时候，需要先了解样例程序是否需要在录制时加入必要的参数项。可以选中"Flights-Winsock"菜单项，然后单击鼠标右键，选择"属性"菜单项，如图 14-17 和图 14-18 所示。

您可以看到在"目标（T）"后的文本框显示信息为［"C:\Program Files\Mercury Interactive\Mercury LoadRunner\samples\bin\flights.exe" Winsock］，其中"Winsock"即为应程序运行所传入的参数。接下来启动"Virtual User Generator"，选择"Windows Sockets"协议，如图 14-19 所示。

协议选择完成之后，将弹出图 14-20 所示对话框，可以在"Program to record"后的文本框选择可执行文件，在"Program arguments"后的文本框中输入程序运行需要的参数"Winsock"，如图 14-20 所示。

图 14-17　客户端样例程序属性菜单项

图 14-18　客户端样例程序属性信息

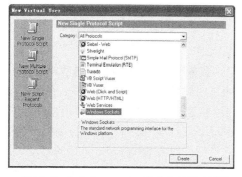

图 14-19　"Windows Sockets"协议选择对话框

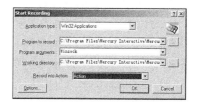

图 14-20　"Start Recording"对话框

单击【OK】按钮，客户端程序被启动，如图 14-21 下方所示，此时服务端程序 Connected 后的文本框计数显示为"1"，Log 下的文本域显示"New client connected"，如图 14-21 所示。

这里我们订一张 2009 年 1 月 1 日，从"Denver"（丹佛）飞往"Portland"（波特兰），班次为"3012"的航班，输入客户名称为"tony"，订票数量为"1"，单击【Insert】按钮，完成此次订票任务，如图 14-22～图 14-25 所示。

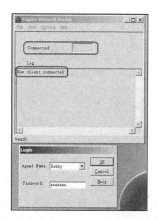

图 14-21　"Flights"客户端程序和服务端程序

图 14-22　"Flight Reservation"对话框的"Flight Schedule"页

图 14-23 "Flights Table" 对话框　图 14-24 "Flight Reservation" 对话框的　图 14-25 "Flight Reservation"
　　　　　　　　　　　　　　　　　　"Order Information" 页　　　　　　　完成订票对话框

以下为录制完成后产生的脚本代码：

```c
#include "lrs.h"

Action()
{
    lrs_create_socket("socket0", "TCP", "RemoteHost=yuy:3456", LrsLastArg);
    lrs_send("socket0", "buf0", LrsLastArg);
    lrs_receive("socket0", "buf1", LrsLastArg);
    lr_think_time(13);
    lrs_send("socket0", "buf2", LrsLastArg);
    lrs_receive("socket0", "buf3", LrsLastArg);
    lr_think_time(15);
    lrs_send("socket0", "buf4", LrsLastArg);
    lrs_receive("socket0", "buf5", LrsLastArg);
    lr_think_time(16);
    lrs_send("socket0", "buf6", LrsLastArg);
    lrs_receive("socket0", "buf7", LrsLastArg);
    lrs_send("socket0", "buf8", LrsLastArg);
    lrs_receive("socket0", "buf9", LrsLastArg);
    lrs_send("socket0", "buf10", LrsLastArg);
    lrs_receive("socket0", "buf11", LrsLastArg);
    lrs_send("socket0", "buf12", LrsLastArg);
    lrs_receive("socket0", "buf13", LrsLastArg);
    lrs_send("socket0", "buf14", LrsLastArg);
    lrs_receive("socket0", "buf15", LrsLastArg);
    lrs_send("socket0", "buf16", LrsLastArg);
    lrs_receive("socket0", "buf17", LrsLastArg);


    return 0;
}
```

从上面的脚本不难发现，Socket 协议主要运用了两个函数：lrs_send()和 lrs_receive()，即发送请求信息和接收返回信息。也许您会说这样的脚本根本分辨不出到底它干了些什么？是的，单纯看这个脚本信息，我们是不知道这段代码实现了哪些功能，它需要和 data.ws 文件内容结合起来。data.ws 文件内容如下所示：

```
;WSRData 2 1

send  buf0 55
    "4##SELECT agent_name FROM AGENTS ORDER BY agent_name###"

recv  buf1 55
```

```
    "0##Alex#Amanda#Debby#Julia#Mary#Robert#Sharon#Suzan###"
    "\x00"

send  buf2 68
    "2##1## SELECT DISTINCT departure FROM Flights ORDER BY departure ###"

recv  buf3 56
    "0##Denver#Los Angeles#Portland#San Francisco#Seattle###"
    "\x00"

send  buf4 300
    "2##0##SELECT departure, flight_number, departure_initials, day_of_week, ar"
    "rival_initials, arrival, departure_time, arrival_time, airlines, seats_ava"
    "ilable, ticket_price, mileage   FROM  Flights WHERE arrival = 'Portland' A"
    "ND departure = 'Denver' AND day_of_week = 'Thursday'ORDER BY flight_number"
    " ###"

recv  buf5 69
    "0##3012;250;2812;07:59 AM;DEN;Thursday;POR;09:40 AM;DA;148;Denver###"
    "\x00"

send  buf6 82
    "11##UPDATE Counters SET counter_value=counter_value+1 WHERE table_name='OR"
    "DERS'###"

recv  buf7 8
    "0##1###"
    "\x00"

send  buf8 67
    "12##SELECT counter_value FROM Counters WHERE table_name='ORDERS'###"

recv  buf9 10
    "0##106###"
    "\x00"

send  buf10 67
    "12##SELECT customer_no FROM Customers WHERE customer_name='tony'###"

recv  buf11 9
    "0##31###"
    "\x00"

send  buf12 59
    "12##SELECT agent_no FROM Agents WHERE agent_name='Debby'###"

recv  buf13 8
    "0##5###"
    "\x00"

send  buf14 195
    "11##INSERT INTO Orders (order_number,agent_no,customer_no,flight_number,de"
    "parture_date,tickets_ordered,class,send_signature_with_order) VALUES (106,"
    " 5, 31, 3012, {d '2009-01-01'}, 1, '3', 'N')###"

recv  buf15 8
```

```
    "0##1###"
    "\x00"

send  buf16 13
    "11##COMMIT###"

recv  buf17 8
    "0##0###"
    "\x00"

-1
```

接下来，让我们分别来看一下脚本文件和 data.ws 数据文件的内容，来揭示它们之间的密切关系。为了节省篇幅，这里仅针对部分内容进行讲述，其他雷同内容不再赘述，以下是脚本的前 3 行代码，内容如下：

```
lrs_create_socket("socket0", "TCP", "RemoteHost=yuy:3456",  LrsLastArg);
lrs_send("socket0", "buf0", LrsLastArg);
lrs_receive("socket0", "buf1", LrsLastArg);
```

lrs_create_socket()函数用来初始化一个套接字，该函数通过执行 Socket 命令来建立一个新的套接字连接。函数的原型为：

```
int lrs_create_socket ( char *s_desc, char*type, [ char*LocalHost,] [char*peer,] [char *
backlog,] LrsLastArg );
```

这里我们就函数的参数进行讲解一下。

- s_desc：要初始化的套接字标识符，如 socket0。
- type：套接字的类型，它有两种方式，分别为 TCP 和 UDP。
- LocalHost：该参数为可选参数，绑定套接字的本地地址、端口，如 LocalHost=2345，也可以在端口签名加上本机的名称或者 IP 地址，如 LocalHost＝yuy:2345 或者 LocalHost＝192.168.0.192:2345。
- peer：该参数为可选项，处理套接字请求的远程机器端口，如 RemoteHost＝192.168.0.192:2345。
- backlog：该参数为可选参数，请求连接队列的最大长度，如 backlog=25。
- LrsLastArg：参数结束标识符。

```
lrs_create_socket("socket0", "TCP", "RemoteHost=yuy:3456",  LrsLastArg);
```

上面语句是建立一个名称为"socket0"的标识符，套接字的类型为"TCP"，请求与"yuy"的机器，端口号为"3456"建立连接。接下来客户端程序向服务端程序发送了一个请求，请求的内容为"buf0"。

```
lrs_send("socket0", "buf0", LrsLastArg);
```

即为发送请求的函数，函数的原型为：

```
int lrs_send ( char *s_desc, char *buf_desc, [char *target], [char *flags,] LrsLastArg );
```

接下来，再介绍一下函数相关参数的含义。

- s_desc：套接字连接标识符，如 socket0。
- buf_desc：发送缓冲区标识符，如 buf0。
- target：该参数为可选项，发送目标地址，为 IP 地址或者主机名，如 TargetSocket=199.203.77.246:21，其中 199.203.77.246 为 IP 地址，21 为端口号。
- flags：该参数为可选项，接收或者发送数据标记，它提供了 3 个值（MSG_PEEK、MSG_

DONTROUTE、MSG_OOB）。

- LrsLastArg：参数结束标识符。

接下来再看 data.ws 文件的前 8 行，内容如下：

```
;WSRData 2 1

send  buf0 55
    "4##SELECT agent_name FROM AGENTS ORDER BY agent_name###"

recv  buf1 55
    "0##Alex#Amanda#Debby#Julia#Mary#Robert#Sharon#Suzan###"
    "\x00"
```

也许，您已经看出些门道来了，"lrs_send("socket0", "buf0", LrsLastArg)；"和 data.ws 文件中的 "buf0" 是对应的，从 data.ws 文件我们知道第一次请求的数据共发送了 55 个字节，具体的数据内容为 "4##SELECT agent_name FROM AGENTS ORDER BY agent_name###"，套接字服务端和客户端按照规定的数据传输协议进行数据的传输，从这行数据不难发现，它是从 "agent" 表中将 "agent_name" 列的内容全部取出来，并按 "agent_name" 进行排序。

```
lrs_receive("socket0", "buf1", LrsLastArg);
```

即为接收服务端返回响应信息的函数，如果没有接收到数据，lrs_receive()函数会一直等待，除非 socket 状态为 non-blocking。VuGen 会给出预期的接收长度，如果实际接收的数据长度不等于预期长度，lrs_receive()函数会重新读取 socket 传入的数据，直到超时为止。lrs_receive()默认的超时时间为 10s，可以通过 lrs_set_recv_timeout()或者 lrs_set_recv_timeout2()函数来制定接收超时时间，值得注意的是，lrs_receive()函数成功执行并不意味返回数据被成功接收。如果接收到的数据和预期值不匹配，那么 VuGen 会输出一个 mismatch 的消息，然后继续执行脚本。如果 socket 连接类型为 TCP 方式，接收方的数据传输被关闭，则 lrs_receive 不会返回任何数据，连接异常中断则会返回错误代码。函数的原型为：

```
int lrs_receive ( char *s_desc, char *bufindex, [char *flags], LrsLastArg );
```

这里我们就函数的参数进行一下讲解。

- s_desc：套接字连接标识符，如 socket0。
- bufindex：缓冲区标识符，如 buf1。
- flags：该参数为可选项，接收或者发送数据标记，它提供了 3 个值（MSG_PEEK、MSG_DONTROUTE、MSG_OOB）。
- LrsLastArg：参数结束标识符。

lrs_receive("socket0", "buf1", LrsLastArg)语句中的 "buf1" 和 data.ws 文件中的 "buf0" 是对应的，从 data.ws 文件中我们知道第一次响应的数据共返回了 55 字节，具体的数据内容为 "0##Alex#Amanda#Debby#Julia#Mary#Robert#Sharon#Suzan###"，套接字服务端和客户端按照规定的数据传输协议进行数据的传输，从这行数据不难发现，返回的数据是 "agent" 表中的 "agent_name" 字段的内容，且每行数据之间以 "#" 作为分隔符，最后以 "\x00" 作为传输完成的标记符。返回来的 "agent_name" 填充到 "Agent Name" 下拉列表框，如图 14-26 所示。

图 14-26 "Login" 对话框

分析脚本完成以后，当我们单击工具条执行按钮时，在 "Flights WinSocket Server" 对话框的 Log 下方的文本域中会出现如下一条错误信息 "-1605[Microsoft][ODBC Microsoft Access Driver]"，这由于将在索引、主关键字或关系中创建重复的值，请求对表的改变没有成功。改变该字段中的或包含重复数据的字段中的数据，删除索引或重新定义索引以允许重复的值并再试一次，如图 14-27 所示。从这条提示信息不难看出，重新执行没有成功的原因应该是和数据库有密切的关系。结合图 14-28 所示，很明显证实了我们的猜测是正确的，接下来找到 WinSocket 样例程序数据库 "lrsock.mdb"，查看名称为 "Orders" 表结构，可以看到字段 "order_number" 是该表的主键，大家都知道主键是不允许重复的，这也正是脚本为什么再次执行时不成功的原因，如图 14-29 和图 14-30 所示。

图 14-27 "Flights WinSocket Server" 日志信息

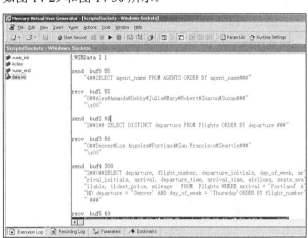

图 14-28 "data.ws" 数据文件的信息

图 14-29 "Orders" 表结构信息

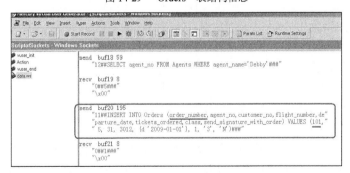

图 14-30 "data.ws" 文件订票数据插入的 SQL 语句信息

当我们把图 14-30，主键的值由 "101" 变成 "102"，再次执行脚本，就会发现执行成功，同时进入订票系统查询将会新增加一条订票数据信息。

【重点提示】

（1）如果您对数据库相关知识不是很清楚，建议了解相关知识。

（2）WinSocket 样例程序数据库 "lrsock.mdb"，其存放路径为 Windows 系统的根目录，例如作者的 Windows 系统在 C 盘，那么它的存放路径就是"C:\WINDOWS\lracc.mdb"，它是一个 Access 数据库文件。

（3）如果对 Socket 编程感兴趣请参考帮助内容。

14.6 Terminal Emulation 协议脚本应用

终端仿真（Terminal Emulation）就是使一个计算机终端模仿另一个计算机终端。通常被模仿的终端是较早的型号，这样用户就可以使用最初写给该终端进行通信的程序了。终端仿真用来使用户可以登录并直接使用主机操作系统中的传统程序。终端仿真需要在 PC 或 PC 所连接的局域网服务器上安装特殊的程序。具有大型机的企业应在所有工作站上安装终端仿真程序。可以使用本地机器上的 Windows 操作系统或其他 PC 上或工作站上的应用程序，也可以打开一个窗口来直接使用主机上的程序。仿真程序与工作站上的其他程序运行时相同，都为用户提供一个自己的窗口。然而不同于图形用户界面（GUI），终端仿真窗口是以文本形式显示主机的操作系统或应用程序接口。

不同的终端需要不同的终端仿真程序。如 IBM3270 显示终端、AS/400 5250 显示终端和 DEC VT100 终端等。执行终端仿真的程序需要清楚来自主机不同通信层的数据，包括数据链路控制层和会话控制层。

简单介绍完终端仿真程序以后，本节将实例介绍如何在 LoadRunner 中应用 "Terminal Emulation（RTE）" 协议。

首先，在 Vugen 协议选择对话框中，选择 "Terminal Emulation（RTE）" 协议，如图 14-31 所示。单击【OK】按钮，将显示脚本内容，可以在脚本的 vuser_init 部分发现有这样一行代码："#include <lrrte.h>"，它加载了 LoadRunner 关于 RTE 相关的函数，如图 14-32 所示。

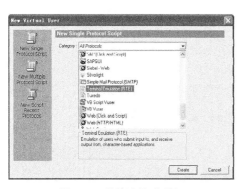

图 14-31　协议选择对话框

图 14-32　RTE 原始空白脚本信息

这时，会发现在 "Run-time Settings" 设置对话框中多了 RTE 这样的一个页。在该页可以设置最大的连接尝试次数，键入间隔时间以及同步等待时间、稳定时间等，如图 14-33 所示。

如果需要对 RTE 页进行设置，则可以进行适当的调整，单击【OK】按钮对设置内容进行保存，否则请单击【Cancel】按钮退出设置。

然后，可以单击工具条的【录制】按钮，准备开始对 RTE 协议相关内容进行录制。这时，会发现 LoadRunner 启动了一个叫作 "PowerTerm" 的软件，如图 14-34 所示，事实上 LoadRunner 就是通过和该软件进行交互将录制过程中的相关键盘和鼠标的输入记录存到脚本中。

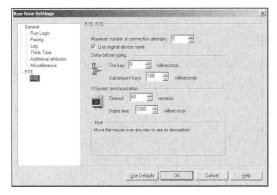

图 14-33　"Run-time Settings" 对话框的 RTE 设置页信息　　　　图 14-34　"PowerTerm" 应用软件界面

　　也许大家都知道大名鼎鼎的 "水木清华 BBS"，记得作者在上大学的时候，经常会去这个 BBS 上。那时，我是通过 telnet 方式登录到 BBS，通过在控制台下输入 "telnet newsmth.net" 就可以了，登录后的界面显示图 14-35 所示内容，接下来，就可以通过输入合法账号和密码在 BBS 中畅游了，这里作者不对 BBS 的内容做介绍。可以单击图 14-34 中的方框区域按钮（即 Connect 按钮），此时将弹出 Connect 对话框，这里我们以录制 "水木清华 BBS" 为示例，向大家演示如何应用 "Terminal Emulation（RTE）" 协议。

　　在 Connect 对话框中，可以看到在 "Session Type" 对话框中有 "TELNET、COM、LAT、CTERM、BAPI、RLOGIN、SUPER LAT" 不同方式的选择，这里选择 "TELNET" 方式，在参数的 "Host Name" 中输入要连接的网址（即 newsmth.net），TELNET 命令占用的端口为 23 端口，所以 "Port Number" 为 "23"，接下来可以对仿真的终端类型进行设置，即 Terminal 的 Type 进行设置。因为这里不需要对别的内容进行设置，所以其他内容保持不变，当然如果需要对其他内容进行调整，可以进行必要的设置，如图 14-36 所示。

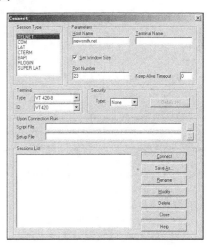

图 14-35　Telnet 方式登录水木清华显示界面信息　　　　图 14-36　"Connect" 对话框

　　单击【Connect】按钮录制脚本，以下为脚本的录制内容。从脚本中我们不难发现，脚本中主要由 TE_connect()、TE_wait_text()、TE_wait_cursor() 以及 TE_type() 等函数构成。

　　TE_connect() 函数是和指定的主机建立连接，TE_wait_text()、TE_wait_cursor() 则有点类似于前面讲过的检查点的概念，它是检查指定的文字、光标是否会出现，而键盘输入的内容则可以通过 TE_type() 来完成。通过对上面几个主要函数的介绍，相信不难理解下面脚本的内容了。

```
Action1()
{
        /* *** The terminal type is VT420-7. */
        TE_connect(
            "comm-type = telnet;"
            "host-name = newsmth.net;"
            "set-window-size = true;"
            "security-type = unsecured;"
            "terminal-type = vt420-7;"
            "terminal-model = vt320;"
            , 60000);
        if (TE_errno != TE_SUCCESS)
            return -1;
        TE_wait_text("请输入代号:", 90);
        TE_wait_cursor(13, 23, 100, 90);
        lr_think_time(2);
        TE_type("gu");
        TE_type("es");
        TE_type("t");
        TE_wait_cursor(18, 23, 100, 90);
        TE_type("<kReturn>");
        TE_wait_text("\xb0\xb4\xc8\xce\xba\xce\xbc\xfc\xbc\xcc\xd0\xf8"" ..", 90);
        TE_wait_cursor(48, 24, 100, 90);
        lr_think_time(5);
        TE_type("<kReturn>");
        TE_type("<kLeft>");
        TE_wait_text("\xb0\xb4\xc8\xce\xd2\xe2\xbc\xfc\xbc\xcc\xd0\xf8""...", 90);
        TE_wait_cursor(20, 24, 100, 90);
        lr_think_time(3);
        TE_type("<kLeft>");
        TE_wait_text("RunningLife", 90);
        TE_wait_cursor(20, 24, 100, 90);
        TE_type("<kLeft>");
        return 0;
}
```

在脚本起始部分有如下两条语句：

```
TE_connect(
      "comm-type = telnet;"
      "host-name = newsmth.net;"
      "set-window-size = true;"
      "security-type = unsecured;"
      "terminal-type = vt420-7;"
      "terminal-model = vt320;"
      , 60000);
if (TE_errno != TE_SUCCESS)
      return -1;
```

它表示与主机"newsmth.net"建立连接，而"comm-type = telnet;""set-window-size = true;" "security-type = unsecured;""terminal-type = vt420-7;""terminal-model = vt320;"参数项均为相应的 Connect 配置项，如图 14-36 所示，60000 则为连接超时时间，单位为 ms。如果在 1min（即 60000ms）内和指定的"newsmth.net"主机建立了连接则跳过 if 语句，执行后续脚本内容，如果全局变量 TE_errno 不等于 TE_SUCCESS 则退出，这里 TE_SUCCESS 的值为 0，如果您对这些预定义的常量及它们代表的含义感兴趣，可以查看应用程序的"include"文件夹下的"te_if.h"文

件内容，以下为该文件的部分内容：

```
#define TE_SUCCESS           -0
                             __ERR__("No Error")
#define TE_BUSY              -1
                             __ERR__("TermGate is busy")
#define TE_BAD_ARG           -2
                             __ERR__("Bad argument")
#define TE_TIMEOUT           -3
                             __ERR__("Timeout")
#define TE_BAD_REGEXP         -4
                        _    _ERR__("Bad regular expression")
#define TE_COMM_ERROR         -5
                             __ERR__("Communication error")
#define TE_NO_SELECTION          -6
                             __ERR__("No text selected")
#define TE_APPLICATION_GONE   -7
                             __ERR__("Session has been terminated")
#define TE_READ_ONLY         -8
                             __ERR__("attempt to set read only attribute")
#define TE_PARAM_ERROR        -9
                             __ERR__("Parameterization error")
#define TE_KEYS_LOCKED        -10
                             __ERR__("Keyboard locked")
#define TE_CANT_CONNECT          -11
                             __ERR__("Unable to connect to host")
#define TE_BUFFER_TOO_BIG    -12
                             __ERR__("Max buffer length was exceeded")
#define TE_LAST_ERROR        -12
                             __ERR__("Unknown error")
```

当与水木清华的主机建立连接以后，将显示图 14-35 所示信息，在图 14-35 中存在"请输入代号："文字，脚本就以这段文字作为它的"检查点"，同时在第 13 列、第 23 行将是光标停留的位置，相应的代码如下所示，

```
TE_wait_text("请输入代号:", 90);
TE_wait_cursor(13, 23, 100, 90);
```

如果希望了解更多函数信息，请参见帮助，这里不再赘述。

因为在操作过程中停顿了 2s，所以产生了这样的一条语句。

```
lr_think_time(2);
```

接下来以"guest"用户身份登录，于是出现了下面的代码，也许您有疑问，为什么不直接将下面代码写成 TE_type("guest")呢？是的，下面 3 行代码完全可以写成上面的语句，这也是为什么要进行脚本代码的修改和完善的一个目的。

```
TE_type("gu");
TE_type("es");
TE_type("t");
```

后续类似函数内容不再一一赘述，值得一提的是，TE_type("<kReturn>")语句中的内容并非输入字符"<kReturn>"，而是回车键的虚拟键值，在该脚本中还存在左方向键的虚拟键值"<kLeft>"。还有一个地方相信有很多读者非常关心，就是脚本出现的乱码"\xb0\xb4\xc8\xce\xba\xce\xbc\xfc\xbc\xcc\xd0\xf8"""，这段 Unicode 文本代表的是汉字"按任意键继续"，将这些字符换成汉字

以后可以极大提高代码的可读性，所以，作者建议将这些字符替换成汉字。由于脚本中有很多类似的函数，在这里就不再做更多脚本的解释说明。经过对上面脚本代码的分析以后，我们可以将脚本完善成如下代码：

```
Action1()
{
int cnt;
        TE_connect(
                "comm-type = telnet;"
                "host-name = newsmth.net;"
                "set-window-size = true;"
                "security-type = unsecured;"
                "terminal-type = vt420-7;"
                "terminal-model = vt320;"
                , 60000);
        if (TE_errno != TE_SUCCESS)
                return -1;
        TE_wait_text("请输入代号:", 90);
        TE_wait_cursor(13, 23, 100, 90);
        TE_type("guest ");
        TE_wait_cursor(18, 23, 100, 90);
        TE_type("<kReturn>");
        TE_wait_text("按任意键继续 …", 90);
        TE_wait_cursor(48, 24, 100, 90);
        TE_type("<kReturn>");
        TE_type("<kLeft>");
        TE_wait_text("按任意键继续...", 90);
        TE_wait_cursor(20, 24, 100, 90);
        TE_type("<kLeft>");
        cnt=1;
        for (;;) {
        if (cnt<=10000) {
                        cnt++;
                }
                else {break;};
        }
        TE_wait_text("RunningLife", 90);
        TE_wait_cursor(20, 24, 100, 90);
        TE_type("<kLeft>");
        return 0;
}
```

也许您已经发现，这段脚本和上一个脚本有一个很大的不同之处就是多了如下一段代码：

```
cnt=1;
for (;;) {
if (cnt<=10000) {
                cnt++;
        }
        else {break;};
}
```

这段代码似乎没有什么用，是不是这样呢？这段代码的目的是变量自增，它其实只是为了浪费时间。那为什么浪费时间呢？目的就是有的时候因为服务器响应反馈信息会稍慢，这时如果不加入上述浪费时间的代码或者思考时间函数（lr_think_time()），就会因为在指定的时间内找不到由 TE_wait_text()函数指定的文本而报错。

【重点提示】

（1）有时候，可能会遇到录制脚本出现乱字符的现象，如图 14-37 所示。

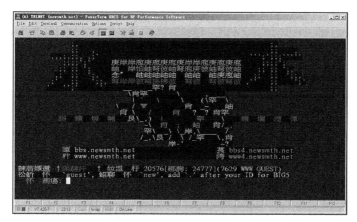

图 14-37 以 Telnet 方式登录水木清华显示带有乱字符界面信息

出现这种情况的原因是字符集选择错误，可以通过选择 LoadRunner 的"Recording Options…"菜单项来进行设置，如图 14-38 所示，我们要选择支持汉字字符集的"DBCS"，如图 14-39 所示。

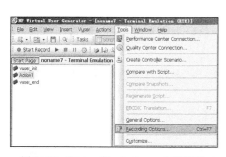

图 14-38 "Recording Options…"菜单项

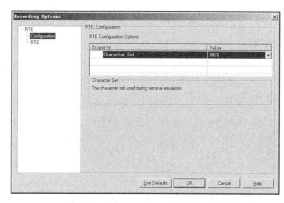

图 14-39 "Recording Options"对话框

当单击录制按钮进入到"PowerTerm"应用程序界面的时候，还需要选择"Setup…"菜单项，如图 14-40 所示，待系统弹出"Terminal Setup"对话框以后，分别依照图 14-41 和图 14-42 进行设置，保存设置后再连接"水木清华"的时候，就会显示正常的汉字。

图 14-40 "PowerTerm"应用软件界面

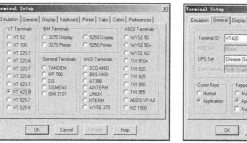

图 14-41 "Terminal Setup"对话框的"Emulation"页信息

图 14-42 "Terminal Setup"对话框的"General"页信息

（2）"PowerTerm"使用的脚本语言为"PowerTerm Script Language"（简写为：PSL），通过编写、调试并保存脚本后，用 LoadRunner 的 TE_run_script_file() 和 TE_run_script_command() 函数来执行脚本的方式来完成任务，这种形式更加方便和灵活。

14.7 Citrix 协议脚本的应用

14.7.1 Citrix 简单介绍

随着企业对软硬件成本投入的控制、内外部网络环境安全性等方面因素考虑，Citrix（思杰）公司的产品解决方案也越来越广泛地被应用到大中型企业中。Citrix 是世界领先的应用服务软件方案提供商，Citrix System 为实现全球接入架构解决方案提供优秀的软件与服务，并在该领域内居全球领导地位，其解决方案能够让客户在任何时间、任何地点、在任何设备上，通过任何形式的网络连接，高效获取各种应用、信息及通信，如图 14-43 所示。

1. Citrix 公司的核心技术

（1）MultiWin：一个在服务器上模拟本地应用程序处理的多用户层。

（2）多用户层上的 ICA 显示服务：ICA 英文全称为 Independent Computing Architecture，翻译为独立计算结构，将应用程序的执行和显示逻辑分开。

（3）客户端设备上的 ICA 软件：用于接收显示图像，同时向服务器发送鼠标移动和键盘击键动作信息。

2. Citrix 产品能带来哪些收益

（1）突破软硬件循环性的升级：企业不必为了运行新的软件而去购买或升级硬件设备，能够从现有的设备、操作系统、应用程序、网络标准中受益，极大延长网络基础结构的使用寿命。

（2）系统的可管理性：信息管理员可在任何一点单点控制系统，使得系统的维护、管理、安装、调度、扩容、升级等工作一次性完成。

（3）安全性高：为不同用户设置不同的安全级别，数据安保性严密，同时降低了病毒感染和人为因素的破坏。

（4）最大限度地利用带宽：由于将应用程序的执行和显示逻辑分离开来，减少了需要在网络中传输的数据量。在低带宽的情况下也可以有效使用。

综上所述，Citrix 产品有效降低系统总体拥有成本 TCO（Total Cost of Ownership）。由于系统的管理、维护、升级、扩展与服务等一系列环节得到优化，企业最大限度地节省了投入到系统中的各种费用，随着时间的增长，这种优势越来越明显。

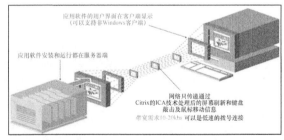

图 14-43 Citrix 应用虚拟化工作原理图

14.7.2 Citrix 相关配置说明

前面简单介绍了一下 Citrix，下面我们结合 Vugen 给大家介绍一下其相关协议的应用。

首先，您需要选择"Citrix_ICA"协议类型，而后单击【Create】按钮，如图 14-44 所示。

【重点提示】

（1）创建新脚本时，您既可以创建单协议也可以创建多协议脚本。如果您希望录制简单 Citrix ICA 会话，请使用单协议脚本。但录制 NFUSE Web Access 会话时，您必须选择 Citrix ICA 和 Web(HTML/HTTP) 这两种协议。

（2）为了运行脚本，必须在每个 Load Generator 计算机上安装 Citrix 客户端。如果未安装客户端，可以从 Citrix 网站 www.citrix.com 的下载部分下载一个客户端。VuGen 支持所有 Citrix 客户端（8.00、6.30.1060 或更早版本除外）和 Citrix Web 客户端，同时要保证服务器已正确进行了配置。

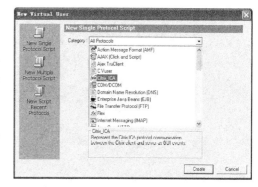

图 14-44 "New Virtual User" 对话框信息

接下来，您可以录制脚本，将登录和退出业务分别录制到 "vuser_init" 和 "vuser_end" 部分，而将具体的业务操作放在 "Action" 部分，如：编辑 Word 文档等操作。

这里我们选择多协议，即采用 Citrix ICA 和 Web（HTML/HTTP）这两种协议，以下为脚本的相关信息内容：

vuser_init()脚本中的部分内容：

```
vuser_init()
{
    lr_start_transaction("登录");
    ctrx_set_connect_opt(APPLICATION, "#IE");
    ctrx_set_connect_opt(NETWORK_PROTOCOL, "TCP/IP + HTTP");
     ctrx_connect_server("192.168.1.36", "{citrix}", lr_decrypt("rv85d0d1fdc68131"), "test");
    ctrx_wait_for_event("LOGON");
    lr_end_transaction("登录", LR_AUTO);

    return 0;
}
```

Action ()脚本中的部分内容：

```
#include "web_api.h"


Action()
{

    lr_start_transaction("查收文件");

    web_url("WEBOA_RECEIVEFILE.NSF",
        "URL=http://192.168.1.36/WENDANG",
        "TargetFrame=",
        "Resource=0",
        "RecContentType=text/html",
        "Referer=http://192.168.1.36/domcfg.nsf?opendatabase&login",
        "Snapshot=t1.inf",
        "Mode=HTML",
        LAST);

    web_url("maintopform",
        "URL=http://192.168.1.36/WENDANG/maintopform?openform",
```

```
                     "TargetFrame=",
                     "Resource=0",
                     "RecContentType=text/html",
                     "Referer=http://192.168.1.36/WENDANG/maintopform?openform",
                     "Snapshot=t7.inf",
                     "Mode=HTML",
                     LAST);

          web_url("mainpage",
                  "URL=http://192.168.1.36/WENDANG/mainpage?OpenPage",
                  "TargetFrame=",
                  "Resource=0",
                  "RecContentType=text/html",
                  "Referer=http://192.168.1.36/WENDANG",
                  "Snapshot=t8.inf",
                  "Mode=HTML",
                  LAST);
          lr_end_transaction("查收文件", LR_AUTO);
          return 0;
    }
```

vuser_end()脚本中的部分内容：

```
vuser_end()
{
    lr_start_transaction("退出");
    ctrx_key("ENTER_KEY", 0);
    ctrx_key("F4_KEY", MODIF_ALT);
    ctrx_disconnect_server("192.168.1.36");
    lr_end_transaction("退出", LR_AUTO);

    return 0;
}
```

【重点提示】

（1）尽管 VuGen 在录制会话期间支持窗口大小的调整，但建议您在录制时不要移动窗口或调整窗口大小。要更改窗口大小或位置，请在脚本树视图中双击相关的窗口同步步骤，然后修改窗口的坐标。

（2）要保证位图同步成功，请确保分辨率设置匹配。在录制计算机上，检查客户端的设置、录制选项以及运行时设置。在 Load Generator 上，确保客户端的设置在所有 Load Generator 和录制计算机上都保持一致。

接下来，让我们看一下与 Citrix 有关的一些设置。

您可以通过单击【Vuser】>【Run-time Settings...】菜单项打开运行时设置对话框，如图 14-45 所示。

在运行时设置 Citrix 页包括两部分内容：Configuration（配置）和 Synchronization（同步）。

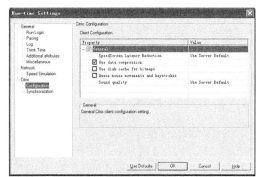

图 14-45　"Run-time Settings－Configuration"页对话框信息

如图 14-45 所示，我们现就 General（常规）下的 5 个内容进行介绍。

（1）SpeedScreen Latency Reduction（SpeedScreen 滞后时间缩短）：用于在网络速度较慢时增强用户交互能力的机制。可以根据网络速度打开（On）或关闭（Off）此机制。自动（Auto）选项是根据当前网络速度打开或关闭该机制。如果不知道网络速度，请将此选项设置为使用服务器默认值以使用计算机的默认值（Use Server Default）。

（2）Use data compression（使用数据压缩）：指示 Vuser 压缩传输的数据。要启用此选项，请选中选项左侧的复选框；要禁用此选项，不选中该复选框。如果带宽有限，应启用数据压缩（默认情况下启用）。

（3）Use disk cache for bitmaps（对位图使用磁盘高速缓存）：指示 Vuser 使用本地高速缓存来存储位图和常用的图形对象。要启用此选项，请选中选项左侧的复选框；要禁用此选项，不选中该复选框。如果带宽有限，应启用此选项（默认情况下禁用）。

（4）Queue mouse movements and keystrokes（对鼠标移动和按键进行排队）：指示 Vuser 创建鼠标移动和按键的队列，并将它们作为数据包以较低的频率发送到服务器。使用速度较慢的连接时此设置启用。启用此选项将减慢会话对键盘和鼠标移动的反应速度。要启用此选项，请选中选项左侧的复选框；要禁用此选项，不选中该复选框（默认情况下禁用）。

（5）Sound quality（声音质量）：指定声音的质量（Use Server Default（使用服务器默认值）、Sound off（关闭声音）、High sound quality（高音质）、Medium sound quality（中音质）或 Low sound quality（低音质））。如果客户机没有与 16 位 Sound Blaster 兼容的声卡，请选择关闭声音。如果启用了声音支持，就可以使用客户机上已发布的应用程序播放声音文件。

如图 14-46 所示，我们现就 Timeout（超时）下的 4 个内容进行介绍。

（1）Connect time（连接时间）：即退出之前在已建立连接处空闲等待的时间，默认值是 180 秒。

（2）Waiting time（等待时间）：即退出之前在同步点空闲等待的时间，默认值是 60 秒。

（3）Typing rate（键入速率）：即击键之间的延迟（以毫秒为单位）。

（4）Default Image Sync Tolerance（默认图像同步容错类别）：包含 4 个类别，即 Exact（完全）、Low（低）、Medium（中）、High（高）。

为了您调试脚本方便，您可以通过单击【Tools】>【General Options...】菜单项，在弹出的"General Options..."对话框中选择"Citrix Display"页，如图 14-47 所示，建议您选中"Show client during replay"（回放时显示 citrix 客户端）和"Show Bitmap Selection popup"（显示位图选择弹出式消息）。

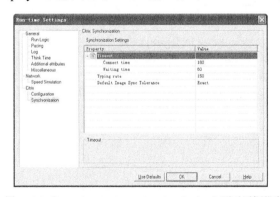
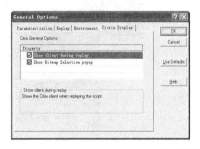

图 14-46　"Run-time Settings－Synchronization"页对话框信息　图 14-47　"General Options－Citrix Display"页对话框信息

14.8　EdgeSight

前面向您介绍了利用 LoadRunner 来录制 Citrix 应用的方法，其实 Citrix 公司拥有自己专用的性能测试工具叫 EdgeSight，下面就让我们来认识一下它。

14.8.1　EdgeSight 简单介绍

EdgeSight for Load Testing 是一款面向 XenApp 和 XenDesktop 环境的自动负载和性能测试解决方案。此负载生成软件解决方案使管理员能够预测系统将如何应对大量的用户负载。它可以模拟数百个虚拟 Citrix 用户并在测试状态下监视系统的响应，使管理员能够确定当前配置和硬件基础结构对于预期需求的支持程度。图 14-48 为 EdgeSight for Load Testing 组件的简化方框图。

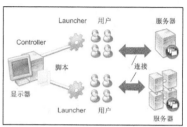

图 14-48　EdgeSight for Load Testing 组件的简化方框图

结合图 14-48，Controller 用于记录和创建虚拟用户脚本并定义测试。当测试的准备工作完毕，可以回放时，Controller 将指示 Launcher 以特定数量的虚拟用户运行该测试，并持续特定的时间段。Launcher 从 Controller 接收命令，并在目标系统上生成虚拟用户 ICA 会话。所需的 Launcher 数目将随目标虚拟用户负载而变化。然后，Launcher 将会话信息汇报给 Controller，以用于运行时和后运行时分析。

14.8.2　EdgeSight 的使用方法

通常情况下，我们按照以下步骤来使用"EdgeSight for Load Testing"完成性能测试工作。如图 14-49 所示，请按以下步骤创建 ICA 文件。

（1）进入 Citrix 控制台访问地址 URL。

（2）输入用户名、密码以及域名登录远程桌面。

（3）定位到目标应用程序所在位置。

（4）选中目标应用程序图标，右键单击，选择"目标另存为"，保存类型为 Citrix ICA Client 的.ica 文件，如图 14-49 所示。

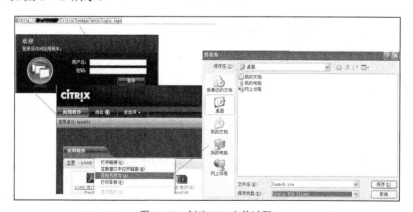

图 14-49　创建 ICA 文件过程

您可以单击图 14-50 所示的"Test"树，单击鼠标右键，在弹出的快捷对话框中，单击【Add Script...】菜单项，将弹出图 14-51 所示界面。

您根据需要设定客户端屏幕的水平分辨率和垂直分辨率，同时可以选择 Concurrency Model（并发模型，它是指针对不同 Launcher 和用户集运行的脚本，用于指定多个不同客户端启动的测试的运行方式），其主要有 3 种类型。

图 14-50 "EdgeSight for Load Testing"主界面信息

图 14-51 "Script Properties"主界面信息

● 默认为 Balanced（平衡）模式：表示每个 launcher 中有相等数量的用户尝试运行测试。

● Rotate（循环）模式：表示首先让 Launcher A 的所有用户运行，然后再让 Launcher B 的用户开始测试。

● Top Down（自顶向下）模式：表示第一个用户始终会尝试执行测试。每当第一个用户空闲时，它都会启动一个新的测试。

这里假设我们创建一个名称为"word"的脚本，则您在图 14-51 所示的名称后输入"word"，就会出现图 14-52。

从图 14-52 中，您可以看到在"Test"树下有一个叫"word"的子树，子树下包含了 3 项内容，即 Load（负载）、Connections（连接）和 Instructions（指令）。这里我们先创建 1 个连接，鼠标右键单击"Connections"将弹出一个快捷菜单，选择【Add Connection...】菜单项，则弹出"Connection Properties"对话框，如图 14-53 所示。

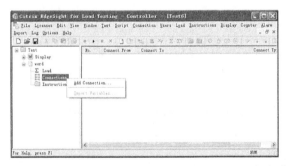

图 14-52 "Citrix EdgeSight for Load Testing-Add Connection"主界面信息

图 14-53 "Connection Properties"对话框信息

这里我们使用 ICA 文件连接到服务器，所以选择前期已经创建的"word.ica"文件，从本机进行连接，相关设置请参见图 14-53 所示内容。

接下来，向您介绍一下如何创建负载场景，如图 14-54 所示，鼠标右键单击"Load"将弹出一个快捷菜单，选择【Add Load...】菜单项，则弹出"Load Properties"对话框，如图 14-55 所示。

如图 14-55 所示，您可以根据性能测试用例的设计设定执行时间、是否并发加载、梯度加载和虚拟用户数量，一个脚本可以添加多个 Load，如图 14-56 所示，在第一个 4 分钟内，应用程序顺序加载 40 个用户，在第二个 10 分钟，40 个用户同时执行，在最后 4 分钟内，40 个用户逐渐退出应用程序。

如图 14-57 所示，右键单击先前建立的连接，在弹出的快捷菜单中选择【Add Users...】菜单项，出现"Add Users To Connection"对话框，如图 14-58 所示。

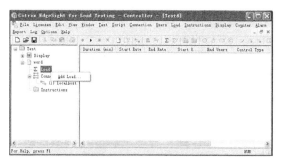 

图 14-54 "Citrix EdgeSight for Load Testing-App Lood"主界面信息　　图 14-55 "Load Properties"对话框信息

图 14-56 负载场景设计相关信息

在图 14-58 中，依次输入要加载的虚拟用户数、虚拟用户名前缀、选择复选框#、起始#、用户名密码、登录域名后，单击【OK】按钮生成多个虚拟用户，如图 14-59 所示。

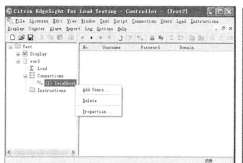  

图 14-57 添加用户相关信息　　图 14-58 "Add Users To Connection"对话框　　图 14-59 生成的用户相关信息

如图 14-60 所示，您可以鼠标右键单击选中"Instructions"，在弹出的快捷菜单中，选择【Record Instructions】菜单项，进行用户行为的脚本录制，如图 14-60 所示。

脚本录制完成后，将出现如图 14-61 所示信息内容。

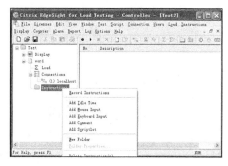 

图 14-60 脚本录制相关信息　　图 14-61 脚本指令相关信息

因为在多用户操作时，每个虚拟用户的脚本执行效率可能会有所不同，为提升成功率，节省带宽资源，建议关键步骤需要加入同步点和超时相关信息内容。

（1）同步点类型（Type）。

① For Window Titles：

●   Exists

●   Does not Exist

●   Foreground

② For Bitmaps：

●   Matches

●   Does Not Match

●   Changed

●   Search

（2）同步点满足条件（Conditional Folder）。

●   If Satisfied

●   If Not Satisfied

●   Until Satisfied

●   Until Not Satisfied

●   Never

（3）同步点不满足条件执行操作（Fail Mode）。

●   Logout

●   Continue

（4）超时设置（Timeout）：单位为秒。

同时您也可以在脚本中插入 JScript、变量、键盘、鼠标操作、设定等待时间等，作者在这里不再一一赘述，请关心该部分的读者朋友，自行阅读相关帮助信息。

您还可以添加性能计数器，如图 14-62 和图 14-63 所示。

您还可以创建一份日志/报告，如图 14-64 所示，在弹出的对话框中输入报告/日志名、采样频率并保存成 HTML/LOG 文件，并确保在负载场景执行前启用日志。

图 14-62 添加计数器相关信息   图 14-63 "Select Counters to Add." 对话框   图 14-64 "Add Report…" 快捷菜单选项

上述内容设定完成后，我们就可以执行负载场景了，单击主界面的"小三角"工具条按钮，则出现图 14-65 所示信息，这个负载场景包括了 4 类脚本：Word 新建、编辑、保存操作的脚本和 Notes 收邮件的脚本。

您监控的性能指标也将被实时监控，如图 14-66 所示。

监视器的 Messages 页显示了测试执行信息，在图中显示了"Instruction 5 Timed Out"错误信息，其表示编号为 5 的同步点产生了超时错误，如图 14-67 所示，您可重新设定该同步点超时时间。

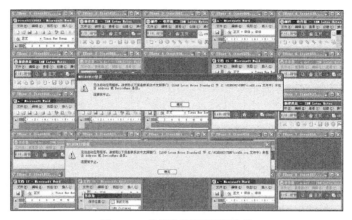

图 14-65　执行负载场景相关信息

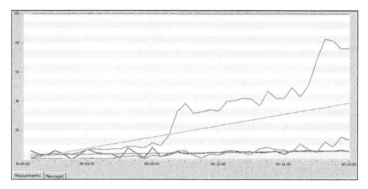

图 14-66　计数器指标相关信息

如图 14-68 所示，右键单击前面创建的报告名"four app"，选择【Generate...】菜单项，即生成 HTML 格式测试报告，如图 14-69 所示。报告中所记录的响应时间包括脚本中的等待时间 Idle Times，图中显示为黄色/红色的部分表示该响应时间与平均响应时间的延时达到了警告级别，该警告级别和延时通过率是通过创建测试报告时设置 QOS Flag 设定的，如图 14-70 所示。

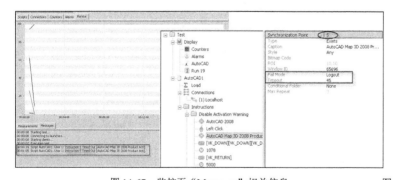

图 14-67　监控页"Messages"相关信息

图 14-68　监控页"Messages"相关信息

服务质量（QOS）级别用于以可视方式指示系统压力导致脚本执行延迟的情况。随着系统负载的增加和窗口显示时间的显著延长，您可能会注意到某些同步点的响应时间开始变长。QOS 级别是相对于指令执行的平均时间而测得的延迟。QOS 级别经配置后会在超过预设级别时发送警告。QOS 级别的默认设置是：3 级-30 秒、2 级-20 秒、1 级-10 秒。警告级别显示在脚本窗口中。超过 QOS 级别的度量值会以不同颜色突出显示：红色（3 级）、橙色（2 级）和黄色（1 级）。

图 14-69　报告相关信息

图 14-70　"Report Properties"中
QOS Flags 相关设置信息

【重点提示】

在使用时，有以下几点内容请读者朋友们注意。

（1）用文件夹组织脚本指令集，脚本步骤更清晰易维护。可以按业务操作顺序以文件夹为单位组织脚本。

（2）将所有鼠标操作删除，使用键盘操作代替鼠标操作，以保证脚本的健壮性。

（3）移除同步点之前的等待时间，即将同步点之前的 Idle Times 删除。

14.9　数据库相关协议应用

通常，我们应用的系统后台均有数据库与其协同工作，平时您在进行性能测试的时候会经常接触一些数据库相关内容，这里将以数据库相关的一些协议应用作为讲解内容，给大家一些介绍。

14.9.1　工具支持哪些数据库相关协议

当您使用 Vugen 录制与服务器通信的数据库应用程序时，它会生成对应协议的 Vuser 脚本。LoadRunner 11.0 和 VuGen 支持 MS SQL Server、ODBC 和 Oracle (2-tier)数据库协议类型。这些数据库协议生成的脚本都有一个共同的特点，就是包含描述数据库活动的 LRD 函数，每个 LRD 函数的前缀都为 lrd，其代表为一个数据库函数。

14.9.2　数据库函数说明

前面在第 6 章的 6.3.3 节我们已经介绍了如何在 LoadRunner 11.0 中应用 ODBC 协议录制LoadRunner 8.0 自身带的"Flights-ODBC_Access"例子。下面的代码就是录制"Flights- ODBC_Access"样例程序产生的脚本代码信息。

```
Action()
{
lrd_init(&InitInfo, DBTypeVersion);
lrd_open_context(&Ctx1, LRD_DBTYPE_ODBC, 0, 0, 0);
lrd_open_connection(&Con1, LRD_DBTYPE_ODBC, "", lr_decrypt("4f4650c2e"),
                    "flight32lr", lr_decrypt("4f4650c2e"), Ctx1, 0, 0);
lrd_open_cursor(&Csr1, Con1, 0);
```

```
lrd_stmt(Csr1, "SELECT agent_name FROM AGENTS ORDER BY agent_name", -1, 1, 0
        /*None*/, 0);
lrd_bind_cols(Csr1, BCInfo_D2, 0);
lrd_fetch(Csr1, -8, 1, 0, PrintRow2, 0);
GRID(2);
lrd_close_cursor(&Csr1, 0);
lr_think_time(14);


lrd_open_cursor(&Csr2, Con1, 0);
lrd_stmt(Csr2, " SELECT DISTINCT departure FROM Flights ORDER BY departure ", -1,
        1,0 /*None*/, 0);
lrd_bind_cols(Csr2, BCInfo_D4, 0);
lrd_fetch(Csr2, -5, 1, 0, PrintRow4, 0);
GRID(4);
lrd_close_cursor(&Csr2, 0);
lr_think_time(33);
lrd_open_cursor(&Csr3, Con1, 0);
lrd_stmt(Csr3, "SELECT departure, flight_number, departure_initials, day_of_week, "
        "arrival_initials, arrival, departure_time, arrival_time, "
        "airlines, seats_available, ticket_price, mileage   FROM  "
        "Flights WHERE arrival = 'Los Angeles' AND departure = "
        "'Denver' AND day_of_week = 'Thursday'ORDER BY flight_number ", -1, 1, 0
    /*None*/, 0);
lrd_bind_cols(Csr3, BCInfo_D17, 0);
lrd_fetch(Csr3, -3, 1, 0, PrintRow6, 0);
GRID(6);
lrd_close_cursor(&Csr3, 0);
lr_think_time(127);
lrd_open_cursor(&Csr4, Con1, 0);
lrd_stmt(Csr4, "UPDATE Counters SET counter_value=counter_value+1 WHERE
        table_name='ORDERS'", -1, 1, 0 /*None*/, 0);
lrd_close_cursor(&Csr4, 0);
lrd_open_cursor(&Csr5, Con1, 0);
lrd_stmt(Csr5, "SELECT counter_value FROM Counters WHERE table_name='ORDERS'",
        -1, 1, 0 /*None*/, 0);
lrd_bind_cols(Csr5, BCInfo_D19, 0);
lrd_fetch(Csr5, 1, 1, 0, PrintRow8, 0);
GRID(8);
lrd_close_cursor(&Csr5, 0);
lrd_open_cursor(&Csr6, Con1, 0);
lrd_stmt(Csr6, "SELECT customer_no FROM Customers WHERE customer_name='tony'",
        -1, 1, 0 /*None*/, 0);
lrd_bind_cols(Csr6, BCInfo_D21, 0);
lrd_fetch(Csr6, 0, 1, 0, PrintRow10, 0);
        /*Note:  no rows returned by above lrd_fetch*/


lrd_close_cursor(&Csr6, 0);
lrd_open_cursor(&Csr7, Con1, 0);
lrd_stmt(Csr7, "UPDATE Counters SET counter_value=counter_value+1 WHERE
        table_name='CUSTOMERS'", -1, 1, 0 /*None*/, 0);
lrd_close_cursor(&Csr7, 0);
lrd_open_cursor(&Csr8, Con1, 0);
lrd_stmt(Csr8, "SELECT counter_value FROM Counters WHERE
        table_name='CUSTOMERS'", -1, 1, 0 /*None*/, 0);
lrd_bind_cols(Csr8, BCInfo_D23, 0);
lrd_fetch(Csr8, 1, 1, 0, PrintRow12, 0);
```

```
GRID(12);
lrd_close_cursor(&Csr8, 0);
lrd_open_cursor(&Csr9, Con1, 0);
lrd_stmt(Csr9, "INSERT INTO Customers (customer_name,customer_no) VALUES ('tony', 31)",
        -1, 1, 0 /*None*/, 0);
lrd_close_cursor(&Csr9, 0);
lrd_open_cursor(&Csr10, Con1, 0);
lrd_stmt(Csr10, "SELECT agent_no FROM Agents WHERE agent_name='Alex'", -1, 1, 0
        /*None*/, 0);
lrd_bind_cols(Csr10, BCInfo_D25, 0);
lrd_fetch(Csr10, 1, 1, 0, PrintRow14, 0);
GRID(14);
lrd_close_cursor(&Csr10, 0);
lrd_open_cursor(&Csr11, Con1, 0);
lrd_stmt(Csr11, "INSERT INTO Orders
        (order_number,agent_no,customer_no,flight_number,"
            "departure_date,tickets_ordered,class,"
            "send_signature_with_order) VALUES (101, 4, 31, 6232, {d "
            "'2013-01-03'}, 1, '3', 'N')", -1, 1, 0 /*None*/, 0);
lrd_close_cursor(&Csr11, 0);
lrd_commit(0, Con1, 0);
return 0;
}
```

也许，有很多朋友会对上面的代码感到摸不着头脑，下面就让我来给大家解释一下。我觉得最困扰大家的问题是对 LoadRunner 产生的 API 函数和函数对应的参数含义，至于 SQL 语句相信大家一定都能看明白，那么下面就给大家介绍一下在上述脚本代码信息中产生的关于数据库方面应用的 LoadRunner API 函数，需要说明的是其他数据库协议脚本也有属于自身的一些专有 API 函数，因函数功能类似，故仅针对 ODBC 协议的内容做讲解，其他不再赘述。

接下来，让我们挑选一些主要函数做一下讲解。

（1）lrd_init()函数。

```
LRDRET lrd_init( LRD_INIT_INFO *mptInitInfo, LRD_DEFAULT_DB_VERSION *mpat DefaultDBVersion );
```

lrd_init()函数用于初始化环境，在脚本中，该函数只被调用一次，并先于所有其他 LRD 函数调用，其包含了 2 个参数，第 1 个参数为指向 LRD_INIT_INFO 结构的指针，第 2 个参数为指向默认数据库版本，其返回值为一个小于 6000 的数字信息，数字 0 代表执行成功或者返回的数据有效，关于返回值有如下规律："0～999"：表示返回的为一信息内容、"1000～1999"表示返回的为一警告内容、"2000～2999"表示返回的为一错误内容、"5000～5999"表示返回的为一内部错误内容。如果您关注对应信息码的含义请查看帮助文档。

（2）lrd_end()函数。

lrd_end()函数用于清理环境，在脚本中，该函数只被调用一次，并在所有其他 LRD 函数调用之后。

（3）lrd_open_connection()函数。

您在应用该函数的时候需要注意 lrd_open_connection()函数要和 lrd_close_connection()函数成对使用（与此类似的还有 lrd_open_cursor()函数和 lrd_close_cursor()函数），不要创建了连接后不释放，否则将会产生内存泄露。返回值为 LRDRET 类型，该返回值类型在没有特殊说明的情况下同 lrd_init()函数返回值部分描述，不再赘述。

（4）lrd_close_connection()函数。

lrd_close_connection()函数用于关闭与数据库服务器的连接。

（5）lrd_open_cursor()函数。

lrd_open_cursor()函数用于打开数据库游标。

（6）lrd_close_cursor()函数。

lrd_close_cursor()函数用于关闭数据库游标。

（7）lrd_stmt()函数。

lrd_stmt()函数用于将 SQL 语句与游标关联。

（8）lrd_bind_col()函数。

lrd_bind_col()函数用于将主机变量绑定到列。

（9）lrd_exec()函数。

lrd_exec()函数用于执行 SQL 语句。

（10）lrd_commit()函数。

lrd_commit()函数用于提交数据库事务。

（11）lrd_fetch()函数。

lrd_fetch()函数用于提取结果集中的下一个记录。细心的读者朋友也许已经发现了一个问题，那就是在上面的代码中有时会出现其第二个参数为正数，有时又为负数的情况，那究竟是什么原因呢？

首先，先看一下该函数的原型：

```
LRDRET lrd_fetch( LRD_CURSOR *mptCursor, long mliRequestedRows, long mliRowsBatchSize,
unsigned long *mpuliFetchedRows, LRD_PRINT_ROW_TYPEDEF mpfjPrintRow, int miDBErrorSeverity );
```

该函数共有 6 个参数，有 2 个参数需要重点说明。

这里着重讲解一下第 2 个参数，当该参数为负值时表示录制期间所有可用行都已提取，负数的绝对值是提取的行数，如：

```
lrd_stmt(Csr1, "SELECT agent_name FROM AGENTS ORDER BY agent_name", -1, 1, 0
        /*None*/, 0);
lrd_bind_cols(Csr1, BCInfo_D2, 0);
lrd_fetch(Csr1, -8, 1, 0, PrintRow2, 0);
```

表示从"AGENTS"表中获得了全部 8 条 agent_name 数据信息，当该参数为正值时，表示录制期间未提取所有行。

第 6 个参数指数据库访问过程中如果出现异常是继续执行脚本还是终止执行脚本，默认值为"LRD_DB_ERROR_SEVERITY_ERROR"，对应值为 0，即终止脚本执行。如果您在脚本中指定为"LRD_DB_ERROR_SEVERITY_WARNING"，对应值为 1，即数据库访问错误时继续执行脚本，但发出警告。

```
lrd_fetch(Csr10, 1, 1, 0, PrintRow14, 0);
GRID(14);
```

录制会话期间查询返回的数据显示在网格中。数据网格由 GRID 语句表示。要打开数据网格，请单击 GRID 语句旁空白处的"田"图标。如果数据值很长，网格中将仅显示部分数据。这种截断只有在显示的网格中才会出现，对实际数据没有任何影响。网格列的宽度可以调节。使用滚动条最多可以滚动 200 行。要更改此值，请编辑"C:\Program Files\HP\LoadRunner\config\vugen.ini"文件，并修改以下条目：

```
[General]
max_line_at_grid=200
```

如果没有"max_line_at_grid"项信息，请自行添加。

14.9.3 数据库脚本关联

同基于 Web 应用系统一样，在进行数据库脚本编写时，有时也会需要进行关联操作，简单地讲关联操作其实就是将服务器返回的值进行保存，而后在后续脚本中应用该保存的值，概括地讲关联就是使用一个语句的结果作为另一个语句的输入。

您可以选择图 14-71 中的关联选项，查看是否有需要关联的内容。

如果从 LoadRunner 没有扫描到需要关联的内容，将显示图 14-72 所示界面信息。

如果扫描到有需要关联的数据，将在图 14-72 显示相关信息，您可以单击该信息定位到对应的网格，选中包含需要关联的数据单元格，单击鼠标右键，将弹出快捷菜单，如图 14-73 所示。

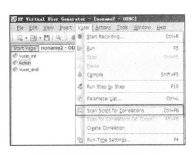

图 14-71　扫描关联菜单项　　　　　图 14-72　扫描关联菜单项　　　　　图 14-73　关联快捷菜单

单击【Create Correlation】菜单项进行关联操作，将弹出图 14-74 所示对话框，其默认值为"Saved_表格列名_1"，当然您可以根据自己的需要替换成有意义的名称，这里起名称为"Fromaddr"，单击【OK】按钮后，将弹出图 14-75 所示界面信息。

您可以单击【Replace All】按钮，替换脚本中需关联的数据，处理完成后，将在您的脚本中出现类似图 14-76 的关联语句信息。

图 14-74　"Create a correlation"对话框　　图 14-75　"Search and Replace"对话框　　图 14-76　脚本中关联语句相关信息

这里需要说明的是数据库操作可能产生类似的关联函数，如表 14-2 所示。

表 14-2　　　　　　　　　　　　　　　数据库相关函数列表

函 数 名 称	函数功能描述
lrd_save_col	将单元格中显示的查询结果保存到参数中。在提取数据之前将此函数放在合适位置。它将后续 lrd_fetch 检索到的值赋给指定参数（lrd_ora8_save_col 用于 Oracle 8 及更高版本）
lrd_save_value	将占位符描述符的当前值保存到参数中。它与设置输出占位符的数据库函数一起使用（如存储在 Oracle 中的某些过程）
lrd_save_ret_param	将存储过程的返回值保存到参数中。它主要用于存储在 DbLib 中生成返回值的数据库过程

【重点提示】

（1）如果保存值无效或为 NULL，VuGen 将不应用关联。

（2）在脚本中找到相应语句，其中带有包含要关联的值，通常是 lrd_assign、lrd_assign_bind 或 lrd_stmt 函数的某个参数，在进行关联时您需要选择不带引号的值。

14.10 Flex 协议脚本应用

14.10.1 Flex 简介

Flex 是多种技术的集合，可为开发人员提供基于 Flash Player 生成 RIA (Rich Internet Applications) 的框架。

RIA 是轻型联机程序，可为用户提供比标准网页更多的动态控制。与使用 AJAX 生成的 Web 应用程序一样，Flex 应用程序的响应速度较快，因为应用程序不需要在每次用户执行操作时都加载新网页。但是，与使用 Ajax 不同，Flex 独立于 JavaScript 或 CSS 等浏览器实现。该框架运行在 Adobe 的跨平台 Flash Player 上。

Flex 2 应用程序由许多 MXML 和 ActionScript 文件构成。它们编译为一个 SWF 视频文件，可用客户端浏览器上安装的 Flash Player 播放。Flex 2 支持各种客户端/服务器通信方法，如 RPC、数据管理和实时消息传送。它支持多种数据格式，如 HTTP、AMF 和 SOAP。通过 VuGen，可以创建用于模拟使用 Flex 2 RPC 服务进行通信的 Vuser 脚本。使用 VuGen 的 Flex 类型，可以创建用于模拟处理 AMF3 或 HTTP 数据的 Flex 应用程序的脚本。

14.10.2 Flex 脚本

这里以录制"http://localhost:3090/oa"为例，其产生的脚本信息如图 14-77 所示。

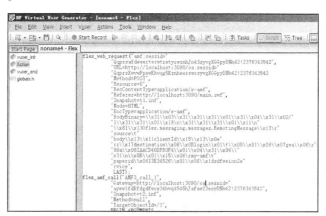

图 14-77　Flex 脚本内容

在这里有以下几点内容需要读者朋友们注意。

（1）在录制 Flex 应用程序时，如果使用已知的序列化方法（AMF）在客户端与服务器之间传递数据信息，则 VuGen 会自动创建 flex_amf_call()函数。

（2）如果有异常信息和建议操作相关信息时，说明您需要使用合适的自定义序列化方法。

（3）出现需使用自定义序列化方法时，您需要先保存脚本，接下来可以通过单击图 14-78 所示的【Options...】按钮，如果应用的服务器为 LifeCycle Data Services，您需要应用"LoadRunner AMF Serializer"，如果应用的服务器为 BlazeDS，您需要选择"Custom Java Classes"自行添加所需要的 JAR 文件，通常我们需要添加"flex-messaging-common.jar"和"flex-messaging-core.jar"等文件，如图 14-79 所示，相关文件您可以从网上下载获取。

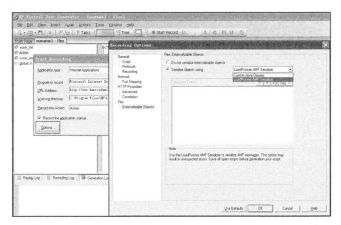

图 14-78 "Recording Options－Flex－Externalizable Objects"页

图 14-79 BlazeDS JAR 文件

下面简单说明一下 Flex 协议脚本会用到的几个函数，如表 14-3 所示。

表 14-3 Flex 协议相关函数列表

函 数 名 称	描 述
flex_login	登录到受密码保护的 Flex 应用程序
flex_logout	从受密码保护的 Flex 应用程序退出
flex_ping	检查 Flex 应用程序是否可用
flex_remoting_call	调用服务器端远程对象（RPC）的一个或多个方法
flex_web_request	使用 HTTP 支持的任意方法发送 HTTP 请求
flex_amf_call	发送 AMF 请求
flex_amf_define_header_set	定义一组 AMF 标头

14.10.3 Flex 脚本关联

同其他协议一样，Flex 协议脚本也经常会碰到需要关联的情况。关于关联的问题请参见前面章节内容，这里不再赘述，Flex 在进行脚本关联时，主要用到的函数就是 lr_xml_get_values()函数，下面我简单地向大家介绍一下该函数的使用方法。

这里我们要从一个 XML 中取得所有图书名称，即 LOADRUNNER、QTP、WINRUNNER 这 3 个字符串。

```
#include "as_web.h"

char * xml_books =
"<All>"
    " <ptpress>"
        "<books>"
```

```
            "<author>tony</author>"
            "<bookname>LOADRUNNER</bookname>"
            "<year>2008</year>"
        "</books>"
    "</ptpress>"
    " <ptpress>"
        "<books>"
            "<author>tom</author>"
            "<bookname>QTP</bookname>"
            "<year>2010</year>"
        "</books>"
    "</ptpress>"
    " <ptpress>"
        "<books>"
            "<author>john</author>"
            "<bookname>WINRUNNER</bookname>"
            "<year>2012</year>"
        "</books>"
    "</ptpress>"
"</All>";

Action() {
    int i,Count;
    char buf[100];
    lr_save_string(xml_books, "XML_Input_Param");
    Count=lr_xml_get_values("XML={XML_Input_Param}",
                            "ValueParam=OutputParam",
                            "Query=/All/*/*/bookname",
                            "SelectAll=yes",
                            LAST );
    for ( i = 0; i < Count; i++) {
    //循环输出书名
        sprintf (buf, "序号 %d 书名为: {OutputParam_%d}", i+1, i+1);
        lr_output_message(lr_eval_string(buf));
    }
    return 0;
}
```

脚本对应的输出内容如下所示：

```
Running Vuser...
Starting iteration 1.
Starting action Action.
Action.c(32): "lr_xml_get_values" succeeded, 3 matches processed
Action.c(40): 序号 1 书名为: LOADRUNNER
Action.c(40): 序号 2 书名为: QTP
Action.c(40): 序号 3 书名为: WINRUNNER
Ending action Action.
```

在实际项目应用时，脚本通常将返回值存入一个参数中，而后应用 lr_xml_get_values()取得您需要的值，当有多个返回值时，其第一个值仍然是以下标 0 开始，参见循环输出书名部分脚本。有一点需要您在应用 lr_xml_get_values()函数时加以注意，就是 XPath 支持通配符，如：/All/*/*/bookname，第 1 个星号代表"ptpress"，第 2 个星号代表"books"，但不能略掉层次，如：/All/*/bookname，这样将出现不匹配的信息（"Error: No matches were found for the specified query: "/All/*/bookname". [class:CLrXmlScriptFunc]"）。

注意

XPath 即为 XML 路径语言（XML Path Language），它是一种用来确定 XML 文档中某部分位置的语言。XPath 基于 XML 的树状结构，提供在数据结构树中找寻节点的能力。

14.11 Real 协议脚本应用

14.11.1 Real 简介

随着计算机及互联网技术的蓬勃发展，越来越多人开始应用视频作为学习和休闲娱乐的重要方式。在众多的媒体播放器中 RealPlayer 则广泛地被大家使用。该工具原先是播放小巧玲珑的 RM 音乐文件的，到现在，已经发展成为最重要的网上音乐和影像的播放工具。RM 音乐文件，在同等音质下，可以比 MP3 音乐更小巧（大约只有 2/3 到 1/3 大小），如果你愿意牺牲音质，甚至可以将 3MB 的 MP3 音乐压缩到几百 K（当然也可以用 RM 格式录制高品质的音乐）。使用 RM 文件格式，就可以将您亲自唱的生日祝福歌通过 E-mail 送给你远方的朋友，将生活中的趣事录制为视频放到博客中同朋友们分享。RM 音乐文件原来都是用 RealPlayer 播放器播放，现在有很多媒体播放器都支持，像微软的媒体播放器。现在，RM 音乐文件由于压缩率高，可以通过因特网以数据流的形式用 RealPlayer 实时播放，因此 RM 音乐在因特网上越来越流行，许多 MP3 网站也提供相应的 RM 格式音乐供实时播放和下载。而 RealPlayer 在不断地优化发展，目前已作为网络广播的工具，播放网络广播网站的实时音乐节目，也可以播放网络电视节目和电影，因此，RealPlayer 已经发展成为一个多元化的因特网节目播放工具。

结合目前基于应用 Real 协议的系统也广泛地被大家熟识，但作为性能测试人员，通常对此方面的测试接触较少，鉴于该情况作者特加入一节进行 Real 协议的脚本开发介绍。

14.11.2 Real 脚本

流的工作方式是使服务器在显示内容的同时不断将内容发送给客户端。RealPlayer 是显示流内容的应用程序。您可以通过 VuGen 录制使用 Real 协议通信的客户端应用程序和服务器之间的通信。为模拟客户端和服务器间使用 RealPlayer 协议进行的通信而开发的函数称为 Real Player 函数，其函数的前缀都以 lreal 开始。

这里我们将一个名称为"Advisor.avi"的视频文件放置于"D:\Program Files\Apache Software Foundation\Tomcat 7.0\webapps\mytest"目录下，即作者通常用于演示脚本的目录，您同样可以通过本书的配套资源得到该文件。从脚本中您可以看到，在应用 Real 协议时，可以应用事务等函数，这里创建一个实例，考察创建实例需要的时间和播放片段的时间等。

Real 协议脚本信息：

```
Action()
{
    lr_start_transaction("创建实例");
    lreal_open_player(1);
    lreal_open_url(1,"http://localhost:8080/mytest/Advisor.avi");
    lr_end_transaction("创建实例", LR_AUTO);
```

```
lr_start_transaction("播放 10 秒片段");
   lreal_play(1,10000);
lr_end_transaction("播放 10 秒片段", LR_AUTO);

lreal_pause(1,2000);
lreal_play(1,10000);
lreal_stop(1);
lreal_close_player(1);

return 0;
}
```

Real 协议脚本执行结果信息:

```
Virtual User Script started at : 2012-11-10 22:02:14
Starting action vuser_init.
Ending action vuser_init.
Running Vuser...
Starting iteration 1.
Starting action Action.
Action.c(4): Notify: Transaction "创建实例" started.
Action.c(5): create_player id=1 started
Action.c(5): create_player id=1 ended with return code=PNR_OK
Action.c(6): open_url http://localhost:8080/mytest/Advisor.avi in player id=1 started
Action.c(6): open_url http://localhost:8080/mytest/Advisor.avi in player id=1 ended with
          return code=PNR_OK
Action.c(7): Notify: Transaction "创建实例" ended with "Pass" status (Duration: 0.7558).
Action.c(9): Notify: Transaction "播放 10 秒" started.
Action.c(10): play id=1 started
Action.c(10): play id=1 ended , returned PNR_OK ,
played 843799792 in 17211544 millisec.
Action.c(11): Notify: Transaction "播放 10 秒" ended with "Pass" status (Duration: 0.1847).
Action.c(13): pause_play id=1 started
Action.c(13): pause id=1 ended with return code=PNR_OK
Action.c(14): play id=1 started
Action.c(14): play id=1 ended , returned PNR_OK ,
played 843799792 in 17211544 millisec.
Action.c(15): stop id=1 started
Action.c(15): stop id=1 ended with return code=PNR_OK
Action.c(16): close id=1 started
Action.c(16): close id=1 ended with return code=PNR_OK
Ending action Action.
Ending iteration 1.
Ending Vuser...
Starting action vuser_end.
Ending action vuser_end.
Vuser Terminated.
```

【重要提示】

在应用 Real 协议时，您必须要先创建一个实例，否则将会出现图 14-80 所示信息。

在脚本执行结果信息中，您会看到 "PNR_OK" 这样类似的字符，它代表脚本执行成功，当然有时您可能会碰到函数执行完成后返回其他值，那么如何了解这些值的含义呢？您可以通过单击 "Return values" 链接，了解返回值的详细内容，如图 14-81 和图 14-82 所示。因为 Real 协议并不能显示相关播放的视频内容，所以您需要熟练掌握返回值代表的含义。

图 14-80　实例未创建时相关输出信息

图 14-81　帮助函数返回值相关信息

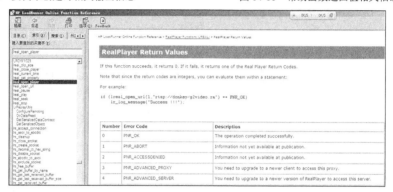

图 14-82　RealPlayer 函数返回值相关详细信息

最后，向大家简单介绍一下有关 Real 协议相关函数，参见表 14-4。

表 14-4　Real 协议相关函数列表

函 数 名 称	描　述
lreal_clip_size	返回当前剪辑的大小
lreal_close_player	关闭 RealPlayer 实例
lreal_current_time	返回已运行剪辑片段的时间长度
lreal_get_property	获得属性信息
lreal_open_player	创建 RealPlayer 实例
lreal_open_url	将一个网址与实例关联起来
lreal_pause	暂停播放
lreal_play	播放剪辑片段
lreal_seek	定位当前剪辑位置
lreal_stop	停止部分剪辑片段

14.12　Web Services 协议脚本应用

14.12.1　Web Services 简介

Web Service 是基于网络的、分布式的模块化组件，它执行特定的任务，遵守具体的技术规范，这些规范使得 Web Service 能与其他兼容的组件进行互操作。Internet Inter-Orb Protocol（IIOP）都已经发布了很长时间了，但是这些模型都依赖于特殊对象模型协议，而 Web Services 利用 SOAP 和 XML 对这些模型在通信方面作了进一步地扩展以消除特殊对象模型的障碍。Web Services 主要利用 HTTP 和 SOAP 协议使商业数据在 Web 上传输，SOAP 通过 HTTP 调用商业对象执行远程功能调用，Web 用户能够使用 SOAP 和 HTTP 通过 Web 调用的方法来调用远程对象。

客户根据 WSDL 描述文档，会生成一个 SOAP 请求消息，请求会被嵌入在一个 HTTP POST 请求中，发送到 Web 服务器来。Web Services 部署于 Web 服务器端，Web 服务器把这些请求转发给 Web Services 请求处理器。请求处理器解析收到的请求，调用 Web Services，然后再生成相应的 SOAP 应答。Web 服务器得到 SOAP 应答后，会再通过 HTTP 应答的方式把信息送回到客户端。

下面针对 Web Services 中的一些重要名词进行讲解。

（1）UDDI，英文为"Universal Description, Discovery and Integration"，可译为"通用描述、发现与集成服务"。UDDI 是一个独立于平台的框架，用于通过使用 Internet 来描述服务，发现，并对企业服务进行集成。任何规模的行业或企业都能得益于 UDDI，UDDI 使用 W3C 和 IETF* 的因特网标准，比如 XML、HTTP 和 DNS 协议。那么 UDDI 有什么样的用途呢？举个例子来讲，假如航空行业发布了一个用于航班预订的 UDDI 标准，航空公司就可以把它们的服务注册到一个 UDDI 目录中。然后旅行社就能够搜索这个 UDDI 目录以找到航空公司预订界面。当此界面被找到后，旅行社就能够立即与此服务进行通信，这是由于它使用了一套定义良好的预订界面。

（2）WSDL 英文为"Web Services Description Language"，可译为网络服务描述语言。它是一种使用 XML 编写的文档，可描述某个 Web Service。它可规定服务的位置，以及此服务提供的操作（或方法）。WSDL 文档仅仅是一个简单的 XML 文档，它包含一系列描述某个 Web Service 的定义。

以下 WSDL 文档的简化的片段是后续将会讲到的，这里我们先拿出来分析一下：

```
<message name="getTermRequest">
  <part name="term" type="xs:string"/>
</message>

<message name="getTermResponse">
  <part name="value" type="xs:string"/>
</message>

<portType name="glossaryTerms">
  <operation name="getTerm">
      <input message="getTermRequest"/>
      <output message="getTermResponse"/>
  </operation>
</portType>
<?xml version="1.0" encoding="utf-8"?>
<definitions xmlns="http://schemas.xmlsoap.org/wsdl/"
xmlns:xs="http://www.w3.org/2001/XMLSchema" name="IMyHelloservice"
targetNamespace="http://tempuri.org/" xmlns:tns="http://tempuri.org/"
xmlns:soap="http://schemas.xmlsoap.org/wsdl/soap/"
xmlns:soapenc="http://schemas.xmlsoap.org/soap/encoding/"
xmlns:mime="http://schemas.xmlsoap.org/wsdl/mime/">
  <message name="Welcome0Request">
    <part name="name" type="xs:string" />
  </message>
  <message name="Welcome0Response">
    <part name="return" type="xs:string" />
```

```
    </message>
    <portType name="IMyHello">
      <operation name="Welcome">
        <input message="tns:Welcome0Request" />
        <output message="tns:Welcome0Response" />
      </operation>
    </portType>
    <binding name="IMyHellobinding" type="tns:IMyHello">
      <soap:binding style="rpc" transport="http://schemas.xmlsoap.org/soap/http" />
      <operation name="Welcome">
        <soap:operation soapAction="urn:MyHelloIntf-IMyHello#Welcome" style="rpc" />
        <input message="tns:Welcome0Request">
          <soap:body use="encoded" encodingStyle=http://schemas.xmlsoap.org/soap/encoding/
            namespace="urn:MyHelloIntf-IMyHello" />
        </input>
        <output message="tns:Welcome0Response">
          <soap:body use="encoded" encodingStyle=http://schemas.xmlsoap.org/soap/encoding/
            namespace="urn:MyHelloIntf-IMyHello" />
        </output>
      </operation>
    </binding>
    <service name="IMyHelloservice">
      <port name="IMyHelloPort" binding="tns:IMyHellobinding">
        <soap:address location="http://localhost:5678/soap/IMyHello" />
      </port>
    </service>
</definitions>
```

我们可以将该 WSDL 文档分成三部分。

第一部分：声明部分内容

```
<?xml version="1.0" encoding="utf-8"?>
<definitions xmlns="http://schemas.xmlsoap.org/wsdl/"
xmlns:xs="http://www.w3.org/2001/XMLSchema" name="IMyHelloservice"
targetNamespace="http://tempuri.org/" xmlns:tns="http://tempuri.org/"
xmlns:soap="http://schemas.xmlsoap.org/wsdl/soap/"
xmlns:soapenc="http://schemas.xmlsoap.org/soap/encoding/"
xmlns:mime="http://schemas.xmlsoap.org/wsdl/mime/">
```

第二部分：

```
    <message name="Welcome0Request">
      <part name="name" type="xs:string" />
    </message>
    <message name="Welcome0Response">
      <part name="return" type="xs:string" />
    </message>
    <portType name="IMyHello">
      <operation name="Welcome">
        <input message="tns:Welcome0Request" />
        <output message="tns:Welcome0Response" />
      </operation>
    </portType>
    <binding name="IMyHellobinding" type="tns:IMyHello">
      <soap:binding style="rpc" transport="http://schemas.xmlsoap.org/soap/http" />
      <operation name="Welcome">
        <soap:operation soapAction="urn:MyHelloIntf-IMyHello#Welcome" style="rpc" />
```

```
      <input message="tns:Welcome0Request">
        <soap:body use="encoded" encodingStyle=http://schemas.xmlsoap.org/soap/encoding/
          namespace="urn:MyHelloIntf-IMyHello" />
      </input>
      <output message="tns:Welcome0Response">
        <soap:body use="encoded" encodingStyle=http://schemas.xmlsoap.org/soap/encoding/
          namespace="urn:MyHelloIntf-IMyHello" />
      </output>
    </operation>
  </binding>
```

在这部分内容中，<portType>元素把"IMyHello"定义为某个端口的名称，把"Welcome"定义为某个操作的名称。操作"Welcome"拥有一个名为"Welcome0Request"的输入消息，以及一个名为"Welcome0Response"的输出消息。<message>元素可定义每个消息的部件，以及相关联的数据类型。从上面的文档您不难发现，其主要有以下元素的元素来描述某个 Web Service，参见表 14-5。

表 14-5　　　　　　　　　　　　　　　　WSDL 文档结构表

元　　　素	定　　　义
<portType>	Web Service 执行的操作
<message>	Web Service 使用的消息
<types>	Web Service 使用的数据类型
<binding>	Web Service 使用的通信协议

<portType>元素是最重要的 WSDL 元素。它可描述一个 Web Service、可被执行的操作，以及相关的消息。可以把<portType>元素比作传统编程语言中的一个函数库（或一个模块、或一个类）、<message>元素定义一个操作的数据元素。每个消息均由一个或多个部件组成。可以把这些部件比作传统编程语言中一个函数调用的参数、<types>元素定义 Web Service 使用的数据类型。为了最大程度的平台中立性，WSDL 使用 XML Schema 语法来定义数据类型、<binding>元素为每个端口定义消息格式和协议细节。<binding>元素的 name 属性定义 binding 的名称，而 type 属性指向用于 binding 的端口，在这个例子中是"ImyHello"端口。soap:binding 元素的 style 属性可取值"rpc"或"document"。在这个例子中我们使用 rpc、transport 属性定义了要使用的 SOAP 协议，在这个例子中我们使用 HTTP。operation 元素定义了每个端口提供的操作符，对于每个操作，相应的 SOAP 行为都需要被定义。同时您必须对输入和输出进行编码。在这个例子中我们使用了"encoded"。

第三部分：

```
  <service name="IMyHelloservice">
    <port name="IMyHelloPort" binding="tns:IMyHellobinding">
      <soap:address location="http://localhost:5678/soap/IMyHello" />
    </port>
  </service>
```

service 是一套<port>元素。在一一对应形式下，每个<port>元素都和一个 location 关联。如果同一个<binding>有多个<port>元素与之关联，可以使用额外的 URL 地址作为替换。

一个 WSDL 文档中可以有多个<service>元素，而且多个<service>元素十分有用，其中之一就是可以根据目标 URL 来组织端口。这样，我就可以方便地使用另一个<service>来重定向我的股市查询申请。我的客户端程序仍然工作，因为这种根据协议归类的服务不随服务而变化。多个<service>元素的另一个作用是根据特定的协议划分端口。例如，我可以把所有的 HTTP 端口放在同一个<service>中，所有的 SMTP 端口放在另一个<service>里。

14.12.2　Delphi Web Services 样例程序

1.服务端

为了使读者朋友对 Web Services 程序的开发过程有一个较清晰的认识，这里作者用 Delphi 给大家做一个简单样例程序。服务端用来提供对外服务接口，只有服务端运行后，其提供的服务接口才能被其他应用所调用，这里我们把调用其服务接口的程序统一叫客户端。

首先，选择"SOAP Server Application"选项，如图 14-83 所示。

单击【OK】按钮，则弹出图 14-84 所示对话框信息，我们选择"ISAPI/NSAPI Dynamic Link Library"，单击【OK】按钮，弹出确认对话框，如图 14-85 所示，单击【Yes】按钮。

图 14-83　"New Items"对话框　　图 14-84　"New SOAP Server Application"对话框　　图 14-85　"Confirm"对话框

将出现图 14-86 所示界面信息，您可以在对话框中输入服务名称，这里我们将该服务接口定义为"MyHello"，单击【OK】按钮，将产生相关的单元（Unit）文件，如图 14-87 所示，下面将附上相关文件的源代码供大家参考。

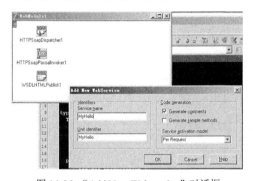

图 14-86　"Add New Webservice"对话框　　图 14-87　"WebModule1"对话框（对应单元文件为 main.pas）

main.pas 源代码：

```
{ SOAP WebModule }
unit main;

interface

uses
  SysUtils, Classes, HTTPApp, InvokeRegistry, WSDLIntf, TypInfo,
  WebServExp, WSDLBind, XMLSchema, WSDLPub, SOAPPasInv, SOAPHTTPPasInv,
  SOAPHTTPDisp, WebBrokerSOAP;
```

```
type
  TWebModule1 = class(TWebModule)
    HTTPSoapDispatcher1: THTTPSoapDispatcher;
    HTTPSoapPascalInvoker1: THTTPSoapPascalInvoker;
    WSDLHTMLPublish1: TWSDLHTMLPublish;
    procedure WebModule1DefaultHandlerAction(Sender: TObject;
      Request: TWebRequest; Response: TWebResponse; var Handled: Boolean);
  private
    { Private declarations }
  public
    { Public declarations }
  end;

var
  WebModule1: TWebModule1;

implementation

{$R *.dfm}

procedure TWebModule1.WebModule1DefaultHandlerAction(Sender: TObject;
  Request: TWebRequest; Response: TWebResponse; var Handled: Boolean);
begin
  WSDLHTMLPublish1.ServiceInfo(Sender, Request, Response, Handled);
end;

end.
```

MyHelloImpl.pas 源代码：

```
unit MyHelloImpl;

interface

uses InvokeRegistry, Types, XSBuiltIns, MyHelloIntf;

type

  { TMyHello }
  TMyHello = class(TInvokableClass, IMyHello)
  public
    function Welcome(name: string): string; stdcall;
  end;

implementation


function TMyHello.Welcome(name: string): string;
begin
  result := '欢迎' + name + '同学!';
end;

initialization
  { Invokable classes must be registered }
  InvRegistry.RegisterInvokableClass(TMyHello);

end.
```

MyHelloIntf.pas 源代码：

```
unit MyHelloIntf;

interface

uses InvokeRegistry, Types, XSBuiltIns;

type

  TEnumTest = (etNone, etAFew, etSome, etAlot);

  TDoubleArray = array of Double;

  TMyEmployee = class(TRemotable)
  private
    FLastName: AnsiString;
    FFirstName: AnsiString;
    FSalary: Double;
  published
    property LastName: AnsiString read FLastName write FLastName;
    property FirstName: AnsiString read FFirstName write FFirstName;
    property Salary: Double read FSalary write FSalary;
  end;

  { Invokable interfaces must derive from IInvokable }
  IMyHello = interface(IInvokable)
    ['{F80D3129-3B13-49A7-8CCF-3DC3B120BA15}']

    { Methods of Invokable interface must not use the default }
    { calling convention; stdcall is recommended }
    function Welcome(name: string): string; stdcall;
  end;

implementation

initialization
  { Invokable interfaces must be registered }
  InvRegistry.RegisterInterface(TypeInfo(IMyHello));

end.
```

接下来，您需要创建一个标准的"Application"，界面信息如图 14-88 所示。

图 14-88 "样例演示－服务端"（对应单元文件为 u_main.pas）小程序

u_main.pas 源代码：

```
unit u_main;

interface

uses
  Windows, Messages, SysUtils, Variants, Classes, Graphics, Controls, Forms,
  Dialogs, SUIButton, StdCtrls, ExtCtrls, SUIForm, IdHTTPWebBrokerBridge;

type
  TForm1 = class(TForm)
    sfrm1: TsuiForm;
    lbl1: TLabel;
    btn1: TsuiButton;
    procedure btn1Click(Sender: TObject);
    procedure FormCreate(Sender: TObject);
    procedure sfrm1Click(Sender: TObject);
  private
    { Private declarations }
    ser: TIdHTTPWebBrokerBridge;
  public
    { Public declarations }
  end;

var
  Form1: TForm1;

implementation

uses main, MyHelloImpl, MyHelloIntf;

{$R *.dfm}

procedure TForm1.btn1Click(Sender: TObject);
begin
  close;
end;

procedure TForm1.FormCreate(Sender: TObject);
begin
  ser:=TIdHTTPWebBrokerBridge.Create(self);
  ser.DefaultPort:=5678;
  ser.Active:=true;
  ser.RegisterWebModuleClass(TWebModule1);
end;

end.
```

Server.dpr 源代码：

```
program Server;

uses
  Forms,
  u_main in 'u_main.pas' {Form1},
```

```
  main in 'main.pas' {WebModule1: TWebModule},
  MyHelloImpl in 'MyHelloImpl.pas',
  MyHelloIntf in 'MyHelloIntf.pas';

{$R *.res}

begin
  Application.Initialize;
  Application.CreateForm(TForm1, Form1);
  Application.CreateForm(TWebModule1, WebModule1);
  Application.Run;
end.
```

所有源代码编写完成后，单击"F9"键运行程序，将弹出图 14-89 所示界面。

如图 14-89 所示，"样例演示－服务端"小程序运行后，您可以打开 IE，输入"http://localhost:5678/"
来检验先前完成的服务是否可以成功展示，如图 14-90 所示。

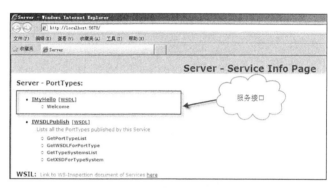

图 14-89　"样例演示—服务端"小程序　　　　　　　图 14-90　服务接口相关信息

2. 客户端

最后，让我们来制作一个客户端小程序来调用先前完成的
接口。

创建一个标准的 Delphi 应用，其界面设计如图 14-91 所示。

应用"WSDL Import Wizard"工具引入接口，如图 14-92 和
图 14-93 所示。

图 14-91　"样例演示－客户端"（对应
单元文件为 Unit1.pas）小程序

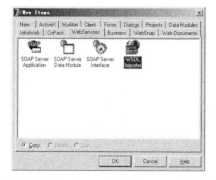

图 14-92　"New Items－WSDL Importer"对话框　　　　图 14-93　"WSDL Import Wizard"对话框

引入服务接口后，将生成 "IMyHello1.pas" 单元文件，其源代码如下：

```
// ******************************************************************* //
// The types declared in this file were generated from data read from the
// WSDL File described below:
// WSDL     : http://localhost:5678/wsdl/IMyHello
// Encoding : utf-8
// Version  : 1.0
// (2012-11-11 下午 02:02:42 - 1.33.2.5)
// ******************************************************************* //

unit IMyHello1;

interface

uses InvokeRegistry, SOAPHTTPClient, Types, XSBuiltIns;

type

  // ********************************************************************* //
  // The following types, referred to in the WSDL document are not being represented
  // in this file. They are either aliases[@] of other types represented or were referred
  // to but never[!] declared in the document. The types from the latter category
  // typically map to predefined/known XML or Borland types; however, they could also
  // indicate incorrect WSDL documents that failed to declare or import a schema type.
  // ********************************************************************* //
  // !:string          - "http://www.w3.org/2001/XMLSchema"


  // ********************************************************************* //
  // Namespace : urn:MyHelloIntf-IMyHello
  // soapAction: urn:MyHelloIntf-IMyHello#Welcome
  // transport : http://schemas.xmlsoap.org/soap/http
  // style     : rpc
  // binding   : IMyHellobinding
  // service   : IMyHelloservice
  // port      : IMyHelloPort
  // URL       : http://localhost:5678/soap/IMyHello
  // ********************************************************************* //
  IMyHello = interface(IInvokable)
    ['{FEDC3D83-ACE9-0403-6D1D-C1B54AA0B54C}']
    function Welcome(const name: WideString): WideString; stdcall;
  end;

function GetIMyHello(UseWSDL: Boolean = System.False; Addr: string = ''; HTTPRIO: THTTPRIO
 = nil): IMyHello;


implementation

function GetIMyHello(UseWSDL: Boolean; Addr: string; HTTPRIO: THTTPRIO): IMyHello;
const
  defWSDL = 'http://localhost:5678/wsdl/IMyHello';
  defURL  = 'http://localhost:5678/soap/IMyHello';
  defSvc  = 'IMyHelloservice';
  defPrt  = 'IMyHelloPort';
```

689 Web Services 协议脚本应用

```
var
  RIO: THTTPRIO;
begin
  Result := nil;
  if (Addr = '') then
  begin
    if UseWSDL then
      Addr := defWSDL
    else
      Addr := defURL;
  end;
  if HTTPRIO = nil then
    RIO := THTTPRIO.Create(nil)
  else
    RIO := HTTPRIO;
  try
    Result := (RIO as IMyHello);
    if UseWSDL then
    begin
      RIO.WSDLLocation := Addr;
      RIO.Service := defSvc;
      RIO.Port := defPrt;
    end else
      RIO.URL := Addr;
  finally
    if (Result = nil) and (HTTPRIO = nil) then
      RIO.Free;
  end;
end;


initialization
  InvRegistry.RegisterInterface(TypeInfo(IMyHello), 'urn:MyHelloIntf-IMyHello', 'utf-8');
  InvRegistry.RegisterDefaultSOAPAction(TypeInfo(IMyHello),
 'urn:MyHelloIntf-IMyHello#Welcome');

end.
```

Unit1.pas 源代码：

```
unit Unit1;

interface

uses
  Windows, Messages, SysUtils, Variants, Classes, Graphics, Controls, Forms,
  Dialogs, SUIButton, ExtCtrls, SUIForm, StdCtrls, SUIEdit;

type
  TForm1 = class(TForm)
    sfrm1: TsuiForm;
    btn1: TsuiButton;
    lbl1: TLabel;
    edt1: TsuiEdit;
    btn2: TsuiButton;
    lbl2: TLabel;
    lbl3: TLabel;
```

```
    procedure btn1Click(Sender: TObject);
    procedure btn2Click(Sender: TObject);
  private
    { Private declarations }
  public
    { Public declarations }
  end;

var
  Form1: TForm1;

implementation

uses IMyHello1;

{$R *.dfm}

procedure TForm1.btn1Click(Sender: TObject);
var
  I: IMyHello;
begin
  I := GetIMyHello;
  if Trim(edt1.Text) <> '' then begin
    lbl2.Caption := I.Welcome(edt1.Text);
    I := nil;
  end
  else begin
    Application.MessageBox('请输入姓名！', '系统信息', 0);
    Exit;
  end;
end;

procedure TForm1.btn2Click(Sender: TObject);
begin
  Close;
end;

end.
```

在 Delphi IDE 环境，单击"F9"运行客户端程序，将弹出图 14-94 所示对话框。

图 14-94　"样例演示－客户端"对话框

14.12.3　Web Services 脚本

完成 Web Services 服务端和客户端两个小程序的编写、编译、执行后，您需要确保服务端程序是开启的，关闭已运行的客户端小程序。

接下来，您启动 LoadRunner 11.0，选择"Web Services"协议，如图 14-95 所示。

单击【Create】按钮，创建"Web Services"协议，在 LoadRunner 脚本编辑环境单击录制红色按钮，在弹出的"Recording Wizard"对话框中单击【Import】按钮，在弹出的"Import Service"对话框中选择"URL"选项，在文本框中输入"http://localhost:5678/wsdl/IMyHello"，单击【Import】按钮，如图 14-96 所示。

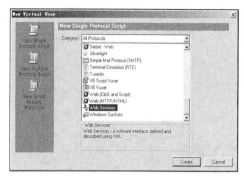

图 14-95 "New Virtual User"对话框

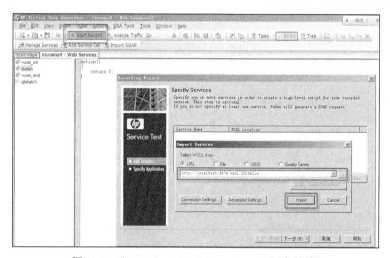

图 14-96 "Recording Wizard－Add Services"页对话框

稍等片刻，将出现图 14-97 所示界面信息，单击【下一步（N）>】按钮。

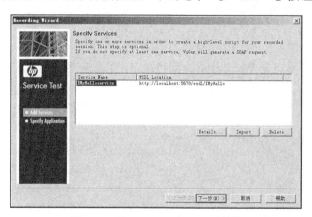

图 14-97 "Recording Wizard"对话框

在图 14-98 所示对话框中输入客户端路径相关信息"C:\mytest\client\Client.exe"，工作目录为"C:\mytest\client"，（如果您的应用是基于 B/S 的，则选择"Record default web browser"选项并输入相应 URL）单击【完成】按钮。

将弹出客户端程序，在客户端程序的文本输入框，输入"于涌"，单击【调用接口】按钮，此时将会在输入框下方出现"欢迎于涌同学！"字符串，如图 14-99 所示。

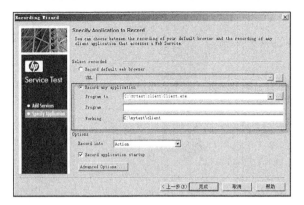

图 14-98　"Recording Wizard－Specify Application"页对话框　　　图 14-99　"样例演示－客户端"对话框

此时将会产生如下代码：

```
Action()
{
    web_add_header("Content-Type", "text/xml");
    web_add_header("SOAPAction", "\"urn:MyHelloIntf-IMyHello#Welcome\"");
    web_add_header("User-Agent", "Borland SOAP 1.2");
    soap_request("StepName=Welcome",
        "URL=http://localhost:5678/soap/IMyHello",
        "SOAPEnvelope=<?xml version=\"1.0\" encoding=\"GBK\" standalone=\"no\"?"
        "><SOAP-ENV:Envelope xmlns:SOAP-ENC=\"http://schemas.xmlsoap.org/soap/"
        "encoding/\" xmlns:xsi=\"http://www.w3.org/2001/XMLSchema-instance\" "
        "xmlns:xsd=\"http://www.w3.org/2001/XMLSchema\" xmlns:SOAP-ENV=\"http:/"
        "/schemas.xmlsoap.org/soap/envelope/\"><SOAP-ENV:Body SOAP-ENV"
        ":encodingStyle=\"http://schemas.xmlsoap.org/soap/encoding/\"><NS1"
        ":Welcome xmlns:NS1=\"urn:MyHelloIntf-IMyHello\"><name xsi:type=\"xsd"
        ":string\">于涌</name></NS1:Welcome></SOAP-ENV:Body></SOAP-ENV:Envelope>",
        "Snapshot=t1.inf",
        "ResponseParam=response",
        LAST);

    return 0;
}
```

我们最关心的内容应该是 Web Services 服务接口返回的内容，所以需要对脚本进行完善，脚本信息如下。

```
Action()
{
    web_add_header("Content-Type", "text/xml");
    web_add_header("SOAPAction", "\"urn:MyHelloIntf-IMyHello#Welcome\"");
    web_add_header("User-Agent", "Borland SOAP 1.2");
    soap_request("StepName=Welcome",
        "URL=http://localhost:5678/soap/IMyHello",
        "SOAPEnvelope=<?xml version=\"1.0\" encoding=\"GBK\" standalone=\"no\"?"
        "><SOAP-ENV:Envelope xmlns:SOAP-ENC=\"http://schemas.xmlsoap.org/soap/"
        "encoding/\" xmlns:xsi=\"http://www.w3.org/2001/XMLSchema-instance\" "
        "xmlns:xsd=\"http://www.w3.org/2001/XMLSchema\" xmlns:SOAP-ENV=\"http:/"
        "/schemas.xmlsoap.org/soap/envelope/\"><SOAP-ENV:Body SOAP-ENV"
        ":encodingStyle=\"http://schemas.xmlsoap.org/soap/encoding/\"><NS1"
        ":Welcome xmlns:NS1=\"urn:MyHelloIntf-IMyHello\"><name xsi:type=\"xsd"
        ":string\">于涌</name></NS1:Welcome></SOAP-ENV:Body></SOAP-ENV:Envelope>",
        "Snapshot=t1.inf",
        "ResponseParam=response",
```

```
                LAST);
        lr_save_string(lr_eval_string("{response}"), "XML_Input_Param");
        lr_xml_get_values("XML={XML_Input_Param}",
            "ValueParam=OutputParam",
            "Query=/*/*/*/return",
            LAST );
        lr_output_message(lr_eval_string("返回结果 = {OutputParam}"));

    return 0;
}
```

脚本的执行信息如下：

```
Virtual User Script started at : 2012-11-11 14:56:30
Starting action vuser_init.
Ending action vuser_init.
Running Vuser...
Starting iteration 1.
Starting action Action.
Action.c(4): Warning -26593: The header being added may cause unpredictable results when
 applied to all ensuing URLs. It is added anyway       [MsgId: MWAR-26593]
Action.c(4): web_add_header("Content-Type") highest severity level was "warning"
[MsgId: MMSG-26391]
Action.c(6): web_add_header("SOAPAction") was successful       [MsgId: MMSG-26392]
Action.c(8): web_add_header("User-Agent") was successful       [MsgId: MMSG-26392]
Action.c(10): SOAP request "Welcome" started
Action.c(10): SOAP request "Welcome" was successful
Action.c(26): "lr_xml_get_values" succeeded, 1 match processed
Action.c(31): 返回结果 = 欢迎于涌同学！
Ending action Action.
Ending iteration 1.
Ending Vuser...
Starting action vuser_end.
Ending action vuser_end.
Vuser Terminated.
```

也许有的读者会说："我想先看看服务端返回的信息，这可不可以呢？"。当然没问题，您只需要在脚本中加入"lr_output_message("%s",lr_eval_string("{response}"));"（lr_xml_get_values()函数在前面已经介绍过，其在进行该协议类型脚本关联时非常重要，请读者朋友务必掌握），执行脚本时就会打印出响应的相关数据信息，如图 14-100 所示。

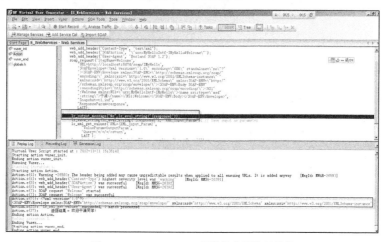

图 14-100　WebServices 相关脚本及执行结果

为了让大家对返回的内容看得更加清楚，这里我将其复制出来，放置到 my.xml 文件中，其内容如图 14-101 所示。

图 14-101　服务返回的 XML 相关信息

从图 14-101 中您会看到有一串乱码，凭直觉这应该是"欢迎于涌同学!"，那么直觉对不对呢？您可以在脚本中加入以下两行代码，如图 14-102 所示。

```
lr_convert_string_encoding("烧四繁浜座称錫圫  !",LR_ENC_UTF8,LR_ENC_SYSTEM_LOCALE,"stringInUnicode");
lr_output_message("%s",lr_eval_string("{stringInUnicode}"));
```

图 14-102　转码及输出函数

其输出结果果真为"欢迎于涌同学!"。图 14-102 中使用"lr_convert_string_encoding()"的函数就是将 UTF8 编码转码为系统语言编码的函数，经过转码后信息显示正确了。也许有的读者会问："系统返回的 xml 响应信息有些显得十分混乱，有没有什么方法直接能看出其层次关系呢？"您可以借助树视图，单击【Tree】按钮，将出现图 14-103 所示界面信息，是不是一目了然了呢！这也方便了您应用 lr_xml_get_values()函数时填写"Query"部分内容。

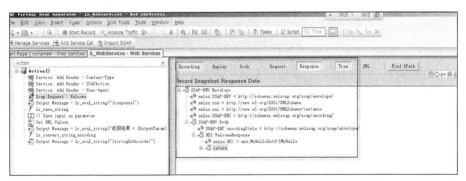

图 14-103　WebServices 响应结果树视图

【重要提示】

（1）从上面 Web Services 程序编写和脚本应用中，相信大家对该协议的应用已经有了非常清晰的认识，我们给大家演示的是基于 C/S 的小程序，在实际工作中您测试的应用可能是基于 B/S 的，它们在实际应用上并没有大的区别，所以请读者朋友们举一反三。

（2）也许您也会像我一样，在机器上安装有杀毒软件，如果您应用本书此客户端和服务器端小程序时，有可能您的杀毒软件会对其产生干扰，如：将小程序自动删除、运行小程序没反应等情况，此时应暂时关闭杀毒软件，确保小应用可以正常运行。

第 15 章

利用高级语言开发

性能测试辅助工具

15.1 LoadRunner 场景运行控制器

LoadRunner 是非常优秀的一款性能测试工具，其多种协议被广泛应用于各行各业的性能测试工作中。但是有很多性能测试工程师可能也被一些工作所困扰。例如，也许您经常会听到一些同行们的抱怨："累死我了，昨晚又通宵做了一晚的某项目性能测试。"性能测试执行条件可能会因为用户办公时间、测试环境、测试数据、测试场景准备、测试人员等多方面原因决定了您必须在特定的时间来执行性能测试工作，这是难以避免的一件事情，但是一旦您掌握了一些技巧、操作手段之后，将给您的性能测试工作带来非常大的帮助，也节省很多精力和时间。我们都知道 LoadRunner 的 Controller 应用有一个场景定时执行的功能，如图 15-1 所示。这里呈接上文，如果您已经准备好了运行的执行场景，假设要运行的场景有 20 个，这些场景要在用户的生产环境下运行，运行的时间段就是用户下班以后到第二天用户上班前执行完所有场景。这确实是平时我们在性能测试工作中真正会碰到的一个典型问题。也许，您会说："那我这段时间肯定不能睡觉了，只能一个一个地执行场景，自己受点罪了。"还有一部分对 LoadRunner 命令行比较熟悉的同行也许读过作者前期写过的《软件性能测试与 LoadRunner 实战》或《精通软件性能测试与 LoadRunner 实战》，知道用"wlrun.exe"结合 at 命令或 Windows 计划可以定时执行 Controller 特定场景。然而，每次编写批处理文件或者编写相关的命令行内容十分麻烦，也会使操作人员感到有些繁琐和不方便，这里作者为方便读者批量执行场景，特意编写了一个辅助工具，如图 15-2 所示。有了它，也许您就会感觉到原来性能测试的执行是很容易的！

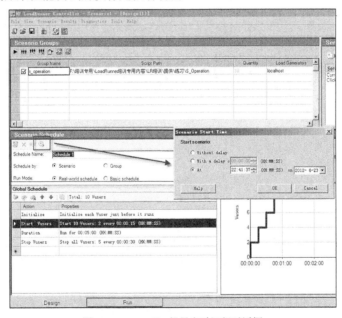

图 15-1　Controller 场景定时运行对话框

注意

程序仅供大家参考学习，请勿用于商业用途。

LoadRunner 场景运行控制器包含了控制器、VuGen、Controller、Analyze、系统设置、作者作品和退出系统功能，下面就简单介绍一下这些功能的使用方法。

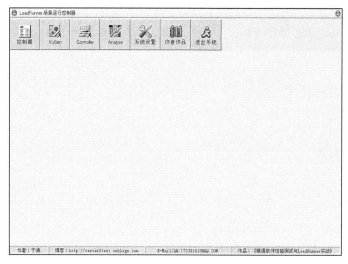

图 15-2　LoadRunner 场景运行控制器主界面

1. 系统设置

系统设置是使用该软件的基础，也是保证能够启动 LoadRunner 相关应用的关键。您需要指定 LoadRunner 11.0 根目录，如果您在安装 LoadRunner 11.0 的时候选择默认安装路径，LoadRunner 11.0 应该安装在 "C:\Program Files\HP\LoadRunner"。当单击 ⌕ 图标，进行路径的选择，然后单击【确定】按钮，当选择的路径不是 LoadRunner 应用路径或路径不存在时，将弹出图 15-3 所示信息。

当您选择的路径存在且为 LoadRunner 应用所在的路径时，单击【确定】按钮将弹出如图 15-4 所示对话框。

图 15-3　选择无效路径保存设置时弹出的界面信息

图 15-4　系统设置保存成功对话框

2. 场景运行控制器

场景运行控制器是该小程序的核心功能，其能自动执行您添加到执行计划中的所有场景，且在您指定的时间运行，自动存储您设定的结果路径。该程序可以帮助您从繁多的性能测试场景执行中解脱出来，运行界面如图 15-5 所示。

您可以单击"结果存放路径"后面的放大镜按钮指定要运行场景的存放路径，这里需要说明的是，您不需要每添加一个场景都指定一个存放路径，默认情况下，系统会自动创建相应的场景名称为上级目录的结果目录，您可以很方便地识别。单击"执行场景名称"后的放大镜按钮选择要执行的场景文件名，然后您可以指定预期执行的日期和具体时间，再设置系统管理用户的名称和系统管理用户的密码，单击【添加到执行计划】按钮，则将指定的场景、执行时间和结果路径等信息添加到了列表中。您可以将需要执行的所有场景都添加到列表中，小程序会自动依据执行时间的先后顺序进行排序，当执行时按照计划列表的先后顺序开始执行。当然，也可以根据需要选择相应的条目，单击【从执行计划删除】按钮删除对应条目，如果单击【清空执行计划】按钮，则删除所有执行计划列表的所有条目。如果您在执行列表没有添加任何条目的情况下，单击【开始执行】按钮时，则弹出图 15-6 所示对话框。

图 15-5 场景运行控制器界面信息

图 15-6 没有要执行的场景文件对话框信息

如果您没有安装 LoadRunner 或者 LoadRunner 的路径设置不正确的话，在单击【开始执行】按钮时，将弹出"系统设置"对话框，此时需要设置正确的路径，参见"系统设置"的示例，如图 15-7 所示。

当然如果您指定的 LoadRunner 路径不存在，将弹出图 15-8 所示对话框信息。

这里作者将 LoadRunner 安装到了"C:\Program Files\HP\LoadRunner"，故指定 LoadRunner 所在目录为"C:\Program Files\HP\LoadRunner"，单击【确定】按钮，就可以正常执行了，如图 15-9 所示。

图 15-7 没有要执行的场景文件对话框信息

图 15-8 在设置的路径不存在的情况下将出现的警告对话框信息

图 15-9 系统设置界面信息

15.2 LoadRunner 场景运行控制器源代码

如果您具备高级语言编程功底，在从事性能测试工作方面会取得事半功倍的作用，一方面，在编写脚本中会很得心应手；另一方面，您还可以借助高级语言程序，利用它和 LoadRunner 提供的接口、控件或者命令行程序调用等方面帮您做更多的事情。

15.1 节向大家介绍了 LoadRunner 场景运行控制器的主要功能，下面给大家介绍一下该小程序的 Delphi 实现源代码。

15.2.1 场景运行控制器首界面源代码

LoadRunner 场景运行控制器主界面信息如图 15-10 所示。

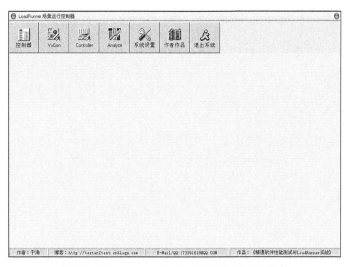

图 15-10　LoadRunner 场景运行控制器主界面信息

单击【控制器】按钮，则调用场景运行控制器，相关代码可以参见"场景运行控制器源代码"
部分内容。

单击【VuGen】按钮，则调用 LoadRunner 的 VuGen 应用，源代码如下：

```
procedure Tfrm_main.btnVuGenClick(Sender: TObject);
begin
  try
    WinExec(PChar(lrpath + '\bin\vugen.exe'), SW_SHOWNORMAL);
  except
  end;
end;
```

单击【Controller】按钮，则调用 LoadRunner 的 Controller 应用，源代码如下：

```
procedure Tfrm_main.btnControllerClick(Sender: TObject);
begin
  try
    WinExec(PChar(lrpath + '\bin\Wlrun.exe'), SW_SHOWNORMAL);
  except
  end;
end;
```

单击【Analyze】按钮，则调用 LoadRunner 的 Analyze 应用，源代码如下：

```
procedure Tfrm_main.btnAnalyzeClick(Sender: TObject);
begin
  try
    WinExec(PChar(lrpath + '\bin\Analysis.exe'), SW_SHOWNORMAL);
  except
  end;
end;
```

单击【系统设置】按钮，则调用系统设置界面，相关代码可以参见"系统设置源代码"部分
内容。

单击【作者作品】按钮，则调用作者作品界面。

单击【退出系统】按钮，则退出该小程序，源代码如下：

```
procedure Tfrm_main.btnExitClick(Sender: TObject);
begin
  Close;
end;
```

15.2.2 场景运行控制器源代码

LoadRunner 场景运行控制器界面信息如图 15-11 所示。

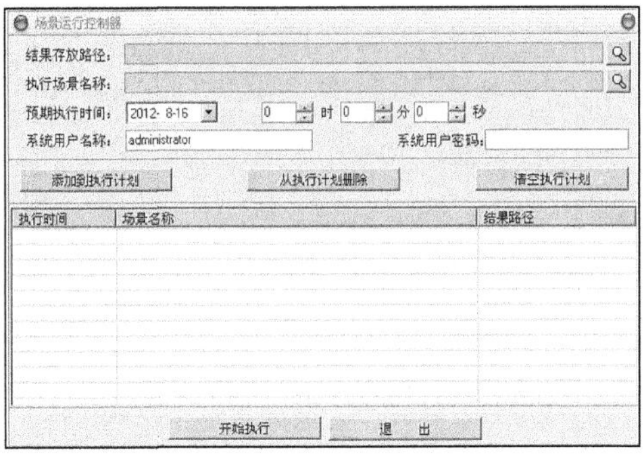

图 15-11 场景运行控制器界面信息

```
var
  frm_zxcl: Tfrm_zxcl;
  m_bSort: boolean = false; //控制正反排序的变量
  lrpath: string;

implementation

uses u_sys1;

{$R *.dfm}
//查找指定路径下所有文件名并放到 mmo3 控件中
procedure Tfrm_zxcl.searchfile(path: string);
var
  SearchRec: TSearchRec;
  found: integer;
begin
  mmo3.lines.clear;
  found := FindFirst(path + '*.*', faAnyFile, SearchRec);
  while found = 0 do
  begin
    if (SearchRec.Name <> '.') and (SearchRec.Name <> '..')
      and (SearchRec.Attr <> faDirectory) then
      mmo3.lines.Add(SearchRec.Name);
    found := FindNext(SearchRec);
  end;
  FindClose(SearchRec);
end;
//删除指定路径下的所有文件
function DeletePath(mDirName: string; Ext: string = '*'): Boolean;
var
  vSearchRec: TSearchRec;
  vPathName, tmpExt: string;
```

```
    K: Integer;
begin
  Result := true;

  tmpExt := Ext;
  if Pos('.', tmpExt) = 0 then
    tmpExt := '.' + tmpExt;

  vPathName := mDirName + '\*.*';
  K := FindFirst(vPathName, faAnyFile, vSearchRec);
  while K = 0 do
  begin
    if (vSearchRec.Attr and faDirectory > 0) and
      (Pos(vSearchRec.Name, '..') = 0) then
    begin
      FileSetAttr(mDirName + '\' + vSearchRec.Name, faDirectory);
      Result := DeletePath(mDirName + '\' + vSearchRec.Name, Ext);
    end
    else if Pos(vSearchRec.Name, '..') = 0 then
    begin
      FileSetAttr(mDirName + '\' + vSearchRec.Name, 0);
      if ((CompareText(tmpExt, ExtractFileExt(vSearchRec.Name)) = 0) or (CompareText
(tmpExt, '.*') = 0)) then
          Result := DeleteFile(PChar(mDirName + '\' + vSearchRec.Name));
    end;
    if not Result then
      Break;
    K := FindNext(vSearchRec);
  end;
  FindClose(vSearchRec);
end;
//将字符串以指定的分隔符进行分割
function SplitString(Source, Deli: string): TStringList;
var
  EndOfCurrentString: byte;
  StringList: TStringList;
begin
  StringList := TStringList.Create;
  while Pos(Deli, Source) > 0 do
  begin
    EndOfCurrentString := Pos(Deli, Source);
    StringList.add(Copy(Source, 1, EndOfCurrentString - 1));
    Source := Copy(Source, EndOfCurrentString + length(Deli), length(Source) - EndOfCurrentString);
  end;
  Result := StringList;
  StringList.Add(source);
end;
//删除指定路径下的所有文件的另一种实现
procedure delallfilesinpath(path: string);
var
  sr: tsearchrec;
begin
  if findfirst(path + '\*.bat', faanyfile, sr) = 0 then
  begin
    deletefile(path + '\' + sr.name);
  end;
```

```
    while findnext(sr) = 0 do
    begin
      deletefile(path + '\' + sr.name);
    end;
    FindClose(sr);
end;
//替换指定字符串中字符
function Replace(Dest, SubStr, Str: string): string;
var
  Position: Integer;
begin
  while Pos(SubStr, Dest) > 0 do
  begin
    Position := Pos(SubStr, Dest);
    Delete(Dest, Position, Length(SubStr));
    Insert(Str, Dest, Position);
  end;
  Result := Dest;
end;
//替换指定字符串中字符的另一种实现方式
function repl_substr(sub1, sub2, s: string): string;
var i: integer;
begin
  repeat
    i := pos(sub1, s);
    if i > 0 then begin
      delete(s, i, Length(sub1));
      insert(sub2, s, i);
    end;
  until i < 1;
  Result := s;
end;
//列表排序
function CustomSortProc(Item1, Item2: TListItem; ParamSort: integer): integer; stdcall;
var
  txt1, txt2: string;
begin
  if ParamSort <> 0 then begin
    txt1 := Item1.SubItems.Strings[ParamSort - 1];
    txt2 := Item2.SubItems.Strings[ParamSort - 1];

    if m_bSort then begin
      Result := CompareText(txt1, txt2);
    end else begin
      Result := -CompareText(txt1, txt2);
    end;
  end else begin
    if m_bSort then begin
      Result := CompareText(Item1.Caption, Item2.Caption);
    end else begin
      Result := -CompareText(Item1.Caption, Item2.Caption);
    end;
  end;
end;
//关闭界面
procedure Tfrm_zxcl.btnExitClick(Sender: TObject);
```

```
begin
  close;
end;
//添加指定的场景到执行计划列表
procedure Tfrm_zxcl.btnAdd2PlanClick(Sender: TObject);
var
  dt: string;
  listitem: tlistitem;
  //res: string;
begin
  if Trim(sEdit1.Text) = '' then begin  // sEdit1 为结果存放路径文本框
    Application.MessageBox('请您输入结果存放路径！', '警告', MB_OK +
      MB_ICONINFORMATION);
    exit;
  end;

  if Trim(sEdit6.Text) = '' then begin  // sEdit6 为系统用户名称文本框
    Application.MessageBox('请您输入具有执行权限的用户名称！', '警告', MB_OK +
      MB_ICONINFORMATION);
    exit;
  end;

  if Trim(sEdit7.Text) = '' then begin  // sEdit7 为系统用户密码文本框
    Application.MessageBox('请您输入具有执行权限的用户密码！', '警告', MB_OK +
      MB_ICONINFORMATION);
    exit;
  end;

  if Trim(sEdit5.Text) = '' then begin  // sEdit5 为执行场景名称文本框
    Application.MessageBox('请您选择场景文件！', '警告', MB_OK +
      MB_ICONINFORMATION);
    exit;
  end;

  if ExtractFileExt(sEdit5.Text) <> '.lrs' then begin
    Application.MessageBox('您选择的为非法场景文件，请重新选择！', '警告', MB_OK +
      MB_ICONINFORMATION);
    sEdit5.Clear;
    exit;
  end;

  try
    StrToInt(sEdit2.Text);
  except
    sEdit2.Text := '0';
  end;

  try
    StrToInt(sEdit3.Text);
  except
    sEdit3.Text := '0';
  end;

  try
    StrToInt(sEdit4.Text);
  except
```

```
      sEdit4.Text := '0';
    end;

    try
      dt := DateToStr(dtp1.Date) + ' ' + sedit2.Text + ':' + sedit3.Text + ':' + sedit4.Text;
      if (StrToDateTime(dt) <= Now) then begin
        Application.MessageBox('您输入的日期不能小于现在时刻！', '警告', MB_OK +
          MB_ICONINFORMATION);
        exit;
      end;
    except
    end;

    with lv1 do  //将场景执行计划相关信息加载到 listview 中
    begin
      listitem := items.add;
      listitem.caption := dt;
      listitem.subitems.add(sEdit5.Text);
      listitem.subitems.add(sEdit1.Text);
    end;
    //相关信息初始化
    sEdit5.Clear;
    sEdit2.Text := '0';   //小时初始化
    sEdit3.Text := '0';   //分钟初始化
    sEdit4.Text := '0';   //秒初始化
    dtp1.Date := Date();  //预期执行时间初始化为系统日期
end;
//设置场景结果存放路径
procedure Tfrm_zxcl.btn1Click(Sender: TObject);
var
  dir: string;
begin
  if selectdirectory('请选择结果存放文件夹：', '', dir) then sEdit1.Text := dir;
end;
//删除指定的执行计划
procedure Tfrm_zxcl.btnDelFromPlanClick(Sender: TObject);
begin

  if lv1.Items.Count > 0 then begin
    lv1.DeleteSelected;
    lv1.SetFocus;
    if lv1.Items.Count > 1 then
      lv1.Items[0].Selected := True;
  end
  else begin
    Application.MessageBox('无数据可供删除！', '警告', MB_OK +
      MB_ICONINFORMATION);
    Exit;
  end;

end;
//选择执行场景对话框
procedure Tfrm_zxcl.btnSelectClick(Sender: TObject);
begin
  if dlgOpen1.Execute then begin
    sEdit5.Text := dlgOpen1.FileName;
```

```
    end;
end;
//执行计划排序
procedure Tfrm_zxcl.lv1ColumnClick(Sender: TObject; Column: TListColumn);

begin
  lv1.CustomSort(@CustomSortProc, Column.Index);
  m_bSort := not m_bSort;
end;

//开始按照执行计划列表执行
procedure Tfrm_zxcl.btnExePlanClick(Sender: TObject);
var
  InputString: string;
  i: Integer;
  listitem: tlistitem;
  res, s1, s2, filename, comm, fn: string;
begin
  if lv1.Items.Count = 0 then begin
    Application.MessageBox('没有要执行的场景文件！',
      '警告', MB_OK + MB_ICONINFORMATION);
    exit;
  end;
  //如果配置文件不存在，则弹出系统设置窗体
  if not FileExists(ExtractFileDir(Application.ExeName) + '\myac.dll') then begin
    frm_sys.showmodal;
    Exit;
  end else begin
  //否则加载配置文件内容，加载 loadrunner 路径
    mmo1.Lines.LoadFromFile(ExtractFileDir(Application.ExeName) + '\myac.dll');
    lrpath := mmo1.Lines.Strings[0];
    InputString := lrpath;
    if Trim(InputString) = '' then begin
      Application.MessageBox('对不起，您没有输入路径信息！',
        '警告', MB_OK + MB_ICONINFORMATION);
      exit;
    end;
    //如果指定的路径下不存在 wlrun.exe 执行文件，则弹出信息，显示配置窗体
    if not FileExists(InputString + '\bin\wlrun.exe') then begin
      Application.MessageBox('对不起，您输入的路径不存在，请重新输入！',
        '警告', MB_OK + MB_ICONINFORMATION);
      frm_sys.ShowModal;
      exit;
    end;
    //如果执行计划列表中有内容
    if lv1.Items.Count >= 1 then begin
      with lv1 do
      begin
        for i := 0 to lv1.Items.Count - 1 do
        begin
          listitem := items[i];
          if not FileExists(listitem.SubItems.strings[0]) then begin
            Application.MessageBox('您输入的场景文件不存在，请将该计划条目删除！',
              '提示', MB_OK + MB_ICONINFORMATION);
            Exit;
          end;
```

```
          end;
        end;
      end;
  //生成批处理文件
    mmo1.Lines.Clear;
    mmo1.Lines.Add('set M_ROOT=' + lrpath + '\bin');
    mmo1.Lines.Add('cd %M_ROOT%');
    mmo1.Lines.Add(Copy(lrpath, 0, 2));
    if lv1.Items.Count >= 1 then begin
      with lv1 do
      begin
        for i := 0 to lv1.Items.Count - 1 do
        begin
          listitem := items[i];
          mmo2.Lines := SplitString(listitem.Caption, ' ');
          s1 := FormatDateTime('yyyy/mm/dd', StrToDate(mmo2.Lines.Strings[0]));
          s1 := repl_substr('-', '/', s1);
          s2 := FormatDateTime('hh:mm:ss', StrToDateTime(mmo2.Lines.Strings[1]));
          res := Copy(ExtractFileName(listitem.SubItems.strings[0]), 1, Length
(ExtractFileName(listitem.SubItems.strings[0])) - 4);
          mmo1.Lines.Add('wlrun.exe -TestPath ' + listitem.SubItems.strings[0] + '
-ResultName ' + listitem.SubItems.strings[1] + '\' + res + inttostr(i) + ' -Run');
          filename := datetimetostr(Now) + inttostr(i) + '.bat';
          filename := trim(filename);
          filename := repl_substr(':', '', filename);
          filename := repl_substr(' ', '', filename);
          filename := repl_substr('-', '', filename);
          filename := repl_substr('/', '', filename);
          fn := Copy(filename, 0, Length(filename) - 4);
          filename := ExtractFileDir(Application.ExeName) + '\comm\' + filename;
          mmo1.Lines.SaveToFile(filename);
          comm := 'schtasks /create /tn ' + fn + ' /tr ' + filename + ' /sc ONCE /st
' + s2 + ' /sd ' + s1 + ' /ru ' + sedit6.Text + ' /rp ' + sedit7.Text;
          WinExec(PChar(comm), SW_HIDE);
        end;
      end;
      s1 := '';
      s2 := '';
      filename := '';
      Application.MessageBox('场景执行策略设置完毕，已经添加到计划中！', '警告', MB_OK + MB_
ICONINFORMATION);
    end;
  end;
  //初始化操作
    sEdit1.Clear;
    sEdit7.Clear;
    sEdit5.Clear;
    sEdit2.Text := '0';
    sEdit3.Text := '0';
    sEdit4.Text := '0';
    btn5.Click;
    Close;
  end;
  //程序启动后，初始化处理，删除多余的文件
  procedure Tfrm_zxcl.FormActivate(Sender: TObject);
  var
```

```
    i: Integer;
    fn, fn1, fn2: string;
begin
    dtp1.Date := Date;
    mmo3.Lines.Clear;
    SearchFile(ExtractFileDir(Application.ExeName) + '\comm\');

    for i := 0 to mmo3.Lines.Count - 1 do
    begin
      fn := mmo3.Lines.Strings[i];
      fn1 := Copy(fn, 0, 7);
      fn2 := datetostr(Date);
      fn2 := repl_substr(':', '', fn2);
      fn2 := repl_substr(' ', '', fn2);
      fn2 := repl_substr('-', '', fn2);
      fn2 := repl_substr('/', '', fn2);
      fn2 := Copy(fn2, 0, 7);
      if (StrToInt(fn2) - strtoint(fn1) >= 7) then begin
          deletefile(ExtractFileDir(Application.ExeName) + '\comm\' + fn);
      end;
    end;
end;
//清空执行计划
procedure Tfrm_zxcl.btnClearPlanClick(Sender: TObject);
var
  i: integer;
begin
  if lv1.Items.Count >= 1 then begin
    for i := 0 to lv1.Items.Count - 1 do
    begin
      lv1.SetFocus;
      lv1.Items[0].Selected := True;
      lv1.DeleteSelected;
    end;
  end;
end;

end.
```

15.2.3　系统设置源代码

LoadRunner 场景运行控制器界面信息如图 15-12 所示。

图 15-12　场景运行控制器界面信息

```
//关闭设置界面
procedure Tfrm_sys.btnExitClick(Sender: TObject);
begin
```

```
    close;
  end;
//路径存储到文件中
procedure Tfrm_sys.btn3Click(Sender: TObject);
var
  dir: WideString;
begin
  if selectdirectory('系统信息', '请选择LR路径: ', dir) then
    if fileexists(dir + '\bin\wlrun.exe') then begin
      edt1.Text := dir;
      lrpath := dir;
      mmo1.Lines.SaveToFile(ExtractFileDir(Application.ExeName) + '\myac.dll');
    end else begin
      Application.MessageBox('您没有指定LR路径不存在或非LR路径!', '警告',
        MB_OK + MB_ICONINFORMATION);
      exit;
    end;
end;
//若没设置LoadRunner 路径, 给予提示信息
procedure Tfrm_sys.btnSetPathClick(Sender: TObject);
begin
  if (Trim(edt1.Text) = '') then begin
    Application.MessageBox('您没有指定LR路径, 请指定!', '警告',
      MB_OK + MB_ICONINFORMATION);
    exit;
  end;

  if not fileexists(Trim(edt1.Text) + '\bin\wlrun.exe') then begin
    Application.MessageBox('您没有指定LR路径不存在或非LR路径!', '警告',
      MB_OK + MB_ICONINFORMATION);
    exit;
  end else begin
    lrpath := edt1.Text;
    mmo1.Lines.Clear;
    mmo1.Lines.Add(lrpath);
    mmo1.Lines.SaveToFile(ExtractFileDir(Application.ExeName) + '\myac.dll');
    Application.MessageBox('系统设置成功!', '信息',
      MB_OK + MB_ICONINFORMATION);
    Close;
  end;
end;

end.
```

15.2.4　作品相关源代码

作品相关源程序运行界面如图 15-13 所示。

```
//退出执行代码
procedure Tfrm_about.btnExitClick(Sender: TObject);
begin
  Close;
end;
```

前面，向大家介绍了 LoadRunner 场景运行控制器的核心代码，从上面的代码中也许您已

经发现了，该小程序最重要的部分就是命令行的调用，即用 schtasks.exe 调用 wlrun.exe。

也许有的读者并不了解这两个命令，下面简单地给大家介绍一下"schtasks.exe"，它默认存放于系统的 system32 目录下，比如作者的系统装在了 C 盘，则其存放于"c:\windows\system32"目录下，它是"创建计划任务"的命令行实现程序，下面介绍一下它的相关命令行语法和其拥有的参数。

图 15-13 作品相关信息

1. 语法

```
schtasks /create /sc ScheduleType /tn TaskName /tr TaskRun [/s Computer [/u [Domain]User
[/p Password]]] [/ru {[Domain]User | System}] [/rp Password] [/mo Modifier] [/d Day[,Day...] | *]
[/m Month[,Month...]] [/i IdleTime] [/st StartTime] [/ri Interval] [{/et EndTime | /du Duration}
[/k]] [/sd StartDate] [/ed EndDate] [/it] [/Z] [/F]
```

2. 参数

● /sc 后需指定计划类型。计划类型有效值包括 MINUTE、HOURLY、DAILY、WEEKLY、MONTHLY、ONCE、ONSTART、ONLOGON、ONIDLE。其中 MINUTE、HOURLY、DAILY、WEEKLY、MONTHLY 指定计划的时间单位。ONCE 是指任务在指定的日期和时间运行一次。ONSTART 是指任务在每次系统启动的时候运行，可以指定启动的日期，或下一次系统启动的时候运行任务。ONLOGON 是指每当用户（任意用户）登录的时候，任务就运行。可以指定日期，或在下次用户登录的时候运行任务。ONIDLE 是指只要系统空闲了指定的时间，任务就运行，可以指定日期，或在下次系统空闲的时候运行任务。

● /tn 后需指定任务的名称。在使用命令时每项任务都必须具有一个唯一的名称。名称必须符合文件名称规则，并且不得超过 238 个字符。使用引号括起包含空格的名称。

● /tr 后需指定任务运行的程序或命令。键入可执行文件、脚本文件或批处理文件的完整路径和文件名。路径名称不得超过 262 个字符。如果忽略该路径，SchTasks 将假定文件在其所在路径下。

● /s 后需指定的远程计算机名称，表示在该计算机上执行计划任务。键入远程计算机的名称或 IP 地址（带有或者没有反斜杠）。该默认值是本地计算机。只有使用/s 时/u 和/p 参数才有效。

● /u 后需指定用户账户。默认值为本地计算机上当前用户的权限。只有在远程计算机（/s）上计划任务时/u 和/p 参数才有效。指定账户的权限用来计划任务和运行任务。要利用另一个用户的权限运行任务，请使用/ru 参数。用户账户必须是远程计算机上 Administrators 组的成员。另外，本地计算机必须与远程计算机处于同一个域，或者必须处于一个远程计算机信任的域中。

● /p 后需指定该用户账户对应的密码。如果使用/u 参数，但忽略/p 参数或密码参数，Schtasks 将提示您输入密码，并且不显示键入的文本。只有在远程计算机(/s)上计划任务时/u 和/p 参数才有效。

● /ru 后需指定用户账户的权限运行任务。默认情况下，使用本地计算机当前用户的权限，或者使用/u 参数指定的用户的权限（如果包含的话）运行任务。在本地或远程计算机上计划任务时，/ru 参数才有效。值描述（[Domain]User）指定候选用户账户。System 或""指定 Local System 账户，这是一种操作系统和系统服务使用的具有高度特权的账户。

● /rp 后需提供指定的用户账户的密码。如果在指定用户账户的时候忽略了这个参数，SchTasks.exe 会提示您输入密码而且不显示键入的文本。不要将/rp 参数用于使用系统账户（/ru System）的权限运行的任务。系统账户没有密码，而 SchTasks.exe 也不提示要求密码。

● /mo 后需指定任务在其计划类型内的运行频率，如表 15-1 所示。对于 MINUTE、HOURLY、

DAILY、WEEKLY 或 MONTHLY 计划，这个参数有效，但也可选。默认值为 1。

表 15-1 计划类型运行频率表

计划类型	修饰符值	描述
MINUTE	1~1439	任务每 N 分钟运行一次
HOURLY	1~23	任务每 N 小时运行一次
DAILY	1~365	任务每 N 天运行一次
WEEKLY	1~52	任务每 N 周运行一次
ONCE	没有修饰符	任务运行一次
ONSTART	没有修饰符	任务在启动时运行
ONLOGON	没有修饰符	/u 参数指定的用户登录时，任务运行
ONIDLE	没有修饰符	系统闲置/i 参数（需要与 ONIDLE 一起使用）指定的分钟数之后运行任务
MONTHLY	1~12	任务每 N 月运行一次
MONTHLY	LASTDAY	任务在月份的最后一天运行。MONTHLY FIRST、SECOND、THIRD、FOURTH、LAST 与/d Day 参数共同使用，并在特定的周和天运行任务

● /d 后需指定周或月的几天，默认值是 1。只与 WEEKLY 或 MONTHLY 计划共同使用时有效。

● /m 后需指定计划任务应在一年的某月或数月运行。有效值是 JAN - DEC 和*（每个月）。/m 参数只对于 MONTHLY 计划有效。在使用 LASTDAY 修饰符时，这个参数是必需的。在其他的情况下，它是可选的，默认值是*（每个月）。

● /i 后需指定任务启动之前计算机空闲多少分钟。有效值是从 1 到 999 的整数。这个参数只对于 ONIDLE 计划有效，而且是必需的。

● /st 后需指定任务在一天的什么时间开始（每次开始时间），格式为 HH:MM 24 小时格式。默认值为本地计算机的当前时间。/st 参数只对于 MINUTE、HOURLY、DAILY、WEEKLY、MONTHLY 和 ONCE 计划有效。此参数对于 ONCE 计划是必需的。

● /ri 后需指定重复的时间间隔（以分钟计）。这不适用于计划类型：MINUTE、HOURLY、ONSTART、ONLOGON、ONIDLE。有效范围为 1 到 599940 分钟（599940 分钟=9999 小时）。如果指定了/ET 或/DU，则重复间隔默认为 10 分钟。

● /et 后需指定"分钟"或"小时"任务计划在一天的什么时间结束，格式为 HH:MM 24 小时格式。指定的结束时间之后，Schtasks 不重新开始任务，直到开始时间再次到来。默认情况下，任务计划没有结束时间。该参数是可选的，并且仅对于"分钟"或"小时"计划才有效。

● /du 后需指定"分钟"或"小时"计划的最大时间长度，格式为 HHHH:MM 24 小时格式。指定的时间过去之后，Schtasks 不重新启动任务，直到开始时间再次到来。默认情况下，任务计划没有最大持续时间。该参数是可选的，并且仅对于"分钟"或"小时"计划才有效。

● /k 后需指定停止在/et 或/du 指定的时间运行任务的程序。如果没有/k，Schtasks 在到达/et 或/du 指定的时间之后就不重新启动程序，但不会停止仍然在运行的程序。该参数是可选的，并且仅对于"分钟"或"小时"计划才有效。

● /sd 后需指定任务计划开始的日期。默认值为本地计算机上的当前日期。/sd 对于所有计划类型有效，并且为可选。StartDate 参数的格式随在"控制面板"中的区域和语言选项中为本地计算机选择的区域而变化。每个区域只能使用一种格式，请参见表 15-2。

● /ed 后需指定计划结束的日期。此参数是可选的。它对于 ONCE、ONSTART、ONLOGON 或 ONIDLE 计划无效。默认情况下，计划没有结束日期。EndDate 参数的格式随在"控制面板"中的区域和语言选项中为本地计算机选择的区域的不同而变化。每个区域只能使用一种格式，参见表 15-2。

表 15-2 区域日期格式说明表

格　式	说　明
MM/DD/YYYY	用于以月开头的格式，例如：英语（美国）和西班牙语（巴拿马）
DD/MM/YYYY	用于以日开头的格式，例如：保加利亚语和荷兰语（荷兰）
YYYY/MM/DD	用于以年开头的格式，例如：瑞典语和法语（加拿大）

● /it 后需指定只有在"运行方式"用户（运行任务的用户账户）登录到计算机的情况下才运行任务。此参数不影响使用系统权限运行的任务。默认情况下，当计划任务时或使用/u 参数指定账户时，"运行方式"用户是本地计算机的当前用户（如果使用了该参数）。但是，如果该命令包含/ru 参数，"运行方式"用户则是由/ru 参数指定的账户。

当然，如果您想获取该命令的帮助信息，可以键入"schtasks /?"，如图 15-14 所示。

如果您希望进一步了解"/Create"创建新计划任务包含了哪些参数，可以键入"Schtasks /Create /?"，则显示图 15-15 所示信息。

图 15-14 "schtasks /?"命令相关输出信息　　　图 15-15 "schtasks /create /?"命令相关输出信息

接下来，再简单介绍一下"wlrun.exe"的相关参数，如表 15-3 所示。

表 15-3 "wlrun.exe"参数说明表

参　数	参　数　描　述
TestPath	场景的路径，例如，C:\LoadRunner\scenario\Scenario.lrs
Run	运行场景、将所有输出消息转储到 res_dir\output.txt 文件中，并关闭 Controller
InvokeAnalysis	指示 LoadRunner 在场景终止时调用 Analysis。如果没有指定该参数，LoadRunner 将使用场景默认设置
ResultName	完整结果路径。例如，"C:\Temp\Res_01"
ResultCleanName	结果名。例如，"Res_01"
ResultLocation	结果目录。例如，"C:\Temp"

介绍完这两个命令后，是不是大家清晰了很多呢？其实这个小应用程序就是不断地根据设定的时间调用添加到计划中的场景执行的，下面我给大家展示一下。

在场景运行控制器中，我们添加一个场景名称为"E:\CJ_01_XN_DLSY_30Vu_5Min.lrs"的场景，执行结果信息存放于"E:\test"，执行时间设定在 2018 年 9 月 4 日 18 时执行，系统用户名称为"administrator"，用户密码为"test"，单击【添加到执行计划】按钮，则显示图 15-16 所示界面信息，而后单击【开始执行】按钮，则该小程序后台将进行如下操作。

（1）在"E:\LR\comm"目录将生成一个名称为"2018941538070.bat"的批处理文件，下面让我们看一下该文件的内容，如图 15-17 所示。

图 15-16　场景运行控制器界面信息

图 15-17　"2018941538070.bat"文件信息

至于结果存放路径为"E:\test\CJ_01_XN_DLSY_30Vu_5Min0"感到纳闷，原因是这样，程序默认是选择的结果存放路径＋场景名称（不带后缀）＋执行序号（从零开始）作为结果存放路径。

（2）接下来"schtasks"命令将该批处理文件进行定时启动，相关的命令行为"schtasks /create /tn 2018941538070 /tr E:\LR\comm\2018941538070.bat /sc ONCE /st 18:00:00 /sd 2018/09/04 /ru administrator /rp test"。

（3）再让我们打开"任务计划"来看一下，您会发现在任务计划中多了一个名称为"2018941538070"的新任务，如图 15-18 所示。

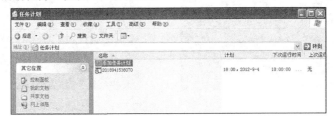

图 15-18　"2018941538070"的任务计划

这样到 2018-9-4 18:00 就会开始执行"E:\LR\comm\2018941538070.bat"文件，达到执行场景并保存相应结果的目的。

【重点提示】

如果您安装了 360 等防火墙，在执行的时候有可能会弹出图 15-19 和图 15-20 所示类似信息，您均应该选中"允许此操作"选项，否则将不生效。

图 15-19　360 关于小程序运行批处理文件提示信息

图 15-20　360 关于小程序运行添加任务计划提示信息

15.3　前端性能测试自动化

随着功能测试的发展与壮大，功能自动化测试已经越来越广泛地应用于现行软件系统的测试，那么性能测试方面是否能给实现自动化的控制呢？答案是肯定的，随着行业的发展，性能测试的研究也日趋深入，前面我们向大家介绍了如何自动化控制场景的运行，当然这只是性能测试自动化的冰山一角，其目的也是拓展大家性能测试方面的思路。

本节作者将向大家介绍前端性能测试的自动化控制，据我所知有一些单位已经针对自己公司的业务开发了一些适用其自身的性能测试工具，鉴于其针对行业的特殊性，这里我们不予探讨。我们谨以通用的、被大家认可的前端性能工具为例，讲解前端性能自动化控制的相关内容，在此我们挑选的工具就是 HttpWatch，在前面的章节相信大家已经看到了 HttpWatch 在前端性能测试分析方面是如此强大，肯定也很关心其更深层次的应用，这里我向大家介绍该工具自动化前端性能测试的实现方法，您可以通过访问"http://apihelp.httpwatch.com/"了解更多关于 httpwatch 自动化方面的内容。

图 15-21 描述了 Controller、Log、Entry 和
Plugin 这 4 个主要类与浏览器之间的关系，下面
我们来看一下这 4 个主要类都是用来做什么的。

1.　控制类（Controller Class）

HttpWatch 控制类用来创建一个 HttpWatch
插件实例，或者是打开一个已经存在的实例文
件。可以通过这个控制类的一个"OpenLog"方
法打开一个日志文件，并且返回这个日志文件
的相应的说明信息，这个说明信息包括的就是
录制过中的请求和响应文件信息。

2.　插件类（Plugin Class）

HttpWatch 分别为 IE 和 Firefox 提供了插
件类，它主要是针对 Http 协议交互提供启动
和停止方法去控制 HttpWatch 的录制和停止

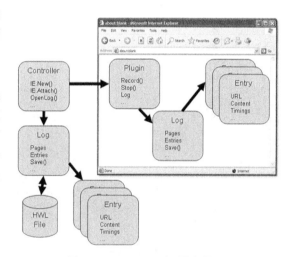

图 15-21　HttpWatch 自动化架构图

录制功能，对应的方法名称为"Record"和"Stop"，并且还提供了一些方法和属性去管理和配置自动化录制方式。其中插件类中的"GotoURL"方法可以用于重定向浏览任何指定的 URL地址。

3.　日志类（Log Class）

HttpWatch 日志类用于获取日志信息，这些日志信息就是 HttpWatch 录制过程记录的请求和响应信息。日志类提供了许多属性和方法，并且允许对这些录制的数据信息进行检索和保存，或者以多种格式导出（支持：HWL、CSV、XML、HAR 格式）等。

4.　属性类（Entry Class）

HttpWatch 属性类的每个日志文件都包含一个属性列表，且这个属性列表中包括详细的 HTTP交互信息。这些内容具体包括请求的资源信息和一些返回的信息。这个请求和响应属性信息提供了访问头文件和 Cookies 文件，这些信息都是在与服务器发生交互过程中产生的。同时最后产生的结果信息也通过该类属性进行输出，如：BytesReceived 属性是接收的总字节数。

15.4　HttpWatch 前端性能测试自动化脚本

HttpWatch 提供了一些脚本示例代码供大家参考，在 HttpWatch 安装目录下的 "api_examples" 文件夹下，您会看到 2 个子文件夹："ie" 和 "Firefox"，这里我们希望看到基于 IE 浏览器的相关 API 调用方法，所以选择 "ie" 文件夹，再进入到 "page_check"，在该文件夹下还有 4 个子文件夹，分别是 "csharp" "javascript" "ruby" "VBScript"，下面就让我们一起来看一下这 4 个文件夹下主要的脚本实现代码。

Ruby 脚本代码（page_check.rb 和 page_check_watir.rb 文件内容）：

```ruby
#page_check.rb 文件
# Page Check Ruby Example
#
# For more information about this example please refer to the readme.txt file in the
# same directory
#
require 'win32ole'

puts "Enter the URL of the page to check (press enter for www.httpwatch.com):\n"; $stdout. flush
url = gets.chomp!
if  url.empty?
    url = "www.httpwatch.com"
end
puts  "\nChecking " + url + "...\r\n\r\n"; $stdout.flush

# Create a new instance of HttpWatch in IE
control = WIN32OLE.new('HttpWatch.Controller')
plugin = control.IE.New()

# Start Recording HTTP traffic
plugin.Log.EnableFilter(false)
plugin.Record()

# Goto to the URL and wait for the page to be loaded
plugin.GotoURL(url)
control.Wait(plugin, -1)

# Stop recording HTTP
plugin.Stop()

if plugin.Log.Pages.Count != 0

    printf "\nPage Title: '%s'\n", plugin.Log.Pages(0).Title

    # Display summary statistics for page
    summary = plugin.Log.Pages(0).Entries.Summary

    printf "Total time to load page (secs):      %.3f\n", summary.Time
    printf "Number of bytes received on network: %d\n", summary.BytesReceived

    printf "HTTP compression saving (bytes):     %d\n", summary.CompressionSavedBytes
    printf "Number of round trips:               %d\n",  summary.RoundTrips
    printf "Number of errors:                    %d\n", summary.Errors.Count
```

```ruby
end

# Close down IE
plugin.CloseBrowser()

puts "\r\nPress Enter to exit";  $stdout.flush
gets


# page_check_watir.rb 文件
# Page Check Ruby and WATIR Example
#
# For more information about this example please refer to the readme.txt file in the
# same directory
#
require 'win32ole'
require 'watir'

puts "Enter the URL of the page to check (press enter for www.httpwatch.com):\n";  $stdout. flush
url = gets.chomp!
if  url.empty?
    url = "www.httpwatch.com"
end
puts  "\nChecking " + url + "...\r\n\r\n";  $stdout.flush

# Attach HttpWatch
control = WIN32OLE.new('HttpWatch.Controller')

# Open the IE browser
plugin = control.IE.New

# Attach Watir to IE browser containing HttpWatch plugin
Watir::IE::attach_timeout = 30
ie = Watir::IE.attach(:hwnd, plugin.Container.HWND )

# Start Recording HTTP traffic
plugin.Clear()
plugin.Log.EnableFilter(false)
plugin.Record()

# Goto to the URL and wait for the page to be loaded
ie.goto(url)

# Stop recording HTTP
plugin.Stop()

if plugin.Log.Pages.Count != 0

    printf "\nPage Title: '%s'\n", plugin.Log.Pages(0).Title

    # Display summary statistics for page
    summary = plugin.Log.Pages(0).Entries.Summary

    printf "Total time to load page (secs):      %.3f\n", summary.Time
    printf "Number of bytes received on network: %d\n", summary.BytesReceived

    printf "HTTP compression saving (bytes):      %d\n", summary.CompressionSavedBytes
```

```
    printf "Number of round trips:                %d\n",  summary.RoundTrips
    printf "Number of errors:                     %d\n",  summary.Errors.Count
end


# Close down IE
plugin.CloseBrowser();


puts "\r\nPress Enter to exit";  $stdout.flush
gets
```

C#源代码（pagechecker.cs 文件内容）：

```
// Page Check C# Example
//
// For more information about this example please refer to the readme.txt file in the
// same directory
//
using System;
using HttpWatch;

namespace page_check
{
    class PageChecker
    {
        [STAThread]
        static void Main(string[] args)
        {
            Console.WriteLine("Enter the URL of the page to check (press enter for
                            www.httpwatch.com):\r\n");
            string url = Console.ReadLine();
            if ( url.Length == 0 )
                url = "www.httpwatch.com";
            Console.WriteLine("\r\nChecking " + url + "...\r\n");
            // Create a new instance of HttpWatch in IE
            Controller control = new Controller();
            Plugin plugin = control.IE.New();
            // Start Recording HTTP traffic
            plugin.Log.EnableFilter(false);
            plugin.Record();
            // Goto to the URL and wait for the page to be loaded
            plugin.GotoURL(url);
            control.Wait(plugin, -1);
            // Stop recording HTTP
            plugin.Stop();
            if (plugin.Log.Pages.Count != 0)
        {
            Console.WriteLine("\r\nPage Title: '" + plugin.Log.Pages[0].Title + "'");
            Console.WriteLine();

            // Display summary statistics for page
            Summary summary = plugin.Log.Pages[0].Entries.Summary;
            Console.WriteLine("Total time to load page (secs):      " + summary.Time);
            Console.WriteLine("Number of bytes received on network: " +
                        summary.BytesReceived);
            Console.WriteLine("HTTP compression saving (bytes):     " +
                        summary.CompressionSavedBytes);
            Console.WriteLine("Number of round trips:               " +
```

```
                              summary.RoundTrips);
              Console.WriteLine("Number of errors:                    " +
                      summary.Errors.Count);
      }
```

VBScript 脚本代码（page_check.vbs 文件内容）：

```vbscript
' Page Check VBScript Example
'
' For more information about this example please refer to the readme.txt file in the
' same directory
'
WScript.Echo(vbCrLf & "Enter the URL of the page to check (press enter for www.httpwatch.
com):" & vbCrLf)
Dim url
url = WScript.StdIn.ReadLine
if Len(url) = 0 then
    url = "www.httpwatch.com"
end if

WScript.Echo( vbCrLf & "Checking " & url & "..." & vbCrLf)

' Create a new instance of HttpWatch in IE
Dim control
Set control = CreateObject("HttpWatch.Controller")
Dim plugin
Set plugin = control.IE.New

' Start Recording HTTP traffic
plugin.Log.EnableFilter false
plugin.Record

' Goto to the URL and wait for the page to be loaded
plugin.GotoURL url
control.Wait plugin, -1

' Stop recording HTTP
plugin.Stop

if plugin.Log.Pages.Count <> 0 then

    WScript.Echo("")
    WScript.Echo("Page Title: '" & plugin.Log.Pages(0).Title & "'")

    ' Display summary statistics for page
    Dim summary
    Set summary = plugin.Log.Pages(0).Entries.Summary
    WScript.Echo( "Total time to load page (secs):       " & summary.Time)
    WScript.Echo( "Number of bytes received on network: " & summary.BytesReceived)
    WScript.Echo( "HTTP compression saving (bytes):     " & summary.CompressionSavedBytes)
    WScript.Echo( "Number of round trips:               " & summary.RoundTrips)
    WScript.Echo( "Number of errors:                    " & summary.Errors.Count)
end if

' Close down IE
plugin.CloseBrowser
```

```
WScript.Echo( vbCrLf & "Press Enter to exit")
WScript.StdIn.ReadLine
```

JavaScript 脚本代码（page_check.js 文件内容）：

```
// Page Check Javascript Example
//
// For more information about this example please refer to the readme.txt file in the
// same directory
//
WScript.Echo("\nEnter the URL of the page to check (press enter for www.httpwatch.com):\n");
var url = WScript.StdIn.ReadLine();
if ( url.length == 0 )
    url = "www.httpwatch.com";

WScript.Echo("\nChecking " + url + "...\n");

// Create a new instance of HttpWatch in IE
var control = new ActiveXObject('HttpWatch.Controller');
var plugin = control.IE.New();

// Start Recording HTTP traffic
plugin.Log.EnableFilter(false);
plugin.Record();

// Goto to the URL and wait for the page to be loaded
plugin.GotoURL(url);
control.Wait(plugin, -1);

// Stop recording HTTP
plugin.Stop();

if ( plugin.Log.Pages.Count != 0 )
{
    WScript.Echo( "\nPage Title: '" + plugin.Log.Pages(0).Title + "'");

    // Display summary statistics for page
    var summary = plugin.Log.Pages(0).Entries.Summary;
    WScript.Echo( "Total time to load page (secs):      " + summary.Time);
    WScript.Echo( "Number of bytes received on network: " + summary.BytesReceived);
    WScript.Echo( "HTTP compression saving (bytes):     " + summary.CompressionSavedBytes);
    WScript.Echo( "Number of round trips:               " + summary.RoundTrips);
    WScript.Echo( "Number of errors:                    " + summary.Errors.Count);
}

// Close down IE
plugin.CloseBrowser();


WScript.Echo( "\r\nPress Enter to exit");
WScript.StdIn.ReadLine();
```

上述 4 个脚本其实现的目标是一致的，都是让您先输入一个要考察的网址，然后其调用 HttpWatch 相关的 API 函数开始录制、记录过程数据、停止录制、输出结果信息、关闭浏览器这样一个处理过程。这里以 JavaScript 脚本为例，运行 "run.cmd" 文件，在弹出的控制台界面输入 "www.baidu.com"，将会自动打开 "百度" 页面，过一会页面将会关闭返回控制台界面，在控制台将产生相关的结果信息，如图 15-22 所示，按任意键将退出控制台界面。

图 15-22　JavaScript 脚本执行后结果输出信息

15.5　基于高级语言调用 HttpWatch 完成前端性能测试

也许对界面要求很高的您觉得控制台操作方式太麻烦，界面也不美观，那我们可以通过高级语言实现对 HttpWatch 对象接口的调用吗？当然可以。前面已经讲过 C#可以调用 HttpWatch 的对象接口来完成一些前端性能测试工作，这里作者用 Delphi 完成前面脚本实现的所有功能。

其实您在安装 HttpWatch 时，该工具在安装过程中会自动注册一些对象供其他语言调用，这里作者用 Delphi 7 向您介绍一下如何使用这些对象接口。

首先，您需要引入 HttpWatch 的接口对象，方法是选择"【Project】>【Import Type Library...】"菜单项，如图 15-23 所示。

图 15-23　"Import Type Library..."菜单项

然后，在弹出的"Import Type Library"对话框中选择"HttpWatch Professional 8.0 Automation Libray (Version 1.0)"条目，单击【Install...】按钮，如图 15-24 所示。

在弹出的图 15-25 所示对话框中，单击【OK】按钮，将出现图 15-26，单击【Compile】按钮，进行编译，而后保存。

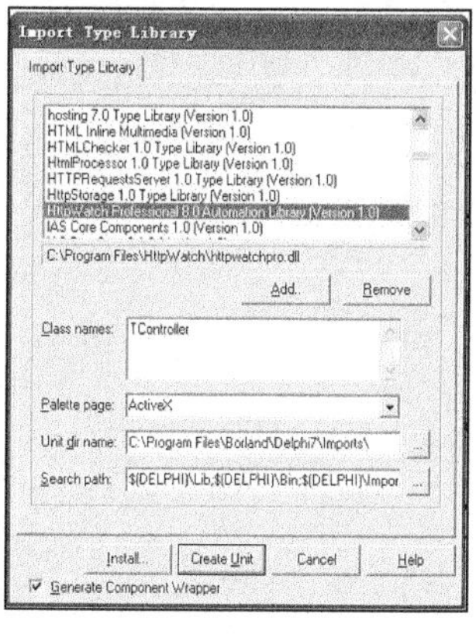

图 15-24　"Import Type Library"对话框 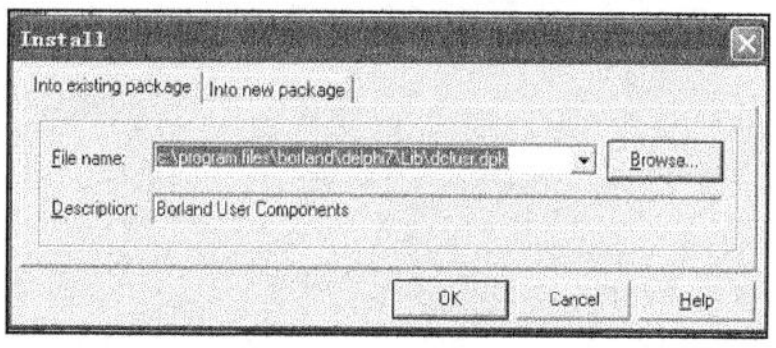　　　　图 15-25　"Install"对话框

上述操作完成后，将在"ActiveX"插件页多出一个组件，如图 15-27 所示，接下来您当然就可以将该组件拖曳到工程窗体上，进行程序设计喽！

图 15-26 "Package"对话框

图 15-27 "ActiveX"组件页

这里我们想设计一个小程序，如图 15-28 所示，即我们可以手工输入一个要考察前端性能的网站地址，单击【开始执行】按钮，就可以调用 HttpWatch 对指定地址页面进行分析，并将结果输出，前面的功能和 HttpWatch 样例脚本的实现是一模一样的，不一样的地方是，该程序还可以自动保存 HttpWatch 相关信息，同时展示您指定的网站地址相关内容是否能够正常显示在嵌入的浏览器插件中。

"HttpWatch 调用演示程序"的界面设计如图 15-29 所示，这里我们希望网站地址可以手工更改，而结果信息存储路径和输出是固定的，所以将这两个控件属性设置成了只读。

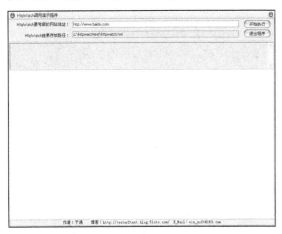

图 15-28 HttpWatch 调用演示程序界面信息

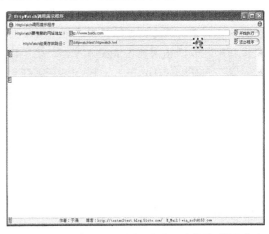

图 15-29 "HttpWatch 调用演示程序"窗体界面设计信息

Delphi 源代码：

```
procedure TForm1. Button1Click(Sender: TObject);
var
  ie: plugin;
  report:Summary;
begin

  if not DirectoryExists('c:\httpwatchtest') then ForceDirectories('c:\httpwatchtest');
  try
    ie := Controller1.IE.New;  //创建一个实例
    ie.GotoURL(edit1.text);    //访问百度，因网站地址默认为"http://www.baidu.com"
    ie.Record_;                //开始录制
    controller1.Wait(ie, -1);  //等待页面显示完整
    ie.Stop;                   //停止录制
    ie.Log.Save(edit2.text);   //保存结果到指定的默认路径"C:\httpwatchtest\httpwatch.hwl"
```

```
    try
        report := ie.Log.Pages[0].Entries.Summary; //获得首页的信息
        mmo1.Lines.Clear; //清空结果信息, 为后续结果信息添加初始化
        /*添加关键的结果信息输出到控件中*/
        mmo1.Lines.Add('Total time to load page (secs):'+floattostr(report.Time));
        mmo1.Lines.Add('Number of bytes received on
                    network:'+floattostr(report.BytesReceived));
        mmo1.Lines.Add('HTTP compression saving (bytes) :'
                    +floattostr(report.CompressionSavedBytes));
        mmo1.Lines.Add('Number of round trips: '+floattostr(report.RoundTrips));
        mmo1.Lines.Add('Number of errors: '+floattostr(report.Errors.Count));
        except
          end;
      ie.CloseBrowser;
      Wb1.Navigate(suiEdit1.Text); //浏览器插件访问百度
    except
      Application.MessageBox('运行过程中发生异常, 请确认您已经安装 HttpWatch! ',
                    '系统信息', 64);
      exit;
    end;

end;
```

如图 15-28 所示,演示程序默认要考察的网站地址为"http://www.baidu.com",HttpWatch 结果存放路径为"C:\httpwatchtest\httpwatch.hwl"。这里我们不做更改,直接单击【开始执行】按钮,将弹出 IE 浏览器,自动访问百度首页,此时请不要干扰程序运行,待运行完成之后其将自动关闭 IE,同时程序自动输出预先指定的"Total time to load page (secs)""Number of bytes received on network""HTTP compression saving (bytes)""Number of round trips""Number of errors" 5 个结果信息,还会显示您刚才访问过的网页相关信息,如图 15-30 所示。

图 15-30 "HttpWatch 调用演示程序"执行后界面信息

接下来,您可以用"HttpWatch"工具打开"C:\httpwatchtest\httpwatch.hwl"文件同演示程序的运行结果进行比对,结果当然是一模一样的,如图 15-31 所示。

通过上面的示例,相信广大读者已经对前端的自动化测试有了一些了解和掌握,那么现在我想批量考察网站不同页面的前端性能,该怎么办呢?相信充满智慧的您也一定会想到解决方法!

我们可以将要考察的网址和存放结果信息文件名（为后续便于识别）各放入一个文件，循环从文件读取网址和文件名称内容，调用 HttpWatch 对其进行分析和结果信息的保存，如果您需要还可以在访问网址的同时，进行一些拷屏操作，形成图片快照，便于后续的分析和查看。

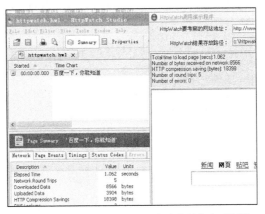

图 15-31　小程序和 HttpWatch 产生结果信息对比图

如果您希望了解 HttpWatch 提供的 4 个主要接口对象更多的方法和属性，您可以访问 "http://apihelp.httpwatch.com"，如图 15-32 所示。

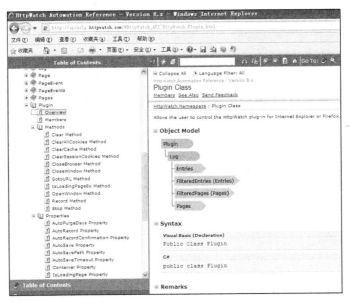

图 15-32　HttpWatch 自动化参考帮助信息

通过应用第三方插件接口对象给我们性能测试工作带来了方便和惊喜。随着国内性能测试工作的发展，我相信在不久的将来甚至此时此刻就已经有很多有实力、有能力、有思想的企业和个人正在开发一些更加实用、通用、强大的性能测试工具，让我们将拭目以待，期待好作品的出现。